国家出版基金资助项目

空间微重力测量技术

（上册）

薛大同　著

西北工业大学出版社

西　安

【内容简介】 空间微重力加速度测量简称微重力测量，其实质是检测航天器及其载荷对失重(即沿测地线移动)的微小偏离，应用于微重力科学实验、航天器及其载荷的微振动检测、航天器飞行控制和轨道预报、上层大气密度探测、电推进器推力标校、卫星重力测量、引力波观测、等效原理测试等领域。

本书以系统、全面、准确、严密、创新、务实为宗旨，论述了微重力测量的理论、方法、技术和应用，着重于与一般加速度测量不同的理论问题、技术需求、解决途径、噪声分析，以及测试、检验、数据处理方法，并分析、展示了国内外微重力测量技术的若干典型实例及其应用效果。

本书适合从事微重力测量或其应用领域工作，以及所涉及计量与测量、自动控制、信号处理、电子电路、真空技术等专业的相关科技人员使用，亦可供相应的大学教师、研究生、高年级本科生阅读。

图书在版编目(CIP)数据

空间微重力测量技术/薛大同著．—西安：西北工业大学出版社，2019.10

ISBN 978-7-5612-6431-7

Ⅰ.①空… Ⅱ.①薛… Ⅲ.①微重力-重力测量 Ⅳ.①P312.1 ②P223

中国版本图书馆CIP数据核字(2019)第247670号

KONGJIAN WEIZHONGLI CELIANG JISHU

空 间 微 重 力 测 量 技 术

薛大同 著

责任编辑：何格夫 **策划编辑：**雷 军

责任校对：张 友 **装帧设计：**李 飞

出版发行：西北工业大学出版社

通信地址：西安市友谊西路127号 邮编：710072

电 话：(029)88491757，88493844

网 址：www.nwpup.com

印 刷 者：中煤地西安地图制印有限公司

开 本：787 mm×1 092 mm 1/16

印 张：103.375

字 数：2 713千字

版 次：2019年10月第1版 2019年10月第1次印刷

书 号：ISBN 978-7-5612-6431-7

定 价：369.00元(上、下册)

前 言

1970 年"东方红一号"卫星上天，标志着中国跨出了迈向空间大国、强国的步伐。在空间轨道上飞行的航天器及其载荷对失重(即沿测地线移动)的微小偏离形成了稳定、长期的微重力环境。失重是一种极端环境，受到生物、生命、医学、材料、流体物理、燃烧、基础物理等学科的深切关注。微重力(包括准稳态加速度、瞬态加速度和振动加速度)对航天器飞行控制、轨道预报、失重状态下的科学实验是一种必须探明的干扰；中低轨道航天器及其载荷受到的准稳态加速度主要来自大气阻力和重力梯度，对其所做的测量可用于上层大气密度探测和卫星重力测量；航天器舱段交会对接和分离、轨道舱泄压、航天员出舱和舱内活动、载荷动作、推进器工作、温度交变等因素产生瞬态加速度和振动加速度，对其所做的测量可用于飞控状态和载荷工作状态监测、推进器推力标校。由此可见，空间微重力测量具有广泛的应用价值。

目前，高分辨力对地观测和载人航天在中国航天任务中占有突出地位。随着对地观测分辨力的不断提高，微重力(包括微振动)的影响越发突出；载人航天"三步走"发展战略即将进入第三步中的在轨建造"中国空间站"阶段，包括载人航天在内的空间科学实验与探测的诸多任务与微重力(包括微振动)相关。由此可见，中国的空间微重力测量技术必须顺应形势，加速发展。

美国国家航空航天局(NASA)最早于 1963 年就启动了用于测量准稳态加速度的微型静电加速度计(MESA)项目，MESA 是一台静电悬浮加速度计。而完备的空间加速度测量系统(SAMS)项目则于 1986 年启动，起初研制的 SAMS 原型只检测瞬态和振动加速度，其后检测瞬态和振动加速度的有 TSH-FF、MAMS-HiRAP、RTS、TSH-ES 和 TSH-M，除 MAMS-HiRAP 采用摆式气体阻尼加速度计、TSH-M 采用微机电系统(MEMS)技术外，均采用石英挠性加速度计；测量准稳态加速度的有 OARE(即 MAMS-OSS)和 TSH-Q，其中 OARE 的传感器组件采用 MESA 改进型。以上这些型号主要在航天飞机历次飞行和国际空间站上使用，有的也搭载过苏联的和平号空间站。

法国国家航空航天工程研究局(ONERA)最早于 1964 年就启动了用于测量准稳态加速度的超灵敏三轴电容加速度传感器(CACTUS)项目，CACTUS 也是一台静电悬浮加速度计，1975 — 1979 年在 CASTOR - D5B 卫星上使用。在此基础上，经过几十年的努力，ONERA 的静电悬浮加速度计居于世界领先地位，先后研制出 1995 — 1996 年三次搭载航天飞机的 ASTRE，用于重力测量卫星 CHAMP(高低跟踪模式，2000 年升空)的 STAR、GRACE(低低跟踪模式，2002 年升空)的 SuperSTAR、GOCE(重力梯度模式，2009 年升空)的 GRADIO，用于观察等效原理的阻力代偿微卫星(MICROSCOPE，2016 年升空)的 SAGE，以及 μSTAR 等型号。

上述研发的时间历程表明，准稳态加速度测量的难度远大于瞬态加速度和振动加速度测量。

兰州空间技术物理研究所在预先研究、国家航天高技术发展、载人航天工程、空间科学等计划支持下，从 1987 年开始进行空间微重力测量技术研究，首先攻克瞬态加速度和振动加速度测量技术，与 NASA 同步采用石英挠性加速度计，先后研制出载于 1990 年第 12 颗返回卫星的 JS05－1A 型微重力测量系统，载于 1994 年第 16 颗返回式卫星的 DW 型微重力加速度频谱测量系统，载于 1999 年神舟 1 号、2001 年神舟 2 号、2002 年神舟 3 号和神舟 4 号、2003 年神舟 5 号、2008 年神舟 7 号的 CMAMS 型微重力测量装置，载于 2016 年实践 10 号卫星的 SJGE 型微重力测量仪，载于 2016 年天宫二号的 TGJZ350 型微重力测量仪，等等。近年来，该所的空间微重力测量技术研究和空间应用已经并正在取得更为长足的进步。

我国的准稳态加速度测量技术研究是从 2001 年起步的。从已经发表的一系列学术论文以及与之相关的众多新闻报导中可以看到，许多关键技术已经突破，多种空间实验已经实施，我国的准稳态加速度测量技术研究和应用已转入纵深阶段。

如上所述，微重力是对失重的微小偏离。对于瞬态加速度和振动加速度，其量级通常处于(10^{-5}～10^{-2}) m/s^2；对于准稳态加速度，其量级通常不高于 10^{-5} m/s^2，甚至低至 10^{-8} m/s^2。而对测量分辨力的要求，则通常至少低 3 个量级，甚至低 7 个量级。因此，空间微重力测量属于微小量精密测量，相关技术涉及自动控制、电子电路、真空技术、信号处理以及计量与测量、卫星工程、大地测量、精密制造等多个专业。然而，截止到目前，国内只有论述地面上精确测定重力场时空变化的《微重力测量——理论、方法与应用》一书，而空间微重力测量对象是航天器及其载荷对失重的微小偏离，二者具有并行而不同的内涵。美、法等国发表的也仅有论文和研究报告，尚未见到专门的书籍。

本书是笔者从事空间微重力测量技术研究 30 余年的经验总结，对空间微重力测量的理论、方法、技术和应用进行了详细介绍：首先阐明空间微重力的概念与定义、产生的机制、引起的效应、产生的方法与模拟方法，接着论述与微重力测量相关的通用技术，在此基础上，详细分析瞬态加速度和振动加速度测量技术、准稳态加速度测量技术。撰写中以系统、全面、准确、严密、创新、务实为宗旨，着重叙述与一般加速度测量不同的理论问题、技术需求、解决途径，以及测试、检验、数据处理方法，展示国内外基于石英挠性加速度计和基于静电悬浮加速度计的若干典型实例及其在航天器飞行控制、微重力科学实验、卫星重力测量中的应用效果。

输入范围、噪声水平、测量带宽是微重力测量装置互相关联的基本指标，用快速 Fourier 变换作频谱分析是表征其相关性的基本手段，本书对此作了详细介绍，并贯穿应用于全书；考虑到微重力测量属于微小量精密测量，本书从所涉及的各种角度，用较大篇幅开展了失真、分辨力、误差和噪声分析；鉴于静电悬浮加速度计依靠接有外电路的电极对检验质量施加静电力来实施反馈控制，达到平衡后，该静电力只有吸力没有斥力，这一特点导致系统具有静电负刚度，本书对由此产生的启动、伺服控制、稳定性和稳定裕度问题开展了颇有特色的分析。

本书是在兰州空间技术物理研究所空间微重力测量团队 30 多年来的一贯支持下完成的。没有这个团队在承担一系列相关任务中的杰出表现和成就，就没有本书。笔者还特别感谢此间共同奋斗的东方红卫星公司、中国科学院空间应用工程与技术中心等许多单位的同仁,没有他们的热诚帮助,就不可能完成与本书相关的各项任务。

需要说明的是,得以从20世纪80年代至今,将石英挠性加速度计用于空间微重力测量,受益于:北京自动化控制设备研究所和北京航天时代惯性仪表科技有限公司的全力协助与配合;华南理工大学孔庆昇、团队成员雷军刚先后主持了微重力采编器软硬件的研制与改进;团队成员李云鹏提供了"相干性检测传感器噪声基底"和"用加速度计检测振动位移随时间变化"的方法;团队成员王佐磊推荐了本书第四篇引用的上百篇文献。他们的贡献功不可没。

在撰写书稿的过程中,笔者多次将有关章节作为论文发表,或提供给团队及兄弟单位的相关科研人员,在交流过程中,得到不少中肯的意见。特别感谢计量专家叶德培对书稿中有关计量内容的审改。

由于水平有限,书中不妥之处在所难免,敬请读者和专家批评指正。

薛大同

2019年9月于兰州

关于知识点、符号、单位、表达式、标记、缩略语的说明

可应用于空间微重力测量技术之外的知识点(摘选)

知识点	所在位置
非惯性参考系中的惯性力	1.1 节
测地线	1.5.3 节
倍频程、三分之一倍频程、六十九分之一倍频程	2.2.2.5 节第(2)条
现代大气模式	2.3.2 节
确定气体的流动领域	2.3.6 节
潮汐力引起的加速度	2.4 节
计量术语常见的混淆现象辨析	4.1.3 节
用重力场翻滚试验+Fourier 系数法分离加速度计模型方程各项系数	4.2.3.2 节
重力场翻滚试验角度随机误差引起的加速度测量误差	4.2.3.3 节
噪声的定义与特性	5.1 节
对采样定理的理解	5.2 节
有限离散 Fourier 变换公式	5.4 节
工程上采用的频谱类别及其选择原则	5.7 节
频域分析法求信号的方均根值(Parseval 定理)	5.9.3.2 节
使用相干性检测传感器的噪声基底	5.9.4 节
用加速度计检测振动位移随时间变化需要解决的问题	5.9.5 节
1 阶 1 位 Δ-Σ ADC	7.1.2 节
sinc 滤波器原理(含时域响应函数)	7.1.3 节
有限离散 sinc 滤波器(含时域响应函数)	7.1.4 节
数字抽取滤波器的实现手段	7.1.5 节
单纯过采样 ADC 的量化噪声	7.2.2 节
采用量化噪声整形的 1 位 Δ-Σ ADC 及其量化噪声	7.2.3 节
采用量化噪声整形的 M 阶 B 位 Δ-Σ ADC 及其量化噪声	7.2.4 节

不常见的数学符号

D 方差记号

E 数学期望记号

ent x 小于或等于 x 的最大整数

grad 梯度符号

J_0 零阶 Bessel 函数

rect(x)

矩形函数：$\mathrm{rect}(x)=\begin{cases}1, & |x|<\frac{1}{2}\\ \frac{1}{2}, & |x|=\frac{1}{2}\\ 0, & |x|>\frac{1}{2}\end{cases}$

sinc(x)

归一化 sinc 函数：$\mathrm{sinc}\ (x)=\begin{cases}\frac{\mathrm{sinc}\ (\pi x)}{\pi x}, & x\neq 0\\ 1, & x=0\end{cases}$

非归一化 sinc 函数：$\mathrm{sinc}\ (x)=\begin{cases}\frac{\mathrm{sinc}\ (x)}{x}, & x\neq 0\\ 1, & x=0\end{cases}$

$\boldsymbol{A}^{\mathrm{T}}$ 矩阵 $\boldsymbol{A}$ 的转置矩阵，$(\boldsymbol{A}^{\mathrm{T}})_{ik}=\boldsymbol{A}_{ki}$

$\boldsymbol{C}^{-1}$ 方阵 $\boldsymbol{C}$ 的逆矩阵，$\boldsymbol{C}\boldsymbol{C}^{-1}=\boldsymbol{C}^{-1}\boldsymbol{C}=\boldsymbol{E}$（$\boldsymbol{E}$ 为单位矩阵，单位矩阵为主对角线的元素均为 1，主对角线以外的元素均为 0 的方阵）

$\boldsymbol{\nabla}$ 哈密顿算子（Hamiltonian，也称矢量微分算子，“$\boldsymbol{\nabla}$”读作 nabla）：$\boldsymbol{\nabla}=\boldsymbol{e}_x\frac{\partial}{\partial x}+\boldsymbol{e}_y\frac{\partial}{\partial y}+\boldsymbol{e}_z\frac{\partial}{\partial z}$，其中 $\boldsymbol{e}_x$，$\boldsymbol{e}_y$，$\boldsymbol{e}_z$ 分别为在地心空间直角坐标系 x，y，z 轴方向的单位矢量

$\boldsymbol{\nabla}\ \boldsymbol{\nabla}V$ V 的二阶导数，s^{-2}

$\|\boldsymbol{x}\|_2$ n 维向量 $\boldsymbol{x}=[x_1\quad x_2\quad \cdots\quad x_n]^{\mathrm{T}}$ 的 2-范数：$\|\boldsymbol{x}\|_2=\sqrt{{x_1}^2+{x_2}^2+\cdots+{x_n}^2}$

不常见的单位

b bit（复数用 bits），比特（二进制信息单位）

Byte[①] 字节（复数用 Bytes），1 Byte＝8 b

cal_{15} 15 ℃卡，使 1 g 无空气的纯水在 101.325 kPa 恒定压力下，温度从 14.5 ℃升

① 人们也常用“B”作为字节的单位，本书之所以不采用这种做法，是因为这种做法会与 2 进制数字之后的 2 进制标记“B”相混淆。

	高到 15.5 ℃所需的热量，1 cal_{15} = 4.185 5 J
cd	candela，坎[德拉]（坎德拉是一光源在给定方向上的发光强度，该光源发出频率为 540×10^{12} Hz 的单色辐射，且在此方向上的辐射强度为 1/683 W/sr）
dB	一种以对数函数表示两个信号相对功率水平之间差异的度量单位。dB 是 decibel（分贝）的缩写，最初用 Bel（贝尔）度量两个信号相对功率水平之间的差异，其值为这两个信号功率比的以 10 为底的对数，而 decibel 是 Bel 的 1/10。式（6－1）给出了 dB 数的计算方法
dBFS	以正弦波输入信号的峰-峰值正好与 ADC 的峰-峰值相同为 0 dB
dec	十倍频程（词头 dec-的含义是十，Decade 的基本含义是十个一组的物品，转意为十进，再转意为十倍频程）
E	Eötvös 的简写，重力梯度单位，以匈牙利物理学家 R. Eötvös 的姓氏命名，1 E = 1×10^{-9} m·s^{-2}/m，即 1 mE = 1×10^{-10} Gal/s
Gal	伽，CGS 制重力加速度单位，以意大利物理学家 Galileo Galilei[通行称其名 Galileo（伽利略），而非 Galilei（伽利莱）]的名字命名，1 Gal = 1cm/s^2，即 1 mGal = 1×10^{-5} m/s^2
Gi	吉比，二进制倍数词头，1 Gi = $(2^{10})^3$ = 1 073 741 824
$g_{\rm local}$	以当地重力加速度作为加速度的度量单位
$g_{\rm n}$	以标准自由落体加速度 $g_{\rm n}$ = 9.806 65 m/s^2 作为加速度的度量单位
i	MATLAB 软件中的虚数单位，i = $\sqrt{-1}$
j	虚数单位，j = $\sqrt{-1}$
ki	千比，二进制倍数词头，1 ki = $(2^{10})^1$ = 1 024
lp	靶标像的线对
oct	倍频程（词头 oct-的含义是八，octave 的基本含义是八个一组的物品，转意为高八度的音，即频率为两倍的音，再转意为倍频程）
r	ring，圈
Sps	Sampling per second，每秒的采样次数
sr	球面度（立体角的单位，球内任意一点所张的立体角为 4π sr）
U	观测量的单位或输出量的单位

不常见的表达式

数值方程式：数值方程式与所选用的单位有关，式中的物理量符号均用大括号括起来，并用下标注明其单位。

用一个逗号左右分列：逗号以右所列表达式为逗号以左所列表达式得以成立的条件。

用多个逗号横向分列的几个表达式：各个逗号间所列表达式属于同一类，为并列关系。

半角格式逗号的使用

遇到阿拉伯数字、外文字母、物理量符号、表达式等并列时，其间用半角格式逗号。

不常见的标记

B	2进制(Binary)数字之后的2进制标记。2进制数字系统也称为基2(base 2)数字系统,它只使用数字0和1,2进制数4位构成一个16进制数,从0000 B至1111 B,为了表达清晰,16进制数间留一空隙
H	16进制(Hexadecimal)数字之后的16进制标记。16进制数字系统也称为基16(base 16)数字系统,包含0,1,2,3,4,5,6,7,8,9,A,B,C,D,E,F共16个数字,数字A到F代表基10的数字10到15。16进制数2位构成一字节,从00 H至FF H,为了表达清晰,字节间留一空隙
#	代表奇校验位,即保证2进制累加值(含标识和奇校验)共有奇数个1

多章共用的缩略语

ADC	Analog-to-Digital Converter,模-数转换器
AIAA	American Institute of Aeronautics and Astronautics,美国航空航天学会
ANSI	American National Standards Institute,美国国家标准学会
BIOS	Basic Input Output System,基本输入输出系统
BJT	Bipolar Junction Type Transistor,双极结型晶体管
CA	California,加利福尼亚州(美国)
CD	Compact Disc,光盘
CERN	原称为Conseil Européen pour la Recherche Nucléaire,现称为Organisation Européenne pour la Recherche Nucléaire(法语)、European Organization for Nuclear Research(英语),欧洲核子研究组织
CGCS2000	China Geodetic Coordinate System 2000,2000中国大地坐标系
CHAMP	Challenging Minisatellite Payload Satellite,具有挑选性的小卫星载荷卫星(德国的高低卫卫跟踪重力测量卫星)
COSPAR	Committee for Space Research,(国际)空间研究委员会
DAC	Digital-to-Analog Converter,数-模转换器
DVA	Drive Voltage Amplifier,驱动电压放大器
EIGEN	European Improved Gravity field of the Earth by New techniques,欧洲用新技术改进了的地球重力场
EMC	Electro Magnetic Compatibility,电磁兼容性
ENOB	Effective Number of Bits,有效位数
ESA	European Space Agency,欧洲航天局
ESTEC	European Space Technonlogy Centre,欧洲航天技术中心
F2	第二发卫星
F3	第三发卫星
FES	Finite Element Solutions,有限元解

FES 2004	2004 有限元解海洋潮汐模型
FESG	Forschungseinrichtung Satellitengeodäsie，卫星测地研究机构(慕尼黑技术大学内的一个联合研究中心)
FET	Field Effect Transistor，场效应晶体管
FF	Free Flyer，无飞行员
FFT	Fast Fourier Transform，快速 Fourier 变换
FIR	Finite Impulse Response，有限冲激响应
FOPDT	Firs Order Plus Delay Time，1 阶惯性加纯滞后
FSW－1	第一代返回式摄影测绘卫星(中国)
FSW－2	第二代返回式国土普查卫星(中国)
GB	中华人民共和国国家标准
GFZ	GeoForschungZentrum，地球研究中心(德国)
GJB	中华人民共和国国家军用标准
GL04C	GRACE- and LAGEOS-Based High-Resolution Combination Gravity Field Model 2004，2004 基于 GRACE 和 LAGEOS 的高分辨力组合重力场模型
GOCE	Gravity Field and Steady-State Ocean Circulation Explorer Satellite，重力场和稳态洋流探测器卫星(欧空局的重力梯度测量卫星)
GPHYS	Gravitation and Fundamental Physics in Space，空间引力与基础物理
GPS	Global Positioning System，全球定位系统(美国)
GRACE	Gravity Recovery and Climate Experiment Satellite，重力恢复和气候实验卫星(美欧合作的低低卫卫跟踪重力测量卫星)
GREX	Gravitation and Experiments Meeting，引力和实验会议[受法国国家科学研究中心(Centre National de la Recherche Scientifique，CNRS)和意大利国家核物理学会(Istituto Nazionale di Fisica Nucleare，INFN)资助]
GRGS	Groupe de Recherches de Géodésie Spatiale，空间大地测量研究团队
IAC	International Astronautical Congress，国际宇航大会
IAF	International Astronautical Federation，国际宇航联合会
IAG	International Association of Geodesy，国际大地测量协会
IAPG	Institut für Astrunomische und Physikalische Geodäsie，天文与物理测地学院
IEEE	Institute for Electrical and Electronic Engineers，电气和电子工程师学会(美国)
IFFT	Inversion of the Fast Fourier Transform，快速 Fourier 逆变换
ISBN	International Standard Book Number，国际标准图书编号
JJF	中华人民共和国国家计量技术规范
JPL	Jet Propulsion Laboratory，喷气推进实验室(名义上隶属于加利福尼亚技术学院，实际直属 NASA)
LAGEOS	Laser-Ranged Geodynamics Satellite，激光测距地球动力学卫星(美国)

LEO	Low-Earth Orbit,近地轨道(轨道高度 h 低于 1 000 km 的轨道)
LISA	Laser Interferometer Space Antenna,激光干涉仪空间天线(美欧合作的首座空间引力波天文台,用于引力波探测)
LPCM	Linearity Pulse Code Modulation,线性脉冲编码调制
LS	Less Sensitive,欠灵敏
LSB	Least Significant Bit,最低有效位
MAMS	Microgravity Acceleration Measurement System,微重力加速度测量系统(NASA)
MESA	Miniature Electro-Static Accelerometer,微型静电加速度计
MHD	Magnetohydrodynamic,磁流体动力学的
MICRO-SCOPE	Micro-Satellite *à* Traînée Compensée pour l'Observation du Pricipe d'Équivalence,用于观察等效原理的阻力代偿微卫星(法国)
MSFC	Marshall Space Flight Center,Marshall 空间飞行中心(NASA)
MTQ	MagneticTorquer,磁力矩器
NASA	National Aeronautics and Space Administration,国家航空航天局(美国)
NIST	National Instituteof Standards and Technology,国家标准和技术研究所(美国)
NV	Nevada,内华达州(美国)
OARE	Orbital Acceleration Research Experiment,轨道加速度研究实验
ONERA	Office National d'Études et de Recherches Aérospatiales,国家航空航天工程研究局(法国)
OSR	Oversampling Ratio,过采样比
OTOB	One Third Octave Band,三分之一倍频程频带
PC	Personal Computer,个人计算机
PCM	Pulse Code Modulation,脉冲编码调制
PID	Proportional-Integral-Differential,比例、积分、微分
PSD	Power Spectrum Density,功率谱密度
RMS	Root-Mean-Square,方均根
RSS	Root-Sum-of-Squares,方和根
SAMS	Space Acceleration Measurement System,空间加速度测量系统(NASA)
SGG	Satellite Gravity Gradient,卫星重力梯度
SNR	Signal Noise Ratio,信噪比
SST-LL	Satellite-to-Satellite Tracking in the Low-Low Mode,低轨卫星跟踪低轨卫星
STAR	Space Triaxis Accelerometer for Research,用于研究的空间三轴加速度计(法国)
STS	Space Transportation System,空间运输系统,即航天飞机(NASA)
SuperSTAR	Super Space Triaxis Accelerometer for Research,用于研究的特级空间三轴加速度计

TM	Technical Memorandum,技术备忘录(一种 NASA 报告)
TP	Technical Publication,技术出版物(一种 NASA 报告)
TSH	Triaxial Sensor Head,三轴传感器头
TUM	Technische Universität München,慕尼黑技术大学
UK	United Kingdom,英国
ULE	Ultra Low Expansion Coefficient Material,极低膨胀系数材料,它是一种钛玻璃陶瓷材料
US	Ultra Sensitive,超灵敏
USA	United States of America,美利坚合众国
UTCSR	University of Texas Center for Space Reserch,德克萨斯大学空间研究中心
WGS84	World Geodetic System 1984,1984 世界大地测量系统
ZARM	Zentrum für Angewandte Raumfahrttechnologie und Mikrogravitation, Center of Applied Space Technology and Microgravity,应用空间技术和微重力中心(隶属于德国 Bremen 大学)

目　录

第3篇　瞬态和振动加速度测量

第 4 篇　准稳态加速度测量

附　　录

导　言

导言独有的缩略语

DNA　　Deoxyribonucleic Acid,脱氧核糖核酸

空间微重力一般作为航天器面临的诸多环境之一,然而,航天器中的微重力环境并不是空间的自然环境,而是航天器在轨自主飞行时产生的诱发环境[1]。

航天器面临的环境及相应的效应或用途如表 0-1 所示。

表 0-1　航天器面临的环境及相应的效应或用途(部分参考文献[2-3])

航天器面临的环境	效应或用途	受影响的轨道高度			
		低	中	地球同步	行星际飞行
太阳辐射与空间冷背景	太阳电池构成航天器最重要的一次能源	√	√	√	√
	紫外辐射对航天器材料造成损伤	√	√	√	√
	航天器向阳面、背阳面造成温度起伏	√	√	√	√
	航天器进出地球阴影造成温度起伏	√	√	√	—
	利用空间冷背景实现辐射致冷(太阳同步轨道)	√	—	—	√
流星体	与航天器有低的碰撞概率,造成机械损伤	√	√	√	√
宇宙线或辐射带	对航天器材料、器件、太阳电池、航天员等产生辐射损伤	√	√	√	√
	高能质子和重离子诱发单粒子事件,使微电子器件受到软损伤或硬损伤,诱导生物体 DNA 产生变异	√	√	√	√
真空与高层大气	极高真空引起冷焊	—	—	√	√
	真空增加摩擦、摩损	√	√	√	√
	不再存在气体对流散热和气体传导散热	√	√	√	√
	真空使航天器材料因出气、蒸发、升华而造成质量损失并可能对敏感表面形成污染	√	√	√	√
	大气分子对航天器形成阻力,影响轨道	√	—	—	—
	氧原子成分引起航天器表面化学腐蚀与剥离	√	—	—	—
地磁场与磁层扰动	磁层扰动时从磁尾注入的高温等离子体引起航天器表面和深层介质充放电,导致航天器内产生电磁干扰引发航天器故障	√(极区)	—	√	—
	对航天器姿态产生干扰力矩,但也可以用磁力矩器控制航天器姿态	√	有影响	影响弱	无影响

续 表

航天器面临的环境	效应或用途	受影响的轨道高度			
		低	中	地球同步	行星际飞行
空间碎片	与航天器碰撞，造成机械损伤	√	—	√	—
失重与空间微重力	物体处于自由漂移状态	√	√	√	√
	不再存在自然对流散热	√	√	√	√
	流体中的浮力对流、静水压和沉降现象大为减弱，用以进行材料科学、生命科学、流体科学试验	√	—	—	—

我们知道，要使航天器绕地球作轨道飞行，其飞行速度必须达到第一宇宙速度，即大约为 7.9 km/s[4]。表 0-1 所示各种环境及相应的效应中，与这一飞行速度密切相关的有：

(1)大气分子对航天器的阻力[5]。高层大气虽然稀薄，但大气阻力与飞行速度的平方成正比，因而对于低轨道航天器，大气阻力对轨道的影响是不可以忽略的。

(2)氧原子对航天器表面的化学腐蚀与剥离[2,6]。氧原子本身是一种强氧化剂，具有很强的腐蚀作用；8 km/s 的飞行速度使撞击的氧原子具有 5 eV 的能量，相当于 60 000 K 的高温；对于 200 km 高度的航天器，8 km/s 的飞行速度使撞击的氧原子的束流密度达到 10^{15} 个/(cm^2 · s)，因此，氧原子对低轨道航天器部分材料表面的危害比其他因素(热真空、紫外辐照、冷热交变、微流星等)要严重。

(3)空间碎片对航天器表面造成的机械损伤[2]。空间碎片又称空间垃圾，是指废弃的航天器及其残骸因爆炸或碰撞而产生的碎片。随着人类航天活动日益频繁，空间碎片的数量不断增多，它们也以 8 km/s 的速度飞行，但飞行方向因轨道不同而各异，因此，航天器与空间碎片的相对速度从相对静止到 16 km/s 都存在。

(4)空间微重力。航天器发射升空需要很大的推力，但是一旦到达预定轨道，主推进器即行关闭，航天器进入自主飞行阶段。这时，航天器只在调整姿态时启动姿态推进器，在机动飞行(变轨、轨道维持)时启动轨控推进器，即航天器基本处于自由漂移状态，就像自由落体一样，因而出现失重状态。对于绕地球作圆轨道飞行的航天器而言，之所以不坠落地面，是由于地球引力与惯性离心力相平衡的缘故，即航天器绕地球作轨道飞行时具有第一宇宙速度。这时，航天器还受到各种微重力干扰，包括[7]：

1)对于三轴稳定对地定向的航天器而言，偏离质心处，存在重力梯度和离心力导致的潮汐力；

2)偏离质心处由于航天器绕质心旋转，引起附加的离心力和切向力；

3)物体相对航天器的运动诱导出 Coriolis 力；

4)大气阻力和较小程度上的太阳辐射压产生质心的准定常加速度；

5)姿态控制和轨道机动时推进器工作等操作活动引起附加的瞬变外力；

6)机械部件运动、宇航员活动等引起航天器内部质量分布的变化，产生内力；

7)所有瞬变力导致航天器产生结构动力响应。

因此，航天器不是处于完全的失重状态，而是处于微重力状态。所以我们说：航天器中的微重力环境并不是空间的自然环境，而是航天器在轨自主飞行时产生的诱发环境。

导言阐明的主要论点

(1)微重力环境并不是空间的自然环境,而是航天器在轨自主飞行时产生的诱发环境。

(2)航天器到达预定轨道后,进入自主飞行阶段,基本处于自由漂移状态,但还受到各种微重力干扰。

参考文献

[1] 朱毅麟. 正确认识微重力[J]. 国际太空,2002(2):24-26.

[2] 都亨,叶宗海. 低轨道航天器空间环境手册[M]. 北京:国防工业出版社,1996.

[3] 姜景山. 空间科学与应用[M]. 北京:科学出版社,2001.

[4] 中国大百科全书总编辑委员会《航空航天》编辑委员会. 宇宙速度[M/CD]//中国大百科全书:航空航天. 北京:中国大百科全书出版社,1985.

[5] 李庆海,崔春芳. 卫星大地测量原理[M]. 北京:测绘出版社,1989.

[6] 薛大同. 中国星船材料空间效应数据手册[DS]. 兰州:航天工业总公司五院五一〇研究所,1998.

[7] 瓦尔特. 空间流体科学与空间材料科学[M]. 葛培文,王景涛,等译. 北京:中国科学技术出版社,1991.

第 1 篇　空间微重力概述

第 1 章　空间微重力动力学

本章的物理量符号

a	长半轴,m
$\boldsymbol{a}_{\mathrm{C}}$	质点的 Coriolis 加速度矢量,$\mathrm{m/s^2}$
$\boldsymbol{a}_{\mathrm{drag}}$	卫星受到的拖曳加速度矢量,$\mathrm{m/s^2}$
a_{E}	地球长半轴,WGS84 参考椭球定义的 $a_{\mathrm{E}}=6.378\ 137\ 0\times10^{6}\ \mathrm{m}$
a_{ES}	地球朝向太阳的加速度,$\mathrm{m/s^2}$
a_{MS}	月球朝向太阳的加速度,$\mathrm{m/s^2}$
a_{nd}	坐标系 $OSTW$ 原点沿椭圆轨道绕曲率中心公转形成的法向加速度,$\mathrm{m/s^2}$
$\boldsymbol{a}_{\mathrm{r}}$	质点对非惯性参考系的相对加速度矢量,$\mathrm{m/s^2}$
$\boldsymbol{a}_{\mathrm{s}}$	自由落体的绝对加速度矢量,$\mathrm{m/s^2}$
a_{S}	地球和月球朝向太阳的平均加速度,$\mathrm{m/s^2}$
$\boldsymbol{a}_{\mathrm{t}}$	质点在非惯性参考系中得到的输运加速度矢量,$\mathrm{m/s^2}$
a_{td}	坐标系 $OSTW$ 原点沿椭圆轨道绕曲率中心公转形成的切向加速度,$\mathrm{m/s^2}$
$\boldsymbol{a}_{\mathrm{tran}}$	微加速度仪表所在位置受到的瞬态加速度矢量,$\mathrm{m/s^2}$
$\boldsymbol{a}_{\mathrm{vib}}$	微加速度仪表所在位置受到的振动加速度矢量,$\mathrm{m/s^2}$
b	短半轴,m
e	偏心率,无量纲
$\boldsymbol{e}_x$	地心空间直角坐标系 x 轴方向的单位矢量
$\boldsymbol{e}_y$	地心空间直角坐标系 y 轴方向的单位矢量
$\boldsymbol{e}_z$	地心空间直角坐标系 z 轴方向的单位矢量
$\boldsymbol{F}$	除引力和惯性力之外所有其他作用在质点上的力(包括支持力)之矢量和(以下简称外力),支持力矢量,N
f	半焦距,m
$\boldsymbol{F}_{\mathrm{gr}}$	地球对质点的引力矢量,N
G	引力常数,CODATA 2014 年推荐值 $G=(6.674\ 08\pm0.000\ 31)\times10^{-11}\ \mathrm{N\cdot m^2/kg^2}$
$\boldsymbol{g}$	重力加速度(Acceleration of Gravity)矢量,$\mathrm{m/s^2}$
$\boldsymbol{g}_{\mathrm{f}}$	质点所在位置的地球引力场强度矢量,$\mathrm{m/s^2}$
$\boldsymbol{g}_{\mathrm{fs}}$	在非惯性参考系原点(一般指卫星质心)处的地球引力场强度矢量,$\mathrm{m/s^2}$
g_{local}	当地重力加速度,$\mathrm{m/s^2}$
GM	地球的地心引力常数,WGS84 参考椭球定义的 $GM=3.986\ 004\ 418\times10^{14}\ \mathrm{m^3/s^2}$(包括地球大气质量)

g_n	标准自由落体加速度，即北纬45°的海平面上的重力加速度：$g_n = 9.806\ 65\ m/s^2$
$\boldsymbol{I}_C$	质点在非惯性参考系中受到的 Coriolis 惯性力矢量，N
$\boldsymbol{I}_{cf}$	物体在地固系中得到的惯性离心力矢量，N
$\boldsymbol{I}_t$	质点在非惯性参考系中受到的输运惯性力矢量，N
m	质点的质量，物体质量，kg
$\boldsymbol{M}$	引力梯度张量，s^{-2}
M	地球质量：$M = 5.972\ 37 \times 10^{24}$ kg
$\boldsymbol{P}$	重力矢量，N
p	焦点参数，m
r	曲率半径，m
t	时间，s
V_O	非惯性参考系原点（即卫星质心）处的地球引力位，m^2/s^2
$\boldsymbol{v}_s$	非惯性参考系原点的运动速度矢量，m/s
v_s	卫星飞行速度，m/s
$\boldsymbol{v}_r$	质点对非惯性参考系的相对速度矢量，物体对地球的相对速度矢量，m/s
V_ρ	质点所在位置的地球引力位，m^2/s^2
$\boldsymbol{W}$	物体的重量矢量，N
Δa_{CD}	由于与组成有关的相互作用引起地球和月球朝向太阳的加速度之差，m/s^2
Δa_{LLR}	地球和月球朝向太阳的加速度之差，m/s^2
Δa_{SEP}	由于违背强等效原理引起地球和月球朝向太阳的加速度之差，m/s^2
η	真近点角，rad
η_{SEP}	强等效原理参数，无量纲
θ	卫星沿轨道运动方向偏离焦点半径正交方向的角度，rad
$\boldsymbol{\rho}$	质点所在位置相对非惯性参考系原点的矢径，从地球中心到物体所在处的矢径，m
ρ	$\boldsymbol{\rho}$ 的模，焦点半径，m
$\boldsymbol{\omega}$	非惯性参考系绕原点自转的角速度矢量，rad/s
$\boldsymbol{\omega}_E$	地球在惯性空间的自转角速度矢量，WGS84 参考椭球定义其模 $\omega_E = 7.292\ 115\ 0 \times 10^{-5}$ rad/s
ω_{EP}	检验等效原理所使用的角速率，rad/s
ω_{orbit}	卫星绕地球公转的角速率，rad/s
ω_{spin}	卫星绕自身质心自转的角速率，rad/s

本章独有的缩略语

CNES	Centre National d'Études Spatiales，国家空间研究中心（法国）
CODATA	Committee on Data for Science and Technology，科学技术数据委员会，国际科学协会理事会的下属机构
LLR	Luna Laser Ranging，月球激光测距
SEP	Strong Equivalence Principle，强等效原理

本章将从质点运动的动力学方程出发，由重力与重力加速度、零重力与微小的重力加速度、重量讨论到失重，并由此引出微重力与微重力加速度。

1.1　质点运动的动力学方程

我们讨论质点在地球表面及附近空间的运动。我们知道，质点在非惯性参考系中相对运动的基本动力学方程为[1]

$$m\boldsymbol{a}_{\mathrm{r}}=\boldsymbol{F}+\boldsymbol{F}_{\mathrm{gr}}+\boldsymbol{I}_{\mathrm{t}}+\boldsymbol{I}_{\mathrm{C}} \tag{1-1}$$

式中　m —— 质点的质量，kg；

$\boldsymbol{a}_{\mathrm{r}}$ —— 质点对非惯性参考系的相对加速度矢量，$\mathrm{m/s^2}$；

$\boldsymbol{F}_{\mathrm{gr}}$ —— 地球对质点的引力矢量，N；

$\boldsymbol{I}_{\mathrm{t}}$ —— 质点在非惯性参考系中受到的输运惯性力矢量，N；

$\boldsymbol{I}_{\mathrm{C}}$ —— 质点在非惯性参考系中受到的 Coriolis 惯性力矢量，N；

$\boldsymbol{F}$ —— 除引力和惯性力之外所有其他作用在质点上的力（包括支持力）之矢量和（以下简称外力），N。

式(1-1) 中地球对质点的引力是由地球建立的引力场传递的（实际观测到的还有其他天体对质点的引力以及质点附近物体对质点的引力），而引力场的明显特点是置于这个场中的质点要受到与质点的质量成正比的力的作用，可表示为

$$\boldsymbol{F}_{\mathrm{gr}}=m\boldsymbol{g}_{\mathrm{f}} \tag{1-2}$$

式中　$\boldsymbol{g}_{\mathrm{f}}$ —— 质点所在位置的地球引力场强度矢量，$\mathrm{m/s^2}$。

式(1-1) 中的输运惯性力表示为[1]

$$\boldsymbol{I}_{\mathrm{t}}=-m\boldsymbol{a}_{\mathrm{t}} \tag{1-3}$$

式中　$\boldsymbol{a}_{\mathrm{t}}$ —— 质点在非惯性参考系中得到的输运加速度矢量，$\mathrm{m/s^2}$。

质点在非惯性参考系中得到的输运加速度即质点当时所处非惯性参考系位置（刚性固定于该参考系中）的绝对加速度[1]，它不包括质点对非惯性参考系的相对加速度。输运加速度包括三部分：非惯性参考系原点的绝对加速度、质点所处位置随非惯性参考系自转形成的切向加速度和法向加速度，可表示为[1]

$$\boldsymbol{a}_{\mathrm{t}}=\frac{\mathrm{d}\boldsymbol{v}_{\mathrm{s}}}{\mathrm{d}t}+\frac{\mathrm{d}\boldsymbol{\omega}}{\mathrm{d}t}\times\boldsymbol{\rho}+\boldsymbol{\omega}\times(\boldsymbol{\omega}\times\boldsymbol{\rho}) \tag{1-4}$$

式中　$\boldsymbol{v}_{\mathrm{s}}$ —— 非惯性参考系原点的运动速度矢量，m/s；

t —— 时间，s；

$\boldsymbol{\omega}$ —— 非惯性参考系绕原点自转的角速度矢量，rad/s；

$\boldsymbol{\rho}$ —— 质点所在位置相对非惯性参考系原点的矢径，m。

式(1-1) 中 Coriolis 惯性力可表示为[1]

$$\boldsymbol{I}_{\mathrm{C}}=-m\boldsymbol{a}_{\mathrm{C}} \tag{1-5}$$

式中　$\boldsymbol{a}_{\mathrm{C}}$ —— 质点的 Coriolis 加速度矢量，$\mathrm{m/s^2}$。

并有[1]

$$\boldsymbol{a}_{\mathrm{C}}=2(\boldsymbol{\omega}\times\boldsymbol{v}_{\mathrm{r}}) \tag{1-6}$$

式中　$\boldsymbol{v}_{\mathrm{r}}$ —— 质点对非惯性参考系的相对速度矢量，m/s。

将式(1-2) ～ 式(1-6) 代入式(1-1)，得到

$$m\boldsymbol{a}_{\mathrm{r}}=\boldsymbol{F}+m\boldsymbol{g}_{\mathrm{f}}-m\left[\frac{\mathrm{d}\boldsymbol{v}_{\mathrm{s}}}{\mathrm{d}t}+\frac{\mathrm{d}\boldsymbol{\omega}}{\mathrm{d}t}\times\boldsymbol{\rho}+\boldsymbol{\omega}\times(\boldsymbol{\omega}\times\boldsymbol{\rho})+2(\boldsymbol{\omega}\times\boldsymbol{v}_{\mathrm{r}})\right] \tag{1-7}$$

式(1-7)即为质点在非惯性参考系中相对运动的基本动力学方程。

1.2 重力与重力加速度

讨论重力(Gravity)时涉及物体在与地球固定的参考系(以下简称地固系)中的相对运动。为了避免混淆,式(1-7)中的 $\boldsymbol{\omega}$ 改称为 $\boldsymbol{\omega}_{\mathrm{E}}$。不考虑地球公转和其他天体对地球的摄动,且近似认为地球以匀角速度自转,因而

$$\frac{\mathrm{d}\boldsymbol{v}_{\mathrm{s}}}{\mathrm{d}t}=\boldsymbol{0} \tag{1-8}$$

$$\frac{\mathrm{d}\boldsymbol{\omega}_{\mathrm{E}}}{\mathrm{d}t}=\boldsymbol{0} \tag{1-9}$$

于是式(1-7)变为

$$m\boldsymbol{a}_{\mathrm{r}}=\boldsymbol{F}+m\boldsymbol{g}_{\mathrm{f}}-m[\boldsymbol{\omega}_{\mathrm{E}}\times(\boldsymbol{\omega}_{\mathrm{E}}\times\boldsymbol{\rho})]-2m(\boldsymbol{\omega}_{\mathrm{E}}\times\boldsymbol{v}_{\mathrm{r}}) \tag{1-10}$$

式中 m —— 物体质量,kg;

$\boldsymbol{\omega}_{\mathrm{E}}$ —— 地球在惯性空间的自转角速度矢量,WGS84 参考椭球定义其模 $\omega_{\mathrm{E}}=7.292\ 115\ 0\times10^{-5}$ rad/s[2];

$\boldsymbol{\rho}$ —— 从地球中心到物体所在处的矢径,m;

$\boldsymbol{v}_r$ —— 物体对地球的相对速度矢量,m/s。

式(1-10)将式(1-7)中的质点改称为物体。由于一般所考虑物体的尺度与地球的尺度相比都极其渺小,因此讨论重力时不必考虑物体不同位置质点的行为有何差异。

式(1-10)等号右端除外力和 Coriolis 惯性力之外的其余两项合称为重力:

$$\boldsymbol{P}=m\boldsymbol{g}_{\mathrm{f}}-m[\boldsymbol{\omega}_{\mathrm{E}}\times(\boldsymbol{\omega}_{\mathrm{E}}\times\boldsymbol{\rho})] \tag{1-11}$$

式中 $\boldsymbol{P}$ —— 重力矢量,N。

式(1-4)等号右端第三项为物体在地固系中得到的法向加速度,与之相应,式(1-11)等号右端第二项称为物体在地固系中得到的惯性离心力矢量,并表示为

$$\boldsymbol{I}_{\mathrm{cf}}=-m[\boldsymbol{\omega}_{\mathrm{E}}\times(\boldsymbol{\omega}_{\mathrm{E}}\times\boldsymbol{\rho})] \tag{1-12}$$

式中 $\boldsymbol{I}_{\mathrm{cf}}$ —— 物体在地固系中得到的惯性离心力矢量,N。

将式(1-2)和式(1-12)代入式(1-11),得到[1]

$$\boldsymbol{P}=\boldsymbol{F}_{\mathrm{gr}}+\boldsymbol{I}_{\mathrm{cf}} \tag{1-13}$$

式(1-13)表明,物体的重力定义为地球对该物体的引力和地球自转产生的惯性离心力的矢量和[1]。

作为一级近似,认为地球的质量具有球对称分布,有

$$\boldsymbol{g}_{\mathrm{f}}=-\frac{GM}{\rho^3}\boldsymbol{\rho} \tag{1-14}$$

式中 G —— 引力常数,CODATA 2014 年推荐值 $G=(6.674\ 08\pm0.000\ 31)\times10^{-11}$ $\mathrm{N\cdot m^2/kg^2}$[3];

M —— 地球质量:$M=5.972\ 37\times10^{24}$ kg[4];

GM —— 地球的地心引力常数,WGS84 参考椭球定义的 $GM=3.986\ 004\ 418\times10^{14}$

m^3/s^2(包括地球大气质量)[2]；

ρ ——$\boldsymbol{\rho}$ 的模，m。

将式(1-14)代入式(1-11)，得到[1]

$$\boldsymbol{P}=-m\frac{GM}{\rho^3}\boldsymbol{\rho}-m[\boldsymbol{\omega}_{\mathrm{E}}\times(\boldsymbol{\omega}_{\mathrm{E}}\times\boldsymbol{\rho})] \tag{1-15}$$

式(1-15)表明：

(1) 确定质量的物体所受到的重力大小和方向单一地取决于它所在的位置，符合文献[5]中条目“保守系统”对场力的定义，因此重力是场力；

(2) 重力所做的功与物体运动的路径无关，符合文献[6]中条目“保守力”的定义，因此重力是保守力；

(3) 重力与物体的质量成正比，而物体各部分质量之和等于该物体的总质量，因此重力是体积力。

需要说明的是，保守力不一定是体积力，例如，弹性力、静电力都是保守力，但却不是体积力。

式(1-15)是在式(1-14)所给出的一级近似下得到的，实际上，地球并非一个均匀的旋转圆球，它不仅有椭球度，而且表面有高山、河流、海洋，内部质量分布也不均匀。仅考虑椭球度得到的地球引力场强度称为正常引力加速度分量，而不均匀性部分称为扰动引力加速度分量(详见 23.3.3 节)，然而，不管实际情况有多复杂，上述三条结论并不受其影响。

式(1-15)可表示为[1]

$$\boldsymbol{P}=m\boldsymbol{g} \tag{1-16}$$

式中　$\boldsymbol{g}$ —— 重力加速度(Acceleration of Gravity)矢量，m/s^2。

将式(1-16)代入式(1-15)，得到

$$\boldsymbol{g}=-\frac{GM}{\rho^3}\boldsymbol{\rho}-[\boldsymbol{\omega}_{\mathrm{E}}\times(\boldsymbol{\omega}_{\mathrm{E}}\times\boldsymbol{\rho})] \tag{1-17}$$

式(1-17)表明，对地球上的指定地点，$\boldsymbol{g}$ 对所有物体是相同的，但 $\boldsymbol{g}$ 随地点而变。

人们常常把重力加速度的测量简称为重力测量，把重力加速度值简称为重力值，这意味着：“重力用重力加速度的值度量”。

重力值的法定计量单位为 m/s^2，国内各大城市的当地重力加速度 g_{local} 如表 1-1 所示[7]。

表 1-1　国内各大城市的重力值 g_{local}[7]

城市	$g_{\mathrm{local}}/(\mathrm{m\cdot s^{-2}})$	城市	$g_{\mathrm{local}}/(\mathrm{m\cdot s^{-2}})$
北京	9.801 47	重庆	9.791 36
上海	9.794 60	哈尔滨	9.806 55
天津	9.801 06	兰州	9.792 55
广州	9.788 34	拉萨	9.779 90
南京	9.794 95	乌鲁木齐	9.801 46
西安	9.794 41	齐齐哈尔	9.808 03
沈阳	9.803 49	福州	9.789 10

WGS84 参考椭球导出的理论(正常)重力平均值为 9.797 643 222 2 m/s^2,理论(正常)赤道重力为 9.780 325 335 9 m/s^2,理论(正常)极重力为 9.832 184 937 8 m/s^2[2]。

国际上公认以北纬 45°的海平面上的重力加速度 $g_n=9.806\ 65\ m/s^2$ 为标准自由落体加速度[8]。在加速度计采用重力场倾角进行性能测试的情况下,往往会用当地重力加速度 g_{local} 或标准自由落体加速度 g_n 作为加速度的制外度量单位,在本书中分别用 g_{local},g_n 表示。

1.3 零重力

式(1-17)表明,地面上赤道的重力加速度值比两极的小;重力加速度随高度增加而减小。然而,由式(1-17)可知,即使站在珠穆朗玛顶峰,甚至处于数百千米高的低轨道卫星上,这种减小仍然是个小量。为了得到微小的重力加速度,可行的方案只有一个,那就是离开地球,来到地球静止卫星轨道[9](赤道上空距地面的高度为 35 786 km 的圆形地球同步轨道)上。虽然由于轨道周期、圆度、倾角等偏差因素,太阳引力、月球引力、地球扁率、地球赤道不圆等保守力摄动因素,太阳光压、姿轨控、机械运动、结构振颤等非保守力摄动因素,卫星不可能真正静止;但如忽略这些偏差因素和摄动因素,并按天体动力学的二体问题处理,在理想情况下,可以认为卫星相对地球静止,从而符合"在与地球固定的参考系中"这一约束条件,即在沿地球静止轨道自由飞行的卫星质心处,地球引力与惯性离心力完全抵消,为零重力(Zero Gravity),$g=0$。

1.4 重量

讨论重量(Weight)时认为除引力、输运惯性力、支持力之外,物体受到其他作用力的合力为零,且物体相对非惯性参考系的速度为零,即物体与其支持物(或悬挂物)固定在进行重量测量的非惯性参考系上[1]。因此

$$\boldsymbol{v}_r=\boldsymbol{0} \tag{1-18}$$

$$\boldsymbol{a}_r=\boldsymbol{0} \tag{1-19}$$

于是式(1-7)变为

$$-\boldsymbol{F}=m\boldsymbol{g}_f-m\left[\frac{d\boldsymbol{v}_s}{dt}+\frac{d\boldsymbol{\omega}}{dt}\times\boldsymbol{\rho}+\boldsymbol{\omega}\times(\boldsymbol{\omega}\times\boldsymbol{\rho})\right] \tag{1-20}$$

式中 $\boldsymbol{F}$ —— 物体受到的支持力矢量,N。

由于物体的重量是作用在其支持物(或悬挂物)上的力[1],而物体受到的支持力为该力的反作用力;因此,物体的重量为

$$\boldsymbol{W}=-\boldsymbol{F} \tag{1-21}$$

式中 $\boldsymbol{W}$ —— 物体的重量矢量,N。

即

$$\boldsymbol{W}=m\boldsymbol{g}_f-m\left[\frac{d\boldsymbol{v}_s}{dt}+\frac{d\boldsymbol{\omega}}{dt}\times\boldsymbol{\rho}+\boldsymbol{\omega}\times(\boldsymbol{\omega}\times\boldsymbol{\rho})\right] \tag{1-22}$$

将式(1-2)~式(1-4)代入式(1-22),得到[1]

$$\boldsymbol{W}=\boldsymbol{F}_{gr}+\boldsymbol{I}_t \tag{1-23}$$

式(1－23) 表明，物体的重量是物体与其支持物(或悬挂物) 固定在一个非惯性参考系上，除引力、输运惯性力、支持力之外，物体受到其他作用力的合力为零时，物体作用在其支持物(或悬挂物) 上的力，其值等于地球对该物体的引力和该物体在非惯性参考系中受到的输运惯性力的矢量和。

1.5　失　　重

1.5.1　失重的动力学表达方式

重量为零的状态为失重(Weightlessness)。由于物体的重量是作用在其支持物(或悬挂物) 上的力，而物体受到的支持力为该力的反作用力，所以失重状态下物体受到的支持力为零。失重的动力学表达方式有两种：

(1) 由式(1－23) 可以得到，当重量为零时：

$$\boldsymbol{F}_{\mathrm{gr}} = -\boldsymbol{I}_{\mathrm{t}} \tag{1-24}$$

由式(1－24) 可知，如果物体与其支持物(或悬挂物) 固定在一个非惯性参考系上，除引力和输运惯性力之外，物体受到其他作用力的合力为零，且物体受到的引力与输运惯性力完全抵消，则物体处于失重状态。

(2) 由式(1－20) 可以得到，当支持力为零且 $\boldsymbol{\rho} = \boldsymbol{0}$ 时：

$$\boldsymbol{g}_{\mathrm{fs}} = \frac{\mathrm{d}\boldsymbol{v}_{\mathrm{s}}}{\mathrm{d}t} \tag{1-25}$$

式中　$\boldsymbol{g}_{\mathrm{fs}}$ —— 在非惯性参考系原点(一般指卫星质心) 处的地球引力场强度矢量，$\mathrm{m/s^2}$。

由式(1－25) 可知，在非惯性参考系原点处，若物体的绝对加速度等于地球在该处的引力场强度(实际还有其他天体对该物体的引力)，则该物体处于失重状态。

式(1－25) 将式(1－20) 中 $\boldsymbol{g}_{\mathrm{f}}$ 改写为 $\boldsymbol{g}_{\mathrm{fs}}$，是因为即使所研究对象的尺度仅为米级，也不能认为所研究对象处处均处于失重状态。

1.8 节指出，为了讨论各种微重力干扰产生的机制，人们往往选择这样的瞬间非惯性参考系：该非惯性参考系的原点处于卫星质心，且其绝对加速度仅由引力场的强度决定，即非惯性参考系在引力场中自由漂移。

卫星质心处如果不考虑各种非保守力摄动，则与上述瞬间非惯性参考系重合，处于失重状态。

需要说明的是，地球引力场非中心力项的摄动、日月引力摄动等保守力摄动会影响卫星的运行轨道，但对于卫星质心处是否处于失重状态没有影响。

1.3 节所述沿地球静止轨道自由飞行的卫星质心处，理想情况下忽略轨道周期、圆度、倾角等偏差因素，忽略非保守力摄动和保守力摄动，并按天体动力学的二体问题处理，可以认为卫星相对地球静止，地球引力与惯性离心力完全抵消，处于零重力状态，只是失重状态的一个特例。实际上，失重状态并不需要忽略保守力摄动，也不需要卫星处于地球静止轨道上，甚至不需要卫星处于圆轨道上。

1.5.2　失重的定义

我们知道，非失重状态下支持力不仅存在于不同物体之间，而且存在于物体内各部分之间，支持力在物体内各部分之间产生压力作用或者形变作用。失重状态下支持力等于零，地球对物体的引力与该物体在非惯性参考系中受到的输运惯性力相消，因而物体内各部分之间不再受到重量引起的压力作用或者形变作用。

结合 1.5.1 节的分析，失重的定义可以归纳表述为：失重状态是物体只受到引力作用而自由漂移时的状态。失重状态下物体的绝对加速度等于地球在该物体所处位置的引力场强度，物体内各部分之间不再受到重量引起的压力作用或者形变作用。

对失重的表述还可以简化为：质点的绝对加速度仅由引力场的强度决定时，该质点即处于失重状态。

物体处于失重状态的外部特征是处于自由漂移状态，内部特征是各部分之间不再受到重量引起的压力作用或者形变作用。对失重状态的检测离不开这些特征，对失重状态的利用离不开这些特征，对失重状态如何影响实验对象的分析离不开这些特征，对失重状态的模拟也建立在一定程度上接近这些特征的基础上。

例如，对于利用惯性检测原理制造的微加速度仪表来说，由于失重状态下检验质量(proof mass)和壳体均处于自由漂移状态，测出的加速度数值将为零，即测不出在引力场中自由漂移的非惯性坐标系的绝对加速度。

又如，失重状态下尽管物体存在一个与地球在该物体所处位置的引力场强度相等的绝对加速度，但由于物体各部分之间不再受到重量引起的压力作用或者形变作用，所以只要不受到其他物体的撞击，物体自身就不会受到这种绝对加速度的影响。

1.5.3 失重状态与等效原理之间的关系

失重状态与广义相对论有密切的关系。对失重状态的认识与分析推断出等效原理，而等效原理是广义相对论的基础之一。换个角度说，对“广义相对论·等效原理”的理解有助于深化对失重状态的认识。为此，我们引用著名物理学家W.泡利在经典著作《相对论》一书第Ⅳ编“广义相对论”中对等效原理所作的一般表述作为失重状态的经典总结[10](黑体字是原有的)：

“等效原理原来只是在**均匀**引力场的情况下提出的。对于一般的情形，等效原理可以作如下的表述：**对于每一个无限小的世界区域(在这样一个世界区域中，引力随空间和时间的变化可以忽略不计)，总存在一个坐标系$K_0(x_1, x_2, x_3, x_4)$，在这个坐标系中，引力既不影响粒子的运动，也不影响任何其他物理过程。**简言之，在一个无限小的世界区域中，每一个引力场可以被变换掉。我们可以设想用一个自由地飘浮的、充分小的匣子来作为定域坐标系统K_0的物理体现，这个匣子除受重力作用外，不受任何外力，并且在重力的作用下自由落下。

“显然这种‘变换掉’之所以可能是由于重力场具有这样的基本性质：它对所有物体都赋予相同的加速度；或者换一种说法，是由于引力质量总等于惯性质量的原故。……”

文献[11]指出，在缺失作用力的情况下(In absence of forces)①，任何物体在时空中沿径直可能路径移动，这种径直可能路径称之为测地线(geodesic)。其同时指出，引力场的存在引起时空扭曲，招致测地线弯曲。这一表述说明，失重状态下物体的自由漂移并非无迹可循的随意漂移，而是沿确定的轨迹移动，该轨迹称之为测地线。

① 由于引力不可能缺失，所以“缺失作用力”指的是“除引力外未受到其他作用力”。

1.6 失重状态示例

1.6.1 自由落体

我们把非惯性参考系原点建立在自由落体上。参照1.1节的叙述可知,现在 $\mathrm{d}\boldsymbol{v}_{\mathrm{s}}/\mathrm{d}t$ 为自由落体的绝对加速度,为更明确起见,表示为

$$\boldsymbol{a}_{\mathrm{s}}=\frac{\mathrm{d}\boldsymbol{v}_{\mathrm{s}}}{\mathrm{d}t} \tag{1-26}$$

式中 $\boldsymbol{a}_{\mathrm{s}}$ —— 自由落体的绝对加速度矢量,$\mathrm{m/s^2}$。

将式(1-25)代入式(1-26),得到

$$\boldsymbol{a}_{\mathrm{s}}=\boldsymbol{g}_{\mathrm{f}} \tag{1-27}$$

式(1-27)表明,自由落体的绝对加速度等于地球在自由落体上的引力场强度,处于失重状态。

式(1-27)将式(1-25)中 $\boldsymbol{g}_{\mathrm{fs}}$ 改回为 $\boldsymbol{g}_{\mathrm{f}}$,是表示对于自由落体而言,通常不考虑不同位置质点的行为有何差异。

1.6.2 无拖曳卫星依限制性二体问题绕地球沿椭圆轨道飞行

研究两个质点按万有引力定律相互吸引时的运动规律称为二体问题,当其中一个质点的质量远比另一个质点的质量小时,称为限制性二体问题[12]。长期保持失重状态的一个典型示例是采用惯性传感器模式对卫星实施无拖曳(Drag-Free)控制,其基本原理是:通过电容式传感器对标称位置悬浮于卫星质心的检验质量与包围它的电极笼间的相对位移和姿态进行检测,通过伺服反馈驱动微推力器抵偿卫星平台受到的非保守力,以维持检验质量悬浮于卫星质心处且卫星跟随检验质量一起沿着测地线运动,理想情况下处于失重状态①。当问题简化为限制性二体问题时,无拖曳卫星绕地球沿椭圆轨道飞行,如图1-1所示,地心位于椭圆轨道右边的焦点处,卫星的质心处于失重状态。取卫星(第二)轨道坐标系 $OSTW$[13](原点在卫星质心;OS 指向地心与卫星连线方向;OW 指向卫星轨道面正法线方向)② 作为非惯性参考系。图中 a 为长半轴,b 为短半轴,f

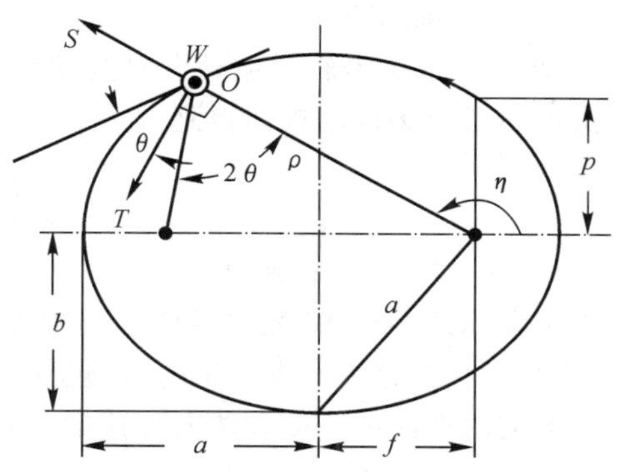

图1-1 椭圆轨道的参数

① 为了衰减卫星平台传递给检验质量的振动扰动,还需要采用加速度计模式对检验质量实施静电悬浮控制,其基本原理是:通过电容式传感器对检验质量与包围它的电极笼间的相对位移和姿态进行检测,通过伺服反馈向检验质量施加静电力以抵偿卫星平台传递给检验质量的振动扰动,从而实现检验质量的高微重力水平,同时避免检验质量与传感器的电报笼碰撞。

② GJB 1028A—2017《航天器坐标系》中没有与之对应的坐标系,此处“OS”与GJB 1028A—2017中“轨道坐标系 $O_{\mathrm{c}}x_0y_0z_0$”的“$O_{\mathrm{c}}z_0$”方向相反,“OW”与 $O_{\mathrm{c}}x_0y_0z_0$ 的“$O_{\mathrm{c}}y_0$”方向相反,但“OT”与 $O_{\mathrm{c}}x_0y_0z_0$ 的“$O_{\mathrm{c}}x_0$”方向相同。由于GJB 1028A—2017中注明“轨道坐标系的坐标轴指向可根据实际需要进行调整”,所以此处仍采用GJB 5083—2002《飞船坐标系》中的“(第二)轨道坐标系 $OSTW$”。

为半焦距，地心至近地点的射线称为极轴，地心至卫星质心的距离称为焦点半径 ρ，地心至卫星质心的射线称为卫星向径，极轴与卫星向径间的夹角称为真近点角 η，真近点角 90° 处的焦点半径称为焦点参数 p，θ 为卫星沿轨道运动方向偏离卫星向径正交方向的角度。

根据平面解析几何[14-15]，可得

$$f=\sqrt{a^2-b^2} \tag{1-28}$$

式中 f —— 半焦距，m；

a —— 长半轴，m；

b —— 短半轴，m。

$$e=\frac{f}{a} \tag{1-29}$$

式中 e —— 偏心率，无量纲。

$$p=a(1-e^2) \tag{1-30}$$

式中 p —— 焦点参数，m。

$$\rho=\frac{p}{1+e\cos\eta} \tag{1-31}$$

式中 ρ —— 焦点半径，m；

η —— 真近点角，rad。

$$r=\frac{p}{\cos^3\theta} \tag{1-32}$$

式中 r —— 曲率半径，m；

θ —— 卫星沿轨道运动方向偏离焦点半径正交方向的角度，rad。

由中心引力场运动规律得到[16]

$$v_s=\sqrt{\left(\frac{2}{\rho}-\frac{1}{a}\right)GM} \tag{1-33}$$

式中 v_s —— 卫星飞行速度，m/s。

由于坐标系 $OSTW$ 原点沿椭圆轨道绕地心公转，当不考虑地心的绝对加速度时，坐标系 $OSTW$ 原点的绝对加速度 $\mathrm{d}v_s/\mathrm{d}t$ 包括两部分：坐标系 $OSTW$ 原点沿椭圆轨道绕曲率中心公转形成的切向加速度和法向加速度。其中，切向加速度可表示为

$$a_{\mathrm{td}}=\frac{\mathrm{d}v_s}{\mathrm{d}t} \tag{1-34}$$

式中 a_{td} —— 坐标系 $OSTW$ 原点沿椭圆轨道绕曲率中心公转形成的切向加速度，m/s²。

法向加速度可表示为

$$a_{\mathrm{nd}}=\frac{v_s^2}{r} \tag{1-35}$$

式中 a_{nd} —— 坐标系 $OSTW$ 原点沿椭圆轨道绕曲率中心公转形成的法向加速度，m/s²。

将式(1-31)代入式(1-14)，得到卫星质心所在位置的地球引力场强度为

$$g_{\mathrm{f}}=\frac{(1+e\cos\eta)^2}{p^2}GM \tag{1-36}$$

近地点处 $\eta=0$，远地点处 $\eta=\pi$，由式(1-31)和式(1-33)可以得到，近地点的 v_s 达到极大值，远地点的 v_s 达到极小值，所以由式(1-34)可知，在近地点和远地点处，切向加速度为零。近地点处 $\eta=0,\theta=0$，远地点处 $\eta=\pi,\theta=0$，于是，由式(1-30)～式(1-33)及式(1-35)、式(1-36)得到

$$\left.\begin{aligned} a_{\mathrm{nd}} &= \frac{(1+e)^2}{p^2} GM \\ g_{\mathrm{f}} &= \frac{(1+e)^2}{p^2} GM \end{aligned}\right\},\quad \eta = 0 \tag{1-37}$$

$$\left.\begin{aligned} a_{\mathrm{nd}} &= \frac{(1-e)^2}{p^2} GM \\ g_{\mathrm{f}} &= \frac{(1-e)^2}{p^2} GM \end{aligned}\right\},\quad \eta = \pi \tag{1-38}$$

由式(1-37)和式(1-38)可以看到，在近地点和远地点处，坐标系 $OSTW$ 原点的绝对加速度等于地球在该处的引力场强度，处于失重状态。

由于无拖曳卫星的质心依限制性二体问题绕地球沿椭圆轨道飞行，就是依据卫星质心的绝对加速度等于地球在卫星质心处的引力场强度推导出来的，所以上述推导，实际上只是一种逆运算，或称为验证运算。在轨道的其他位置，这种验证运算较为复杂，但结果的正确性是毋庸置疑的。值得注意的是，式(1-35)等号右侧的分母必须采用曲率半径 r，而不是焦点半径 ρ。

对于其他圆锥曲线轨道，甚至非二体问题，即非圆锥曲线轨道，只要其余作用力为零，卫星处于自由飞行状态，其质心处仍应满足式(1-25)，即仍处于完全的失重状态。

理想情况下沿地球静止轨道自由飞行的卫星质心处，如 1.3 节所述，在与地球固定的参考系中相对地球静止，地球引力与惯性离心力完全抵消，为零重力状态；1.5 节指出，这种零重力状态只是失重状态的一个特例，更为普遍的是卫星质心处如果不考虑各种非保守力摄动，则与原点处于卫星质心且其绝对加速度仅由引力场的强度决定的瞬间非惯性参考系重合，处于失重状态，失重状态并不需要忽略保守力摄动，也不需要卫星处于地球静止轨道上，甚至不需要卫星处于圆轨道上。

由此可知，有些文献把零重力的含义拓宽，把所有情况下的失重状态称为零重力状态，这是十分错误的。依据式(1-17)，采用文献[2]所给 WGS84 参考椭球定义的地球长半轴 $a_{\mathrm{E}} = 6.378\ 137\ 0 \times 10^6$ m，1.2 节所给地球在惯性空间的自转角速度 $\omega_{\mathrm{E}} = 7.292\ 115\ 0 \times 10^{-5}$ rad/s 和地球的地心引力常数 $GM = 3.986\ 004\ 418 \times 10^{14}\ \mathrm{m^3/s^2}$(包括地球大气质量)，可以得到卫星飞抵以地球长半轴为基线 400 km 高度处的重力值为 8.712 m/s，而此时星下点的重力值为 9.832 $\mathrm{m/s^2}$，即重力值仅减少了 11.4%。因此，除了沿地球静止轨道自由飞行的卫星质心处外，其他情况下的失重状态并非零重力状态，失重与卫星离地球远近没有什么必然的联系。

1.7　关于失重状态的讨论

《中国大百科全书·航空航天》对失重的解释为[17]："物体在引力场中自由运动时有质量而不表现重量的一种状态。"《辞海》对失重的解释为[18]："物体由于地心引力而有重量，当同时受其他惯性力如离心力的作用时，若此力恰好抵消地心引力，就产生失重现象。"《现代物理学手册》对失重的解释为[1]："作用在力学系统上的外部引力场并不使系统内各部分之间产生压力作用或者形变作用的一种状态。"以上解释各有千秋。我们认为，解释中最好同时给出失重的条件和效果。

《物理大辞典》对失重状态的解释为[19]:"吸引力与离心力相抵消时所处的环境及感觉即为失重状态。……宇宙飞船离地球越远,飞船内的人的重量便越轻。"这一表述前半段不具有普适性,虽然失重状态是物体只受到引力作用而自由漂移时的状态(参见 1.5.2 节),但是仅仅对于沿圆轨道自由飞行或沿椭圆轨道绕地自由飞行航天器的近地点、远地点位置,切向加速度为零(参见 1.6.2 节),才可以说其质心处失重状态下引力与惯性离心力相抵消。其他情况下应该说失重状态下引力与输运惯性力相抵消,而输运惯性力不仅仅表现为惯性离心力(参见 1.1 节),例如自由落体的输运惯性力是由其绝对加速度引起的,与惯性离心力没有关系。而且失重状态是一种客观存在,而不仅仅是一种感觉,表述中引入"感觉"一词带有主观成分,是欠妥当的。《现代物理学手册》中"作用在力学系统上的外部引力场并不使系统内各部分之间产生压力作用或者形变作用的一种状态"正是这种"感觉"的客观表述。后半段混淆了重力与重量的概念,如前所述,重力加速度随高度增加而减小,而重量是地球对物体的引力和该物体在非惯性参考系中受到的输运惯性力的矢量和,航天器在轨惯性飞行时理想情况下引力与输运惯性力相抵消,因而失去重量,这与航天器离地球远近无关,即并非离地球越远重量越轻。

H.Hamacher、B.Fitton、J.Kingdon 提出[20]:"在自由漂移的航天器内,其质心位置上重力与离心力相平衡。对于固定在质心上的参考系而言这是失重状态,注意这一点是重要的。对于地面上的观察者来说,在 400 km 高处的重力加速度实际上只比地面值 g 减小 11%。"这一表述前半段与《物理大辞典》相同的问题是不应以"离心力"取代"输运惯性力",但摈弃了"感觉"一词是一种进步;后半段则不够严谨:失重状态是一种客观存在,因而它不取决于观察者站在什么参考系上,而只取决于固定在质心上的非惯性参考系的动力学状态,尽管"在 400 km 高处的重力加速度实际上只比地面值 g 减小 11%"这句话没错,但这与观察者站在什么参考系上没有什么关系。

1.8 微重力与微重力加速度

由于失重状态下物体沿测地线移动,所以物体的移动偏离测地线与该物体偏离失重状态是等价的。

实际情况下,完全失重是得不到的,有很多原因使物体的移动偏离测地线。而偏离测地线意味着物体的运动除受到引力外,还受到比引力微小的各种干扰力,习惯上将之统称为微重力(Micro-gravity)。之所以称为微重力,可能和有些文献把失重又称为零重力,与 1.3 节中零重力的解释不同有关。

既然失重的特征是物体在引力场中自由漂移,物体的绝对加速度等于地球在该物体所处位置的引力场强度,物体内各部分之间不再受到重量引起的压力作用或者形变作用;那么,微重力的特征就是物体在引力场中由于受到各种干扰力而不能完全自由漂移,物体的绝对加速度偏离地球在该物体所处位置的引力场强度,导致物体各部分之间产生微压力作用或者微形变作用。

由于在引力场中自由漂移的微加速度仪表测出的加速度数值为零,所以微重力状态下微加速度仪表实际测出的正是其对引力场中自由漂移的非惯性参考系的相对加速度,即微重力加速度,而不论引力场中自由漂移的非惯性参考系是否真实存在。

据此,我们提出如下定义:

微重力状态是物体在引力场中由于受到各种干扰力而不能完全自由漂移时的状态。在该状态下物体的绝对加速度偏离地球在该物体所处位置的引力场强度，导致物体各部分之间产生微压力作用或者微形变作用。

微重力状态下测到的微加速度称为微重力加速度，它表征了该微重力状态对于理想失重状态的偏离程度。微重力用微重力加速度的值度量。人们一般把微重力加速度的测量简称为微重力测量，把微重力加速度值简称为微重力值。

以上定义还表明，微重力测量与加速度测量只有数值大小的区别，而没有本质的区别。因此，微重力测量是建立在加速度测量基础上的。

微重力加速度是动态变化的矢量，其模的法定计量单位为 m/s^2，但是如 1.2 节所述，在加速度计采用重力场倾角进行性能测试的情况下，往往会用当地重力加速度 g_{local} 或标准重力加速度 g_n 作为加速度的制外测量单位，在本书中分别用 g_{local}，g_n 表示。

为了讨论各种微重力干扰产生的机制，人们往往选择这样的瞬间非惯性参考系：该非惯性参考系的原点处于卫星质心，且其绝对加速度仅由引力场的强度决定，即非惯性参考系在引力场中自由漂移。这一参考系，正是泡利所说的：**“总存在一个坐标系 $\boldsymbol{K}_0(x_1, x_2, x_3, x_4)$，在这个坐标系中，引力既不影响粒子的运动，也不影响任何其他物理过程。”**

附带说明，选择什么样的非惯性参考系非常重要。相对某一参考系的复杂运动可以分解为几层参考系间相对简单运动的组合。但不应该反其道而行之，使讨论无端地复杂化；更不能选择毫无牵连的参考系，把没有牵连运动当成有牵连运动，导致谬误。

需要说明的是，此处所述瞬间非惯性参考系的三轴指向不是与航天器 / 卫星轨道坐标系相重合，而是与航天器 / 卫星本体坐标系相重合，且适用于全书讨论质点在非惯性参考系中相对运动的场合。

对于我们选择的参考系，式(1－25) 显然满足。于是，微重力状态下，式(1－7) 变成

$$m\boldsymbol{a}_r = \boldsymbol{F} + m(\boldsymbol{g}_f - \boldsymbol{g}_{fs}) - m\left[\frac{d\boldsymbol{\omega}}{dt}\times\boldsymbol{\rho} + \boldsymbol{\omega}\times(\boldsymbol{\omega}\times\boldsymbol{\rho}) + 2(\boldsymbol{\omega}\times\boldsymbol{v}_r)\right] \tag{1-39}$$

由 23.3.3.1 节的叙述可知，地球引力场强度矢量为地球引力位的梯度。因此我们有

$$\left.\begin{aligned}\boldsymbol{g}_f &= \boldsymbol{\nabla} V_\rho \\ \boldsymbol{g}_{fs} &= \boldsymbol{\nabla} V_O\end{aligned}\right\} \tag{1-40}$$

式中　$\boldsymbol{\nabla}$ —— 哈密顿算子(Hamiltonian，也称矢量微分算子，“$\boldsymbol{\nabla}$”读作 nabla)，$\boldsymbol{\nabla} = \boldsymbol{e}_x\frac{\partial}{\partial x} + \boldsymbol{e}_y\frac{\partial}{\partial y} + \boldsymbol{e}_z\frac{\partial}{\partial z}$，其中 $\boldsymbol{e}_x$，$\boldsymbol{e}_y$，$\boldsymbol{e}_z$ 分别为在地心空间直角坐标系 x，y，z 轴方向的单位矢量[21]；

V_ρ —— 质点所在位置的地球引力位，m^2/s^2；

V_O —— 非惯性参考系原点(即卫星质心) 处的地球引力位，m^2/s^2。

式(23－23) 给出了物理大地测量中地球引力位函数 V 的球谐函数级数表达式。

26.3.2 节定义了引力梯度张量 $\boldsymbol{M}$，式(26－9) 和式(26－11) 表达出引力梯度张量 $\boldsymbol{M}$ 是引力位 V 二阶偏导数的 3×3 对称矩阵。式(26－6) 和式(26－8) 给出了引力位 V 的二阶导数张量 $\boldsymbol{\nabla\nabla}V$ 的表达式，于是我们有[22]

$$\boldsymbol{g}_f - \boldsymbol{g}_{fs} = \boldsymbol{M}\cdot\boldsymbol{\rho} \tag{1-41}$$

式中　$\boldsymbol{M}$ —— 引力梯度张量，s^{-2}。

将式(1-41)代入式(1-39),得到

$$m\boldsymbol{a}_{\mathrm{r}}=\boldsymbol{F}+m(\boldsymbol{M}\cdot\boldsymbol{\rho})-m\left[\frac{\mathrm{d}\boldsymbol{\omega}}{\mathrm{d}t}\times\boldsymbol{\rho}+\boldsymbol{\omega}\times(\boldsymbol{\omega}\times\boldsymbol{\rho})+2(\boldsymbol{\omega}\times\boldsymbol{v}_{\mathrm{r}})\right] \tag{1-42}$$

式(1-42)表明,卫星质心处的瞬间非惯性参考系在引力场中自由漂移,但卫星结构及其中的物体会受到外部和内部的各种干扰力:会因偏离质心而存在引力梯度,会因绕质心旋转形成切向力、离心力,还会因相对质心运动形成Coriolis力,更会受到除引力和惯性力之外所有其他作用在质点上的力(包括支持力),使其相对于该瞬间非惯性参考系产生微加速度,处于微重力状态。该微加速度的量值反映了微重力状态的程度,其值远小于地面上的重力加速度,称为微重力加速度。

由式(1-42)我们还可以看到,实际情况下,处于同一卫星中的不同物体,由于其质量、位置、受力状况不同,受到的微重力加速度可能并不相同。因此,微重力加速度的测量,应尽量贴近被测对象,且与被测对象刚性连接,保持相对静止,至少有相近的结构动力响应。

对于微重力测量来说,由于微加速度仪表固定在卫星上,所以不存在Coriolis加速度,且$\boldsymbol{F}/m$即为微加速度仪表所在位置跟随卫星受到的拖曳加速度、瞬态加速度和振动加速度之矢量和(参见2.1节):

$$\frac{\boldsymbol{F}}{m}=\boldsymbol{a}_{\mathrm{drag}}+\boldsymbol{a}_{\mathrm{tran}}+\boldsymbol{a}_{\mathrm{vib}} \tag{1-43}$$

式中 $\boldsymbol{a}_{\mathrm{drag}}$ —— 卫星受到的拖曳加速度矢量,$\mathrm{m/s^2}$;

$\boldsymbol{a}_{\mathrm{tran}}$ —— 微加速度仪表所在位置受到的瞬态加速度矢量,$\mathrm{m/s^2}$;

$\boldsymbol{a}_{\mathrm{vib}}$ —— 微加速度仪表所在位置受到的振动加速度矢量,$\mathrm{m/s^2}$。

因此微加速度仪表所在位置的微重力加速度为

$$\boldsymbol{a}_{\mathrm{r}}=\boldsymbol{a}_{\mathrm{drag}}+\boldsymbol{a}_{\mathrm{tran}}+\boldsymbol{a}_{\mathrm{vib}}+\boldsymbol{M}\cdot\boldsymbol{\rho}-\frac{\mathrm{d}\boldsymbol{\omega}}{\mathrm{d}t}\times\boldsymbol{\rho}-\boldsymbol{\omega}\times(\boldsymbol{\omega}\times\boldsymbol{\rho}) \tag{1-44}$$

由于近地轨道(LEO)卫星受到的最大拖曳力为大气阻力,其方向与卫星的运动速度方向相反[参见式(2-13)],且通常定义卫星速度矢量$\boldsymbol{v}_{\mathrm{s}}$的模$v_{\mathrm{s}}$为正值,所以拖曳加速度矢量$\boldsymbol{a}_{\mathrm{drag}}$的模$a_{\mathrm{drag}}$在标量表达式中为负值。

1.9 关于微重力状态的讨论

如1.8节所述,有很多原因使物体的移动偏离测地线,这意味着物体的运动除受到引力外,还受到比引力微小的各种干扰力,习惯上将之统称为微重力(Micro-gravity)。从式(1-39)可以看出,造成偏离的原因可能是:存在外部和内部的各种干扰力;偏离质心处因航天器旋转而产生离心力和切向力;偏离质心处存在重力梯度和离心力而产生潮汐力[20];相对质心运动产生Coriolis力等。这些作用力多半都是非重力,只有潮汐力与重力梯度有关,但也与离心力有关,不能涵盖在重力范畴。因此,微重力一词应理解为量值远小于重力,而不应理解为重力微小。例如,近地轨道(LEO)一般指航天器轨道高度低于1 000 km的轨道,尽管轨道高度低,近地轨道航天器上的物体也处于微重力环境下,然而,在离地面200～1 000 km高度范围内,重力是地面的94%～75%,即重力加速度为0.94 g_{n}～0.75 g_{n},因此,微重力不是微小的重力[23]。"微重力"并不具有"重力"的全部固有特征,不能因为重力是场力、保守力、体积力,而认为"微重力"也一定是场力、保守力、体积力。例如,航天器受到的大气阻力是微重力的重要来源,然而大气阻力与航天器飞行速度的大小、方向及阻力系数有关,

并非单一地取决于航天器所在的位置，所以大气阻力不是场力；航天器飞行一圈，大气阻力所做的功不为零，所以大气阻力属于非保守力；大气阻力与航天器沿速度方向的投影面积成正比而不是与航天器的质量成正比，所以大气阻力属于表面力。特别是在航天器质心处，"微重力"完全是"非重力"，因此，航天器质心处的"微重力加速度"被称为"非重力加速度"。

由于微重力是对失重的偏离，因此，对于利用失重这一极端条件进行材料科学、生命科学、流体科学等试验研究而言，微重力不是条件，而是干扰；不是有利，而是有害[23]。

定义微重力是引力与惯性离心力相抵消后的残余部分是不全面的。如 1.7 节所述，仅仅对于沿圆轨道自由飞行或沿椭圆轨道绕地自由飞行航天器的近地点、远地点位置，切向加速度为零，才可以说其质心处失重状态下引力与惯性离心力相抵消。其他情况下应该说失重状态下引力与输运惯性力相抵消，而输运惯性力不仅仅表现为惯性离心力。因此，引力与惯性离心力不能完全相消而产生的微重力状态只是针对航天器沿圆轨道或椭圆轨道飞行的近地点、远地点处这样的特殊情况，椭圆轨道飞行的其他位置、抛物线飞行、自由落体等过程中实际存在的微重力无法包容在内。

此外，如果把"微重力是引力与惯性力相抵消后的残余部分"这一说法误解成是由于等效原理①存在偏差，那就更错了，因为这是两个不同的概念。

等效原理的精密度(precision) 通过一次次验证，正在不断提高：

(1) 迄今地面等效原理实验研究的最高精密度是 Baeßler 等人于 1999 年得到的，为 10^{-13}[24]，他们考虑到 Williams 等人于 1996 年发表的针对引力自能量的等效原理(强等效原理) 的月球测距试验具有模糊性。因为依据等效原理试验的观点，地球和月球"试验体" 在两个重大方面不一致，一是地球比月球有更大的引力自能量，二是地球具有相当大的 Fe/Ni 岩心，不同于月球的成分。前者允许月球激光测距(LLR) 探查强等效原理，然而，成分不同使得月球激光测距也对能量非引力形式的等效原理(弱等效原理) 敏感，因此，强等效原理(SEP) 参数仅为②

$$\eta_{\mathrm{SEP}}=\frac{\Delta a_{\mathrm{SEP}}}{a_{\mathrm{S}}}=\frac{\Delta a_{\mathrm{LLR}}-\Delta a_{\mathrm{CD}}}{a_{\mathrm{S}}} \tag{1-45}$$

式中 η_{SEP} —— 强等效原理参数，无量纲；

a_{S} —— 地球和月球朝向太阳的平均加速度，$\mathrm{m/s^2}$；

Δa_{SEP} —— 由于违背强等效原理引起地球和月球朝向太阳的加速度之差，$\mathrm{m/s^2}$；

Δa_{LLR} —— 地球和月球朝向太阳的加速度之差，$\mathrm{m/s^2}$；

Δa_{CD} —— 由于与组成有关的相互作用引起地球和月球朝向太阳的加速度之差，$\mathrm{m/s^2}$。

其中

$$a_{\mathrm{S}}=\frac{a_{\mathrm{ES}}+a_{\mathrm{MS}}}{2}=0.593\ \mathrm{cm/s^2} \tag{1-46}$$

式中 a_{ES} —— 地球朝向太阳的加速度，$\mathrm{m/s^2}$；

---

① 等效原理是一个局域性的原理("局域"是指在进行实验的时间和空间内引力场的不均匀性可以忽略不计，即测量仪器由于不够精确而测量不出可能具有的微小引力梯度)。等效原理分为弱等效原理和强等效原理。弱等效原理：引力场与惯性场的力学效应是局域不可分辨的；强等效原理：引力场与惯性场的一切物理效应都是局域不可分辨的，强等效原理适用于具有大量内部引力相互作用的自引力物体(另一种观点将引力相互作用也包含在其中的等效原理称之为甚强等效原理)。

② 强等效原理包括了弱等效原理。文献[24] 作者此处所称的强等效原理实际上是其中与弱等效原理不同的部分。

a_{MS} —— 月球朝向太阳的加速度，m/s^2。

$$\Delta a_{LLR} = a_{ES} - a_{MS} \tag{1-47}$$

Williams 等人得到

$$\frac{\Delta a_{LLR}}{a_S} = (+3.2 \pm 4.6) \times 10^{-13} \tag{1-48}$$

Baeßler 等人采用高灵敏度扭秤，有效地比较缩微地球和缩微月球朝向太阳的加速度，去除了上述模糊度，得到

$$\frac{\Delta a_{CD}}{a_S} = (+0.1 \pm 2.7 \pm 1.7) \times 10^{-13} \tag{1-49}$$

于是得到 1σ 置信度下

$$\eta_{SEP} = (-0.4 \pm 5.5) \times 10^{-13} \tag{1-50}$$

或

$$|\eta_{SEP}| \leqslant 5.5 \times 10^{-13} \tag{1-51}$$

(2)迄今空间等效原理实验研究的最高精密度是法国国家空间研究中心(CNES)的MICROSCOPE 卫星于 2017 年得到的，为 10^{-14}[25]。该卫星平均偏心率为 10^{-2}，倾角为 98.4°，高度为 720 km，获得近 8 m/s^2 的引力加速度信号[将地球长半轴 6 378 km+卫星高度 720 km 代入式(1-14)得到引力加速度为 7.911 m/s^2]。该卫星上携带两个直径几厘米的圆柱形物体，一个用金属钛制成，另一个用铂铑合金制成，两个同轴质量绕地球运行，如图 1-2 所示。在同样的地球引力场作用下，分别添加必要的静电力使两个质量具有相同的轨道，通过施加此静电力的电压差异来测量背离等效原理的最终信号[25-27]。然而，以精密度 10^{-14} 检测，经历 1 500 多次绕地旋转后也没有发现这种差异信号[25]①。

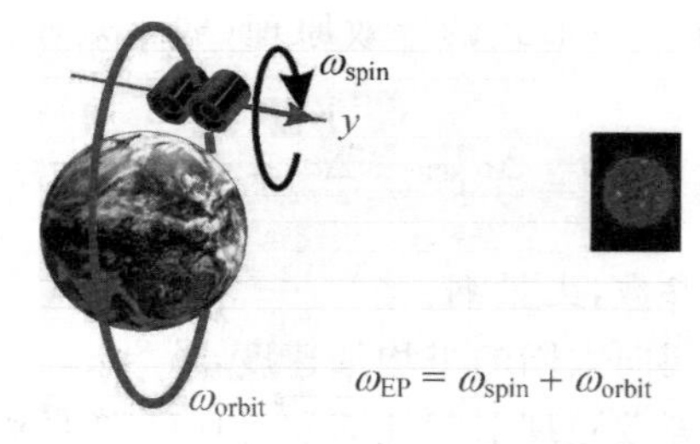

图 1-2 MICROSCOPE 卫星两个同轴质量绕地球运行示意图[27]

ω_{spin}—卫星绕自身质心自转的角速率；ω_{orbit}—卫星绕地球公转的角速率；ω_{EP}—检验等效原理所使用的角速率

因此，Einstein 的等效原理即使有偏差，也是极小的。

最后，需要说明的是，地面(包括地下)的重力测量学中把小尺度、小范围内重力差异(异常)及其测量误差②均以微伽(μGal)级的数值来量度的重力测量也称为微重力测量[28]。显然，这种重力测量学所称的微重力测量完全不同于本书针对微小偏离失重状态的微重力测量。

① 该团队 2022 年 9 月 14 日公布的最终结果是这两个同轴但材料不同的质量绕地球运行的 Eötvös 比率[Eötvös 为引力梯度单位(详见 26.3.3 节)，Eötvös 比率是两个有质量物体的加速度之差与它们的平均加速度之间的比值]在 1σ 置信度下为[-1.5 ± 2.3(统计误差)± 1.5(系统误差)]$\times 10^{-15}$，即以精密度 10^{-15} 检测，未出现弱等效原理被违反的迹象。

② 文献[28]原文为“精度”，不妥(参见 4.1.3.1 节)。

1.10　本章阐明的主要论点

1.10.1　质点运动的动力学方程

质点在非惯性参考系中得到的输运加速度即质点当时所处非惯性参考系位置(刚性固定于该参考系中)的绝对加速度,它不包括质点对非惯性参考系的相对加速度。输运加速度包括三部分:非惯性参考系原点的绝对加速度、质点所处位置随非惯性参考系自转形成的切向加速度和法向加速度。

1.10.2　重力与重力加速度

(1)物体的重力(Gravity)定义为地球对该物体的引力和地球自转产生的惯性离心力的矢量和。确定质量的物体所受到的重力大小和方向单一地取决于它所在的位置,因此重力是场力。重力所做的功与物体运动的路径无关,因此重力是保守力。重力与物体的质量成正比,而物体各部分质量之和等于该物体的总质量,因此重力是体积力。人们常常把重力加速度的测量简称为重力测量,把重力加速度值简称为重力值,这意味着:“重力用重力加速度的值度量”。

(2)保守力不一定是体积力,例如,弹性力、静电力都是保守力,但却不是体积力。

1.10.3　零重力

重力加速度随高度增加而减小。然而,即使站在珠穆朗玛顶峰,甚至处于数百公里高的低轨道卫星上,这种减小仍然是个小量。在沿地球静止轨道(赤道上空距地面的高度为35 786 km的圆形地球同步轨道)自由飞行的卫星质心处,如忽略轨道周期、圆度、倾角等偏差因素以及太阳引力、月球引力、地球扁率、地球赤道不圆等保守力摄动因素,太阳光压、姿轨控、机械运动、结构振颤等非保守力摄动因素,并按天体动力学的二体问题处理,在理想情况下,可以认为卫星相对地球静止,质心处地球引力与惯性离心力完全抵消,为零重力(Zero Gravity),$g=0$。

1.10.4　重量

物体的重量(Weight)是物体与其支持物(或悬挂物)固定在一个非惯性参考系上,除引力、惯性力、支持力之外,物体受到其他作用力的合力为零时,物体作用在其支持物(或悬挂物)上的力,其值等于地球对该物体的引力和该物体在非惯性参考系中受到的输运惯性力的矢量和。

1.10.5　失重

(1)重量为零的状态为失重(Weightlessness),失重的充要条件是物体受到的支持力为零。失重的动力学表达方式有两种:①固定在一个非惯性参考系上的物体,当物体受到的引力与输运惯性力相消,且受到的其他作用力的合力为零时,处于失重状态;②在非惯性参考系原点处,物体的绝对加速度等于地球在该处的引力场强度时(实际还有其他天体对该物体的引力),该物体处于失重状态。

(2)沿地球静止轨道自由飞行的卫星质心处,理想情况下为零重力,零重力是失重状态的一个特例。

(3)失重状态是物体只受到引力作用而自由漂移时的状态。失重状态下物体的绝对加速度等于地球在该物体所处位置的引力场强度,物体内各部分之间不再受到重量引起的压力作用或者形变作用。对失重的表述还可以简化为:质点的绝对加速度仅由引力场的强度决定时,该质点即处于失重状态。

(4)物体处于失重状态的外部特征是处于自由漂移状态,内部特征是各部分之间不再受到重量引起的压力作用或者形变作用。对失重状态的检测离不开这些特征,对失重状态的利用离不开这些特征,对失重状态如何影响实验对象的分析离不开这些特征,对失重状态的模拟也建立在一定程度上接近这些特征的基础上。

(5)对于利用惯性检测原理制造的微加速度仪表来说,由于失重状态下检验质量和壳体均处于自由漂移状态,测出的加速度数值将为零,即测不出在引力场中自由漂移的非惯性坐标系的绝对加速度。

(6)失重状态下尽管物体存在一个与地球在该物体所处位置的引力场强度相等的绝对加速度,但由于物体各部分之间不再受到重量引起的压力作用或者形变作用,所以只要不受到其他物体的撞击,物体自身就不会受到这种绝对加速度的影响。

(7)在缺失作用力的情况下,任何物体在时空中沿径直可能路径移动,这种径直可能路径称之为测地线(geodesic)。引力场的存在引起时空扭曲,招致测地线弯曲。失重状态下物体的自由漂移并非无迹可循的随意漂移,而是沿确定的轨迹移动,该轨迹称之为测地线。

1.10.6 失重状态示例

(1)采用惯性传感器模式对卫星实施无拖曳(Drag-Free)控制的基本原理是:通过电容式传感器对标称位置悬浮于卫星质心的检验质量与包围它的电极笼间的相对位移和姿态进行检测,通过伺服反馈驱动微推力器抵偿卫星平台受到的非保守力,以维持检验质量悬浮于卫星质心处且卫星跟随检验质量一起沿着测地线运动,理想情况下处于失重状态。当问题简化为限制性二体问题时,无拖曳卫星绕地球沿椭圆轨道飞行。对于其他圆锥曲线轨道,甚至非二体问题,即非圆锥曲线轨道,只要其余作用力为零,卫星处于自由飞行状态,其质心处仍处于完全的失重状态。

(2)沿地球静止轨道自由飞行的卫星质心处,在理想情况下,既处于零重力状态,也处于失重状态。但是其他情况下的失重状态并非零重力状态。失重与卫星离地球远近没有什么必然的联系。

1.10.7 关于失重状态的讨论

仅仅对于沿圆轨道自由飞行或沿椭圆轨道绕地自由飞行航天器的近地点、远地点位置,切向加速度为零,才可以说其质心处失重状态下引力与惯性离心力相抵消。其他情况下应该说失重状态下引力与输运惯性力相抵消,而输运惯性力不仅仅表现为惯性离心力。

1.10.8 微重力与微重力加速度

(1)由于失重状态下物体沿测地线移动,所以物体的移动偏离测地线与该物体偏离失重状态是等价的。

(2)有很多原因使物体的移动偏离测地线,这意味着物体的运动除受到了引力外,还受到比引力微小的各种干扰力,习惯上将之统称为微重力(Micro-gravity)。

(3)微加速度仪表在微重力状态下测出的微重力加速度是其对引力场中自由漂移的非惯性参考系的相对加速度,而不论引力场中自由漂移的非惯性参考系是否真实存在。

(4)微重力状态是物体在引力场中由于受到各种干扰力而不能完全自由漂移时的状态。

在该状态下物体的绝对加速度偏离地球在该物体所处位置的引力场强度，导致物体各部分之间产生微压力作用或者微形变作用。微重力不是微小的重力，其本质更多属于非重力范畴。

(5)微重力状态下测到的微加速度称为微重力加速度，它表征了该微重力状态对于理想失重状态的偏离程度。微重力用微重力加速度的值度量。人们一般把微重力加速度的测量简称为微重力测量，把微重力加速度值简称为微重力值。微重力测量与加速度测量只有数值大小的区别，而没有本质的区别。微重力测量是建立在加速度测量基础上的。

(6)微重力加速度是动态变化的矢量，其模的法定计量单位为 m/s^2。在加速度计采用重力场倾角进行性能测试的情况下，往往会用当地重力加速度 g_{local} 或标准重力加速度 g_n 作为加速度的制外测量单位，在本书中分别用 g_{local}，g_n 表示。

(7) 为了讨论各种微重力干扰产生的机制，人们往往选择这样的瞬间非惯性参考系：该非惯性参考系的原点处于卫星质心，且其绝对加速度仅由引力场的强度决定，即非惯性参考系在引力场中自由漂移。选择什么样的非惯性参考系非常重要。相对某一参考系的复杂运动可以分解为几层参考系间相对简单运动的组合。但不应该反其道而行之，使讨论无端地复杂化；更不能选择毫无牵连的参考系，把没有牵连运动当成有牵连运动，导致谬误。需要说明的是，此处所述瞬间非惯性参考系的三轴指向不是与航天器 / 卫星轨道坐标系相重合，而是与航天器 / 卫星本体坐标系相重合，且适用于全书讨论质点在非惯性参考系中相对运动的场合。

(8) 卫星质心处的瞬间非惯性参考系在引力场中自由漂移，但卫星结构及其中的物体会受到外部和内部的各种干扰力：会因偏离质心而存在引力梯度，会因绕质心旋转形成切向力、离心力，还会因相对质心运动形成的 Coriolis 力，更会受到除引力和惯性力之外所有其他作用在质点上的力(包括支持力)，使其相对于该瞬间非惯性参考系产生微加速度，处于微重力状态。该微加速度的量值反映了微重力状态的程度，其值远小于地面上的重力加速度，称为微重力加速度。

(9) 处于同一卫星中的不同物体，由于其质量、位置、受力状况不同，受到的微重力加速度可能并不相同。因此，微重力加速度的测量，应尽量贴近被测对象，且与被测对象刚性连接，保持相对静止，至少有相近的结构动力响应。

(10) 对于微重力测量来说，由于微加速度仪表固定在卫星上，所以不存在 Coriolis 加速度。

(11)由于近地轨道卫星受到的最大拖曳力为大气阻力，其方向与卫星的运动速度方向相反，且通常定义卫星速度矢量的模为正值，所以拖曳加速度矢量的模为负值。

1.10.9　关于微重力状态的讨论

(1)各种微重力干扰力多半都是非重力，只有潮汐力与重力梯度有关，但也与离心力有关，不能涵盖在重力范畴。因此，微重力一词应理解为量值远小于重力，而不应理解为重力微小。微重力不是微小的重力。“微重力”并不具有“重力”的全部固有特征，不能因为重力是场力、保守力、体积力，而认为“微重力”也一定是场力、保守力、体积力。

(2)大气阻力是微重力的重要来源，然而大气阻力与航天器飞行速度的大小、方向及阻力系数有关，并非单一地取决于航天器所在的位置，所以大气阻力不是场力；航天器飞行一圈，大气阻力所做的功不为零，所以大气阻力属于非保守力；大气阻力与航天器沿速度方向的投影面积成正比而不是与航天器的质量成正比，所以大气阻力属于表面力。特别是在航天器质心处，“微重力”完全是“非重力”，因此，航天器质心处的“微重力加速度”被称为“非重力加速度”。

(3)微重力是对失重的偏离。对于利用失重这一极端条件进行材料科学、生命科学、流体科学等试验研究而言，微重力不是条件，而是干扰；不是有利，而是有害。

（4）定义微重力是引力与惯性离心力相抵消后的残余部分是不全面的，因为它只是针对航天器沿圆轨道或椭圆轨道飞行的近地点、远地点处这样的特殊情况，椭圆轨道飞行的其他位置、抛物线飞行、自由落体等过程中实际存在的微重力无法包容在内。

（5）微重力绝不是由于惯性质量与重力质量有差异，即等效原理存在偏差造成的。

参考文献

[1] 亚沃尔斯基，杰特拉夫. 现代物理学手册[M]. 阎寒梅，赵惠芝，李义发，等译. 北京：科学出版社，1992.

[2] 总参谋部测绘局. 2000 中国大地测量系统：GJB 6304—2008 [S]. 北京：总装备部军标出版发行部，2008.

[3] Wikipedia. Gravitational constant [DB/OL]. (2018 - 06 - 21). https://en.wikipedia.org/wiki/Gravitational_constant.

[4] Wikipedia. Earth [DB/OL]. (2018 - 05 - 24). https://en.wikipedia.org/wiki/Earth.

[5] 中国大百科全书总编辑委员会《力学》编辑委员会. 保守系统[M/CD]//中国大百科全书：力学. 北京：中国大百科全书出版社，1985.

[6] 中国大百科全书总编辑委员会《物理学》编辑委员会. 保守力[M/CD]//中国大百科全书：物理学. 北京：中国大百科全书出版社，1987.

[7] 何铁春，周世勤. 惯性导航加速度计[M]. 北京：国防工业出版社，1983.

[8] 中国船舶工业总公司第六〇三研究所. 惯性技术术语：GJB 585A—1998 [S].北京：国防科工委军标出版发行部，1988.

[9] 中国大百科全书总编辑委员会《航空航天》编辑委员会. 地球静止卫星轨道[M/CD]//中国大百科全书：航空航天. 北京：中国大百科全书出版社，1985.

[10] 泡利. 相对论[M]. 凌德洪，周万生，译. 上海：上海科学技术出版社，1979.

[11] BORTOLUZZI D，FOULON B，MARIRRODRIGA C G，et al. Object injection in geodesic conditions：In-flight and on-ground testing issues [J]. Advances in Space Research，2010，45 (11)：1358 - 1379.

[12] 中国大百科全书总编辑委员会《航空航天》编辑委员会. 二体问题[M/CD]//中国大百科全书：航空航天. 北京：中国大百科全书出版社，1985.

[13] 中国航天标准化研究所. 飞船坐标系：GJB 5083—2002 [S]. 北京：国防科工委军标出版发行部，2002.

[14] 数学手册编写组. 数学手册[M]. 北京：人民教育出版社，1979.

[15] TRW Inc.. TRW Space Data：FD3807 SCG 20M 8/92 - 030[M]. Redondo Beach，California，United States：TRW Inc. S&TG marketing communications，1992.

[16] 刘暾，赵钧. 空间飞行器动力学[M]. 哈尔滨：哈尔滨工业大学出版社，2003.

[17] 中国大百科全书总编辑委员会《航空航天》编辑委员会. 失重[M/CD]//中国大百科全书：航空航天. 北京：中国大百科全书出版社，1985.

[18] 辞海编辑部. 辞海[M]. 上海：上海辞书出版社，1979：77.

[19] 物理大辞典编辑部. 物理大辞典[M]. 台中：人文出版社，1979：704.

[20] 瓦尔特. 空间流体科学与空间材料科学[M]. 葛培文，王景涛，等译. 北京：中国科学技术出版社，1991.

[21] 全国量和单位标准化技术委员会. 物理科学和技术中使用的数学符号:GB 3102.11—1993 [S]. 北京:中国标准出版社,1994.

[22] GRUBER T. ESA's Earth Gravity Field Mission GOCE:Status, Observation Technique and Data Analysis [C/OL]//Kolloquium Satellitennavigation (Colloquium Satellite Navigation), Winter Term 2009/2010, January 12, 2010, München, Germany: Technische Universität München. http://www.iapg.bv.tum.de/mediadb/133827/133828/20100112_Kolloquium_Satellitennavigation_GOCE.pdf.

[23] 朱毅麟. 正确认识微重力[J]. 国际太空,2002(2):24 - 26.

[24] BAEßLER S, HECKEL B R, ADELBERGER E G, et al. Improved test of the equivalence principle for gravitational self-energy [J]. Physical Review Letters, 1999, 83 (18):3585 - 3588.

[25] 聂翠蓉. 伽利略自由落体理论通过太空验证[N/OL]. 科技日报,2017 - 11 - 30[2017 - 12 - 01]. http://digitalpaper.stdaily.com/http_www.kjrb.com/kjrb/html/2017-11/30/content_383022.htm? div=-1.

[26] Pradels G, Touboul P. In-orbit calibration approach of the MICROSCOPE experiment for the test of the equivalence principle at 10 - 15[J/OL]. Classical and Quantum Gravity, 2003, 20 (13): 2677 - 2688. DOI: 10.1088/0264-9381/20/13/315. https://sci-hub.mksa.top/10.1088/0264-9381/20/13/315.

[27] Touboul P, Rodrigues M. Microscope mission & instrument [C]//GREX (GRavitation and EXperiments meeting), Nice, France, October 27 - 29, 2004.

[28] 王谦身,张赤军,周文虎,等. 微重力测量:理论、方法与应用[M]. 北京:科学出版社,1995.

第2章　空间微重力环境

本章的物理量符号

$\boldsymbol{A}$	航天器所有被太阳光照射到的表面，m^2
$\boldsymbol{a}_{ce}$	离心加速度矢量，m/s^2
$\boldsymbol{a}_{d}$	大气阻力导致的航天器质心加速度矢量，m/s^2
a_E	地球长半轴：$a_E = 6.378\ 137\ 0 \times 10^6$ m
A_p	地磁活动指数
$\boldsymbol{a}_{sr}$	太阳辐射压引起的加速度矢量，m/s^2
$\boldsymbol{a}_{td}$	切向加速度矢量，m/s^2
$\boldsymbol{a}_{th}$	推进器工作引起的瞬变加速度矢量，m/s^2
$\boldsymbol{a}_{ti}$	所观察质点受到的潮汐加速度矢量，m/s^2
$a_{ti,x}$	所观察质点在 x_L 方向上受到的潮汐加速度，m/s^2
$a_{ti,y}$	所观察质点在 y_L 方向上受到的潮汐加速度，m/s^2
$a_{ti,z}$	所观察质点在 z_L 方向上受到的潮汐加速度，m/s^2
A_v	航天器沿速度方向的投影面积，m^2
c	电磁波在真空中的速度：$c = 2.997\ 924\ 58 \times 10^8$ m/s
C_d	阻力系数，无量纲
E	太阳常数(垂直入射到一个天文单位处，正常暴露于阳光且不存在大气衰减下，单位时间、单位面积上的太阳全波段电磁辐射能量之和)，该常数随 11 年的太阳周期变化，最可能代表太阳极小期的值为$(1\ 360.8 \pm 0.5)$ W/m^2，而最近几次极大期的月平均值则比此前的极小期值约增加了 1.6 W/m^2
f	每个三分之一倍频程频带的中心频率，Hz
f_1	子频带下限，OTOB 的下限，Hz
f_2	子频带上限，OTOB 的上限，Hz
$F_{10.7}$	太阳发出的波长为 10.7 cm 的电磁辐射强度，$W \cdot m^{-2}$ / Hz
f_{s1}	OTOB 再细分为更小频带的下限，Hz
f_{s2}	OTOB 再细分为更小频带的上限，Hz
$\boldsymbol{F}_{th}$	推进器推力矢量，N
$\boldsymbol{F}_{ti}$	潮汐力矢量，N
g_f	所观察质点位置的地球引力场强度，m/s^2
g_{fs}	航天器质心所在位置的地球引力场强度，m/s^2
GM	地球的地心引力常数：$GM = 3.986\ 004\ 418 \times 10^{14}$ m^3/s^2(包括地球大气质量)

h	轨道高度,m
i	轨道倾角,(°)
J_2	CGCS2000 参考椭球导出的二阶带谐系数:$J_2 = 1.082\ 629\ 832\ 258 \times 10^{-3}$
K_n	Knudsen 数,无量纲
L	物体特征尺度,m
l	地心至所观察质点的直线距离,m
m	单个分子或原子的质量,所观察质点的质量,kg
M	气体的摩尔质量,kg/mol
m_{N2}	N_2 的分子质量,kg
M_{N2}	N_2 的摩尔质量:$M_{N2} = 2.801\ 34 \times 10^{-2}$ kg/mol
m_O	O 的原子质量,kg
M_O	O 的摩尔质量:$M_O = 1.599\ 94 \times 10^{-2}$ kg/mol
m_s	航天器质量,kg
N	以恒定的对数间隔将每个 OTOB 再细分为更窄的频带的数目,无量纲
$\boldsymbol{n}$	所取面元的法线方向的单位矢量
N_A	Avogadro 常数:$N_A = (6.022\ 136\ 7 \pm 0.000\ 003\ 6) \times 10^{23}$ mol^{-1}
n_{N2}	N_2 的数密度,m^{-3}
n_O	O 的数密度,m^{-3}
$\boldsymbol{n}_s$	太阳光照射方向的单位矢量
p_{sr}	太阳辐射的光压强度,Pa
R	摩尔气体常数:$R = (8.314\ 510 \pm 0.000\ 070)$ J/(mol · K)
$\boldsymbol{r}$	质点所在位置相对航天器质心的矢径,m
T	大气的热力学温度,K
T_s	恒星周期(卫星瞬时轨道的周期),s
T_φ	交点周期(航天器星下点连续两次过同一纬圈 φ 的时间间隔),s
U	窗函数的归一化因子,无量纲
$\bar{v}$	气体分子的平均热运动速度,m/s
$\boldsymbol{v}_s$	航天器运动的速度矢量,m/s
v_s	$\boldsymbol{v}_s$ 的模,m/s
x	所观察质点在 x_L 方向上偏离卫星质心的距离,m
y	所观察质点在 y_L 方向上偏离卫星质心的距离,m
z	所观察质点在 z_L 方向上偏离卫星质心的距离,m
$\Gamma_{AFS}(i\Delta f)$	频率 $f = i\Delta f$ 处加速度的幅度谱值,m/s^2
$\Gamma_{PSD}(i\Delta f)$	频率 $f = i\Delta f$ 处加速度的功率谱密度值,m^2 · s^{-4}/Hz
$\gamma_{RMS,OTOB}$	实际对某个 OTOB 累积的方均根加速度,m/s^2
$\gamma_{RMS,OTOB,max}$	持续检测 100 s 得到的三分之一倍频程频带方均根振动加速度限值,μg_n
Δf	离散 Fourier 变换的频率间隔,Hz
ζ	阻尼比,无量纲
η	面元 dA 处的反射率,$\eta = 1$ 对应全反射,$\eta = 0$ 对应全吸收(绝对黑体)

θ	$\boldsymbol{n}_s$ 与 $\boldsymbol{n}$ 的夹角,rad
$\bar{\lambda}$	气体分子的平均自由程,m
$\bar{\lambda}_{N2}$	N_2 在混合气体中的平均自由程,m
$\bar{\lambda}_{O}$	O 在混合气体中的平均自由程,m
$\boldsymbol{\rho}$	从地球中心到航天器质心的矢径,m
ρ	$\boldsymbol{\rho}$ 的模,m
ρ_a	大气的质量密度,kg/m^3
σ_{N2}	N_2 的直径:$\sigma_{N2}=3.75\times10^{-10}$ m
σ_{N2-O}	N_2 和 O 的平均直径:$\sigma_{N2-O}=(\sigma_{N2}+\sigma_O)/2=2.615\times10^{-10}$ m
σ_O	O 的直径:$\sigma_O=1.48\times10^{-10}$ m
$\boldsymbol{\omega}$	航天器绕自身质心自转的角速度矢量,rad/s
ω	$\boldsymbol{\omega}$ 的模,rad/s
ω_s	圆轨道上航天器绕地球公转的角速率,rad/s

本章独有的缩略语

ASCII	American Standard Code for Information Interchange,美国信息交换标准代码
CCMC	Community Coordinated Modeling Center,公众协调建模中心(隶属于NASA 的 Goddard 航天中心)
CIRA	COSPAR International Reference Atmosphere,COSPAR 的国际参考大气
COESA	Committee on Extension to theStandard Atmosphere,标准大气推广委员会
CP	Conference Publication,会议出版物(一种 NASA 报告)
EAPM	European Attached Pressurized Module,欧洲隶属常压舱(国际空间站)
EVA	Extravehicular Activity,站外活动(国际空间站)
ICAO	International Civil Aviation Organization,国际民用航空组织
IMF	Interplanetary Magnetic Field,行星际磁场
ISPR	International Standard Payload Racks,国际标准载荷架
IVA	Intra-Vehicular Activity,站内活动(国际空间站)
JEM	Japanese Experiment Module,日本实验舱(国际空间站)
MEPHISTO	Matériel pour l'Etude des Phénomènes Interessant la Solidification sur Terre et en Orbite,用于研究地面上和轨道上凝固现象的设备(MEPHISTO 计划是法国和美国之间,关于液相下凝固过程的基础和更多应用方面,在地面和微重力状态下的一项合作研究工作)
MSIS	Mass Spectrometer Incoherent Scatter,质谱仪非相干散射
MSISE	Mass Spectrometer Incoherent Scatter Extended,扩展的质谱仪非相干散射
MSL - 1	The First Microgravity Science Laboratory,微重力科学实验室 1 号(美国)
NMC	National Meteorological Center,国家气象中心(美国)

NRLMSISE　Naval Research Laboratory Mass Spectrometer and Incoherent Scatter Extended，扩展的海军研究实验室质谱仪和非相干散射
NSSDC　National Space Science Data Center，国家空间科学数据中心（美国）
OGO　Orbiting Geophysical Observatory，轨道地球物理观察站
OSNOB　One Sixty Ninth Octave Band，六十九分之一倍频程频带
QSAM　Quasi－Steady Acceleration Measurement，准稳态加速度测量（德国用于检测航天器准稳态加速度的测量系统）
RMS　Remote Manipulator System，遥操作系统
SEC　Space Environment Center，空间环境中心（隶属于美国国家海洋和大气局）
SMM　Solar Maximum Mission，太阳极大期任务（卫星）
SSP　Space Station Program，空间站项目（NASA）
SSRMS　Space Station Remote Manipulator System，空间站遥操作系统
USML－2　The Second United States Microgravity Laboratory，美国微重力实验室 2 号
USMP－1　The First United States Microgravity Payload，美国微重力载荷任务系列 1 号
USMP－3　The Third United States Microgravity Payload，美国微重力载荷任务系列 3 号
VAX　Virtual Address Extension，虚拟地址扩充
UV　UltraViolet，紫外的

2.1　分　　类

低地球轨道航天器的微重力环境具有复杂的构成。许多因素，如空气动力学拖曳、偏离航天器质心的重力梯度和回转效应、轨道控制、姿态控制、装置运行（特别是转动部件和往复运动部件的振动）、乘员活动、质量迁移、热膨胀和收缩引起的振动以及机械上通过飞行器结构和声学上通过空气传输引起的结构动力响应，均会形成微重力干扰。为了便于分析，微重力加速度环境可以被认为是由准稳态、瞬态和振动这三种成分组成的[1-4]。

2.1.1　准稳态加速度

准稳态加速度指频率低于航天器结构模型最低谐振频率的加速度[1-2，4-5]。因此，准稳态加速度的频率上限因航天器而异，对于国际空间站，大约为 0.1 Hz[1]。航天器在准稳态加速度的频率范围内可视为刚体[5]。准稳态加速度变化缓慢，典型的变化过程超过一分钟[1-2，5]。国际空间站对准稳态加速度的定义是：在 5 400 s 时段（大约一圈的时间）范围内测量到的加速度至少 95％的功率处于 0.01 Hz 以下[2，6]。准稳态加速度主要由三种因素引发[2，5-7]：

（1）空气动力学拖曳；

（2）重力梯度力；

（3）回转效应。

除此之外，航天器及其附属部分［如太阳电池翼、空间站遥操作系统（SSRMS）、通信天

线]的运动、空气和水的排放[3,8]、飞行器控制速率误差引起的加速度[6]、太阳辐射压、航天器总质量变化(例如由于推进器工作、质量丢弃、出气或材料升华)等等[9]也落在准稳态范围内,其中太阳辐射压是因光子具有动量而产生的[10]。

空气动力学拖曳是地球轨道中的残余大气引起的,它导致航天器降低高度[2],其原因是大气阻力的方向与低轨道航天器的速度方向相反[5]。大气密度主要是轨道飞行器高度、11年的太阳周期、一年中的时间、与二十四小时时段有关效应、在轨道内的位置的函数[5,7]。大气密度的变化,航天器不同姿态造成沿速度方向的投影面积变化,会影响拖曳部分[8]。

重力梯度和回转效应都与所关心对象偏离航天器质心有关,甚至在准稳态加速度中占支配地位[3,8]。这两种效应的原理分别是:重力梯度力是由于航天器上任意点在引力作用下都具有沿自身轨道飞行的趋势,而那些并非正好处于航天器质心的点在物理上是航天器的一部分,它受到航天器结构力的制约,当航天器质心绕轨道而行时,该结构力使它保持附着在航天器上[2],因此,惯性没有完全抵消重力[9],而回转加速度是该点在航天器相对以地球为中心的惯性参考系旋转时出现的[2],是由径向和切向加速度组成的[5,9]。有趣的是,对于三轴稳定对地定向且沿圆轨道飞行(匀速圆周运动)的航天器而言,重力梯度力和回转效应(对于匀速圆周运动而言只存在径向加速度)共同构成作用在该点上的潮汐力(详见 2.4 节)。

2.1.2 瞬态加速度

瞬态加速度指维持一个短时段且无周期性的加速度[1-2]。瞬态加速度通常具有少于 1 s 的持续时间,它具有的干扰能量通常散布在从亚赫兹到数百赫兹的频率范围中。这些宽带干扰可能激发航天器、实验机架、子系统、或实验结构的振荡模式[5]。

国际空间站的瞬态加速度包括推进器工作、实验运行、若干轨道飞行器遥操作系统(RMS)运行、进坞和出坞、站内活动(IVA)、站外活动(EVA)、若干其他乘员动作所引起的加速度[1,5]。

2.1.3 振动加速度

振动加速度指自然振荡加速度和各种激励引起的结构动力响应。它们本质上是谐波和周期性的,具有一定的特征频率[1-2,5]。振动加速度也称为 g-跳动(g-jitter)[4,8]。自然振荡加速度来自会产生振荡或抖动的设备(如旋转或往复泵、风扇、通信天线、离心机以及压缩机)的运行[1,5]、航天器运行和维护、分系统运行和维护(包括通信维护、姿态维护)、实验装置运行、阀门运动、回转节连接、乘员活动、锻炼以及结构的热膨胀和收缩[3-4,6,8]。

国际空间站对振动频率范围规定的定义是(0.01～300) Hz[1-2,4,6],量值大小取决于干扰源,并依赖于从源到所关心位置的传递率[8]。

有文献报道,标准的航天器致冷机(冷冻机)具有一个在 22 Hz 处引起振动的泵。航天器 Ku-波段天线具有强烈的 17 Hz 颤抖,当利用该天线时,在大部分的任务期间颤抖是明显的。在(1～10) Hz 频率范围内存在若干航天器结构模式,这些模式往往被瞬态加速度事件或其他振荡加速度激发。在不同的航天器和载荷之间这些结构模式的频率略有变化。瞬态加速度经常会引起航天器呈现一个宽频振动。这也会在主要结构频率处引起航天器结构的“振铃”效应[5]。

振动频率大于或等于航天器最低自然结构频率[1-2,4]。因此,振动加速度有一个非常局域化的量值和方向。航天器和载荷各处的振动加速度的传播依赖于传播加速度的结构路径的特征。随着航天器状态和载荷配置改变，这些特征可能变更，例如卫星发射之后这些特征就可能发生变化[5]。

航天器对加速度环境的振动响应是极端复杂的，而且大体上难于被处于单一位置并在单一离散时段所做的单一测量表征。各种不同干扰源并不同时发生，但以一种随机方式替代发生。此外，在一个特定的微重力实验的任意一个时间和位置的各种干扰之间存在多重结构路径。加速度输入到一个实验以及它的振动响应构成一个高度复杂的多重源、多重路径动力学系统[5]。

瞬态和振动加速度测量需要一个快速的响应系统，因此，瞬态和振动加速度测量与准稳态加速度测量是无法共存的。在瞬态和振动加速度测量中，“直流”成分和非常低的频率受到抑制。这种系统测量的 g 值最好称为“微振动”而不是“微重力水平”[11]。

另外，对于地面上进行的自由落体实验来说，最大的扰动因素是空气阻力，抽真空的落管可以大幅度改善微重力状况。此外，悬吊-释放机构的作用力及装置翻滚等因素对微重力的影响也较大。自由落体上微重力加速度的类型与航天器上的相仿。

2.2　需　　求

2.2.1　背景

各种不同微重力科学学科（包括生物工程、燃烧科学、流体物理、基础物理、材料科学）的各种微重力实验分别对微重力环境具有不同的需求。例如：

（1）对于生物工程，大的扰动导致在多个位置孕育出胚核，从而破坏单晶的形成[12]。

（2）对于燃烧科学，微重力条件隔绝了重力驱动机制，影响了输运现象，创建并维持了对称性（球形）燃料-空气界面，形成了新的特征和外貌，从而吸引了各界人士对空间燃烧科学的积极支持[12]。

（3）对于流体物理，超出一定阈值的加速度引起界面不稳定、密度沉降以及密度驱动对流和混合[12]；哪怕是很低水平的干扰，也能在密度相差极大的混合流体（例如在炉中熔化的半导体混合物）中引起沉降和/或对流[13]；振动能引起流体的非线性效应，尤其在具有不同密度成分的混合物（如液体中的气体泡沫）的流体中[13]。

（4）对于基础物理，低温物理实验依赖于在微重力条件下确保临界流体样品的高度均匀性[12]；机械振动还会把相当数量的能量引入到一个低温试样中[13]，引起温度上升，破坏低温条件。

（5）对于材料科学，超出一定阈值的加速度引起热溶质的对流和界面不稳定[12]；晶体生长对准稳态加速度的干扰特别敏感[11]。因此，具有微重力模式运行任务的航天器必须确定微重力需求。

开展微重力科学实验期间可能需要禁止一些瞬态加速度的来源；或者控制一些来源，将影响减到最小[5]。

有微重力水平需求的航天器应通过理论分析和在轨试验确定恰当的“微重力需求”，该“微重力需求”仅适用于有微重力水平需求的对象及其需要保障微重力水平的时段。因此，该“微重力需求”应包括时段、位置以及允许的微重力水平几个方面。为了解决既有确定性信号又有稳定随机信号的频谱分析既不能单靠幅度谱(或方均根①谱、功率谱)表达也不能单靠功率谱密度表达的问题(详见 5.7.4 节),可以采用三分之一(或六十九分之一)倍频程频带方均根加速度谱[参见 2.2.2.5 节第(2)条]的形式表述微重力水平。应针对“微重力需求”开展航天器平台设计、载荷设计、运行模式设计,以及设计验证,以保障“微重力需求”的实现。

需要说明的是:各种微重力干扰中有些是对整个航天器起作用的,它们是轨道扰动或姿态扰动的因素,对于要求轨道稳定或姿态稳定的航天器,如精密对地观测卫星、激光通信卫星、重力测量卫星等,这些干扰因素也需要尽量降低。

2.2.2 国际空间站微重力需求

2.2.2.1 概述

国际空间站微重力需求的孕育始于 1988 年,由微重力科学家 Robert Naumann 创建了微重力需求幅频特性曲线,称为“Naumann 曲线”。历经 8 年的若干次申辩,各种不同的机构和个体广泛地推敲、评论、斡旋和核准,以及有组织地调查询问各种不同微重力科学学科的首席研究员、研究计划科学家、系统计划科学家以及系统计划经理,于 1996 年 6 月在 NASA Kennedy 空间中心召开了陈述空间站发展和运行的会议,提出了“在国际空间站上针对科学研究的微重力需求基线”,鉴于微重力环境的所有四个主要特征(准稳态、振动、瞬态和持续时间)对生物工程、燃烧科学、流体物理、基础物理以及材料科学方面有影响,对每一种科学学科必需的微重力环境的下限与国际空间站微重力环境需求作了比较,并在会后归纳整理,创建了一个白皮书[15]。

国际空间站微重力需求覆盖了预期在国际空间站的 10 到 15 年寿命期间对于生物技术、燃烧科学、流体科学、材料科学以及低温微重力物理的研究。需求的有效性已经在 1990—1995 年通过在航天飞机空间实验室和空间实验室货架任务(国际微重力实验室 1 号和 2 号、美国微重力实验室 1 号和 2 号、美国微重力货架 1 号、2 号和 3 号)期间实施的认真的轨道微重力研究所证实[6]。

国际空间站微重力需求规定了与国际空间站微重力模式关联的持续时间、位置以及允许的加速度水平[6]。这些需求(准稳态,振动,以及瞬态)仅应用在国际空间站装配完全之处、微重力模式运行期间。同时,这些需求不含乘员活动的效应,但是确实包含乘员装置的效应(例如锻炼装置)。假定标称的乘员数量为 7 [2]。

2.2.2.2 持续时间

关于持续时间,需求要求指定的加速度水平每次至少维持 30 天[2,6],每年 6 次[2],至少会有 180 天[2-3,6]。这些加速度水平要在 50% 的国际标准载荷架(ISPR)位置被达到[2,6]。在美国实验室中有 12 个国际标准载荷架,在欧洲隶属常压舱(EAPM)中有 12 个国际标准载荷架,以及在日本实验舱(JEM)中有 10 个国际标准载荷架。并要求对于准稳态和振动加速度加速度分别提交他们自己的加速度水平[6]。

---

① 方均根的英文为 Root - Mean - Square,简称 RMS。对一系列观察量计算 RMS 的方法是先分别求各个观察量的平方,再求平均,最后再开平方,即运算顺序与英文单词的顺序相反。由此可知,将 RMS 称为方均根更为恰当,而习惯上称为均方根是不准确的。文献[14]确定将 RMS 称为方均根。因此,本书不采用均方根而采用方均根,引用文献时也将均方根改为方均根,且不再注明。

2.2.2.3　准稳态加速度

国际空间站对准稳态加速度的需求规定是：在内部载荷位置的中心处，量值[①]小于或者等于 1 μg_n[3, 6, 12]，除此之外，对准稳态加速度矢量有一个附加的方向稳定性需求，即轨道平均准稳态矢量的垂直成分必须等于或少于 0.20 μg_n[2, 6, 12]。

2.2.2.4　瞬态加速度

国际空间站对瞬态加速度的需求规定是：在内部载荷位置的结构安装界面处，对单个瞬态干扰源来说，瞬态加速度限度为每轴少于或等于 1 000 μg_n；对多个瞬态干扰源来说，综合瞬态加速度在任何 10 s 间隔范围内的积分限度为每轴少于或等于 10 $\mu g_n \cdot s$[2, 6, 12]。

2.2.2.5　振动加速度

（1）国际空间站对振动加速度的需求规定。

国际空间站对振动加速度的需求规定是：在内部载荷位置的结构安装界面处，在任何 100 s 微重力模式期间，由所有干扰源引起的加速度环境受限于图 2－1 中定义的三分之一倍频程频带（OTOB）方均根加速度［计算方法见本节第（2）条］水平[3, 6, 12]。

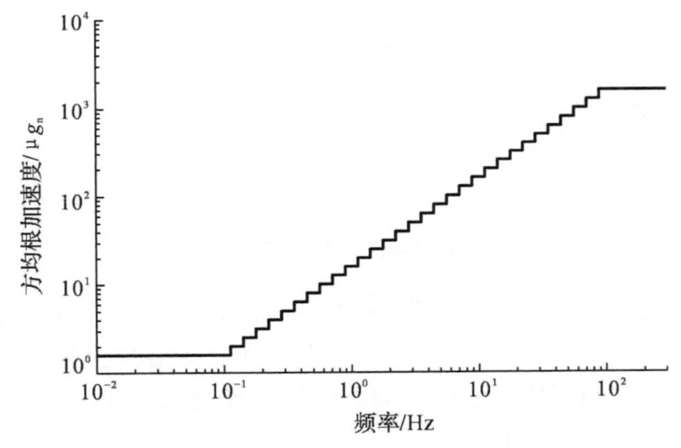

图 2－1　国际空间站振动加速度需求（持续检测 100 s 得到的三分之一倍频程频带方均根加速度限值）[3, 12]

图 2－1 中的纵坐标由下式确定[12]：

$$\{\gamma_{\mathrm{RMS,OTOB,max}}\}_{\mu g_n}=\begin{cases}1.6, & 0.01\leqslant\{f\}_{\mathrm{Hz}}\leqslant 0.1\\ 16\{f\}_{\mathrm{Hz}}, & 0.1<\{f\}_{\mathrm{Hz}}\leqslant 100\\ 1\ 600, & 100<\{f\}_{\mathrm{Hz}}\leqslant 300\end{cases}\qquad(2-1)$$

式中　f —— 每个三分之一倍频程频带的中心频率，Hz；

$\gamma_{\mathrm{RMS,OTOB,max}}$ —— 持续检测 100 s 得到的三分之一倍频程频带方均根振动加速度限值，μg_n。

式（2－1）中 OTOB 的含义见本节第（2）条。式（2－1）为数值方程式而不是量方程式，按文献［16］的要求，公式中的物理量符号均用大括号括起来，并用下标注明其单位。本书中凡是物理量符号用大括号括起来，并用下标注明其单位的公式都是数值方程式而不是量方程式，且不再说明。

（2）倍频程、三分之一倍频程、六十九分之一倍频程。

① 此处“量值”指的是准稳态加速度矢量的模。

1）倍频程。

octave的基本含义是八个一组的物品。在音乐中octave指八度音阶，一个octave跨越八度音区，例如“$\dot{1}$”是“1”的高八度音。高八度音的频率是原来的两倍，所以octave又称为倍频程。倍频程作为单位使用时，采用符号oct。

每个倍频程频带的中心频率依据离频带上、下限的对数间隔相等的原则确定，即中心频率为下限的$\sqrt{2}$倍，上限的$1/\sqrt{2}$倍。由此得到，每个倍频程频带的宽度为中心频率的$1/\sqrt{2}$倍。因此，每个倍频程频带的宽度随着它的中心频率增加而增加。

频率f_2和f_1间具有的倍频程数用下式计算[17]：

$$\text{倍频程数}=\frac{\lg\dfrac{f_2}{f_1}}{\lg 2} \tag{2-2}$$

2）三分之一倍频程。

两个频率相差10倍称为相差一个量级（one order of magnitude）。如果以恒定的对数间隔将每个量级均细分为10个子频带，则每个子频带以10为底的对数宽度①为0.1，即[17]

$$\lg\frac{f_2}{f_1}=0.1 \tag{2-3}$$

式中　f_2——子频带上限，Hz；

　　　f_1——子频带下限，Hz。

将(2-3)代入式(2-2)，得到

$$\text{子频带的倍频程数}=\frac{0.1}{\lg 2} \tag{2-4}$$

由式(2-4)得到，子频带的倍频程数近似等于1/3。因此，以恒定的对数间隔将每个量级均细分为10个子频带时，每一个子频带称之为三分之一倍频程频带（OTOB）。美国海军已经很长的一段时间用OTOB为潜艇上的振动测量作分析[17]。

由式(2-3)得到，每个OTOB上限为下限的$10^{0.1}$倍。至于每个OTOB的中心频率，则仍然依据离频带上、下限的对数间隔相等的原则确定，即中心频率为下限的1.122（由$\sqrt{10^{0.1}}$得到）倍，上限的1/1.122倍。由此得到，每个OTOB的宽度为中心频率的$1/4.\dot{3}$倍。因此，每个OTOB的宽度随着它的中心频率增加而增加[17]。更确切地说，每个OTOB的宽度与其中心频率成正比。据此，我们可以给出中心频率从0.01 Hz至300 Hz范围内每个OTOB的频率下限、中心频率和频率上限，并依式(2-1)给出每个OTOB的方均根振动加速度限值，如表2-1所示。

表2-1　国际空间站振动加速度需求（持续检测100 s得到的三分之一倍频程频带方均根加速度限值）

频率下限 / Hz	中心频率 / Hz	频率上限 / Hz	方均根振动加速度限值 /μg_n
0.008 913	0.010 00	0.011 22	1.600
0.011 22	0.012 59	0.014 13	1.600
0.014 13	0.015 85	0.017 78	1.600
0.017 78	0.019 95	0.022 39	1.600

① 对数宽度指上限的对数减去下限的对数所得之差（即上限除以下限的对数），而不是指上限减去下限所得差之对数。

续表

频率下限 / Hz	中心频率 / Hz	频率上限 / Hz	方均根振动加速度限值 /μg_n
0.022 39	0025 12	0.028 18	1.600
0.028 18	0.031 62	0.035 48	1.600
0.035 48	0.039 81	0.044 67	1.600
0.044 67	0.050 12	0.056 23	1.600
0.056 23	0.063 10	0.070 79	1.600
0.070 79	0.079 43	0.089 13	1.600
0.089 13	0.100 0	0.112 2	1.600
0.112 2	0.125 9	0.141 3	2.014
0.141 3	0.158 5	0.177 8	2.536
0.177 8	0.199 5	0.223 9	3.192
0.223 9	0.251 2	0.281 8	4.019
0.281 8	0.316 2	0.354 8	5.059
0.354 8	0.398 1	0.446 7	6.370
0.446 7	0.501 2	0.562 3	8.019
0.562 3	0.631 0	0.707 9	10.10
0.707 9	0.794 3	0.891 3	12.71
0.891 3	1.000	1.122	16.00
1.1220	1.259	1.413	20.14
1.413	1.585	1.778	25.36
1.778	1.995	2.239	31.92
2.239	2.512	2.818	40.19
2.818	3.162	3.548	50.60
3.548	3.981	4.467	63.70
4.467	5.012	5.623	80.19
5.623	6.310	7.079	100.95
7.079	7.943	8.913	127.09
8.913	10.00	11.22	160.0
11.22	12.59	14.13	201.4
14.13	15.85	17.78	253.6
17.78	19.95	22.39	319.2
22.39	25.12	28.18	401.9
28.18	31.62	35.48	506.0
35.48	39.81	44.67	637.0
44.67	50.12	56.23	801.9
56.23	63.10	70.79	1 010
70.79	79.43	89.13	1 271
89.13	100.0	112.2	1 600
112.2	125.9	141.3	1 600
141.3	158.5	177.8	1 600
177.8	199.5	223.9	1 600
223.9	251.2	281.8	1 600
281.8	316.2	354.8	1 600

5.9.3.2 节第(1)条指出，根据 Parseval 定理，时间信号的方均根值与该信号功率谱密度在其全部频带内积分的平方根是相等的。因此，可以仿照式(5-40)给出对某个 OTOB 累积的方均根加速度[18]（本书中，当加速度与频谱分析有某种联系时，频域用符号 Γ，相应时域改用符号 γ）为

$$\gamma_{\mathrm{RMS,OTOB}} = \sqrt{\Delta f \sum_{i=f_1/\Delta f}^{f_2/\Delta f} \Gamma_{\mathrm{PSD}}(i\Delta f)} \tag{2-5}$$

式中 $\gamma_{\mathrm{RMS,OTOB}}$ —— 实际对某个 OTOB 累积的方均根加速度，$\mathrm{m/s^2}$；

Δf —— 离散 Fourier 变换的频率间隔，Hz；

f_1 ——OTOB 的下限，Hz；

f_2 ——OTOB 的上限，Hz；

$\Gamma_{\mathrm{PSD}}(i\Delta f)$ —— 频率 $f=i\Delta f$ 处加速度的功率谱密度值，$\mathrm{m^2 \cdot s^{-4}/Hz}$。

5.7.3 节指出，功率谱密度适用于零均值稳定随机信号。因此，式(2-5) 适用于零均值稳定随机信号。

将式(2-5) 与式(5-40) 比较，可以得到表 2-1 所示各个 OTOB 的方均根振动加速度限值的方和根值即为(0.01 ～ 300) Hz 范围内符合国际空间站计划需求的最大方均根振动加速度。按此方法计算得到(0.01 ～ 300) Hz 范围内符合国际空间站计划需求的最大方均根振动加速度为 4.145 $\mathrm{mg_n}$。若将上限频率降低至 100 Hz，则为 2.634 $\mathrm{mg_n}$。

5.9.3.2 节第(1) 条指出，Parseval 定理不仅适用于零均值稳定随机信号，也适用于稳态确定性信号。将式(5-9)、式(5-24) 和式(5-33) 代入式(2-5)，得到

$$\gamma_{\mathrm{RMS,OTOB}} = \sqrt{\frac{1}{2U} \sum_{i=f_1/\Delta f}^{f_2/\Delta f} \Gamma_{\mathrm{AFS}}^2(i\Delta f)} = \sqrt{\frac{1}{U} \sum_{i=f_1/\Delta f}^{f_2/\Delta f} \Gamma_{\mathrm{RMS}}^2(i\Delta f)} \tag{2-6}$$

式中 U —— 窗函数的归一化因子，无量纲；

$\Gamma_{\mathrm{AFS}}(i\Delta f)$ —— 频率 $f=i\Delta f$ 处加速度的幅度谱值，$\mathrm{m/s^2}$；

$\Gamma_{\mathrm{RMS}}(i\Delta f)$—— 频率 $f=i\Delta f$ 处加速度的方均根谱值，$\mathrm{m/s^2}$。

式(5-23) 给出了窗函数归一化因子 U 的表达式。附录 C.1 节给出，Hann 窗的归一化因子 $U=0.375$。

5.7.2 节指出，幅度谱和方均根谱适用于稳态确定性信号。因此，式(2-6)适用于稳态确定性信号。

由于 Parseval 定理不仅适用于零均值稳定随机信号，也适用于稳态确定性信号，所以不必拘泥于功率谱密度、幅度谱或方均根谱的适用对象，既可以用式(2-5)，也可以用式(2-6)计算实际对某个 OTOB 累积的方均根加速度。

由式(2-5)和式(2-6)可以得到如下结论：①由于每个三分之一倍频程频带(OTOB)的宽度(f_2-f_1)与其中心频率 f 成正比，因此，不能将 OTOB 方均根加速度谱与等间隔采样后由 FFT 变换得到的方均根加速度谱相混淆；②即使对于白噪声而言，OTOB 方均根加速度也会随 f 增大倍数的平方根增大；③国际空间站 OTOB 方均根加速度在 $f=(0.1\sim100)$ Hz 范围内随 f 增大呈正比增大，对于零均值稳定随机信号而言，等同于每一个 OTOB 范围内加速度功率谱密度(PSD)的平均值随 f 增大呈正比增大(即每一个 OTOB 范围内加速度$\sqrt{\mathrm{PSD}}$的方均根值随 f 增大倍数的平方根增大)，而在 $f\leqslant0.1$ Hz 和 $f\geqslant100$ Hz 范围内 OTOB 方均根加速度不随 f 改变而改变，等同于每一个 OTOB 范围内加速度 PSD 平均值随 f 增大呈反比减小(即每一个 OTOB 范围内加速度$\sqrt{\mathrm{PSD}}$的方均根值随 f 增大倍数的平方根反比减小)；④每一个 OTOB 方均根加速度对于稳态确定性信号而言，只需将其乘以窗函数归一化因子 U 的平方根，即得到该 OTOB 范围内方均根加速度的方和根，从而表明，国际空间站对稳态确定性振

动加速度的需求既关注单一频率但峰值特别高的确定性振动加速度，又关注虽每个幅度谱的值并不算高、但密集式存在的稳态确定性振动加速度。

由于加速度是矢量，要靠三轴检测分别得到各轴的加速度，所以经频谱分析得到的功率谱密度或方均根谱也是单轴的。为了得到合成的三分之一倍频程频带方均根加速度谱，既可以用三个单轴三分之一倍频程频带方均根加速度谱的各个子频带值一一求三轴的方和根(RSS)，也可以用三个单轴方均根谱的各个频点值一一求三轴的方和根得到合成的方均根谱，再用式(2-6)计算。而若用三轴功率谱密度计算，则当功率谱密度用 $m^2 \cdot s^{-4}/Hz$ 表示时，应对三轴功率谱密度的各个频点值分别求和而不是求方和根，得到合成的功率谱密度，再用式(2-5)计算。

当考察单轴三分之一倍频程频带方均根加速度谱是否符合国际空间站对振动加速度的需求时，可以把该需求均匀分配到单轴，即图 2-1 所示曲线值除以$\sqrt{3}$。

附录 C.3 节给出了三分之一倍频程频带方均根加速度谱计算程序示例。有关离散 Fourier 变换、幅度谱、功率谱密度和对某个频率区间累积的方均根值等知识分别参见 5.4 节、5.7.2 节、5.7.3 节和 5.9.3.2 节第(1)条。

3)六十九分之一倍频程。

在 NASA 微重力分析项目的示例中，以恒定的对数间隔将每个 OTOB 再细分为更窄的频带以便充分地捕捉非尖峰响应。需要细分后的频率密度是充分的，以便在其半功率带宽(顶点左右幅度分别下降到 0.707 倍之间的频差)内至少包含一个额外的频率。例如，NASA 文档 PIRN NO:57000-NA-0110H 建议了每个 OTOB 中使用的充分的对数频率间隔。如果假定 0.5%阻尼比，则每个 OTOB 必须至少由 23 个更窄的频带组成。数目 23 由下式决定[17]：

$$N = \frac{\lg \dfrac{f_2}{f_1}}{\lg \dfrac{f_{s2}}{f_{s1}}} = \frac{\dfrac{1}{3}\lg 2}{\lg(1 + 2\zeta + 2\zeta^2)} \tag{2-7}$$

式中　N —— 以恒定的对数间隔将每个 OTOB 再细分为更窄的频带的数目，无量纲；

f_{s2} ——OTOB 再细分为更小频带的上限，Hz；

f_{s1} ——OTOB 再细分为更小频带的下限，Hz；

ζ —— 阻尼比，无量纲。

这些 OTOB 再细分为更小频带的每一个被称为六十九分之一倍频程频带(OSNOB)，因为 $3 \times 23 = 69$[17]。

2.2.2.6　国际空间站微重力需求分解和实际达到的水平

空间站应该在选定位置处监测和记录微重力环境[12]。

空间站经历的总振动水平取决于载荷和飞行器系统的综合效应。图 2-2 分别给出了飞行器单独对总的系统振动所允许的贡献，以及载荷系统整个编制额度所允许的贡献。总的被允许的系统振动是载荷和飞行器值的方和根[2]。

国际空间站项目需求中规定的微重力水平提供了一个可以与其建设阶段水平进行比较的“准绳”。虽然在其建设阶段未正式运行过微重力模式，其需求中规定的条件也没有得到满足，但是通过对建设阶段环境与需求水平相比较，可以看出在组装完成阶段，国际空间站载体是如何向其需求水平前进的[3]。2003 年 10 月 1 日格林尼治标准时间 16:00—24:00，国际空间站飞行器还处于最后装配阶段，其微重力水平接近或低于需求水平，非常靠近于装配完成时所需要的水平，如图 2-3 所示[3]。

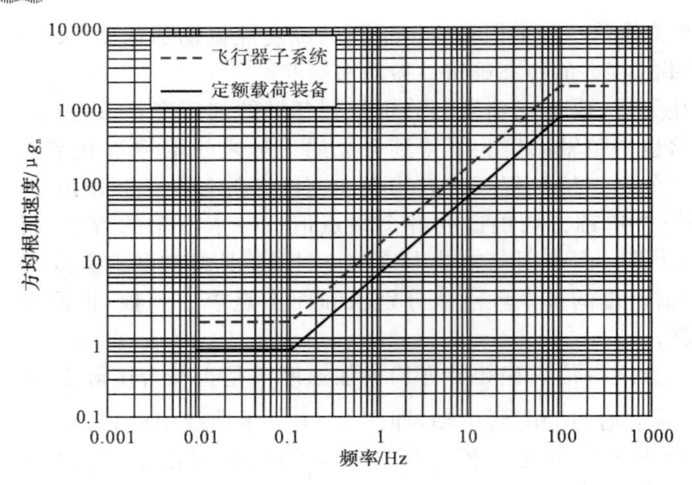

图 2-2　国际空间站振动微重力需求(飞行器和载荷)[2]①

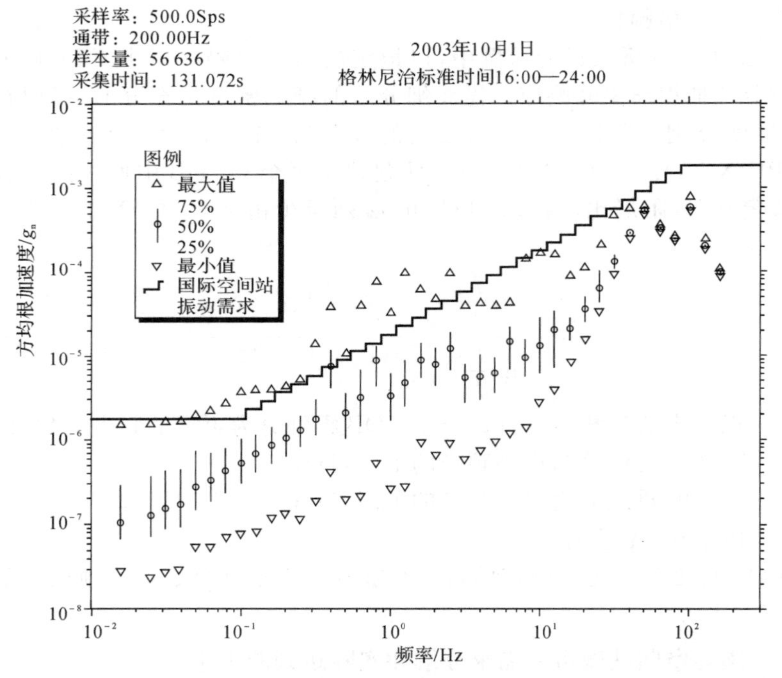

图 2-3　国际空间站 2003 年 10 月 1 日格林尼治标准时间 16:00—24:00 的实际方均根加速度[3]

文献[19]指出，由于国际空间站尺度大，处于 $\pm 2\ \mu g_n$（约 $\pm 2 \times 10^{-5}$ m/s^2）之间的重力梯度以准稳态扰动加速度的形式存在于空间站相对地面的垂直轴（天地方向），它对置于空间站上的实验设定了准稳态加速度极限值。很明显，在这种情况下，需要残余加速度水平小于 10^{-8} m·s^{-2}/Hz$^{1/2}$ 的高精密度引力实验是无法进行的。该文献还指出，当空间站最终完工时，空间站相对于飞行方向的投影面积大约处于(850 ～ 3 700) m^2 间，随姿态修正和巨大

① 此图及图 2-4 至图 2-13 的曲线未以图 2-1 所示的台阶状呈现，是一种简化画法，切不可由此误解为等间隔采样后由 FFT 变换得到的方均根加速度谱。

太阳电池板的方位改换而变化；对于轨道高度 350 km 所对应的平均大气密度 7×10^{-12} kg/m^3 而言，拖曳力在大约(0.5 ～ 2) N 间变化，对于空间站的总质量 420 t 而言，计算得到拖曳加速度(逆飞行方向)为$(1\sim5)\times10^{-6}$ m/s^2；与整个空间站的质量①有关的该值对于与空间站共轨的自由飞行平台②上的任何实验也设定了一个准稳态加速度上限，且该值特别对于万有引力实验是严重的限制。

2.2.3　各种科学学科的微重力需求

2.2.3.1　概述

1996 年 6 月 17 日在 NASA Kennedy 空间中心召开的陈述空间站发展和运行的会议上，NASA 生命和微重力科学与应用局的 Robert C. Rhome 作了题为“在国际空间站上针对科学研究的微重力需求基线”的报告，对生物工程、燃烧科学、流体物理、低温微重力物理、材料科学等各种科学学科必需的微重力环境的下限与国际空间站微重力环境需求作了比较[6,12]。鉴于在某些领域中更多输入是需要的，在此基础上，2003 年年中又开始了一项研究，以归纳对于国际空间站微重力环境科学需求研究的新进展。该信息连同过去归纳的相似数据一起，重申了国际空间站微重力环境需求基线的有效性[15]。

2.2.3.2　生物工程

生物工程主要关心的不是准稳态加速度，因为其允许的水平为 $10^{-3}g_n\sim10^{-4}g_n$，明显大于国际空间站的准稳态加速度基线。但是对振动加速度，在期望的运行水平的较高频率处与国际空间站微重力需求有些冲突。而对瞬态加速度，主要关心大尺度的加速度，如轨道机动推进器的干扰和乘员的干扰[12]。1996 年归纳的生物工程微重力振动需求与国际空间站微重力需求的比较如图 2－4 所示[12]。而 2004 年归纳的相应结果如图 2－5 所示[15]。

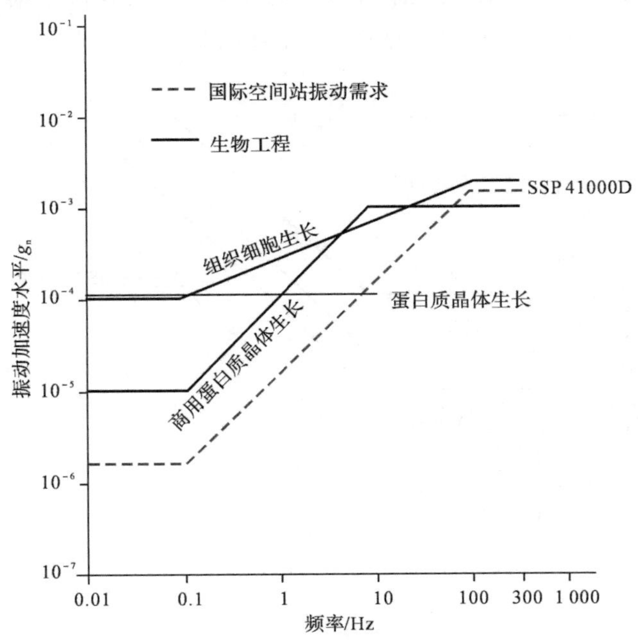

图 2－4　生物工程微重力振动需求与国际空间站微重力需求的比较[12]

① 原文为“质心”，似不妥。

② 自由飞行平台与空间站共轨，意味着它们处于 1∶1 的平均运动共振中。

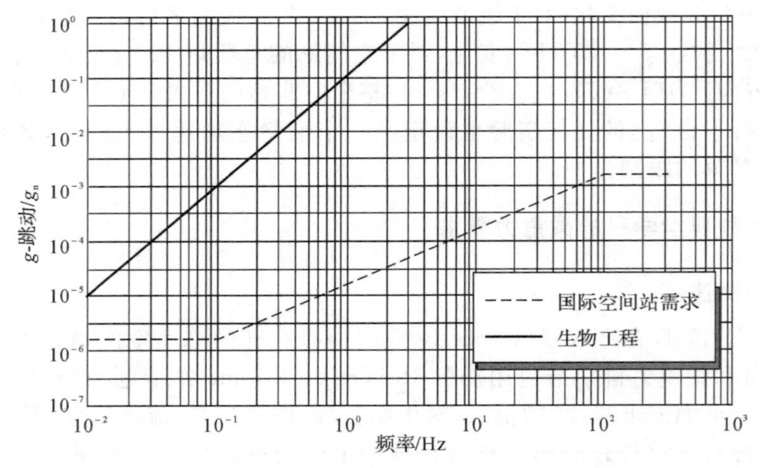

图 2-5 基于国际空间站生物技术实验的加速度振动环境需求[15]

2.2.3.3 燃烧科学

燃烧科学主要关心的不是准稳态加速度，因为其允许的水平为 $10^{-4} g_n$，明显大于国际空间站的准稳态加速度基线。但是对振动加速度，在低频（<1 Hz）处典型的低加速度水平会干扰实验；大部分实验的微重力需求曲线比国际空间站的高（即更宽松），但有些比国际空间站预期的环境低（即更严格）；已经再三观察到低频 g-跳动影响多种火焰（例如蜡烛、气体喷射、火焰球等）的燃烧特性。而对瞬态加速度，只要干扰具有时间和量值限制，大部分实验是可以容忍的[12]。1996 年归纳的燃烧科学微重力振动需求与国际空间站微重力需求的比较如图 2-6 所示[12]。而 2004 年归纳的相应结果如图 2-7 所示[15]。

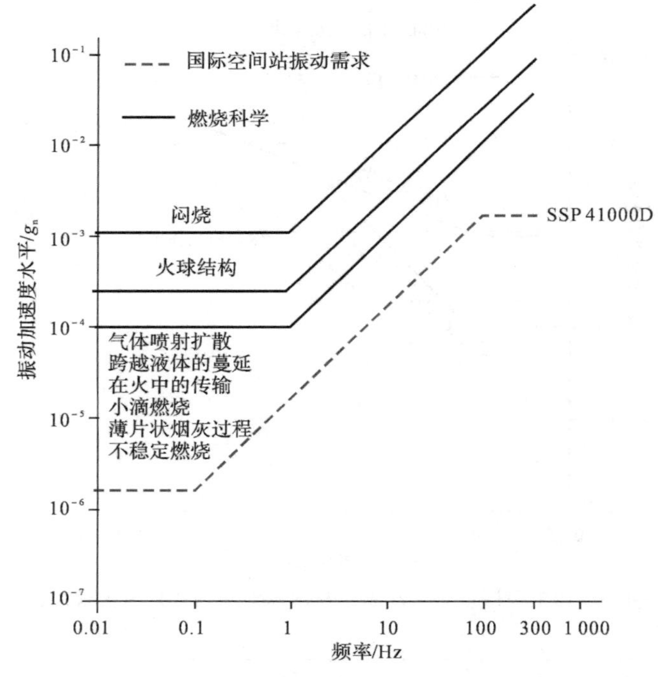

图 2-6 燃烧科学微重力振动需求与国际空间站微重力需求的比较[12]

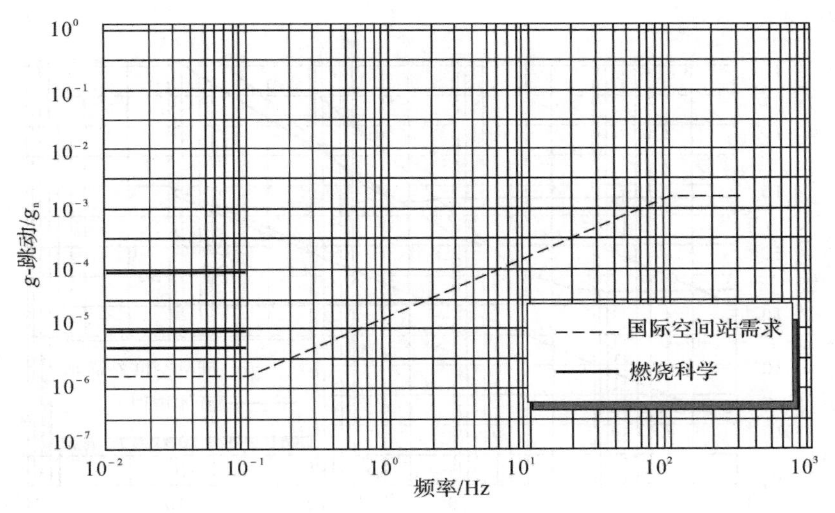

图 2－7　基于国际空间站燃烧科学实验的加速度振动环境需求[15]

2.2.3.4　流体物理

对于流体物理，准稳态加速度干扰大多数流体实验，因为其允许的水平为 $2\times10^{-6}\ g_n$，接近国际空间站的准稳态加速度基线。国际空间站预期环境的中等频率振动加速度会干扰自由流表面实验；一些实验需要处于比国际空间站需求曲线更低水平的环境，例如在弯月面处的薄膜流体流动；在美国微重力实验室 2 号(USML－2)任务各处，由于频繁的 g-跳动，表面张力驱动的对流实验发生了表面扭曲。而瞬态加速度则会干扰具有较低黏性流体的流体实验[12]。1996 年归纳的流体物理微重力振动需求与国际空间站微重力需求的比较如图 2－8 所示[12]。而 2004 年归纳的相应结果如图 2－9 所示[15]。

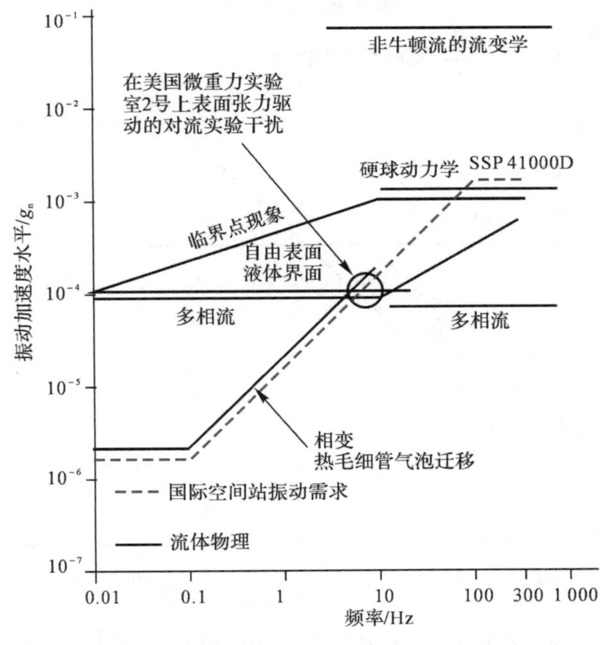

图 2－8　流体物理微重力振动需求与国际空间站微重力需求的比较[12]

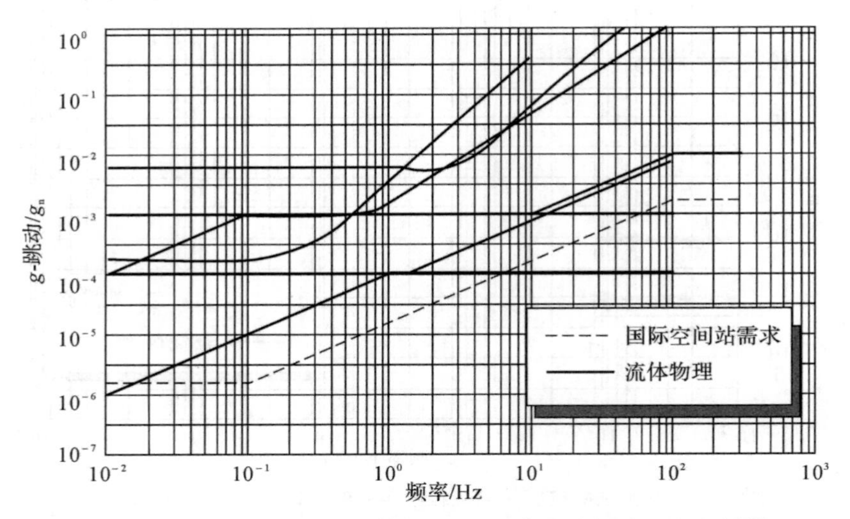

图 2-9 基于国际空间站流体物理实验的加速度振动环境需求[15]

2.2.3.5 基础物理

大的准稳态加速度会破坏基础物理实验中临界流体的样品均匀性。振动和瞬态加速度会加热基础物理实验的样品和破坏样品均匀性[12]。1996 年归纳的基础物理微重力振动需求与国际空间站微重力需求的比较如图 2-10 所示[12]。而 2004 年归纳的相应结果如图 2-11所示[15]。

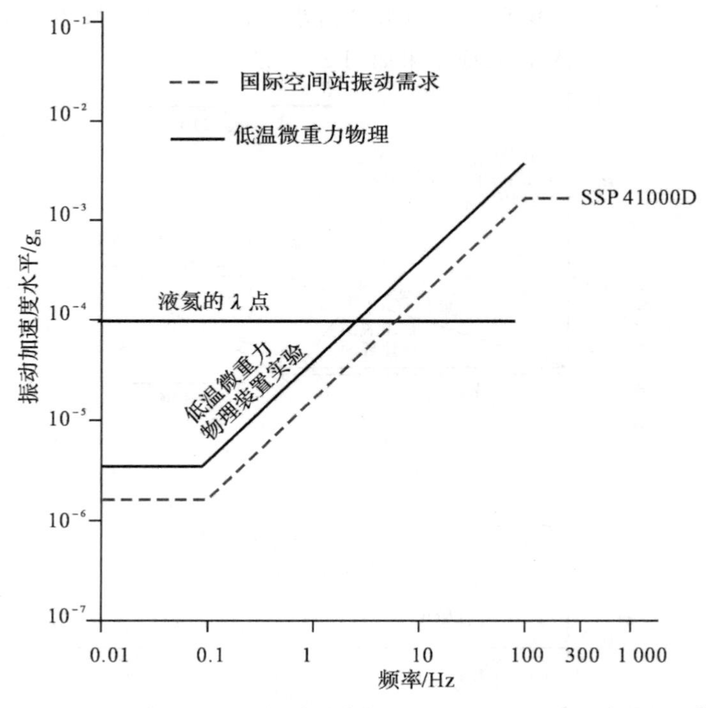

图 2-10 基础物理微重力振动需求与国际空间站微重力需求的比较[12]

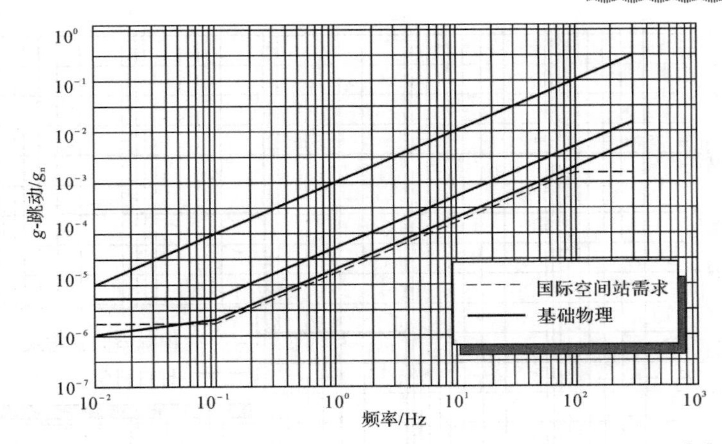

图 2－11　基于国际空间站基础物理实验的加速度振动环境需求[15]

2.2.3.6　材料科学

对于材料科学，一些样品和过程需要非常低（< 0.1 μg_n）的准稳态加速度水平，例如 Stoke's 沉降、Bridgman 生长、浮区；准稳态加速度的方向和稳定性是影响结晶过程的重要因素。处于不同频率范围的振动加速度会干扰实验，影响熔化的样品、悬浮的样品等等。有些过程非常容易受到瞬态的影响，例如推进器工作；在美国微重力载荷任务系列 1 号（USMP－1）和美国微重力载荷任务系列 3 号（USMP－3）上 MEPHISTO① 经历了从单个推进器工作起持续达数分钟的影响，其中 0.01 g_n持续了 10 s～25 s[12]。1996 年归纳的材料科学微重力振动需求与国际空间站微重力需求的比较如图 2－12 所示[12]。而 2004 年归纳的相应结果如图 2－13 所示[15]

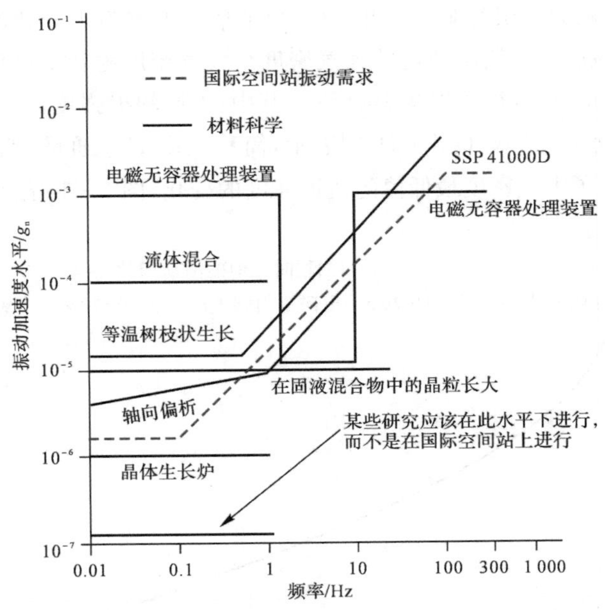

图 2－12　材料科学微重力振动需求与国际空间站微重力需求的比较[12]

① MEPHISTO（Matériel pour l'Etude des Phénoménes Interessant la Solidification sur Terre et en Orbite，用于研究地面上和轨道上凝固现象的设备）计划是法国和美国之间，关于液相下凝固过程的基础和更多应用方面，在地面和微重力状态下的一项合作研究工作[20]。

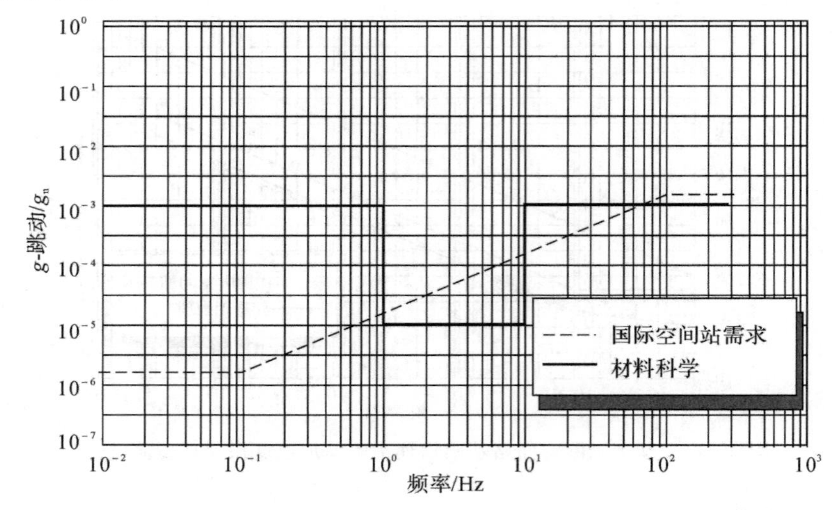

图 2-13　基于国际空间站材料科学实验的加速度振动环境需求[15]

2.3　空气动力学拖曳

2.3.1　影响大气密度的因素

空气动力学拖曳即大气阻力摄动，由于大气阻力的方向与低轨道航天器的速度方向相反，因此称之为空气动力学拖曳。近地轨道(LEO)一般指航天器轨道高度低于 1 000 km 的轨道。近地轨道的卫星要受到大气层的阻尼作用[21]。为了估计大气阻力导致的低轨道航天器负加速度，首先必须获得该航天器周围环境的大气密度。大气密度随轨道高度变化并受太阳辐射强度、地磁活动指数、季节、昼夜等因素影响[22]。其中：太阳辐射强度以太阳发出的波长为 10.7 cm 的电磁辐射强度 $F_{10.7}$[W/(m^2 · Hz)]表示，简称太阳 $F_{10.7}$ 通量；地磁活动以 A_p 指数表示[22]。图 2-14 给出了大气密度最低值随轨道高度的变化，图 2-15 给出了大气密度最高值随轨道高度的变化[23]。

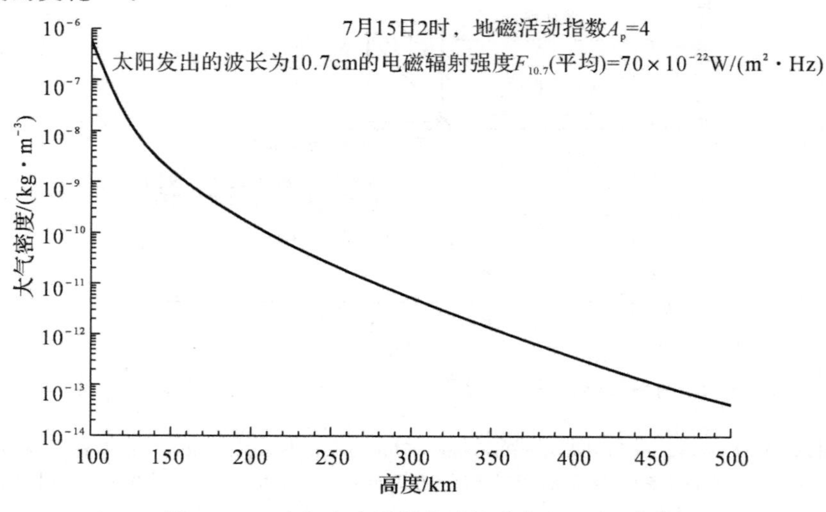

图 2-14　大气密度最低值随轨道高度的变化[23]

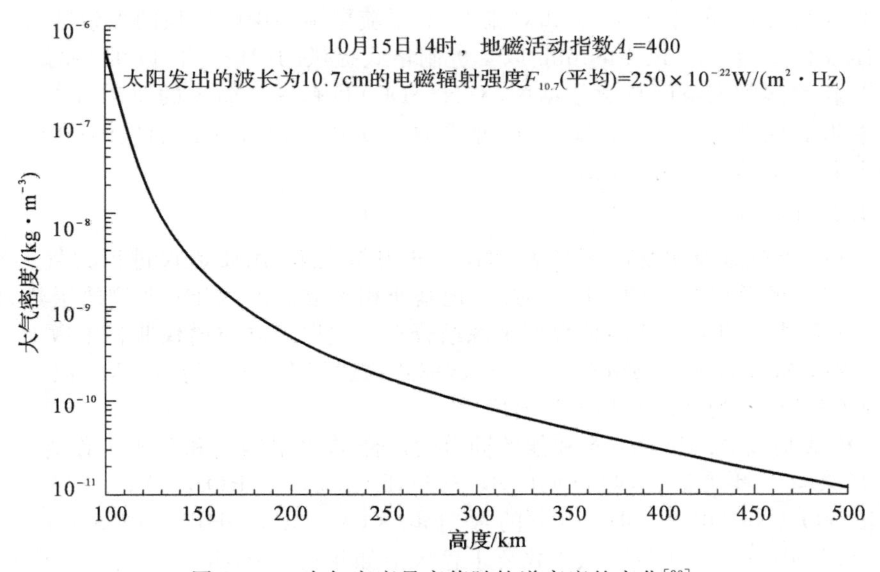

图 2-15 大气密度最高值随轨道高度的变化[23]

现代，大气密度随高度分布的规律由大气模式给出。如果没有实测的大气密度数据，就需要用大气模式来估计。

2.3.2 现代大气模式

大气可以被粗略地表征为环绕地球从海平面到大约 1 000 km 高度的区域，其间电中性气体可以被检测。50 km 以下的大气可以假定是均匀混合的，可以被当作一种理想气体来处理。80 km 以上，由于扩散和垂直输运变得重要，流体静力学平衡逐渐被打破[24]。

自从 1957 年(苏联)人造地球卫星 1 号发射之后，人造卫星的轨道衰减就被用于推出大气数据。第一个上层大气全球模式是由 L. G. Jacchia 在 20 世纪 60 年代基于理论考虑和卫星阻力数据开发的[24]。

2.3.2.1 CIRA

一些国家机构和国际机构已经为发展大气参考模式设立了委员会，例如国际民用航空组织(ICAO)、(国际)空间研究委员会(COSPAR)和标准大气推广委员会(COESA)。或许被最广泛使用和被良好建立的模式是 COSPAR 推荐并通过的国际参考大气(CIRA)[24]，它的最早版本是 CIRA-61，接着是 CIRA 1965、CIRA 1972[25]。CIRA-72 和 CIRA-86 包含 Jacchia 1971 模式[24]。CIRA 提供从 0 km 到 2 000 km 的大气热力学温度和密度的经验模式[25]。

对于较低的部分(0 km 到 120 km)，该模式包括针对北纬 80°到南纬 80°范围内大气热力学温度和纬圈风的每月平均值表。它提供两套文件，一套以压力坐标方式，也包括重力位高度；另一套以高度坐标方式，也包括压力值。根据若干全球数据汇编，包括地基和卫星(美国发射的主要为研究和实验用的极轨气象卫星 Nimbus 5，6，7)测量，Oort(1983)、Labitzke 等人(1985)，Fleming 等人(1988)生成了这些表[25]。

除了经验模式以外，CIRA-86 包括 D. Rees 和他在伦敦大学学院的同事的理论热层模式。使用这个模式的 50 次全球模拟得到的结果已经以计算机的可读形式存储，且可以在虚拟地址扩充(VAX)计算机上或个人计算机(PC)上重建[26]。

1986 年 CIRA 和 MSIS 团队携手，MSIS-86 变成了 CIRA-86 的上面部分[24](120 km 以上[26])。通常，在各个水平上都保持着流体静力学和热风平衡。该模式正确地复现大气的大部分性能特征，例如赤道风，例如对流层顶、平流层顶和中间层顶的大致结构[25]。

该 CIRA 软件包括由 E. Fleming 以二进制格式提供的(1989 年 11 月)原始 CIRA－86 数据文件。在美国国家空间科学数据中心(NSSDC)写有一个简单的驱动程序以方便对二进制数据存取。此外，J. Barnett 在 1990 年 7 月以美国信息交换标准代码(ASCII)格式提供了 CIRA 数据文件的一个修正版[25]。

2.3.2.2 MSIS

随着 1969 年轨道地球物理观察站 OGO－6 卫星发射，用质谱仪进行大气参数原位测量成为现实可用的手段。大约在同一时间，地基非相干散射雷达开始监测热层热力学温度。A. E. Hedin 和他的同事将这两种数据来源结合在一起以建立质谱仪非相干散射(MSIS)模式：MSIS－77，MSIS－83，MSIS－86[24]。该模式描述了上层(大约 100 km 以上)大气中的电中性(分子和原子)的密度和热力学温度[27]。

MSIS 模式是以 A. E. Hedin 和他的同事的广泛的数据编制和分析工作为基础的。数据来源包括来自一些火箭、卫星(OGO 6，San Marco 3，AEROS－A，AE－C，AE－D，AE－E，ESRO 4 和 DE 2)和非相干的散射雷达(Millstone Hill，St. Santin，Arecibo，Jicamarca 和 Malvern)的测量。该模式要求输入诸如年份、一年第几天、世界时、高度、测地学的纬度和经度、地方视太阳时、太阳 $F_{10.7}$ 通量(前一天和三个月平均)和地磁 A_p 指数(一天或最近 59 h 的 A_p 历史)。在这些条件下计算出 He，O，N_2，O_2，Ar，H 和 N 的数密度、总质量密度、电中性分子和原子的热力学温度和外逸层的热力学温度。为了方便诊断，该源代码配备有 23 个标志，以便接通或切断各种独特的变化。Hedin (1988)对所有的三个 MSIS 模式作了对比，且与 Jacchia 1970 和 1977 模式作了比较[27]。

在热层建模中风暴效应的描述是最具挑战性的主题之一。DE－2 风测量已经展示出在电离层对流中由类似行星际磁场(IMF)相关信号引起的典型高纬度风信号[24]。

2.3.2.3 MSISE－90

MSISE－90 模式描述在地球大气中从地面到热层高度的电中性分子和原子的热力学温度和密度。72.5 km 以下该模式主要以地图手册(Labitzke et al.，MAP Handbook，1985)中由 Barnett 和 Corney 提供的纬圈平均热力学温度和压力表格为基础，它也被用于 CIRA－86。20 km 以下这些数据用来自美国国家气象中心(NMC)的平均值补充。此外，从 1947 年到 1972 年的皮托管、落球和榴弹发声器火箭测量曾被纳入考虑因素。72.5 km 以上 MSISE－90 本质上是一个修订了的 MSIS－86 模式，它考虑到源于航天飞机飞行的数据和比较新的非相干的散布结果[28]。

2.3.7 节指出，对流层从海平面直到大约 10 km，同温层从 10 km 直到大约 45 km，中间层从 45 km 直到大约 95 km，热层从 95km 直到大约 400 km，外逸层大约在 400 km 以上。由 2.3.2.2 节可知，MSIS－86 模式是专门针对大约 100 km 以上的模式。因此，对于兴趣仅限于热层(120 km 以上)的人来说，推荐 MSIS－86 模式。由 MSISE－90 模式描述对象为从地面到热层高度可知，该模式含盖了除外逸层外的大气层多个分区。因此，MSISE－90 对于专门研究对流层的工作并不是优选模式。推而广之，MSISE－90 与其用于专门研究大气层某一分区，不如用于研究跨越几种大气边界的区域[28]。

MSISE－90 模式的执行软件在 1960 年 2 月 14 日至 2019 年 8 月 31 日(截止日期逐月更新)范围内已存储有太阳辐射强度和地磁活动指数的变化信息，只需提供世界时、星下点经度、星下点纬度、高度等信息即可解算出大气密度[29]。

2.3.2.4 NRLMSISE－00

NRLMSISE－00 以经验为根据的大气模式是在 MSISE－90 模式基础上由 Mike

Picone，Alan Hedin 和 Doug Drob 开发的。与 MSISE－90 的主要差别在计算机编码的头部注解中被记录。该模式包括：

(1)在总质量密度上广泛使用阻力和加速度计数据；

(2)对总质量密度增加一个要素以解释在 500 km 以上高度 O^+ 和热氧可能重要的贡献；

(3)包含针对 O_2 的太阳极大期任务卫星(SMM)的紫外(UV)掩星数据[30]。

NRLMSISE－00 模式的执行软件在 1960 年 2 月 14 日至 2019 年 7 月 16 日(截止日期逐月更新)范围内已存储有太阳辐射强度和地磁活动指数的变化信息，只需提供世界时、星下点经度、星下点纬度、高度等信息即可解算出大气密度[31]。

2.3.3　用 MSISE－90 模式得到的大气密度与实测的大气密度的对比

中国科学院(简称中科院)空间科学与应用中心对神舟四号飞船周围大气密度 ρ_a 进行了测量，自主飞行段测量分三个时段进行，其第三时段的实测结果如图 2－16 所示[32]。

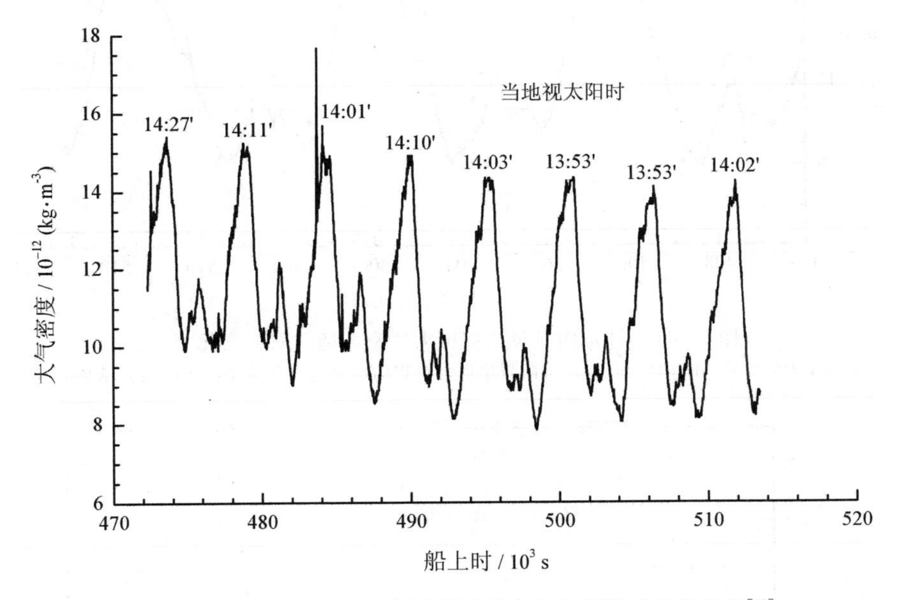

图 2－16　神舟四号飞船实测的周围大气密度随时间的变化[32]

从图 2－16 中可以看到，进出地球阴影引起大气密度起伏，峰谷之比不足 2。

以神舟四号飞船周围大气密度随时间变化为对象，图 2－17 给出了用 MSISE－90 模式的执行软件和含有世界时、星下点经度、星下点纬度、轨道高度等信息的神舟四号星历表得到的数据与相应时段中科院空间科学与应用中心实测结果的对比。

从图 2－17 可以看到，MSISE－90 模式得到的大气密度与中科院空间中心实测的大气密度相当符合，这说明二者都相当符合实际。

2.3.4　太阳辐射强度和地磁活动指数的获取或估计

不论使用哪种大气模式，太阳辐射强度和地磁活动指数是必须输入的参数。如果超出 MSISE－90 模式的执行软件所规定的时间跨度，要想获得近期或未来的大气模式，则必须提供前一天和前 45 d 至后 44 d 共 90 d 平均的太阳 $F_{10.7}$ 通量以及当天每 3 h 地磁活动 A_p 指数共 8 个的平均值。过去某一天的 $F_{10.7}$ 值和 A_p 值可以在中国科学院科学与应用研究中心所属空间环境预报中心的网站 http://eng.sepe.ac.cn 上查到，而最近乃至未来某一天的

$F_{10.7}$值和A_p值只能预估。为了解$F_{10.7}$值和A_p值大致变化情况，图 2－18 给出了 Marshall 空间飞行中心（MSFC）和空间环境中心（SEC）对周期 23 和 24 太阳活性预报的比较[33]。图 2－19 给出了 Marshall 空间飞行中心 5％，50％，95％地磁指数A_p预报的比较[33]。二张图中各条曲线所标注的百分数均指不超过该曲线的时间占比。显然，仅靠这两张图不能得到某一天$F_{10.7}$值和A_p值的实际数据。

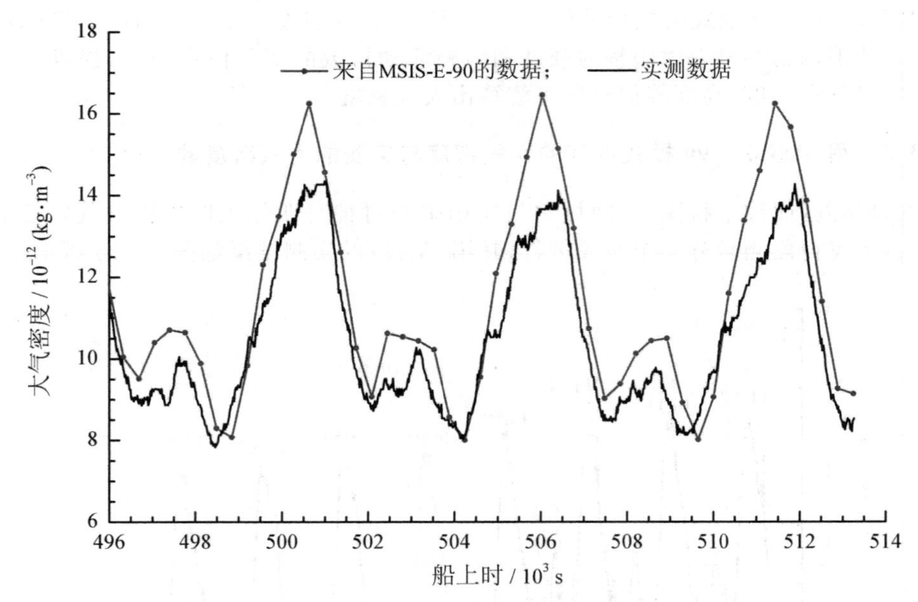

图 2－17　神舟四号飞船周围大气密度随时间的变化[32]

（用 NASA 大气模式 MSISE－90 和神舟四号星历表得到的数据与中科院空间中心实测结果的对比）

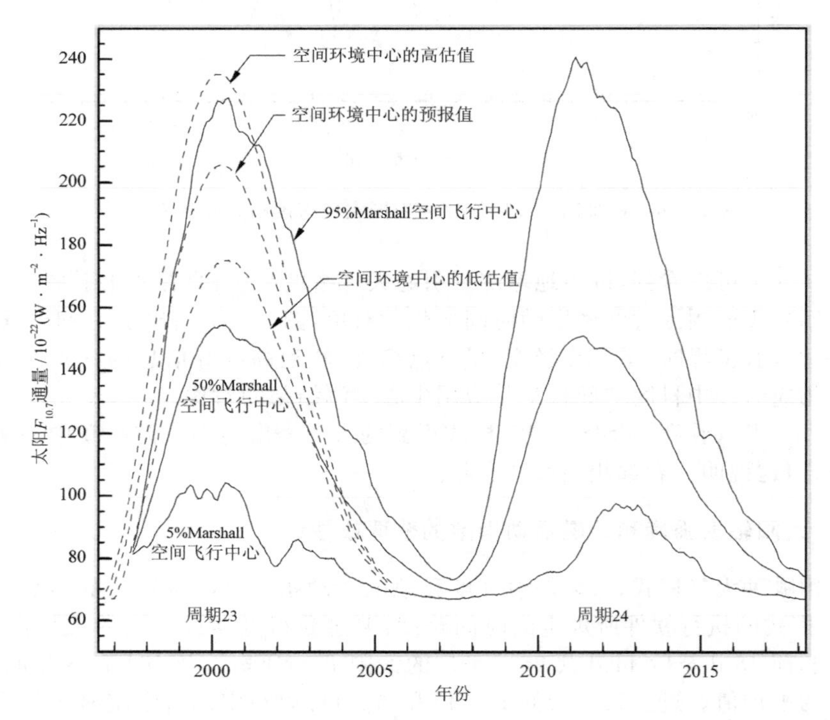

图 2－18　Marshall 空间飞行中心和空间环境中心对周期 23 和 24 太阳活性预报的比较[33]

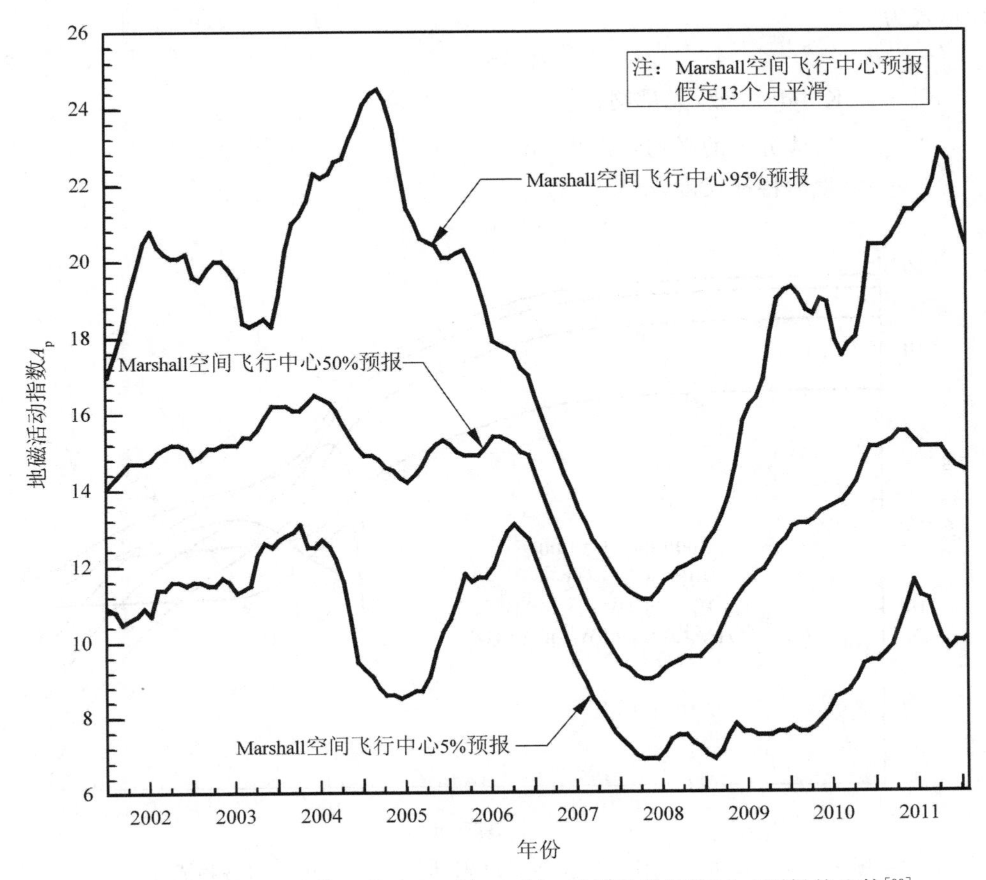

图 2-19　Marshall 空间飞行中心 5%，50%，95%地磁指数(A_p)预报的比较[33]

2.3.5　大气数密度随高度分布的示例

图 2-20 给出了对 2000 年 4 月 1 日、世界时 14 时、纬度 0°、经度 0°用 MSISE-90 模式的执行软件得到的大气各种成分的数密度随高度的变化。从该图可以看到，该执行软件对所选参数没有给出 O，N，H 在 73 km 以下的数密度，原因是 O，N，H 在 73 km 以下的数密度随高度降低而急剧减少，同高度下比 N_2，O_2，Ar，He 的数密度低许多量级，因此无法检测[34]。

2.3.6　确定气体的流动领域

从图 2-20 可以看到，大气密度随高度增高而迅速衰减。当气体密度很低时，气体分子离散结构开始显现，这种气体称为稀薄气体，研究稀薄气体流动规律的学科称为稀薄气体动力学。20 世纪中叶，由于航空和航天事业的发展，稀薄气体动力学的研究进展显著。1946 年钱学森从空气动力学观点总结了有关稀薄气体的研究成果，指出在几十公里高空飞行时将会遇到稀薄气体动力学问题。他提出稀薄气体动力学中三个流动领域的划分，为研究稀薄气体动力学作了开创性工作[35]。

在稀薄气体动力学中，可以根据气体稀薄的程度，按 Knudsen 数 K_n 的不同将流动分为三个领域。Knudsen 数是流体力学中的无量纲数，指分子平均自由程与物体特征长度之

比，计算式为[35]

$$K_n = \bar{\lambda} / L \tag{2-8}$$

式中 K_n ——Knudsen 数，无量纲；

$\bar{\lambda}$ —— 气体分子的平均自由程，m；

L —— 物体特征尺度，m。

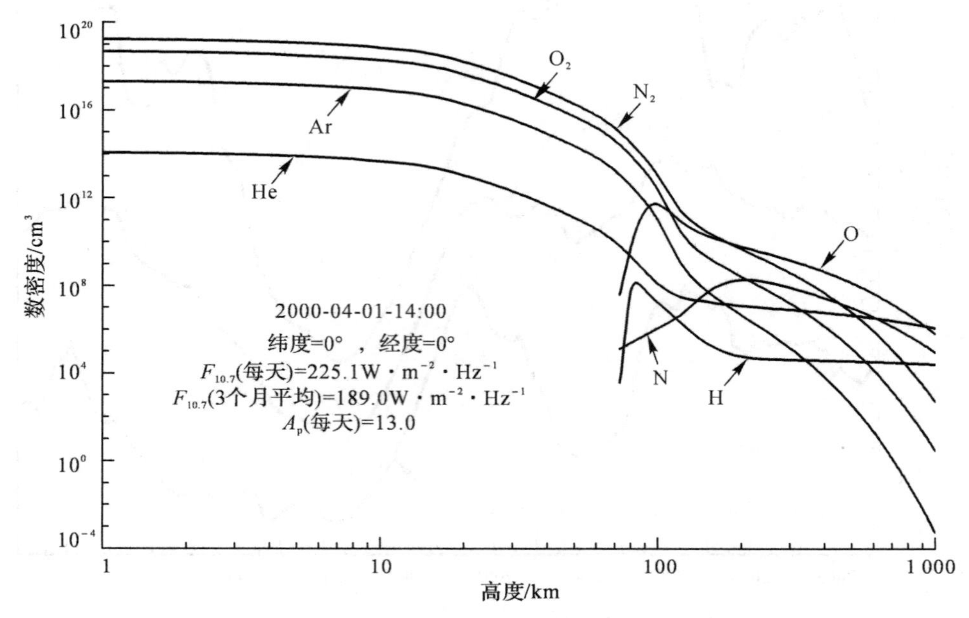

图 2-20　2000 年 4 月 1 日世界时 14 时纬度 0° 经度 0° 大气各种成分的数密度随高度的变化[33]（用 MSISE-90 得到）

文献[36] 指出，对于流体中的物体而言，物体特征尺度指的是该物体的半径。文献[37] 指出，对于管道中流动着的气体而言，物体特征尺度指的是管道的直径。表 2-2 给出了 K_n 与流动领域的关系。

表 2-2　K_n 与流动领域的关系

流动领域	连续介质流		黏滞流①	过渡流	自由分子流	文献
K_n		0.01	0.1	10		[35]
			0.01	1		[37]

①文献[35]称其为滑流，文献[37]称其为黏滞流（viscous flow），也称其为层流（laminar flow）或溪流（stream flow）

8.4.3 节用四条实测的漏孔流导-上游压力关系曲线验证了处于自由分子流状态的 K_n 下限，证明 $K_n \geqslant 10$ 是正确的。

高度在 200 km 左右的航天器寿命只有几天到几十天[38]，绝大多数低轨道航天器的轨道高度不低于 180 km。从图 2-20 可以看到，180 km 高空成分以 N_2 和 O 为主，N_2 的数密度为 $8.375 \times 10^{15}\ m^{-3}$，O 的数密度为 $8.659 \times 10^{15}\ m^{-3}$。两种气体混合时各自的平均自由

程为[39]

$$
\left.\begin{aligned}
\bar{\lambda}_{N2} &= \frac{1}{\sqrt{2}\pi n_{N2}\sigma_{N2}^{2} + \pi n_{O}\sigma_{N2-O}^{2}\sqrt{1+\dfrac{m_{N2}}{m_{O}}}} \\
\bar{\lambda}_{O} &= \frac{1}{\sqrt{2}\pi n_{O}\sigma_{O}^{2} + \pi n_{N2}\sigma_{N2-O}^{2}\sqrt{1+\dfrac{m_{O}}{m_{N2}}}}
\end{aligned}\right\} \tag{2-9}
$$

式中　$\bar{\lambda}_{N2}$ —— N_2 在混合气体中的平均自由程，m；

$\bar{\lambda}_{O}$ —— O 在混合气体中的平均自由程，m；

n_{N2} —— N_2 的数密度，m^{-3}；

n_{O} —— O 的数密度，m^{-3}；

σ_{N2} —— N_2 的直径：$\sigma_{N2}=3.75\times10^{-10}$ m[40]；

σ_{O} —— O 的直径：$\sigma_{O}=1.48\times10^{-10}$ m[40]；

σ_{N2-O} —— N_2 和 O 的平均直径：$\sigma_{N2-O}=(\sigma_{N2}+\sigma_{O})/2=2.615\times10^{-10}$ m；

m_{N2} —— N_2 的分子质量，kg；

m_{O} —— O 的原子质量，kg。

我们有

$$
m=\frac{M}{N_A} \tag{2-10}
$$

式中　m —— 单个分子或原子的质量，kg；

M —— 气体的摩尔质量，kg/mol；

N_A ——Avogadro 常数：$N_A=(6.022\ 136\ 7\pm0.000\ 003\ 6)\times10^{23}\ mol^{-1}$[41]。

将式(2-10) 代入式(2-9)，得到

$$
\left.\begin{aligned}
\bar{\lambda}_{N2} &= \frac{1}{\sqrt{2}\pi n_{N2}\sigma_{N2}^{2} + \pi n_{O}\sigma_{N2-O}^{2}\sqrt{1+\dfrac{M_{N2}}{M_{O}}}} \\
\bar{\lambda}_{O} &= \frac{1}{\sqrt{2}\pi n_{O}\sigma_{O}^{2} + \pi n_{N2}\sigma_{N2-O}^{2}\sqrt{1+\dfrac{M_{O}}{M_{N2}}}}
\end{aligned}\right\} \tag{2-11}
$$

式中　M_{N2} ——N_2 的摩尔质量：$M_{N2}=2.801\ 34\times10^{-2}$ kg/mol[40]；

M_{O} ——O 的摩尔质量：$M_{O}=1.599\ 94\times10^{-2}$ kg/mol[40]。

将以上各参数代入式(2-11)，得到 $\bar{\lambda}_{N2}=120$ m，$\bar{\lambda}_{O}=322$ m。相对于一般尺度为数米的航天器，由表 2-2 可知处于自由分子流状态。因此可依自由分子流状态计算航天器遭遇到的大气阻力。

2.3.7　计算公式

为了计算大气阻力导致的低轨道航天器负加速度，还必须确认航天器的飞行速度大于大气分子(原子)的平均热运动速度。在此前提下，大气分子(原子)撞击航天器所传递的动量具有恒定的方向。

1687 年 Newton 发表了万有引力定律，1859 年 Maxwell 首次利用统计方法(概率观点)

得出了平衡态下气体分子的速度分布定律，尔后，Boltzmann 发展了 Maxwell 的分子运动学说，不仅用碰撞理论作了严格推导，而且证明了在有势的力场中处于热平衡态的分子速度分布定律（即现在所说的 Maxwell-Boltzmann 分布定律）[42]。

关心大气成分的数密度时，Maxwell-Boltzmann 分布定律仅适用于几公里至几十公里高度以内的分子态气体（包括无所谓原子态还是分子态的惰性气体，但不包括 O，H，N 等原子态气体）[34]。然而，通常认为，100 km～1 000 km 高度范围的大气温度都是遵从 Maxwell 速度分布的中性分子（原子）热运动动能的量度[22]，因而人们在估算大气阻力导致的数百公里高度航天器负加速度时，作为粗略估计，仍使用这一定律。

图 2－21 给出了 2000 年 4 月 1 日世界时 14 时纬度 0°经度 0°大气热力学温度随高度的变化[34]。

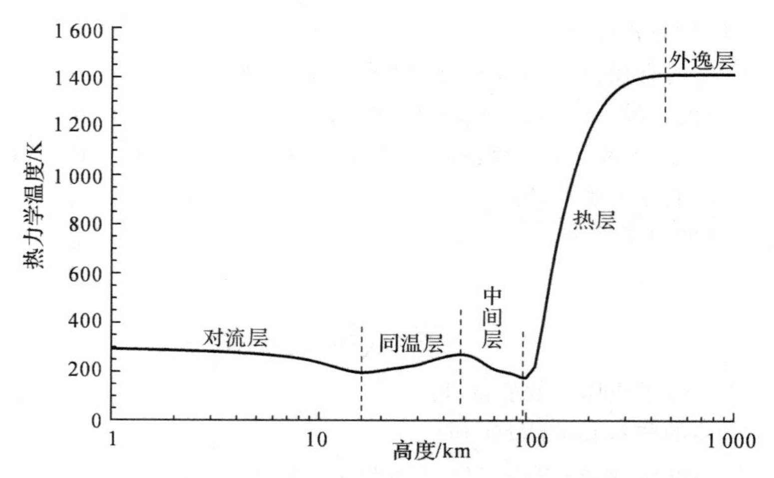

图 2－21　2000 年 4 月 1 日世界时 14 时纬度 0°经度 0°大气热力学温度随高度的变化[34]（用 MSISE－90 得到）

图 2－21 中标出了面向热力学温度的命名法对大气层的分区：对流层，从海平面直到大约 10 km，其间热力学温度逐渐降低；同温层，从大约 10 km 直到大约 45 km，其间热力学温度逐渐上升；中间层，从大约 45 km 直到大约 95 km，其间热力学温度再次逐渐降低；热层，从大约 95 km 直到大约 400 km，其间热力学温度再次逐渐上升；而外逸层，大约在 400 km 以上，其间热力学温度是常数[24]。

从图 2－20 可以看到，1 000 km 高度大气的主要成分为 He 和 O。从图 2－21 可以看到，在 1 000 km 高度大气热力学温度为 1 411.8 K。

气体分子的速度符合 Maxwell 分布时，平均热运动速度为[43]

$$\bar{v}=\sqrt{\frac{8RT}{\pi M}} \tag{2-12}$$

式中　$\bar{v}$ —— 气体分子的平均热运动速度，m/s；

R —— 摩尔气体常数：$R=(8.314\ 510\pm 0.000\ 070)$ J/(mol·K)[41]；

T —— 大气的热力学温度，K。

由式（2－12）得到，O 在 1 000 km 高度的平均热运动速度为 1 367 m/s，He 的摩尔质量为 3.016×10^{-3} kg·mol^{-1}[40]，得到 He 在 1 000 km 高度的平均热运动速度为 3 148 m/s。

对于轨道高度远地点 1 000 km、近地点 180 km 的航天器，使用 1.6.2 节给出的地球长

半轴 $a_E=6.378\ 137\ 0\times10^6$ m，利用图 1-1，得到 $a+f=7\ 378$ km，$a-f=6\ 558$ km，于是，轨道长半轴 $a=6\ 968$ km，焦距 $f=410$ km，因此，由式(1-29)得到偏心率 $e=5.884\times10^{-2}$，由式(1-30)得到焦点参数 $p=6\ 944$ km，由式(1-31)得到远地点($\eta=\pi$)焦点半径 $\rho_a=7\ 378$ km，由式(1-33)得到远地点飞行速度 $v_{sa}=7\ 131$ m/s，大于 O 和 He 的平均热运动速度。

对于非远地点，以及偏心率较小或轨道高度在(180～1 000) km 间的航天器，飞行速度会更高，而气体分子的热运动速度会更低，因而更满足"航天器的飞行速度大于大气分子(原子)的平均热运动速度"这一条件。

文献[10]指出，由于近地轨道航天器所处高度的大气可看作是 Maxwell 气体，航天器的飞行速度大于大气分子(原子)的平均热运动速度，航天器周围的气流处于自由分子状态，所以阻力引起的航天器质心加速度为

$$\boldsymbol{a}_d=-\frac{C_d}{2m_s}A_v\rho_a v_s \boldsymbol{v}_s \tag{2-13}$$

式中　$\boldsymbol{a}_d$ —— 大气阻力导致的航天器质心加速度矢量，m/s²；

C_d —— 阻力系数，无量纲；

m_s —— 航天器质量，kg；

A_v —— 航天器沿速度方向的投影面积，m²；

ρ_a —— 大气的质量密度，kg/m³；

$\boldsymbol{v}_s$ —— 航天器运动的速度矢量，m/s；

v_s —— $\boldsymbol{v}_s$ 的模，m/s。

阻力系数取决于航天器形状和分子反射形式(例如散射或镜面反射)[10]，通常取 $C_d=2.2\pm0.2$[21]。

从式(2-13)可以看到，为了减小大气阻力导致的航天器质心在速度方向上的负加速度，应尽量减小航天器沿速度方向的投影面积 A_v 与航天器质量 m_s 的比值。显然，这意味着航天器采用细长结构，如果可能，航天器最好不带太阳电池翼。

图 2-22 所示为实践十号卫星测试照片和模拟图[44-45]。可以看到，该卫星没有太阳电池翼(靠化学电池供电)，外形呈柱锥结合体形状。

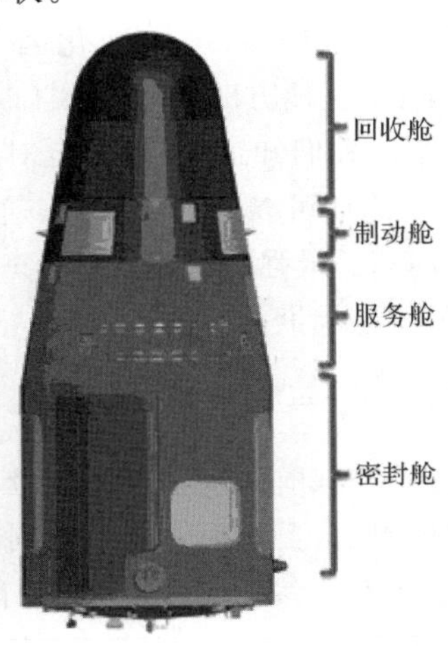

图 2-22　实践十号卫星

(a)测试照片[44]；(b)模拟图[45]

图 2-23 所示为 2016 年 10 月 30 日 05 时 52 分 24 秒在天宫二号和神舟十一号组合体上方 1 420 m 处的伴飞小卫星拍摄到的组合体可见光图像[46]。

图 2-24 所示为国际空间站配置图[47]，可以看到，国际空间站本体的构形沿飞行方向非常细长。

图 2-23　2016 年 10 月的天宫二号和神舟十一号组合体[46]

图 2-24　国际空间站配置图[47]

由式(1-33)得到，当航天器处于圆轨道时，航天器的飞行速度与轨道高度间的关系为

$$v_s = \sqrt{\frac{GM}{a_E + h}} \tag{2-14}$$

式中　GM —— 地球的地心引力常数，1.2 节给出 $GM = 3.986\ 004\ 418 \times 10^{14}\ m^3/s^2$（包括地球大气质量）；

a_E —— 地球长半轴，1.6.2 节给出 $a_E = 6.378\ 137\ 0 \times 10^6\ m$；

h —— 轨道高度，m。

对于有太阳电池翼的情况，航天器沿速度方向的投影面积 A_v 应考虑到太阳电池翼法向与速度方向的夹角。如果太阳电池翼具有单轴旋转、尽量跟踪太阳的功能，则太阳电池翼法向与速度方向的夹角会不断变化，对于沿圆轨道飞行的航天器，太阳电池翼正面沿速度方向的投影面积大致具有 $|\sin \omega t|$ 的变化因子，而侧面沿速度方向的投影面积大致具有 $|\cos \omega t|$ 的变化因子，且地方时 12 时和 24 时瞬间，$|\sin \omega t| = 0$，$|\cos \omega t| = 1$[23]，其中 ω 为航天器自转角速率。我们知道，三轴稳定对地定向的航天器的自转周期与该航天器绕地心公转的周期相同，公转周期可以用交点周期（航天器星下点连续两次过同一纬圈 φ 的时间间隔）来表征，而交点周期的最强摄动因素是地球引力位二阶带谐系数（俗称地球扁平摄动作用项）J_2[48]。圆轨道的交点周期为[48-49]

$$T_\varphi = T_s \left[1 - 1.5 J_2 \left(\frac{a_E}{a_E + h}\right)^2 (3 - 4\sin^2 i)\right] \tag{2-15}$$

式中　T_φ —— 交点周期（航天器星下点连续两次过同一纬圈 φ 的时间间隔），s；

T_s —— 恒星周期（卫星瞬时轨道的周期），s；

J_2 —— CGCS2000 参考椭球导出的二阶带谐系数：$J_2 = 1.082\ 629\ 832\ 258 \times 10^{-3}$[50]；

i —— 轨道倾角，(°)。

从式(2-15)可以看到，圆轨道且轨道倾角为 60° 时 $T_\varphi = T_s$。

由二体问题得到，恒星周期 T_s 只与地球的地心引力常数及其长半轴、卫星的轨道高度有关，不受 J_2 影响，并有[48]

$$T_s = 2\pi\sqrt{\frac{(a_E + h)^3}{GM}} \tag{2-16}$$

将式(2-16)代入式(2-15)，得到

$$T_\varphi = 2\pi\,\frac{(a_E + h)^2 - 1.5J_2 a_E^2(3 - 4\sin^2 i)}{\sqrt{GM(a_E + h)}} \tag{2-17}$$

从式(2-17)可以看到，圆轨道的交点周期 T_φ 与地球的地心引力常数 GM、地球长半轴 a_E、卫星的轨道高度 h 和轨道倾角 i 有关。

由式(2-17)得到，圆轨道上航天器绕地球公转的角速率为

$$\omega_s = \frac{2\pi}{T_\varphi} = \frac{\sqrt{GM(a_E + h)}}{(a_E + h)^2 - 1.5J_2 a_E^2(3 - 4\sin^2 i)} \tag{2-18}$$

式中　ω_s —— 圆轨道上航天器绕地球公转的角速率，rad/s。

对于圆轨道三轴稳定对地定向航天器而言，由于其自转角速率与其绕地心公转的角速率相同，所以 $\omega = \omega_s$。

神舟号飞船的外观如图 2-25 所示。根据神舟四号飞船的实际外形结构、质量、轨道高度及由此推算的飞行速度，考虑到太阳电池翼具有单轴旋转，尽量跟踪太阳的功能，依据图 2-16 所示大气密度实测结果，并取阻力系数 $C_d = 2.2$，可以得到神舟四号大气阻力导致的负加速度的计算结果[23]，如图 2-26所示。

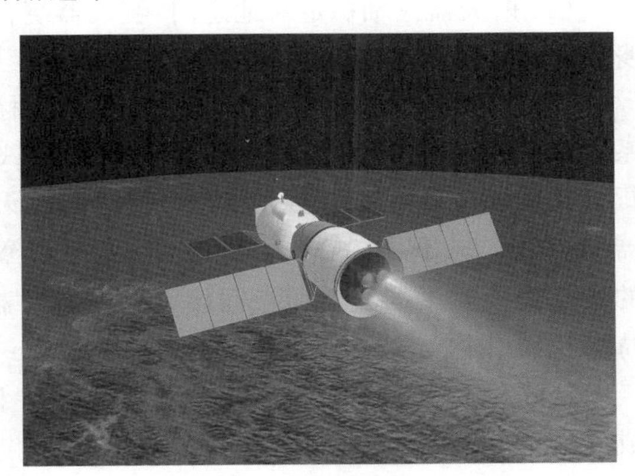

图 2-25　神舟号飞船的外观

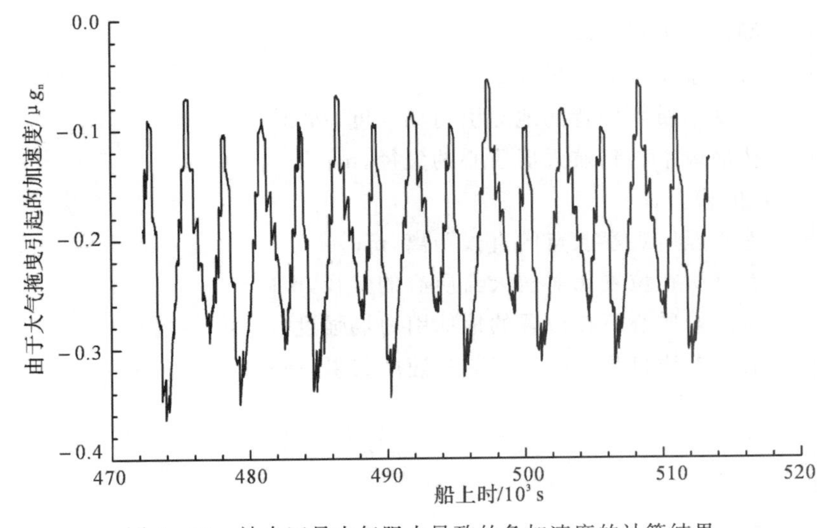

图 2-26　神舟四号大气阻力导致的负加速度的计算结果

2.4 潮汐力引起的加速度

对于三轴稳定对地定向且沿圆轨道飞行（匀速圆周运动）的航天器而言，重力梯度力和回转效应（对于匀速圆周运动而言只存在径向加速度）构成作用在该点上的潮汐力。

以下分析潮汐力引起的加速度。分析采用的假设条件如下：

(1)地球的引力为质点引力，且航天器质量远比地球质量小，不影响地球的原有运动（限制性二体问题）。

(2)航天器质心仅在地球引力作用下沿轨道自由漂移，没有其他外力作用。

(3)航天器轨道为理想圆轨道，航天器质心绕地心公转的角速度 ω_s 保持不变。

(4) 航天器三轴稳定对地定向，航天器绕自身质心自转的角速度 ω 保持不变，且等于 ω_s。

(5) 航天器（例如神舟号飞船）莱查坐标系[①] $Ox_Ly_Lz_L$ 的指向为：x_L 轴指向航天器飞行方向的前方，y_L 轴指向天空，z_L 轴指向航天器的右舷。ω_s 保持在 $-z_L$ 轴方向上，所观察的质点偏离航天器质心而被间接固定在航天器上，因而受到紧固力的作用且相对航天器保持静止，如图 2-27 所示。

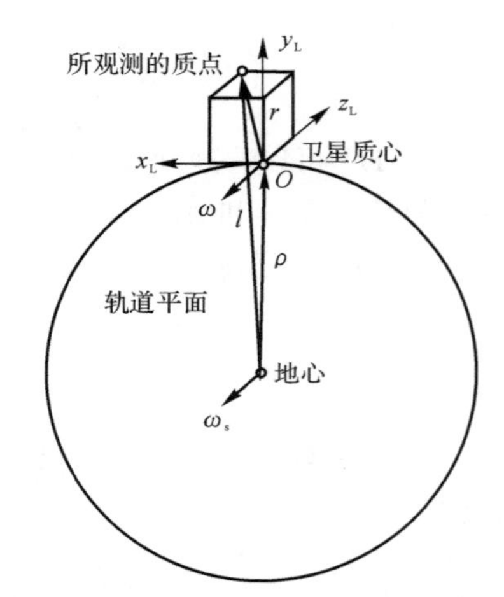

图 2-27 采用的航天器莱查坐标系 $Ox_Ly_Lz_L$，以及讨论问题时的符号界定

从式(1-7)所示质点在非惯性参考系中相对运动的基本动力学方程出发，在以上假设成立的情况下，有

$$\frac{\boldsymbol{F}_{ti}}{m}=\frac{g_f}{l}(\boldsymbol{\rho}+\boldsymbol{r})-\frac{g_{fs}}{\rho}\boldsymbol{\rho}+[\boldsymbol{\omega}\times(\boldsymbol{\omega}\times\boldsymbol{r})] \tag{2-19}$$

式中 $\boldsymbol{F}_{ti}$ —— 潮汐力矢量，N；

m —— 所观察质点的质量，kg；

g_f —— 所观察质点位置的地球引力场强度，m/s²；

$\boldsymbol{\rho}$ —— 从地球中心到航天器质心的矢径，m；

ρ —— $\boldsymbol{\rho}$ 的模，m；

l —— 地心至所观察质点的直线距离，m；

$\boldsymbol{r}$ —— 质点所在位置相对航天器质心的矢径，m；

g_{fs} —— 航天器质心所在位置的地球引力场强度，m/s²；

$\boldsymbol{\omega}$ —— 航天器绕自身质心自转的角速度矢量，rad/s。

其中

$$g_{fs}=\omega^2\rho \tag{2-20}$$

---

① “莱查坐标系”是GJB 1028—1990《卫星坐标系》5.4节“星载坐标系”中的一种，此坐标系实质上与GJB 1028A—2017《航天器坐标系》6.10节“载人航天器专用坐标系”中的“本体质心坐标系”相同（但在表述上有所区别）。

式中　ω ——$\boldsymbol{\omega}$ 的模，rad/s。

$$g_{\mathrm{f}}=\frac{\rho^{2}}{l^{2}}g_{\mathrm{fs}} \tag{2-21}$$

并有

$$\boldsymbol{a}_{\mathrm{ti}}=-\frac{\boldsymbol{F}_{\mathrm{ti}}}{m} \tag{2-22}$$

式中　$\boldsymbol{a}_{\mathrm{ti}}$ —— 所观察质点受到的潮汐加速度矢量，$\mathrm{m/s^2}$。

将式(2-20)～式(2-22)代入式(2-19)，得到

$$\boldsymbol{a}_{\mathrm{ti}}=\omega^{2}\boldsymbol{\rho}-\frac{\omega^{2}\rho^{3}}{l^{3}}(\boldsymbol{\rho}+\boldsymbol{r})-[\boldsymbol{\omega}\times(\boldsymbol{\omega}\times\boldsymbol{r})] \tag{2-23}$$

把式(2-23)分解为分量形式，得到

$$\left.\begin{aligned}a_{\mathrm{ti},x}&=\omega^{2}x-\frac{\omega^{2}\rho^{3}x}{[(\rho+y)^{2}+x^{2}+z^{2}]^{3/2}}\\a_{\mathrm{ti},y}&=\omega^{2}(\rho+y)-\frac{\omega^{2}\rho^{3}(\rho+y)}{[(\rho+y)^{2}+x^{2}+z^{2}]^{3/2}}\\a_{\mathrm{ti},z}&=\frac{-\omega^{2}\rho^{3}z}{[(\rho+y)^{2}+x^{2}+z^{2}]^{3/2}}\end{aligned}\right\} \tag{2-24}$$

式中　$a_{\mathrm{ti},x}$ —— 所观察质点在 x_{L} 方向上受到的潮汐加速度，$\mathrm{m/s^2}$；

$a_{\mathrm{ti},y}$ —— 所观察质点在 y_{L} 方向上受到的潮汐加速度，$\mathrm{m/s^2}$；

$a_{\mathrm{ti},z}$ —— 所观察质点在 z_{L} 方向上受到的潮汐加速度，$\mathrm{m/s^2}$；

x —— 所观察质点在 x_{L} 方向上偏离卫星质心的距离，m；

y —— 所观察质点在 y_{L} 方向上偏离卫星质心的距离，m；

z —— 所观察质点在 z_{L} 方向上偏离卫星质心的距离，m。

已知多变量函数的 Maclaurin 公式[51]：

$$f(x,y,z)=\sum_{q=0}^{\infty}\frac{1}{q!}\left(x\frac{\partial}{\partial x}+y\frac{\partial}{\partial y}+z\frac{\partial}{\partial z}\right)^{q}f(0,0,0) \tag{2-25}$$

当只考虑线性项时，有

$$f(x,y,z)\approx f(0,0,0)+x\frac{\partial f(0,0,0)}{\partial x}+y\frac{\partial f(0,0,0)}{\partial y}+z\frac{\partial f(0,0,0)}{\partial z} \tag{2-26}$$

式(2-24)由于 $\rho\gg r$，可以只考虑线性项，由式(2-26)得到[10]

$$\left.\begin{aligned}a_{\mathrm{ti},x}&\approx 0\\a_{\mathrm{ti},y}&\approx 3\omega^{2}y\\a_{\mathrm{ti},z}&\approx -\omega^{2}z\end{aligned}\right\} \tag{2-27}$$

从式(2-27)可以看到，沿飞行方向的潮汐加速度为零，沿天地方向的潮汐加速度受偏离主轴线的影响最大。所以国际空间站本体的构形沿飞行方向非常细长，且沿天地方向很少安排分叉舱段，如图 2-24 所示。

根据神舟号飞船返回舱有效载荷安装位置偏离飞船质心的情况和飞船三轴稳定对地定向，绕地球公转一周的同时也自转一周的事实，计算得到有效载荷支架上处于靠近 Ⅰ 象限舱壁位置(参见图 13-37)的载荷受到的潮汐加速度最大，但不超过 $5.1\times10^{-7}g_{\mathrm{n}}$[23]。

潮汐力引起的加速度是常量，在每一飞行圈中不呈周期变化。

2.5 其余准稳态加速度

2.5.1 太阳辐射压引起的加速度

由于光子具有动量，使太阳辐射产生光压。太阳辐射的光压强度为[10]

$$p_{sr}=\frac{E}{c} \tag{2-28}$$

式中 p_{sr} —— 太阳辐射的光压强度，Pa；

E —— 太阳常数(垂直入射到一个天文单位处，正常暴露于阳光且不存在大气衰减下，单位时间、单位面积上的太阳全波段电磁辐射能量之和)，该常数随 11 年的太阳周期变化，最可能代表太阳极小期的值为(1 360.8 ± 0.5) W/m^2，而最近几次极大期的月平均值则比此前的极小期值约增加了 1.6 W/m^2[52]；

c —— 电磁波在真空中的速度：$c=2.997\ 924\ 58\times10^8$ m/s[53]。

由式(2-28) 得到 $p_{sr}=4.56\times10^{-6}$ Pa。

太阳辐射压引起的加速度为[48]

$$\boldsymbol{a}_{sr}=\iint_A \frac{p_{sr}}{m_s}\cos\theta\left[(1-\eta)\boldsymbol{n}_s-2\eta\cos\theta\boldsymbol{n}\right]\mathrm{d}A \tag{2-29}$$

式中 $\boldsymbol{a}_{sr}$ —— 太阳辐射压引起的加速度矢量，m/s^2；

A —— 航天器所有被太阳光照射到的表面，m^2；

$\boldsymbol{n}_s$ —— 太阳光照射方向的单位矢量；

$\boldsymbol{n}$ —— 所取面元的法线方向的单位矢量；

θ —— $\boldsymbol{n}_s$ 与 $\boldsymbol{n}$ 的夹角，rad；

η —— 面元 dA 处的反射率，$\eta=1$ 对应全反射，$\eta=0$ 对应全吸收(绝对黑体)。

式(2-29) 方括号中第一项对应太阳光被吸收的部分，该部分符合塑性碰撞原理，由于光速远大于航天器的运动速度，光子的动量全部传递给面元 dA，方向为太阳光照射方向，因子 $\cos\theta$ 是面元 dA 对太阳光倾斜造成的；方括号中第二项对应太阳光被反射的部分，该部分符合弹性碰撞原理，面元 dA 的动量变化等于光子的动量在面元 dA 法线方向上的分量的两倍，方向为面元 dA 法线的反方向，面元 dA 对太阳光倾斜造成一个因子 $\cos\theta$，光子的动量在面元 dA 法线方向上的分量造成另一个因子 $\cos\theta$。

根据神舟号飞船的外形结构、质量，计算得到神舟号飞船太阳光压引起的加速度不超过 $7\times10^{-9}g_n$[23]。

2.5.2 离心加速度

式(1-39) 中的离心加速度项为

$$\boldsymbol{a}_{ce}=-\boldsymbol{\omega}\times(\boldsymbol{\omega}\times\boldsymbol{\rho}) \tag{2-30}$$

式中 $\boldsymbol{a}_{ce}$ —— 离心加速度矢量，m/s^2。

例如：神舟号飞船进行偏航试验时偏航角速度的变化如图 2-28 所示[23]。

由式(2-30) 可以计算出，在飞船本体质心坐标系 $x=0.5$ m(或 $z=0.5$ m) 处沿 x(或 z) 正向将产生如图2-29 所示的离心加速度[23]。

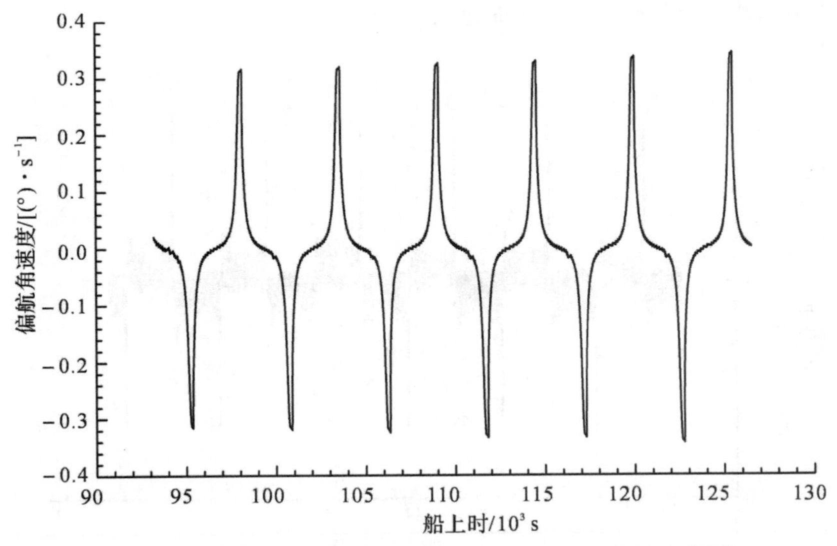

图 2-28　神舟号飞船进行偏航试验时偏航角速度的变化[23]

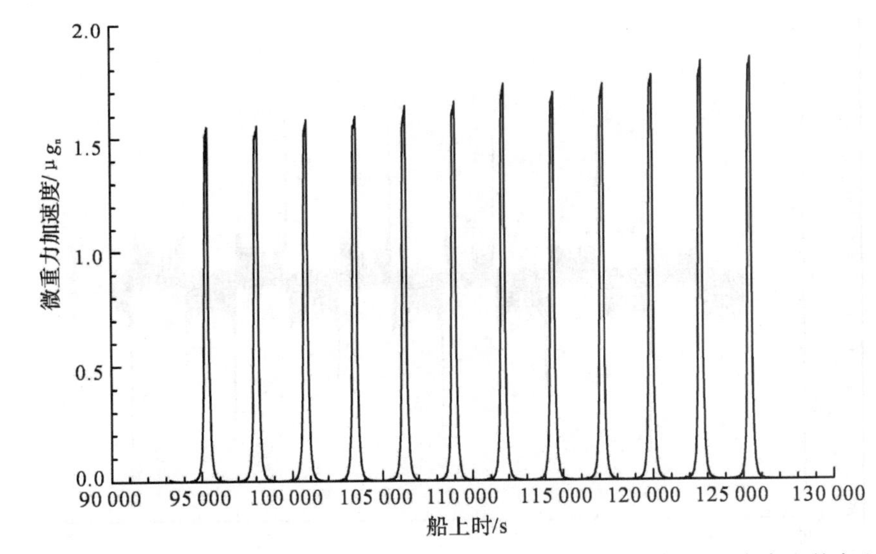

图 2-29　在飞船本体质心坐标系 $x = 0.5$ m(或 $z = 0.5$ m) 处沿 x(或 z) 正向产生的离心加速度[23]

2.5.3　切向加速度

式(1-39) 中的切向加速度项为

$$\boldsymbol{a}_{\mathrm{td}} = -\frac{\mathrm{d}\boldsymbol{\omega}}{\mathrm{d}t} \times \boldsymbol{\rho} \tag{2-31}$$

式中　$\boldsymbol{a}_{\mathrm{td}}$ —— 切向加速度矢量，$\mathrm{m/s^2}$。

例如：将图 2-28 所示的偏航角速度的变化微分可以得到偏航角加速度的变化，如图 2-30 所示[23]。

由式(2-31) 可以计算出，在飞船本体质心坐标系 $x = 0.5$ m(或 $z = 0.5$ m) 处沿 $+z$(或

$-x$）向将产生如图2-31所示的切向加速度[23]。

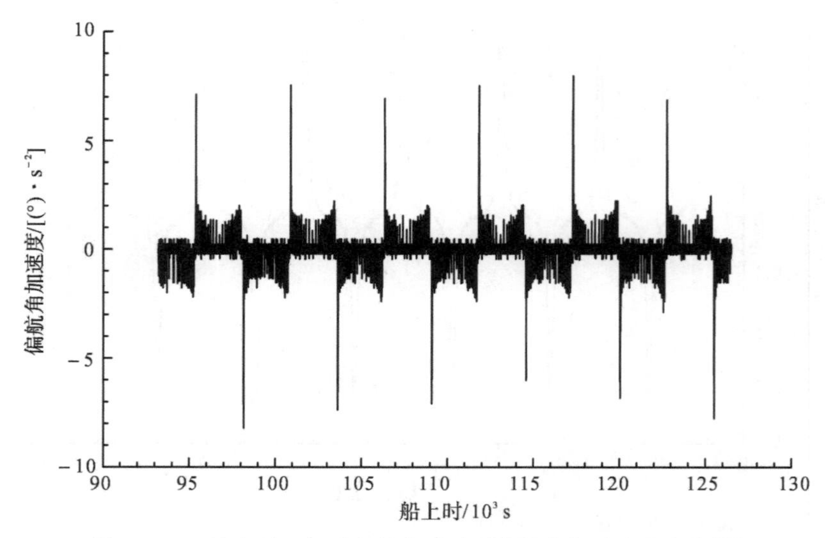

图 2-30　神舟号飞船进行偏航试验时偏航角加速度的变化[23]

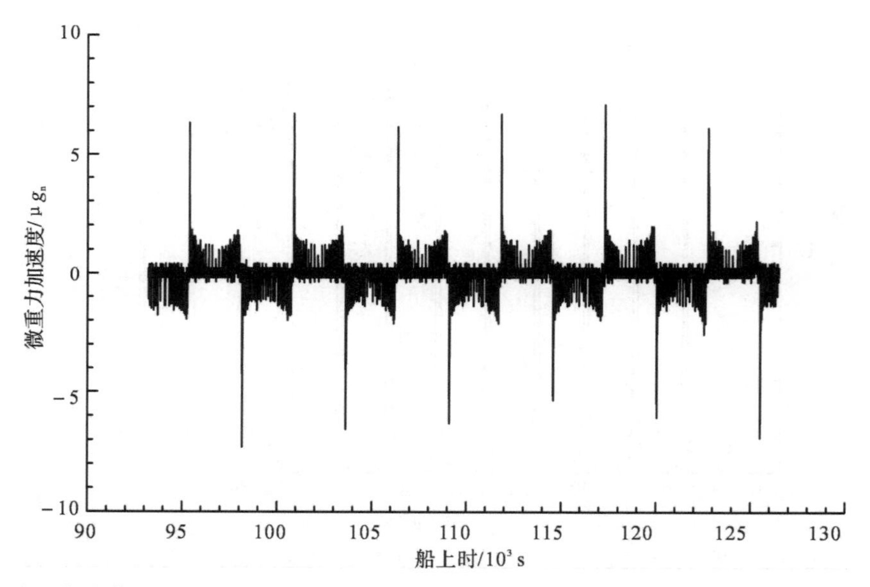

图 2-31　在飞船本体质心坐标系 $x=0.5$ m(或 $z=0.5$ m) 处沿 $+z$(或 $-x$) 向产生的切向加速度[23]

2.6　瞬变和振动加速度

2.6.1　推进器工作引起的瞬变加速度

推进器工作引起的瞬变加速度为

$$\boldsymbol{a}_{\mathrm{th}}=\frac{\boldsymbol{F}_{\mathrm{th}}}{m_{\mathrm{s}}} \tag{2-32}$$

式中　$\boldsymbol{a}_{th}$ —— 推进器工作引起的瞬变加速度矢量，m/s^2；

$\boldsymbol{F}_{th}$ —— 推进器推力矢量，N。

例如：神舟号飞船轨道维持时推进器推力为600 N，飞船质量为7 760 kg，则推进器工作引起的瞬变加速度为7.88 mg_n。如图2-32所示。从图2-32中可以看到，推进器工作及熄火使飞船结构产生明显的衰减振荡。20点平滑曲线平抑了振荡，突出了推进器工作引起的瞬变加速度，但也减缓了上升沿和下降沿，真实的上升沿和下降沿要陡得多[23]。

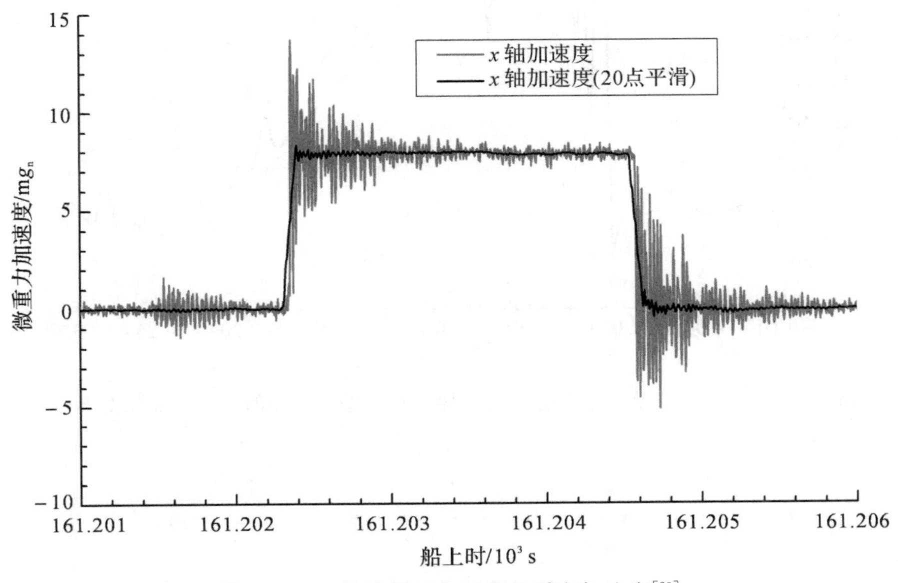

图2-32　推进器工作引起的瞬变加速度[23]

2.6.2　各种动作引起的加速度

图2-33给出了神舟号飞船与运载分离时由爆炸螺栓爆炸引起的加速度。图2-34给出了神舟号飞船阀门动作在x轴向引起的加速度（y，z轴向与此类似）。图2-35给出了神舟号飞船轨道舱泄压在x轴向引起的加速度（y，z轴向与此类似）。图2-36给出了神舟二号飞船上通用生物培养箱离心机动作在x轴向引起的加速度图（y，z轴向与此类似）；作为比较，图2-37给出了通用生物培养箱离心机关闭后的微重力加速度，由此可以看到，生物培养箱离心机动作引起的干扰很大。图2-38给出了神舟二号飞船上晶体生长观察装置对焦在x轴向引起的加速度。图2-39给出了神舟四号飞船上电泳仪电机工作在y路引起的加速度（x_2，z路与此类似）[23]。

2.6.3　Coriolis加速度

式（1-6）给出了Coriolis加速度矢量的表达式。

例如：一航天器绕地球作圆轨道飞行，高度为300 km，三轴稳定对地定向，在航天器本体质心坐标系x轴线上有一晶体炉，晶体重熔再结晶时沿x轴正向（飞行方向）以42 mm/h的速度移动，由于航天器三轴稳定对地定向出现的自转角速度，使晶体重熔再结晶时在y向（天顶方向）受到$7.12\times10^{-6}g_n$的Coriolis加速度[23]。

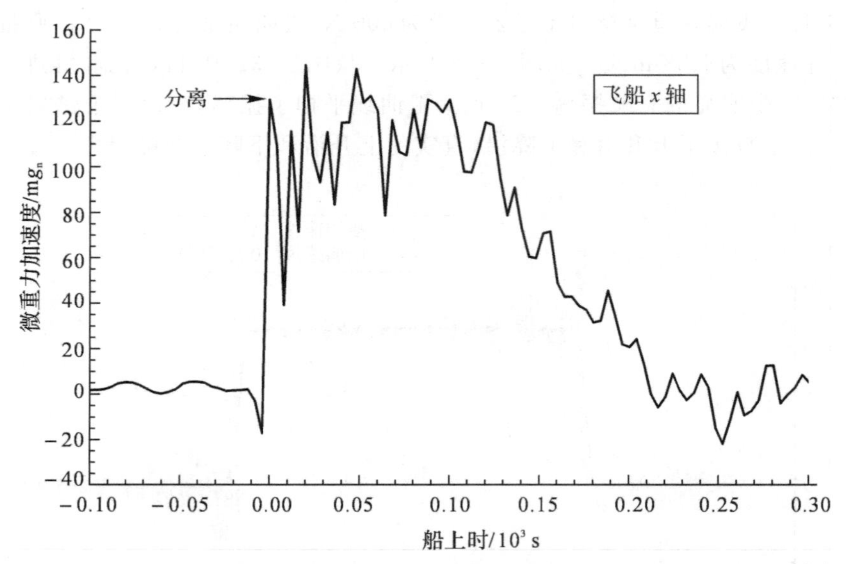

图 2-33　神舟号飞船与运载分离时由爆炸螺栓爆炸引起的加速度变化情况[23]

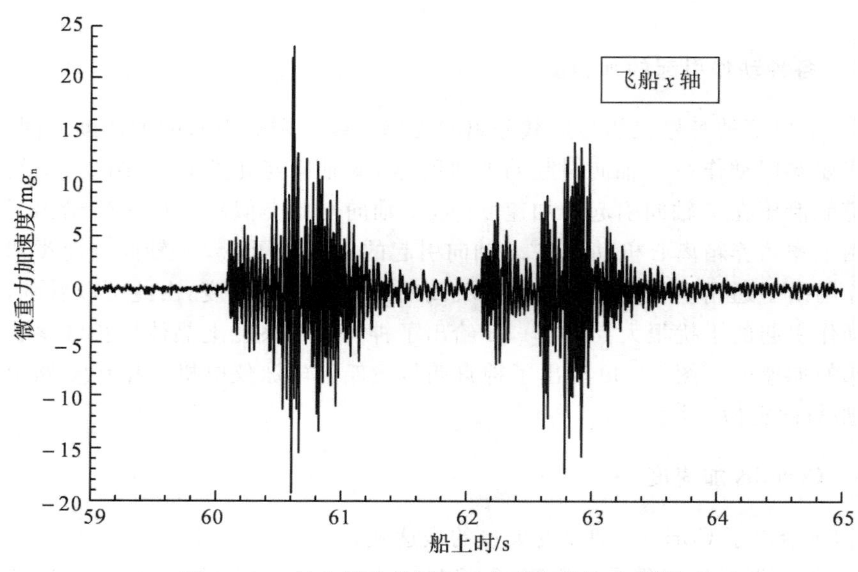

图 2-34　神舟号飞船阀门动作引起的加速度[23]

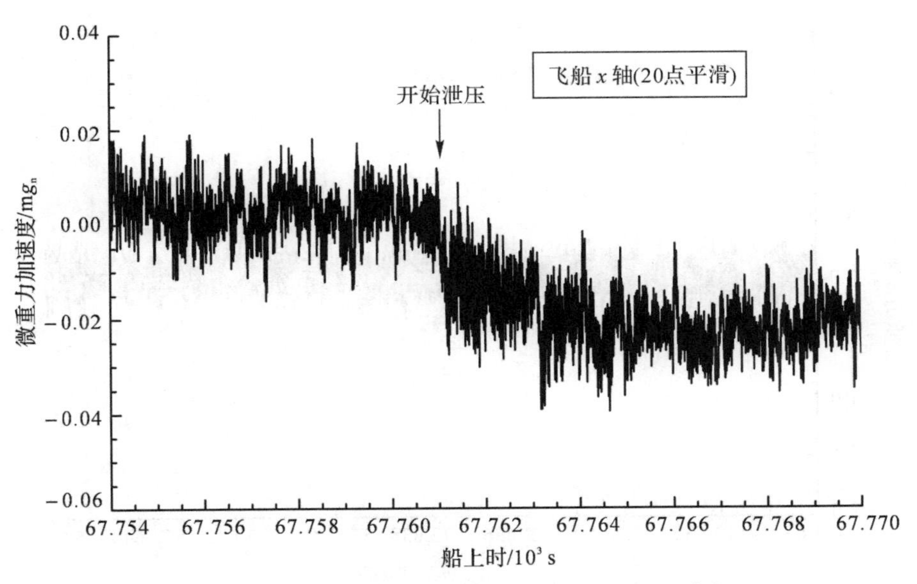

图 2-35　神舟号飞船轨道舱泄压引起的加速度[23]

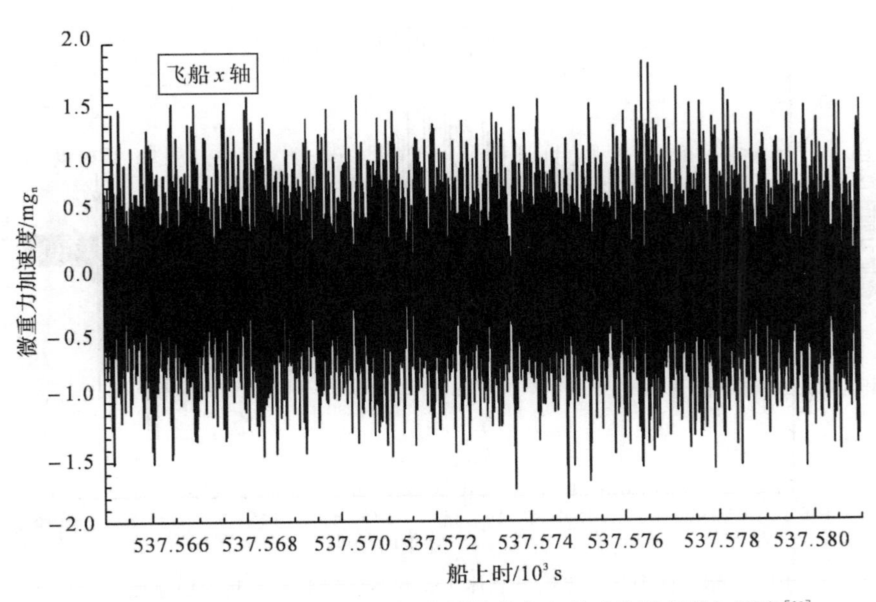

图 2-36　神舟二号飞船上通用生物培养箱离心机动作引起的加速度[23]

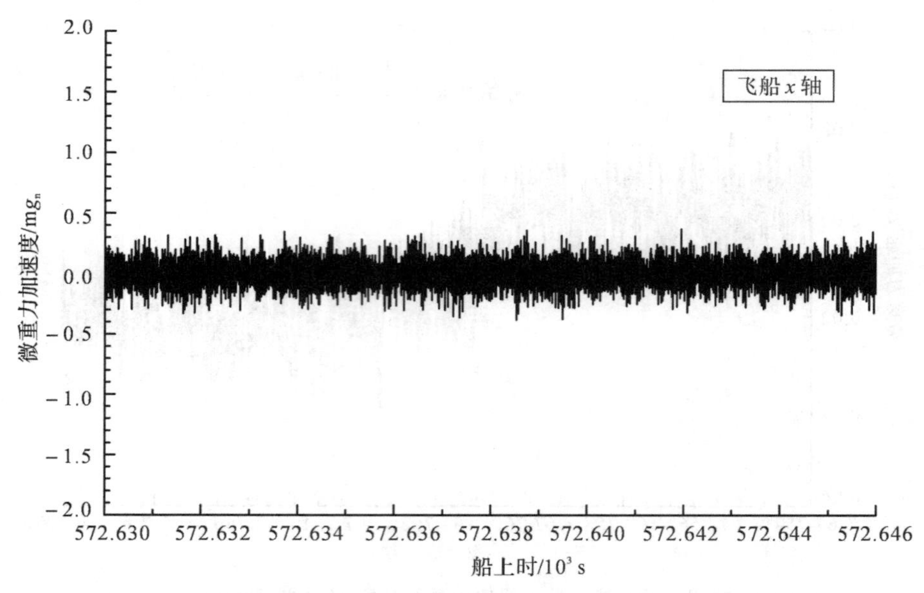

图 2-37 神舟二号飞船上通用生物培养箱离心机关闭后的加速度[23]

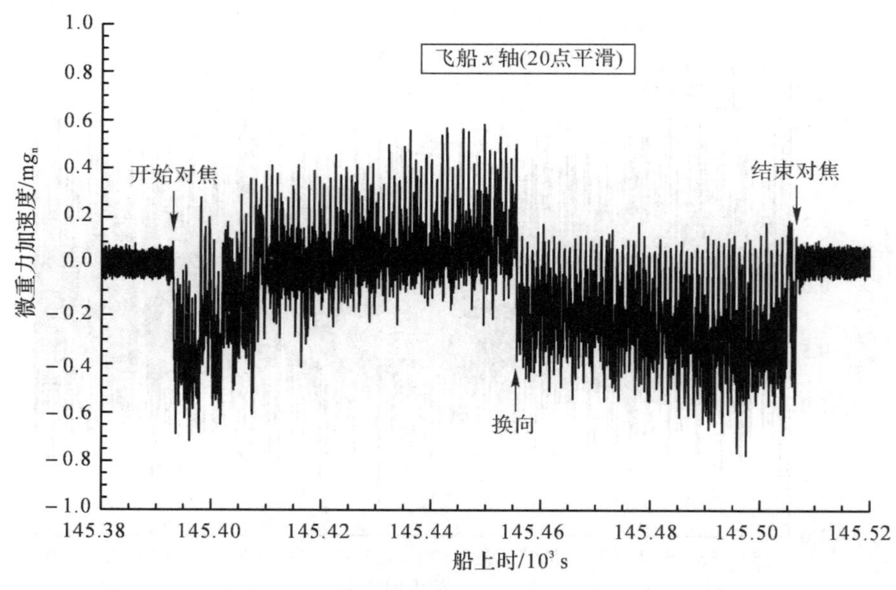

图 2-38 神舟二号飞船上晶体生长观察装置对焦引起的加速度[23]

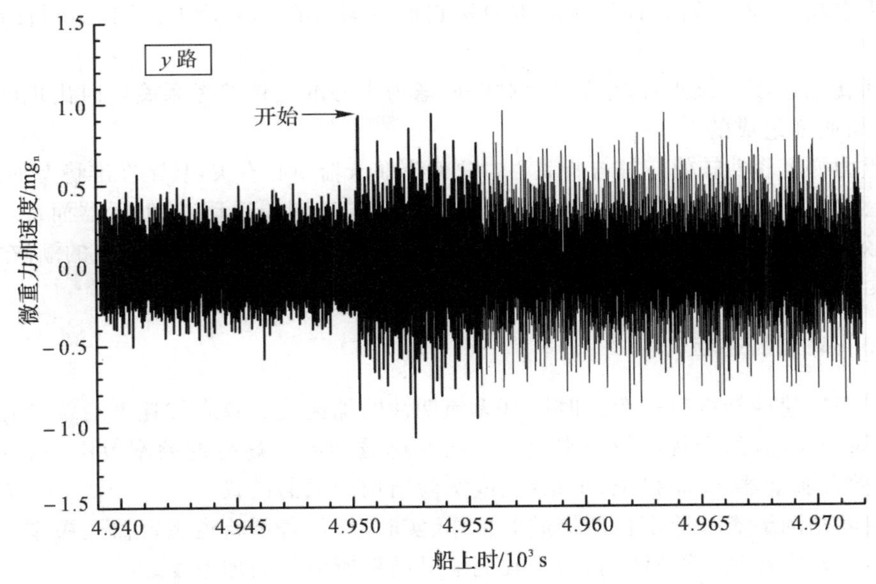

图 2-39　神舟四号飞船上电泳仪电机工作引起的加速度[23]

2.7　本章阐明的主要论点

2.7.1　分类

低地球轨道航天器的微重力环境具有复杂的构成。许多因素，如空气动力学拖曳、偏离航天器质心的重力梯度和回转效应、轨道控制、姿态控制、装置运行(特别是转动部件和往复运动部件的振动)、乘员活动、质量迁移、热膨胀和收缩引起的振动以及机械上通过飞行器结构和声学上通过空气传输引起的结构动力响应，均会形成微重力干扰。为了便于分析，微重力加速度环境可以被认为是由准稳态、瞬态和振动这三种成分组成的。

2.7.2　准稳态加速度

(1)准稳态加速度指频率低于航天器最低自然结构频率的加速度。因此，准稳态加速度的频率上限因航天器而异。航天器在该频率范围内是一个刚体。准稳态加速度变化缓慢，典型的变化过程超过一分钟。

(2)准稳态加速度主要由三种因素引发:①空气动力学拖曳;②重力梯度力;③回转效应。除此之外，航天器及其附属部分的运动、空气和水的排放、飞行器控制速率误差引起的加速度、太阳辐射压、航天器总质量变化等等也落在准稳态范围内。

(3)空气动力学拖曳是地球轨道中的残余大气引起的，它导致航天器降低高度，其原因是大气阻力的方向与低轨道航天器的速度方向相反。大气密度主要是轨道飞行器高度、11年的太阳周期、一年中的时间、与二十四小时时段有关效应、在轨道内的位置的函数。大气密度的变化，航天器不同姿态造成沿速度方向的投影面积变化，会影响拖曳部分。

(4)重力梯度力是由于航天器上任意点在引力作用下都具有沿自身轨道飞行的趋势，而那些并非正好处于航天器质心的点在物理上是航天器的一部分，它受到航天器结构力的制约，当航天器质心绕轨道而行时，该结构力使它保持附着在航天器上。因此，惯性没有完全抵消重力。

(5)回转加速度是该点在航天器相对以地球为中心的惯性参考系旋转时出现的，是由径向和切向加速度组成的。

(6)重力梯度和回转效应都与所关心对象偏离航天器质心有关，甚至在准稳态加速度中占支配地位。对于三轴稳定对地定向且沿圆轨道飞行(匀速圆周运动)的航天器而言，重力梯度力和回转效应(对于匀速圆周运动而言只存在径向加速度)构成作用在该点上的潮汐力。

(7)由于光子具有动量，使太阳辐射产生光压。

2.7.3 瞬态加速度

(1)瞬态加速度指维持一个短时段且无周期性的加速度。瞬态加速度通常具有少于 1 s 的持续时间，它具有的干扰能量通常散布在从亚赫兹到数百赫兹的频率范围中。这些宽带干扰可能激发航天器、实验机架、子系统、或实验结构的振荡模式。

(2)空间站的瞬态加速度包括推进器工作、实验运行、若干轨道飞行器遥操作系统运行、进坞和出坞、站内活动、站外活动、若干其他乘员动作所引起的加速度。

2.7.4 振动加速度

(1)振动加速度指自然振荡加速度和各种激励引起的结构动力响应。它们本质上是谐波和周期性的，具有一个特征频率。振动加速度也称为 g-跳动(g-jitter)。

(2)自然振荡加速度来自会产生振荡或抖动的设备的运行、航天器运行和维护、分系统运行和维护、实验装置运行、阀门运动、回转节连接、乘员活动、锻炼以及结构的热膨胀和收缩。

(3)国际空间站对振动的频率范围规定的定义是(0.01～300) Hz，量值大小取决于干扰源，并依赖于从源到所关心位置的传递率。

(4)在(1～10) Hz 频率范围内存在若干航天器结构模式，这些模式往往被瞬态加速度事件或其他振荡加速度激发。在不同的航天器和载荷之间这些结构模式的频率略有变化。瞬态加速度经常会引起航天器呈现一个宽频振动。这也会在主要结构频率处引起航天器结构的“振铃”效应。

(5)振动频率大于或等于航天器最低自然结构频率。因此，振动加速度有一个非常局域化的量值和方向。航天器和载荷各处的振动加速度的传播依赖于传播加速度的结构路径的特征。随着航天器状态和载荷配置改变，这些特征可能变更，例如卫星发射之后这些特征就可能发生变化。

(6)航天器对加速度环境的振动响应是极端复杂的，而且大体上难于被处于单一位置并在单一离散时段所做的单一测量表征。各种不同干扰源并不同时发生，但以一种随机方式替代发生。此外，在一个特定的微重力实验的任意一个时间和位置的各种干扰之间存在多重结构路径。加速度输入到一个实验以及它的振动响应构成一个高度复杂的多重源、多重路径动力学系统。

(7)瞬态和振动加速度测量需要一个快速的响应系统，因此，瞬态和振动加速度测量与准稳态加速度测量是无法共存的。在瞬态和振动加速度测量中，“直流”成分和非常低的频率受到抑制。这种系统测量的 g 值最好称为“微振动”而不是“微重力水平”。

(8)对于地面上进行的自由落体实验来说，最大的扰动因素是空气阻力，抽真空的落管可以大幅度改善微重力状况。此外，悬吊-释放机构的作用力及装置翻滚等因素对微重力的影响也较大。自由落体上微重力加速度的类型与航天器上的相仿。

2.7.5 需求背景

(1)各种不同微重力科学学科(包括生物工程、燃烧科学、流体物理、基础物理、材料科学)的各种微重力实验分别对微重力环境具有不同的需求。① 对于生物工程,大的扰动导致在多个位置孕育出胚核,从而破坏单晶的形成。② 对于燃烧科学,微重力条件隔绝了重力驱动机制,影响了输运现象,创建并维持了对称性(球形)燃料-空气界面,形成了新的特征和外貌,从而吸引了各界人士对空间燃烧科学的积极支持。③ 对于流体物理,超出一定阈值的加速度引起界面不稳定、密度沉降以及密度驱动对流和混合;哪怕是很低水平的干扰,也能在密度相差极大的混合流体(例如在炉中熔化的半导体混合物)中引起沉降和/或对流;振动能引起流体的非线性效应,尤其在具有不同密度成分的混合物(如液体中的气体泡沫)的流体中。④对于基础物理,低温物理实验依赖于在微重力条件下确保临界流体样品的高度均匀性;机械振动还会把相当数量的能量引入到一个低温试样中,引起温度上升,破坏低温条件。⑤对于材料科学,超出一定阈值的加速度引起热溶质的对流和界面不稳定;晶体生长对准稳态加速度的干扰特别敏感。

(2)开展微重力科学实验期间可能需要禁止一些瞬态加速度的来源;或者控制一些来源,将影响减到最小。

(3)有微重力水平需求的航天器应通过理论分析和在轨试验确定恰当的"微重力需求",该"微重力需求"仅适用于有微重力水平需求的对象及其需要保障微重力水平的时段。因此,该"微重力需求"应包括时段、位置以及允许的微重力水平几个方面,为了解决既有确定性信号又有稳定随机信号的频谱分析既不能单靠幅度谱(或方均根谱、功率谱)表达也不能单靠功率谱密度表达的问题,可以采用三分之一(或六十九分之一)倍频程频带方均根加速度谱的形式表述微重力水平。应针对"微重力需求"开展航天器平台设计、载荷设计、运行模式设计,以及设计验证,以保障"微重力需求"的实现。

(4)各种微重力干扰中有些是对整个航天器起作用的,它们是轨道扰动或姿态扰动的因素,对于要求轨道稳定或姿态稳定的航天器,如精密对地观测卫星、激光通信卫星、重力测量卫星等,这些干扰因素也需要尽量降低。

2.7.6 国际空间站微重力需求

(1)国际空间站微重力需求覆盖了预期在国际空间站的10~15年寿命期间对于生物技术、燃烧科学、流体科学、材料科学以及低温微重力物理的研究。需求的有效性已经在1990—1995年通过在航天飞机空间实验室和空间实验室货架任务期间实施的认真的轨道微重力研究所证实。

(2)国际空间站微重力需求规定了与国际空间站微重力模式关联的持续时间、位置以及允许的加速度水平。这些需求(准稳态、振动以及瞬态)仅应用在国际空间站装配完全之处、微重力模式运行期间。同时,这些需求不含乘员活动的效应,但是确实包含乘员装置的效应(例如锻炼装置)。假定标称的乘员数量为7。

(3)"国际空间站微重力需求"要求指定的加速度水平每次至少维持30天,每年6次,至少会有180天。这些加速度水平要在50%的国际标准载荷架位置被达到。并要求对于准稳态和振动加速度加速度分别提交他们自己的加速度水平。

(4)国际空间站对准稳态加速度的需求规定是:在内部载荷位置的中心处,量值小于或者等于 1 μg_n，除此之外，对准稳态加速度矢量有一个附加的方向稳定性需求，即轨道平均准稳态矢量的垂直成分必须等于或少于 0.20 μg_n。

(5)国际空间站对瞬态加速度的需求规定是：在内部载荷位置的结构安装界面处，对单个瞬态干扰源来说，瞬态加速度限度为每轴少于或等于 1 000 μg_n；对多个瞬态干扰源来说，综合瞬态加速度在任何 10 s 间隔范围内的积分限度为每轴少于或等于 10 $\mu g_n \cdot$ s。

(6)国际空间站对振动加速度的需求规定是：在内部载荷位置的结构安装界面处，在任何 100 s 微重力模式期间，由所有干扰源引起的加速度环境受限于一条规定好的 0.01 Hz 至 300 Hz 范围内的三分之一倍频程频带(OTOB)方均根加速度折线，该折线在 $f \leqslant 0.1$ Hz 范围内不随 f 改变而改变，在 $f = (0.1 \sim 100)$ Hz 范围内随 f 增大呈正比增大，在 $f \geqslant 100$ Hz 范围内不随 f 改变而改变。

(7)octave 的基本含义是八个一组的物品。在音乐中 octave 指八度音阶，一个 octave 跨越八度音区，例如"$\dot{1}$"是"1"的高八度音。高八度音的频率是原来的两倍，所以 octave 又称为倍频程。倍频程作为单位使用时，采用符号 oct。每个倍频程频带的中心频率依据离频带上、下限的对数间隔相等的原则确定，即中心频率为下限的$\sqrt{2}$倍，上限的 $1/\sqrt{2}$ 倍。由此得到，每个倍频程频带的宽度为中心频率的 $1/\sqrt{2}$ 倍。因此，每个倍频程频带的宽度随着它的中心频率增加而增加。

(8)以恒定的对数间隔将每个量级均细分为 10 个子频带时，每一个子频带称之为三分之一倍频程频带(OTOB)。美国海军已经很长的一段时间用 OTOB 为潜艇上的振动测量作分析。每个 OTOB 上限为下限的 $10^{0.1}$ 倍。至于每个 OTOB 的中心频率，则仍然依据离频带上、下限的对数间隔相等的原则确定，即中心频率为下限的 1.122 倍，上限的 1/1.122 倍。由此得到，每个 OTOB 的宽度为中心频率的 1/4.3 倍。因此，每个 OTOB 的宽度随着它的中心频率增加而增加。更确切地说，每个 OTOB 的宽度与其中心频率成正比。

(9)由第(6)条和第(8)条得到如下推论：①不能将 OTOB 方均根加速度谱与等间隔采样后由 FFT 变换得到的方均根加速度谱相混淆；②即使对于白噪声而言，OTOB 方均根加速度也会随 f 增大倍数的平方根增大；③国际空间站 OTOB 方均根加速度在 $f = (0.1 \sim 100)$ Hz 范围内随 f 增大呈正比增大，对于零均值稳定随机信号而言，等同于每一个 OTOB 范围内加速度功率谱密度(PSD)的平均值随 f 增大呈正比增大(即每一个 OTOB 范围内加速度 $PSD^{1/2}$ 的方均根值随 f 增大倍数的平方根增大)，而在 $f \leqslant 0.1$ Hz 和 $f \geqslant 100$ Hz 范围内 OTOB 方均根加速度不随 f 改变而改变，等同于每一个 OTOB 范围内加速度 PSD 平均值随 f 增大呈反比减小(即每一个 OTOB 范围内加速度 $PSD^{1/2}$ 的方均根值随 f 增大倍数的平方根反比减小)；④每一个 OTOB 方均根加速度对于稳态确定性信号而言，只需将其乘以窗函数归一化因子 U 的平方根，即得到该 OTOB 范围内方均根加速度的方和根，从而表明，国际空间站对稳态确定性振动加速度的需求既关注单一频率但峰值特别高的确定性振动加速度，又关注虽每个幅度谱的值并不算高、但密集式存在的稳态确定性振动加速度。

(10)由于加速度是矢量，要靠三轴检测分别得到各轴的加速度，所以经频谱分析得到的功率谱密度或方均根谱也是单轴的。为了得到合成的 OTOB 方均根加速度谱，既可以用三个单轴 OTOB 方均根加速度谱的各个子频带值一一求三轴的方和根，也可以用三个单轴方均根谱的各个频点值一一求三轴的方和根，得到合成的方均根谱后再转换。而若用三轴功率谱密度转换，则当功率谱密度用 $m^2 \cdot s^{-4}$/Hz 表示时，应对三轴功率谱密度的各个频点值分别求和而不是求方和根，得到合成的功率谱密度再转换。

(11)当考察单轴 OTOB 方均根加速度谱是否符合国际空间站对振动加速度的需求时，可以把该需求均匀分配到单轴，即规定好的 0.01 Hz 至 300 Hz 范围内的 OTOB 方均根加速度值除以$\sqrt{3}$。

(12)以恒定的对数间隔将每个 OTOB 再细分为 23 个样本带宽时，每一个样本带宽称之为六十九分之一倍频程频带。在 NASA 微重力分析项目的示例中，为了充分捕捉非尖峰响应而采用这种做法。但需注意，其前提是必须保证细分后的频率密度是充分的，以便在其半功率带宽(顶点左右幅度分别下降到 0.707 倍之间的频差)内至少包含一个额外的频率。

(13)航天器的总振动水平取决于载荷和航天器系统的综合效应。总的被允许的系统振动是载荷和航天器值的方和根。

2.7.7　各种科学学科的微重力需求

(1)生物工程主要关心的不是准稳态加速度。但是对振动加速度，在期望的运行水平的较高频率处与国际空间站微重力需求有些冲突。而对瞬态加速度，主要关心大尺度的加速度，如轨道机动推进器的干扰和乘员的干扰。

(2)燃烧科学主要关心的不是准稳态加速度。但是对振动加速度，在低频(<1 Hz)处典型的低加速度水平会干扰实验；大部分实验的微重力需求曲线比国际空间站的高(即更宽松)，但有些比国际空间站预期的环境低(即更严格)。而对瞬态加速度，只要干扰具有时间和量值限制，大部分实验是可以容忍的。

(3)对于流体物理，准稳态加速度干扰大多数流体实验。国际空间站预期环境的中等频率振动加速度会干扰自由流表面实验。一些实验需要处于比国际空间站需求曲线更低水平的环境。而瞬态加速度则会干扰具有较低黏性流体的流体实验。

(4)大的准稳态加速度会破坏基础物理实验中临界流体的样品均匀性。振动和瞬态加速度会加热基础物理实验的样品和破坏样品均匀性。

(5)对于材料科学，一些样品和过程需要非常低($<0.1\ \mu g_n$)的准稳态加速度水平，例如 Stoke's 沉降、Bridgman 生长、浮区；准稳态加速度的方向和稳定性是影响结晶过程的重要因素。处于不同频率范围的振动加速度会干扰实验，影响熔化的样品、悬浮的样品等等。有些过程非常容易受到瞬态的影响，例如推进器工作。

2.7.8　空气动力学拖曳

(1)为了估计大气阻力导致的低轨道航天器负加速度，首先必须获得该航天器周围环境的大气密度。大气密度随轨道高度变化并受太阳辐射强度、地磁活动指数、季节、昼夜等因素影响。其中：太阳辐射强度以太阳发出的波长为 10.7 cm 的电磁辐射强度 $F_{10.7}$($\mathrm{W\cdot m^{-2}\cdot Hz^{-1}}$)表示，简称太阳 $F_{10.7}$ 通量；地磁活动以 A_p 指数表示。

(2)大气可以被粗略地表征为环绕地球从海平面到大约 1 000 km 高度的区域，其间电中性气体可以被检测。50 km 以下的大气可以假定是均匀混合的，可以被当作一种理想气体来处理。80 km 以上，由于扩散和垂直输运变得重要，流体静力学平衡逐渐被打破。

(3)大气密度随高度增高而迅速衰减。当气体密度很低时，气体分子离散结构开始显现，这种气体称为稀薄气体，研究稀薄气体流动规律的学科称为稀薄气体动力学。在稀薄气体动力学中，根据气体稀薄的程度可按 Knudsen 数 k_n 来划分流动领域。绝大多数低轨道航天器的轨道高度不低于 180 km，处于自由分子流状态，因而可依自由分子流状态计算航天器遭遇到的大气阻力。

(4)关心大气成分的数密度时,Maxwell-Boltzmann 分布定律仅适用于几公里至几十公里高度以内的分子态气体。然而,通常认为,100 km~1 000 km 高度范围的大气温度都是遵从 Maxwell 速度分布的中性分子(原子)热运动动能的量度,因而人们在估算大气阻力导致的数百公里高度航天器负加速度时,作为粗略估计,仍使用这一定律。

(5)为了减小大气阻力导致的航天器质心在速度方向上的负加速度,应尽量减小航天器沿速度方向的投影面积与航天器质量的比值。显然,这意味着航天器采用细长结构,如果可能,航天器最好不带太阳电池翼。实践十号卫星没有太阳电池翼(靠化学电池供电),外形呈柱锥结合体形状。国际空间站本体的构形沿飞行方向非常细长。

(6)卫星飞行一圈所需的时间可以用交点周期(航天器星下点连续两次过同一纬圈 φ 的时间间隔)T_φ 来表征,T_φ 的最强摄动因素是地球引力位二阶带谐系数(俗称地球扁平摄动作用项)J_2,圆轨道的交点周期 T_φ 与地球的地心引力常数 GM、地球长半径 a_E、卫星的轨道高度 h 和轨道倾角 i 有关;而恒星周期 T_s 指对应瞬时轨道的周期,只与 GM, a_E, h 有关,不受 J_2 的影响;圆轨道且轨道倾角为 60° 时 $T_\varphi = T_s$。

(7) 由二体问题得到,对于圆轨道三轴稳定对地定向航天器而言,其自转角速率 ω 与其绕地心公转的角速率 ω_s 相同。

参考文献

[1] JULES K, LIN P P. Monitoring the microgravity environment quality on-board the international space station using soft computing techniques: part I: system design: IAF - 00 - J.5.06: NASA/TM - 2001 - 210943 [C/R]//The 51st International Astronautical Congress, Rio de Janeiro, Brazil, October 2 - 6, 2000.

[2] JULES K, MCPHERSON K, HROVAT K, et al. A status report on the characterization of the microgravity environment of the international space station: IAC - 03 - J.6.01 [C/OL]//The 54th International Astronautical Congress, Bremen, Germany, September 29 - October 3, 2003. DOI: 10.1016/j.actaastro.2004.05.057. https://sci-hub.ren/10.1016/j.actaastro.2004.05.057.

[3] DELOMBARD R, HROVAT K, KELLY E M, et al. Interpreting the international space station microgravity environment: AIAA 2005 - 0727 [C]//The 43rd AIAA Aerospace Sciences Meeting and Exhibit, Reno, Nevada, United States, January 10 - 13, 2005.

[4] DELOMBARD R. Microgravity Acceleration Measurement System (MAMS) and Space Acceleration Measurement System Ⅱ (SAMS - Ⅱ), two investigations [R/OL]//EVANS C A, ROBINSON J A, TATE-BROWN J, et al. International Space Station science research accomplishments during the assembly years: an analysis of results from 2000 - 2008: NASA/TP - 2009 - 213146 - REVISION A. Hanover, Maryland: The NASA Center for AeroSpace Information, 2009. https://www.nasa.gov/pdf/389388main_ISS%20Science%20Report_20090030907.pdf.

[5] DELOMBARD R. Compendium of information for interpreting the microgravity environment of the orbiter spacecraft: NASA TM - 107032 [R/OL]. Hanover, Maryland: The NASA Center for AeroSpace Information, 1996.https://core.ac.uk/

download/pdf/42776625.pdf.

[6] BASSO S D. The International Space Station microgravity environment:IAF - 96 - J. 2.02:A96 - 43957 [C/R]//The 47th International Astronautical Congress, Beijing, China, October 7 - 11, 1996.

[7] MCPHERSON K M, NATI M, TOUBOUL P, et al. A summary of the quasi-steady acceleration environment on-board STS - 94 (MSL - 1):AIAA - 99 - 0574 [R/OL]. Hanover, Maryland: The NASA Center for AeroSpace Information, 1999. https://ntrs.nasa.gov/api/citations/19990047143/downloads/19990047143.pdf.

[8] JULES K, HROVAT K, KELLY E, et al. International Space Station increment - 6/8 microgravity environment summary report November 2002 to April 2004: NASA/TM - 2006 - 213896 [R/OL]. Hanover, Maryland: The NASA Center for AeroSpace Information, 2006. https://ntrs. nasa. gov/archive/nasa/casi. ntrs. nasa. gov/20060012257.pdf.

[9] HAMACHER H, JILG R, FEUERBACHER B. QSAM:a measurement system to detect quasi-steady accelerations aboard a spacecraft:IAF - 90 - 377:A91 - 13973 [C/R]//The 41st Congress of the International Astronautical Federation, Dresden, Federal Republic of Germany, October 6 - 12, 1990.

[10] 瓦尔特. 空间流体科学与空间材料科学[M]. 葛培文，王景涛，等译. 北京:中国科学技术出版社，1991.

[11] BIJVOET J A, WINGO D R, RANDORF J, et al. Advances on relative and absolute microgravity acceleration measurements in space and flight results:IAF - 92 - 0967 [C]//The 43rd Congress of the International Astronautical Federation, Washington, DC, United States, August 28 - September 5, 1992.

[12] Boeing Defense & Space Group. Missiles & Space Division. System specification for the international space station:type 1:contract No. NAS15 - 10000:Specification Number SSP 41000E [S/OL]. Houston, Texas: Missiles & Space Division of Boeing Defense & Space Group, 1996. http://everyspec. com/NASA/NASA-JSC/NASA-SSP-PUBS/SSP_41000E_29665/.

[13] DELOMBARD R, HROVAT K, KELLY E, et al. Microgravity environment on the International Space Station:AIAA - 2004 - 0125:NASA/TM - 2004 - 213039 [R/OL]. Hanover, Maryland: The NASA Center for AeroSpace Information, 2004. https://ntrs.nasa.gov/api/citations/20040070758/downloads/20040070758.pdf.

[14] 计量学名词审定委员会.计量学名词(全国科学技术名词审定委员会公布)[M]. 北京：科学出版社，2016

[15] DELOMBARD R. Assessment of microgravity environment requirements for microgravity payloads:NASA/CP - 2004 - 212885 [R/OL]. Hanover, Maryland: The NASA Center for AeroSpace Information, 2004. http://gltrs. grc. nasa. gov/reports/2004/CP-2004-212885/Paper%2025%20DeLombard.pdf.

[16] 全国量和单位标准化技术委员会. 有关量、单位和符号的一般原则:GB 3101—1993 [S]. 北京:中国标准出版社，1994.

[17] TSENG S W. What are OTOB & dB [EB/OL]. http://www. bastionogp. com/

technicalPapers/What%20are%20OTOB%20and%20DB.pdf.
[18] ROGERS M J B, HROVAT K, MCPHERSON K, et al. Accelerometer data analysis and presentation techniques: NASA TM - 113173 [R/OL]. Hanover, Maryland: The NASA Center for AeroSpace Information, 1997. https://ntrs.nasa.gov/api/citations/19970034695/downloads/19970034695.pdf.
[19] DITTUS H. Why Doing Fundamental Physics on the ISS? —The Experimental Conditions [J/OL]. General Relativity and Gravitation, 2004, 36 (3): 601 - 614. https://www.zarm.uni-bremen.de/fileadmin/images/fundamental/publications/2004Dittus.pdf.
[20] GAMBON G, HIEU G, FAVIER J J, et al. MEPHISTO/USMP - 3/STS 75 - Preliminary results: IAF - 96 - J.3.01 [C]//The 47th International Astronautical Congress, Beijing, China, October 7 - 11, 1996.
[21] 杨嘉墀. 卫星工程系列:航天器轨道动力学与控制:上[M]. 北京:中国宇航出版社, 1995.
[22] 都亨, 叶宗海. 低轨道航天器空间环境手册[M]. 北京:国防工业出版社, 1996.
[23] 薛大同. 空间微重力干扰因素剖析[C/M]//第五届海内外华人航天科技研讨会, 西安, 陕西, 9 月 7 —10 日, 2004.中国宇航学会. 第五届海内外华人航天科技研讨会论文集. 北京:中国宇航出版社, 2004:468 - 475.
[24] Anon. About atmospheric modelweb models at CCMC [EB/OL]. https://ccmc.gsfc.nasa.gov/modelweb/atmos/about_atmos.html.
[25] CHANDRS S. Atmosphere models: COSPAR International Reference Atmosphere: 1986 (0 km to 120 km) [EB/OL]. https://ccmc.gsfc.nasa.gov/modelweb/atmos/cospar1.html.
[26] REES D. Atmosphere models, COSPAR International Reference Atmosphere: 1986 (thermosphere) [EB/OL]. https://ccmc.gsfc.nasa.gov/modelweb/atmos/cospar2.html.
[27] HEDIN A E. Atmosphere Models: MSIS model 1986 [EB/OL]. https://ccmc.gsfc.nasa.gov/modelweb/atmos/msis.html.
[28] HEDIN A E. Atmosphere Models: MSISE model 1990 [EB/OL]. https://ccmc.gsfc.nasa.gov/modelweb/atmos/msise.html.
[29] Anon. MSIS - E - 90 Atmosphere Model [EB/OL]. https://ccmc.gsfc.nasa.gov/modelweb/models/msis_vitmo.php.
[30] PICONE M, HEDIN A E, DROB D. Atmosphere Models: NRLMSISE - 00 model 2001 [EB/OL]. https://ccmc.gsfc.nasa.gov/modelweb/atmos/nrlmsise00.html.
[31] Anon. NRLMSISE - 00 Atmosphere Model [EB/OL]. https://ccmc.gsfc.nasa.gov/modelweb/models/nrlmsise00.php.
[32] 薛大同, 雷军刚, 程玉峰, 等. 微加速度测量在载人航天飞行控制和轨道预报中的作用[C/M]//中国航天可持续发展高峰论坛暨中国宇航学会第三届学术年会, 北京, 12 月 22 - 24 日, 2008. 中国宇航学会. 中国宇航学会第三届学术年会论文集. 北京:中国宇航出版社, 2009:632 - 644.
[33] MAZANEK D D, KUMARr R R, QU M, et al. Aerothermal analysis and design of the Gravity Recovery and Climate Experiment (GRACE) spacecraft: NASA/TM -

2000 - 210095 [R/OL]. Hanover, Maryland: The NASA Center for AeroSpace Information, 2000. https://dl.acm.org/doi/pdf/10.5555/888189.

[34] 薛大同. 对地球大气密度随高度分布规律的讨论[C/J]//中国真空学会第六届三次理事会暨 2008 学术年会，昆明，云南，10 月 17 — 19 日，2008. 真空科学与技术学报，2009，29（增刊 1）:1 - 8.

[35] 中国大百科全书总编辑委员会《力学》编辑委员会. 稀薄气体动力学[M/CD]//中国大百科全书:力学. 北京:中国大百科全书出版社，1985.

[36] 维基百科. 流体力学[DB/OL]. (2014 - 08 - 31). http://zh.wikipedia.org/wiki/流体力学.

[37] O'HANLON J F. A User's Guide to Vacuum Technology[M]. 3rd ed. Hoboken, New Jersey:John Wiley & Sons, Inc, 2003.

[38] 柯受权. 卫星工程系列:卫星环境工程和模拟试验:上[M]. 北京:中国宇航出版社，1993.

[39] 真空技術常用諸表編集委員会. 真空技術講座:12　真空技術常用諸表[M]. 东京:日刊工業新聞社，1965(昭和 40 年).

[40] 达道安. 真空设计手册 [M]. 3 版. 北京:国防工业出版社，2004.

[41] 全国量和单位标准化技术委员会. 物理化学和分子物理学的量和单位:GB 3102.8 — 1993 [S]. 北京:中国标准出版社，1994.

[42] 中国大百科全书总编辑委员会《物理学》编辑委员会. 麦克斯韦速度分布律；玻耳兹曼 L [M/CD]//中国大百科全书:物理学. 北京:中国大百科全书出版社，1987.

[43] 王欲知，陈旭. 真空技术 [M]. 2 版. 北京:北京航空航天大学出版社，2007.

[44] 佚名. 中国首颗微重力科学实验卫星发射成功[J]. 电子世界，2016(7):8.

[45] 邓薇. 实践十号:我国首颗微重力科学实验卫星[J]. 卫星应用，2016(4):91.

[46] 佚名. 天宫二号和神十一第三波合照:隐约可见海浪波纹(图)[N/OL]. 凤凰网资讯，2016 - 11 - 01. http://news.ifeng.com/a/20161101/50186819_0.shtml.

[47] 百度百科. 国际空间站(一项国际太空合作计划)[DB/OL]. https://baike.baidu.com/item/国际空间站/40952? fromtitle = International% 20Space% 20Station&fromid=22670077&fr=aladdin.

[48] 刘林. 航天器轨道理论[M]. 北京:国防工业出版社，2000.

[49] 任萱. 人造地球卫星轨道力学[M]. 长沙:国防科技大学出版社，1988.

[50] 总参谋部测绘局. 2000 中国大地测量系统:GJB 6304—2008 [S]. 北京:总装备部军标出版发行部，2008.

[51] 数学手册编写组. 数学手册[M]. 北京:人民教育出版社，1979.

[52] KOPP G, LWEN J L. A new, lower value of total solar irradiance: Evidence and climate significance [J/OL]. Geophysical Research Letters, 2011, 38 L01706: 1 - 7. DOI: 10. 1029/2010GL045777. https://agupubs. onlinelibrary. wiley. com/doi/pdf/10.1029/2010GL045777.

[53] 全国量和单位标准化技术委员会. 光及有关电磁辐射的量和单位:GB 3102.6—1993 [S]. 北京:中国标准出版社，1994.

第3章 微重力的效应、产生方法和模拟方法

本章的物理量符号

d	顶部距离液面的深度，m
g_{local}	当地重力加速度，m/s^2
h	物体本身的高度，m
p	物体底部施加给液体的静水压，Pa
p_1	物体顶部承受的静水压，Pa
p_2	物体底部承受的静水压，Pa
p_c	物质的临界点压力，MPa
r	球体半径，m
t_c	物质的临界点温度，℃
v_S	Stokes 速度，m/s
η	液体的动力黏度，Pa·s
ρ	物体的密度，kg/m^3
ρ_0	液体密度，kg/m^3

本章独有的缩略语

FSW-0	第一代返回式国士普查卫星（中国）
FSW-3	第二代返回式摄影测绘卫星（中国）
FSW-4	返回式国土详查卫星（中国）
MGLAB	無重量総合研究所，微重力综合研究所（日本）
NMLC	National Microgravity Laboratory of China，中国国家微重力实验室
SJ-8	实践八号卫星（中国）

3.1 微重力的效应

3.1.1 概述

如1.8节所述，微重力是对失重的微小偏离。因此，通常称之为微重力的效应其实是失重的效应，而微重力作为对失重的干扰，一定程度上削弱了失重的效应。

失重是一种极端环境，极端环境还有极低温、极高真空、超高温、超高压、强磁场、强激光等。物质在极端条件下的结构、形态与行为往往不同于常规条件，变化的原因多数是原子间相互作用力、电子态等发生改变。为此，近代出现了极端条件科学，专门研究极端条件下物

质的行为。然而，引力本身是弱作用力，不改变原子和电子的能态，加之，失重状态下地球对物体的引力与该物体在非惯性参考系中受到的输运惯性力相消，因此，失重状态绝不会改变原子和电子的能态。这就决定了失重研究（或按通常的说法称之为微重力科学研究）的内容、手段与其他极端环境科学有很大不同[1]。

如 1.5.2 节所述，失重状态的外部特征是处于自由漂移状态，内部特征是各部分之间不再受到重量引起的压力作用或者形变作用。以上失重的特征也就是失重的效应。

自由漂移是失重状态最直观的表现。由于水滴会在太空舱中自由漂浮，航天员不能用水杯喝水；咀嚼食物时必须抿紧嘴唇，以免碎渣在空中飞扬；航天员活动时要减轻用力，以免过冲和磕碰；搬运大质量物体不再费劲，但想获取大加速度却非易事。

由于物体各部分之间不再受到重量引起的压力作用或者形变作用，在太空中可以用轻型结构拼装庞大的空间站；但想用一摞书压平揉皱的纸团也就不可能了。

失重状态下各部分之间不再受到重量引起的压力作用或者形变作用，对流体的影响可以归结为静水压消失、不同密度物质沉浮和分层现象消失、温度梯度或浓度梯度引起的浮力对流消失。沉浮分层、浮力对流都是浮力造成的，而浮力的本质是静水压。示例如下：

如图 3-1 所示，一物体具有密度 ρ，高度 h，置于密度为 ρ_0 的液体中，其顶部距离液面的深度为 d，因此顶部承受的液体静水压为

$$p_1 = d\rho_0 g_{\text{local}} \tag{3-1}$$

式中　p_1 —— 物体顶部承受的静水压，Pa；

d —— 顶部距离液面的深度，m；

ρ_0 —— 液体密度，kg/m³；

g_{local} —— 当地重力加速度，m/s²。

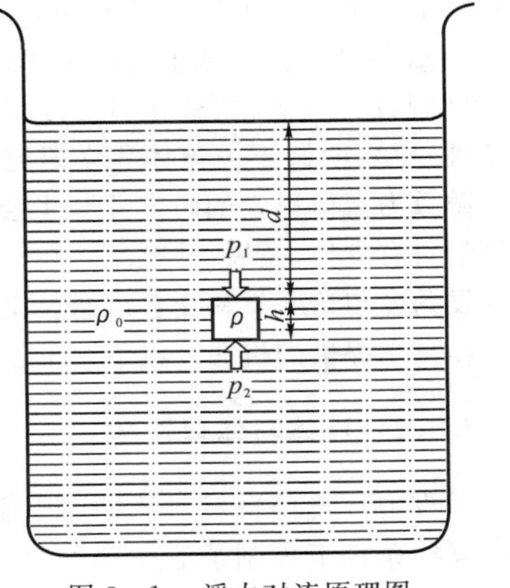

图 3-1　浮力对流原理图

由于液体中压力各向均等，底部承受的液体静水压为

$$p_2 = (d+h)\rho_0 g_{\text{local}} \tag{3-2}$$

式中　p_2 —— 物体底部承受的静水压，Pa；

h —— 物体本身的高度，m。

而物体底部施加给液体的静水压为

$$p = p_1 + h\rho g_{\text{local}} \tag{3-3}$$

式中　p —— 物体底部施加给液体的静水压，Pa；

ρ —— 物体的密度，kg/m³。

因此

$$p - p_2 = h(\rho - \rho_0) g_{\text{local}} \tag{3-4}$$

式(3-4)表明，非失重条件下如果物体的密度大于液体的密度，物体将下沉，反之则上浮；而失重条件下由于地球对物体引力与该物体在非惯性参考系中受到的输运惯性力相消，因此浮力消失。

非失重条件下流体中固体颗粒、气泡、不溶性液滴的沉浮是浮力的一种表现，其运动速度与浮力及液体的黏度有关。假定观察对象为球体时有[2]

$$v_S = \frac{2r^2}{9\eta}(\rho_0 - \rho) g_{\text{local}} \tag{3-5}$$

式中　v_S ——Stokes 速度，m/s；

r —— 球体半径，m；

η —— 液体的动力黏度，Pa·s。

式(3－5)表明，非失重条件下固体颗粒、气泡、不溶性液滴的半径越小，斯托克斯速度越小。当斯托克斯速度被布朗运动掩盖时，粒子成为悬浮状态，不再分离；而失重状态下不论粒径大小，都将悬浮，因此，失重状态下脱泡必须另想办法[2]。

非失重条件下流体内部如果存在温度梯度，会出现浮力对流：温升如果导致膨胀，则上浮；反之，如果导致收缩，则下沉。溶液中如存在浓度差也会出现浮力对流。例如，从溶液中生长晶体的场合，在籽晶的近旁参加晶体生长的溶液比其上方的溶液浓度小，从而产生"雷利不稳定"对流[2]。浮力对流使溶液混合均匀，但浮力对流使得晶体生长的各种参数难以控制，且掩盖了某些次级过程。

在载人航天计划发展的初期，人们对微重力的理解还不深刻，容易从概念上理解为在重力作用几乎消失的情况下，浮力引起的对流极大地减弱，可以提供更好的材料加工环境；密度差引起的沉降极大地减弱，可以使不同密度的介质均匀地混合；重力引起的静压梯度极大地减弱，可以提供更加均匀的热力学状态。据此产生了在太空中生产优质新材料的想法和努力。事实上，不仅空间飞行器中实验条件受到诸多限制，而且有很多效应原来被重力效应遮掩着，如界面效应、热毛细流、浸润性、接触角、与相变有关的现象，重力消失之后它们就突显出来了，使微重力过程变得复杂起来。20 世纪 90 年代以来，微重力科学的主要目标转向研究微重力环境中的基本物理现象，以促进地面科学和技术的发展，并为今后的应用奠定科学基础[3-4]。

文献[3]指出，在微重力环境中研究的基本现象主要有：流体与体积输送、扩散与质量输运、毛细与润湿、固化、核化与过冷、临界现象等 6 点，这 6 点表达了基本现象与重力影响的复杂性，也表明微重力流体科学研究将会与许多学科互相影响。这些影响大都还在考察之中。微重力流体科学的研究课题将会对热力学、流体力学、物理化学、材料科学、生命科学、燃烧等学科有支持、拓展、补充的潜在作用，其中有些着重于支持这些学科基础研究，也有些从应用开发角度与这些学科交互渗透。文献[4]扼要阐述了微重力科学为发展流体科学、材料科学和生物科学提供的机遇。以下 3.1.2 节～3.1.10 节所述文字分别来自这两篇文献。

3.1.2　流体与体积输送

微重力环境使自然对流即浮力驱动对流基本消失，曾经被重力遮掩的弱力突显出来，甚至在某些条件下控制了流体动力学过程，研究这种弱力引起的对流在微重力科学基础研究中和实际应用上均有重要意义。实际上表面能不均匀(包括浓度)引起的体积流动可构成新的耗散体系，涉及材料科学中定向固化和浮熔区的输运现象、液滴动力学，甚至还存在与化学反应动力学之间的耦合现象。

在微重力环境下，与流体动力学及凝固过程相联系的热、质传递比预期的更复杂.只有在长期微重力条件才能进行适当研究。

3.1.3　扩散与质量输运

在凝聚态物理学所研究的流体动力过程中，熔体里的扩散有重要作用。微重力环境下，显著减小了重力引起的对流，排除了影响测量误差①的干扰，可以准确测量过去很难测量的熔体的扩散特性、质量输运特性，可以十分准确地给出扩散系数和温度的关系，这对凝固和

① 文献[3]原文为"精度"，不妥(参见 4.1.3.1 节)。

结晶过程的控制是有重大意义的。

扩散特性和质量输运特性是空间材料实验研究的主要内容。对于各种理论模型内部机制的检验，流体扩散数据的准确程度是重要的，它甚至导致关于流体过程的新理论、新概念，更有效地揭示凝固和结晶的内在规律，进一步改善过程控制。

3.1.4 毛细与润湿

表面张力、接触角、润湿和流体的混溶性等固、液、气各相之间的界面现象是由分子间(短程)作用力所决定的，本身与重力(长程力)无关，然而，微重力环境会使之突显出来。溶质浓度梯度、表面活性剂浓度梯度或者沿界面的温度梯度均会引起表面张力梯度，表面张力梯度超过黏滞力，使液体流动，出现毛细管对流(即 Marangoni 对流)；与界面运动相联系的额外能量会引起表面张力增大，形成稳定或不稳定流体静力学状态；合金融化再凝固过程中各相空间分布几乎完全由润湿和毛细不稳定所确定；毛细力和铺展条件对难混熔合金的相分离起关键作用。有必要对这些复杂现象作实验和理论探索。

地面上研究毛细与润湿的界面现象深受重力影响，从而构成宏观中蕴含微观的复杂系统。微重力环境基本消除了重力影响，使得温度、成分及浓度、运动状态、构形及尺度、吸附、电磁等参数的影响更为明显，与此相应，实验测量技术也变得更显关键。微重力条件将预示着会在基本规律研究上出现重大进展。

润湿、毛细稳定性、界面流动，是涉及悬浮区熔晶体生长的主要议题，特别是 Marangoni 对流对微重力材料的制备有重要影响，是研究微重力流体物理和解决实际晶体生产问题必须深入探讨的重要现象。

孤立的旋转流体的平衡和稳定是个经典问题，它一直被用作恒星或星系的研究模型。

3.1.5 固化

研究微重力环境下材料固化的主要目的是增加对液-固相之间相互作用的认识。微重力环境可以把扩散、特殊对流等与重力无关的过程从浮泛、沉积、自然对流等重力引起的输运过程中分离出来，以便研究其对整体热输运、质量输运的作用，确定对结晶形态的影响，包括与宏观或微观(如固化对流)对流之间相互作用有关，属于前沿的固化动力学研究。

3.1.6 核化与过冷

在冷凝、云层形成、固化、缺陷形成过程中核化现象起重要作用，该作用开启了成核过程，在此过程中伴随相变形成一个需要超越的活性势垒，从而产生过冷效应。过冷对最终固体产物微观结构有明显影响，通过迅速固化过冷液体能获得高度精细的微观结构，可改进材料的强度、硬度、韧性，还可产生优良的电、磁特性，减少磁滞和损耗，制备高临界磁场的“硬”超导体，是一种获得亚稳相材料(如非晶金属或金属玻璃)的方法。

为扩大过冷温度范围，应避免异质成核，最有效方法之一是将熔化物在清洁超高真空环境中进行无容器加工，这在太空失重状态下比较容易做到。

当液体流动时，还有动力成核的问题，即流动影响成核。在空间微重力环境中，没有重力引起的对流和沉降作用，比较容易保持良好的静止状态。

在微重力条件下进行核化与过冷现象的研究，可以加深对非均质成核过程和均质成核过程的认识，确定成核理论的有效范围，扩展对大过冷温度范围的相变动力学知识；同时还可以控制相选择过程和亚稳相产生，控制微观结构的细化方法，从而获得更大范围的亚稳态固相，制造出具有不同特性的亚稳态新材料。

3.1.7 临界现象

人们熟知纯物质的压力-温度相图表现为同一压力下，沸点以下为液态，沸点以上为气态；压力越高，沸点越高。然而，此规律是有限度的，即相图中存在一个临界(最高)温度 T_c、临界(最大)压力 p_c 的临界点。临界点处气液之间的分界面消失，因而没有表面张力，气化潜热为零。例如，水的临界温度 $T_c=647.30$ K，临界压力 $p_c=22.128\ 7$ MPa[5]。

临界现象研究在临界点附近出现的物理性质。

在临界点会出现一些极端现象，例如纯流体的压缩系数在非常接近气-液临界点时变得非常大。然而，对于纯流体，重力的影响此时也变得很大，使流体压缩系数发散，在自身重量下分层和在临界点得不到大体积样品。膨胀率发散还使得加热和冷却近临界点的流体会引起剧烈而长时间的对流不稳定。空间微重力环境对此显示出明显的优势。

3.1.8 流体科学

流体流动过程是微重力科学研究中极受关注的研究内容。地面上与流体传热和传质相对应的对流和扩散无疑十分敏感地受到重力的影响。在微重力条件下，浮力对流极大地减小，表面能不均匀所引起的流体运动会构成一些新的耗散体系，诸如热或浓度毛细对流、液滴或气泡动力学，以及包括胶体在内的分散系统的聚集等。事实上，微重力环境为研究纯扩散以及交叉扩散过程提供了好的条件。这些微重力条件下显现的新研究内容对研究非线性科学、流体力学、输运现象以及分子力的作用等都很重要。其次，燃烧现象是人们无处不遇的。在微重力环境中消除了浮力的影响和重力分层，可以更好地研究化学反应动力学和流动之间的耦合。显然，研究这些过程不仅具有学术上的意义，而且也有重大的应用价值。在空间微重力条件下，生长材料及生物技术研发都与流体的传热和传质特性密切相关，而更好地理解燃烧规律必然将有助于人们改进热机的效率和减少环境的污染。

3.1.9 生物科学和生物技术

生物科学和生物技术是21世纪最热门的前沿科学，其复杂性、艰巨性使其具有高投入、高风险特性和对研究者素质的高要求，且仍然极大地依赖于实验过程中的经验。在微重力环境中已经生长出比地面更高质量的蛋白质单晶，可以由X衍射测量出更精细的结构。这是目前微重力环境中最具应用前景的项目。人们期望在空中生长出大尺寸和完整蛋白质单晶，带回地面或在空间实验室中分析出细致结构后，促进地面的生物工程。其次，微重力环境提供了细胞和组织在悬浮的三维环境中生长和在无应力条件下生长的可能，这就可以在亚细胞层次上研究细胞生长和培养的机理，从而更好地促进细胞生物学的发展，甚至可能为今后设计出新的药品提供机会。此外，人们在空间利用连续流式电泳已经成功地分离出生物大分子材料，其效率比地面高几百倍，相分离的技术也正在研究之中。由于生物科学和技术研究中经验方法仍占有重要成分，在微重力研究中发展定量化研究方法，探讨新的方法和技术，将会对地面的生物科学和技术起到重要的促进作用。

3.1.10 空间材料科学

空间材料科学是微重力科学中投资最多和规模最大的领域。从20世纪90年代以来，人们不急于在空间制造比地面更好的功能材料，而是更多地从事基本规律的研究。现代材料科学的主要兴趣在于从微观(0.1 nm～1 nm)到细观(0.1 μm～100 μm)尺度上理解材料的形成、结构和性质。由于浮力对流的消除,不同密度的成分可能均匀地混合,以及可以发展无容器过程,微重力环境确实为材料科学提供了发展机理。微重力研究涉及金属和合金、聚合物、无机单晶、陶瓷和玻璃,以及在单晶衬底上的外延薄层等;生长方法包括溶液、熔体和气相生长。几乎地面主要的体生长单晶技术都在空间微重力环境中进行了实验。近年来,人们着重研究材料生长的机理,诸如对微结构的控制和预计、相变界面过程、热和质量的传递、材料的热物理性质、成核,以及重力对材料生长过程的影响等。空间材料科学一直以半导体材料和光电子材料为主,最近对金属和合金的研究正在加强,而气相和液相外延生长薄膜单晶的探索也正在开展。

3.2　微重力的产生方法

3.2.1　概述

目前主要有四种手段获得微重力实验条件:落塔(自由下落或上抛)、失重飞机(飞机作抛物线飞行)、探空火箭(头锥、仪器舱在火箭熄火后与箭体分离,以抛物线轨道滑行)、航天器(在轨飞行)。

落塔、失重飞机、探空火箭、航天器的微重力持续时间分别为秒级、十秒级、分钟级和数天以上。在有人操作的航天飞机和空间站上,微重力环境不很理想,对于一些可以用自动化控制或者利用遥科学操作的实验项目,更适宜于在无人的卫星或微重力平台上进行精心的实验。

3.2.2　落塔(或落井)

1785 年英国的 W.Watts 建立了一个落塔和一个深 27.2 m 的落井,用以生产铅弹。使用这种方法生产的铅弹品质比先前生产的好得多,取得了巨大的商业成功[1]。利用落塔产生的微重力水平较高,但持续时间很短。美国、日本、德国、中国等均建有微重力落塔(或落井),能够实现(10^{-4}～10^{-5}) g_n 量级的微重力环境,其典型参数见表 3-1。

表 3-1　落塔(或落井)的典型参数

参数	德国 Bremen (ZARM)	美国 NASA Glenn 研究中心	日本 MGLAB	中科院力学所 NMLC
类型	落塔	落井	落井(已于 2010 年 6 月解散)	落塔
高(深)/m	146	155	> 150	110
自由落体高度/m	110	132	100	83
真空度/Pa	10	1	4	内、外舱之间:30
微重力水平/g_n	下落:1×10^{-6}(最佳) 弹射:1×10^{-6}(最佳)	$< 10^{-5}$	10^{-5}	双舱:10^{-5} 单舱:10^{-2}～10^{-3}

续表

参数	德国 Bremen (ZARM)	美国 NASA Glenn 研究中心	日本 MGLAB	中科院力学所 NMLC
微重力持续时间/s	下落:4.74 弹射:9.3	5.18	4.5	双舱:3.5 单舱:3.6
回收过载/g_n	加速:30(峰值) 减速:50(峰值)	60(冲击,20 ms 内)	10	≤15
每日可实验次数	3	1	3	2～4
载荷直径/mm	最大:700 可用完全圆:600	1 000(落舱)	≤720	双舱:≤550 单舱:≤850
载荷高度/mm	短落舱:953 弹射舱:953 长落舱:1 718 超长落舱:2 560	3 400(落舱)	≤ 885	双舱:≤700 单舱:≤1 000
载荷质量/kg	短落舱:265 弹射舱:165 长落舱:225 超长落舱:200	≤450	≤370	双舱:70 单舱:90
参考文献	[6-8]	[9]	[10]	[11]

3.2.3 失重飞机

失重飞机利用飞机进行类似抛物线飞行,在上升段关闭发动机实现惯性运动(自由落体),从而在飞机内部得到短时间的失重环境。由于受到飞行高度、大气阻力、气流、飞机振动以及飞机内部乘员、仪器设备动作等的影响,失重时间大约在(20～30) s 左右,微重力水平大约在(10^{-2}～10^{-3}) g_n 左右[12]。

失重飞机没有专门的生产制造商,一般由运输机、歼击机或其他现有机型改装而成。但并不是所有的飞机都可以改装成失重飞机,所选的机型对机身强度、最大飞行速度、最大进入姿态角、最小操纵速度和气密舱容积等都有一定的要求[13]。美国的小型失重飞机有 T-33和 F-104,大型失重飞机有 KC-135 和 DC-9[12]。KC-135 微重力水平为 5 mg_n,由气动阻力引入[14]。DC-9 对于自由漂浮实验,沿每个轴的平均加速度水平低于 0.5 mg_n;对于依附于机身的实验,在时间间隔 $t=(4～13)$ s 内微重力水平沿竖轴(天花板到地板,g_z)在±20 mg_n之间振荡,沿横轴(左翼尖到右翼尖,g_y)在(0～−10) mg_n 之间振荡,沿纵轴(机尾到机头,g_x)则保持稳定在−10 mg_n①;保持微重力水平的总时长为(18～20) s[14]。俄罗斯有 TY (图)-104[13] 和 ИЛ(伊尔)-76МД К[15],法国有“快帆”和 A300 失重飞机,A300 是目前世界上最大的失重飞机[12]。

图 3-2 所示是俄罗斯加加林航天员训练中心 ИЛ-76МД К 失重飞机的轨迹、加速

① 此坐标系与 GJB 1028A —2017《航天器坐标系》中轨道坐标系 $O_c x_0 y_0 z_0$ 相同。

度、速度曲线图，可以看到，失重飞机在约 60 s 时间内完成一次“平飞—跃升拉起—失重抛物线轨迹飞行—俯冲拉起—平飞”过程，这种过程在飞机起飞加速，达到所需高度和速度后可重复 15～20 次。其中：“跃升拉起”和“俯冲拉起”阶段均有 10 s 左右 2 g_n 的过载；“失重抛物线轨迹飞行”阶段持续(22～25) s，纵轴(飞机尾-头方向)可获得 1×10^{-2} g_n 的微重力水平，竖轴(飞机背-肚方向)可获得 4×10^{-2} g_n 的微重力水平。飞机起始高度 6 000 m，抛物线顶点高度 8 200 m，飞机的爬升角度和下降角度均为 45°，上升段大约在 7 000 m 左右发动机关机，下降段大约在 7 500 m 左右发动机开机，期间飞机的最高速度为 620 km/h，最低速度为340 km/h。

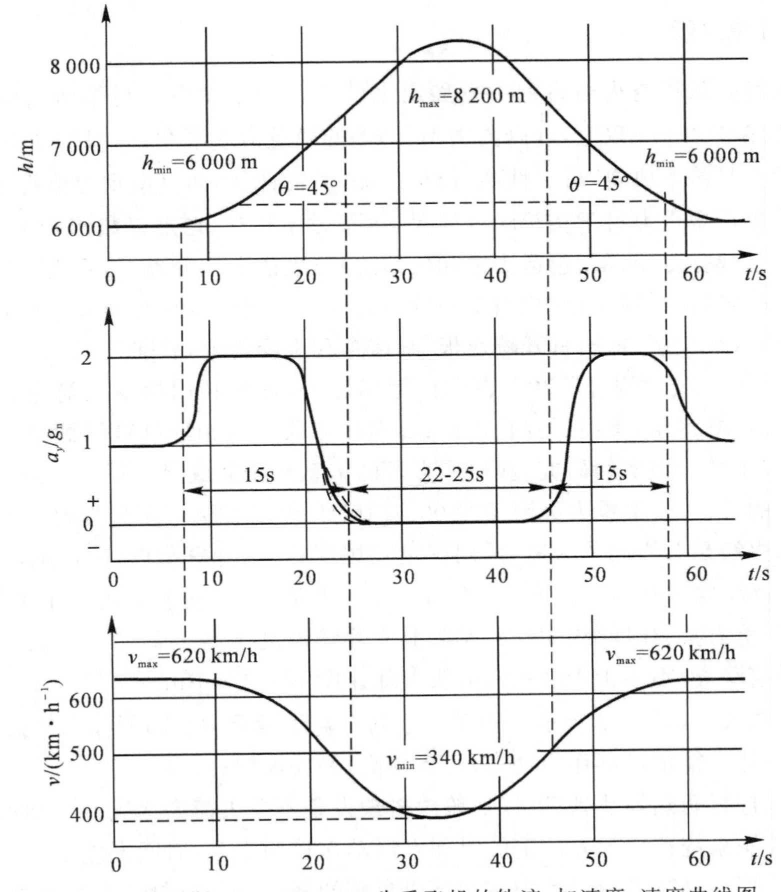

图 3-2　俄罗斯 ИЛ-76МД K 失重飞机的轨迹、加速度、速度曲线图

俄罗斯 ИЛ-76МД K 失重飞机的技术参数如表 3-2 所示。

表 3-2　俄罗斯 ИЛ-76МД K 失重飞机的技术参数[15]

名称	参数	名称	参数
一次飞行的失重次数	15～20	过载/g_n	2
一次失重持续时间/s	25～28	交流电源/V	220
纵轴(飞机尾-头方向)微重力水平/g_n	1×10^{-2}	直流电源/V	27
竖轴(飞机背-肚方向)微重力水平/g_n	4×10^{-2}	实验舱有效尺寸/m	14.0×3.3×3.2

16.1 节给出了对 ИЛ－76МД К 失重飞机微重力水平和过载的实际检测结果。

失重飞机搭载的科学实验装置必须具有很高的安全性和可靠性：任何实验单元禁止使用易燃材料，对于易破碎和易泄露的材料或工质要求作相应处理，在飞行过程中不能产生任何漂浮物，电源要采取熔断保护，机壳必须可靠地与飞机地相连。总之，系统设计必须以失重飞机及飞行人员的安全为前提[15]。

除安全性要求外，从科学实验的角度来讲，实验项目的选择应遵循以下原则：微重力持续时间要求较短（$\leqslant 30$ s）；微重力水平要求不太高（$\approx 10^{-2}\ g_n$）；能够承受一定过载（$\approx 2\ g_n$）[15]。

3.2.4 探空火箭

微重力火箭是从探空火箭系列中发展出来的一种用于微重力科学研究的技术实验火箭.其射高一般在 200 km 以上，可以提供 $10^{-4}\ g_n$ 的微重力水平和（6～15）min 的微重力时间。其主要优点是技术成熟，可靠性高，价格低廉，灵活性强，而且微重力值稳定[16]。

探空火箭进行微重力科学实验的程序是：火箭发射以后.先是以数倍于 g_n 的加速度向上爬升，到达一定高度后头部（包括头锥和仪器舱）与火箭本体分离，然后头部采用减旋器进行消旋和姿态稳定，作惯性飞行（相当于一种抛物线弹道飞行），在此期间进行微重力科学实验，之后头部再入大气层，依次打开减速板、减速伞和主降落伞，着陆[16-17]。

1971 年 10 月，美国“空蜂”170A 在白沙靶场发射，首次利用探空火箭进行了空间材料加工实验。此后 20 多年，美国、德国、瑞典、日本和苏联等国相继制订了微重力火箭发展计划，成功地完成了数百项实验研究，获得了大量的信息和研究成果[16]。

我国研制的 TY－3 微重力火箭于 2000 年 10 月 20 日在酒泉卫星发射中心进行了首次飞行试验。该火箭是单级固体火箭，采用固定式尾翼稳定，计算机时序控制，有效载荷质量 50 kg，最大飞行高度 220 km，微重力量级 $10^{-4}\ g_n$，开启/关闭实验高度为上升段 90 km/下降段 70 km，微重力实验时间约 360 s，实验舱内环境温度不高于 70 ℃，回收半径（箭/地全球定位系统通信距离）不小于 100 km，箭头着陆速度不大于 10 m/s[16]。

作为微重力火箭，TY－3 火箭采用了一系列有益于微重力实验的技术和措施[16]：

（1）采用固体火箭推进器作为动力，可靠性高，操作简便；

（2）仪器舱进行防热隔热处理，保证舱内搭载设备不受火箭高速飞行气动加热的影响；

（3）时序控制系统按照预先设定的时间发出动作控制指令，时间误差小①；

（4）箭上计算机进行飞行过程中实验环境参数的采集、记录，包括搭载舱温度、轴向及侧向加速度和三轴角速率等；

（5）火箭头部与箭体的分离采用弹簧分离机构，分离同步性好，分离干扰小；

（6）火箭头部采用减旋器进行消旋和姿态稳定；

（7）火箭头部采用三级减速回收，在预定时刻依次打开减速板、减速伞和主降落伞，确保箭头落地速度小于 10 m/s；

（8）首次将全球定位系统（GPS）技术用于微重力火箭头部回收，接收距离大于 100 km，根据定位数据可以快速准确确定箭头落点位置并实施回收。

---

① 文献[16]原文为“精度高”，不妥（参见 4.1.3.1 节）。

3.2.5　航天器

在航天器上可获得稳定、长期的微重力试验环境，这对科学试验非常有利。在 20 世纪 60 — 70 年代，美国和苏联进行了大量的空间实验，研究人在空间的生存问题。之后，重点转向研究空间微重力条件下生物的反应（包括人的生理变化），并开始了空间材料科学的研究。苏联着力于发展空间站，从 1971 年的“礼炮”1 号到 1983 年的“礼炮”7 号完成了由试验到成型的过程，并于 1986 年将“和平”号空间站送上轨道。“和平”号空间站在轨运行了 15 年，直至 2001 年才予坠毁。与美国相比，苏联的研究侧重于应用，例如进行了大量半导体晶体生长等试验。美国以“阿波罗”飞船为基础于 1973 年发射了“天空实验室”，前后共发射 4 艘，第 1 艘为无人飞行，后 3 艘为载人飞行。继而研制了“航天飞机”，共 5 架，可在空间运行 1～2 周。航天飞机 1981 年 4 月首次飞行，其中挑战者号与哥伦比亚号分别在 1986 年 1 月 28 日与 2003 年 2 月 1 日失事坠毁。航天飞机于 2011 年退役。航天飞机在轨飞行约 17 天，带有适当的振动隔离下微重力水平为 $10^{-5}g_n$[14]。

自 20 世纪 70 年代以来，ESA 和日本也进行了大量空间微重力试验。ESA 的空间试验平台不多，主要是与美国和苏联合作，利用美国和苏联的试验平台进行试验。欧洲国家空间微重力试验主要是德国和法国，试验装置、仪器的设计和制造方面能力很强，技术非常先进。

从 20 世纪 90 年代开始，国外空间微重力试验研究进入国际空间站时代。国际空间站是以美国为首，联合俄罗斯、日本、加拿大和 ESA（包括法国、德国、意大利、英国、比利时、丹麦、荷兰、挪威、西班牙、瑞典、瑞士）共 15 个国家共同建造和运行的大型空间设施，集中了世界主要航天大国各种先进设备和技术力量，其复杂性和技术先进性是以往的任何航天器都无法比拟的。1997 年 10 月，巴西也参加了国际空间站计划，研制了几个实验设备，并派航天员到站上工作，成为参加该计划的第 16 个国家。国际空间站的设计运行寿命为 10～20 年，国际上众多的科学家有机会利用其精良的实验装备和长时间的微重力环境等，开展广泛而深入的研究。国际空间站计划极大地发展了顶尖的空间技术，也为空间科学和应用提供了新的机遇。国际空间站边装配、边运转，截至 2008 年 11 月的十年组装期间就进行了大量科学研究[18]。2003 年美国“哥伦比亚”航天飞机执行 STS - 107 飞行任务失事，国际空间站最后装配及应用阶段被迫推迟，空间科学试验也相应受到影响。国际空间站微重力需求分解和实际达到的水平详见 2.2.2.6 节。

航天器微重力实验包括在空间有人操作和无人操作的实验。一些比较复杂的过程实验，特别是流体科学实验，往往需要载荷专家在空间进行操作。有时在空间排除一个故障也需要宇航员花费几天的时间。在有人操作的航天飞机和空间站上，微重力环境不很理想，往往会有各种因素引起的干扰。而且，空间站是一个大而全的设施，难免各个项目间互相干涉，甚至效率不高。对于一些可以采用自动控制或者遥科学操作的实验项目，更适宜于在无人的卫星或微重力平台上进行精心的实验。俄国发展了一系列微重力卫星系列，最大的可提供 4 kW 能源和运行半年的周期。ESA 和日本也都发展了微重力实验平台，由美国航天飞机负责发射和回收[4, 19]。

我国空间微重力科学研究始于 20 世纪 80 年代末。在国家航天高技术发展计划的大力支持下，1987 年 8 月国内首次空间微重力条件下的材料加工试验在第 9 颗返回式卫星 FSW - 0平台上得以实施。之后，又在 FSW - 1～FSW - 4 平台的 7 颗返回式卫星、实践八号育种卫星、实践十号微重力科学实验卫星上进行了各种微重力科学实验，参与的研究集体多达30多个，涉及微重力科学(包括微重力流体物理、微重力燃烧、空间材料科学)、空间生命科学(包括空间辐射生物效应、重力生物效应、空间生物技术)两大类共六个领域，他们都是利用多年地面研究的积累而转入微重力研究领域的。在此期间，兰州空间技术物理研究所分别在1990年发射的中国返回式卫星FSW-1(F3)、1994年发射的中国返回式卫星FSW-2(F2)和2016年发射的实践十号微重力科学实验卫星上进行了3次微重力测量。中国的返回式卫星已发展为微重力实验平台，为进行空间微重力实验提供了技术保证[4, 20-23]。

1992年，我国启动了载人航天工程，微重力科学研究作为神舟号飞船主要应用任务之一，得到了更为充分的安排，如神舟二号中的空间通用生物培养箱，神舟三号中的空间细胞反应器，神舟二号和神舟三号中的多工位晶体生长炉、空间晶体生长观察装置、空间蛋白质结晶装置，神舟四号中的空间细胞电融合仪、连续自由流电泳仪、微重力流体物理液滴迁移实验等[24-27]。2016年9月和10月，“天宫二号”空间实验室和“神舟十一号”载人飞船先后成功发射，形成组合体并稳定运行，开展了较大规模的空间科学实验与技术试验。随后还将执行第三阶段“中国空间站”任务[28]。

兰州空间技术物理研究所研制的微重力测量装置在神舟一号～神舟五号飞船上圆满完成了飞船微重力水平测量任务，为空间材料、生命、流体等科学实验提供了准确可靠的微重力环境参数；准确监测了飞船自主飞行期间的重要事件，如变轨推进器和轨道维持推进器工作的启闭时间和引起的速度增量，轨道舱泄压引起的结构响应，飞船调姿、轨返分离、制动的微重力状态，各种微重力科学实验工作的微重力状态等：表明我国的微重力测量已拥有技术先进的成熟产品[29]。

在我国返回式卫星平台的基础上，进行适应性技术升级设计，可以改造为专用的微重力科学试验卫星。发射场为中国甘肃酒泉卫星发射中心，回收场为中国四川省遂宁地区，卫星近地点高度(170～200) km，远地点高度(350～400) km，轨道倾角63°，轨道周期约90 min，姿态稳定方式为三轴稳定、对地定向。回收舱不密封，可装载有效载荷的体积为0.45 m^3，可用质量250 kg，实验项目工作时间一般不超过15 d，可根据用户的要求进行适当调整；密封舱不回收，舱内压力环境为(30～60) kPa，可装载有效载荷的体积为0.9 m^3，可用质量600 kg(含有效载荷用电池)，实验项目工作时间自卫星入轨到该舱电源耗尽时为止，通常为18 d。卫星可向有效载荷提供(10～30) ℃的温度环境，具体温度需根据有效载荷的功耗、工作时间、热特性等因素确定。星上微重力环境为10^{-3}～10^{-5} g_n。可对电压、电流、温度、压力、开关状态、数字量等提供实时遥测和延时遥测服务并向用户提供相应遥测数据。每天可测控圈数为6圈。为满足用户科学实验需要，卫星能够为需要下传的大量数据(如视频图像等)提供数传服务，数传工作频率为s频段；数传码速率为8 Mb/s[b为比特(bit，复数用bits)，二进位制信息单位]；每天可接收数据时间约为(20～30) min。卫星在轨运行过程中，可以通过遥控直接指令和程序控制指令两种方式实现对星上各种设备的遥操作。当卫星在国内测控站可见弧段内时，可以对星上实验设备进行实时遥控；在国内测控站可见弧段外不能对实验设备进行实时操作，但卫星提供上行数据注入功能，可以在卫星过境时向星上设备注入指令数据(包含指令内容和时序)，完成境外操作[21]。

实践十号卫星就是一颗经过升级改造的专用微重力科学试验卫星，该卫星没有太阳电池翼，靠化学电池供电，外形呈柱锥结合体形状(参见图2-22)，上部为一钝头圆锥体，下部为一圆柱体，钝头球部半径为 650 mm，锥体母线锥角为 20°，柱段直径 2 200 mm，卫星总长为 5 144 mm，质量约 3.3 t。卫星由返回舱和留轨舱组成，返回舱包括回收舱和制动舱，回收舱除安装回收分系统部分仪器设备外，可以用于安装具有返回需求的空间科学试验设备；留轨舱包括服务舱和密封舱，服务舱用于安装卫星平台各服务分系统的大部分仪器设备，密封舱用于装载无返回要求的空间科学试验仪器设备。为适应微重力科学试验的需要，轨道改为高约 250 km 的圆形，使微重力水平更为均匀；以数据管理系统替代以往的程序控制器，使遥控指令和遥测数据的安排以及改变飞控程序和微重力科学实验程序的数据注入都更加灵活；姿控发动机采用推力更小的单组元推力器替代以往的冷气推力器，使其对卫星微重力的影响大为减少；增设了流体回路热控分系统，使卫星回收舱内部的热能有效排到星外，以确保生物样品的温度环境；增设了新一代微重力测量仪，可实时监测在轨期间返回舱和留轨舱 3 轴微重力变化情况，采样率、动态范围、测量带宽和同步性等指标大幅提升，满足了星上各种不同微重力科学实验的需求。该卫星于 2016 年 4 月 6 日 1 时 38 分发射，回收舱 12 天后于 4 月 18 日 16 时 30 分准确降落在内蒙古四子王旗预定着陆区域，并被顺利回收，留轨舱继续工作 8 天[21-23,30-32]。

由轨道高度 250 km 所对应的平均大气密度(指最高值与最低值间的等比中项)为6.7×10^{-11} kg/m^3 得到该卫星逆飞行方向上拖曳加速度为 5.1×10^{-6} m/s^2(计算方法参见 2.3 节)，由最大半径 1.1 m 得到该卫星在天地方向上潮汐加速度处于$\pm4.5\times10^{-6}$ m/s^2 之间(计算方法参见 2.4 节)，即准稳态加速度处于 10^{-6} m/s^2 量级。

而密封舱的振动加速度，由间隔 1.6 ms、从星箭分离后 4 d 07 h 22 min 28.111 1 s 起连续测量 1 677.721 6 s(每轴采样点数 2^{20})的微重力加速度数据①得到 x(指向卫星飞行方向的前方)，y(指向卫星的右舷)，z(指向地心)轴的振动加速度时域曲线如图 3-3～图3-5所示。

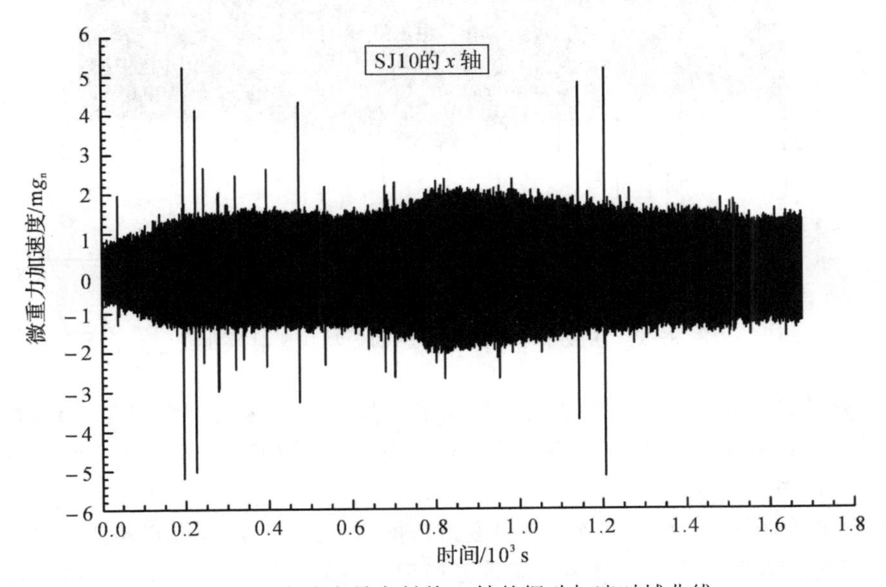

图 3-3 实践十号密封舱 x 轴的振动加速时域曲线

① 作者并未参加此项任务。

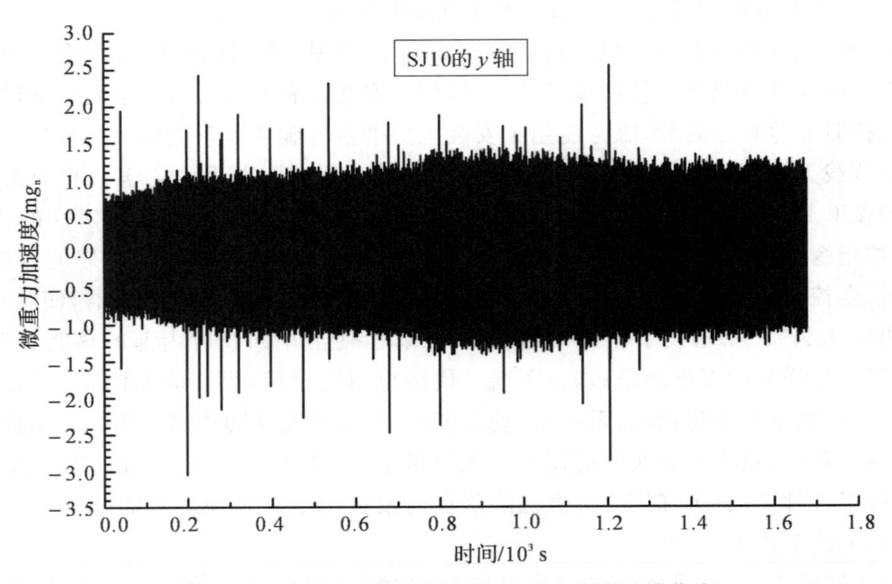

图 3-4　实践十号密封舱 y 轴的振动加速时域曲线

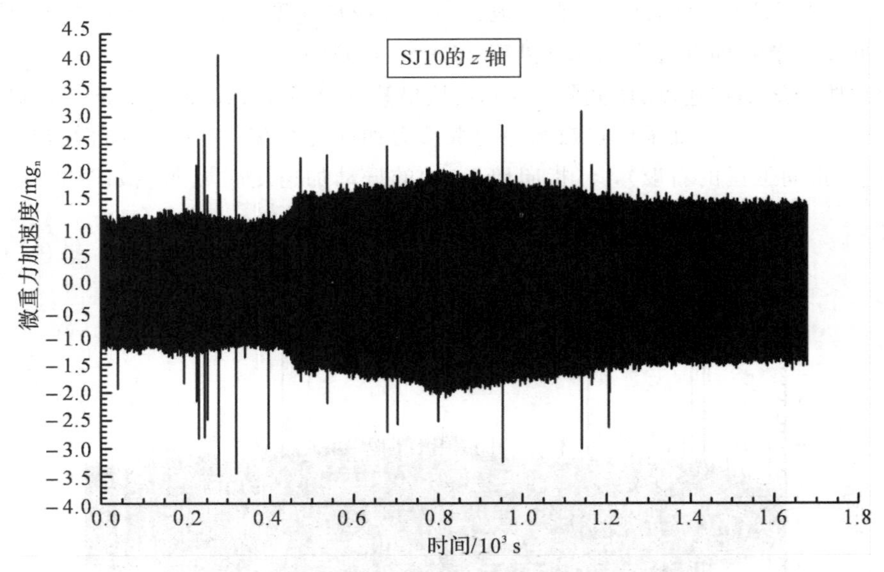

图 3-5　实践十号密封舱 z 轴的振动加速时域曲线

图 3-3～图 3-5 中的一些瞬态尖刺反映了各种瞬态加速度事件引起的衰减振荡。用 Origin 5.0 软件对图 3-3～图 3-5 所示 x，y，z 轴的振动加速度时域曲线作 Hann 窗幅度谱，如图 3-6～图 3-8 所示。

将图 3-6 至图 3-8 所示 Hann 窗幅度谱数据代入式(2-6)，得到实践十号密封舱 x，y，z 轴的振动加速度三分之一倍频程频带方均根谱，如图 3-9～图 3-11 所示，图中均附有国际空间站对振动加速度的需求曲线(均匀分配到单轴，即图 2-1 所示曲线的纵坐标值除以$\sqrt{3}$)。

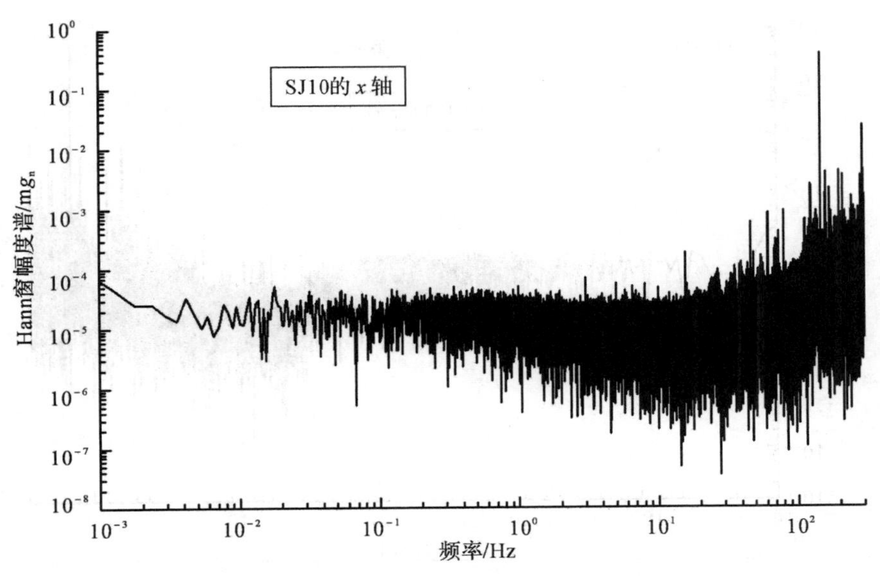

图 3-6　实践十号密封舱 x 轴的振动加速度 Hann 窗幅度谱

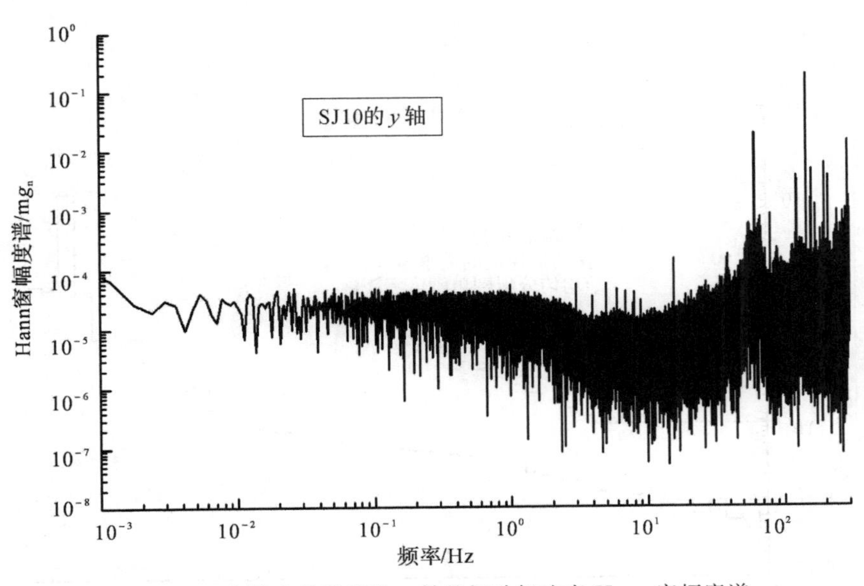

图 3-7　实践十号密封舱 y 轴的振动加速度 Hann 窗幅度谱

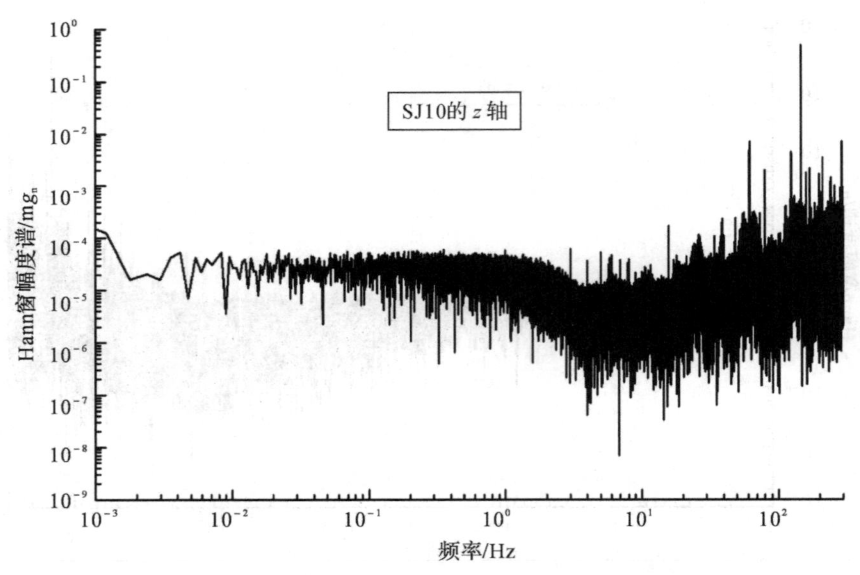

图 3-8　实践十号密封舱 z 轴的振动加速度 Hann 窗幅度谱

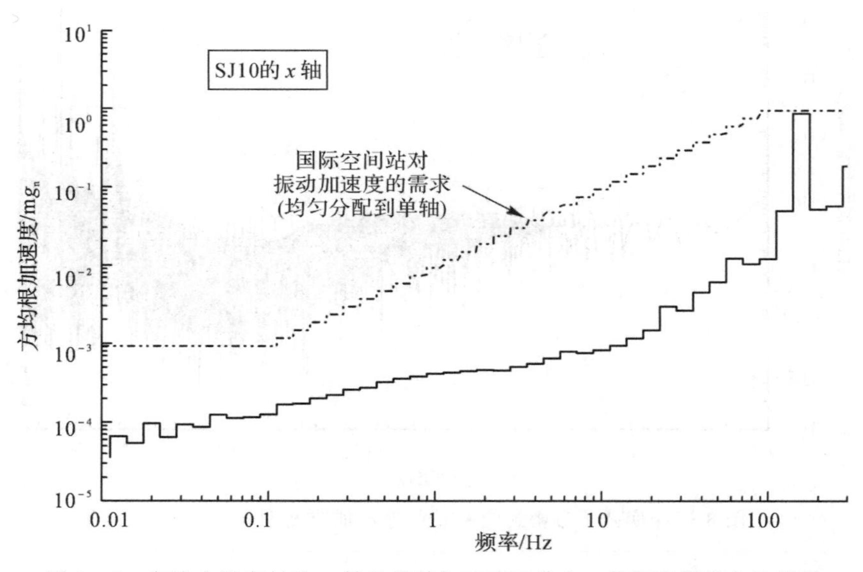

图 3-9　实践十号密封舱 x 轴的振动加速度三分之一倍频程频带方均根谱

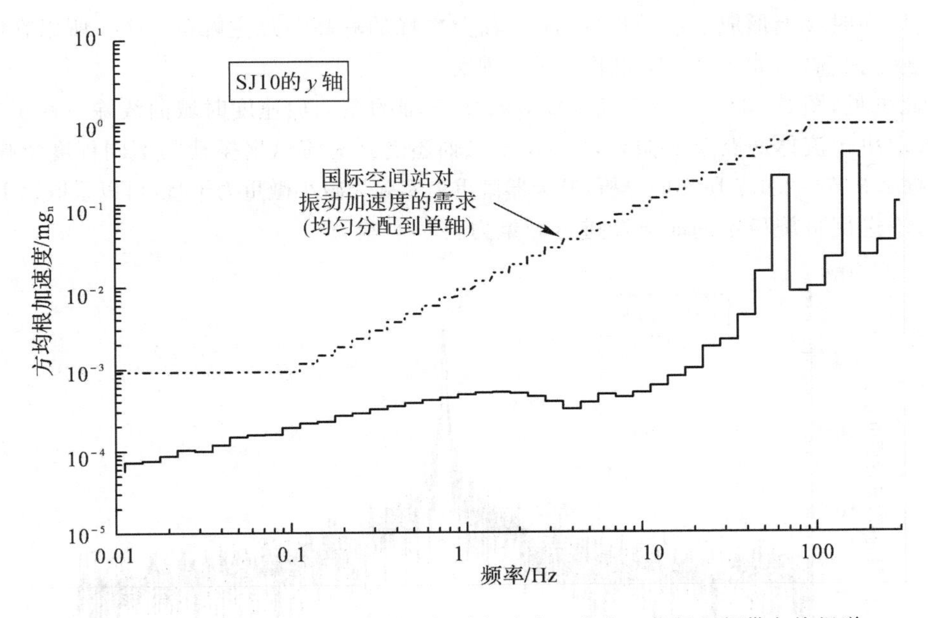

图 3-10 实践十号密封舱 y 轴的振动加速度三分之一倍频程频带方均根谱

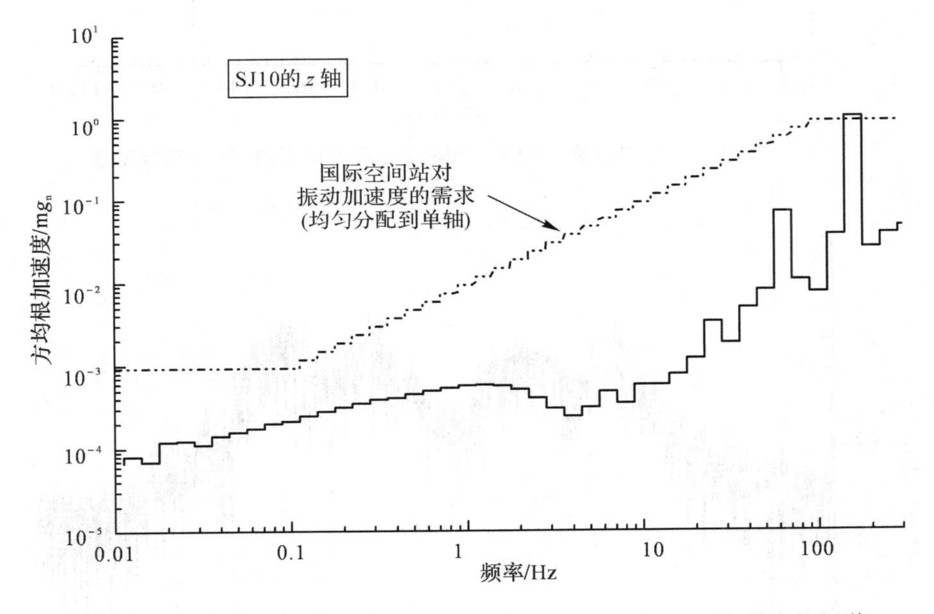

图 3-11 实践十号密封舱 z 轴的振动加速度三分之一倍频程频带方均根谱

从图 3-9～图 3-11 可以看到，x 轴有一个明显的谐振峰，y，z 轴各有一大一小两个明显的谐振峰。图 3-12～图 3-14 给出了实践十号密封舱 x，y，z 轴振动加速度谐振峰附近的 Hann 窗幅度谱。

从图 3-12～图 3-14 可以看到，实践十号密封舱 x，y，z 三轴均有一个峰值频率为 146.3 Hz 的尖锐谐振峰，该频率与流体回路泵的谐振频率相符。此外，y，z 二轴还有峰值频率约为 61.2 Hz，61.3 Hz，61.5 Hz，61.6 Hz 四个次峰，当时密封舱内有四个转速接近的对流风扇同时工作，这四个频率与其谐振频率相符。由于 y 轴上次峰的峰高达到了主峰的

1/10，所以在时域上形成了差拍现象；而 z 轴上次峰的峰高不足主峰的 1/60，所以在时域上没有形成差拍现象，如图 3－15 和图 3－16 所示。

由此可见，图 3－3～图 3－5 所示 x，y，z 三轴的振动加速度时域曲线除一些瞬态尖刺外，主要取决于流体回路泵的振动，而 y，z 二轴还受到对流风扇振动的不同程度影响。

根据 2.3 节～2.6 节所作的分析，航天器微重力实验为减小微重力干扰，可以采取以下措施：

(1)不选用自旋稳定的航天器进行微重力科学实验。

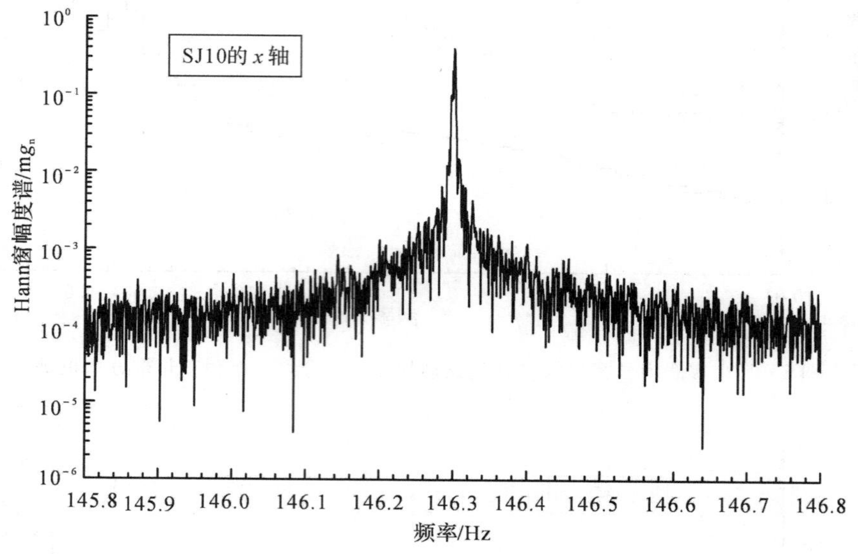

图 3－12　实践十号密封舱 x 轴振动加速度谐振峰附近的 Hann 窗幅度谱

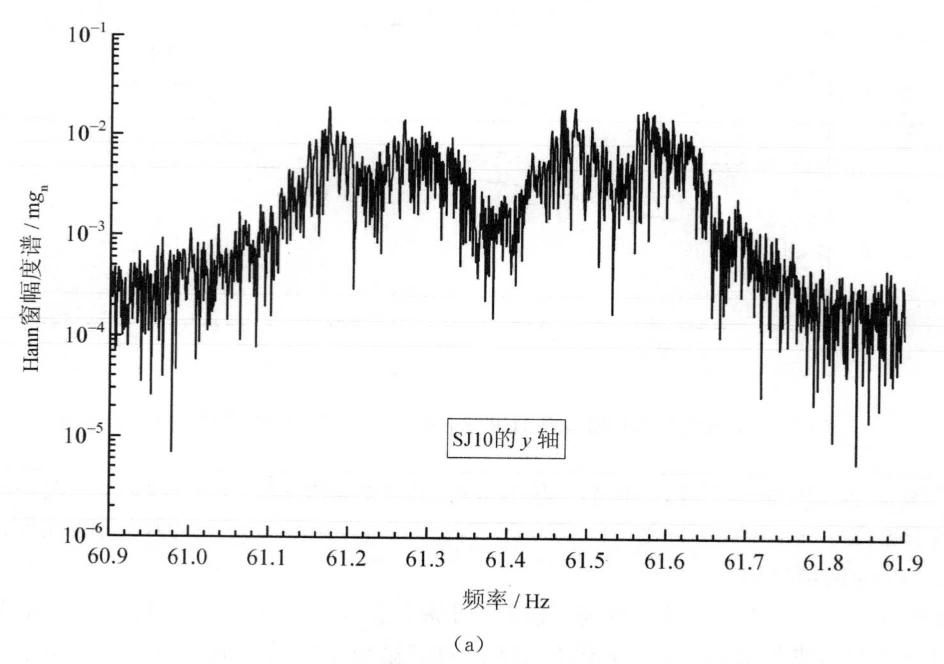

(a)

图 3－13　实践十号密封舱 y 轴振动加速度谐振峰附近的 Hann 窗幅度谱

(a) (60.9～61.9)Hz 之间的谐振峰

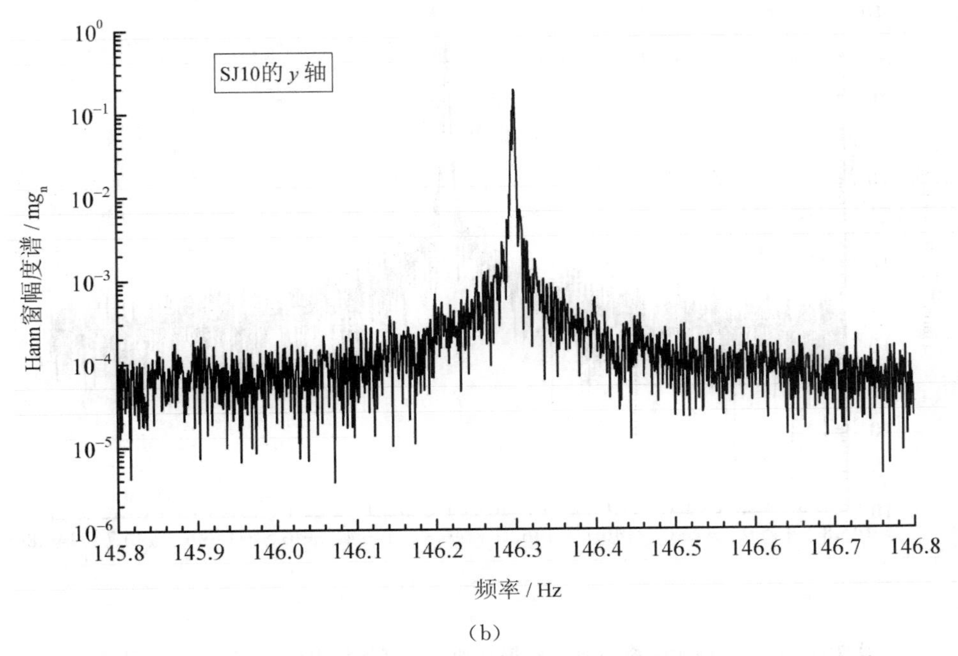

(b)

续图 3-13　实践十号密封舱 y 轴振动加速度谱振峰附近的 Hann 窗幅度谱

(b)(145.8～146.8)Hz 之间的谱振峰

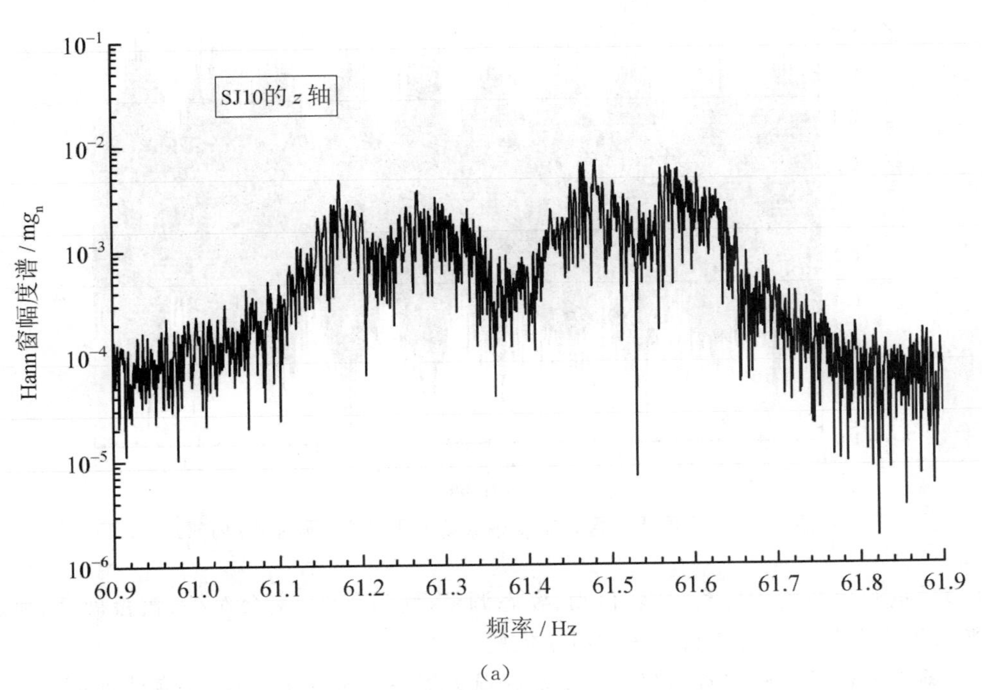

(a)

图 3-14　实践十号密封舱 z 轴振动加速度谱振峰附近的 Hann 窗幅度谱

(a)(60.9～61.9)Hz 之间的谱振峰

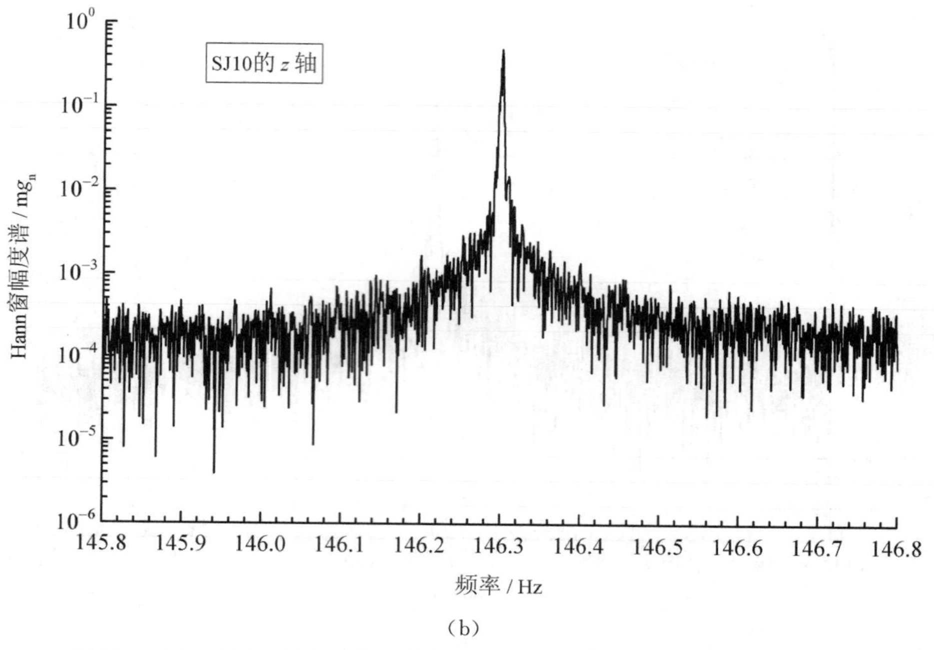

(b)

续图 3-14 实践十号密封舱 z 轴振动加速度谐振峰附近的 Hann 窗幅度谱

(b)(145.8～146.8)Hz 之间的谐振峰

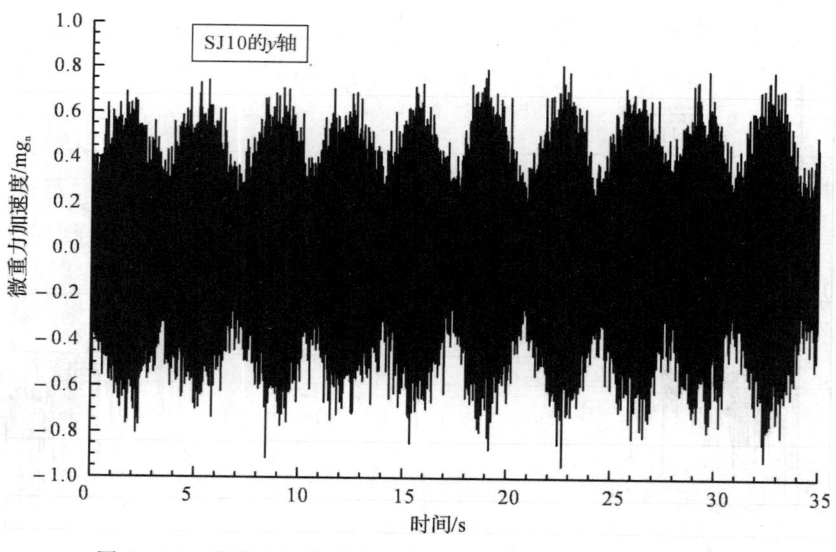

图 3-15 实践十号密封舱 y 轴振动加速度的时域曲线(局部)

(2)尽量避免在舱段分离、变轨机动、姿态调整、轨道维持、交会对接、帆板展开、泄压放气等航天器有明显动作时进行微重力科学实验。

(3)微重力科学实验装置应尽可能安放在航天器飞行轴线上,以减小潮汐加速度。

(4)应尽量减小姿态偏差,即做到小偏离、小调整,要求特别高时不采用肼推进器、冷气推进器,而采用磁力矩器;与此相应,微重力科学实验装置如能靠近航天器质心更好,以减小航天器姿控造成的离心加速度、切向加速度。

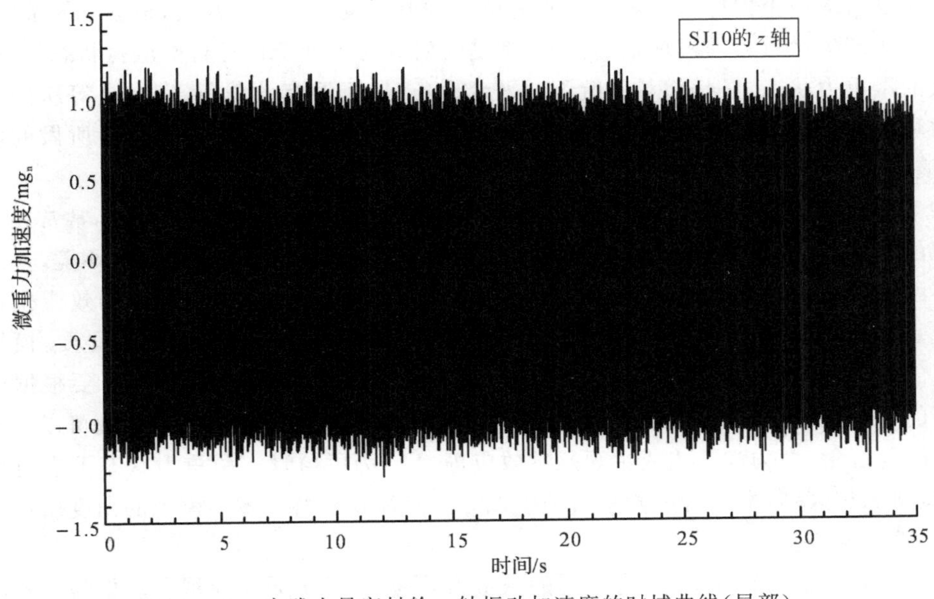

图 3-16　实践十号密封舱 z 轴振动加速度的时域曲线(局部)

(5)航天器尽量设计成细长结构,运行轨道高度不能太低,尽量避开太阳活动丰年,以减小残余大气阻力产生的微重力,如能用反馈控制的办法抵消大气阻力,实现无拖曳飞行模式更好。

(6)航天器结构应牢固稳定、尽量对称,以减小结构振动。

(7)高度在 500 km 以上时,大气阻力的影响减弱,太阳辐射压的影响相对上升为主要因素。

(8)进行微重力科学实验时,应尽量减小航天员或活动部件的活动强度,做到轻手轻脚、轻开轻闭、缓慢移动,转动部件要精细调整好动平衡,这些要求在设计微重力科学实验装置和安排实验计划时就要引起足够重视。

(9)有的微重力科学实验装置会产生一定的微重力干扰,如作为对比试验用的离心机运转时会对周围环境造成微重力干扰,晶体观察装置调焦过程中会产生微重力干扰,电泳仪电机工作会产生微重力干扰,这些干扰可能对自身微重力科学实验没有危害,但对其他要求更高微重力水平的科学实验可能是不能忍受的,因此必需对各种微重力科学实验加以合理安排或在设计阶段就提出相互兼容性的要求。

(10)由于航天器三轴稳定对地定向存在自转角速度,使沿 x 轴(飞行方向)和 y 向(天顶方向)移动的物体产生 Coriolis 加速度,其量值不可忽视,因此,对于晶体重熔再结晶实验,如改为功率移动,会取得更好的效果。

3.3　微重力的模拟方法

3.3.1　概述

3.2 节叙述了四种产生微重力的方法。由于航天器在轨飞行所呈现的微重力环境是长期的,而落塔、失重飞机、探空火箭等技术手段创造微重力的持续时间要短得多,一些文献中将后者所创造的微重力称为是对前者所呈现微重力环境的模拟。其实，根据1.8节的分析，这四种方法产生微重力的机理是同样的，都是使研究对象处于接近自由漂移状态，呈现的都是真实的微重力状态，只是相对于航天器平台设备、航天器有效载荷、宇航员等所处的空间微重力环境而言，将实际在轨飞行前用落塔、失重飞机、探空火箭等技术手段所做的微重力试验、演练称为微重力模拟试验、微重力模拟演练。

除了用落塔、失重飞机、探空火箭等技术手段进行模拟试验、模拟演练外，常常还采用效应模拟的办法，开展模拟试验、模拟演练。效应模拟制造的环境不是微重力环境，只是对于所关心的特定效应来说，与真实微重力状态下产生的该效应比较接近。采用效应模拟是因为完全真实地复现航天器在轨飞行那样长时间的微重力环境既不可能也不必要，模拟微重力产生的效应也可以达到相当接近的试验效果。在进行效应模拟试验时，需要根据模拟试验的目的，分析出所要模拟的效应，并选择适宜的模拟方法。所模拟的效应既可以是物理效应也可以是医学、生物学效应或主观感觉效应等[13]。为了与真实微重力状态下进行模拟试验、模拟演练相区别，本节所述微重力的模拟方法只涉及从特定效应模拟的角度所进行的模拟试验、模拟演练。

对于不同类型的研究对象，有不同的微重力效应，微重力效应模拟方法也随之不同。即使是同一种微重力效应，也可以设计出不同的效应模拟方法，以达到事半功倍的效果为目的。因此，微重力效应模拟方法只能例举，而不能穷举。

3.3.2 中性浮力模拟方法

3.3.2.1 模拟目标为航天员(或空间机器人)失重状态下对运动和力的感觉

对于训练航天员来说，中性浮力模拟方法以人在失重状态下对运动和力的感觉为模拟目标。其模拟原理是：将穿着水槽训练航天服的被试者全部浸没在水中，通过对人和服装组成的系统实施配重方法，使其在水中受到的浮力和本身重力大小相等，即使其达到能够保持一定姿态的中性浮力状态，这时被试者会产生一种随遇平衡的飘浮感。美、俄进行过真正航天飞行的航天员普遍反映，这种模拟效果很好，十分逼真。中性浮力水槽是航天员进行失重环境下运动与作业训练的一种极为有效的设备，起到了不可替代的作用[13]。

水槽中可放入大型的航天器实物模型，航天员既可以进入其中工作，也可以进行舱外操作，包括工具的使用、设备的安装、仪器的操作、构件的组装等训练，以便于以后在太空中进行同样性质的工作；另外，水槽训练也有助于制定航天服、宇宙飞船等的设计标准，确定最佳的工作点，进行空间构造的设计评价和性能验证；水槽训练还可以作为计算机仿真软件的验证[12]。

美国、俄罗斯、日本、法国、ESA等均建有中性浮力水槽，世界各航天国家都在不断提高中性浮力试验的技术水平。美国建有多台中性浮力水槽并仍在不断改建、扩大规模并改进性能。俄罗斯加加林航天员训练中心的中性浮力水槽使用频度很高。中国航天员科研训练中心2007年建成的中性浮力水槽由水槽本体及其支持系统、训练及试验支持系统、训练及试验指挥系统三大部分组成。其中：水槽本体及其支持系统是训练或试验的基础设备，包括槽体、水系统、冷却水系统、照明系统、起重设备等；训练及试验支持系统为航天员进行水下训练或试验工作提供生命保障条件和装备支持，包括水槽训练航天服及其地面生保系统、潜水装备、航天器模型、加压舱等；训练及试验指挥系统为训练或试验提供指挥手段，包括摄像监视系统、通话系统、生理参数监测系统和测控系统等[13]。

不过用中性浮力水池训练航天员也有不足之处：首先，中性浮力水池产生的是一种模拟失重，而不是真实的失重。在中性浮力水池中重力并没有消失，仅只是人体的重量被水的浮力所抵消。在水中的航天员仍然感觉到自己衣服的存在。其次，人在水中活动会有阻力，航天员在中性浮力水池中进行操作或完成任务，由于水的阻力，会感到很费劲，比在太空实际操作费劲得多[33]。

中性浮力水池也可用于空间机器人三维工作空间上的物理仿真，但要保证系统的密封性，水的阻力以及惯量也会改变空间机器人的动力学特性[34]。

3.3.2.2 模拟目标为表面张力贮箱推进剂管理装置在微重力状态下的管理效果

中性浮力实验还可用于表面张力贮箱在模拟微重力情况下的气-液界面静平衡实验和推进剂排出实验。前者用于确定推进剂位置及其液面形状，为推进剂管理装置的设计提供可靠的依据，检验推进剂管理装置对推进剂的管理能力。该能力检验在推进剂即将耗尽时尤为重要，因为这时推进剂管理装置能将推进剂有效地控制在贮箱的液口处，是提高贮箱排出效率的关键。后者用于研究在一定的流量要求下推进剂的排出状况；测量排出效率；验证推进剂管理装置排出的推进剂不夹杂气体，不出现断流。通过这两个实验还可测量可填充式收集器的再填充速度。因为贮箱设计要求在推进器进行下一次点火时，处于液口端的可填充式收集器内必须充满推进剂[35]。

表面张力贮箱中性浮力实验的具体做法是将两种密度相近，且又互不相溶的液体装在一个透明的模拟贮箱中。模拟贮箱与真实贮箱几何尺寸相近或等同，主要指壳体内壁的曲率半径和贮箱内部推进剂管理装置的几何形状和尺寸相近或等同。一种液体模拟推进剂，另一种液体模拟增压气体，两种液体各自与模拟贮箱内壁/推进剂管理装置表面的接触角，要分别等于真实贮箱中推进剂和增压气体与真实贮箱内壁/推进剂管理装置表面的接触角；为了便于调整密度，模拟推进剂的液体本身又是由两种互溶液体混合而成的；为便于观察，可以将模拟增压气体的液体染上颜色。两种模拟液体的密度具有不同的温度系数，通过温度控制/调节，保持/改变两种模拟液体的密度差，可以得到所要模拟的 Bond 数和相应的加速度值。如要模拟液体的其他物理特性，还需考虑其他无量纲参数[35]。

Bond 数是流体受到的力(重力或外力)与表面张力之比，是流体动力学的无量纲数之一。高 Bond 数表示表面张力的影响可以忽略，流体在重力或外力作用下运动；低 Bond 数(典型值需小于 1)表示表面张力占优势，中间值表示两种效应都不可忽视。推进剂管理装置的管理效果是建立在一定的 Bond 数基础上的，用表面张力贮箱中性浮力实验模拟出同样的 Bond 数，就可以观察到管理装置的管理效果。显然，这与训练航天员的中性浮力模拟方法以人在失重状态下对运动和力的感觉为模拟目标完全不同。

3.3.3 头低位卧床实验

头低位卧床实验是地面模拟航天员空间飞行生理效应的主要手段之一。头低位卧床所引起的生理变化，如心血管功能紊乱，肌肉萎缩，骨质疏松，内分泌失调，水盐代谢变化，免疫功能下降等，与微重力的影响十分相似[36]。

中国航天员科研训练中心 2007 年组织了有法国航天局、香港中文大学等单位参与，21 名志愿者参加的 60 d 人体头低位卧床大型综合实验——“地星”1 号，通过对 15 d、30 d、

45 d、60 d 等不同阶段人体生理功能变化发展进程的动态监测，研究了 60 d 头低位卧床模拟失重条件下人体的生理生化反应变化特征；验证了针对骨骼和心血管的高频低幅阻抗振动和太空养心丸的对抗防护有效性，积累了长期模拟失重研究经验，为支持长期载人驻留，研究掌握后续飞行任务中的医学防护对抗技术奠定了坚实基础[36]。

3.3.4 气浮轴承设备

气浮轴承设备由光滑平台（如大理石平台）、气浮轴承（俗称气足）、供气系统等部分组成。气足通过改变轴承-轴间隙中的润滑气体压力，形成始终抵消自重和负载力的静压气膜[参见 9.1.1.3 节第(2)条]，使轴处在悬浮的状态，这时轴受到的摩擦力和黏附力几乎为 0（比任何液体润滑都好），所以轴的转动极其自如。在二维空间内，气浮平台可以达到非常好的实验效果，其优点是：技术成熟；建造周期短，成本低，易于实现及维护；实验时间不受限制；可靠性及鲁棒性高；适应性强。缺点是只能实现平面的微重力实验（二维的平动和一维的转动）[34]。

这种设备主要用来训练航天员在摩擦力极度减弱情况下实施拼装/拆卸作业时的推拉、扭转操作。在美国 NASA Johnson 航天中心载人航天器模型大厅内，就有一台“精密气浮轴承设备”，在以前的天空实验室和后来的航天飞机任务中对航天员作此训练。航天员在太空行走中需要搬运大型笨重物体时，也让航天员先在这台设备上练习[33]。

气浮轴承设备也可以用于空间机器人地面实验[34]和空间机构展开地面实验。

3.3.5 吊丝配重实验系统

吊丝配重实验系统包括一个克服重力的补偿系统和一个可控跟踪实验对象运动的水平移动系统。前者一般由吊丝、配重物、滑轮组、滑动小车、伸展杆、导轨等组成，其基本原理是利用配重物的重量来补偿实验对象竖直向下的重力。它通过随动控制方法来使吊丝保持竖直，并控制向上的拉力始终等于实验对象的重力[34]。

重力补偿系统分主动、被动两种形式。主动式补偿误差①一般为 0.01 g_n；被动式补偿能达到 0.08 g_n，当吊丝长 20 m 时也能达到 0.01 g_n 的量级。主动式重力补偿系统通过可控电机使抵消重力的拉力保持恒定，吊丝在控制系统作用下上下伸缩，当实验对象受外力作用时，其自身重力不影响它的运动，使控制吊丝随悬挂体伸缩同时保证提供恒定的张力[34]。

吊丝配重系统的优点是可以进行三维空间的重力补偿，实验时间不受限制。缺点是重力补偿误差不够小②；难以辨识悬吊系统的动摩擦力并在其控制系统中准确补偿；由于实验对象和悬吊系统之间存在耦合振动，可能使得整个系统不稳定[34]。

吊丝配重系统可用于航天员训练[33]、空间机器人地面实验[34]和空间机构展开地面实验。

3.3.6 回转器

大多数植物生理研究无法使用落塔、失重飞机、探空火箭等装置，因为这些装置产生的微重力时间太短，其中开花植物生长发育的研究更是如此。植物生理研究广泛使用的地面

---

① 文献[34]原文为“精度”，不妥（参见 4.1.3.1 节）。

② 文献[34]原文为“精度不够高”，不妥（参见 4.1.3.1 节）。

模拟“失重”装置是回转器,它是依据植物对重力刺激的时间要求来设计的。植物体能感受到重力方向的微小变化,但需要一定的刺激时间才能产生可检测的反应,即植物对重力的反应是方向和持续时间双重作用的结果。在回转器上,生物体虽然仍处于重力场中,受到恒定的重力作用,但是生物体与重力的方向却在连续不断地变化。某一方向的生物效应还未来得及表现出来时,方向又变了,其结果就像没有重力的作用那样,与处在微重力条件下表现类似的现象。于是就表现出了微重力条件下的生物效应。回转器上生物体的表现,在定量上并不能与空间飞行的微重力条件下完全相同,只是定性相似[37]。

随着载人航天事业的发展,人进入太空的次数越来越多,在空间微重力条件下停留的时间也越来越长,对空间生命支持系统的需求就越来越迫切。但是,植物在空间实验的机会仍然很少,而且成本很高。地面模拟实验仍然是当前和今后很长一段时间内不可缺少的。另外,重力在植物发育生物学中的重要作用也需要依靠回转器来进行,因此,回转器在植物重力生物学研究中仍将继续发挥重要作用[37]。

当前使用的回转器的驱动系统的稳定性仍然需要改进,使得回转装置的运行更加稳定以减小回转器的机械作用对植物产生的副作用[37]。

3.3.7 计算机图形仿真

在总体设计的早期阶段和方案的论证阶段,通过计算机图形仿真来检验设计的合理性以及任务安排的无矛盾性是一种高效、便捷、省时、省力的方法,在项目实施前更是预览整个方案三维效果的唯一手段,是评价细节的工具,且费用较低。计算机图形仿真结果的正确性可以用中性浮力水槽试验来检验,水槽试验同样受益于图形仿真软件,如试验前航天员足限制器最佳位置的确定等。当试验时间被限定以及可用多种方法进行试验时,图形分析能提出最好的实验方法[12]。

计算机仿真可以得到趋势性的结果,给出指导性的意见,但要达到工程应用的准确程度①是比较困难的。因为仿真的准确程度主要取决于所使用的仿真对象数学模型和初始条件及边界条件的准确程度,其中数学模型又是最主要的,一般需要通过真实环境的试验验证并根据试验结果加以修改完善,才能获得较为准确的数学模型[13]。

3.3.8 虚拟现实技术

由于虚拟现实技术具有实时三维空间表现能力、人机交互式的操作环境以及给人带来的身临其境的感受,它在航天员失重模拟和训练中起到了举足轻重的作用。NASA 早在 20 世纪 70 年代就开始探索这种技术在航天员太空行走训练中的应用。1993 年为了维修发生严重故障的哈勃太空望远镜,NASA 决定用虚拟现实技术对航天飞机 STS-61 的航天员进行训练,结果取得良好效果。1997 年,Johnson 航天中心的虚拟现实实验室在火星探路者探测器的飞行中又使用该技术,也取得非常满意的效果。2005 年,NASA 在航天飞机 STS-114 飞行任务中再次用这种技术对航天员的太空行走进行了训练,这次训练主要是为了更好地完成对航天飞机的维修任务[38]。

通过多年的实践证明,虚拟现实技术在航天员太空行走训练中是一种非常有效的训练工具,NASA 准备继续使用这种技术,发展这种技术,让这种技术在未来航天员的太空行走

---

① 文献[13]原文为“精度”,不妥(参见 4.1.3.1 节)。

训练中发挥更大的作用[38]。

3.4 本章阐明的主要论点

3.4.1 微重力的效应

(1)通常称之为微重力的效应其实是失重的效应,而微重力作为对失重的干扰,一定程度上削弱了失重的效应。

(2)失重状态的外部特征是处于自由漂移状态,内部特征是各部分之间不再受到重量引起的压力作用或者形变作用。以上失重的特征也就是失重的效应。

(3)尽管微重力下浮力引起的对流减弱,密度差引起的沉降减弱,重力引起的静压梯度减弱,但由于空间飞行器中实验条件受到诸多限制,而且界面效应、热毛细流、浸润性、接触角、与相变有关的现象等原来被重力遮掩的效应突显出来,使微重力过程变得复杂起来。因此,微重力科学的主要目标不是直接产生多大的经济效益,而是研究微重力环境中的基本物理现象,以促进地面科学和技术的发展,并为今后的应用奠定科学基础。

3.4.2 微重力的产生方法

(1)目前主要有四种手段获得微重力实验条件:落塔(自由下落或上抛)、失重飞机(飞机作抛物线飞行)、探空火箭(头锥、仪器舱在火箭熄火后与箭体分离,以抛物线轨道滑行)、航天器(在轨飞行)。

(2)落塔、失重飞机、探空火箭、航天器的微重力持续时间分别为秒级、十秒级、分钟级和数天以上。在有人操作的航天飞机和空间站上,微重力环境不很理想,对于一些可以用自动化控制或者利用遥科学操作的实验项目,更适宜于在无人的卫星或微重力平台上进行精心的实验。

(3)利用落塔产生的微重力水平较高,但持续时间很短。

(4)失重飞机搭载的科学实验装置必须具有很高的安全性和可靠性:任何实验单元禁止使用易燃材料,对于易破碎和易泄露的材料或工质要求作相应处理,在飞行过程中不能产生任何漂浮物,电源要采取熔断保护,机壳必须可靠地与飞机地相连。总之,系统设计必须以失重飞机及飞行人员的安全为前提。除安全性要求外,从科学实验的角度来讲,实验项目的选择应遵循以下原则:微重力持续时间要求较短($\leqslant$ 30 s);微重力水平要求不太高($\approx 10^{-2}\ g_n$);能够承受一定过载($\approx 2\ g_n$)。

(5)探空火箭可以提供 $10^{-4}\ g_n$ 的微重力水平和(6～15) min 的微重力时间。

(6)航天器微重力实验包括在空间有人操作和无人操作的实验。一些比较复杂的过程实验,特别是流体科学实验,往往需要载荷专家在空间进行操作。有时在空间排除一个故障也需要宇航员花费几天的时间。在有人操作的航天飞机和空间站上,微重力环境不很理想,往往会有各种因素引起的干扰。而且,空间站是一个大而全的设施,难免各个项目间互相干涉,甚至效率不高。对于一些可以采用自动控制或者遥科学操作的实验项目,更适宜于在无人的卫星或微重力平台上进行精心的实验。

(7)航天器微重力实验为减小微重力干扰,可以采取以下措施:① 不选用自旋稳定的航天器进行微重力科学实验；② 尽量避免在舱段分离、变轨机动、姿态调整、轨道维持、交会对接、帆板展开、泄压放气等航天器有明显动作时进行微重力科学实验；③ 微重力科学实验装置应尽可能安放在航天器飞行轴线上，以减小潮汐加速度；④ 应尽量减小姿态偏差，即做到小偏离、小调整，要求特别高时不采用肼推进器、冷气推进器，而采用磁力矩器；与此相应，微重力科学实验装置如能靠近航天器质心更好，以减小航天器姿控造成的离心加速度、切向加速度；⑤ 航天器尽量设计成细长结构，运行轨道高度不能太低，尽量避开太阳活动丰年，以减小残余大气阻力产生的微重力，如能用反馈控制的办法抵消大气阻力，实现无拖曳飞行模式更好；⑥ 航天器结构应牢固稳定、尽量对称，以减小结构振动；⑦ 高度在 500 km 以上时，大气阻力的影响减弱，太阳辐射压的影响相对上升为主要因素；⑧ 进行微重力科学实验时，应尽量减小航天员或活动部件的活动强度，做到轻手轻脚、轻开轻闭、缓慢移动，转动部件要精细调整好动平衡，这些要求在设计微重力科学实验装置和安排实验计划时就要引起足够重视；⑨ 有的微重力科学实验装置会产生一定的微重力干扰，如作为对比试验用的离心机运转时会对周围环境造成微重力干扰，晶体观察装置调焦过程中会产生微重力干扰，电泳仪电机工作会产生微重力干扰，这些干扰可能对自身微重力科学实验没有危害，但对其他要求更高微重力水平的科学实验可能是不能忍受的，因此必需对各种微重力科学实验加以合理安排或在设计阶段就提出相互兼容性的要求；⑩ 由于航天器三轴稳定对地定向存在自转角速度，使沿 x 轴(飞行方向)和 z 轴(天顶方向)移动的物体产生 Coriolis 加速度，其量值不可忽视，因此，对于晶体重熔再结晶实验，如改为功率移动，会取得更好的效果。

3.4.3 微重力的模拟方法

(1)落塔、失重飞机、探空火箭、航天器产生微重力的机理是同样的，都是使研究对象处于接近自由漂移状态，呈现的都是真实的微重力状态。一些文献只是从航天器的角度出发，将实际在轨飞行前用落塔、失重飞机、探空火箭等技术手段所做的微重力试验、演练称为微重力模拟试验、微重力模拟演练。

(2)除了用落塔、失重飞机、探空火箭等技术手段进行模拟试验、模拟演练外，常常还采用效应模拟的办法，开展模拟试验、模拟演练。效应模拟制造的环境不是微重力环境，只是对于所关心的特定效应来说，与真实微重力状态下产生的该效应比较接近。采用效应模拟是因为完全真实地复现航天器在轨飞行那样长时间的微重力环境既不可能也不必要，模拟微重力产生的效应也可以达到相当接近的试验效果。在进行效应模拟试验时，需要根据模拟试验的目的，分析出所要模拟的效应，并选择适宜的模拟方法。所模拟的效应既可以是物理效应也可以是医学、生物学效应或主观感觉效应等。

(3)对于不同类型的研究对象，有不同的微重力效应，可以采取相应的微重力效应模拟方法，达到事半功倍的效果。

参考文献

[1]　姜景山. 空间科学与应用[M]. 北京：科学出版社，2001.

[2]　熊延龄. 未来空间工业化中的材料制造技术[M]//空间站系列文集：第 3 集　空间站的应用. 北京：航天工业部第五一二所，1987：20.

[3] 王景涛，葛培文. 微重力环境利用[J]. 物理，2000，29 (11):665 - 673.

[4] 胡文瑞. 微重力科学进展[C/M]//中国科学技术协会. “科学技术面向新世纪”学术年会，北京，9 月，1998. 科技进步与学科发展:“科学技术面向新世纪”学术年会论文集. 北京:中国科学技术出版社，1998:59 - 63.

[5] 中国大百科全书总编辑委员会《机械工程》编辑委员会. 临界状态[M/CD]//中国大百科全书:机械工程. 北京:中国大百科全书出版社，1988.

[6] KÖNEMANN T. DropTES-A UN-HSTI Fellowship Program [C/OL]//The 52nd Session of the Scientific and Technical Subcommittee (STSC 2015), Vienna, Austria, February 10, 2015. http://www.unoosa.org/pdf/pres/stsc2015/tech-44E.pdf.

[7] United Nations. Office for Outer Space Affairs. Announcement of Opportunity: United Nations Human Space Technology Initiative (UN-HSTI): Fellowship Programme for “Drop Tower Experiment Series (DropTES)”: 4th Cycle. [EB/OL]. (2016 - 10 - 19). http://www.unoosa.org/documents/pdf/psa/hsti/DropTES/AO4_DropTES.pdf.

[8] ZARM. Brochure: The Bremen Drop Tower [EB/OL]. http://www. unoosa. org/documents/pdf/psa/hsti/DropTES/ZARM_Brochure_Drop_Tower.pdf.

[9] FORM E. Supplementary information: Supplementary information: NASA resources for the support of ground based research in microgravity combustion science [EB/OL]. http://pear1.nasaprs.com/peer_review/nra/microgravity/99_HEDS_04/formsbtof.rtf.

[10] Anon. Micro-Gravity Laboratory of Japan (MGLAB) [EB/OL]. http://www.mglab.co.jp/index_e.html.

[11] 中国科学院力学研究所国家微重力实验室. NMLC 落塔用户指南[EB/OL]. 缩编版. 北京:中国科学院力学研究所国家微重力实验室办公室. (2006 - 03 - 24). http://www.docin.com/p-102153012.html.

[12] 杨锋. 航天微重力环境的地面模拟方法[C]//第七届全国环境控制学术交流会，北京，8 月 1 日，2002. 中国航空学会. 第七届全国环境控制学术交流会论文集.北京:中国航空学会,2002:113 - 117.

[13] 马爱军，黄晓慧. 载人航天环境模拟技术的发展[J]. 航天医学与医学工程，2008，21 (3):224 - 232.

[14] MELL W E, MCGRATTAN K B, BAUM H R. *g*-Jitter Effects on Spherical Diffusion Flames [J/OL]. Microgravity Science and Technology, 2004, 15 (4):12 - 30. https://www. researchgate. net/profile/William-Mell/publication/225168583 _ g-Jitter_ effects _ on _ spherical _ diffusion _ flames/links/54767eca0cf2778985b07fdd/g-Jitter-effects-on-spherical-diffusion-flames.pdf.

[15] 吕从民，席隆，赵光恒，等. 基于失重飞机的微重力科学实验系统[J]. 清华大学学报(自然科学版)，2003，43 (8):1064 - 1068.

[16] 杨军，叶定友，黄坚定，等. TY - 3 微重力火箭系统的开发[J]. 中国航天，2002 (11):33 - 35.

[17] 吴国兴. 本期话题:奇妙的微重力[J]. 太空探索，2001(10):18 - 21.

[18] EVANS C A, ROBINSON J A, TATE-BROWN J, et al. International Space

Station science research accomplishments during the assembly years: an analysis of results from 2000 - 2008: NASA/TP - 2009 213146 [R/OL]. REVISION A. Hanover, Maryland: The NASA Center for AeroSpace Information, 2009. https://www.nasa.gov/pdf/389388main_ISS%20Science%20Report_20090030907.pdf.

[19] 胡文瑞. 面对国际空间站计划的严峻挑战，安排好我国微重力研究的发展[J]. 世界科技研究与发展，2000，22 (2):11 - 12.

[20] 刘岩. 空间材料科学及其实验技术[C]//第二届长三角科技论坛:空间技术应用与长三角经济发展专题论坛，上海，9 月 1 日，2005. 上海市宇航学会，中国宇航学会，中国航空学会，等. 第二届长三角科技论坛:空间技术应用与长三角经济发展专题论坛论文集.上海:上海市宇航学会，2005:200 - 204.

[21] 李春华，倪润立. 中国返回式卫星与空间科学实验[J]. 空间科学学报，2009，29 (1):124 - 129.

[22] 康琦，胡文瑞. 微重力科学实验卫星:"实践十号"[J/OL]. 中国科学院院刊，2016，31(5):574 - 580. http://www.bulletin.cas.cn/publish_article/2016/5/20160512.htm.

[23] 武永明，朱瑞琴. "实践十号"核心设备:微重力测量仪兰州"造"[N/OL]. 兰州晨报，2016 - 04 - 25. http://bbs.tiexue.net/post_11443828_1.html? s=data.

[24] 李玮. "神舟二号"有什么[J]. 科技文萃，2001(3):79 - 81.

[25] 危峻，龚惠兴. "神舟三号"飞船的空间科学实验[J]. 科学，2002，54 (4):7 - 10.

[26] 张玉涵. 谱写空间科学与技术研究新篇章:神舟 4 号应用任务试验介绍[J]. 中国科学院院刊，2003，18 (2):154 - 155.

[27] 赵光恒，林宝军，王建一. 神舟飞船有效载荷系统集成设计与飞行试验效果评价[J]. 航天器工程，2004，13 (1):65 - 71.

[28] 中华人民共和国国务院新闻办公室.《2016 中国的航天》白皮书[R/OL]. 北京：中华人民共和国国务院新闻办公室，2016. http://www. scio. gov. cn/zfbps/32832/Document/1537007/1537007.htm.

[29] 中国科学院光电研究院. 中科院与载人航天工程应用系统[J]. 中国科学院院刊，2005，20 (6):483 - 487.

[30] 谢瑞强. 返回式卫星的华丽"转型":我国首颗微重力实验卫星研制记[J]. 太空探索，2016 (5):11 - 12.

[31] 佘惠敏. "实践十号"卫星:揭开重力面纱，淘回太空宝贝[J]. 课堂内外:科学 FANS，2016 (6):24 - 27.

[32] 张素. 通信:10 个数字解码中国"实践十号"科学卫星[N/OL]. 中国新闻网，2016 - 04 - 06. http://news.163.com/16/0406/04/BJUMR15U00014JB6.html.

[33] 吴国兴. 太空行走 100 问:十一　太空行走的训练设备:上[J]. 太空探索，2009(5):35 - 37.

[34] 徐文福，梁斌，李成，等. 空间机器人微重力模拟实验系统研究综述[J]. 机器人，2009，31 (1):88 - 96.

[35] 孟庆平，陈志坚，简小刚. 表面张力贮箱设计中的中性浮力实验方法[J]. 上海航天，2000，17 (4):48 - 51.

[36] 李莹辉，万玉民，白延强，等.“地星”1号:60 d头低位卧床实验研究概况[J]. 航天医学与医学工程，2008，21 (3):291-294.

[37] 张岳，郑慧琼. 模拟微重力装置在空间生物研究中的应用[C]//第五届长三角科技论坛暨航空航天科技创新与长三角经济发展论坛，上海，10 月 20 日，2008. 上海市宇航学会，中国宇航学会，中国航空学会，等.第五届长三角科技论坛暨航空航天科技创新与长三角经济发展论坛论文集.上海:上海市宇航学会，2008:120-124.

[38] 吴国兴. 太空行走 100 问:十二　太空行走的训练设备:下[J]. 太空探索，2009(6):34-36.

第 2 篇　微重力测量基础及相关技术

第4章 常用术语及加速度计地面重力场倾角测试

本章的物理量符号

A_0	三角级数的常数项系数,Fourier 级数的常数项系数
a_{i}	沿输入基准轴的外来加速度,g_{n} 或 g_{local}
A_k	三角级数的余弦项系数,Fourier 级数的余弦项系数
a_{o}	沿输出基准轴的外来加速度,g_{n} 或 g_{local}
a_{p}	沿摆基准轴的外来加速度,g_{n} 或 g_{local}
B_k	三角级数的正弦项系数,Fourier 级数的正弦项系数
c_0	偏值,g_{n} 或 g_{local}
c_2	二阶非线性系数,$g_{\mathrm{n}}/g_{\mathrm{n}}^2$ 或 $g_{\mathrm{local}}/g_{\mathrm{local}}^2$
c_3	三阶非线性系数,$g_{\mathrm{n}}/g_{\mathrm{n}}^3$ 或 $g_{\mathrm{local}}/g_{\mathrm{local}}^3$
c_{io}	输入轴与输出轴的交叉耦合系数,$g_{\mathrm{n}}/g_{\mathrm{n}}^2$ 或 $g_{\mathrm{local}}/g_{\mathrm{local}}^2$
c_{ip}	输入轴与摆轴的交叉耦合系数,$g_{\mathrm{n}}/g_{\mathrm{n}}^2$ 或 $g_{\mathrm{local}}/g_{\mathrm{local}}^2$
c_{po}	摆轴与输出轴的交叉耦合系数,$g_{\mathrm{n}}/g_{\mathrm{n}}^2$
E_0	摆式线加速度计处于 θ_0 位置时的输出,U(U 指输出量的单位)
E_1	摆式线加速度计处于 θ_1 位置时的输出,U
E_2	摆式线加速度计处于 θ_2 位置时的输出,U
E_3	摆式线加速度计处于 θ_3 位置时的输出,U
E_4	摆式线加速度计处于 θ_4 位置时的输出,U
E_5	摆式线加速度计处于 θ_5 位置时的输出,U
E_6	摆式线加速度计处于 θ_6 位置时的输出,U
E_7	摆式线加速度计处于 θ_7 位置时的输出,U
E_8	摆式线加速度计处于 θ_8 位置时的输出,U
E_9	摆式线加速度计处于 θ_9 位置时的输出,U
E_{10}	摆式线加速度计处于 θ_{10} 位置时的输出,U
E_{11}	摆式线加速度计处于 θ_{11} 位置时的输出,U
E_{c}	综合误差,g_{local}
E_{h}	滞环误差,g_{local}
E_{i}	沿输入基准轴的外来加速度为 a_{i} 时,摆式线加速度计的输出,U
E_i	输入基准轴与当地水平面的夹角为 θ_i 时,摆式线加速度计的输出,U
E_i^+	依顺时针方向转动至 θ_i 时摆式线加速度计的输出,U
E_i^-	依逆时针方向转动至 θ_i 时摆式线加速度计的输出,U
$\hat{E}_i$	根据所测得的模型方程各项参数,用式(4-6)计算出来的 θ_i 处的摆式线加速度计的输出,U

K_1	标度因数，U/g_n 或 U/g_{local}
N	2π 内等分的测试点数
n	测量次数；N 为奇数时，θ_i 的另一种取值方法所采用的参数：$n=(N-1)/2$，即 2π 内等分 $2n+1$ 个测试点
$s(\bar{x})$	$\bar{x}$ 的实验标准偏差
$s(x_k)$	x_k 的实验标准偏差
$\hat{T}_i$	根据最简模型方程，用所测得的标度因数、偏值、输入轴相对于摆基准轴不垂直的失准角等 3 项系数计算出来的 θ_i 处的摆式线加速度计的输出，U
$\bar{x}$	n 次测量所得一组测得值的算术平均值
x_k	n 次测量中第 k 次测得值
x_i	第 i 次测量的测得值
$\gamma_{msr,i}$	沿输入基准轴的外来加速度为 a_i 时，摆式线加速度计所指示的加速度，g_n
Δa	加速度增量，g_{local}
ΔE	加速度计的理想输出增量，U
$\overline{\Delta E}$	加速度计实际输出增量的平均值，U
$\Delta\theta$	相对于起始转角 θ 的角度增量，rad
δ_o	输入轴相对于输入基准轴在绕输出基准轴的自由度上的安装误差角（即 a_p 引起的交叉轴灵敏度，输入轴相对于摆基准轴的不垂直度，输入轴相对于摆基准轴不垂直的失准角），rad
δ_p	输入轴相对于输入基准轴在绕摆基准轴的自由度上的安装误差角（即 a_o 引起的交叉轴灵敏度，输入轴相对于输出基准轴的不垂直度，输入轴相对于输出基准轴不垂直的失准角），rad
θ	分度头起始转角，rad
θ_i	输入基准轴与当地水平面的夹角，rad$(i=0,1,2,\cdots,N-1)$
σ_{c_0}	c_0 的标准差，g_n
σ_{c_2}	c_2 的标准差，g_n/g_n^2
σ_{c_3}	c_3 的标准差，g_n/g_n^3
$\sigma_{c_{io}}$	c_{io} 的标准差，g_n/g_n^2
$\sigma_{c_{ip}}$	c_{ip} 的标准差，g_n/g_n^2
$\sigma_{c_{po}}$	c_{po} 的标准差，g_n/g_n^2
σ_{E_0}	E_0 的标准差，U
σ_{E_1}	E_1 的标准差，U
σ_{E_2}	E_2 的标准差，U
σ_{E_3}	E_3 的标准差，U
σ_{E_4}	E_4 的标准差，U
σ_{E_5}	E_5 的标准差，U
σ_{E_6}	E_6 的标准差，U
σ_{E_7}	E_7 的标准差，U
σ_{E_i}	E_i 的标准差，U
σ_{K_1}	K_1 的标准差，U/g_n
σ_{RMS}	方均根误差，g_{local}

$\sigma_{\gamma_{msr,i}}$　　$\gamma_{msr,i}$ 的最大标准差，g_n
σ_{δ_o}　　δ_o 的标准差，rad
σ_{δ_p}　　δ_p 的标准差，rad
σ_{θ_i}　　θ_i 的标准差，rad

本章独有的缩略语

GUM　　Guide to the Expression of Uncertainty in Measurement，测量不确定度表示指南
IEC　　International Electrotechnical Commission，国际电工委员会
IUPAC　　International Union of Pure and Applied Chemistry，国际理论和应用化学联合会
LOD　　Limit of Detection，检出限
PDF　　Probability Density Function，概率密度函数
VIM　　International Vocabulary of Metrology，国际计量学词汇

4.1 常用术语

4.1.1 测量结果和测量仪器特性

本节所列术语摘引自文献[1]。该文献大量引用了 VIM① 条款，但其译文多有瑕疵，为此本节作了针对性修改，为了方便感兴趣的读者对此作出比较，特在引用 VIM 条款的词条标题后标出 VIM 编号，其中修改过的译文则在句末上角加标“*”号。

4.1.1.1 测量结果

(1)测量结果(measurement result, result of measurement)(VIM2.9)。

与其他任何有用的相关信息一起赋予被测量的一组量值*。

注：

1)测量结果通常包含针对这组量值的“相关信息”，其中一些可能比另一些更能代表被测量。它可以用概率密度函数(probability density function，or PDF)②的形式表示*。

2)测量结果通常表示为单个测得的量值和一个测量不确定度。对某些用途，如果认为测量不确定度可忽略不计，则测量结果可表示为单个测得的量值。在许多领域中这是表示测量结果的常用方式。

3)在传统文献和 1993 版国际计量学词汇(VIM)中，测量结果定义为赋予被测量的值，并根据上下文解释其含义为示值、未修正的结果或已修正的结果*。

(2)测得的量值(measured quantity value)(VIM2.10)。

又称量的测得值(measured value of a quantity)，简称测得值(measured value)。

代表测量结果的量值。

---

① 特指 ISO/IEC Guide 99：2007(en) International vocabulary of metrology — Basic and general concepts and associated terms (VIM)。

② 连续型随机变量的概率密度函数是该随机变量在某个确定的取值点附近的可能性的函数。随机变量的取值落在某个区域之内的概率为该概率密度函数在这个区域上的积分。

注：

1)对重复示值的测量，每个示值可用于提供相应的测得值。这组单个测得值可用于计算出作为结果的测得值，如平均值或中位值，通常它附有一个已减小了的与其相关联的测量不确定度*。

2)当认为代表被测量的真值范围比测量不确定度小时，测得值可认为是一个本质上唯一真值的估计值，通常是通过重复测量获得那些单个测得值的平均值或中位值*。

3)当认为代表被测量的真值范围与测量不确定度相比不小时，测得值通常是一组真值的平均值(或中位值)的估计值*。

4)在测量不确定度表示指南(GUM)中，用于测得值的术语有“测量结果”和“被测量值的估计”或仅仅“被测量的估计”*。

(3)参考量值(reference quantity value)(VIM5.18)。

简称参考值(reference value)。

与同类量的值进行比较时用作基础的量值*。

注：

1)参考量值可以是被测量的真值，这种情现下它是未知的；也可以是约定量值，这种情况下它是已知的。

2)带有测量不确定度的参考量值通常由以下所列提供：① 一种物质，如有证标准物质；② 一台装置，如稳态激光器；③ 一组参考测量程序；④ 测量标准间的一次比较*。

(4)测量误差(measurement error ,error of measurement)(VIM2.16)。

简称误差(error)。

测得值减去参考量值*。

注：

1)测量误差的概念可用于以下两种情况：① 当存在单一的参考量值可供查阅时，如用测得值的测量不确定度可忽略的测量标准进行校准，或约定量值给定时，测量误差是已知的；② 如果认为被测量由变动范围可忽略不计的一个唯一的真值或一组真值表征，在这种情况下，测量误差是未知的*。

2)测量误差不应与生产误差或失误相混淆*。

(5)系统测量误差(systematic measurement error, systematic error of measurement)(VIM2.17)。

简称系统误差(systematic error)。

在重复测量中保持不变或按可预见方式变化的测量误差的分量。

注：

1)系统测量误差的参考量值是真值，或是测量不确定度可忽略不计的测量标准的测得值，或是约定量值。

2)系统测量误差及其来源可以是已知或未知的。对于已知的系统测量误差可采用修正补偿。

3)系统测量误差等于测量误差减随机测量误差。

(6)测量偏移(measurement bias)(VIM2.18)。

简称偏移(bias)。

系统测量误差的估计值。

(7)随机测量误差(random measurement error, random error of measurement)(VIM2.19)。

简称随机误差(random error)。

在重复测量中按不可预见方式变化的测量误差的分量。

注：

1)随机测量误差的参考量值是对同一被测量进行无穷多次重复测量所产生的平均值*。

2)一组重复测量的随机测量(对应随机变量总体的一个样本)之误差形成一种分布，该分布可用期望①估计值和样本方差②描述，其期望估计值通常可假设为零③。

3)随机测量误差等于测量误差减系统测量误差*。

(8)修正(correction)(VIM2.53)。

对已知的系统误差④的补偿*。

注：

1)补偿可取不同形式，诸如加一个修正值或乘一个修正因子，或从修正值表或修正曲线中导出*。

2)修正值是为补偿已知的系统误差而与未修正测量结果相加的数值。修正值等于负的已知系统误差⑤。

3)修正因子是为补偿已知的系统误差而与未修正测量结果相乘的数字因子⑥。

4)由于存在未知的系统误差，因此这种补偿并不完全⑦。

(9)测量准确度(measurement accuracy, accuracy of measurement)(VIM2.13)。

简称准确度(accuracy)。

测得值与被测量的真值间的接近程度*。

注：

1)概念“测量准确度”不是一个量，也不给出用数字表示的量值。当测量提供较小的测量误差时就说该测量是较准确的*。

2)术语“测量准确度”不应该用于“测量正确度”，术语“测量精密度”也不应该用于“测量准确度”，然而，“测量准确度”与“测量正确度”“测量精密度”这两个概念有关*。

3)“测量准确度”有时被理解为一组被测量的测得值相互之间的接近程度*。

(10)测量正确度(measurement trueness, trueness of measurement)(VIM2.14)。

简称正确度(trueness)。

无穷多次重复测量测得的量值的平均值与一个参考量值间的接近程度*。

注：

1)测量正确度不是一个量，因此不能用数字表示*。

2)测量正确度与系统测量误差负相关，与随机测量误差无关*。

---

① 随机变量 ξ 的数学期望(或均值)记作 $E\xi$，它描述了随机变量的取值中心。

② 随机变量 $(\xi-E\xi)^2$ 的数学期望称为 ξ 的方差。

③ 文献[1]原文(译自 VIM2.19)为：“一组重复测量的随机测量误差形成一种分布，该分布可用期望和方差描述，其期望通常可假设为零。”“一组重复测量的随机测量”显然对应随机变量总体的一个样本，但期望和方差(并非由样本得到的期望估计值和样本方差)却是针对随机变量母体的概率论名词。二者不可混淆。

④ VIM2.53 原文为“estimated systematic effect(估计的系统影响)”，其所指过于宽泛。

⑤ 文献[1]原文为“修正值是用代数方法与未修正测量结果相加，以补偿其系统误差的值。修正值等于负的系统误差估计值”。

⑥ 文献[1]原文为“修正因子是为补偿系统误差而与未修正测量结果相乘的数字因子”。

⑦ 文献[1]原文为“由于系统误差不能完全知道，因此这种补偿并不完全”。

3)术语"测量准确度"不应该用于"测量正确度"*[①]。

(11)测量精密度(measurement precision)(VIM2.15)。

简称精密度(precision)。

在规定条件下,对同一或类似被测对象重复测量所得示值或测得值间的接近程度*。

注:

1)测量精密度通常用不精密程度以数字形式表示,如在规定测量条件下的标准偏差[②]、方差或变差系数[③]。

2)规定条件可以是测量的重复性条件、测量的期间精密度条件或测量的复现性条件*。

3)测量精密度用于定义测量重复性、期间测量精密度或测量复现性。

4)术语"测量精密度"有时用于指"测量准确度",这是错误的。

(12)校准[④](calibration)(VIM2.39)。

在规定条件下的一组操作,其第一步是确定由测量标准提供的量值与相应示值之间的关系,第二步则是用此信息确定由示值获得测量结果的关系,这里测量标准提供的量值与相应示值都具有测量不确定度。

注:

1)校准可以用文字陈述、校准函数、校准图、校准曲线或校准表格等形式表达。某些情况下,它可能包含具有相关测量不确定度的示值的修正值或修正因子*。

2)校准不应与测量系统的调整(常被错误称作"自校准")相混淆,也不应与校准的验证相混淆。

3)通常,只把上述定义中的第一步认为是校准。

(13)测量的期间精密度条件*(intermediate precision condition of measurement)(VIM2.22)。

简称期间精密度条件(intermediate precision condition)。

在一段较长的时间内对相同或相似被测对象重复测量时从一组条件中选出,除包括相同测量程序、相同地点等在内的测量条件外,还可能包括涉及变化的其他条件*。

注:

1)改变可包括新的校准、标准装置、操作者和测量系统*。

2)用于条件的规范应尽可能包括改变和未变的条件*。

3)在化学中,术语"测量的序列间精密度条件"有时用于指"测量的期间精密度条件"*。

(14)期间测量精密度(intermediate measurement precision)(VIM2.23)。

简称期间精密度(intermediate precision)。

在一组测量的期间精密度条件下的测量精密度*。

(15)测量重复性(measurement repeatability)(VIM2.21)。

简称重复性(repeatability)。

在一组测量的重复性条件下的测量精密度*。

(16)测量的重复性条件(repeatability condition of measurement)(VIM2.20)。

---

① 对照 VIM2.14,文献[1]在此添加了"反之亦然"四字。

② 标准差也被称为标准偏差,标准差是方差的算术平方根。

③ 标准差除以均值所得商的百分数称为变差系数。

④ 对 calibration 一词,文献[1]称为校准,文献[2]称为标定,在直接引用这两篇文献时,对此不做统一。考虑到本书所引用的绝大多数中文文献将 calibration 称为标定(也有些中文文献称之为校正或定标),为了遵从习惯,本书在其他场合一律称为标定。

简称重复性条件(repeatability condition)。

短时间内对相同或相似被测对象重复测量时从一组条件中选出,包括相同测量程序、相同操作者、相同测量系统、相同操作条件和相同地点等在内的测量条件*。

注:

1)重复性条件仅涉及指定的那一组*。

2)在化学中,术语“测量的序列内精密度条件”有时用于指“测量的重复性条件”*。

(17)测量的复现性条件(reproducibility condition of measurement)(VIM2.24)。

简称复现性条件(reproducibility condition)。

对相同或相似被测对象重复测量时从一组条件中选出,包括不同地点、不同操作者、不同测量系统等在内的测量条件*。

注:

1)不同的测量系统可采用不同的测量程序。

2)规范应尽可能给出改变和未变的条件*。

(18)测量复现性(measurement reproducibility)(VIM2.25)。

简称复现性(reproducibility)。

在测量的复现性条件下的测量精密度*。

(19)实验标准偏差(experimental standard deviation)。

简称实验标准差(experimental standard deviation)。

对同一被测量进行 n 次测量,表征测量结果分散性的量。用符号 s 表示。

注:

1)n 次测量中第 k 次测得值 x_k 的实验标准偏差 $s(x_k)$ 可按贝塞尔公式计算:

$$s(x_k)=\sqrt{\frac{\sum_{i=1}^{n}(x_i-\bar{x})^2}{n-1}} \tag{4-1}$$

式中 x_k ——n 次测量中第 k 次测得值;

$s(x_k)$ ——x_k 的实验标准偏差;

x_i —— 第 i 次测量的测得值;

n —— 测量次数;

$\bar{x}$ ——n 次测量所得一组测得值的算术平均值。

2)n 次测量的算术平均值 $\bar{x}$ 的实验标准偏差 $s(\bar{x})$ 为

$$s(\bar{x})=s(x_k)/\sqrt{n} \tag{4-2}$$

式中 $s(\bar{x})$ ——$\bar{x}$ 的实验标准偏差。

(20)测量不确定度(measurement uncertainty, uncertainty of measurement)(VIM2.26)。

简称不确定度(uncertainty)。

根据所用信息,表征归因于被测量的量值分散性的非负参数*。

注:

1)测量不确定度包括由系统影响引起的分量,如与修正量和测量标准所赋量值有关的分量,以及定义的不确定度。有时对估计的系统影响不是作修正,而是将其纳入相关的测量不确定度分量*。

2)此参数可能是一个称为标准测量不确定度的标准偏差(或其特定倍数),或是说明了包含概率的区间半宽度*。

3)测量不确定度一般由许多分量组成,其中一些分量可以由一系列测量所得量值的统计分布,用测量不确定度的A类评定进行评定,并可用标准差表征,而另一些分量则可以由基于经验或其他信息所获得的概率密度函数,用测量不确定度的B类评定进行评定,也用标准偏差表征*。

4)通常,对于给定的一组信息,不言而喻,测量不确定度与赋予被测量的指定量值有关。该量值的修改导致相关不确定度的修改*。

(21)标准不确定度(standard uncertainty)(VIM2.30)。

全称标准测量不确定度(standard measurement uncertainty, standard uncertainty of measurement)。

以标准偏差表达的测量不确定度*。

(22)测量不确定度的A类评定(Type A evaluation of measurement uncertainty)(VIM2.28)。

简称A类评定(Type A evaluation)。

对在规定测量条件下获得的测得值用统计分析的方法进行的测量不确定度分量的评定*。

注:规定测量条件是指测量的重复性条件、测量的期间精密度条件或测量的复现性条件*。

(23)测量不确定度的B类评定(Type B evaluation of measurement uncertainty)(VIM2.29)。

简称B类评定(Type B evaluation)。

用不同于测量不确定度A类评定的方法进行的测量不确定度分量的评定*。

例:评定基于以下信息:

——权威机构发布的量值;

——有证标准物质的量值;

——校准证书;

——仪器的漂移;

——经检定的测量仪器的准确度等级;

——凭借个人阅历推断的极限值等*。

(24)合成标准不确定度(combined standard uncertainty)(VIM2.31)。

全称合成标准测量不确定度(combined standard measurement uncertainty)。

使用与测量模型中各输入量相关的各自的标准测量不确定度获得的输出量的标准测量不确定度*。

注:在数学模型中若干输入量间存在相关性的情况下,在计算合成标准不确定度时必须考虑协方差①*。

(25)相对标准不确定度(relative standard uncertainty)(VIM2.32)。

全称相对标准测量不确定度(relative standard measurement uncertainty)。

标准不确定度除以测得值的绝对值。

(26)定义的不确定度(definitional uncertainty)(VIM2.27)。

由被测量定义中有限的细节量所产生的测量不确定度分量*。

---

① 设 ξ_1 和 ξ_2 的均值和方差都存在,则 ξ_1 和 ξ_2 的协方差 $Cov(\xi_1, \xi_2)=E[(\xi_1-E\xi_1)(\xi_2-E\xi_2)]$。

注：

1)定义的不确定度是对给定被测量进行任何测量时实际可达到的最小测量不确定度*。

2)所描述细节中的任何改变导致另一个定义的不确定度。

(27)不确定度报告(uncertainty budget)(VIM2.33)。

对测量不确定度的陈述，包括测量不确定度的分量及其计算和合成。

注：不确定度报告应该包括测量模型、估计值、测量模型中与各个量相关联的测量不确定度、协方差、所用的概率分布函数的类型①、自由度②、测量不确定度的评定类型和包含因子*。

(28)目标不确定度(target uncertainty)(VIM2.34)。

全称目标测量不确定度(target measurement uncertainty)。

根据测量结果的预期用途选定，明确作为上限的测量不确定度*。

(29)扩展不确定度(expanded uncertainty)(VIM2.35)。

全称扩展测量不确定度(expanded measurement uncertainty)。

合成标准不确定度与一个大于数字 1 的因子的乘积*。

注：

1)该因子取决于测量模型中输出量的概率分布类型及所选取的包含概率。

2)本定义中术语“因子”是指包含因子。

(30)包含区间(coverage interval)(VIM2.36)。

基于可获得的信息，以规定的概率包含一组被测量的真值的区间*。

注：

1)包含区间不需要以所选的测得值为中心*。

2)不应把包含区间称为“置信区间”，以避免与统计学概念混淆③。

3)包含区间可由扩展测量不确定度导出。

(31)包含概率(coverage probability)(VIM2.37)。

在规定的包含区间内包含一组被测量的真值的概率*。

注：

1)为避免与统计学概念混淆，不应把包含概率称为“置信水平”④。

2)在 GUM 中包含概率又称“置信水平(level of confidence)”⑤。

3)包含概率替代了曾经使用过的“置信水准”。

(32)包含因子(coverage factor)(VIM2.38)。

为获得扩展不确定度，对合成标准不确定度所乘的大于 1 的数。

---

① VIM2.33 原文为“type of applied probability density functions(应用概率密度函数的类型)”。给定随机变量 ξ，它的取值不超过实数 x 的概率是 x 的函数，称为 ξ 的概率分布函数，简称分布函数。常用分布函数有许多类型。由于概率密度函数为概率分布函数的导数，人们从不讨论概率密度函数的类型。

② 统计学上，自由度是以样本的统计量来估计总体的参数时，样本中独立或能自由变化的数据的个数。如，估计 n 个样本的平均数时，自由度为 n；而估计 n 个样本的的方差时，由于必须用到样本的平均数这个限制条件，样本方差的自由度为 $n-1$。

③ 包含区间是计量学术语，指的是基于可获得的信息，以规定的概率包含一组被测量的真值的区间。而“置信区间”是统计学术语，指的是对总体参数进行区间估计(即估计总体参数的取值范围)时，能找到的一个区间，使得总体参数落在该区间内的概率为一个预先给定的、略微小于 1 的数值(该概率称之为“置信水平”)。

④ “包含概率”是计量学术语，指的是在规定的包含区间内包含一组被测量的真值的概率。而“置信水平”是统计学术语，指的是对总体参数进行区间估计(即估计总体参数的取值范围)时，使得总体参数落在能找到的一个区间(该区间称之为“置信区间”)内的概率，且其值为预先给定的、略微小于 1 的数值。

⑤ 显然，GUM 将计量学术语“包含概率”与统计学术语“置信水平”相混淆了。

注：包含因子通常用符号 k 表示。

(33)测量模型(measurement model, model of measurement)(VIM2.48)。

简称模型(model)。

所有包含在测量中的已知量之间的数学关系*。

注：

1)测量模型的通用形式是方程 $h(Y, X_1, \cdots, X_n)=0$，其中测量模型中的输出量 Y 是被测量，其量值从有关测量模型中输入量 $X_1, \cdots, X_n$ 的信息中推断*。

2)在一个测量模型中有两个或多个输出量的较复杂情况下，测量模型包含不止一个方程*。

(34)测量函数(measurement function)(VIM2.49)。

在测量模型中，由输入量的已知量值计算得到的值是输出量的测得值时，输入量与输出量之间量的函数关系。

注：

1)如果测量模型 $h(Y, X_1, \cdots, X_n)=0$ 可明确地写成 $Y=f(X_1, \cdots, X_n)$，其中 Y 是测量模型中的输出量，函数 f 是测量函数。更概括地说，f 是一个算法符号，算出与输入量 x_1，$\cdots$，x_n 相应的唯一的输出量值 $y=f(x_1, \cdots, x_n)$*。

2)测量函数也用于计算与测得值 Y 有关的测量不确定度*。

(35)测量模型中的输入量(input quantity in a measurement model)(VIM2.50)。

简称输入量(input quantity)。

为计算测量的测得值而必须被测量的量，或其值可用其他方式获得的量*。

例：当规定温度下某钢棒的长度是被测量时，实际温度、该实际温度下的长度以及该棒的线热膨胀系数，为测量模型中的输入量*。

注：

1)测量模型中的输入量往往是某个测量系统的输出量。

2)示值、修正值和影响量可以是一个测量模型中的输入量。

(36)测量模型中的输出量(output quantity in a measurement model)(VIM2.51)。

简称输出量(output quantity)。

用测量模型中输入量的值计算得到的测得值的量。

(37)测量结果的计量可比性(metrological comparability of measurement results)(VIM2.46)。

简称计量可比性(metrological comparability)。

对于可计量溯源到同一参照对象的某类量，其测量结果间可比较的特性*。

例：地球与月球之间距离及巴黎与伦敦之间距离的测量结果——当两者都计量溯源到同一测量单位(例如 m)时——是计量可比的*。

注：

1)本定义中的“参照对象”可以是通过其实际实现来定义的测量单位，或包括无序量测量单位的测量程序，或测量标准*。

2)测量结果的计量可比性不需要被比较的那些测得值及其相关的测量不确定度具有相同的数量级*。

(38)测量结果的计量兼容性(metrological compatibility of measurement results)(VIM2.47)。

简称计量兼容性(metrological compatibility)。

对某一规定的被测量的一组测量结果的特性，该特性使得两次不同测量结果中任意一对测得值之差的绝对值小于该差值的标准测量不确定度的某个选定倍数*。

注：

1)当它充当裁定两次测量结果是否指的是同一被测量的判据时，测量结果的计量兼容性代替了传统的“落在误差内”的概念。如果在认为是常数的被测量的一组测量中，一次测量结果与其他结果不兼容，要么是测量不正确(如其测量不确定度被评估为太小)，要么是两次测量期间被测量变了*。

2)两次测量间的相关性影响测量结果的计量兼容性。若这两次测量完全不相关[①]，则其差值的标准不确定度等于其各自标准不确定度的方和根[②]；若相关则不等于：协方差为正时偏低，协方差为负时偏高[③]*。

4.1.1.2 测量仪器特性

(1)示值(indication)(VIM4.1)。

由测量仪器或测量系统提供的量值*。

注：

1)示值可用可视形式或声响形式表示，也可转录到其他装置。示值通常由模拟输出显示器上指针的位置、数字输出显示或打印的数字、编码输出的码型、实物量具的赋值给出*。

2)示值与相应的被测量的值不必是同类量的值*。

(2)空白示值(blank indication)(VIM4.2)。

又称本底示值(background indication)。

指从现象、物体或与研究中的现象、物体相似的物质中得到的一种迹象，但其中却不存在预期的感兴趣量或对示值没有贡献*。

(3)示值区间(indication interval)(VIM4.3)。

以可能的一对极限示值为边界的一组量值*。

注：

1)示值区间通常以它的最小和最大量值表示，例如：99 V～201 V*。

2)在某些领域中，本术语也称“示值范围(range of indication)”。

(4)标称量值(nominal quantity value)(VIM4.6)。

简称标称值(nominal value)。

测量仪器或测量系统特征量的化整值或近似值，以此为适当使用提供指导*。

例：

1)标在标准电阻器上的标称量值：100 Ω。

2)标在单刻度量瓶上的量值：1 000 mL*。

3)氯化氢(HCl)溶液的物质量浓度的标称量值：0.1 mol/L*。

4)存储的最高摄氏温度：－20 ℃*。

注：“标称量值”和“标称值”不应该用于“标称特性值”*。

(5)标称示值区间(nominal indication interval)(VIM4.4)。

简称标称区间(nominal interval)。

由化整或近似的极限示值所界定，用测量仪器或测量系统的特定设置可以得到并用于

---

① 因而其协方差为零。

② VIM2.47 原文为“root mean square sum(方均根之和)”，不妥。

③ 如果两个变量的变化趋势一致，也就是说如果其中一个大于自身的期望值，另外一个也大于自身的期望值，那么两个变量之间的协方差就是正值。如果两个变量的变化趋势相反，即其中一个大于自身的期望值，另外一个却小于自身的期望值，那么两个变量之间的协方差就是负值。

标示该设置的一组量值*。

注：

1)标称示值区间通常以它的最小和最大量值表示，例如“100 V～200 V”*。

2)在某些领域，此术语也称“标称范围(nominal range)”①。

(6)标称示值区间的量程(span of a nominal indication interval②)(VIM4.5)。

标称示值区间的一对极限量值之差的绝对值③。

例：对于－10 V～＋ 10 V的标称示值区间，其标称示值区间的量程为20 V*。

(7)测量区间(measuring interval)(VIM4.7)。

又称工作区间(working interval)。

在规定条件下，具有规定的仪器测量不确定度的指定测量仪器或测量系统能够测量出的一组同类量的量值④。

注：

1)在某些领域，此术语也称“测量范围(measuring range or measurement range)或工作范围(working range)”*。

2)测量区间的下限不应与检测限相混淆。

(8)稳态工作条件(steady state operating condition)(VIM4.8)。

测量仪器或测量系统的一种工作条件，在此条件下，即使被测量随时间变化，由校准所建立的关系也仍然有效*。

(9)额定工作条件(rated operating condition)(VIM4.9)。

为使测量仪器或测量系统的运行符合设计，测量过程中必须满足的工作条件*。

注：额定工作条件通常要为被测量和所有的影响量指定数值区间*。

(10)极限工作条件(limiting operating condition)(VIM4.10)。

为使测量仪器或测量系统所规定的计量性能不受损害也不降低，其后仍可在额定工作条件下工作，所能承受的极端工作条件*。

注：

1)储存、运输和运行的极限条件可以不同。

2)极限条件可包括被测量和所有影响量的极限值*。

(11)参考工作条件(reference operating condition)(VIM4.11)。

简称参考条件(reference condition)。

为评估测量仪器或测量系统的性能或相互比较测量结果而规定的工作条件*。

注：

1)参考条件规定了被测量和影响量的数值区间*。

2)在IEC 60050－300第311－06－02条款中，术语“参考条件”是指规定的仪器测量不确定度为最小可能值时的工作条件*。

(12)测量系统的灵敏度(sensitivity of a measuring system)(VIM4.12)。

---

① 文献[1]除引用VIM4.4的这两条注外，还添加了第三条注“在我国，此术语也简称‘量程(span)’”，从而与“标称示值区间的量程”相混淆，因而不妥。

② VIM4.4原文为“range of a nominal indication interval”，文献[1]原文为“range of a nominal indication interval, span of a nominal indication interval”，均混淆了“span(跨距、量程)”与“range(范围)”间的差异，因而不妥。

③ 与此相对应，4.1.2.4节将“输入范围上下极值之间的代数差值”称为“输入量程”或“满量程”。

④ 与此相对应，4.1.2.4节将“输入极限之间的范围”称为“输入范围”。其中输入极限的定义为“输入量的上下极值。通常为正负极值。在该极限内，性能为规定的特性”。据此，当输入量具有数值相等的正负极值时，本书经常采用±极值的方式表达输入范围.

简称灵敏度(sensitivity)。

测量系统的示值变化除以被测量值的相应变化所得的商*。

注:

1)测量系统的灵敏度可能与被测量的值有关*。

2)被测量的值所考虑的变化与分辨力相比必须足够大。

(13)测量系统的选择性(selectivity of a measuring system)(VIM4.13)。

简称选择性(selectivity)。

测量系统为一个或多个测量提供测得值时,与规定的测量程序一起使用,使每个被测量的值与其他被测量或所研究的现象、物体或物质中的其他量无关的特性*。

例:

1)含质谱仪的测量系统测量由两种指定化合物产生的离子流比,不受其他指定的电流源干扰的能力*;

2)测量系统测量给定频率下某信号分量的功率,不受其他频率处的信号分量或其他信号干扰的能力*;

3)经常会有与所要信号频率略有不同的频率存在,接收机区分所要信号和不要信号的能力;

4)存在伴生辐射情况下,电离辐射测量系统响应给定的待测辐射的能力*;

5)测量系统用某种程序测量血浆中肌氨酸酐的物质的量浓度①时,不受葡萄糖、尿酸盐、酮和蛋白质影响的能力*;

6)质谱仪测量地质矿床中硅的^{28}Si 同位素和^{30}Si 同位素的物质量之丰度②时,两者相互间不受影响,也不受来自^{29}Si 同位素影响的能力*。

注:

1)在物理学中,考虑选择性时通常一次只关注③一个被测量,其他未同时受关注的量是被测量的同类量,并且它们是测量系统的输入量*。

2)在化学中,正在经受测量的系统中被测量的量通常包含不同成分,而这些量不一定是同一类的*。

3)在化学中,测量系统的选择性通常由在规定的时间间隔内所选成分浓度的量获得*。

4)物理学中使用的“选择性”[见注 1)]在概念上接近于化学中有时使用的“特异性(specificity)”*。

(14)分辨力(resolution)(VIM4.14)。

引起相应示值产生可觉察到变化的被测量的最小变化。

注:例如,分辨力可以取决于噪声(内部或外部的)或摩擦。它也可能取决于被测量的值*。

(15)显示装置的分辨力(resolution of a displaying device)(VIM4.15)。

能有效辨别的显示示值间的最小差值。

(16)鉴别阈(discrimination threshold)(VIM4.16)。

不引起相应示值出现可检测到的变化的被测量值的最大变化*。

注:鉴别阈可能取决于诸如噪声(内部或外部的)或摩擦,也可能取决于被测量的值及其变化是如何施加的*。

(17)死区(dead band)(VIM4.17)。

被测量的值可以增减变化而不会在相应示值中产生可检测到的变化的最大区间*。

---

① 液体中物质的量浓度指的是单位体积液体中该物质的摩尔数。

② 同位素的物质量之丰度指的是一种元素的同位素混合物中,某特定同位素的原子数与该元素的总原子数之比值。

③ VIM4.13 原文采用“there is(存在)”的形式表达,其所指过于含混。

注：死区可能取决于变化的速率*。

(18)检出限(detection limit，limit of detection)(VIM4.18)。

由给定测量程序获得的测得值，其中给定误断物质中某一成分存在的概率为 α，误断该成分不存在的概率为 β*。

注：

1)国际理论和应用化学联合会(International Union of Pure and Applied Chemistry，or IUPAC)推荐 α 和 β 的默认值为 0.05*。

2)有时使用缩写词 LOD(limit of detection，检出限)*。

3)奉劝勿用术语“灵敏度”表示“检出限”*。

(19)测量仪器的稳定性(stability of a measurement instrument)(VIM4.19)。

简称稳定性(stability)。

测量仪器计量特性保持不随时间变化的能力*。

注：稳定性可用几种方式量化。

例：

1)用计量特性按规定的数量变化所经过的时间间隔表示*；

2)用特性在规定时间间隔内发生的变化表示。

(20)仪器偏值(instrument bias)(VIM4.20)。

若干重复示值的平均值减去参考量值*。

(21)仪器漂移(instrument drift)(VIM4.21)。

随着时间的推移，由于测量仪器的计量特性变化引起的示值的连续或增量变化*。

注：仪器漂移既与被测量的变化无关，也与任何公认的影响量的变化无关*。

(22)影响量引起的变差(variation due to an influence quantity)(VIM4.22)。

当影响量依次呈现两个不同的量值时，测得值的示值差或实物量具提供的量值差*。

注：对实物量具，影响量引起的变差是影响量呈现两个不同值时其提供量值间的差值。

(23)阶跃响应时间(step response time)(VIM4.23)。

从测量仪器或测量系统的输入量值在两个规定常量值之间发生突然变化的瞬间，到相应示值落到其最终稳定值周围的规定界限内时的瞬间，这两者间的持续时间*。

(24)仪器的测量不确定度(instrumental measurement uncertainty)(VIM4.24)。

测量仪器或测量系统在使用中产生的测量不确定度的分量*。

注：

1)除原级测量标准采用其他方法外，仪器的测量不确定度是通过校准测量仪器或测量系统获得的*。

2)仪器的测量不确定度用于 B 类测量不确定度评定*。

3)有关仪器的测量不确定度的信息可在仪器说明书中查到*。

(25)零的测量不确定度(null measurement uncertainty)(VIM4.29)。

规定的测得值为零处的测量不确定度*。

注：

1)零的测量不确定度与零的或接近零位的示值有关，它包含被测量小到不知是否能检的区间或测量仪器的示值仅由噪声引起的区间*。

2)“零的测量不确定度”的概念也适用于测量样品和测量空白之间存在差异的情况*。

(26)准确度等级(accuracy class)(VIM4.25)。

在规定工作条件下，符合规定的计量需求，使测量误差或仪器不确定度保持在规定界限内的测量仪器或测量系统的等级*。

注：

1)准确度等级通常用约定采用的数字或符号表示。

2)准确度等级适用于实物量具*。

(27)最大允许测量误差(maximum permissible measurement errors)(VIM4.26)。

简称最大允许误差(maximum permissible errors),又称误差限(limit of error)。

特定测量、测量仪器或测量系统的规范或规程允许的,相对于已知参考量值的测量误差的极限值*。

注:

1)通常,术语“最大允许误差”或“误差限”用于存在两个极值①的情况*。

2)不应该用术语“允差”表示“最大允许误差”。

(28)基准测量误差*(datum measurement error)(VIM4.27)。

简称基准误差*(datum error)。

测量仪器或测量系统在规定的测得值处的测量误差*。

(29)零位误差*(zero error)(VIM4.28)。

规定的测得值为零处的基准测量误差*。

注:零位误差不应与没有测量误差相混淆*。

(30)固有误差(intrinsic error)。

又称基本误差。

在参考条件下确定的测量仪器或测量系统的误差。

(31)引用误差(fiducially error)。

测量仪器或测量系统的误差除以仪器的特定值。

注:该特定值一般称为引用值,例如,可以是测量仪器的量程或标称范围的上限。

(32)示值误差(error or indication)。

测量仪器示值与对应输入量的参考量值之差。

4.1.2　加速度计

本节所列术语摘引自文献[2],对偏离加速度计这一目标的表述作了删改,对个别有瑕疵的表述作了修改,为了方便感兴趣的读者对此作出比较,修改过的表述或以脚注形式予以说明,或在句末上角加标“*”号。

4.1.2.1　类型

(1)加速度计(accelerometer)。

一种利用检测质量的惯性力来测量线加速度或角加速度的装置②。

(2)线加速度计(linear accelerometer)。

测量沿输入轴的线加速度的装置。其输出信号是由检测质量对输入线加速度的惯性力产生的。通常,输出的是与外来线加速度成比例的电信号③。

(3)角加速度计(angular accelerometer)。

敏感绕输入轴的角加速度的装置。其输出信号是由检测质量的转动惯量对角加速度输入的惯性力矩产生的。通常,输出的是与外来加角速度成比例的电信号④。

---

① 指上极值和下极值。

② 此处参照文献[3]修改,文献[2]原文为“敏感检测质量的惯性反作用力,用以测量线加速度或角加速度的装置”。

③ 此处参照文献[3]修改,文献[2]原文为“测量沿输入轴的线加速度的装置。输出信号是由检测质量对线加速度输入的反作用力产生的。通常,输出是与作用的线加速度成比例的电信号”。

④ 此处参照文献[3]修改,文献[2]原文为“敏感绕输入轴的角加速度的装置。输出信号是由检测质量的惯性矩对角加速度输入的反作用力产生的。通常,输出是与作用的加角速度成比例的电信号”。

(4)单轴加速度计(single axis accelerometer)。

仅能测量一个轴向加速度的加速度计。

(5)三轴加速度计(three axes accelerometer)。

能同时测量三个正交轴的轴向加速度的加速度计。

(6)摆式加速度计(pendulous accelerometer)。

检测质量作为摆锤连接到摆杆上构成一个单自由度摆,使其能绕垂直于输入轴的另一轴转动的加速度计[①]。

(7)力矩(或力)平衡加速度计[torque (force) balance accelerometer]。

利用力反馈回路来测量加速度的装置。

(8)挠性加速度计(flexure accelerometer[②])。

检测质量用挠性支承的加速度计。

(9)积分加速度计(integrating accelerometer)。

输出与输入加速度的时间积分成比例的加速度计。

(10)摆式积分陀螺加速度计(pendulous integrating gyro accelerometer)。

一个沿自转轴具有规定摆性的单自由度陀螺装置。它绕输入轴以一定速率被伺服转动,以平衡沿输入轴的加速度产生的力矩。伺服转动的角度与所施加的加速度的积分成比例*。

(11)振梁加速度计(vibrating beam accelerometer)。

检测质量用力敏感梁式谐振器约束的线性加速度计。产生的谐振频率是输入加速度的函数。

(12)振弦加速度计(vibrating string accelerometer)。

采用一个或多根振弦线,其固有频率与作用在一个或多个检测质量上加速度有关的加速度计。

(13)压电加速度计(piezoelectric accelerometer)。

利用压电效应测量加速度的装置。通常用作振动敏感元件。

(14)压阻式加速度计(piezoresistive accelerometer)。

利用半导体元件的阻值随所承受的压力大小而变化的特性制成的加速度计。

(15)微机械加速度计(micromechanical accelerometer)。

采用微电子技术和微机械(微米纳米)技术的新一代加速度计。一种典型的微机械加速度计采用三明治结构,各层均为单晶硅片,经化学刻蚀形成电容式读出装置和带有静电力矩器的扭摆*。

(16)静电悬浮加速度计[③](electrostatically suspended accelerometer[④])*。

在高真空[⑤]中利用静电场力支承检测质量的加速度计*。

4.1.2.2 结构与部件

(1)壳体(case)。

---

① 文献[2]原文为“检测质量采用悬挂方式,使其能绕垂直于输入轴的另一轴旋转的加速度计”。

② 此英文名来自文献[4],文献[2]中原文为“hinged pivot accelerometer”,似不妥。

③ 文献[2]原文为“静电加速度计”,但容易与微机械加速度计中检验质量用硅梁支承、用静电力反馈控制的加速度计相混淆。静电悬浮加速度计则不仅反馈控制靠静电力,支承也靠静电力。

④ 文献[2]原文为“electrostatic suspension accelerometer”,似不妥。故参照文献[4-5]修改:文献[4]中给出的英文名为“electrically suspended accelerometer”,其中“electrically suspended”欠妥,故改为文献[5]所用的“electrostatically suspended”。

⑤ 文献[2]原文为“超高真空”。25.1.4 节指出,对于 SuperSTAR 和 GRADIO 加速度计,在设定的热控稳定性下为控制辐射计效应引起的加速度测量噪声,需要热力学温度 293 K 下残余气体的压力 $p_0 \leqslant 1\times10^{-5}$ Pa。该残气压力属于高真空范围。

加速度计中提供安装面并建立基准轴的结构件。

(2)检验质量[①](proof mass)。

加速度计中把沿着或绕输入轴的加速度转换为力矩(或力)的已知质量[②]。

(3)支承[③](support[④])。

加速度计中用以相对壳体承载和定位检验质量的机构*。

(4)挠性接头(支承)[flexure (support*)]。

一种以“屈而不伸”方式支承加速度计检验质量的弹性组件[⑤]。

(5)力矩器(力发生器)[torquer (forcer)]。

在输入信号的作用下,对检验质量施加力矩(或力)的装置[⑥]。

(6)力矩器轴(torquer axis)。

加速度计中使力矩器产生扭力矩的轴。

(7)止动器(stop)。

阻止检验质量沿着输入轴超额位移的组件[⑦]。

(8)传感器(transducer/sensor[⑧])。

能感受被测量并按照一定的规律转换成可用输出信号的器件或装置,通常由敏感元件和转换元件组成[⑨]。

(9)电容式传感器(capacitive sensor*)。

利用两极板间电容量的变化,敏感位移的传感器。

(10)加速度计输入轴(input axis of accelerometer, or IA)。

加速度计的敏感轴,输入加速度沿着该轴作用时将产生最大输出[⑩]。

(11)输入基准轴(input reference axis, or IRA)。

通过检验质量的质心,并由壳体安装面和/或壳体外部标记所规定的轴的方向。它名义上指向输入轴正方向*。

(12)枢轴(pivot axis)。

在摆装置中,检验质量能绕其自由转动的轴[⑪]。

(13)输出轴(output axis, or OA)。

摆式加速度计的枢轴[⑫]。

(14)摆轴(pendulous axis)。

---

① 文献[2]原文为“检测质量”。

② 文献[2]原文为“有效质量”。

③ 文献[2]原文为“支承(悬浮)”,不妥。支承方式有很多,“悬浮”只是其中的一种方式。

④ 文献[2]原文为“suspension”,不妥。suspension 指的是悬浮式支承,而支承有很多方式。

⑤ 文献[2]原文为“支承陀螺转子或加速度计检验质量的一种弹性组件”。

⑥ 此处参照文献[3]修改,文献[2]原文为“惯性敏感器中响应指令信号,对框架、陀螺转子或检验质量施加力矩(或力)的装置”。

⑦ 文献[2]原文为“限制框架或检验质量沿着或绕输出轴位移的组件”。

⑧ 此处按 GB/T 7665 — 2005《传感器通用术语》的规定修改,文献[2]原文为“pickoff”。

⑨ 此处按 GB/T 7665 — 2005《传感器通用术语》的规定修改,文献[2]原文为“产生与两个部件相对线位移或角位移有函数关系的电信号输出装置”。

⑩ 此处在文献[3]基础上修改,文献[2]原文为“输入沿着或绕该轴作用时产生最大输出的轴”。

⑪ 此定义参照文献[3]修改,文献[2]原文为“惯性敏感器中浮子能绕其旋转的轴”。

⑫ 文献[2]原文为“惯性敏感器中装有输出传感器的轴”,其含义令人费解。故改之。此外,文献[2]还给出铰链轴(hinge axis)的定义为“挠性加速度计的输出轴”。此处将“挠性加速度计”拓展为“摆式加速度计”,并舍弃“铰链轴”这一术语,因为挠性加速度计不是用铰链,而是用挠性梁实现摆片的摆动。

加速度计中通过检验质量*的质心，与摆装置的输出轴垂直且相交的轴。从输出轴到检测质量*定义为正方向。

(15)摆基准轴(pendulous reference axis)。

通过检验质量的质心，并沿摆轴正方向与输入基准轴垂直相交的轴的方向①。

(16)输出基准轴(output reference axis)。

通过检验质量的质心，以输入基准轴为 x 轴，摆基准轴为 y 轴，按照右手定则得到的 z 轴的方向。它名义上指向输出轴正方向②。

4.1.2.3 特性

(1)摆性(pendulosity)。

检验质量的已知质量与其质心沿摆轴到输出轴的距离之乘积③。

(2)安装误差(misalignment error)。

加速度计初始安装在基座上时前者的定位基准相对于后者坐标轴的偏差值*。

(3)固有频率(natural frequency)。

输出量滞后于输入量 90°的那个频率。通常它仅适用于具有近似二阶响应的加速度计。

(4)反作用力矩(或力)[reaction torque (force)]。

加速度计伺服反馈驱动电路提供的力矩(或力)，该力矩(或力)作用在加速度计检验质量上，以平衡(即大小相同而方向相反)检测质量对输入加速度的惯性力矩(或力)④。

(5)力矩器反作用力矩(torquer reaction torque, or torque generator reaction torque)。

加速度计中其值⑤是指令力矩信号频率和幅值的函数的反作用力矩。

(6)机械交叉耦合(mechanical cross couple)。

两轴互相不垂直时，作用在一个轴上的力矩在另一轴上产生力矩分量的现象。

(7)加温(预热)时间(warm-up time)。

加速度计在规定的工作条件下，从供以能量至达到规定性能所需要的时间*。

(8)温升(temperature rise)。

加速度计的工作温度越过周围环挠温度的温度值。

(9)漏率(leakage rate)。

已知温度的特定气体以确定的上游压力和下游压力通过一个漏孔的流量(以单位时间内气体压力和体积的乘积为单位)⑥。

---

① 文献[2]原文为“加速度计中自壳体安装面或壳体外部标记(或两者一起)所规定的轴的方向。它名义上平行于摆轴”，不妥。摆基准轴是与输入基准轴正交的，不会也不该另给出标记。

② 文献[2]原文为“惯性敏感器计中由壳体安装面或壳体外部标记(或两者一起)所规定的轴的方向。它名义上平行于输出轴”，不妥。输出基准轴是与输入基准轴、摆基准轴正交的，不会也不该另给出标记。

③ 此处参照文献[3]修改，文献[2]原文为“惯性敏感器中质量与质心到沿摆轴测量点的距离的乘积，或者质量与质心到支承中心的距离的乘积”。

④ 文献[2]原文为“除力矩器(力发生器)的指令信号以外，通常是由电激励引起的，作用在加速度计检测质量上的力矩(或力)”。

⑤ 文献[2]原文为“惯性敏感器中大小”。

⑥ 文献[2]原文为“规定压强下单位时间〈通常是秒〉内通过漏缝的气体体积”，然而，GB/T 3163 — 2007《真空技术术语》将术语“压力(pressure)”定义为“气体作用于表面上力的法向分量除以该面积”，将“漏率(leak rates)”定义为“在规定条件下，一种特定气体通过漏孔的流量”，而将“流量(throughput)”定义为“在给定时间间隔内，流经截面的气体量(压力-体积单位)除以该时间”。由此可见，文献[2]将“压力”称为“压强”是不妥当的，将“气体量(压力-体积单位)”称为“规定压强下的气体体积”是含意不明的。此外，GB/T 3163 — 2007“漏率(leak rates)”的定义中“在规定条件下”没有指明有哪几个条件，也是含糊不清的。

(10)工作寿命(operating life)。

加速度计按照规定条件连续或断续工作直至按照规定需进行维修和标定时，仍呈现规定性能的累积工作时间[①]。

(11)贮存寿命(storage life)。

加速度计按照规定条件贮存，此后仍能呈现规定的工作寿命和性能的最长贮存时间[②]。

4.1.2.4 性能

(1)输入-输出特性(input-output characteristics)。

加速度计的输入量与输出量之间的关系。

(2)输入极限(input limits)。

输入量的上下极值，通常为正负极值。输入量在该极值之间变化时，加速度计具有规定的性能[③]。

(3)输入范围[④](input range)。

输入极限之间的范围[⑤]。

(4)输入量程[⑥](input span)。

输入范围[⑦]上下极值之间的代数差值*。

(5)满量程(full range)。

输入量程的同义术语[⑧]。

(6)满刻度输入(full scale input)。

上下输入极限绝对值中的最大值[⑨]。

(7)线性误差(linearity error)。

输出与输入-输出数据的最小二乘法线性拟合值的偏差。通常用该偏差值的标准偏差与输出量程[⑩]的百分比[⑪]表示。

(8)标度因数(scale factor)。

输出的变化与要测量的输入变化的比值。标度因数通常是用某一特定直线的斜率表示。该直线可以根据在整个输入范围内周期地改变输入量所得到的输入-输出*数据，用最小二乘法进行拟合求得。

(9)偏值(bias)。

没有加速度作用时加速度计的输出量折合成输入加速度的数值[⑫]。

(10)输出范围[⑬](output range)。

---

① 文献[2]原文为“规定条件下按照规定的计划进行维修和标定时，惯性敏感器呈现规定性能的累积工作时间”。

② 文献[2]原文为“在规定条件下最长的非工作时间间隔。此后，加速度计仍能呈现规定的工作寿命和性能”。

③ 此处在文献[3]基础上修改，文献[2]原文为“输入量的极值。通常为正的或负的。在该极限内，性能为规定的特性”。

④ 此处参照4.1.1.2节第(7)条的叙述修改，文献[2]原文为“输入量程”。

⑤ 文献[2]原文还有一句：“在该范围内，用上量程与下量程表示的测量值”由于此句的含义不清，故予删除。

⑥ 此处参照4.1.1.2节第(5)条和第(6)条的叙述修改，文献[2]原文为“输入范围”。

⑦ 此处参照4.1.1.2节第(7)条的叙述修改，文献[2]原文为“输入量程”。

⑧ 文献[2]原文为“输入量程的上限值和下限值之间的代数差”。

⑨ 文献[2]原文为“两个输入极限中的最大值”。

⑩ 文献[2]原文为“满刻度输入”，不妥。

⑪ 文献[2]原文在其后还有“或某个特定输出的百分比”，由于含义不清，故予删除。

⑫ 此处参照文献[3]修改，文献[2]原文为“加速度计中与输入加速度无关的平均输出量”，不妥。

⑬ 此处参照4.1.1.2节第(7)条的叙述修改，文献[2]原文为“输出量程”。

输入范围[1]与标度因数的乘积。

(11)输出量程[2](output span)。

输出范围[3]上下极值之间的代数差值*。

(12)超载能力(overload capacity)。

加速度计规定的性能指标不出现永久性改变的条件下,所能承受的超过输入范围[4]的最大加速度。

(13)阈值(threshold)。

一系列最小输入量中的最大绝对值。由该输入量所产生的输出量至少应等于按标度因数所期望输出的50%*。

注:“一系列”可以指同一型号的不同产品、同一批产品的不同产品等[5]。

(14)静态分辨力[6](static resolution[7])。

当输入量大于阈值时,引起相应的输出量变化不小于采用已标定的标度因数所求得的期望输出变化的某一规定百分比(至少50%)的一系列最小输入量最小变化中的最大值*。

注:一系列可以指同一型号的不同产品、同一批产品的不同产品、同一产品不超出输入范围的不同输入量等[8]

(15)死区(dead band)。

在输入极限之间输入量的变化引起的输出变化小于按标定的标度因数计算的输出值的10%(或其他小量)的区域。

(16)零位输出(zero output)[9]。

没有加速度作用时加速度计的输出量[10]。

(17)电零(electrical zero)[11]。

惯性敏感器*最小的电输出。它可用有效值、峰-峰值[12]或其他电参数表示。

(18)电零的位置(position of electrical zero)[13]。

---

① 此处参照4.1.1.2节第(7)条的叙述修改,文献[2]原文为“输入量程”。

② 此处参照4.1.1.2节第(5)条和第(6)条的叙述修改,文献[2]原文为“输出范围”。

③ 此处参照4.1.1.2节第(7)条的叙述修改,文献[2]原文为“输出量程”。

④ 此处参照4.1.1.2节第(7)条的叙述修改,文献[2]原文为“正常工作量程”。

⑤ 文献[2]原文给出的定义中无“一系列”三字,亦无此注。

⑥ 文献[2]原文为“分辨率”。由于“率”的含义为两个相关的同量纲量在一定条件下的比值,为无量纲量,而本术语定义的是一个可分辨的量值,是有量纲量,所以本书按照文献[6]的定义,将resolution称为分辨力,并在引用文献时均将分辨率改为分辨力,且不再注明。此外,4.1.1.2节给出,分辨力(resolution)的定义为:“引起相应示值产生可觉察到变化的被测量的最小变化。”并注明:“分辨力可以取决于噪声(内部或外部的)或摩擦有关,它也可能取决于被测量的值。”由此可见,在通用计量领域中,分辨力还包含本条未包含噪声因素。由于本条所定义的分辨力是通过静态测试得到的,不包含噪声,为了与4.1.1.2节给出的“分辨力”定义相区别,所以将本条改称静态分辨力。与此相应,本书在引用文献时,只要所称“分辨率”实际上是静态分辨力,均予改正,且不再注明。

⑦ 文献[2]原文无定语“static”,由于中文添加了定语“静态”,故予添加。

⑧ 文献[2]原文给出的定义中无“一系列”三字,亦无此注。

⑨ 文献[2]原文为“零位(null)”,不妥。“位”即“位置”,应仅用于对输入状态的描述[参见4.1.2.5节第(5)条];“微软必应”将“零位输出”译为“zero output”

⑩ 文献[2]原文为“惯性敏感器最小输出的状态”,其含义令人费解。

⑪ 文献[2]原文为“零位电压(electrical null)”,不妥。对输出状态的描述不能使用“位”;惯性敏感器输出的是电信号,但输出的不一定是电压;“微软必应”用“zero”而非“null”表达“零”。

⑫ 文献[2]原文所列电参数中还有“同相分量”,不妥。

⑬ 文献[2]原文为“电零位[electrical null position (electrical zero)]”,不妥。“电零位”容易被误解为“电的零位”;“微软必应”用“position of ...”而非“... position”表达“……的位置”。

加速度计中与电零相对应的输入加速度[①]。

(19)动态范围[②](dynamic range)。

输入量程与分辨力之比[③]。

(20)二阶非线性系数(second order nonlinearity coefficient)。

加速度计输出变化量与平行于输入基准轴的输入量的平方之比*。

(21)三阶非线性系数(third order nonlinearity coefficient)。

加速度计输出变化量与平行于输入基准轴的输入量的三次幂之比*。

(22)交叉加速度(cross acceleration)。

作用在输出基准轴(或摆基准轴)上的加速度[④]。

(23)交叉轴灵敏度(cross axis sensitivity)。

当加速度计输出基准轴(或摆基准轴)有加速度作用时,加速度计的输出中有一项与之成比例,其比例系数为输入轴相对于该轴的不垂直度,称为该情况引起的交叉轴灵敏度[⑤]。

(24)交叉耦合系数(cross coupling coefficient)。

当加速度计输入基准轴与输出基准轴(或摆基准轴)都有加速度作用时,加速度计的输出中有一项与这两个方向加速度的乘积成比例,其比例系数称为输入基准轴与输出基准轴(或摆基准轴)的交叉耦合系数[⑥]。

(25)输入轴失准角(input axis misalignment)。

输入轴相对于输出基准轴(或摆基准轴)不垂直的装配误差角,称为该情况引起的输入轴失准角[⑦]。

(26)整流误差(rectification error)。

由作用在加速度计上的振动干扰引起,在其输出信号中出现的虚假直流分量,是一种时域的稳态误差。其误差源因加速度计类型不同而异,如摆式加速度计的非等弹性[⑧]、电容式加速度计的二阶非线性[⑨]等。

(27)综合误差(composite error)。

将方均根误差、非线性误差和交叉耦合误差综合在一起的误差,由输出数据偏离仅含标

---

① 文献[2]原文为“惯性敏感器中与零位电压相对应的传感器的角位置或线位置”,而加速度计不是用来测角位置或线位置的。

② 此处参照 4.1.1.2 节第(7)条的叙述修改,文献[2]原文为“动态量程”。

③ 分辨力理应采用 4.1.1.2 节第(14)条给出的定义,但惯性技术领域经常习惯性地将输入量程与静态分辨力之比当作动态范围。这种习惯做法显然是错误的。

④ 文献[2]原文为“作用在垂直于加速度计输入基准轴的平面上的加速度”,未准确表达式(4-3)中呈现的数学关系,因而不妥。

⑤ 文献[2]原文为“加速度计的输出变化量与交叉加速度相关的比例常数。它主要是由不对准引起并随交叉加速度的方向而改变”,其中“与交叉加速度相关”及“随交叉加速度的方向而改变”未准确表达式(4-3)中呈现的数学关系,因而不妥。

⑥ 此处在文献[3]基础上修改,文献[2]原文为“加速度计的输出量变化与输入基准轴的垂直方向和平行方向作用的加速度的乘积有关的比例常数。它随交叉加速度的方向而变化”,其中“与输入基准轴的垂直方向和平行方向作用的加速度的乘积有关”及“随交叉加速度的方向而变化”未准确表达式(4-3)中呈现的数学关系,因而不妥。

⑦ 文献[2]原文为“当惯性敏感器处在零位时输入轴与相应的输入基准轴之间的夹角”,未准确表达式(4-3)中呈现的数学关系,因而不妥。

⑧ 摆式加速度计外部振动对位移、应力、力矩等弹性检测机制的干扰称为非等弹性(anisoelasticity)干扰,整流误差是非等弹性干扰的产物。

⑨ 电容式加速度计电极笼检测零位偏离几何中心是二阶非线性的成因,整流误差是外部振动与二阶非线性共同作用的产物。

度因数、偏值、输入轴失准角等3项系数的模型方程的扩展不确定度折合成输入加速度的数值表达①。

(28)误差带(error band)。

在仅由规定的标度因数和偏值定义的输出函数附近,将具有各种误差的输出数据统统囊括在内的一条带。它包括输出数据中非线性、交叉耦合、静态分辨力、阈值、不重复性、滞环和其他随机误差的综合影响②。

(29)滞环误差(hysteresis error)。

由于迟滞效应,输入在全量程内循环一周,同一输入在增加方向上的输出值不同于减少方向的输出值,二者之差的绝对值中的最大值之半的±值称为滞环误差。通常用等效的输入表示③。

(30)灵敏度(sensitivity)。

传感器输出量的变化值与相应的被测量的变化量之比④。

(31)标度因数温度系数(scale factor temperature coefficient)⑤。

由温度变化引起的标度因数相对变化量与温度变化量之比⑥。

(32)偏值温度系数(bias temperature coefficient)⑦。

由于温度变化引起的偏值绝对变化量与温度变化量之比⑧。

(33)偏值磁场敏感度(bias magnetic susceptibility)⑨。

由于磁场引起的偏值变化量与磁场强度之比。

(34)稳定性(stability)。

加速度计在持续固定不变的工作条件下性能保持不变的能力(本定义不是指动态或伺服稳定性)。

(35)标度因数稳定性(scale factor stability)。

同一测试条件下标度因数在规定时间内的变化量值。通常用在规定时间内多次测试所得标度因数的标准偏差与其平均值之比的百分数表示。

(36)标度因数不对称性(scale factor asymmetry)。

仅含正值和仅含负值的输入范围内测得的标度因数之间差异性的度量。用仅含正值或仅含负值的标度因数与整个输入范围⑩内测得的标度因数之差的百分数表示。标度因数不对称性意味着仅含正值和仅含负值的输入-输出数据最小二乘法拟合直线在零输入处中

---

① 此定义按4.2.4.3节所述修改,不含滞环和分辨力因素。文献[2]原文为“输出数据偏离规定输出函数的最大偏差。最大偏差是由输出数据中的滞环、分辨力、非线性、不重复性和其他随机误差综合影响造成的。通常用它对输出量程一半的百分比表示”。

② 文献[2]原文为“在规定的包含输出数据在内的输出函数附近的一条带。它包括输出数据中的非线性、分辨力、不重复性、滞环和其他随机误差的综合影响”。

③ 此定义按4.2.4.1节所述修改。文献[2]原文为“暂态过程消失后,由于迟滞效应在测得的变量(除另有规定外,在整个全量程循环中)的增加方向段和减小方向段之间的最大距离。通常用等效的输入表示”。

④ 此处按照GB/T 7665—2005《传感器通用术语》修改。文献[2]原文为“惯性敏感器中输出的变化量与不期望有的输入变化量或次要的输入变化量之比。例如,陀螺仪和加速度计的标度因数灵敏度为标度因数变化与温度变化之比”,显然与GB/T 7665—2005给出的定义大相径庭,也与传统认知相违背。

⑤ 文献[2]原文为“标度因数温度灵敏度(scale factor temperature sensitivity)”,不妥。

⑥ 文献[2]原文为“由温度变化引起的标度因数变化量与温度变化量之比。通常以最大值表示”。

⑦ 文献[2]原文为“偏值温度灵敏度(bias temperature sensitivity)”,不妥。

⑧ 文献[2]原文为“由于温度变化引起的偏值变化量与温度变化量之比”。

⑨ 文献[2]原文为“偏值磁场灵敏度(bias magnetic sensitivity)”,不妥。

⑩ 此处参照4.1.1.2节第(7)条的叙述修改,文献[2]原文为“输入量程”。

断*。标度因数不对称性不同于其他非线性。

(37)偏值稳定性(bias stability)①。

同一测试条件下偏值在规定时间内的变化量值。通常用在规定时间内多次测试所得偏值的标准偏差表示②。

(38)偏值不稳定性(bias instability)③。

在规定的有限采样时间内偏值的随机变化④。这种非静止的渐近过程的特征可表示为 $1/f$ 功率谱密度。

(39)重复性(repeatability)。

在条件转变或测量之间出现非工作循环后,恢复到原条件时重复测量的同一变量之间的一致程度。

(40)标度因数重复性(scale factor repeatability)。

在同样的条件下及规定间隔内重复测量的标度因数之间的一致程度。以各次测试所得的标度因数的标准偏差与其平均值之比表示。

(41)偏值重复性(bias repeatability)。

在同样的条件下及规定间隔内重复测量的偏值之间的一致程度。以各次测得的偏值的标准偏差表示。

(42)非线性⑤(nonlinearity)。

导致输出数据偏离标称输入-输出间直线关系的系统性偏差⑥。

(43)比力(specific force)。

在地球表面及附近空间的非惯性参考系中,作用在单位质量上的输运惯性力、Coriolis 惯性力、地球引力及所有其他作用力(包括支持力)的矢量和,其物理含义为质点对非惯性参考系的相对加速度矢量⑦。

(44)量化(quantization)。

将一个连续值集(set of values)分割截取为一个相对较小的离散值集的过程。量化主要应用于从连续信号到数字信号的转换中⑧。

(45)量化噪声(quantization noise)。

经等间隔量化的数字信号都存在的、具有随机特性的半间隔不确定性⑨。

4.1.2.5　测试

(1)系统误差(systematic error)⑩。

---

① 偏值稳定性即 5.1 节称之为偏值漂移的频率显著低于测量带宽的仪器偏值波动。

② 文献[2]原文为“当输入为零时输出量绕其均值的离散程度。以规定时间内输出量的标准偏差相应的等效输入表示”。

③ 偏值不稳定性即 5.1 节称之为偏值噪声的测量带宽内(有时还延伸到高于测量带宽)的仪器偏值随机起伏。

④ 文献[2]原文为“在规定的有限采样时间和平均时间间隔内计算出的偏值的随机变化”。

⑤ 文献[2]原文为“非线性度”。

⑥ 文献[2]原文为“与标称输入-输出关系直线的系统性偏差”。

⑦ 此定义按式(1-1)修改。文献[2]原文为“作用在单位质量上的惯性力与引力的矢量和”。

⑧ 文献[2]原文为“陀螺仪或加速度计输出信号的模拟/数字转换。它在输入连续变化时给出离散量阶跃变化的输出量”,不妥。“模拟-数字转换”包括“采样”“量化”“编码”三个过程,“量化”只是其中之一。

⑨ 文献[2]原文为“由于转换字长有限,对一连续信号进行采样和量化所引起的数字输出信号中的随机变量”,不妥。字长再长仍存在具有随机特性的半间隔不确定性,且量化噪声仅与量化有关,而与采样无关。

⑩ 文献[2]原文为“系统性误差(systematic error sensitivity)”。

在重复测量中保持不变或按可预见方式变化的测量误差的分量①。

(2)随机误差(random errors)。

在重复测量中按不可预见方式变化的测量误差的分量②。

(3)残差(residual error)。

测得值与模型估计值之间的差③。

(4)翻滚试验(tumbling test)。

利用重力加速度在加速度计输入轴方向的分量作为输入量,在精密光学分度头或精密端齿盘上进行,采用等角度分割的多点翻滚程序来标定加速度计的静态性能参数的试验。不同角速度的连续翻滚程序还可以测试加速计的部分动态性能④。

(5)位置试验(position test)。

以标定加速度计的静态性能参数为目标,单轴加速度计以360°内等角度分割的位置数(即分割的点数、分割的方位数)命名的翻滚试验或三轴加速度计以指向上下、东西、南北的位置数(即方位数)命名的重力场倾角试验⑤。

4.1.3 计量术语常见的混淆现象辨析

4.1.3.1 关于"精度""精密度""准确度""精确度"

"精度"有时指"准确度"(accuracy),有时指"精密度"(precision)。4.1.1.1节给出,测量准确度(measurement accuracy, accuracy of measurement,简称准确度)的定义为:"测量的测得值与被测量的真值间的接近程度。"而测量精密度(measurement precision,简称精密度)的定义为:"在规定条件下,对同一或类似被测对象重复测量所得示值或测得值间的接近程度。"并注明:"术语'测量精密度'有时用于指'测量准确度',这是错误的。"由此可见,"精密度"与"准确度"不是同一概念,所以"精度"的含义是含糊不清的。

4.1.1.1节在上述"测量准确度"定义后注明:"概念'测量准确度'不是一个量,也不给出用数字表示的量值。当测量提供较小的测量误差时就说该测量是较准确的。"由此可见,"测量准确度"只是一个概念性术语,凡需要定量表示时,应使用术语"测量误差"。

该节给出,系统测量误差(systematic measurement error, systematic error of measurement,简称系统误差)的定义为:"在重复测量中保持不变或按可预见方式变化的测量误差的分量。"并注明:"系统测量误差等于测量误差减随机测量误差。"

该节还给出,随机测量误差(random measurement error, random error of measurement,简称随机误差)的定义为:"在重复测量中按不可预见方式变化的测量误差的分量。"并注明:"随机测量误差等于测量误差减系统测量误差。"

由此可见,测量误差(简称误差)包括系统误差与随机误差。

所以"准确度"虽然不应跟随有具体量值,但其含义是包含有系统误差与随机误差的。

---

① 此处按照文献[1]修改,文献[2]原文为"数值固定或按一定规律变化的误差"。

② 此处按照文献[1]修改,文献[2]原文为"只能用统计原理描述的偶然误差"。

③ 文献[2]原文为"随机误差与不可修正的系统误差之和",不妥。误差是测得值与参考量值之间的差,而残差是测得值与模型估计值之间的差,如果模型正确的话,我们可以将残差看作误差的观测值。

④ 此处参照文献[3]修改,文献[2]原文为"使惯性敏感器绕转台转轴按规定要求改变方位,感受重力加速度矢量的分量,在各测试点上测量惯性敏感器的输出,通过数学处理,进而分离其数学模型中各项系数的一种试验方法。通常分为水平、垂直和极轴三种翻滚试验"。

⑤ 文献[2]原文为"使惯性敏感器输入轴相对于地球速率和重力加速度矢量的不同方位取向,进而测定其数学模型中各项系数的一种试验方法"。

该节在上述“测量精密度”定义后注明：“测量精密度通常用不精密程度以数字形式表示，如在规定测量条件下的标准偏差、方差或变差系数。”因此，“精密度”后可以跟随具体量值，其量值指的是随机误差，它不包含系统误差。

“精确度”顾名思义可能意指精密度和准确度的总和。然而，如上所述，凡是“准确度”后跟随有具体量值的，都应将“准确度”改为“测量误差”，测量误差为系统误差与随机误差之合成；而“精密度”后可以跟随具体量值，其量值指的是随机误差，它不包含系统误差。因此，“准确度”的概念中已包含了“精密度”，所以不存在“精密度和准确度的总和”这一概念。

例 1：“ALOS 卫星关于地理位置指向的需求是：(0～10) Hz 范围内地基指向测定准确度为$(\pm 2.0\times 10^{-4})°$。”

由于准确度不是一个量，不给出有数字的量值，所以此处“指向测定准确度”应改为“指向测定误差”。

例 2：“就一个高度高于(600～800) km 航天器来说，与其质量和沿速度方向的投影面积有关的大气拖曳引起的负加速度数值变得低于辐射压力效应(直接太阳辐射、地球反照、地球红外辐射)引起的，量级为 $n\times 10^{-8}$ m·s^{-2} 的加速度数值。当空间加速度计在输入内必须检测出如此弱的量值时，它必须呈现出杰出的准确度。”

由于准确度不是一个量，不给出有数字的量值。此处“杰出的准确度”是定性描述而不是定量表示，所以可以使用。

例 3：“ASTRE，STAR，SuperSTAR 和 GRADIO 加速度计的检验质量尺寸均为 40 mm × 40 mm × 10 mm，几何准确度为 1 μm。”

由于准确度不是一个量，不给出有数字的量值，且物体实际的几何形状与理想几何形状之间只能说是否存在偏差，而非测量误差，所以此处“几何准确度为 1 μm”似应改为“几何偏差在±1 μm 以内”。

例 4：“GRACE 卫星质心的调节准确度为：应该在每个轴向，遍及±2 mm 的总调节范围，以 10 μm 或更小尺度的步长调节卫星质心。”

由于准确度不是一个量，不给出有数字的量值，且此处是一种控制要求，所以此处“调节准确度”似应改为“调节要求”。

例 5：“利用星载加速度计提高卫星受力模型准确性，可以提升动力法定轨精度和可靠性。”

由于“精度”的含义是含糊不清的，此处“精度”应为“误差”，包括系统误差和随机误差。所以此处“提升动力法定轨精度和可靠性”可改为“降低动力法定轨误差和提高可靠性”。由于这里没有定量表示，所以也可改为“提升动力法定轨准确度和可靠性”

例 6：“大多数航天器都存在微振动扰动源，……对高精密度航天器，这种微振动环境效应将严重影响有效载荷的指向精度……”。

由于微振动对指向的影响是控制问题，且“精度”的含义含糊不清，所以此处“指向精度”似应改为“指向准确性”。

例 7：“Endevco 公司获有专利的 MSA100 或 MSA110 型伺服加速度计采用了微细加工成型的力平衡式敏感元件，因此它具有极好的稳定性，具有耐受高 g 值冲击和振动环境的能力，能提供很高的精确度，具有很低的振动修正误差，具有 1 μg_n 的高静态分辨力，且频率响应宽、尺寸小、重量轻等优点。”

此例中“很高的精确度”似应改为“很高的准确度”。

4.1.3.2　关于“分辨力”与“测量误差”的关系

“分辨力”是测量仪器的特性之一。4.1.1.2 节给出，分辨力的定义为：“引起相应示值产生可觉察到变化的被测量的最小变化。”并注明：“例如，分辨力可以取决于噪声(内部或外部的)或摩擦,它也可能取决于被测量的值。"因此,分辨力既有噪声因素,又有阈值因素,还有显示分辨力因素。

"测量误差"是描述测量结果的术语之一。如 4.1.3.1 节所述,"测量误差"包括系统误差与随机误差。4.1.1.1 节在上述"系统测量误差"定义后注明:"系统测量误差的参考量值是真值,或是测量不确定度可忽略不计的测量标准的测得值,或是约定量值。"在上述"随机测量误差"定义后注明:"随机测量误差的参考量值是对同一被测量进行无穷多次重复测量所产生的平均值。"因此,标度因数标定不确定度①、偏值标定不确定度②、二阶非线性系数标定不确定度等都是构成系统误差的因素,而仪器的"分辨力"是构成随机误差的因素,即仪器的"分辨力"不是构成系统误差的因素。

4.1.1.2 节给出,最大允许误差(maximum permissible errors)的定义为"特定测量、测量仪器或测量系统的规范或规程允许的,相对于已知参考量值的测量误差的极限值"。我们知道,"最大允许误差"(或误差限)是描述仪器特性的术语,仪器的"分辨力"是影响仪器误差限的因素之一,仪器的分辩力必定远小于仪器的误差限。

4.1.2.4 节给出,动态范围(dynamic range)的定义为"输入量程与分辨力之比"。由于仪器的分辨力远小于仪器的最大允许误差,因此,以为"只要输入量不越出仪器的输入范围,对输入量的的测量误差就不超出分辨力值"是对动态范围的误解(23.3.1 节最后一个自然段给出了具体示例)。

4.1.3.3 混淆术语的其他示例

(1)"置信水平"。

例:第 15 章的文献[3]提出:"加速度计传感器组件(MESA)被安装到微处理器控制的双平衡架平台上以实施飞行中标定。装置的这一个特征提供了惟一的原位标定因子,与使用在 1 g_{local} 环境下得到的标定因子相比,该因子显著改善飞行结果的精密度和置信水平。"

4.1.1.1 节在"测量不确定度(measurement uncertainty, uncertainty of measurement,简称不确定度)"定义后注明:"测量不确定度包括由系统影响引起的分量,如与修正量和测量标准所赋量值有关的分量,以及定义的不确定度。有时对估计的系统影响不是作修正,而是将其纳入相关的测量不确定度分量。"MESA 飞行中原位标定比地面 1 g_{local} 环境下标定来得准确,即减小了测量不确定度中由系统影响引起的分量。

4.1.3.1 节已经指出"精密度"后跟随的具体量值指的是随机误差,而不是系统误差。由于 MESA 飞行中原位标定减小的是测量不确定度中的系统误差而不是随机误差,所以飞行中原位标定不可能改善飞行结果的精密度。

4.1.1.1 节在"测量不确定度"定义后还注明:"测量不确定度……可能是……说明了包含概率的区间半宽度。",而在"包含概率(coveragc probability)"定义后注明:"为避免与统计学概念混淆,不应把包含概率称为'置信水平'。"

---

① 当被测量为准稳态加速度时,标度因数不仅存在系统误差,还存在随机误差。例如,17.4.4 节指出,静电悬浮加速度计的标度因数理想情况下等于物理增益的倒数。式(17-21)给出了静电悬浮加速度计物理增益 G_p 的表达式。从该式可以看到,G_p 与检验质量上施加的固定偏压 V_p 成正比,与检验质量至电极间的平均间隙 d 的平方成反比。由于 V_p 存在噪声,d 也存在温度噪声,所以标度因数存在噪声,但本书 23 章至 27 章对静电悬浮加速度噪声的讨论只涉及与分辨力有关的噪声,不涉及标度因数噪声。标度因数噪声直接影响测量结果的百分随机误差,而与分辨力有关的噪声直接影响测量结果的绝对随机误差。

② 当被测量为准稳态加速度时,偏值不仅存在系统误差,还存在随机误差。5.1 节指出,我们把频率低于测量带宽的仪器零点或偏值的波动称为漂移,而把频率在测量带宽内(有时还延伸到高于测量带宽)、伴随信号但不是信号的构成部分且倾向于使信号模糊不清的偏值随机起伏归于噪声。显然,前者属于系统误差,后者属于随机误差。

由此可见，第15章的文献[3]所述MESA飞行中原位标定与地面1 g_{local}环境下标定相比"显著改善飞行结果的精密度和置信水平"似应改为"在既定包含概率下显著改善飞行结果的测量不确定度中由系统影响引起的分量"(参见15.4.3节)。

(2)"灵敏度"。

例："为了地面测试，一个加速度计轴比其他轴有较大的误差。选择标称(垂直于轨道面)方向作为该降低了灵敏度的轴，该轴噪声比其他轴高一个量级。"

4.1.1.2节给出，测量系统的灵敏度(sensitivity of a measuring system，简称灵敏度)的定义为："测量系统的示值变化除以被测量值的相应变化所得的商。"因此，灵敏度越低，对于相同的"被测量值变化"得到的"测量系统的示值变化"越小。当灵敏度及被测量值都足够小时，仪器噪声的影响会在"测量系统的示值"中突显，此时测量的相对误差很大，且灵敏度越低，由灵敏度不足导致的相对误差越大；然而，当被测量值足够大时，同一灵敏度就不会影响到测量的相对误差。也就是说，灵敏度对相对误差的影响与被测量值的大小有关。因此，不能笼统地说"灵敏度越低，误差就越大"。此外，在不同档次的仪器之间，"量程"与"灵敏度"、"灵敏度"与"噪声"也没有确定的关系，即对不同档次的仪器作比较时，不能一概认为"测量系统量程越大，灵敏度就越低"或"灵敏度越低，噪声就越大"。

4.2　加速度计地面重力场倾角测试

4.2.1　概述

4.1.1.1节给出，校准(calibration，本书称为标定)的定义为："在规定条件下的一组操作，其第一步是确定由测量标准提供的量值与示值之间的关系，第二步则是用此信息确定由示值获得测量结果的关系，这里测量标准提供的量值与相应示值都具有测量不确定度。"根据等效原理，如1.5.3节和1.9节所述，惯性质量与引力质量等效，因此，如文献[3]所述，可以利用重力场倾角法，即重力加速度在加速度计输入轴方向上的分量作为加速度测量标准提供的量值；加速度计地面重力场倾角测试一般在精密光栅分度头或精密端齿盘上进行；为降低试验误差，试验设备必须采取隔震和防倾斜措施。

重力场静态翻滚试验是重力场倾角法的一种形式。重力场翻滚试验是加速度计的一种标定试验，该试验使用精密光栅分度头或精密端齿盘，在重力场作用下进行360°多点翻滚测试，以分离出加速度计模型方程的各项系数，其测试范围限制在实验室当地重力加速度正负值($\pm 1\ g_{local}$)以内[3,7]。因此，对于输入范围超过$\pm 1\ g_{local}$的加速度计而言，可以采用重力场翻滚试验分离出加速度计模型方程的各项系数。

值得注意的是：

(1)在空间微重力条件下，加速度计壳体受到加速度时，检验质量因惯性不被加速；而在地面重力场倾角试验时，情况正好相反，加速度计壳体受到的支持力抵消了重力，反而检验质量受到重力作用。因此，加速度计的正输出所对应的空间加速度方向与地面重力方向是相反的。为了叙述方便，本书中除了专门讨论加速度计敏感轴指向的章节外，不再重复指明这一点。读者对此需自行把握。

(2)通过重力场倾角法直接得到的加速度量值单位为g_{local}，需要乘以当地重力加速度值g_{local}(单位为m/s^2)才能得到法定加速度单位的标定结果，且该g_{local}值的有效位数需满足标定需求，需求特别精确的场合甚至要考虑到同一建筑不同房间g_{local}值的差别。

有关重力场倾角测试的具体做法和误差分析除4.2.2节～4.2.5节、13.3.1节、27.7.1

节、27.8 节外，还可参阅文献[3，7－8]及专业厂所的相关技术文档。

4.2.2 模型方程

4.2.2.1 摆式线加速度计的模型方程

摆式线加速度计的输入基准轴，摆基准轴和输出基准轴的方向用右手定则确定[7]，如图 4－1 所示。

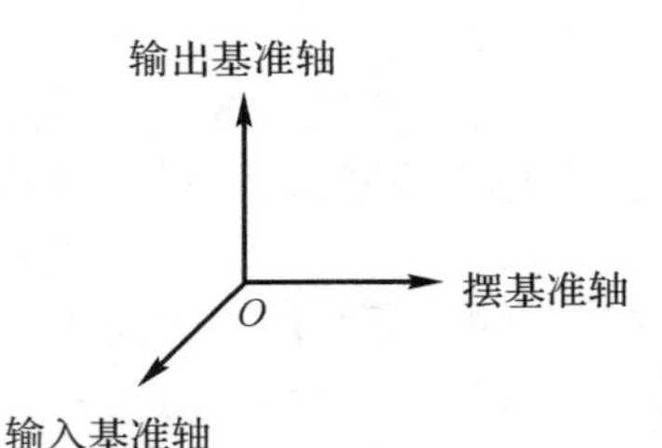

图 4－1 摆式线加速度计的基准轴

线加速度计的模型方程是描述加速度计通过检验质量所敏感到的输入加速度与输出量之间关系的数学表达式，它把加速度计的输出量与平行和垂直于加速度计输入基准轴的加速度分量之间的关系用数学关系式表达出来[3]。摆式线加速度计的模型方程为[7,9]

$$\gamma_{\mathrm{msr,i}}=\frac{E_{\mathrm{i}}}{K_1}=c_0+a_{\mathrm{i}}+c_2a_{\mathrm{i}}^2+c_3a_{\mathrm{i}}^3+\sin\delta_{\mathrm{o}}\cdot a_{\mathrm{p}}-\sin\delta_{\mathrm{p}}\cdot a_{\mathrm{o}}+c_{\mathrm{ip}}a_{\mathrm{i}}a_{\mathrm{p}}+c_{\mathrm{io}}a_{\mathrm{i}}a_{\mathrm{o}}+c_{\mathrm{po}}a_{\mathrm{p}}a_{\mathrm{o}} \tag{4-3}$$

式中 a_{i}——沿输入基准轴的外来加速度，g_{n}；

$\gamma_{\mathrm{msr,i}}$——沿输入基准轴的外来加速度为 a_{i} 时，摆式线加速度计所指示的加速度，g_{n}；

E_{i}——沿输入基准轴的外来加速度为 a_{i} 时，摆式线加速度计的输出，U（U 指输出量的单位）；

K_1——标度因数，$\mathrm{U}/g_{\mathrm{n}}$；

c_0——偏值，g_{n}；

c_2——二阶非线性系数，$g_{\mathrm{n}}/g_{\mathrm{n}}^2$；

c_3——三阶非线性系数，$g_{\mathrm{n}}/g_{\mathrm{n}}^3$；

δ_{o}——输入轴相对于输入基准轴在绕输出基准轴的自由度上的安装误差角（即 a_{p} 引起的交叉轴灵敏度，输入轴相对于摆基准轴的不垂直度，输入轴相对于摆基准轴不垂直的失准角），rad；

a_{p}——沿摆基准轴的外来加速度，g_{n}；

δ_{p}——输入轴相对于输入基准轴在绕摆基准轴的自由度上的安装误差角（即 a_{o} 引起的交叉轴灵敏度，输入轴相对于输出基准轴的不垂直度，输入轴相对于输出基准轴不垂直的失准角），rad；

a_{o}——沿输出基准轴的外来加速度，g_{n}；

c_{ip}——输入轴与摆轴的交叉耦合系数，$g_{\mathrm{n}}/g_{\mathrm{n}}^2$；

c_{io}——输入轴与输出轴的交叉耦合系数，$g_{\mathrm{n}}/g_{\mathrm{n}}^2$；

c_{po}——摆轴与输出轴的交叉耦合系数，$g_{\mathrm{n}}/g_{\mathrm{n}}^2$。

式（4－3）依据文献[9]，对文献[7]给出的模型方程作了一定程度的简化处理。

需要指出，由于 δ_{o} 和 δ_{p} 很小，所以 $\sin\delta_{\mathrm{o}}$ 的值（无量纲）与 δ_{o} 的值（单位为 rad）几乎相同，$\sin\delta_{\mathrm{p}}$ 的值（无量纲）与 δ_{p} 的值（单位为 rad）几乎相同。

只要将输入轴理解为所关心的敏感轴，将输出轴和摆轴理解为与所关心的敏感轴相垂直的另外两个轴，式（4－3）原则上也适用于其他线加速度计。根据线加速度计不同的特性和不同的精密度要求，式（4－3）等号右端可以只取必要的若干项。

4.2.2.2 重力场翻滚试验中使用的模型方程

（1）摆状态。

输出轴保持水平状态称为水平摆状态或摆状态，即

$$a_o = 0 \tag{4-4}$$

从图 4-1 可以看到，当输入基准轴从当地水平方向依右手定则绕输出基准轴转动的角度为 θ_i 时，我们有

$$\left.\begin{aligned} a_i &= \sin\theta_i \\ a_p &= \cos\theta_i \end{aligned}\right\} \tag{4-5}$$

式中　a_i——沿输入基准轴的外来加速度，g_{local}；

θ_i——输入基准轴与当地水平面的夹角，rad（$i = 0, 1, 2, \cdots, N-1$）；

a_p——沿摆基准轴的外来加速度，g_{local}。

由式（4-5）可以看到，在重力场翻滚试验中 a_p 不是独立于 a_i 的变量。需要说明的是，式（4-5）为数值方程式而不是量方程式。本章以下各节的所有公式均为数值方程式而不是量方程式，为了简便起见，这些公式中的物理量符号均没有按文献[10]的要求用大括号括起来，也没有用下标注明其单位。

将式（4-4）和式（4-5）代入式（4-3），得到

$$E_i = c_0 K_1 + K_1 \sin\theta_i + c_2 K_1 \sin^2\theta_i + c_3 K_1 \sin^3\theta_i + \delta_o K_1 \cos\theta_i + c_{ip} K_1 \sin\theta_i \cos\theta_i \tag{4-6}$$

式中　E_i——输入基准轴与当地水平面的夹角为 θ_i 时，摆式线加速度计的输出，U；

K_1——标度因数，U/g_{local}；

c_0——偏值，g_{local}；

c_2——二阶非线性系数，g_{local}/g_{local}^2；

c_3——三阶非线性系数，g_{local}/g_{local}^3；

c_{ip}——输入轴与摆轴的交叉耦合系数，g_{local}/g_{local}^2。

已知三角函数降幂公式和倍角公式[11]：

$$\left.\begin{aligned} \sin^2\alpha &= \frac{1}{2}(1-\cos2\alpha) \\ \sin^3\alpha &= \frac{1}{4}(3\sin\alpha - \sin3\alpha) \\ \sin2\alpha &= 2\sin\alpha\cos\alpha \end{aligned}\right\} \tag{4-7}$$

将式（4-7）代入式（4-6），得到

$$E_i = \left(c_0 K_1 + \frac{c_2 K_1}{2}\right) + \delta_o K_1 \cos\theta_i - \frac{c_2 K_1}{2}\cos2\theta_i + \left(K_1 + \frac{3c_3 K_1}{4}\right)\sin\theta_i + \frac{c_{ip} K_1}{2}\sin2\theta_i - \frac{c_3 K_1}{4}\sin3\theta_i \tag{4-8}$$

（2）门状态。

摆轴保持水平状态称为侧摆状态或门状态，则

$$a_p = 0 \tag{4-9}$$

从图 4-1 可以看到，当输入基准轴从当地水平方向依右手定则绕摆基准轴转动的角度为 θ_i 时，我们有

$$\left.\begin{aligned} a_i &= -\sin\theta_i \\ a_o &= \cos\theta_i \end{aligned}\right\} \tag{4-10}$$

式中　a_o——沿输出基准轴的外来加速度，g_{local}。

将式（4-9）和式（4-10）代入式（4-3），得到

$$E_i = c_0K_1 - K_1\sin\theta_i + c_2K_1\sin^2\theta_i - c_3K_1\sin^3\theta_i - \delta_pK_1\cos\theta_i - c_{io}K_1\sin\theta_i\cos\theta_i \tag{4-11}$$

式中 c_{io}——输入轴与输出轴的交叉耦合系数，g_{local}/g^2_{local}。

将式(4-7)代入式(4-11)，得到

$$E_i = \left(c_0K_1 + \frac{c_2K_1}{2}\right) - \delta_pK_1\cos\theta_i - \frac{c_2K_1}{2}\cos2\theta_i - \left(K_1 + \frac{3c_3K_1}{4}\right)\sin\theta_i - \frac{c_{io}K_1}{2}\sin2\theta_i + \frac{c_3K_1}{4}\sin3\theta_i \tag{4-12}$$

(3)θ_i 的取值方法。

标定时 θ_i 在整个 2π 范围内以等间隔方式取值，由于 θ_i 是输入基准轴与当地水平面的夹角，所以标定前首先要调整精密光栅分度头或精密端齿盘的台面，使台面的转动轴处于水平状态，接着要将输入基准轴调整至水平状态。

若共取 N 个值，通常采用的取值方法为

$$\theta_i = \frac{2\pi i}{N},\quad i = 0,1,2,\cdots,N-1 \tag{4-13}$$

式中 N——2π 内等分的测试点数。

由式(4-13)得到：$i=0$ 时，$\theta_i=0$；$i=N/2$ 时，$\theta_i=\pi$。对于这种取值方法，应将输入基准轴处于水平状态下的角度示值调整为零，并以此角度位置为 θ_0，即在事实上和示值上均保证 $\theta_0=0$。

若 N 为奇数，除了依式(4-13)给出的方法取值外，还可以采用另一种取值方法[12]：

$$\theta_i = \frac{2\pi}{2n+1}(i+0.5),\quad i = 0,1,\cdots,2n \tag{4-14}$$

式中 n——N 为奇数时，θ_i 的另一种取值方法所采用的参数：$n=(N-1)/2$，即 2π 内等分 $2n+1$ 个测试点。

将式(4-14)与式(4-13)相比较。可以得到 $n=(N-1)/2$。

由式(4-14)得到：$i=0$ 时，$\theta_i=\pi/(2n+1)$；$i=n$ 时，$\theta_i=\pi$。对于这种取值方法，应将输入基准轴处于水平状态下的角度示值调整为 180°，并以此角度位置为 θ_n，即在事实上和示值上均保证 $\theta_i=\pi$。

4.2.3 用重力场翻滚试验分离出模型方程各项系数

从本节起，均以摆状态为例开展讨论。

4.2.3.1 解联立方程组

最常用的是 4 点法、8 点法。式(4-8)所示模型方程 6 项系数中，4 点法反映不出其中的 $c_{ip}K_1$，且不能将 c_3 从 K_1 中分离；而 8 点法可以确定全部 6 项系数。

我们知道，如果各个方程完全独立，只需 6 个方程联立，就可以解出全部 6 项系数，然而，如果 θ_i 在整个 2π 范围内以等间隔方式取 6 个值，得到的 6 个方程并非完全独立，即不能将 c_3 从 K_1 中分离。与此类似，θ_i 在整个 2π 范围内以等间隔方式取 8 个值，得到的 8 个方程也并非完全独立。取消 8 点法中的 $5\pi/4$ 和 $7\pi/4$ 两点，将 8 点法演变成非完全等间隔(但相互独立)6 点法，依然可以解出全部 6 项系数。

与等间隔 6 点法相比，5 点法能分解同样多的参数；与 8 点法相比，7 点法也能确定全部 6 项系数。然而，5 点法和 7 点法都不如非完全等间隔 6 点法实用。尽管如此，与等间隔 6 点法一样，5 点法和 7 点法对理论分析有帮助。

为此，以下依次介绍4点法、8点法、等间隔6点法、非完全等间隔6点法、5点法、7点法。

除6点法外，其余各种点数均为等间隔取点。

(1)4点法。

由式(4-13)得到，当 $N=4$ 时：

$$\left.\begin{aligned}\theta_0&=0\\ \theta_1&=\frac{\pi}{2}\\ \theta_2&=\pi\\ \theta_3&=\frac{3\pi}{2}\end{aligned}\right\}\tag{4-15}$$

将式(4-15)代入式(4-8)，得到

$$\left.\begin{aligned}E_0&=c_0K_1+\delta_oK_1\\ E_1&=c_0K_1+K_1+c_2K_1+c_3K_1\\ E_2&=c_0K_1-\delta_oK_1\\ E_3&=c_0K_1-K_1+c_2K_1-c_3K_1\end{aligned}\right\}\tag{4-16}$$

式中 E_0—— 摆式线加速度计处于 θ_0 位置时的输出，U；

E_1—— 摆式线加速度计处于 θ_1 位置时的输出，U；

E_2—— 摆式线加速度计处于 θ_2 位置时的输出，U；

E_3—— 摆式线加速度计处于 θ_3 位置时的输出，U。

由式(4-16)得到

$$\left.\begin{aligned}K_1&=\frac{1}{2(1+c_3)}(E_1-E_3)\\ c_0K_1&=\frac{1}{2}(E_0+E_2)\\ c_2K_1&=\frac{1}{2}(E_1+E_3-E_0-E_2)\\ \delta_oK_1&=\frac{1}{2}(E_0-E_2)\end{aligned}\right\}\tag{4-17}$$

从式(4-17)可以看到，4点法反映不出输入轴与摆轴的交叉耦合系数 c_{ip}，且不能将 c_3 从 K_1 中分离。

鉴于 $c_3\ll 1\ g_{local}/g_{local}^3$，式(4-16)可以简化为

$$\left.\begin{aligned}K_1&\approx\frac{1}{2}(E_1-E_3)\\ c_0K_1&=\frac{1}{2}(E_0+E_2)\\ c_2K_1&=\frac{1}{2}(E_1+E_3-E_0-E_2)\\ \delta_oK_1&=\frac{1}{2}(E_0-E_2)\end{aligned}\right\}\tag{4-18}$$

(2)8点法。

由式(4-13)得到，当 $N=8$ 时：

$$\left.\begin{aligned}\theta_0&=0\\\theta_1&=\frac{\pi}{4}\\\theta_2&=\frac{\pi}{2}\\\theta_3&=\frac{3\pi}{4}\\\theta_4&=\pi\\\theta_5&=\frac{5\pi}{4}\\\theta_6&=\frac{3\pi}{2}\\\theta_7&=\frac{7\pi}{4}\end{aligned}\right\}\tag{4-19}$$

将式(4-19)代入式(4-8),得到

$$\left.\begin{aligned}E_0&=c_0K_1+\delta_oK_1\\E_1&=c_0K_1+\frac{\sqrt{2}}{2}K_1+\frac{1}{2}c_2K_1+\frac{\sqrt{2}}{4}c_3K_1+\frac{\sqrt{2}}{2}\delta_oK_1+\frac{1}{2}c_{ip}K_1\\E_2&=c_0K_1+K_1+c_2K_1+c_3K_1\\E_3&=c_0K_1+\frac{\sqrt{2}}{2}K_1+\frac{1}{2}c_2K_1+\frac{\sqrt{2}}{4}c_3K_1-\frac{\sqrt{2}}{2}\delta_oK_1-\frac{1}{2}c_{ip}K_1\\E_4&=c_0K_1-\delta_oK_1\\E_5&=c_0K_1-\frac{\sqrt{2}}{2}K_1+\frac{1}{2}c_2K_1-\frac{\sqrt{2}}{4}c_3K_1-\frac{\sqrt{2}}{2}\delta_oK_1+\frac{1}{2}c_{ip}K_1\\E_6&=c_0K_1-K_1+c_2K_1-c_3K_1\\E_7&=c_0K_1-\frac{\sqrt{2}}{2}K_1+\frac{1}{2}c_2K_1-\frac{\sqrt{2}}{4}c_3K_1+\frac{\sqrt{2}}{2}\delta_oK_1-\frac{1}{2}c_{ip}K_1\end{aligned}\right\}\tag{4-20}$$

式中 E_4——摆式线加速度计处于 θ_4 位置时的输出,U;

E_5——摆式线加速度计处于 θ_5 位置时的输出,U;

E_6——摆式线加速度计处于 θ_6 位置时的输出,U;

E_7——摆式线加速度计处于 θ_7 位置时的输出,U。

由式(4-20)得到

$$\left.\begin{aligned}K_1&=\frac{1}{2}(E_6-E_2)+\frac{1}{\sqrt{2}}(E_1+E_3-E_5-E_7)\\c_0K_1&=\frac{1}{2}(E_0+E_4)\\c_2K_1&=\frac{1}{2}(E_2+E_6-E_0-E_4)\\c_3K_1&=(E_2-E_6)+\frac{1}{\sqrt{2}}(E_5+E_7-E_1-E_3)\\c_{ip}K_1&=\frac{1}{2}(E_1+E_5-E_3-E_7)\\\delta_oK_1&=\frac{1}{2}(E_0-E_4)\end{aligned}\right\}\tag{4-21}$$

从式(4-21)可以看到,8点法可以分离出式(4-8)中的全部参数。

(3) 等间隔 6 点法。

由式(4－13) 得到,当 $N=6$ 时:

$$\left.\begin{aligned}\theta_0&=0\\\theta_1&=\frac{\pi}{3}\\\theta_2&=\frac{2\pi}{3}\\\theta_3&=\pi\\\theta_4&=\frac{4\pi}{3}\\\theta_5&=\frac{5\pi}{3}\end{aligned}\right\}\tag{4-22}$$

将式(4－22) 代入式(4－8),得到

$$\left.\begin{aligned}E_0&=c_0K_1+\delta_oK_1\\E_1&=c_0K_1+\frac{\sqrt{3}}{2}K_1+\frac{3}{4}c_2K_1+\frac{3\sqrt{3}}{8}c_3K_1+\frac{1}{2}\delta_oK_1+\frac{\sqrt{3}}{4}c_{ip}K_1\\E_2&=c_0K_1+\frac{\sqrt{3}}{2}K_1+\frac{3}{4}c_2K_1+\frac{3\sqrt{3}}{8}c_3K_1-\frac{1}{2}\delta_oK_1-\frac{\sqrt{3}}{4}c_{ip}K_1\\E_3&=c_0K_1-\delta_oK_1\\E_4&=c_0K_1-\frac{\sqrt{3}}{2}K_1+\frac{3}{4}c_2K_1-\frac{3\sqrt{3}}{8}c_3K_1-\frac{1}{2}\delta_oK_1+\frac{\sqrt{3}}{4}c_{ip}K_1\\E_5&=c_0K_1-\frac{\sqrt{3}}{2}K_1+\frac{3}{4}c_2K_1-\frac{3\sqrt{3}}{8}c_3K_1+\frac{1}{2}\delta_oK_1-\frac{\sqrt{3}}{4}c_{ip}K_1\end{aligned}\right\}\tag{4-23}$$

由式(4－23) 得到

$$\left.\begin{aligned}K_1&=\frac{1}{2\sqrt{3}\left(1+\dfrac{3c_3}{4}\right)}(E_1+E_2-E_4-E_5)\\c_0K_1&=\frac{1}{2}(E_0+E_3)\\c_2K_1&=\frac{1}{3}(E_1+E_2+E_4+E_5)-\frac{2}{3}(E_0+E_3)\\c_{ip}K_1&=\frac{1}{\sqrt{3}}(E_1+E_4-E_2-E_5)\\\delta_oK_1&=\frac{1}{2}(E_1+E_5-E_2-E_4)\end{aligned}\right\}\tag{4-24}$$

从式(4－24) 可以看到,等间隔 6 点法不能将 c_3 从 K_1 中分离。

鉴于 $c_3\ll 1\ g_{\text{local}}g_{\text{local}}^3$,式(4－24) 可以简化为

$$\left.\begin{aligned}K_1&\approx\frac{1}{2\sqrt{3}}(E_1+E_2-E_4-E_5)\\c_0K_1&=\frac{1}{2}(E_0+E_3)\\c_2K_1&=\frac{1}{3}(E_1+E_2+E_4+E_5)-\frac{2}{3}(E_0+E_3)\\c_{ip}K_1&=\frac{1}{\sqrt{3}}(E_1+E_4-E_2-E_5)\\\delta_oK_1&=\frac{1}{2}(E_1+E_5-E_2-E_4)\end{aligned}\right\}\tag{4-25}$$

(4) 非完全等间隔 6 点法。

取消 8 点法中的 $5\pi/4$ 和 $7\pi/4$ 两点，将 8 点法演变成非完全等间隔 6 点法：

$$\left.\begin{array}{c}\theta_0=0\\ \theta_1=\dfrac{\pi}{4}\\ \theta_2=\dfrac{\pi}{2}\\ \theta_3=\dfrac{3\pi}{4}\\ \theta_4=\pi\\ \theta_6=\dfrac{3\pi}{2}\end{array}\right\} \tag{4-26}$$

图 4-2 绘出了式(4-26) 所示取值的直观效果。

将式(4-26) 代入式(4-8)，得到

$$\left.\begin{array}{c}E_0=c_0K_1+\delta_\mathrm{o}K_1\\ E_1=c_0K_1+\dfrac{\sqrt{2}}{2}K_1+\dfrac{1}{2}c_2K_1+\dfrac{\sqrt{2}}{4}c_3K_1+\dfrac{\sqrt{2}}{2}\delta_\mathrm{o}K_1+\dfrac{1}{2}c_\mathrm{ip}K_1\\ E_2=c_0K_1+K_1+c_2K_1+c_3K_1\\ E_3=c_0K_1+\dfrac{\sqrt{2}}{2}K_1+\dfrac{1}{2}c_2K_1+\dfrac{\sqrt{2}}{4}c_3K_1-\dfrac{\sqrt{2}}{2}\delta_\mathrm{o}K_1-\dfrac{1}{2}c_\mathrm{ip}K_1\\ E_4=c_0K_1-\delta_\mathrm{o}K_1\\ E_6=c_0K_1-K_1+c_2K_1-c_3K_1\end{array}\right\} \tag{4-27}$$

由式(4-27) 得到

$$\left.\begin{array}{c}K_1=-\dfrac{\sqrt{2}}{2}(E_0+E_4)+\sqrt{2}(E_1+E_3)-\dfrac{1}{2}(\sqrt{2}+1)E_2-\dfrac{1}{2}(\sqrt{2}-1)E_6\\ c_0K_1=\dfrac{1}{2}(E_0+E_4)\\ c_2K_1=\dfrac{1}{2}(E_2+E_6-E_0-E_4)\\ c_3K_1=\dfrac{\sqrt{2}}{2}(E_0+E_4)-\sqrt{2}(E_1+E_3)+\left(1+\dfrac{\sqrt{2}}{2}\right)E_2-\left(1-\dfrac{\sqrt{2}}{2}\right)E_6\\ c_\mathrm{ip}K_1=(E_1-E_3)-\dfrac{\sqrt{2}}{2}(E_0-E_4)\\ \delta_\mathrm{o}K_1=\dfrac{1}{2}(E_0-E_4)\end{array}\right\} \tag{4-28}$$

从式(4-28) 可以看到，非完全等间隔 6 点法可以分离出式(4-8) 中的全部参数。

(5)5 点法。

采用式(4-14) 所示的取值方法。当 $n=2$ 时，即为 5 点法。由该式得到

$$\left.\begin{aligned}\theta_0&=\frac{\pi}{5}\\\theta_1&=\frac{3\pi}{5}\\\theta_2&=\pi\\\theta_3&=\frac{7\pi}{5}\\\theta_4&=\frac{9\pi}{5}\end{aligned}\right\}\tag{4-29}$$

图 4-3 绘出了式(4-29)所示取值的直观效果。

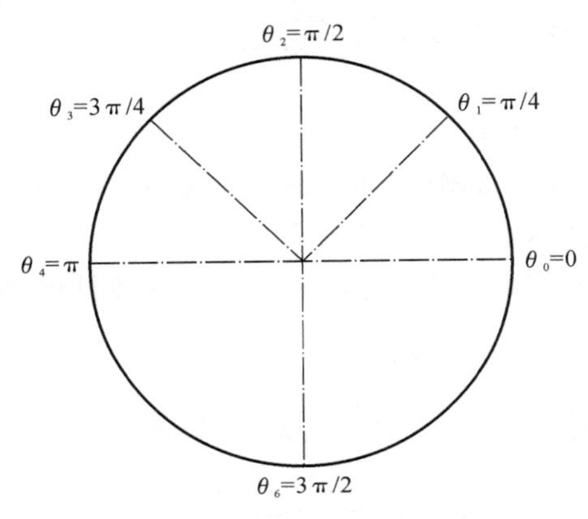

图 4-2　式(4-26)所示取值的直观效果

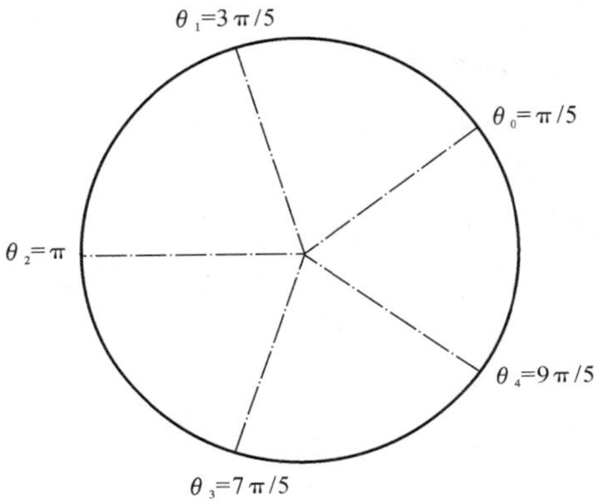

图 4-3　式(4-29)所示取值的直观效果

将式(4-29)代入式(4-8),得到

$$\left.\begin{aligned}E_0&=c_0K_1+0.587\,8K_1+0.809\,0\delta_oK_1+0.345\,5c_2K_1+0.203\,1c_3K_1+0.475\,5c_{ip}K_1\\E_1&=c_0K_1+0.951\,1K_1-0.309\,0\delta_oK_1+0.904\,5c_2K_1+0.860\,2c_3K_1-0.293\,9c_{ip}K_1\\E_2&=c_0K_1-\delta_oK_1\\E_3&=c_0K_1-0.951\,1K_1-0.309\,0\delta_oK_1+0.904\,5c_2K_1-0.860\,2c_3K_1+0.293\,9c_{ip}K_1\\E_4&=c_0K_1-0.587\,8K_1+0.809\,0\delta_oK_1+0.345\,5c_2K_1-0.203\,1c_3K_1-0.475\,5c_{ip}K_1\end{aligned}\right\}\tag{4-30}$$

由式(4-30) 得到

$$\left.\begin{aligned}E_0+E_4&=2c_0K_1+1.618\,0\delta_oK_1+0.691\,0c_2K_1\\E_1+E_3&=2c_0K_1-0.618\,0\delta_oK_1+1.809\,0c_2K_1\\E_2&=c_0K_1-\delta_oK_1\end{aligned}\right\}\tag{4-31}$$

及

$$\left.\begin{aligned}E_0-E_4&=1.175\,6K_1+0.406\,2c_3K_1+0.951\,0c_{ip}K_1\\E_1-E_3&=1.902\,2K_1+1.720\,4c_3K_1-0.587\,6c_{ip}K_1\end{aligned}\right\}\tag{4-32}$$

由式(4-31) 得到

$$\left.\begin{aligned}c_0K_1&=0.323\,6(E_0+E_4)-0.123\,6(E_1+E_3)+0.6E_2\\c_2K_1&=0.647\,2(E_1+E_3)-0.247\,2(E_0+E_4)-0.8E_2\\\delta_oK_1&=0.323\,6(E_0+E_4)-0.123\,6(E_1+E_3)-0.4E_2\end{aligned}\right\}\tag{4-33}$$

从式(4-32) 可以看到,5 点法不能将 c_3 从 K_1 中分离。

鉴于 $c_3\ll 1\ g_{local}/g_{local}^3$,式(4-32) 可以简化为

$$\left.\begin{aligned}E_0-E_4&\approx 1.175\ 6K_1+0.951\ 0c_{\mathrm{ip}}K_1\\E_1-E_3&\approx 1.902\ 2K_1-0.587\ 6c_{\mathrm{ip}}K_1\end{aligned}\right\}\tag{4-34}$$

由式(4－34)得到

$$\left.\begin{aligned}K_1&\approx 0.235\ 1(E_0-E_4)+0.380\ 4(E_1-E_3)\\c_{\mathrm{ip}}K_1&\approx 0.760\ 9(E_0-E_4)+0.470\ 2(E_3-E_1)\end{aligned}\right\}\tag{4-35}$$

将式(4－33)与式(4－35)合并，最终得到

$$\left.\begin{aligned}K_1&\approx 0.235\ 1(E_0-E_4)+0.380\ 4(E_1-E_3)\\c_0K_1&=0.323\ 6(E_0+E_4)-0.123\ 6(E_1+E_3)+0.6E_2\\c_2K_1&=-0.247\ 2(E_0+E_4)+0.647\ 2(E_1+E_3)-0.8E_2\\c_{\mathrm{ip}}K_1&\approx 0.760\ 9(E_0-E_4)-0.470\ 2(E_1-E_3)\\\delta_{\mathrm{o}}K_1&=0.323\ 6(E_0+E_4)-0.123\ 6(E_1+E_3)-0.4E_2\end{aligned}\right\}\tag{4-36}$$

与等间隔6点法相比：

1)5点法能分解同样多的参数，有利于提高测试效率。

2)式(4-36)所显示的系数比式(4-25)杂乱得多，特别是对于高精密度标定，有效位数需要更多。好在现在计算机极其普及，系数杂乱算不上是严重的缺点。

3)在生产线上，常常用正多棱柱安装多个加速度计，同时进行标定。正5棱柱的加工、检验、保管比正6棱柱麻烦。

(6)7点法。

采用式(4－14)所示的取值方法。当 $n=3$ 时，即为7点法。由该式得到

$$\left.\begin{aligned}\theta_0&=\frac{\pi}{7}\\\theta_1&=\frac{3\pi}{7}\\\theta_2&=\frac{5\pi}{7}\\\theta_3&=\pi\\\theta_4&=\frac{9\pi}{7}\\\theta_5&=\frac{11\pi}{7}\\\theta_6&=\frac{13\pi}{7}\end{aligned}\right\}\tag{4-37}$$

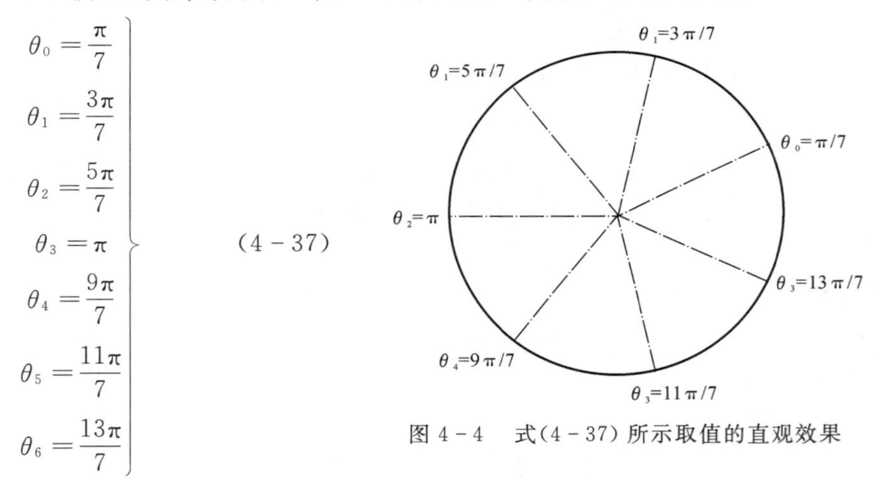

图4－4　式(4－37)所示取值的直观效果

图4－4绘出了式(4－37)所示取值的直观效果。

将式(4－37)代入式(4－8)，得到

$$\left.\begin{aligned}E_0&=c_0K_1+0.433\ 9K_1+0.901\ 0\delta_{\mathrm{o}}K_1+0.188\ 3c_2K_1+0.081\ 7c_3K_1+0.390\ 9c_{\mathrm{ip}}K_1\\E_1&=c_0K_1+0.974\ 9K_1+0.222\ 5\delta_{\mathrm{o}}K_1+0.950\ 5c_2K_1+0.926\ 7c_3K_1+0.216\ 9c_{\mathrm{ip}}K_1\\E_2&=c_0K_1+0.781\ 8K_1-0.623\ 5\delta_{\mathrm{o}}K_1+0.611\ 3c_2K_1+0.477\ 9c_3K_1-0.487\ 5c_{\mathrm{ip}}K_1\\E_3&=c_0K_1-\delta_{\mathrm{o}}K_1\\E_4&=c_0K_1-0.781\ 8K_1-0.623\ 5\delta_{\mathrm{o}}K_1+0.611\ 3c_2K_1-0.477\ 9c_3K_1+0.487\ 5c_{\mathrm{ip}}K_1\\E_5&=c_0K_1-0.974\ 9K_1+0.222\ 5\delta_{\mathrm{o}}K_1+0.950\ 5c_2K_1-0.926\ 7c_3K_1-0.216\ 9c_{\mathrm{ip}}K_1\\E_6&=c_0K_1-0.433\ 9K_1+0.901\ 0\delta_{\mathrm{o}}K_1+0.188\ 3c_2K_1-0.081\ 7c_3K_1-0.390\ 9c_{\mathrm{ip}}K_1\end{aligned}\right\}\tag{4-38}$$

由式(4-38)得到

$$\left.\begin{aligned}E_0+E_6&=2c_0K_1+1.802\,0\delta_oK_1+0.376\,6c_2K_1\\E_1+E_5&=2c_0K_1+0.445\,0\delta_oK_1+1.901\,0c_2K_1\\E_2+E_4&=2c_0K_1-1.247\,0\delta_oK_1+1.222\,6c_2K_1\\E_3&=c_0K_1-\delta_oK_1\end{aligned}\right\}\tag{4-39}$$

及

$$\left.\begin{aligned}E_0-E_6&=0.867\,8K_1+0.163\,4c_3K_1+0.781\,8c_{ip}K_1\\E_1-E_5&=1.949\,8K_1+1.853\,4c_3K_1+0.433\,8c_{ip}K_1\\E_2-E_4&=1.563\,6K_1+0.955\,8c_3K_1-0.975\,0c_{ip}K_1\end{aligned}\right\}\tag{4-40}$$

由式(4-39)得到

$$\left.\begin{aligned}c_0K_1&=E_3+0.193\,9(E_0+E_6)+0.241\,8(E_1+E_5)-0.435\,5(E_2+E_4)\\c_2K_1&=0.871\,2(E_1+E_5)-0.387\,7(E_2+E_4)-0.483\,4(E_0+E_6)\\\delta_oK_1&=0.193\,9(E_0+E_6)+0.241\,8(E_1+E_5)-0.435\,5(E_2+E_4)\end{aligned}\right\}\tag{4-41}$$

由式(4-40)得到

$$\left.\begin{aligned}K_1&=0.959\,6(E_0-E_6)+0.595\,2(E_2-E_4)-0.391\,5(E_1-E_5)\\c_3K_1&=0.893\,5(E_1-E_5)-1.114\,2(E_0-E_6)-0.495\,8(E_2-E_4)\\c_{ip}K_1&=0.446\,6(E_0-E_6)-0.557\,1(E_2-E_4)+0.248\,1(E_1-E_5)\end{aligned}\right\}\tag{4-42}$$

将式(4-41)与式(4-42)合并,最终得到

$$\left.\begin{aligned}K_1&=0.959\,6(E_0-E_6)-0.391\,5(E_1-E_5)+0.595\,2(E_2-E_4)\\c_0K_1&=0.193\,9(E_0+E_6)+0.241\,8(E_1+E_5)-0.435\,5(E_2+E_4)+E_3\\c_2K_1&=-0.483\,4(E_0+E_6)+0.871\,2(E_1+E_5)-0.387\,7(E_2+E_4)\\c_3K_1&=-1.114\,2(E_0-E_6)+0.893\,5(E_1-E_5)-0.495\,8(E_2-E_4)\\c_{ip}K_1&=0.446\,6(E_0-E_6)+0.248\,1(E_1-E_5)-0.557\,1(E_2-E_4)\\\delta_oK_1&=0.193\,9(E_0+E_6)+0.241\,8(E_1+E_5)-0.435\,5(E_2+E_4)\end{aligned}\right\}\tag{4-43}$$

从式(4-43)可以看到,7 点法可以分离出式(4-8)中的全部参数。

7 点法与 8 点法相比的优缺点,除了类似于 5 点法与等间隔 6 点法相比的优缺点以外,还有 7 点法的角度取值,$\pi/7$ rad(即 25°42′51.428 5″)及其两倍、三倍值,在分度头上无法准确定位,除非使用特殊定制的端齿盘。

4.2.3.2　Fourier 系数法

式(4-8)可以表示为三角级数的 0~3 倍角之和:

$$E_i=\frac{A_0}{2}+\sum_{k=1}^{3}(A_k\cos k\theta_i+B_k\sin k\theta_i)\tag{4-44}$$

式中　A_0—— 三角级数的常数项系数;

A_k—— 三角级数的余弦项系数;

B_k—— 三角级数的正弦项系数。

将式(4-44)与式(4-8)相比较,得到

$$\left.\begin{aligned}A_0&=2c_0K_1+c_2K_1\\A_1&=\delta_oK_1\\A_2&=-\frac{c_2K_1}{2}\\A_3&=0\\B_1&=K_1+\frac{3c_3K_1}{4}\\B_2&=\frac{c_{ip}K_1}{2}\\B_3&=-\frac{c_3K_1}{4}\end{aligned}\right\}\tag{4-45}$$

由式(4-45)得到

$$\left.\begin{aligned}K_1&=B_1+3B_3\\c_0K_1&=\frac{A_0}{2}+A_2\\c_2K_1&=-2A_2\\c_3K_1&=-4B_3\\c_{ip}K_1&=2B_2\\\delta_oK_1&=A_1\end{aligned}\right\}\tag{4-46}$$

我们知道,Fourier 级数有两点重要概念[11]:

第一点,若函数 $f(\theta_i)$ 的如下积分绝对成立:

$$\left.\begin{aligned}A_k&=\frac{1}{\pi}\int_0^{2\pi}f(\theta_i)\cos k\theta_i\,\mathrm{d}\theta_i,\quad k=0,1,2,\cdots,\infty\\B_k&=\frac{1}{\pi}\int_0^{2\pi}f(\theta_i)\sin k\theta_i\,\mathrm{d}\theta_i,\quad k=1,2,\cdots,\infty\end{aligned}\right\}\tag{4-47}$$

式中 $f(\theta_i)$—— 函数;

A_k——Fourier 级数的余弦项系数;

B_k——Fourier 级数的正弦项系数。

则如下三角级数称为 $f(\theta_i)$ 的 Fourier 级数:

$$\frac{A_0}{2}+\sum_{k=1}^{\infty}(A_k\cos k\theta_i+B_k\sin k\theta_i)\tag{4-48}$$

式中 A_0——Fourier 级数的常数项系数。

式(4-48)中 A_k,B_k 称为 $f(\theta_i)$ 的 Fourier 系数,而不管该式是否收敛,即使收敛也不管它是否等于 $f(\theta_i)$。

第二点,若式(4-48)点点收敛,而且除有限个点外,其和等于 $f(\theta_i)$,则式(4-48)称为 $f(\theta_i)$ 的 Fourier 展开,记作

$$f(\theta_i)=\frac{A_0}{2}+\sum_{k=1}^{\infty}(A_k\cos k\theta_i+B_k\sin k\theta_i)\tag{4-49}$$

可以看到,式(4-44)与式(4-49)具有类似的形式。因此,只要由式(4-45)表达的式(4-44)之任何倍角下的系数与由式(4-47)表达的式(4-49)之同样倍角下的系数指向同一内含,就可以通过将式(4-47)进行离散化、有限项改造,用 $\theta_i=(0\sim2\pi)$ rad 范围内的有

限个等间隔点的摆式线加速度计输出值计算出由式(4-45)表达的式(4-44)之系数，再代入由式(4-45)导出的式(4-46)，从而得到式(4-8)所示模型方程各项系数。

将式(4-47)进行离散化、有限项改造以便与式(4-44)相呼应的具体方法是：

与式(4-13)所示取值方法相对应：将式(4-47)中的 $f(\theta_i)$ 替换成 E_i，对 θ_i 依式(4-13)取 N 个值，并改造为只剩 0～3 倍角的有限项：

$$\left.\begin{aligned} A_k &= \frac{2}{N}\sum_{i=0}^{N-1} E_i \cos k\theta_i, \quad k=0,1,2,3 \\ B_k &= \frac{2}{N}\sum_{i=0}^{N-1} E_i \sin k\theta_i, \quad k=1,2,3 \end{aligned}\right\} \tag{4-50}$$

与式(4-14)所示取值方法相对应：将式(4-47)中的 $f(\theta_i)$ 替换成 E_i，对 θ_i 依式(4-14)取 $2n+1$ 个值，并改造为只剩 0～3 倍角的有限项：

$$\left.\begin{aligned} A_k &= \frac{2}{2n+1}\sum_{i=0}^{2n} E_i \cos\left[\frac{2\pi k}{2n+1}(i+0.5)\right], \quad k=0,1,2,3 \\ B_k &= \frac{2}{2n+1}\sum_{i=0}^{2n} E_i \sin\left[\frac{2\pi k}{2n+1}(i+0.5)\right], \quad k=1,2,3 \end{aligned}\right\} \tag{4-51}$$

文献[7]之附录A(资料性附录)“加速度计静态多点试验”中的“A.3　谐波分析法”采用的正是上述 Fourier 系数法，只是其中的“A_0”等同于上述 $A_0/2$，“A_1”等同于上述 B_1，“A_2”等同于上述 B_2，“B_1”等同于上述 A_1，“B_2”等同于上述 A_2，“$i\Delta\theta$”等同于上述 θ_i，“$\delta'_{\circ}$”等同于上述 $-\delta'_{\circ}$。

值得注意的是，将式(4-49)表达的无限项和式改造为式(4-44)表达的有限项和式，将式(4-47)所示无限项系数各自的积分表达式改造为式(4-50)所示有限项系数各自的离散化和式是否合理，以及式(4-47)和式(4-49)成立的条件是否具备，都是需要验证的。也就是说，式(4-50)或式(4-51)是否正确表达了式(4-44)中的系数是需要验证的。或者说，Fourier 系数法是否能够正确分离出由式(4-8)表达的模型方程各项系数是需要验证的。

以下以4点法、5点法、等间隔6点法、7点法、8点法、12点法为示例进行验证。验证方法有两种，一种是将 Fourier 系数法所得到的模型方程各项系数与解联立方程组所得到的模型方程各项系数一一对比，完全一致即通过验证，然而，由于 θ_i 在整个 2π 范围内以等间隔方式取 N 个值，得到的 N 个方程并非完全独立，Fourier 系数法、解联立方程组二者分别得到的模型方程各项系数形式不一致不代表真正不一致；另一种是将模型方程直接代入 Fourier 系数法所得到的模型方程各项系数中，不出现矛盾即通过验证。所以前一种方法如通过验证，则无需采用后一种方法；前一种方法如未能通过验证，只要后一种方法通过验证，就认为通过了验证。12点法的验证只采取后一种方法，而4点法、5点法、等间隔6点法、7点法、8点法则综合采用了两种方法，其中5点法、等间隔6点法、7点法虽然并不实用，但有利于证明 Fourier 系数法的普适性。由于点数越多，计算越繁，所以未采用72点法作为示例。

(1)4点法。

由于4.2.3.1节第(1)条指出，4点法反映不出输入轴与摆轴的交叉耦合系数 c_{ip}，且不能将 c_3 从 K_1 中分离，所以式(4-8)应简化为

$$E_i = \left(c_0 K_1 + \frac{c_2 K_1}{2}\right) + \delta_{\circ} K_1 \cos\theta_i - \frac{c_2 K_1}{2}\cos 2\theta_i + K_1 \sin\theta_i \tag{4-52}$$

将式(4-15)代入式(4-52)，得到

$$
\left.\begin{aligned}
E_0 &= c_0 K_1 + \delta_o K_1 \\
E_1 &= c_0 K_1 + K_1 + c_2 K_1 \\
E_2 &= c_0 K_1 - \delta_o K_1 \\
E_3 &= c_0 K_1 - K_1 + c_2 K_1
\end{aligned}\right\} \tag{4-53}
$$

与式(4-8)简化为式(4-52)相应,式(4-44)应简化为

$$
E_i = \frac{A_0}{2} + \sum_{k=1}^{2} (A_k \cos k\theta_i + B_k \sin k\theta_i) \tag{4-54}
$$

而式(4-50)则应简化为

$$
\left.\begin{aligned}
A_k &= \frac{1}{2} \sum_{i=0}^{3} E_i \cos k\theta_i, \quad k=0,1,2 \\
B_k &= \frac{1}{2} \sum_{i=0}^{3} E_i \sin k\theta_i, \quad k=1,2
\end{aligned}\right\} \tag{4-55}
$$

将式(4-52)与式(4-54)相对照,得到

$$
\left.\begin{aligned}
A_0 &= 2c_0 K_1 + c_2 K_1 \\
A_1 &= \delta_o K_1 \\
A_2 &= -\frac{c_2 K_1}{2} \\
B_1 &= K_1 \\
B_2 &= 0
\end{aligned}\right\} \tag{4-56}
$$

由式(4-56)得到

$$
\left.\begin{aligned}
K_1 &= B_1 \\
c_0 K_1 &= \frac{A_0}{2} + A_2 \\
c_2 K_1 &= -2A_2 \\
\delta_o K_1 &= A_1
\end{aligned}\right\} \tag{4-57}
$$

将式(4-15)代入式(4-55),得到

$$
\left.\begin{aligned}
A_0 &= \frac{1}{2}(E_0 + E_1 + E_2 + E_3) \\
A_1 &= \frac{1}{2}(E_0 - E_2) \\
A_2 &= \frac{1}{2}(E_0 - E_1 + E_2 - E_3) \\
B_1 &= \frac{1}{2}(E_1 - E_3) \\
B_2 &= 0
\end{aligned}\right\} \tag{4-58}
$$

将式(4-58)代入式(4-57),得到

$$
\left.\begin{aligned}
K_1 &= \frac{1}{2}(E_1 - E_3) \\
c_0 K_1 &= \frac{3}{4}(E_0 + E_2) - \frac{1}{4}(E_1 + E_3) \\
c_2 K_1 &= E_1 + E_3 - E_0 - E_2 \\
\delta_o K_1 &= \frac{1}{2}(E_0 - E_2)
\end{aligned}\right\} \tag{4-59}
$$

将式(4-59)与式(4-18)相对照，可以看到K_1，$\delta_0 K_1$的表达式相同，而c_0K_1，c_2K_1的表达式不同。

验证c_0K_1：

将式(4-53)代入式(4-59)中的c_0K_1表达式，得到

$$c_0K_1 = c_0K_1 - \frac{1}{2}c_2K_1 \tag{4-60}$$

而将式(4-53)代入式(4-18)中的c_0K_1表达式，得到

$$c_0K_1 = c_0K_1 \tag{4-61}$$

验证c_2K_1：

将式(4-53)代入式(4-58)中的c_2K_1表达式，得到

$$c_2K_1 = 2c_2K_1 \tag{4-62}$$

而将式(4-53)代入式(4-18)中的c_2K_1表达式，得到

$$c_2K_1 = c_2K_1 \tag{4-63}$$

从式(4-60)和式(4-62)可以看到，采用 Fourier 系数法没有正确解算出由式(4-52)表达的 4 点法的模型方程各项系数。也就是说，对于 4 点法，式(4-55)没有正确表达式(4-54)中的系数。即 Fourier 系数法对于 4 点法不适用。

(2)5 点法。

由于 4.2.3.1 节第(5)条指出，5 点法不能将c_3从K_1中分离，所以式(4-8)应简化为

$$E_i = \left(c_0K_1 + \frac{c_2K_1}{2}\right) + \delta_o K_1\cos\theta_i - \frac{c_2K_1}{2}\cos 2\theta_i + K_1\sin\theta_i + \frac{c_{ip}K_1}{2}\sin 2\theta_i \tag{4-64}$$

将式(4-29)代入式(4-64)，得到

$$\left.\begin{aligned}
E_0 &= c_0K_1 + 0.587\ 8K_1 + 0.809\ 0\delta_o K_1 + 0.345\ 5c_2K_1 + 0.475\ 5c_{ip}K_1 \\
E_1 &= c_0K_1 + 0.951\ 1K_1 - 0.309\ 0\delta_o K_1 + 0.904\ 5c_2K_1 - 0.293\ 9c_{ip}K_1 \\
E_2 &= c_0K_1 - \delta_o K_1 \\
E_3 &= c_0K_1 - 0.951\ 1K_1 - 0.309\ 0\delta_o K_1 + 0.904\ 5c_2K_1 + 0.293\ 9c_{ip}K_1 \\
E_4 &= c_0K_1 - 0.587\ 8K_1 + 0.809\ 0\delta_o K_1 + 0.345\ 5c_2K_1 - 0.475\ 5c_{ip}K_1
\end{aligned}\right\} \tag{4-65}$$

由于式(4-29)采用了式(4-14)所示的取值方法，与式(4-8)简化为式(4-64)相对应，式(4-51)则应简化为

$$\left.\begin{aligned}
A_k &= 0.4\sum_{i=0}^{4}E_i\cos\left[\frac{2\pi k}{5}(i+0.5)\right],\quad k=0,1,2 \\
B_k &= 0.4\sum_{i=0}^{4}E_i\sin\left[\frac{2\pi k}{5}(i+0.5)\right],\quad k=1,2
\end{aligned}\right\} \tag{4-66}$$

将式(4-64)与式(4-54)相对照，得到

$$\left.\begin{aligned}
A_0 &= 2c_0K_1 + c_2K_1 \\
A_1 &= \delta_o K_1 \\
A_2 &= -\frac{c_2K_1}{2} \\
B_1 &= K_1 \\
B_2 &= \frac{c_{ip}K_1}{2}
\end{aligned}\right\} \tag{4-67}$$

由式(4-67)得到

$$\left.\begin{aligned}K_1&=B_1\\c_0K_1&=\frac{A_0}{2}+A_2\\c_2K_1&=-2A_2\\c_{\mathrm{ip}}K_1&=2B_2\\\delta_{\mathrm{o}}K_1&=A_1\end{aligned}\right\}\tag{4-68}$$

将式(4-29)代入式(4-66),得到

$$\left.\begin{aligned}A_0&=0.4(E_0+E_1+E_2+E_3+E_4)\\A_1&=0.323\,6(E_0+E_4)-0.123\,6(E_1+E_3)-0.4E_2\\A_2&=0.123\,6(E_0+E_4)-0.323\,6(E_1+E_3)+0.4E_2\\B_1&=0.235\,1(E_0-E_4)+0.380\,4(E_1-E_3)\\B_2&=0.380\,4(E_0-E_4)+0.235\,1(E_3-E_1)\end{aligned}\right\}\tag{4-69}$$

将式(4-69)代入式(4-68),得到

$$\left.\begin{aligned}K_1&=0.235\,1(E_0-E_4)+0.380\,4(E_1-E_3)\\c_0K_1&=0.323\,6(E_0+E_4)-0.123\,6(E_1+E_3)+0.6E_2\\c_2K_1&=-0.247\,2(E_0+E_4)+0.647\,2(E_1+E_3)-0.8E_2\\c_{\mathrm{ip}}K_1&=0.760\,8(E_0-E_4)-0.470\,2(E_1-E_3)\\\delta_{\mathrm{o}}K_1&=0.323\,6(E_0+E_4)-0.123\,6(E_1+E_3)-0.4E_2\end{aligned}\right\}\tag{4-70}$$

式(4-70)与式(4-36)完全相同,说明采用 Fourier 系数法正确解算出了由式(4-64)表达的 5 点法的模型方程各项系数。也就是说,对于 5 点法,式(4-66)正确表达了式(4-54)中的系数。即 Fourier 系数法对于 5 点法适用。

(3)等间隔 6 点法。

由于 4.2.3.1 节第(3)条指出,等间隔 6 点法不能将 c_3 从 K_1 中分离,所以式(4-8)应简化为式(4-64)。将式(4-22)代入式(4-64),得到

$$\left.\begin{aligned}E_0&=c_0K_1+\delta_{\mathrm{o}}K_1\\E_1&=c_0K_1+\frac{\sqrt{3}}{2}K_1+\frac{3}{4}c_2K_1+\frac{1}{2}\delta_{\mathrm{o}}K_1+\frac{\sqrt{3}}{4}c_{\mathrm{ip}}K_1\\E_2&=c_0K_1+\frac{\sqrt{3}}{2}K_1+\frac{3}{4}c_2K_1-\frac{1}{2}\delta_{\mathrm{o}}K_1-\frac{\sqrt{3}}{4}c_{\mathrm{ip}}K_1\\E_3&=c_0K_1-\delta_{\mathrm{o}}K_1\\E_4&=c_0K_1-\frac{\sqrt{3}}{2}K_1+\frac{3}{4}c_2K_1-\frac{1}{2}\delta_{\mathrm{o}}K_1+\frac{\sqrt{3}}{4}c_{\mathrm{ip}}K_1\\E_5&=c_0K_1-\frac{\sqrt{3}}{2}K_1+\frac{3}{4}c_2K_1+\frac{1}{2}\delta_{\mathrm{o}}K_1-\frac{\sqrt{3}}{4}c_{\mathrm{ip}}K_1\end{aligned}\right\}\tag{4-71}$$

将式(4-22)代入式(4-55),得到

$$\left.\begin{aligned}
A_0&=\frac{1}{3}(E_0+E_1+E_2+E_3+E_4+E_5)\\
A_1&=\frac{1}{3}\left(E_0+\frac{1}{2}E_1-\frac{1}{2}E_2-E_3-\frac{1}{2}E_4+\frac{1}{2}E_5\right)\\
A_2&=\frac{1}{3}\left(E_0-\frac{1}{2}E_1-\frac{1}{2}E_2+E_3-\frac{1}{2}E_4-\frac{1}{2}E_5\right)\\
B_1&=\frac{1}{3}\left(\frac{\sqrt{3}}{2}E_1+\frac{\sqrt{3}}{2}E_2-\frac{\sqrt{3}}{2}E_4-\frac{\sqrt{3}}{2}E_5\right)\\
B_2&=\frac{1}{3}\left(\frac{\sqrt{3}}{2}E_1-\frac{\sqrt{3}}{2}E_2+\frac{\sqrt{3}}{2}E_4-\frac{\sqrt{3}}{2}E_5\right)
\end{aligned}\right\} \tag{4-72}$$

将式(4-72) 代入式(4-68)，得到

$$\left.\begin{aligned}
K_1&=\frac{1}{2\sqrt{3}}(E_1+E_2-E_4-E_5)\\
c_0K_1&=\frac{1}{2}(E_0+E_3)\\
c_2K_1&=\frac{1}{3}(E_1+E_2+E_4+E_5)-\frac{2}{3}(E_0+E_3)\\
c_{ip}K_1&=\frac{1}{\sqrt{3}}(E_1-E_2+E_4-E_5)\\
\delta_oK_1&=\frac{1}{3}(E_0-E_3)+\frac{1}{6}(E_1-E_2-E_4+E_5)
\end{aligned}\right\} \tag{4-73}$$

将式(4-73) 与式(4-25) 相对照，可以看到 K_1，c_0K_1，c_2K_1，$c_{ip}K_1$ 的表达式相同，而 δ_0K_1 的表达式不同。

验证 δ_0K_1：

将式(4-71) 代入式(4-73) 中的 δ_0K_1 表达式，得到

$$\delta_oK_1=\delta_oK_1 \tag{4-74}$$

而将式(4-71) 代入式(4-25) 中的 δ_0K_1 表达式，也得到式(4-74)。

以上事实说明尽管 δ_0K_1 的表达式具有不同的形式，但实质是一样的。即采用 Fourier 系数法正确解算出了由式(4-64) 表达的等间隔 6 点法的模型方程各项系数。也就是说，对于等间隔 6 点法，式(4-55) 正确表达了式(4-54) 中的系数。即 Fourier 系数法对于等间隔 6 点法适用。

(4)7 点法。

4.2.3.1 节第(6) 条指出，7 点法可以分离出式(4-8) 中的全部参数。由于式(4-37) 采用了式(4-14) 所示的取值方法，并取 $n=3$，所以式(4-51) 可以改写为

$$\left.\begin{aligned}
A_k&=\frac{2}{7}\sum_{i=0}^{6}E_i\cos\left[\frac{2\pi k}{7}(i+0.5)\right],\quad k=0,1,2,3\\
B_k&=\frac{2}{7}\sum_{i=0}^{6}E_i\sin\left[\frac{2\pi k}{7}(i+0.5)\right],\quad k=1,2,3
\end{aligned}\right\} \tag{4-75}$$

将式(4-37)代入式(4-75),得到

$$\left.\begin{aligned}
A_0&=\frac{2}{7}(E_0+E_1+E_2+E_3+E_4+E_5+E_6)\\
A_1&=\frac{2}{7}(0.901\ 0E_0+0.222\ 5E_1-0.623\ 5E_2-E_3-0.623\ 5E_4+\\
&\qquad 0.222\ 5E_5+0.901\ 0E_6)\\
B_1&=\frac{2}{7}(0.433\ 9E_0+0.974\ 9E_1+0.781\ 8E_2-0.781\ 8E_4-\\
&\qquad 0.974\ 9E_5-0.433\ 9E_6)\\
A_2&=\frac{2}{7}(0.623\ 5E_0-0.901\ 0E_1-0.222\ 5E_2+E_3-0.222\ 5E_4-\\
&\qquad 0.901\ 0E_5+0.623\ 5E_6)\\
B_2&=\frac{2}{7}(0.781\ 8E_0+0.433\ 9E_1-0.974\ 9E_2+0.974\ 9E_4-\\
&\qquad 0.433\ 9E_5-0.781\ 8E_6)\\
A_3&=\frac{2}{7}(0.222\ 5E_0-0.623\ 5E_1+0.901\ 0E_2-E_3+\\
&\qquad 0.901\ 0E_4-0.623\ 5E_5+0.222\ 5E_6)\\
B_3&=\frac{2}{7}(0.974\ 9E_0-0.781\ 8E_1+0.433\ 9E_2-0.433\ 9E_4+\\
&\qquad 0.781\ 8E_5-0.974\ 9E_6)
\end{aligned}\right\}\tag{4-76}$$

将式(4-76)代入式(4-46),得到

$$\left.\begin{aligned}
K_1&=0.959\ 5(E_0-E_6)-0.391\ 7(E_1-E_5)+0.595\ 4(E_2-E_4)\\
c_0K_1&=0.321\ 0(E_0+E_6)-0.114\ 5(E_1+E_5)+0.079\ 29(E_2+E_4)+0.428\ 6E_3\\
c_2K_1&=-0.356\ 2(E_0+E_6)+0.514\ 8(E_1+E_5)+0.127\ 1(E_2+E_4)-0.571\ 4E_3\\
c_3K_1&=-1.114(E_0-E_6)+0.893\ 6(E_1-E_5)-0.496\ 0(E_2-E_4)\\
c_{ip}K_1&=0.446\ 8(E_0-E_6)+0.248\ 0[E_1-E_5]-0.557\ 0(E_2-E_4)\\
\delta_0K_1&=0.257\ 4(E_0+E_6)+0.063\ 57(E_1+E_5)-0.178\ 1(E_2+E_4)-0.285\ 7E_3
\end{aligned}\right\}\tag{4-77}$$

将式(4-77)与式(4-43)相对照,可以看到 K_1, c_3K_1, $c_{ip}K_1$ 的表达式相同,而 c_0K_1, c_2K_1, δ_0K_1 的表达式不同。

验证 c_0K_1:

将式(4-38)代入式(4-77)中的 c_0K_1 表达式,得到

$$c_0K_1=c_0K_1\tag{4-78}$$

而将式(4-38)代入式(4-43)中的 c_0K_1 表达式,也得到式(4-78)。

验证 c_2K_1:

将式(4-38)代入式(4-77)中的 c_2K_1 表达式,得到式(4-63);而将式(4-38)代入式(4-43)中的 c_2K_1 表达式,也得到式(4-63)。

验证 δ_0K_1:

将式(4-38)代入式(4-77)中的 δ_0K_1 表达式,得到式(4-74);而将式(4-38)代入式(4-43)中的 δ_0K_1 表达式,也得到式(4-74)。

以上事实说明尽管 c_0K_1, c_2K_1, δ_0K_1 的表达式各自具有不同的形式,但实质是一样的。即采用Fourier系数法正确解算出了由式(4-8)表达的模型方程各项系数。也就是说,对于7点法,式(4-75)正确表达了式(4-44)中的系数。即Fourier系数法对于7点法适用。

(5)8点法。

4.2.3.1节第(2)条指出,8点法可以分离出式(4-8)中的全部参数。由于式(4-19)采用了式(4-13)所示的取值方法,并取 $N=8$,所以式(4-50)可以改写为

$$\left.\begin{aligned} A_k &= \frac{1}{4}\sum_{i=0}^{7} E_i \cos k\theta_i, \quad k=0,1,2,3 \\ B_k &= \frac{1}{4}\sum_{i=0}^{7} E_i \sin k\theta_i, \quad k=1,2,3 \end{aligned}\right\} \tag{4-79}$$

将式(4-19)代入式(4-79),得到

$$\left.\begin{aligned} A_0 &= \frac{1}{4}(E_0+E_1+E_2+E_3+E_4+E_5+E_6+E_7) \\ A_1 &= \frac{1}{4}\left(E_0+\frac{E_1}{\sqrt{2}}-\frac{E_3}{\sqrt{2}}-E_4-\frac{E_5}{\sqrt{2}}+\frac{E_7}{\sqrt{2}}\right) \\ A_2 &= \frac{1}{4}(E_0-E_2+E_4-E_6) \\ A_3 &= \frac{1}{4}\left(E_0-\frac{E_1}{\sqrt{2}}+\frac{E_3}{\sqrt{2}}-E_4+\frac{E_5}{\sqrt{2}}-\frac{E_7}{\sqrt{2}}\right) \\ B_1 &= \frac{1}{4}\left(\frac{E_1}{\sqrt{2}}+E_2+\frac{E_3}{\sqrt{2}}-\frac{E_5}{\sqrt{2}}-E_6-\frac{E_7}{\sqrt{2}}\right) \\ B_2 &= \frac{1}{4}(E_1-E_3+E_5-E_7) \\ B_3 &= \frac{1}{4}\left(\frac{E_1}{\sqrt{2}}-E_2+\frac{E_3}{\sqrt{2}}-\frac{E_5}{\sqrt{2}}+E_6-\frac{E_7}{\sqrt{2}}\right) \end{aligned}\right\} \tag{4-80}$$

将式(4-80)代入式(4-46),得到

$$\left.\begin{aligned} K_1 &= \frac{1}{2}(E_6-E_2)+\frac{1}{\sqrt{2}}(E_1+E_3-E_5-E_7) \\ c_0K_1 &= \frac{3}{8}(E_0+E_4)+\frac{1}{8}(E_1-E_2+E_3+E_5-E_6+E_7) \\ c_2K_1 &= \frac{1}{2}(E_2+E_6-E_0-E_4) \\ c_3K_1 &= (E_2-E_6)+\frac{1}{\sqrt{2}}(E_5+E_7-E_1-E_3) \\ c_{ip}K_1 &= \frac{1}{2}(E_1-E_3+E_5-E_7) \\ \delta_0K_1 &= \frac{1}{4}(E_0-E_4)+\frac{1}{4\sqrt{2}}(E_1+E_7-E_3-E_5) \end{aligned}\right\} \tag{4-81}$$

将式(4-81)与式(4-21)相对照,可以看到 K_1,c_2K_1,c_3K_1,$c_{ip}K_1$ 的表达式相同,而 c_0K_1,δ_0K_1 的表达式不同。

验证 c_0K_1:

将式(4-20)代入式(4-81)中的 c_0K_1 表达式,得到式(4-78);而将式(4-20)代入式(4-21)中的 c_0K_1 表达式,也得到式(4-78)。

验证 δ_0K_1:

将式(4-20)代入式(4-81)中的 δ_0K_1 表达式,得到式(4-74);而将式(4-20)代入式(4-21)中的 δ_0K_1 表达式,也得到式(4-74)。

以上事实说明,尽管 c_0K_1,δ_0K_1 的表达式各自具有不同的形式,但实质是一样的。即采用Fourier系数法正确解算出了由式(4-8)表达的模型方程各项系数。也就是说,对于8点法,式(4-79)正确表达了式(4-44)中的系数。即Fourier系数法对于8点法适用。

(6)12 点法。

由式(4-13)得到,当 $N=12$ 时:

$$\left.\begin{aligned}\theta_0&=0\\\theta_1&=\frac{\pi}{6}\\\theta_2&=\frac{\pi}{3}\\\theta_3&=\frac{\pi}{2}\\\theta_4&=\frac{2\pi}{3}\\\theta_5&=\frac{5\pi}{6}\\\theta_6&=\pi\\\theta_7&=\frac{7\pi}{6}\\\theta_8&=\frac{4\pi}{3}\\\theta_9&=\frac{9\pi}{6}\\\theta_{10}&=\frac{5\pi}{3}\\\theta_{11}&=\frac{11\pi}{6}\end{aligned}\right\}\tag{4-82}$$

将式(4-82)代入式(4-8),得到

$$\left.\begin{aligned}E_0&=c_0K_1+\delta_oK_1\\E_1&=\left(c_0K_1+\frac{1}{2}c_2K_1\right)+\frac{\sqrt{3}}{2}\delta_oK_1-\frac{1}{4}c_2K_1+\frac{1}{2}\left(K_1+\frac{3c_3K_1}{4}\right)+\frac{\sqrt{3}}{4}c_{ip}K_1-\frac{1}{4}c_3K_1\\E_2&=\left(c_0K_1+\frac{1}{2}c_2K_1\right)+\frac{1}{2}\delta_oK_1+\frac{1}{4}c_2K_1+\frac{\sqrt{3}}{2}\left(K_1+\frac{3c_3K_1}{4}\right)+\frac{\sqrt{3}}{4}c_{ip}K_1\\E_3&=\left(c_0K_1+\frac{1}{2}c_2K_1\right)+\frac{1}{2}c_2K_1+\left(K_1+\frac{3c_3K_1}{4}\right)+\frac{1}{4}c_3K_1\\E_4&=\left(c_0K_1+\frac{1}{2}c_2K_1\right)-\frac{1}{2}\delta_oK_1+\frac{1}{4}c_2K_1+\frac{\sqrt{3}}{2}\left(K_1+\frac{3c_3K_1}{4}\right)-\frac{\sqrt{3}}{4}c_{ip}K_1\\E_5&=\left(c_0K_1+\frac{1}{2}c_2K_1\right)-\frac{\sqrt{3}}{2}\delta_oK_1-\frac{1}{4}c_2K_1+\frac{1}{2}\left(K_1+\frac{3c_3K_1}{4}\right)-\frac{\sqrt{3}}{4}c_{ip}K_1-\frac{1}{4}c_3K_1\\E_6&=\left(c_0K_1+\frac{1}{2}c_2K_1\right)-\delta_oK_1-\frac{1}{2}c_2K_1\\E_7&=\left(c_0K_1+\frac{1}{2}c_2K_1\right)-\frac{\sqrt{3}}{2}\delta_oK_1-\frac{1}{4}c_2K_1-\frac{1}{2}\left(K_1+\frac{3c_3K_1}{4}\right)+\frac{\sqrt{3}}{4}c_{ip}K_1+\frac{1}{4}c_3K_1\\E_8&=\left(c_0K_1+\frac{1}{2}c_2K_1\right)-\frac{1}{2}\delta_oK_1+\frac{1}{4}c_2K_1-\frac{\sqrt{3}}{2}\left(K_1+\frac{3c_3K_1}{4}\right)+\frac{\sqrt{3}}{4}c_{ip}K_1\\E_9&=\left(c_0K_1+\frac{1}{2}c_2K_1\right)+\frac{1}{2}c_2K_1-\left(K_1+\frac{3c_3K_1}{4}\right)-\frac{1}{4}c_3K_1\\E_{10}&=\left(c_0K_1+\frac{1}{2}c_2K_1\right)+\frac{1}{2}\delta_oK_1+\frac{1}{4}c_2K_1-\frac{\sqrt{3}}{2}\left(K_1+\frac{3c_3K_1}{4}\right)-\frac{\sqrt{3}}{4}c_{ip}K_1\\E_{11}&=\left(c_0K_1+\frac{1}{2}c_2K_1\right)+\frac{\sqrt{3}}{2}\delta_oK_1-\frac{1}{4}c_2K_1-\frac{1}{2}\left(K_1+\frac{3c_3K_1}{4}\right)-\frac{\sqrt{3}}{4}c_{ip}K_1+\frac{1}{4}c_3K_1\end{aligned}\right\}\tag{4-83}$$

式中　E_8——摆式线加速度计处于 θ_8 位置时的输出，U；

E_9——摆式线加速度计处于 θ_9 位置时的输出，U；

E_{10}——摆式线加速度计处于 θ_{10} 位置时的输出，U；

E_{11}——摆式线加速度计处于 θ_{11} 位置时的输出，U。

式(4－50)可以改写为

$$\left.\begin{aligned}A_k&=\frac{1}{6}\sum_{i=0}^{11}E_i\cos k\theta_i,\quad k=0,1,2,3\\B_k&=\frac{1}{6}\sum_{i=0}^{11}E_i\sin k\theta_i,\quad k=1,2,3\end{aligned}\right\}\tag{4-84}$$

将式(4－82)代入式(4－84)，得到

$$\left.\begin{aligned}A_0&=\frac{1}{6}(E_0+E_1+E_2+E_3+E_4+E_5+E_6+E_7+E_8+E_9+E_{10}+E_{11})\\A_1&=\frac{1}{6}\left(E_0+\frac{\sqrt{3}}{2}E_1+\frac{1}{2}E_2-\frac{1}{2}E_4-\frac{\sqrt{3}}{2}E_5-E_6-\frac{\sqrt{3}}{2}E_7-\frac{1}{2}E_8+\frac{1}{2}E_{10}+\frac{\sqrt{3}}{2}E_{11}\right)\\A_2&=\frac{1}{6}\left(E_0+\frac{1}{2}E_1-\frac{1}{2}E_2-E_3-\frac{1}{2}E_4+\frac{1}{2}E_5+E_6+\frac{1}{2}E_7-\right.\\&\qquad\left.\frac{1}{2}E_8-E_9-\frac{1}{2}E_{10}+\frac{1}{2}E_{11}\right)\\A_3&=\frac{1}{6}(E_0-E_2+E_4-E_6+E_8-E_{10})\\B_1&=\frac{1}{6}\left(\frac{1}{2}E_1+\frac{\sqrt{3}}{2}E_2+E_3+\frac{\sqrt{3}}{2}E_4+\frac{1}{2}E_5-\frac{1}{2}E_7-\frac{\sqrt{3}}{2}E_8-E_9-\frac{\sqrt{3}}{2}E_{10}-\frac{1}{2}E_{11}\right)\\B_2&=\frac{1}{6}\left(\frac{\sqrt{3}}{2}E_1+\frac{\sqrt{3}}{2}E_2-\frac{\sqrt{3}}{2}E_4-\frac{\sqrt{3}}{2}E_5+\frac{\sqrt{3}}{2}E_7+\frac{\sqrt{3}}{2}E_8-\frac{\sqrt{3}}{2}E_{10}-\frac{\sqrt{3}}{2}E_{11}\right)\\B_3&=\frac{1}{6}(E_1-E_3+E_5-E_7+E_9-E_{11})\end{aligned}\right\}\tag{4-85}$$

将式(4－85)代入式(4－46)，得到

$$\left.\begin{aligned}K_1&=\frac{7}{12}(E_1+E_5-E_7-E_{11})+\frac{\sqrt{3}}{12}(E_2+E_4-E_8-E_{10})-\frac{1}{3}(E_3-E_9)\\c_0K_1&=\frac{3}{12}(E_0+E_6)+\frac{1}{6}(E_1+E_5+E_7+E_{11})-\frac{1}{12}(E_3+E_9)\\c_2K_1&=-\frac{1}{3}(E_0-E_3+E_6-E_9)-\frac{1}{6}(E_1-E_2-E_4+E_5+E_7-E_8-E_{10}+E_{11})\\c_3K_1&=-\frac{2}{3}(E_1-E_3+E_5-E_7+E_9-E_{11})\\c_{\text{ip}}K_1&=\frac{\sqrt{3}}{6}(E_1+E_2-E_4-E_5+E_7+E_8-E_{10}-E_{11})\\\delta_oK_1&=\frac{1}{6}(E_0-E_6)+\frac{\sqrt{3}}{12}(E_1-E_5-E_7+E_{11})+\frac{1}{12}(E_2-E_4-E_8+E_{10})\end{aligned}\right\}\tag{4-86}$$

验证 K_1：

将式(4-83)代入式(4-86)中的 K_1 表达式，得到

$$K_1 = K_1 \tag{4-87}$$

从式(4-87)可以看到，K_1 通过验证。

验证 c_0K_1：

将式(4-83)代入式(4-86)中的 c_0K_1 表达式，得到式(4-78)，即 c_0K_1 通过验证。

验证 c_2K_1：

将式(4-83)代入式(4-86)中的 c_2K_1 表达式，得到式(4-63)，即 c_2K_1 通过验证。

验证 c_3K_1：

将式(4-83)代入式(4-86)中的 c_3K_1 表达式，得到

$$c_3K_1 = c_3K_1 \tag{4-88}$$

从式(4-88)可以看到，c_3K_1 通过验证。

验证 $c_{ip}K_1$：

将式(4-83)代入式(4-86)中的 $c_{ip}K_1$ 表达式，得到

$$c_{ip}K_1 = c_{ip}K_1 \tag{4-89}$$

从式(4-89)可以看到，$c_{ip}K_1$ 通过验证。

验证 δ_0K_1：

将式(4-83)代入式(4-86)中的 δ_0K_1 表达式，得到式(4-74)，即 δ_0K_1 通过验证。

以上事实说明，采用 Fourier 系数法正确解算出了由式(4-8)表达的模型方程各项系数。也就是说，对于12点法，式(4-84)正确表达了式(4-44)中的系数。即 Fourier 系数法对于12点法适用。

(7) 小结。

从4点法、5点法、等间隔6点法、7点法、8点法、12点法等6个示例可以看到，Fourier 系数法除了对于4点法不适用外，对于5点法、等间隔6点法、7点法、8点法、12点法均适用。由此可以推断(但并非严格证明)，只要 θ_i 在整个 2π 范围内以等间隔方式取值，且测试点数 $N>4$，都可以用 Fourier 系数法正确解算出模型方程的各项系数。

4.2.3.3 重力场翻滚试验角度随机误差引起的加速度测量误差

(1) 角度随机误差引起的模型方程各项系数随机误差。

式(4-8)给出了重力场翻滚试验摆状态下使用的模型方程，从该式可以看到，输入基准轴与当地水平面的夹角 θ_i 在整个 2π 范围内以等间隔方式取不同值时，摆式线加速度计随之有相应的不同输出 E_i，即 E_i 是 θ_i 的函数。我们知道，自变量的随机误差乘以函数的导数即为函数的随机误差[参见式(24-12)]，因此

$$\sigma_{E_i} = \frac{\mathrm{d}E_i}{\mathrm{d}\theta_i}\sigma_{\theta_i} \tag{4-90}$$

式中 σ_{E_i}——E_i 的标准差，U；

σ_{θ_i}——θ_i 的标准差，rad。

将式(4-8)代入式(4-90)，得到

$$\frac{\sigma_{E_i}}{K_1} = \left[-\delta_o\sin\theta_i + c_2\sin2\theta_i + \left(1+\frac{3c_3}{4}\right)\cos\theta_i + c_{ip}\cos2\theta_i - \frac{3c_3}{4}\cos3\theta_i\right]\sigma_{\theta_i} \tag{4-91}$$

将式(4－19) 所示 8 点法的各个 θ_i 值代入式(4－91)，得到

$$\left.\begin{aligned}
\frac{\sigma_{E0}}{K_1}&=(1+c_{ip})\sigma_{\theta i}\\
\frac{\sigma_{E1}}{K_1}&=\left(+\frac{\sqrt{2}}{2}-\frac{\sqrt{2}}{2}\delta_o+c_2+\frac{3\sqrt{2}c_3}{4}\right)\sigma_{\theta i}\\
\frac{\sigma_{E2}}{K_1}&=(-\delta_o-c_{ip})\sigma_{\theta i}\\
\frac{\sigma_{E3}}{K_1}&=\left(-\frac{\sqrt{2}}{2}-\frac{\sqrt{2}}{2}\delta_o-c_2-\frac{3\sqrt{2}c_3}{4}\right)\sigma_{\theta i}\\
\frac{\sigma_{E4}}{K_1}&=(-1+c_{ip})\sigma_{\theta i}\\
\frac{\sigma_{E5}}{K_1}&=\left(-\frac{\sqrt{2}}{2}+\frac{\sqrt{2}}{2}\delta_o+c_2-\frac{3\sqrt{2}c_3}{4}\right)\sigma_{\theta i}\\
\frac{\sigma_{E6}}{K_1}&=(\delta_o-c_{ip})\sigma_{\theta i}\\
\frac{\sigma_{E7}}{K_1}&=\left(\frac{\sqrt{2}}{2}+\frac{\sqrt{2}}{2}\delta_o-c_2+\frac{3\sqrt{2}c_3}{4}\right)\sigma_{\theta i}
\end{aligned}\right\}\tag{4-92}$$

式中　σ_{E0}——E_0 的标准差，即摆式线加速度计处于 $\theta_0=0$ 处的输出标准差，U；

σ_{E1}——E_1 的标准差，即摆式线加速度计处于 $\theta_1=\pi/4$ 处的输出标准差，U；

σ_{E2}——E_2 的标准差，即摆式线加速度计处于 $\theta_2=\pi/2$ 处的输出标准差，U；

σ_{E3}——E_3 的标准差，即摆式线加速度计处于 $\theta_3=3\pi/4$ 处的输出标准差，U；

σ_{E4}——E_4 的标准差，即摆式线加速度计处于 $\theta_4=\pi$ 处的输出标准差，U；

σ_{E5}——E_5 的标准差，即摆式线加速度计处于 $\theta_5=5\pi/4$ 处的输出标准差，U；

σ_{E6}——E_6 的标准差，即摆式线加速度计处于 $\theta_6=3\pi/2$ 处的输出标准差，U；

σ_{E7}——E_7 的标准差，即摆式线加速度计处于 $\theta_7=7\pi/4$ 处的输出标准差，U。

根据我们用 12 点法对北京航天时代惯性仪表科技有限公司若干只 JBN－3 型石英挠性加速度计的测试结果，可以对 c_2，c_3，c_{ip}，δ_0 作如下估计：$c_2=\pm 2\times 10^{-5}g_{local}/g_{local}^2$，$c_3=\pm 2\times 10^{-5}g_{local}/g_{local}^3$，$c_{ip}=\pm 5\times 10^{-5}g_{local}/g_{local}^2$，$\delta_0=\pm 5\times 10^{-4}$ rad。因此，式(4－92) 可以简化为

$$\left.\begin{aligned}
\frac{\sigma_{E0}}{K_1}&=\sigma_{\theta i}\\
\frac{\sigma_{E1}}{K_1}&=\frac{\sqrt{2}}{2}\sigma_{\theta i}\\
\frac{\sigma_{E2}}{K_1}&=(-\delta_o-c_{ip})\sigma_{\theta i}\\
\frac{\sigma_{E3}}{K_1}&=-\frac{\sqrt{2}}{2}\sigma_{\theta i}\\
\frac{\sigma_{E4}}{K_1}&=-\sigma_{\theta i}\\
\frac{\sigma_{E5}}{K_1}&=-\frac{\sqrt{2}}{2}\sigma_{\theta i}\\
\frac{\sigma_{E6}}{K_1}&=(\delta_o-c_{ip})\sigma_{\theta i}\\
\frac{\sigma_{E7}}{K_1}&=\frac{\sqrt{2}}{2}\sigma_{\theta i}
\end{aligned}\right\}\tag{4-93}$$

由于 θ_i 每个取值的误差具有随机性，所以适用于式(24－5)。将式(4－21)代入式(24－5)，得到

$$\left.\begin{aligned}\frac{\sigma_{K_1}}{K_1}&=\frac{1}{K_1}\sqrt{\frac{1}{4}(\sigma_{E_6}^2+\sigma_{E_2}^2)+\frac{1}{2}(\sigma_{E_1}^2+\sigma_{E_3}^2+\sigma_{E_5}^2+\sigma_{E_7}^2)}\\ \sigma_{c_0}&=\frac{1}{2K_1}\sqrt{\sigma_{E_0}^2+\sigma_{E_4}^2}\\ \sigma_{c_2}&=\frac{1}{2K_1}\sqrt{\sigma_{E_2}^2+\sigma_{E_6}^2+\sigma_{E_0}^2+\sigma_{E_4}^2}\\ \sigma_{c_3}&=\frac{1}{K_1}\sqrt{(\sigma_{E_2}^2+\sigma_{E_6}^2)+\frac{1}{2}(\sigma_{E_5}^2+\sigma_{E_7}^2+\sigma_{E_1}^2+\sigma_{E_3}^2)}\\ \sigma_{c_{\mathrm{ip}}}&=\frac{1}{2K_1}\sqrt{\sigma_{E_1}^2+\sigma_{E_5}^2+\sigma_{E_3}^2+\sigma_{E_7}^2}\\ \sigma_{\delta_o}&=\frac{1}{2K_1}\sqrt{\sigma_{E_0}^2+\sigma_{E_4}^2}\end{aligned}\right\}\qquad(4-94)$$

式中　σ_{K_1}——K_1 的标准差，$\mathrm{U}/g_{\mathrm{n}}$；

σ_{c_0}——c_0 的标准差，g_{n}；

σ_{c_2}——c_2 的标准差，$g_{\mathrm{n}}/g_{\mathrm{n}}^2$；

σ_{c_3}——c_3 的标准差，$g_{\mathrm{n}}/g_{\mathrm{n}}^3$；

$\sigma_{c_{\mathrm{ip}}}$——c_{ip} 的标准差，$g_{\mathrm{n}}/g_{\mathrm{n}}^2$；

σ_{δ_o}——δ_o 的标准差，rad。

将式(4－93)代入式(4－94)，得到

$$\left.\begin{aligned}\frac{\sigma_{K_1}}{K_1}&=1.12\sigma_{\theta_i}\\ \sigma_{c_0}&=0.707\sigma_{\theta_i}\\ \sigma_{c_2}&=0.707\sigma_{\theta_i}\\ \sigma_{c_3}&=\sigma_{\theta_i}\\ \sigma_{c_{\mathrm{ip}}}&=0.707\sigma_{\theta_i}\\ \sigma_{\delta_o}&=0.707\sigma_{\theta_i}\end{aligned}\right\}\qquad(4-95)$$

目前精密光栅分度头或精密端齿盘的示值误差可以控制到峰-峰值 1″[13]，即 4.85×10^{-6} rad，按此值为 θ_i 标准差 σ_{θ_i} 之 $2\sqrt{2}$ 倍估计，即 $\sigma_{\theta_i}=1.71\times10^{-6}$ rad 或示值标准差 0.354″，代入式(4－95)，得到

$$\left.\begin{aligned}\frac{\sigma_{K_1}}{K_1}&=1.92\times10^{-6}\ g_{\mathrm{n}}/g_{\mathrm{n}}\\ \sigma_{c_0}&=1.21\times10^{-6}\ g_{\mathrm{n}}\\ \sigma_{c_2}&=1.21\times10^{-6}\ g_{\mathrm{n}}/g_{\mathrm{n}}^2\\ \sigma_{c_3}&=1.71\times10^{-6}\ g_{\mathrm{n}}/g_{\mathrm{n}}^3\\ \sigma_{c_{\mathrm{ip}}}&=1.21\times10^{-6}\ g_{\mathrm{n}}/g_{\mathrm{n}}^2\\ \sigma_{\delta_o}&=1.21\times10^{-6}\ \mathrm{rad}\end{aligned}\right\}\qquad(4-96)$$

文献[14]作者使用自准直仪和正 12 面体，采用全组合方法测定分度头在这 12 个位置的分度误差，如表 4－1 所示。

表4-1　SJJF-1型精密光栅分度头12位置分度误差[14]　　单位:(″)

位置	0	1	2	3	4	5	6	7	8	9	10	11
误差	0	0.056	−0.195	−0.241	−0.369	−0.435	−0.433	−0.292	−0.378	−0.328	−0.335	−0.117
$\pm 3\sigma$	0	0.025	0.040	0.040	0.035	0.040	0.043	0.055	0.065	0.039	0.048	0.030

注:“误差”栏为10次测试的平均值,“σ”为10次测试的标差。

从表4-1可以看到,该作者所用SJJF-1型精密光栅分度头的分度误差小于0.44″。

该作者使用表4-1所示数据分别修正12点法各个分度值的角度,有效减小了角度随机误差,从而减小了模型方程各项系数随机误差。

(2)模型方程各项系数随机误差引起的加速度测量误差。

由于模型方程各项系数的随机误差都是由角度随机误差引起的,因而模型方程各项系数的随机误差并非互相独立,即式(24-5)不适用。这种情况下,由式(4-3)可以给出加速度测量误差的最大标准差为

$$\sigma_{\gamma_{\mathrm{msr,i}}}=\sigma_{c_0}+\frac{\sigma_{K_1}}{K_1}|a_{\mathrm{i}}|+\sigma_{c_2}\ |a_{\mathrm{i}}|^2+\sigma_{c_3}\ |a_{\mathrm{i}}|^3+\sigma_{\delta_{\mathrm{o}}}|a_{\mathrm{p}}|+\sigma_{\delta_{\mathrm{p}}}|a_{\mathrm{o}}|+ \\ \sigma_{c_{\mathrm{ip}}}|a_{\mathrm{i}}||a_{\mathrm{p}}|+\sigma_{c_{\mathrm{io}}}|a_{\mathrm{i}}||a_{\mathrm{o}}|+\sigma_{c_{\mathrm{po}}}|a_{\mathrm{p}}||a_{\mathrm{o}}| \tag{4-97}$$

式中　$\sigma_{\gamma_{\mathrm{msr,i}}}$——$\gamma_{\mathrm{msr,i}}$的最大标准差,$g_{\mathrm{n}}$;

$\sigma_{\delta_{\mathrm{p}}}$——$\delta_{\mathrm{p}}$的标准差,rad;

$\sigma_{c_{\mathrm{io}}}$——c_{io}的标准差,$g_{\mathrm{n}}/g_{\mathrm{n}}^2$;

$\sigma_{c_{\mathrm{po}}}$——c_{po}的标准差,$g_{\mathrm{n}}/g_{\mathrm{n}}^2$。

若$|a_{\mathrm{i}}|=1\ g_{\mathrm{n}}$,而$|a_{\mathrm{p}}|=|a_{\mathrm{o}}|=0$,则与式(4-96)一起代入式(4-97)后得到

$$\sigma_{\gamma_{\mathrm{msr,i}}}=6.05\times10^{-6}g_{\mathrm{n}} \tag{4-98}$$

由式(4-98)可以看到,重力场静态翻滚试验倾角标准差为0.35″引起1 g_{n}下的加速度测量误差的最大标准差为6.05 μg_{n}。

若按标准差的二倍估计误差限(若倾角误差服从高斯正态分布,则其包含概率为95.45%,详见23.3.1节),则可得到重力场静态翻滚试验倾角标准差为0.354″引起1 g_{n}下加速度测量的最大误差限为12.1 μg_{n}。

与此分析结论相类似,文献[3]指出:“在地球重力场中,加速度计的输入加速度……测试的误差①,最终将取决于角度的给定与测量的误差②。目前高质量的光栅分度头静态分辨力为1″(1角秒)……。因此,在±1 g_{n}范围内,加速度的给定误差③不会小于10 μg_{n}……。

(3)应用于空间微重力条件下。

空间微重力条件下,航天器基本处于惯性飞行状态,偏离失重的微重力加速度远小于1 g_{n}。例如,2.2.2.5节第(2)条指出,表2-1所示每个OTOB的方均根振动加速度限值的方和根值即为300 Hz以内符合国际空间站计划需求的最大方均根振动加速度,按此方法计算得到300 Hz以内符合国际空间站计划需求的最大方均根振动加速度为4.145 mg_{n},若将上限频率降低至100 Hz,则为2.634 mg_{n}。

将式(4-96)代入式(4-97),并按$\sigma_{\delta_{\mathrm{p}}}=\sigma_{\delta_{\mathrm{o}}}$,$\sigma_{c_{\mathrm{io}}}=\sigma_{c_{\mathrm{ip}}}$,$\sigma_{c_{\mathrm{po}}}=\sigma_{c_{\mathrm{ip}}}$估计,若$|a_i|=|a_{\mathrm{p}}|=$

---

① 文献[3]原文为“精度”,不妥(参见4.1.3.1节)。

② 文献[3]原文为“精度”,不妥(参见4.1.3.1节)。

③ 文献[3]原文为“精度”,不妥(参见4.1.3.1节)。

$|a_o| \leqslant 1\times10^{-2}\ g_n$，则 σ_{c_2}，σ_{c_3}，$\sigma_{c\text{ip}}$，$\sigma_{c\text{io}}$，$\sigma_{c\text{po}}$ 的贡献可以忽略，式(4-97)简化为

$$\sigma_{\gamma_{\text{msr,i}}} = \sigma_{c_0} + \frac{\sigma_{K_1}}{K_1}|a_i| + \sigma_{\delta_o}|a_p| + \sigma_{\delta_p}|a_o| \tag{4-99}$$

将 $|a_i| = |a_p| = |a_o| \leqslant 1\times10^{-2}\ g_n$ 及式(4-96)(按 $\sigma_{\delta_p} = \sigma_{\delta_o}$ 估计)代入式(4-99)，得到

$$\sigma_{\gamma_{\text{msr,i}}} \leqslant 1.25\times10^{-6}\ g_n \tag{4-100}$$

由式(4-100)可以看到，将地面重力场静态翻滚试验倾角标准差为0.354″得到的模型方程各系数应用于空间微重力加速度不超过 $1\times10^{-2}\ g_n$ 下的加速度测量误差的最大标准差为1.25 μg_n。

特定情况下，该误差还会进一步减小。例如，为了检测神舟号飞船轨控引起的速度增量，我们以250 Sps的采样率[①]采集沿轨迹方向的加速度，并把轨控发动机阀打开前1 min以内所测加速度平均值作为0 g_n，以此对轨控前至轨控后所测加速度值进行0 g_n 修正，再对修正后轨控前至轨控后的加速度积分，换算成m/s，得到速度增量。由于该措施消除了 σ_{c0}，且轨控过程中 $|a_p| \ll |a_i|$，$|a_o| \ll |a_i|$，因此式(4-99)进一步简化为

$$\sigma_{\gamma_{\text{msr,i}}} = \frac{\sigma_{K_1}}{K_1}|a_i| \tag{4-101}$$

从式(4-101)可以看到，采用上述方法检测神舟号飞船轨控引起的速度增量，主要的误差源只有标度因数误差这一项。图4-5给出了神舟号飞船某一次轨道维持前后沿轨迹方向、指向上方、指向右舷的加速度。

从图4-5(a)可以看到，轨控的平均加速度 $a_i = 7.872\times10^{-3}\ g_n$，将之与式(4-96)一起代入式(4-101)，得到 $\sigma_{\gamma_{\text{msr,i}}} = 1.51\times10^{-8}\ g_n$。

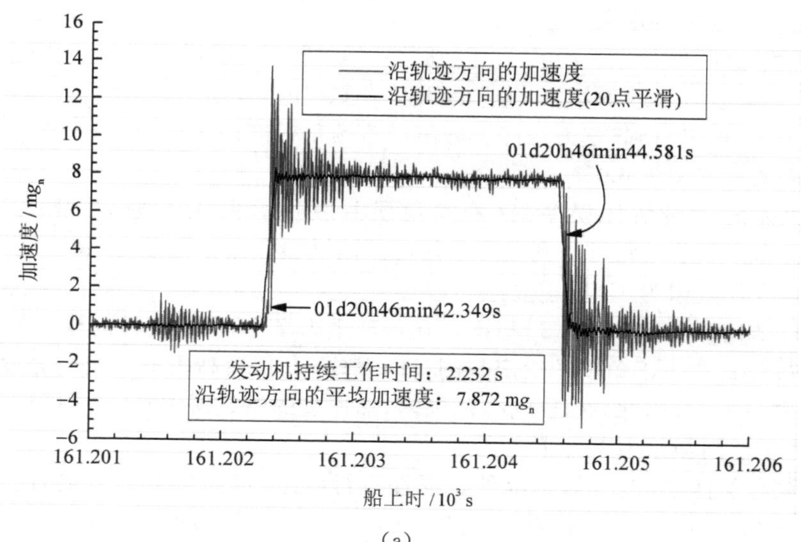

(a)

图4-5 神舟号飞船某一次轨道维持前后三个方向的加速度。

(a)沿轨迹方向

① 采样率(sampling rate)指每秒的采样次数，单位为Sps(Sampling per second，每秒的采样次数)。采样率也称为采样频度，即每秒重复发生的采样事件次数，英语中不区分频率与频度，因此sampling rate也称为sampling frequency，并常用 f_s 作为采样率的符号；与此相应，很多文献用Hz作为采样率的单位。然而，这样做很容易将采样率(sampling rate)与Nyquist频率(Nyquist frequency)相混淆(详见5.2.1节)，所以本书中采样率的符号不使用 f_s，而使用 r_s；采样率的单位不使用Hz，而使用Sps。

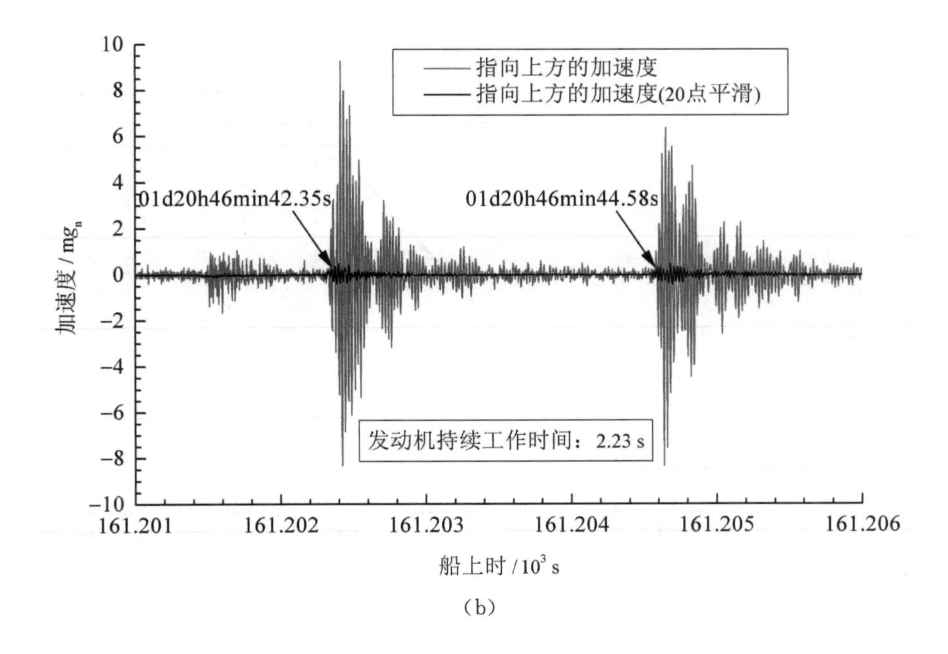

(b)

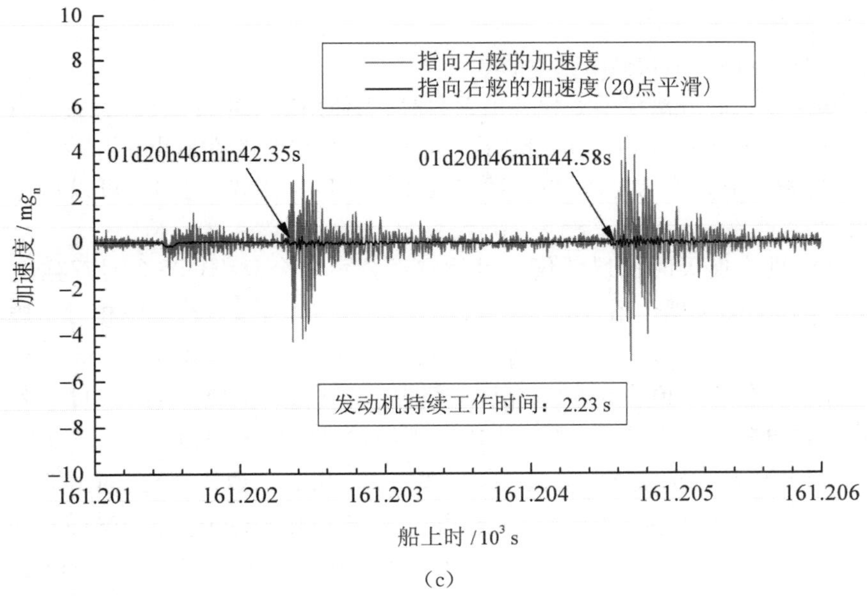

(c)

续图 4－5　神舟号飞船某一次轨道维持前后三个方向的加速度。

(b)指向上方；(c)指向右舷

这一结果的全面表述为:将地面重力场静态翻滚试验倾角标准差为 0.354″得到的标度因数应用于轨控平均加速度 7.87×10^{-3} g_n 下的加速度测量误差的最大标准差为 1.51×10^{-8} g_n。

需要注意,上述误差分析只针对角度随机误差这一个误差源,不能将之与加速度计的总测量误差相混淆。

对图 4－5 (a)所示加速度作数字积分,换算成 m/s,得到的速度增量如图 4－6 所示。

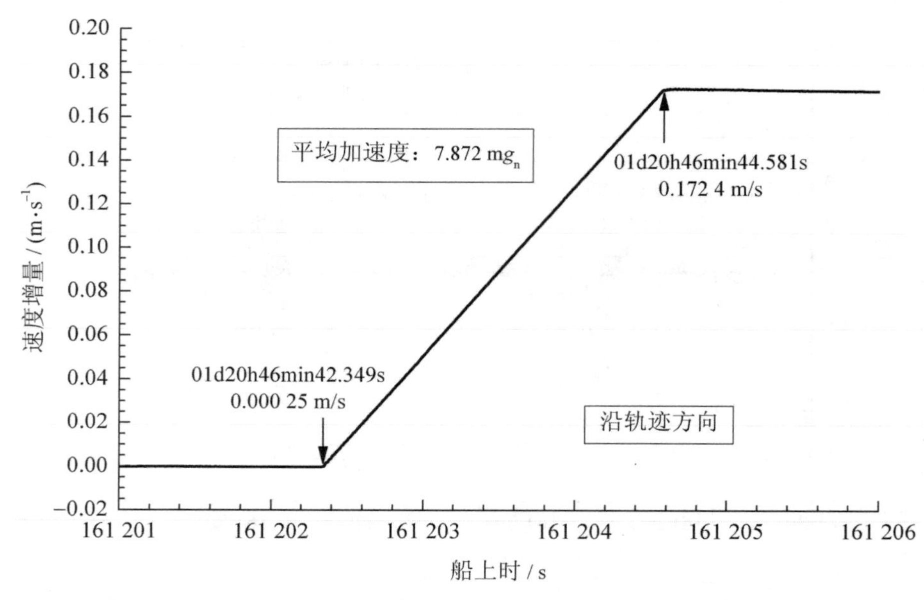

图 4-6　图 4-5 (a)所示轨道维持沿轨迹方向的加速度引起的速度增量

4.2.3.4　讨论

(1)所需数字电压表的位数。

用重力场翻滚试验分离模型方程各项系数时，需使用数字电压表检测加速度计的输出。对于石英挠性加速度计而言，由于本身输出的是电流，所以需要在输出端和地之间串接一只采样电阻，用以把电流转换为电压，以便数字电压表读取。用式(4-93)可以估计所需数字电压表的位数：

我们检测了北京航天时代惯性仪表科技有限公司十余只 JBN-3 型石英挠性加速度计，输入轴与摆轴的交叉耦合系数 c_{ip} 平均为 $-1.08\times10^{-5}\ g_n/g_n^2$，输入轴相对于摆基准轴不垂直的失准角 δ_o 平均为 -2.96×10^{-4} rad，标度因数 K_1 平均为 1.240 244 mA/g_n。进行重力场翻滚试验时若使用阻值为 806 Ω，允许偏差为±0.10%的 RJK54 型 E192 系列有失效率等级金属膜固定电阻器作为采样电阻，则 1 g_n 下的输出电压平均为 1 V。若角度定位误差为 1″，即 $\sigma_{\theta_i}=4.9\times10^{-6}$ rad，则由式(4-93)(式中 K_1 用 1 V 取代)得到输出电压的误差在 $\theta_2=\pi/2$ 和 $\theta_6=3\pi/2$ 处(敏感轴处于±1 g_{local} 方向，输出电压理论值为±1 V)为 1.5×10^{-9} V，在 $\theta_1=\pi/4$，$\theta_3=3\pi/4$，$\theta_5=5\pi/4$，$\theta_7=7\pi/4$ 处(敏感轴处于±45°方向，输出电压理论值为±0.785 398 2 V)为 3.4×10^{-6} V，在 $\theta_0=0$，$\theta_4=\pi$ 处(敏感轴处于水平方向，输出电压理论值为 0 V)为 4.9×10^{-6} V。文献[7]指出仪器的误差应小于被测加速度误差的 1/3，由于数字电压表的最后一位是参考位，因此，即使不考虑 $\theta_2=\pi/2$ 和 $\theta_6=3\pi/2$ 处，也需要使用 7 位半(半位指最高位只能显示 0 或 1)数字电压表。

(2)环境干扰及抑制方法。

重力场翻滚试验中用数字电压表检测采样电阻两端的电压时，要尽量抑制环境干扰。环境干扰包括电学干扰和力学干扰。电学干扰主要是工频干扰，力学干扰主要是人工振源产生的振动干扰。

对于人工振源产生的振动干扰，13.3.3 节给出了北京中关村微重力国家实验室落塔

0 m 大厅无人值守下水平方向 y，z 轴的环境振动，以此作为人工振源产生的振动的一个示例。从图 13-16 和图 13-18 可以看到，该处上午 8 h 09 min 的噪声处于 $10^{-4}\ g_n$ 量级。

文献[15]指出，用数字电压表测量电压的过程中，对串模噪声进行抑制，既可以通过在电压-数字转换器的输入端加接滤波器实现，也可以通过采用抗干扰能力强的双积分 A/D 转换器实现；而对共模噪声的抑制主要是通过设计优良的接地系统来实现。

4.2.4　用 12 点法分析摆式线加速度计的测量误差

北京航天时代惯性仪表科技有限公司提供的技术文档指出，12 点法不仅能正确解算出模型方程各项系数，而且能给出滞环误差、方均根误差和综合误差，并给出了如下计算公式。

4.2.4.1　滞环误差

滞环误差为

$$E_h = \pm \frac{|E_i^+ - E_i^-|_{\max}}{2K_1} \tag{4-102}$$

式中　E_h—— 滞环误差，g_{local}；

E_i^+—— 依顺时针方向转动至 θ_i 时摆式线加速度计的输出，U；

E_i^-—— 依逆时针方向转动至 θ_i 时摆式线加速度计的输出，U。

4.2.4.2　方均根误差

方均根误差为

$$\sigma_{\text{RMS}} = \frac{1}{K_1}\sqrt{\frac{\sum_{i=0}^{11}(E_i - \hat{E}_i)^2}{12-6}} \tag{4-103}$$

式中　σ_{RMS}—— 方均根误差，g_{local}；

E_i——E_i^+ 和 E_i^- 的平均值，U；

$\hat{E}_i$—— 根据所测得的模型方程各项参数，用式(4-6)计算出来的 θ_i 处的摆式线加速度计的输出，U。

其中

$$E_i = \frac{E_i^+ + E_i^-}{2} \tag{4-104}$$

式(4-103)根号里的分母“6”是指式(4-8)所示模型方程只有 K_1，c_0K_1，c_2K_1，c_3K_1，$c_{\text{ip}}K_1$，δ_0K_1 等 6 项系数。

4.2.4.3　综合误差

综合误差为

$$E_c = \frac{3}{K_1}\sqrt{\frac{\sum_{i=0}^{11}(E_i - \hat{T}_i)^2}{12-3}} \tag{4-105}$$

式中　E_c—— 综合误差，g_{local}；

$\hat{T}_i$—— 根据最简模型方程，用所测得的标度因数、偏值、输入轴相对于摆基准轴不垂直的失准角等 3 项系数计算出来的 θ_i 处的摆式线加速度计的输出，U。

而最简模型方程为

$$\hat{T}_i = c_0 K_1 + \delta_o K_1 \cos\theta_i + K_1 \sin\theta_i \quad (4-106)$$

式(4-105)根号外的分子“3”是指包含因子(参见23.3.1节)取3。根号里的分母“3”是指式(4-106)所示最简模型方程只有 K_1，$c_0 K_1$，$\delta_0 K_1$ 等3项系数。

将式(4-106)与式(4-8)相比较，可以得知综合误差不仅包含有方均根误差，而且把非线性和交叉耦合也作为误差因素来对待。

4.2.5 用重力场倾角法判定加速度计的阈值和静态分辨力

文献[7]给出了检测加速度计的阈值和静态分辨力的方法①。

4.2.5.1 试验方法

(1) 阈值。

1) 将分度头转到 $\theta = 0°(0\ g_{\text{local}})$，测量加速度计的输出值；

2) 计算与要求的阈值相对应的角度增量 $\Delta\theta$；

3) 将分度头的位置转至 $+\Delta\theta$，测量加速度计的输出值，然后回到0°位置，测量加速度计的输出值；

4) 将分度头的位置转至 $-\Delta\theta$，测量加速度计的输出值，然后回到0°位置，测量加速度计的输出值；

5) 重复3)、4)三次；

6) 如需要精确测定加速度计的阈值时，可将 $\Delta\theta$ 逐渐减小进行测试。

(2) 静态分辨力。

1) 转动分度头，使输入加速度的值不为零(推荐小于等于0.5个重力加速度)，测量加速度计的输出值；

2) 计算与要求的静态分辨力相对应的角度增量 $\Delta\theta$；

3) 将分度头的位置按相应的 $\Delta\theta$ 转动，测量加速度计的输出值。共递增测试3次以上，测量各次的输出值。

4.2.5.2 判定方法

(1) 计算对应于每一角度增量 $\Delta\theta$ 的加速度增量 Δa：

$$\Delta a = g_{\text{local}}[\sin(\theta + \Delta\theta) - \sin\theta] \quad (4-107)$$

式中 Δa—— 加速度增量，g_{local}；

θ—— 分度头起始转角，rad；

$\Delta\theta$—— 相对于起始转角 θ 的角度增量，rad。

(2) 计算加速度计的理想输出增量 ΔE：

$$\Delta E = K_1 \Delta a \quad (4-108)$$

式中 ΔE—— 加速度计的理想输出增量，U。

(3) 计算每一角增量位置加速度计输出增量的平均值 $\overline{\Delta E}$。

(4) 比较实际输出增量的平均值 $\overline{\Delta E}$ 和理想输出增量 ΔE 之比，当

$$\frac{\overline{\Delta E}}{\Delta E} \times 100\% \geqslant 50\% \quad (4-109)$$

① 文献[7]在同一小节中虽然还给出了检测死区的方法，但因不符合4.1.1.2节第(17)条和4.1.2.4节第(15)条对术语“死区”的定义，故不予采纳。

时，则其阈值或静态分辨力即为合格。

式中　$\overline{\Delta E}$—— 加速度计实际输出增量的平均值，U。

对于未给定阈值或静态分辨力的加速度计，可按上述方法逐步递增或递减 Δa_i 求取其参数的大小。

4.2.5.3　讨论

(1)石英挠性加速度计的静态分辨力。

从 4.2.5.1 节和 4.2.5.2 节的叙述可以看到，阈值与静态分辨力颇为相似，差别仅在于阈值针对的是 0 g_n 附近的测量值，静态分辨力针对的是输入量不超出输入范围的测量值。对于石英挠性加速度计，阈值和静态分辨力在数值上并无差别。

静态分辨力的成因与静摩擦大于动摩擦非常类似，因此，测定静态分辨力时实际输出增量的平均值 ΔE_p 总是小于理想输出增量 ΔE，4.1.2.4 节给出的静态分辨力定义以及 4.2.5.2 节的叙述体现了这一点。值得注意的是，该成因决定了静态分辨力不会随多次重复测量而减小。

4.1.2.4 节对术语“静态分辨力”给出的脚注指出，由于本条定义的分辨力是通过静态测试得到的，不包含噪声，所以将本条改称为静态分辨力。由此可见，如此定义的静态分辨力不会随压缩测量通带而减小。

9.1.2 节第(3)条指出，石英挠性加速度计的输入量程、静态分辨力、可靠性与挠性梁的关系很大。挠性梁做得薄有利于提高静态分辨力，但输入量程势必要相应缩小。挠性梁有微裂纹是影响可靠性的重要因素。

本书附录表 D－1、表 D－2、表 D－6、表 D－7 分别给出 JN－06A－Ⅰ，JN－30B－Ⅰ，QA2000，QA3000 阈值和静态分辨力均为不大于 1 μg_n。15.5 节给出 SAMS(空间加速度测量系统)的 TSH-FF 振动传感器采用 QA3000/3100 加速度计，测量的动态范围增加到 120 dB[①](1 μg_n～1 g_n)。同时在脚注中指出，动态范围 140 dB 对应的量程与分辨力之比为 1×10^7，即输入范围 ±1 g_n 时的分辨力为 0.2 μg_n，而不是 0.1 μg_n。24 位 Δ-Σ ADC 在输入范围 ±1 g_n 时的显示分辨力为 0.12 μg_n。由此可见，不能由此证明 QA3000 加速度计的静态分辨力达到了 0.1 μg_n。

(2)石英挠性加速度计的测量误差。

4.2.3.3 节给出了重力场翻滚试验角度随机误差引起的加速度测量误差。该节第(3)条指出，不能将之与加速度计的总测量误差相混淆。

4.1.3.1 节指出，测量误差(简称误差)包括系统误差与随机误差，其中系统误差指的是“在重复测量中保持不变或按可预见方式变化的测量误差的分量”，而随机误差指的是“在重复测量中按不可预见方式变化的测量误差的分量”。4.1.3.2 节指出，分辨力既有噪声因素，又有阈值因素，还有显示分辨力因素；仪器的分辨力是构成随机误差的因素，不是构成系统误差的因素。

然而，文献[3]对测量误差的分类与此不同。该文献将测量误差分为静态误差和动态误差。其中，“静态误差……指输出量复现稳态输入量的差值”包括“非线性误差和重复性误差”，“动态误差表示……输出量跟随动态输入量的能力”，其“性能指标可以用时间域的表示方法，如上升时间、时间常数……通频带宽等”。该文献还进一步说明“非线性误差属于有规律的系统误差，而重复性误差属于随机的偶然误差”，“重复性误差……包括……迟滞误差”。

---

① dB 数的计算方法参见 6.1.2 节。

该文献接着详细例举了产生加速度计重复性误差的原因。其中,内部因素有永磁体的稳定性、力矩器的退磁效应、输入范围内磁场的稳定性、偏值漂移、回路稳定性、放大器增益和平衡的变化、输出对输入的相移、大加速度下力矩线圈的温升,环境影响有温度变化、振动、磁干扰、检验质量的质量变化、重力场倾角标定时当地重力加速度与标准重力加速度的差异。

可以看到,以上列举的原因会使标度因数、偏值和二阶非线性系数发生变化。4.1.3.2节指出,标度因数不确定度、偏值不确定度、二阶非线性系数不确定度等都是构成系统误差的因素。因此,以上列举的原因实际上属于系统误差,而不是随机误差。

由此看来,文献[3]所述"重复性误差"中的"重复"与文献[1]"随机误差"定义中"重复测量"的"重复"属于不同概念:文献[3]的"重复性误差"中的"重复"指的是同一传感器在重复性测量中对同一输入的输出由内因或外因引起可预见方式变化而呈现的"重复性误差",而文献[1]"随机误差"定义中"重复测量"的"重复"指的是同一传感器在重复测量中对同一输入的输出按不可预见方式变化而呈现的"测量误差"。

从上述分析还可以看到,文献[3]将测量误差分为静态误差和动态误差,而未采用通用计量领域将测量误差分为系统误差与随机误差的做法,其原因在于加速度是动态变化的,因此必须顾及加速度计的动态响应、通频带宽度、噪声功率谱密度等问题,这是通用计量领域将测量误差分为系统误差与随机误差的做法无法包容的。

1)静态误差。

本书中有许多表述涉及静态误差:

9.1.6.1节第(1)条第2)款指出,我们在研制神舟号飞船空间微重力测量装置(参见10.2.3节)的过程中证实,石英挠性加速度计在一系列筛选试验(包括温度循环、常温老炼、振动、冲击等试验)前后标度因数有所变化。为了尽量减小该误差,我们提出,标定试验应移至筛选试验后进行。

15.4.3节和15.4.4节指出,轨道加速度研究实验(OARE)系统将微型静电加速度计(MESA)安装在活动平台上以便实现飞行中标度因数和偏值标定,所得到的原位标定与使用1 g_{local}环境下得到的标定因子相比,在既定包含概率下显著改善飞行结果的测量不确定度。

23.3.2.2节第(2)条指出,为了准确恢复地球重力场,卫星在轨飞行时,需要每天以高的精密度水平($n\times10^{-9}$ m/s^2)测定加速度计的标定参数,这需要靠在每天的几个弧段中处理GPS和加速度计数据,特别是使用可论证为最准确的重力场模型EIGEN - GL04C和海洋潮汐模型FES 2004,通过比较原始加速度计数据与基于模型计算出来的非重力加速度来实现。通过在轨评估,可以将标度因数和偏值的不确定度分别估计为0.2%和1×10^{-6}。这些被称为标定后的值。在该标定过程之后,标度因数和偏值漂移的影响变得可忽略。

从式(4 - 99)可以看到,若$|a_i|=|a_p|=|a_o|\leqslant1\times10^{-2}g_n$,静态误差仅与偏值误差、标度因数误差、失准角误差有关。对于安装牢固的刚性结构而言,如果温度效应引起的结构扭曲可以忽略不计,失准角就不会变化。

4.2.3.3节第(3)条指出,我们采用数据后处理方法对轨控前至轨控后所测加速度值进行0 g_n修正,消除了偏值误差,有效提高了所得到的轨控引起速度增量的准确度。

如果只关心振动加速度而不关心准稳态加速度和瞬态加速度,只要将测量数据扣除最小二乘法线性拟合值,就可以消除偏值和偏值漂移的影响。因此,只关心振动加速度的情况下,不需要对偏值做在轨标定。至于是否需要对标度因数做在轨标定,从式(4 - 101)可以看到,这与允许的测量误差大小、实际输入加速度大小、标度因数误差大小都有关系,其中标度因数误差大小问题,既与式(4 - 96)所示地面用重力场翻滚试验得到的标度因数的误差有关,还与上述加速度计内部因素和环境影响会使标度因数变化多少以及在轨标定能将标度因数误差降低到多少有关。

显然，4.2.5.3节第(1)条所述石英挠性加速度计的静态分辨力也是静态误差中的重要因素。由于静态分辨力不会随多次重复测量或压缩测量通带而减小，所以在空间微重力条件下，实施了在轨标定之后，静态分辨力可能会成为静态误差的主要因素。

2)动态误差。

图13-24给出了我们采用的石英挠性加速度计+检测电路对电模拟方波信号的响应，图6-8给出了方波信号通过我们采用的f_c=108.5 Hz的3级6阶0.5 dB波动Chebyshev低通滤波器后的响应，图6-10给出了神舟号飞船变轨推进器工作时实际检测到的加速度变化，13.3.5节据此指出，石英挠性加速度计+检测电路对阶跃加速度的响应时间远短于我们采用的低通滤波器对方波信号的响应时间，更远远短于神舟号飞船变轨时推进器推力的形成时间，所以我们采用的石英挠性加速度计+检测电路对阶跃加速度响应时间绝不影响对飞船加速度阶跃的测量。

与时间常数相比，加速度计噪声是动态误差中更重要的因素。文献[7]规定将加速度计安装在精密光栅分度头上测试加速度计噪声，并应使试验地基环境振动等背景噪声减至最小。我们认为此规定的后半段是至关重要的，而前半段却并非必要。受条件限制的话，宁可舍弃前者而不能舍弃后者。因此，13.3.3节指出，为了尽量避免人工振源产生的振动，微重力测量装置在地震基准台的百米深山洞中具有隔振地基的房间内进行噪声测试，测试取比白天环境更为稳定的夜间环境，可以进一步排除人为活动的影响。测试时，微重力测量装置固定在隔离地基的实验平台上，尽量减少由于测量仪自身的微小晃动所造成的误差。测试采用电池供电，加速度传感器处于准水平方位，注入详存指令后自动进行检测，检测前人员离开山洞。根据标定结果，将数据转换为g_n值。作为保守估计，假定所有起伏均由产品造成，不计环境干扰。图5-39和图5-40给出了采用f_c=108.5 Hz的6阶0.5 dB波动Chebyshev低通滤波器，按上述方法测到的国产JBN-3型石英挠性加速度计噪声时域和频域图。可以看到，噪声近似为白噪声。5.9.3.2节第(4)条给出，图5-39所示噪声的方均根值为6.17 μg_n，图5-40所示噪声功率谱密度的代表值为5.62×10^{-4} $mg_n/Hz^{1/2}$。若将关心的频率范围压缩至0.1 Hz以内，根据式(5-40)所示Parseval定理，可以得到累积的方均根值为0.18 μg_n。由此可见，加速度计噪声大小与所关心的频带宽度密切相关。

4.3　本章阐明的主要论点

4.3.1　常用术语

(1)“精度”有时指准确度(accuracy)，有时指精密度(precision)。由于准确度的定义是“测得值与被测量的真值间的接近程度”，而精密度的定义是“在规定条件下，对同一或类似被测对象重复测量所得示值或测得值间的接近程度”，二者不是同一概念，所以“精度”的含义是含糊不清的。

(2)“测量准确度”只是一个概念性术语，不是一个量，也不给出用数字表示的量值。因此，凡需要定量表示时，应使用术语“测量误差”，测量误差(简称误差)包括系统误差与随机误差。

(3)“精密度”后可以跟随具体量值，其量值指的是随机误差，它不包含系统误差。

(4)“精确度”顾名思义指精密度和准确度的总和。由于准确度用测量误差表示，包含系统误差和随机误差，而精密度不包含系统误差，所以“准确度”的概念中已包含了“精密度”，不存在“精密度和准确度的总和”这一概念。

(5)由于分辨力(resolution)的定义是“引起相应示值产生可觉察到变化的被测量的最小变化”,且“分辨力可以取决于噪声(内部或外部的)或摩擦,它也可能取决于被测量的值”,因此,分辨力既有噪声因素,又有阈值因素,还有显示分辨力因素。

(6)由于“系统测量误差”的参考量值是真值,或是测量不确定度可忽略不计的测量标准的测得值,或是约定量值,而“随机测量误差”的参考量值是对同一被测量进行无穷多次重复测量所产生的平均值,因此,标度因数标定不确定度、偏值标定不确定度都是构成系统误差的因素,而仪器的“分辨力”是构成随机误差的因素,即仪器的“分辨力”不是构成系统误差的因素。

(7)“最大允许误差”(或误差限)是描述仪器特性的术语,仪器的“分辨力”是影响仪器误差限的因素之一,分辨力必定远小于仪器的误差限。

(8)由于动态范围的定义为“输入量程与分辨力之比”,而仪器的分辨力远小于仪器的最大允许误差,因此,以为“只要输入量不越出仪器的输入范围,对输入量的的测量误差就不超出分辨力值”是对动态范围的误解。

(9)灵敏度对相对误差的影响与被测量值大小有关。因此,不能笼统地说“灵敏度越低,误差就越大”;此外,在不同档次的仪器之间,“量程”与“灵敏度”、“灵敏度”与“噪声”也没有确定的关系,即对不同档次的仪器作比较时,不能一概认为“测量系统量程越大,灵敏度就越低”或“灵敏度越低,噪声就越大”。

4.3.2 加速度计地面重力场倾角测试概述

(1)校准(calibration)的定义为“在规定条件下的一组操作,其第一步是确定由测量标准提供的量值与示值之间的关系,第二步则是用此信息确定由示值获得测量结果的关系,这里测量标准提供的量值与相应示值都具有测量不确定度”。根据等效原理,惯性质量与引力质量等效,因此,可以利用重力场倾角法,即重力加速度在加速度计输入轴方向上的分量作为加速度测量标准提供的量值;加速度计地面重力场倾角测试一般在精密光栅分度头或精密端齿盘上进行;为降低试验误差,试验设备必须采取隔震和防倾斜措施。

(2)重力场翻滚试验是加速度计的一种标定试验,对于输入范围超过$\pm 1\ g_{\mathrm{local}}$的加速度计而言,可以采用重力场翻滚试验分离出加速度计模型方程的各项系数。

(3)在空间微重力条件下,加速度计壳体受到加速度时,检验质量因惯性不被加速;而在地面重力场倾角试验时,情况正好相反,加速度计壳体受到的支持力抵消了重力,反而检验质量受到重力作用。因此,加速度计的正输出所对应的空间加速度方向与地面重力方向是相反的。

(4)通过重力场倾角法直接得到的加速度量值单位为当地重力加速度g_{local},需要乘以当地重力加速度值g_{local}(单位为$\mathrm{m/s^2}$)才能得到法定加速度单位的标定结果,且该g_{local}值的有效位数需满足标定需求,需求特别精确的场合甚至要考虑到同一建筑不同房间g_{local}值的差别。

4.3.3 模型方程

(1)线加速度计的模型方程是描述加速度计通过检验质量所敏感到的输入加速度与输出量之间关系的数学表达式,它把加速度计的输出量与平行和垂直于加速度计输入基准轴的加速度分量之间的关系用数学关系式表达出来。

(2)根据加速度计不同的特性和不同的精密度要求,线加速度计的模型方程可以只取必要的若干项。

(3)用重力场静态翻滚试验对加速度计进行标定前首先要调整精密光栅分度头或精密端齿盘的台面，使台面的转动轴处于水平状态；并调整其显示的初始角 $\theta_0=0$。

4.3.4　用重力场翻滚试验分离出模型方程各项系数

(1)重力场静态翻滚试验最常用的是4点法、8点法。4点法反映不出模型方程中的交叉耦合系数，且不能将三阶非线性系数从标度因数中分离；而8点法可以确定全部6项系数。

(2)如果重力场静态翻滚试验的倾角在整个 2π 范围内以等间隔方式取6个值，得到的6个方程并非完全独立，因而不能将三阶非线性系数从标度因数中分离；与此类似，取8个值，得到的8个方程也并非完全独立。取消8点法中的 $5\pi/4$ 和 $7\pi/4$ 两点，将8点法演变成非完全等间隔但相互独立的6点法，依然可以解出全部6项系数。

(3)与等间隔6点法相比，5点法能分解同样多的参数；与8点法相比，7点法也能确定全部6项系数。然而，5点法和7点法都不如非完全等间隔6点法实用。尽管如此，与等间隔6点法一样，5点法和7点法对理论分析有帮助。

(4)在生产线上，常常用正多棱柱安装多个加速度计，同时进行标定。正5棱柱的加工、检验、保管比正6棱柱麻烦。7点法的角度取值，$\pi/7$ rad(即 $25°42'51.428\,5''$)及其两倍、三倍值，在分度头上无法准确定位，除非使用特殊定制的端齿盘。

(5)Fourier系数法是否能够正确分离出模型方程各项系数是需要验证的。验证方法有两种，一种是将Fourier系数法所得到的模型方程各项系数与解联立方程组所得到的模型方程各项系数一一对比，完全一致即通过验证，然而，由于 θ_i 在整个 2π 范围内以等间隔方式取 N 个值，得到的 N 个方程并非完全独立，Fourier系数法、解联立方程组二者分别得到的模型方程各项系数形式不一致不代表真正不一致；另一种是将模型方程直接代入Fourier系数法所得到的模型方程各项系数中，不出现矛盾即通过验证。所以前一种方法如通过验证，则无需采用后一种方法；前一种方法如未能通过验证，只要后一种方法通过验证，就认为通过了验证。

(6)验证结果表明，Fourier系数法对于4点法不适用，对5点法、等间隔6点法、7点法、8点法、12点法均适用。由此可以推断(但并非严格证明)，只要重力场静态翻滚试验的倾角在整个 2π 范围内以等间隔方式取值，且测试点数 $N>4$，都可以用Fourier系数法正确解算出模型方程的各项系数。

(7)目前精密光栅分度头或精密端齿盘的示值误差可以控制到峰-峰值 $1''$，即 4.85×10^{-6} rad，按此值为重力场静态翻滚试验倾角的标准差之 $2\sqrt{2}$ 倍估计，由此引起 $1\,g_n$ 下的加速度测量误差的最大误差限为 $12.1\,\mu g_n$。

(8)将地面重力场静态翻滚试验倾角标准差为 $0.354''$ 得到的模型方程各系数应用于空间微重力加速度不超过 $1\times10^{-2}\,g_n$ 下的加速度测量误差的最大标准差为 $1.25\,\mu g_n$。

(9)采样率(sampling rate)指每秒的采样次数，单位为Sps(Sampling per second，每秒的采样次数)。采样率也称为采样频度，即每秒重复发生的采样事件次数，英语中不区分频率与频度，因此sampling rate也称为sampling frequency，并常用 f_s 作为采样率的符号；与此相应，很多文献用Hz作为采样率的单位。然而，这样做很容易将采样率(sampling rate)与Nyquist频率(Nyquist frequency)相混淆，所以本书中采样率的符号不使用 f_s，而使用 r_s；采样率的单位不使用Hz，而使用Sps。

(10)检测神舟号飞船轨控引起的速度增量时，把轨控发动机阀打开前 1 min 以内所测加速度平均值作为 0 g_n，以此对轨控前至轨控后所测加速度值进行 0 g_n 修正，再对修正后轨控前至轨控后的加速度积分，换算成 m/s，得到速度增量。这种情况下地面重力场静态翻滚试验角度随机误差的影响只有标度因数误差这一项。将地面重力场静态翻滚试验倾角标准差为 0.354″得到的标度因数应用于轨控平均加速度 7.87×10^{-3} g_n 下的加速度测量误差的最大标准差为 1.51×10^{-8} g_n。需要注意，此误差分析只针对角度随机误差这一个误差源，不能将之与加速度计的总测量误差相混淆。

(11)用重力场翻滚试验分离模型方程各项系数时，需使用数字电压表检测加速度计的输出。对于石英挠性加速度计而言，由于本身输出的是电流，所以需要在输出端和地之间串接一只采样电阻，用以把电流转换为电压，以便数字电压表读取。考虑到精密数字电压表的最高位通常只能显示 0 或 1，通常根据石英挠性加速度计的标度因数选择采样电阻的阻值，使 1 g_n 下的输出电压为 1 V 左右。若角度定位误差为 1″，在敏感轴处于水平方向(输出电压理论值为 0 V)引起的输出电压误差为 4.9×10^{-6} V，在敏感轴处于±45°方向(输出电压理论值为−0.785 398 2 V)引起的输出电压误差为 3.4×10^{-6} V，考虑到仪器的误差应小于被测误差的 1/3，且数字电压表的最后一位是参考位，所以需要使用 7 位半(半位指最高位只能显示 0 或 1)数字电压表。

(12)重力场翻滚试验中用数字电压表检测采样电阻两端的电压时，要尽量抑制环境干扰。环境干扰包括电学干扰和力学干扰。电学干扰主要是工频干扰，力学干扰主要是人工振源产生的振动干扰。用数字电压表测量电压的过程中，对串模噪声进行抑制，既可以通过在电压-数字转换器的输入端加接滤波器实现，也可以通过采用抗干扰能力强的双积分 A/D 转换器实现；而对共模噪声的抑制主要是通过设计优良的接地系统来实现。

4.3.5 用 12 点法分析摆式线加速度计的测量误差

用重力场翻滚试验 12 点法不仅能正确解算出模型方程各项系数，而且能给出滞环误差、方均根误差和综合误差。综合误差不仅包含有方均根误差，而且把非线性和交叉耦合也作为误差因素来对待。

4.3.6 用重力场倾角法判定加速度计的阈值和静态分辨力

(1)用重力场倾角法可以判定加速度计的阈值和静态分辨力。阈值与静态分辨力颇为相似，差别仅在于阈值针对的是 0 g_n 附近的测量值，静态分辨力针对的是远离 0 g_n 处的测量值。对于石英挠性加速度计，阈值和静态分辨力在数值上并无差别。

(2)静态分辨力的成因与静摩擦大于动摩擦非常类似，因此，测定静态分辨力时实际输出增量的平均值总是小于理想输出增量。值得注意的是，该成因决定了静态分辨力不会随多次重复测量而减小。惯性技术领域定义的分辨力是通过静态测试得到的，不包含噪声，因此改称为静态分辨力。如此定义的静态分辨力不会随压缩测量通带而减小。

(3)通用计量领域将测量误差分为系统误差与随机误差，其中系统误差指的是在重复测量中保持不变或按可预见方式变化的测量误差的分量，而随机误差指的是在重复测量中按不可预见方式变化的测量误差的分量。仪器的分辨力是构成随机误差的因素。

(4)加速度计的测量误差分为静态误差和动态误差，其中静态误差指输出量复现稳态输入量的差值，如标度因数、偏值和二阶非线性系数发生变化，而动态误差指输出量跟随动态输入量的能力，动态性能指标可以用加速度计的动态响应、通频带宽度、噪声功率谱密度等指标表示。动态性能指标是通用计量领域将测量误差分为系统误差与随机误差的做法无法包容的。

(5)若三轴每个方向的外来加速度不超过 $1\times10^{-2}\ g_n$，静态误差仅与偏值误差、标度因数误差、失准角误差有关。对于安装牢固的刚性结构而言，如果温度效应引起的结构扭曲可以忽略不计，失准角就不会变化。

(6)如果只关心振动加速度而不关心准稳态加速度和瞬态加速度，只要将测量数据扣除最小二乘法线性拟合值，就可以消除偏值和偏值漂移的影响。因此，只关心振动加速度的情况下，不需要对偏值做在轨标定。而是否需要对标度因数做在轨标定与允许的测量误差大小、实际输入加速度大小、标度因数误差大小都有关系，其中标度因数误差大小问题，既与地面用重力场翻滚试验得到的标度因数的误差有关，还与加速度计内部因素和环境影响会使标度因数变化多少以及在轨标定能将标度因数误差降低到多少有关。

(7)石英挠性加速度计的静态分辨力也是静态误差中的重要因素。由于静态分辨力不会随多次重复测量或压缩测量通带而减小，所以在空间微重力条件下，实施了在轨标定之后，分辨力可能会成为静态误差的主要因素。

(8)与时间常数相比，加速度计噪声是动态误差中更重要的因素。加速度计噪声大小与所关心的频带宽度密切相关。

参 考 文 献

[1] 全国法制计量管理计量技术委员会. 通用计量术语及定义：JJF 1001 — 2011 [S]. 北京：中国质检出版社，2012.

[2] 中国船舶工业总公司第六〇三研究所. 惯性技术术语：GJB 585A — 1998 [S].北京：国防科工委军标出版发行部，1998.

[3] 何铁春，周世勤. 惯性导航加速度计[M]. 北京：国防工业出版社，1983.

[4] 毛奔，林玉荣. 惯性器件测试与建模[M]. 哈尔滨：哈尔滨工程大学出版社，2008.

[5] DIETRICH R W，FOX J C，LANGE W G. An electrostatically suspended cube proofmass triaxial accelerometer for electric propulsion thrust measurement：AIAA 96 - 2734 [C]//The 32nd AIAA/ASME/SAE/ASEE Joint Propulsion Conference，Lake Buena Vista，FL，United States，July 1 - 3，1996.

[6] 计量学名词审定委员会. 计量学名词：全国科学技术名词审定委员会公布[M]. 北京：科学出版社，2016.

[7] 中国航天标准化研究所. 单轴摆式伺服线加速度计试验方法：GJB 1037A — 2004 [S]. 北京：国防科工委军标出版发行部，2004.

[8] 航空航天工业部七〇八所. 摆式加速度计主要精度指标评定方法：QJ 2402 — 1992 [S].北京：航空航天工业部七〇八所，1992.

[9] 李安. 石英挠性加速度计关键技术研究[D]. 杭州：杭州电子科技大学，2010.

[10] 全国量和单位标准化技术委员会. 有关量、单位和符号的一般原则：GB 3101 — 1993 [S]. 北京：中国标准出版社，1994.

[11] 数学手册编写组. 数学手册[M]. 北京：人民教育出版社，1979.

[12] 徐士良. C 常用算法程序集[M]. 北京:清华大学版社，1994.

[13] 上海天核机电有限公司. 1″数字式光栅光学分度头[EB/OL]. http://m.shth.biz/sdm/316543/2/pd-1270300/1842496-637012/1_数字式光栅光学分度头.html

[14] 杨亚非，吴广玉，任顺清. 提高加速度计标定精度的方法[J]. 中国惯性技术学报，1998，6 (4):1 - 5.

[15] 王翠珍，唐金元. 数字电压表噪声抑制方法[J]. 计量与测试技术，2009，36 (4): 32 -33.

第5章　用快速 Fourier 变换作频谱分析

本章的物理量符号

A	幅值
a	加速度幅度谱中频率为 f 的加速度，m/s^2
$C_{xy}(i\Delta f)$	两个信号 $x(k\Delta t)$ 和 $y(k\Delta t)$ 的谱相干性
D	毗连段重叠的样点数
E_{RMS}	电阻热噪声电势的方均根值，V
f	频率，Hz
$f(0)$	$t=0$ 时的 $f(t)$ 值
f_1	频率区间的下限，Hz
f_2	频率区间的上限，Hz
f_m	原始时域信号的最高频率，Hz
f_{max}	频谱分析上限，Hz
f_N	Nyquist 频率，Hz
$f_s(t)$	采样后得到的离散采样值序列
$f(t)$	任意的连续函数
$f(\tau)$	被积函数
$G_{cp,x}(i\Delta f)$	自谱 $\overline{P}_{xx}(i\Delta f)$ 中的相干功率谱密度，U^2/Hz（U 指观测量的单位）
$G_{cp,y}(i\Delta f)$	自谱 $\overline{P}_{yy}(i\Delta f)$ 中的相干功率谱密度，U^2/Hz
$G_{ip,x}(i\Delta f)$	自谱 $\overline{P}_{xx}(i\Delta f)$ 中的非相干功率谱密度，U^2/Hz
$G_{ip,y}(i\Delta f)$	自谱 $\overline{P}_{yy}(i\Delta f)$ 中的非相干功率谱密度，U^2/Hz
I	包含点 $t=0$ 的任何区间
i	离散频域数据的序号
K	分段数
k	离散时域数据的序号
k_B	Boltzmann 常数：$k_B=(1.380\ 658\pm 0.000\ 012)\times 10^{-23}$ J/K
$k\Delta t$	时延，s
L	每段的数据长度
l	与 a 相应的频率为 f 的位移，m
m	各段的序号，离散时域数据的序号
n	t 时刻已采集的样点数，正弦信号的个数
N	数据长度（即时域的采样点数），$x(k\Delta t)$ 和 $y(k\Delta t)$ 的总数据长度

$p(t)$	采样脉冲序列；冲激序列
$P_{xx}(f)$	离散型非周期性随机信号 $x(k\Delta t)$ 的自谱，U^2/Hz
$P_{xx}(i\Delta f)$	能量有限信号 $x(k\Delta t)$ 的自谱，U^2/Hz
$\bar{P}_{xx}(i\Delta f)$	用 Welch 平均周期图法得到的信号 $x(k\Delta t)$ 的自谱，U^2/Hz
$P_{xy}(f)$	离散型非周期性随机信号 $x(k\Delta t)$ 和 $y(k\Delta t)$ 的互谱，U^2/Hz
$P_{xy}(i\Delta f)$	能量有限信号 $x(k\Delta t)$ 和 $y(k\Delta t)$ 的互谱，U^2/Hz
$\bar{P}_{xy}(i\Delta f)$	用 Welch 平均周期图法得到的两个信号 $x(k\Delta t)$ 和 $y(k\Delta t)$ 的互谱，U^2/Hz
$\lvert\bar{P}_{xy}(i\Delta f)\rvert$	$\bar{P}_{xy}(i\Delta f)$ 的量值，U^2/Hz
$P_{yy}(i\Delta f)$	能量有限信号 $y(k\Delta t)$ 的自谱，U^2/Hz
$\bar{P}_{yy}(i\Delta f)$	用 Welch 平均周期图法得到的信号 $y(k\Delta t)$ 的自谱，U^2/Hz
R	电阻值，Ω
r	a 的幅值，m/s^2
r_s	采样率，Sps
$R_{xx}(k\Delta t)$	信号 x 的自相关函数，U^2
$R_{xy}(k\Delta t)$	信号 x 和 y 间的互相关函数，U^2
t	时间，s
T	电阻的热力学温度，K
T_c	方波信号的周期，s
T_s	采样持续时间，s
U	窗函数的归一化因子
u	稳态确定性信号，U
U_k	序号为 k 的正弦信号的幅度，U
$w(k)$	表 5-3 所示的时间窗函数
$X_1(e^{j\omega})$	所研究波形的频谱
$X_1(i\Delta f)$	文献[13]给出的 $x(k\Delta t)$ 的离散 Fourier 变换，为复数，U
$\bar{X}_1(i\Delta f)$	与 $X_1(i\Delta f)$ 互为共轭复数，在 MATLAB 软件中可用 conj 函数由 $X_1(i\Delta f)$ 得到，为复数，U
$X_2(e^{j\omega})$	$X_1(e^{j\omega})$ 与矩形窗函数的频谱周期卷积后形成的失真频谱
$X_2(i\Delta f)$	文献[14]给出的 $x(k\Delta t)$ 的离散 Fourier 变换的多种形式之一，为复数，U/Hz
$X_3(i\Delta f)$	文献[17]给出的 $x(k\Delta t)$ 的离散 Fourier 变换的另一种定义，为复数，U
$X_I(i\Delta f)$	$X(i\Delta f)$ 的虚部，U
$X(i\Delta f)$	$x(k\Delta t)$ 的 Fourier 变换，即频率 $f=i\Delta f$ 处的 fft 函数（MATLAB 软件定义的函数），为复数，U
$\bar{X}(i\Delta f)$	与 $X(i\Delta f)$ 互为共轭复数，在 MATLAB 软件中可用 conj 函数由 $X(i\Delta f)$ 得到，为复数，U
$\lvert X(i\Delta f)\rvert$	$X(i\Delta f)$ 的模，U
$X(k)$	$X_p(k)$ 的主值区间序列，定义为 $x(n)$ 的离散 Fourier 变换（DFT）

$x(k\Delta t)$	时间 $t=k\Delta t$ 时测到的信号,U
$X_{mI}(i\Delta f)$	$X_m(i\Delta f)$ 的虚部,U
$X_m(i\Delta f)$	式(5-54)所示的MATLAB软件定义的 $x(k\Delta t)$ 第 m 段的fft函数,为复数,U
$\bar{x}[(m-k)\Delta t]$	信号 x 在 $(m-k)\Delta t$ 时刻值的共轭复数,U
$x[(m+k)\Delta t]$	信号 x 在 $(m+k)\Delta t$ 时刻的值,U
$X_{mR}(i\Delta f)$	$X_m(i\Delta f)$ 的实部,U
$x(m\Delta t)$	信号 x 在 $m\Delta t$ 时刻的值,U
$\bar{x}(m\Delta t)$	信号 x 在 $m\Delta t$ 时刻值的共轭复数,U
$x(n)$	在有限时间内以固定间隔采样后进行模-数变换得到的有限离散时域数据,称为 $x_p(n)$ 的主值区间序列
$X_p(k)$	$x_p(n)$ 的 Fourier 变换,为周期性离散频率函数
$x_p(n)$	以 N 为周期将 $x(n)$ 从 $n\to-\infty$ 至 $n\to+\infty$ 无限延拓后形成的周期性离散时间函数,称为 $x(n)$ 的周期延拓
$X_R(i\Delta f)$	$X(i\Delta f)$ 的实部,U
$Y_I(i\Delta f)$	$Y(i\Delta f)$ 的虚部,U
$Y(i\Delta f)$	MATLAB软件定义的 y 的fft函数,为复数,U
$\bar{Y}(i\Delta f)$	$Y(i\Delta f)$ 的共轭复数,在MATLAB软件中可用conj函数由 $Y(i\Delta f)$ 得到,为复数,U
y_k	$k\Delta t$ 时刻的被积函数值,$f(\tau)$ 在 $\tau=kt/n$ 时刻的值($k=0,1,2,\cdots,n$)
y_{k-1}	$(k-1)\Delta t$ 时刻的被积函数值
$y(k\Delta t)$	信号 y 在 $k\Delta t$ 时刻的值,U
$Y_{mI}(i\Delta f)$	$Y_m(i\Delta f)$ 的虚部,U
$Y_m(i\Delta f)$	式(5-54)所示的MATLAB软件定义的 $y(k\Delta t)$ 第 m 段的fft函数,为复数,U
$y[(m+k)\Delta t]$	另一信号 y 在 $(m+k)\Delta t$ 时刻的值,U
$Y_{mR}(i\Delta f)$	$Y_m(i\Delta f)$ 的实部,U
$Y_R(i\Delta f)$	$Y(i\Delta f)$ 的实部,U
Γ_{AFS}	幅度谱,U
$\Gamma_{AFS}(i\Delta f)$	频率 $f=i\Delta f$ 处零均值稳定随机信号的幅度谱,U
Γ_{ESD}	能量谱密度,$U^2\cdot s/Hz$
$\Gamma(i\Delta f)$	$\gamma(k\Delta t)$ 的 Fourier 变换,为复数,U
$\gamma(k\Delta t)$	时间 $t=k\Delta t$ 时测到的零均值稳定随机信号,U
Γ_{PSD}	功率谱密度,U^2/Hz
$\Gamma_{PSD,average}\|_{[f_1,f_2]}$	频率区间 $[f_1, f_2]$ 内各 $i\Delta f$ 处 $\Gamma_{PSD}(i\Delta f)$ 的平均值,U^2/Hz
$\Gamma_{PSD}(i\Delta f)$	频率 $f=i\Delta f$ 处零均值稳定随机信号的功率谱密度值,U^2/Hz
$(\sqrt{\Gamma_{PSD}})_{RMS}\|_{[f_1,f_2]}$	频率区间 $[f_1, f_2]$ 内各 $i\Delta f$ 处 $\sqrt{\Gamma_{PSD}(i\Delta f)}$ 的方均根值,$U/Hz^{1/2}$
Γ_{PWR}	功率谱,U^2
Γ_{RMS}	方均根谱,U

$\gamma_{RMS}|_{[0,T_s]}$　零均值稳定随机信号在时间区间$[0,\ T_s]$的方均根值，U

$\gamma_{RMS}|_{[f_1,f_2]}$　零均值稳定随机信号或稳态确定性信号对频率区间$[f_1,\ f_2]$累积的方均根值，U

Δf　频率间隔（即频谱分辨力），频带宽度，Hz

Δt　采样间隔，s

$\delta(t)$　δ 函数，也称为 Dirac 函数、单位冲激函数或单位脉冲函数

ϕ　a 的相位，rad

$\phi(i\Delta f)$　$X(i\Delta f)$ 的相位，即频率 $f=i\Delta f$ 的信号以余弦函数表示时的初始相位，rad 或(°)

ϕ_k　序号为 k 的正弦信号的初始相位，rad

ω　角频率，rad/s

ω_k　序号为 k 的正弦信号的角频率，rad/s

本章独有的缩略语

AFS　Amplitude Frequency Spectrum，幅度谱

DFS　Discrete Fourier Series，离散 Fourier 级数

DFT　Discrete Fourier Transform，离散 Fourier 变换

DPSS　Discrete Prolate Spheroidal Sequence，离散长球序列

EMD　Empirical Mode Decomposition，经验模态分解

ESD　Energy Spectrum Density，能量谱密度

IDFS　Inversion of the Discrete Fourier Series，离散 Fourier 逆级数

IDFT　Inversion of the Discrete Fourier Transform，离散 Fourier 逆变换

PWR　Power Spectrum，功率谱

RMS　Root-Mean-Square Spectrum，方均根谱

5.1 引　　言

空间微重力的频谱概念十分重要：每种与微重力水平有关的应用只关心一定频谱范围的微重力；每种微重力干扰因素都有一定的频谱；每种微重力测量装置只在一定频谱范围内有正常响应，其测量精密度受限于仪器的噪声功率谱密度。全频谱测量既不可能也不必要[1]。

微重力加速度是动态变化的矢量（参见 1.8 节），其方向、量值、频谱均随干扰源而变，且与传递路径密切相关。

如今，信号处理工具非常多，而且十分先进。时域分析较为形象和直观，与我们的真实感受相贴切；频域分析更为简练和深刻，用于揭示信号虽内含但非直观显现的频谱特征，二者相辅相成。本书中有许多章节涉及到频域分析，例如：求激励信号通过具有稳定因果关系之系统的响应（参见 5.9.1 节）是其中的一个典型示例，而滤波器（参见第 6 章、第 12 章、第 21 章和第 22 章）又是上述“具有稳定因果关系之系统”的典型代表；在航天领域，人们已经熟知环境力学条件中的随机振动功率谱密度和冲击响应谱；国际空间站对振动加速度的需求是以(0.01～300) Hz 范围内三分之一倍频程频带方均根加速度水平谱来表达的（参见 2.2.2.5 节和 2.2.3 节）；用相干性检测法分析仪器的噪声需要用到自谱和互谱（参见 5.9.4

节)；振动——包括结构的动力响应——往往需要用频谱来表达(参见 14.6.3 节至 14.6.5 节、16.5 节、16.7 节至 16.10 节、16.12 节)；表达静电悬浮加速度计归一化闭环传递函数幅频特性和相频特性的 Bode 图[参见 18.3.6 节、19.5.1.1 节第(3)条、19.5.2.3 节第(3)条、19.6.2.1 节第(3)条、19.6.3.3 节第(3)条、20.4.3 节第(4)条]是分析该传递函数截止频率(−3 dB 处的频率)、在测量带宽内的振幅不平坦度、相对于线性变化的离差和群时延的标定误差等规定指标的重要工具；静电悬浮加速度计位移对于输入加速度的传递函数 Bode 图[参见 18.3.8 节、19.5.1.1 节第(5)条、19.5.2.3 节第(5)条、19.6.2.1 节第(5)条、19.6.3.3 节第(5)条、20.4.3 节第(6)条]是分析检验质量在规定输入量程和测量带宽内位移的重要工具，而检验质量块的运动被限制到小于 1 nm 对加速度计的线性度及其特性的稳定性有益；线性定常系统开环传递函数 bode 图[参见 18.4.6 节、18.5.2.3 节、18.6.3 节]是判断闭环系统的稳定性和稳定裕度的重要工具之一。

更值得一提的是伴随信号的噪声(noise)。

文献[2]提出："简单地说，不期望的、叠加在理想信号上的任何信号都可以统称为噪声。"然而，文献[3]对术语"漂移(drift)"的定义为①："计量仪器的计量特性随时间的慢变化。"并注明："在规定条件下，对一个恒定的激励在规定时间内的响应变化，称为点漂，标称范围最低值上的点漂称为零点漂移，简称零漂，当最低值不为零时亦称始点漂移。"可以看到，漂移是仪器的计量特性之一，它与被测量无关。文献[2]对噪声的表述没有区分开与漂移的差别。新牛津美语大词典将技术领域所使用的"噪声"一词解释为"伴随信号传播，但不是信号的构成部分且倾向于使信号模糊不清的不规则起伏"或"使有意义的数据或其他信息模糊不清的随机起伏，或不包含有意义的数据或其他信息的随机起伏"。可以看到，这一表述除了用"伴随信号传播"代替文献[2]中的"叠加在理想信号上"，并用"不是信号的构成部分"代替文献[2]中的"不期望"这两个要素外，又增添了"倾向于使信号模糊不清"和"随机起伏"两个要素。

在此基础上，我们基于测量总是限定在一定的频带范围内的思想来理解文献[3]中漂移是"计量仪器的计量特性随时间的慢变化"和新牛津美语大词典中噪声"倾向于使信号模糊不清"。进而把频率低于测量带宽的仪器零点或偏值的波动称为漂移，而把频率在测量带宽内(有时还延伸到高于测量带宽)、伴随信号但不是信号的构成部分且倾向于使信号模糊不清的随机起伏称为噪声。这就可以把噪声与漂移相区分了。按此定义，测量带宽内偏值的随机起伏归于噪声，而不视为漂移[参见 24.4.1 节、24.4.2.6 节第(2)条、25.1 节]。采取一定的技术措施，可以在一定程度上扣除零点或偏值的漂移。例如：用石英挠性加速度计(参见 9.1 节)做成电子水平仪，通过短时间内对被测坡度的顺向和逆向测量，就可以扣除零点漂移；14.4.7 节介绍了神舟号飞船微重力数据处理对策中采取的 0 g_n(关于单位 g_n，参见 1.2 节)修正方法，这对于获得准确的轨道机动推进器持续工作形成的速度增量是十分重要且有效的；15.4.3 节和 15.4.4 节介绍了微型静电加速度计(MESA)借助于标定台组件中活动平台的旋转和反向，以实现飞行中标定标度因数和偏值的方法；23.3.2.2 节第(2)条第 3)款介绍了 GRACE 卫星通过比较原始加速度计数据与基于模型计算出来的非重力加速度的方法对加速度计标度因数和偏值进行在轨标定，使其漂移的影响变得可忽略。

---

① 此定义引自 JJG 1001—1991《通用计量名词及定义》。更新后的版本 JJF 1001—1998《通用计量术语及定义》中对该术语的定义为："测量仪器计量特性的慢变化。"4.1.1.2 节根据再次更新后的版本 JJF 1001—2011《通用计量术语及定义》给出，仪器漂移(instrument drift)的定义为："随着时间的推移，由于测量仪器的计量特性变化引起的示值的连续或增量变化。"并注明："仪器漂移既与被测量的变化无关，也与任何公认的影响量的变化无关。"为了与下一自然段所阐明的观点相衔接，此处引用的定义未随标准版本更新而更新。

文献[4]指出,噪声是源于自然和有时源于人为因素的不请自来的或扰动的能量。文献[5]则指出,噪声的产生可分为外在噪声及内在噪声。外在噪声的来源是多种多样的,因此,为了保证测量的精密度,不仅要控制测量装置(包括传感器、测量电路)的噪声,而且要控制测量装置以外的噪声源。例如:5.9.2 节指出,石英挠性加速度计噪声测试在山洞中进行,以减少环境噪声干扰。此处环境噪声对于石英挠性加速度计而言就是外在噪声。而该节提到的去湿机运行造成的 50 Hz 及其倍频尖峰,虽然对于石英挠性加速度计而言也是外在干扰,但由于不符合随机起伏这一要素,所以不属于外在噪声。5.9.4.1 节指出,MHD 角速率传感器缺乏测量恒定或非常低频角速率的能力,因此,检测其噪声时,必须施加一动态变化的角速率,而动态变化的角速率本身也会存在噪声。显然,对于 MHD 角速率传感器而言,这就是外在噪声。23.6.1 节所述 twangs(尖锐的颤动)可能与卫星多层隔热箔因热膨胀不均匀引发的振动有关,也可能与姿控推进器工作或热配置的变化有关;spikes(长尖刺)首先来自频繁的推进器工作,更为频繁的 spikes 由各种加热器每隔不多几秒通断一次而闪现。23.6.6 节指出磁力矩器内部电流变化也引发 spikes。这些对于加速度测量而言,均为加速度计以外的噪声源。而如 23.6.1 节所述,频域上位置相对固定的尖峰干扰称为 tone(音调);tone 主要发生在频域的轨道谐波(其对应的基波为轨道周期的倒数)处,包括与轨道周期相关的温度效应,磁场和加速度计的相互作用以及大气阻力的水平和方向的变化;姿态控制推进器工作也存在一定程度的规律性,因此也有可能产生 tone。虽然对于静电悬浮加速度计而言,tone 也是外在干扰,但由于不符合随机起伏这一要素,所以不是外在噪声。25.1.1 节所述辐射计效应引起的加速度测量噪声起源于电极笼对侧间的温差噪声,还与静电悬浮加速度计敏感结构内部残余气体压力有关。而 25.1.3 节所述的热辐射压力效应引起的加速度测量噪声完全起源于电极笼对侧间的温差噪声。温差噪声对于静电悬浮加速度计而言就是外在噪声。25.2.4 节所述磁场引起的加速度测量噪声起源于卫星受到的地磁场磁感应强度起伏和卫星本身残余磁感应强度起伏,还与静电悬浮加速度计敏感结构电屏蔽因子、磁屏蔽因子及检验质量材料的磁化率等因素有关。卫星受到的地磁场磁感应强度起伏和卫星本身残余磁感应强度起伏对于静电悬浮加速度计而言就是外在噪声。26.1.2 节所述大地脉动噪声和 26.1.3 节所述双级摆测试台噪声对于静电悬浮加速度计地面测试而言,均是外在噪声。

然而,文献[5]称“噪声通常会造成信号的失真”则混淆了概念。文献[4]指出,失真是接收设备对输入信号波形不请自来的有规则变异。文献[6]指出,失真是信号特性的畸变。例如电路中线性元件对信号所含频率的不同响应而引起信号频谱组成的改变包括频率失真和相位失真,再如传输网络中非线性元件使输出信号含有输入信号所没有的频率分量造成信号失真。因此失真不是噪声引起的。

27.1 节指出,考察加速度计是否达到所要求的测量带宽,要从以下几方面入手:

(1)每秒 10 次采样下归一化闭环传递函数在测量带宽内的振幅不平坦度;

(2)相频特性相对于线性变化的离差;

(3)群时延的标定误差和最大不稳定性;

(4)噪声水平及其最大不稳定性;

(5)误差音调量值;

(6)任何频率下 50 $\mu m/s^2$ 音调引起的相互调制。

以上几条中,(1)~(3)都是针对失真的要求,不是(4)所能包容的。

文献[4]给出了如图 5-1 所示的电压中随机起伏的模拟展示:例如锯齿状噪声。

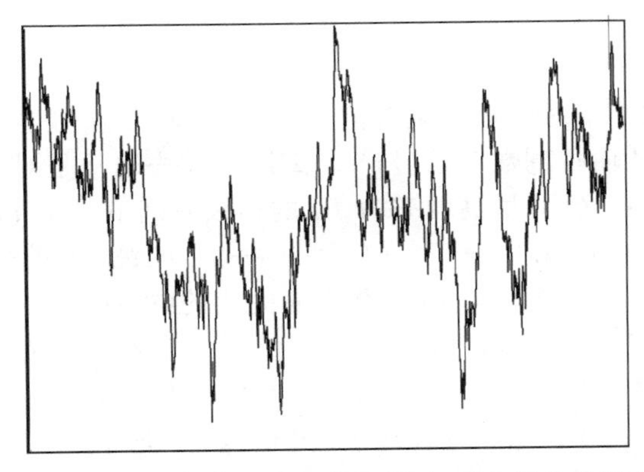

图 5-1　电压中随机起伏的模拟展示:例如锯齿状噪声[4]

文献[7]指出,噪声一般由一系列随机电压组成,这些电压的相位或频率是不相关的,有时这些电压是尖峰脉冲。仔细的观察表明,噪声电压很象脉冲波,有一些很高的峰值,它的出现是随机性的并且是连续不断的。当用示波器观察时,噪声给人以"尖峰"的印象。

噪声的随机性要求人们研究它的统计特性。而利用 Fourier 变换技术,可以得到有关噪声的频率特性和相位特性的某些信息。某系统噪声的估值是根据它在某确定频段的总量而定的。研究噪声的谱分布并计算它的功率谱密度,再采用积分的办法,可以计算该频段噪声电压的均方值[参见 5.9.3.2 节第(1)条所述的 Parseval 定理]。

卫星重力测量要求在规定的球谐函数级数展开模型截断阶 $n_{\max}$下以规定的误差恢复地球重力场(参见 23.3.3 节)。理论上 $n_{\max}$不可能大于 Nyqust 阶 n_N,而 n_N 是由以经、纬度表示的采样间隔决定的(参见 23.2.1 节)。这与原始时域信号最高频率 f_m 不应大于 Nyquist 频率 f_N,而 f_N 是由采样率 r_s 决定的(参见 5.2.1 节)极为相似,只是针对时间还是针对空间的差别。然而,卫星在圆轨道上以第一宇宙速度飞行,用卫星进行重力测量时,对重力测量卫星上的有效载荷而言,与空间有关的需求必然转换为与时间有关的需求(例如 23.4 节对加速度计的测量带宽的分析要用到 2.3.7 节关于圆轨道交点周期的计算方法)。也就是说,为了控制球谐函数级数展开模型的误差,必须控制有效载荷的噪声水平。由此可见,对于卫星重力测量而言,频谱分析技术是多么重要。

频谱分析中,Fourier 方法适合于较长的记录数据[8],微加速度测量仪器的噪声及大部分微重力干扰数据符合这一特征,因此我们选用基于 Fourier 分析的频谱分析方法。

应该说明,文献[4]所指"源于自然和有时源于人为因素的不请自来的或扰动的能量"中有可能包括人们既无法掌控、又无法分离出来单独检测的确定性信号,因此,人们常常将其归属于噪声。本书亦同此对待。

5.2　对采样定理的理解

在了解基于 Fourier 分析的频谱分析方法之前,必须了解采样定理。采样定理(sampling theorem,也译为抽样定理、取样定理)全称为 Nyquist-Shannon 采样定理[9],或称为 Nyquist 采样定理、Shannon 采样定理[10]。采样定理在通信系统、信息传输理论方面占有十分重要的地位,许多现代通信方式(如数字通信系统)都以此定理作为理论基础[11]。

5.2.1 采样定理

为了用计算机或数字信号处理系统对信号进行处理，必须对连续时间信号在时间上和量值上进行离散表示，从而得到数字信号[12]。离散的方法通常是对连续时间信号以固定间隔采样后进行模-数变换。针对最高频率为 f_m 的连续时间信号 $f(t)$[即 $f(t)$ 的频谱 $F(f)$ 只占据 $-f_m \sim +f_m$ 的范围，其中 $-f_m \sim 0$ 为 $0 \sim +f_m$ 的镜像]进行等间隔采样时，如果采样过程是通过采样脉冲序列 $p(t)$ 与 $f(t)$ 相乘来完成的(如冲激采样①)，即采样后得到的离散采样值序列 $f_s(t)=f(t)p(t)$，且采样率 r_s 的值不小于 $2f_m$ 的值，则 $f_s(t)$ 的频谱 $F_s(f)$ 呈现为以 r_s 的值为周期对 $F(f)$ 的无限重复，且不会产生失真。在此情况下，$F_s(f)$ 不会产生频谱的混叠。这样，$f_s(t)$ 保留了 $f(t)$ 的全部信息，完全可以用 $f_s(t)$ 惟一地表示 $f(t)$，或者说，完全可以由 $f_s(t)$ 恢复出 $f(t)$[11]。这就是时域采样定理的基本内容。

采样率 r_s 之值的一半称为 Nyquist 频率 f_N(有时称为折叠频率)[13]。根据采样定理，为了不发生频谱混叠，f_N 必须不低于原始时域信号最高频率 f_m。

对于连续信号 $f(t)$，若采样过程是通过冲激序列与 $f(t)$ 相乘来完成的，且 $f_N=f_m$，则将无限长采样持续时间(对于周期为 T_0 的周期性连续时间信号，只需有限长采样持续时间 T_s，但 T_s 应为 T_0 的整倍数)内 $f_s(t)$ 的各个采样值分别通过截止频率 $f_c=f_m$、高度为冲激采样周期($1/r_s$)的理想低通滤波器后的响应叠加[即将 $f_s(t)$ 的各个采样值与该滤波器的时域 Sa 函数② $2f_c\mathrm{Sa}(f_c t)/r_s$ 卷积]，就可以无失真地恢复 $f(t)$；若 $f_N > f_m$，则只要选择 $f_m < f_c < (r_s - f_m)$ 即可正确恢复 $f(t)$ 的波形；若 $f_N < f_m$，不满足采样定理，$f_s(t)$ 的频谱 $F_s(f)$ 出现混叠，无论如何选择 f_c 都不可能使叠加后的波形恢复 $f(t)$[11]。

冲激序列使用 δ 函数产生采样脉冲序列，其表达式为[11]

$$p(t)=\sum_{k=-\infty}^{\infty}\delta\left(t-\frac{k}{r_s}\right) \tag{5-1}$$③

式中 $p(t)$—— 冲激序列；

t—— 时间，s；

k—— 离散时域数据的序号；

r_s—— 采样率，Sps。

δ 函数也称为 Dirac 函数、单位冲激函数或单位脉冲函数。即[14]

$$\delta(t)=\begin{cases}0, & t\neq 0\\ \infty, & t=0\end{cases} \tag{5-2}$$

式中 $\delta(t)$——δ 函数，也称为 Dirac 函数、单位冲激函数或单位脉冲函数。

对包含点 $t=0$ 的任何区间 I，有[14]

$$\int_I \delta(t)\mathrm{d}t=1 \quad 或 \quad \int_{-\infty}^{\infty}\delta(t)\mathrm{d}t=1 \tag{5-3}$$

式中 I—— 包含点 $t=0$ 的任何区间。

δ 函数具有一个重要性质：对任意的连续函数 $f(t)$，有[14]

$$\int_{-\infty}^{\infty} f(t)\delta(t)\mathrm{d}t=f(0) \tag{5-4}$$

---

① 采用冲激序列作为采样脉冲序列的采样称为冲激采样。

② Sa 函数与 7.1.3 节所述的非归一化 sinc 函数的数学表达形式相同，其曲线形状如图 7-6 所示。

③ 既然冲激序列 $p(t)$ 与连续时间信号 $f(t)$ 相乘得到的 $f_s(t)$ 是一个离散采样值序列，$p(t)$ 就必然是一个离散序列，因此，以求和符号表达的该式似应改为 $p(t)=\delta(t-k/r_s)$，$k=-\infty,\cdots,-3,-2,-1,0,1,2,3,\cdots,\infty$。

式中　$f(t)$—— 任意的连续函数；

$f(0)$——$t=0$ 时的 $f(t)$ 值。

这个性质表明，δ 函数虽然不符合古典的“一点对应一点”的函数定义，但它和任何连续函数的乘积在$(-\infty,\ \infty)$内的积分却有明确的定义[14]。

在实际电路和系统中，要产生和传输接近 δ 函数的时宽窄且幅度大的脉冲信号比较困难，为此在数字通信系统中经常采用其他采样方式。若采样方式为零阶抽样保持(简称抽样保持)，得到的输出信号具有阶梯形状；若采样方式为一阶抽样保持，得到的输出信号为各样本值之间用直线相连的折线。这两种抽样方式为恢复 $f(t)$ 的波形，不能利用理想低通滤波器，应各自引入与其相应、具有补偿特性的低通滤波器，且恢复的波形是近似的[11]。

与时域采样定理相对应的还有频域采样定理，因为超出了本书的范围，所以不予讨论。

必须注意，f_m 是指原始时域信号的最高频率，而不仅是有用信号的最高频率。也就是说，如果干扰信号的最高频率比有用信号的最高频率高，且干扰信号的幅度不可忽略，则应把 f_m 视为干扰信号的最高频率；或者先采用模拟式低通滤波器把干扰信号中频率高于有用信号部分的幅度抑制到可忽略的程度，才能把 f_m 视为有用信号的最高频率。有人提出[15]：“实际分析时，不可能无限制地提高抽样频率。因此，一般使信号在进入 A/D之前，先通过一个模拟低通滤波器，也可以在 A/D 之后，经过一个数字式低通滤波器，消除信号中不必考虑的高频成分。这种用途的滤波器特称为抗混叠滤波器。抗混叠滤波器的截止频率通常取其等于选定的最高分析频率 f_m。”这段话很容易让人理解为“对于不必考虑的高频成分也可以不按采样定理提高采样率，改在模-数变换之后再用数字式低通滤波器消除这种不必考虑的高频成分”。然而，这种理解是完全错误的。

5.2.2　理解采样定理的示例

图 5-2 给出了两种用于理解采样定理的示例。图中实线给出了一个余弦波形。

(1)“+”和“×”分别代表采样率的数值恰好为信号频率值两倍时两个不同特例的各自采样点。从这两个特例的采样点可以看到，采样率的数值恰好为信号频率值两倍时，由采样值并不能恢复出原始时域信号。由于采样过程并不是通过冲激采样与 $f(t)$ 相乘来完成的，所以不能认为这一现象与上述有关 $f_N=f_m$ 下的叙述相矛盾。

(2)“○”代表采样率的数值小于信号频率值两倍时的一个特例的采样点，该特例的采样点除对应实线所示余弦波形外，还对应虚线所示余弦波形，其中虚线所示余弦波形是虚假的，不正确的，它会与实线所示余弦波形相混淆，称为频域信号的混叠现象(参见 5.3.3 节)。

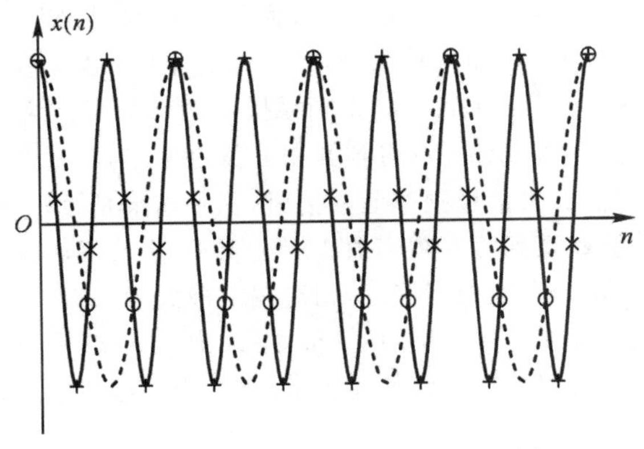

图 5-2　用于理解采样定理的示例

5.2.3 时域分析对采样频度的要求

仔细回味5.2.1节所述的采样定理,包含有四层意思:

(1) 仅当采样率 r_s 的数值不低于连续时间信号 $f(t)$ 的最高频率 f_m 的两倍,才不会产生频谱混叠(5.3.3节具体描述了混叠现象)。

(2) 欲从等间隔的采样值恢复 $f(t)$,必须将前者通过具有补偿特性的低通滤波器后的响应叠加。

(3) 只有采样过程是通过冲激序列与 $f(t)$ 相乘来完成的,才可能无失真地恢复 $f(t)$;否则恢复的波形是近似的。

(4) 为了无失真地恢复 $f(t)$,对于周期为 T_c 的周期性连续时间信号,采样持续时间 T_s 应为 T_c 的整倍数;对于非周期性连续时间信号,采样持续时间应为无限长。

因此,如果不采取(2)～(4)条所述恢复措施,采样定理就只适用于不产生频谱的混叠这一点了。也就是说,如果不采取这些恢复措施,采样定理只对频域分析是有效的。倘若要作时域分析,则不能仅仅遵循采样定理。从图5-2的示例就可以看到,采样率的数值恰好为信号频率值两倍时,很可能反映不了该信号的幅度。

一个更有说服力的时域分析示例是对时域采集的等间隔离散数据实时作数值积分。例如用等间隔离散的角速率数据计算角位移。

对时域采集的等间隔离散数据实时作数值积分的典型方法有梯形法和Simpson法。

5.2.3.1 梯形法

梯形法实时求积公式为[13]

$$\int_0^t f(\tau)\,d\tau = \frac{\Delta t}{2}\sum_{k=1}^{n}(y_{k-1}+y_k) \tag{5-5}$$

式中 $f(\tau)$—— 被积函数;

Δt—— 采样间隔,s;

n——t 时刻已采集的样点数,$t=n\Delta t$;

y_{k-1}——$(k-1)\Delta t$ 时刻的被积函数值;

y_k——$k\Delta t$ 时刻的被积函数值。

以 $f(t)=\cos(\omega t)$ 为例,积分真值应为 $\sin(\omega t)/\omega$。然而,如果采样率的数值恰好为信号频率值两倍:若采样点的时刻为 $t=(2k-1)\pi/(2\omega)$,即 $\omega t=(k-1/2)\pi$,代入 $\sin(\omega t)/\omega$,得到采样点的积分真值为 $+1/\omega$,$-1/\omega$ 交替,而采样点的时域值 $\cos(\omega t)$ 均为零,代入式(5-5)得到其积分值恒为零(即未检测到),与真值不同;若采样点的时刻为 $t=(k-1)\pi/\omega$,即 $\omega t=(k-1)\pi$,代入 $\sin(\omega t)/\omega$,得到采样点的积分真值为零,而采样点的时域值 $\cos(\omega t)$ 为+1,-1交替,代入式(5-5)得到其积分值也为零,与真值相同,如图5-3所示。由此可见,采样率的数值恰好为信号频率值两倍时,积分结果是否正确存在不确定性。

而若将采样率的数值提高到信号频率值10倍,仍以 $f(t)=\cos(\omega t)$ 为例,从图5-4可以看到,"+"点的积分与积分真值相当接近,相对偏差最大为3.3%。

仍将采样率的数值提高到信号频率值10倍,但改为以 $f(t)=\cos(\omega t+\pi/10)$ 为例,从图5-5可以看到,"+"点的积分与积分真值相比,有一个明显的常数差。显然,这是由于积分常数不确定造成的。

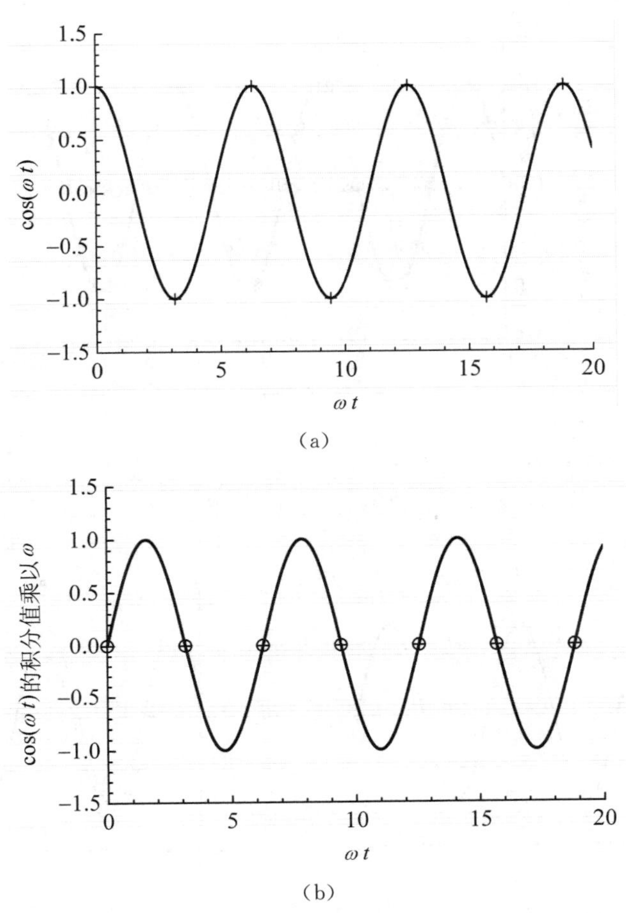

图 5 - 3　$f(t)=\cos(\omega t)$ 时采用图 5 - 2 中"+"所代表的采样间隔的梯形法积分结果

(a) $\cos(\omega t)$ 的时域波形，"+"代表采样点；(b) $\cos(\omega t)$ 的积分波形，"○"代表真值，"+"代表采样点的积分

如用 $t=0$ 时的积分真值作为积分常数，修正"＋"点的积分，则从图 5 - 6 可以看到，"＋"点的积分与积分真值相比，相对偏差最大为 6.6%。

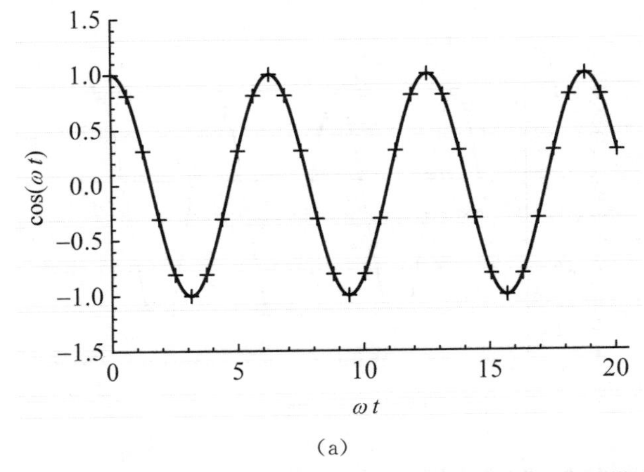

图 5 - 4　$f(t)=\cos(\omega t)$时采样率的数值提高到信号频率值 10 倍的梯形法积分结果

(a) $\cos(\omega t)$的时域波形，"＋"代表采样点；

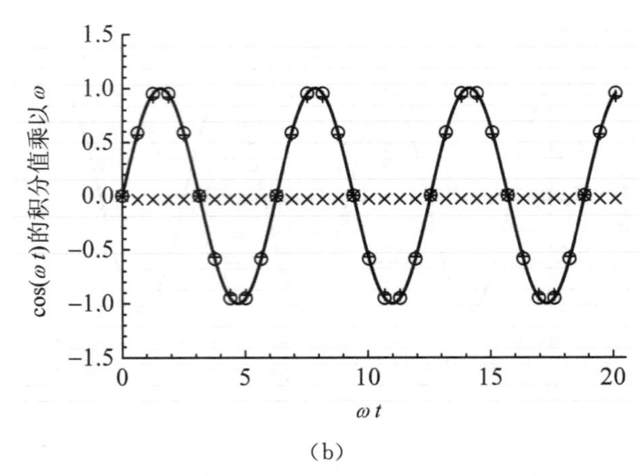

(b)

续图 5-4 $f(t)=\cos(\omega t)$时采样率的数值提高到信号频率值 10 倍的梯形法积分结果

(b) $\cos(\omega t)$的积分波形,“○”代表真值,“+”代表采样点的积分,“×”代表相对偏差

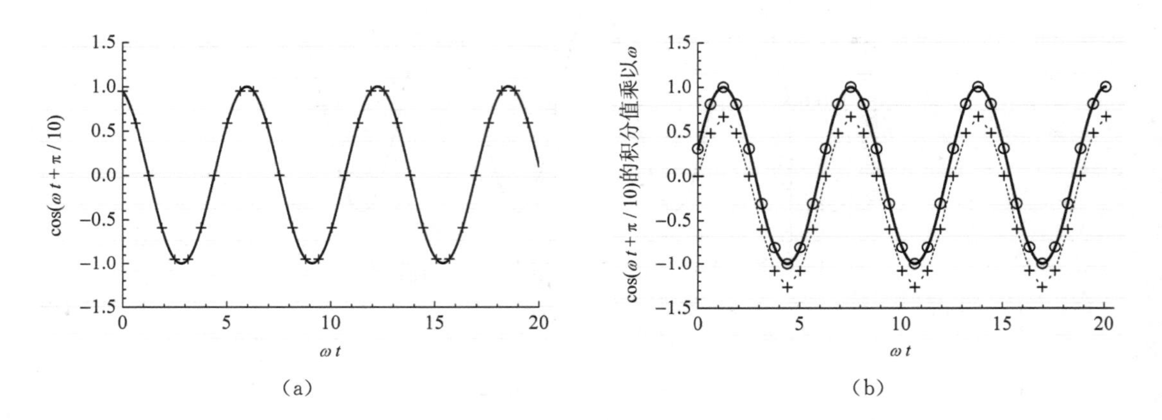

(a) (b)

图 5-5 $f(t)=\cos(\omega t+\pi/10)$时采样率的数值提高到信号频率值 10 倍的梯形法积分结果

(a) $\cos(\omega t+\pi/10)$的时域波形,“+”代表采样点;

(b) $\cos(\omega t+\pi/10)$的积分波形,“○”代表真值,“+”代表采样点的积分

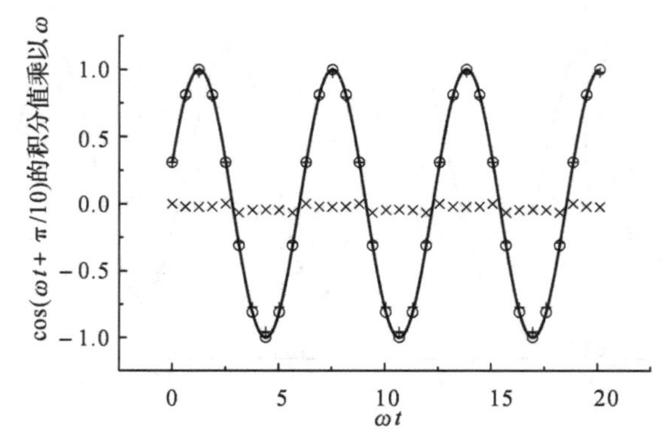

图 5-6 对图 5-5(b)给出的示例用 $t=0$ 时的积分真值作为积分常数修正“+”点的梯形法积分结果

“○”代表真值,“+”代表采样点的积分,“×”代表相对偏差

5.2.3.2 Simpson 法

Simpson 法求积公式为[13]

$$\int_0^t f(\tau)\,\mathrm{d}\tau = \frac{\Delta t}{3}(y_0 + 4y_1 + 2y_2 + 4y_3 + 2y_4 + \cdots + 2y_{n-2} + 4y_{n-1} + y_n) \quad (5-6)$$

式中　y_k——$f(\tau)$ 在 $\tau = kt/n$ 时刻的值，$k = 0,1,2,\cdots,n$。

为了适应编程作实时数值积分的需要，将式(5-6)改写为[13]

$$\int_0^t f(\tau)\,\mathrm{d}\tau = \frac{\Delta t}{3}\sum_{k=1}^{n}\left\{\left[\frac{(-1)^k+1}{2}+1\right]y_{k-1} + \left[\frac{(-1)^{k+1}+1}{2}+1\right]y_k\right\} \quad (5-7)$$

以 $f(t)=\cos(\omega t)$ 为例，积分值应为 $\sin(\omega t)/\omega$。然而，如果采样率的数值恰好为信号频率值两倍：若采样点的时刻为 $t=(2k-1)\pi/(2\omega)$，即 $\omega t=(k-1/2)\pi$，代入 $\sin(\omega t)/\omega$，得到采样点的积分真值为 $+1/\omega$，$-1/\omega$ 交替，而采样点的时域值 $\cos(\omega t)$ 均为零，代入式(5-7)得到其积分值恒为零(即未检测到)，与真值不同；若采样点的时刻为 $t=(k-1)\pi/\omega$，即 $\omega t=(k-1)\pi$，代入 $\sin(\omega t)/\omega$，得到采样点的积分真值为零，而采样点的时域值 $\cos(\omega t)$ 为 $+1$，-1 交替，代入式(5-7)得到其积分从零开始不断下降，如图 5-7 所示，严重背离真实。因此，仅仅遵循采样定理是不够的。

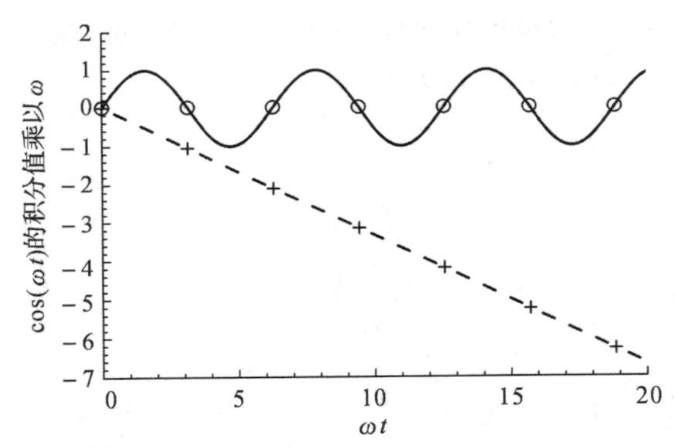

图 5-7　$f(t)=\cos(\omega t)$ 时采用图 5-2 中"+"所代表的采样间隔的 Simpson 法积分结果

"○"代表真值，"+"代表采样点的积分

而若将采样率的数值提高到信号频率值 10 倍，仍以 $f(t)=\cos(\omega t)$ 为例，从图 5-8 可以看到，+"点的积分与积分真值相当接近，相对偏差最大为 6.7%。

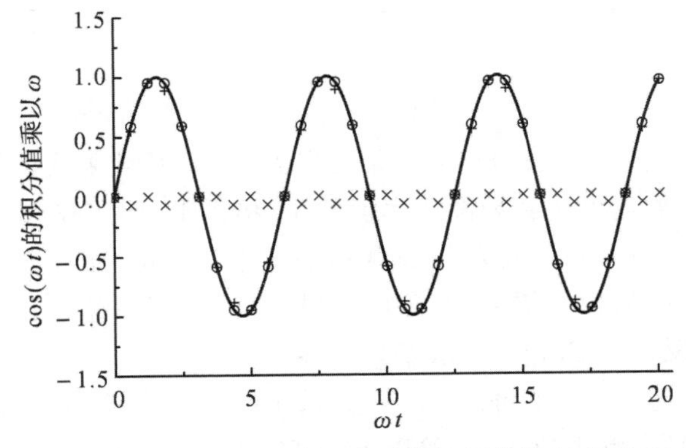

图 5-8　$f(t)=\cos(\omega t)$ 时采样率的数值提高到信号频率值 10 倍的 Simpson 法积分结果

"○"代表真值，"+"代表采样点的积分，"×"代表相对偏差仍将采样率的数值提高到最高频率值 10 倍，但改为以 $f(t)=\cos(\omega t+\pi/10)$ 为例，从图 5-9 可以看到，"+"点的积分与积分真值相比，有一个明显的常数差。显然，这是由于积分常数不确定造成的。

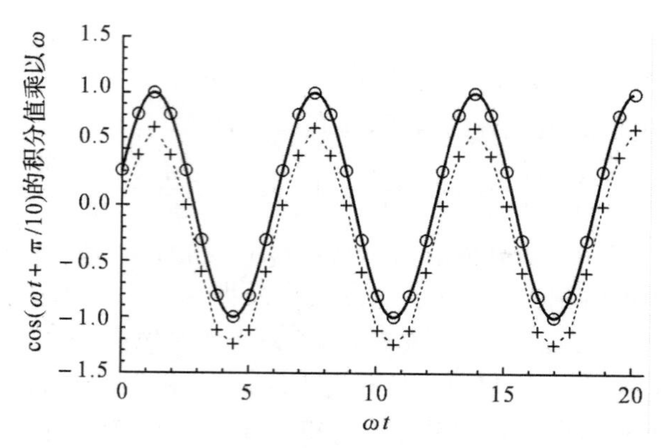

图 5-9 $f(t)=\cos(\omega t+\pi/10)$ 时采样率的数值提高到信号频率值 10 倍的 Simpson 法积分结果

"○"代表真值，"+"代表采样点的积分

如用 $t=0$ 时的积分真值作为积分常数，修正"+"点的积分，则从图 5-10 可以看到，"+"点的积分与积分真值相比，相对偏差最大为 6.7%。

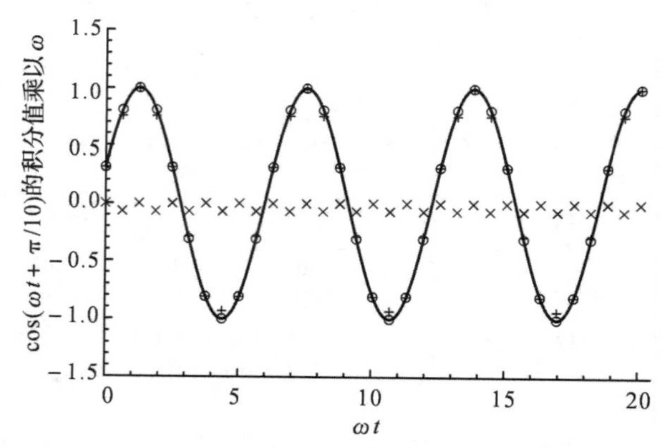

图 5-10 对图 5-9 给出的示例用 $t=0$ 时的积分真值作为积分常数修正"+"点的 Simpson 法积分结果

"○"代表真值，"+"代表采样点的积分，"×"代表相对偏差

5.2.3.3 小结

从以上梯形法和 Simpson 法的积分结果可以看到，对时域采集的等间隔离散数据作数值积分时，采样率的数值应该达到最高频率值的 10 倍以上，而不仅仅是 2 倍。

对以上梯形法和 Simpson 法的积分结果进行比较，可以看到，虽然 Simpson 法比梯形法复杂，理应得到更准确的积分结果，然而，当采样率的数值不超过信号频率值 10 倍时，梯形法得到的积分结果反而比 Simpson 法略好一些。

需要说明的是，上述结论可以推广为：只要关注所考察对象的时域变化，离散采样率的数值就应该达到对象最高频率值的 10 倍以上，而不仅仅是 2 倍。

5.3　离散 Fourier 变换的特点

5.3.1　时域信号的周期性

我们知道，Fourier 变换的离散性和周期性在时域和频域中表现出巧妙的对应关系，其中周期性离散时间函数的 Fourier 变换为周期性离散频率函数。工程应用中，为了利用数字计算机进行频谱分析，需要依赖周期性离散信号的 Fourier 分析方法。该方法定义了离散 Fourier 级数（DFS）和离散 Fourier 逆级数（IDFS），时域和频域的有关运算全部离散化和限定于规定的区间（时域的一个周期和频域的一个周期）。为了利用该方法，首先将原始时域数据离散化，得到有限离散的时域数据。然后，把得到的有限长序列作为周期性离散信号的一个周期来处理，于是，便可以利用离散 Fourier 级数得到周期性离散频率函数。最后，取离散频率函数的一个周期，作为有限离散时域数据的 Fourier 变换，简称离散 Fourier 变换（DFT）[16]。与此相应，将有限离散的频域数据作为周期性离散信号的一个周期，利用离散 Fourier 逆级数得到周期性离散时间函数。然后取离散时间函数的一个周期，作为有限离散频域数据的 Fourier 逆变换，简称离散 Fourier 逆变换（IDFT）。

需要注意，5.2.1 节指出，离散的方法通常是对连续时间信号以固定间隔采样后进行模-数变换。因此，离散 Fourier 变换是建立在等间隔采样基础上的。也就是说，对非等间隔采样的离散数据进行 Fourier 变换会得到错误的结果。

图 5－11 形象地说明了这种处理方式。图中 $x(n)$ 为在有限时间内以固定间隔采样后进行模-数变换得到的有限离散时域数据。以 N 为周期将有限长序列 $x(n)$ 从 $n\to-\infty$ 至 $n\to+\infty$ 无限延拓，成为周期性离散时间函数 $x_p(n)$，$x_p(n)$ 称为 $x(n)$ 的周期延拓，$x(n)$ 称为 $x_p(n)$ 的主值区间序列。周期性离散时间函数 $x_p(n)$ 的 Fourier 变换为周期性离散频率函数 $X_p(k)$，其主值区间序列 $X(k)$ 定义为 $x(n)$ 的离散 Fourier 变换（DFT）[16]。

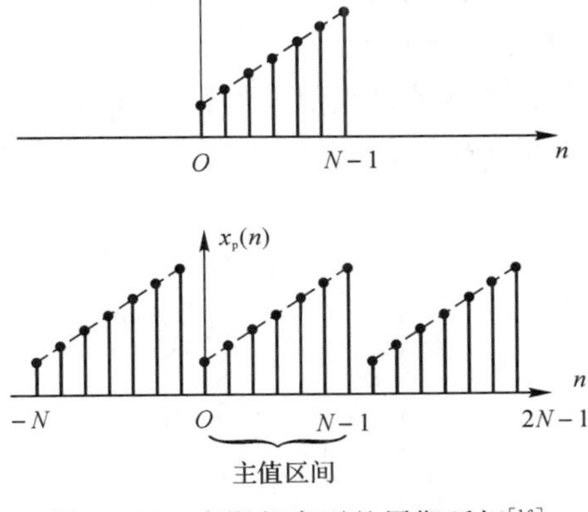

图 5－11　有限长序列的周期延拓[16]

由此可见，如果实际情形完全符合 $x_p(n)$，例如对周期信号进行整周期采样，得到的离散 Fourier 变换就是完全符合实际的。如果实际情形基本符合 $x_p(n)$，例如多种正弦信号叠加，很难对每种正弦信号都实施整周期采样，得到的离散 Fourier 变换就是基本符合实际的。

然而，如果 $x_p(n)$ 与实际情形绝不相同，例如一个冲击过程，只产生一个衰减振荡过程，不存在周期性重复，就不应直接使用离散 Fourier 变换。

5.3.2　频域信号的栅栏效应

如前所述，周期性离散时间函数的 Fourier 变换为周期性离散频率函数。但是，时域信号的离散是等间隔采样造成的，因此，相邻离散点之间的数值可以通过内插大致恢复。而频域信号的离散却不是这样。频域信号是由一根根离散的谱线构成的，就像一根根栅条那样。零频处的谱线代表时域信号的直流分量，随后的各条谱线，分别代表采样持续时间 T_s 内正好采集一个整周期（谱线位置 $\Delta f = 1/T_s$）、两个整周期（谱线位置为 $2\Delta f$）、……、$N/2$ 个整周期（谱线位置为 Nyquist 频率 f_N）的各个频率的幅度。如果某一频率未能实现整周期采样，原本存在的该频率谱线，就会归并到左右相邻的几个离散点上。这种谱线归并现象，就称为栅栏效应。因此，不可以通过内插求相邻离散点之间的谱线，因为相邻离散点之间根本不存在频域数据；栅条顶端连成的曲线是栅条的包络线，而不是频域函数曲线。应该指出，相邻离散点的各个频域数据由于各自的相位不同，因此，通常不能用归并到相邻离散点上的各个频域数据简单相加的办法得到原来非整周期采样频率的真实幅值。

5.3.3 频域信号的对称性、周期性和混叠现象

离散 Fourier 变换频域信号不仅是离散的，而且对零频位置是对称的（尽管主值区间内负频率的谱线没有物理意义），且在 $-f_N \sim +f_N$ 的主值区间以外还呈现出周期性重复，重复周期为 $2f_N$。离散 Fourier 变换频域信号的特性如图 5-12 所示。图中横坐标是频率，为了与图 5-11 所示离散时域数据的序号相呼应，同时标注出离散频域数据的序号。图中实线是真实谱线顶端的连线，而与之对称、平移、既对称又平移的虚线，均为虚假谱线（真实谱线的镜像）顶端的连线[13]。所有这些虚假谱线，都是采样率不满足采样定理造成的，并被离散 Fourier 变换这一数学工具展现出来。

从图 5-12 可以看到，如果真实谱线超过 f_N，在 0 频 $\sim f_N$ 的频带内就会发生谱线混叠：$f_N \sim 2f_N$ 处的谱线、$2f_N \sim 3f_N$ 处的谱线、$3f_N \sim 4f_N$ 处的谱线、…… 均会以 0 频和 f_N 为镜，分别混叠到 0 频 $\sim f_N$ 的频带内，即以镜频方式映射到 0 频 $\sim f_N$ 的频带内。计算出来的谱线包含了这种谱线混叠的影响，即包含了带外镜频干扰。应该指出，同一频率下混叠的各谱线由于相位不同，其谱线高度不是混叠的各谱线高度的简单相加。

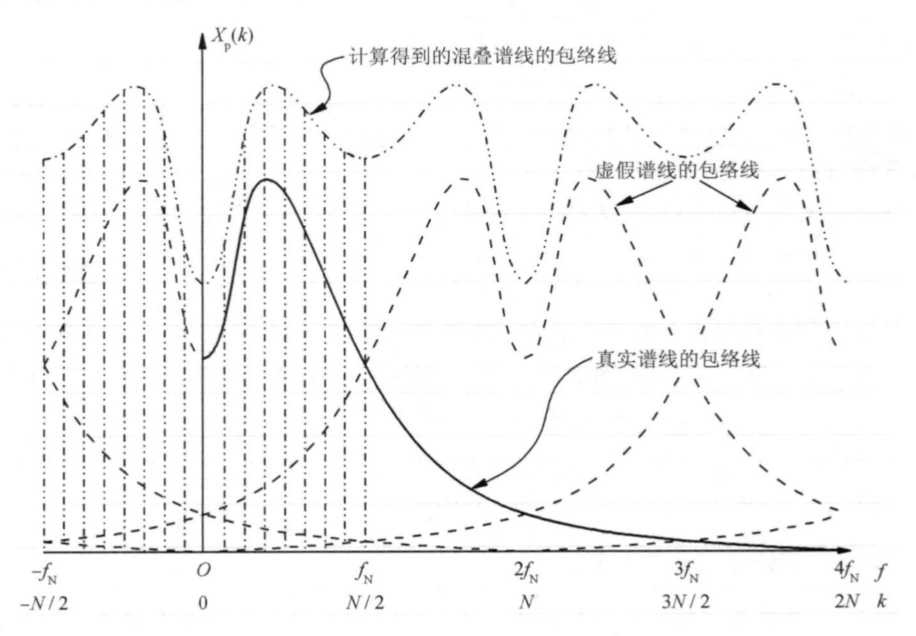

图 5-12 信号带宽超过 $N/2$ 时的混叠现象[13]

从图 5－12 不难看到，要想避免呈现的谱线偏离真实谱线，真实谱线的位置就必须不超出 f_N（与 $k=N/2$ 相对应），这点从 5.7.1 节式(5－18) 可以看得很清楚。这一要求与采样定理要求采样率 r_s 的值必须不小于原始时域信号最高频率 f_m 之值的二倍(参见 5.2.1 节) 是完全一致的。

5.3.4　频域信号的泄漏现象

如前所述，如果对周期信号进行整周期采样，得到的离散 Fourier 变换就是完全符合实际的。如果无法实施整周期采样，得到的离散 Fourier 变换只能基本符合实际。无法实施整周期采样时出现的问题是频谱泄漏。所谓频谱泄漏，就是在原本没有谱线的左右若干个相邻的离散点上，出现了谱线[12]，而原本存在的谱线位置上，谱线却缩短了。应该指出，由于相位各不相同，相邻离散点上冒出的谱线高度之和，与原本存在的谱线位置上的谱线缩短量并不相等。

图 5－13 实线为由虚线和点线叠加而成的波形。其中：虚线为 12.5 Hz、幅度为 1 的正弦信号，为整周期采样；点线为 25.1 Hz 幅度为 1 的正弦信号，在同一采样持续时间内略微偏离了整周期采样。图 5－14 是实线信号的幅度谱，可以看到该幅度谱清晰地分离出了两种正弦信号，一种是 12.5 Hz 幅度为 1 的正弦信号，由于符合整周期采样，完全符合实际；另一种由于栅栏效应，主峰位置并不在实际的 25.1 Hz 位置上，而是在 25.0 Hz 位置上，而且，由于略微偏离了整周期采样，在主峰左右若干个相邻的离散点上，出现了谱线，而主峰的谱线则缩短了。

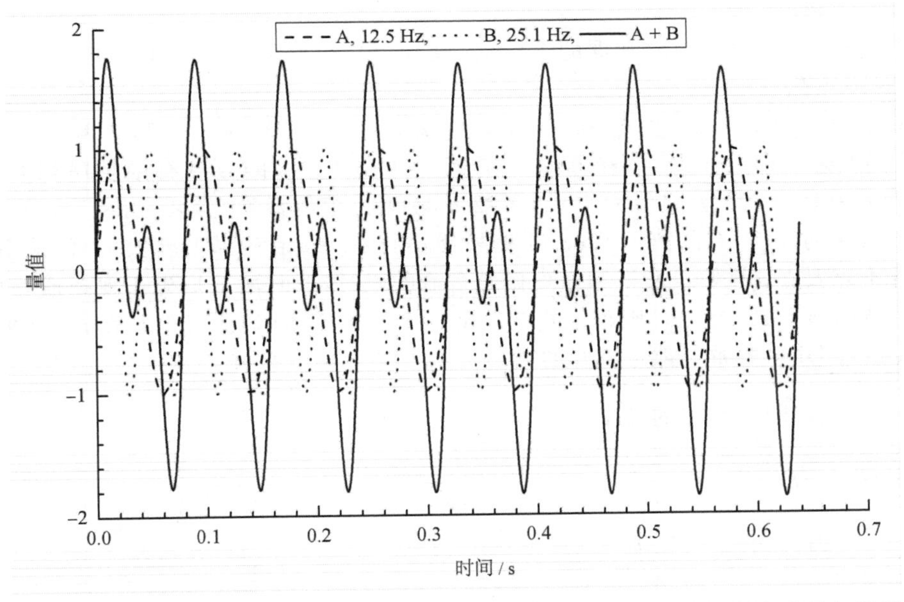

图 5－13　两个正弦信号(一个整周期采样，另一个略微偏离了整周期采样)的叠加波形

5.3.5　各条谱线的真实性

频域曲线 $f=\Delta f$ 处的谱高完全是时域数据在 T_s 处突然截断造成的，所以是不真实的，因此，所有频域曲线均应从 $f=2\Delta f$ 开始。即使如此，频域曲线的起始部分仍然明显含有时域数据在 T_s 处突然截断的影响。另外，从 5.3.2 节可以知道，最后一根谱线对应采样持续

时间 T_s 内正好采集 $N/2$ 个整周期的频率的幅度。即对该频率一个周期采集两个样点。从5.2.1节可知，该谱线对应的频率正是Nyquist频率。从图5-2可以看到，得到的Nyquist频率下的幅度等于或小于该频率下的实际幅度，所以最后一根谱线的高度也是不真实的。

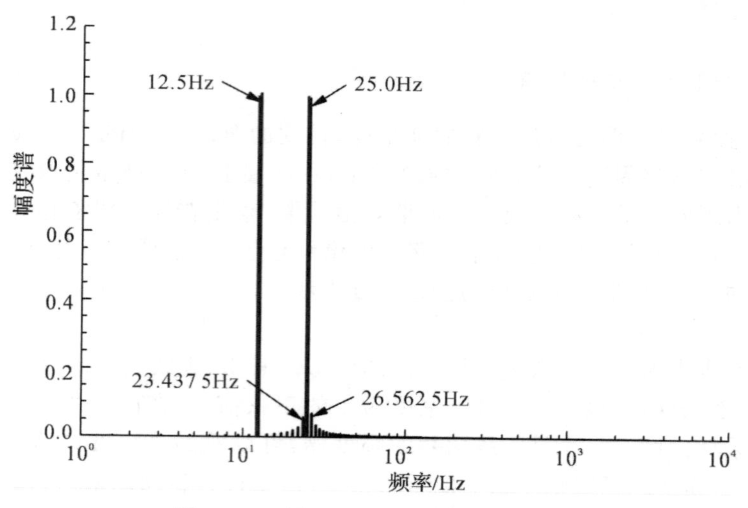

图5-14　图5-13所示信号的幅度谱

5.4　有限离散Fourier变换公式

如前所述，有限离散时域数据的Fourier变换，简称DFT。与之相对应，由频域变换为时域，称为IDFT。

设有限长序列 $\gamma(k\Delta t)$ 长度为 N（在 $0 \leqslant k \leqslant N-1$ 范围内），其离散Fourier变换 $\Gamma(i\Delta f)$ 仍然是一个长度为 N（在 $0 \leqslant i \leqslant N-1$ 范围内）的频域有限长序列[16]，其中，$(N/2+1) \sim (N-1)$ 处之值为 $1 \sim (N/2-1)$ 处之值的镜像（参见图5-12）。

从纯数学的观点，有限离散Fourier变换反映的是时域和频域的转换关系，采用的系数是什么并不重要[17]，只要正变换和逆变换是自恰的就行，即时域数据先正变换成频域数据，再逆变换成时域数据，与原时域数据相同。从这个角度来说，以下5.4.1节至5.4.4节分别给出的DFT、IDFT关系对都是正确的。

5.4.1　文献[16]给出的定义

定义DFT为[16]

$$X(i\Delta f) = \sum_{k=0}^{N-1} x(k\Delta t)\exp(-\mathrm{j}2\pi ik/N), \quad i = 0,1,2,\cdots,N-1 \tag{5-8}$$

式中　$x(k\Delta t)$——时间 $t=k\Delta t$ 时测到的信号，U（U指观测量的单位）；

j——虚数单位，$\mathrm{j}=\sqrt{-1}$；

i——离散频域数据的序号；

Δf——频率间隔（即频谱分辨力），Hz；

$X(i\Delta f)$——$x(k\Delta t)$ 的Fourier变换，即频率 $f=i\Delta f$ 处的fft函数（MATLAB软件定义的函数），为复数，U；

N——数据长度（即时域的采样点数）。

且有[14]

$$\Delta f = \frac{1}{N\Delta t} = \frac{1}{T_s} \tag{5-9}$$

式中　T_s——采样持续时间，s。

式(5-9)表明，频率间隔是采样持续时间的倒数；当采样间隔确定之后，数据长度与频率间隔成反比。

对周期信号，例如 $u = U_0 \sin\omega t$，用式(5-8)作整周期采样的有限离散 Fourier 正变换，并求该复数的幅度，则在 $-f$ 和 $+f$ 处各呈现一条幅度为 $U_0/(2\Delta f \Delta t)$ 的谱线，其中 $f = \omega/2\pi$，从而证实，复数 $X(i\Delta f)$ 的幅度是具有正负频率的各个频率点处单位频率间隔和单位时间间隔内的幅度。

IDFT 为[16]

$$x(k\Delta t) = \frac{1}{N}\sum_{i=0}^{N-1} X(i\Delta f)\exp(\mathrm{j}2\pi ik/N), \quad k = 0,1,2,\cdots,N-1 \tag{5-10}$$

5.4.2　文献[13]给出的定义

$$\left.\begin{aligned} X_1(i\Delta f) &= \frac{1}{N}\sum_{k=0}^{N-1} x(k\Delta t)\exp(-\mathrm{j}2\pi ik/N), \quad i = 0,1,2,\cdots,N-1 \\ x(k\Delta t) &= \sum_{i=0}^{N-1} X_1(i\Delta f)\exp(\mathrm{j}2\pi ik/N), \quad k = 0,1,2,\cdots,N-1 \end{aligned}\right\} \tag{5-11}$$

式中　$X_1(i\Delta f)$——文献[13]给出的 $x(k\Delta t)$ 的离散 Fourier 变换，为复数，U。

对周期信号，例如 $u = U_0 \sin\omega t$，用式(5-11)作整周期采样的有限离散 Fourier 正变换，并求该复数的幅度，则在 $-f$ 和 $+f$ 处各呈现一条幅度为 $U_0/2$ 的谱线，其中 $f = \omega/2\pi$，从而证实，复数 $X_1(i\Delta f)$ 的幅度是具有正负频率的各个频率点处的幅度。

5.4.3　文献[14]给出的多种定义之一

$$\left.\begin{aligned} X_2(i\Delta f) &= \Delta t\sum_{k=0}^{N-1} x(k\Delta t)\exp(\mathrm{j}2\pi ik/N), \quad i = 0,1,2,\cdots,N-1 \\ x(k\Delta t) &= \Delta f\sum_{i=0}^{N-1} X_2(i\Delta f)\exp(-\mathrm{j}2\pi ik/N), \quad k = 0,1,2,\cdots,N-1 \end{aligned}\right\} \tag{5-12}$$

式中　$X_2(i\Delta f)$——文献[14]给出的 $x(k\Delta t)$ 的离散 Fourier 变换的多种形式之一，为复数，U/Hz。

对周期信号，例如 $u = U_0 \sin\omega t$，用式(5-12)作整周期采样的有限离散 Fourier 正变换，并求该复数的幅度，则在 $-f$ 和 $+f$ 处各呈现一条幅度为 $U_0/(2\Delta f)$ 的谱线，其中 $f = \omega/2\pi$，从而证实，复数 $X_2(i\Delta f)$ 的幅度是具有正负频率的各个频率点处单位频率间隔内的幅度。

5.4.4　文献[17]给出的另一种定义

文献[17]除给出与文献[16]相同的定义外，还给出了另一种定义：

$$\left.\begin{aligned} X_3(i\Delta f) &= \frac{1}{\sqrt{N}}\sum_{k=0}^{N-1} x(k\Delta t)\exp(-\mathrm{j}2\pi ik/N), \quad i = 0,1,2,\cdots,N-1 \\ x(k\Delta t) &= \frac{1}{\sqrt{N}}\sum_{i=0}^{N-1} X_3(i\Delta f)\exp(\mathrm{j}2\pi ik/N), \quad k = 0,1,2,\cdots,N-1 \end{aligned}\right\} \tag{5-13}$$

式中 $X_3(i\Delta f)$—— 文献[17] 给出的 $x(k\Delta t)$ 的离散 Fourier 变换的另一种定义，为复数，U。

对周期信号，例如 $u=U_0\sin\omega t$，用式(5－13) 作整周期采样的有限离散 Fourier 正变换，并求该复数的幅度，则在 $-f$ 和 $+f$ 处各呈现一条幅度为 $U_0/(2\sqrt{\Delta f\Delta t})$ 的谱线，其中 $f=\omega/2\pi$。从而证实，复数 $X_3(i\Delta f)$ 的幅度是具有正负频率的各个频率点处单位频率间隔的平方根和单位时间间隔的平方根内的幅度。

5.5 数据长度选择

在既有稳态确定性信号，又有零均值稳定随机信号的场合，加长采样持续时间可以使稳态确定性信号在幅度谱中相对突显。其原因是：从式(5－9)可以看到，频率间隔 Δf 是采样持续时间 T_s 的倒数。即加长采样持续时间等同于缩小谱图的频率间隔。我们知道，零均值稳定随机信号的特征是单位频率间隔内的功率不变，因而缩小频率间隔会正比缩小幅度谱每条谱线包容的零均值稳定随机信号的功率，即以缩小的频率间隔的平方根关系缩小幅度谱中零均值稳定随机信号每条谱线的高度[从式(5－40)也可以看到这点]。5.7.4 节给出了这一思想的具体应用：GRACE 任务反演重力场时，宽带噪声的影响可以通过跨越多个轨道周期(应指重访周期)的滤波或平均来降低，但 tone error(频域位置相对固定的尖峰干扰)的影响依旧不降，成为制约重力场测量准确性的重要因素。

然而，需要注意，在采样持续时间 T_s 内，所关心的工况应该持续存在，如果所关心的工况只存在于一段有限时间内，采样持续时间 T_s 就不可超前溢出或超后溢出该工况所存在的时间段。

另外，工程实际中稳态确定性信号的频谱通常有一定宽度，当频率间隔缩到小于此宽度时，就会增加该宽度内的谱线根数，从而降低每根谱线的高度。

再有，由于频率间隔与采样持续时间成反比，采样间隔已经确定时，如想得到较细腻的频谱(即较高的频谱分辨力)，就要使用较大的数据长度 N。然而，N 太大时，谱曲线起伏加剧(即谱估计的方差加大)，且离散 Fourier 变换的运行时间与数据长度的平方成正比，因此，频谱的细腻程度并非越高越好。

5.9.4.3 节第(2)条指出，保持频谱分辨力的前提下降低谱估计方差的方法是采用平均周期图法，将总数据长度延长若干倍，而保持每段数据长度 L 与直接法的 N 相同。总数据长度延长的倍数越多，谱估计的方差越小。

数据长度为任意值时，直接进行离散 Fourier 变换的计算非常烦琐，而当数据长度为 2 的整数次幂时，可以应用快速 Fourier 变换(FFT)，使计算大为简化[13]。因此，工程上均采用 FFT，即要求数据长度为 2 的整数次幂。当数据长度不是 2 的整数次幂时，可以采用截短、补零、补平均值等多种方式使其符合 2 的整数次幂。补点越多，谱线畸变越大；补零比补平均值简单，但补零比补平均值效果差；截短不会造成谱线畸变，但截得越短，谱线密度越低。对于稳态确定性信号(详见 5.7.2 节)和零均值稳定随机信号(详见 5.7.3 节)，如采样持续时间足够长，采用截短方式最为恰当。

同样，数据长度为 2 的整数次幂时由频域变换为时域，可以应用快速 Fourier 逆变换(IFFT)。

5.6 窗函数选择

用离散Fourier变换计算频谱，必然限定被观测时域信号的记录长度，如果既非直流信号，也非整周期采样，就会造成数据的突然截断。时域突然截断，相当于加一个矩形窗，即用矩形窗函数与原时域信号相乘。在频域中则相当于所研究波形的频谱 $X_1(e^{j\omega\Delta t})$（此处 ω 为连续域的角频率）与矩形窗函数的频谱进行卷积。这一卷积将造成失真的频谱 $X_2(e^{j\omega\Delta t})$，使原来在 ω_0 处的一根谱线变成了以 ω_0 为中心、形状为 $Sa(\omega\Delta t/2)$ 的连续频谱，即将 ω_0 处的频率成分“泄漏”到其他频率处。而泄漏导致的频谱扩展会引起谱线混叠。因为我们无法取无限个数据，所以在进行快速Fourier变换时，时域的截断是必然的，因而既非直流信号，也非整周期采样，泄漏就必然会存在。鉴于矩形窗在时域上的突变导致频域拖尾严重，收敛很慢，人们开发出了许多其他形式的窗函数，来减弱频谱泄漏，即用其他形式的窗函数与原时域信号相乘[12,18]。

表5-1列出了各种窗函数的类别和名称[19-20]。这些窗函数中OriginPro 8.5.1的FFT变换仅支持矩形窗、三角形窗、Bartlett窗、Welch窗、Hann窗、Hamming窗、Blackman窗[21]，其算法如表5-2所示，当 $N=64$ 时相应的 $w(k)-k$ 曲线如图5-15所示。

表5-1 各种窗函数的类别和名称[19-20]

类别	名称
B样条窗	矩形窗、三角形窗、Bartlett窗、Parzen窗
其他多项式窗	Welch窗
泛Hamming窗	Hann(有些文献误称为Hanning)窗、Hamming窗
高阶泛余弦窗	Blackman窗、Nuttall窗(函数及其一阶导数处处连续)、Blackman-Nuttall窗、Blackman-Harris窗、平顶窗、Rife-Vincent窗
余弦功率窗	余弦窗
可调整窗	Gaussian窗、Tukey窗、Planck锥形窗、DPSS或Slepian窗、Kaiser窗、Dolph-Chebyshev窗、Taylor窗、指数或Poisson窗
混合窗	Bartlett-Hann窗、Planck-Bessel窗、Hann-Poisson窗
其他窗	Lanczos窗

表5-2 OriginPro 8.5.1的FFT变换所支持的窗函数[19-21]

名称	MATLAB窗函数	算法
矩形窗	w=rectwin(N)	$w(k)=1,\quad 0\leqslant k\leqslant N-1$
三角形窗①	w=triang(N)	当 N 为奇数： $\left.\begin{aligned} w(k)&=\frac{2k+2}{N+1},\quad 0\leqslant k\leqslant\frac{N-1}{2}\\ w(k)&=2-\frac{2k+2}{N+1},\quad \frac{N-1}{2}\leqslant k\leqslant N-1\end{aligned}\right\}$

续表

名称	MATLAB窗函数	算法
三角形窗①	w=triang(N)	当 N 为偶数：$\left.\begin{aligned} w(k)&=\frac{2k+2}{N+1},\quad 0\leqslant k\leqslant \frac{N}{2}-1 \\ w(k)&=2-\frac{2k+2}{N+1},\quad \frac{N}{2}\leqslant k\leqslant N-1 \end{aligned}\right\}$
Bartlett 窗②	w=bartlett(N)	当 N 为奇数：$\left.\begin{aligned} w(k)&=\frac{2k}{N-1},\quad 0\leqslant k\leqslant \frac{N-1}{2} \\ w(k)&=2-\frac{2k}{N-1},\quad \frac{N-1}{2}\leqslant k\leqslant N-1 \end{aligned}\right\}$ 当 N 为偶数：$\left.\begin{aligned} w(k)&=\frac{2k}{N-1},\quad 0\leqslant k\leqslant \frac{N}{2}-1 \\ w(k)&=2-\frac{2k}{N-1},\quad \frac{N}{2}\leqslant k\leqslant N-1 \end{aligned}\right\}$
Welch 窗	无 MATLAB 窗函数	$w(k)=1-\left[\dfrac{k-\frac{1}{2}(N-1)}{\frac{1}{2}(N+1)}\right]^2,\quad 0\leqslant k\leqslant N-1$
Hann 窗	w=hann(N)	$w(k)=\dfrac{1}{2}\left[1-\cos\left(\dfrac{2\pi k}{N-1}\right)\right],\quad 0\leqslant k\leqslant N-1$
Hamming 窗	w=hamming(N)	$w(k)=0.54-0.46\cos\left(\dfrac{2\pi k}{N-1}\right),\quad 0\leqslant k\leqslant N-1$
Blackman 窗	w=blackman(N)	$w(k)=0.42-0.5\cos\left(\dfrac{2\pi k}{N-1}\right)+0.08\cos\left(\dfrac{4\pi k}{N-1}\right),0\leqslant k\leqslant N-1$

① 三角形窗的算法依据文献[19]所述“bartlett(N)的中心 $N-2$ 个点相当于 triang(N−2)”给出，并符合文献[20]所述三角形窗中 $L=N+1$ 时的算法，但文献[19]本身以及文献[21]给出的三角形窗的算法与此不同。

② Bartlett 窗的算法符合文献[19-21]所述三角形窗中 $L=N-1$ 时(相当于 Bartlett 窗)的算法

从图 5-15 可以看到，OriginPro 8.5.1 的 FFT 变换所支持的窗函数有两个共同特点：它们均为左右对称函数，且对称轴处的幅度为 1。

由 5.3.1 节的叙述可知，完整的离散 Fourier 变换过程分为三步：第一步把有限时间内以固定间隔采样得到的有限离散时域数据作为周期性离散信号的一个周期，将原本的有限时间从 $-\infty$ 至 $+\infty$ 无限延拓，成为周期性离散时间函数；第二步进行离散 Fourier 变换，得到频率从 $-\infty$ 至 $+\infty$ 的周期性离散频率函数；第三步从该周期性离散频率函数中取出一个周期，以此作为有限离散时域数据的 Fourier 变换(简称离散 Fourier 变换)。因此，尽管 N 个有限离散时域数据的自变量 $t=k\Delta t$ 中 $0\leqslant k\leqslant N-1$，但是实际上离散 Fourier 变换认为存在 $k=N$，且有限离散时域数据 $\gamma(N\Delta t)=\gamma(0\Delta t)$。因此，实际上完整的周期是 $0\leqslant k\leqslant N$。这点很容易通过整周期采样不会出现频谱泄漏来证明，例如正弦函数，只有当 $\gamma(N\Delta t)=\gamma(0\Delta t)=0$ 时才不会出现频谱泄漏，所以完整的周期确实是 $0\leqslant k\leqslant N$，而不

是 $0 \leqslant k \leqslant N-1$。按此思路，表 5-2 将变为表 5-3，相应地，图 5-15 将变成图 5-16。

表 5-3　完整周期为 $0 \leqslant k \leqslant N$ 时，与表 5-2 对应的窗函数

名称	MATLAB 窗函数	算法
矩形窗	w=rectwin(N)	$w(k)=1,\quad 0 \leqslant k \leqslant N$
三角形窗	w=triang(N)	当 N 为奇数：$\left.\begin{array}{l} w(k)=\dfrac{2k+2}{N+2},\quad 0 \leqslant k \leqslant \dfrac{N-1}{2} \\ w(k)=2-\dfrac{2k+2}{N+2},\quad \dfrac{N+1}{2} \leqslant k \leqslant N \end{array}\right\}$ 当 N 为偶数：$\left.\begin{array}{l} w(k)=\dfrac{2k+2}{N+2},\quad 0 \leqslant k \leqslant \dfrac{N}{2} \\ w(k)=2-\dfrac{2k+2}{N+2},\quad \dfrac{N}{2} \leqslant k \leqslant N \end{array}\right\}$
Bartlett 窗	w=bartlett(N)	当 N 为奇数：$\left.\begin{array}{l} w(k)=\dfrac{2k}{N},\quad 0 \leqslant k \leqslant \dfrac{N-1}{2} \\ w(k)=2-\dfrac{2k}{N},\quad \dfrac{N+1}{2} \leqslant k \leqslant N \end{array}\right\}$ 当 N 为偶数：$\left.\begin{array}{l} w(k)=\dfrac{2k}{N},\quad 0 \leqslant k \leqslant \dfrac{N}{2} \\ w(k)=2-\dfrac{2k}{N},\quad \dfrac{N}{2} \leqslant k \leqslant N \end{array}\right\}$
Welch 窗	无 MATLAB 窗函数	$w(k)=1-\left[\dfrac{k-\dfrac{N}{2}}{\dfrac{N+2}{2}}\right]^2,\quad 0 \leqslant k \leqslant N$
Hann 窗	w=hann(N)	$w(k)=\dfrac{1}{2}\left[1-\cos\left(\dfrac{2\pi k}{N}\right)\right],\quad 0 \leqslant k \leqslant N$
Hamming 窗	w=hamming(N)	$w(k)=0.54-0.46\cos\left(\dfrac{2\pi k}{N}\right),\quad 0 \leqslant k \leqslant N$
Blackman 窗	w=blackman(N)	$w(k)=0.42-0.5\cos\left(\dfrac{2\pi k}{N}\right)+0.08\cos\left(\dfrac{4\pi k}{N}\right),\quad 0 \leqslant k \leqslant N$

图 5-16 所示各种窗函数中，最通俗的是 Hann 窗。对于符合整周期采样的频率而言，采用 Hann 窗会使原来单一的谱线分裂为三根相邻的谱线，主谱线位于该频率处，但高度仅为该频率振动幅度的 1/2；左右两旁瓣高度各为主谱线高度的 1/2[18]，看来加 Hann 窗反而产生了频谱泄漏。但对于非整周期采样的频率而言，频谱泄漏得到一定程度的抑制，真实频率附近只有三四根谱线是主要的，且其高度之和基本上与振动幅度相同。

例如，我们以 256 Sps 的采样率，对幅度为 1 的单一频率信号，持续采集 16 s，得到4 096 个数据，对其进行 FFT 变换，得到频率间隔为 62.5 mHz 的幅度谱。若 $f=3.937\ 5$ Hz，则正好采集 63 个整周期，因而采用矩形窗时，只出现一根幅度为 1 的谱线，如图 5-17 所示；改用 Hann 窗时，分裂为三根相邻的谱线，如图 5-18 所示，主谱线高 0.5，左右两旁瓣高

0.25，三根谱线高度之和为1[①]。而若 $f=3.906\ 25$ Hz，则16 s采集到62.5个周期，因而采用矩形窗时，频谱泄漏严重，如图5-19所示，仅两根最主要谱线高度之和已超过1.27；改用Hann窗时，频谱泄漏得到明显的抑制，如图5-20所示，真实频率附近四根谱线高度之和为1.018 6，基本上与振动幅度相同。

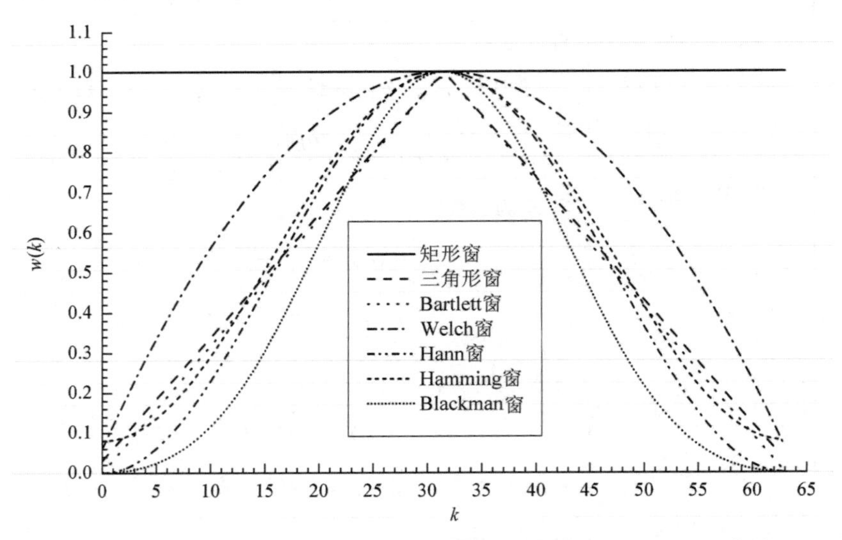

图5-15 当 $N=64$ 时与表5-2所示窗函数相应的 $w(k)-k$ 曲线

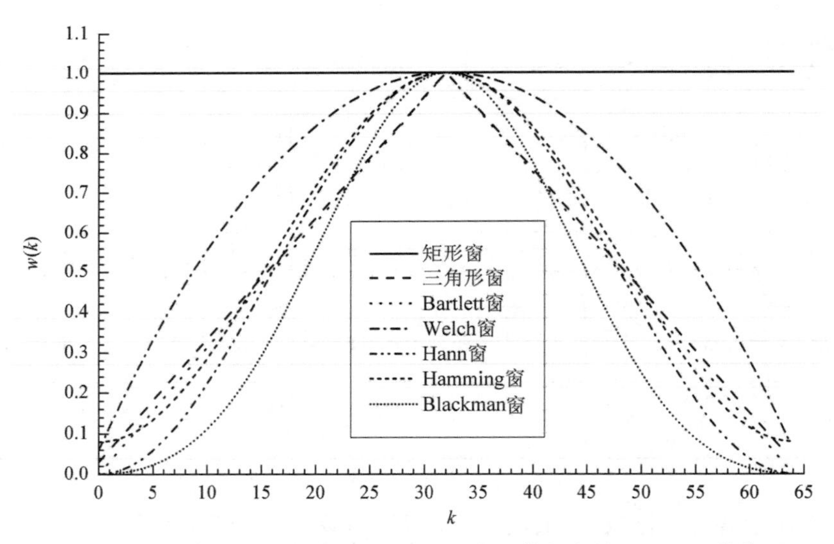

图5-16 当 $N=64$ 时与表5-3所示窗函数相应的 $w(k)-k$ 曲线

需要说明的是，不改变采样率的前提下延长采样持续时间，虽然可以得到较细腻的频谱，但是如果并不因此而改变非整周期采样的状态，就不会改变频谱泄漏造成的谱线分布状态。例如，仍以256 Sps的采样率，对幅度为1的单一频率信号采样，采样持续时间延长至

① 由于稳态确定性信号的频谱应该用一根根离散谱线构成的幅度谱表达，而不是用连续曲线表达，所以Origin 2019把Origin 8.5以及OriginPro 9作Hann窗FFT变换得到的正确幅度谱改乘以2，变成主谱线高1，左右两旁瓣高0.5，三根谱线高度之和为2，这是错误的。

256 s，得到 65 536 个数据，对其进行 FFT 变换，得到频率间隔为 3.906 25 mHz 的幅度谱，若 $f=3.900\ 4$ Hz，则采集的周期为 998.502 4，采用矩形窗时的幅度谱如图 5－21 所示。可以看到，尽管采集的 256 s 中有多达 998 个整周期，仅最后半个不是整周期，频谱泄漏造成的谱线分布状态仍与图 5－19 很相似，只是频率间隔明显缩小了。

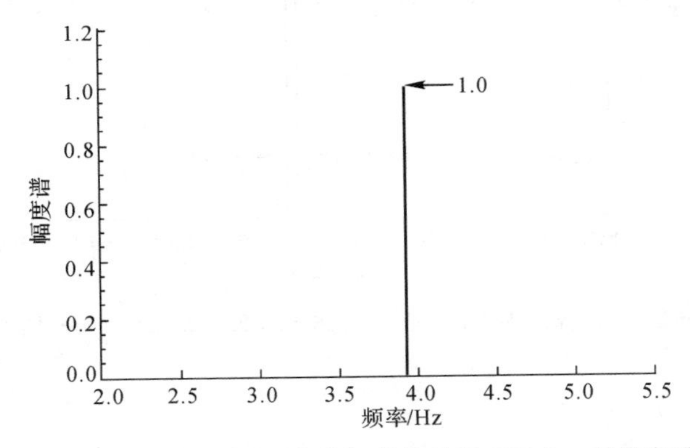

图 5－17　对 $f=3.937\ 5$ Hz、幅度为 1 的信号以 256 Sps 采样率采集 16 s，加矩形窗得到的幅度谱

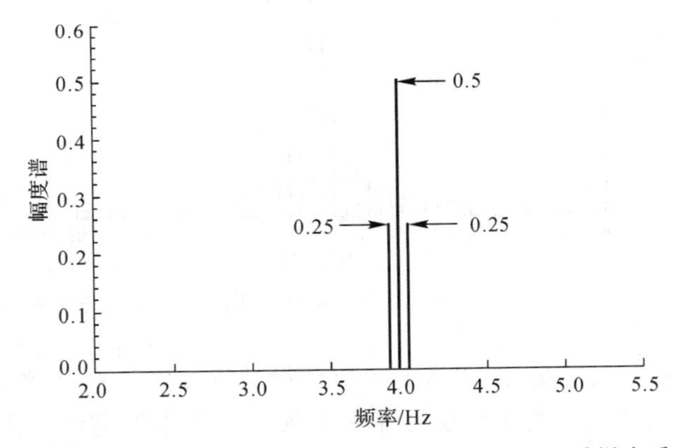

图 5－18　对 $f=3.937\ 5$ Hz、幅度为 1 的信号以 256 Sps 采样率采集 16 s，加 Hann 窗得到的幅度谱

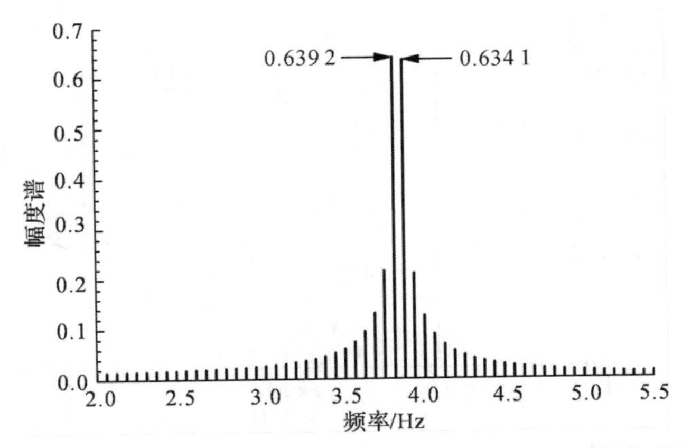

图 5－19　对 $f=3.906\ 25$ Hz、幅度为 1 的信号以 256 Sps 采样率采集 16 s，加矩形窗得到的幅度谱

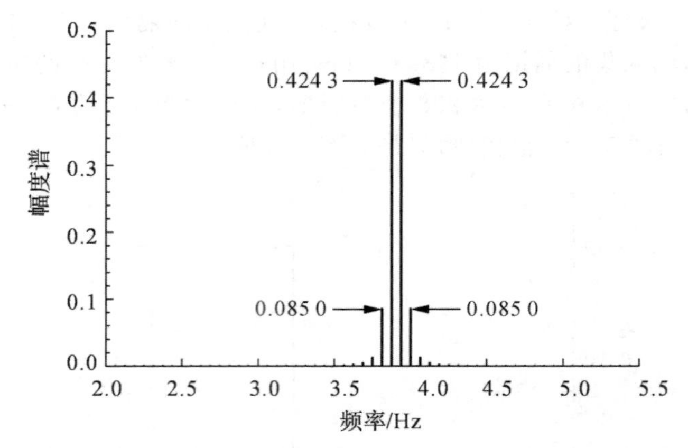

图 5-20　对 $f=3.906\ 25$ Hz、幅度为 1 的信号以 256 Sps 采样率采集 16 s，加 Hann 窗得到的幅度谱

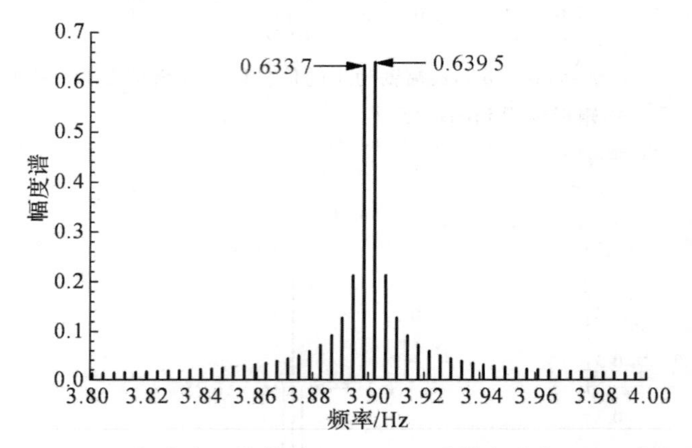

图 5-21　对 $f=3.900\ 4$ Hz、幅度为 1 的信号以 256 Sps 采样率采集 256 s，加矩形窗得到的幅度谱

另外，由图 5-16 可以想见，对于含有直流分量的时域信号来说，除矩形窗外，其他窗都会导致直流分量频谱扩展，导致在低频处存在零频泄漏出来的谱线。图 5-22 和图 5-23 展示了 $1+\sin(\omega t)$ 的整周期采样幅度谱，其中 $\omega=2\pi f=2\pi\times2.5\times10^{-4}$ Hz，图 5-22 采用矩形窗，图 5-23 采用 Hann 窗。

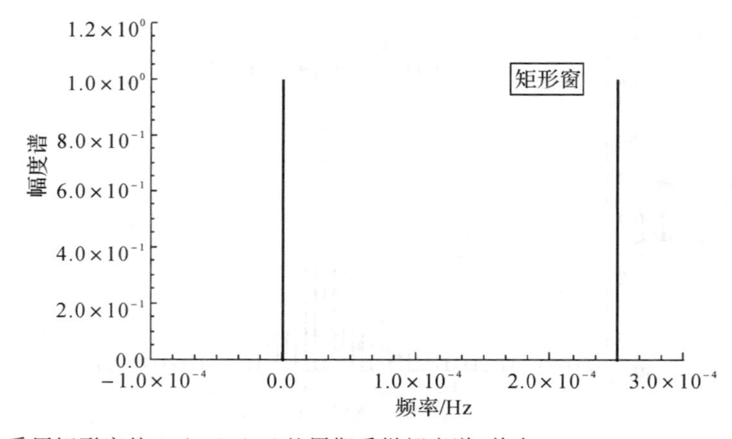

图 5-22　采用矩形窗的 $1+\sin(\omega t)$ 整周期采样幅度谱，其中 $\omega=2\pi f=2\pi\times2.5\times10^{-4}$ Hz

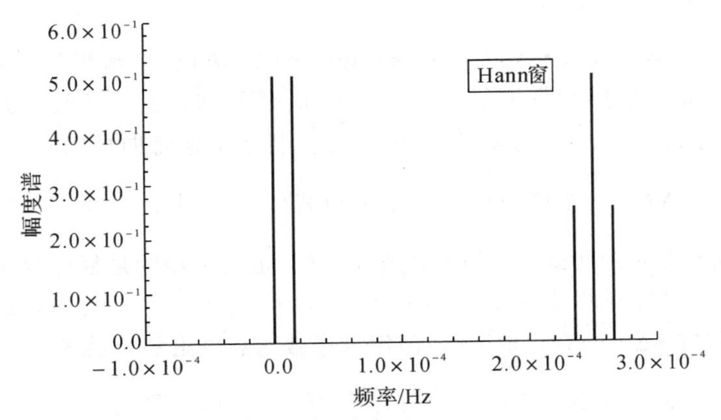

图 5-23 采用 Hann 窗的 $1+\sin(\omega t)$ 整周期采样幅度谱，其中 $\omega=2\pi f=2\pi\times2.5\times10^{-4}$ Hz

因此，当采用非矩形窗且关心低频分量时，应该先将时域信号中的直流分量扣除（即去均值），再进行频谱分析。

5.7 工程上采用的频谱类别及其适用的信号类别

5.7.1 频谱类别

5.4 节指出，离散 Fourier 变换得到的是复数谱。因此，可将 $X(i\Delta f)$ 表示为

$$X(i\Delta f)=X_{\mathrm{R}}(i\Delta f)+\mathrm{j}X_{\mathrm{I}}(i\Delta f) \tag{5-14}$$

式中 $X_{\mathrm{R}}(i\Delta f)$——$X(i\Delta f)$ 的实部，U；

$X_{\mathrm{I}}(i\Delta f)$——$X(i\Delta f)$ 的虚部，U。

则 $X(i\Delta f)$ 的共轭复数可表示为

$$\overline{X}(i\Delta f)=X_{\mathrm{R}}(i\Delta f)-\mathrm{j}X_{\mathrm{I}}(i\Delta f) \tag{5-15}$$

式中 $\overline{X}(i\Delta f)$——与 $X(i\Delta f)$ 互为共轭复数，在 MATLAB 软件中可用 conj 函数由 $X(i\Delta f)$ 得到，U。

而 $X(i\Delta f)$ 的模可表示为

$$|X(i\Delta f)|=\sqrt{\overline{X}(i\Delta f)\cdot X(i\Delta f)}=\sqrt{X_{\mathrm{R}}^2(i\Delta f)+X_{\mathrm{I}}^2(i\Delta f)} \tag{5-16}$$

式中 $|X(i\Delta f)|$——$X(i\Delta f)$ 的模，U。

且 $X(i\Delta f)$ 的相位可表示为[21]

$$\phi(i\Delta f)=\arctan\left[\frac{X_{\mathrm{I}}(i\Delta f)}{X_{\mathrm{R}}(i\Delta f)}\right] \tag{5-17}$$

式中 $\phi(i\Delta f)$——$X(i\Delta f)$ 的相位，即频率 $f=i\Delta f$ 的信号以余弦函数表示时的初始相位，rad 或(°)。

工程上除有特殊需要外，不太关心相位信息，于是出现了幅度谱（AFS，本书使用符号 Γ_{AFS}）[21]：

$$\Gamma_{\mathrm{AFS}}(i\Delta f)=\begin{cases}\dfrac{1}{N}\sqrt{\overline{X}(i\Delta f)\cdot X(i\Delta f)}, & i=0,\dfrac{N}{2}\\ \dfrac{2}{N}\sqrt{\overline{X}(i\Delta f)\cdot X(i\Delta f)}, & i=1,2,\cdots,\dfrac{N}{2}-1\end{cases} \tag{5-18}$$

式中　$\Gamma_{AFS}(i\Delta f)$——幅度谱，U。

式(5-18)中，$\sqrt{\overline{X}(i\Delta f)\cdot X(i\Delta f)}$ 为频率 $f=i\Delta f$ 处的 fft 函数 $X(i\Delta f)$ 的幅值[如式(5-16)所示]。如前所述，对周期信号 $u=U_0\sin\omega t$ 而言，$X(i\Delta f)$ 的幅值为 $U_0/(2\Delta f\Delta t)$。代入式(5-9)，得到 $X(i\Delta f)$ 的幅值为 $NU_0/2$。因此，对周期信号 $u=U_0\sin\omega t$ 而言，$\frac{1}{N}\sqrt{\overline{X}(i\Delta f)\cdot X(i\Delta f)}$ 的幅值为 $U_0/2$。之所以式(5-18)中 $i=1,2,\cdots,(N/2)-1$ 时表达式系数中存在因子 2，是由于式(5-8)所表达的 DFT 定义采用的是复指数函数。我们知道，三角函数中的一项对应到复指数函数中就变为两项，例如，用三角函数作出的频谱图中，$A\sin[(i\Delta f)t]$ 仅在 $i\Delta f$ 处有一根谱线；但用复指数函数作出的频谱图中，由于

$$A\sin[(i\Delta f)t]=\mathrm{j}\frac{A}{2}[\mathrm{e}^{-\mathrm{j}(i\Delta f)t}-\mathrm{e}^{\mathrm{j}(i\Delta f)t}] \tag{5-19}$$

式中　A——幅值。

所以就会在 $i\Delta f$ 和 $-i\Delta f$ 两处各有一根谱线。需要注意，复指数函数的模为 $A/2$，因而两处的幅值为原来一处幅值的一半。因此，称按三角函数作出的为单边频谱，按复指数函数作出的为双边频谱。两个频谱在理论上是等效的，只不过双边频谱中的“负频率”在工程上并不存在，它仅是数学处理的结果，所以工程中实用的是单边频谱[22]，其幅值应为双边频谱半幅值的两倍，即全幅值。图 5-14 中 12.5 Hz 的谱线是对图 5-13 中 12.5 Hz、幅度为 1 的正弦信号整周期采样后依式(5-18)得到的结果，从而验证了式(5-18)中 $i=1,2,\cdots,(N/2)-1$ 时表达式系数中存在因子 2 的正确性。

至于式(5-18)中 $i=0,\ N/2$ 时表达式系数中相应的因子为 1，是由于频域信号重复周期为 N，而且对零频位置是对称的，(参见 5.3.3 节的叙述及图 5-12)，因而关于 $N/2$ 也是对称的，所以 $i=0,\ N/2$ 时幅值是两个半幅值之和，即已经是全幅值了。

将式(5-11)中的 $X_1(i\Delta f)$ 表达式与式(5-8)相比较，可以得到

$$X_1(i\Delta f)=\frac{1}{N}X(i\Delta f) \tag{5-20}$$

因此，$X_1(i\Delta f)$ 的共轭复数为

$$\overline{X}_1(i\Delta f)=\frac{1}{N}\overline{X}(i\Delta f) \tag{5-21}$$

式中　$\overline{X}_1(i\Delta f)$——与 $X_1(i\Delta f)$ 互为共轭复数，在 MATLAB 软件中可用 conj 函数由 $X_1(i\Delta f)$ 得到，U。

将式(5-20)和式(5-21)代入式(5-18)，得到

$$\Gamma_{AFS}(i\Delta f)=\begin{cases}\sqrt{\overline{X}_1(i\Delta f)\cdot X_1(i\Delta f)}, & i=0,\frac{N}{2}\\ 2\sqrt{\overline{X}_1(i\Delta f)\cdot X_1(i\Delta f)}, & i=1,2,\cdots,\frac{N}{2}-1\end{cases} \tag{5-22}$$

由于工程需要的多样性，以幅度谱为基础，又进一步开发出来方均根谱(RMS，本书使用符号 Γ_{RMS})、功率谱(PWR，本书使用符号 Γ_{PWR})、功率谱密度(PSD，本书使用符号 Γ_{PSD})和能量谱密度(ESD，本书使用符号 Γ_{ESD})[18]。需要说明的是，此处“功率”被抽象定义为信号方均根值的平方[23]。

方均根谱、功率谱、功率谱密度、能量谱密度是幅度谱的衍生产品。5.3 节所述离散

Fourier 变换的特点，指的是直接由它得到的幅度谱的特点，至于幅度谱的衍生产品，有的（如方均根谱、功率谱）应用于同类信号，仅表达方式不同，因而保有 5.3 节所述的全部特点，有的（如功率谱密度、能量谱密度）应用于不同类信号，属于适应性改造产品，因而不可能保有 5.3 节所述的全部特点。

5.6 节给出的窗函数是 $t=T_s/2$ 时幅度不变的窗函数，仅适用于幅度谱、方均根谱和功率谱。对于功率谱密度和能量谱密度，需除以窗函数的归一化因子 U，以保证所得到的谱是渐近无偏估计[18,24]。U 的表达式为[24]

$$U=\frac{1}{N}\sum_{k=0}^{N-1}w^2(k) \tag{5-23}$$

式中　U——窗函数的归一化因子；

$w(k)$——表 5-3 所示的时域窗函数。

幅度谱与其衍生产品的转换关系为[18]

$$\Gamma_{\mathrm{RMS}}(i\Delta f)=\frac{1}{\sqrt{2}}\Gamma_{\mathrm{AFS}}(i\Delta f)=\begin{cases}\dfrac{1}{N\sqrt{2}}\sqrt{\overline{X}(i\Delta f)\cdot X(i\Delta f)}, & i=0,\dfrac{N}{2}\\[2ex] \dfrac{\sqrt{2}}{N}\sqrt{\overline{X}(i\Delta f)\cdot X(i\Delta f)}, & i=1,2,\cdots,\dfrac{N}{2}-1\end{cases} \tag{5-24}$$

式中　$\Gamma_{\mathrm{RMS}}(i\Delta f)$—— 方均根谱，U。

$$\Gamma_{\mathrm{PWR}}(i\Delta f)=\Gamma_{\mathrm{RMS}}^2(i\Delta f)=\begin{cases}\dfrac{1}{2N^2}\overline{X}(i\Delta f)\cdot X(i\Delta f), & i=0,\dfrac{N}{2}\\[2ex] \dfrac{2}{N^2}\overline{X}(i\Delta f)\cdot X(i\Delta f), & i=1,2,\cdots,\dfrac{N}{2}-1\end{cases} \tag{5-25}$$

式中　$\Gamma_{\mathrm{PWR}}(i\Delta f)$—— 功率谱，$\mathrm{U}^2$。

$$\Gamma_{\mathrm{PSD}}(i\Delta f)=\frac{1}{U\Delta f}\Gamma_{\mathrm{PWR}}(i\Delta f)=\begin{cases}\dfrac{\Delta t}{2UN}\overline{X}(i\Delta f)\cdot X(i\Delta f), & i=0,\dfrac{N}{2}\\[2ex] \dfrac{2\Delta t}{UN}\overline{X}(i\Delta f)\cdot X(i\Delta f), & i=1,2,\cdots,\dfrac{N}{2}-1\end{cases} \tag{5-26}$$

式中　$\Gamma_{\mathrm{PSD}}(i\Delta f)$—— 功率谱密度，$\mathrm{U}^2/\mathrm{Hz}$。

$$\Gamma_{\mathrm{ESD}}(i\Delta f)=T_s\Gamma_{\mathrm{PSD}}(i\Delta f)=\begin{cases}\dfrac{(\Delta t)^2}{2U}\overline{X}(i\Delta f)\cdot X(i\Delta f), & i=0,\dfrac{N}{2}\\[2ex] \dfrac{2(\Delta t)^2}{U}\overline{X}(i\Delta f)\cdot X(i\Delta f), & i=1,2,\cdots,\dfrac{N}{2}-1\end{cases} \tag{5-27}$$

式中　$\Gamma_{\mathrm{ESD}}(i\Delta f)$—— 能量谱密度，$\mathrm{U}^2\cdot\mathrm{s/Hz}$。

将式(5-20)和式(5-21)代入式(5-26)，得到

$$\Gamma_{\mathrm{PSD}}(i\Delta f)=\begin{cases}\dfrac{N\Delta t}{2U}\overline{X}_1(i\Delta f)\cdot X_1(i\Delta f), & i=0,\dfrac{N}{2}\\[2ex] \dfrac{2N\Delta t}{U}\overline{X}_1(i\Delta f)\cdot X_1(i\Delta f), & i=1,2,\cdots,\dfrac{N}{2}-1\end{cases} \tag{5-28}$$

需要说明的是：

(1)我们知道，功率谱等于方均根谱的平方。而文献[25]明确指出，功率谱密度(PSD)等于方均根谱的平方除以频率间隔。由此可见，很多文献将功率谱密度简称为功率谱，这是不正确的。从5.7.2节～5.7.4节的叙述可以看到，功率谱适用于稳态确定性信号，包括周期信号和准周期信号，在谱图上应该绘成一根根竖线；功率谱密度适用于零均值稳定随机信号，在谱图上应该绘成一条连续的曲线。零均值稳定随机信号若用功率谱表达，其谱高会与频率间隔成正比；稳态确定性信号若用功率谱密度表达，其谱高会与频率间隔成反比。而频率间隔取决于采样间隔和数据长度，是人为确定的，并非信号的内在特征。因此，零均值稳定随机信号不能用功率谱表达，稳态确定性信号不能用功率谱密度表达，更不能将功率谱、功率谱密度这两种性质完全不同的频谱相混淆。

(2)式(5-24)～式(5-27)所表达的幅度谱与其衍生产品的转换关系只是一种数学运算关系，并不意味它们对任意对象都有物理意义。

5.7.2 稳态确定性信号适用的频谱类别

能够用明确的数学关系式来表达的信号，或者可以通过实验方法重复产生的信号称为确定性信号。稳态确定性信号是一系列正弦信号的叠加，可表达为[22]

$$u=\sum_{k=1}^{n}U_k\sin(\omega_k t+\phi_k) \tag{5-29}$$

式中 u——稳态确定性信号，U；

n——正弦信号的个数；

U_k——序号为 k 的正弦信号的幅度，U；

ω_k——序号为 k 的正弦信号的角频率，rad/s；

ϕ_k——序号为 k 的正弦信号的初始相位，rad。

式(5-29)所表达的稳态确定性信号是频域离散信号，包括各频率分量的周期有公倍数的周期信号和各频率分量的周期没有公倍数的准周期信号[22]。分析这类信号适合采用幅度谱、方均根谱和功率谱。对于某一确定的频率来说，方均根值就是有效值，例如市电220 V，就是有效值，方均根谱的意义就在于此。功率与能力、热效应等密切相关，很多场合直接关心的是功率而非幅度或方均根值，这就需要功率谱。

对于周期信号，如果采样持续时间 T_s 对各个 f_k($f_k=\omega_k/2\pi$) 均满足整周期采样的要求，就可以用式(5-18)在各个 f_k 位置分别得到其各自的幅值，即幅度谱。还可用式(5-24)转化为方均根谱，用式(5-25)转化为功率谱。

以图5-24所示方波信号为例，该信号为偶函数，0时刻为导通状态，幅度为1，截止时幅度为0，其Fourier级数为

$$y=\frac{1}{2}-\frac{2}{\pi}\sum_{n=1}^{\infty}(-1)^n\frac{1}{2n-1}\cos(2n-1)\omega t \tag{5-30}$$

式中 ω——角频率，rad/s。

式(5-30)是在文献[11]给出的正负对称方波的Fourier级数表达式基础上添加常数项得到的。显然，这是典型的周期信号，其中

$$\omega=\frac{2\pi}{T_c} \tag{5-31}$$

式中　T_c——方波信号的周期，s。

图 5－24 中 $T_c=4$ s。

由式(5－30)得到，该方波信号没有偶数倍频，13 倍频之前的各个频率分量及其幅度如表 5－4 所示。

取离散采样的时间间隔 $\Delta t=0.25$ s，采样持续时间 $T_s=64$ s。对图 5－24 所示方波信号用式（5－18）求幅度谱，结果如图 5－25 所示，且由式（5－9）得到频率间隔 $\Delta f=0.015\ 625$ Hz。

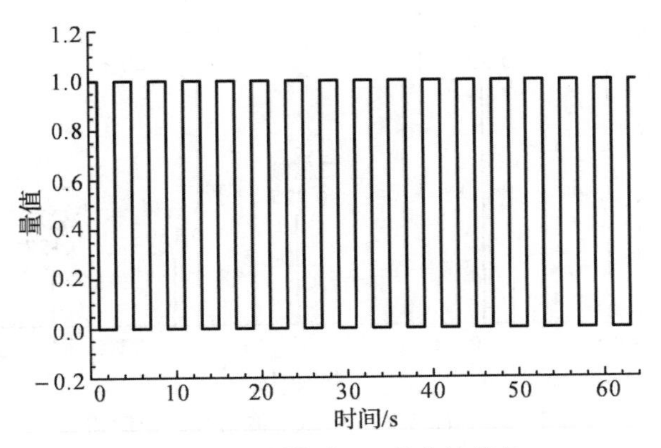

图 5－24　周期为 4 s 的方波信号

表 5－4　图 5－24 所示方波信号 13 倍频之前的各个频率分量及其幅度

分量	频率/Hz	幅度
直流分量	0	0.5
基频	0.25	0.637
3 倍频	0.75	0.212
5 倍频	1.25	0.127
7 倍频	1.75	0.091
9 倍频	2.25	0.071
11 倍频	2.75	0.058
13 倍频	3.25	0.049

从图 5－25 可以看到，尽管频率间隔 $\Delta f=0.015\ 625$ Hz，但幅度谱只在表 5－4 所示直流分量、基频、3 倍频、5 倍频、7 倍频处有值，其他各个频率间隔位置幅度为零，这正是方波信号应有的特征，而不呈现大于 7 倍频的幅度是因为根据采样定理，如 5.2.1 节所述，频谱分析的上限为 Nyquist 频率：

$$f_N=\frac{r_s}{2} \tag{5-32}$$

式中　f_N——Nyquist 频率，Hz。

即频谱分析的上限完全取决于离散采样的采样率。

由于未采用与 f_N 相应的低通滤波，由 5.3.3 节所述可知，7 倍频以上各个频率分量的幅度以镜频方式包含在基频、3 倍频、5 倍频、7 倍频中，使其幅度比表 5-4 所列略大。

另取采样持续时间 $T_s = 1\ 024$ s，其他条件不变，结果仍如图 5-25 所示，没有任何差别。

以上例证表明，对于周期信号，采用幅度谱是恰当的，只要采样持续时间 T_s 对各频率分量均满足整周期采样的要求，各个频率分量就会在其应有的频率位置呈现其自身的幅值。同理，对于这种信号，采用方均根谱和功率谱也是恰当的。谱图上，它们都应该绘成一根根竖线。

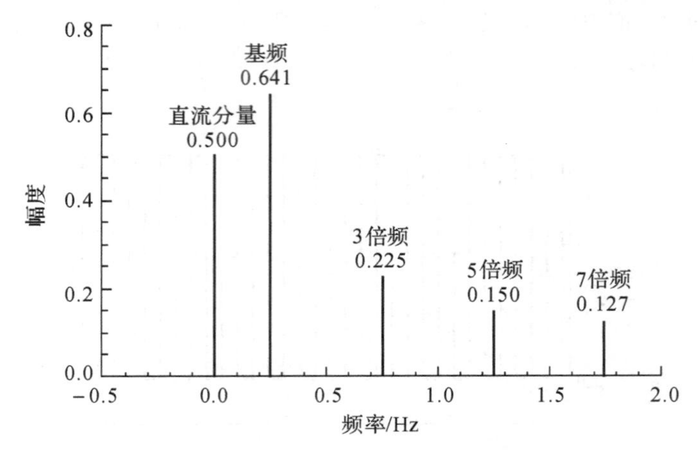

图 5-25　图 5-24 所示方波信号的幅度谱

由式(5-18) 和式(5-26) 得到

$$\Gamma_{\mathrm{PSD}}(i\Delta f)=\frac{N\Delta t}{2U}\Gamma_{\mathrm{AFS}}^{2}(i\Delta f) \tag{5-33}$$

由式(5-33)可以看到，对于周期信号，采用功率谱密度 Γ_{PSD} 是不恰当的。因为对于这种信号，Γ_{PSD} 与采样持续时间 $T_s = N\Delta t$ 成正比，而采样持续时间 T_s 是人为确定的，并非信号的内在特征。

对于准周期信号，由于各分量的周期没有公倍数，不可能对各分量均满足整周期采样的要求，因此对准周期信号进行频谱分析必定会产生频谱泄漏，采用恰当的窗函数可以降低频谱泄漏(详见 5.6 节)。也就是说，采用恰当的窗函数可以降低非整周期采样的影响。因此可以认为，准周期信号采用恰当的窗函数后，采用幅度谱、方均根谱和功率谱也是恰当的。

对周期信号如果没做到整周期采样，则与准周期信号类似，应采用恰当的窗函数。

我们知道，卫星每轨从日照转为黑夜及相反时，热膨胀和翘曲导致的几何学偏移可以直接映射到重力测量中，这是与轨道周期相关的温度效应；除此而外，磁场和加速度计的相互作用以及大气阻力的水平和方向的变化也与轨道周期密切相关。它们都会在频域的轨道谐波处造成相对固定的加速度尖峰干扰，称为“tone(音调)”。姿态控制推进器工作也存在一定程度的规律性，因此也有可能产生 tone(参见 23.6.1 节)。由此可见，tone error 是一种周期性干扰，因此，分析这种干扰同样适合采用幅度谱、方均根谱和功率谱，而采用功率谱密度是不恰当的。

5.7.3　零均值稳定随机信号适用的频谱类别

不能用明确的数学关系式表达(因而不能预定其未来时刻的瞬时值)或者无法重复产生的信号称为非确定性信号，又称随机信号。随机信号的任何一次观测值只代表其变化范围中可能产生的结果之一，但其量值的变动服从统计规律。若随机信号的平均值和自相关函数不随时间变化，则称为稳定随机信号[22]。由此可见，稳定随机信号是非周期信号，其功率虽有限，但能量却随时间延续而增长，因而能量不是有限的。

由高等数学已知，一个周期为 T 的周期信号 $x(t)$，如果满足 Dirichlet 条件，即在一个周期内，处处连续或只存在有限个跃度有限的间断点、有限个极值点，并绝对可积，则此信号 $x(t)$ 可以展开为 Fourier 级数（参见 11.2.2 节）。因为随机信号不满足 Dirichlet 条件，所以不存在典型意义下的 Fourier 变换。也就是说不可能像稳态确定性信号一样用幅度谱、方均根谱和功率谱来对随机信号作频域描述。然而，零均值稳定随机信号的相关函数在 $t\to\infty$ 时是收敛的，所以其相关函数的 Fourier 变换是存在的，其中随机信号的自相关函数的 Fourier 变换称为该信号的自谱，两个随机信号的互相关函数的 Fourier 变换称为这两个信号的互谱[22]（关于自谱和互谱详见 5.9.4.3 节）。我们知道，泛泛而论，自谱分析就是对单个信号进行频谱分析，所采用的频谱类别既可能是幅值谱、方均根谱、功率谱，也可能是功率谱密度或能量谱密度（详见 5.7.1 节），但对于零均值稳定随机信号，只适合采用功率谱密度（详见本节下文及 5.7.4 节），因而对于零均值稳定随机信号而言，自谱指的就是功率谱密度（亦称自功率谱密度）。与此相应，对于零均值稳定随机信号而言，互谱指的就是互功率谱密度。

随机信号是非周期信号，因此，不能用数学上的 Fourier 级数分解成许多正弦信号之和，但是其频域描述可以采用从周期信号援引过来的方法加以解决。其思路是把非周期信号仍当作周期信号来看待，只是认为周期信号的周期极大，在无限远处重复[22]。5.3.2 节指出，周期性离散时间函数的 Fourier 变换为周期性离散频率函数。零频处的谱线代表时域信号的直流分量，随后的各条谱线，分别代表采样持续时间 T_s 内正好采集一个整周期（谱线位置 $\Delta f=1/T_s$）、两个整周期（谱线位置为 $2\Delta f$）、……、$N/2$ 个整周期（谱线位置为 Nyquist 频率 f_N）的各个频率的幅度。而非周期信号的周期 $T\to\infty$，由式（5-9）得到 $\Delta f\to 0$，即谱线无限密集，以至离散的谱线演变成一条连续的曲线[22]。因此，与幅度谱、方均根谱和功率谱是频域离散信号不同，功率谱密度具有连续的频谱。它们之间的区别可以比拟为一批处在不同几何位置、成分各异的孤立质点与一块占据一定体积、成分不均匀的石头之间的区别，前者适宜用不同几何位置的质量表征，而后者适宜用密度随几何位置变化来表征，密度是单位体积的质量。

5.3.2 节叙述了离散 Fourier 变换频域信号的栅栏效应：频域信号是由一根根离散的谱线构成的，相邻离散点之间不存在频域数据。为了解决离散 Fourier 变换频域信号的栅栏效应与零均值稳定随机信号具有连续的频谱之间的矛盾，设计出了式（5-26）表达的功率谱密度 Γ_{PSD}。功率谱密度是单位频率间隔内的功率，这就解决了采样持续时间短则频率间隔大，而每条谱线包容的频率范围（即频率间隔）宽则包容的零均值稳定随机信号多，造成谱线高；反之采样持续时间长则频率间隔小，每条谱线包容的零均值稳定随机信号少，造成谱线低的问题。既然对于零均值稳定随机信号而言，功率谱密度高低与频率间隔宽窄没有关系，功率谱密度就不再是一根根离散的谱线，而应绘成连续曲线。

近年来，国际上习惯用功率谱密度的平方根值表示功率谱密度，并且仍然表述为功率谱密度，只是从量纲上可以鉴别出实际上是功率谱密度的平方根值。

以电阻热噪声为例。我们知道，电阻的热噪声效应由 Johnson 作了实验研究，由 Nyquist 作了理论研究。实验结果表明，电阻的热噪声电势取决于温度，此电势的方均根值为[7]

$$E_{RMS}=\sqrt{4k_B TR\Delta f} \tag{5-34}$$

式中　E_{RMS}——电阻热噪声电势的方均根值，V；

k_B—— Boltzmann 常数：$k_B = (1.380\ 658 \pm 0.000\ 012) \times 10^{-23}$ J/K[26]；

T—— 电阻的热力学温度，K；

R—— 电阻值，Ω；

Δf—— 频带宽度，Hz。

这是典型的零均值稳定随机信号。

将式(5－9)、式(5－25)代入式(5－34)得到

$$\Gamma_{PWR} = \frac{4k_B TR}{T_s} \tag{5-35}$$

由式(5－35)可以看到，对电阻热噪声这样的零均值稳定随机信号，采用功率谱是不恰当的，因为对于这种信号，功率谱与采样持续时间 T_s 成反比，而采样持续时间 T_s 是人为确定的，并非信号的内在特征。同理，对于这种信号，采用幅度谱和方均根谱也是不恰当的。

将式(5－9)、式(5－26)代入式(5－35)得到

$$\Gamma_{PSD} = 4k_B TR \tag{5-36}$$

由式(5－36)可知，对电阻热噪声这样的零均值稳定随机信号，采用功率谱密度是恰当的，即功率谱密度正确反映出电阻热噪声的大小和特征。

我们知道，白噪声对于所有频率有恒定的功率谱密度[27]。由式(5－36)可以看到，电阻热噪声的功率谱密度不随频率变化，因此是一种典型的白噪声。

5.7.4 既有稳态确定性信号又有零均值稳定随机信号适用的频谱类别

以神舟号飞船相对平静时的加速度噪声为例。

由于加速度测量仪器存在偏值和偏值漂移，所以对仪器所测的噪声信号应该先用最小二乘法线性拟合做去均值和去线性趋势处理。图5－26即为实际测得、去均值和去线性趋势后的神舟号飞船相对平静时的加速度噪声。

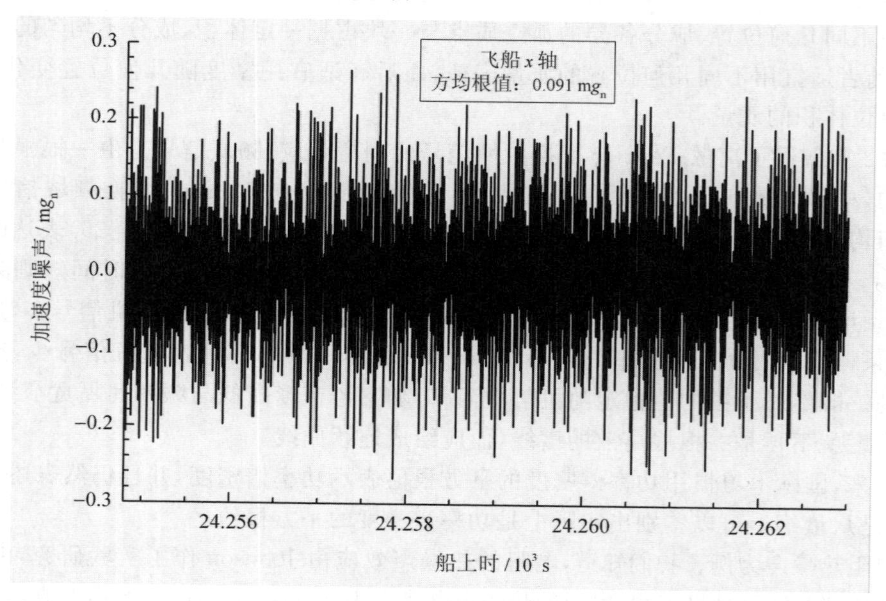

图5－26 实际测得、去均值和去线性趋势后的神舟号飞船相对平静时的加速度噪声

图 5-26 中采样间隔 $\Delta t=4$ ms，数据长度 $N=2\ 048$。对图 5-26 所示噪声用矩形窗和式(5-18) 求幅度谱，由式(5-9) 得到频率间隔 $\Delta f=0.122\ 070\ 312\ 5$ Hz，再用式(5-24) 和式(5-25) 转换为功率谱，结果如图 5-27 所示。

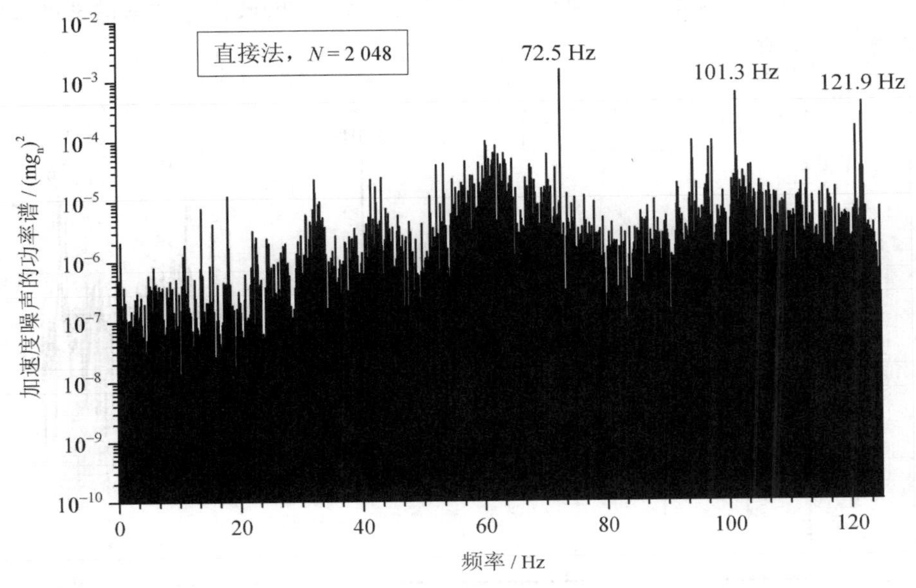

图 5-27 图 5-26 所示噪声的功率谱(直接法，$N=2\ 048$)

对图 5-26 所示噪声改用 Bartlett 平均周期图法(参见 5.9.4.3 节)，将 2 048 个数据分为 8 段($K=8$)，每段 256 个数据($L=256$)，仍用矩形窗和式(5-18) 求每一段的幅度谱，由式(5-9) 得到频率间隔 $\Delta f=0.976\ 562\ 5$ Hz，再用式(5-24) 和式(5-25) 转换为功率谱，再求平均，结果如图 5-28 所示。

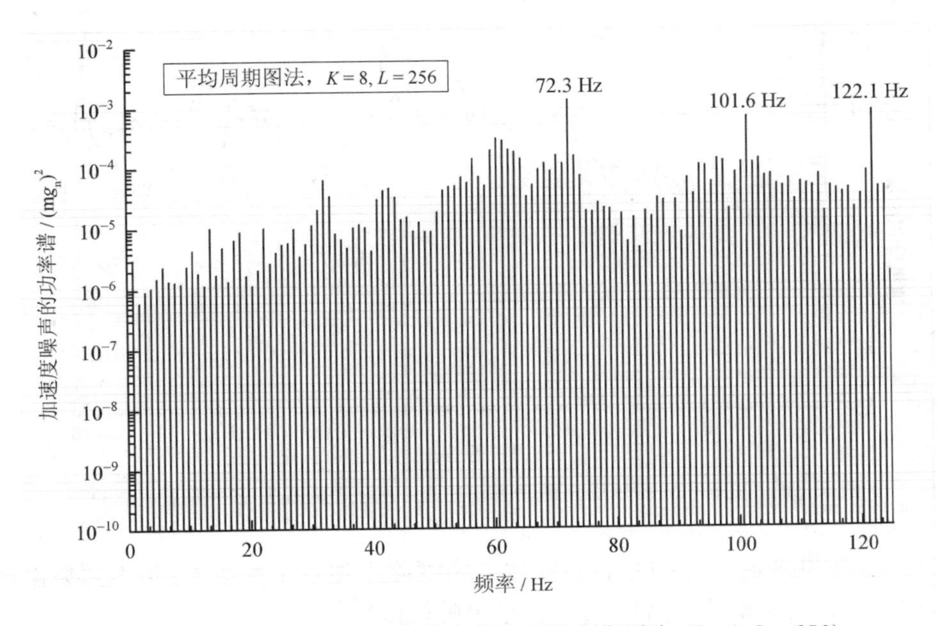

图 5-28 图 5-26 所示噪声的功率谱(平均周期图法，$K=8$，$L=256$)

从图 5-27 和图 5-28 可以看出，功率谱 72.5Hz、101.3 Hz、121.9 Hz(图 5-28 因频率间隔较大，呈现为 72.3Hz、101.6 Hz、122.1 Hz)不随频率间隔而变，所以这三个频率的信号属于稳态确定性信号；

进一步对图 5-27 和图 5-28 所示数据分别用式(5-26)转换为功率谱密度，结果如图 5-29 和图 5-30 所示。

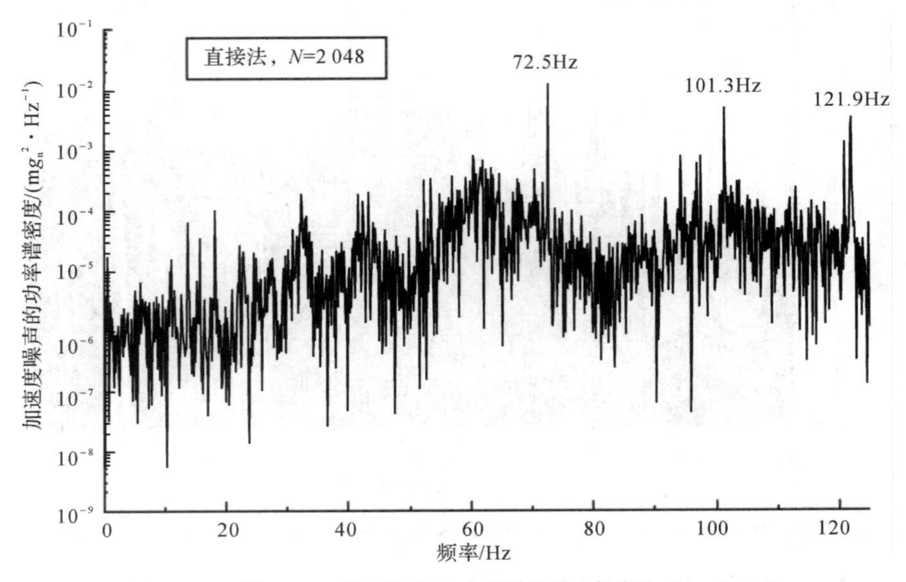

图 5-29　图 5-26 所示噪声的功率谱密度(直接法，$N=2\ 048$)

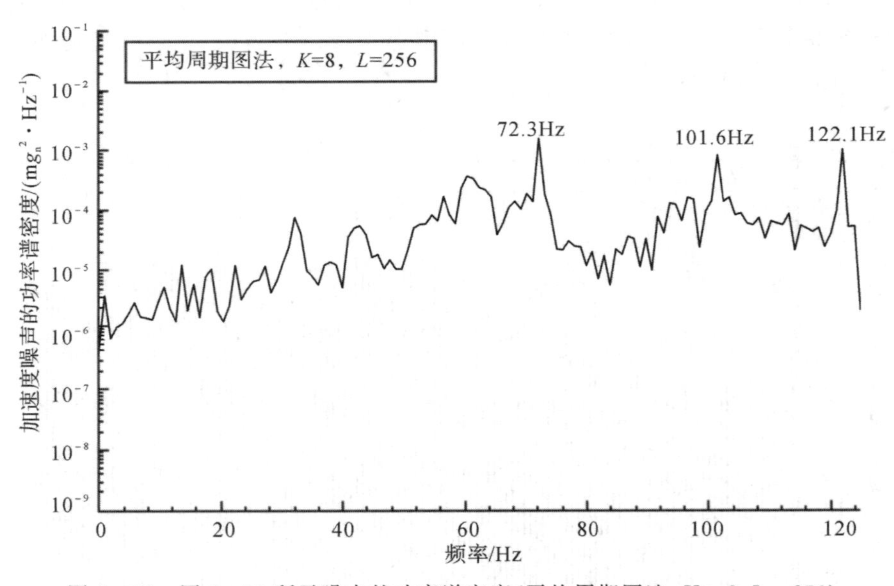

图 5-30　图 5-26 所示噪声的功率谱密度(平均周期图法，$K=8$，$L=256$)

从图 5-29 和图 5-30 可以看出，功率谱密度除上述三个频率外，均不随频率间隔而变，所以除上述三个频率外，均属于零均值稳定随机信号。

从图 5-27 和图 5-28 可以看出，对于图 5-26 所示噪声中的零均值稳定随机信号，功率谱与频率间隔成正比，而由式(5－9)可以看到，频率间隔取决于采样间隔和数据长度，是人为确定的，并非信号的内在特征，所以采用功率谱是不恰当的。同理，对于这种信号，采用幅度谱和方均根谱也是不恰当的；从图 5－29 和图 5－30 可以看出，对于图 5－26 所示噪声中的稳态确定性信号，功率谱密度与频率间隔成反比，由于频率间隔是人为确定的，并非信号的内在特征，所以采用功率谱密度是不恰当的。

由此可见，对于既有稳态确定性信号又有零均值稳定随机信号的频谱分析，既不能单靠功率谱(或幅度谱、方均根谱)表达也不能单靠功率谱密度表达。其原因就在于采样持续时间 T_s 是人为确定的。

2.2.2.5 节第(2)条介绍的三分之一倍频程频带(OTOB)分析方法克服了采样持续时间 T_s 是人为确定的所带来的上述问题。附录 C.3 节给出了三分之一倍频程频带方均根加速度谱计算程序示例。图 5－31 为对图 5－26 所示噪声分别用直接法、$N=2\ 048$ 和平均周期图法、$K=8$、$L=256$ 作矩形窗幅度谱分析(使用经过适应性修改的附录 C.1 节所示程序)，再转换为三分之一倍频程频带方均根加速度谱(使用经过适应性修改的附录 C.3 节所示程序)，图中同时给出了国际空间站对振动加速度的需求(均匀分配到单轴，即图 2－1 所示曲线的纵坐标值除以 $\sqrt{3}$)。可以看到，当稳态确定性信号和零均值稳定随机信号混杂在一起时，“直接法、$N=2\ 048$ 的三分之一倍频程频带方均根谱”与“平均周期图法、$K=8$、$L=256$ 的三分之一倍频程频带方均根谱”是比较接近的，从而解决了既不能单靠功率谱(或幅度谱、方均根谱)表达也不能单靠功率谱密度表达的问题。

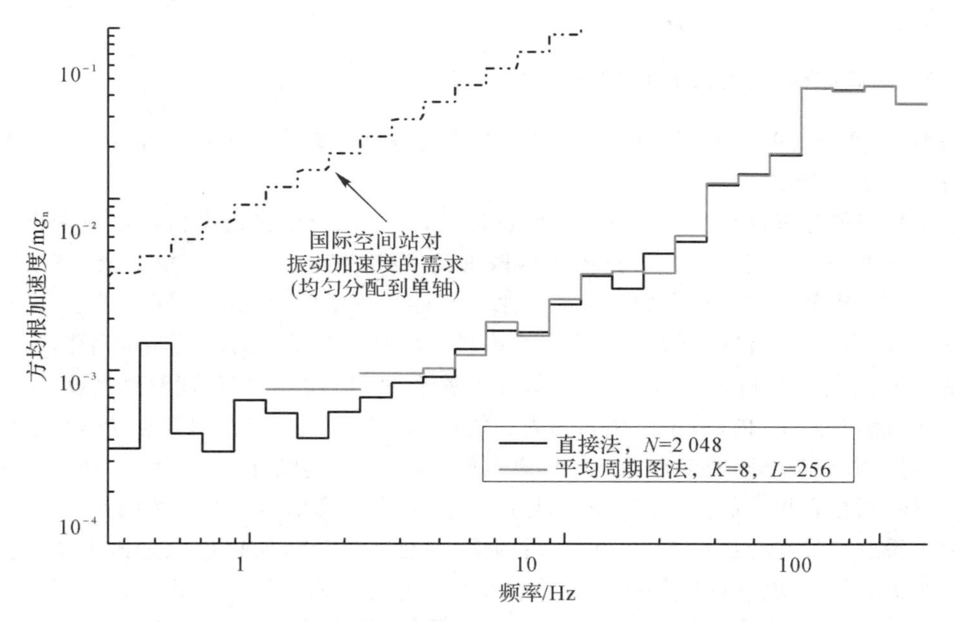

图 5－31　对图 5－26 所示噪声分别用直接法、$N=2\ 048$ 和平均周期图法、$K=8$、$L=256$ 得到的三分之一倍频程频带方均根加速度谱

从图 5－31 可以看到，对于既有稳态确定性信号又有零均值稳定随机信号的频谱分析，三分之一倍频程频带分析方法在解决了既不能单靠功率谱(或幅度谱、方均根谱)表达也不能单靠功率谱密度表达的问题的同时，也抹煞了稳态确定性信号、零均值稳定随机信号所具有的不同频谱特征。其细腻程度不仅比不上图 5－27 和图 5－29，也比不上图 5－28 和图

5-30。因此,如果需要显示稳态确定性信号、零均值稳定随机信号所具有的不同频谱特征的话,还是要分别给出功率谱(或幅度谱、方均根谱)和功率谱密度。

重力恢复和气候实验卫星(GRACE)的科学与任务需求文档定量给出了非重力加速度测量的两类误差:一类是宽带噪声,用功率谱密度表达,要求 SuperSTAR 加速度计 y,z 轴的噪声小于$(1+0.005\ \mathrm{Hz}/\{f\}_{\mathrm{Hz}})^{1/2}\times 10^{-10}\ \mathrm{m\cdot s^{-2}/Hz^{1/2}}$,最大不稳定性小于 20%,$x$ 轴的噪声小于$(1+0.1\ \mathrm{Hz}/\{f\}_{\mathrm{Hz}})^{1/2}\times 10^{-9}\ \mathrm{m\cdot s^{-2}/Hz^{1/2}}$,最大不稳定性小于 20%;另一类是 tone error(音调误差),用幅度谱表达,要求每个音调小于 $4\times 10^{-12}\ \mathrm{m/s^2}$,最大不稳定性小于 20%。反演重力场时,宽带噪声的影响可以通过跨越多个轨道周期(应指重访周期)的滤波或平均来降低,但 tone error 的影响依旧不降,成为制约重力场测量准确性的重要因素[28]。

这是稳态确定性信号和零均值稳定随机信号混杂在一起的另一示例。如果确切知道其中稳态确定性信号的频率,其频谱表达方法可以仍采用功率谱密度,但其中的稳态确定性信号谱线用单独的竖线表示,并在其旁标注上功率谱值,而其功率谱值可由式(5-26)求得。这也是既显示稳态确定性信号、零均值稳定随机信号所具有的不同频谱特征,又正确表达各自量值的一种方法。

16.5.5.4 节指出,海洋一号卫星地基微振动测量中,水色仪的斯特林制冷机工作既在 50 Hz 及其倍频处引起了非常明显的尖峰,又引起了从 0.16 Hz 直至上百赫兹的宽带噪声,前者应该用幅度谱表达,后者应该用功率谱密度表达。这是既有稳态确定性信号又有零均值稳定随机信号的又一示例。

5.7.5 瞬态信号适用的频谱类别

一般将持续时间短,有明显的开端和结束的信号称为瞬态信号[29]。由此可知,瞬态信号只包含有限的能量。

鉴于瞬态信号只出现在一个有限时间过程中,所以不应该将瞬态信号当成周期性信号的一个周期来处理。而 5.3.1 节介绍的离散 Fourier 变换恰恰与之相反,是将有限离散的时域序列作为周期性离散信号的一个周期来处理的。为了解决二者之间的矛盾,设计出了式(5-27)表达的能量谱密度 Γ_{ESD}。由于功率谱密度 Γ_{PSD} 是单位时间的能量谱密度,所以功率谱密度 Γ_{PSD} 与采样持续时间 T_s 的乘积就是采样持续时间 T_s 内的能量谱密度 Γ_{ESD},它表达了采样持续时间 T_s 内、单位频率间隔内的能量。这就解决了能量只存在于采样持续时间 T_s 的问题。由于功率谱密度不是一根根离散的谱线,而是连续曲线,因此,由功率谱密度与采样持续时间相乘得到的能量谱密度也是连续曲线,即瞬态信号具有连续的频谱。

由于瞬态信号在起始点前与结束点后的信号幅度等于零,所以用能量谱密度表征瞬态信号的频谱时,采样持续时间必须与瞬态信号发生的时间相一致。当数据长度不是 2 的整数次幂时,应采用补零方式使其符合 2 的整数次幂。但此时 $\Delta f\neq 1/T_s$。

对于瞬态信号,采用幅度谱、方均根谱、功率谱或功率谱密度都是不恰当的。

以图 5-32 所示将实测数据去均值和去线性趋势后的神舟号飞船一次衰减振荡过程为例。该图所对应的 Origin 原图中数据的采样间隔 $\Delta t=4$ ms,数据长度 $N=512$(采样持续时间 $T_s=2.048$ s)。对此瞬态信号用式(5-18)求幅度谱,再用式(5-24)~式(5-27)转换为能量谱密度,结果如图 5-33 所示,且由式(5-9)得到频率间隔为 $\Delta f=0.488\ 281\ 25$ Hz。

需要说明的是,为了评估产品或结构的耐冲击能力,通常采用冲击响应谱(Shock

Response Spectrum)。

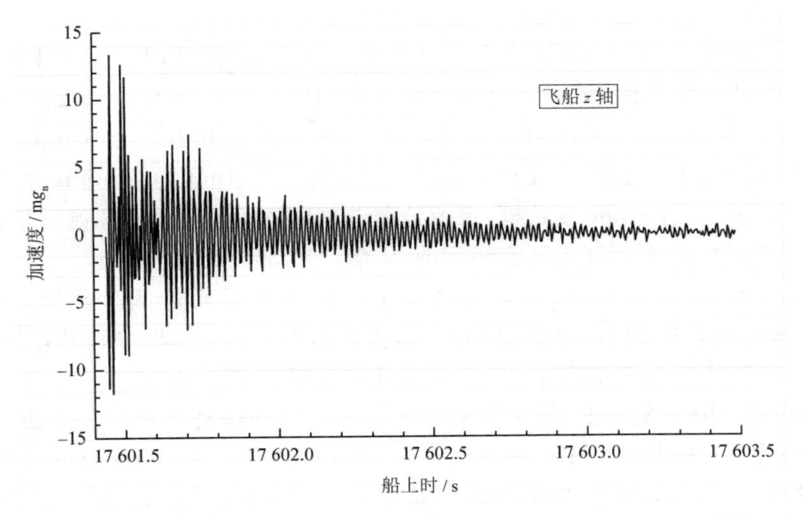

图 5-32 将实测数据去均值和去线性趋势后的神舟号飞船一次衰减振荡过程

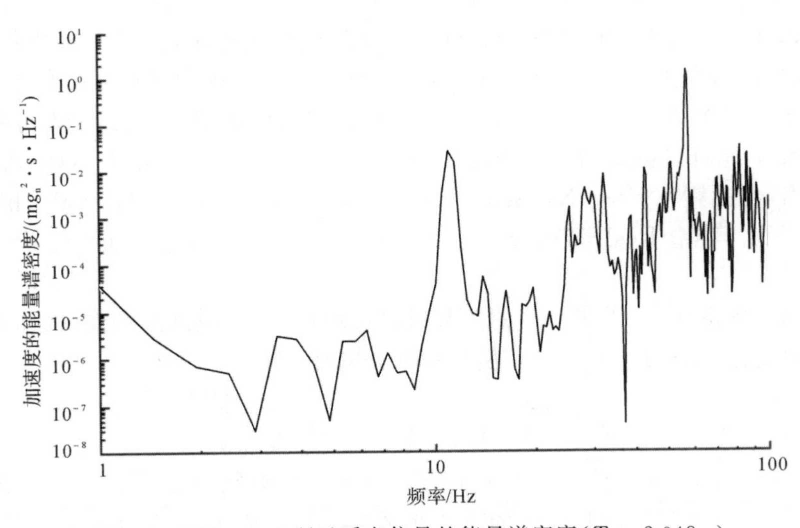

图 5-33 图 5-32 所示瞬态信号的能量谱密度(T_s=2.048 s)

5.8 频谱分析手段

明确了所应采用的离散 Fourier 变换公式、频谱类别、窗函数和频谱分析所需的数据长度后,可以选择合格的软件进行加速度计噪声的功率谱密度分析,也可以自行编制所需的频谱分析程序。

5.8.1 Origin 软件

5.8.1.1 Origin 5.0/OriginPro 7.0

美国 OriginLab 公司的 Origin 5.0/OriginPro 7.0 是一款科技绘图和数学分析软件,具有 Fourier 变换功能。在时域图形或电子表格下单击 Analysis→FFT...，呈现 FFT 窗口，包括 Settings 和 Operation 两个子窗口。应该先设置 Settings。

Settings 子窗口自动将横坐标或第一列作为 Sampling(采样时间)，要求该列数据必须等间隔排列，否则结果是不可靠的。将纵坐标或选中的某列作为 Real(实部)，而 Imaginary(虚部)则空缺。Sampling interval(采样间隔)栏目中的值由开头几个 Sampling 数据决定。Wendows Method 栏目中提供了几种可选择的窗函数。Output Operations 栏目中：

(1)Normalize Amplitude 复选框：保留该复选框中的"×"则显示原始数据的真正幅度；清除该复选框中的"×"则幅度为真实幅度的 N 倍。

(2)Shift Results 复选框：保留该复选框中的"×"则呈现的频率范围为 $-f_{max}/2\sim f_{max}/2$；清除该复选框中的"×"则呈现的频率范围为 $0\sim f_{max}$，两种情况有效数据均仅为 $0\sim f_{max}/2$，因此应将其余数据删除，且 $f_{max}/2$ 处的幅度应除以 2。

(3)UnWrap Phase 复选框，保留该复选框中的"×"则保持原始相位数据，清除该复选框中的"×"则将相位转换到 $-180°\sim+180°$ 内。Origin 7.0 还有 Exponential Phase Factor 栏目，用于设置 FFT 运算的指数相位因子，选中 -1 (Electrical Engineering)为正常的虚分量和相位，选中 $+1$ (Science)则虚分量和相位变号。

Operation 子窗口中的 FFT 栏目选中 Forward 为对时域数据做 Fourier 正变换，数据长度至少可达 $2^{20}=1\ 048\ 576$，当数据长度不是 2 的整数次幂时，自动采用补零方式使其符合 2 的整数次幂。而 Operation 子窗口中的 Spectrum 栏目选中 Amplitude 展示的是幅度谱和相位谱图。选中 Power 展示的是 $2/N$ 功率谱和相位谱图，即 $2\Delta f/N$ 功率谱密度图，因此用 Power 不能直接得到功率谱密度。不论选中 Amplitude 还是 Power，均呈现同样的频谱电子表格，包括频率 Freq(X)、实部 Real(Y)、虚部 Imag(Y)、幅度 r(Y)、相位 Phi(Y)、功率 Power(Y)。其中 Real(Y)=r(Y) × cos [Phi(Y)]，Imag(Y)=r(Y) × sin [Phi(Y)]。

为了得到功率谱密度，首先按 2 的整数次幂截取样点，以免谱线畸变；选择窗函数；对时域曲线作出幅度谱；利用式(5-33)转换为功率谱密度，即

$$\sqrt{\Gamma_{PSD}(i\Delta f)}=\Gamma_{AFS}(i\Delta f)\sqrt{\frac{N\Delta t}{2U}} \tag{5-37}$$

Operation 子窗口中的 FFT 栏目选中 Backward 为对频域数据做 Fourier 逆变换，即 IFFT 变换，但要受到许多限制：样点的总数必须是 2 的整数次幂；Settings 子窗口只能使用 Real(Y)和 Imag(Y)列，且不能将 FFT 中大于 $f_{max}/2$ 的数据删除；FFT 运算和 IFFT 运算的 Wendows Method 栏目均应选 Rectangular(矩形窗)，且 Output Operations 栏目均不能保留 Normalize Amplitude 和 Shift Results 复选框中的"×"。此外，无论原始的时域数据横坐标从什么时间起算，通过 IFFT 变换恢复出来的时域数据横坐标都会从零起算[30]。

5.8.1.2 OriginPro 8.5.1

OriginPro 8.5.1 不仅在功能上得到了显著提升，而且运算也更准确。在时域图形或电子表格下单击 Analysis→Signal Processing→FFT→FFT→Open Dialog...，出现 Signal Processing\FFT：fft1 窗口，对各选项作出选择。为了得到实部、虚部、幅度、相位和功率谱密度，Spectrum Type 栏应选择 One-sided，Normalize power to (Pro)栏应选择 TISA-Time Interval Square Amplitude，并选中 Plot→Real, Imag, Phase, Amplitude, Power 栏，如图 5-34 所示。

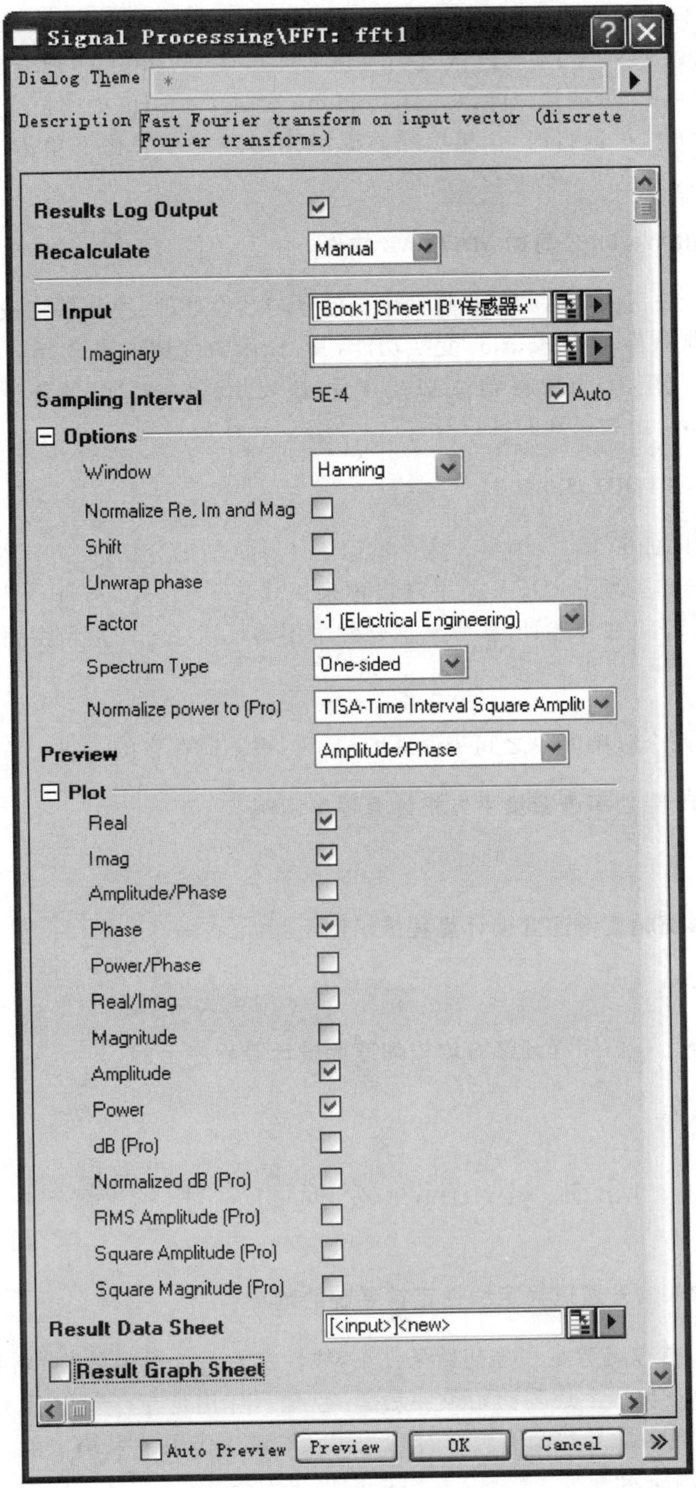

Signal Processing\FFT: fft1

Dialog Theme *

Description Fast Fourier transform on input vector (discrete Fourier transforms)

Results Log Output ☑

Recalculate Manual

⊟ Input [Book1]Sheet1!B"传感器x"

Imaginary

Sampling Interval 5E-4 ☑ Auto

⊟ Options

Window Hanning

Normalize Re, Im and Mag ☐

Shift ☐

Unwrap phase ☐

Factor -1 (Electrical Engineering)

Spectrum Type One-sided

Normalize power to (Pro) TISA-Time Interval Square Amplit

Preview Amplitude/Phase

⊟ Plot

Real ☑

Imag ☑

Amplitude/Phase ☐

Phase ☑

Power/Phase ☐

Real/Imag ☐

Magnitude ☐

Amplitude ☑

Power ☑

dB (Pro) ☐

Normalized dB (Pro) ☐

RMS Amplitude (Pro) ☐

Square Amplitude (Pro) ☐

Square Magnitude (Pro) ☐

Result Data Sheet [<input>]<new>

☐ Result Graph Sheet

☐ Auto Preview　Preview　OK　Cancel

图 5 - 34　Signal Processing\FFT:fft1 窗口为得到实部、虚部、幅度、相位和功率谱密度时的选项

点击“OK”后，呈现的频谱电子表格中 Real(Y)列为式(5 - 14)中的 $X_R(i\Delta f)$，Imag

(Y)列为式(5-14)中的 $X_{\mathrm{I}}(i\Delta f)$，Amp(Y)列为 Γ_{AFS}，Phase(Y)列为 arctan [Imag(Y)/Real(Y)]，Power(Y)列为 Γ_{PSD}(已做过归一化处理)，其中 Amp(Y)列完全正确，但 Γ_{PSD} 列采用矩形窗时 $f=f_{\mathrm{N}}$ 处的值应除以 2；采用 Hann 窗时 $f=0$ Hz 处的值应除以 2，$f=f_{\mathrm{N}}$ 处的值应除以 4。下次再运行时，如果直接在时域图形或电子表格下单击 Anylysis→FFT：<Last used>…，选项就不会变化。

5.8.2 MathWorks 公司的 MATLAB 软件

MathWorks 公司的 MATLAB 软件用于信号与图像处理、控制系统设计、通信、系统仿真等诸多领域，该软件具有 Fourier 变换功能，其 fft 函数使用的是式(5-8)，ifft 函数使用的是式(5-10)。用 fft 函数得到 $X(i\Delta f)$ 后，还要用式(5-18)才能得到幅度谱，其中 $\overline{X}(i\Delta f)$ 是用 conj 函数得到的，而开平方根是用 sqrt 函数得到的。

5.8.3 GRAFTOOL 3.0/3.3

商用软件 GRAFTOOL 3.0/3.3 是一款用于计算机辅助分析的二、三维图形软件，具有 Fourier 变换功能，其 DFT、IDFT 关系对自称采用式(5-8)、式(5-10)[31]，但用该软件的 Data→Process→FFT 命令验证，实际上该软件采用的是式(5-12)，且将频率间隔 Δf 误为

$$\Delta f=\frac{1}{2N\Delta t} \tag{5-38}$$

于是造成在相邻两个频率间隔之间错误地增加了一根不应存在的谱线。

5.8.4 Hann 窗功率谱密度平方根计算程序示例

见附录 C.1 节。

5.8.5 矩形窗幅度谱逆变换计算程序示例

见附录 C.2 节。

5.8.6 三分之一倍频程频带方均根加速度谱计算程序示例

见附录 C.3 节。

5.9 Fourier 变换的应用示例

5.9.1 求输入信号通过稳定线性定常系统的响应

18.1 节指出，传递函数是在零初始条件下，线性定常系统输出量的 Laplace 变换与输入量的 Laplace 变换之比。上述零初始条件是指：① 输入作用是在 $t=0$ 以后才作用于系统，因此，系统输入量及其各阶导数在 $t\leqslant 0$ 时均为零；② 输入作用于系统之前，系统是“相对静止”的，即系统输出量及各阶导数在 $t\leqslant 0$ 时的值也为零。

文献[11]指出，当函数 $f(t)$ 满足类似于 Fourier 级数的 Dirichlet 条件时，便可构成一对 Fourier 变换式(参见 11.2.2 节)；考虑到在实际问题中遇到的总是因果信号，令信号起始时刻为零，于是在 $t<0$ 的时间范围内 $f(t)$ 等于零，这样正变换式之积分下限可从零开始；引

入一个衰减因子 $e^{-\sigma t}$（σ 为任意实数），将它与 $f(t)$ 相乘，使 $e^{-\sigma t}f(t)$ 收敛，以保证 Dirichlet 条件的绝对可积要求得以满足，即可得到一对单边 Laplace 变换式。

18.4.1 节指出，对于单输入单输出线性定常连续系统来说，闭环传递函数分母多项式等于零的根称为特征根，特征根即闭环传递函数的极点。18.4.3 节指出，线性定常连续系统稳定的充分必要条件是：系统的全部特征根或闭环极点都具有负实部，或者说都位于复平面左半部。文献[11] 指出，若函数 $f(t)$ 收敛边界落于 s 平面①左半边，则它的 Fourier 变换存在，令其 Laplace 变换中的 $s=j\omega$ 就可求得它的 Fourier 变换。由以上三点可知，只要线性定常连续系统是稳定的，就可以令其传递函数 $G(s)$ 中的 $s=j\omega$，得到系统的频率响应 $G(j\omega)$。

文献[32] 指出，频率响应可通过实验方法来确定。具体做法是，逐点改变系统的正弦输入信号 $x(t)=X\sin\omega t$ 的角频率 ω，一般使振幅 X 不变，测出相应的稳态输出 $y_{ss}(t)$ 的振幅 $Y(\omega)$ 及相对正弦输入 $x(t)$ 的相移 $\phi(\omega)$。计算出振幅比 Y/X 关于角频率 ω 的函数曲线，这便是系统频率响应 $G(j\omega)$ 的幅频特性 $|G(j\omega)|$；求取相移 ϕ 关于 ω 的函数曲线，这便是系统频率响应的相频特性 $\phi(j\omega)$。

文献[11] 指出，在一般情况下，抽样过程是通过抽样脉冲序列 $p(t)$ 与连续信号 $f(t)$ 相乘来完成的（如冲激采样）；冲激响应 $h(t)$ 定义为单位冲激函数 $\delta(t)$ 的激励下产生的零状态响应；卷积方法的原理就是将信号分解为冲激信号之和，借助系统的冲激响应 $h(t)$，求解系统对任意激励信号的零状态响应。

因此，对零初始条件下线性定常系统的输入与该系统传递函数的逆 Laplace 变换进行卷积运算即可得到该系统的输出。

17.5.4 节指出，“Laplace 变换把时域中的两函数的卷积运算转换为变换域中两函数的乘法运算”。

文献[33] 指出，系统输出量的 Laplace 变换等于输入量 Laplace 变换与系统传递函数的乘积。如果已知传递函数 $G(s)$，那么通过 Laplace 逆变换，便可求出在给定输入信号 $x(t)$ 作用下的输出响应 $y(t)$。

由上述叙述可知，输入信号通过稳定线性定常系统的响应可以这样得到：首先用 DFT 求出输入信号的幅频特性和相频特性，同时求出系统的 Laplace 变换，把变量 s 改为 $j\omega$，得到系统的幅频特性和相频特性，输入信号幅频特性与系统幅频特性相乘即为响应的幅频特性，输入信号相频特性与系统相频特性相加即为响应的相频特性，对响应的幅频特性和相频特性进行 IDFT 运算，即可得到输入信号通过系统的响应。6.2.3.2 节给出的 $f_c=108.5\text{Hz}$ 的四类 3 级 6 阶有源低通滤波器对方波信号的响应，6.3.2.6 节给出的 $f_c=3\text{ Hz}$ 的二级四阶 Butterworth 有源低通滤波器对方波信号的响应，22.5 节给出的 $n=6$ 的 Butterworth 有源低通滤波器对方波“quadrate” 的响应都是其中的示例。

5.9.2　用非实时频域滤波抑制周期性窄带干扰

首先用 DFT 求出欲滤波信号的幅频特性和相频特性，再削减欲滤除频段所对应的幅度，最后作 IDFT 运算，即可获得滤波后的时域波形[34]，这种频域滤波方法的滤波特性十分陡直，用于去除窄带干扰（如工频干扰）非常有效。以石英挠性加速度计噪声测试为例。为

① 通过 Laplace 变换，将时域函数变换到复频域中，并分别以实轴、虚轴为横纵坐标轴组成的平面称为 s 平面。

了减少环境干扰，该噪声测试在山洞中进行，效果一直很好[35]。但后来由于山洞中湿度大，添置了一台去湿机并持续运行，造成测到的加速度计输出起伏超大，经 Fourier 频率分析，发现存在极为显著的 50 Hz 及其倍频尖峰，而以前未用去湿机则没有这种尖峰，判定尖峰是去湿机运行造成的，因而人为削减 50 Hz 及其倍频尖峰，再作 Fourier 逆变换，得到了正常的加速度计噪声数据。图 5－35 为测到的加速度计超大输出起伏，方均根值高达 464 μg_n；图 5－36 为相应的幅频曲线；图 5－37 为人为削减 50 Hz 及其倍频尖峰后的幅频曲线，相频曲线未作更动；图 5－38 为再作 Fourier 逆变换得到的正常加速度计时域噪声，方均根噪声为 19 μg_n。

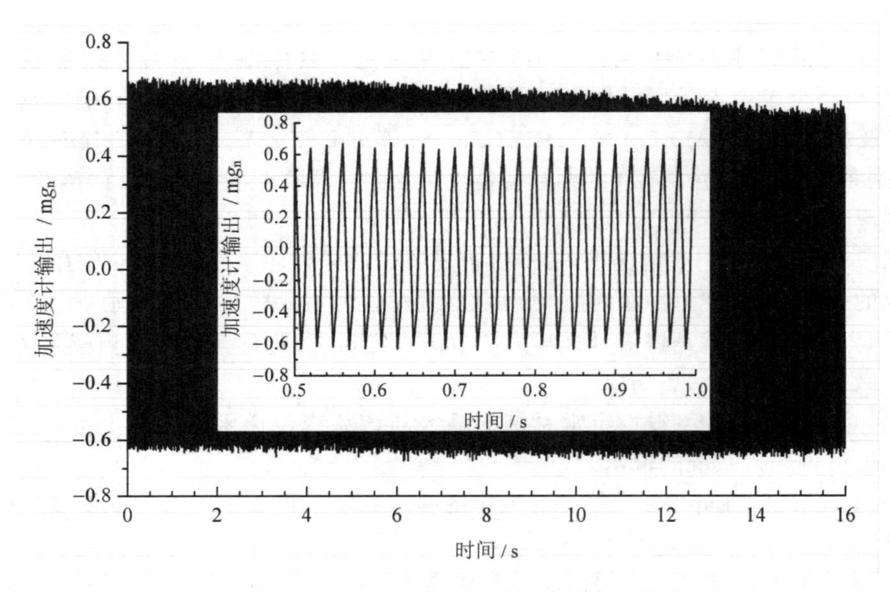

图 5－35　测到的加速度计超大输出起伏

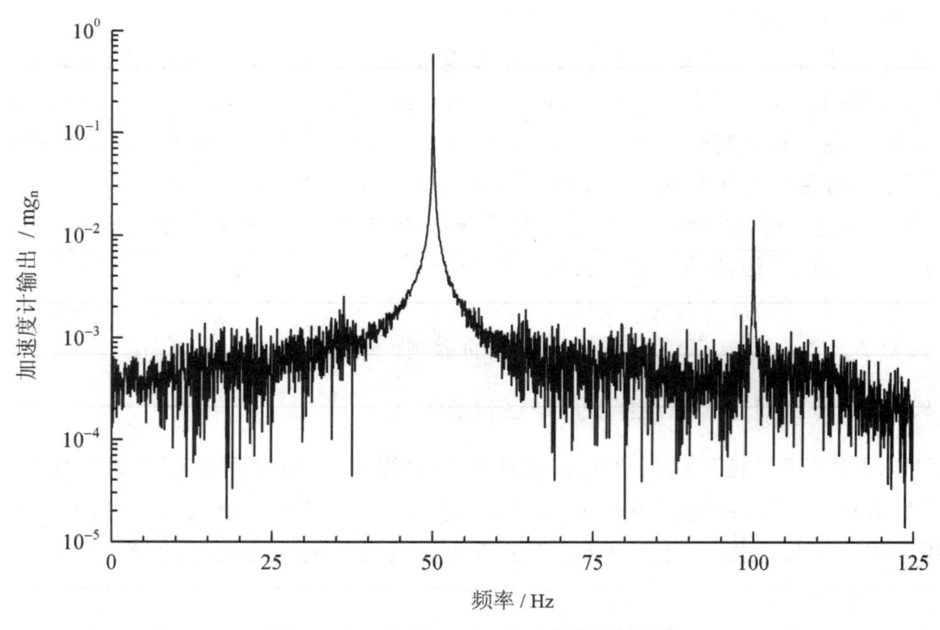

图 5－36　与图 5－35 相应的幅频曲线

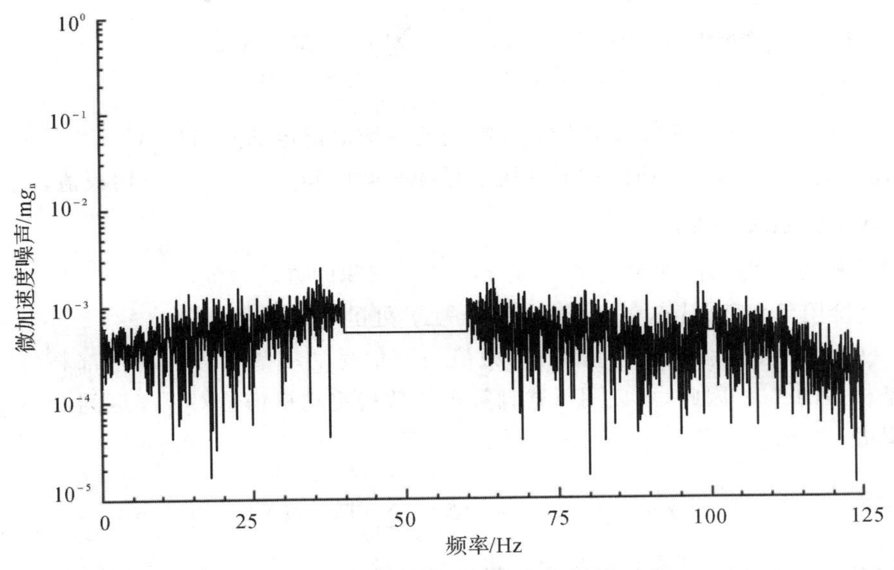

图 5-37　对图 5-36 人为削减 50 Hz 及其倍频尖峰后的幅频曲线

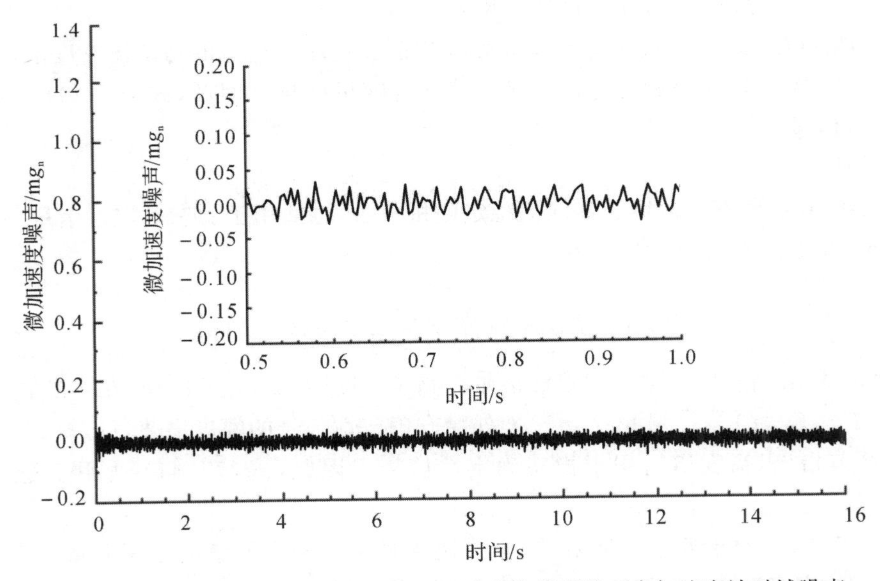

图 5-38　修改幅频曲线后再作 Fourier 逆变换得到的正常加速度计时域噪声

5.9.3　求零均值稳定随机信号的方均根值

5.9.3.1　时域分析方法

时域分析方法用以得到在时间区间$[0, T_s]$内的方均根值。

设以采样间隔 Δt，在 $0 \sim T_s$ 时间内测到的零均值稳定随机信号随时间的变化为 $\gamma(k\Delta t)(k=0, 1, 2, \cdots, N-1)$，则该信号在时间区间$[0, T_s]$的方均根(Root-Mean-Square, RMS) 值为

$$\gamma_{\mathrm{RMS}}\big|_{[0,T_s]}=\sqrt{\frac{\sum_{k=0}^{N-1}\gamma^2(k\Delta t)}{N}} \tag{5-39}$$

式中 $\gamma(k\Delta t)$—— 时间 $t=k\Delta t$ 时测到的零均值稳定随机信号,U;

$\gamma_{\mathrm{RMS}}\big|_{[0,T_s]}$ —— 零均值稳定随机信号在时间区间[0, T_s] 的方均根值,U。

5.9.3.2 频域分析方法

频域分析方法用以得到对频率区间[f_1, f_2] 累积的方均根值。

(1) 直接用频率区间[f_1, f_2] 内各 $f=i\Delta f$ 处的功率谱密度值。

Parseval 定理指出,时间信号的方均根值与该信号功率谱密度在其全部频带内积分的平方根是相等的[36]。因此,可以用下式计算零均值稳定随机信号对频率区间[f_1, f_2] 累积的方均根值:

$$\gamma_{\mathrm{RMS}}\big|_{[f1,f2]}=\sqrt{\Delta f\sum_{i=f1/\Delta f}^{f2/\Delta f}\Gamma_{\mathrm{PSD}}(i\Delta f)} \tag{5-40}$$

式中 $\gamma_{\mathrm{RMS}}\big|_{[f1,f2]}$ —— 零均值稳定随机信号对频率区间[f_1, f_2] 累积的方均根值,U;

f_1—— 频率区间的下限,Hz;

f_2—— 频率区间的上限,Hz;

$\Gamma_{\mathrm{PSD}}(i\Delta f)$—— 频率 $f=i\Delta f$ 处零均值稳定随机信号的功率谱密度值,U^2/Hz。

5.7.3 节指出,功率谱密度适用于零均值稳定随机信号。因此,式(5 - 40) 适用于零均值稳定随机信号。

需要说明:

1)Parseval 定理不仅适用于零均值稳定随机信号,也适用于稳态确定性信号。将式(5 - 9) 和式(5 - 33) 代入式(5 - 40),得到

$$\gamma_{\mathrm{RMS}}\big|_{[f1,f2]}=\sqrt{\frac{1}{2U}\sum_{i=f1/\Delta f}^{f2/\Delta f}\Gamma_{\mathrm{AFS}}^2(i\Delta f)} \tag{5-41}$$

式中 $\gamma_{\mathrm{RMS}}\big|_{[f1,f2]}$ —— 稳态确定性信号对频率区间[f_1, f_2] 累积的方均根值,U;

$\Gamma_{\mathrm{AFS}}(i\Delta f)$—— 频率 $f=i\Delta f$ 处稳态确定性信号的幅度谱值,U。

5.7.2 节指出,幅度谱适用于稳态确定性信号。因此,式(5 - 41) 适用于稳态确定性信号。

2)5.6 节指出,对于非整周期采样,应该先将时域信号中的直流分量扣除(即去均值),再选择适当的窗函数(非矩形窗),进行频谱分析,以降低频谱泄漏。但是,对于非整周期采样,频谱泄漏是不可避免的。

(2) 用频率区间[f_1, f_2] 内各 $f=i\Delta f$ 处功率谱密度的平均值。

频率区间[f_1, f_2] 内各 $i\Delta f$ 处 $\Gamma_{\mathrm{PSD}}(i\Delta f)$ 的平均值为

$$\Gamma_{\mathrm{PSD,average}}\big|_{[f1,f2]}=\frac{\sum_{i=f1/\Delta f}^{f2/\Delta f}\Gamma_{\mathrm{PSD}}(i\Delta f)}{\frac{f_2-f_1}{\Delta f}} \tag{5-42}$$

式中 $\Gamma_{\mathrm{PSD,average}}\big|_{[f1,f2]}$ —— 频率区间[f_1, f_2] 内各 $i\Delta f$ 处 $\Gamma_{\mathrm{PSD}}(i\Delta f)$ 的平均值,U^2/Hz。

由式(5 - 40) 得到

$$\gamma_{RMS}\Big|_{[f_1,f_2]}=\sqrt{(f_2-f_1)\frac{\sum\limits_{i=f_1/\Delta f}^{f_2/\Delta f}\Gamma_{PSD}(i\Delta f)}{\dfrac{f_2-f_1}{\Delta f}}} \tag{5-43}$$

将式(5-42)代入式(5-43),得到

$$\gamma_{RMS}\Big|_{[f_1,f_2]}=\sqrt{(f_2-f_1)\Gamma_{PSD,average}\Big|_{[f_1,f_2]}} \tag{5-44}$$

(3) 用频率区间$[f_1, f_2]$内各$f=i\Delta f$处$\sqrt{\Gamma_{PSD}(i\Delta f)}$的方均根值。

频率区间$[f_1, f_2]$内各$i\Delta f$处$\sqrt{\Gamma_{PSD}(i\Delta f)}$的方均根值为

$$(\sqrt{\Gamma_{PSD}})_{RMS}\Big|_{[f_1,f_2]}=\sqrt{\frac{\sum\limits_{i=f_1/\Delta f}^{f_2/\Delta f}\left[\sqrt{\Gamma_{PSD}(i\Delta f)}\right]^2}{\dfrac{f_2-f_1}{\Delta f}}} \tag{5-45}$$

式中 $(\sqrt{\Gamma_{PSD}})_{RMS}\Big|_{[f_1,f_2]}$——频率区间$[f_1, f_2]$内各$i\Delta f$处$\sqrt{\Gamma_{PSD}(i\Delta f)}$的方均根值,$U/Hz^{1/2}$。

由式(5-40)得到

$$\gamma_{RMS}\Big|_{[f_1,f_2]}=\sqrt{(f_2-f_1)\frac{\sum\limits_{i=f_1/\Delta f}^{f_2/\Delta f}\left[\sqrt{\Gamma_{PSD}(i\Delta f)}\right]^2}{\dfrac{f_2-f_1}{\Delta f}}} \tag{5-46}$$

将式(5-45)代入式(5-46),得到

$$\gamma_{RMS}\Big|_{[f_1,f_2]}=(\sqrt{\Gamma_{PSD}})_{RMS}\Big|_{[f_1,f_2]}\sqrt{f_2-f_1} \tag{5-47}$$

(4)讨论及示例。

在分析频率区间$[f_1, f_2]$的噪声时,从式(5-44)可以看到,如果用单一的噪声功率谱密度值作代表,应使用频率区间$[f_1, f_2]$内各$i\Delta f$处$\Gamma_{PSD}(i\Delta f)$的平均值;而从式(5-47)可以看到,如果用单一的噪声功率谱密度平方根值作代表,应使用频率区间$[f_1, f_2]$内各$i\Delta f$处$\sqrt{\Gamma_{PSD}(i\Delta f)}$的方均根值而非平均值。例如,图5-39所示为实际测得、去均值和去线性趋势后的国产JBN-3型石英挠性加速度计噪声时域曲线,采样间隔为4 ms,模数转换前设有3级6阶0.5 dB波动Chebyshev低通滤波器,$f_c=108.5$ Hz。对此图所依据的数据进行统计分析,得到时域方均根值为6.17 μg_n。图5-40为相应的$N=8\,192$、采用Hann窗、依式(5-37)得到的噪声功率谱密度曲线。将此图所依据的数据代入式(5-40),得到直至125 Hz的累积方均根值为6.28 μg_n,与上述由时域方均根值6.17 μg_n很接近。由于该图是用噪声功率谱密度的平方根值表示的,因此,应该用图中双点画线而不是虚线,即除零频外,用直至125 Hz的各$i\Delta f$处$\sqrt{\Gamma_{PSD}(i\Delta f)}$的方均根值$5.62\times10^{-4}$ $mg_n/Hz^{1/2}$而不是平均值4.94×10^{-4} $mg_n/Hz^{1/2}$,作为直至125 Hz的国产JBN-3型石英挠性加速度计噪声功率谱密度平方根值的代表。

需要说明的是,图5-39所示噪声时域曲线实际上是用10.2.3节所述的我国第三代微重力测量装置CMAMS[仪器通带(0~108.5) Hz]按13.3.3节所述方法在地震基准台的百米深山洞中具有隔振地基的房间内测到的,该装置的传感器为JBN-3型石英挠性加速度计,由于电路噪声和环境噪声均明显小于传感器噪声,所以认为该图所示噪声就是传感器噪声。

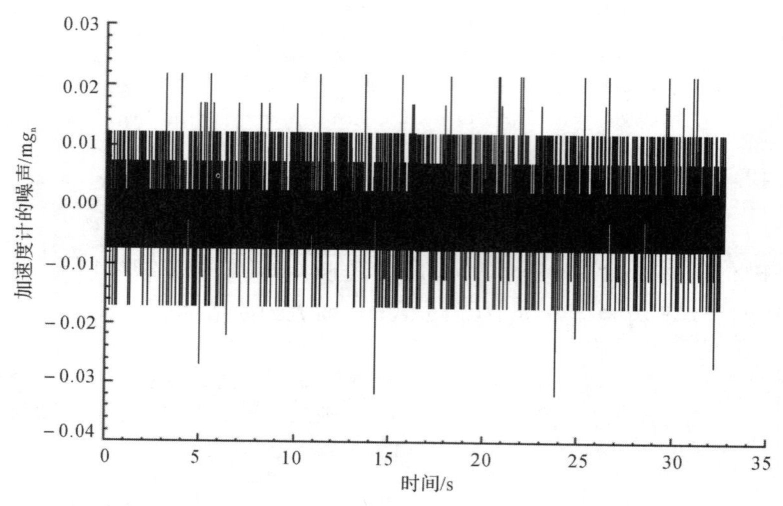

图 5-39 实际测得、去均值和去线性趋势后的国产 JBN-3 型石英挠性加速度计噪声时域曲线

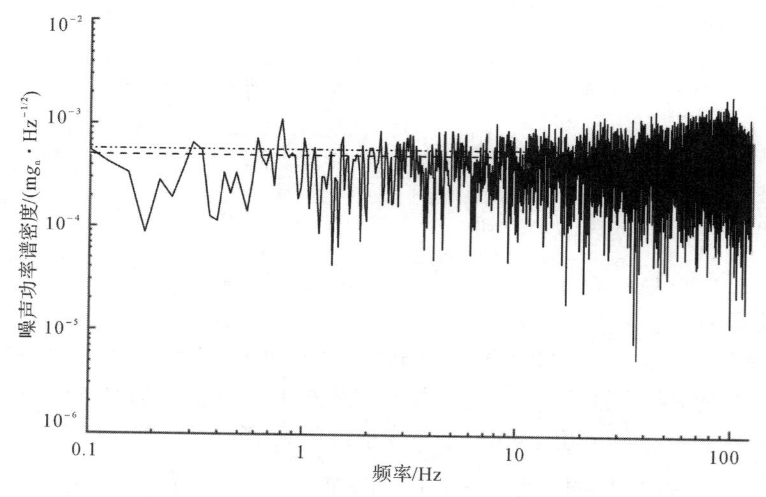

图 5-40 与图 5-39 相应的噪声功率谱密度曲线

图中双点画线为除零频外各 $i\Delta f$ 处谱线的方均根值，虚线为谱线的平均值

5.9.3.3 两种方法的比较

时域分析方法的优点是计算简单，且无需存储原始观测量，因而特别适合于没有大容量存储器和高性能计算机的在轨监测；缺点是采样间隔越大，结果越不准确。

频域分析方法的优点是只要符合采样定理，并采用 Hann 窗等降低非整周期采样造成的频谱泄漏，就可以得到工程上满意的结果；缺点是需要存储一个频谱分析时段内的全部原始观测量，经过 Fourier 变换运算，才能得到所需的结果。

例如，对于国产 JBN-3 型石英挠性加速度计的噪声，用图 5-39 所示曲线的数据代入式(5-39)，得到 $\gamma_{\mathrm{RMS}}\big|_{[0\ \mathrm{s},\ 32.8\ \mathrm{s}]}=6.17\times10^{-3}\ \mathrm{m}g_{\mathrm{n}}$；用图 5-40 所示曲线的数据代入式(5-40)，并注意到图 5-40 是以功率谱密度的平方根表示的，得到 $\gamma_{\mathrm{RMS}}\big|_{[0\ \mathrm{Hz},\ 125\ \mathrm{Hz}]}=6.26\times10^{-3}\ \mathrm{m}g_{\mathrm{n}}$。前者为后者的 98.4%。

又如，图 5 - 26 给出了实际测得、去均值和去线性趋势后的神舟号飞船相对平静时的加速度噪声时域曲线，图 5 - 41 为与之相应的、采用 Hann 窗、依式(5 - 37)得到的功率谱密度曲线。用图 5 - 26 所示曲线的数据代入式(5 - 39)，得到 $\gamma_{\mathrm{RMS}}\big|_{[24\,254.8\ \mathrm{s},24\,263.0\ \mathrm{s}]}=9.11\times10^{-2}$ $\mathrm{m}g_{\mathrm{n}}$；用图 5 - 41 所示曲线的数据代入式(5 - 40)，得到 $\gamma_{\mathrm{RMS}}\big|_{[0\ \mathrm{Hz},125\ \mathrm{Hz}]}=9.21\times10^{-2}\ \mathrm{m}g_{\mathrm{n}}$。前者为后者的 98.9%。

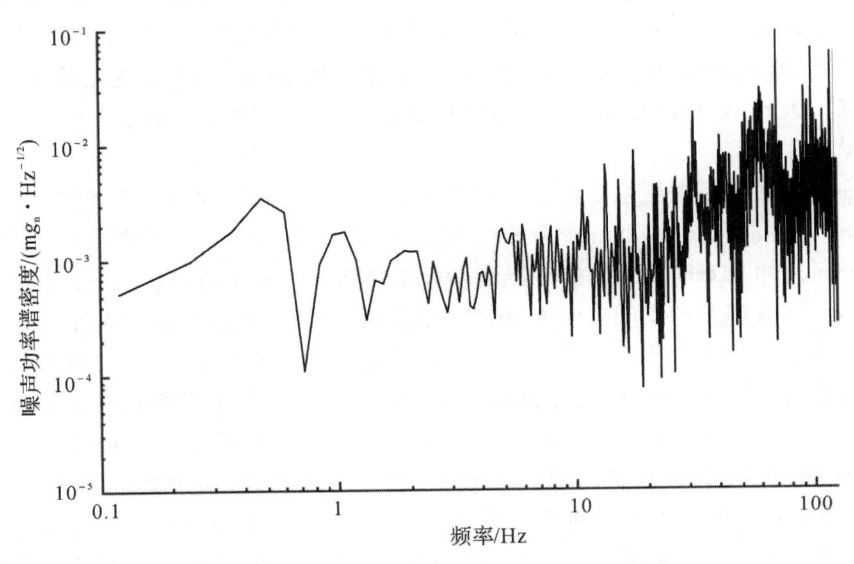

图 5 - 41　与图 5 - 26 相应的功率谱密度曲线

5.9.3.4　用 Parseval 定理验证频谱分析工具的正确性

从上述 5.9.3.3 节的示例可以看到，用时域还是频域分析方法求零均值稳定随机信号的方均根值，结果大致相同。

如 5.4 节所述，从纯数学的观点，有限离散 Fourier 变换反映的是时域和频域的转换关系，采用的系数是什么并不重要，只要正变换和逆变换是自恰的就行，即时域数据先正变换成频域数据，再逆变换成时域数据，与原时域数据相同。例如，5.4.1 节～5.4.4 节介绍了 4 种 DFT、IDFT 关系对，它们的系数互不相同，从而得到的频域复数的模也含义不同。然而，为了得到各个频率点处的幅度，则应使用式(5 - 18)得到幅度谱 Γ_{AFS}。而将幅度谱 Γ_{AFS} 转换为功率谱密度 Γ_{PSD} 时，应使用 5.7.1 节式(5 - 24)～式(5 - 26)。也就是说，无论是自行编程，还是使用现成的频谱分析工具，都应首先判断其正确性。鉴于用时域或频域分析方法求零均值稳定随机信号的方均根值具有等效性，这就为判断所用的频谱分析工具是否正确提供了一种方法，即分别用式(5 - 39)和式(5 - 40)计算零均值稳定随机信号的方均根值，如果不等效，则所用的频谱分析工具一定是错误的。

如果没有具体数据，只有时域图形和频域图形，也可以从时域图形上用目视观察的方法粗略估计方均根值，同时从 $\Gamma_{\mathrm{PSD}}(i\Delta f)$ 频域图形上用目视观察的方法粗略估计 $\Gamma_{\mathrm{PSD,mean}}\big|_{[f1,f2]}$，然后依据式(5 - 44)粗略估算方均根值，或者从 $\sqrt{\Gamma_{\mathrm{PSD}}(i\Delta f)}$ 频域图形上用目视观察的方法粗略估计 $(\sqrt{\Gamma_{\mathrm{PSD}}})_{\mathrm{RMS}}\big|_{[f1,f2]}$，然后依据式(5 - 47)粗略估算方均根值，如果结果不等效，则所用的频谱分析工具一定是错误的。

5.9.4 使用相干性检测 MHD 角速率传感器的噪声基底

5.9.4.1 概述

MHD 角速率传感器是机电一体化系统，其噪声来源包括机械噪声、电噪声和机电耦合噪声。因此，不能把静止状态下检测的电噪声当作全部噪声。而且，16.10.2 节介绍 MHD 角速率传感器的运行原理和典型产品时，指出此种传感器缺乏测量恒定或非常低频角速率的能力。因此，检测其噪声时，必须施加一动态变化的角速率。而动态变化的角速率本身也会存在噪声。因此，要想检测 MHD 角速率传感器噪声，关键在于正确扣除动态变化的角速率本身的噪声。

存在许多方法用于表征运动传感器所产生的噪声。最准确的方法涉及到应用信号处理技术以获得描述被测试传感器分辨力的频谱图。称该曲线为传感器的噪声基底[37]。

把两个同样的 MHD 角速率传感器背靠背安装到一个刚性的安装面上。如果用正弦变化的角速率 $\omega_0\sin(2\pi f_0 t)$ 扰动安装面，由此引起的安装面运动将出现在两个传感器的输出中。只要传感器的敏感轴是平行的，两个传感器的输出 $x(t)$ 和 $y(t)$ 中与安装面运动成比例的成分将是同样的。然而，两个传感器的输出在某些程度上被噪声掺杂。没有理由假定输出 $x(t)$ 和 $y(t)$ 中的噪声成分是同样的。诚然，两个同样传感器产生的噪声会有相似的谱特性，不过噪声不会彼此相关。两个传感器所产生的噪声成分的时间历程不会相同，而且两个噪声成分时间历程之间的差别会是随机的。实际上，两个噪声信号会完全是彼此无关的。两个相似的 MHD 角速率传感器所贡献的噪声是独立的，这为准确表征两个传感器输出中的噪声提供了基础[37]。

如上所述，表示为 $n_x(t)$ 和 $n_y(t)$ 的传感器输出的噪声成分是彼此无关的。同样重要的是，认识到 $n_x(t)$ 的影响并不出现在输出 $y(t)$ 中。类似，$n_y(t)$ 的影响并不出现在电压输出 $x(t)$ 中。然而，扰动 $\omega_0\sin(2\pi f_0 t)$ 的影响会出现在两个传感器的输出中。因此，假定传感器输出的所有相同成分，即 $x(t)$ 和 $y(t)$ 中并非彼此无关的成分必定与扰动 $\omega_0\sin(2\pi f_0 t)$ 有关是合理的。孤立出传感器输出中的噪声成分的关键是把两个输出的相同部分与不同部分分离。使用相干性检测可以实现这点[37]。

为了分离外来扰动与仪器噪声，除使用相干性检测法外，也可以使用共模-差模检测法。从机理上讲，共模-差模检测法对外来扰动与仪器噪声的分离显然不如相干性检测法（附录 A 分别给出了用相干性检测法和共模-差模检测法分离同一对 MHD 角速率传感器原理样机外来扰动与仪器噪声的示例）。

5.9.4.2 自相关函数和互相关函数

在测试技术领域中，无论分析两个随机变量之间的关系，还是分析两个信号或一个信号在一定时移前后之间的关系，都需要采用相关分析。相关代表的是客观事物或过程中某两种特征量之间联系的紧密性。由于在动态测试中所测得的是反映客观事物变化的信号，所以信号的相关性就是反映信号波形相互联系紧密性的一种函数。均值、方差、概率密度函数反映的是随机信号幅度的统计规律，而相关函数则可以更深入地揭示信号的波形结构[22]。对于离散型非周期性随机信号 $x(m\Delta t)$，时延 $k\Delta t$ 处的离散自相关（auto-correlation）为[38]

$$R_{xx}(k\Delta t) = \sum_{m=-\infty}^{\infty} x(m\Delta t)\bar{x}[(m-k)\Delta t] \tag{5-48}$$

式中　m—— 离散时域数据的序号；

$x(m\Delta t)$—— 信号 x 在 $m\Delta t$ 时刻的值，U；

$k\Delta t$—— 时延，s；

$\bar{x}[(m-k)\Delta t]$—— 信号 x 在 $(m-k)\Delta t$ 时刻值的共轭复数，U；

$R_{xx}(k\Delta t)$—— 信号 x 的自相关函数，U^2。

而互相关(cross-correlation)定义为[39]

$$R_{xy}(k\Delta t)=\sum_{m=-\infty}^{\infty}\bar{x}(m\Delta t)y[(m+k)\Delta t] \tag{5-49}$$

式中　$\bar{x}(m\Delta t)$—— 信号 x 在 $m\Delta t$ 时刻值的共轭复数，U；

$y[(m+k)\Delta t]$—— 另一信号 y 在 $(m+k)\Delta t$ 时刻的值，U；

$R_{xy}(k\Delta t)$—— 信号 x 和 y 间的互相关函数，U^2。

由于自相关是一种特殊的互相关[38]，所以式(5-48)也可以表达为

$$R_{xx}(k\Delta t)=\sum_{m=-\infty}^{\infty}\bar{x}(m\Delta t)x[(m+k)\Delta t] \tag{5-50}$$

式中　$x[(m+k)\Delta t]$—— 信号 x 在 $(m+k)\Delta t$ 时刻的值，U。

需要说明的是，如果信号 x 为实数，则式(5-48)中 $\bar{x}[(m-k)\Delta t]$ 应改为 $x[(m-k)\Delta t]$，式(5-49)和式(5-50)中 $\bar{x}(m\Delta t)$ 应改为 $x(m\Delta t)$。

5.9.4.3　自谱和互谱

(1)用相关函数法求自谱和互谱。

5.7.3节已经指出，随机信号的自相关函数的 Fourier 变换称为该信号的自谱，两个随机信号的互相关函数的 Fourier 变换称为这两个信号的互谱；对于零均值稳定随机信号，自谱指的就是功率谱密度(亦称自功率谱密度)，互谱指的就是互功率谱密度。因此，由 Wiener-Khinchin 定理得到，对于离散型非周期性随机信号，其自谱为[40]

$$P_{xx}(f)=\sum_{k=-\infty}^{\infty}R_{xx}(k\Delta t)\,e^{-j2\pi ik\Delta tf} \tag{5-51}$$

式中　f—— 频率，Hz；

$P_{xx}(f)$—— 离散型非周期性随机信号 $x(k\Delta t)$ 的自谱，U^2/Hz。

仿照式(5-51)，得到离散型非周期性随机信号的互谱为

$$P_{xy}(f)=\sum_{k=-\infty}^{\infty}R_{xy}(k\Delta t)\,e^{-j2\pi ik}\Delta tf \tag{5-52}$$

式中　$P_{xy}(f)$—— 离散型非周期性随机信号 $x(k\Delta t)$ 和 $y(k\Delta t)$ 的互谱，U^2/Hz。

文献[16]指出，非周期性离散时间函数的 Fourier 变换为周期性连续频率函数。因此，$P_{xx}(f)$，$P_{xy}(f)$ 为周期性连续频率函数。

(2)用周期图法求自谱和互谱。

该方法把原本功率有限而非能量有限的离散型非周期性随机信号 $x(k\Delta t)$ 和/或 $y(k\Delta t)$ 的 N 个观测数据视为一能量有限的序列，在此基础上计算其MATLAB软件定义的 fft 函数 $X(i\Delta f)$ 和/或 $Y(i\Delta f)$，再依如下所述求自谱和互谱，作为 $x(k\Delta t)$ 和/或 $y(k\Delta t)$ 真实自谱和互谱的估计[41]。

1)自谱。

5.7.3节已经指出，零均值稳定随机信号的自谱指的就是功率谱密度。因此，我们可以

套用式(5-26)得到

$$\left.\begin{aligned}P_{xx}(i\Delta f)&=\begin{cases}\dfrac{\Delta t}{2UN}\overline{X}(i\Delta f)\cdot X(i\Delta f), & i=0,\dfrac{N}{2}\\ \dfrac{2\Delta t}{UN}\overline{X}(i\Delta f)\cdot X(i\Delta f), & i=1,2,\cdots,\dfrac{N}{2}-1\end{cases}\\ P_{yy}(i\Delta f)&=\begin{cases}\dfrac{\Delta t}{2UN}\overline{Y}(i\Delta f)\cdot Y(i\Delta f), & i=0,\dfrac{N}{2}\\ \dfrac{2\Delta t}{UN}\overline{Y}(i\Delta f)\cdot Y(i\Delta f), & i=1,2,\cdots,\dfrac{N}{2}-1\end{cases}\end{aligned}\right\} \tag{5-53}$$

式中 $P_{xx}(i\Delta f)$—— 能量有限信号 $x(k\Delta t)$ 的自谱,U^2/Hz;

$P_{yy}(i\Delta f)$—— 能量有限信号 $y(k\Delta t)$ 的自谱,U^2/Hz;

$Y(i\Delta f)$——MATLAB 软件定义的 y 的 fft 函数,为复数,U;

$\overline{Y}(i\Delta f)$—— $Y(i\Delta f)$ 的共轭复数,在 MATLAB 软件中可用 conj 函数由 $Y(i\Delta f)$ 得到,为复数,U。

其中

$$\left.\begin{aligned}X(i\Delta f)&=\sum_{k=0}^{N-1}x(k\Delta t)\exp(-j2\pi ik/N)\\ Y(i\Delta f)&=\sum_{k=0}^{N-1}y(k\Delta t)\exp(-j2\pi ik/N)\end{aligned}\right\},\quad i=0,1,2,\cdots,N/2 \tag{5-54}$$

式中 $y(k\Delta t)$—— 信号 y 在 $k\Delta t$ 时刻的值,U。

与式(5-14)和式(5-15)类似,可以把 $Y(i\Delta f)$ 和 $\overline{Y}(i\Delta f)$ 分别拆解为实部和虚部:

$$Y(i\Delta f)=Y_R(i\Delta f)+jY_I(i\Delta f) \tag{5-55}$$

式中 $Y_R(i\Delta f)$——$Y(i\Delta f)$ 的实部,U^2;

$Y_I(i\Delta f)$——$Y(i\Delta f)$ 的虚部,U^2。

$$\overline{Y}(i\Delta f)=Y_R(i\Delta f)-jY_I(i\Delta f) \tag{5-56}$$

将式(5-14)、式(5-15)、式(5-55)和式(5-56)代入式(5-53),得到

$$\left.\begin{aligned}P_{xx}(i\Delta f)&=\begin{cases}\dfrac{\Delta t}{2UN}[X_R^2(i\Delta f)+X_I^2(i\Delta f)], & i=0,\dfrac{N}{2}\\ \dfrac{2\Delta t}{UN}[X_R^2(i\Delta f)+X_I^2(i\Delta f)], & i=1,2,\cdots,\dfrac{N}{2}-1\end{cases}\\ P_{yy}(i\Delta f)&=\begin{cases}\dfrac{\Delta t}{2UN}[Y_R^2(i\Delta f)+Y_I^2(i\Delta f)], & i=0,\dfrac{N}{2}\\ \dfrac{2\Delta t}{UN}[Y_R^2(i\Delta f)+Y_I^2(i\Delta f)], & i=1,2,\cdots,\dfrac{N}{2}-1\end{cases}\end{aligned}\right\} \tag{5-57}$$

由式(5-57)可以看到,自谱是实数。

式(5-53)是直接法求自谱的表达式。直接法估计出的自谱性能不好,当数据长度 N 太大时,谱曲线起伏加剧,N 太小时,频谱分辨力又不好[24]。为此可以采用 Bartlett 平均周期图法把长度为 N 的数据 $x(k\Delta t)$、$y(k\Delta t)$ 分成 K 段,每段的长度为 L[42],分别计算每一段的 $P_{xx}(i\Delta f)$、$P_{yy}(i\Delta f)$,再分别求出所有各段平均周期图 $\overline{P}_{xx}(i\Delta f)$ 、$\overline{P}_{yy}(i\Delta f)$ 。平均周期图法分段越多,谱估计的方差越小;但总数据长度不变的前提下每段数据长度随之越

短，频谱分辨力越低[42]。然而，如果不是把长度为 N 的数据分成 K 段，而是将总数据长度延长至 K 倍，并使 Bartlett 平均周期图法每段数据长度 L 与直接法的 N 相同，则既可减小谱估计的方差，又不会降低频谱分辨力。

Welch 法是对 Bartlett 法的改进。Welch 法的特点是毗连段有 D 个数据重叠(实际应用中常取 $D=L/2$)，而 Bartlett 平均周期图法毗连段数据不重叠[24,42]。与 Bartlett 法相比，在总数据长度和每段不重叠样点数不变的前提下，Welch 法改善了频谱分辨力，但增加了毗连段间相关性，从而使谱估计的方差特性变差，所以 Welch 法略优于 Bartlett 法，但改进不大[42]。Welch 法每段的数据窗口可以不是矩形窗口，例如使用 Hann 窗或 Hamming 窗[24]，如 5.6 节所指出的，这有助于降低频谱泄漏。Welch 法的分段数 K 可依下式计算[43]：

$$K=\frac{N-D}{L-D} \tag{5-58}$$

式中　N——$x(k\Delta t)$ 和 $y(k\Delta t)$ 的总数据长度；

L—— 每段的数据长度；

D—— 毗连段重叠的样点数；

K—— 分段数。

用 Welch 平均周期图法得到的信号 $x(k\Delta t)$ 和 $y(k\Delta t)$ 的自谱表达式为

$$\left.\begin{aligned}
\bar{P}_{xx}(i\Delta f)&=\begin{cases}\dfrac{\Delta t}{2UKL}\displaystyle\sum_{m=1}^{K}\left[X_{mR}^{2}(i\Delta f)+X_{mI}^{2}(i\Delta f)\right], & i=0,\dfrac{L}{2}\\[2ex] \dfrac{2\Delta t}{UKL}\displaystyle\sum_{m=1}^{K}\left[X_{mR}^{2}(i\Delta f)+X_{mI}^{2}(i\Delta f)\right], & i=1,2,\cdots,\dfrac{L}{2}-1\end{cases}\\
\bar{P}_{yy}(i\Delta f)&=\begin{cases}\dfrac{\Delta t}{2UKL}\displaystyle\sum_{m=1}^{K}\left[Y_{mR}^{2}(i\Delta f)+Y_{mI}^{2}(i\Delta f)\right], & i=0,\dfrac{L}{2}\\[2ex] \dfrac{2\Delta t}{UKL}\displaystyle\sum_{m=1}^{K}\left[Y_{mR}^{2}(i\Delta f)+Y_{mI}^{2}(i\Delta f)\right], & i=1,2,\cdots,\dfrac{L}{2}-1\end{cases}
\end{aligned}\right\} \tag{5-59}$$

式中　$\bar{P}_{xx}(i\Delta f)$ —— 用 Welch 平均周期图法得到的信号 $x(k\Delta t)$ 的自谱，U^2/Hz；

$\bar{P}_{yy}(i\Delta f)$ —— 用 Welch 平均周期图法得到的信号 $y(k\Delta t)$ 的自谱，U^2/Hz；

m —— 各段的序号；

$X_{mR}(i\Delta f)$ ——$X_m(i\Delta f)$ 的实部，U；

$X_{mI}(i\Delta f)$ ——$X_m(i\Delta f)$ 的虚部，U；

$Y_{mR}(i\Delta f)$ ——$Y_m(i\Delta f)$ 的实部，U；

$Y_{mI}(i\Delta f)$ ——$Y_m(i\Delta f)$ 的虚部，U。

其中：$X_m(i\Delta f)$ —— 式(5－54)所示的 MATLAB 软件定义的 $x(k\Delta t)$ 第 m 段的 fft 函数，为复数，U；

$Y_m(i\Delta f)$ —— 式(5－54)所示的 MATLAB 软件定义的 $y(k\Delta t)$ 第 m 段的 fft 函数，为复数，U。

将式(5－59)与式(5－57)相比较可以看到，平均周期图法指的是对各段功率谱密度的每一个频点的数据分别求平均值。

2)互谱。

互谱(cross-spectrum)也称为互功率谱密度(cross power spectral density)。仿照

式(5-53),得到直接法求互谱的表达式为

$$P_{xy}(i\Delta f)=\begin{cases}\dfrac{\Delta t}{2UN}\overline{X}(i\Delta f)\cdot Y(i\Delta f), & i=0,\dfrac{N}{2}\\ \dfrac{2\Delta t}{UN}\overline{X}(i\Delta f)\cdot Y(i\Delta f), & i=1,2,\cdots,\dfrac{N}{2}-1\end{cases} \quad (5-60)$$

式中 $P_{xy}(i\Delta f)$—— 能量有限信号 $x(k\Delta t)$ 和 $y(k\Delta t)$ 的互谱,U^2/Hz。

将式(5-15)和式(5-55)代入式(5-60),得到

$$P_{xy}(i\Delta f)=\begin{cases}\dfrac{\Delta t}{2UN}\begin{Bmatrix}[X_R(i\Delta f)Y_R(i\Delta f)+X_I(i\Delta f)Y_I(i\Delta f)]+\\ j[X_R(i\Delta f)Y_I(i\Delta f)-X_I(i\Delta f)Y_R(i\Delta f)]\end{Bmatrix}, & i=0,\dfrac{N}{2}\\ \dfrac{2\Delta t}{UN}\begin{Bmatrix}[X_R(i\Delta f)Y_R(i\Delta f)+X_I(i\Delta f)Y_I(i\Delta f)]+\\ j[X_R(i\Delta f)Y_I(i\Delta f)-X_I(i\Delta f)Y_R(i\Delta f)]\end{Bmatrix}, & i=1,2,\cdots,\dfrac{N}{2}-1\end{cases}$$

(5-61)

由式(5-61)可以看到,互谱是复数[37]。

用Welch平均周期图法求两个信号 $x(k\Delta t)$ 和 $y(k\Delta t)$ 的互谱的方法与自谱类似,即把长度为 N 的数据 $x(k\Delta t)$ 和 $y(k\Delta t)$ 分成 K 段,每段的长度为 L,毗连段有 D 个数据重叠[实际应用中常取 $D=L/2$,分段数 K 依式(5-58)计算],分别求出各段互谱实部每一个频点的平均值和各段互谱虚部每一个频点的平均值,再综合成二信号互谱的复数表达式 $\overline{P}_{xy}(i\Delta f)$,即

$$\overline{P}_{xy}(i\Delta f)=\begin{cases}\dfrac{\Delta t}{2UKL}\begin{bmatrix}\left\{\sum\limits_{m=1}^{K}[X_{mR}(i\Delta f)Y_{mR}(i\Delta f)+X_{mI}(i\Delta f)Y_{mI}(i\Delta f)]\right\}+\\ j\left\{\sum\limits_{m=1}^{K}[X_{mR}(i\Delta f)Y_{mI}(i\Delta f)-X_{mI}(i\Delta f)Y_{mR}(i\Delta f)]\right\}\end{bmatrix}, & i=0,\dfrac{L}{2}\\ \dfrac{2\Delta t}{UKL}\begin{bmatrix}\left\{\sum\limits_{m=1}^{K}[X_{mR}(i\Delta f)Y_{mR}(i\Delta f)+X_{mI}(i\Delta f)Y_{mI}(i\Delta f)]\right\}+\\ j\left\{\sum\limits_{m=1}^{K}[X_{mR}(i\Delta f)Y_{mI}(i\Delta f)-X_{mI}(i\Delta f)Y_{mR}(i\Delta f)]\right\}\end{bmatrix}, & i=1,2,\cdots,\dfrac{L}{2}-1\end{cases}$$

(5-62)

式中 $\overline{P}_{xy}(i\Delta f)$—— 用Welch平均周期图法得到的两个信号 $x(k\Delta t)$ 和 $y(k\Delta t)$ 的互谱,U^2/Hz;

5.9.4.4 相干性

相干性(Coherence)是一种频率函数,该函数依靠测试两个信号是否包含相似频率成分来检测其线性依赖程度。相干性的量值范围从零到一。在给定的频率下,如果相干性等于1,二信号在该频率处被认为互相间完美地相一致。相反地,等于0的相干性意味着信号在该频率处完全不相关[44]。相干性是一个实数,有时将相干性称为量值平方相干性[45]、相干性估计的幅值平方[46]。相干性是 x 的功率谱密度、y 的功率谱密度以及 x 和 y 的互功率谱密度的函数[46]:

$$C_{xy}(i\Delta f)=\frac{|\overline{P}_{xy}(i\Delta f)|^2}{\overline{P}_{xx}(i\Delta f)\overline{P}_{yy}(i\Delta f)}, \quad i=0,1,2,\cdots,N/2 \quad (5-63)$$

式中 $C_{xy}(i\Delta f)$—— 两个信号 $x(k\Delta t)$ 和 $y(k\Delta t)$ 的谱相干性;

$|\overline{P}_{xy}(i\Delta f)|$——$\overline{P}_{xy}(i\Delta f)$ 的量值,U^2/Hz。

需要特别强调,不能用直接法得到的自谱和互谱求相干性,而应采用Welch平均周期图

法求相干性。如果用单一(即不分段)、不相重叠的窗按式(5－63)计算相干性,不论实际相干程度如何,都会得到 $C_{xy}(i\Delta f)=1(i=0,1,2,\cdots,N/2)$ 的结果[46]。提请注意,互谱为复数,所以二信号互谱的模 $|\overline{P}_{xy}(i\Delta f)|$ 是各段互谱 $P_{xy}(i\Delta f)$ 中的实部每一个频点平均值与虚部每一个频点平均值的方和根,而不是各段互谱之模 $|P_{xy}(i\Delta f)|$ 每一个频点的平均值。由于互谱必须采用 Welch 平均周期图法,所以自谱也应采用 Welch 平均周期图法。由于自谱是实数,所以每个信号的自谱是各段自谱每一个频点的平均值。Welch 平均周期图法求相干性的计算步骤为[44,46-47]:分别计算每一段的 $P_{xx}(i\Delta f)$、$P_{yy}(i\Delta f)$ 和 $P_{xy}(i\Delta f)$,再分别求出 Welch 法平均周期图 $\overline{P}_{xx}(i\Delta f)$、$\overline{P}_{yy}(i\Delta f)$ 和 $|\overline{P}_{xy}(i\Delta f)|$,最后由式(5－63)得到 $C_{xy}(i\Delta f)$。另外,Origin 5.0/OriginPro 7.0 的运算不够准确,有可能会出现 $C_{xy}(i\Delta f)$ 大于 1 的情况,而 OriginPro 8.5.1 无论采用上述方法手工计算,还是利用其 Coherence 功能直接计算 $C_{xy}(i\Delta f)$,都不会出现大于 1 的情况。

在 MATLAB 中,可以使用数据处理工具箱的 mscohere 函数直接得到相干性:

[Cxy,F]=mscohere(x,y,window,noverlap,nfft,fs)

其中 mscohere 函数的圆括号中[46]:

(1)x 为时域数据 $x(k\Delta t)$,y 为时域数据 $y(k\Delta t)$(注意 x 和 y 要区分大小写)。

(2)window 为窗函数(只需给出名称和长度,想了解具体表达式可参阅表 5－3),如:window 为 hann(16 384),则表示采用 hann 窗,窗长度(即每段的长度 L)为 16 384;如 window 只给出窗长度,则表示使用该长度的 Hamming 窗;如果 window 为空矢量[ ],则将信号数据分为八段,而且在每段上使用 Hamming 窗。

(3)noverlap 为两个毗连段共有的信号样点数。Noverlap 必须比指定的窗长度更少。如果 noverlap 为空矢量[ ],则限定为 50%重叠(缺省值)。

(4)nfft 为 FFT 长度,它决定了相干估计的频率。对于实数 x 和 y:如果 nfft 是偶数,Cxy 的长度是(nfft/2＋1);如果 nfft 是奇数,Cxy 的长度是(nfft＋1)/2。对于复数 x 和 y,Cxy 的长度是 nfft。如果 nfft 大于信号长度,则对数据进行零填充。如果 nfft 小于信号长度,则对段进行数据包装,使长度等于 nfft。如果 nfft 为空矢量[ ],则取 256 或大于 L 的下一个 2 的整数次幂之较大者。

(5)fs 为采样率。如果 fs 为空矢量[ ],则认为是 1 Sps。

注:FFT 变换要求数据长度为 2 的整数次幂,当数据长度不是 2 的整数次幂时,pwelch 函数采用补零方式使其符合 2 的整数次幂。5.5 节指出,补点越多,谱线畸变越大;补零比补平均值简单,但补零比补平均值效果差。因此,通常取 nfft=L,且为 2 的整数次幂。

5.9.4.5 相干功率谱密度和非相干功率谱密度

用相干性检测可以分别将两个 MHD 角速率传感器的自谱 $\overline{P}_{xx}(i\Delta f)$ 和 $\overline{P}_{yy}(i\Delta f)$ 分割为相干功率谱密度和非相干功率谱密度,其中相干功率谱密度是由带有自身噪声的外来扰动 $\omega_0\sin(2\pi f_0 t)$ 引起的,而两个 MHD 角速率传感器各自的非相干功率谱密度描述的是各自仪器噪声的谱分布。相干功率谱密度的计算式为[37]

$$\left.\begin{aligned}G_{\mathrm{cp},x}(i\Delta f)&=C_{xy}(i\Delta f)\overline{P}_{xx}(i\Delta f)\\G_{\mathrm{cp},y}(i\Delta f)&=C_{xy}(i\Delta f)\overline{P}_{yy}(i\Delta f)\end{aligned}\right\},\quad i=0,1,2,\cdots,N/2 \tag{5-64}$$

式中 $G_{\mathrm{cp},x}(i\Delta f)$—— 自谱 $\overline{P}_{xx}(i\Delta f)$ 中的相干功率谱密度,$\mathrm{U^2/Hz}$;

$G_{\mathrm{cp},y}(i\Delta f)$—— 自谱 $\overline{P}_{yy}(i\Delta f)$ 中的相干功率谱密度,$\mathrm{U^2/Hz}$。

而非相干功率谱密度的计算式为[37]

$$\left.\begin{aligned} G_{\mathrm{ip},x}(i\Delta f) &= [1-C_{xy}(i\Delta f)]\bar{P}_{xx}(i\Delta f) \\ G_{\mathrm{ip},y}(i\Delta f) &= [1-C_{xy}(i\Delta f)]\bar{P}_{yy}(i\Delta f) \end{aligned}\right\},\quad i=0,1,2,\cdots,N/2 \tag{5-65}$$

式中 $G_{\mathrm{ip},x}(i\Delta f)$—— 自谱 $\bar{P}_{xx}(i\Delta f)$ 中的非相干功率谱密度，$\mathrm{U^2/Hz}$；

$G_{\mathrm{ip},y}(i\Delta f)$—— 自谱 $\bar{P}_{yy}(i\Delta f)$ 中的非相干功率谱密度，$\mathrm{U^2/Hz}$。

由式(5-64)和式(5-65)得到

$$\left.\begin{aligned} G_{\mathrm{cp},x}(i\Delta f)+G_{\mathrm{ip},x}(i\Delta f) &= \bar{P}_{xx}(i\Delta f) \\ G_{\mathrm{cp},y}(i\Delta f)+G_{\mathrm{ip},y}(i\Delta f) &= \bar{P}_{yy}(i\Delta f) \end{aligned}\right\},\quad i=0,1,2,\cdots,N/2 \tag{5-66}$$

在 MATLAB 中，可以使用数据处理工具箱的 pwelch 函数直接得到 $\bar{P}_{xx}(i\Delta f)$ 和 $\bar{P}_{yy}(i\Delta f)$：

```
[Pxx,f]=pwelch(x,window,noverlap,nfft,fs)
```

和

```
[Pyy,f]=pwelch(y,window,noverlap,nfft,fs)
```

注：pwelch 函数圆括号中的含义与 mscohere 函数类似。

5.9.4.6 示例

见附录 A。

5.9.5 用加速度计检测振动位移随时间变化需要解决的问题

5.9.5.1 分析

直接检测振动位移需要基准不动点，而检测航天器在轨微振动时很难找到基准不动点。采用检测振动加速度再二次积分的好处是加速度计检验质量的惯性本身就是基准，不再需要外来基准。然而，用加速度计检测振动位移随时间变化需要解决如下问题：

(1)由于用加速度随时间变化计算位移随时间变化需经历两次积分，因此，应符合5.2.3节所述要求："对时域采集的等间隔离散数据实时作数值积分时，采样率的数值应该达到最高频率值的 10 倍以上，而不仅仅是 2 倍"。

(2)积分常数的影响。我们知道，由于 0 时刻是主观确定的，我们并不知道 0 时刻的速度和位置，这会使积分结果相对实际情况平移，这就是积分常数的影响。由于航天器在轨微振动不可能存在恒定速度项和恒定的位置偏离项，因此，只要每次积分后去均值，就可以消除积分常数的影响。

(3)仪器零点及低频信号非整周期采样的影响。仪器零点未调准或测试前发生零点漂移，会使振动加速度测试数据的均值不为 0，从而会使积分后的数据呈现一个线性趋势。然而，采样持续时间 T_s 内对于低频信号的采集周期如果只有不多几次，甚至更少，又无法保证对这些低频信号实施整周期采样，也会使振动加速度测试数据的均值不为 0，如果不分青红皂白，当成仪器零点造成的振动加速度测试数据均值不为 0，而去扣除均值，反而会使积分后的数据呈现一个线性趋势。由于无法区分这两种不同的情况，解决方法是积分前去均值，积分后去均值和线性趋势。如果考虑到仪器零点在测试过程中也可能发生缓慢漂移，可以把积分前去均值改为积分前去均值和线性趋势。

(4)低频噪声的影响。噪声具有随机性，它不是稳定不变的，而数值积分本身可以放大低频和超低频干扰噪声，因此，低频噪声经积分放大后会成为缓慢变化的趋势项，不能靠积

分后去线性趋势扣除。文献[48]给出了高通滤波、分段多项式拟合、经验模式分解(EMD)等去趋势项的方法,并指出:

1)采用高通滤波前要对有用信号的频谱有一个预先的了解,以便设置一个合适的高通滤波器的截止频率(大量测试数据表明截止频率设为有用信号最低频率的 60%左右时消除趋势项的影响效果较好)。让测得的数据先经去直流和高通滤波后再进行数值积分,可以取得较为满意的积分效果。高通滤波要求所选的滤波器过渡带非常陡,并且其通带和阻带的纹波要尽量小,这样滤波才不会有大的失真。当有用信号的最低频率非常低时,高通滤波的截止频率就必须更低,这时对数字滤波器的性能要求十分苛刻,设计非常困难。而且滤波也会带来有用信号的时延、衰减以及相位的变化,在一些特殊的场合不一定适用。如果对测得的信号进行分析时对相位有特殊的要求,在滤波器设计时要考虑用有限冲激响应(FIR)滤波器(该滤波器可以做到严格的线性相移)或零相位滤波器。

2)多项式拟合和 EMD 方法没有相位问题,但需要设定等分曲线的数目和设定"间歇检测准则"对应的频率阀值,这需要有一定的经验,通过反复操作才可能获得一个满意的结果。另外 EMD 的方法计算量大,数据量特别大的时候,计算时间较长,可 EMD 方法对非平稳和非线性数据也是有效的,这一点在一些场合非常有用。

5.9.5.2　示例

文献[49]图 7 给出了返回式卫星 FSW－2 平台(F2)相机动作全过程微重力加速度时域曲线。将其中 $x2$ 路数据由 mg_n 换算成 m/s^2,并扣除平均值,如图 5－42 黑线所示(基本上被下文所述的灰线覆盖)。

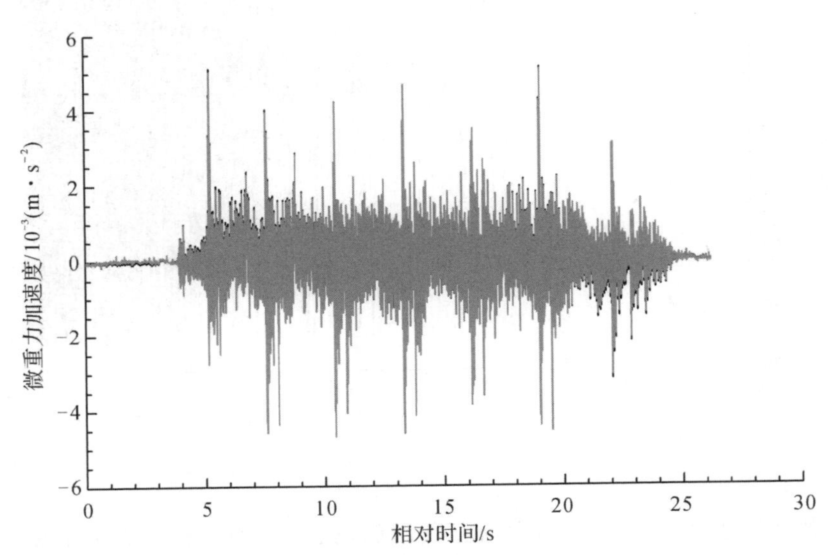

图 5－42　返回式卫星 FSW－2 平台(F2)相机动作全过程 x 轴微重力加速度时域曲线

再把附录 C.1 节给出的 Hann 窗功率谱密度平方根计算程序修改为带有矩形窗的幅度谱计算程序,并用此程序对纵坐标变换后的时域数据作频谱分析,其幅度谱如图 5－43 实线所示,其相位谱如图 5－44 所示。

将 0.2 Hz 以下的加速度幅度谱强制改为 0,如图 5－43 虚线所示。

使用附录 C.2 节给出的幅度谱逆变换计算程序,将修改后的加速度幅度谱与原相位谱汇合在一起，并逆变换为加速度时域曲线，如图 5-42 灰线所示。可以看到，灰线基本上覆盖了黑线，二者差异很小。

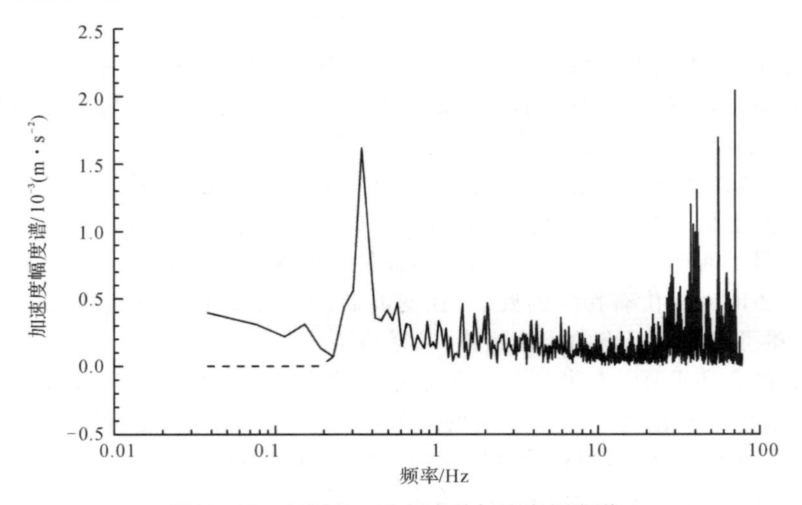

图 5-43　与图 5-42 相应的加速度幅度谱 r

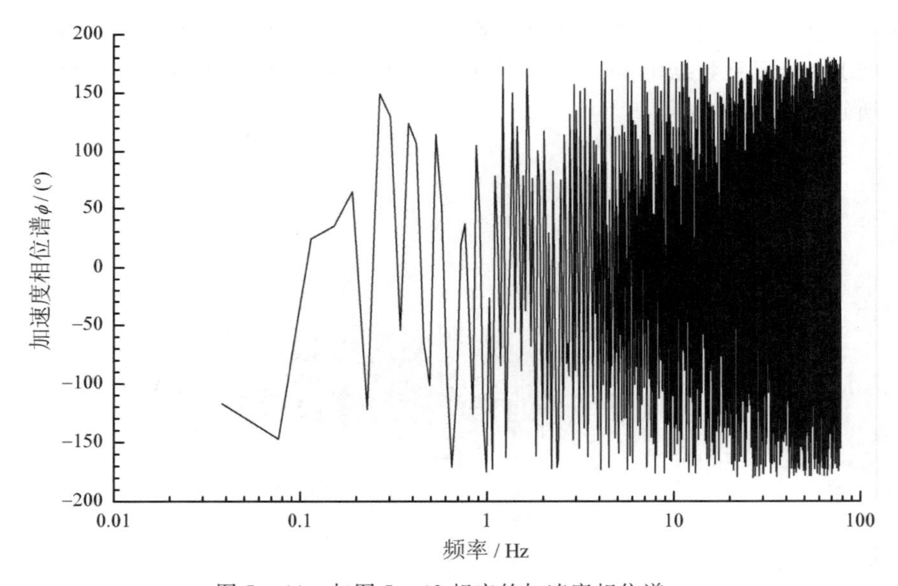

图 5-44　与图 5-42 相应的加速度相位谱 ϕ

为了由加速度幅度谱导出位移幅度谱，我们首先给定前者中任一频率 f 的表达式为

$$a=\frac{\mathrm{d}^2 l}{\mathrm{d}t^2}=r\cos(2\pi ft+\phi) \tag{5-67}$$

式中　a—— 加速度幅度谱中频率为 f 的加速度，$\mathrm{m/s^2}$；

l—— 与 a 相应的频率为 f 的位移，m；

r——a 的幅值，$\mathrm{m/s^2}$；

ϕ——a 的相位，rad。

由于 5.7.1 节指出，频率 f 处的相位 ϕ 指的是 f 处的信号以余弦函数表示时的初始相位，所以式(5-67) 采用余弦函数。对式(5-67) 施行二次积分，得到

$$l = -\frac{r}{4\pi^2 f^2}\cos(2\pi ft + \phi) + \frac{r}{4\pi^2 f^2}\cos\phi - \frac{rt}{2\pi f}\sin\phi \tag{5-68}$$

式(5－68)中等号右端第二项是积分常数，第三项是线性趋势，这两项是由积分常数引起的，位移振动本身不可能存在常数项和线性趋势项，因此，对于位移振动而言，与 a 相应的频率为 f 的位移应为

$$l = -\frac{r}{4\pi^2 f^2}\cos(2\pi ft + \phi) = \frac{r}{4\pi^2 f^2}\cos(2\pi ft + \phi \pm \pi) \tag{5-69}$$

将式(5－69)与式(5－67)相对照，可知将图5-43所示加速度幅度谱除以 $4\pi^2 f^2$ 即可得到位移振动幅度谱，如图 5－45 所示；将图 5－44 所示加速度相位谱 $\pm 180°$(当 ϕ 为负时加 $180°$，当 ϕ 为正时减 $180°$) 即可得到位移振动相位谱，如图 5－46 所示。

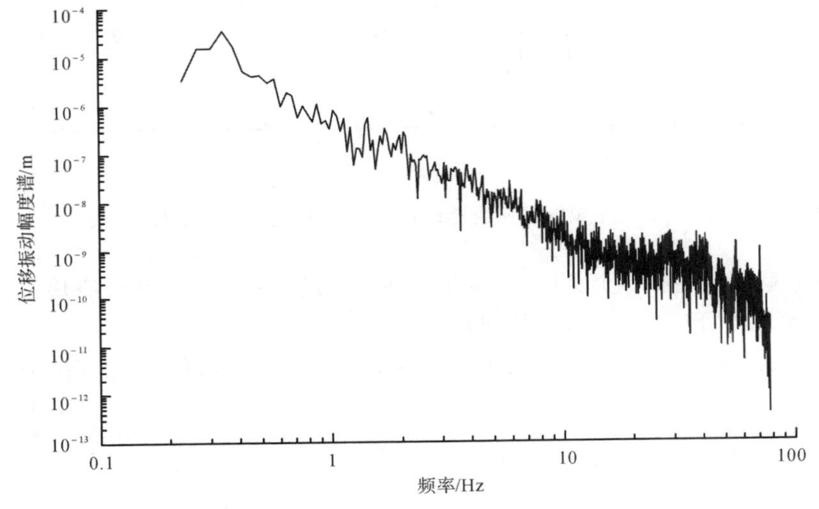

图 5－45　与图 5－43 相应的位移振动幅度谱

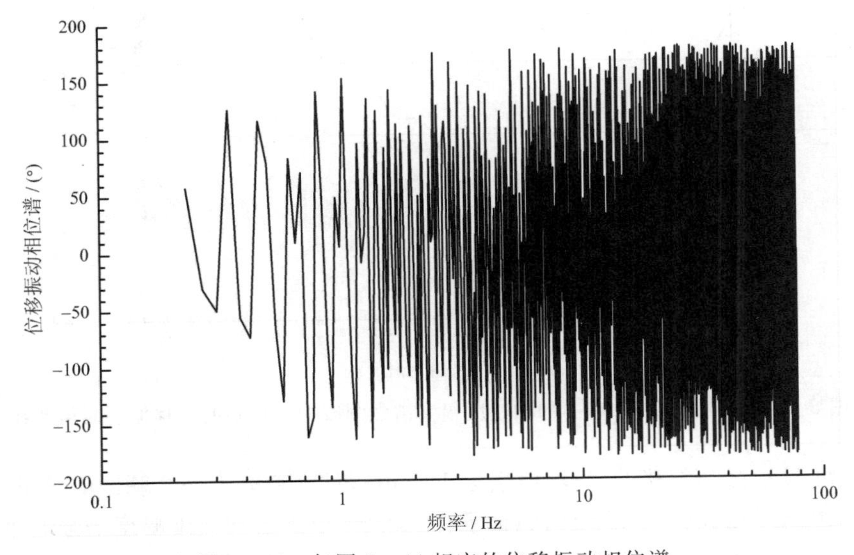

图 5－46　与图 5－44 相应的位移振动相位谱

使用附录C.2节给出的幅度谱逆变换计算程序，将得到的位移振动幅度-位移振动相位谱逆变换为位移振动时域曲线，如图5-47所示。

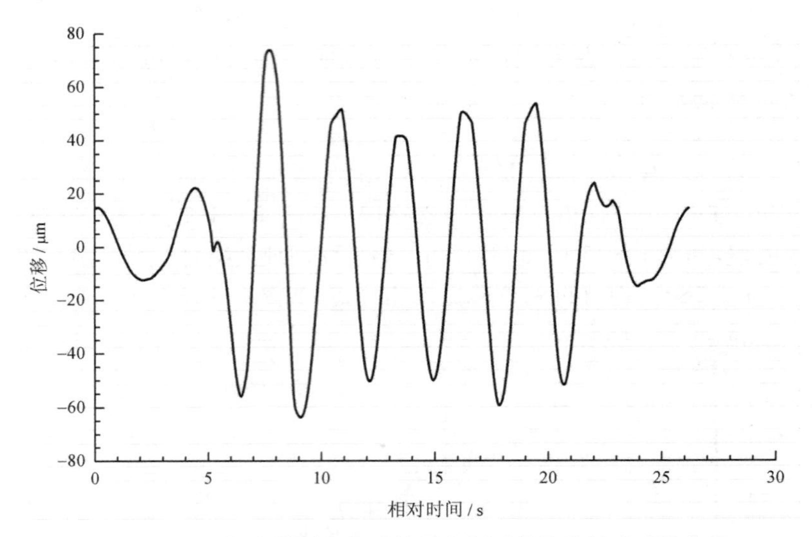

图5-47 用幅度谱逆变换计算程序得到的位移振动时域曲线

图5-47呈现出共有6个负峰，与该相机动作全过程共拍摄了6张照片相合；呈现出振动位移的峰-峰值小于0.14 mm，与常理相合。

而若不将0.2 Hz以下的加速度幅度谱强制改为0，则用同样方法得到的位移振动时域曲线如图5-48所示。

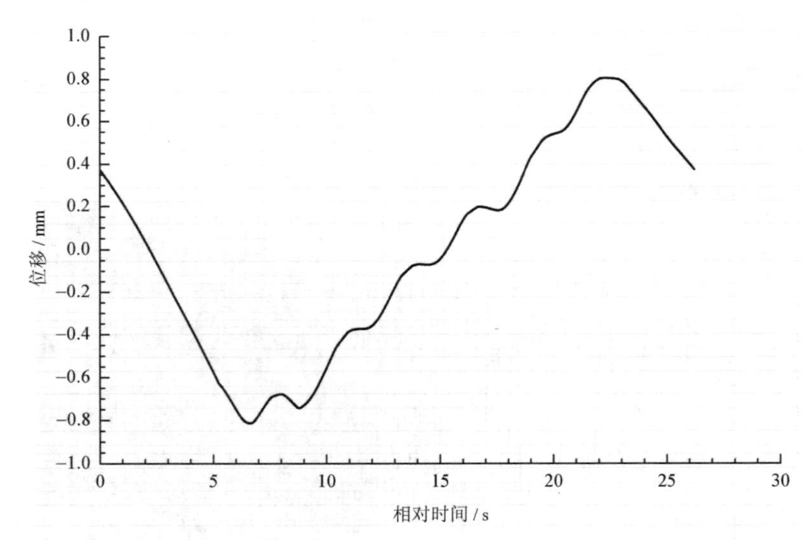

图5-48 不将0.2 Hz以下的加速度幅度谱强制改为0得到的位移振动时域曲线

图5-48显示振动位移的峰-峰值接近1.6 mm，且大趋势为一个躺倒的S形，这是不合乎常理的。由此可见，图5-48反向验证了将0.2 Hz以下的加速度幅度谱强制改为0是非常重要的措施。该措施的实质是提供一个理想阻带、没有过渡带、通带无衰减的高通滤波。

也可以对图5-42所示灰线做最小二乘法线性拟合，以便对灰线去均值和线性趋势，然后求数值积分，得到速率曲线，再做最小二乘法线性拟合，以便对速率曲线去均值和线性趋势，然后再求数值积分，得到位移曲线，再做最小二乘法线性拟合，以便对位移曲线去均值和线性趋势，也可以得到与图 5－47 非常相似的位移振动时域曲线。如前所述，之所以每次积分前后要去均值和线性趋势，是为了消除积分常数的影响，具体步骤如下：

将图 5－42 灰线重新绘为图 5－49 黑实线。

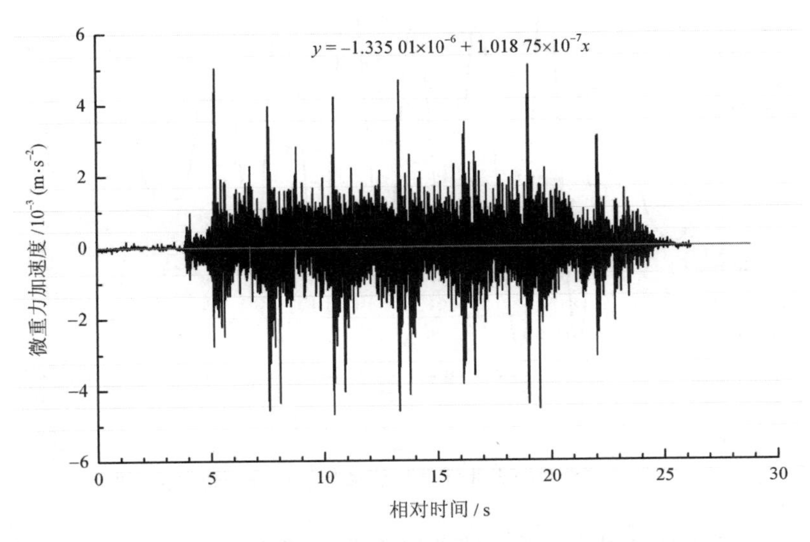

图 5－49　修改后的加速度幅度谱逆变换为加速度时域曲线

求出图 5－49 黑实线的最小二乘法线性拟合线，如该图灰实线所示，图中标出了最小二乘法线性拟合的计算式。

对逆变换后的加速度时域数据去均值和线性趋势后求数值积分，得到速率曲线，如图 5－50黑实线所示。

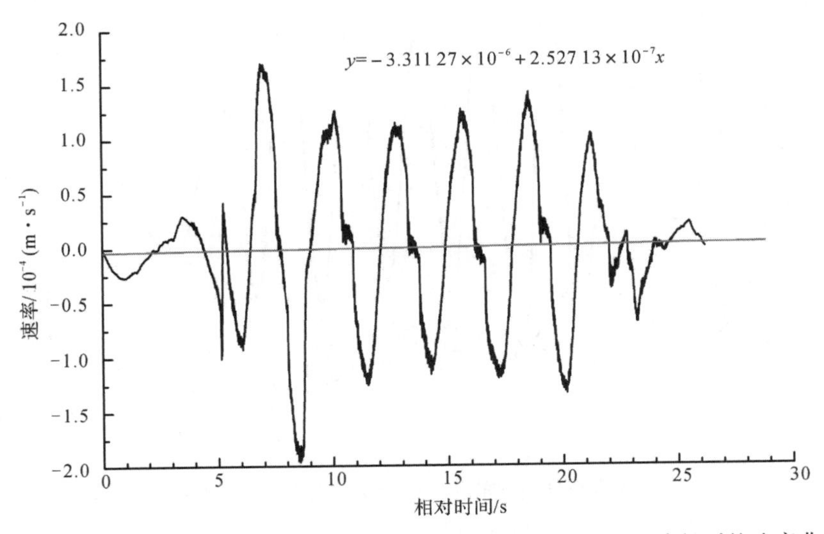

图 5－50　对逆变换后的加速度时域曲线去线性趋势后求数值积分得到的速率曲线

求出图 5－50 黑实线的最小二乘法线性拟合线，如该图灰实线所示，图中标出了最小二乘法线性拟合的计算式。

对该速率曲线去均值和线性趋势后求数值积分，得到位移曲线，如图 5－51 黑实线所示。

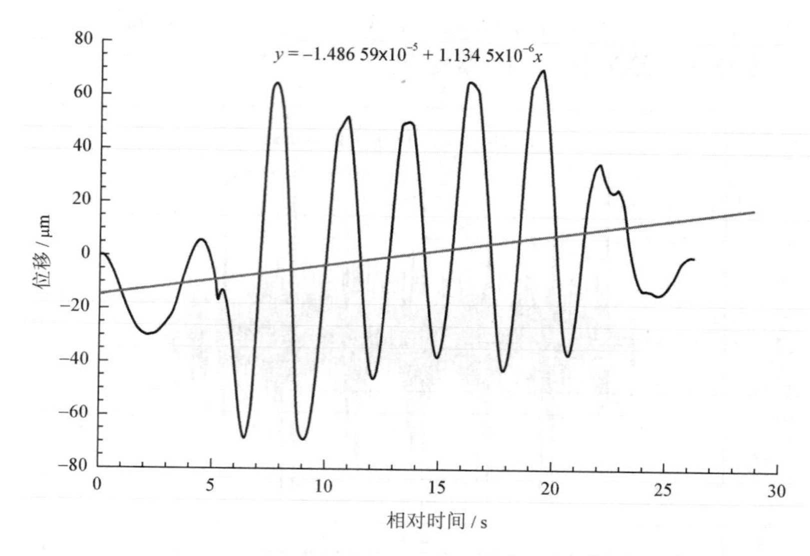

图 5－51　对速率曲线去线性趋势后求数值积分得到的位移曲线

求出图 5－51 黑实线的最小二乘法线性拟合线，如该图灰实线所示，图中标出了均值和线性趋势的计算式。

对该位移曲线去均值和线性趋势，并把纵坐标换算成 mm，得到修正后的位移曲线，如图 5－52 所示。

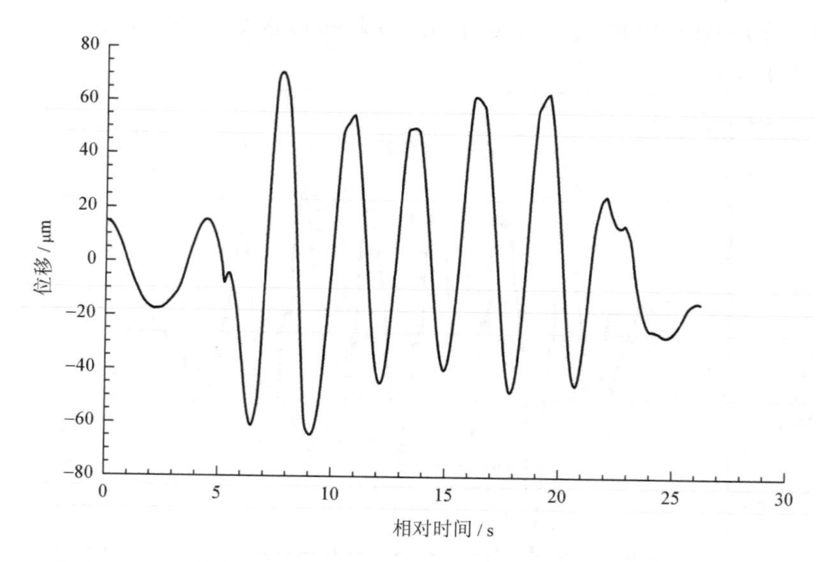

图 5－52　对数值积分得到的位移曲线去线性趋势后得到的位移曲线

将图 5－52 与图 5－47 相比较，可以看到二者非常相似。

5.10　本章阐明的主要论点

5.10.1　引言

(1)空间微重力的频谱概念十分重要:每种与微重力水平有关的应用只关心一定频谱范围的微重力;每种微重力干扰因素都有一定的频谱;每种微重力测量装置只在一定频谱范围内有正常响应,且测量精密度受限于仪器的噪声功率谱密度。全频谱测量既不可能也不必要。

(2)微重力加速度是动态变化的矢量,其方向、量值、频谱均随干扰源而变,且与传递路径密切相关。

(3)时域分析较为形象和直观,与我们的真实感受相贴切;频域分析更为简练和深刻,用于揭示信号虽内含但非直观显现的频谱特征,二者相辅相成。

(4)我们把频率低于测量带宽的仪器零点或偏值的波动称为漂移,而把频率在测量带宽内(有时还延伸到高于测量带宽)、伴随信号但不是信号的构成部分且倾向于使信号模糊不清的随机起伏称为噪声。按此定义,测量带宽内偏值的随机起伏归于噪声,而不视为漂移;采取一定的技术措施,可以在一定程度上扣除零点或偏值的漂移。但有规律的外来干扰不能称为噪声。

(5)为了保证测量的精密度,不仅要控制测量装置(包括传感器、测量电路)的噪声,而且要控制测量装置以外的噪声源。

(6)失真是接收设备对输入信号波形不请自来的有规则变异。失真不是噪声引起的。

(7)噪声一般由一系列随机电压组成,这些电压的相位或频率是不相关的,有时这些电压是尖峰脉冲。仔细的观察表明,噪声电压很象脉冲波,有一些很高的峰值,它的出现是随机性的并且是连续不断的。当用示波器观察时,噪声给人以"尖峰"的印象。

(8)噪声的随机性要求人们研究它的统计特性。而利用 Fourier 变换技术,可以得到有关噪声的频率特性和相位特性的某些信息。某系统噪声的估值是根据它在某确定频段的总量而定的。研究噪声的谱分布并计算它的功率谱密度,再采用积分的办法,可以计算该频段噪声电压的均方值(Parseval 定理)。

(9) 卫星重力测量要求在规定的球谐函数级数展开模型截断阶 $n_{\max}$ 下以规定的误差恢复地球重力场。理论上 $n_{\max}$ 不可能大于 Nyqust 阶 n_{N},而 n_{N} 是由以经、纬度表示的采样间隔决定的。这与原始时域信号最高频率 f_{m} 不应大于 Nyquist 频率 f_{N},而 f_{N} 是由采样率 r_{s} 决定的极为相似,只是针对时间还是针对空间的差别。由于卫星在圆轨道上以第一宇宙速度飞行,用卫星进行重力测量时,对重力测量卫星上的有效载荷而言,与空间有关的需求必然转换与时间有关的需求。也就是说,为了控制球谐函数级数展开模型的误差,必须控制有效载荷的噪声水平。

(10)频谱分析中,Fourier 方法适合于较长的记录数据,微加速度测量仪器的噪声及大部分微重力干扰数据符合这一特征,因此可以采用基于 Fourier 分析的频谱分析方法。

(11)源于自然和有时源于人为因素的不请自来的或扰动的能量中有可能包括人们既无法掌控,又无法分离出来单独检测的确定性信号,因此,人们常常将其归属于噪声。本书亦同此对待。

5.10.2　对采样定理的理解

(1) 为了用计算机或数字信号处理系统对信号进行处理,必须对连续时间信号在时间上和量值上进行离散表示，从而得到数字信号。离散的方法通常是对连续时间信号以固定间隔采样后进行模-数变换。针对最高频率为 f_m 的连续时间信号 $f(t)$[即 $f(t)$ 的频谱 $F(f)$ 只占据 $-f_m \sim +f_m$ 的范围，其中 $-f_m \sim 0$ 为 $0 \sim +f_m$ 的镜像]进行等间隔采样时，如果采样过程是通过采样脉冲序列 $p(t)$ 与 $f(t)$ 相乘来完成的(如冲激采样)，即采样后得到的离散采样值序列 $f_s(t)=f(t)p(t)$，且采样率 r_s 的值不小于 $2f_m$ 的值，则 $f_s(t)$ 的频谱 $F_s(f)$ 呈现为以 r_s 的值为周期对 $F(f)$ 的无限重复，且不会产生失真。在此情况下，$F_s(f)$ 不会产生频谱的混叠。这样，$f_s(t)$ 保留了 $f(t)$ 的全部信息，完全可以用 $f_s(t)$ 惟一地表示 $f(t)$，或者说，完全可以由 $f_s(t)$ 恢复出 $f(t)$[11]，这就是时域采样定理的基本内容。

(2) 采样率 r_s 之值的一半称为 Nyquist 频率 f_N(有时称为折叠频率)。根据采样定理，为了不发生频谱混叠，f_N 必须不低于原始时域信号最高频率 f_m。

(3) 对于连续信号 $f(t)$，若采样过程是通过冲激序列与 $f(t)$ 相乘来完成的，且 $f_N = f_m$，则将无限长采样持续时间(对于周期为 T_0 的周期性连续时间信号，只需有限长采样持续时间 T_s，但 T_s 应为 T_0 的整倍数)内 $f_s(t)$ 的各个采样值分别通过截止频率 $f_c=f_m$、高度为冲激采样周期($1/r_s$)的理想低通滤波器后的响应叠加[即将 $f_s(t)$ 的各个采样值与该滤波器的时域 Sa 函数 $2f_c\mathrm{Sa}(f_c t)/r_s$ 卷积]，就可以无失真地恢复 $f(t)$；若 $f_N > f_m$，则只需要 $f_m < f_c < (r_s - f_m)$ 即可正确恢复 $f(t)$ 的波形；若 $f_N < f_m$，不满足采样定理，$f_s(t)$ 的频谱 $F_s(f)$ 出现混叠，无论如何选择 f_c 都不可能使叠加后的波形恢复 $f(t)$。

(4) 冲激序列使用 δ 函数产生采样脉冲序列。δ 函数也称为 Dirac 函数、单位冲激函数或单位脉冲函数。δ 函数不符合古典的“一点对应一点”的函数定义，但它和任何连续函数的乘积在 $(-\infty, \infty)$ 内的积分却有明确的定义。

(5) 在实际电路和系统中，要产生和传输接近 δ 函数的时宽窄且幅度大的脉肿信号比较困难，为此在数字通信系统中经常采用其他采样方式。若采样方式为零阶抽样保持(简称抽样保持)，得到的输出信号具有阶梯形状；若采样方式为一阶抽样保持，得到的输出信号为各样本值之间用直线相连的折线。这两种抽样方式为恢复 $f(t)$ 的波形，不能利用理想低通滤波器，应各自引入与其相应、具有补偿特性的低通滤波器，且恢复的波形是近似的。

(6) 必须注意，f_m 是指原始时域信号的最高频率，而不仅是有用信号的最高频率。也就是说，如果干扰信号的最高频率比有用信号的最高频率高，且干扰信号的幅度不可忽略，则应把 f_m 视为干扰信号的最高频率；或者先采用模拟式低通滤波器把干扰信号中频率高于有用信号部分的幅度抑制到可忽略的程度，才能把 f_m 视为有用信号的最高频率。有人提出，对于不必考虑的高频成分也可以不按采样定理提高采样率，改在模-数变换之后再用数字式低通滤波器消除这种不必考虑的高频成分，这是完全错误的。

(7) 采样定理包含有四层意思：① 仅当采样率 r_s 的数值不低于连续时间信号 $f(t)$ 的最高频率 f_m 的 2 倍，才不会产生频谱的混叠；② 欲从等间隔的采样值恢复 $f(t)$，必须将前者通过具有补偿特性的低通滤波器后的响应叠加；③ 只有采样过程是通过冲激序列与 $f(t)$ 相乘来完成的，才可能无失真地恢复 $f(t)$，否则恢复的波形是近似的；④ 为了无失真地恢复 $f(t)$，对于周期为 T_c 的周期性连续时间信号，采样持续时间 T_s 应为 T_c 的整倍数，对于非周期性连续时间信号，采样持续时间应为无限长。因此，如果不采取 ② ～ ④ 条所述恢复措施，采样定理就只适用于不产生频谱的混叠这一点了。也就是说，如果不采取这些恢复措施，采样定理只对频域分析是有效的，若要关注所考察对象的时域变化，离散采样率的数值就应该达到对象最高频率值的 10 倍以上，而不仅仅是 2 倍。

5.10.3　离散 Fourier 变换的特点

(1)Fourier 变换的离散性和周期性在时域和频域中表现出巧妙的对应关系，其中周期性离散时间函数的 Fourier 变换为周期性离散频率函数。工程应用中，为了利用数字计算机进行频谱分析，需要依赖周期性离散信号的 Fourier 分析方法。该方法定义了离散 Fourier 级数(DFS)和离散 Fourier 逆级数(IDFS)，时域和频域的有关运算全部离散化和限定于规定的区间(时域的一个周期和频域的一个周期)。

(2)离散 Fourier 变换(DFT)的做法是：首先将原始时域数据离散化，得到有限离散的时域数据。然后，把得到的有限长序列作为周期性离散信号的一个周期来处理，于是，便可以利用离散 Fourier 级数得到周期性离散频率函数。最后，取离散频率函数的一个周期，作为有限离散时域数据的 Fourier 变换。

(3)离散 Fourier 逆变换(IDFT)的做法是：将有限离散的频域数据作为周期性离散信号的一个周期，利用离散 Fourier 逆级数得到周期性离散时间函数。然后取离散时间函数的一个周期，作为有限离散频域数据的 Fourier 逆变换。

(4)需要注意，离散的方法通常是对连续时间信号以固定间隔采样后进行模-数变换。因此，离散 Fourier 变换是建立在等间隔采样基础上的。也就是说，对非等间隔采样的离散数据进行 Fourier 变换会得到错误的结果。

(5)需要说明，对稳态确定性信号进行整周期采样，得到的离散 Fourier 变换完全符合实际。而非整周期采样或不存在严格的周期性时，得到的离散 Fourier 变换最好情况下也只能基本符合实际。

(6)一个冲击过程，只产生一个衰减振荡过程，不存在周期性重复，不应直接使用离散 Fourier 变换。

(7)时域信号的离散是等间隔采样造成的，因此，相邻离散点之间的数值可以通过内插大致恢复。而频域信号的离散却不是这样。频域信号是由一根根离散的谱线构成的，就像一根根栅条那样。零频处的谱线代表时域信号的直流分量，随后的各条谱线，分别代表采样持续时间内正好采集一个整周期、两个整周期、……、$N/2$ 个整周期的各个频率的幅度。如果某一频率未能实现整周期采样，原本存在的该频率谱线，就会归并到左右相邻的几个离散点上。因此，不可以通过内插求相邻离散点之间的谱线，因为相邻离散点之间根本不存在频域数据；栅条顶端连成的曲线是栅条的包络线，而不是频域函数曲线。需要注意，相邻离散点之间原本存在的各个频域数据由于各自的相位不同，因此，通常不能用归并到相邻离散点上的各个频域数据的简单相加的办法得到原来非整周期采样频率的真实幅值。

(8)离散 Fourier 变换产生的频域信号对零频位置是对称的，且在 $-f_N \sim +f_N$ 的主值区间以外还呈现出周期性重复，重复周期为 $2f_N$，主值区间内负频率的谱线没有物理意义。而与真实谱线对称、平移、既对称又平移的谱线，均为真实谱线的镜像，或称为虚假谱线，是采样率不满足采样定理造成的，并被离散 Fourier 变换这一数学工具展现出来。

(9)如果真实谱线超过 f_N，在 0 频～f_N 的频带内就会发生谱线混叠：$f_N \sim 2f_N$ 处的谱线、$2f_N \sim 3f_N$ 处的谱线、$3f_N \sim 4f_N$ 处的谱线、……均会以 0 频和 f_N 为镜，分别混叠到 0 频～f_N 的频带内。谱线混叠使得呈现的谱线偏离了真实谱线。要想避免呈现的谱线偏离真实谱线，真实谱线的位置就必须不超出 f_N。这一要求与采样定理要求采样率 r_s 的值必须不小于原始时域信号最高频率 f_m 之值的 2 倍是完全一致的。

(10)无法实施整周期采样时出现的问题是频谱泄漏。所谓频谱泄漏，就是在原本没有谱线的左右若干个相邻的离散点上，出现了谱线，而原本存在的谱线位置上，谱线却缩短了。

(11)频域曲线 $f=\Delta f$ 处的谱高完全是时域数据在 T_s 处突然截断造成的，所以是不真实的，因此，所有频域曲线均应从 $f=2\Delta f$ 开始。即使如此，频域曲线的起始部分仍然明显含有时域数据在 T_s 处突然截断的影响。最后一根谱线对应采样持续时间 T_s 内正好采集 $N/2$ 个整周期的频率的幅度，即对该频率一个周期采集两个样点，该谱线对应的频率正是 Nyquist 频率，得到的 Nyquist 频率下的幅度等于或小于该频率下的实际幅度，所以最后一根谱线的高度也是不真实的。

5.10.4 有限离散 Fourier 变换公式

(1)有限离散 Fourier 变换系数的选取在不同的书刊、文献中并不相同。它反映了频域数据的不同物理含义，不可混淆。

(2)频率间隔是采样持续时间的倒数；当采样间隔确定之后，数据长度与频率间隔成反比。

5.10.5 数据长度选择

(1)在既有稳态确定性信号、又有零均值稳定随机信号的场合，加长采样持续时间等同于缩小谱图的频率间隔，从而正比缩小幅度谱每条谱线包容的零均值稳定随机信号的功率，导致稳态确定性信号在幅度谱中相对突显。

(2)如果所关心的工况只存在于一段有限时间内，采样持续时间就不可超前溢出或超后溢出该工况所存在的时间段。

(3)工程实际中稳态确定性信号的频谱通常有一定宽度，当频率间隔缩到小于此宽度后，就会增加该宽度内的谱线根数，从而降低每根谱线的高度。

(4)采样间隔已经确定时，如想得到较细腻的频谱(即较高的频谱分辨力)，就要使用较大的数据长度 N。然而，N 太大时，谱曲线起伏加剧(即谱估计的方差加大)，且离散 Fourier 变换的运行时间与数据长度的平方成正比，因此，频谱的细腻程度并非越高越好。

(5)当数据长度为 2 的整数次幂时，可以应用快速 Fourier 变换(FFT)，使计算大为简化。当数据长度不是 2 的整数次幂时，可以采用截短、补零、补平均值等多种方式使其符合 2 的整数次幂。补点越多，谱线畸变越大；补零比补平均值简单，但补零比补平均值效果差；截短不会造成谱线畸变，但截得越短，谱线密度越低。对于稳态确定性信号和零均值稳定随机信号，如采样持续时间足够长，采用截短方式最为恰当。

5.10.6 窗函数选择

(1)用离散 Fourier 变换计算频谱，必然限定被观测时域信号的记录长度，如果既非直流信号，也非整周期采样，就会造成数据的突然截断。时域突然截断，相当于加一个矩形窗，即用矩形窗函数与原时域信号相乘。在频域中则相当于所研究波形的频谱与矩形窗函数的频谱进行卷积。这一卷积将造成失真的频谱，使原来在 ω_0 处的一根谱线变成了以 ω_0 为中心、形状为 $\mathrm{Sa}(\omega\Delta t/2)$的连续频谱，即将 ω_0 处的频率成分“泄漏”到其他频率处。而泄漏导致的频谱扩展会引起谱线混叠。因为我们无法取无限个数据，所以在进行快速 Fourier 变换时，时域的截断是必然的，因而既非直流信号，也非整周期采样，泄漏就必然会存在。鉴于矩形窗在时域上的突变导致频域拖尾严重，收敛很慢，人们开发出了许多其他形式的窗函数，来减弱频谱泄漏，即用其他形式的窗函数与原时域信号相乘。

(2)窗函数为左右对称函数，且对称轴处的幅度为 1；窗函数完整的周期是 $0 \leqslant k \leqslant N$，而不是 $0 \leqslant k \leqslant N-1$。应据此构建正确的窗函数表达式。

(3)各种窗函数中，最通俗的是 Hann 窗。对于符合整周期采样的频率而言，采用 Hann 窗会使原来单一的谱线分裂为三根相邻的谱线，主谱线位于该频率处，但高度仅为该频率振动幅度的 1/2；左右两旁瓣高度各为主谱线高度的 1/2，看来加 Hann 窗反而产生了频谱泄漏。但对于非整周期采样的频率而言，频谱泄漏得到一定程度的抑制，真实频率附近只有三四根谱线是主要的，且其高度之和基本上与振动幅度相同。

(4)不改变采样率的前提下延长采样持续时间，虽然可以得到较细腻的频谱，但是如果并不因此而改变非整周期采样的状态，就不会改变频谱泄漏造成的谱线分布状态。

(5)对于含有直流分量的时域信号来说，除矩形窗外，其他窗都会导致直流分量频谱扩展，导致在低频处存在零频泄漏出来的谱线。因此，当采用非矩形窗且关心低频分量时，应该先将时域信号中的直流分量扣除(即去均值)，再进行频谱分析。

5.10.7　工程上采用的频谱类别

(1)工程上除有特殊需要外，不太关心相位信息，于是出现了幅度谱。

(2)按三角函数作出的为全幅值单边频谱，按复指数函数作出的为半幅值双边频谱。两个频谱在理论上是等效的，只不过双边频谱中的“负频率”在工程上并不存在，它仅是数学处理的结果，所以工程中实用的是单边频谱。

(3)由于工程需要的多样性，以幅度谱为基础，又进一步开发出来方均根谱、功率谱、功率谱密度和能量谱密度。需要说明的是，此处“功率”被抽象定义为信号数值的平方。

(4)方均根谱、功率谱、功率谱密度、能量谱密度是幅度谱的衍生产品，其中方均根谱、功率谱的应用对象与幅度谱相同，因而保有幅度谱所具有的离散 Fourier 变换的全部特点，而功率谱密度、能量谱密度的应用对象与幅度谱不同，属于适应性改造产品，因而不可能保有离散 Fourier 变换的全部特点。

(5)$t=T_s/2$ 时幅度不变的窗函数，仅适用于幅度谱、方均根谱和功率谱。对于功率谱密度和能量谱密度，需除以窗函数的归一化因子 U，以保证所得到的谱是渐近无偏估计。

(6)由于功率谱等于方均根谱的平方，而功率谱密度等于方均根谱的平方除以频率间隔，所以很多文献将功率谱密度简称为功率谱是不正确的。功率谱适用于稳态确定性信号，包括周期信号和准周期信号，在谱图上应该绘成一根根竖线；功率谱密度适用于零均值稳定随机信号，在谱图上应该绘成一条连续的曲线。零均值稳定随机信号若用功率谱表达，其谱高会与频率间隔成正比；稳态确定性信号若用功率谱密度表达，其谱高会与频率间隔成反比。而频率间隔取决于采样间隔和数据长度，是人为确定的，并非信号的内在特征。因此，零均值稳定随机信号不能用功率谱表达，稳态确定性信号不能用功率谱密度表达，更不能将功率谱、功率谱密度这两种性质完全不同的频谱相混淆。

(7)幅度谱与其衍生产品的转换关系只是一种数学运算关系，并不意味它们对任意对象都有物理意义。

5.10.8　稳态确定性信号适用的频谱类别

(1)能够用明确的数学关系式来表达的信号，或者可以通过实验方法重复产生的信号称为确定性信号。稳态确定性信号是频域离散信号，包括各频率分量的周期有公倍数的周期信号和各频率分量的周期没有公倍数的准周期信号。分析这类信号适合采用幅度谱、方均根谱和功率谱。对于某一确定的频率来说,方均根值就是有效值。功率与能力、热效应等密切相关,很多场合直接关心的是功率而非幅度或方均根值,这就需要功率谱。

(2)对于周期信号,如果采样持续时间对各个频率均满足整周期采样的要求,就会在幅度谱中各自的频率位置呈现其自身的幅值。

(3)对于准周期信号,由于各分量的周期没有公倍数,不可能对各分量均满足整周期采样的要求,因此对准周期信号进行频谱分析必定会产生频谱泄漏,采用恰当的窗函数可以降低频谱泄漏。也就是说,采用恰当的窗函数可以降低非整周期采样的影响。因此可以认为,准周期信号采用恰当的窗函数后,采用幅度谱、方均根谱和功率谱也是恰当的。

(4)对周期信号如果没做到整周期采样,则与准周期信号类似,应采用恰当的窗函数。

(5)卫星每轨从日照转为黑夜及相反时,热膨胀和翘曲导致的几何学偏移可以直接映射到重力测量中,这是与轨道周期相关的温度效应;除此而外,磁场和加速度计的相互作用以及大气阻力的水平和方向的变化也与轨道周期密切相关。它们都会在频域的轨道谐波(其对应的基波为轨道周期的倒数)处造成相对固定的加速度尖峰干扰,称为“tone(音调)”。姿态控制推进器工作也存在一定程度的规律性,因此也有可能产生 tone。由此可见,tone error 是一种周期性干扰,因此,分析这种干扰同样适合采用幅度谱、方均根谱和功率谱,而采用功率谱密度是不恰当的。

5.10.9 零均值稳定随机信号适用的频谱类别

(1)不能用明确的数学关系式表达(因而不能预定其未来时刻的瞬时值)或者无法重复产生的信号称为非确定性信号,又称随机信号。随机信号的任何一次观测值只代表其变化范围中可能产生的结果之一,但其量值的变动服从统计规律。若随机信号的平均值和自相关函数不随时间变化,则称为稳定随机信号。由此可见,稳定随机信号是非周期信号,其功率虽有限,但能量却随时间延续而增长,因而能量不是有限的。

(2)一个周期为 T 的周期信号 $x(t)$,如果满足 Dirichlet 条件,即在一个周期内,处处连续或只存在有限个跃度有限的间断点、有限个极值点,并绝对可积,则此信号 $x(t)$ 可以展开为 Fourier 级数。因为随机信号不满足 Dirichlet 条件,所以不存在典型意义下的 Fourier 变换。也就是说不可能像稳态确定性信号一样用幅度谱、方均根谱和功率谱来对随机信号作频域描述。然而,零均值稳定随机信号的相关函数在 $t\to\infty$ 时是收敛的,所以其相关函数的 Fourier 变换是存在的,其中随机信号的自相关函数的 Fourier 变换称为该信号的自谱,两个随机信号的互相关函数的 Fourier 变换称为这两个信号的互谱。尽管泛泛而论的话,自谱分析就是对单个信号进行频谱分析,所采用的频谱类别既可能是幅值谱、方均根谱、功率谱,也可能是功率谱密度或能量谱密度,但对于零均值稳定随机信号,只适合采用功率谱密度,因而对于零均值稳定随机信号而言,自谱指的就是功率谱密度(亦称自功率谱密度),互谱指的就是互功率谱密度。

(3)随机信号是非周期信号,因此,不能用数学上的 Fourier 级数分解成许多正弦信号之和,但是其频域描述可以采用从周期信号援引过来的方法加以解决。其思路是把非周期信号仍当作周期信号来看待,只是认为周期信号的周期极大,在无限远处重复。由非周期信号的周期 $T\to\infty$ 得到频率间隔 $\Delta f\to 0$,即谱线无限密集,以至离散的谱线演变成一条连续的曲线。因此,与幅度谱、方均根谱和功率谱是频域离散信号不同,功率谱密度具有连续的频谱。

(4)为了解决离散 Fourier 变换频域信号的栅栏效应与零均值稳定随机信号具有连续

的频谱之间的矛盾，设计出了功率谱密度。功率谱密度是单位频率间隔内的功率，这就解决了采样持续时间短则频率间隔大，而每条谱线包容的频率范围（即频率间隔）宽则包容的零均值稳定随机信号多，造成谱线高；反之采样持续时间长则频率间隔小，每条谱线包容的零均值稳定随机信号少，造成谱线低的问题。既然对于零均值稳定随机信号而言，功率谱密度高低与频率间隔宽窄没有关系，功率谱密度就不再是一根根离散的谱线，而应绘成连续曲线。

（5）近年来，国际上习惯用功率谱密度的平方根值表示功率谱密度，并且仍然表述为功率谱密度，只是从量纲上可以鉴别出实际上是功率谱密度的平方根值。

（6）白噪声对于所有频率有恒定的功率谱密度。电阻热噪声的功率谱密度不随频率变化，因此是一种典型的白噪声。

5.10.10　既有稳态确定性信号又有零均值稳定随机信号适用的频谱类别

（1）由于功率谱密度是功率谱除以频率间隔所得的商，而频率间隔是采样持续时间的倒数，且采样持续时间是人为确定的，所以功率谱密度与功率谱之间不存在与人为因素无关的转换关系。因此，既有稳态确定性信号又有零均值稳定随机信号的频谱分析，既不能单靠适合于稳态确定性信号的功率谱（或幅度谱、方均根谱）表达，也不能单靠适合于零均值稳定随机信号的功率谱密度表达。三分之一倍频程频带分析方法克服了采样持续时间是人为确定的所带来的上述问题，涉及当稳态确定性信号和零均值稳定随机信号混杂在一起时，采用三分之一倍频程频带分析方法是适宜的。

（2）对于既有稳态确定性信号又有零均值稳定随机信号的频谱分析，三分之一倍频程频带分析方法在解决了既不能单靠功率谱（或幅度谱、方均根谱）表达也不能单靠功率谱密度表达的问题的同时，也抹煞了稳态确定性信号、零均值稳定随机信号所具有的不同频谱特征。因此，如果需要显示稳态确定性信号、零均值稳定随机信号所具有的不同频谱特征的话，还是要分别给出功率谱（或幅度谱、方均根谱）和功率谱密度。

（3）当稳态确定性信号和零均值稳定随机信号混杂在一起时，如果确切知道其中稳态确定性信号的频率，其频谱表达方法可以仍采用功率谱密度，但其中的稳态确定性信号谱线用单独的竖线表示，并在其旁标注上功率谱值，这也是既显示稳态确定性信号、零均值稳定随机信号所具有的不同频谱特征，又正确表达各自量值的一种方法。

5.10.11　瞬态信号适用的频谱类别

（1）一般将持续时间短，有明显的开端和结束的信号称为瞬态信号。由此可知，瞬态信号只包含有限的能量。

（2）鉴于瞬态信号只出现在一个有限时间过程中，所以不应该将瞬态信号当成周期性信号的一个周期来处理。

（3）为了表达出瞬态信号“有限时间”“有限能量”的特点，设计出了适合于瞬态信号的频谱——能量谱密度，它是功率谱密度与采样持续时间的乘积，表达了采样持续时间内、单位频率间隔内的能量。

（4）由于功率谱密度是连续曲线，因此，由功率谱密度与采样持续时间相乘得到的能量谱密度也是连续曲线。

（5）由于瞬态信号在起始点前与结束点后的信号幅度等于零，所以用能量谱密度表征瞬态信号的频谱时，采样持续时间必须与瞬态信号发生的时间相一致。当数据长度不是2的整数次幂时，应采用补零方式使其符合 2 的整数次幂。但此时 $\Delta f \neq 1/T_s$。

(6)对于瞬态信号，采用幅度谱、方均根谱、功率谱或功率谱密度都是不恰当的。

(7)为了评估产品或结构的耐冲击能力，通常采用冲击响应谱。

5.10.12 频谱分析手段

(1) Origin 5.0/OriginPro 7.0 软件 Analysis → FFT... → Operation → Spectrum → Amplitude 得到的基本是幅度谱，但应删除所有的负频率数据；而 Spectrum→Power 得到的是 $2/N$ 功率谱，即 $2\Delta f/N$ 功率谱密度，因此是错误的，即用 Origin 5.0/OriginPro 7.0 不能直接得到功率谱密度。

(2)OriginPro 8.5.1 软件 Analysis→Signal Processing→FFT→FFT→Open Dialog...弹出的窗口中，为了得到实部、虚部、幅度、相位和功率谱密度，Spectrum Type 栏应选择 One-sided，Normalize power to (Pro)栏应选择 TISA-Time Interval Square Amplitude，并选中 Plot→Real，Imag，Phase，Amplitude，Power 栏。

5.10.13 Fourier 变换应用示例 1：求输入信号通过稳定线性定常系统的响应

(1)当函数 $f(t)$满足类似于 Fourier 级数的 Dirichlet 条件时，便可构成一对 Fourier 变换式。考虑到在实际问题中遇到的总是因果信号，令信号起始时刻为零，于是在 $t<0$ 的时间范围内 $f(t)$等于零，这样正变换式之积分下限可从零开始。引入一个衰减因子 $e^{-\sigma t}$(σ 为任意实数)，将它与 $f(t)$相乘，使 $e^{-\sigma t}f(t)$收敛，以保证 Dirichlet 条件的绝对可积要求得以满足，即可得到一对单边 Laplace 变换式。

(2)若函数 $f(t)$收敛边界落于 s 平面左半边，则它的 Fourier 变换存在；令其 Laplace 变换中的 $s=\mathrm{j}\omega$ 就可求得它的 Fourier 变换。

(3)只要线性定常连续系统是稳定的，就可以令其传递函数 $G(s)$中的 $s=\mathrm{j}\omega$，得到系统的频率响应 $G(\mathrm{j}\omega)$。

(4) 频率响应可通过实验方法来确定。具体做法是，逐点改变系统的正弦输入信号 $x(t)=X\sin\omega t$ 的角频率ω，一般使振幅 X 不变，测出相应的稳态输出 $y_{ss}(t)$ 的振幅$Y(\omega)$以及 $y_{ss}(t)$ 相对正弦输入 $x(t)$ 的相移 $\phi(\omega)$。计算出振幅比Y/X 关于角频率ω 的函数曲线，这便是系统频率响应$G(\mathrm{j}\omega)$ 的幅频特性 $|G(\mathrm{j}\omega)|$；求取相移 ϕ 关于ω 的函数曲线，这便是系统频率响应的相频特性 $\phi(\mathrm{j}\omega)$。

(5) 在一般情况下，抽样过程是通过抽样脉冲序列 $p(t)$ 与连续信号 $f(t)$ 相乘来完成的(如冲激采样)；冲激响应 $h(t)$ 定义为单位冲激函数 $\delta(t)$ 的激励下产生的零状态响应；卷积方法的原理就是将信号分解为冲激信号之和，借助系统的冲激响应 $h(t)$，求解系统对任意激励信号的零状态响应。

(6)对零初始条件下线性定常系统的输入与该系统传递函数的逆 Laplace 变换进行卷积运算即可得到该系统的输出。

(7)系统输出量的 Laplace 变换函数等于输入量 Laplace 变换与系统传递函数的乘积。如果已知传递函数 $G(s)$，那么通过 Laplace 逆变换，便可求出在给定输入信号 $x(t)$作用下的输出响应 $y(t)$。

(8)输入信号通过稳定线性定常系统的响应可以这样得到：首先用 DFT 求出输入信号的幅频特性和相频特性，同时求出系统的 Laplace 变换，把变量 s 改为 $\mathrm{j}\omega$，得到系统的幅频特性和相频特性，输入信号幅频特性与系统幅频特性相乘即为响应的幅频特性，输入信号相频特性与系统相频特性相加即为响应的相频特性，对响应的幅频特性和相频特性进行 IDFT 运算，即可得到输入信号通过系统的响应。

5.10.14　Fourier 变换应用示例 2：用非实时频域滤波抑制周期性窄带干扰

首先用 DFT 求出欲滤波信号的幅频特性和相频特性，再削减欲滤除频段所对应的幅度，最后作 IDFT 运算，即可获得滤波后的时域波形，这种频域滤波方法的滤波特性十分陡直，用于去除窄带干扰（如工频干扰）非常有效。

5.10.15　Fourier 变换应用示例 3：求零均值稳定随机信号的方均根值

（1）Parseval 定理指出，时间信号的方均根值与该信号功率谱密度在其全部频带内积分的平方根是相等的。Parseval 定理适用于零均值稳定随机信号，将功率谱密度转换为幅度谱后也适用于稳态确定性信号。

（2）对于非整周期采样，应该先将时域信号中的直流分量扣除（即去均值），再选择适当的窗函数（非矩形窗），进行频谱分析，以降低频谱泄漏。

（3）在分析频率区间[f_1，f_2]的噪声时，如果用单一的噪声功率谱密度值作代表，应使用频率区间[f_1，f_2]内各个功率谱密度的平均值；如果用单一的噪声功率谱密度平方根值作代表，应使用频率区间[f_1，f_2]内各个噪声功率谱密度平方根的方均根值而非平均值。

（4）求零均值稳定随机信号的方均根值既可以用常规的时域分析方法，也可以用频域分析方法（借助 Parseval 定理），时域分析方法的优点是计算简单，且无需存储原始观测量，因而特别适合于没有大容量存储器和高性能计算机的在轨监测；缺点是采样间隔越大，结果越不准确。频域分析方法的优点是只要符合采样定理，并采用 Hann 窗等降低非整周期采样造成的频谱泄漏，就可以得到工程上满意的结果；缺点是需要存储一个频谱分析时段内的全部原始观测量，经过 Fourier 变换运算，才能得到所需的结果。

（5）鉴于用时域或频域分析方法求零均值稳定随机信号的方均根值具有等效性，这就为判断所用的频谱分析工具是否正确提供了一种方法，即分别用时域和频域分析方法计算零均值稳定随机信号的方均根值，如果不等效，则所用的频谱分析工具一定是错误的。

5.10.16　Fourier 变换应用示例 4：使用相干性检测 MHD 角速率传感器的噪声基底

（1）使用两个同样的传感器在同样的外来输入下进行相干性检测，外来输入会出现在两个传感器的输出中，两个传感器的输出中与外来输入成比例的成份将是同样的。然而，两个传感器各自的输出在某些程度上被噪声掺杂。没有理由假定各自输出中的噪声成份是同样的。诚然，两个同样传感器产生的噪声会有相似的谱特性，不过噪声不会彼此相关。两个传感器所产生的噪声成分的时间历程不会相同，而且两个噪声成分时间历程之间的差别会是随机的。实际上，两个噪声信号会完全是彼此无关的，即两个同样的传感器所贡献的噪声是独立的，而且其中一只传感器的噪声并不出现在另一只传感器的输出中。这为准确表征两个传感器输出中的噪声提供了基础。因此，假定两个传感器输出的所有相同成分，即并非彼此无关的成分必定与外来输入有关是合理的。孤立出传感器输出中的噪声成份的关键是把两个输出的相同部分与不同部分分离。使用相干性检测可以实现这点。

（2）为了分离外来输入与仪器噪声，除使用相干性检测法外，也可以使用共模-差模检测法。从机理上讲，共模-差模检测法对外来输入与仪器噪声的分离显然不如相干性检测法。

（3）在测试技术领域中，无论分析两个随机变量之间的关系，还是分析两个信号或一个信号在一定时移前后之间的关系,都需要采用相关分析。相关代表的是客观事物或过程中某两种特征量之间联系的紧密性。由于在动态测试中所测得的是反映客观事物变化的信号,所以信号的相关性就是反映信号波形相互联系紧密性的一种函数。均值、方差、概率密度函数反映的是随机信号幅度的统计规律,而相关函数则可以更深入地揭示信号的波形结构。

(4)自谱是实数。直接法估计出的自谱性能不好,当数据长度 N 太大时,谱曲线起伏加剧,N 太小时,频谱分辨力又不好。为此可以采用 Bartlett 平均周期图法把长度为 N 的数据分成 K 段,每段的长度为 L,分别计算每一段的自谱,再分别求出所有各段平均周期图。平均周期图法分段越多,谱估计的方差越小;但总数据长度不变的前提下每段数据长度随之越短,频谱分辨力越低。然而,如果不是把长度为 N 的数据分成 K 段,而是将总数据长度延长至 K 倍,并使 Bartlett 平均周期图法每段数据长度 L 与直接法的 N 相同,则既可减小谱估计的方差,又不会降低频谱分辨力。

(5)Welch 法是对 Bartlett 法的改进。Welch 法的特点是毗连段有 D 个数据重叠(实际应用中常取 $D=L/2$),而 Bartlett 平均周期图法毗连段数据不重叠。与 Bartlett 法相比,在总数据长度和每段不重叠样点数不变的前提下,Welch 法改善了频谱分辨力,但增加了毗连段间相关性,从而使方差特性变差,所以 Welch 法略优于 Bartlett 法,但改进不大。

(6)Welch 法每段的数据窗口可以不是矩形窗口,例如使用 Hann 窗或 Hamming 窗,这有助于降低频谱泄漏。

(7)平均周期图法指的是对各段功率谱密度的每一个频点的数据分别求平均值。

(8)互谱也称为互功率谱密度。互谱是复数。用 Welch 平均周期图法求两个信号 $x(k\Delta t)$ 和 $y(k\Delta t)$ 的互谱的方法与自谱类似,即把长度为 N 的数据 $x(k\Delta t)$ 和 $y(k\Delta t)$ 分成 K 段,每段的长度为 L,毗连段有 D 个数据重叠(实际应用中常取 $D=L/2$),分别求出各段互谱实部每一个频点的平均值和各段互谱虚部每一个频点的平均值,再综合成二信号互谱的复数表达式。

(9)相干性是一种频率函数,该函数依靠测试两个信号是否包含相似频率成分来检测其线性依赖程度。相干性的量值范围从零到一。在给定的频率下,如果相干性等于 1,二信号在该频率处被认为互相间完美地相一致。相反地,等于 0 的相干性意味着信号在该频率处完全不相关。相干性是一个实数,有时将相干性称为量值平方相干性、相干性估计的幅值平方。

(10)不能用直接法得到的自谱和互谱求相干性,因为不论实际相干程度如何,都会得到相干性恒等于 1 的结果。由于互谱为复数,所以二信号互谱的模是各段互谱中的实部每一个频点平均值与虚部每一个频点平均值的方和根,而不是各段互谱之模每一个频点的平均值。由于自谱是实数,所以每个信号的自谱是各段自谱每一个频点的平均值。

(11)用相干性检测可以分别将两个传感器的自谱分割为相干功率谱密度和非相干功率谱密度,其中相干功率谱密度是由带有自身噪声的外来输入引起的,而两个传感器各自的非相干功率谱密度描述的是各自仪器噪声的谱分布。

5.10.17 Fourier 变换应用示例 5:用加速度计检测振动位移随时间变化需要解决的问题

(1)直接检测振动位移需要基准不动点,而检测航天器在轨微振动时很难找到基准不动点。采用检测振动加速度再二次积分的好处是加速度计检验质量的惯性本身就是基准,不再需要外来基准。

(2)用加速度计检测振动位移随时间变化需要解决如下问题:① 由于关注的是所考察

对象的时域变化，所以离散采样率的数值就应该达到对象最高频率值的 10 倍以上。② 由于 0 时刻是主观确定的，我们并不知道 0 时刻的速度和位置，这会使积分结果相对实际情况平移，这就是积分常数的影响。由于航天器在轨微振动不可能存在恒定速度项和恒定的位置偏离项，因此，只要每次积分后去均值，就可以消除积分常数的影响。③ 仪器零点未调准或测试前发生零点漂移，会使振动加速度测试数据的均值不为 0，从而会使积分后的数据呈现一个线性趋势。然而，采样持续时间内对于低频信号的采集周期如果只有不多几次，甚至更少，又无法保证对这些低频信号实施整周期采样，也会使振动加速度测试数据的均值不为 0，如果不分青红皂白，当成仪器零点造成的振动加速度测试数据均值不为 0，而去扣除均值，反而会使积分后的数据呈现一个线性趋势。由于无法区分这两种不同的情况，解决方法是积分前去均值，积分后去均值和线性趋势。如果考虑到仪器零点在测试过程中也可能发生缓慢漂移，可以把积分前去均值改为积分前去均值和线性趋势。④ 噪声具有随机性，它不是稳定不变的，而数值积分本身可以放大低频和超低频干扰噪声，因此，低频噪声经积分放大后会成为缓慢变化的趋势项，不能靠积分后去线性趋势扣除，为此要设置一个合适的高通滤波器的截止频率(大量测试数据表明截止频率设为有用信号最低频率的 60%左右时消除趋势项的影响效果较好)，让测得的数据先经去直流和高通滤波后再进行数值积分，可以取得较为满意的积分效果。高通滤波要求所选的滤波器过渡带非常陡，并且其通带和阻带的纹波要尽量小，这样滤波才不会有大的失真。

(3)由振动加速度时域数据导出位移振动时域数据的另一种方法是：将测得的加速度数据扣除平均值，作幅度谱分析，将低于有用信号最低频率 60%处幅度谱强制归零，取频率 f 处加速度幅值的 $1/(4\pi^2 f^2)$ 作为位移振动幅值，加速度相位 $\pm\ \pi$(当加速度相位为负时加 π，当加速度相位为正时减 π)作为位移振动的初始相位，实施幅度谱逆变换，即可得到从零时刻起算的位移振动时域数据。

参 考 文 献

[1] 薛大同，程玉峰，兰明俊，等.中国第三代微重力测量装置的研制[C]//第三届海内外华人航天科技研讨会，澳门，5 月 28 — 31 日，1997.中国宇航学会.第三届海内外华人航天科技研讨会论文集.北京：中国宇航学会，1997：58 - 63.

[2] 李鹏.高速系统设计：抖动、噪声和信号完整性[M].李玉山，潘健，等译.北京：电子工业出版社，2009.

[3] 计量测试技术手册编辑委员会.计量测试技术手册：第 1 卷　技术基础[M].北京：中国计量出版社，1996.

[4] Wikipedia. Noise (electronics) [DB/OL].(2018 - 06 - 02).https://en.wikipedia.org/wiki/Noise_(electronics).

[5] 维基百科.噪声[DB/OL].(2014 - 11 - 19).http://zh.wikipedia.org/wiki/雜訊.

[6] 计量学名词审定委员会.计量学名词[M].北京：科学出版社，2016.

[7] 康纳.噪声[M].禾民，译.北京：科学出版社，1982.

[8] 凯依.现代谱估计：原理与应用[M].黄建国，武延祥，杨世兴，译.北京：科学出版社，1994.

[9] Wikipedia. Nyquist - Shannon sampling theorem [DB/OL].(2018 - 07 - 02).https://en.wikipedia.org/wiki/Nyquist%E2%80%93Shannon_sampling_theorem.

[10] 维基百科.采样定理[DB/OL].(2014－11－01).http://zh.wikipedia.org/wiki/采样定理.

[11] 郑君里,应启珩,杨为理.信号与系统:上[M].2版.北京:高等教育出版社,2000.

[12] 郑南宁,程洪.数字信号处理[M].北京:清华大学出版社,2007.

[13] 张巨洪,朱军,刘祖照,等.BASIC语言程序库:自动化工程中常用算法[M].北京:清华大学出版社,1983.

[14] 数学手册编写组.数学手册[M].北京:人民教育出版社,1979.

[15] 李方泽,刘馥清,王正.工程振动测试与分析[M].北京:高等教育出版社,1992.

[16] 郑君里,应启珩,杨为理.信号与系统:下[M].2版.北京:高等教育出版社,2000.

[17] 维基百科.离散傅里叶变换[DB/OL].(2014－01－25).http://zh.wikipedia.org/wiki/离散傅里叶变换.

[18] 张令弥.振动测试与动态分析[M].北京:航空工业出版社,1992.

[19] The MathWorks, Inc.. Help: Signal Processing Blockset＞Blocks＞Alphabetical List＞Window Function [EB/CD]//MATLAB Version 7.6.0.324 (R2008a),2008.

[20] Wikipedia.Window function [DB/OL]. (2018－06－26).https://en.wikipedia.org/wiki/Window_function.

[21] OriginLab Corporation. Origin reference for 8.5.1: Signal Processing＞Fourier Transforms＞Fast Fourier Transform＞Algorithm [EB/CD]//OriginPro 8.5.1 SR2, 2011.

[22] 施云霄,隋秀华.测试技术与信号处理[M].北京:中国计量出版社,2006.

[23] 维基百科.谱密度[DB/OL].(2013－08－02).http://zh.wikipedia.org/wiki/谱密度.

[24] 胡广书.数字信号处理:理论、算法与实现[M].北京:清华大学出版社,1997.

[25] COOK S M, SCHÄFFER T E, CHYNOWETH K M, et al. Practical implementation of dynamic methods for measuring atomic force microscope cantilever spring constants [J/OL].Nanotechnology,2006,17(9):2135－2145.https://sci-hub.et-fine.com/10.1088/0957-4484/17/9/010.

[26] 全国量和单位标准化技术委员会.物理化学和分子物理学的量和单位:GB 3102.8—1993 [S].北京:中国标准出版社,1994.

[27] 齐默尔,川特.通信原理:系统、调制与噪声[M].5版.袁东风,江铭炎,译.北京:高等教育出版社,2004.

[28] STANTON R, BETTADPUR S, DUNN C, et al. Science & Mission Requirements Document: GRACE 327－200(JPL D－15928) [R]. Revision D. Pasadena, California: Jet Propulsion Laboratory (JPL), 2002.

[29] 百度百科. 瞬态信号[DB/OL].https://baike.baidu.com/item/瞬态信号/9851371?fr=aladdin.

[30] 周剑平.精通Origin 7.0[M].北京:北京航空航天大学出版社,2004.

[31] 晓羲.功能最强的科学图形工具用户指南:GRAFTOOL 3.0～3.3版[M].北京:学苑出版社,1994.

[32] 李友善.自动控制原理[M].北京:国防工业出版社,2005.

[33] 侯加林.自动控制原理[M].北京:中国电力出版社,2008.

[34] 谢良聘,朱德恒.FFT频域分析算法抑制窄带干扰的研究[J].高电压技术,2000,26

(4):6 - 8.

[35] HE Ling, XUE Datong. Ground based measurement for drift and noise uncertainty of a micro-gravity measurement system: IAF - 99 - J411 [C]//The 50th International Astronautical Congress, Amsterdam, Netherlands, October 4 - 8, 1999.

[36] ROGERS. M J B, HROVAT K, MCPHERSON K, et al. Accelerometer data analysis and presentation techniques: NASA TM - 113173 [R/OL]. Hanover, Maryland: The NASA Center for AeroSpace Information, 1997. https://ntrs.nasa.gov/api/citations/19970034695/downloads/19970034695.pdf.

[37] PINNEY C,HAWES M A,BLACKBURN J.A cost-effective inertial motion sensor for short-duration autonomous navigation [C/OL]//Position Location and Navigation Symposium, Las Vegas, NV, United States, Apr 11 - 15, 1994, IEEE. Proceedings of 1994 IEEE Position, Location and Navigation Symposium (PLANS'94), 1994: 591 - 594. DOI 10.1109/PLANS.1994.303402. https://sci-hub.et-fine.com/10.1109/plans.1994.30340.

[38] Wikipedia. Autocorrelation [DB/OL]. (2018 - 06 - 20).https://en.wikipedia.org/wiki/Autocorrelation.

[39] Wikipedia.Cross-correlation [DB/OL]. (2018 - 05 - 16).https://en.wikipedia.org/wiki/Cross-correlation.

[40] 百度百科. 维纳-辛钦定理[DB/OL]. https://baike.baidu.com/item/维纳-辛钦定理/56205714.

[41] ThreeI 南方人在北方. 功率谱密度函数[EB/OL]. (2019 - 03 - 20). https://zhuanlan.zhihu.com/p/59364215.

[42] 祁才君.数字信号处理技术的算法分析与应用[M].北京:机械工业出版社,2005.

[43] The MathWorks, Inc.. Help: Signal Processing Toolbox > Functions: > Alphabetical List > pwelch [EB/CD]//MATLAB Version 7.6.0.324 (R2008a), 2008.

[44] OriginLab Corporation. Origin reference for 8.5.1: Signal Processing > Coherence [EB/CD]//OriginPro 8.5.1 SR2, 2011.

[45] Wikipedia. Coherence (signal processing) [DB/OL].(2017 - 04 - 04).https://en.wikipedia.org/wiki/Coherence_(signal_processing).

[46] The MathWorks, Inc.. Help: Signal Processing Toolbox >Functions: >Alphabetical List >mscohere [EB/CD]//MATLAB Version 7.6.0.324 (R2008a), 2008.

[47] 郝春月,郑重,牟磊育.兰州台阵勘址测点对相干函数的计算与分析[J].地震地磁观测与研究,2002,23(4):29 - 33.

[48] 张永强,宋建江,屠良尧,等.软件数值积分误差原因分析及改进办法[J].机械强度,2006,28(3):419 - 423.

[49] XUE Datong, CHEN Xuekang, CHENG Yufeng, et al. Ground Based Measurement and Microgravity Frequency Spectra Measurement of 94' Chinese Recoverable Satellite: IAF - 95 - J.4.12 [C]//The 46th International Astronautical Congress, Oslo, Norway, October 2 - 6, 1995.

第6章 低通滤波的需求背景、类型和参数选择

本章的物理量符号

A_0	$P=0$ 时的增益
a_i	第 i 级滤波器的系数
$A_u(jf)$	有源低通滤波器在频率 f 处的复数增益
$\|A_u(jf)\|$	有源低通滤波器在频率 f 处复数增益的模,即增益的幅度
$A_u(P)$	有源低通滤波器在 -3 dB 归一化复频率 P 处的复数增益
b_i	第 i 级滤波器的系数
f	频率,Hz
f_c	截止频率(-3 dB 处的频率),Hz
f_h	通带高端频率,对于 Chebyshev-I 有源低通滤波指等波纹最高频率,对于 Bessel 有源低通滤波指具有平坦群时延特征的最高频率,对于临界阻尼和 Butterworth 有源低通滤波 $f_h=f_c$
f_m	原始时域信号的最高频率,Hz
f_{max}	频谱分析上限,Hz
f_N	Nyquist 频率,Hz
i	滤波器的级序号
m	滤波器的级数
P	Laplace 变换建立的 -3 dB 归一化复频率
P_1	信号 1 的功率,U^2(U 指观测量的单位)
P_2	信号 2 的功率,U^2
$S_{1,2}$	信号 1 和信号 2 的相对功率差,dB
X_1	信号 1 的幅度,U
X_2	信号 2 的幅度,U
τ	群时延,s
$\tau_{ucl}(f)$	归一化闭环传递函数的群时延,s
ϕ	增益的相位,rad 或(°)
$\phi_{ucl}(f)$	归一化闭环传递函数的相频特性,(°)
$\phi(jf)$	有源低通滤波器在频率 f 处复数增益的辐角,即增益的相位,rad
ω	角频率,rad/s
ω_c	截止角频率(-3 dB 处的角频率),rad/s

6.1　微重力测量对低通滤波的需求

6.1.1　需求背景

5.2.1节中指出，采样率r_s必须符合$r_s \geqslant 2f_m$，其中f_m是指原始时域信号的最高频率，如果干扰信号的最高频率比有用信号的最高频率高，又希望把有用信号的最高频率视为f_m，就要先采用模拟式低通滤波器把干扰信号中频率高于有用信号部分的幅度抑制到可忽略的程度才行。为了正确选择低通滤波器的类型和参数，必须首先了解需求背景。例如：

(1)国际空间站准稳态加速度的频率上限大约为0.1 Hz(参见2.1.1节)，而需要检测的振动干扰发生在(0.01～300) Hz之间(参见2.1.3节)。

(2)我国神舟号飞船要求以每路不低于230 Sps的采样率测量自身所在位置三轴向的瞬态和振动加速度随时间的变化及其(0.13～90) Hz的频谱(参见10.1.1节)。

(3)重力恢复和气候实验卫星(GRACE)、重力场和稳态洋流探测器卫星(GOCE)与加速度测量有关的低通有三种，需求各不相同：

1)GOCE卫星所用的加速度计GRADIO向用户正式提供的1b级数据，是Δ-Σ ADC先给出10 Sps的输出数据，再用软件进行数字滤波转换为1 Sps的，在Δ-Σ ADC之前设置了抗混叠模拟滤波器，它也是一种低通滤波器[1]。

2)为了考察加速度尖峰的影响，以及验证GRACE卫星所用加速度计SuperSTAR的噪声水平，必须使用该加速度计的1a级原始观测数据，输出数据率为每秒10次[2]，采样前(但在伺服控制环外)使用了截止频率为3 Hz的四阶Butterworth有源低通滤波器[3]。

3)静电悬浮加速度计电容位移检测电路使用的抽运频率(pumping frequency，即电容位移检测电压的频率)为100 kHz[4-5]，在该检测电路之后必须用低通滤波器滤除该高频分量[5-7]。该低通滤波环节是静电悬浮加速度计伺服反馈控制系统的组成环节，与上述抗混叠模拟滤波器及截止频率为3 Hz的四阶Butterworth低通处于环外不同，分析闭环传递函数的稳定性和鲁棒性时必须考虑该环内低通滤波的影响。由于位移检测的抽运频率高达100 kHz，离环外1a级原始观测数据的3 Hz带宽很远，所以该环内低通滤波环节可以采用一阶有源低通滤波电路[参见17.5.5.1节、18.3.6节、18.6.2.2节第(6)条]。

6.1.2　对幅频特性的需求

在讨论对幅频特性的需求前首先要厘清截止频率、低通滤波的通带和测量带宽的概念：

(1)本书仅将－3 dB处的频率称为截止频率f_c，而将0频至通带高端频率f_h①定义为有源低通滤波的通带。我们知道：对于Chebyshev－Ⅰ有源低通滤波，f_h指等波纹最高频率；对于Bessel有源低通滤波，f_h指具有平坦群时延特征的最高频率；对于临界阻尼和Butterworth有源低通滤波，f_h与f_c等同。由此可见，有时需要分清截止频率f_c和通带高端频率f_h的差别，不能把两者都称为有源低通滤波的通带。

(2)对于含有有源低通滤波的系统而言，其测量带宽的上限除了受限于有源低通滤波的通带外，还可能受限于其他更为严格的要求，这时该系统测量带宽的上限会比f_h或f_c

① 为了避免读者与衰减到－3 dB处的频率相混淆，本书不称其为截止频率，并且不采用符号f_c。

低，甚至低很多。例如23.4节指出，GRACE卫星SuperSTAR加速度计测量带宽的含义应为反演规定阶次的重力场所需要的带宽，该带宽内数据的正确度和精密度经过标定和修正后是有保证的，既不允许含有超越正确度和精密度要求的带内衰减和干扰，也不允许含有超越精密度要求的带外镜频干扰，因此，尽管归一化闭环传递函数幅值谱在 −3 dB处的频率高达89.2 Hz，而测量带宽上限仅为0.1 Hz。

dB数的计算方法为[8]

$$S_{1,2}=10\lg\left(\frac{P_1}{P_2}\right)=20\lg\left(\frac{X_1}{X_2}\right) \tag{6-1}$$

式中 $S_{1,2}$——信号1和信号2的相对功率差，dB；

P_1——信号1的功率，U^2（U指观测量的单位）；

P_2——信号2的功率，U^2；

X_1——信号1的幅度，U；

X_2——信号2的幅度，U。

因此，−3 dB的相对功率差对应功率比是1/2，幅度比是 $1/\sqrt{2}(\approx 0.707)$。当 $P_1=10P_2$ 时，$S_{1,2}=10$ dB；$P_1=100P_2$ 时，$S_{1,2}=20$ dB；而 $X_1=10X_2$ 时，$S_{1,2}=20$ dB；$X_1=100X_2$ 时，$S_{1,2}=40$ dB。

如5.3.3节所述，由于离散Fourier变换频域信号具有对称性和周期性，如果真实谱线超过Nyquist频率 f_N，在0频～f_N 的频带内就会发生谱线混叠。显然，如果能构造一个理想低通滤波器，f_N 以内幅频特性为1，f_N 以外幅频特性为0，就可以避免谱线混叠。但这是不可能实现的。我们只能要求通带尽量平坦、过渡带尽量陡峭、阻带尽量有效，在此前提下还希望低通滤波器的级数尽量少一些。然而，这四方面的要求又是互相矛盾的，只能根据实际需求，重点强调某些方面，无法面面俱到。例如：

（1）当提高采样率较为困难，希望Nyquist频率尽量靠近有用信号的最高频率时，应把过渡带尽量陡峭和阻带尽量有效放在首位：在保证有用信号最高频率处的衰减可以接受的前提下，保证Nyquist频率落在阻带内，不允许阻带具有等波动特性。与此相应，就要允许通带具有一定的波动，允许低通滤波器的级数多一些。我国神舟号飞船微重力测量选用三级6阶Chebyshev－Ⅰ有源低通滤波器就是其中一个实例。

（2）表17－2给出GRACE卫星所用的SuperSTAR加速度计测量带宽为$(1\times10^{-4}\sim0.1)$ Hz。对于反演重力场来说，测量带宽内数据的正确度是非常重要的。为此，文献[9]要求测量带宽内每秒10次采样下归一化闭环传递函数的振幅不平坦度小于−90 dB。由于每秒10次采样前（但在伺服控制环外）使用了截止频率为3 Hz的四阶Butterworth有源低通滤波器（参见6.1.1节），所以该项指标不仅与伺服控制环内归一化闭环传递函数（参见18.3.6节）有关，而且与该环外低通滤波器的特性有关。鉴于测量带宽上限0.1 Hz远低于低通滤波器的截止频率3 Hz，所以该低通滤波器的幅频特性应该在零频处具有最大平坦响应。而这正是Butterworth有源低通滤波器的特点[10-11]。此外，Butterworth有源低通滤波器通带内和阻带内都没有波动[12]，这正是保证该原始观测数据在测量带宽内的平坦度和不受谱线混叠干扰所需要的。为此，该低通滤波器使用了截止频率3 Hz的四阶Butterworth有源低通滤波器。

6.1.3 对相频特性的需求

由6.2.2节给出的四类有源低通滤波器的幅频曲线和相频曲线以及6.2.3节给出的四

类有源低通滤波器的群时延和信号传输失真可以看到，任何类型的有源低通滤波器都不可能做到这些特性同时达到最优，只能在尽量符合需求的前提下折中选择相对适合的类型。例如：

(1)我国神舟号飞船微重力测量的目标是为飞控重要事件(轨道机动、调姿、分离、轨道舱泄压等)的确认和分析提供准实时数据，为飞船结构动态分析和各项科学实验的事后分析提供重要参数(参见 10.1.1 节)。这些目标中微重力科学实验关心的是微重力水平，而不是微振动干扰的波形，因此不关心低通滤波的相频特性；飞船结构动力响应观察的是幅频特性，其中频谱分辨力与采样持续时间有关，频谱上限与采样间隔有关[参见 5.4.1 节式(5-9)](频谱上限还与低通滤波幅频特性的截止频率有关)，而对相频特性通常并不关注；轨道机动、调姿、分离、轨道舱泄压等飞控重要事件的确认指的是时刻确认，同样与低通滤波相频特性无关。因此，虽然对四类 3 级 6 阶有源低通滤波器作比较时，0.5 dB 波动的 Chebyshev -Ⅰ有源低通滤波器在图 6-5 中显示群时延(相频特性的导数)随频率的变化最快，在图 6-8 中显示对方波信号响应的延迟和过冲也最大，但是 6.3.1.5 节指出，这些都不影响对飞船加速度阶跃的测量。因此，我国神舟号飞船微重力测量选用 3 级 6 阶 0.5 dB 波动的 Chebyshev -Ⅰ有源低通滤波器。

(2)对于反演重力场来说，测量带宽内时域波形失真度足够小是非常重要的。我们知道，为满足信号传输不产生失真，群时延应为常数[13](参见 6.2.3.1 节)，即相位应随频率呈线性变化。为此，文献[9]要求测量带宽内 SuperSTAR 加速度计每秒 10 次采样下归一化闭环传递函数群时延 $\tau_{ucl}(f)$ 的标定误差小于 10 ms，最大不稳定性小于 2 ms；相频特性 $\phi_{ucl}(f)$ 相对于线性变化的离差小于 0.002°。与 6.1.2 节第(2)条指出的类似，由于每秒 10 次采样前(但在伺服控制环外)使用了截止频率为 3 Hz 的低通滤波器，所以这两项指标不仅与伺服控制环内归一化闭环传递函数有关，而且与该环外低通滤波器的特性有关。从图 6-5 可以看到，Butterworth 有源低通滤波器的群时延虽然比临界阻尼和 Bessel 大，且在通带内随着频率提高，群时延的增大越来越明显，但在远低于截止频率处，群时延还是非常平坦的。为此，该低通滤波器使用了截止频率 3 Hz 的四阶 Butterworth 有源低通滤波器。这也与文献[12]所述“若希望能兼顾幅频与相频特性，应选用 Butterworth 近似”是一致的。

6.1.4　数字低通滤波器与模拟低通滤波器的关系

从系统的角度观察，不论是数字低通滤波器还是模拟低通滤波器都应该是可实现的线性定常系统。模拟低通滤波器用的是模拟电路，处理对象是模拟信号，它是一个连续时间系统；数字低通滤波器用的是离散时间系统，处理对象是数字信号，即时域离散、幅度量化的信号[10]。

模拟低通滤波器的阶数越多，滤波效果越好，但体积和功耗也越大；此外，模拟低通滤波器的截止频率越低，体积也越大。随着数字信号处理器和数字信号处理技术的发展，数字滤波技术也得到了飞速发展。数字滤波计算速度越来越快，存储容量越来越大，实现的功能越来越复杂、多样，达到的精密度越来越高，稳定性、可靠性、灵活性越来越好，而其体积、重量、功耗、成本却越来越低。

数字低通滤波运算通常有两种方法：一种是频域方法，即利用 FFT 算法对输入信号进行离散 Fourier 变换。分析其频谱，舍弃不需要的高频分量，再利用 IFFT 算法恢复出需要的低频时域信号，这种事后处理方法具有较好的频率选择性和灵活性。另一种方法是时域法，这种方法是通过对离散采样数据作卷积运算来达到低通滤波的目的。数字滤波器的基本部件是数字加法器、乘法器和延迟元件。采用硬件构成的数字滤波器具有实时性，并能实现时分多用。用软件方法实现的数字滤波器的特点是系统函数具有较大的灵活性，但实时性依赖于算法结构和计算机的速度[14]。

与模拟电路相比，数字器件能更充分地利用亚微米技术，可以比它们的模拟版本更加密集，成本和性能上也都更有优势。随着半导体尺寸的减小(至深亚微米)，信号电压持续下降(至 1.25 V 或更低)，其固有信噪比已降至用作模拟器件时所需性能的边界，而数字系统对内部噪声的容忍度要强得多。数字系统可以工作在极低的频率下，如果用模拟系统实现，则所需的元件值将大到不可实现的程度。数字系统的设计可以通过努力增加字长来提高精密度①(10 bits≈60 dB 的动态范围)，而模拟系统的精密度②一般是有限的。数字系统可以通过编程轻易改变功能，而模拟系统功能的调整则极其困难。数字系统易于对信号进行延迟和压缩，而模拟系统则难以达到这样的效果。数字系统不需要外部标定，而模拟系统需要周期调整(由于温漂、老化等造成)。数字系统没有阻抗匹配的需求，而模拟系统需要阻抗匹配。一般而言，数字系统与模拟系统相比对噪声更不敏感[11]。

模拟系统能工作在极高频率下(比如微波和光学频率)，这超出了数字设备可达到的最高时钟速率。有时模拟解决方案(比如一阶无源 RC 低通滤波)比数字方案(比如下述 ADC -数字低通滤波- DAC)更具成本效益[11]。

统而观之，与模拟低通滤波器相比较，数字低通滤波器在体积、重量、误差、稳定性、可靠性、存储功能、灵活性以及性能价格比等方面都显示明显的优点。随着数字技术的发展，模拟低通滤波器的应用领域已逐步减少，然而，在有些情况下模拟与数字滤波器也可以混合应用。例如，在实际应用中，往往借助数字低通滤波器处理模拟信号，这时模拟信号经过符合采样定理要求的抗混叠模拟滤波器后再通过 ADC 完成抽样与量化，由此形成的数字信号经数字低通滤波器实现信号处理要求，将处理后的数字信号经 DAC 和模拟平滑滤波得到输出的模拟信号[10]。

这种混合应用对于航天领域的意义在于，随着数字信号处理技术的发展，提高采样率本身越来越不成为制约技术发展的瓶颈。因此，当有用信号的最高频率并不很高时，ADC 可以采用过采样技术，显著提高采样率，拉大 Nyquist 频率与有用信号最高频率间的距离，这样，抗混叠模拟滤波器即使采用较少的阶数和相当高的截止频率，仍然可以保证有用信号直至最高频率处的衰减和镜频混叠都是可以接受的(详见 7.2.2.2 节)。符合这一要求的抗混叠滤波器由于阶数少、截止频率高，体积、功耗、成本均显著降低。考虑到有用信号的最高频率并不很高，而天地数据传输很难以显著提高了的过采样比进行，可以在信号抽样量化之后，通过数字滤波技术，去除有用信号最高频率以上的干扰信号，然后再用信号抽取技术降低天地数据传输的数据率。

数字滤波器的构成原理和设计方法部分来源于模拟滤波器；数字滤波的技术含量比模拟滤波高，当没有可直接利用的技术时，开发成本可能是高昂的，或者在没有充分吃透的情况下，实际达到的效果可能偏离预期；数字滤波的含义广，例如取中位值、滑动平均等有时也称为滤波，其实它不同于截断高频信号，只让低频信号无障碍通过的低通滤波。

① 文献[11]原文为“精度”，不妥(参见 4.1.3.1 节)。
② 文献[11]原文为“精度”，不妥(参见 4.1.3.1 节)。

6.2 有源低通滤波器类型及特性

6.2.1 类型

常见的有源低通滤波器形式有：临界阻尼、Bessel、Butterworth、Chebyshev－Ⅰ、Cauer 等。其中：临界阻尼滤波器的增益和群时延在通带和过渡带内均随频率缓慢衰减；Bessel 滤波器通带内的时延近乎恒定，因而具有最佳方波响应曲线，但其增益也在通带和过渡带内均随频率缓慢衰减，仅比临界阻尼滤波器稍好一些；Butterworth 滤波器具有最平坦的通带，较陡的过渡带，但群时延大一些；Chebyshev－Ⅰ滤波器具有很陡的过渡带，但具有等波纹的通带，且群时延很大；Cauer 滤波器又称为椭圆函数滤波器，具有最陡峭的过渡带，但具有等波纹的通带和阻带，且群时延最高[15-16]。

由于 Cauer 滤波器在阻带上有固定波动，因而对滤除高频杂波，防止频率混淆最为不利。因此，对于空间微重力测量技术而言，通常不予考虑。

级联 RC 有源低通滤波器的传递函数有如下形式[16]：

$$A_u(P)=\frac{A_0}{\prod_{i=1}^{m}(1+a_iP+b_iP^2)} \tag{6-2}$$

式中 P——Laplace 变换建立的－3 dB 归一化复频率；

$A_u(P)$——有源低通滤波器在－3 dB 归一化复频率 P 处的复数增益；

A_0——$P=0$ 时的增益；

i——滤波器的级序号；

m——滤波器的级数；

a_i，b_i——第 i 级滤波器的系数。

并有[16]

$$P=\frac{\mathrm{j}\omega}{\omega_c}=\frac{\mathrm{j}f}{f_c} \tag{6-3}$$

式中 j——虚数单位，$\mathrm{j}=\sqrt{-1}$；

ω——角频率，rad/s；

ω_c——截止角频率（－3 dB 处的角频率），rad/s；

f——频率，Hz；

f_c——截止频率（－3 dB 处的频率），Hz。

将式(6－3)代入式(6－2)，得到

$$A_u(\mathrm{j}f)=\frac{A_0}{\prod_{i=1}^{m}\left[\left(1-\frac{b_i}{f_c^2}f^2\right)+\mathrm{j}\frac{a_i}{f_c}f\right]} \tag{6-4}$$

式中 $A_u(\mathrm{j}f)$——有源低通滤波器在频率 f 处的复数增益。

式(6－4)可以改写为

$$A_u(\mathrm{j}f)=A_0\prod_{i=1}^{m}\frac{\left(1-\frac{b_i}{f_c^2}f^2\right)-\mathrm{j}\frac{a_i}{f_c}f}{\left[\left(1-\frac{b_i}{f_c^2}f^2\right)^2+\left(\frac{a_i}{f_c}f\right)^2\right]} \tag{6-5}$$

由式(6-5)可以得到幅频特性为

$$|A_u(jf)| = \frac{A_0}{\prod_{i=1}^{m}\sqrt{\left(1-\frac{b_i}{f_c^2}f^2\right)^2+\left(\frac{a_i}{f_c}f\right)^2}} \tag{6-6}$$

式中 $|A_u(jf)|$ —— 有源低通滤波器在频率 f 处复数增益的模,即增益的幅度。

由式(6-5)可以得到相频特性为

$$\phi(jf) = \sum_{i=1}^{m}\left[-\arctan\left(\frac{a_i f_c f}{f_c^2-b_i f^2}\right)-\left(1-\frac{|f_c^2-b_i f^2|}{f_c^2-b_i f^2}\right)\times\frac{\pi}{2}\right] \tag{6-7}$$

式中 $\phi(jf)$—— 有源低通滤波器在频率 f 处复数增益的辐角,即增益的相位,rad。

我们知道反正切的主值范围为(−π/2, π/2),为了把它延伸至[−π, π],需判别式(6-5)实部和虚部的正负号,当实部为负号、虚部为正号时,应加π;当实部和虚部均为负号时,应减π。由式(6-5)可以看到,虚部不会出现正号,即实际值域范围为[−π, 0]。为此,式(6-7)方括号中增加第二项,它所起的作用正是将值域从(−π/2, π/2)调整为[−π, 0]。

以3级6阶有源低通滤波器为例,表6-1给出了临界阻尼、Bessel、Butterworth、0.5 dB波动的Chebyshev-Ⅰ四类有源低通滤波器的系数 a_i,b_i[16]。

表6-1 3级6阶有源低通滤波器的系数 a_i, b_i[16]

类别	i	1	2	3
临界阻尼	a_i	0.699 9	0.699 9	0.699 9
	b_i	0.122 5	0.122 5	0.122 5
Bessel	a_i	1.221 7	0.968 6	0.513 1
	b_i	0.388 7	0.350 5	0.275 6
Butterworth	a_i	1.931 9	1.414 2	0.517 6
	b_i	1.000 0	1.000 0	1.000 0
0.5 dB波动的Chebyshev-Ⅰ	a_i	3.864 5	0.752 8	0.158 9
	b_i	6.979 7	1.857 3	1.071 1

6.2.2 幅频特性和相频特性

6.2.2.1 幅频特性

由式(6-6)和表6-1可以绘出 $f_c=108.5$ Hz的3级6阶临界阻尼、Bessel、Butterworth、0.5 dB波动的Chebyshev-Ⅰ等四类有源低通滤波器的幅频曲线 $|A_u|/A_0-f$,如图6-1、图6-2所示,其中图6-1为线性刻度,图6-2为双对数刻度。

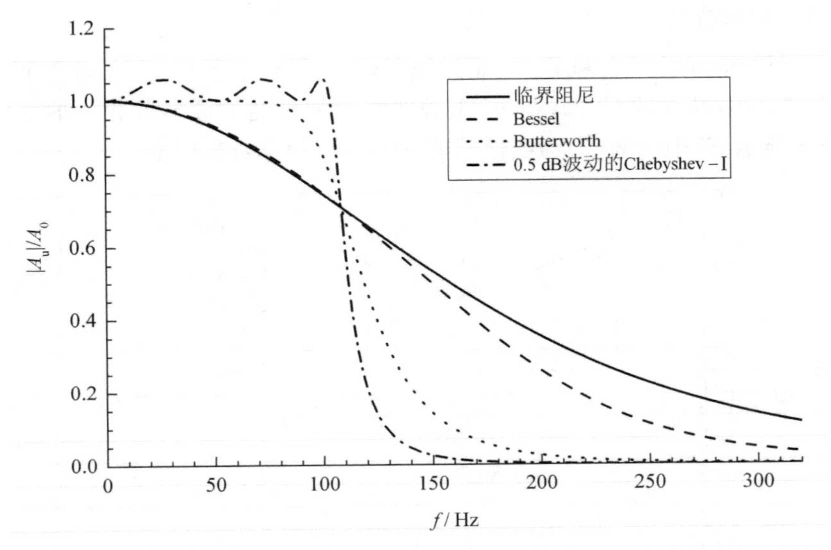

图 6-1 f_c=108.5 Hz 的四类 3 级 6 阶有源低通滤波器的幅频曲线(线性刻度)

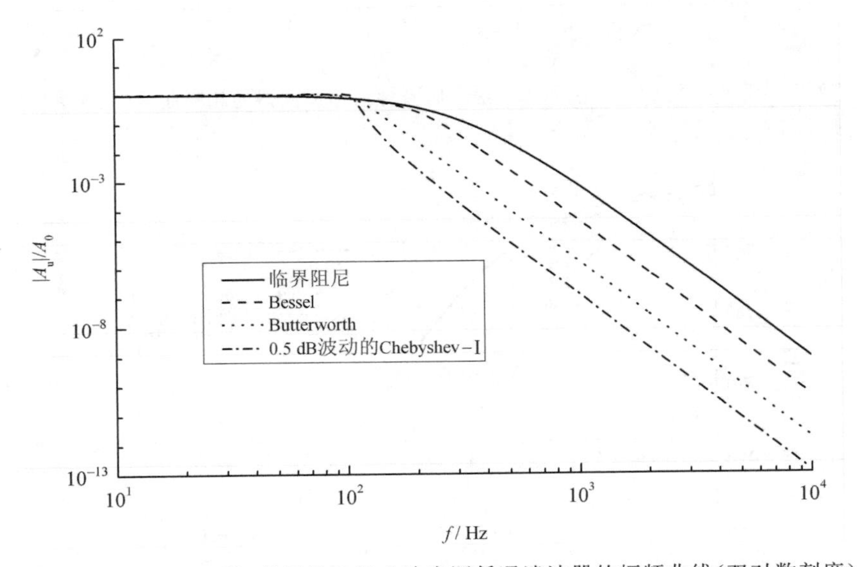

图 6-2 f_c=108.5 Hz 的四类 3 级 6 阶有源低通滤波器的幅频曲线(双对数刻度)

从图 6-1 可以看到,0～103.6 Hz 范围内,3 级 6 阶 0.5 dB 波动的 Chebyshev-Ⅰ有源低通滤波器的幅频特性始终在 1～1.06 间波动,比其他三种滤波器平稳,有利于频谱分析;而在 103.6 Hz 以上,3 级 6 阶 0.5 dB 波动的 Chebyshev-Ⅰ有源低通滤波器的幅频特性衰减最快,即过渡带最为陡峭、阻带最为有效,因而有利于防止频率混淆。与之相比,3 级 6 阶 Butterworth 有源低通滤波器的幅频响应在通带的很宽范围内相当平坦,但截止频率前的衰减发生得要早一些;3 级 6 阶临界阻尼有源低通滤波器衰减发生得最早,且随频率增加衰减得最慢。

从图 6-2 可以看到,4 种有源低通滤波器不论何种,阻带内增益均以 $-20n$ dB/dec 的速率单调下降。

6.2.2.2 相频特性

由式(6－7)和表 6－1 可以绘出 $f_c=108.5$ Hz 的 3 级 6 阶临界阻尼、Bessel、Butterworth、0.5 dB 波动的 Chebyshev－Ⅰ等四类有源低通滤波器的相频曲线 $\phi-f$，如图 6－3、图 6－4 所示，其中图 6－3 为线性刻度，图 6－4 为单对数刻度。

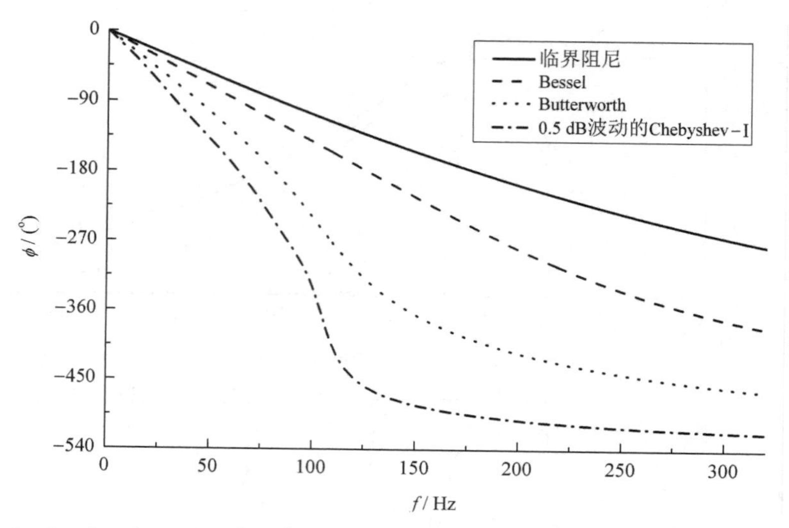

图 6－3 $f_c=108.5$ Hz 的四类 3 级 6 阶有源低通滤波器的相频曲线(线性刻度)

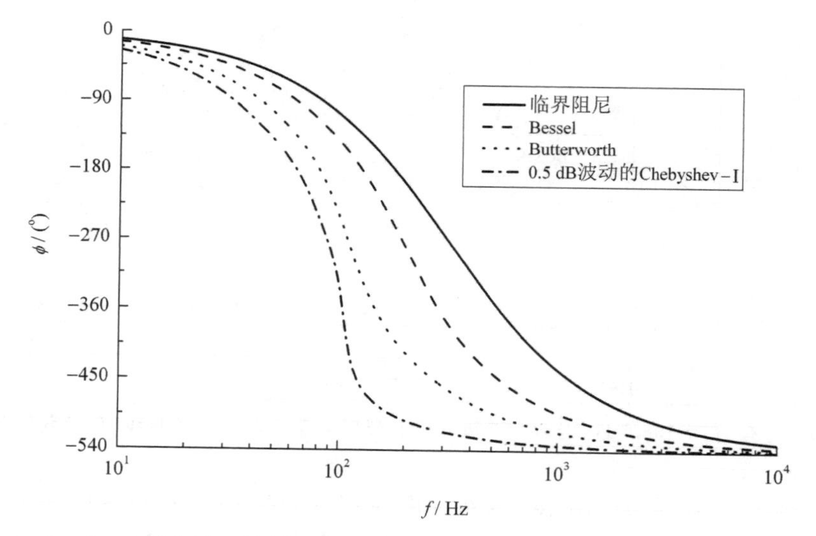

图 6－4 $f_c=108.5$ Hz 的四类 3 级 6 阶有源低通滤波器的相频曲线(单对数刻度)

6.2.3 群时延和信号传输失真

6.2.3.1 群时延

我们知道，群时延 τ 的定义为[16]

$$\tau=-\frac{\mathrm{d}\phi(\omega)}{\mathrm{d}\omega} \tag{6-8}$$

式中 τ——群时延,s;

ϕ——增益的相位,rad。

由式(6-8)我们得到

$$\tau = -\frac{1}{2\pi}\frac{\mathrm{d}\phi(f)}{\mathrm{d}f} \tag{6-9}$$

由式(6-9)我们得到,当 ϕ 的单位为度时:

$$\{\tau\}_{\mathrm{s}} = -\frac{1}{360}\frac{\mathrm{d}\{\phi(f)\}_{(°)}}{\mathrm{d}\{f\}_{\mathrm{Hz}}} \tag{6-10}$$

式中 ϕ——增益的相位,(°)。

由式(6-10)可以看到,求图 6-3 所示曲线各点的斜率并除以-360,即可得到 τ 随 f 的变化曲线,如图 6-5 所示。

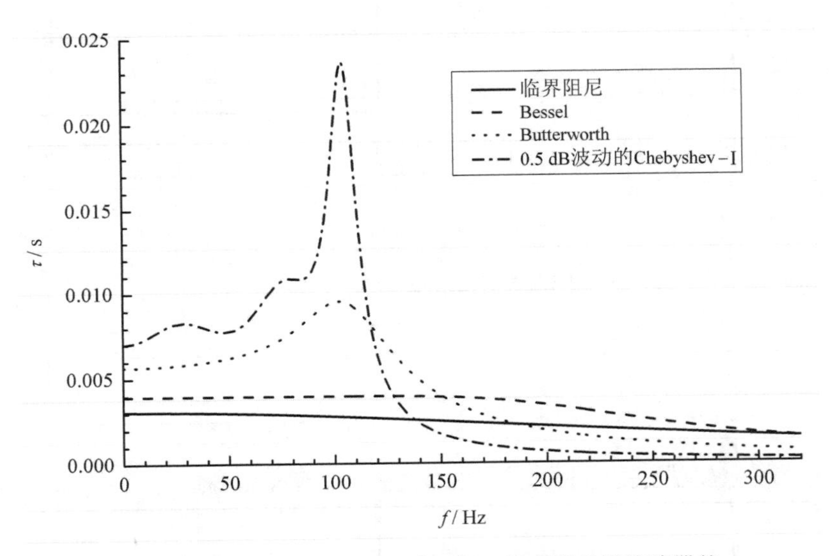

图 6-5 f_c=108.5Hz 的四类 3 级 6 阶有源低通滤波器的群时延随频率的变化曲线

6.1.3 节第(2)条指出,为满足信号传输不产生失真,群时延应为常数。从图 6-5 可以看到,3 级 6 阶临界阻尼有源低通滤波器的群时延始终变化缓慢,3 级 6 阶 Bessel 有源低通滤波器的群时延在通带内几乎保持恒定,3 级 6 阶 Butterworth 有源低通滤波器的群时延越靠近零频越平坦,3 级 6 阶 0.5 dB 波动的 Chebyshev-Ⅰ有源低通滤波器的群时延变化最大。

6.2.3.2 信号传输失真

四类 3 级 6 阶有源低通滤波器对方波信号的响应可以直观地反映信号失真情况。图 6-6 给出了一个周期 0.64 s 的方波信号。

为了得到图 6-6 所示方波信号通过 f_c=108.5 Hz 的四类 3 级 6 阶有源低通滤波器后的响应,对图 6-6 所示方波信号用附录 C.1 节给出的程序进行 FFT 变换得到其幅频特性和相频特性,将幅频特性与图 6-1 所示该有源低通滤波器的幅频曲线相乘,将相频特性与图 6-3 所示该有源低通滤波器的相频特性相加,得到该方波信号通过该有源低通滤波器后的幅频特性和相频特性，再用附录 C.2 节给出的程序进行 IFFT 变换，即可得到该方波信号通过该有源低通滤波器后的响应，如图 6-7、图 6-8 所示，其中图 6-8 是图 6-7 的局部展开图。

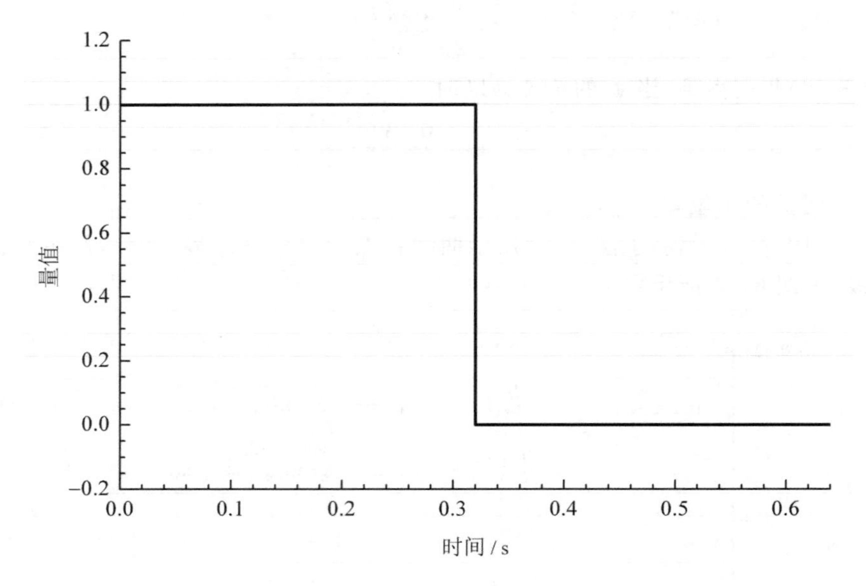

图 6-6 周期 0.64 s 的方波信号

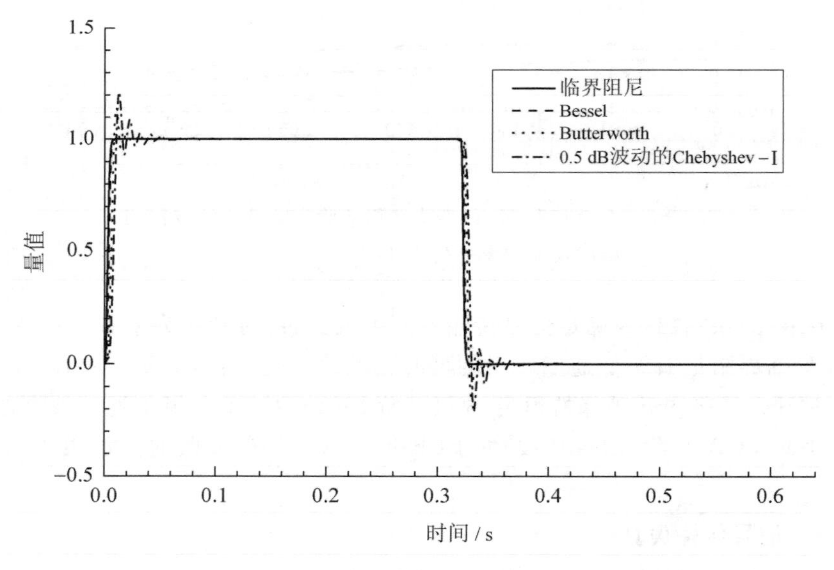

图 6-7 图 6-6 所示方波信号通过 $f_c = 108.5$ Hz 的四类 3 级 6 阶有源低通滤波器后的响应

从图 6-8 可以看到，3 级 6 阶临界阻尼有源低通滤波器对方波信号响应的延迟时间最短，完全没有过冲；3 级 6 阶 Bessel 有源低通滤波器延迟时间稍长一点，过冲极不明显；3 级 6 阶 0.5 dB 波动的 Chebyshev－Ⅰ有源低通滤波器延迟时间最长，过冲最大。

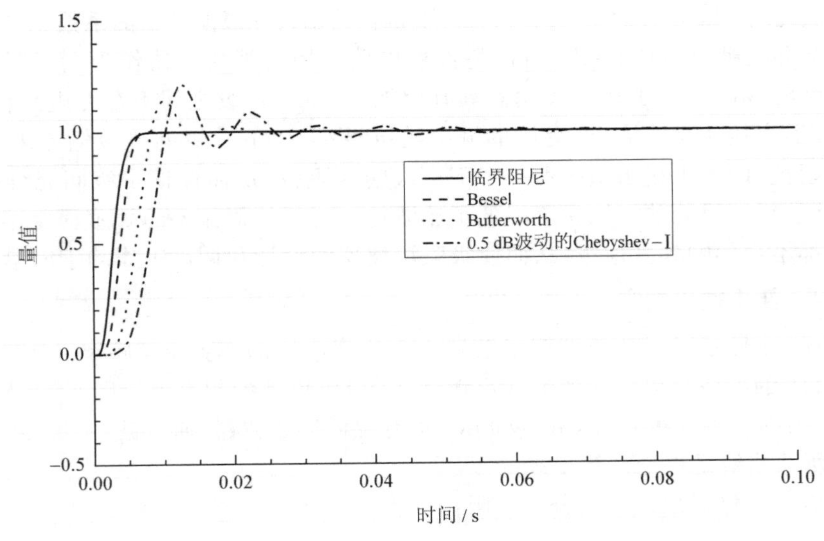

图 6－8　图 6－6 所示方波信号通过 f_c＝108.5 Hz 的四类 3 级 6 阶有源低通滤波器后的响应(局部展开图)

6.3　选择有源低通滤波器类型和参数的示例

以下面两个例子来说明如何选择有源低通滤波器的类型和参数。

6.3.1　神舟号飞船加速度测量装置选用的 Chebyshev－Ⅰ有源低通滤波器

6.3.1.1　概述

6.1.1 节指出，我国神舟号飞船要求以每路不低于 230 Sps 的采样率测量自身所在位置三轴向的瞬态和振动加速度随时间的变化及其(0.13～90) Hz 的频谱。鉴于所选择的传感器只能保证其谐振频率不低于 400 Hz，比要求的最高测量频率 90 Hz 高出的倍数不是特别多，结合客观条件，确定每路采样率为 r_s＝250 Sps，由式(5－32)得到 Nyquist 频率 f_N＝125 Hz，距离要求的最高测量频率 90 Hz 不远，所以如 6.1.2 节第(1)条所述，把过渡带尽量陡峭和阻带尽量有效放在首位。依据 6.2.2.1 节的分析，选用 Chebyshev－Ⅰ有源低通滤波器。此外，正如 6.1.3 节第(1)条所述，虽然对四类 3 级 6 阶有源低通滤波器作比较时，0.5 dB波动的 Chebyshev－Ⅰ有源低通滤波器群时延变化最快，对方波信号响应的延迟和过冲也最大，但是对神舟号飞船微重力测量目标的实现并无影响。

6.3.1.2　确定通带波动程度

良好的 Chebyshev－Ⅰ有源低通滤波器的通带波动为 0.05 dB，即波动 0.6%。然而，通带内波动越小，过渡带内衰减越慢，由于我们最关心频率混淆问题，因此通带波动放宽到 0.5 dB，即波动 6%。

6.3.1.3　阶数和级数确定

阻带内增益以－20n dB/dec 的速率单调下降。我们取 n＝6，以保证镜频可以忽略，而电路又不致过于复杂。

如果不考虑用滤波器设计软件帮助，6 阶有源滤波器需由三个二阶 RC 有源滤波器级联而成。具体做法是对 Chebyshev 多项式进行因式分解，给出每一级滤波器的系数 a_i 和 b_i。

12.8.1 节和文献[12,17]指出，有源滤波器电路是用运算放大器作为电压源或电流源，配上 RC 网络构成的。由于运算放大器具有虚地点，所以各级之间不存在电平耦合相互作用；有源滤波器直接从运放输出，运放的输出阻抗极小，而下一级的等效输入阻抗接近 RC 网络的输入阻抗，即本级输出阻抗远小于下一级输入阻抗，从而保证了级间充分隔离，因而可以直接级联；每一级的独立性显著降低了滤波特性对元件值偏差的敏感程度，且其中一级的任何变化都不会影响到其他级，从而使级联滤波器的设计和调试工作趋于简单。

6.3.1.4 截止频率确定

如前所述，神舟号飞船加速度测量装置由采样率决定的 Nyquist 频率 $f_N=125$ Hz，因而高于 125 Hz 的杂波会以镜频的形式反射到 125 Hz 以下的频率上。图 6－9 显示了镜频的反射情况，图中采用 3 级 6 阶 Chebyshev－Ⅰ有源低通滤波器，通带波动 0.5 dB，截止频率 108.5 Hz。所示曲线是理论计算出来的。

一般频谱分析仪器规定频谱分析上限：

$$f_{\max}=\frac{1}{1.28}f_N \tag{6-11}$$

式中 $f_{\max}$——频谱分析上限，Hz。

即 $f_{\max}=97.66$ Hz。图 6－9 标出了频谱分析上限。

理论计算表明(参见图 6－9)，在 $f_{\max}$ 位置镜频的响应仅为 2.2%；如果放宽到 100 Hz，镜频的响应也只有 2.5%。同时，100 Hz 以内幅频响应只有波动，没有衰减；如果频谱分析上限允许幅频响应衰减 5%，则可进一步放宽到 104.76 Hz，在此频率下镜频的响应为 3.3%。由此表明，采用截止频率 108.5 Hz 是恰当的。

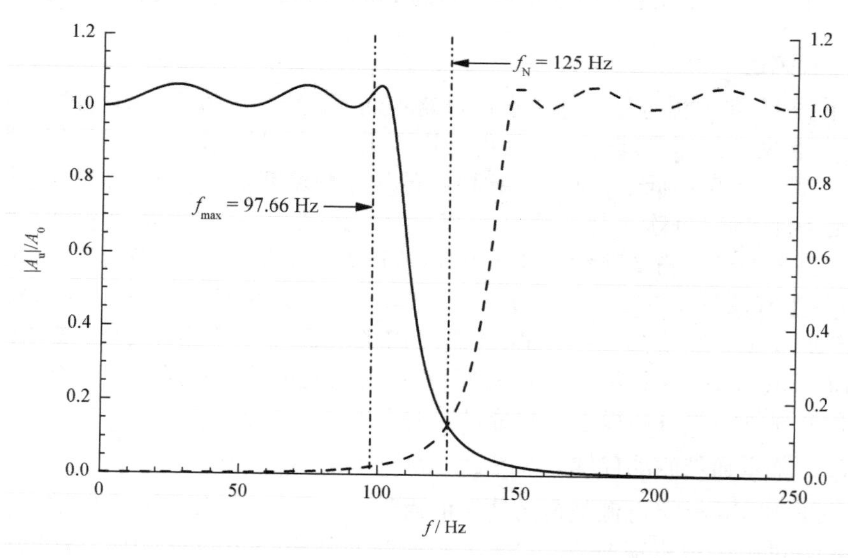

图 6－9 采样率 250 Sps 下的 Nyquist 频率及所采用的有源低通滤波器下的镜频的反射情况

6.3.1.5 对阶跃信号的响应

6.2.3.2 节采用 Fourier 变换和逆变换的方法得到方波信号通过有源低通滤波器后呈现出延迟甚至过冲的景像实质上就是阶跃信号通过有源低通滤波器后呈现出的景像。神舟号飞船上与此相应的典型示例是变轨时推进器工作引起的加速度。图 6－10 给出了变轨起始段实际检测到的加速度变化。从图中可以看到，不仅发生了加速度阶跃，而且拌随着一个振荡过程。与图 6－8 相对照，可以肯定该振荡过程比图 6－8 中方波信号通过 f_c＝108.5 Hz、3 级 6 阶 0.5 dB 波动 Chebyshev－Ⅰ有源低通滤波器后的响应要大得多、慢得多，所以不是神舟号飞船微重力测量装置所采用的该低通滤波器造成的，而是推进器推力有个逐渐形成过程，推进器开始工作后会引起飞船结构动力响应的反映。因此，尽管 3 级 6 阶 0.5 dB 波动 Chebyshev－Ⅰ有源低通滤波器对阶跃信号的响应存在延迟和过冲，并不影响对飞船加速度阶跃的测量。

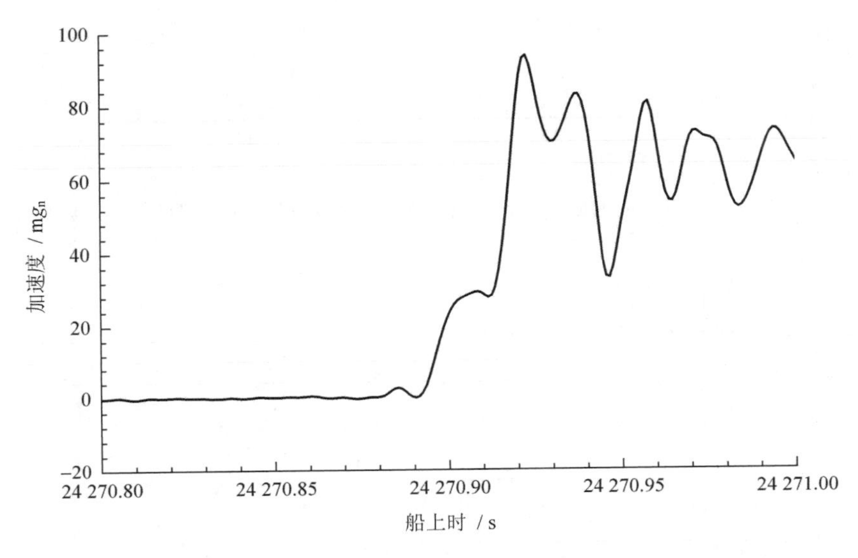

图 6－10　神舟号飞船变轨推进器工作时实际检测到的加速度变化

总之，截止频率 108.5 Hz、3 级 6 阶、0.5 dB 波动的 Chebyshev－Ⅰ有源低通滤波器幅频特性在 100 Hz 以内波动不超过 6%，镜频响应不大于 2.5%，满足最高测量频率 90Hz 的要求，虽然对阶跃信号的响应存在延迟和过冲，但是并不影响对飞船加速度阶跃的测量。因此，我国神舟号飞船微重力测量选用截止频率 108.5 Hz、3 级 6 阶、0.5 dB 波动的 Chebyshev－Ⅰ有源低通滤波器。

6.3.2　SuperSTAR 每秒 10 次采样使用的 Butterworth 有源低通滤波器

6.3.2.1　概述

6.1.2 节第(2)条给出，GRACE 卫星所用的 SuperSTAR 加速度计测量带宽为(1×10^{-4}～0.1) Hz。6.1.3 节第(2)条指出，对于反演重力场来说，测量带宽内数据的正确度和时域波形失真度足够小是非常重要的。为此要求：测量带宽内每秒 10 次采样下归一化闭环传递函数的振幅不平坦度小于－90 dB；群时延 $\tau(f)$ 的标定误差小于 10 ms，最大不稳定性小于 2 ms；相频特性 $\phi(f)$ 相对于线性变化的离差小于 0.002°。由于每秒 10 次采样前(但在伺服控制环外)使用了截止频率为 3 Hz 的低通滤波器，所以这三项指标不仅与伺服控制环内归一化闭环传递函数有关，而且与该环外低通滤波器的特性有关。为满足这三项指标的要求，环外使用的是截止频率为 3 Hz 的四阶 Butterworth 有源低通滤波器。该滤波器的幅频曲线 $|A_u|/A_0-f$ 如图 6－11、图 6－12 所示，其中图 6－11 为单对数刻度，图 6－12 为双对数刻度。

该滤波器的相频曲线 $\phi-f$ 如图 6－13 所示。

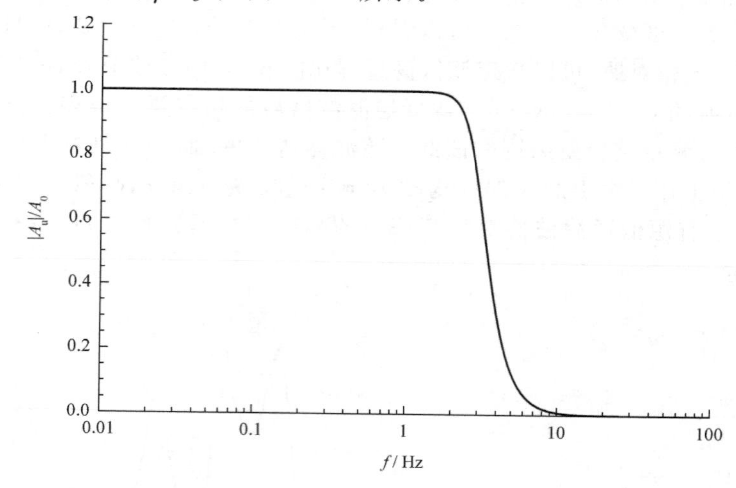

图 6－11　$f_c=3$ Hz 的四阶 Butterworth 有源低通滤波器的幅频曲线（单对数刻度）

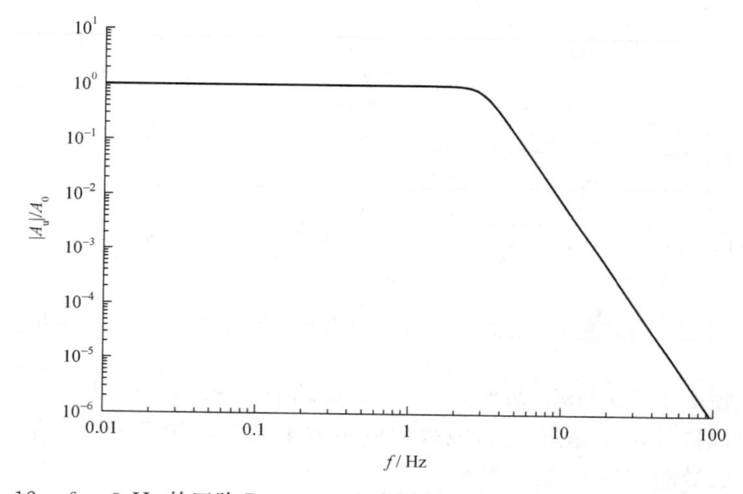

图 6－12　$f_c=3$ Hz 的四阶 Butterworth 有源低通滤波器的幅频曲线（双对数刻度）

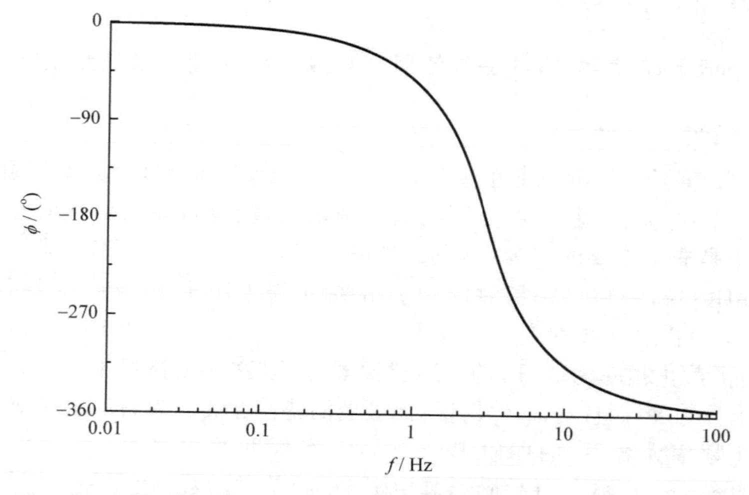

图 6－13　$f_c=3$ Hz 的四阶 Butterworth 有源低通滤波器的相频曲线（单对数刻度）

6.3.2.2　测量带宽内的幅度衰减

由图 6－11 所示的 $f_c=3$ Hz 的四阶 Butterworth 有源低通滤波器的幅频曲线 $|A_u|/A_0-f$ 可以得到幅度随频率增长而衰减的情况 $(1-|A_u|/A_0)-f$，如图 6－14 所示。

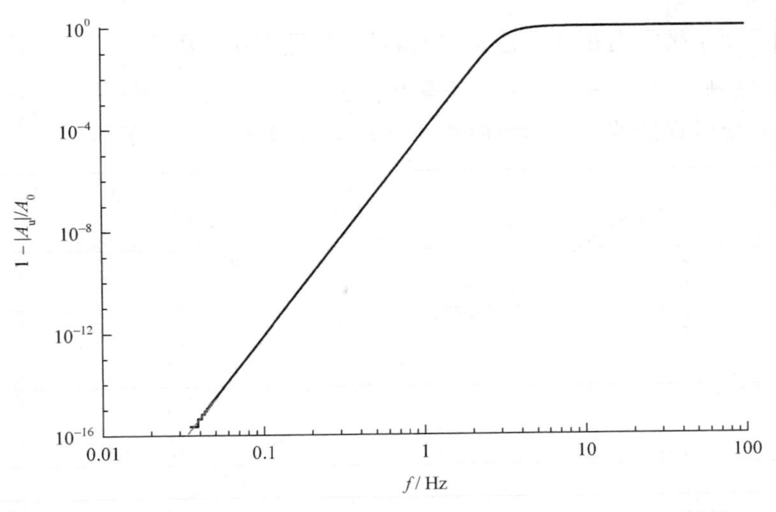

图 6－14　$f_c=3$ Hz 的四阶 Butterworth 有源低通滤波器幅度随频率的衰减曲线（双对数刻度）

从图 6－14 可以看到，采用 $f_c=3$ Hz 的四阶 Butterworth 有源低通滤波器时，虽然幅频特性的衰减随频率增加而加大，但直至 0.1 Hz 仍小于 1×10^{-12}（即－240 dB），显示出在测量带宽内平坦度极好。

6.3.2.3　谱线混叠问题

测量带宽内数据的正确度不仅受测量带宽内幅度衰减的影响，而且受谱线混叠的影响。由式(5－32)得到采样率为 10 Sps 时 Nyquist 频率 $f_N=5$ Hz。按照 5.3.3 节的叙述可以绘出 $f_c=3$ Hz 的二级四阶 Butterworth 有源低通滤波器的镜频反射情况，如图 6－15 所示。

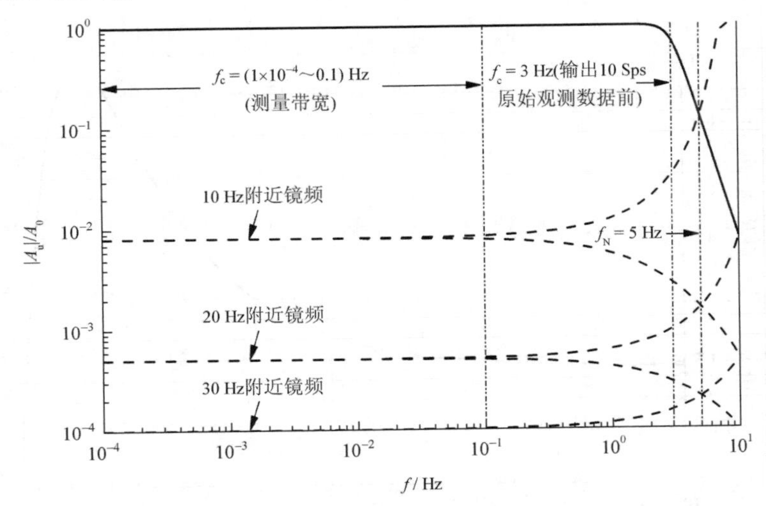

图 6－15　采样率 10 Sps 下的 Nyquist 频率及所采用的有源低通滤波器下的镜频反射情况（双对数刻度）

从图 6－15 可以看到，10 Hz 附近的干扰信号会有 0.84%的比例混叠到 0.1 Hz 以内，20 Hz 附近的干扰信号会有 0.05%的比例混叠到 0.1 Hz 以内，30 Hz 附近的干扰信号会有 0.01%的比例混叠到 0.1 Hz 以内。所以要注意防止在 10 Hz 附近、20 Hz 附近、30 Hz 附近存在特别显著的干扰信号。

6.3.2.4 测量带宽内相频特性 $\phi(f)$ 相对于线性变化的离差

重新以线性刻度在（0～0.1）Hz 范围内绘制图 6－13 所示的 $f_c=3$ Hz 的二级四阶 Butterworth 有源低通滤波器的相频曲线 $\phi(f)-f$，如图 6－16 所示。

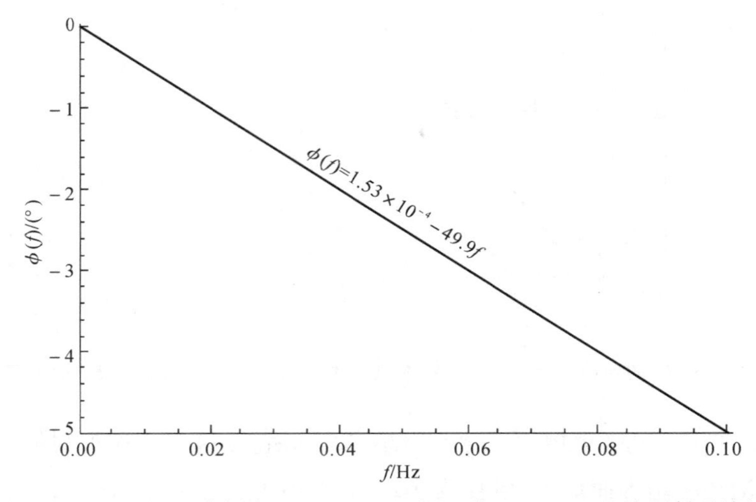

图 6－16 （0～0.1）Hz 范围内、$f_c=3$ Hz、二级四阶 Butterworth 有源低通滤波器的相频曲线（线性刻度）

用最小二乘法线性拟合图 6－16 所示的（0～0.1）Hz 范围内、$f_c=3$ Hz、二级四阶 Butterworth 有源低通滤波器相频曲线 $\phi(f)-f$，得到的拟合公式也绘于该图中。将 $\phi(f)$ 值与拟合值相减，即可得到（1×10^{-4}～0.1）Hz 测量带宽内 $\phi(f)$ 相对于线性变化的离差，如图6－17 所示。

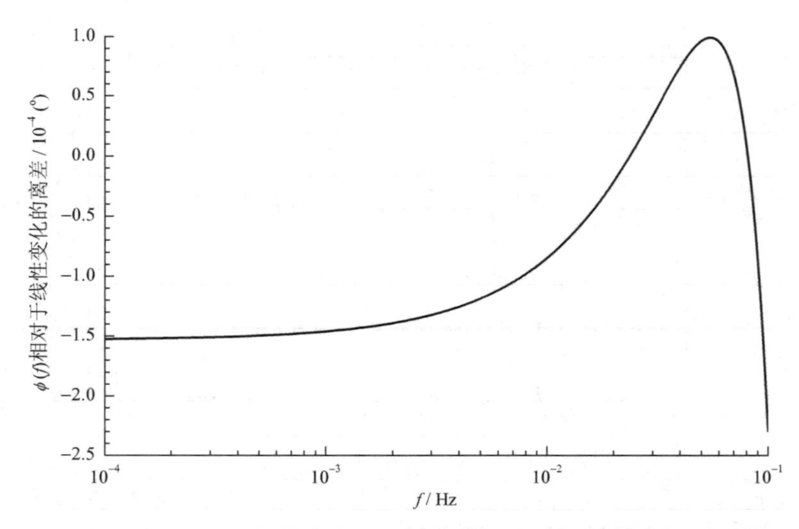

图 6－17 （1×10^{-4}～0.1）Hz 测量带宽内、$f_c=3$ Hz、二级四阶 Butterworth 有源低通滤波器的相频特性 $\phi(f)$ 相对于线性变化的离差

由图 6－17 得到，$(1\times10^{-4}\sim0.1)$ Hz 测量带宽内、$f_c=3$ Hz、二级四阶 Butterworth 有源低通滤波器的相频特性 $\phi(f)$ 相对于线性变化的离差处于 $(-2.3\times10^{-4}\sim9.9\times10^{-5})(°)$ 范围内，这对于保证 SuperSTAR 加速度计每秒 10 次采样下归一化闭环传递函数的相频特性 $\phi(f)$ 相对于线性变化的离差小于 0.002°是非常有利的。

6.3.2.5　测量带宽内群时延 $\tau(f)$ 的标定误差

将式（6－10）用于图 6－16 所示的（0～0.1）Hz 范围内、$f_c=3$ Hz、二级四阶 Butterworth 有源低通滤波器的相频曲线 $\phi(f)-f$，可以得到（0～0.1）Hz 范围内该低通滤波器的群时延随频率的变化曲线 $\tau(f)-f$，如图 6－18 所示。

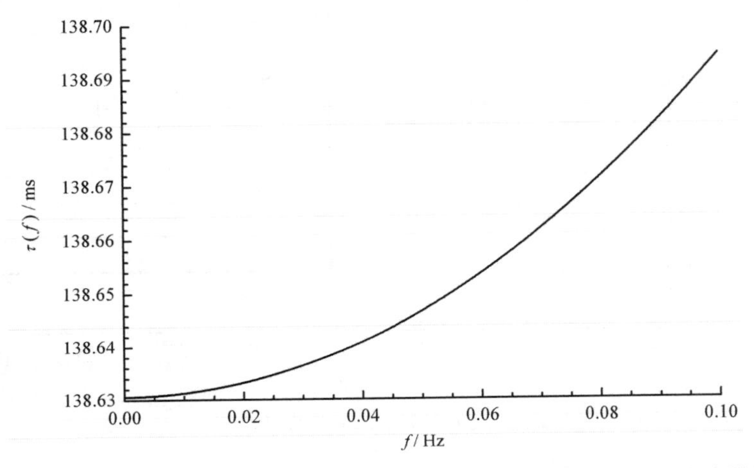

图 6－18　（0～0.1）Hz 范围内、$f_c=3$ Hz、二级四阶 Butterworth 有源低通滤波器的群时延

从图 6－18 可以看到，在（0～0.1）Hz 范围内随着频率提高，群时延 $\tau(f)$ 的增大越来越明显。若以 0 频处的群时延值 $\tau(0)$ 作为群时延标定值，并将 $\tau(f)$ 与 $\tau(0)$ 相减，即可得到 $(1\times10^{-4}\sim0.1)$ Hz 测量带宽内该低通滤波器群时延 $\tau(f)$ 的标定误差，如图 6－19 所示。

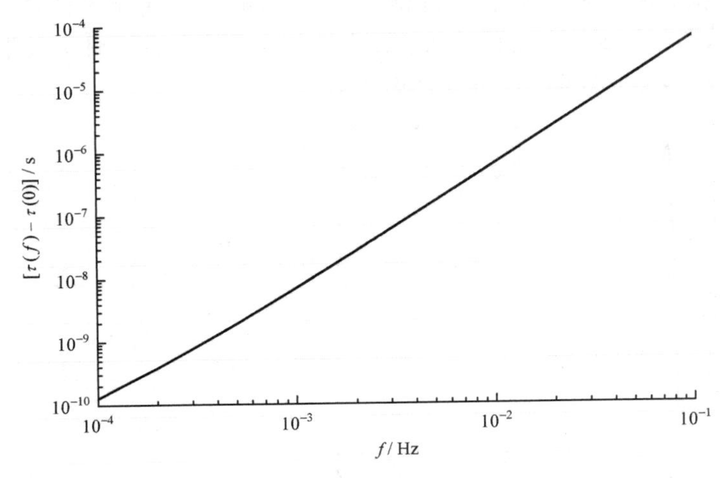

图 6－19　$(1\times10^{-4}\sim0.1)$ Hz 测量带宽内 $f_c=3$ Hz、二级四阶 Butterworth 有源低通滤波器群时延 $\tau(f)$ 的标定误差

由图 6－19 得到，$(1\times10^{-4}\sim0.1)$ Hz 测量带宽内、$f_c=3$ Hz、二级四阶 Butterworth 有

源低通滤波器群时延 $\tau(f)$ 的标定误差不超过 6.38×10^{-5} s，这对于保证 SuperSTAR 加速度计每秒 10 次采样下归一化闭环传递函数群时延 $\tau(f)$ 的标定误差小于 10 ms，最大不稳定性小于 2 ms 是非常有利的。

6.3.2.6 对方波信号的响应

图 6 - 20 给出了一个周期 16 s 的方波信号。

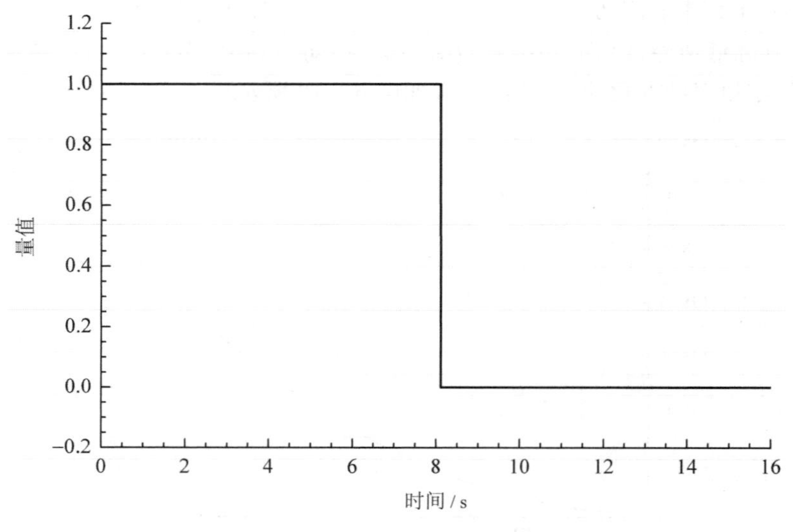

图 6 - 20　周期 16 s 的方波信号

为了得到图 6 - 20 所示方波信号通过 $f_c=3$ Hz 的二级四阶 Butterworth 有源低通滤波器后的响应，采用 6.2.3.2 节所述的方法，对图 6 - 20 所示方波信号用附录 C.1 节给出的程序进行 FFT 变换得到其幅频特性和相频特性，将幅频特性与图 6 - 11 所示该有源低通滤波器的幅频曲线相乘，将相频特性与图 6 - 13 所示该有源低通滤波器的相频曲线相加，得到该方波信号通过该有源低通滤波器后的幅频特性和相频特性，再用附录 C.2 节给出的程序进行 IFFT 变换，即可得到该方波信号通过该有源低通滤波器后的响应，如图 6 - 21、图 6 - 22 所示，其中图 6 - 22 是图 6 - 21 的局部展开图。

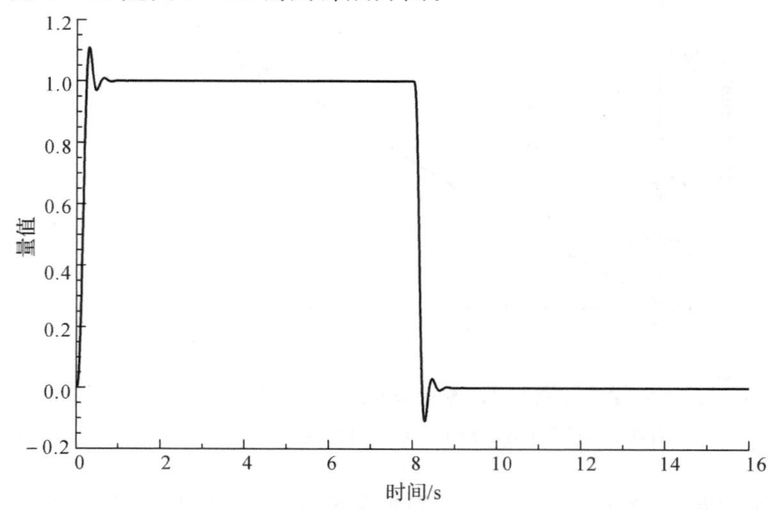

图 6 - 21　图 6 - 20 所示方波信号通过 $f_c=3$ Hz 的二级四阶 Butterworth 有源低通滤波器后的响应

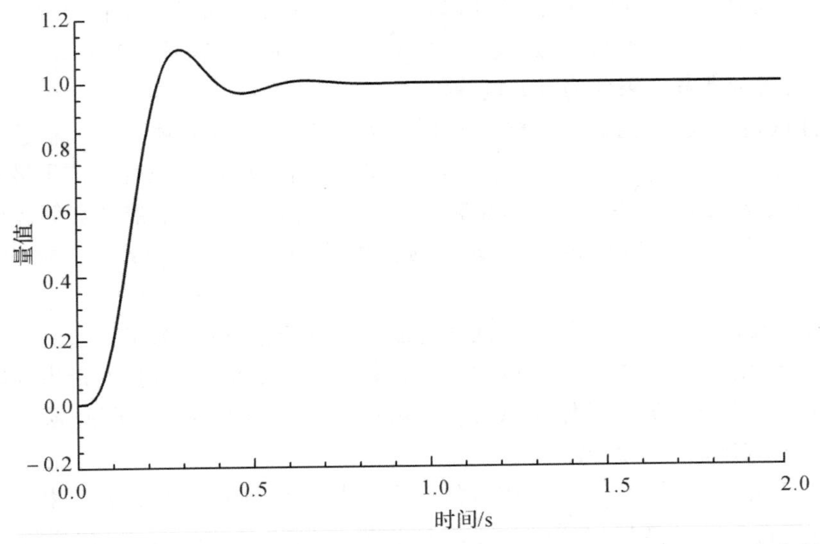

图 6-22 图 6-20 所示方波信号通过 $f_c=3$ Hz 的二级四阶 Butterworth 有源低通滤波器后的响应(局部展开图)

从图 6-22 可以看到，$f_c=3$ Hz 的二级四阶 Butterworth 有源低通滤波器对方波信号的响应存在延迟、过冲和衰减振荡，但延迟、过冲和衰减振荡所经历的时间总计不超过 1 s，所以不会影响测量带宽($1\times10^{-4}\sim0.1$) Hz 范围内的噪声水平评估。

6.4 本章阐明的主要论点

6.4.1 微重力测量对低通滤波的需求

(1)GRACE 卫星及 GOCE 卫星与加速度测量有关的低通有三种，需求各不相同：①GOCE 卫星所用的加速度计 GRADIO 向用户正式提供的 1b 级数据，是 Δ-Σ ADC 先给出 10 Sps 的输出数据，再用软件进行数字滤波转换为 1 Sps 的，在 Δ-Σ ADC 之前设置了抗混叠模拟滤波器，它也是一种低通滤波器；② 考察加速度尖峰的影响，以及验证 GRACE 卫星所用的加速度计 SuperSTAR 的噪声水平，必须使用 1a 级加速度计原始观测数据，采样率为 10 Sps，采样前(但在伺服控制环外)使用了截止频率为 3 Hz 的四阶 Butterworth 低通滤波器；③静电悬浮加速度计电容位移检测电路使用的抽运频率为 100 kHz，在该检测电路之后必须用低通滤波器滤除该高频分量。该低通滤波环节是静电悬浮加速度计伺服反馈控制系统的组成环节，分析闭环传递函数的稳定性和鲁棒性时必须考虑该环内低通滤波的影响。由于位移检测的抽运频率高达 100 kHz，离环外 1a 级原始观测数据的 3 Hz 带宽很远，所以该环内低通滤波环节可以采用一阶有源低通滤波电路。

(2) 要厘清截止频率、低通滤波的通带和测量带宽的概念：① 本书仅将 -3 dB 处的频率称为截止频率 f_c，而将 0 频至通带高端频率 f_h 定义为有源低通滤波的通带。我们知道：对于 Chebyshev-Ⅰ 有源低通滤波，f_h 指等波纹最高频率；对于 Bessel 有源低通滤波，f_h 指具有平坦群时延特征的最高频率；对于临界阻尼和 Butterworth 有源低通滤波，f_h 与 f_c 等同。② 对于含有有源低通滤波的系统而言，其测量带宽的上限除了受限于有源低通滤波的通带外，还可能受限于其他更为严格的要求，这时该系统测量带宽的上限会比 f_h 或 f_c 低，甚至低很多。例如 SuperSTAR 加速度计归一化闭环传递函数幅值谱在 −3 dB 处的频率高达 89.2 Hz，而测量带宽上限仅为 0.1 Hz。

(3) 设计低通滤波时，当提高采样率较为困难，希望 Nyquist 频率尽量靠近有用信号的最高频率时，应把过渡带尽量陡峭和阻带尽量有效放在首位，在保证有用信号最高频率处的衰减是可以接受的前提下，保证 Nyquist 频率落在阻带内，不允许阻带具有等波动特性。与此相应，就要允许通带具有一定的波动，为此，可选用多级 Chebyshev - Ⅰ 有源低通滤波器。

(4)当测量带宽上限远低于所采用低通滤波器的截止频率时，为了保证测量带宽内数据的正确度，低通滤波器的幅频特性应该在零频处具有最大平坦响应，且通带内和阻带内都没有波动，其中阻带内没有波动是保证原始观测数据不受谱线混叠干扰所必须的，为此，可选用 Butterworth 有源低通滤波器。

(5)为满足信号传输不产生失真，群时延应为常数，即相位应随频率呈线性变化。Butterworth 有源低通滤波器的群时延虽然比临界阻尼和 Bessel 大，且在通带内随着频率提高，群时延的增大越来越明显，但在远低于截止频率处，群时延还是非常平坦的，因此，在测量带宽上限远低于有源低通滤波器截止频率的前提下，若希望能兼顾幅频与相频特性，应选用 Butterworth 近似。

(6)模拟低通滤波器的阶数越多，滤波效果越好，但体积和功耗也越大；此外，模拟低通滤波器的截止频率越低，体积也越大。

(7)数字低通滤波运算通常有两种方法：一种是频域方法，即利用 FFT 算法对输入信号进行离散 Fourier 变换。分析其频谱，舍弃不需要的高频分量，再利用 IFFT 算法恢复出需要的低频时域信号，这种事后处理方法具有较好的频率选择性和灵活性。另一种方法是时域法，这种方法是通过对离散采样数据作卷积运算来达到低通滤波的目的。数字滤波器的基本部件是数字加法器、乘法器和延迟元件。采用硬件构成的数字滤波器具有实时性，并能实现时分多用。用软件方法实现的数字滤波器的特点是系统函数具有较大的灵活性，但实时性依赖于算法结构和计算机的速度。

(8)与模拟电路相比，数字器件能更充分地利用亚微米技术，可以比它们的模拟版本更加密集，成本和性能上也都更有优势。随着半导体尺寸的减小(至深亚微米)，信号电压持续下降(至 1.25 V 或更低)，其固有信噪比已降至用作模拟器件时所需性能的边界，而数字系统对内部噪声的容忍度要强得多。数字系统可以工作在极低的频率下，如果用模拟系统实现，则所需的元件值将大到不可实现的程度。数字系统的设计可以通过努力增加字长来提高精密度(10 bits≈60 dB 的动态范围)，而模拟系统的精密度一般是有限的。数字系统可以通过编程轻易改变功能，而模拟系统功能的调整则极其困难。数字系统易于对信号进行延迟和压缩，而模拟系统则难以达到这样的效果。数字系统不需要外部标定，而模拟系统需要周期调整(由于温漂、老化等造成)。数字系统没有阻抗匹配的需求，而模拟系统需要阻抗匹配。一般而言，数字系统与模拟系统相比对噪声更不敏感。

(9)模拟系统能工作在极高频率下(比如微波和光学频率)，这超出了数字设备可达到的最高时钟速率。有时模拟解决方案比数字方案更具成本效益。

(10)与模拟低通滤波器相比较，数字低通滤波器在体积、重量、误差、稳定性、可靠性、存储功能、灵活性以及性能价格比等方面都显示明显的优点。随着数字技术的发展，模拟低通滤波器的应用领域已逐步减少,然而,在有些情况下模拟与数字滤波器也可以混合应用。例如,在实际应用中,往往借助数字低通滤波器处理模拟信号,这时模拟信号经过符合采样定理要求的抗混叠模拟滤波器后再通过 ADC 完成抽样与量化,由此形成的数字信号经数字低通滤波器实现信号处理要求,将处理后的数字信号经 DAC 和模拟平滑滤波得到输出的模拟信号。

(11)随着数字信号处理技术的发展,提高采样率本身越来越不成为制约技术发展的瓶颈。因此,当有用信号的最高频率并不很高时,ADC 可以采用过采样技术,显著提高采样率,拉大 Nyquist 频率与有用信号最高频率间的距离,这样,抗混叠模拟滤波器即使采用较少的阶数和相当高的截止频率,仍然可以保证有用信号直至最高频率处的衰减和镜频混叠都是可以接受的。符合这一要求的抗混叠滤波器由于阶数少、截止频率高,体积、功耗、成本均显著降低。考虑到有用信号的最高频率并不很高,而天地数据传输很难以显著提高了的过采样比进行,可以在信号抽样量化之后,通过数字滤波技术,去除有用信号最高频率以上的干扰信号,然后再用信号抽取技术降低天地数据传输的数据率。

(12)数字滤波器的构成原理和设计方法部分来源于模拟滤波器;数字滤波的技术含量比模拟滤波高,当没有可直接利用的技术时,开发成本可能是高昂的,或者在没有充分吃透的情况下,实际达到的效果可能偏离预期;数字滤波的含义广,例如取中位值、滑动平均等有时也称为滤波,其实它不同于截断高频信号,只让低频信号无障碍通过的低通滤波。

6.4.2 有源低通滤波器类型及特性

常见的有源低通滤波器形式有:临界阻尼、Bessel、Butterworth、Chebyshev - Ⅰ、Cauer 等。其中:临界阻尼滤波器的增益和群时延在通带和过渡带内均随频率缓慢衰减;Bessel 滤波器通带内的时延近乎恒定,因而具有最佳方波响应曲线,但其增益也在通带和过渡带内均随频率缓慢衰减,仅比临界阻尼滤波器稍好一些;Butterworth 滤波器具有最平坦的通带,较陡的过渡带,但群时延大一些;Chebyshev - Ⅰ 滤波器具有很陡的过渡带,但具有等波纹的通带,且群时延很大;Cauer 滤波器又称为椭圆函数滤波器,具有最陡峭的过渡带,但具有等波纹的通带和阻带,且群时延最高,由于 Cauer 滤波器在阻带上有固定波动,因而对滤除高频杂波,防止频率混淆最为不利。因此,对于空间微重力测量技术而言,通常不予考虑。

6.4.3 选择有源低通滤波器类型和参数的示例

(1)如果不考虑用滤波器设计软件帮助,6 阶有源滤波器需由三个二阶 RC 有源滤波器级联而成。由于有源滤波器电路是用运算放大器作为电压源或电流源,配上 RC 网络构成的,其中运算放大器具有虚地点,所以各级之间不存在电平耦合相互作用;由于有源滤波器直接从运放输出,运放的输出阻抗极小,而下一级的等效输入阻抗接近 RC 网络的输入阻抗,即本级输出阻抗远小于下一级输入阻抗,保证了级间充分隔离,所以可以直接级联;由于每一级的独立性显著降低了滤波特性对元件值偏差的敏感程度,且其中一级的任何变化都不会影响到其他级,所以级联滤波器的设计和调试工作相当简单。

(2)采用 Fourier 变换和逆变换的方法得到方波信号通过有源低通滤波器后呈现出延迟甚至过冲的景像实质上就是阶跃信号通过有源低通滤波器后呈现出的景像。

(3)测量带宽内数据的正确度不仅受测量带宽内幅度衰减的影响,而且受谱线混叠的影响。

参考文献

[1] OBERNDORFER H, MÜLLER J. GOCE closed-loop simulation [J]. Journal of Geodynamics, 2002, 33 (1/2): 53 - 63.

[2] FLURY J, BETTADPUR S, TAPLEY B D. Precise accelerometry onboard the GRACE gravity field satellite mission [J]. Advances in Space Research, 2008, 42 (8): 1414 - 1423.

[3] FROMMKNECHT B. Simulation des sensorverhaltens bei der GRACE-mission[D]. München: TUM (Technische Universität München), 2001.

[4] TOUBOUL P, FOULON B, LE CLERC G M. STAR, the accelerometer of geodesic mission CHAMP: IAF - 98 - B. 3. 07 [C]//The 49th International Astronautical Congress, Melbourne, Australia, September 28 - October 2, 1998.

[5] JOSSELIN V, TOUBOUL P, KIELBASA R. Capacitive detection scheme for space accelerometers applications [J]. Sensors and Actuators, 1999, 78 (2/3): 92 - 98.

[6] LISA Study Team. LISA: Pre-Phase A Report [R/OL]. 2nd edition. Garching, Germany: Max-Planck-Institut für Quantenoptik, 1999. https://lisa. nasa. gov/archive2011/Documentation/ppa2.08.pdf.

[7] TOUBOUL P, RODRIGUES M. Microscope mission & instrument [C]//GREX (GRavitation and EXperiments meeting), Nice, France, October 27 - 29, 2004.

[8] 莱昂斯. 数字信号处理[M].2 版. 朱光明，等译.北京：机械工业出版社，2006.

[9] STANTON R, BETTADPUR S, DUNN C, et al. Science & Mission Requirements Document GRACE 327 - 200 (JPL D - 15928) [R]. Revision D. Pasadena, California: Jet Propulsion Laboratory (JPL), 2002.

[10] 郑君里，应启珩，杨为理. 信号与系统：下[M]. 2 版. 北京：高等教育出版社，2000.

[11] WILLIAMS A B, TAYLOR F J. 电子滤波器设计[M]. 宁彦卿，姚金科，译. 北京：科学出版社，2008.

[12] 吴丙申，卞祖富. 模拟电路基础[M]. 北京：北京理工大学出版社，1997.

[13] 石春雷，舒金龙，朱振福，等. 滤波器群时延特性分析及在信号处理中的应用[J]. 系统工程与电子技术，2003，25 (3)：260 - 262.

[14] 郑南宁，程洪. 数字信号处理[M]. 北京：清华大学出版社，2007.

[15] 丁士圻. 模拟滤波器[M]. 哈尔滨：哈尔滨工程大学出版社，2004.

[16] 梯策，胜克. 高级电子电路[M]. 王祥贵，周旋，等译. 北京：人民邮电出版社，1984.

[17] LUTOVAC M D, TOSIC D V, EVANS B L. 信号处理滤波器设计：基于 MATLAB 和 Mathematica 的设计方法[M]. 朱义胜，董辉，等译. 北京：电子工业出版社，2004.

第7章 Δ-Σ ADC的原理、量化噪声及动态性能

本章的物理量符号

A	量化器的峰-峰值，U(U指观测量的单位)
B	量化器的位数(即CIC滤波器的输入字长)
B_{ADC0}	Nyquist型ADC由满量程理想信噪比反推的位数
B_{ADC1}	直接过采样ADC由满量程理想信噪比反推的位数
B_{ADC5}	采用量化噪声整形的M阶B位Δ-Σ ADC由满量程理想信噪比反推的位数
B_{CIC}	CIC滤波器的输出字长
B_{ENOB}	ADC产品的有效位数
C	积分器的反馈电容，F
$\mathrm{d}t$	冲量δ的持续时间，s
e_{rms}	量化器量化噪声的方均根值，U
$e_{\mathrm{rms},B=1}$	1位量化器量化噪声的方均根值，U
f_{d}	sinc滤波器的截止频率，Hz
f_{dp}	感兴趣信号的最高频率，Hz
$F_{\mathrm{i}}(z)$	图7-23所示传递函数的输入，U
f_{m}	输入信号最高频率，Hz
$f_{\max}$	频率上限，Hz
$f_{\min}$	频率下限，Hz
f_{N}	Nyquist频率：$f_{\mathrm{N}}=r_{\mathrm{s}}/2$
$F_{\mathrm{o}}(z)$	图7-23所示传递函数的输出，U
h	$2\mathrm{d}t$内积分器输出上升的高度，V
$H_{\mathrm{dscrt}}(i\Delta f)$	有限离散sinc滤波器的频域响应函数
$h_{\mathrm{dscrt}}(k\Delta t)$	有限离散sinc滤波器的离散时域响应函数
$h_{\mathrm{dscrt}}(t)$	有限离散sinc滤波器的连续时域响应函数
$H_{\mathrm{e}}(s)$	量化噪声的传递函数
$H_{\mathrm{e}}(z)$	$H_{\mathrm{e}}(s)$的z变换
$H_{\mathrm{half}}(i\Delta f)$	有限离散sinc滤波器具有正负频率的频域响应函数
$H(i\Delta f)$	sinc滤波器的有限离散频域响应函数
$H(\mathrm{j}f)$	传递函数
h_{L}	$V_{\mathrm{in}}=0.2\,V_{\mathrm{ref}}$时$2\mathrm{d}t$内积分器输出上升的高度，V
h_{R}	$V_{\mathrm{in}}=0.4\,V_{\mathrm{ref}}$时$2\mathrm{d}t$内积分器输出上升的高度，V
$H(s)$	$H(z)$的Laplace变换

$H_s(s)$	信号的传递函数
$H_s(z)$	$H_s(s)$ 的 z 变换
$h(t)$	sinc 滤波器的时域响应函数，s^{-1}
$H(z)$	图 7-23 所示传递函数
$H(\omega)$	sinc 滤波器的频域响应函数
i	离散频域数据的序号
I_C	通过积分器反馈电容的电流，A
I_{in}	输入电流，A
K	FOPDT 模型的开环增益
k	离散时域数据的序号
L	CIC 滤波器的级数
M	调制器的阶数
N	数据长度（即时域的采样点数）
n_0	ADC 产品量化噪声的方均根值，U
n_{01}	直接过采样 ADC 输出的量化噪声方均根值，U
$N_{01,PSD}$	直接过采样 ADC 的量化噪声功率谱密度，$U/Hz^{1/2}$
n_{02}	原理性 1 阶 1 位 Δ-Σ ADC 输出的量化噪声方均根值，U
$N_{02,PSD}$	原理性 1 阶 1 位 Δ-Σ 调制器输出端的量化噪声功率谱密度，$U/Hz^{1/2}$
n_{03}	采用量化噪声整形的 1 阶 1 位 Δ-Σ ADC 输出的量化噪声方均根值，U
$N_{03,PSD}$	1 阶 1 位 Δ-Σ 调制器经整形后的量化噪声功率谱密度，$U/Hz^{1/2}$
n_{04}	采用量化噪声整形的 M 阶 1 位 Δ-Σ ADC 输出的量化噪声方均根值，U
$N_{04,PSD}$	M 阶 1 位 Δ-Σ 调制器经整形后的量化噪声功率谱密度，$U/Hz^{1/2}$
n_{05}	采用量化噪声整形的 M 阶 B 位 Δ-Σ ADC 输出的量化噪声方均根值，U
$N_{05,PSD}$	M 阶 B 位 Δ-Σ 调制器经整形后的量化噪声功率谱密度，$U/Hz^{1/2}$
$N_{0,PSD}$	Nyquist 型 ADC 的量化噪声功率谱密度，$U/Hz^{1/2}$
$N_{in,PSD}$	输入的噪声功率谱密度，$U/Hz^{1/2}$
n_{OSR}	过采样比 R_{OSR} 以 2 为底的幂次
$N(s)$	量化噪声
P	规定的累计间隔时间，s
p	冲量重复周期，s
P_d	频率低于采样率之半（不包括直流）的全频谱失真功率，U^2
$P_{d,c}$	信噪失真比峰值处频率低于采样率之半（不包括直流）的全频谱失真功率，U^2
P_e	Δ-Σ ADC 量化噪声的输出功率，U^2
P_{fndm}	基波输入信号的功率，U^2
$P_{fndm,0}$	信噪失真比为 0 dB 时的基波输入信号功率（噪底），U^2
$P_{fndm,c}$	信噪失真比峰值处基波输入信号的功率，U^2
$P_{fndm,max}$	基波最大输入信号的功率，U^2

$P_{in}(f)$	输入的功率谱密度,输入的噪声功率谱密度,U^2/Hz
p_L	$V_{in}=0.2V_{ref}$ 时的冲量重复周期,s
P_n	频率低于采样率之半(不包括直流)的全频谱噪声功率,U^2
$P_{n,c}$	信噪失真比峰值处频率低于采样率之半(不包括直流)的全频谱噪声功率,U^2
P_{out}	输出功率,U^2
p_R	$V_{in}=0.4V_{ref}$ 时的冲量重复周期,s
P_s	交流输入信号的功率,U^2
R	限流电阻,Ω
R_{D1}	CIC滤波器的抽取因子
r_{d1}	CIC滤波器的输出数据率,Sps
R_{D2}	CIC补偿器的抽取因子
r_{d2}	CIC补偿器的输出数据率,Sps
R_{D3}	半带滤波器的抽取因子
r_{d3}	半带滤波器的输出数据率,Sps
R_{DR}	ADC产品输入动态范围,dB
R_{OSR}	过采样比
r_s	ADC的采样率,Sps
R_{SINAD}	ADC产品的信噪失真比,dB
$R_{SINAD,p}$	*ADC* 产品的信噪失真比峰值,dB
R_{SNR}	*ADC* 产品的信噪比,dB
$R_{SNR0,FS}$	Nyquist型ADC的满量程理想信噪比,dB
$R_{SNR1,FS}$	直接过采样ADC的满量程理想信噪比,dB
$R_{SNR5,FS}$	采用量化噪声整形的 M 阶 B 位Δ-Σ ADC的满量程理想信噪比,dB
$R_{SNR,FS}$	ADC产品的满量程理想信噪比,dB
r_δ	恒定冲量δ的频度,s^{-1}
s	Laplace变换建立的的复数角频率,也称为Laplace算子,rad/s
T	FOPDT模型的惯性时间常数,s
t	时间,积分器输出下降 h 所需时间,s
t_L	积分器输出下降 h_L 所需时间,s
t_R	积分器输出下降 h_R 所需时间,s
V_{else}	基波之外,频率低于采样率之半(不包括直流)的所有频谱成分功率之和的平方根,U
$V_{else,c}$	信噪失真比峰值处基波之外、频率低于采样率之半(不包括直流)的所有频谱成分功率之和的平方根,U
V_{fndm}	基波输入信号的幅度方均根,U
$V_{fndm,c}$	信噪失真比峰值处基波输入信号的幅度方均根,U
V_{FS}	ADC正弦波满量程输入信号的方均根值,U
V_{in}	输入模拟信号的幅度,V

V_{ref}	ADC 的参考电压,V
x	自变量
$X(s)$	Δ-Σ 调制器输入
$Y(s)$	Δ-Σ 调制器输出
z	z 变换建立的的复变量
Δ	理想码元宽度,即量化器 1 LSB 高度,U
δ	恒定冲量,V·s
Δf	频率间隔(即频谱分辨力),Hz
Δt	采样间隔,s
Σ	累计间隔时间 P 内恒定冲量 δ 的数量
τ	FOPDT 模型的纯滞后时间常数,s
τ_i	积分时间常数,s
ω	角频率,rad/s
ω_{d}	sinc 滤波器的截止角频率,rad/s

本章独有的缩略语

ASIC	Application Specific Integrated Circuit,专用集成电路
CIC	Cascade Integrator Comb,级联积分梳状
DR	Dynamic Range,动态范围
DSP	Digital Signal Processor,数字信号处理器
FPGA	Field Programmable Gate Array,现场可编程门阵列
OL	Overload,过载度
SAR	Successive Approximation Register,逐次逼近寄存器
SINAD	Signal-to-Noise-and-Distortion-Ratio,信噪失真比
SNDR	Signal-to-Noise-and-Distortion-Ratio,信噪失真比

7.1 基本原理

7.1.1 Δ-Σ ADC 与 Nyquist 型 ADC 的区别

任何 ADC 都包括有三项基本的功能,这就是采样、量化与编码。采样过程将模拟信号在时间上离散化使之变成采样信号,量化将采样信号的幅度离散化使之变成数字信号,编码则将数字信号最终表示成为数字系统所能接受的形式。如何实现这三个功能就决定了 ADC 的形式与性能[1]。

传统 ADC 的采样率 r_s 只要求符合 Nyquist 采样定理,即 r_s 的值仅等于或稍高于输入信号最高频率 f_m 的两倍(参见 7.2.1 节),所以传统 ADC 被称为 Nyquist 型 ADC。Nyquist 型 n 位(即 n-bit,指量化器的位数,对于 Nyquist 型 ADC,量化器位数即输出字长) ADC 的模拟-数字转换过程严格按照采样、量化和编码的顺序进行:首先在符合 Nyquist 采样定理的前提下,用输入的模拟信号对重复率等于采样率的脉冲串进行幅度调制,将输入的模拟信号变成脉冲调幅信号；然后在 n 位量化器中对每一个采样值的幅度进行二进制 n 位码均匀量化编码，即满刻度电平被分为 2^n 个不同的量化等级，根据采样值的幅度大小确定其二进制码值，用该二进制数字串表示采样值量化电平的大小。该过程引入量化噪声。由于量化为均匀量化，按照通信中的调制编码理论，上述编码过程通常称为线性脉冲编码调制(LPCM)，因此 Nyquist 型 ADC 又被称为 LPCM 型 ADC，或简称为 PCM ADC[1]。

Nyquist 型 n 位 ADC 为了能区分 2^n 个不同的等级，需要相当复杂的比较网络和极高精密度①的模拟电子器件。当位数 n 较高时，比较网络的实现是十分困难的，因而限制了 ADC 位数的提高。而且，用这种类型的 ADC 构成采集系统时，为了保证在转换过程中样值不发生变化，必须在转换之前对采样值进行采样保持，ADC 的位数越高，这种要求越显得重要，因此在一些高精密度②采集系统中，在 ADC 的前端除了设置有抗混叠滤波器外，大都还需要设置专门的采样-保持电路，从而增加了采集系统的复杂度[1]。快闪式(flash)、两步式(Two-step)、分段式(Sub-ranging)、流水线(Pipelined)、逐次逼近寄存器(Successive Approximation Register, or SAR)、双积分型(Dual-Slope)等 ADC 都属于 Nyquist 型 ADC[2-3]。

而 Δ-Σ ADC 则与之不同。Δ-Σ ADC 由 Δ-Σ 调制器和数字抽取滤波器③两部分组成，它不直接对每个采样值的幅度进行均匀量化编码，而是采用高频度 Δ-Σ 调制将输入模拟信号的幅度 V_{in} 转化为恒定冲量 δ 的频度 r_δ，$r_\delta = kV_{in}$，式中 k 对于特定的实现手段是常数；然后在规定的累计间隔时间 P 内数恒定冲量 δ 的数量 Σ，$\Sigma = Pr_\delta = PkV_{in}$，即 Δ-Σ ADC 的标度因数为 Pk；最后通过数字抽取滤波器得到较高分辨力但较低样本频度的缓冲计数作为数字输出[4]。

在 Δ-Σ 调制形成的脉冲串中，每个脉冲具有已知且恒定的幅度 V_{ref}(V_{ref} 为 ADC 的参考电压)和持续时间 dt，其乘积为恒定冲量 δ，$\delta = V_{ref}dt$，并被当作 Dirac δ 函数。冲量 δ 的频度 r_δ 可以极细微地平稳变化，且不受电路噪声的影响，这对于保证测量准确度是非常有利的[4]。

使用适当的计数器和寄存器产生累计间隔时间 P、Σ 计数和缓冲计数，其长处为：

(1) 理论上可以选择累计间隔时间 P 以给出任何想得到的分辨力或准确度，且依靠现代方法可以廉价地实现；

(2) 通过计算 $\Sigma/(Pk)$ 得到的是累计间隔时间 P 内 V_{in} 的平均值，因而对 V_{in} 中频率远高于 $1/P$ 的噪声不敏感。

与此相应，这样做的短处是：为了得到足够的精密度，累计间隔时间 P 必须足够长，以适应大的计数，因此，器件的运算速度限制了 Δ-Σ ADC 的输出数据率 r_d，进一步限制了感兴趣信号的最高频率[4]。因为根据 Nyquist 定理，Δ-Σ ADC 的输出数据率 r_d 不能低于感兴趣信号最高频率的二倍(参见 5.2.1 节)。

由于 Δ-Σ 调制器的采样率 r_s 非常高，通常其 Nyquist 频率 f_N($f_N = r_s/2$)要比感兴趣信号的最高频率高许多倍，因此 Δ-Σ ADC 属于过采样 ADC。由于 Δ-Σ 调制器内部使用了

---

① 文献[1]原文为“精度”，不妥，不妥(参见 4.1.3.1 节)。

② 文献[1]原文为“精度”，不妥，不妥(参见 4.1.3.1 节)。

③ 数字低通滤波器(digital lowpass filter)＋抽取器(decimator)被称为数字抽取滤波器(digital decimation filter)[2]，详见 7.1.5 节。

低位量化器，避免了 Nyquist 型 ADC 中需要制造高位 DAC 转换器或高精密度①电阻网络的困难，但另一方面却因为它采用了 Δ-Σ 调制器技术和数字抽取滤波器，可以获得极高的分辨力，大大超过了 Nyquist 型 ADC。同时，由于采用低位量化编码、输出的 Δ-Σ 码不会像 Nyquist 型 ADC 那样对采样值幅度变化敏感，而且由于码位低，采样与量化编码可以同时完成，几乎不花时间，当采用 1 位量化器时，甚至不需要采样保持电路，这样就可使得采集系统的构成大为简化。由此可见，与 Nyquist 型 ADC 相比，Δ-Σ ADC 实际上是一种以高采样率间接换取高位量化，即以速度换取精密度②的方案[1]。

7.1.2　1 阶 1 位 Δ-Σ ADC

7.1.2.1　工作原理

图 7－1 显示了针对实际实现手段的 1 阶（阶数指所用 Δ-Σ 调制器的数目）1 位（位数指量化器的位数）Δ-Σ ADC 电路图，该电路图主要用于图解，通常会从实际厂商处得到其采用的实现手段。相关的波形为图 7－2。图 7－1 中标出了图 7－2 中(a)～(f)在电路图中所处的位置，而图 7－2 则显示了输入电压 V_{in} 处于中间状态（$0.4V_{\text{ref}}$）和极端状态（上饱和在满量程 $+V_{\text{ref}}$ 处和下饱和在 0.0 V 处）下这些位置的波形变化，以阐明回路的运行方式[4]。

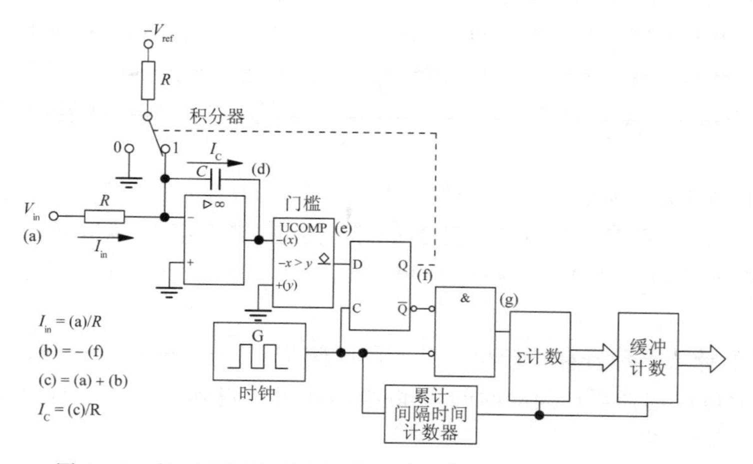

图 7－1　针对实际实现手段的 1 阶 1 位 Δ-Σ ADC 电路图[4]③

以下依次叙述图 7－1 所示各个功能块的作用：

(1)图 7－1 中左上角是一个由图 7－2 所示曲线(f)控制的电子开关，开关无论接通到左端还是右端，其电压均为 0.0 V，电流均为 $-V_{\text{ref}}/R$，所以被辐射到电路毗连部分的噪声非常少[4]。(f)为高电平时使输入电流 $I_{\text{in}}=V_{\text{in}}/R$ 分流，其中输入电压 V_{in} 如图 7－2 曲线(a)所示；(f)为低电平时则不分流。因而通过积分器反馈电容的电流 $I_C=[(\text{a})-(\text{f})]/R$（积分器的输入端为虚地）。由于图 7－2 所示曲线(b)＝－(f)，所以 $I_C=[(\text{a})+(\text{b})]/R$。进一步，由于图 7－2 所示曲线(c)＝(a)＋(b)，所以 $I_C=(\text{c})/R$。

---

① 文献[1]原文为“精度”，不妥（参见 4.1.3.1 节）。

② 文献[1]原文为“精度”，不妥（参见 4.1.3.1 节）。

③ 对文献[4]原图作了若干技术处理，包括前端电路采用其剪贴图、标准化、修正和添加一些标注。

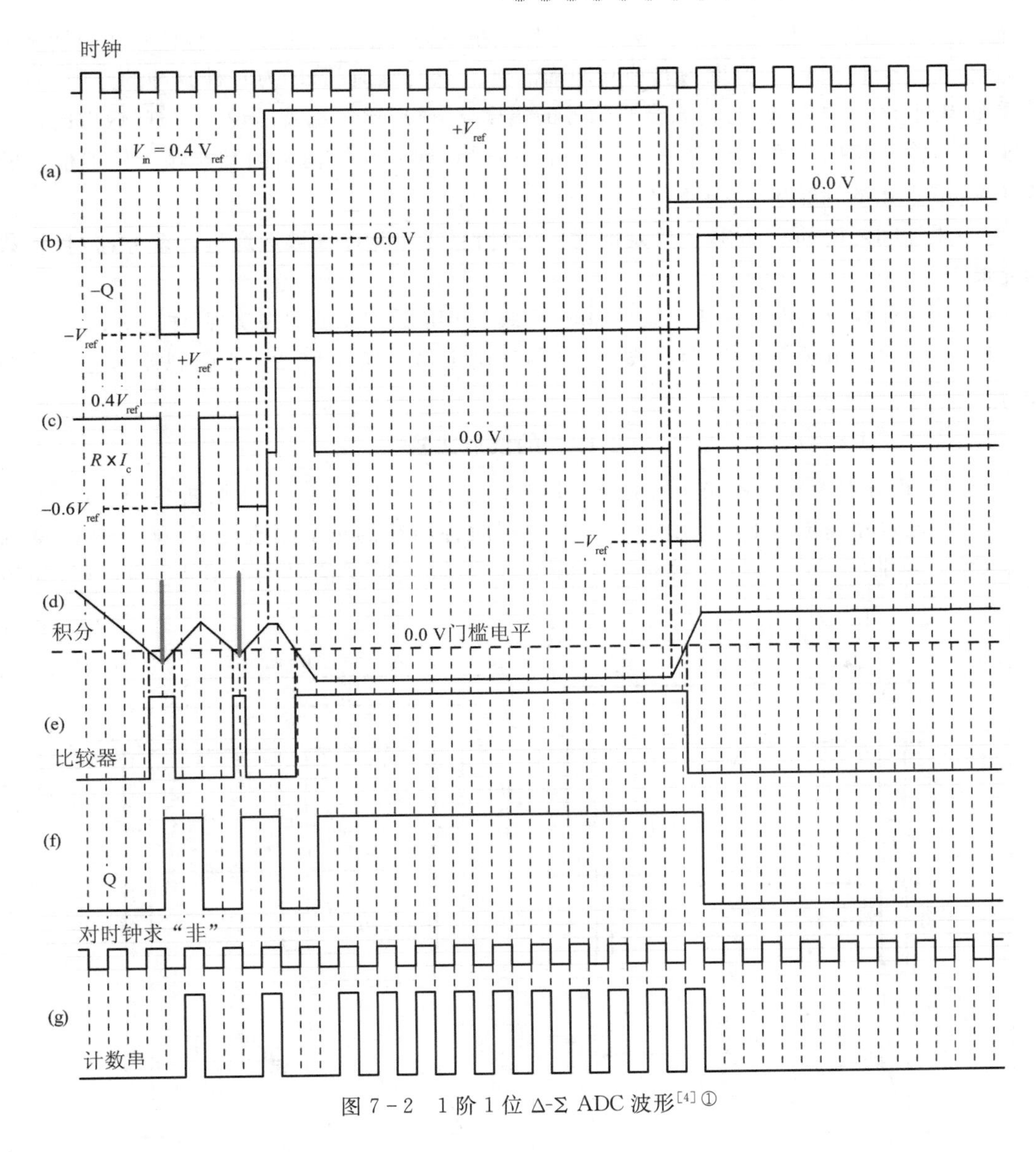

图 7－2　1 阶 1 位 Δ-Σ ADC 波形[4]①

(2)积分器对 I_c 实施“非”积分[4]。其输出如图 7－2 曲线(d)所示。

(3)门槛电路是一个正输入端接地，而从负输入端导入信号的比较器[4]，当导入信号为负时输出高电平，反之输出低电平。也就是说，信号为正时不能跨越 0 V 门槛，相应的输出为低电平；信号为负时能跨越 0 V 门槛，相应的输出为高电平。比较器的输出如图 7－2 曲线(e)所示。

(4)冲量计时器是 D 型正沿触发的触发器。在时钟脉冲的正沿出现之时，D 处施加的输入信息被传递到 Q[4]。也就是说，Q 的状态会一直保持到下一个时钟脉冲的正沿出现之时。D 触发器的 Q 端输出如图 7－2 曲线(f)所示。

(5)非与门在 $\overline{Q}$ 为高电平(即 Q 为低电平)时输出始终为低电平，而在 $\overline{Q}$ 为低电平(即 Q

① 对文献[4]原图作了少许修正，并添加了虚线和点画线以标明波形间的对应关系。

为高电平)时输出求"非"后的时钟脉冲。非与门输出的每一个高电平(与时钟脉冲的低电平相对应)即一个冲量 δ,其幅度为时钟脉冲幅值 V_{ref},其持续时间 dt 为时钟脉冲的空隙,而冲量重复周期 p(r_{δ} 之倒数)与输入模拟信号的幅度 V_{in} 成反比。也就是说,非与门输出的是其频度 r_{δ} 与输入模拟信号的幅度 V_{in} 成正比的冲量串,即非与门输出的是与输入模拟信号的幅度 V_{in} 成正比的计数串[4],如图 7-2 曲线(g)所示。

(6)累计间隔时间 P 是预先确定的时间,且当它终止时计数被选通进入缓冲器,且计数器复原[4]。

(7)缓冲计数包括数字低通滤波和抽取,用级联 FIR 数字滤波器来实现(详见 7.1.5 节)。

以下 7.1.2.2 节至 7.1.2.5 节在图 7-2 的基础上对 1 阶 1 位 Δ-Σ 调制器作进一步的分析。

7.1.2.2 $V_{in}=0.2V_{ref}$ 与 $V_{in}=0.4V_{ref}$ 的波形比较

开始时积分器的输出依赖于所有早先历史的积分,即状态随意[4][见曲线(d)],直到积分值为负,比较器输出高电平[见曲线(e)],并在时钟脉冲的正沿出现之时,被传递到 D 触发器 Q 端[见曲线(f)]。此后,冲量 δ 的频度 r_{δ} 与输入模拟信号的幅度 V_{in} 成正比,如图 7-3 (a)~(f)所示[4]。

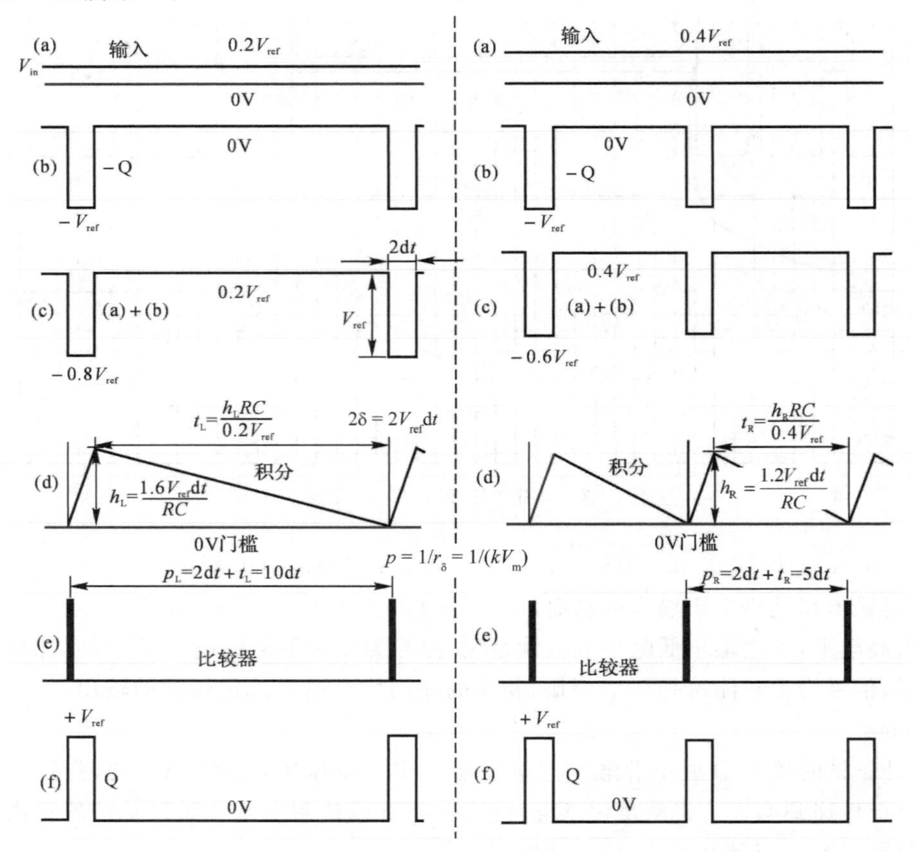

图 7-3 1 阶 1 位 Δ-Σ 调制器:冲量 δ 的频度 r_{δ} 与输入模拟信号的幅度 V_{in} 成正比[4]①

① 为了与图 7-2 保持一致,对文献[4]原图作了少许修改。

在图 7 - 3 中，左边是针对 $0.2V_{ref}$ 输入的波形，右边是针对 $0.4V_{ref}$ 输入的波形[4]。我们在该图中添加了一些标注，其中 p 为冲量重复周期。在大多数实际应用中，累计间隔时间 P 比冲量持续时间 dt 大；而且，即使信号仅仅是满量程的小零头，只要它是有效的，可变的冲量重复周期 p 也比累计间隔时间 P 小[4]。

从图 7 - 3 曲线(c) 可以看到，左边负脉冲宽度 $2dt$ 内积分器输入电流 I_C 为 $-0.8V_{ref}/R$，而右边为 $-0.6V_{ref}/R$，即通用表达式为 $I_C = (V_{in} - V_{ref})/R$，因此，从曲线(d) 可以看到，$2dt$ 内左边积分器输出上升的高度 $h_L = 1.6V_{ref}dt/(RC)$，而右边为 $h_R = 1.2V_{ref}dt/(RC)$，即通用表达式为 $h = 2(V_{ref} - V_{in})dt/(RC)$，或上升的斜率为 $h/(2dt) = (V_{ref} - V_{in})/(RC)$；从曲线(c) 可以看到，左边两个相邻脉冲宽度之间的积分器输入电流 I_C 为 $0.2V_{ref}/R$，而右边为 $0.4V_{ref}/R$，即通用表达式为 $I_C = V_{in}/R$，因此，从曲线(d) 可以看到，两个相邻脉冲宽度之间左边积分器输出下降 h_L 所需时间 $t_L = h_L RC/(0.2V_{ref}) = 8dt$，而右边积分器输出下降 h_R 所需时间为 $t_R = h_R RC/(0.4V_{ref}) = 3dt$，即通用表达式为 $t = hRC/V_{in} = 2(V_{ref}/V_{in} - 1)dt$，或下降的负斜率为 $h/t = V_{in}/(RC)$。据此，从曲线(e) 可以看到，左边冲量重复周期 $p_L = 2dt + t_L = 10dt$，而右边为 $p_R = 2dt + t_R = 5dt$，即通用表达式为 $p = 2dt + 2(V_{ref}/V_{in} - 1)dt = 2(V_{ref}/V_{in})dt$。由于冲量 δ 的频度 $r_\delta = 1/p$，所以 $r_\delta = 0.5(V_{in}/V_{ref})/dt$。

另外，由上述 $h = 2(V_{ref} - V_{in})dt/(RC)$ 可以看到，当 $V_{in} = 0.0$ V 时，h 有最大值，受电源电压限制，h 只能到达 V_{ref}，因此，$dt = RC/2$。

如前所述，累计间隔时间 P 内数恒定冲量 δ 的数量得到的值 $\Sigma = Pr_\delta$，而 $r_\delta = 0.5(V_{in}/V_{ref})/dt$，所以 $\Sigma = 0.5(P/dt)(V_{in}/V_{ref})$。由此可见：

(1) 准确地确定 V_{ref}，并且靠适当配置逻辑电路和采用公共时钟来确定 P 和 dt 之比，就可以保证 V_{in} 的测量准确度，而不必分别精密地确定 P 和 dt[4]。

(2)$V_{in} = 0$ V 时，$\Sigma = 0$，即 $V_{in} = 0$ V 时非与门仅输出低电平；$V_{in} = V_{ref}$ 时，$\Sigma = 0.5(P/dt)$，由于时钟脉冲的宽度和空隙均为 dt，即时钟脉冲的重复周期为 $2dt$，所以 $V_{in} = V_{ref}$ 时，非与门输出的就是求“非”后的时钟脉冲，如图 7 - 2 曲线(g) 所示。由此可见，对于 N 位 Δ-Σ ADC，必须保证 $V_{in} = V_{ref}$ 时的计数不小于 2^N，即必须保证 P 不短于 2^N 个时钟周期[5]。

7.1.2.3　对 $V_{in} = 0.4V_{ref}$ 波形的仔细分析

进一步仔细分析 $V_{in} = 0.4V_{ref}$ 时的波形。如上所述，$V_{in} = 0.4V_{ref}$ 时负脉冲宽度 $2dt$ 内积分器输出上升的高度 $h = 1.2V_{ref}dt/(RC)$，两个相邻脉冲宽度之间积分器输出下降 h 所需时间 $t = hRC/(0.4V_{ref}) = 3dt$，而仅在时钟脉冲的正沿出现之时，D 处施加的输入信息才被传递到 Q，且 Q 的状态会一直保持到下一个时钟脉冲的正沿出现之时。据此绘出 $V_{in} = 0.4V_{ref}$ 时的波形如图 7 - 4 所示。

开始时积分器的输出依赖于所有早先历史的积分，即状态随意[4][见曲线(d)]，直到积分值为负，比较器输出高电平[见曲线(e)]，并在时钟脉冲的正沿出现之时，被传递到 D 触发器 Q 端，使之由低电平转为高电平[见曲线(f)]，从而使 I_C 降至 $-0.6\ V_{ref}/R$，积分器输出开始上升[见曲线(d)]，当升至大于 0 V 时，不再能跨越 0 V 门槛，比较器输出转为低电平[见曲线(e)]，待到时钟脉冲正沿出现之时，低电平被 D 触发器传递到 Q 端，使之由高电平转为低电平[见曲线(f)]，从而使 I_C 升至 $0.4V_{ref}/R$[见曲线(c)]，积分器输出开始下降[见曲线(d)]，当降至小于 0 V 时，跨越 0 V 门槛，比较器输出转为高电平[见曲线(e)]，待到时钟脉冲正沿出现之时，高电平被 D 触发器传递到 Q 端，使之由低电平转为高电平[见曲线(f)]，从而使 I_C 降至 $-0.6V_{\text{ref}}/R$，积分器输出开始上升。

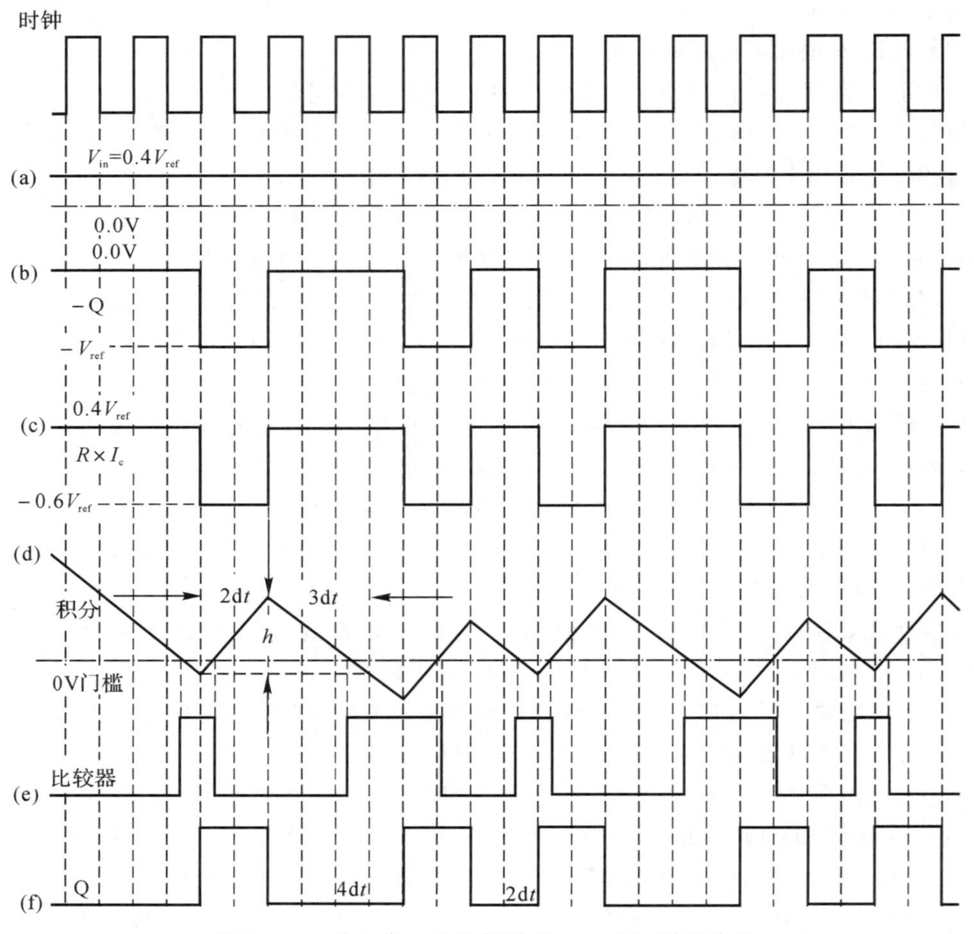

图 7-4　1 阶 1 位 Δ-Σ 调制器：$V_{\text{in}}=0.4V_{\text{ref}}$时的波形

可以看到，积分器输出持续下降的时间为 4dt，而不是 3dt，其原因是积分器输出下降至跨越 0 V 门槛时已错过了 2dt(时钟脉冲正沿出现之时)，虽然下降 h 所需时间确为 3dt，且此前已跨越 0 V 门槛，但下一个时钟脉冲正沿出现之时为 4dt，所以要继续等待(即积分器输出下降的高度大于 h)，直至下一个时钟脉冲正沿出现，积分器输出才开始上升[见曲线(d)]。

当积分器输出升至大于 0 V 时，不再能跨越 0 V 门槛，比较器输出转为低电平[见曲线(e)]，待到时钟脉冲正沿出现之时，低电平被 D 触发器传递到 Q 端，使之由高电平转为低电平[见曲线(f)]，从而使 I_C 升至 $0.4V_{\text{ref}}/R$[见曲线(c)]，积分器输出开始下降[见曲线(d)]，当降至小于 0 V 时，跨越 0 V 门槛，比较器输出转为高电平[见曲线(e)]，待到时钟脉冲正沿出现之时，高电平被 D 触发器传递到 Q 端，使之由低电平转为高电平[见曲线(f)]，从而使 I_C 降至 $-0.6V_{\text{ref}}/R$，积分器输出开始上升。

可以看到，积分器输出持续下降的时间为 2dt，而不是 3dt，其原因是积分器输出开始下降至跨越 0 V 门槛所花费的时间不足 2dt(时钟脉冲正沿出现之时)。

由此可见：

(1)积分器输出下降至小于 0 V 时，向下跨越 0 V 门槛，待到时钟脉冲正沿出现之时即转为上升，升至大于 0 V 时，不再能跨越 0 V 门槛，并在下一个时钟脉冲正沿出现之时又转为下降，如此反复在 0 V 门槛上下之间徘徊，每一次上升均产生一个冲量。

(2)虽然如前所述，累计间隔时间 P 内数恒定冲量 δ 的数量得到的值 $\Sigma=0.5(P/\mathrm{d}t)\times(V_{in}/V_{ref})$，所以采用公共时钟来确定 P 和 $\mathrm{d}t$，有利于保证 V_{in} 幅度测量的准确度；但是这样做会产生等待下一个公共时钟边界引起的误差，最大误差略微小于一个计数[4]。这种误差称为“空闲音(idle tone)”[6]。显然，“空闲音”与输入信号呈现很大的相关性。它会在复杂信号的高频率成分上附加非常有害的影响[4]。

(3)积分器输出上升和下降的斜率均完全取决于 V_{in}。由于上升的持续时间总是 $2\mathrm{d}t$，所以上升的高度 h 也完全取决于 V_{in}；由于积分器输出下降的持续时间不同，所以下降的高度也不同。而且，由于上升的高度完全取决于 V_{in}，所以前一个下降持续时间延长必然导致下一个下降持续时间缩短。

(4)减少该误差的一种可能是二等分时钟周期，即将 $\mathrm{d}t$ 降至半值，与此同步，将 R 也降至半值[4]，以保持积分器输出上升的高度 h 不变。

(5)虽然使用公共时钟以确定冲量持续时间 $\mathrm{d}t$ 和累计间隔时间 P 的 Δ-Σ 调制器是被普遍采用的实现手段，但它并非绝对必要。在噪声是首要考虑之事的场合，独立确定冲量持续时间，例如，跨越 0 V 门槛时通过比较器触发单稳触发器，立即产生引起 D 触发器输出跟随输入的脉冲正沿，以避开等待下一个公共时钟边界产生的噪声，是可能被采用的实现手段，尽管这样做会降低 V_{in} 幅度测量的准确度[4]。

7.1.2.4　$V_{in}=V_{ref}$ 的波形

回到图 7-2。V_{in} 从 $0.4V_{ref}$ 一旦上升到 $+V_{ref}$[见曲线(a)]，I_C 即刻由 $-0.6V_{ref}/R$ 变为零[见曲线(c)]，积分器输出即刻停止增长，维持已达到的正电平不变[见曲线(d)]，比较器输出仍为低电平[见曲线(e)]，待到时钟脉冲正沿出现之时，低电平被 D 触发器传递到 Q 端，使之由高电平转为低电平[见曲线(f)]，从而使 I_C 升至 $+V_{ref}/R$[见曲线(c)]，积分器输出开始下降[见曲线(d)]，当降至小于 0 V 时，跨越 0 V 门槛，比较器输出转为高电平[见曲线(e)]，待到时钟脉冲正沿出现之时，高电平被 D 触发器传递到 Q 端，使之由低电平转为高电平[见曲线(f)]，从而使 I_C 降为零[见曲线(c)]，积分器输出即刻停止下降，维持已达到的负电平不变[见曲线(d)]，比较器输出仍为高电平[见曲线(e)]，之后每一个时钟脉冲正沿出现之时，高电平被 D 触发器传递到 Q 端，使之维持高电平不变[见曲线(f)]，从而使 I_C 维持为零[见曲线(c)]，积分器输出继续维持此前早已达到的负电平不变[见曲线(d)]，比较器输出也继续维持高电平不变[见曲线(e)]。如前所述，非与门在 Q 为高电平时输出求“非”后的时钟脉冲[见曲线(g)]，即 $V_{in}=V_{ref}$ 时冲量重复周期 $p=2\mathrm{d}t$，这是 p 有可能达到的最小值；此时冲量 δ 的频度 $r_\delta=1/(2\mathrm{d}t)$，这是 r_δ 有可能达到的最大值，并将其定义为 Δ-Σ 调制器的采样率 r_s。由此可知，$r_s=1/(2\mathrm{d}t)$。

7.1.2.5　$V_{in}=0.0$ V 的波形

继续停留在图 7-2。V_{in} 从 $+V_{ref}$ 一旦下降到 0.0 V[见曲线(a)]，I_C 即刻由零变为 $-V_{ref}/R$[见曲线(c)]，积分器输出即刻开始增长[见曲线(d)]，当升至大于 0 V 时，不再能跨越 0 V 门槛，比较器输出转为低电平[见曲线(e)]，待到时钟脉冲正沿出现之时，低电平被 D 触发器传递到 Q 端，使之由高电平转为低电平[见曲线(f)]，从而使 I_C 由 $-V_{ref}/R$ 变为零[见曲线(c)]，积分器输出随之停止增长，维持已达到的正电平不变[见曲线(d)]，比较器输出仍为低电平[见曲线(e)]，之后每一个时钟脉冲正沿出现之时，低电平被 D 触发器传递到

Q 端,使之维持低电平不变[见曲线(f)],从而使 I_C 维持为零[见曲线(c)],积分器输出继续维持此前早已达到的正电平不变[见曲线(d)],比较器输出也继续维持低电平不变[见曲线(e)]。如前所述,非与门在 Q 为低电平时输出始终为低电平,即 $V_{in}=0.0$ V 时恒定冲量 δ 的频度 $r_\delta=0$,因而累计间隔时间 P 内恒定冲量 δ 的数量 $\Sigma=0$。

7.1.2.6 小结

由以上叙述可以看到,Δ-Σ ADC 凭借强大的数字信号处理功能将采样、量化、编码融为一体,可以说它是数字信号处理技术在 ADC 中成功应用的结果[1]。

7.1.3 sinc 滤波器原理

在信号处理中,sinc 滤波器是理想化的滤波器,它去除给定截止频率以上的所有频率成分,不影响较低的频率,而且有线性相位响应。滤波器的冲击响应在时域中是 sinc 函数,而它的频率响应是矩形函数[7]。

它在频率识别方面是"理想的"低通滤波器,不折不扣地通过低频,不折不扣地删除高频,因此能把它看作是砖-墙滤波器[7]。

然而,实时运行的砖-墙滤波器在物理上是不可实现的,因为理想 sinc 滤波器(亦称作矩形滤波器)是非因果的(non-causal),并且具有无限长的时延[即它在频域中的紧支撑(compact support)①迫使其时间响应不具有紧支撑,这意味着它是无休止的]和无穷阶(即响应不能用一个有限和的线性微分方程式表示)。但是:一方面,在采样定理概念性的演示或证明中经常出现理想的 sinc 滤波器;另一方面,经常使用 sinc 滤波器的近似实现,并仍称其为砖-墙滤波器[7]。

术语"sinc [ˈsiŋk]"是函数完整拉丁名 sinus cardinalis(英语 cardinal sine,基正弦)的缩略[8]。sinc 滤波器的时域响应是归一化 sinc 函数[7]。在数字信号处理和信息理论中,归一化 sinc 函数的定义为[8]

$$\operatorname{sinc}(x)=\begin{cases}\dfrac{\sin(\pi x)}{\pi x}, & x\neq 0\\ 1, & x=0\end{cases} \tag{7-1}$$

式中 x——自变量。

以 sinc (x)表示的 sinc 函数在数学中有稍微不同的定义,与式(7-1)相区别,它被称为非归一化 sinc 函数,其定义为[8]

$$\operatorname{sinc}(x)=\begin{cases}\dfrac{\sin(x)}{x}, & x\neq 0\\ 1, & x=0\end{cases} \tag{7-2}$$

文献[9]给出 Fourier 正-逆变换对为

$$\left.\begin{aligned}H(\omega)&=\int_{-\infty}^{\infty}h(t)\,\mathrm{e}^{-\mathrm{j}\omega t}\,\mathrm{d}t\\ h(t)&=\frac{1}{2\pi}\int_{-\infty}^{\infty}H(\omega)\,\mathrm{e}^{\mathrm{j}\omega t}\,\mathrm{d}\omega\end{aligned}\right\} \tag{7-3}$$

式中 t—— 时间,s;

$h(t)$——sinc 滤波器的时域响应函数,s^{-1};

j—— 虚数单位,$\mathrm{j}=\sqrt{-1}$;

① 紧支撑指函数在一个很小的范围内有值,其他为 0,即函数应有速降特性。

ω—— 角频率，rad/s；

$H(\omega)$——sinc 滤波器的频域响应函数。

文献[7]给出 sinc 滤波器时域响应函数为

$$h(t)=2f_{\mathrm{d}}\mathrm{sinc}(2f_{\mathrm{d}}t) \tag{7-4}$$

式中　f_{d}——sinc 滤波器的截止频率，Hz。

我们知道

$$\omega_{\mathrm{d}}=2\pi f_{\mathrm{d}} \tag{7-5}$$

式中　ω_{d}——sinc 滤波器的截止角频率，rad/s。

将式(7-1)[暂时忽略 sinc(0)=1 这一定义]和式(7-5)代入式(7-4)，得到[7]

$$h(t)=\frac{\sin\omega_{\mathrm{d}}t}{\pi t} \tag{7-6}$$

将式(7-6)代入式(7-3)，得到[10]

$$H(\omega)=\frac{1}{\pi}\int_{-\infty}^{\infty}\frac{\sin\omega_{\mathrm{d}}t}{t}\mathrm{e}^{-\mathrm{j}\omega t}\mathrm{d}t \tag{7-7}$$

我们知道[11]

$$\mathrm{e}^{-\mathrm{j}\omega t}=\cos\omega t-\mathrm{j}\sin\omega t \tag{7-8}$$

将式(7-8)代入式(7-7)，得到[10]

$$H(\omega)=\frac{1}{\pi}\int_{-\infty}^{\infty}\frac{\sin\omega_{\mathrm{d}}t}{t}(\cos\omega t-\mathrm{j}\sin\omega t)\mathrm{d}t \tag{7-9}$$

我们知道[11]

$$\left.\begin{aligned}\sin(-\omega t)&=-\sin\omega t\\ \cos(-\omega t)&=\cos\omega t\end{aligned}\right\} \tag{7-10}$$

将式(7-10)代入式(7-9)，得到[10]

$$H(\omega)=\frac{2}{\pi}\int_{0}^{\infty}\frac{\sin\omega_{\mathrm{d}}t\cos\omega t}{t}\mathrm{d}t \tag{7-11}$$

我们知道[11]

$$\sin\omega_{\mathrm{d}}t\cos\omega t=\frac{1}{2}[\sin(\omega_{\mathrm{d}}+\omega)t+\sin(\omega_{\mathrm{d}}-\omega)t] \tag{7-12}$$

将式(7-12)代入式(7-11)，得到[10]

$$H(\omega)=\frac{1}{\pi}\left[\int_{0}^{\infty}\frac{\sin(\omega_{\mathrm{d}}+\omega)t}{t}\mathrm{d}t+\int_{0}^{\infty}\frac{\sin(\omega_{\mathrm{d}}-\omega)t}{t}\mathrm{d}t\right] \tag{7-13}$$

我们知道[11]

$$\int_{0}^{\infty}\frac{\sin ax}{x}\mathrm{d}x=\begin{cases}-\dfrac{\pi}{2}, & a<0\\ 0, & a=0\\ \dfrac{\pi}{2}, & a>0\end{cases} \tag{7-14}$$

将式(7-14)代入式(7-13)，得到[10]

$$H(\omega)=\begin{cases}1, & |\omega|<\omega_{\mathrm{d}}\\ \dfrac{1}{2}, & |\omega|=\omega_{\mathrm{d}}\\ 0, & |\omega|>\omega_{\mathrm{d}}\end{cases} \tag{7-15}$$

即

$$H(f)=\begin{cases}1, & |f|<f_{\mathrm{d}} \\ \frac{1}{2}, & |f|=f_{\mathrm{d}} \\ 0, & |f|>f_{\mathrm{d}}\end{cases} \tag{7-16}$$

从式(7－16)可以看到，sinc 滤波器确实是一种以给定的截止频率为界、完全通过低频成分、完全滤除高频成分的砖墙(brick-wall)滤波器。

我们知道，矩形函数(rectangular function)的定义为[12]

$$\operatorname{rect}(x)=\begin{cases}1, & |x|<\frac{1}{2} \\ \frac{1}{2}, & |x|=\frac{1}{2} \\ 0, & |x|>\frac{1}{2}\end{cases} \tag{7-17}$$

式中　rect (x)——矩形函数。

令

$$x=\frac{f}{2f_{\mathrm{d}}} \tag{7-18}$$

将式(7－18)代入式(7－17)，得到

$$\operatorname{rect}\left(\frac{f}{2f_{\mathrm{d}}}\right)=\begin{cases}1, & |f|<f_{\mathrm{d}} \\ \frac{1}{2}, & |f|=f_{\mathrm{d}} \\ 0, & |f|>f_{\mathrm{d}}\end{cases} \tag{7-19}$$

将式(7－19)代入式(7－16)，得到[7]

$$H(f)=\operatorname{rect}\left(\frac{f}{2f_{\mathrm{d}}}\right) \tag{7-20}$$

式(7－20)表示 sinc 滤波器的频率响应确实是一个矩形函数。

7.1.4　有限离散 sinc 滤波器

sinc 滤波器在正负时间方向有无限冲激响应，为了将之用于实际的真实世界数据，必须施以近似替代处理，通常通过加窗和截短，仅取其核心。显然，这样做必然降低它的理想性能[7]。

如上所述，sinc 滤波器用于数字低通滤波，因此，Fourier 正-逆变换应采用有限离散 Fourier 变换公式，而不是式(7－3)表达的无限连续 Fourier 变换公式。为此，我们应将式(7－7)转换为有限离散 sinc 滤波器的频域响应函数表达式。

为了将(7－7)表达的无限连续积分转换为有限离散级数，令

$$\left.\begin{aligned}t&=k\Delta t \\ \omega&=2\pi i\Delta f\end{aligned}\right\} \tag{7-21}$$

式中　k——离散时域数据的序号；

Δt——采样间隔，s；

i——离散频域数据的序号；

Δf——频率间隔(即频谱分辨力)，Hz。

将式(7－21)代入式(7－7)，得到

$$H(i\Delta f)=\sum_{k=-\infty}^{\infty}\frac{\sin(\omega_{\mathrm{d}}k\Delta t)}{\pi k}\exp(-\mathrm{j}2\pi i\Delta fk\Delta t) \tag{7-22}$$

式中　$H(i\Delta f)$——sinc滤波器的有限离散频域响应函数。

将式(5-9)代入式(7-22)，得到

$$H(i\Delta f)=\sum_{k=-\infty}^{\infty}\frac{\sin(\omega_{d}k\Delta t)}{\pi k}\exp(-j2\pi ik/N) \tag{7-23}$$

式中　N——数据长度(即时域的采样点数)。

将式(7-23)转换成有限离散级数为

$$H_{dscrt}(i\Delta f)=\sum_{k=0}^{N-1}\frac{\sin(\omega_{d}k\Delta t)}{\pi k}\exp(-j2\pi ik/N),\quad i=0,1,2,\cdots,\frac{N}{2} \tag{7-24}$$

式中　$H_{dscrt}(i\Delta f)$——有限离散sinc滤波器的频域响应函数；

5.4节指出，时域有限长序列长度为N(在$0\leqslant k\leqslant N-1$范围内)，其离散Fourier正变换仍然是一个长度为N(在$0\leqslant i\leqslant N-1$范围内)的频域有限长序列，其中$(N/2+1)\sim(N-1)$处之值为$1\sim(N/2-1)$处之值的镜像。因此，式(7-24)将$k$限制在$[0,N-1]$内，而将$i$限制在$[0,N/2]$内。

将式(7-24)改写为

$$H_{dscrt}(i\Delta f)=\frac{1}{N}\sum_{k=0}^{N-1}N\Delta t\frac{\sin(\omega_{d}k\Delta t)}{\pi k\Delta t}\exp(-j2\pi ik/N),\quad i=0,1,2,\cdots,\frac{N}{2} \tag{7-25}$$

我们知道

$$\Delta t=\frac{1}{r_{s}} \tag{7-26}$$

式中　r_{s}——ADC的采样率，Sps。

对于Δ-Σ ADC，r_{s}即Δ-Σ调制器的采样率。

将式(7-26)代入式(7-25)，得到

$$H_{dscrt}(i\Delta f)=\frac{1}{N}\sum_{k=0}^{N-1}\frac{N}{r_{s}}\frac{\sin(\omega_{d}k\Delta t)}{\pi k\Delta t}\exp(-j2\pi ik/N),\quad i=0,1,2,\cdots,\frac{N}{2} \tag{7-27}$$

参考5.7.1节针对式(5-18)所作的叙述，式(7-27)应该改为

$$H_{dscrt}(i\Delta f)=\begin{cases}\dfrac{1}{N}\displaystyle\sum_{k=0}^{N-1}\frac{N}{2r_{s}}\frac{\sin(\omega_{d}k\Delta t)}{\pi k\Delta t}\exp(-j2\pi ik/N), & i=0,\dfrac{N}{2}\\ \dfrac{1}{N}\displaystyle\sum_{k=0}^{N-1}\frac{N}{r_{s}}\frac{\sin(\omega_{d}k\Delta t)}{\pi k\Delta t}\exp(-j2\pi ik/N), & i=1,2,\cdots,\dfrac{N}{2}-1\end{cases} \tag{7-28}$$

需要说明的是，求式(7-28)给出的复数$H_{dscrt}(i\Delta f)$的模，得到的是只有正频率的各个频率点处时域的幅值。

由式(5-11)得到

$$H_{half}(i\Delta f)=\frac{1}{N}\sum_{k=0}^{N-1}h_{dscrt}(k\Delta t)\exp(-j2\pi ik/N),\quad i=0,1,2,\cdots,N-1 \tag{7-29}$$

式中　$h_{dscrt}(k\Delta t)$——有限离散sinc滤波器的离散时域响应函数。

5.4.2节指出，用此式给出的离散Fourier正变换表达式求该复数的模，得到的是具有正负频率的各个频率点处高度为时域幅值之半的幅度。为了与式(7-29)相比较，将式(7-28)改为

$$H_{half}(i\Delta f)=\frac{1}{N}\sum_{k=0}^{N-1}\frac{N}{2r_{s}}\frac{\sin(\omega_{d}k\Delta t)}{\pi k\Delta t}\exp(-j2\pi ik/N),\quad i=0,1,2,\cdots,N-1 \tag{7-30}$$

式中　$H_{\mathrm{half}}(i\Delta f)$——有限离散 sinc 滤波器具有正负频率的频域响应函数。

求式(7－30)给出的复数 $H_{\mathrm{half}}(i\Delta f)$的模，得到的是具有正负频率的各个频率点处高度为时域幅值之半的幅度，即式(7－30)的含义与式(7－29)完全相同。

将式(7－30)与式(7－29)相比较，可以得到有限离散 sinc 滤波器的离散时域响应函数：

$$h_{\mathrm{dscrt}}(k\Delta t)=\frac{N}{2r_{\mathrm{s}}}\frac{\sin(\omega_{\mathrm{d}}k\Delta t)}{\pi k\Delta t},\quad k=0,1,2,\cdots,N-1 \tag{7-31}$$

将式(7－21)代入式(7－31)，即得到相应的连续函数表达式为

$$h_{\mathrm{dscrt}}(t)=\frac{N}{2r_{\mathrm{s}}}\frac{\sin\omega_{\mathrm{d}}t}{\pi t} \tag{7-32}$$

式中　$h_{\mathrm{dscrt}}(t)$——有限离散 sinc 滤波器的连续时域响应函数。

将式(7－32)与式(7－6)相比较，可以看到，有限离散 sinc 滤波器的连续时域响应函数不同于 sinc 滤波器的时域响应函数，且其系数与数据长度 N 成正比，与 Δ-Σ 调制器的采样率 r_{s} 成反比。

让我们用 Origin 软件验证式(7－32)是否确为有限离散 sinc 滤波器的连续时域响应函数。为此，首先恢复 sinc(0)＝1 这一定义：由式(7－1)得到

$$\frac{\sin(\omega_{\mathrm{d}}t)}{\omega_{\mathrm{d}}t}=1,\quad t=0 \tag{7-33}$$

将式(7－33)和式(7－5)代入式(7－32)，得到

$$h_{\mathrm{dscrt}}(0)=\frac{Nf_{\mathrm{d}}}{r_{\mathrm{s}}} \tag{7-34}$$

将式(7－34)代入式(7－32)，得到

$$h_{\mathrm{dscrt}}(t)=\begin{cases}\dfrac{N}{2r_{\mathrm{s}}}\dfrac{\sin(\omega_{\mathrm{d}}t)}{\pi t}, & t\neq 0\\[2ex] \dfrac{Nf_{\mathrm{d}}}{r_{\mathrm{s}}}, & t=0\end{cases} \tag{7-35}$$

取有限离散 sinc 滤波器的截止频率 $f_{\mathrm{d}}=312.5$ Hz，Δ-Σ 调制器的采样率 $r_{\mathrm{s}}=3.2\times10^{5}$ Sps，数据长度 $N=2^{18}$，为了采集到对称的时域波形，首次采样时刻取－0.409 6 s，由此得到末次采样时刻为 0.409 596 9 s，以保证假若再采集一个数，则所得到的采样值与首次采样值相同。使用式(7－35)得到有限离散 sinc 滤波器核心的时域曲线，如图 7－5 所示。

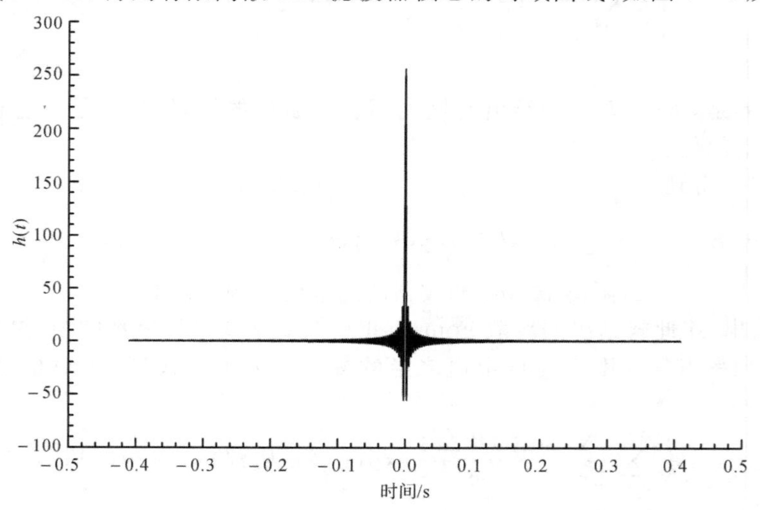

图 7－5　$f_{\mathrm{d}}=312.5$ Hz，$r_{\mathrm{s}}=3.2\times10^{5}$ Sps，$N=2^{18}$下有限离散 sinc 滤波器核心的时域曲线

图 7－5 的局部展开图如图 7－6 所示。

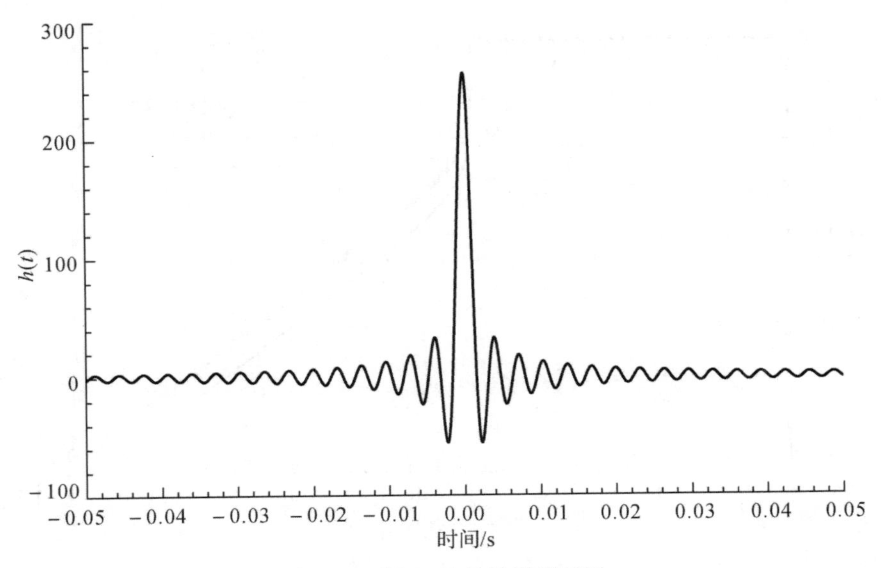

图 7－6　图 7－5 的局部展开图

我们对图 7－5 所示 $f_d=312.5$ Hz，$r_s=3.2\times10^5$ Sps，$N=2^{18}$ 下有限离散 sinc 滤波器核心的时域曲线用 Origin 5.0 并采用矩形(rectangular)窗求得其幅度谱。为了观察 r_s，N，f_d 对有限离散 sinc 滤波器频域响应幅度谱的影响，我们分别将 f_d 调到 1 250 Hz，r_s 调到 1.28×10^6 Sps，N 调到 2^{16}，用同样方法求得其幅度谱。图 7－7～图 7－9 分别给出了 f_d 变化、r_s 变化、N 变化的幅度谱比较。

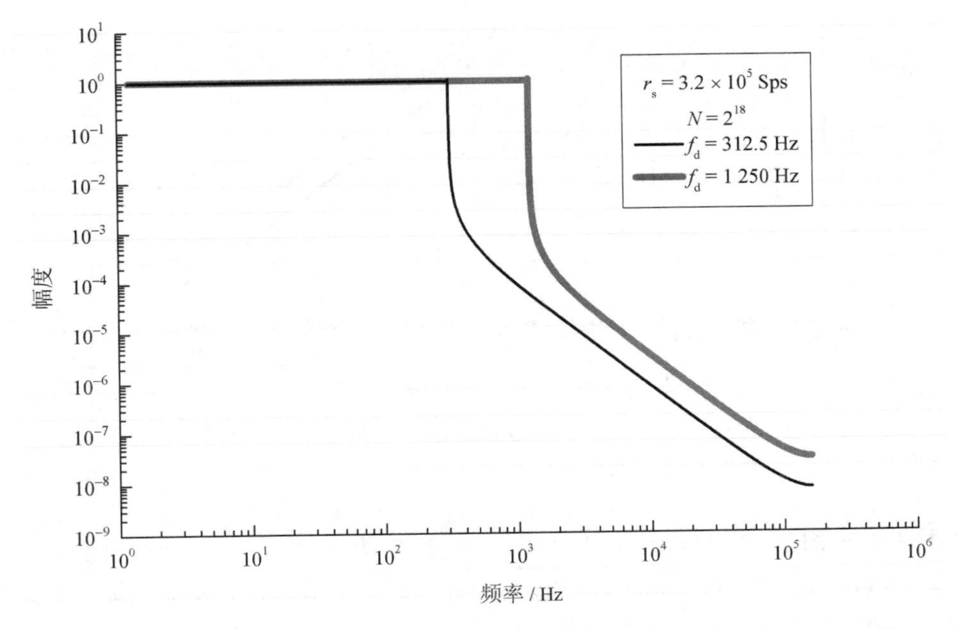

图 7－7　$r_s=3.2\times10^5$ Sps，$N=2^{18}$ 的情况下 $f_d=312.5$ Hz 与 $f_d=1\ 250$ Hz 的幅度谱(采用矩形窗)

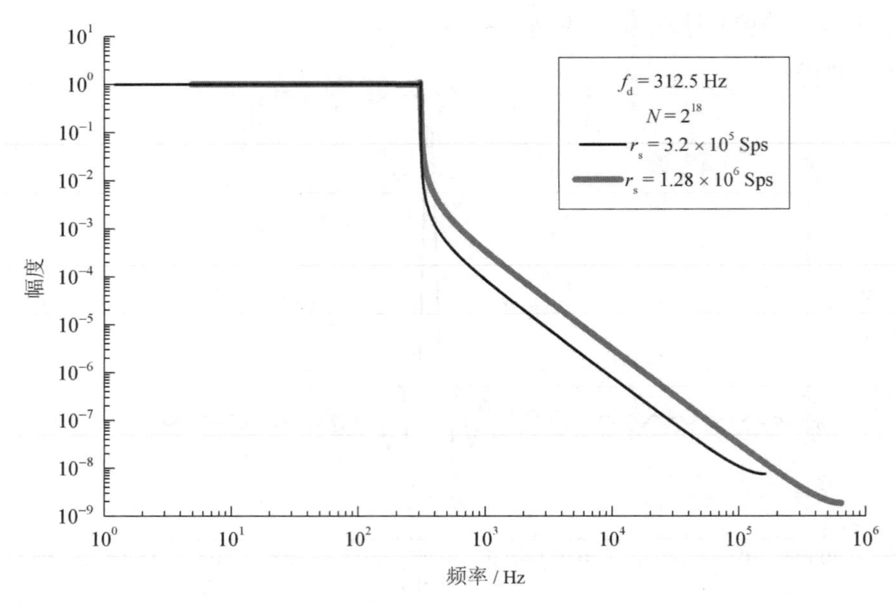

图 7-8　$f_d=312.5$ Hz，$N=2^{18}$ 的情况下 $r_s=3.2\times10^5$ Sps 与 $r_s=1.28\times10^6$ Sps 的幅度谱（采用矩形窗）

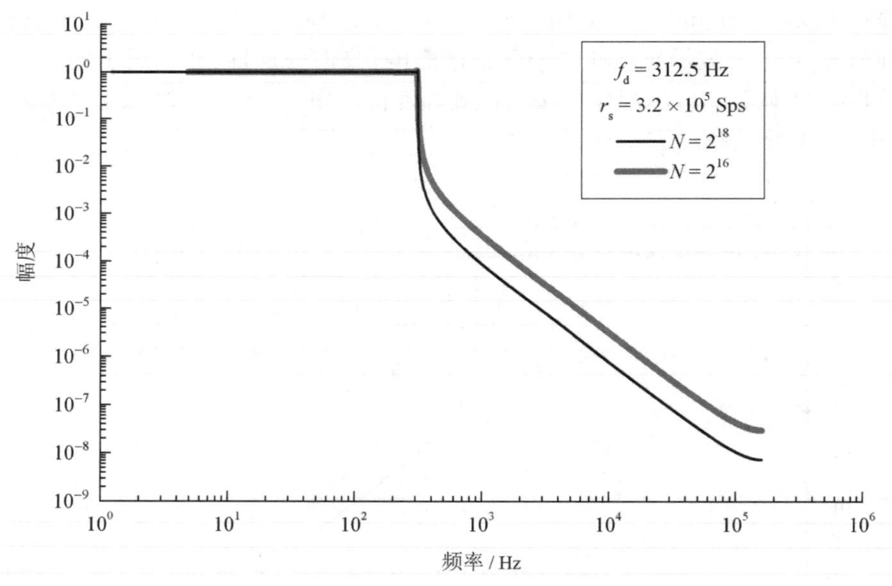

图 7-9　$f_d=312.5$ Hz，$r_s=3.2\times10^5$ Sps 的情况下 $N=2^{18}$ 与 $N=2^{16}$ 的幅度谱（采用矩形窗）

从图 7-7～图 7-9 可以看到，当 $f<f_d$ 时，幅度为 1；当 $f>f_d$ 时，幅度陡然下降。由此可见，式(7-35)是有限离散 sinc 滤波器的连续时域响应函数。从而验证了上述“在有限离散 sinc 滤波器的连续时域响应函数不同于 sinc 滤波器的时域响应函数，且其系数与数据长度 N 成正比，与 Δ-Σ 调制器的采样率 r_s 成反比”的说法是正确的。

式(5-41)给出了用幅度谱求方均根值(Parseval 定理)的表达式。5.9.3.4 节指出，无论是自行编程，还是使用现成的频谱分析工具，都应首先判断其正确性。鉴于用时域或频域分析方法求零均值稳定随机信号的方均根值具有等效性，这就为判断所用的频谱分析工具是否正确提供了一种方法。为了验证如上用 Origin 5.0 求幅度谱的正确性，我们用图 7-5 所示时域曲线求出方均根值为 11.311，再按式(5-41)所示 Parseval 定理用图 7-7～图 7-9 所示 $f_d=312.5$ Hz，$r_s=3.2\times10^5$ Sps，$N=2^{18}$ 的幅度谱求出方均根值为 11.306，二者极为接近。由此证明式(7-35)确为有限离散 sinc 滤波器的连续时域响应函数。

从图 7-7～图 7-9 可以看到，有限离散 sinc 滤波器确实既保证了直至其截止频率的感兴趣带宽内通过全部被采样的信号，又削减了感兴趣的带宽之外的噪声，从而印证了 7.1.3 节引自文献[7]的说法。然而，这几张图还证明，由无限连续 Fourier 正变换导出的式(7-16)所验证的理想 sinc 滤波器能“完全滤除高频成分”的效果在有限离散 sinc 滤波器中是达不到的。

此外，从图 7-7 可以看到，有限离散 sinc 滤波器在采样率 r_s 和数据长度 N 不变的情况下，截止频率 f_d 越高，同一阻带频率下的衰减越逊色；从图 7-8 可以看到，在截止频率 f_d 和数据长度 N 不变的情况下，Δ-Σ 调制器的采样率 r_s 越高，在整个有限离散 sinc 滤波器阻带内的衰减越逊色；从图 7-9 可以看到，在截止频率 f_d 和 Δ-Σ 调制器的采样率 r_s 不变的情况下，数据长度 N 越短，在整个有限离散 sinc 滤波器阻带内的衰减越逊色。

虽然从图 7-7 可以看到，有限离散 sinc 滤波器在 r_s 和 N 不变的情况下，f_d 越高，同一阻带频率下的衰减越逊色，然而，从阻带频率与 f_d 之比的角度观察，则可以发现在 r_s 和 N 不变的情况下，在整个阻带内，f_d 越低(而不是越高)，相同的阻带频率与 f_d 之比处的阻带衰减越逊色，如图 7-10 所示。

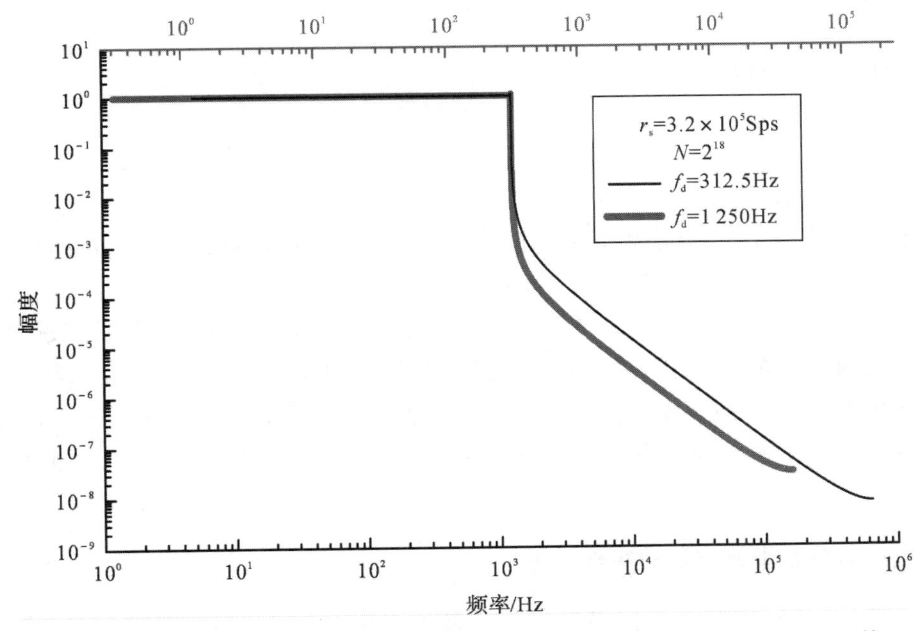

图 7-10　$r_s=3.2\times10^5$ Sps，$N=2^{18}$ 的情况下 $f_d=312.5$ Hz 与 $f_d=1\,250$ Hz 的幅度谱(采用矩形窗)

(从阻带频率与 f_d 之比的角度观察)

虽然从图 7-8 和图 7-9 可以看到，r_s，N，f_d 三参数仅改变一个参数的情况下，r_s 越高

或 N 越短均导致在整个有限离散 sinc 滤波器阻带内的衰减越逊色，然而，从采样持续时间 $T_s = N/r_s$ 的角度观察，则可以发现有限离散 sinc 滤波器在 f_d 和 T_s 不变的情况下，在整阻带内，不论 r_s，N 的值如何相伴同比例增大或减小，各个阻带频率处的衰减均不会变化，如图 7－11 所示。

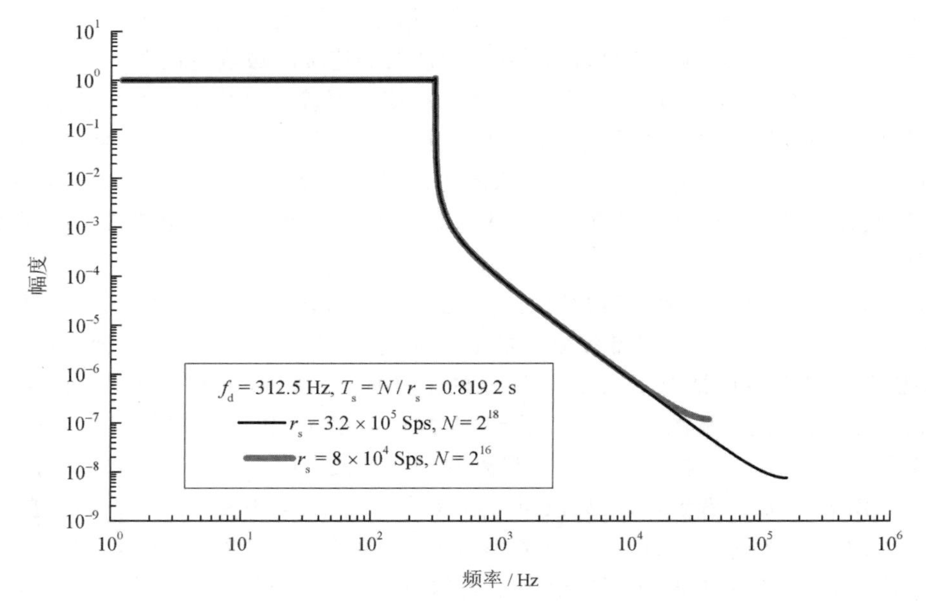

图 7－11　$f_d = 312.5$ Hz，$T_s = 0.8192$ s 的情况下，$r_s = 3.2\times10^5$ Sps，$N = 2^{18}$ 与 $r_s = 8\times10^4$ Sps，$N = 2^{16}$ 的幅度谱（采用矩形窗）

定义过采样比（OSR）为

$$R_{\mathrm{OSR}} = \frac{r_s}{2f_d} \tag{7-36}$$

式中　R_{OSR}——过采样比。

需要注意，式中 f_d 为有限离散 sinc 滤波器的截止频率，而不是感兴趣信号的最高频率 f_{dp}。7.1.5.4 节指出，将 f_{dp} 视为 f_d 是不够贴切的。

虽然从图 7－7 和图 7－8 可以看到，r_s，N，f_d 三参数仅改变一个参数的情况下，f_d 越高或 r_s 越高均导致在整个有限离散 sinc 滤波器阻带内的衰减越逊色，然而，从阻带频率与 f_d 之比的角度观察，则可以发现有限离散 sinc 滤波器在 N 和 R_{OSR} 不变的情况下，在整个阻带内，不论 r_s，f_d 的值如何相伴同比例增大或减小，各个阻带频率与 f_d 之比处的衰减均不会变化，如图 7－12 所示。

7.1.5　数字抽取滤波器的实现手段

图 7－7～图 7－12 所示有限离散 sinc 滤波器的幅频特性仍然是理想化的。低通滤波器总存在通带、过渡带和阻带，因而实际的数字抽取滤波器是否符合要求需从以下三方面进行考核：感兴趣信号不仅应处于通带内，且通过滤波器后所关心的各项指标应仍符合要求，不会受到超指标的改变或干扰；阻带对噪声的衰减应符合要求；介于通带与阻带间的过渡带频率范围应符合要求（除此而外不应对过渡带有其他要求）。

为了符合这些要求，实际的数字抽取滤波器是用级联 FIR 数字滤波器（CIC 滤波器＋CIC 补偿器＋半带滤波器）来实现的。这种级联结构将数字低通滤波与抽取揉合在一起，阻断了频率从输出数据率之半起直至采样率值与有用信号最高频率之差值间会混叠到有用信号中来的杂波，从而既保证了感兴趣带宽内通过全部被采样的信号，又削减了感兴趣带宽外的噪声。

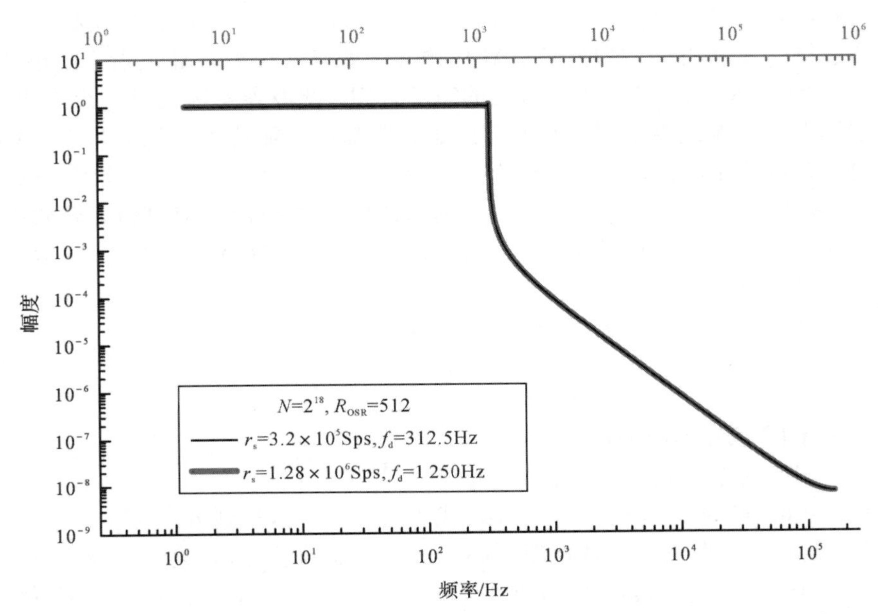

图 7－12　$N=2^{18}$，$R_{OSR}=512$ 的情况下，$r_s=3.2\times10^5$ Sps，$f_d=312.5$ Hz 与 $r_s=1.28\times10^6$ Sps，$f_d=1\ 250$ Hz 的幅度谱（采用矩形窗）

7.1.5.1　CIC 滤波器

首先以感兴趣信号的最高频率 $f_{dp}=21.77$ kHz、数字抽取滤波器第一级的采样率（即 Δ-Σ 调制器的采样率）$r_s=6.144$ MSps、输出数据率 $r_{d1}=192$ kSps[13] 为例，分析数字低通滤波和抽取对数字抽取滤波器第一级幅频特性的需求，结果如图 7－13 所示（图中仅用实线区分出通带和阻带，而未表达具体的幅频特性；另用虚线表达对幅频特性不作要求的频段）。

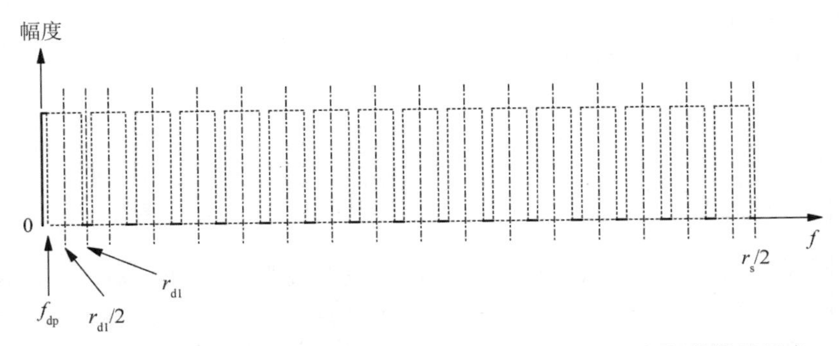

图 7－13　数字低通滤波和抽取对数字抽取滤波器第一级幅频特性的需求

按照 Nyquist 采样定理，第一级的 Nyquis 频率 $f_{N1}=r_s/2$（参见 5.2.1 节），因此，图 7－13只画到 $r_s/2$ 为止（对 Δ-Σ 调制器之前所用的抗混叠模拟低通滤波器的要求见

7.2.2.2 节）。为了保证感兴趣信号不受影响，第一级的幅频特性必须如图 7-13 所示在 $0 \sim f_{dp}$ 范围内为通带；鉴于 r_{d1} 大于 $2f_{dp}$，为了防止高于 f_{dp} 的噪声混叠到感兴趣信号中，第一级的幅频特性必须如图 7-13 所示在 $kr_{d1} \pm f_{dp}[k=1, 2, \cdots, (r_s/2)/r_{d1}]$ 范围内为阻带（参见 5.3.3 节）；除这些频段外，对第一级的幅频特性不作要求。

从图 7-13 可以看到，数字低通滤波和抽取对第一级幅频特性的需求具有梳齿的形状，针对这一特殊需求，选择结构简单高效，不需要进行乘法运算的级联积分梳状（CIC）滤波器无疑是最佳选择[14]。因此，在抽样 Δ-Σ ADC 中几乎普遍使用 CIC 滤波器[7]。也就是说，图 7-13 实际上就是对 CIC 滤波器幅频特性的需求。CIC 滤波器实际上是一个有限冲激响应（FIR）滤波器，其相位是线性的；然而，所有的滤波器都不可能达到理想的状态，单级积分梳状滤波器的幅频特性在梳状各阻带 $kr_{d1} \pm f_{dp}[k=1, 2, \cdots, (r_s/2)/r_{d1}]$ 范围内的衰减还不够理想，因此需要采用级联梳状滤波器的结构来改善这些频带范围内的衰减效果；一般来说，在对 M 阶 Δ-Σ 调制器进行降频时，CIC 滤波器的级联个数要达到 $M+1$ 以上，才能产生足够的噪声衰减[13]。

定义 CIC 滤波器的抽取因子（Decimation factor）为

$$R_{D1} = \frac{r_s}{r_{d1}} \tag{7-37}$$

式中 R_{D1}——CIC 滤波器的抽取因子；

r_{d1}——CIC 滤波器的输出数据率，Sps。

将上述 $r_s = 6.144$ MSps，$r_{d1} = 192$ kSps 代入式（7-37），得到 $R_{D1} = 32$。

CIC 滤波器与采样器一起实现矩形（boxcar）滤波器的功能，加之 CIC 滤波器能获得高的抽取因子，并且不需要乘法器就能实现它，所以 CIC 滤波器对于运行在高速率下的数字系统——尤其打算在专用集成电路（ASIC）或现场可编程门阵列（FPGA）中实现这些系统时——非常有用；虽然 CIC 滤波器有可取的特性，但也有一些缺点，最明显的事实是由于其幅频特性具有类似 sinc 滤波器的响应，在通带范围内招致衰减。

使用 MATLAB 软件绘制上述示例的 CIC 滤波器幅频特性程序为[16]

```
D=1;% Differential delay
M=32;% Decimation factor 6.144 MHz --> 192 kHz
Fp=21.77e3;% Fpass: 21.77 kHz
Fs=6.144e6;% Sampling rate 6.144 MHz
Ast=60;% Aliasing attenuation 60 dB
f=fdesign.decimator(M, 'CIC',D,Fp,Ast,Fs);
Hm=design(f);
hfvt=fvtool(Hm);
set(hfvt, 'Filters' ,Hm)
legend 'off'
```

需要说明的是，MATLAB 软件缺省的 CIC 滤波器级数（Number of Sections）为 2[16]；上述程序中第一行 Differential delay（差分延迟，即硬件设计时的反馈延时[13]）为整数，缺省为 1，最大通常为 2[17]；第 5 行 Aliasing attenuation（混叠衰减）可以省略。图 7-14 所示即为由上述程序绘制出来的 CIC 滤波器幅频特性。

还需要说明的是，由于 CIC 滤波器的幅频特性在通带内有衰减，因此必须在 CIC 滤波器之后跟随 CIC 补偿器（CIC Compensator）作为第二级；该补偿器必须在通带范围内具有逆 sinc 滤波器响应，以抬高由 CIC 滤波器引起的衰减[15]。然而，CIC 补偿器还有过渡带特性不佳的缺点，因此需要在 CIC 补偿器之后再设置 FIR 半带滤波器(FIR Halfband Filter)作为第三级。CIC 滤波器与 CIC 补偿器、FIR 半带滤波器级联实现矩形滤波器的功能。由于 CIC 补偿器和半带滤波器的抽取因子均为 2，所以 CIC 滤波器的输出数据率 r_{d1} 为 FIR 半带滤波器输出数据率 r_{d3} 的 4 倍，之所以这样安排，是因为：如果 CIC 滤波器输出数据率太高，就会增大 CIC 补偿器的阶数，进而增大芯片面积和功耗；如果 CIC 滤波器输出数据率太低，就会增加 CIC 滤波器自身的"瓣数"，而通带边界不变，很明显，感兴趣信号的最高频率 f_{dp} 处的衰减会增大，同时也使得通带边界"靠近"阻带边界，造成梳状各阻带范围内的衰减减小，增大通带内噪声[13]。

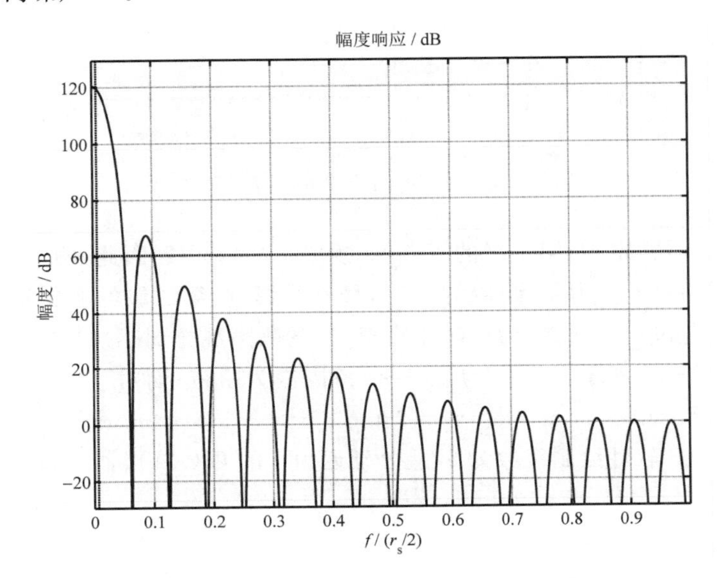

图 7 - 14　CIC 滤波器幅频特性的一个示例

CIC 滤波器的输出字长 B_{CIC} 由下式决定[2]：

$$B_{CIC}=\frac{L\lg R_{D1}}{\lg 2}+B \tag{7-38}$$

式中　B_{CIC}——CIC 滤波器的输出字长；

L——CIC 滤波器的级数；

B——量化器的位数(即 CIC 滤波器的输入字长)。

CIC 滤波器的输出字长 B_{CIC} 要大于整个数字抽取滤波器的输出字长才能满足输出精密度的要求[2]。

7.1.5.2　CIC 补偿器

CIC 补偿器用以补偿 CIC 滤波器通带内的衰减；CIC 补偿器实际上也是一个 FIR 滤波器[13]。仿照式(7 - 37)可以给出 CIC 补偿器的抽取因子表达式为

$$R_{D2}=\frac{r_{d1}}{r_{d2}} \tag{7-39}$$

式中　R_{D2}——CIC 补偿器的抽取因子；

r_{d2}——CIC 补偿器的输出数据率，Sps。

由于 CIC 补偿器置于 CIC 滤波器之后，因此其采样率即为 CIC 滤波器的输出数据率 r_{d1}；其抽取因子 $R_{D2}=2$[13]，因此由式（7-39）得到 $r_{d2}=r_{d1}/2$。仍以 CIC 滤波器 $f_{dp}=21.77\ kHz$，$r_{d1}=192\ kSps$ 为例，则 $r_{d2}=96\ kSps$[13]。据此可以画出对 CIC 补偿器幅频特性的需求，如图 7-15 所示（图中仅用实线区分出通带和阻带，而未表达具体的幅频特性；另用虚线表达对幅频特性不作要求的频段）。

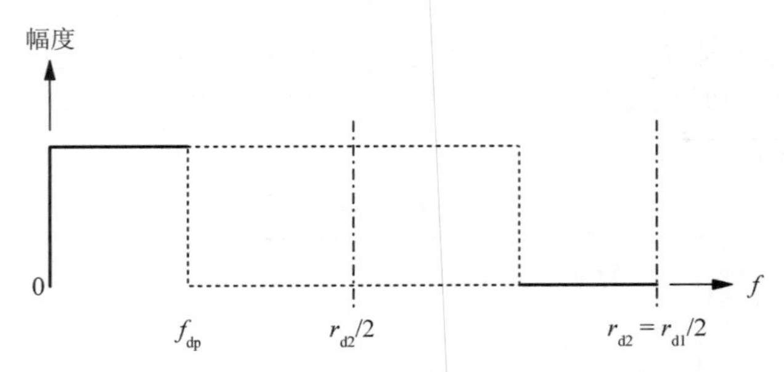

图 7-15　对 CIC 补偿器幅频特性的需求

按照 Nyquist 采样定理，第二级的 Nyquis 频率 $f_{N2}=r_{d1}/2$，因此，图 7-15 只画到 $r_{d1}/2$ 为止。由于 r_{d2} 大于 $2f_{dp}$，为了保证感兴趣信号不受影响，第二级的幅频特性必须如图 7-15 所示在 $0\sim f_{dp}$ 范围内为通带；为了防止高于 f_{dp} 的噪声混叠到感兴趣信号中，第二级的幅频特性必须如图 7-15 所示在 $(r_{d2}-f_{dp})\sim r_{d2}$ 范围内为阻带；而对 $f_{dp}\sim(r_{d2}-f_{dp})$ 频段的幅频特性不作要求。

使用 MATLAB 软件绘制级数为 5、差分延迟为 1 的 CIC 补偿器幅频特性程序[18]为

```
h=fdesign.ciccomp;
set(h, 'NumberOfSections', 5, 'DifferentialDelay', 1);
hd=equiripple(h);
fvtool(hd);
```

图 7-16 所示即为由上述程序绘制出来的 CIC 补偿器幅频特性[18]。

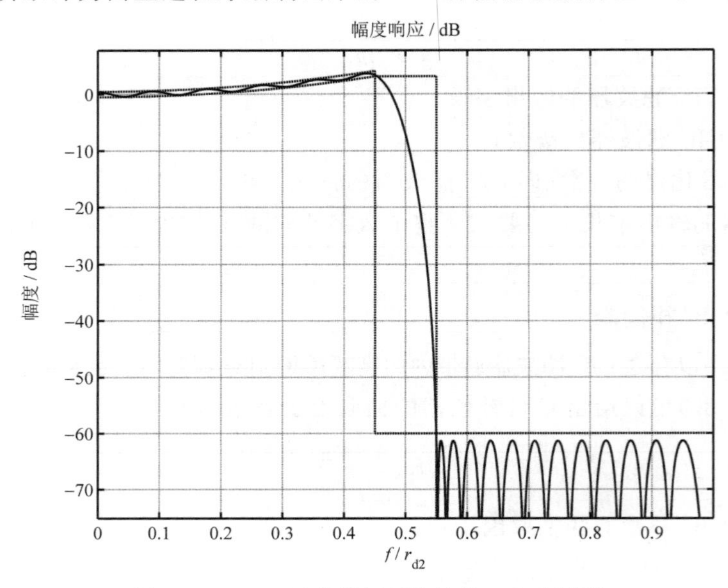

图 7-16　CIC 补偿器幅频特性的一个示例[18]

7.1.5.3　半带滤波器

如前所述，由于 CIC 补偿器的过渡带特性不佳，因此需要在 CIC 补偿器之后设置半带滤波器。半带滤波器实际上仍是一个 FIR 滤波器。

仿照式(7－37)可以给出半带滤波器的抽取因子表达式为

$$R_{D3}=\frac{r_{d2}}{r_{d3}} \tag{7-40}$$

式中　R_{D3}——半带滤波器的抽取因子；

r_{d3}——半带滤波器的输出数据率，Sps。

由于半带滤波器置于 CIC 补偿器之后，因此其采样率即为 CIC 补偿器的输出数据率 r_{d2}；其抽取因子 $R_{D3}=2$[13]，因此由式(7－40)得到 $r_{d3}=r_{d2}/2$。仍以 CIC 补偿器 $f_{dp}=21.77$ kHz，$r_{d2}=96$ kSps 为例，则 $r_{d3}=48$ kSps[13]。据此可以画出对半带滤波器幅频特性的需求，如图7－17所示（图中仅用实线区分出通带和阻带，而未表达具体的幅频特性；另用虚线标示过渡带所属频段）。

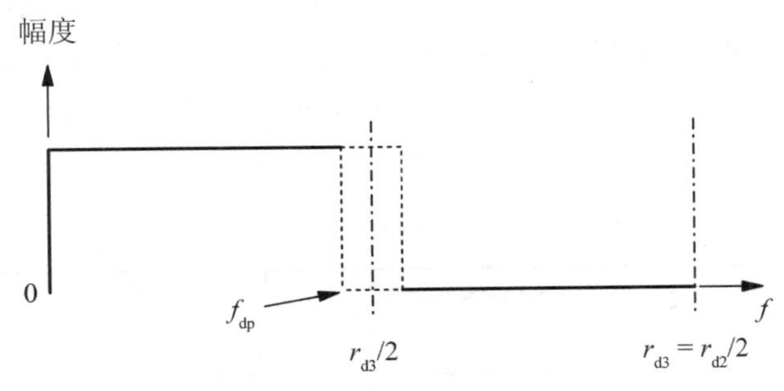

图 7－17　对半带滤波器幅频特性的需求

按照 Nyquist 采样定理，半带滤波器的 Nyquis 频率 $f_{N3}=r_{d2}/2$，因此，图 7－17 只画到 $r_{d2}/2$ 为止。半带滤波器的幅频特性如该图所示。由于 $0\sim f_{dp}$ 范围内为通带，为了保证感兴趣信号不受影响，要求 r_{d3} 大于 $2f_{dp}$；为了防止高于 f_{dp} 的噪声混叠到感兴趣信号中，要求 $(r_{d3}-f_{dp})\sim r_{d3}$ 范围内为阻带，而 $f_{dp}\sim(r_{d3}-f_{dp})$ 范围内则为过渡带。

FIR 半带滤波器可以满足图 7－17 所示对半带滤波器幅频特性的需求，它是以接近 2 的因子(一倍频程)减小被采数据最大带宽的低通滤波器；当用于降采样时，每个 FIR 半带滤波器只需要计算和输入样本之半一样多的输出样本；FIR 半带滤波器的过渡区处于相对 $0.5r_{d3}$ 对称的位置[19]。这使得可能设计约一半系数[“系数”指 FIR 半带滤波器的单位脉冲响应[13]，即 FIR 半带滤波器的时域响应函数：$h(n)=\frac{1}{2\pi}\int_{-\pi}^{\pi}H(\omega)\mathrm{e}^{\mathrm{j}\omega n}\mathrm{d}\omega$ [20]，式中 $H(\omega)$ 为 FIR 半带滤波器的频域响应函数]为零[21]，且非零系数对脉冲响应中心对称的 FIR 半带滤波器[19]。以上特性能被用于改善 FIR 半带滤波器的实现效率[19]。总而言之，FIR 半带滤波器有两个重要的特性：通带和阻带纹波必定是相同的，且通带边缘和阻带边缘的频率离 $0.5r_{d3}$ 是等距的。

使用 MATLAB 软件绘制通带边缘 $f_p=0.48$、阻带衰减 $d=0.001$(即 60 dB)、通带和阻带等波纹、最小相位半带滤波器的阶数 $N=51$、具有非负零相位的半带滤波器幅频特性程序为

```
fp=0.48;
d=0.001;
b=firhalfband('minorder',fp,d,'kaiser','high');
hfvt=fvtool(b, 'MagnitudeDisplay', 'Zero - phase');
N=51;
b1=firhalfband(N,fp,'minphase');
br1=fliplr(b1);
hhalf1=dfilt.dffir(conv(b1,br1));
set(hfvt, 'Filter', [hhalf1]);
```

图 7-18 即为由上述程序绘制出来的 FIR 半带滤波器幅频特性[21]。

需要说明的是，MATLAB 软件为半带滤波器设计提供了多种方法，如窗-脉冲-响应设计（Windowed-Impulse-Response Designs）、控制过渡宽度（Controlling the Transition Width）、控制阻带衰减（Controlling the Stopband Attenuation）、最小阶设计（Minimum-Order Designs）、具有渐增阻带衰减的等纹波设计（Equiripple Designs with Increasing Stopband Attenuation）、最小相位等纹波设计（Minimum-Phase Equiripple Designs）等，以适应不同的需求[21]。

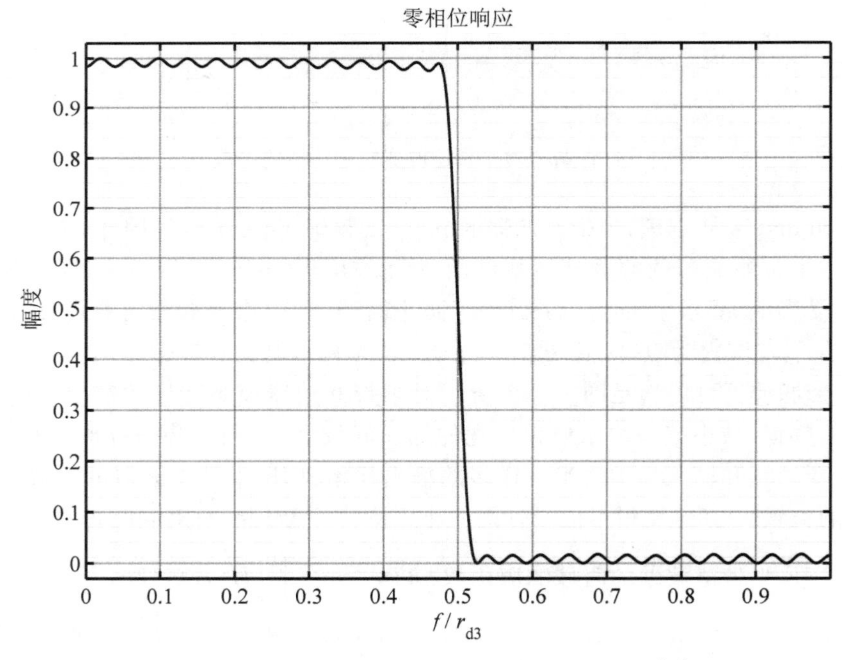

图 7-18　FIR 半带滤波器幅频特性的一个示例[21]

7.1.5.4　对过采样比定义的讨论

我们把 $0.5r_{d3}$ 视为 sinc 滤波器的截止频率 f_d，即

$$f_d = \frac{r_{d3}}{2} \tag{7-41}$$

将式(7-37)、式(7-39)～式(7-41)代入式(7-36),得到

$$R_{OSR}=R_{D1}R_{D2}R_{D3} \tag{7-42}$$

式(7-42)表达了一个显而易见的事实:整个数字抽取滤波器的总抽取因子与过采样比是一致的。由此可见,必须把 $0.5r_{d3}$ 视为sinc滤波器的截止频率 f_d。然而,从图7-18可以看到,在 $0.5r_{d3}$ 处幅度为0.5,通带边缘和阻带边缘对称分布于 $0.5r_{d3}$ 的两侧。由此可见,为了保证感兴趣信号通过滤波器后符合要求,其最高频率 f_{dp} 应比 f_d(即 $0.5r_{d3}$)低FIR半带滤波器的0.5个过渡带带宽。因此,将 f_{dp} 视为 f_d 是不够贴切的。文献[22]将 $2f_{dp}$ 称为Nyquist速率(Nyquist rate),将在 N 倍Nyquist速率下采集信号称为信号过采样 N 倍,即将 $r_s/2f_{dp}$ 当作过采样比。这意味着该文献作者把 f_{dp} 等同于 f_d,而忽略了 f_{dp} 应比 f_d 低半带滤波器的0.5个过渡带带宽这一差异。

需要注意的是,Nyquist速率与Nyquist频率 f_N 不是同一概念,不可相互混淆。

7.2 量化噪声

7.2.1 Nyquist型ADC

ADC噪声包括量化噪声和参考电压噪声[23]。7.1.1节指出,任何ADC都包括采样、量化与编码这三项基本功能,其中Nyquist型ADC的模拟-数字转换过程严格按照采样、量化和编码的顺序进行,而Δ-Σ ADC凭借强大的数字信号处理功能将采样、量化、编码融为一体。我们知道,量化把输入的连续信号切割成离散的数值,因此,任何ADC都存在±1/2个最低有效位(LSB)的不确定性,即存在量化噪声[24]。7.1.2.2节还指出,为了保证 V_{in} 的测量准确度,必须准确地确定参考电压 V_{ref}。因而ADC还存在参考电压噪声。

假定信号值均匀分布在一个台阶范围内,则量化器量化噪声的方均根值为[4]

$$e_{rms}=\frac{\Delta}{2\sqrt{3}} \tag{7-43}$$

式中 e_{rms}——量化器量化噪声的方均根值,U(U指观测量的单位);

Δ——理想码元宽度,即量化器1 LSB高度,U。

其中[3]

$$\Delta=\frac{A}{2^B-1} \tag{7-44}$$

式中 A——量化器的峰-峰值,U。

式(7-43)不仅适用于Nyquist型ADC,也适用于过采样ADC[4]。

将式(7-44)代入式(7-43),得到

$$e_{rms}=\frac{A}{2\sqrt{3}}\cdot\frac{1}{2^B-1} \tag{7-45}$$

通常假设理论量化噪声表现为白噪声,均匀地分布在 $0\sim f_N$ 范围内,其中 f_N 为Nyquist频率:$f_N=r_s/2$(式中 r_s 为ADC的采样率)[25]。这意味着在Nyquist型ADC中,量化噪声在 $0\sim f_N$ 范围内具有不变的功率谱密度,考虑到功率谱密度的定义是单位频带内的功率,且功率被抽象定义为信号方均根值的平方,即可得到 $0\sim f_N$ 范围内不变的量化噪声功率谱密度为

$$N_{0,\mathrm{PSD}}=\frac{e_{\mathrm{rms}}}{\sqrt{r_{\mathrm{s}}/2}} \tag{7-46}$$

式中 $N_{0,\mathrm{PSD}}$——Nyquist 型 ADC 的量化噪声功率谱密度，$\mathrm{U/Hz^{1/2}}$。

将式(7-43)代入式(7-46)，得到

$$N_{0,\mathrm{PSD}}=\frac{\Delta}{\sqrt{6r_{\mathrm{s}}}} \tag{7-47}$$

将式(7-44)代入式(7-47)，得到

$$N_{0,\mathrm{PSD}}=\frac{A}{(2^{B}-1)\sqrt{6r_{\mathrm{s}}}} \tag{7-48}$$

需要再次强调，对于 Nyquist 型 ADC，为了符合采样定理，必须 $f_{\mathrm{N}}\geqslant f_{\mathrm{m}}$，其中 f_{m} 为输入信号的最高频率，而不仅是感兴趣信号的最高频率 f_{dp}，也就是说，如果干扰信号的最高频率比感兴趣信号的最高频率高，且干扰信号的幅度不可忽略，则应把 f_{m} 视为干扰信号的最高频率；或者先采用模拟式低通滤波器把干扰信号中频率高于感兴趣信号部分的幅度抑制到可忽略的程度，使得 $f_{\mathrm{m}}=f_{\mathrm{dp}}$，才能把 f_{m}视为感兴趣信号的最高频率(详见 5.2.1 节)。

更确切地说，如果想要正确检测最高频率为 f_{dp}的感兴趣信号，该模拟式低通滤波器必须删除所有频率高于 f_{dp}的成分而不影响频率低于 f_{dp}的成分，并具有线性相位响应，即该模拟式低通滤波器是一个 sinc 滤波器，或称为矩形(rectangular)滤波器[7]。也就是说，该模拟式低通滤波器的过渡带(此处过渡带从感兴趣信号即将衰减起算，而不是从－3 dB 截止频率起算)宽度为 0 Hz，然而，具有 0 Hz 过渡带的模拟式抗混叠滤波器是不可能创建的。由此可见，对于 Nyquist 型 ADC，为了最大程度使用可得到的带宽而不超过 Nyquist 极限，必须提供具有陡峭截止的滤波器，而这是非常困难的[22]。

7.2.2 单纯过采样 ADC

7.2.2.1 直接过采样(sraight-oversampling) ADC

使用 Nyquist 型 ADC 实现过采样称为直接过采样。具体做法是：若信号包含均等分布的、足够被 ADC 察觉到的噪声，对这种包含有噪声的信号连续采集 2^{2n} 次，将其和除以 2^{n}，并将 1 LSB 代表的物理量由原值降低至 $1/2^{n}$ 原值，即得到位数增加 n 位的测量结果。这样做所依据的原理是：2^{2n} 个数据之和使相干信号增强到 2^{2n} 倍；而不相关噪声仅增强到 2^{n} 倍。因此，信噪比增强到 2^{n} 倍[22]。

值得注意的是，如果信号中不含噪声，所有 2^{2n} 个样本会有相同的值，这种情况下直接过采样不能增加测量结果的位数。相似的情况是，信号中不含噪声，但信号随 2^{2n} 次测量不断变化，这种情况下过采样仍然改善结果，但是改善的程度是不稳定和不可预知的[22]。

如果信号中所含噪声的幅值不足以被 ADC 察觉，可以将频率超出感兴趣频率、幅值足够被 ADC 察觉到的正弦抖动添加到信号输入中，再实施直接过采样。这样做的好处是可以在频域中将该正弦拌动过滤掉，导致最终在感兴趣的频率范围内的测量既有较高的分辨力又有较低的噪声[22]。

设直接过采样 ADC 的采样率为 r_{s}，则如式(7-46)所示，在 $0\sim f_{\mathrm{N}}$ 范围内不变的量化噪声功率谱密度为

$$N_{01,\mathrm{PSD}}=N_{0,\mathrm{PSD}}=\frac{e_{\mathrm{rms}}}{\sqrt{r_{\mathrm{s}}/2}} \tag{7-49}$$

式中　$N_{01,PSD}$——直接过采样 ADC 的量化噪声功率谱密度，$U/Hz^{1/2}$。

如果接着在输出端应用截止频率 f_d 的数字 sinc 滤波器，则可以剔除 $f_d \sim r_s/2$ 范围内分布的量化噪声功率，即量化噪声功率由 e_{rms}^2 降低到 $n_{01}^2 = e_{rms}^2/(r_s/2) \times f_d$，且不会影响所需信号[5]。在此前提下，输出的量化噪声可以根据过采样比 R_{OSR} 表达为[4]

$$n_{01} = \frac{e_{rms}}{\sqrt{R_{OSR}}} \tag{7-50}$$

式中　n_{01}——直接过采样 ADC 输出的量化噪声方均根值，U。

7.2.2.2　原理性 1 阶 1 位 Δ-Σ ADC

根据 7.1.2.1 节所述，图 7-1 所示的针对实际实现手段的 1 阶 1 位 Δ-Σ ADC 电路图可以简化表达为图 7-19 所示原理性 1 阶 1 位 Δ-Σ ADC 原理图[5]。

从原理角度，图 7-19 与图 7-1 的不同之处是图 7-19 中输入信号 V_{in} 的范围为 $-V_{ref} \sim +V_{ref}$，而图 7-1 中 V_{in} 的范围为 $0 \sim +V_{ref}$。

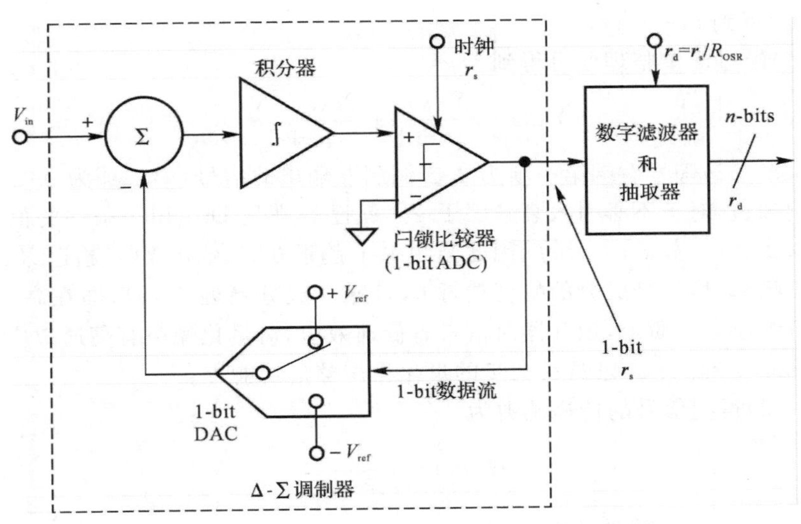

图 7-19　原理性 1 阶 1 位 Δ-Σ ADC 原理图[5]①

将图 7-19 中虚框所示 Δ-Σ 调制器部分进行 Laplace 变换，并略去 DAC 转换器[1]，得到 1 阶 1 位 Δ-Σ 调制器的简化频域线性化模型，如图 7-20 所示[5,26]。

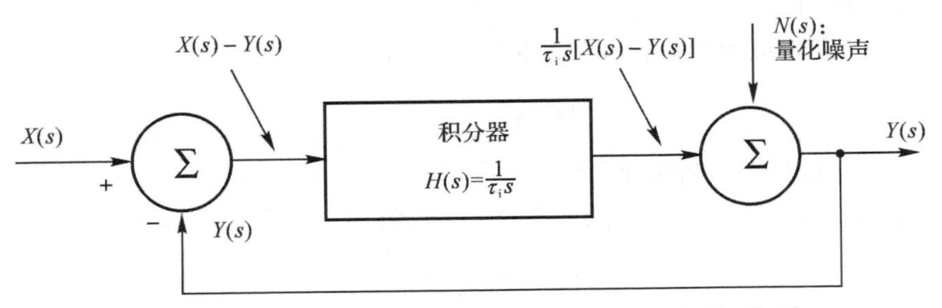

图 7-20　1 阶 1 位 Δ-Σ 调制器的简化频域线性化模型[5,26]

① 文献[5]原图中 ADC 采样率的符号为 kf_s，输出数据率的符号为 f_s，我们将 ADC 采样率的符号改为 r_s，将输出数据率的符号改为 r_d（$r_d = r_s/R_{OSR}$）。

调制器中积分器的传递函数 $H(s)=1/(\tau_i s)$①，式中 τ_i 为积分时间常数，$\tau_i=RC$。1位量化器产生量化噪声 $N(s)$，$N(s)$ 被注入到求和模块中。如果我们以 $X(s)$ 表示输入信号并以 $Y(s)$ 表示输出，则输入加法器的信号输出为 $X(s)-Y(s)$。此信号与积分器的传递函数 $H(s)=1/(\tau_i s)$ 相乘，然后结果送入输出加法器的一路输入。可以看出，输出 $Y(s)$ 的表达式可以写为[5,26]

$$Y(s)=\frac{1}{\tau_i s}[X(s)-Y(s)]+N(s) \tag{7-51}$$

式中 s——Laplace 变换建立的的复数角频率，也称为 Laplace 算子，rad/s；

$Y(s)$——Δ-Σ 调制器输出；

τ_i——积分时间常数，s；

$X(s)$——Δ-Σ 调制器输入；

$N(s)$——量化噪声。

由上述 $\tau_i=RC$ 及 7.1.2.2 节所给 $dt=RC/2$ 得到 $\tau_i=2dt$。进一步，由 7.1.2.4 节所给 $r_s=1/(2dt)$ 得到 $r_s=1/\tau_i$。

式(7-51)经过简单整理便可得到[5,26]

$$Y(s)=\frac{X(s)}{\tau_i s+1}+\frac{N(s)\tau_i s}{\tau_i s+1} \tag{7-52}$$

显然，式(7-52)等号右端第一项为 Δ-Σ 调制器输出的信号，第二项为 Δ-Σ 调制器输出的噪声。我们知道，对于不必引入衰减因子 $e^{-\sigma t}$ 就已经满足 Dirichlet 条件的信号而言，$s=j\omega$（参见 11.2.2 节）。由于 $\omega=2\pi f$，因此当频率 f 趋近 0 时，输出 $Y(s)$ 趋近 $X(s)$ 且无噪声成分。在较高频率时，信号成分的幅度趋近 0，且噪声成分趋近 $N(s)$，即在高频时，输出主要由量化噪声组成。本质上，积分器对信号有低通效应，对量化噪声有高通效应。即积分器的传递函数 $H(s)=1/(\tau_i s)$ 已具有初步的量化噪声整形功能[5]。

由式(7-52)得到信号的传递函数为

$$H_s(s)=\frac{1}{\tau_i s+1} \tag{7-53}$$

式中 $H_s(s)$——信号的传递函数。

将式(7-53)与式(18-99)所表达的1阶惯性加纯滞后(FOPDT)模型相对照，可以看到，式(7-53)与开环增益 $K=1$ 且不带纯滞后(或称时滞)环节 $e^{-\tau s}$ 的 FOPDT 模型相吻合，式(7-53)中的积分时间常数 τ_i 即式(18-99)中的惯性时间常数 T，从图 18-48、图 18-52、图 18-56 可以非常直观地看到这一点。

由式(7-52)还可以得到量化噪声的传递函数为

$$H_e(s)=\frac{\tau_i s}{\tau_i s+1} \tag{7-54}$$

式中 $H_e(s)$——量化噪声的传递函数。

将 $s=j\omega$、$\omega=2\pi f$ 及 $r_s=1/\tau_i$ 代入式(7-54)，得到

$$H_e(jf)=\frac{jf}{\frac{r_s}{2\pi}+jf} \tag{7-55}$$

① 文献[5]中传递函数 $H(f)=1/f$，文献[25]中传递函数 $H(s)=1/s$，均不妥，故予改正。同时，在图 7-20、式(7-51)和式(7-52)中也做了相应改正。

由式(7－55)得到其幅频特性为

$$|H_e(jf)| = \frac{f}{\sqrt{f^2 + \left(\frac{r_s}{2\pi}\right)^2}} \tag{7-56}$$

我们知道，信号经过一个传递函数为 $H(jf)$ 的线性系统，其输出功率为[3]

$$P_{out} = \int_{f_{min}}^{f_{max}} P_{in}(f)\,|H(jf)|^2 df \tag{7-57}$$

式中　P_{out}——输出功率，U^2；

f_{min}——频率下限，Hz；

f_{max}——频率上限，Hz；

$P_{in}(f)$——输入的功率谱密度，U^2/Hz；

$H(jf)$①——传递函数。

用式(7－57)计算原理性 1 阶 1 位 Δ-Σ ADC 的量化噪声输出功率 P_e。此时：

$$P_e = P_{out} \tag{7-58}$$

式中　P_e——Δ-Σ ADC 量化噪声的输出功率，U^2。

$$\left.\begin{aligned} f_{min} &= 0 \\ f_{max} &= f_d \end{aligned}\right\} \tag{7-59}$$

由式(7－46)得到

$$P_{in}(f) = 2e_{rms,\ B=1}^2 / r_s \tag{7-60}$$

式中　$P_{in}(f)$——输入的噪声功率谱密度，U^2/Hz；

$e_{rms,B=1}$——1 位量化器量化噪声的方均根值，U。

$$N_{in,PSD} = \frac{e_{rms,B=1}}{\sqrt{r_s/2}} \tag{7-61}$$

式中　$N_{in,PSD}$——输入的噪声功率谱密度，$U/Hz^{1/2}$。

由式(7－45)得到，对于 1 位量化器：

$$e_{rms,B=1} = \frac{A}{2\sqrt{3}} \tag{7-62}$$

将式(7－56)、式(7－58)至式(7－60)代入式(7－57)，得到

$$P_e = \frac{2e_{rms,B=1}^2}{r_s}\int_0^{f_d} \frac{f^2}{f^2 + \left(\frac{r_s}{2\pi}\right)^2} df \tag{7-63}$$

我们知道[11]

$$\int \frac{x^2}{ax^2 + c} dx = \frac{1}{a}\left[x - \sqrt{\frac{c}{a}}\arctan\left(x\sqrt{\frac{a}{c}}\right)\right] + C,\quad a > 0 \text{ 且 } c > 0 \tag{7-64}$$

将(7－64)代入式(7－63)，得到

$$n_{02} = \sqrt{P_e} = e_{rms,B=1} \cdot \sqrt{\frac{2f_d}{r_s}} \cdot \sqrt{1 - \frac{r_s}{2\pi f_d}\arctan\left(\frac{2\pi f_d}{r_s}\right)} \tag{7-65}$$

式中　n_{02}——原理性 1 阶 1 位 Δ-Σ ADC 输出的量化噪声方均根值，U。

---

① 文献[3]原式中为 $H(f)$，不妥，故改正。

将式(7－36)代入式(7－65),得到

$$n_{02}=\frac{e_{\mathrm{rms},B=1}}{\sqrt{R_{\mathrm{OSR}}}}\cdot\sqrt{1-\frac{R_{\mathrm{OSR}}}{\pi}\arctan\left(\frac{\pi}{R_{\mathrm{OSR}}}\right)} \tag{7-66}$$

为了能正确检测最高频率为 f_{dp} 的感兴趣信号:一方面 Δ-Σ 调制器之前所用的抗混叠模拟低通滤波器应保证最高频率为 f_{dp} 的感兴趣信号的品质不减退;另一方面,为了防止高于 Nyquist 频率 f_N($f_N=r_s/2$,式中 r_s 为 Δ-Σ 调制器的采样率)的干扰信号以镜频的方式映射到感兴趣的频率范围 0～f_{dp} 内(参见 5.3.3 节),该滤波器应将频率值高于 r_s-f_{dp} 的干扰信号抑制到可忽略的程度。除此而外,从 f_{dp} 直至 r_s-f_{dp} 的幅频特性不作要求。采用恰当阶数 n 的 Butterworth 有源低通滤波器可以满足此要求。这种滤波器在零频点附近一段范围内幅频特性最为平坦,而阻带内则以 $-20n$ dB/dec 的速率单调下降(详见 22.1 节和 22.3 节)。仍以 7.1.5.1 节所示感兴趣信号的最高频率 $f_{dp}=21.77$ kHz、Δ-Σ 调制器的采样率 $r_s=6.144$ MSps 为例,分析 Δ-Σ ADC 对抗混叠模拟低通滤波器幅频特性的需求,如图 7－21 所示(图中仅用实线区分出通带内感兴趣的频率范围和阻带内相应的镜频范围,而未表达具体的幅频特性;另用虚线表达对幅频特性不作要求的频段)。

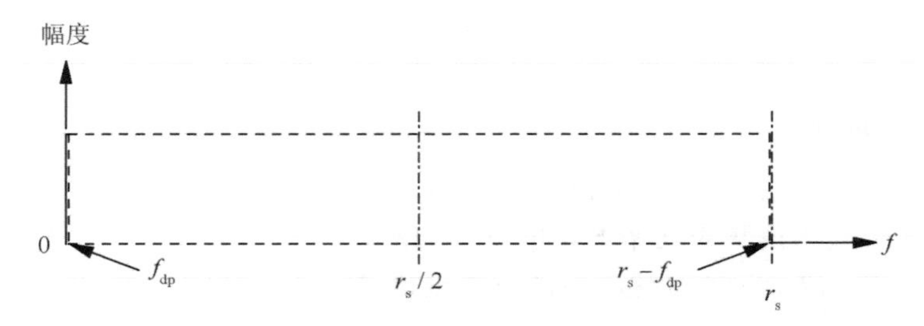

图 7－21 Δ-Σ ADC 对抗混叠模拟低通滤波器幅频特性的需求

将上述 f_{dp},r_s 的数值代入过渡带范围,得到过渡带从 21.77 kHz 直至 6.122 23 MHz。具有这么宽过渡带的模拟式抗混叠滤波器不难创建。由此可见,过采样 ADC 依靠现代集成电路技术,将滤波功能拆解成 ADC 之前的模拟滤波和抽样输出之前的数字滤波两部分,利用数字滤波器比同类模拟滤波器更容易实现这一优势,放宽了针对模拟式抗混叠滤波器的设计约束[22]。

7.1.1 节已经指出,理论上 Δ-Σ ADC 可以选择累计间隔时间 P 以给出任何想得到的分辨力或准确度,且依靠现代方法可以廉价地实现。

显然,Δ-Σ ADC 的过采样与直接过采样 ADC 的过采样不同之处在于 Δ-Σ ADC 的过采样并不需要依靠足够被 ADC 察觉到的噪声的参与。

由于功率谱密度的定义是单位频带内的功率,所以对式(7－63)求导[即取其被积函数(包括积分号前的常数)],就能得到原理性 1 阶 1 位 Δ-Σ 调制器输出端的量化噪声功率谱密度,即按国际习惯以其平方根值表示为

$$N_{02,\mathrm{PSD}}=\frac{e_{\mathrm{rms},B=1}}{\sqrt{r_s/2}}\cdot\frac{f}{\sqrt{f^2+\left(\frac{r_s}{2\pi}\right)^2}} \tag{7-67}$$

式中 $N_{02,\mathrm{PSD}}$——原理性 1 阶 1 位 Δ-Σ 调制器输出端的量化噪声功率谱密度,U/Hz$^{1/2}$。

将 $f_N=r_s/2$ 及式(7－61)代入式(7－67),得到

$$\frac{N_{02,\mathrm{PSD}}}{N_{\mathrm{in,PSD}}}=\frac{\dfrac{f}{f_{\mathrm{N}}}}{\sqrt{\left(\dfrac{f}{f_{\mathrm{N}}}\right)^{2}+\dfrac{1}{\pi^{2}}}} \tag{7-68}$$

用式(7-68)可以绘出 $N_{02,\mathrm{PSD}}/N_{\mathrm{in,PSD}}$- f/f_{N} 关系曲线,如图7-22所示[26]。

从图7-22可以看到,在整个 $0\sim f_{\mathrm{N}}$ 通带内 $N_{02,\mathrm{PSD}}$ 均小于 $N_{\mathrm{in,PSD}}$,且 $N_{02,\mathrm{PSD}}$ 随频率降低而减小。

7.2.3 采用量化噪声整形的1位Δ-Σ ADC

7.2.3.1 1阶1位Δ-Σ调制器

在图7-20中所示积分器位置设置以 z 变换的形式表达的、具有量化噪声整形功能的传递函数 $H(z)$,如图7-23所示。

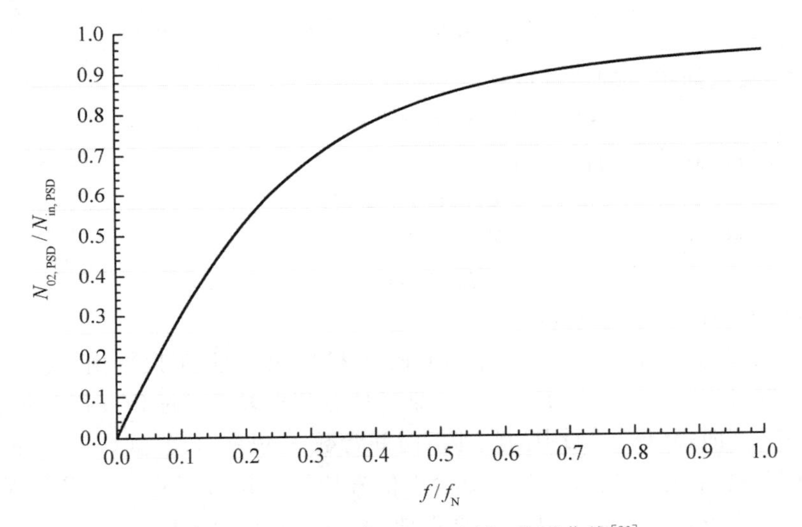

图7-22 $N_{02,\mathrm{PSD}}/N_{\mathrm{in,PSD}}$- f/f_{N} 关系曲线[26]

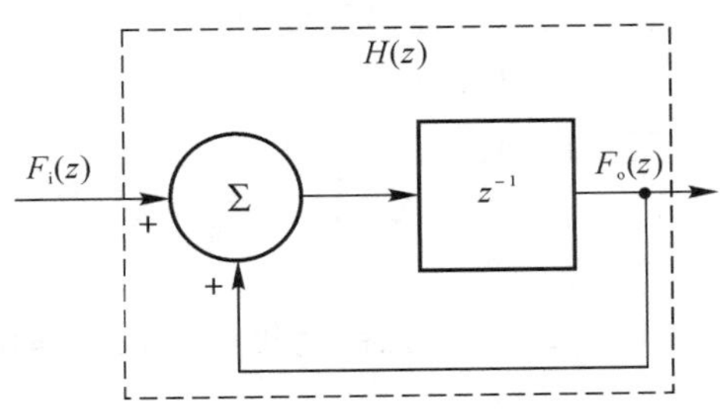

图7-23 以 z 变换的形式表达的、具有量化噪声整形功能的传递函数 $H(z)$

由图7-23可以看出

$$F_{\mathrm{o}}(z)=H(z)F_{\mathrm{i}}(z)=z^{-1}\left[F_{\mathrm{i}}(z)+F_{\mathrm{o}}(z)\right] \tag{7-69}$$

式中 z——z 变换建立的复变量;

$H(z)$——图7-23所示传递函数;

$F_{\mathrm{i}}(z)$——图7-23所示传递函数的输入,U;

$F_o(z)$——图 7-23 所示传递函数的输出,U。

并有[27]

$$z = e^{s/r_s} \tag{7-70}$$

式(7-69)经过简单整理便可得到[3]

$$H(z) = \frac{F_o(z)}{F_i(z)} = \frac{z^{-1}}{1 - z^{-1}} \tag{7-71}$$

将式(7-70)代入式(7-71),得到

$$H(s) = \frac{e^{-s/r_s}}{1 - e^{-s/r_s}} \tag{7-72}$$

式中 $H(s)$——$H(z)$的 Laplace 变换。

由于式(7-72)表达的传递函数取代了图 7-20 中传递函数为 $1/(\tau_i s)$的积分器,所以仿照式(7-51)可以给出

$$Y(s) = \frac{e^{-s/r_s}}{1 - e^{-s/r_s}}[X(s) - Y(s)] + N(s) \tag{7-73}$$

式(7-73)经过简单整理便可得到

$$Y(s) = e^{-s/r_s} X(s) + (1 - e^{-s/r_s}) N(s) \tag{7-74}$$

由式(7-74)得到信号的传递函数为

$$H_s(s) = e^{-s/r_s} \tag{7-75}$$

将式(7-70)代入式(7-75),得到[3]

$$H_s(z) = z^{-1} \tag{7-76}$$

式中 $H_s(z)$——$H_s(s)$的 z 变换。

将式(7-75)与式(18-99)所表达的 FOPDT 模型相对照,可以看到,式(7-75)与开环增益 $K=1$ 且不带惯性环节 $1/(Ts+1)$(即不具有积分功能)的 FOPDT 模型相吻合,式(7-75)中的 $1/r_s$ 即式(18-99)中的纯滞后时间常数 τ,也就是说,式(7-75)的作用是输出信号比输入信号滞后(或称延迟)$1/r_s$(即输出信号比输入信号延迟一个采样周期[3]),从图 18-48、图 18-52、图 18-56 可以非常直观地看到这一点。因此,对于信号而言,图 7-23 所示具有量化噪声整形功能的传递函数不是积分器,而是延时器。

由式(7-74)还可以得到量化噪声的传递函数为

$$H_e(s) = 1 - e^{-s/r_s} \tag{7-77}$$

将式(7-70)代入式(7-77),得到[3]

$$H_e(z) = 1 - z^{-1} \tag{7-78}$$

式中 $H_e(z)$——$H_e(s)$的 z 变换。

式(7-78)表示对于 1 阶 1 位 Δ-Σ 调制器,量化噪声被传递函数 $H_e(z) = 1 - z^{-1}$ 的滤波器整形[4]。

将 $s = j\omega$ 代入式(7-77),得到

$$H_e(j\omega) = 1 - e^{-j\omega/r_s} \tag{7-79}$$

由式(7-79)得到其幅频特性为

$$|H_e(j\omega)| = \sqrt{(1 - e^{-j\omega/r_s})(1 - e^{j\omega/r_s})} \tag{7-80}$$

解得

$$|H_e(j\omega)| = \sqrt{2 - (e^{j\omega/r_s} + e^{-j\omega/r_s})} \tag{7-81}$$

我们知道[11]

$$\cos\theta = \frac{e^{j\theta} + e^{-j\theta}}{2} \tag{7-82}$$

将式(7－82)代入式(7－81)，得到

$$|H_e(j\omega)| = \sqrt{2[1-\cos(\omega/r_s)]} \tag{7-83}$$

我们知道[11]

$$\sin\frac{\theta}{2} = \pm\sqrt{\frac{1-\cos\theta}{2}} \tag{7-84}$$

将式(7－84)代入式(7－83)，得到

$$|H_e(j\omega)|^2 = 4\sin^2\frac{\omega}{2r_s} \tag{7-85}$$

即[3]

$$|H_e(jf)|^2 = 4\sin^2\frac{\pi f}{r_s} \tag{7-86}$$

用式(7－57)计算 1 阶 1 位 Δ-Σ ADC 的量化噪声输出功率 P_e。将式(7－58)至式(7－60)、式(7－86)代入式(7－57)，得到

$$P_e = \frac{8e^2_{rms,B=1}}{r_s}\int_0^{f_d}\sin^2\frac{\pi f}{r_s}df \tag{7-87}$$

由于在[0，f_d]范围内 $\pi f \ll r_s$，所以

$$\sin\frac{\pi f}{r_s} \approx \frac{\pi f}{r_s} \tag{7-88}$$

将式(7－88)代入式(7－87)，得到

$$P_e = \frac{8e^2_{rms,B=1}\pi^2}{r_s^3}\int_0^{f_d}f^2 df \tag{7-89}$$

由式(7－89)得到[3-4]

$$n_{03} = \sqrt{P_e} = e_{rms,B=1}\cdot\frac{\pi}{\sqrt{3}}\left(\frac{2f_d}{r_s}\right)^{3/2} \tag{7-90}$$

式中　n_{03}——采用量化噪声整形的 1 阶 1 位 Δ-Σ ADC 输出的量化噪声方均根值，U。

将式(7－36)代入式(7－90)，得到

$$n_{03} = \frac{e_{rms,B=1}}{\sqrt{R_{OSR}}}\cdot\frac{\pi}{\sqrt{3}R_{OSR}} \tag{7-91}$$

从式(7－91)可以看到，过采样比 R_{OSR}越大，输出量化噪声越小，当然，这是以降低输出数据率，即降低感兴趣信号的最高频率为代价的。因此，用户可以根据不同的需要，自由选择合适的过采样比 R_{OSR}。文献[2]指出，R_{OSR}通常选择为 2 的整数次幂，这样能够大大简化数字抽取滤波器的实现，并给出典型情况下 R_{OSR}在 $2^3 \sim 2^9$ 之间。

输出量化噪声随 R_{OSR}增大而减小意味着式(7－77)所示的量化噪声传递函数可以将量化器产生的均匀分布量化噪声推向高频端，变成了低频端能量很小，高频端能量很大的有色噪声，这种整形称之为 Δ-Σ 调制器的“量化噪声整形”[3]。

由于功率谱密度的定义是单位频带内的功率，所以对式(7－87)求导[即取其被积函数(包括积分号前的常数)]，就能得到经整形后的量化噪声功率谱密度，即按国际习惯以其平

方根值表示为

$$N_{03,\mathrm{PSD}}=\frac{e_{\mathrm{rms},B=1}}{\sqrt{r_s/2}}\times 2\sin\frac{\pi f}{r_s} \tag{7-92}$$

式中　$N_{03,\mathrm{PSD}}$——1 阶 1 位 Δ-Σ 调制器经整形后的量化噪声功率谱密度，$\mathrm{U/Hz^{1/2}}$。

将 $f_{\mathrm{N}}=r_s/2$ 及式(7-61)代入式(7-92)，得到

$$\frac{N_{03,\mathrm{PSD}}}{N_{\mathrm{in,PSD}}}=2\sin\left(\frac{\pi}{2}\cdot\frac{f}{f_{\mathrm{N}}}\right) \tag{7-93}$$

用式(7-93)可以绘出 $N_{03,\mathrm{PSD}}/N_{\mathrm{in,PSD}}-f/f_{\mathrm{N}}$ 关系曲线，如图 7-24 所示[26]。作为比较，图中同时给出了 $N_{02,\mathrm{PSD}}/N_{\mathrm{in,PSD}}-f/f_{\mathrm{N}}$ 关系曲线。

由式(7-93)得到，$f=f_{\mathrm{N}}$ 时，$N_{03,\mathrm{PSD}}=2N_{\mathrm{in,PSD}}$；$f/f_{\mathrm{N}}=1/3$ 时，$N_{03,\mathrm{PSD}}=N_{\mathrm{in,PSD}}$。从图 7-24 可以看到，$N_{03,\mathrm{PSD}}$随频率降低而减小，逐渐与 $N_{02,\mathrm{PSD}}$重合。显然，$N_{03,\mathrm{PSD}}$不如 $N_{02,\mathrm{PSD}}$好。然而，前者所采用的量化噪声整形方法为具有更好量化噪声整形效果的多阶多位 Δ-Σ ADC 奠定了基础。

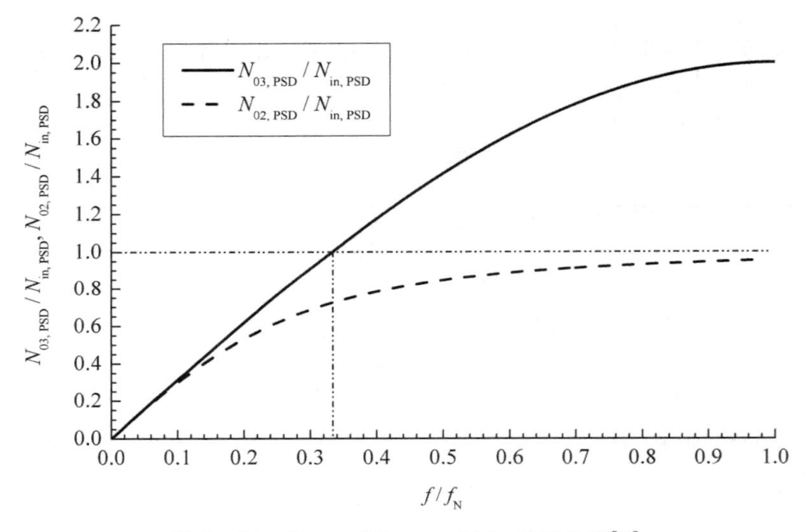

图 7-24　$N_{03,\mathrm{PSD}}/N_{\mathrm{in,PSD}}-f/f_{\mathrm{N}}$ 关系曲线[26]

7.2.3.2　M 阶 1 位 Δ-Σ 调制器

如前所述，采用量化噪声整形的 1 阶 1 位 Δ-Σ 调制器过采样比 R_{OSR}越大，输出的量化噪声越小；与此同时，感兴趣信号的最高频率也越低。也就是说，如果想恢复原来感兴趣信号的最高频率，就需要按比例提高 Δ-Σ 调制器的采样率。而采用 M 阶 1 位 Δ-Σ 调制器，例如在图 7-20 中所示积分器位置设置 M 个图 7-23 所示传递函数，当 $M>1$ 时，可以取得更好的效果。

采用多阶 Δ-Σ 调制器还有一个好处是降低“模式噪声(pattern noise)”：

此前的分析均将量化器的量化噪声假设为与输入信号不相关的加性白噪声[3]。然而，7.1.2.3 节指出，1 阶 1 位 Δ-Σ 调制器“采用公共时钟来确定 P 和 dt……会产生等待下一个公共时钟边界引起的引起的误差，最大误差略微小于一个计数。这种误差称为‘空闲音(idle tone)’，显然，‘空闲音’与输入信号呈现很大的相关性”。文献[6]也指出，音频中，随着输入从负满量程变为正满量程，噪底之上便可听到空闲音。对于 1 阶 Δ-Σ 调制器，“空闲

音”现象特别明显，因此，几乎所有Δ-Σ ADC都至少含有一个二阶调制器环路，有些甚至使用五阶环路。

文献[13]指出，对于1阶Δ-Σ调制器，正弦输入信号会使量化器的输出在信号的倍频点出现很多谐波，这说明量化器的输出和输入信号相关性很高，这是一阶Δ-Σ调制器的缺点；高阶Δ-Σ调制器可以减小输出频谱中的谐波，这是因为高阶Δ-Σ调制器可以使量化器输出和输入信号的相关性大大降低。

因此，文献[3]指出，将量化器的量化噪声假设为加性白噪声并且与输入信号不相关从原理角度并不符合实际①。对于一阶Δ-Σ调制器和当输入为直流或正弦等规则信号的情况时，量化噪声与输入信号表现出很大的相关性，产生模式噪声。但对于高阶Δ-Σ调制器，且输入为随机信号时，前述量化噪声整形推导的结果不仅具有重要的参考价值，而且与实际的结果也是非常相近的。

此时，由式(7-76)得到信号的传递函数为[2]

$$H_s(z)=z^{-M} \tag{7-94}$$

式中　M——调制器的阶数。

由式(7-78)得到量化噪声的传递函数为[2]

$$H_e(z)=(1-z^{-1})^M \tag{7-95}$$

将式(7-70)和$s=\mathrm{j}\omega$代入式(7-95)，得到

$$H_e(\mathrm{j}\omega)=(1-\mathrm{e}^{-\mathrm{j}\omega/r_s})^M \tag{7-96}$$

由式(7-96)得到其幅频特性为

$$|H_e(\mathrm{j}\omega)|=[(1-\mathrm{e}^{-\mathrm{j}\omega/r_s})(1-\mathrm{e}^{\mathrm{j}\omega/r_s})]^{M/2} \tag{7-97}$$

解得

$$|H_e(\mathrm{j}\omega)|^2=[2-(\mathrm{e}^{\mathrm{j}\omega/r_s}+\mathrm{e}^{-\mathrm{j}\omega/r_s})]^M \tag{7-98}$$

将式(7-82)代入式(7-98)，得到

$$|H_e(\mathrm{j}\omega)|^2=2^M[1-\cos(\omega/r_s)]^M \tag{7-99}$$

将式(7-84)代入式(7-99)，得到

$$|H_e(\mathrm{j}\omega)|^2=4^M\sin^{2M}\frac{\omega}{2r_s} \tag{7-100}$$

即

$$|H_e(\mathrm{j}f)|^2=4^M\sin^{2M}\frac{\pi f}{r_s} \tag{7-101}$$

用式(7-57)计算M阶1位Δ-Σ ADC的量化噪声输出功率P_e。将式(7-58)～式(7-60)和式(7-101)代入式(7-57)，得到

$$P_e=\frac{2^{2M+1}e_{\mathrm{rms},B=1}^2}{r_s}\int_0^{f_d}\sin^{2M}\frac{\pi f}{r_s}\mathrm{d}f \tag{7-102}$$

将式(7-88)代入式(7-102)，得到

$$P_e=\frac{2^{2M+1}e_{\mathrm{rms},B=1}^2\pi^{2M}}{r_s^{2M+1}}\int_0^{f_d}f^{2M}\mathrm{d}f \tag{7-103}$$

由式(7-103)得到[4,28]

① 此处“从原理角度并不符合实际”在文献[3]中原文为“在实际中是不可能成立的”，由于不够贴切，故改之。

$$n_{04}=\sqrt{P_{\mathrm{e}}}=e_{\mathrm{rms},B=1}\cdot\frac{\pi^{M}}{\sqrt{2M+1}}\left(\frac{2f_{\mathrm{d}}}{r_{\mathrm{s}}}\right)^{M+1/2}\tag{7-104}$$

式中 n_{04}——采用量化噪声整形的 M 阶1位Δ-Σ ADC输出的量化噪声方均根值,U。

将式(7-36)代入式(7-104),得到

$$n_{04}=\frac{e_{\mathrm{rms},B=1}}{\sqrt{R_{\mathrm{OSR}}}}\cdot\frac{1}{\sqrt{2M+1}}\left(\frac{\pi}{R_{\mathrm{OSR}}}\right)^{M}\tag{7-105}$$

由于功率谱密度的定义是单位频带内的功率,所以对式(7-102)求导[即取其被积函数(包括积分号前的常数)],就能得到经整形后的量化噪声功率谱密度,即按国际习惯以其平方根值表示为

$$N_{04,\mathrm{PSD}}=\frac{e_{\mathrm{rms},B=1}}{\sqrt{r_{\mathrm{s}}/2}}\times 2^{M}\sin^{M}\frac{\pi f}{r_{\mathrm{s}}}\tag{7-106}$$

式中 $N_{04,\mathrm{PSD}}$——M 阶1位Δ-Σ调制器经整形后的量化噪声功率谱密度,$\mathrm{U/Hz^{1/2}}$。

将 $f_{\mathrm{N}}=r_{\mathrm{s}}/2$ 及式(7-61)代入式(7-106),得到

$$\frac{N_{04,\mathrm{PSD}}}{N_{\mathrm{in,PSD}}}=2^{M}\sin^{M}\left(\frac{\pi}{2}\frac{f}{f_{\mathrm{N}}}\right)\tag{7-107}$$

用式(7-107)可以绘出 $N_{04,\mathrm{PSD}}/N_{\mathrm{in,PSD}}-f/f_{\mathrm{N}}$ 关系曲线,如图7-25所示[26]。

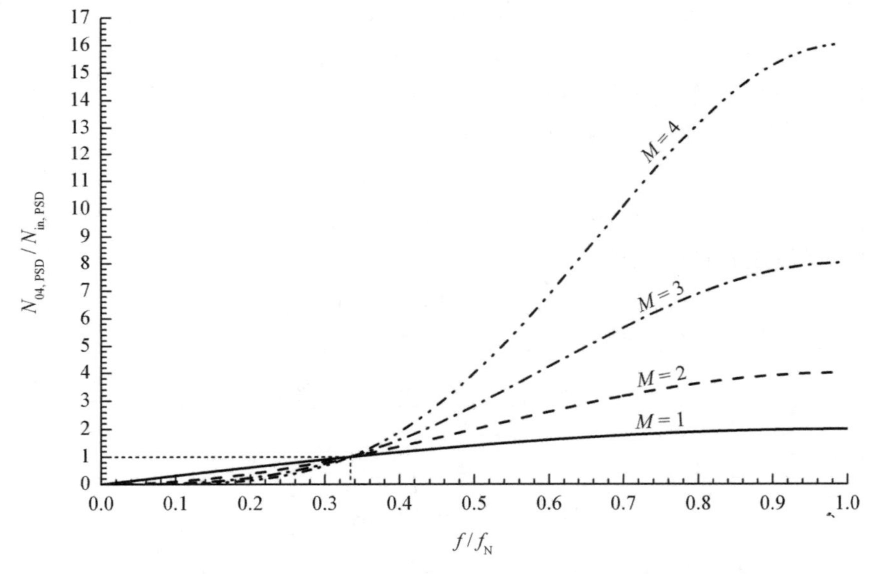

图7-25 $N_{04,\mathrm{PSD}}/N_{\mathrm{in,PSD}}-f/f_{\mathrm{N}}$ 关系曲线[26]

由式(7-107)得到,$f=f_{\mathrm{N}}$ 时,$N_{04,\mathrm{PSD}}=2^{M}N_{\mathrm{in,PSD}}$;$f/f_{\mathrm{N}}=1/3$ 时,$N_{04,\mathrm{PSD}}=N_{\mathrm{in,PSD}}$。从图7-25可以看到,$M$ 越大,经整形后的量化噪声功率谱密度向高频端推送得越厉害,即低频端越小,高频端越大。

从式(7-105)可以看到,M 越大,输出量化噪声随 R_{OSR} 加大而减小得越快。因此,为了实现宽动态范围,必须使用二阶以上的Δ-Σ调制器环路,但这会带来切实的设计挑战。首先,此前讨论的简单线性模型不再完全准确。一般而言,二阶以上的环路无法保证在所有输入条件下都能保持稳定,原因在于比较器是一个非线性元件,其有效“增益”与输入电平成反比。这种不稳定机制会导致以下特性:如果在环路正常工作时,将一个大信号施加于输入,

引起环路过载，则比较器的平均增益减小。在线性模型中，比较器增益的减小会导致环路不稳定。即使将信号降下来，增益也不会马上恢复，环路仍不稳定。在实际操作中，上电瞬变所引起的初始条件一般会导致这种电路发生上电时振荡。因此，高阶环路设计需要有关非线性稳定技术的广博学识[6]。

近期分析结果显示，比较器中使用有限增益而非无限增益时，并不一定会出现不稳定情况，即使真的开始出现不稳定情况，还可以设置数字抽取滤波器中的数字信号处理器(DSP)来识别初始不稳定性并做出反应来进行预防。所以现在更常用的 Δ-Σ ADC 的设计包括二、三、四、五或六阶调制器[26]。

7.2.4　采用量化噪声整形的 *M* 阶 *B* 位 Δ-Σ ADC

此前讨论的都是针对使用 1 位量化器的情况，1 阶 1 位量化器具有极佳的线性度。但是其引入的量化噪声较大；仅提高阶次，若系数设计等不合理可以引起环路震荡。而使用多位量化器，量化噪声急剧降低；整个环路由于积分器的输出信号不容易饱和，因而比较容易稳定[3]。分析研究表明，如果调制器中量化器的位数等于或者大于调制器的阶数，那么高阶单环噪声差分调制器结构是稳定的；此外，采用多位量化器能够大大降低调制器输出量化噪声频谱中的杂波强度[2]。图 7－26 以功能框图的形式显示了一个使用 n 位 Flash ADC 和 n 位 DAC 的 1 阶多位 Δ-Σ ADC。对于给定的过采样比和环路滤波器阶数，这种架构显然能提供更高的动态范围。配合使用 M 阶环路，则更容易实现稳定。由于空闲模式更具随机性，因此干扰噪声影响更小[6]。

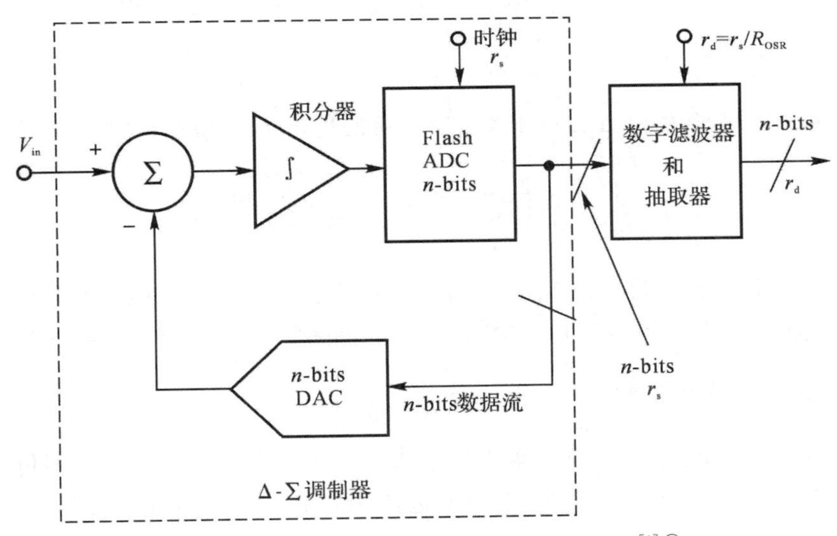

图 7－26　原理性 1 阶多位 Δ-Σ ADC 原理图[6]①

使用多位量化器的 Δ-Σ 调制器的另一重要优点是：为获得同样的满量程理想信噪比 $R_{SNR5,FS}$，所需的过采样比 R_{OSR} 比一位量化器结构低(详见 7.3.1.3 节)。

此外，还有文献指出：严格意义上来说，将量化噪声假设为与输入信号不相关的加性白

① 文献[6]原图中 ADC 采样率的符号为 kf_s，输出数据率的符号为 f_s，我们将 ADC 采样率的符号改为 r_s，将输出数据率的符号改为 r_d($r_d=r_s/R_{OSR}$)。

噪声对一位量化器是无效的；但是当量化器的位数比较大时，该假设产生的效果还是比较好的[13]。

由于实际电路和工艺的限制，量化器位数不可能无限制地提高，目前文献中 Δ-Σ 调制器内部实现的量化器位数为 1 到 5 位[13]。我们知道，一个二进制位有 0 和 1 两级(level)，所以 1 阶 1 位 Δ-Σ ADC 又称为 1 阶 2 级 Δ-Σ ADC，与此相应，3 级量化器被称为 1.5 位量化器；4 级量化器是 2 位量化器；5 级量化器被称为 2.5 位量化器……[4]

在 Δ-Σ 调制器中使用多位量化器也有缺点。多位量化器需要在反馈回路中使用多位 DAC，这增加了模拟和数字电路的复杂性。设计多位量化器的最大问题是 DAC 的非线性和失配。非线性需要额外的数字技术如动态元件匹配技术来减少误差。因此，为了满足设计要求，需要更大的芯片面积和功耗[13]。另外，文献[6]也提到，多位量化(或称为 3 级以上量化)技术的最大缺点在于其线性度取决于 DAC 的线性度，并且需要采用薄膜激光调整才能达到 16 位性能水平，因此，要使用传统二进制 DAC 技术在模数混合集成电路上实现多位架构非常不切实际；然而，使用多位架构时，使用专有的数据加扰技术，可以实现高信噪比和低失真，多位数据加扰技术既可将空闲音降至最低，又可确保较佳的微分线性度。

将式(7-45)代入式(7-104)(先将式中“$e_{\mathrm{rms},B=1}$”置换为“e_{rms}”)，得到

$$n_{05}=\frac{A}{2\sqrt{3}}\frac{1}{2^B-1}\frac{\pi^M}{\sqrt{2M+1}}\left(\frac{2f_{\mathrm{d}}}{r_{\mathrm{s}}}\right)^{M+1/2} \tag{7-108}$$

式中 n_{05}——采用量化噪声整形的 M 阶 B 位 Δ-Σ ADC 输出的量化噪声方均根值，U。

将式(7-45)代入式(7-106)(先将式中“$e_{\mathrm{rms},B=1}$”置换为“e_{rms}”)，得到

$$N_{05,\mathrm{PSD}}=\frac{A}{2\sqrt{3}}\frac{1}{2^B-1}\frac{1}{\sqrt{r_{\mathrm{s}}/2}}\times 2^M\sin^M\frac{\pi f}{r_{\mathrm{s}}} \tag{7-109}$$

式中 $N_{05,\mathrm{PSD}}$——M 阶 B 位 Δ-Σ 调制器经整形后的量化噪声功率谱密度，$\mathrm{U/Hz^{1/2}}$。

7.3 ADC 产品的动态性能

ADC 的动态性能指的是在输入信号变化时 ADC 系统的性能，主要包括信噪比(SNR)、过载度(OL)、信噪失真比(SINAD or SNDR)、动态范围(DR)以及有效位数(ENOB)等[3]。

7.3.1 满量程理想信噪比

ADC 产品信噪比的定义是：交流输入信号功率与频率低于采样率之半(不包括直流)的全频谱噪声功率之比的 dB 数。显然，噪声不包括谐波信号[29]。因此，ADC 产品的信噪比可表示为

$$\{R_{\mathrm{SNR}}\}_{\mathrm{dB}}=10\lg\left(\frac{P_{\mathrm{s}}}{P_{\mathrm{n}}}\right) \tag{7-110}$$

式中 R_{SNR}——ADC 产品的信噪比，dB；

P_{s}——交流输入信号的功率，$\mathrm{U^2}$；

P_{n}——频率低于采样率之半(不包括直流)的全频谱噪声功率，$\mathrm{U^2}$。

ADC 产品可能引入很多种噪声，例如热噪声、杂色噪声、电源电压变化、参考电压变化、由采样时钟抖动引起的相位噪声以及由量化误差引起的量化噪声。有很多技术可用于减小

噪声，例如精心设计电路板和在参考电压信号线上加旁路电容等，但是 ADC 产品总存在量化噪声，所以一个给定位数的 ADC 产品的最大信噪比(SNR)由量化噪声定义[30]。即在计算 ADC 产品的理想信噪比时，产品噪声只考虑量化噪声。

由式(7-110)得到，ADC 产品的满量程理想信噪比为[25]

$$\{R_{\mathrm{SNR,FS}}\}_{\mathrm{dB}}=20\lg\left(\frac{\{V_{\mathrm{FS}}\}_{\mathrm{U}}}{\{n_0\}_{\mathrm{U}}}\right) \tag{7-111}$$

式中　$R_{\mathrm{SNR,FS}}$——ADC 产品的满量程理想信噪比，dB；

V_{FS}——ADC 正弦波满量程输入信号的方均根值，U；

n_0——ADC 产品量化噪声的方均根值，U。

我们有

$$V_{\mathrm{FS}}=\frac{A}{2\sqrt{2}} \tag{7-112}$$

满量程理想信噪比也称为理想的输出动态范围[3]，也有文献称之为理想的动态范围[13]，甚至称之为动态范围[31]。显然，后两种简化称谓很容易与输入动态范围相混淆，因而是不恰当的。

7.3.1.1　Nyquist 型 ADC

式(7-45)给出了量化器量化噪声的方均根值 e_{rms} 的表达式。对于 Nyquist 型 ADC，量化器量化噪声即 ADC 的量化噪声，因此用 e_{rms} 代替 n_0 即可得到 Nyquist 型 ADC 的满量程理想信噪比。将式(7-45)和式(7-112)代入式(7-111)，得到

$$\{R_{\mathrm{SNR0,FS}}\}_{\mathrm{dB}}=20\lg\left[\sqrt{\frac{3}{2}}\,(2^B-1)\right] \tag{7-113}$$

式中　$R_{\mathrm{SNR0,FS}}$——Nyquist 型 ADC 的满量程理想信噪比，dB。

图 7-27 给出了 2^B-1 与 2^B 分别随 B 增长而增长的比较，可以看到，当 $B\geqslant6$ 时，二者的差别几乎可以忽略。

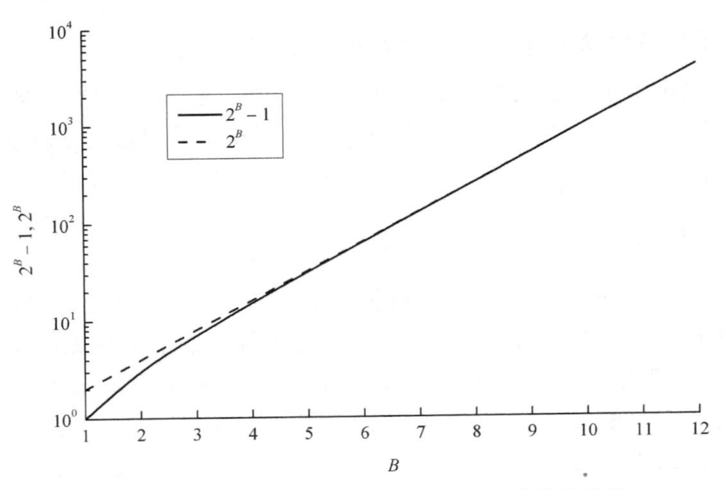

图 7-27　2^B-1 与 2^B 分别随 B 增长而增长的比较

随着技术的发展，当今实际使用的 Nyquist 型 ADC 都满足 $B\geqslant6$ 的要求，因此，式(7-

113)可以简化为

$$\{R_{\mathrm{SNR0,FS}}\}_{\mathrm{dB}} = 10\lg 1.5 + 20B\lg 2 \tag{7-114}$$

我们有[32]

$$10\lg 1.5 = 1.76 \tag{7-115}$$

及[32]

$$20\lg 2 = 6.02 \tag{7-116}$$

将式(7-115)、式(7-116)与式(7-114)相对照,可以看到,1.76 来自 Nyquist 型 ADC 的量化噪声,6.02 为将 2 进制位数转换为 dB 数的转换因子[32]。

将式(7-115)、式(7-116)代入式(7-114),得到[25, 33]

$$\{R_{\mathrm{SNR0,FS}}\}_{\mathrm{dB}} = 1.76 + 6.02B \tag{7-117}$$

7.3.1.2 直接过采样 ADC

式(7-50)给出了直接过采样 ADC 输出的量化噪声方均根值 n_{01} 的表达式。因此用 n_{01} 代替 n_0 即可得到过采样 Nyquist 型 ADC 的满量程理想信噪比。将式(7-45)、式(7-50)和式(7-112)代入式(7-111),得到

$$\{R_{\mathrm{SNR1,FS}}\}_{\mathrm{dB}} = 20\lg\left[\sqrt{\frac{3}{2}}(2^B-1)\sqrt{R_{\mathrm{OSR}}}\right] \tag{7-118}$$

式中 $R_{\mathrm{SNR1,FS}}$——直接过采样 ADC 的满量程理想信噪比,dB。

由于直接过采样所使用的 Nyquist 型 ADC 都满足 $B \geqslant 6$ 的要求,因此,式(7-118)可以简化为

$$\{R_{\mathrm{SNR1,FS}}\}_{\mathrm{dB}} = 10\lg 1.5 + 20B\lg 2 + 10\lg R_{\mathrm{OSR}} \tag{7-119}$$

将式(7-115)代入式(7-119),得到

$$\{R_{\mathrm{SNR1,FS}}\}_{\mathrm{dB}} = 1.76 + 6.02B + 10\lg R_{\mathrm{OSR}} \tag{7-120}$$

将式(7-36)代入式(7-120),得到[25]

$$\{R_{\mathrm{SNR1,FS}}\}_{\mathrm{dB}} = 1.76 + 6.02B + 10\lg\left(\frac{r_{\mathrm{s}}}{2f_{\mathrm{d}}}\right) \tag{7-121}$$

7.3.1.3 采用量化噪声整形的 *M* 阶 *B* 位 Δ-Σ ADC

式(7-108)给出了采用量化噪声整形的 M 阶 B 位 Δ-Σ ADC 输出的量化噪声方均根值 n_{05} 的表达式。因此用 n_{05} 代替式(7-111)中的 n_0 即可得到采用量化噪声整形的 M 阶 B 位 Δ-Σ ADC 的满量程理想信噪比。将式(7-108)和式(7-112)代入式(7-111),得到[2-3, 13]

$$\{R_{\mathrm{SNR5,FS}}\}_{\mathrm{dB}} = 20\lg\left[\sqrt{\frac{3}{2}}(2^B-1)\frac{\sqrt{2M+1}}{\pi^M}\left(\frac{r_{\mathrm{s}}}{2f_{\mathrm{d}}}\right)^{M+1/2}\right] \tag{7-122}$$

式中 $R_{\mathrm{SNR5,FS}}$——采用量化噪声整形的 M 阶 B 位 Δ-Σ ADC 的满量程理想信噪比,dB。

7.2.4 节指出,由于实际电路和工艺的限制,量化器位数不可能无限制地提高,目前文献中 Δ-Σ 调制器内部实现的量化器位数为 1 到 5 位,从图 7-27 可以看到,这种情况下 2^B-1 与 2^B 的差别是可觉察的,所以不能用 2^B 取代 2^B-1。

式(7-122)可以改写为

$$\{R_{\mathrm{SNR5,FS}}\}_{\mathrm{dB}} = 10\lg 1.5 + 20\lg(2^B-1) + 10\lg(2M+1) - 20M\lg\pi + 10(2M+1)\lg\left(\frac{r_{\mathrm{s}}}{2f_{\mathrm{d}}}\right) \tag{7-123}$$

我们有

$$20\lg\pi = 9.94 \tag{7-124}$$

将式(7-36)、式(7-115)和式(7-124)代入式(7-123),得到[3]

$$\{R_{\mathrm{SNR5,FS}}\}_{\mathrm{dB}} = 1.76 + 20\lg(2^B - 1) + 10\lg(2M + 1) - 9.94M + 10(2M + 1)\lg R_{\mathrm{OSR}} \tag{7-125}$$

由式(7-125)得到

$$\{R_{\mathrm{SNR5,FS}}\}_{\mathrm{dB}} = \begin{cases} 1.76 + 20\lg(2^B - 1) - 5.17 + 30\lg R_{\mathrm{OSR}}, & M = 1 \\ 1.76 + 20\lg(2^B - 1) - 12.90 + 50\lg R_{\mathrm{OSR}}, & M = 2 \\ 1.76 + 20\lg(2^B - 1) - 21.38 + 70\lg R_{\mathrm{OSR}}, & M = 3 \\ 1.76 + 20\lg(2^B - 1) - 30.23 + 90\lg R_{\mathrm{OSR}}, & M = 4 \end{cases} \tag{7-126}$$

其中

$$20\lg(2^B - 1) = \begin{cases} 0, & B = 1 \\ 9.54, & B = 2 \\ 16.90, & B = 3 \\ 23.52, & B = 4 \\ 29.83, & B = 5 \end{cases} \tag{7-127}$$

针对不同量化器位数 B 使用式(7-126)和式(7-127),可以绘出不同调制器阶数 M 下满量程理想信噪比 $R_{\mathrm{SNR5,FS}}$ 随过采样比 R_{OSR} 变化的曲线,如图 7-28～图 7-32 所示,图中 oct 为倍频程[详见 2.2.2.5 节第(2)条]。

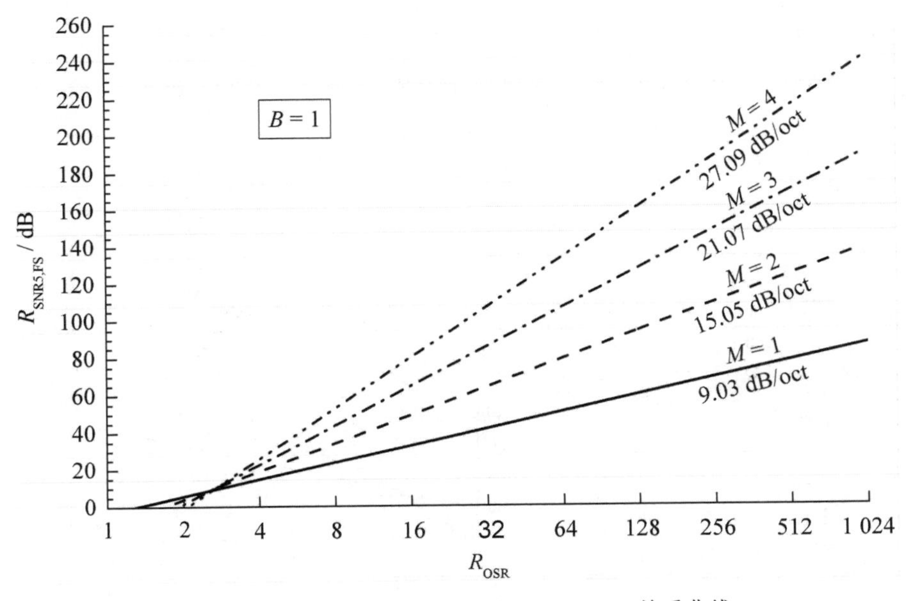

图 7-28　$B=1$,不同 M 下的 $R_{\mathrm{SNR5,FS}}$-R_{OSR} 关系曲线

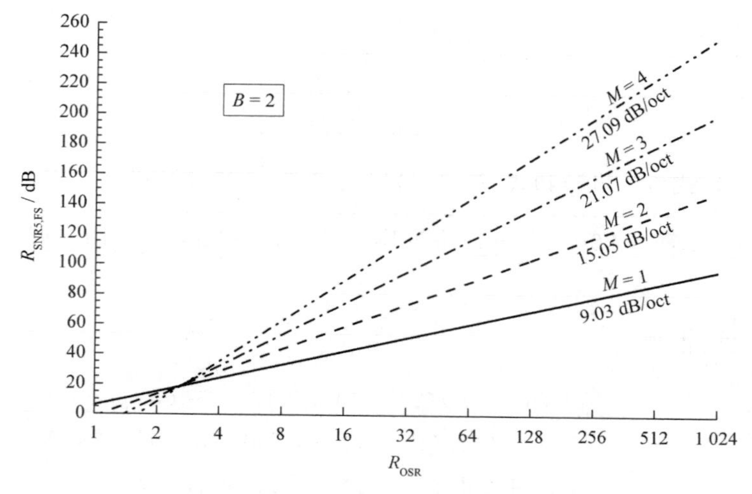

图 7-29　$B=2$，不同 M 下的 $R_{SNR5,FS}-R_{OSR}$ 关系曲线

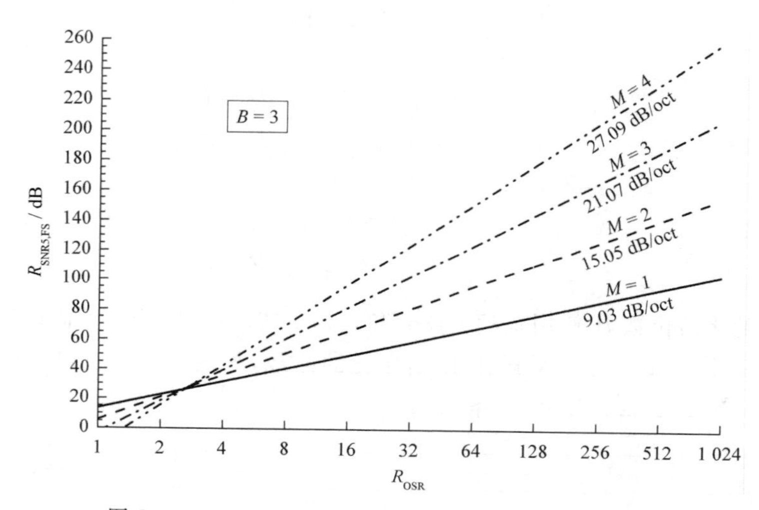

图 7-30　$B=3$，不同 M 下的 $R_{SNR5,FS}-R_{OSR}$ 关系曲线

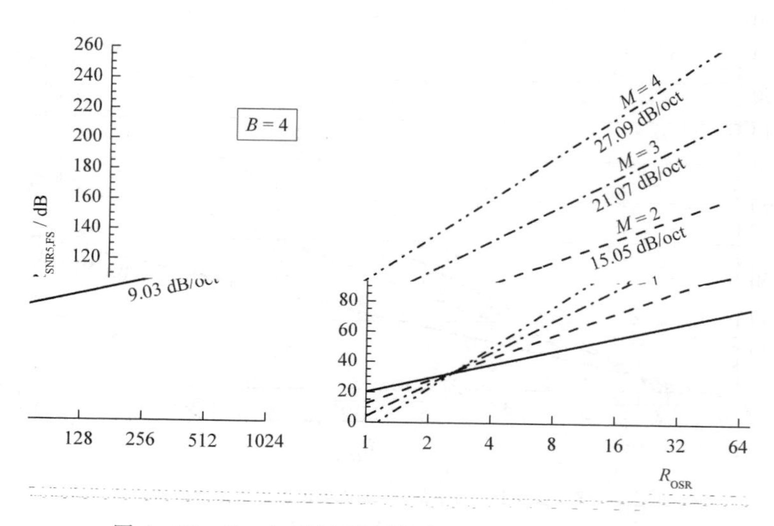

图 7-31　$B=4$，不同 M 下的 $R_{SNR5,FS}-R_{OSR}$ 关系曲线

文献[5]给出的 $M=1$，2，3 下满量程理想信噪比（$B=1$）与过采样比之间的关系与图 7－28是一致的。

从图 7－28～图 7－32 可以看到，不论量化器位数多少，采用一阶 Δ-Σ 调制器时，过采样比 R_{OSR} 每翻一番，ADC 的满量程理想信噪比增加 9.03 dB；采用二阶时该值为 15.05，采用三阶时该值为 21.07，采用四阶时该值为 27.09。

从图 7－28～图 7－32 还可以看到，使用多位量化器的 Δ-Σ 调制器的另一重要优点是增加满量程理想信噪比 $R_{SNR5,FS}$。多位结构中，量化器每增加一位，$R_{SNR5,FS}$ 至少增加 6 dB。因此，不提高过采样比 R_{OSR} 而只提高内部量化器的位数 B 就可以提高 Δ-Σ ADC 的满量程理想信噪比 $R_{SNR5,FS}$。或者说，为获得同样的满量程理想信噪比 $R_{SNR5,FS}$，多位量化器结构所需的过采样比 R_{OSR} 比一位量化器结构低[13]。而且，如 7.2.4 节所述，在高阶调制器中，多位量化器有利于提高稳定性。

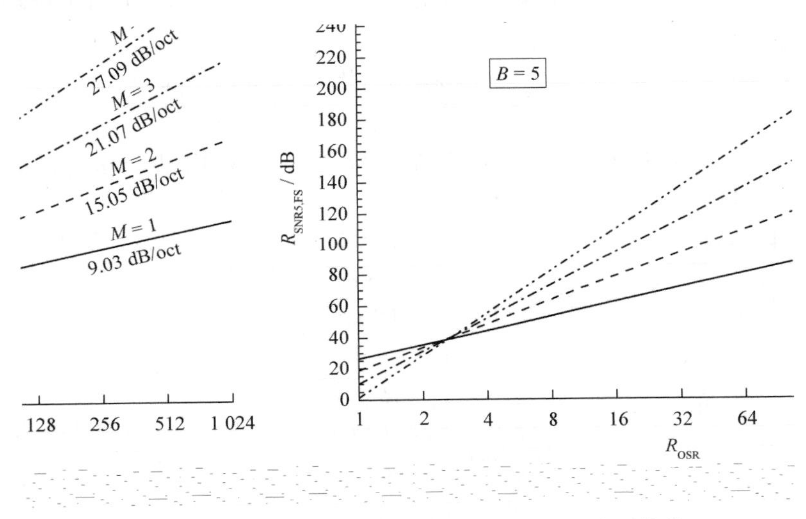

图 7－32　$B=5$，不同 M 下的 $R_{SNR5,FS}$－R_{OSR} 关系曲线

7.3.2　由满量程理想信噪比反推 ADC 位数

由于计算 ADC 产品的理想信噪比时，产品噪声只考虑量化噪声，所以由满量程理想信噪比反推的 ADC 位数就是由量化噪声反推的位数。

7.3.2.1　Nyquist 型 ADC

由式(7－117)得到，Nyquist 型 ADC 由满量程理想信噪比反推的位数为

$$B_{ADC0}=\frac{\{R_{SNR0,FS}\}_{dB}-1.76}{6.02} \tag{7-128}$$

式中　B_{ADC0}——Nyquist 型 ADC 由满量程理想信噪比反推的位数。

7.3.2.2　直接过采样 ADC

由式(7－120)得到，直接过采样 ADC 由满量程理想信噪比反推的位数为

$$B_{ADC1}=\frac{\{R_{SNR1,FS}\}-1.76-10\lg R_{OSR}}{6.02} \tag{7-129}$$

式中　B_{ADC1}——直接过采样 ADC 由满量程理想信噪比反推的位数。

令

$$R_{\mathrm{OSR}}=2^{n_{\mathrm{OSR}}} \tag{7-130}$$

式中 n_{OSR}——过采样比 R_{OSR} 以 2 为底的幂次。

将式(7-130)代入式(7-129),得到

$$B_{\mathrm{ADC1}}=\frac{\{R_{\mathrm{SNR1,FS}}\}_{\mathrm{dB}}-1.76}{6.02}-0.5n_{\mathrm{OSR}} \tag{7-131}$$

将式(7-131)和式(7-128)相比较,可以看到,满量程理想信噪比相同的前提下,直接过采样 ADC 的位数比 Nyquist 型 ADC 减少了 $0.5n_{\mathrm{OSR}}$ 位,即过采样比 R_{OSR} 每翻一番,B_{ADC1} 可以减少 0.5 位[13];若翻八番,B_{ADC1} 可减少 4 位。这与 7.2.2.1 节所述是一致的。

7.3.2.3 采用量化噪声整形的 *M* 阶 *B* 位 Δ-Σ ADC

由式(7-122)得到,采用量化噪声整形的 M 阶 B 位 Δ-Σ ADC 由满量程理想信噪比反推的位数为

$$B_{\mathrm{ADC5}}=3.32\lg\left(\frac{\pi^{M}10^{0.05\{R_{\mathrm{SNR5,FS}}\}_{\mathrm{dB}}}}{\sqrt{3M+1.5}\,R_{\mathrm{OSR}}{}^{M+1/2}}+1\right) \tag{7-132}$$

式中 B_{ADC5}——采用量化噪声整形的 M 阶 B 位 Δ-Σ ADC 由满量程理想信噪比反推的位数。

由式(7-132)得到

$$B_{\mathrm{ADC5}}=\begin{cases}3.32\lg\left[1.48\dfrac{10^{0.05\{R_{\mathrm{SNR5,FS}}\}_{\mathrm{dB}}}}{R_{\mathrm{OSR}}^{1.5}}+1\right], & M=1\\ 3.32\lg\left[3.60\dfrac{10^{0.05\{R_{\mathrm{SNR5,FS}}\}_{\mathrm{dB}}}}{R_{\mathrm{OSR}}^{2.5}}+1\right], & M=2\\ 3.32\lg\left[9.57\dfrac{10^{0.05\{R_{\mathrm{SNR5,FS}}\}_{\mathrm{dB}}}}{R_{\mathrm{OSR}}^{3.5}}+1\right], & M=3\\ 3.32\lg\left[26.5\dfrac{10^{0.05\{R_{\mathrm{SNR5,FS}}\}_{\mathrm{dB}}}}{R_{\mathrm{OSR}}^{4.5}}+1\right], & M=4\end{cases} \tag{7-133}$$

针对不同过采样比 R_{OSR} 使用式(7-133),可以绘出不同调制器阶数 M 下 B_{ADC5} 随 $R_{\mathrm{SNR5,FS}}$ 变化的曲线,如图 7-33~图 7-37 所示。这些图中还使用式(7-128)和式(7-129)绘出 Nyquist 型 ADC 和直接过采样 ADC 的相应曲线,以便与之对照。

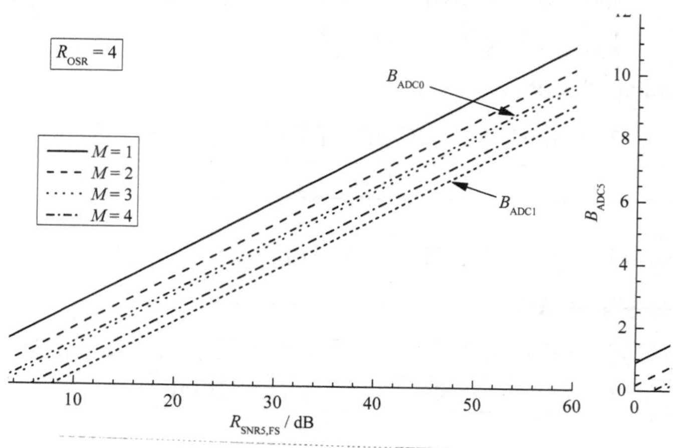

图 7-33 $R_{\mathrm{OSR}}=4$,不同阶数下的 B_{ADC5}-$R_{\mathrm{SNR5,FS}}$ 关系曲线

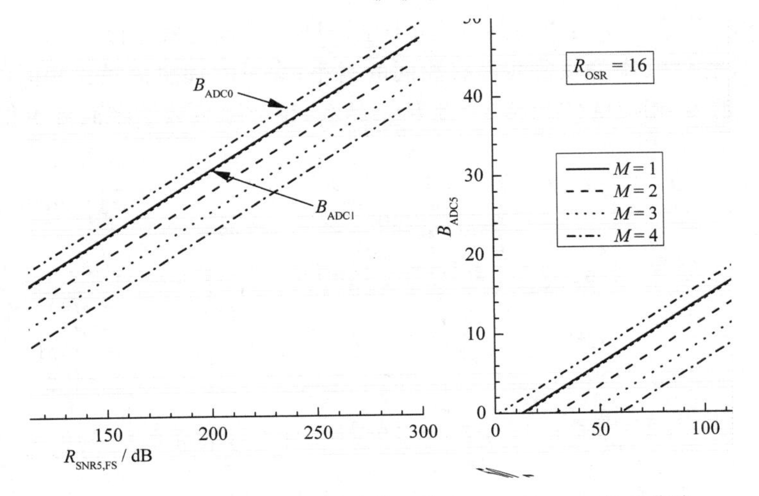

图 7－34　$R_{OSR}=16$，不同阶数下的 $B_{ADC5}-R_{SNR5,FS}$ 关系曲线

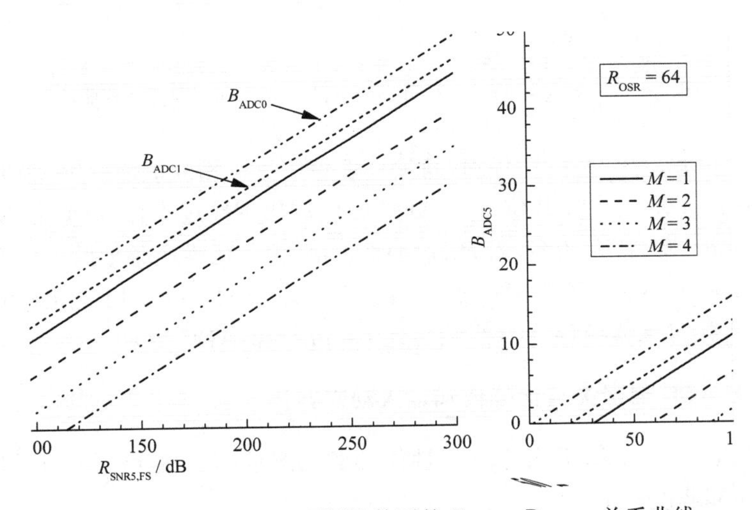

图 7－35　$R_{OSR}=64$，不同阶数下的 $B_{ADC5}-R_{SNR5,FS}$ 关系曲线

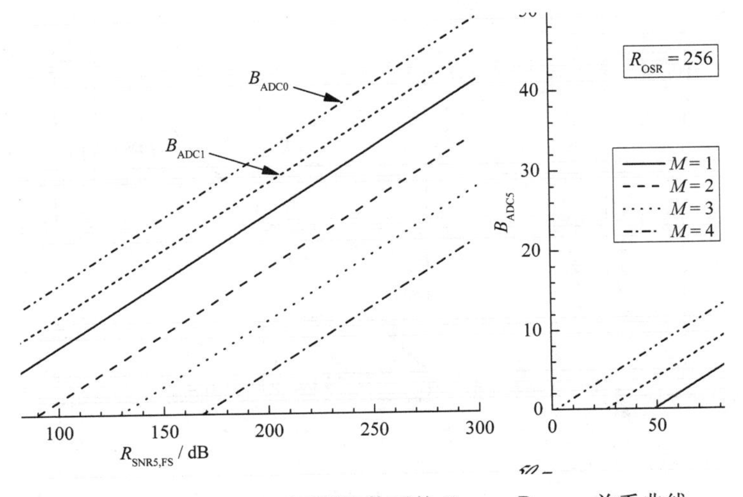

图 7－36　$R_{OSR}=256$，不同阶数下的 $B_{ADC5}-R_{SNR5,FS}$ 关系曲线

从图 7－33～图 7－37 可以看到，不同类型 ADC、不同过采样比 R_{OSR}、不同阶数 M，其位数与满量程理想信噪比关系曲线具有相同的斜率；满量程理想信噪比相同的前提下，R_{OSR} 越大和/或阶数越多，相应的位数越少，且 R_{OSR} 越大，位数随阶数增多而减少得越快。

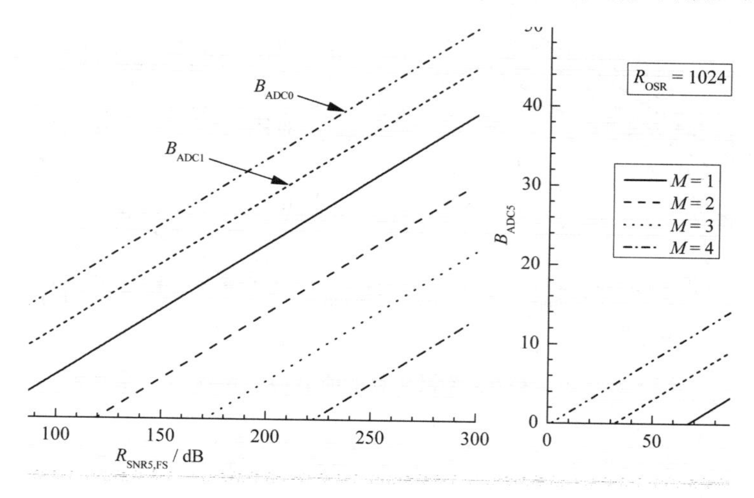

图 7－37　$R_{OSR}=1\ 024$，不同阶数下的 $B_{ADC5}-R_{SNR5,FS}$ 关系曲线

从图 7－33～图 7－37 还可以看到，满量程理想信噪比相同的前提下，当 $R_{OSR}=4$ 时，采用量化噪声整形的 1 阶至 4 阶 B 位 Δ-Σ ADC 的位数比直接过采样 ADC 还多，其中 1 阶和 2 阶甚至比 Nyquist 型 ADC 还多；当 $R_{OSR}=16$ 时，采用量化噪声整形的 1 阶 B 位 Δ-Σ ADC 的位数比直接过采样 ADC 稍微多一点点；而当 $R_{OSR}\geqslant 64$ 时，采用量化噪声整形的 Δ-Σ ADC 的位数比直接过采样 ADC 少（当然更比 Nyquist 型 ADC 少）。

7.3.3　Δ-Σ ADC 信噪失真比峰值和输入动态范围

图 7－38 给出了 Δ-Σ ADC 各个动态性能参数的图示（在文献[2－3，13]给出的相应图示基础上作了局部修改）。

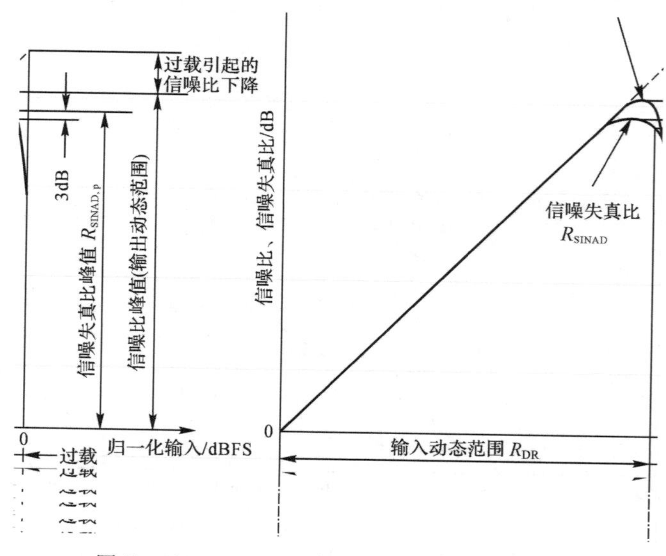

图 7－38　Δ-Σ ADC 各个动态性能参数的图示

图7－38纵横坐标的刻度比例相同。其中：横坐标的单位为dBFS，即以正弦波输入信号的峰-峰值正好与ADC的峰-峰值相同为0 dB；纵坐标的单位为dB，即以正弦波输入信号的方均根值正好与噪声的方均根值相同为0 dB。图7－38中的信噪比曲线的线性段具有45°的斜率，反映了此线性段内噪声与输入信号大小无关。

Δ-Σ调制器的非线性会引起谐波失真[3]。信噪失真比是衡量Δ-Σ ADC最为严格的指标，反映了实际Δ-Σ ADC的工作性能[2]。信噪失真比的定义是：基波输入信号的幅度方均根与基波之外，频率低于采样率之半（不包括直流）的所有频谱成分功率之和的平方根①之比的dB数[29]。因此，ADC产品的信噪失真比可表示为

$$\{R_{\mathrm{SINAD}}\}_{\mathrm{dB}}=20\lg\left(\frac{\{V_{\mathrm{fndm}}\}_{\mathrm{U}}}{\{V_{\mathrm{else}}\}_{\mathrm{U}}}\right) \tag{7-134}$$

式中 R_{SINAD}——ADC产品的信噪失真比，dB；

V_{fndm}——基波输入信号的幅度方均根值，U；

V_{else}——基波之外，频率低于采样率之半（不包括直流）的所有频谱成分功率之和的平方根，U。

需要注意，“基波之外，频率低于采样率之半（不包括直流）的所有频谱成分功率之和的平方根”是将噪声功率与失真功率相加后再开方。所以信噪失真比也可以表述为：基波输入信号功率与频率低于采样率之半（不包括直流）的全频谱噪声功率加失真功率之比的dB数。显然，失真功率是不包含基波输入信号功率的。因此，ADC产品的信噪失真比也可表示为[29]

$$\{R_{\mathrm{SINAD}}\}_{\mathrm{dB}}=10\lg\left(\frac{P_{\mathrm{fndm}}}{P_{\mathrm{n}}+P_{\mathrm{d}}}\right) \tag{7-135}$$

式中 P_{fndm}——基波输入信号功率，U^2；

P_{d}——频率低于采样率之半（不包括直流）的全频谱失真功率，U^2。

从图7－38可以看到，当基波输入信号幅度较小时（例如低于20 dBFS[2]），谐波失真可以忽略，信噪失真比与信噪比是相等的；随着基波输入信号幅度的增加，谐波失真的影响逐渐显现，因而在基波输入信号幅度较大时，信噪失真比会比信噪比小一些。当基波输入信号大到一定程度时，由于运放输出范围的限制，Δ-Σ调制器会进入饱和状态[3]。信噪失真比和信噪比会达到各自的峰值，随后信噪失真比和信噪比会跌落。

由式(7－134)得到，ADC产品的信噪失真比峰值为

$$\{R_{\mathrm{SINAD,p}}\}_{\mathrm{dB}}=20\lg\left(\frac{\{V_{\mathrm{fndm,c}}\}_{\mathrm{U}}}{\{V_{\mathrm{else,c}}\}_{\mathrm{U}}}\right) \tag{7-136}$$

式中 $R_{\mathrm{SINAD,p}}$——ADC产品的信噪失真比峰值，dB；

$V_{\mathrm{fndm,c}}$——信噪失真比峰值处基波输入信号的幅度方均根，U；

$V_{\mathrm{else,c}}$——信噪失真比峰值处基波之外，频率低于采样率之半（不包括直流）的所有频谱成分功率之和的平方根，U。

我们也可以由式(7－135)得到ADC产品的信噪失真比峰值为

$$\{R_{\mathrm{SINAD,p}}\}_{\mathrm{dB}}=10\lg\left(\frac{P_{\mathrm{fndm,c}}}{P_{\mathrm{n,c}}+P_{\mathrm{d,c}}}\right) \tag{7-137}$$

式中 $P_{\mathrm{fndm,c}}$——信噪失真比峰值处基波输入信号的功率，U^2；

$P_{\mathrm{n,c}}$——信噪失真比峰值处频率低于采样率之半（不包括直流）的全频谱噪声功

① 此处“功率之和的平方根”在文献[29]中表述为“rms sum(方均根和)”，不妥。

率，U^2；

$P_{d,c}$——信噪失真比峰值处频率低于采样率之半（不包括直流）的全频谱失真功率，U^2。

通常定义信噪失真比从峰值下降 3 dB 时对应的输入信号幅度为 Δ-Σ ADC 的最大输入信号[2]，并将输入信号是否超过最大输入信号作为 Δ-Σ 调制器是否过载的判据[3]。据此判据，信噪比的增长势头开始变缓，甚至信噪比开始下降，还不判为 Δ-Σ 调制器过载，如图 7－38所示。

ADC 产品输入动态范围的定义是：基波最大输入信号功率与信噪失真比为 0 dB 时的基波输入信号功率（噪底）之比的 dB 数[2]。因此，ADC 产品的输入动态范围可表示为

$$\{R_{DR}\}_{dB}=10\lg\left(\frac{P_{fndm,max}}{P_{fndm,0}}\right) \tag{7-138}$$

式中 R_{DR}——ADC 产品输入动态范围，dB；

$P_{fndm,max}$——基波最大输入信号的功率，U^2；

$P_{fndm,0}$——信噪失真比为 0 dB 时的基波输入信号功率（噪底），U^2。

如上所述，基波最大输入信号指信噪失真比从峰值下降 3 dB 时所对应的基波输入信号。

由于图 7－38 中信噪比曲线的线性段具有 45°的斜率，所以从该图可以看到，输入动态范围 R_{DR}大于信噪失真比峰值 $R_{SINAD,p}$。

7.3.4 Δ-Σ ADC 产品的有效位数

7.3.4.1 正确的计算式

有效位数（ENOB）是 ADC 及其关联电路动态性能的测量。我们知道，ADC 的位数决定了其所测量模拟量的显示分辨力①，原则上对于 N 位信号给出 2^N 信号电平。然而，所有真实的 ADC 电路引入噪声和失真。对于 ENOB 而言，常用的定义是[32]

$$B_{ENOB}=\frac{\{R_{SINAD,p}\}_{dB}-1.76}{6.02} \tag{7-139}$$

式中 B_{ENOB}——ADC 产品的有效位数。

将式（7－115）、式（7－116）和式（7－136）代入式（7－139），得到

$$B_{ENOB}=\log_2\left(\frac{\{V_{fndm,c}\}_U}{\{V_{else,c}\}_U}\right)-0.292\ 5 \tag{7-140}$$

7.3.4.2 错误的计算式

（1）错误计算式之一。

文献[2，3，13]将 ADC 产品的有效位数定义为

$$B_{ENOB}=\frac{\{R_{DR}\}_{dB}-1.76}{6.02} \tag{7-141}$$

由于 $R_{DR}>R_{SINAD,p}$，所以此定义是不妥当的。文献[3，13]在实际计算有效位数时，使用的也是式（7－139），而非式（7－141）。

---

① 4.1.1.2 节给出，分辨力（resolution）的定义为："引起相应示值产生可觉察变化的被测量的最小变化。"并注明："分辨力可能与诸如噪声（内部或外部的）或摩擦有关，也可能与被测量的值有关。"显示装置的分辨力（resolution of a displaying device）的定义为："能有效辨别的显示示值间的最小差值。"由此可见，ADC 的位数对应的应是显示分辨力，文献[32]原文无"显示"一词，不妥。

(2)错误计算式之二。

文献[28]给出

$$B_{\text{ENOB}}=\log_2\frac{\text{满量程值}}{\text{噪声}_{\text{RMS}}}\tag{7-142}$$

式(7-142)不仅是错误的,而且是概念含混的。错误在于没考虑失真的影响,而在图7-38中可以看到,“信噪比峰值”比“信噪失真比峰值”大几个3 dB;且由式(7-140)可以看到,求出以2为底的对数还需减去0.292 5才得到有效位数。含混之处在于没有告知满量程值的含义应该如式(7-136)和式(7-140)所示,是ADC产品在信噪失真比峰值处基波输入信号的方均根值。倘若使用幅值会大3 dB;倘若使用峰-峰值会大9 dB;倘若干脆指基波输入信号的峰-峰值与ADC的峰-峰值相同,而不考虑过载引起的信噪失真比下降,则在图7-38中可以看到,仅这一点就会大3 dB的许多倍。而由式(7-139)可知,每大3 dB就会使计算得到的有效位数大0.5位。此外,含混之处还在于没有告知噪声方均根值的含义应该如式(7-137)所示,是ADC产品在信噪失真比峰值处频率低于采样率之半(不包括直流)的全频谱噪声方均根值,而不是基波输入信号的峰-峰值与ADC的峰-峰值相同条件下的噪声方均根值。

7.4 本章阐明的主要论点

7.4.1 Δ-Σ ADC与Nyquist型ADC的区别

(1)任何ADC都包括有三项基本的功能,这就是采样、量化与编码。采样过程将模拟信号在时间上离散化使之变成采样信号,量化将采样信号的幅度离散化使之变成数字信号,编码则将数字信号最终表示成为数字系统所能接受的形式。如何实现这三个功能就决定了ADC的形式与性能。

(2)传统ADC的采样率r_s只要求符合Nyquist采样定理,即r_s的值仅等于或稍高于输入信号最高频率f_m的两倍,所以传统ADC被称为Nyquist型ADC。Nyquist型n位ADC的模拟-数字转换过程严格按照采样、量化和编码的顺序进行:首先在符合Nyquist采样定理的前提下,用输入的模拟信号对重复率等于采样率的脉冲串进行幅度调制,将输入的模拟信号变成脉冲调幅信号;然后在n位量化器中对每一个采样值的幅度进行二进制n位码均匀量化编码,即满刻度电平被分为2^n个不同的量化等级,根据采样值的幅度大小确定其二进制码值,用该二进制数字串表示采样值量化电平的大小。该过程引入量化噪声。由于量化为均匀量化,按照通信中的调制编码理论,上述编码过程通常称为线性脉冲编码调制(LPCM),因此Nyquist型ADC被称为LPCM型ADC,或简称为PCM ADC。

(3)Nyquist型n位ADC为了能区分2^n个不同的等级,需要相当复杂的比较网络和极高精密度的模拟电子器件。当n较高时,比较网络的实现十分困难,因而限制了ADC位数的提高。而且,用这种类型的ADC构成采集系统时,为了保证在转换过程中样值不发生变化,必须在转换之前对采样值进行采样保持,ADC的位数越高,这种要求越显得重要,因此在一些高精密度采集系统中,在ADC的前端除了设置有抗混叠滤波器外,大都还需要设置专门的采样-保持电路,从而增加了采集系统的复杂度。

(4)Δ-Σ ADC凭借强大的数字信号处理功能将采样、量化、编码融为一体:首先采用高频度Δ-Σ调制将输入模拟信号的幅度V_{in}转化为恒定冲量δ的频度r_δ,$r_\delta=kV_{\text{in}}$,式中k对于特定的实现手段是常数;然后在规定的累计间隔时间P内数δ的数量Σ,$\Sigma=Pr_\delta=$

PkV_{in}，即 Δ-Σ ADC 的标度因数为 Pk；最后通过数字抽取滤波器得到较高分辨力但较低样本频度的数字输出。

(5)在 Δ-Σ 调制形成的脉冲串中，每个脉冲具有已知且恒定的幅度 V_{ref}（V_{ref} 为 ADC 的参考电压）和持续时间 dt，其乘积为 δ，δ 被当作 Dirac δ 函数。r_{δ} 与 V_{in} 成正比，可以极细微地平稳变化，且不受电路噪声的影响，这对于保证测量准确度是非常有利的。

(6)理论上可以选择 P 以给出任何想得到的分辨力或准确度，且依靠现代方法可以廉价地实现。

(7)通过计算 Σ/(Pk)得到的是 P 内 V_{in} 的平均值，因而对 V_{in} 中频率远高于 $1/P$ 的噪声不敏感。

(8)为了得到足够的精密度，P 必须足够长，以适应大的计数，因此，器件的运算速度限制了 Δ-Σ ADC 的输出数据率 r_d，进一步限制了感兴趣信号的最高频率。因为根据 Nyquist 定理，r_d 不能低于感兴趣信号最高频率的二倍。

(9)由于 Δ-Σ 调制器的采样率 r_s 非常高，通常其 Nyquist 频率 f_N($f_N = r_s/2$)要比感兴趣信号的最高频率高许多倍，因此 Δ-Σ ADC 属于过采样 ADC。

(10)由于 Δ-Σ 调制器内部使用低位量化器，不再需要高位 DAC 转换器或高精密度电阻网络；输出的 Δ-Σ 码对采样值幅度变化不敏感；采样与量化编码可以同时完成，几乎不花时间；当采用 1 位量化器时，甚至不需要采样保持电路，因而采集系统的构成大为简化。与 Nyquist 型 ADC 相比，Δ-Σ ADC 实际上是一种以高采样率间接换取高位量化，即以速度换取精密度的方案。

7.4.2 1 阶 1 位 Δ-Σ ADC

(1)在大多数实际应用中，P 与 dt 相比是大的；而且，即使信号仅仅是满量程的小零头，只要它是有效的，可变的冲量重复周期 p(r_{δ} 之倒数)与 P 相比也是小的。

(2)准确地确定参考电压 V_{ref}，并且靠公共时钟来确定 P 与 dt 之比，而不必分别精密地确定 P 和 dt，就可以保证 V_{in} 的测量准确度。

(3)对于 N 位 Δ-Σ ADC，必须保证 $V_{in} = V_{ref}$ 时的计数不小于 2^N，即必须保证 P 不短于 2^N 个时钟周期。

(4)靠公共时钟来确定 P 与 dt 之比虽然有利于保证 V_{in} 幅度测量的准确度，但会产生等待下一个公共时钟边界引起的误差，最大误差略微小于一个计数，这种误差称为“空闲音”，“空闲音”与输入信号呈现很大的相关性，它会在复杂信号的高频率成分上附加非常有害的影响。

(5)积分器输出上升和下降的斜率均完全取决于 V_{in}。由于上升的持续时间总是 2dt，所以上升的高度 h 也完全取决于 V_{in}；由于积分器输出下降的持续时间不同，所以下降的高度也不同。而且，由于上升的高度完全取决于 V_{in}，所以前一个下降持续时间延长必然导致下一个下降持续时间缩短。

(6)$V_{in} = V_{ref}$ 时 $p = 2\mathrm{d}t$，这是 p 有可能达到的最小值；此时 $r_{\delta} = 1/(2\mathrm{d}t)$，这是 r_{δ} 有可能达到的最大值，并将其定义为 r_s。由此可知，$r_s = 1/(2\mathrm{d}t)$。

(7)$V_{in} = 0.0$ V 时 $r_{\delta} = 0$，因而 Σ=0。

7.4.3 sinc 滤波器原理

(1)sinc 滤波器是理想化的滤波器，它去除给定截止频率以上的所有频率成分，不影响较低的频率，而且有线性相位响应。滤波器的冲激响应在时域中是 sinc 函数，而它的频率响应是矩形函数。

(2)理想的 sinc 滤波器是无来由的,因为它们有无限长的时延和无穷阶。但是,在采样定理概念示范或验证中经常出现理想的 sinc 滤波器;另一方面,经常使用 sinc 滤波器的近似实现,并称其为砖-墙滤波器。

(3)sinc 函数有非归一化与归一化之分,数学中使用的是非归一化 sinc 函数,数字信号处理和信息理论使用的是归一化 sinc 函数。

7.4.4　有限离散 sinc 滤波器

(1)sinc 滤波器在正负时间方向有无限冲激响应,为了将之用于实际的真实世界数据,必须施以近似替代处理,通常通过加窗和截短,仅取其核心。显然,这样做必然降低它的理想性能。

(2)有限离散 sinc 滤波器的连续时域响应函数不同于 sinc 滤波器的时域响应函数,且其系数与数据长度 N 成正比,与 r_s 成反比。

(3)有限离散 sinc 滤波器确实既保证了直至其截止频率的感兴趣带宽内通过全部被采样的信号,又削减了感兴趣的带宽之外的噪声,然而,理想 sinc 滤波器能“完全滤除高频成分”的效果在有限离散 sinc 滤波器中是达不到的。

(4)有限离散 sinc 滤波器在 r_s 和 N 不变的情况下,其截止频率 f_d 越高,同一阻带频率下的衰减越逊色;在 f_d 和 N 不变的情况下,r_s 越高,在整个阻带内的衰减越逊色;在 f_d 和 r_s 不变的情况下,N 越短,在整个阻带内的衰减越逊色。

(5)定义过采样比 R_{OSR} 为 0.5 倍的 Δ-Σ 调制器采样率 r_s 与 sinc 滤波器截止频率 f_d 之比。

(6)有限离散 sinc 滤波器在 r_s 和 N 不变的情况下,在整个阻带内,f_d 越低,相同的阻带频率与 f_d 之比处的阻带衰减越逊色;在 f_d 和 T_s 不变的情况下,在整个阻带内,不论 r_s,N 的值如何相伴同比例增大或减小,各个阻带频率处的衰减均不会变化;在 N 和 R_{OSR} 不变的情况下,在整个阻带内,不论 r_s,f_d 的值如何相伴同比例增大或减小,各个阻带频率与 f_d 之比处的衰减均不会变化。

7.4.5　数字抽取滤波器的实现手段

(1)低通滤波器总存在通带、过渡带和阻带,因而实际的数字抽取滤波器是否符合要求需从以下三方面进行考核:感兴趣信号应不仅处于通带内,且通过滤波器后所关心的各项指标应仍符合要求,不会受到超指标的改变或干扰;阻带对噪声的衰减应符合要求;介于通带与阻带间的过渡带频率范围应符合要求(除此而外不应对过渡带有其他要求)。为了符合这些要求,实际的数字抽取滤波器是用级联 FIR 数字滤波器(CIC 滤波器+CIC 补偿器+半带滤波器)来实现的。这种级联结构将数字低通滤波与抽取揉合在一起,阻断了频率从输出数据率之半起直至采样率值与有用信号最高频率之差值间会混叠到有用信号中来的杂波,从而既保证了感兴趣带宽内通过全部被采样的信号,又削减了感兴趣带宽外的噪声。

为了符合这些要求,实际的数字抽取滤波器是用级联 FIR 数字滤波器(CIC 滤波器+CIC 补偿器+半带滤波器)来实现的。这种级联结构将数字低通滤波与抽取揉合在一起,阻断了频率从输出数据率之半起直至采样率值与有用信号最高频率之差值间会混叠到有用信号中来的杂波,从而既保证了感兴趣带宽内通过全部被采样的信号,又削减了感兴趣带宽外的噪声。

(2)数字低通滤波和抽取对第一级幅频特性的需求具有梳齿的形状,针对这一特殊需求，选择结构简单高效、不需要进行乘法运算的级联积分梳状(CIC)滤波器无疑是最佳选择。CIC 滤波器实际上是一个有限冲激响应(FIR)滤波器，其相位是线性的；级联结构可以改善梳状各阻带 $kr_{d1}\pm f_{dp}[k=1,2,\cdots,(r_s/2)/r_{d1}]$ 范围内的衰减效果；一般来说，在对 M 阶 Δ-Σ 调制器进行降频时，CIC 滤波器的级联个数要达到 $M+1$ 以上，才能产生足够的噪声衰减。

(3)CIC 滤波器能获得高的抽取因子，并且不需要乘法器就能实现它，所以 CIC 滤波器对于运行在高速率下的数字系统——尤其打算在专用集成电路(ASIC)或现场可编程门阵列(FPGA)中实现这些系统时——非常有用。

(4)CIC 滤波器最明显的缺点是幅频特性在通带范围内有衰减，因此必须在 CIC 滤波器之后跟随 CIC 补偿器。CIC 补偿器也是 FIR 滤波器，它在通带范围内抬高由 CIC 滤波器引起的衰减。由于 CIC 补偿器的过渡带特性不佳，因此需要在 CIC 补偿器之后再设置 FIR 半带滤波器。CIC 滤波器与 CIC 补偿器、FIR 半带滤波器级联实现矩形滤波器的功能。

(5)由于 CIC 补偿器和 FIR 半带滤波器的抽取因子均为 2，所以 CIC 滤波器的输出数据率 r_{d1} 为 FIR 半带滤波器输出数据率 r_{d3} 的 4 倍，之所以这样安排，是因为：如果 CIC 滤波器输出数据率太高，就会增大 CIC 补偿器的阶数，进而增大芯片面积和功耗；如果 CIC 滤波器输出数据率太低，就会增加 CIC 滤波器自身的“瓣数”，而通带边界不变，很明显，感兴趣信号的最高频率 f_{dp} 处的衰减会增大，同时也使得通带边界“靠近”阻带边界，造成梳状各阻带范围内的衰减减小，增大通带内噪声。

(6)CIC 滤波器的输出字长 B_{CIC} 要大于整个数字抽取滤波器的输出字长才能满足输出精密度的要求。

(7)FIR 半带滤波器有两个重要的特性：通带和阻带纹波必定是相同的，且通带边缘和阻带边缘的频率离 $0.5r_{d3}$ 是等距的。

(8)必须把 $0.5r_{d3}$ 视为 f_d。由于通带边缘和阻带边缘的频率离 $0.5r_{d3}$ 是等距的，所以为了保证感兴趣信号通过滤波器后符合要求，其最高频率 f_{dp} 应比 f_d(即 $0.5r_{d3}$)低 FIR 半带滤波器的 0.5 个过渡带带宽。因此，将 f_{dp} 视为 f_d 是不够贴切的，将 $r_s/2f_{dp}$ 当作过采样比也是不够贴切的。

7.4.6 Nyquist 型 ADC 的量化噪声

(1)量化把输入的连续信号切割成离散的数值，因此，任何 ADC 都存在 ±1/2 个 LSB 的不确定性，即存在量化噪声。

(2)为了保证 V_{in} 的测量准确度，必须准确地确定参考电压 V_{ref}，因而 ADC 还存在参考电压噪声。

(3)通常假设理论量化噪声表现为白噪声，均匀地分布在 $0\sim f_N$ 范围内。

(4)对于 Nyquist 型 ADC，为了符合采样定理，必须 $f_N\geqslant f_m$，其中 f_m 为输入信号的最高频率，而不仅是感兴趣信号的最高频率 f_{dp}，也就是说，如果干扰信号的最高频率比感兴趣信号的最高频率高，且干扰信号的幅度不可忽略，则应把 f_m 视为干扰信号的最高频率；或者先采用模拟式低通滤波器把干扰信号中频率高于感兴趣信号部分的幅度抑制到可忽略的程度，使得 $f_m=f_{dp}$，才能把 f_m 视为感兴趣信号的最高频率。

(5)对于 Nyquist 型 ADC，如果想要正确检测最高频率为 f_{dp} 的感兴趣信号，所采用的模拟式低通滤波器必须删除所有频率高于 f_{dp} 的成分而不影响频率低于 f_{dp} 的成分，并具有线性相位响应，即该模拟式低通滤波器是一个 sinc 滤波器，其过渡带(此处过渡带从感兴趣信号即将衰减起算，而不是从 −3 dB 截止频率起算)宽度为 0 Hz，然而，具有 0 Hz 过渡带的模拟式抗混叠滤波器是不可能创建的。由此可见，对于 Nyquist 型 ADC，为了最大程度使用可得到的带宽而不超过 Nyquist 极限，必须提供具有陡峭截止的滤波器，而这是非常困难的。

7.4.7　单纯过采样 ADC 的量化噪声

(1)使用 Nyquist 型 ADC 实现过采样称为直接过采样。若信号包含均等分布的、足够被 ADC 察觉到的噪声，对这种包含有噪声的信号连续采集 2^{2n} 次，将其和除以 2^n，并将 1 LSB代表的物理量由原值降低至 $1/2^n$ 原值，即得到位数增加 n 位的测量结果。这样做所依据的原理是：2^{2n} 个数据之和使相干信号增强到 2^{2n} 倍；而不相关噪声仅增强到 2^n 倍。因此，信噪比增强到 2^n 倍。

(2)如果信号中所含噪声的幅值不足以被 ADC 察觉，可以将频率超出感兴趣频率、幅值足够被 ADC 察觉到的正弦抖动添加到信号输入中，再实施直接过采样。这样做的好处是：可以在频域中将该正弦抖动过滤掉，导致最终在感兴趣的频率范围内的测量既有较高的分辨力又有较低的噪声。

(3)原理性 1 阶 1 位 Δ-Σ 调制器的简化频域线性化模型是一个负反馈网络，其前向通道由积分器和量化-求和模块组成。积分器的传递函数 $H(s)=1/(\tau_i s)$，式中 τ_i 为积分时间常数，$\tau_i=RC$。量化器产生量化噪声 $N(s)$，$N(s)$被注入到求和模块中。

(4)原理性 1 阶 1 位 Δ-Σ 调制器的积分器对信号有低通效应，对量化噪声有高通效应。即具有初步的量化噪声整形功能。

(5)Δ-Σ ADC 之前所用抗混叠模拟滤波器只要保证最高频率为 f_{dp} 的感兴趣信号的品质不减退，并保证频率值高于 r_s-f_{dp} 的干扰信号抑制到可忽略的程度就可以。除此而外，从 f_{dp} 直至 r_s-f_{dp} 的幅频特性不作要求。采用恰当阶数 n 的 Butterworth 有源低通滤波器可以满足此要求。这种滤波器在零频点附近一段范围内幅频特性最为平坦，而阻带内则以 $-20n$ dB/dec 的速率单调下降。

(6)Δ-Σ ADC 依靠现代集成电路技术，将滤波功能拆解成 ADC 之前的模拟滤波和抽样输出之前的数字滤波两部分，利用数字滤波器比同类模拟滤波器更容易实现这一优势，放宽了针对模拟式抗混叠滤波器的设计约束。

(7)Δ-Σ ADC 的过采样与直接过采样 ADC 的过采样不同之处在于 Δ-Σ ADC 的过采样并不需要依靠足够被 ADC 察觉到的噪声的参与。

7.4.8　采用量化噪声整形的 1 位 Δ-Σ ADC 的量化噪声

(1)采用量化噪声整形的 1 阶 1 位 Δ-Σ 调制器对于信号而言，传递函数不是积分器，而是延时器。

(2)Δ-Σ 调制器的“量化噪声整形”可以将量化器产生的均匀分布量化噪声推向高频端，变成了低频端能量很小，高频端能量很大的有色噪声。

(3)采用量化噪声整形的 1 阶 1 位 Δ-Σ ADC 之过采样比 R_{OSR} 越大，输出量化噪声越小。但是，在相同采样率下，R_{OSR} 越大，输出数据率越低，即以降低感兴趣信号的最高频率为代价。

(4)R_{OSR} 通常选择为 2 的整数次幂，这样能够大大简化数字抽取滤波器的实现，典型情况下 R_{OSR} 在 $2^3\sim2^9$ 之间。

(5)采用量化噪声整形的 1 阶 1 位 Δ-Σ ADC 的量化噪声功率谱密度比原理性 1 阶 1 位 Δ-Σ ADC 的大。然而，前者所采用的量化噪声整形方法为具有更好量化噪声整形效果的多阶多位 Δ-Σ ADC 奠定了基础。

(6)采用量化噪声整形的1阶1位Δ-Σ ADC如果想恢复原来感兴趣信号的最高频率，就需要按比例提高Δ-Σ调制器的采样率。而采用M阶1位Δ-Σ调制器可以取得更好的效果。

(7)采用多阶Δ-Σ调制器还有一个好处是降低“模式噪声(pattern noise)”:1阶Δ-Σ调制器“空闲音”现象特别明显;且输入信号为直流或正弦等规则信号时,量化噪声与输入信号表现出很大的相关性。而高阶Δ-Σ调制器可以使量化器输出和输入信号的相关性大大降低。

(8)对于高阶Δ-Σ调制器,且输入为随机信号时,将量化器的量化噪声假设为与输入信号不相关的加性白噪声推导出的量化噪声整形结果不仅具有重要的参考价值,而且与实际的结果也是非常相近的。

(9)阶次越高,经整形后的量化噪声功率谱密度向高频端推送得越厉害,即低频端越小,高频端越大,输出量化噪声随R_{OSR}加大而减小得越快。

(10)一般而言,二阶以上的环路无法保证在所有输入条件下都能保持稳定,原因在于比较器是一个非线性元件,大输入电平引起环路过载,比较器平均增益减小,导致环路不稳定。即使将信号降下来,增益也不会马上恢复,环路仍不稳定。在实际操作中,上电瞬变所引起的初始条件一般会导致这种电路发生上电时振荡。因此,高阶环路设计需要有关非线性稳定技术的广博学识。

(11)比较器中使用有限增益而非无限增益时,不一定会出现不稳定情况,即使真的开始出现不稳定情况,还可以设置数字抽取滤波器中的数字信号处理器(DSP)来识别初始不稳定性并做出反应来进行预防。所以现在常用的Δ-Σ ADC的设计包括二、三、四、五或六阶调制器。

7.4.9　采用量化噪声整形的*M*阶*B*位Δ-Σ ADC的量化噪声

(1)1阶1位量化器具有极佳的线性度。但是其引入的量化噪声较大,仅提高阶次,若系数设计等不合理可以引起环路震荡。而使用多位量化器,量化噪声急剧降低;整个环路由于积分器的输出信号不容易饱和,因而比较容易稳定。如果调制器中量化器的位数等于或者大于调制器的阶数,那么高阶单环噪声差分调制器结构是稳定的;此外,采用多位量化器能够大大降低调制器输出量化噪声频谱中的杂波强度。对于给定的过采样比和环路滤波器阶数,多位架构显然能提供更高的动态范围。配合使用M阶环路,则更容易实现稳定。由于空闲模式更具随机性,因此干扰噪声影响更小。

(2)严格意义上来说,将量化噪声假设为与输入信号不相关的加性白噪声对一位量化器是无效的;但是当量化器的位数比较大时,该假设产生的效果还是比较好的。

(3)由于实际电路和工艺的限制,量化器位数不可能无限制地提高,目前文献中Δ-Σ调制器内部实现的量化器位数为1到5位。

(4)一个二进制位有0和1两级(level),所以1阶1位Δ-Σ ADC又称为1阶2级Δ-Σ ADC,与此相应,3级量化器被称为1.5位量化器;4级量化器是2位量化器;5级量化器被称为2.5位量化器。

(5)在Δ-Σ调制器中使用多位量化器也有缺点。多位量化器需要在反馈回路中使用多位DAC,这增加了模拟和数字电路的复杂性。设计多位量化器的最大问题是DAC的非线性和失配。非线性需要额外的数字技术如动态元件匹配技术来减少误差。因此,为了满足设计要求,需要更大的芯片面积和功耗。

(6)多位量化(或称为3级以上量化)技术的最大缺点在于其线性度取决于DAC的线性

度，并且需要采用薄膜激光调整才能达到16位性能水平，因此，要使用传统二进制DAC技术在模数混合集成电路上实现多位架构非常不切实际；然而，使用多位架构时，使用专有的数据加扰技术，可以实现高信噪比和低失真，多位数据加扰技术既可将空闲音降至最低，又可确保较佳的微分线性度。

7.4.10 ADC产品动态性能所包括的指标

ADC的动态性能指的是在输入信号变化时ADC系统的性能，主要包括信噪比(SNR)、过载度(OL)、信噪失真比(SINAD or SNDR)、动态范围(DR)以及有效位数(ENOB)等。

7.4.11 满量程理想信噪比

(1)ADC产品信噪比的定义是：交流输入信号功率与频率低于采样率之半(不包括直流)的全频谱噪声功率之比的dB数。显然，噪声不包括谐波信号。

(2)ADC产品可能引入很多种噪声，有很多技术可用于减小噪声，但是ADC产品总存在量化噪声，所以一个给定位数的ADC产品的最大信噪比由量化噪声定义。

(3)满量程理想信噪比指正弦波满量程输入信号的方均根值与ADC产品量化噪声的方均根值之比的dB数。满量程理想信噪比也称为理想的输出动态范围，也有文献称之为理想的动态范围，甚至称之为动态范围。显然，后两种简化称谓很容易与输入动态范围相混淆，因而是不恰当的。

(4)对于Nyquist型ADC，量化器量化噪声即ADC的量化噪声。随着技术的发展，当今实际使用的Nyquist型ADC都满足位数不小于6的要求。

(5)采用量化噪声整形的M阶B位Δ-Σ ADC不论量化器位数多少，采用一阶Δ-Σ调制器时，过采样比R_{OSR}每翻一番，ADC的满量程理想信噪比增加9.03 dB；采用二阶时该值为15.05，采用三阶时该值为21.07，采用四阶时该值为27.09。

(6)使用多位量化器的Δ-Σ调制器的另一重要优点是增加满量程理想信噪比。多位结构中，量化器每增加一位，满量程理想信噪比至少增加6 dB。因此，不提高R_{OSR}而只提高内部量化器的位数B就可以提高Δ-Σ ADC的满量程理想信噪比。为获得同样的满量程理想信噪比，多位量化器结构所需的R_{OSR}比一位量化器结构低。

7.4.12 由满量程理想信噪比反推ADC位数

(1)由于计算ADC产品的理想信噪比时，产品噪声只考虑量化噪声，所以由满量程理想信噪比反推的ADC位数就是由量化噪声反推的位数。

(2)R_{OSR}每翻一番，直接过采样ADC的位数可以减少0.5位；若翻八番，可减少4位。

(3)不同类型ADC、不同R_{OSR}、不同阶数，其位数与满量程理想信噪比关系曲线具有相同的斜率；满量程理想信噪比相同的前提下，R_{OSR}越大和/或阶数越多，相应的位数越少，且R_{OSR}越大，位数随阶数增多而减少得越快。

(4)满量程理想信噪比相同的前提下，当$R_{OSR}=4$时，采用量化噪声整形的1阶至4阶B位Δ-Σ ADC的位数比直接过采样ADC还多，其中1阶和2阶甚至比Nyquist型ADC还多；当$R_{OSR}=16$时，采用量化噪声整形的1阶B位Δ-Σ ADC的位数比直接过采样ADC稍微多一点点；而当$R_{OSR}\geqslant 64$时，采用量化噪声整形的Δ-Σ ADC的位数比直接过采样ADC少(当然更比Nyquist型ADC少)。

7.4.13 Δ-Σ ADC信噪失真比峰值和输入动态范围

(1)Δ-Σ调制器的非线性会引起谐波失真。信噪失真比是衡量Δ-Σ ADC最为严格的指标,反映了实际 Δ-Σ ADC 的工作性能。信噪失真比的定义是:基波输入信号的幅度方均根与基波之外,频率低于采样率之半(不包括直流)的所有频谱成分的方和根之比的 dB 数。

(2)"基波之外,频率低于采样率之半(不包括直流)的所有频谱成分的方和根"是将噪声功率与失真功率相加后再开方。所以信噪失真比也可以表述为:基波输入信号功率与频率低于采样率之半(不包括直流)的全频谱噪声功率加失真功率之比的 dB 数。显然,失真功率是不包含基波输入信号功率的。

(3)当基波输入信号幅度较小时(例如低于 20 dBFS),谐波失真可以忽略,信噪失真比与信噪比是相等的;随着基波输入信号幅度的增加,谐波失真的影响逐渐显现,因而在基波输入信号幅度较大时,信噪失真比会比信噪比小一些。当基波输入信号大到一定程度时,由于运放输出范围的限制,Δ-Σ 调制器会进入饱和状态。信噪失真比和信噪比会达到各自的峰值,随后信噪失真比和信噪比会跌落。

(4)通常定义信噪失真比从峰值下降 3 dB 时对应的输入信号幅度为 Δ-Σ ADC 的最大输入信号,并将输入信号是否超过最大输入信号作为 Δ-Σ 调制器是否过载的判据。据此判据,信噪比的增长势头开始变缓,甚至信噪比开始下降,还不判为 Δ-Σ 调制器过载。

(5)ADC 产品输入动态范围的定义是:基波最大输入信号功率与信噪失真比为 0 dB 时的基波输入信号功率(噪底)之比的 dB 数。

(6)输入动态范围大于信噪失真比峰值。

7.4.14 Δ-Σ ADC 产品的有效位数

(1)有效位数(ENOB)是 ADC 及其关联电路动态性能的测量。ADC 产品的有效位数取决于信噪失真比峰值。

(2)由于输入动态范围大于信噪失真比峰值,所以认为 ADC 产品的有效位数取决于输入动态范围是错误的。

(3)认为 ADC 产品的有效位数为"满量程值与噪声方均根值之比以 2 为底的对数"不仅是错误的,而且是概念含混的。错误在于没考虑失真的影响,而"信噪比峰值"比"信噪失真比峰值"大几个 3 dB;且求出以 2 为底的对数还需减去 0.292 5 才得到有效位数。含混之处在于没有告知满量程值的含义应该是 ADC 产品在信噪失真比峰值处基波输入信号的方均根值。倘若使用幅值会大 3 dB;倘若使用峰-峰值会大 9 dB;倘若干脆指基波输入信号的峰-峰值与 ADC 的峰-峰值相同,而不考虑过载引起的信噪失真比下降,仅这一点就会大 3 dB 的许多倍。而每大 3 dB 就会使计算得到的有效位数大 0.5 位。此外,含混之处还在于没有告知噪声方均根值应该是 ADC 产品在信噪失真比峰值处频率低于采样率之半(不包括直流)的全频谱噪声方均根值,而不是基波输入信号的峰-峰值与 ADC 的峰-峰值相同条件下的噪声方均根值。

参考文献

[1] 刘益成,罗维炳.信号处理与过抽样转换器[M].北京:电子工业出版社,1997.

[2] 马绍宇.高性能、低功耗 ΣΔ 模数转换器的研究与实现[D].杭州:浙江大学,2008.

[3] 李迪.高性能 sigma-delta ADC 的设计与研究[D].西安:西安电子科技大学,2010.

[4] Wikipedia.Delta-sigma modulation [DB/OL].(2018-05-29).https://en.wikipedia.org/wiki/Delta-sigma_modulation.

[5] KESTER W.MT-022 指南:ADC 架构Ⅲ:Σ-Δ 型 ADC 基础[EB/OL].Norwood,

Massachusetts, United States: Analog Devices, Inc, 2011. http://www.analog.com/media/cn/training-seminars/tutorials/MT-022_cn.pdf.

[6] KESTER W.MT-023 指南：ADC 架构Ⅳ：Σ-Δ 型 ADC 高级概念和应用[EB/OL]. Norwood, Massachusetts, United States: Analog Devices, Inc, 2011. http://www.analog.com/media/cn/training-seminars/tutorials/MT-023_cn.pdf.

[7] Wikipedia.Sinc filter [DB/OL].(2017-01-02).https://en.wikipedia.org/wiki/Sinc_filter.

[8] Wikipedia.Sinc function [DB/OL].(2018-06-26).https://en.wikipedia.org/wiki/Sinc_function.

[9] 郑君里，应启珩，杨为理.信号与系统：上[M].2版.北京：高等教育出版社，2000.

[10] 百度作业帮用户.求 sinc(t)=sin(πt)/(πt)的傅里叶变换的具体过程！[EB/OL].(2016-12-01). http://www.zybang.com/question/9de2db871cf2fa0b33e771fbbcb787fe.html.

[11] 数学手册编写组.数学手册[M].北京：人民教育出版社，1979.

[12] Wikipedia.Rectangular function [DB/OL].(2018-06-16).https://en.wikipedia.org/wiki/Rectangular_function.

[13] 吴笑峰.高精度 sigma-delta ADC 的研究与设计[D].西安：西安电子科技大学，2009.

[14] 百度百科.积分梳状滤波器[DB/OL].https://baike.baidu.com/item/积分梳状滤波器/16855040.

[15] The MathWorks, Inc.. Help: Filter Design Toolbox >Product Demos>Filter Design>Application Demos>Implementing the Filter Chain of a Digital Down-Converter in HDL>Cascaded Integrator-Comb(CIC) Filter[EB/CD]//MATLAB Version 7.6.0.324(R2008a), 2008.

[16] The MathWorks, Inc.. Help: Filter Design Toolbox >Product Demos>Filter Design>Multirate Filters>Using a Cascaded Integrator-Comb (CIC) Decimation Filter[EB/CD]//MATLAB Version 7.6.0.324(R2008a), 2008.

[17] The MathWorks, Inc.. Help: Filter Design Toolbox>Reference for the Properties of Filter Objects>Multirate Filter Properties>Property Details for Multirate Filter Properties>DifferentialDelay[EB/CD]//MATLAB Version 7.6.0.324(R2008a), 2008.

[18] The MathWorks, Inc.. Help: Filter Design Toolbox >Functions: >Alphabetical List>fdesign.ciccomp[EB/CD]//MATLAB Version 7.6.0.324(R2008a), 2008.

[19] Wikipedia. Half-band filter[DB/OL].(2017-11-15).https://en.wikipedia.org/wiki/Half-band_filter.

[20] The MathWorks, Inc.. Help: Signal Processing Toolbox >Filter Design and Implementation>FIR Filter Design>Windowing Method[EB/CD]//MATLAB Version 7.6.0.324(R2008a), 2008.

[21] The MathWorks, Inc.. Help: Filter Design Toolbox>Product Demos>Filter Design>FIR Filter Design>FIR Halfband Filter Design[EB/CD]//MATLAB Version 7.6.0.324(R2008a), 2008.

[22] Wikipedia.Oversampling[DB/OL].(2018-04-27).https://en.wikipedia.org/wiki/Oversampling.

[23] MARQUE J-P, CHRISTOPHE B, FOULON B. Accelerometers of the GOCE mission: return of experience from one year of in-orbit [C]//Gravitation and

Fundamental Physics in Space, Paris, France, June 22 - 24, 2010.

[24] BAKER B.术语词汇表：模数转换的规格和性能特点：数据采集系统应用报告 ZHCA068[EB/OL].Dallas, Texas, United States: Texas Instruments, August 2006 (Revised January 2008).http://www.ti.com.cn/cn/lit/an/zhca068/zhca068.pdf.

[25] KESTER W.MT - 001 指南：揭开一个公式(SNR=6.02N+1.76 dB)的神秘面纱，以及为什么我们要予以关注[EB/OL]. Norwood, Massachusetts, United States: Analog Devices, Inc, 2011. http://www.analog.com/media/cn/training-seminars/tutorials/MT-001_cn.pdf.

[26] 龙飞非.ADC/DAC>ADC 基础>AD 转换器基础：Sigma-Delta 模数转换器基础[EB/OL]：龙飞非.微信公众号：模拟世界(2016 - 02 - 18).https://mp.weixin.qq.com/s?__biz=MzIwMjEwOTA3Nw%3D%3D&idx=1&mid=405653192&scene=21&sn=be436fa39463617d5fd0cc64b825e82f.

[27] 郑君里，应启珩，杨为理.信号与系统：下[M].2 版.北京：高等教育出版社，2000.

[28] CHMIEL A, KACPURA T.Updated space accleration measurement system triaxial sensor: design and performance characterisitics: AIAA 2003 - 1003[C/OL]//The 41st Aerospace Sciences Meeting and Exhibit, Reno, Nevada, United States, January 6 - 9, 2003. DOI: 10.2514/6.2003 - 1003. https://sci-hub.mksa.top/10.2514/6.2003-1003.

[29] BAKER B. A Glossary of Analog-to-Digital Specifications and Performance Characteristics: Data Acquisition Products Application Report SBAA147B [EB/OL]. Dallas, Texas, United States: Texas Instruments Incorporated, August 2006 (Revised October 2011).http://www.ti.com/lit/an/sbaa147b/sbaa147b.pdf.

[30] 李国.基于过采样技术提高 ADC 分辨率的研究与实现[J].计算机工程，2005，31(增刊)：244 - 245.

[31] BABITA R J, MYTHILI P, MATHEW J, et al.Wideband low-distortion sigma-delta ADC for WLAN [C]//The 6th International Conference on Information, Communications & Signal Processing (ICICS 2007), Singapore, December 10 - 13, 2007.

[32] Wikipedia.Effective number of bits[DB/OL].(2016 - 12 - 29).https://en.wikipedia.org/wiki/Effective_number_of_bits.

[33] MAN C.量化噪声：公式 SNR=6.02N+1.76 dB 的扩展推导：小型指南 MT - 229 [EB/OL].Norwood, Massachusetts, United States: Analog Devices, Inc, 8 月, 2012. http://www.analog.com/media/cn/training-seminars/tutorials/MT-229_cn.pdf.

第8章 密封器件的氦质谱细检漏技术

本章的物理量符号

A	薄壁孔的面积,m^2
B	磁场的磁感应强度,T
C_1	待定常数
C_2	待定常数
c_p	质量定压热容,J/(kg·K)
c_V	质量定容热容,J/(kg·K)
d	圆孔的直径,m
d_{max}	任务允许的漏孔最大直径,m
e	一个质子的电荷:$e=(1.602\ 177\ 33\pm0.000\ 000\ 49)\times10^{-19}$ C
I_0	关闭标准漏孔后检漏仪的指示值,U(U 指输出量的单位)
I_n	关闭标准漏孔后检漏仪的噪声和漂移的绝对值之和或最灵敏挡刻度的2%(取其大者),U
I_s	打开标准漏孔后检漏仪的指示值,U
k_B	Boltzmann 常数:$k_B=(1.380\ 658\pm0.000\ 012)\times10^{-23}$ J/K
L	漏孔的标准漏率,等效标准漏率,Pa·cm^3/s
l	圆管的长度,m
L_0	密封器件氦质谱细检漏的等效标准漏率上限:$L_0=1.4$ Pa·cm^3/s
$L_{e,M}$	压氦法 R_e-L 关系曲线极大值点,Pa·cm^3/s
L_H	压氦法或预充氦法检漏时,同一个测量漏率所对应的大漏孔的等效标准漏率,Pa·cm^3/s
$L_{i,M}$	预充氦法 R_i-L 关系曲线的极大值点,Pa·cm^3/s
L_L	压氦法或预充氦法检漏时,同一个测量漏率所对应的小漏孔的等效标准漏率,Pa·cm^3/s
L_{max}	任务允许的最大标准漏率,Pa·cm^3/s
$L_{max,H}$	与 $R_{e,max}$ 或 $R_{i,Lmax}$ 对应的大漏孔的等效标准漏率,Pa·cm^3/s
$L_{max,L}$	与 $R_{e,max}$ 或 $R_{i,Lmax}$ 对应的小漏孔的等效标准漏率,Pa·cm^3/s
M	密封器件内部所充气体的摩尔质量,气体的摩尔质量,kg/mol
m	荷电离子的质量,kg
M_{air}	空气的摩尔质量:$M_{air}=2.896\times10^{-2}$ kg/mol
M_{Ar}	Ar 的摩尔质量:$M_{Ar}=3.948\times10^{-2}$ kg/mol

M_{He}	He 的摩尔质量：$M_{He}=4.003\times10^{-3}$ kg/mol
M_{N2}	N_2的摩尔质量：$M_{N2}=2.80134\times10^{-2}$ kg/mol
p	t 时刻容器内的气压，密封器件内腔中所充气体随时间变化的气压，压氦期间预充氦密封器件内腔的氦分压，气体压力，压氦期间封装装置容器内部的气压，Pa
$\bar{p}$	管道中的平均压力，Pa
p_1	管道上游（俗称进气口）的气体压力，Pa
p_2	管道下游（俗称出气口）的气体压力，Pa
p_e	壳体外部（空间低气压或真空环境）的气体压力，压氦期间密封器件外部（即压氦箱内）的氦气绝对压力，Pa
p_{He}	候检期间密封器件内腔的氦分压，Pa
$p_{He,0}$	候检环境大气中的氦分压，Pa
$p_{He,00}$	地球干洁大气中的氦分压，Pa
p_i	密封器件内部预先充入的氦气分压力，Pa
p_{out}	密封器件所处该种气体环境的气压，Pa
$p_{t=0}$	刚进入空间真空环境时加速度计腔体内气体的压力，$t=0$ 时密封器件内腔的压力，压氦前容器内部所充氮气的压力，Pa
p_{tm}	密封器件寿命终了时内腔的压力，Pa
p_{t1}	压氦结束后密封器件内部的氦分压，压氦结束时容器内部氮-氦混合气的压力，Pa
p_{t2e}	检漏前密封器件内腔的氦分压，Pa
p_{t2i}	检漏前预充氦密封器件内腔存留的氦分压，Pa
p°	标准压力，$p^{\circ}=100$ kPa
q	t 时刻气体从容器内部向外部的漏率，流量，$Pa\cdot m^3/s$
$q_{e,min}$	密封器件氦质谱细检漏装置的有效最小可检漏率，$Pa\cdot cm^3/s$
q_g	t 时刻容器内壁及内部零件的出气率，$Pa\cdot m^3/s$
q_{He}	候检期间密封器件漏孔对氦气的漏率（气体从密封器件内腔向外部泄漏时q_{He}为正值），$Pa\cdot cm^3/s$
q_l	t 时刻气体从容器外部向内部的漏率，t 时刻气体从外部向密封器件内腔的漏率，压氦期间漏孔漏入的氦气流量，$Pa\cdot m^3/s$
$q_{l,m}$	漏孔的长圆管分子流流量，$Pa\cdot m^3/s$
$q_{l,mv}$	漏孔的长圆管过渡流流量，$Pa\cdot m^3/s$
$q_{l,v}$	漏孔的长圆管黏滞流流量，$Pa\cdot m^3/s$
q_{min}	氦质谱检漏仪的最小可检漏率，$Pa\cdot cm^3/s$
q_{N2}	漏孔对于 N_2的流量，$Pa\cdot m^3/s$
$q_{o,v}$	黏滞流下孔眼的流量，$Pa\cdot m^3/s$
q_p	t 时刻气体从容器外部向内部的渗透率，$Pa\cdot m^3/s$
q_s	标准漏孔漏率值，$Pa\cdot cm^3/s$
$q_{s,v}$	黏滞流下短管的流量，m^3/s

$q_{t=0}$	刚进入空间真空环境时密封器件的漏率指标,Pa・cm^3/s
q_u	压氦法归一化的等效标准漏率(气体从密封器件内腔向外部泄漏时 q_u 为正值),无量纲
$q_{u,M}$	R_e-q 关系曲线的极大值点,无量纲
q_v	t 时刻容器内部材料的蒸发率,Pa・m^3/s
R	摩尔气体常数:$R=(8.314\ 510\pm0.000\ 070)$ J/(mol・K);测量漏率,Pa・cm^3/s
r	圆周形运动轨迹的半径,m
R_e	被检器件压氦法检漏时在检漏仪上所显示的测量漏率,预充氦密封器件用压氦法复检扣除本底后的测量漏率值,Pa・cm^3/s
$R_{e\_Li,M}$	与 $L_{i,M}$ 对应的压氦法测量漏率,Pa・cm^3/s
$R_{e,M}$	压氦法 R_e-L 关系曲线的极大值,Pa・cm^3/s
$R_{e,max}$	压氦法所给检测条件下与 L_{max} 对应的测量漏率,Pa・cm^3/s
R_i	被检器件预充氦法检漏时在检漏仪上所显示的测量漏率,预充氦密封器件压氦前检测的测量漏率,Pa・cm^3/s
$R_{i,max}$	预充氦法所给检测条件下与 L_{max} 对应的测量漏率,Pa・cm^3/s
$R_{i\text{-}e}$	预充氦密封器件用压氦法复检时显示的测量漏率,Pa・cm^3/s
$R_{i,M}$	预充氦法 R_i-L 关系曲线的极大值,Pa・cm^3/s
R_{min}	受氦质谱检漏装置的有效最小可检漏率限制的最小测量漏率,Pa・cm^3/s
S_e	容器出口处的有效抽速,m^3/s
t	时间;进入空间真空环境的持续时间,s
T	气体分子的热力学温度,K
t_1	压氦时间,s
t_2	候检时间,s
t_{2e}	压氦法的候检时间,s
$t_{2e,max}$	压氦法保证 $L_{max,H}\geqslant L_0$ 的最长候检时间,s
t_{2i}	预充氦法的候检时间,s
$t_{2i,cp1}$	预充氦法候检时间的第一特征点,s
$t_{2i,cp2}$	预充氦法候检时间的第二特征点,s
$t_{2i,max}$	采用压氦法复检时,为了保证 $R_{e\_Li,M}$ 可测,受氦质谱检漏装置有效最小可检漏率、允许的最大 p_e、可接受的最长 t_1 等限制的 t_{2i} 上限,s
t_m	密封器件的寿命,s
U	漏孔对所充气体的流导,m^3/s,cm^3/s;流导,m^3/s
U_{air}	密封器件漏孔对空气的流导,cm^3/s
$U_{air,max}$	任务允许的漏孔对空气的最大流导,m^3/s
U_{He}	密封器件漏孔对氦气的流导,cm^3/s
$U_{l,m}$	分子流下长管的流导,m^3/s
$U_{l,mv}$	过渡流下长管的流导,m^3/s
$U_{l,v}$	黏滞流下长管的流导,m^3/s

U_m	长度不为零的分子流流导,m^3/s
$U_{m,N2}$	由实测流导数据的拟合曲线得到的对于 N_2 的分子流流导,m^3/s
$U_{o,m}$	分子流下圆孔的流导,m^3/s
$U_{o,v}$	黏滞流下孔眼的流导,m^3/s
$U_{s,v}$	黏滞流下短管的流导,m^3/s
$U_{v,N2}$	由实测流导数据得到的对于 N_2 的黏滞流流导,m^3/s
V	容器内腔的有效容积,m^3;密封器件内腔的有效容积,cm^3
V_e	离子源电离室至磁分析器间的电位,V
$W_{l,m}$	分子流下长管的流导概率,无量纲
W_m	长度不为零的分子流流导概率,无量纲
$W_{m,N2}$	对于 N_2 的分子流流导概率,无量纲
Z	离子所带的电荷数
β	压氦法的归一化压氦时间,无量纲
γ	质量热容比,对于空气,$\gamma=1.40$
η	气体黏滞系数,Pa・s
η_{air}	空气黏滞系数,在(0.01～0.4) MPa, 300 K 下,$\eta_{air}=1.86\times10^{-5}$ Pa・s
η_{Ar}	氩气黏滞系数,在(0.01～0.4) MPa, 300 K 下,$\eta_{Ar}=2.27\times10^{-5}$ Pa・s
η_{He}	氦气黏滞系数,在 0.4 MPa, 300 K 下,$\eta_{He}=1.994\ 0\times10^{-5}$ Pa・s
η_{N2}	氮气黏滞系数,在(0.01～0.4) MPa, 300 K 下,$\eta_{N2}=1.79\times10^{-5}$ Pa・s;在 0.2 MPa, 300 K 下,$\eta_{N2}=1.791\ 3\times10^{-5}$ Pa・s
θ	严酷等级,s
θ_{air}	空气的严酷等级,h
$\bar{\lambda}_g$	气体分子的平均自由程,m
ρ_{He}	地球干洁大气中氦气的浓度:$\rho_{He}=9.20\times10^{-7}$ kg/m^3
σ_{air}	空气分子的直径:$\sigma_{air}=3.72\times10^{-10}$ m
σ_{Ar}	氩气分子的直径:$\sigma_{Ar}=3.67\times10^{-10}$ m
σ_g	气体分子的直径,m
σ_{He}	氦气分子的直径:$\sigma_{He}=2.18\times10^{-10}$ m
σ_{N2}	氮气分子的直径:$\sigma_{N2}=3.75\times10^{-10}$ m
τ	泄漏时间常数,s
$\tau_{He,0}$	L 达到 L_0 时对氦气的泄漏时间常数,s
$\tau_{He,min}$	L 达到 L_{max} 时对氦气的泄漏时间常数,s
τ_{min}	允许的最小泄漏时间常数,s
χ	压力比

本章独有的缩略语

ASTM	American Standard of Testing Materials,美国材料试验标准
IEC	International Electrotechnical Commission,国际电工技术委员会

NEGP　Non-Evaporable Getters Pumps，非蒸散吸气剂泵
PTB　Physikalisch-Technische Bundesanstalt，联邦物理技术局(德国)
QJ　中华人民共和国航天行业标准

8.1 基本原理

8.1.1 密封器件出现漏气的原因及氦质谱细检漏方法概述

8.1.1.1 密封器件出现漏气的原因

一个完美密封的器件，漏气率应为零，但这是不可能实现的，就像永远不可能得到压力为零的完美真空一样。平常所说的某密封器件不漏，是指存在的微漏漏率小于该密封器件的容许漏率，或规定的恰当检测方法检测不出有漏。密封器件的容许漏率，是指在此漏率以下的密封器件，在寿命期内腔体内的气体成分和气压始终满足使用者的要求。任何一个密封器件，漏气是绝对的，不漏只是相对的[1]。

密封器件的漏气是由各种各样的微小隙缝或缺陷造成的。电真空器件的漏气，多数发生在金属-玻璃封接或金属-陶瓷封接的地方(如芯柱引线封接处)，有时也发生在单独的电极帽或排气管封接处。此外，金属壳体的焊缝、对接部件的粘接面(如石英挠性加速度计芯柱-伺服电路组件与表壳-表芯组件之间的粘接面)、可拆卸的连接部位(如法兰连接处)和未经锻造压延的金属材料等处，也容易发生漏气[1]。

金属-玻璃封接或金属-陶瓷封接引起漏气的原因主要有：

(1)玻璃或陶瓷芯柱的金属引线生长氧化物前表面不清洁，封接面积太小，封接过程中出现气泡或有微小的炸裂；

(2)密封器件不小心跌落地面，剪去过长引线时用力不当，过分或重复弯折引线，焊接引线时温度过高等，造成封接炸裂；

(3)金属引线搪锡时使用了酸性焊剂，使引线上保证封接的氧化物耗失；

(4)冷热冲击使密封性能受到破坏。

从9.1.1.3节、9.2.1.9节、附录D.3.1节知道，无论是石英挠性加速度计，还是石英振梁加速度计，亦或是差动电容检测静电力反馈微机械加速度计，都需要压膜阻尼。9.1.1.4节阐明，壳体封装主要用于保证压膜阻尼所需要的气压。如果内腔有效容积 $V=2\times10^{-6}$ $\mathrm{m^3}$，刚进入空间真空环境时加速度计腔体内气体的压力 $p_{t=0}=1\times10^5$ Pa，要求进入空间真空环境后两年腔体内气体的压力不低于 8×10^4 Pa，则要求的漏率指标为 $|q_{t=0}|\leqslant7\times10^{-10}$ $\mathrm{Pa\cdot m^3/s}$。这样小的漏率要求是很严的。由于封装后的加速度计属于密封器件，要求的漏率又如此之小，用常规粗检技术无法检出这么小的漏率，只有采用密封器件的氦质谱细检漏技术才有可能检测出来。

8.1.1.2 方法概述

文献[2]对密封器件的氦质谱细检漏方法作了相当清晰的叙述，我们在此进一步概括叙述如下：

(1)常用的检漏方法主要可分为充压检漏与抽真空检漏。密封器件的检漏与设备、管道的检漏有不同之处，这种器件在制作完毕后，外表没有可供充压或抽真空的管孔，因而无法采用设备、管道常用的充压、抽真空检漏。

(2)密封器件常用的检漏方法是氦质谱细检漏,并细分为压氦法(即背压检测)和预充氦法两种[3]。压氦法氦气来自密封器件外部(exterior),预充氦法氦气来自密封器件内部(interior)。本章压氦法的有关参数冠以下标 e,预充氦法的有关参数冠以下标 i。

(3)压氦法的操作程序是将密封器件放进压氦箱,用高压氦气对密封器件加压,氦气通过密封器件上存在的漏孔被压入它的内腔,然后将压过氦气的密封器件放入真空容器,采用氦质谱抽真空检漏法进行漏率测试。由于被检器件内腔的有效容积不同、压氦箱氦气绝对压力不同、压氦时间不同以及压氦完毕到正式检漏的候检时间不同,同样大小的一个漏孔,在检漏仪上所显示的漏率(测量漏率)值 R_e 大小是不同的,所以不能将 R_e 当成是密封器件的等效标准漏率 L。

(4)有的密封器件在封盖时内腔已经封入氦气或氦氮混合气体(如密封继电器,封装时封入 10%氦气,90%氮气的混合气体)。对生产厂而言,在检漏前就没有必要对它加压充氦,可以直接放入真空容器与检漏仪相连进行检漏了。这就是预充氦法。按照这种程序进行检漏,在检漏仪上显示的测量漏率 R_i 也不同于被检器件的等效标准漏率 L。R_i 虽与 L 有关,但也与密封器件内腔的有效容积、内腔封入氦气的分压力、封盖后到检漏的候检时间有关。

(5)小漏孔使用压氦法或预充氦法检漏时,显示出较小的测量漏率,同样条件下漏孔越小,显示值越小,这是正常现象。但是,一个很大的漏孔经过候检时间 t_2 以后,内腔中所充的氦气已泄漏得所剩无几,因而在检漏仪上显示的测量漏率却很小,而且同样条件下漏孔越大,显示值越小。也就是说,同一个测量漏率 R 所对应的可能是一个小漏孔,其等效标准漏率为 L_L;也可能是一个大漏孔,其等效标准漏率为 L_H。

(6)测量漏率的值既不同于 L_L,也不同于 L_H。在确定的检漏条件和参数下,用密封器件氦质谱细检漏公式由 L_L 可以计算出测量漏率值,由 L_H 也可以计算出相同的测量漏率值。然而,由于得不到逆运算的解析表达式,因此,由测量漏率的值得到 L_L 或 L_H 需要靠公式作图法或程序搜索法才能完成。

(7)通常,为了确认 L_L 或 L_H 哪个是正确的,会再做一次粗检漏(粗检漏灵敏度不高,检不出小漏率,但能检出较大的漏率),若粗检漏没有发现漏孔,则 L_L 是正确的;反之 L_H 是正确的。假如 L_L 已经被确认为超过允许的最大标准漏率 L_{max},属于不合格产品,就没有必要再作粗检漏。但这种做法,有一个最长候检时间的限制(压氦法详见 8.2.3.4 节,预充氦法详见 8.3.3.1 节),以保证 L_H 一定能被粗检漏检出。

8.1.2 术语和定义

(1)**密封器件的氦质谱细检漏方法**(helium leak test methods of hermetically-sealed devices)。

经压氦或预充氦处理的密封器件用氦质谱检漏仪进行细微漏率测量的方法。

注:密封器件的氦质谱细检漏方法包括压氦法和预充氦法两种。

(2)**压氦箱**(box for pressurizing helium)。

用于对被检器件进行压氦处理的容器。

(3)**压氦**(pressurizing helium)。

将被检器件置于压氦箱中,向被检器件内腔压入氦气的操作。

(4)**预充氦**(prefilling with helium)。

密封器件封闭前,向被检器件内腔充入氦气的操作。

(5)**压氦时间**(time pressurizing helium)t_1。

向置于压氦箱中的被检器件内腔压入氦气的持续时间。

(6)**候检时间**(waiting time between pressurizing or prefilling with helium and testing)t_2。

使用压氦法检漏的密封器件从压氦结束起,使用预充氦法检漏的密封器件从预充氦结束并与预充氦系统分离起,至开始对该密封器件检漏所经历的时间。

(7)**检测室**(testing chamber)。

同氦质谱检漏仪的检漏口相连,用于对密封器件进行漏率测量的真空容器。

(8)**标准漏率**(standard leakage rate)。

在上游压力为(100±5) kPa①、下游压力低于1 kPa、温度为(23±7) ℃的状况下,露点低于−25 ℃的空气通过一个漏孔的流量。

注:标准漏率单位为帕立方厘米每秒(Pa·cm^3/s)。

(9)**测量漏率**(measured leakage rate)R。

采用规定的方法、仪器和试验媒质,在规定的条件下,对给定封装进行测量时仪器的漏率示值。

注:测量漏率单位为帕立方厘米每秒(Pa·cm^3/s)。

(10)**等效标准漏率**(equivalent standard leakage rate)L。

与被测密封器件②具有相同漏气几何尺寸的同一种封装在标准漏率条件下呈现的漏率[4]。

注:等效标准漏率单位为帕立方厘米每秒(Pa·cm^3/s)。

(11)**泄漏时间常数**(time constant of leakage)τ。

处于真空环境中且内部充某种气体的密封器件内部压力降至原压力的36.8%(即1/e)所需要的时间,或处于某种气体环境中且内部为真空的密封器件内部压力升至63.2%(即1−1/e)环境压力所需要的时间[5]。

注:给出具体数值时应标明是何种气体的泄漏时间常数。

(12)**严酷等级**(severities)θ。

密封器件允许的最小泄漏时间常数。

注:严酷等级用于表征密封器件从泄漏角度考察的使用寿命。只要严酷等级相同、腔体内部寿命终了时所允许的压力下降百分数相同,具有不同腔体容积、充有不同气体成分的密封器件,从泄漏角度考察的使用寿命必然相同。

8.1.3 泄漏引起的密封器件内腔气压变化及严酷等级的确定

8.1.3.1 密封器件处于真空环境中,内腔中充有某种气体

我们知道,真空系统的抽气方程为[1]

$$V\frac{\mathrm{d}p}{\mathrm{d}t}=-pS_{\mathrm{e}}+q_{\mathrm{l}}+q_{\mathrm{g}}+q_{\mathrm{p}}+q_{\mathrm{v}} \tag{8-1}$$

---

① ISO 3530:1979 *Vacuum technology - Mass-spectrometer-type leak-detector calibration*、ISO 27895:2009(E) *Vaccum technology - Valves - Leak test*、GB/T 34878—2017《真空技术 阀门 漏率测试》、QJ 3212—2005《氦质谱仪背压检漏方法》均采用此上游压力值,但GJB 360A—1996《电子及电气元件试验方法》、GJB 548B—2005《微电子器件试验方法和程序》采用的是101.33 kPa,GJB 128A—1997《半导体分立器件试验方法》采用的是101 kPa。

② 文献[4]原文为"若给定封装的测量漏率为R,则其等效标准漏率为",不妥,因为同一个测量漏率R所对应的可能是一个小漏孔,也可能是一个大漏孔。

式中 V—— 容器内腔的有效容积，m^3；

t—— 时间，s；

p——t 时刻容器内的气压，Pa；

S_e—— 容器出口处的有效抽速，m^3/s；

q_l——t 时刻气体从容器外部向内部的漏率，$Pa \cdot m^3/s$；

q_g——t 时刻容器内壁及内部零件的出气率，$Pa \cdot m^3/s$；

q_p——t 时刻气体从容器外部向内部的渗透率，$Pa \cdot m^3/s$；

q_v——t 时刻容器内部材料的蒸发率，$Pa \cdot m^3/s$。

为了直观了解式(8-1)的含义，图8-1绘出了与之相应的真空系统抽气示意图[1]。

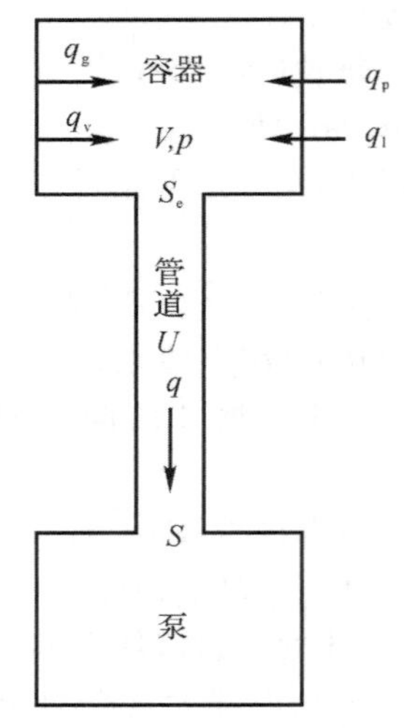

图 8-1 真空系统抽气示意图[1]

$q = q_l + q_g + q_p + q_v$； U— 管道的流导； S— 泵的抽速

密封器件在空间真空环境下运用时，V 指密封器件内腔的有效容积。这时，密封器件腔体内壁及内部零件的出气 q_g、气体穿过腔壁的渗透 q_p、腔体内部材料的蒸发 q_v 均可以忽略；腔体没有抽气手段，有效抽速 $S_e=0$，且气体是从内部向外泄漏，因此式(8-1)可以改写为

$$V\frac{dp}{dt} = -q \tag{8-2}$$

式中 q——t 时刻气体从容器内部向外部的漏率，$Pa \cdot m^3/s$；

分子流下，漏孔对所充气体的流导 U 与漏孔两端的气压无关，因此[1]

$$q = U(p - p_e) \tag{8-3}$$

式中 U—— 漏孔对所充气体的流导，m^3/s；

p_e—— 壳体外部(空间低气压或真空环境)的气体压力，Pa。

将式(8-3)代入式(8-2)，得到

$$\frac{dp}{dt} + \frac{U}{V}p = \frac{Up_e}{V} \tag{8-4}$$

式(8-4)为常系数一阶线性微分方程，其解为[6]

$$p - p_e = C\exp\left(-\frac{U}{V}t\right) \tag{8-5}$$

式中 t—— 进入空间真空环境的持续时间，s。

我们有

$$p = p_{t=0}, \quad t = 0 \tag{8-6}$$

式中　$p_{t=0}$—— 刚进入空间真空环境时加速度计腔体内部压力，Pa。

将式(8-6)代入式(8-5)，得到

$$C = p_{t=0} - p_e \tag{8-7}$$

将式(8-7)代入式(8-5)，得到

$$\frac{p - p_e}{p_{t=0} - p_e} = \exp\left(-\frac{U}{V}t\right) \tag{8-8}$$

如果壳体外部为高真空环境，则 $p_e \ll p \leqslant p_{t=0}$，式(8-8)可以改写为

$$\frac{p}{p_{t=0}} = \exp\left(-\frac{U}{V}t\right) \tag{8-9}$$

我们知道，真空检漏给出的漏率指标采用的是标准漏率，而标准漏率的定义是"在上游压力为(100 ± 5) kPa、下游压力低于 1 kPa、温度为(23 ± 7) ℃ 的状况下，露点低于 −25 ℃ 的空气通过一个漏孔的流量。考虑到下游压力小于上游压力的允差，因而可以忽略，以及分子流下气体的流导与气体摩尔质量的平方根成反比[1]，由式(8-3)可以给出

$$L = Up^\circ\sqrt{\frac{M}{M_{air}}} \tag{8-10}$$①

式中　L—— 漏孔的标准漏率，Pa·cm³/s；

p°—— 标准压力，$p^\circ = 100$ kPa[7]；

M—— 密封器件内部所充气体的摩尔质量，kg/mol；

M_{air}—— 空气的摩尔质量，$M_{air} = 2.896 \times 10^{-2}$ kg/mol[8]。

密封器件处于真空环境中，内腔中充有某种气体，只考虑泄漏的情况下，如图 8-2 所示。

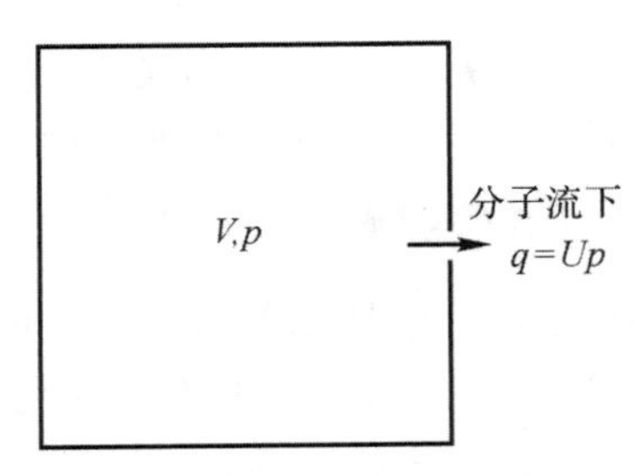

图 8-2　密封器件处于真空环境中，内腔中充有某种气体，只考虑泄漏的情况

V— 密封器件内腔的有效容积；　p— 密封器件内腔中所充气体随时间变化的气压

q—t 时刻气体从容器内部向外部的漏率；　U— 漏孔对所充气体的流导

由式(8-9)可以绘出 $p/p_{t=0}$ - $(U/V)t$ 关系曲线，如图 8-3 所示。

依据 8.1.2 节给出的泄漏时间常数(time constant of leakage)定义，由式(8-9)得到

---

① 在标准漏率的定义中，上游压力为(100±5) kPa，此式取其中值100 kPa，即文献[7]定义的标准压力 p°。需要说明的是，虽然本章及附录 C.4 和 C.5 中凡是涉及上游压力(100±5) kPa的公式和程序中均采用标准压力 p°(100 kPa)，然而凡是涉及上游压力(100 ± 5) kPa的图表中均参照 GJB 360A—1996，GJB 128A—1997，GJB 548B—2005 的规定，采用 101 kPa，且不再注明。

$$\tau=\frac{V}{U} \tag{8-11}$$

式中 τ—— 泄漏时间常数，s；

V—— 密封器件内腔的有效容积，cm^3；

U—— 漏孔对所充气体的流导，cm^3/s。

将式(8-11)代入式(8-9)，得到

$$\frac{p}{p_{t=0}}=\exp\left(-\frac{t}{\tau}\right) \tag{8-12}$$

式中 p—— 密封器件内腔中所充气体随时间变化的气压，Pa；

$p_{t=0}$——$t=0$ 时密封器件内腔的压力，Pa。

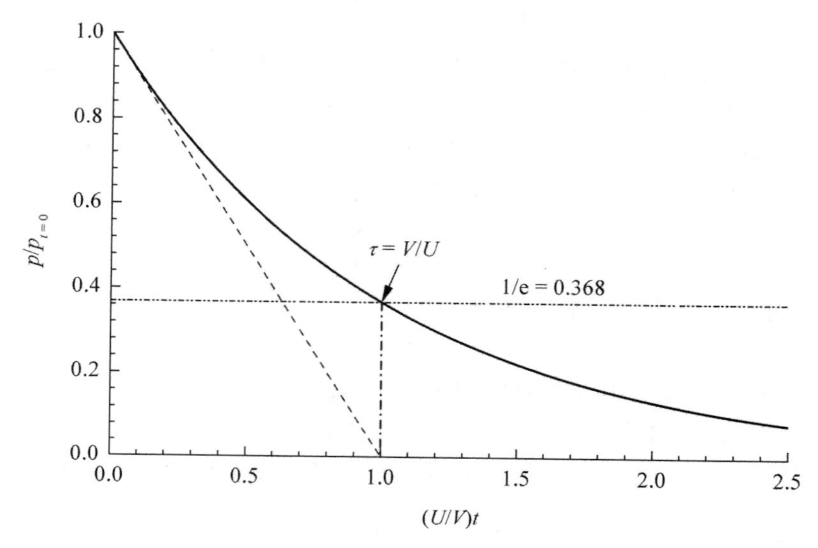

图 8-3 $p/p_{t=0}$ - $(U/V)t$ 关系曲线

t— 时间； $p_{t=0}$—$t=0$ 时密封器件内腔的压力

τ— 泄漏时间常数； e— 自然对数的底，$e=\lim_{n\to\infty}\left(1+\frac{1}{n}\right)^n=2.718\ 281\ 8\cdots$[9]

由图8-3也可以直观地看到式(8-11)所示的结果。从该图还可以看到，泄漏时间常数也可以定义为：假设保持泄漏处两侧压差的变化率不变情况下，使其两侧压力均衡所需的时间[10]。

将式(8-10)代入式(8-11)，得到[5]

$$\tau=\frac{Vp^{\circ}}{L}\sqrt{\frac{M}{M_{air}}} \tag{8-13}$$

依据8.1.2节给出的严酷等级(severities)定义，可以给出

$$\theta=\tau_{min} \tag{8-14}$$

式中 θ—— 严酷等级，s；

τ_{min}—— 允许的最小泄漏时间常数，s。

将式(8-13)代入式(8-14)，得到

$$L_{max}=\frac{Vp^{\circ}}{\theta}\sqrt{\frac{M}{M_{air}}} \tag{8-15}$$

式中 L_{max}—— 任务允许的最大标准漏率，$Pa\cdot cm^3/s$。

将式(8-14) 代入式(8-12),得到

$$\frac{p_{tm}}{p_{t=0}}=\exp\left(-\frac{t_m}{\theta}\right) \tag{8-16}$$

式中　t_m—— 密封器件的寿命,s;

p_{tm}—— 密封器件寿命终了时内腔的压力,Pa。

即

$$\theta=-\frac{t_m}{\ln\frac{p_{tm}}{p_{t=0}}} \tag{8-17}$$

例如,石英挠性加速度计刚进入空间真空环境时腔体内部压力 $p_{t=0}=1\times10^5$ Pa,要求进入空间真空环境后五年($t_m=43\ 824$ h)腔体内气体的压力 $p_{tm}\geqslant1\times10^4$ Pa,则由式(8-17)得到,严酷等级为 $\theta=19\ 033$ h,即密封器件寿命为严酷等级的 2.3 倍。由此可以看到,不能把密封器件所需寿命当成严酷等级。

8.1.3.2　密封器件处于某种气体环境中,内腔初始为真空

密封器件处于某种气体环境中,内腔初始为真空,只考虑泄漏的情况下,如图 8-4 所示。

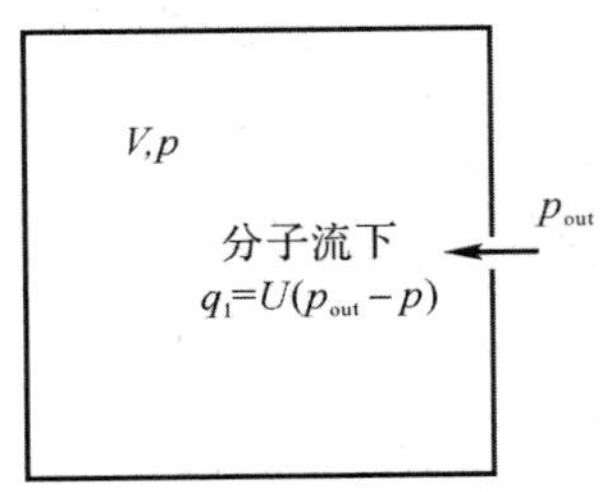

图 8-4　密封器件处于某种气体环境中,内腔初始为真空,只考虑泄漏的情况

p_{out}— 密封器件所处某种气体环境的气压

仿照式(8-2),可以给出

$$V\frac{dp}{dt}=q_1 \tag{8-18}$$

式中　q_1——t 时刻气体从外部向密封器件内腔的漏率,Pa·m^3/s。

仿照式(8-3),可以给出

$$q_1=U(p_{out}-p) \tag{8-19}$$

式中　p_{out}—— 密封器件所处某种气体环境的气压,Pa。

将式(8-19) 代入式(8-18),得到

$$\frac{dp}{p-p_{out}}=-\frac{U}{V}dt \tag{8-20}$$

对式(8-20) 作积分运算,得到

$$\frac{p}{p_{out}}=1-\exp\left(-\frac{U}{V}t\right) \tag{8-21}$$

由式(8-21) 可以绘出 p/p_{out} - $(U/V)t$ 关系曲线,如图 8-5 所示。

显然,式(8-11)、式(8-13) ～ 式(8-15) 仍然适用。由图 8-5 同样可以直观地看到式(8-11) 所示的结果。从该图也可以看到,泄漏时间常数可以定义为:假设保持泄漏处两侧压差的变化率不变情况下,使其两侧压力均衡所需的时间[10]。

将式(8-11)代入式(8-21),得到

$$\frac{p}{p_{\text{out}}}=1-\exp\left(-\frac{t}{\tau}\right) \tag{8-22}$$

将式(8-14)代入式(8-22),得到

$$\frac{p_{t\text{m}}}{p_{\text{out}}}=1-\exp\left(-\frac{t_{\text{m}}}{\theta}\right) \tag{8-23}$$

即

$$\theta=-\frac{t_{\text{m}}}{\ln\left(1-\frac{p_{t\text{m}}}{p_{\text{out}}}\right)} \tag{8-24}$$

例如,环境气压 1×10^{5} Pa,密封器件内腔初始真空度 1×10^{-5} Pa,要求两年后($t_{\text{m}}=$ 17 520 h)腔体内气体的压力 $p_{t\text{m}}\leqslant1\times10^{-2}$ Pa,则由式(8-24)得到,严酷等级为 $\theta=1.752\times10^{11}$ h,即严酷等级为密封器件所需寿命的 1×10^{7} 倍!这么高的严酷等级无法检漏。因此,高真空密封器件除了靠工艺保证密封外,内部必须要有吸气剂。

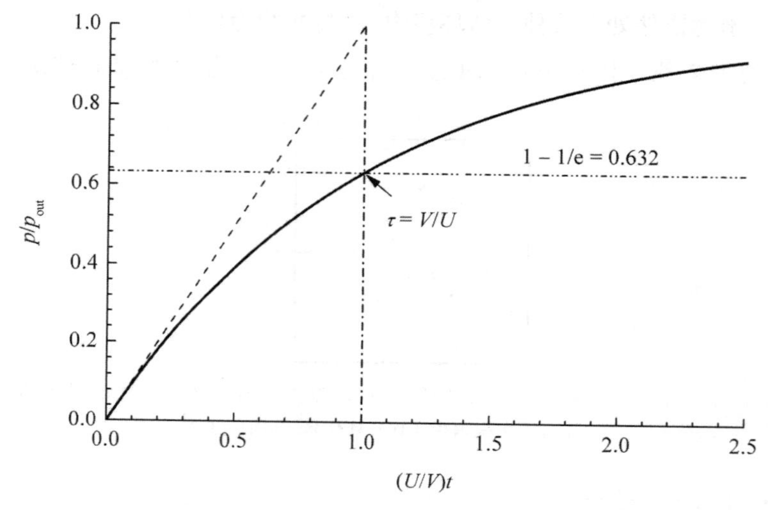

图 8-5 $p/p_{\text{out}}-(U/V)t$ 关系曲线

8.1.4 氦质谱检漏原理

氦质谱检漏是以氦气为示踪气体,使用质谱分析仪器进行密封检测的一种检漏方法。质谱分析仪器的基本工作原理是将不同质量的气体电离后,在磁场中按质量电荷比,将它们在电磁场的作用下分开。运用质谱原理制成的仪器称为质谱计或质谱仪,专为检漏用的质谱仪称为质谱检漏仪[2]。

一个质量为 m 的荷电离子,受到电位 V_{e} 加速后,射入与其运动方向垂直的磁场 B 中时,运动轨迹为一圆周,其半径为[1]

$$r=\frac{1}{B}\sqrt{\frac{2mV_{\text{e}}}{Ze}} \tag{8-25}$$

式中 r—— 圆周形运动轨迹的半径,m;

B—— 磁场的磁感应强度,T;

m—— 荷电离子的质量,kg;

V_{e}—— 离子源电离室至磁分析器间的电位,V;

Z—— 离子所带的电荷数；

e—— 一个质子的电荷：$e=(1.602\ 177\ 33\pm0.000\ 000\ 49)\times10^{-19}$ C[11]。

由式(8－25)可知，当 B、V_e 一定时，不同荷质比 m/Z 的离子将以不同的半径 r 偏转而彼此分开，荷质比小的半径小，荷质比大的半径大[2]。

实际情况是，氦质谱检漏仪制成后，磁感应强度 B 就是一个定值，在检漏仪工作时 V_e 是一个定值，在检漏仪中还设置了一个将各种气体电离的装置(离子源)，并在磁场的某一合适位置设置了一个离子流接收极。在检漏过程中通过被检器件的漏孔，示踪气体氦同周围的空气一起被吸入到检漏仪中，各种气体被电离后，在磁场中作圆周运动，只有氦离子形成的离子流所运动的轨迹通过接收极的位置，其他气体(如 H_2、H_2O、O_2、N_2 等)的离子流在磁场中运动的轨迹都不通过接收极。因此，在检漏时，对被检器件施加氦气后，如果工件有漏孔，进入被检器件内腔的氦气就会漏入检漏仪，电离后在磁场中作圆周运动并被检漏仪的接收极收集到，经放大后显示出来，漏入检漏仪的氦气越多，显示的值就越大。这就是通过氦质谱检漏仪确定被检器件是否有漏孔以及漏率的基本过程[2]。

8.2　压氦法原理

D. A. Howl 等人 1965 年在 Vacuum 杂志上发表了《背压检漏技术》一文，采用压氦(原文为轰击，by bombing)处理后用氦质谱检漏仪检漏的技术解决了密封器件分子流漏孔检测的基本理论问题[12]。

8.2.1　等效标准漏率上限和严酷等级下限

D. A. Howl 等人指出，压氦法的计算公式仅适用于完全分子流下的漏孔[12]。文献[10]和文献[13]对于压氦法列出的等效标准漏率 L 最大值为 1.5 Pa·cm³/s，即承认此条件下的气流状态可以看作为分子流。8.4.6 节指出，通过合理性分析得到，对于密封器件氦质谱细检漏而言，密封器件等效标准漏率 L 的上限取 1.4 Pa·cm³/s 可以满足气流处于分子流状态的要求，且此上限大于粗检的下限。

有鉴于此，任务允许的最大标准漏率 L_{max} 应不超过等效标准漏率上限 L_0。考虑到 $p^{\circ}=$ 100 kPa，由式(8－15)可以得到，空气的严酷等级 θ_{air} 有如下约束条件：

$$\{\theta_{air}\}_{h}\geqslant20\ \{V\}_{cm^3} \tag{8-26}$$

式中　θ_{air}—— 空气的严酷等级，h。

然而，我们知道，空气的严酷等级 $\theta_{air}=6$ h 主要用于文娱场所的小容积密封器件，$\theta_{air}=60$ h 和 $\theta_{air}=600$ h 通常用于文娱场所的大容积密封器件或工业上和专用的小样品，$\theta_{air}=1\ 000$ h 主要用于需要高气密等级的地方[10]。由于军工产品对气密性的要求相当严格，可以认为 $\theta_{air}\geqslant20$ h。将二者结合，得到

$$\{\theta_{air}\}_{h}\geqslant\begin{cases}20, & \{V\}_{cm^3}\leqslant1\\ 20\ \{V\}_{cm^3}, & \{V\}_{cm^3}>1\end{cases} \tag{8-27}$$

由式(8－27)可以绘出允许的最小严酷等级 $\theta_{air,min}-V$ 关系曲线，如图 8－6 所示。

从图 8－6 可以看到，密封器件内腔的有效容积 V 超过 1 cm³ 时，仍要求 $\theta_{air}\geqslant20$ h 是不够的。

8.2.2　压氦法测量漏率与等效标准漏率的关系

(1) 压氦结束后密封器件内部的氦分压。

分子流下，可以只考虑所关心气体的分压力。因此，对于腔内原本不含氦气的密封器件，不论腔内是否含有其他气体，压氦结束后密封器件内部的氦分压可以仿照式(8-21)给出，即

$$p_{t1}=p_{e}\left[1-\exp\left(-\frac{U_{He}}{V}t_{1}\right)\right] \tag{8-28}$$

式中 p_{t1}——压氦结束后密封器件内部的氦分压，Pa；

p_{e}——压氦期间密封器件外部(即压氦箱内)的氦气绝对压力，Pa；

t_{1}——压氦时间，s；

U_{He}——密封器件漏孔对氦气的流导，cm^{3}/s。

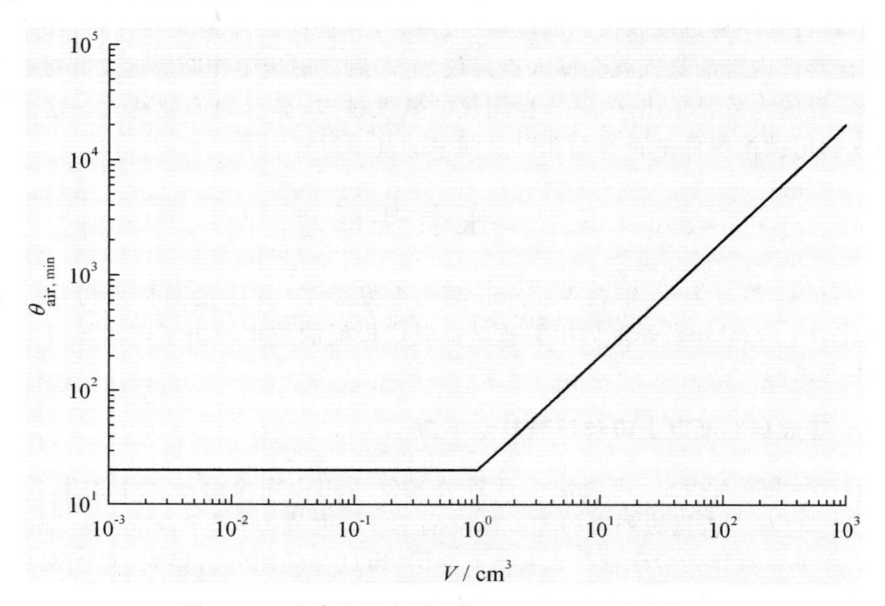

图 8-6 允许的最小严酷等级 $\theta_{air,min}$-V 关系曲线

(2) 检漏前密封器件内腔的氦分压。

检漏前密封器件内腔的氦分压可以仿照式(8-9)给出，即

$$p_{t2e}=p_{t1}\exp\left(-\frac{U_{He}}{V}t_{2e}\right) \tag{8-29}$$

式中 p_{t2e}——检漏前密封器件内腔的氦分压，Pa；

t_{2e}——压氦法的候检时间，s。

(3) 检漏时氦气经过漏孔的测量漏率。

检漏时氦气经过漏孔的测量漏率可以仿照式(8-3)给出，即

$$R_{e}=U_{He}p_{t2e} \tag{8-30}$$

式中 R_{e}——被检器件压氦法检漏时在检漏仪上所显示的测量漏率，$Pa\cdot cm^{3}/s$。

(4) 密封器件的等效标准漏率。

密封器件的等效标准漏率(简称等效标准漏率)可以仿照式(8-10)给出，即

$$L=U_{He}p^{\circ}\sqrt{\frac{M_{He}}{M_{air}}} \tag{8-31}$$

式中 L——等效标准漏率，$Pa\cdot cm^{3}/s$；

M_{He}——He 的摩尔质量：$M_{He}=4.003\times10^{-3}$ kg/mol[8]。

(5) 用等效标准漏率求压氦法测量漏率的表达式。

将式(8-28)、式(8-29)、式(8-31) 代入式(8-30)，得到[12]

$$R_e=\frac{Lp_e}{p^\circ}\sqrt{\frac{M_{air}}{M_{He}}}\left[1-\exp\left(-\frac{Lt_1}{Vp^\circ}\sqrt{\frac{M_{air}}{M_{He}}}\right)\right]\exp\left(-\frac{Lt_{2e}}{Vp^\circ}\sqrt{\frac{M_{air}}{M_{He}}}\right) \tag{8-32}$$

式(8-32) 给出了压氦法测量漏率 R_e 与等效标准漏率 L 的关系。可以看出：已知 L，可由式(8-32) 求出 R_e；但是已知 R_e，却不能由式(8-32) 解析得到 L，即无法得到等效标准漏率 L 的解析表达式。

图 8-7 为压氦法 L-R_e 关系曲线示例图[5]。图中给出等效标准漏率上限 $L_0=1.4$ Pa·cm^3/s，曲线超过此上限的部分，用虚线表示。图中右端的纵坐标用于确定与严酷等级有关的水平控制线，图中给出了两个示例，一条是 $V=0.01$ cm^3 下空气的严酷等级 $\theta_{air}=20$ h 的水平控制线，另一条是 $V=0.01$ cm^3 下空气的严酷等级 $\theta_{air}=200$ h 的水平控制线。

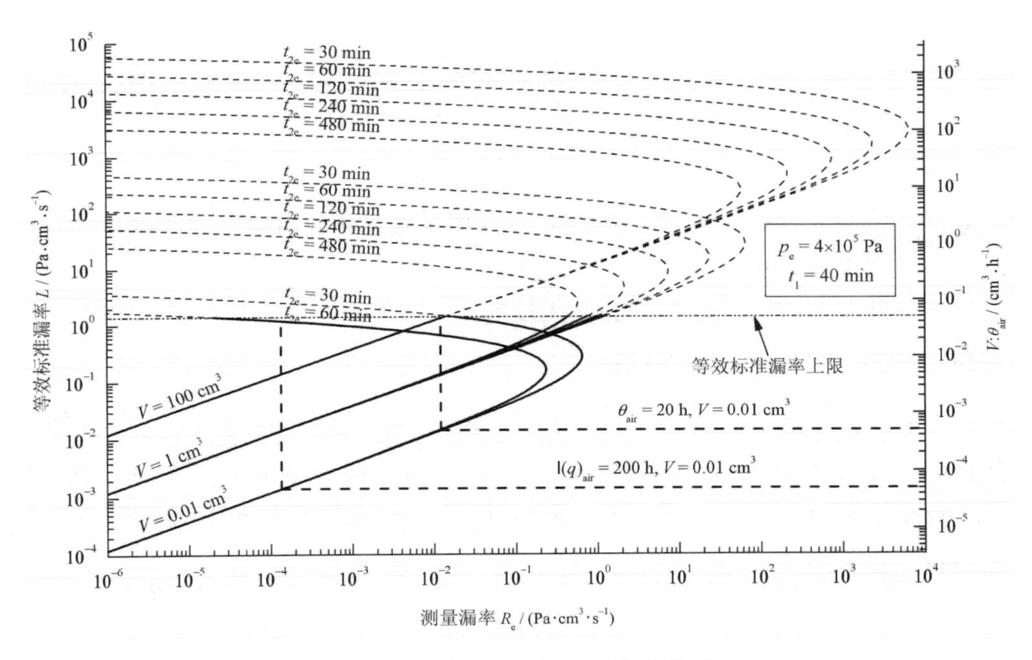

图 8-7　压氦法 L-R_e 关系曲线示例图

氦质谱检漏装置的有效最小可检漏率目前可以做到 1×10^{-7} Pa·cm^3/s，最小测量漏率应不小于其 10 倍，所以图 8-7 横坐标的左端为 1×10^{-6} Pa·cm^3/s。需要指出的是，测量漏率下限不仅受到质谱检漏装置的有效最小可检漏率的限制，而且会受到密封器件压氦后对表面吸附的氦“净化”不彻底的限制，因为表面残留的氦也会向检漏仪提供输出信号。可以看到，当压氦压力 $p_e=4\times10^5$ Pa、压氦时间 $t_1=40$ min 时，不论候检时间长短：内腔有效容积 0.01 cm^3 的密封器件可检的最小等效标准漏率为 1.2×10^{-4} Pa·cm^3/s，这相当于空气泄漏时间常数最长为 2 300 h；而内腔有效容积 100 cm^3 的密封器件可检的最小等效标准漏率为 1.2×10^{-2} Pa·cm^3/s，这相当于空气泄漏时间常数最长为 230 000 h[5]。

从图 8-7 可以看到，使用同样的压氦压力、压氦时间和候检时间，对于在折返点以下具有同样等效标准漏率的不同密封器件，内腔有效容积越大，测量漏率越小。其原因是内腔有效容积越大，压氦结束时被检器件内腔达到的氦分压越低[5]。

(6)$L-R_e$ 关系曲线极大值点。

从图 8-7 可以看到，如 8.1.1.2 节第(5)条所述，内腔有效容积、压氦箱氦气绝对压力、压氦时间、候检时间都相同的情况下，同一测量漏率 R_e 极有可能对应两个迥然不同的等效标准漏率 L，即等效标准漏率具有双值。我们将 R_e 所对应的等效标准漏率分别称为 L_H 和 L_L。其中：L_H 高于图 8-7 所示 $L-R_e$ 关系曲线的折返点，对应于前述大漏孔；L_L 低于图 8-7 所示曲线的折返点，对应于前述小漏孔。类似，我们将所给检测条件下与 L_{max} 对应的测量漏率称为 $R_{e,max}$，而将 $R_{e,max}$ 所对应的等效标准漏率分别称为 $L_{max,H}$ 和 $L_{max,L}$，其中 $L_{max,H}$ 高于 $L-R_e$ 关系曲线的折返点，$L_{max,L}$ 低于 $L-R_e$ 关系曲线的折返点。

另外，折返点处的 R_e 值为 R_e-L 关系曲线的极大值，我们标记为 $R_{e,M}$，$R_{e,M}$ 所对应的 L 值即 R_e-L 关系曲线的极大值点，我们标记为 $L_{e,M}$。

令

$$\left.\begin{aligned} q_u &= \frac{Lt_{2e}}{Vp^{\circ}}\sqrt{\frac{M_{air}}{M_{He}}} \\ \beta &= \frac{t_1}{t_{2e}} \end{aligned}\right\} \tag{8-33}$$

式中 q_u—— 压氦法的归一化等效标准漏率(气体从密封器件内腔向外部泄漏时 q_u 为正值)，无量纲；

β—— 压氦法的归一化压氦时间，无量纲。

将式(8-33)代入式(8-32)，得到

$$R_e = \frac{Vp_e}{t_{2e}}q_u[1-\exp(-\beta q_u)]\exp(-q_u) \tag{8-34}$$

从式(8-33)可以看到，在内腔有效容积和候检时间不变的情况下，q_u 的极大值点 $q_{u,M}$ 与 $L_{e,M}$ 相对应。对式(8-34)，以 q_u 为自变量对 R_e 求导，并令其为零，则有

$$\begin{aligned} \frac{dR_e}{dq_u} = \frac{Vp_e}{t_{2e}}\exp(-q_{u,M})[&1-\exp(-\beta q_{u,M})+q_{u,M}\beta\exp(-\beta q_{u,M})-q_{u,M}+ \\ &q_{u,M}\exp(-\beta q_{u,M})]=0 \end{aligned} \tag{8-35}$$

式中 $q_{u,M}$——R_e-q_u 关系曲线的极大值点，无量纲。

于是

$$1-q_{u,M}=[1-q_{u,M}(1+\beta)]\exp(-\beta q_{u,M}) \tag{8-36}$$

采用数值计算可以得到不同 β 值下式(8-36)成立时的 $q_{u,M}$ 值，如图 8-8 所示[14]。

图 8-8 同时给出了拟合曲线和拟合公式：

$$q_{u,M}=1+0.9\exp(-0.68\beta) \tag{8-37}$$

将式(8-33)代入式(8-37)，得到[14]

$$L_{e,M}=\frac{Vp^{\circ}}{t_{2e}}\sqrt{\frac{M_{He}}{M_{air}}}\left[1+0.9\exp\left(-0.68\frac{t_1}{t_{2e}}\right)\right] \tag{8-38}$$

式中 $L_{e,M}$—— 压氦法 R_e-L 关系曲线极大值点，$Pa\cdot cm^3/s$。

由式(8-38)可以看到，$L_{e,M}$ 只与密封器件内腔的有效容积 V、压氦时间 t_1、候检时间 t_{2e} 有关。

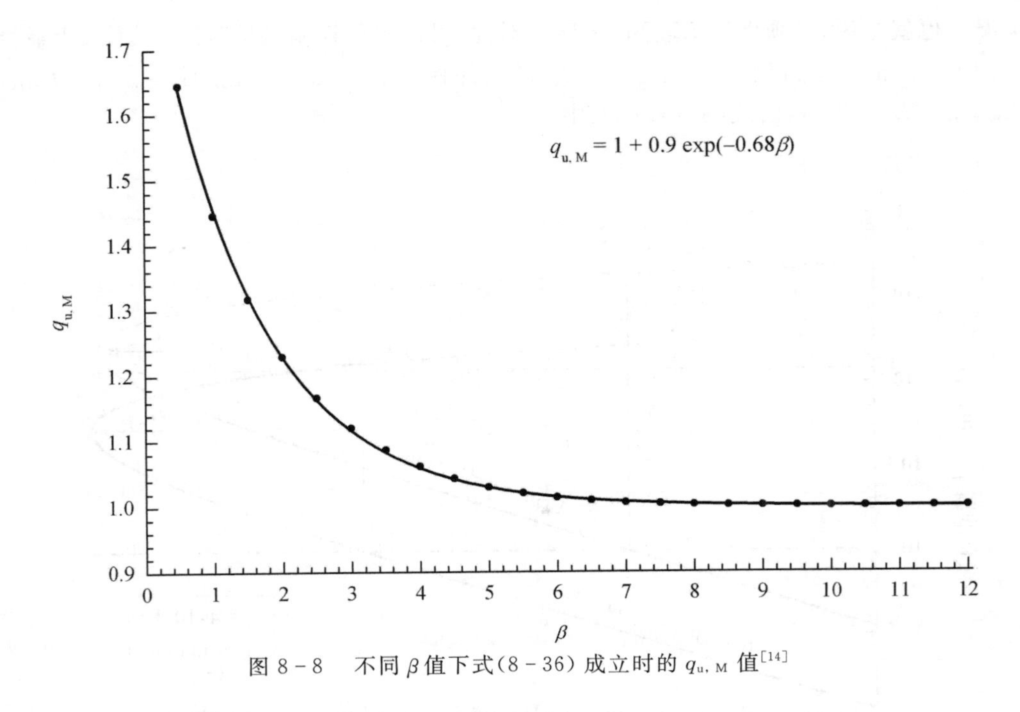

图 8-8　不同 β 值下式(8-36)成立时的 $q_{u,M}$ 值[14]

8.2.3　判定漏率是否合格的三种情况[15]

如 8.2.1 节所述，只有在 $L_{max} \leqslant L_0$ 时才可以采用密封器件氦质谱细检漏。因此下面的讨论均在 $L_{max} \leqslant L_0$ 的条件下展开。

如 8.2.2 节第(6)条所述，$R_{e,max}$ 与 $L_{max,H}$ 和 $L_{max,L}$ 相对应。从图 8-7 可以看到，由测量漏率判断漏率是否合格存在以下三种情况。

8.2.3.1　第一种情况：$L_{max,H} \geqslant L_0$，且 $L_{max} \leqslant L_{e,M}$

第一种情况的示例如图 8-9 所示。当 $R_e > R_{e,max}$ 时，漏率不合格；而当 $R_e \leqslant R_{e,max}$ 时，可以进一步采用最小可检漏率小于 L_0 的粗检方法对被检器件进行检漏，以肯定或排除 L_H 的存在，相应判定漏率不合格或合格。

8.2.3.2　第二种情况：$L_{max,H} < L_0$，且 $L_{max} \leqslant L_{e,M}$

第二种情况的示例如图 8-10 所示。当 $R_e > R_{e,max}$ 时，漏率不合格；而当 $R_e \leqslant R_{e,max}$ 时，不能用粗检方法完全排除 L_H 的存在，如果仅仅因为粗检不漏就判定漏率合格，有可能造成漏检。

8.2.3.3　第三种情况：$L_{max} > L_{e,M}$

第三种情况的示例如图 8-11 所示。当 $R_e \geqslant R_{e,max}$ 时，漏率合格；而当 $R_e < R_{e,max}$ 时，不能用粗检方法完全排除 L_H 的存在，如果仅仅因为粗检不漏就判定漏率合格，有可能造成漏检。

8.2.3.4　"判定漏率合格准则"成立的条件

大家一致公认，压氦法"判定漏率合格准则"是："$R_e \leqslant R_{e,max}$，且进一步采用最小可检漏率小于 L_0 的粗检方法排除 L_H 的存在"[2-4,16-20]。因此，必须设法排除上述第二种和第三种情况。也就是说，必须保证 $L_{max,H} \geqslant L_0$。对此，可以采取控制候检时间 t_{2e} 不大于最长候检时间 $t_{2e,max}$ 的办法得到[21]。$L_{max,H} \geqslant L_0$ 的条件相当于当 $t_{2e} = t_{2e,max}$ 时，$L_{max,L} = L_{max}$，同时 $L_{max,H} = L_0$。于是，由式(8-32)得到

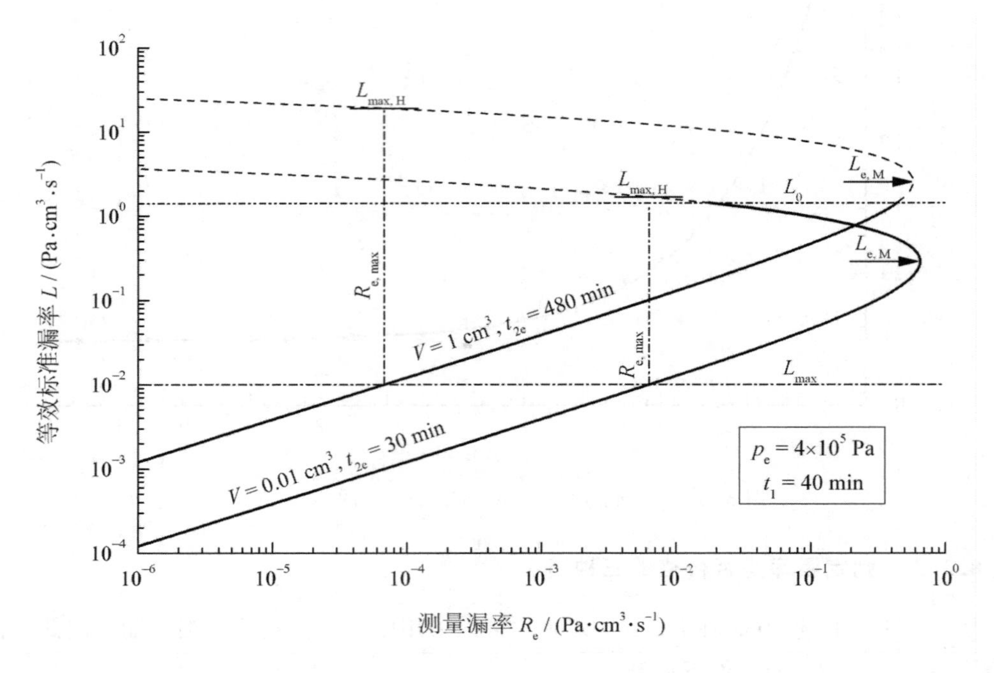

图 8-9　压氦法：$L_{max,H} \geqslant L_0$，且 $L_{max} \leqslant L_{e,M}$

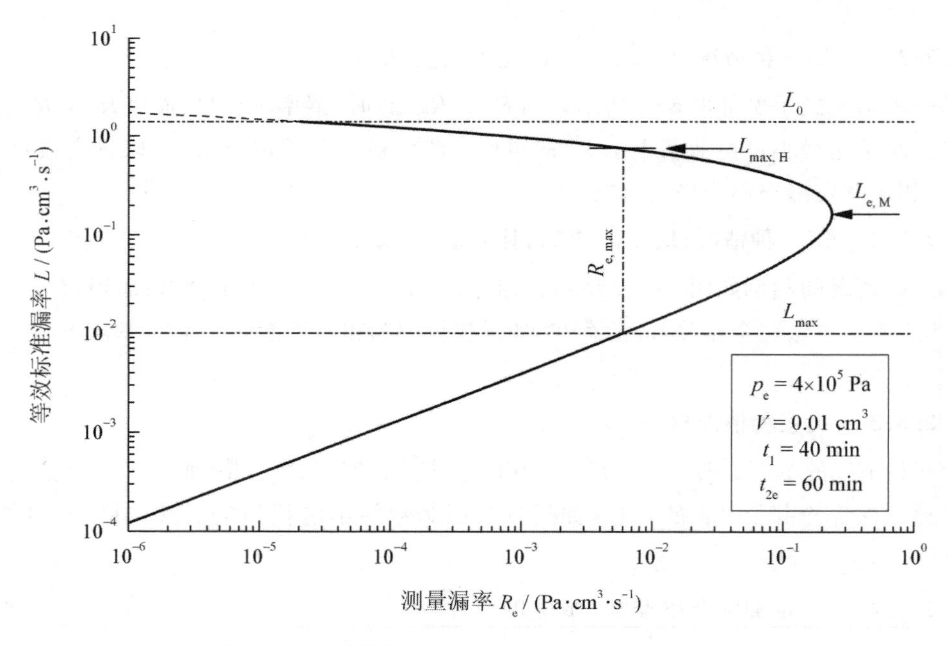

图 8-10　压氦法：$L_{max,H} < L_0$，且 $L_{max} \leqslant L_{e,M}$

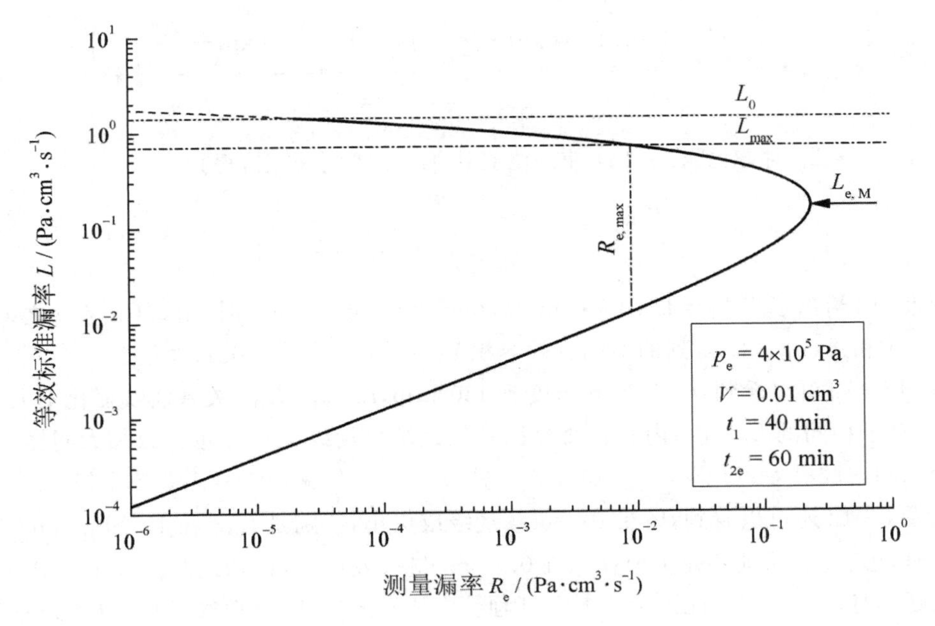

图 8－11　压氦法：$L_{max} > L_{e,M}$

$$\left.\begin{aligned} R_{e,max} &= \frac{L_{max}p_e}{p^\circ}\sqrt{\frac{M_{air}}{M_{He}}}\left[1-\exp\left(-\frac{L_{max}t_1}{Vp^\circ}\sqrt{\frac{M_{air}}{M_{He}}}\right)\right]\exp\left(-\frac{L_{max}t_{2e,max}}{Vp^\circ}\sqrt{\frac{M_{air}}{M_{He}}}\right) \\ R_{e,max} &= \frac{L_0 p_e}{p^\circ}\sqrt{\frac{M_{air}}{M_{He}}}\left[1-\exp\left(-\frac{L_0 t_1}{Vp^\circ}\sqrt{\frac{M_{air}}{M_{He}}}\right)\right]\exp\left(-\frac{L_0 t_{2e,max}}{Vp^\circ}\sqrt{\frac{M_{air}}{M_{He}}}\right) \end{aligned}\right\} \tag{8-39}$$

式中　$R_{e,max}$—— 压氦法所给检测条件下与 L_{max} 对应的测量漏率，Pa · cm^3/s；

$t_{2e,max}$—— 压氦法保证 $L_{max,H} \geqslant L_0$ 的最长候检时间，s。

令[21]

$$\left.\begin{aligned} \tau_{He,0} &= \frac{Vp^\circ}{L_0}\sqrt{\frac{M_{He}}{M_{air}}} \\ \tau_{He,min} &= \frac{Vp^\circ}{L_{max}}\sqrt{\frac{M_{He}}{M_{air}}} \end{aligned}\right\} \tag{8-40}$$

式中　$\tau_{He,0}$——L 达到 L_0 时对氦气的泄漏时间常数，s；

$\tau_{He,min}$——L 达到 L_{max} 时对氦气的泄漏时间常数，s。

将式(8－40) 之第二式与式(8－15) 比较，可以看到，$\tau_{He,min}$ 即密封器件内部所充气体为氦气或密封器件所处环境为氦气时的严酷等级 θ。如前所述，为保证处于分子流下，应有 $L_{max} \leqslant L_0$。于是，由式(8－40) 得到，应有 $\tau_{He,min} \geqslant \tau_{He,0}$。

将式(8－40) 代入式(8－39)，得到

$$\left.\begin{aligned} R_{e,max} &= \frac{Vp_e L_{max}}{L_0\tau_{He,0}}\left[1-\exp\left(-\frac{t_1 L_{max}}{L_0\tau_{He,0}}\right)\right]\exp\left(-\frac{t_{2e,max}L_{max}}{L_0\tau_{He,0}}\right) \\ R_{e,max} &= \frac{Vp_e}{\tau_{He,0}}\left[1-\exp\left(-\frac{t_1}{\tau_{He,0}}\right)\right]\exp\left(-\frac{t_{2e,max}}{\tau_{He,0}}\right) \end{aligned}\right\} \tag{8-41}$$

由式(8－41) 得到

$$t_{2e,\max}=\frac{\ln\frac{L_0}{L_{\max}}+\ln\left[1-\exp\left(-\frac{t_1}{\tau_{He,0}}\right)\right]-\ln\left[1-\exp\left(-\frac{t_1L_{\max}}{L_0\tau_{He,0}}\right)\right]}{\frac{L_0-L_{\max}}{L_0\tau_{He,0}}} \tag{8-42}$$

当 $L_{\max}\rightarrow L_0$ 时，对式(8-42)使用洛必达第一法则求极限，得到

$$\lim_{L_{\max}\rightarrow L_0}t_{2e,\max}=\tau_{He,0}+\frac{t_1}{\exp\left(\frac{t_1}{\tau_{He,0}}\right)-1} \tag{8-43}$$

图 8-12 给出了当 $L_0=1.4\ \text{Pa}\cdot\text{cm}^3/\text{s}$，$t_1=(20\sim480)$ min时，由式(8-40)之第一式、式(8-42)和式(8-43)得到的不同有效容积 V 下 $t_{2e,\max}-L_{\max}$ 关系曲线。

从图 8-12 可以看到，t_1 从 20 min 变到 480 min，$t_{2e,\max}-L_{\max}$ 关系曲线变化不大。还可以看到，对于相同的 $L_{\max}$ 值，内腔有效容积 V 加大多少量级，$t_{2e,\max}$ 也大致加大同样量级；而对于相同的内腔有效容积 V，$L_{\max}$ 加大 6 个量级，$t_{2e,\max}$ 仅减小 1 ~ 1.5 个量级。

从图 8-12 还可以看到，V 在 10^{-2} cm³ 量级或更小，特别是 $L_{\max}$ 在 10^{-3} Pa·cm³/s 量级或更大时，$t_{2e,\max}$ 有可能不足 1 h；而 V 在 0.1 cm³ 量级或更大，特别是 $L_{\max}$ 在 10^{-4} Pa·cm³/s 量级或更小时，$t_{2e,\max}$ 有可能远大于 1 h。因此，应依据图 8-12 合理选择 t_{2e}，以便既避免漏检又做好器件表面的净化工作。

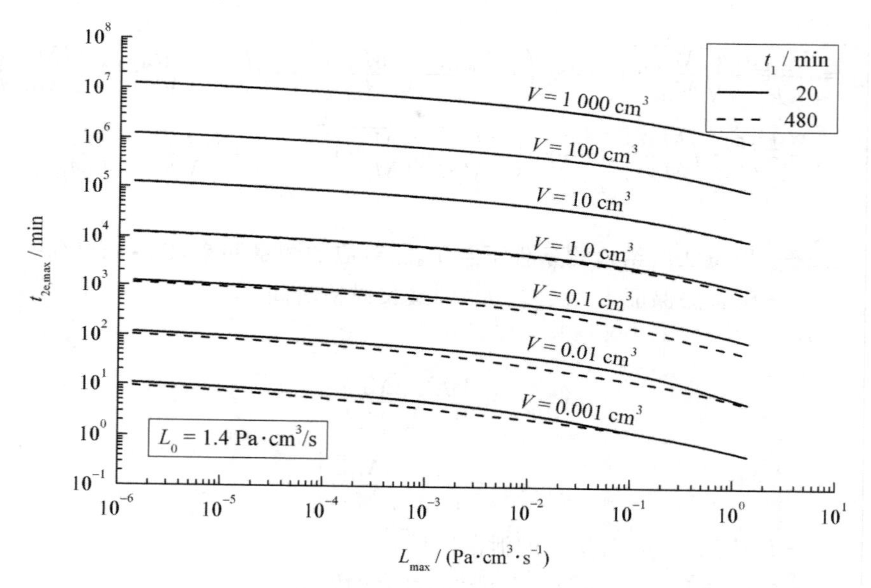

图 8-12 当 $L_0=1.4\ \text{Pa}\cdot\text{cm}^3/\text{s}$，$t_1=(20\sim480)$ min时，由式(8-40)之第一式、式(8-42)和式(8-43)得到的不同有效容积 V 下 $t_{2e,\max}-L_{\max}$ 关系曲线

例如，内腔容积 $V=0.01$ cm³、压氦时间 $t_1=40$ min 时，若 $L_0=1.4$ Pa·cm³/s，由式(8-40)之第一式得到 $\tau_{He,0}=269.1$ s；若空气的严酷等级 $\theta_{air}=20$ h，由式(8-15)得到 $L_{\max}=1.407\times10^{-2}$ Pa·cm³/s；由式(8-40)之第一式和式(8-42)得到 $t_{2e,\max}=1\,918$ s，即 31 min 58 s。若 $V=1$ cm³，$\theta_{air}=2\times10^3$ h，其他条件不变，则 $\tau_{He,0}=2.691\times10^4$ s，$L_{\max}=1.407\times10^{-2}$ Pa·cm³/s，$t_{2e,\max}=2.489\times10^5$ s，即 2 d 21 h 08 min。而若 $V=0.01$ cm³，$\theta_{air}=2\times10^3$ h，其他条件不变，则 $\tau_{He,0}=269.1$ s，$L_{\max}=1.407\times10^{-4}$ Pa·cm³/s，$t_{2e,\max}=4\,366$ s，即 1 h 12 min 46 s。再若 $V=1$ cm³，$\theta_{air}=2\times10^5$ h，其他条件不变，则 $\tau_{He,0}=2.691\times10^4$ s，$L_{\max}=$

$1.407\times10^{-4}\,\text{Pa}\cdot\text{cm}^3/\text{s}$，$t_{2e,\max}=4.943\times10^{5}$ s，即 5 d 17 h 18 min。

8.2.4　候检时间的选取原则

（1）如 8.2.3.4 节所述，由于压氦法“判定漏率合格准则”是：“$R_e\leqslant R_{e,\max}$，且进一步采用最小可检漏率小于 L_0 的粗检方法排除 L_H 的存在”，因此，必须保证 $L_{\max,H}\geqslant L_0$，即候检时间 t_{2e} 应不大于式(8-42)（$L_{\max}<L_0$ 时）或式(8-43)（$L_{\max}\rightarrow L_0$ 时）所表达的最长候检时间 $t_{2e,\max}$ 值。也就是说，在 $t_{2e}\leqslant t_{2e,\max}$ 的条件下，$R_{e,\max}$ 即为允许的最大测量漏率。

（2）式(8-42)或式(8-43)是针对候检时间 t_{2e} 的上限的。针对候检时间 t_{2e} 上限的另一因素是测量漏率的可检性，为了能够检出测量漏率，如 8.5.7 节第(4)条所述，测量漏率应大于检漏装置的有效最小可检漏率的 10 倍。

将式(8-31)代入式(8-29)，得到

$$\frac{p_{t2e}}{p_{t1}}=\exp\left(-\frac{Lt_{2e}}{Vp^{\circ}}\sqrt{\frac{M_{air}}{M_{He}}}\right)\tag{8-44}$$

从式(8-44)可以看到，式(8-32)中的候检时间 t_{2e} 与 p_{t2e}/p_{t1} 有关，其物理含义是候检时间越长，密封容器内腔中余留的氦分压越低。因此，为了有效检出漏率，候检时间不能过长。而且，等效标准漏率 L 越大，对候检时间的限制越苛刻。而 8.2.1 节和 8.3 节已经阐明，压氦法或预充氦法所对应的气流状态为分子流，因此等效标准漏率 L 的最大值为 $1.4\,\text{Pa}\cdot\text{cm}^3/\text{s}$，将此数值及 p_0，M_{air}，M_{He} 值代入式(8-44)，得到

$$\left.\frac{p_{t2e}}{p_{t1}}\right|_{L=1.4\,\text{Pa}\cdot\text{cm}^3/\text{s}}=\exp\left(-2.23\times10^{-3}\,\frac{\{t_{2e}\}\,\text{min}}{\{V\}\,\text{cm}^3}\right)\tag{8-45}$$

图 8-13 给出了 $(p_{t2e}/p_{t1})\big|_{L=1.4\,\text{Pa}\cdot\text{cm}^3/\text{s}}$ 在不同有效容积 V 下随候检时间 t_{2e} 的变化。

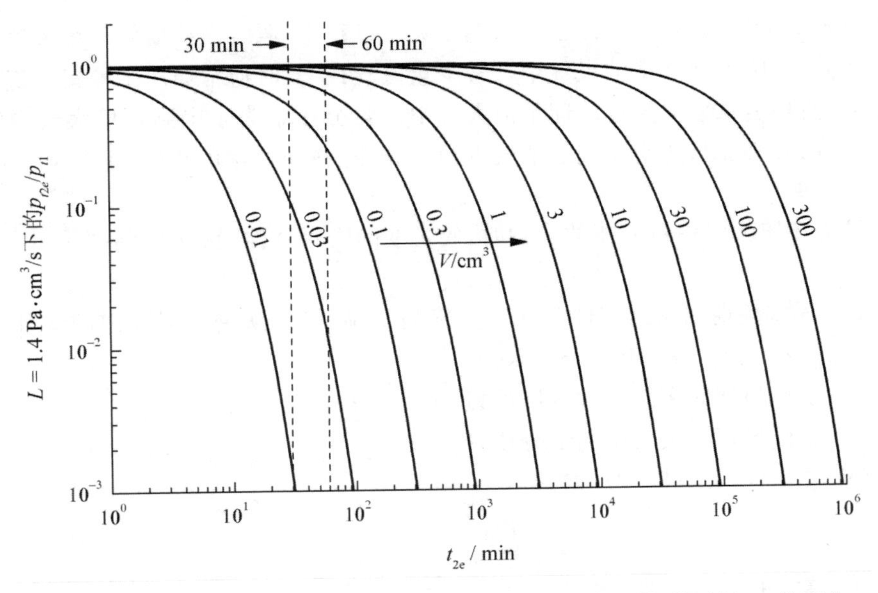

图 8-13　$(p_{t2e}/p_{t1})\big|_{L=1.4\,\text{Pa}\cdot\text{cm}^3/\text{s}}$ 在不同有效容积 V 下随候检时间 t_{2e} 的变化

从图 8-13 可以看到，对于内腔有效容积 $V=0.01\,\text{cm}^3$ 而言，如果等效标准漏率 L 达到 $1.4\,\text{Pa}\cdot\text{cm}^3/\text{s}$，则候检时间 30 min 余留的氦分压仅为 0.1%，因此，候检时间不应超过 30 min。这与 8.2.3.4 节针对式(8-42)给出的如下示例是一致的：内腔有效容积 $V=0.01\,\text{cm}^3$，压氦时间 $t_1=40$ min 时，若 $L_0=1.4\,\text{Pa}\cdot\text{cm}^3/\text{s}$，空气的严酷等级 $\theta_{air}=20$ h，则

$t_{2e,\max}=1\ 918$ s，即 31 min 58 s。

(3) 针对候检时间 t_{2e} 下限的因素是 8.5.2.2 节所说的"净化"，即将密封器件从压氦箱中取出后用氮气或干燥空气①吹除表面吸附的氦[2]。这是候检时间内最主要的工作，因为密封器件表面如果存在缝隙、涂料、污染物、密封聚合物等，在压氦过程中会吸氦，并且向检漏仪提供输出信号。如果这个过程是均匀不变的，将使得不漏的试件总有一个不变的氦信号叠加在质谱检漏装置的有效最小可检漏率之上，所吸氦的本底信号限制了试验灵敏度。压氦后，试验前用氮气或干燥空气对被检器件表面进行喷吹②有时会有助于减低这种本底信号[3]。因此，保证足够的候检时间是十分必要的。

内腔有效容积较大时，候检时间可以较长。如内腔有效容积 $V=0.1\ \text{cm}^3$，压氦时间 $t_1=40$ min 时，若 $L_0=1.4\ \text{Pa}\cdot\text{cm}^3/\text{s}$，由式(8-40)之第一式得到 $\tau_{\text{He}0}=2\ 691$ s；若空气的严酷等级 $\theta_{\text{air}}=20$ h，由式(8-15)得到 $L_{\max}=1.407\times10^{-1}\ \text{Pa}\cdot\text{cm}^3/\text{s}$；由式(8-40)之第一式和式(8-42)得到 $t_{2e,\max}=1.264\times10^4$ s，即 3 h 30 min 40 s。因此，对于不同的有效容积 V，可以依据式(8-42)，并兼顾测量漏率的可检性和净化的需要，选取合理的候检时间 t_{2e}。这对于具有大的内腔有效容积 V，且表面含有易吸氦材料的密封器件的检漏非常重要，因为这些密封器件去除吸附氦气的影响需要较长的通风时间。这样做，还可以在保证检漏准确性的前提下适量增多每批加压的产品数，以提高检漏效率。

需要指出的是，在兼顾以上各项因素的基础上，候检时间应尽量短些，以避免使用压氦法时耗费过多的时间。

8.2.5 候检环境大气中氦分压的影响[22]

在推导 8.2.2 节式(8-32)表述的 R_e 与 L 关系过程中，假定候检期间环境大气中不存在氦分压。然而，实际上地球干洁大气中含有少量氦气；压氦时通常会产生检漏用氦气对环境大气的污染，使环境氦分压超过地球干洁大气中的氦分压。为了得到环境大气中氦分压对压氦法的影响，有必要从真空系统的抽气方程[1]出发，按压氦法的步骤，重新推导 R_e 与 L 的关系。

顾及候检环境大气中氦分压的影响时，候检期间密封器件漏孔的漏率为

$$q_{\text{He}}=U_{\text{He}}(p_{\text{He}}-p_{\text{He},0}) \tag{8-46}$$

式中 q_{He} —— 候检期间密封器件漏孔对氦气的漏率（气体从密封器件内腔向外部泄漏时 q_{He} 为正值），$\text{Pa}\cdot\text{cm}^3/\text{s}$；

p_{He} —— 候检期间密封器件内腔的氦分压，Pa；

$p_{\text{He},0}$ —— 候检环境大气中的氦分压，Pa。

将式(8-46)代入式(8-2)，得到

$$\frac{\mathrm{d}p_{\text{He}}}{p_{\text{He}}-p_{\text{He},0}}=-\frac{U_{\text{He}}}{V}\mathrm{d}t \tag{8-47}$$

对式(8-47)作积分运算，得到

---

① 此处"氮气或干燥空气"在文献[2]中表述为"干燥的氮气或空气"，不妥，因为 8.5.1.1 节第(3)条规定检测使用的氮气为工业氮，工业氮不含水。

② 此处"用氮气或干燥空气对被检器件表面进行喷吹"在文献[3]中表述为"用氮气冲洗或烘烤 30 min 一二次"，不妥，因为漏孔的分子流流导与热力学温度的平方根成正比，烘烤升温使流导变大，而密封器件的漏率计算是建立在漏孔的流导不变的基础上的。

$$\ln(p_{\mathrm{He}} - p_{\mathrm{He},0})\Big|_{p_{t1}}^{p_{t2}} = -\frac{U_{\mathrm{He}}}{V}t\Big|_{0}^{t_2} \tag{8-48}$$

即

$$p_{t2\mathrm{e}} = (p_{t1} - p_{\mathrm{He},0})\exp\left(-\frac{U_{\mathrm{He}}}{V}t_{2\mathrm{e}}\right) + p_{\mathrm{He},0} \tag{8-49}$$

可以看到，式(8-49)与式(8-29)不同。将式(8-28)、式(8-31)、式(8-49)代入式(8-30)，得到

$$R_{\mathrm{e}} = \frac{Lp_{\mathrm{e}}}{p^{\circ}}\sqrt{\frac{M_{\mathrm{air}}}{M_{\mathrm{He}}}}\left\{\left[\frac{p_{\mathrm{e}} - p_{\mathrm{He},0}}{p_{\mathrm{e}}} - \exp\left(-\frac{Lt_1}{Vp^{\circ}}\sqrt{\frac{M_{\mathrm{air}}}{M_{\mathrm{He}}}}\right)\right]\exp\left(-\frac{Lt_{2\mathrm{e}}}{Vp^{\circ}}\sqrt{\frac{M_{\mathrm{air}}}{M_{\mathrm{He}}}}\right) + \frac{p_{\mathrm{He},0}}{p_{\mathrm{e}}}\right\} \tag{8-50}$$

由于 $p_{\mathrm{He},0} \ll p_{\mathrm{e}}$，所以式(8-50)可以简化为

$$R_{\mathrm{e}} \approx \frac{Lp_{\mathrm{e}}}{p^{\circ}}\sqrt{\frac{M_{\mathrm{air}}}{M_{\mathrm{He}}}}\left\{\left[1 - \exp\left(-\frac{Lt_1}{Vp^{\circ}}\sqrt{\frac{M_{\mathrm{air}}}{M_{\mathrm{He}}}}\right)\right]\exp\left(-\frac{Lt_{2\mathrm{e}}}{Vp^{\circ}}\sqrt{\frac{M_{\mathrm{air}}}{M_{\mathrm{He}}}}\right) + \frac{p_{\mathrm{He},0}}{p_{\mathrm{e}}}\right\} \tag{8-51}$$

可以看到，式(8-51)与式(8-32)的差别在于多了大括号中的 $p_{\mathrm{He},0}/p_{\mathrm{e}}$ 这一项。

由理想气体的状态方程可以得到

$$p_{\mathrm{He},00} = \frac{\rho_{\mathrm{He}}}{M_{\mathrm{He}}}RT \tag{8-52}$$

式中　$p_{\mathrm{He},00}$——地球干洁大气中的氦分压，Pa；

ρ_{He}——地球干洁大气中氦气的浓度，$\rho_{\mathrm{He}} = 9.20 \times 10^{-7}\ \mathrm{kg/m^3}$[23]；

R——摩尔气体常数，2.3.7 节给出 $R = (8.314\ 510 \pm 0.000\ 070)\ \mathrm{J/(mol \cdot K)}$；

T——气体分子的热力学温度，K。

由式(8-52)得到，23 ℃下地球干洁大气中的氦分压为 $p_{\mathrm{He},00} = 0.566$ Pa。

图 8-14～图 8-16 分别给出了 $p_{\mathrm{He},0} = 0$ Pa，$p_{\mathrm{He},0} = 0.566$ Pa 和 $p_{\mathrm{He},0} = 56.6$ Pa 下压氦法 $L-R_{\mathrm{e}}$ 关系曲线示例图。

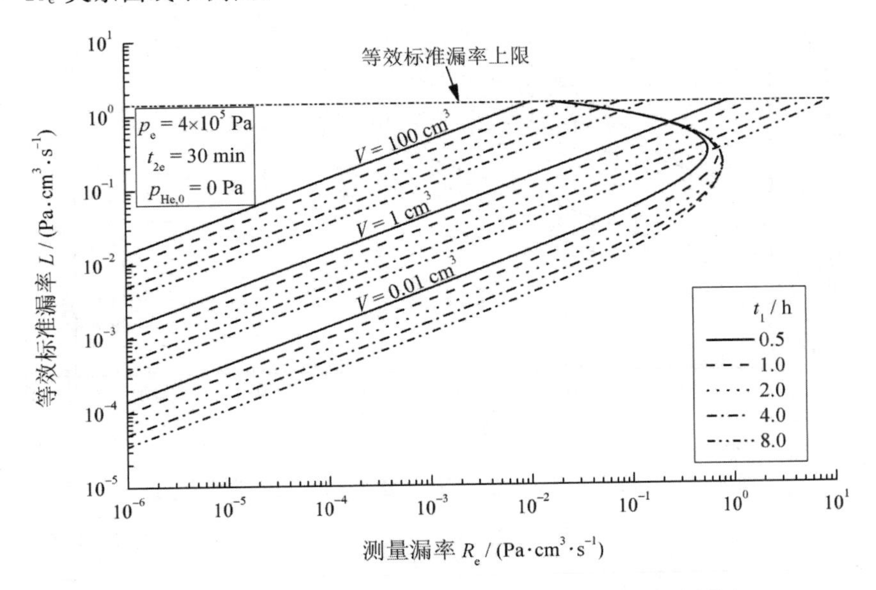

图 8-14　$p_{\mathrm{He},0} = 0$ Pa 下压氦法 $L-R_{\mathrm{e}}$ 关系曲线示例图

从图 8-14～图 8-16 可以看到：

(1) 诚如8.2.1节所述,任务允许的最大标准漏率L_{max}应不超过等效标准漏率上限$L_0 = 1.4$ Pa·cm³/s;

(2) 诚如8.2.2节第(5)条所述,目前可以做到最小测量漏率为1×10^{-6} Pa·cm³/s;

(3) 诚如8.2.3.4节所述,压氦法需控制$t_{2e} \leqslant t_{2e,max}$,即$L_{max,H} \geqslant L_0$;

(4) 密封器件的内腔有效容积通常最大为10^2 cm³量级。

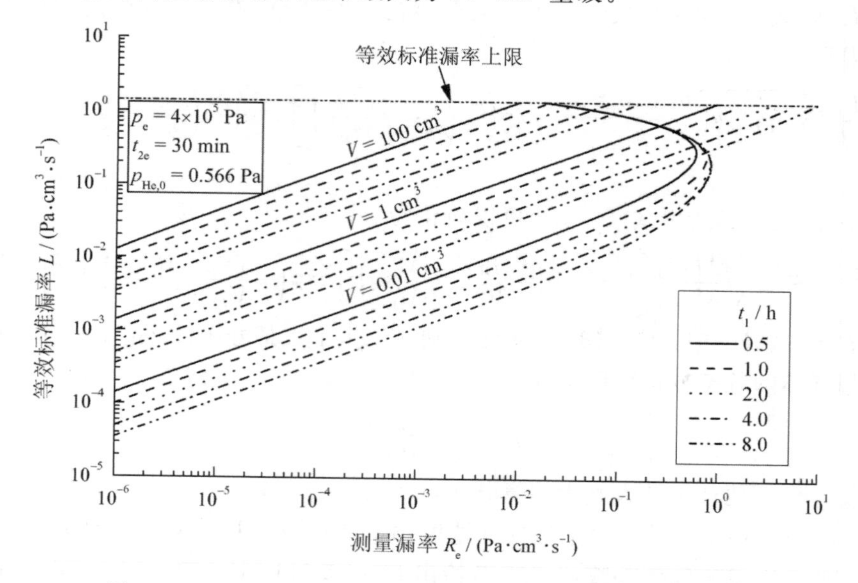

图8-15 $p_{He,0} = 0.566$ Pa下压氦法$L-R_e$关系曲线示例图

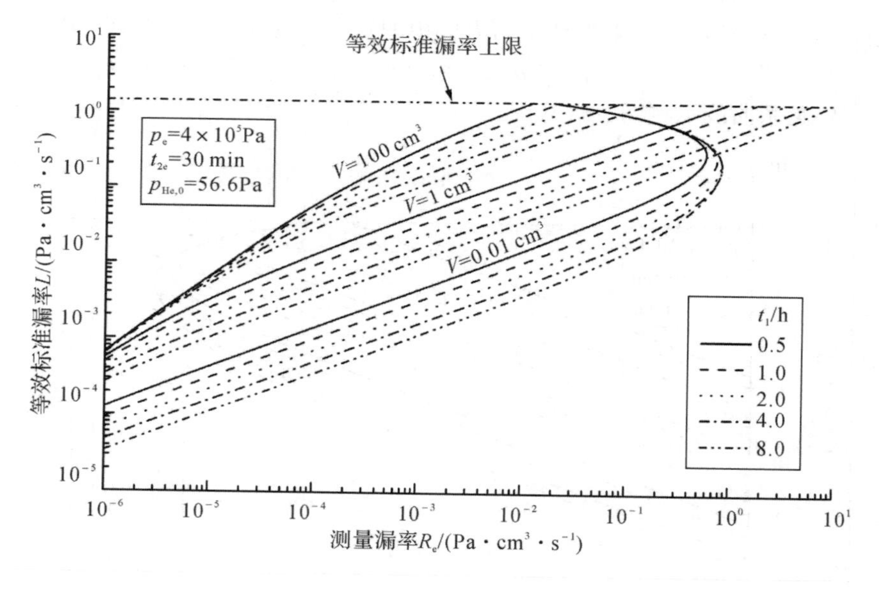

图8-16 $p_{He,0} = 56.6$ Pa下压氦法$L-R_e$关系曲线示例图

在这四项条件均满足时,图8-15与图8-14几乎没有差别。因此,压氦法不需要考虑地球干洁大气中氦分压的影响。

而将图8-16与图8-14比较,可以看到,即使在上述四项条件均满足时,对于$V = 100$ cm³,$L < 0.1$ Pa·cm³/s的被检密封器件,如果候检室环境大气氦分压显著升高,会明

显加大测量漏率值；若 $V=1\ \mathrm{cm}^3$，影响会小一些；若 $V=0.01\ \mathrm{cm}^3$，则看不出有影响。因此，不仅如文献[2] 所强调的，氦质谱检漏仪房间应有通风设备，与压氦设备应放置于不同房间，以防止氦气泄漏影响；而且，压氦结束后，被检器件就应尽快离开压氦设备所在的房间。

8.3　预充氦法原理

与压氦法类似，预充氦法也仅适用于检测分子流下的漏孔。因此，8.2.1 节关于等效标准漏率上限和严酷等级下限的论述同样适用于预充氦法。

8.3.1　预充氦法测量漏率与等效标准漏率的关系

(1) 检漏前密封器件内腔的氦分压。

检漏前密封器件内腔的氦分压可以仿照式(8－9) 给出，即

$$p_{t2i}=p_{i}\exp\left(-\frac{U_{He}}{V}t_{2i}\right) \tag{8-53}$$

式中　p_{t2i}—— 检漏前预充氦密封器件内腔存留的氦分压，Pa；

p_i—— 密封器件内部预先充入的氦气分压力，Pa；

t_{2i}—— 预充氦法的候检时间，s。

(2) 检漏时氦气经过漏孔的测量漏率。

检漏时氦气经过漏孔的测量漏率可以仿照式(8－3) 给出，即

$$R_i=U_{He}p_{t2i} \tag{8-54}$$

式中　R_i—— 被检器件预充氦法检漏时在检漏仪上所显示的测量漏率，$\mathrm{Pa\cdot cm^3/s}$。

(3) 用等效标准漏率求预充氦法测量漏率的表达式。

将式(8－31)、式(8－53) 代入式(8－54)，得到

$$R_i=\frac{Lp_i}{p^\circ}\sqrt{\frac{M_{air}}{M_{He}}}\exp\left(-\frac{Lt_{2i}}{Vp^\circ}\sqrt{\frac{M_{air}}{M_{He}}}\right) \tag{8-55}$$

式(8－55) 给出了预充氦法测量漏率 R_i 与等效标准漏率 L 的关系。将式(8－55) 与式(8－32) 相比较，可以看到，将压氦法测量漏率与等效标准漏率关系式中第一个括号删掉，就得到预充氦法的相应关系式[3]；且与压氦法类似，也无法得到等效标准漏率 L 的解析表达式。

图 8－17 为预充氦法 $L-R_i$ 关系曲线示例图[5]。图中给出等效标准漏率上限 $L_0=1.4\ \mathrm{Pa\cdot cm^3/s}$，曲线超过此上限的部分，用虚线表示。图中右端的纵坐标与图 8－7 类似，仅用于确定与严酷等级有关的水平控制线。

将图 8－17 与图 8－7 比较，可以看到[5]：

1) 两张图横坐标的左端同样为 $1\times10^{-6}\ \mathrm{Pa\cdot cm^3/s}$。如前所述，这是由氦质谱检漏装置可以得到的最小测量漏率决定的。

2) 从图 8－17 可以看到，使用同样的预充氦压力，只有当密封器件的等效标准漏率较大时，其测量漏率与等效标准漏率的关系才和候检时间与内腔有效容积之比有关。

3) 从图 8－17 还可以看到，当密封器件内部预先充入的氦气分压力 $p_i=1.01\times10^5\ \mathrm{Pa}$ 时，不论内腔有效容积大小、候检时间长短，由氦质谱检漏装置可以得到的最小测量漏率决定的可检最小等效标准漏率为 $3.7\times10^{-7}\ \mathrm{Pa\cdot cm^3/s}$。由式(8－13) 得到：对于内腔有效容积 $0.01\ \mathrm{cm}^3$ 的密封器件而言，这相当于空气泄漏时间常数最长为 $2.8\times10^5\ \mathrm{h}$；而对于内腔有效

容积 100 cm^3 的密封器件而言，这相当于空气泄漏时间常数最长为 2.8×10^9 h。由此可见，预充氦法可用于检测压氦法检测不到的小漏孔。

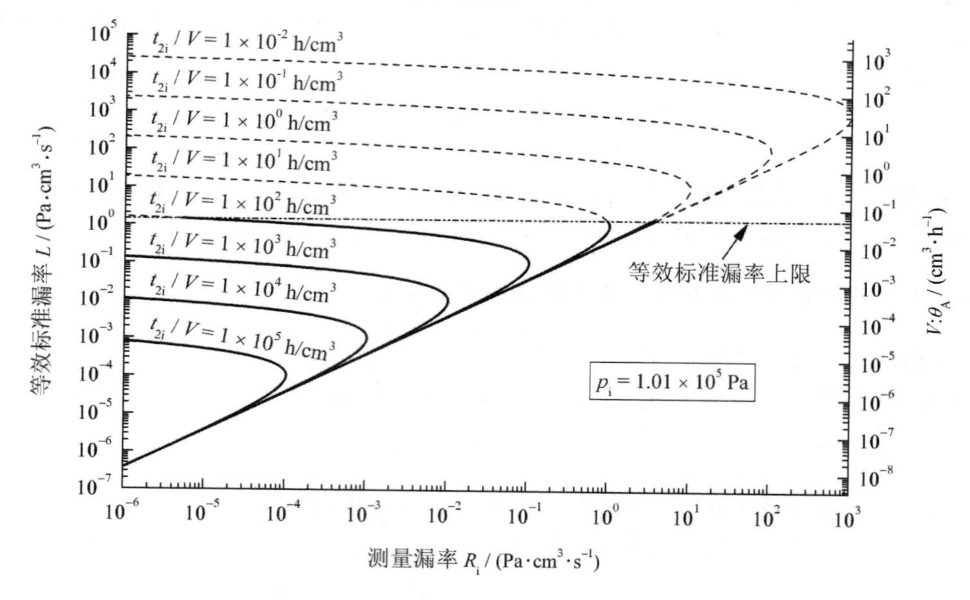

图 8-17　预充氦法 $L-R_i$ 关系曲线示例图

4）对于预充氦法而言，用户复检预充氦密封器件的漏率时，候检时间往往已很长，其中可能存在的 L_H 很可能仍在分子流范围，不能靠粗检法鉴别。从图 8-17 可以看到，想用粗检法剔除 L_H，必须 t_{2i}/V 不大于 10 h/cm^3。也就是内腔有效容积 $V=0.01$ cm^3 时候检时间顶多 0.1 h，内腔有效容积 $V=1$ cm^3 时候检时间顶多 10 h，仅当内腔有效容积 $V=100$ cm^3 时候检时间才可以达到 1 000 h。因此，如果候检时间超过以上时间，还想复验预充氦密封器件的漏率，必须解决双值中的 L_H 仍在分子流范围时等效标准漏率的确定问题。发明专利“一种可延长密封器件候检时间的质谱检漏预充氦法”（授权公告号：CN 103207050 B，授权公告日：2015 年 6 月 3 日）解决了这一问题。该发明所采用的技术方案途径是分析并穷举各种判断走向，采取相应的方法，制定相应的判据；在保持预充氦法主导地位的同时，赋予压氦法复检加粗检一项新的重要职能，使之成为预充氦法的附属措施。因此，该发明专利在候检时间长的情况下保持了预充氦法最小可检等效标准漏率比压氦法低好几个量级的优点[24]。

（4）$L-R_i$ 关系曲线极大值点。

从图 8-17 可以看到，与压氦法类似，如 8.1.1.2 节第（5）条所述，内腔有效容积、预充氦压力、候检时间都相同的情况下，同一测量漏率 R_i 很可能对应两个迥然不同的等效标准漏率 L，即等效标准漏率具有双值。我们将 R_i 所对应的等效标准漏率分别称为 L_H 和 L_L。其中：L_H 高于图 8-17 所示 $L-R_i$ 关系曲线的折返点，对应于前述大漏孔；L_L 低于图 8-17 所示曲线的折返点，对应于前述小漏孔。类似地，我们将所给检测条件下与 L_{max} 对应的测量漏率称为 $R_{i,max}$，而将 $R_{i,max}$ 所对应的等效标准漏率分别称为 $L_{max,H}$ 和 $L_{max,L}$，其中 $L_{max,H}$ 高于 $L-R_i$ 关系曲线的折返点，$L_{max,L}$ 低于 $L-R_i$ 关系曲线的折返点。

另外，折返点处的 R_i 值为 R_i-L 关系曲线的极大值，我们标记为 $R_{i,M}$，$R_{i,M}$ 所对应的 L 值即 R_i-L 关系曲线的极大值点，我们标记为 $L_{i,M}$。对式（8-55），以 L 为自变量对 R_i 求导，

并令其为零，则有

$$\frac{dR_i}{dL}=\frac{p_i}{p^\circ}\sqrt{\frac{M_{air}}{M_{He}}}\left(1-\frac{L_{i,M}t_{2i}}{Vp^\circ}\sqrt{\frac{M_{air}}{M_{He}}}\right)\exp\left(-\frac{L_{i,M}t_{2i}}{Vp^\circ}\sqrt{\frac{M_{air}}{M_{He}}}\right)=0 \tag{8-56}$$

式中 $L_{i,M}$—— 预充氦法 R_i-L 关系曲线的极大值点，Pa・cm³/s。

由式(8-56) 得到[5]

$$L_{i,M}=\frac{Vp^\circ}{t_{2i}}\sqrt{\frac{M_{He}}{M_{air}}} \tag{8-57}$$

由式(8-57) 可以看到，$L_{i,M}$ 只与密封器件内腔的有效容积 V、候检时间 t_{2i} 有关。

8.3.2 判定漏率是否合格的三种情况[15]

如 8.2.1 节所述，只有在 $L_{max}\leqslant L_0$ 时才可以采用密封器件氦质谱细检漏。因此下面的讨论均在 $L_{max}\leqslant L_0$ 的条件下展开。

如 8.3.1 节第(4) 条所述，$R_{i,max}$ 与 $L_{max,H}$ 和 $L_{max,L}$ 相对应。从图 8-17 可以看到，与压氦法类似，由测量漏率判断漏率是否合格也存在以下三种情况：

(1) 第一种情况：$L_{max,H}\geqslant L_0$，且 $L_{max}\leqslant L_{i,M}$；

(2) 第二种情况：$L_{max,H}<L_0$，且 $L_{max}\leqslant L_{i,M}$；

(3) 第三种情况：$L_{max}>L_{i,M}$。

然而，如果也像压氦法一样，排除第二种和第三种情况，仅靠粗检剔除 L_H，则从图 8-17 可以粗略看到，t_{2i}/V 应不大于 10 h/cm³（当 L_{max} 很小时，可以放宽到 100 h/cm³。准确表达是 $t_{2i}\leqslant t_{2i,cp1}$，详见图 8-19）。对 t_{2i} 上限的这种限制，显然不适用于用户复检。

由此可见，为了充分利用这三种情况，必须针对 $L_{max,H}$ 是否小于 L_0 以及 L_{max} 是否大于 $L_{i,M}$ 分别找到判定漏率是否合格的方法。为此，与压氦法确定 $t_{2e,max}$ 的方法类似，我们首先找到 t_{2i} 的两个特征点 $t_{2i,cp1}$ 和 $t_{2i,cp2}$，当 $t_{2i}\leqslant t_{2i,cp1}$ 时，$L_{max,H}\geqslant L_0$；当 $t_{2i}>t_{2i,cp1}$ 时，$L_{max,H}<L_0$；当 $t_{2i}\leqslant t_{2i,cp2}$ 时，$L_{max}\leqslant L_{i,M}$；而当 $t_{2i}>t_{2i,cp2}$ 时，$L_{max}>L_{i,M}$。

当 $t_{2i}=t_{2i,cp1}$ 时，$L_{max,L}=L_{max}$，同时 $L_{max,H}=L_0$。于是，由式(8-55) 得到

$$\left.\begin{aligned}R_{i,max}&=\frac{L_{max}p_i}{p^\circ}\sqrt{\frac{M_{air}}{M_{He}}}\exp\left(-\frac{L_{max}t_{2i,cp1}}{Vp^\circ}\sqrt{\frac{M_{air}}{M_{He}}}\right)\\R_{i,max}&=\frac{L_0p_i}{p^\circ}\sqrt{\frac{M_{air}}{M_{He}}}\exp\left(-\frac{L_0t_{2i,cp1}}{Vp^\circ}\sqrt{\frac{M_{air}}{M_{He}}}\right)\end{aligned}\right\} \tag{8-58}$$

式中 $R_{i,max}$—— 预充氦法所给检测条件下与 L_{max} 对应的测量漏率，Pa・cm³/s；

$t_{2i,cp1}$—— 预充氦法候检时间的第一特征点，s。

由式(8-58) 得到

$$L_{max}\exp\left(-\frac{L_{max}t_{2i,cp1}}{Vp^\circ}\sqrt{\frac{M_{air}}{M_{He}}}\right)-L_0\exp\left(-\frac{L_0t_{2i,cp1}}{Vp^\circ}\sqrt{\frac{M_{air}}{M_{He}}}\right)=0 \tag{8-59}$$

由式(8-59) 得到

$$t_{2i,cp1}=\frac{Vp^\circ}{L_0-L_{max}}\sqrt{\frac{M_{He}}{M_{air}}}\ln\frac{L_0}{L_{max}} \tag{8-60}$$

当 $L_{max}\rightarrow L_0$ 时，对式(8-60) 使用洛必达第一法则求极限，并与式(8-40) 之第一式相比较，得到

$$\lim_{L_{max}\to L_0} t_{2i,cp1} = \tau_{He,0} = \frac{Vp^{\circ}}{L_0}\sqrt{\frac{M_{He}}{M_{air}}} \tag{8-61}$$

而当 $t_{2i}=t_{2i,cp2}$ 时，$L_{max}=L_{i,M}$。于是，由式(8-15)、式(8-40)之第二式和式(8-57)得到

$$t_{2i,cp2} = \tau_{He,min} = \frac{Vp^{\circ}}{L_{max}}\sqrt{\frac{M_{He}}{M_{air}}} = \theta_{air}\sqrt{\frac{M_{He}}{M_{air}}} \tag{8-62}$$

式中　$t_{2i,cp2}$——预充氦法候检时间的第二特征点，s。

从式(8-62)可以看到，预充氦法候检时间的第二特征点 $t_{2i,cp2}$ 仅与空气的严酷等级 θ_{air} 有关。

将式(8-62)代入式(8-60)，得到

$$\frac{t_{2i,cp2}}{t_{2i,cp1}} = \frac{\dfrac{L_0}{L_{max}}-1}{\ln\dfrac{L_0}{L_{max}}} \tag{8-63}$$

将式(8-62)代入式(8-61)，得到当 $\tau_{He,min}=\tau_{He,0}$ 时：

$$\frac{t_{2i,cp2}}{t_{2i,cp1}} = 1 \tag{8-64}$$

由式(8-63)和式(8-64)可以绘出 $t_{2i,cp2}/t_{2i,cp1}-L_0/L_{max}$ 关系曲线，如图 8-18 所示。从图中可以看到，当 $L_{max}<L_0$ 时，$t_{2i,cp2}>t_{2i,cp1}$。

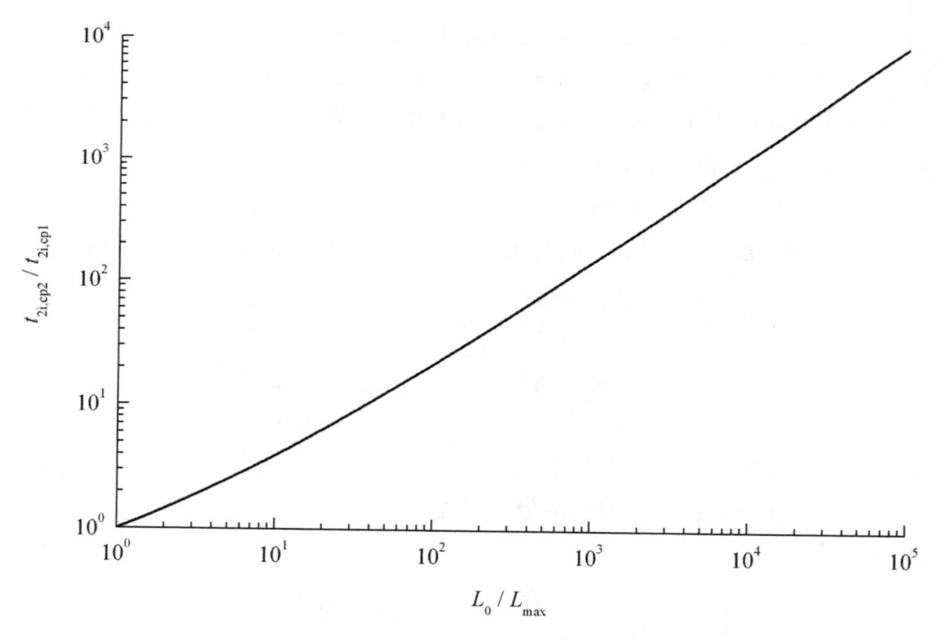

图 8-18　$t_{2i,cp2}/t_{2i,cp1}-L_0/L_{max}$ 关系曲线

因此，上述三种情况分别对应于：

(1) $t_{2i}\leqslant t_{2i,cp1}$；

(2) $t_{2i,cp1}<t_{2i}\leqslant t_{2i,cp2}$；

(3) $t_{2i}>t_{2i,cp2}$。

图8-19给出了当 $L_0=1.4\ \text{Pa}\cdot\text{cm}^3/\text{s}$ 时，不同 L_{max} 下由式(8-60)得到的 $t_{2i,cp1}-V$ 关系曲线和由式(8-62)得到的 $t_{2i,cp2}-V$ 关系曲线。图中还给出了由式(8-40)之第一式得到的 $\tau_{He,0}-V$ 关系曲线，并标出了与三种情况对应的区域。需要说明的是，由式(8-40)、式(8-61)和式(8-62)得到，$L_{max}=1.4\ \text{Pa}\cdot\text{cm}^3/\text{s}$ 时，$t_{2i,cp2}=t_{2i,cp1}=\tau_{He,0}$，因而图8-19不再另行给出 $L_{max}=1.4\ \text{Pa}\cdot\text{cm}^3/s$ 下的 $t_{2i,cp1}-V$ 关系曲线和 $t_{2i,cp2}-V$ 关系曲线。

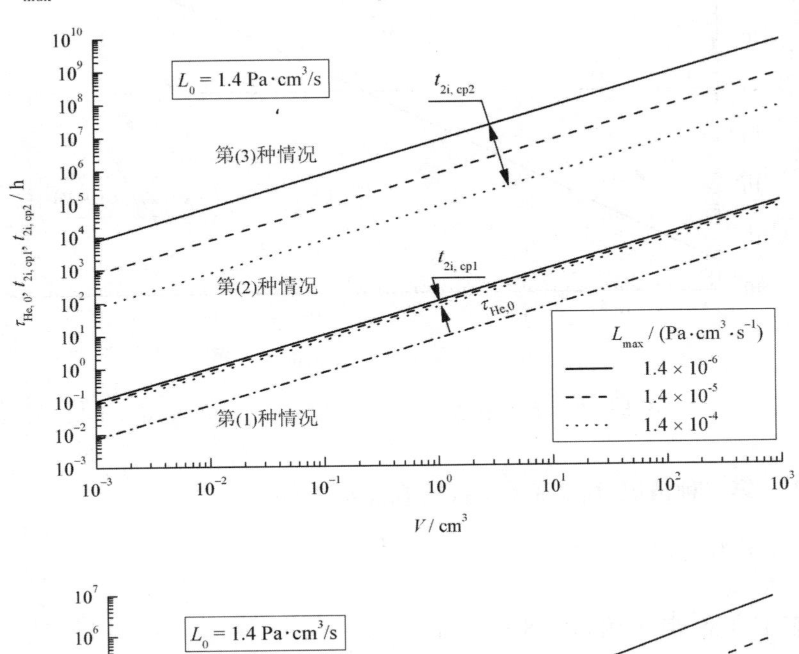

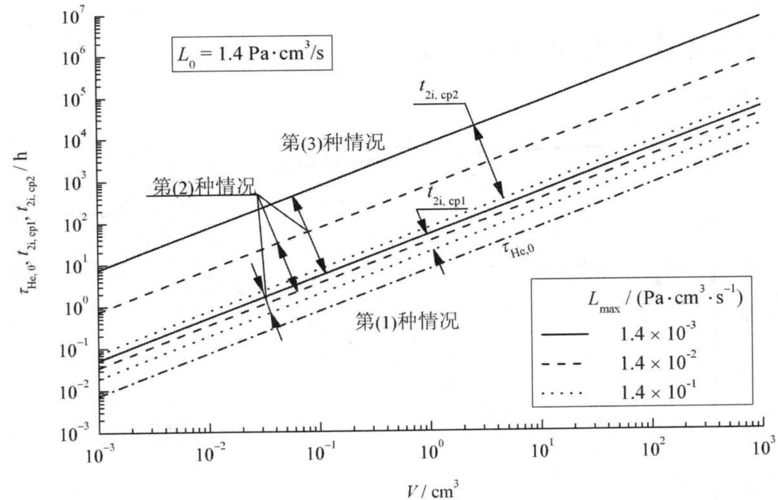

图8-19 预充氦法：$\tau_{He,0}$，$t_{2i,cp1}$，$t_{2i,cp2}-V$ 关系曲线

8.3.3 三种情况下判定漏率是否合格的方法[15]

8.3.3.1 第一种情况：$L_{max,H}\geqslant L_0$，且 $L_{max}\leqslant L_{i,M}$

此时 $t_{2i}\leqslant t_{2i,cp1}$，其示例如图8-20所示。与压氦法类似，当 $R_i>R_{i,max}$ 时，漏率不合格；而当 $R_i\leqslant R_{i,max}$ 时，可以进一步采用最小可检漏率小于 L_0 的粗检方法对被检器件进行检漏，以肯定或排除 L_H 的存在，相应判定漏率不合格或合格。

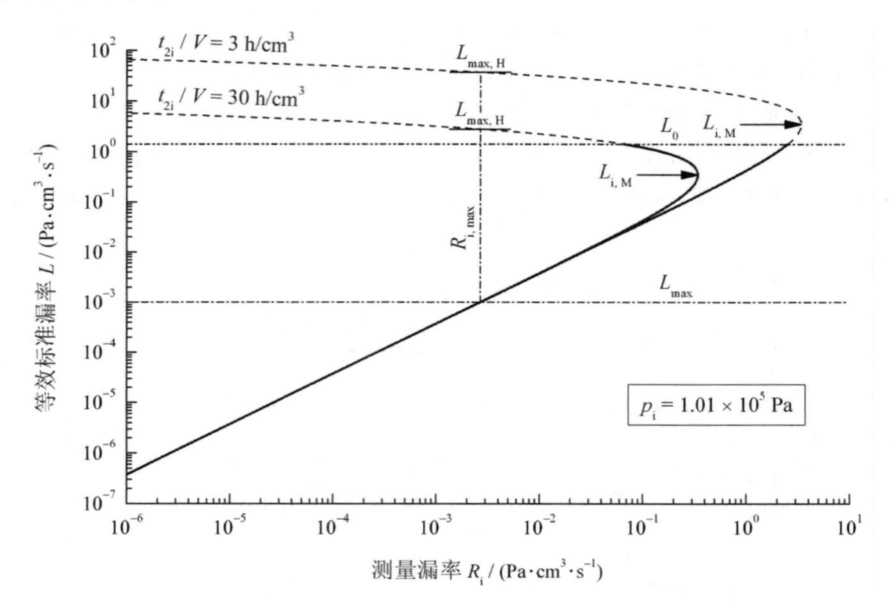

图 8-20 预充氦法：$L_{max,H} \geqslant L_0$，且 $L_{max} \leqslant L_{i,M}$

8.3.3.2 第二种情况：$L_{max,H} < L_0$，且 $L_{max} \leqslant L_{i,M}$

此时 $t_{2i,cp1} < t_{2i} \leqslant t_{2i,cp2}$。

(1)$R_i > R_{i,max}$。

此时漏率不合格，其示例如图 8-21 所示。

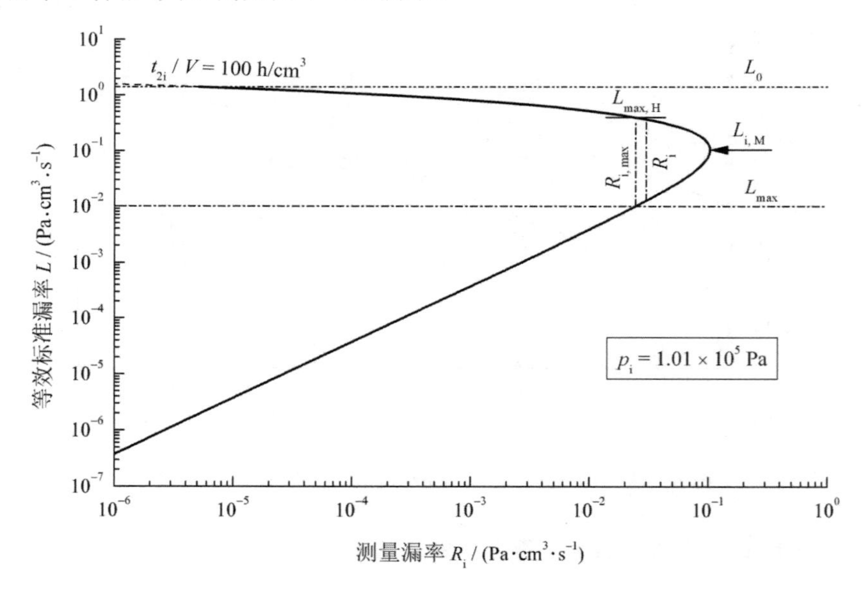

图 8-21 预充氦法：$L_{max,H} < L_0$，$L_{max} \leqslant L_{i,M}$，且 $R_i > R_{i,max}$，漏率不合格

(2)$R_i \leqslant R_{i,max}$。

从图 8-21 可以看到，此时若 $L \leqslant L_{i,M}$，则漏率合格；而若 $L > L_{i,M}$，则漏率不合格。8.3.4.2 节论证了采用压氦法复检确定是否 $L \leqslant L_{i,M}$ 的方法。该方法用式(8-65) 得到压氦法复检扣除本底后的测量漏率值 R_e；选择足够大的 p_e 和足够长的 t_1，以保证与 $L_{i,M}$ 对应的压氦法测量漏率 $R_{e\_Li,M}$ 可以检测到；选择 t_{2e} 使之不超过由式(8-75)表达的 $t_{2e,max}$；用式(8-76)得到 $R_{e\_Li,M}$，并判断是否 $R_e \leqslant R_{e\_Li,M}$，且粗检不漏，以此判断是否 $L \leqslant L_{i,M}$。

图8-22给出了示例图。

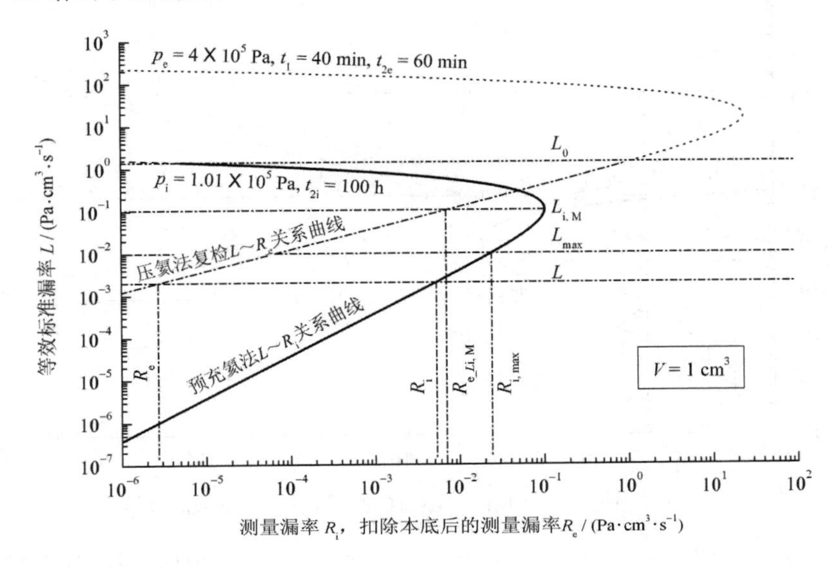

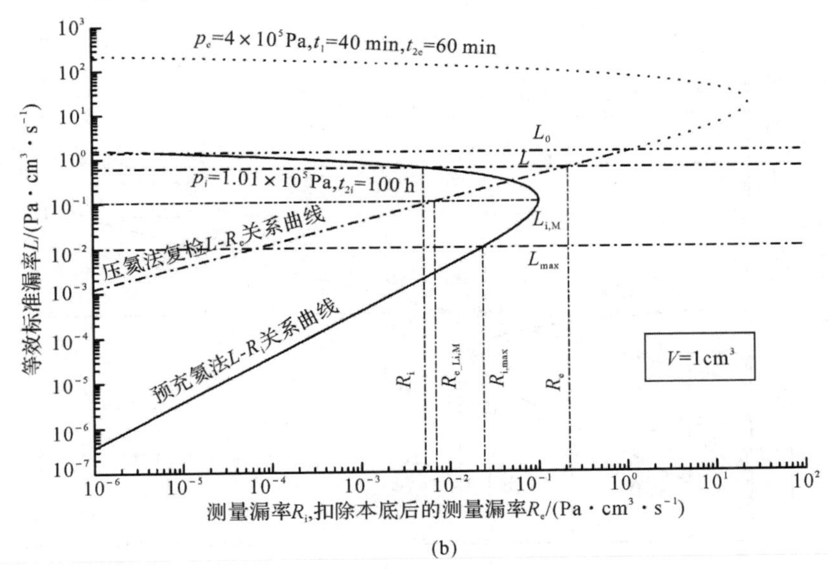

(b)

图8-22　预充氦法：$L_{max,H} < L_0$，$L_{max} \leqslant L_{i,M}$，且 $R_i \leqslant R_{i,max}$

(a) $R_e \leqslant R_{e\_Li,M}$，且粗检不漏，漏率合格；(b) $R_e > R_{e\_Li,M}$，漏率不合格

8.3.3.3　第三种情况：$L_{max} > L_{i,M}$

此时 $t_{2i} > t_{2i,cp2}$。

(1) 若 $R_i > R_{i,max}$，从图8-17看似乎可以直接判漏率合格，但8.3.5.1节指出，地球干洁大气中的氦分压会使测量漏率通过极大值后出现极小值。所以首先需采用8.3.4.2节所述的压氦复检方法判定是否 $L \leqslant L_{i,M}$，若是，则漏率合格，其示例如图8-23所示；若否，则将此压氦复检数据用于8.2.3.4节所述压氦法"判定漏率合格准则"，判定被检器件漏率是否合格，其示例如图8-24所示。

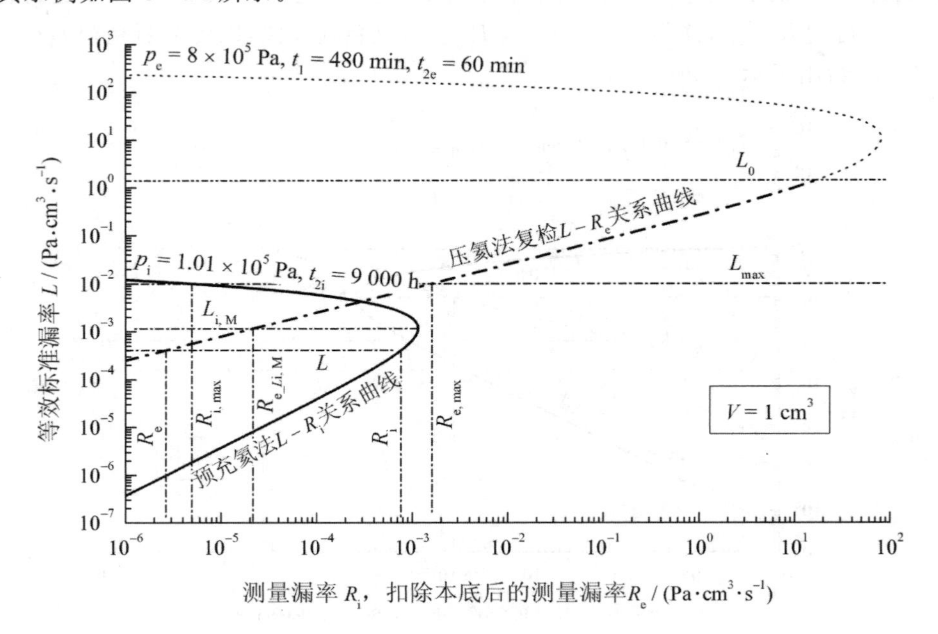

图8-23　预充氦法：$L_{max} > L_{i,M}$，$R_i > R_{i,max}$，$R_e \leqslant R_{e\_Li,M}$，且粗检不漏，漏率合格

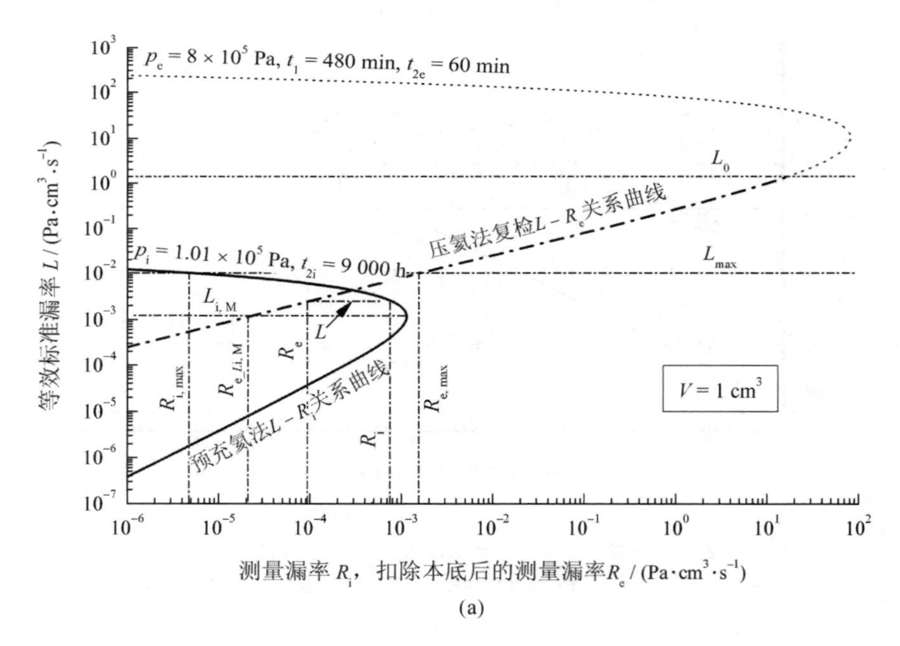

(a)

图8-24　预充氦法：$L_{max} > L_{i,M}$，$R_i > R_{i,max}$，且 $R_e > R_{e\_Li,M}$

(a)$R_e < R_{e,max}$，且粗检不漏，漏率合格；

之所以出现图8-24(b)这种情况，如8.3.5.1节所述，是由于地球干洁大气中的氦分压会使测量漏率通过极大值后出现极小值。

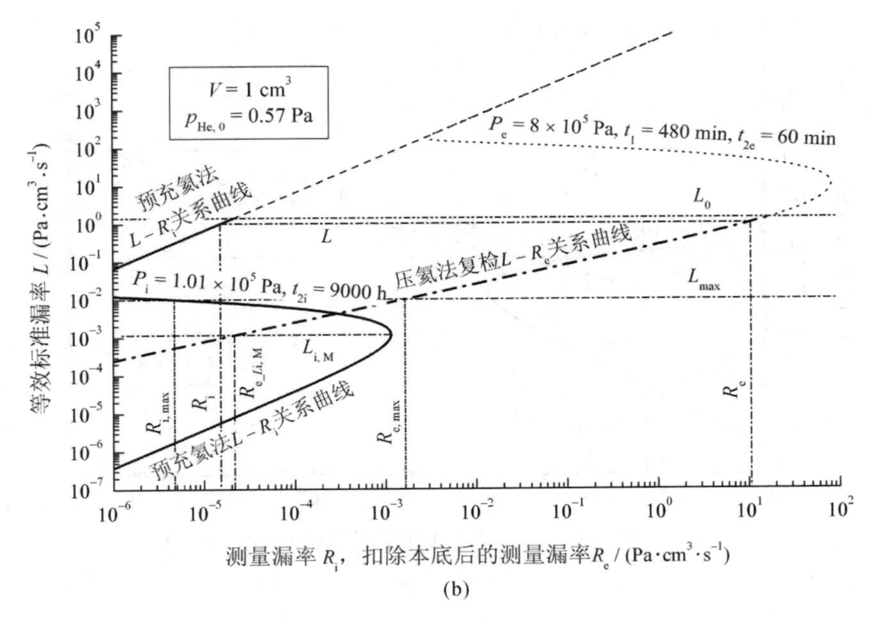

续图 8－24　预充氦法：$L_{\max} > L_{i,\,M}$，$R_i > R_{i,\,\max}$，且 $R_e > R_{e\_Li,\,M}$

(b)$R_e > R_{e,\,\max}$，漏率不合格

(2) 若 $R_i \leqslant R_{i,\,\max}$，则 8.3.3.2 节第(2)条所述方法直接适用：若 $L \leqslant L_{i,\,M}$，则漏率合格；而若 $L > L_{i,\,M}$，则漏率不合格，其示例如图 8－25 所示。

图 8－25(a) 中由于 $R_e < 1 \times 10^{-6}$ Pa · cm³/s，所以给不出 R_e 的具体数值，但可确信 $R_e < R_{e\_Li,\,M}$。因而只要粗检不漏，就可确信漏率合格。

8.3.4　预充氦密封器件用压氦法复检的相关问题

8.3.4.1　本底扣除方法的合理性

文献[2]规定，预充氦密封器件用压氦法复检时，将压氦前检测的 R_i 作为压氦法复检时显示的测量漏率 $R_{i\text{-}e}$ 的本底，即

$$R_e = R_{i\text{-}e} - R_i \tag{8-65}$$

式中　R_e—— 预充氦密封器件用压氦法复检扣除本底后的测量漏率值，Pa · cm³/s；

$R_{i\text{-}e}$—— 预充氦密封器件用压氦法复检时显示的测量漏率，Pa · cm³/s；

R_i—— 预充氦密封器件压氦前检测的测量漏率，Pa · cm³/s。

以下讨论这种本底扣除方法的合理性。

复检前预充氦密封器件内腔存留的氦分压由式(8－53)给出，其中 t_{2i} 为密封器件预充氦至复检前的时间，s。正式用压氦法复检，压氦期间漏孔漏入的氦气流量可以仿照式(8－19)给出，即

$$q_1 = U_{He}(p_e - p) \tag{8-66}$$

式中　q_1—— 压氦期间漏孔漏入的氦气流量，Pa · cm³/s；

p—— 压氦期间预充氦密封器件内腔的氦分压，Pa。

将式(8－66) 代入式(8－18)，得到

$$\frac{dp}{p - p_e} = -\frac{U_{He}}{V}dt \tag{8-67}$$

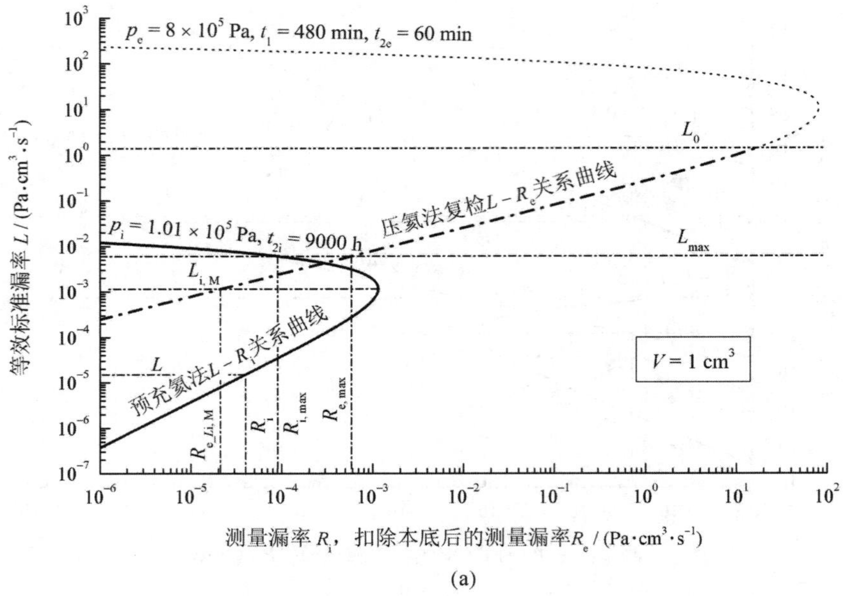

(a)

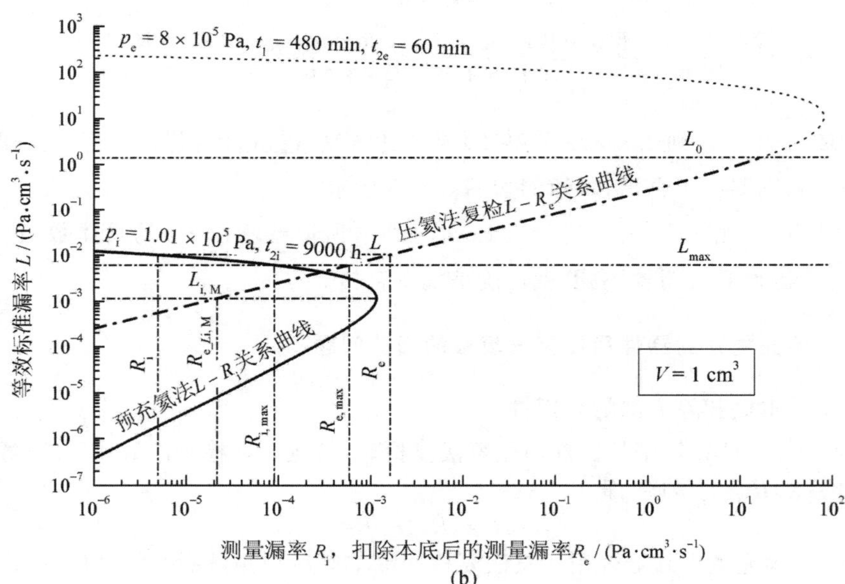

(b)

图 8-25　预充氦法：$L_{max} > L_{i,M}$，且 $R_i \leqslant R_{i,max}$

(a)$R_e \leqslant R_{e\_Li,M}$，且粗检不漏，漏率合格；(b)$R_e > R_{e\_Li,M}$，漏率不合格

对式(8-67)作积分运算，得到

$$\ln(p - p_e)\bigg|_{p_{t2i}}^{p_{t1}} = -\frac{U_{He}}{V}t\bigg|_0^{t_1} \tag{8-68}$$

即

$$p_{t1} = (p_{t2i} - p_e)\exp\left(-\frac{U_{He}}{V}t_1\right) + p_e \tag{8-69}$$

将式(8-53)代入式(8-69)，得到

$$p_{t1} = p_i \exp\left[-\frac{U_{He}}{V}(t_{2i} + t_1)\right] + p_e\left[1 - \exp\left(-\frac{U_{He}}{V}t_1\right)\right] \tag{8-70}$$

由于 $t_1 \ll t_{2i}$，所以

$$p_{t1} \approx p_i \exp\left(-\frac{U_{He}}{V} t_{2i}\right) + p_e \left[1 - \exp\left(-\frac{U_{He}}{V} t_1\right)\right] \tag{8-71}$$

对于压氦法复检而言，检漏前密封器件内腔的氦分压已由式(8-29)给出，检漏时氦气经过漏孔的测量漏率已由式(8-30)给出，密封器件的等效标准漏率已由式(8-31)给出。将式(8-29)、式(8-31)、式(8-71)代入式(8-30)，得到预充氦密封器件用压氦法复检时显示的测量漏率与等效标准漏率的关系为

$$\begin{aligned} R_{i\text{-}e} \approx & \frac{Lp_i}{p^\circ}\sqrt{\frac{M_{air}}{M_{He}}}\exp\left(-\frac{L(t_{2i}+t_{2e})}{Vp^\circ}\sqrt{\frac{M_{air}}{M_{He}}}\right)+ \\ & \frac{Lp_e}{p^\circ}\sqrt{\frac{M_{air}}{M_{He}}}\left[1-\exp\left(-\frac{Lt_1}{Vp^\circ}\sqrt{\frac{M_{air}}{M_{He}}}\right)\right]\exp\left(-\frac{Lt_{2e}}{Vp^\circ}\sqrt{\frac{M_{air}}{M_{He}}}\right) \end{aligned} \tag{8-72}$$

由于 $t_{2e} \ll t_{2i}$，所以式(8-72)可以简化为

$$\begin{aligned} R_{i\text{-}e} \approx & \frac{Lp_i}{p^\circ}\sqrt{\frac{M_{air}}{M_{He}}}\exp\left(-\frac{Lt_{2i}}{Vp^\circ}\sqrt{\frac{M_{air}}{M_{He}}}\right)+ \\ & \frac{Lp_e}{p^\circ}\sqrt{\frac{M_{air}}{M_{He}}}\left[1-\exp\left(-\frac{Lt_1}{Vp^\circ}\sqrt{\frac{M_{air}}{M_{He}}}\right)\right]\exp\left(-\frac{Lt_{2e}}{Vp^\circ}\sqrt{\frac{M_{air}}{M_{He}}}\right) \end{aligned} \tag{8-73}$$

将式(8-32)和式(8-55)代入式(8-73)，即得到式(8-65)。因此，文献[2]提出的"将压氦前检测的 R_i 作为压氦法复检时显示的测量漏率 $R_{i\text{-}e}$ 的本底"是正确的。

8.3.4.2　确定是否 $L \leqslant L_{i,M}$ 的方法

由 8.3.3.2 节第(2)条可知，当 $t_{2i,cp1} < t_{2i} \leqslant t_{2i,cp2}$（即 $L_{max,H} < L_0$，且 $L_{max} \leqslant L_{i,M}$）时，若 $R_i \leqslant R_{i,max}$，需确定是否 $L \leqslant L_{i,M}$，相应判定漏率合格或不合格。由 8.3.3.3 节第(2)条可知，当 $t_{2i} > t_{2i,cp2}$（即 $L_{max} > L_{i,M}$）时，若 $R_i \leqslant R_{i,max}$，也需确定是否 $L \leqslant L_{i,M}$。以下讨论采用压氦法复检确定是否 $L \leqslant L_{i,M}$ 的方法。

由 8.3.2 节给出的图 8-19 可以看到，当 $L_{max} < L_0$ 时，$t_{2i,cp2} > t_{2i,cp1} > \tau_{He,0}$，所以当 $t_{2i} > t_{2i,cp1}$ 时，必定 $t_{2i} > \tau_{He,0}$。将式(8-57)与 8.2.3.4 节给出的式(8-40)之第一式相对照，得到 $L_{i,M} < L_0$。由此可知，$L_{i,M}$ 与 8.2.3.4 节的 L_{max} 有相似的特性，因此，可以仿照 8.2.3.4 节所述，采取控制候检时间 t_{2e} 不大于最长候检时间 $t_{2e,max}$ 的办法保证 $L_{max,H} \geqslant L_0$，这样，只要 R_e 不大于 $R_{e\_Li,M}$（与 $L_{i,M}$ 对应的压氦法测量漏率），且进一步采用最小可检漏率小于 L_0 的粗检方法排除 L_H 的存在，就可确认 $L \leqslant L_{i,M}$。

在 $L_{i,M}$ 与 L_{max} 有相似的特性的前提下，用 $L_{i,M}$ 替换式(8-42)中的 L_{max}，得到

$$t_{2e,max} = \frac{\ln\dfrac{L_0}{L_{i,M}} + \ln\left[1-\exp\left(-\dfrac{t_1}{\tau_{He,0}}\right)\right] - \ln\left[1-\exp\left(-\dfrac{t_1 L_{i,M}}{L_0 \tau_{He,0}}\right)\right]}{\dfrac{L_0 - L_{i,M}}{L_0 \tau_{He,0}}} \tag{8-74}$$

将式(8-40)之第一式和式(8-57)代入式(8-74)，得到

$$t_{2e,max} = \frac{\tau_{He,0} \cdot t_{2i}}{t_{2i} - \tau_{He,0}}\left\{\ln\frac{t_{2i}}{\tau_{He,0}} + \ln\left[\frac{1-\exp\left(-\dfrac{t_1}{\tau_{He,0}}\right)}{1-\exp\left(-\dfrac{t_1}{t_{2i}}\right)}\right]\right\} \tag{8-75}$$

图 8-26 给出了由式(8-40)之第一式和式(8-75)得到的 $t_{2e,max}$ - t_{2i} 关系曲线。可以看到，t_1 从 20 min 变到 480 min，$t_{2e,max}$ - t_{2i} 关系曲线变化不大。

将式(8-57)代入式(8-32)，得到与 $L_{i,M}$ 对应的压氦法测量漏率 $R_{e\_Li,M}$ 为

$$R_{e\_Li,M} = \frac{Vp_e}{t_{2i}}\left[1-\exp\left(-\frac{t_1}{t_{2i}}\right)\right]\exp\left(-\frac{t_{2e}}{t_{2i}}\right) \tag{8-76}$$

式中　$R_{e\_Li,M}$——与 $L_{i,M}$ 对应的压氦法测量漏率，$Pa \cdot cm^3/s$。

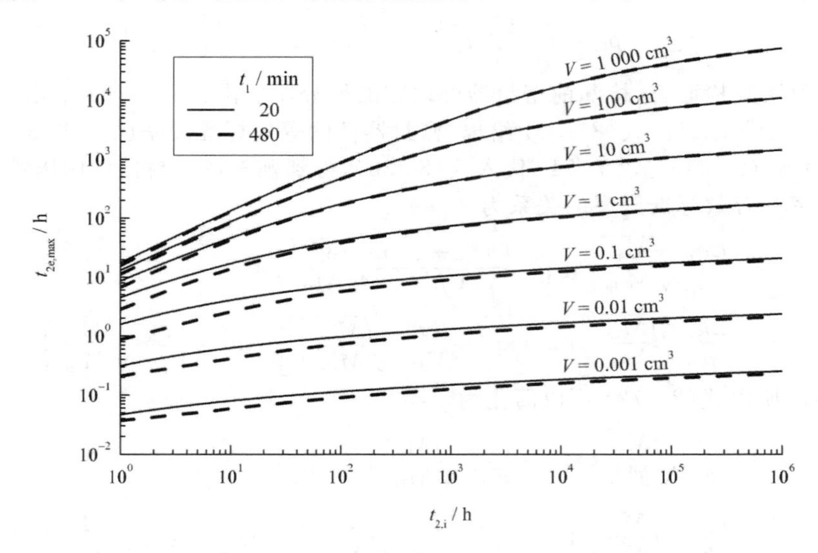

图 8-26　由式(8-40)之第一式和式(8-75)得到的 $t_{2e,max}-t_{2i}$ 关系曲线

图 8-27 给出了 $t_{2i}>\tau_{He,0}$ 时由式(8-76)得到的 $t_{2i}-R_{e\_Li,M}$ 关系曲线。由于氦质谱检漏装置的有效最小可检漏率目前可以做到 $1\times10^{-7}\,Pa \cdot cm^3/s$，最小测量漏率应不小于其 10 倍，所以图 8-27 横坐标的左端为 $1\times10^{-6}\,Pa \cdot cm^3/s$，即 $R_{min}=1\times10^{-6}\,Pa \cdot cm^3/s$。因此，采用压氦法复检确定是否 $L\leqslant L_{i,M}$ 时，为了保证 $R_{e\_Li,M}$ 可测，受氦质谱检漏装置有效最小可检漏率、允许的最大 p_e、可接受的最长 t_1 等限制，t_{2i} 有个上限 $t_{2i,max}$，由式(8-76)得到

$$Vp_e=\frac{R_{min}t_{2i,max}\exp\left(\dfrac{t_{2e}}{t_{2i,max}}\right)}{\left[1-\exp\left(-\dfrac{t_1}{t_{2i,max}}\right)\right]} \tag{8-77}$$

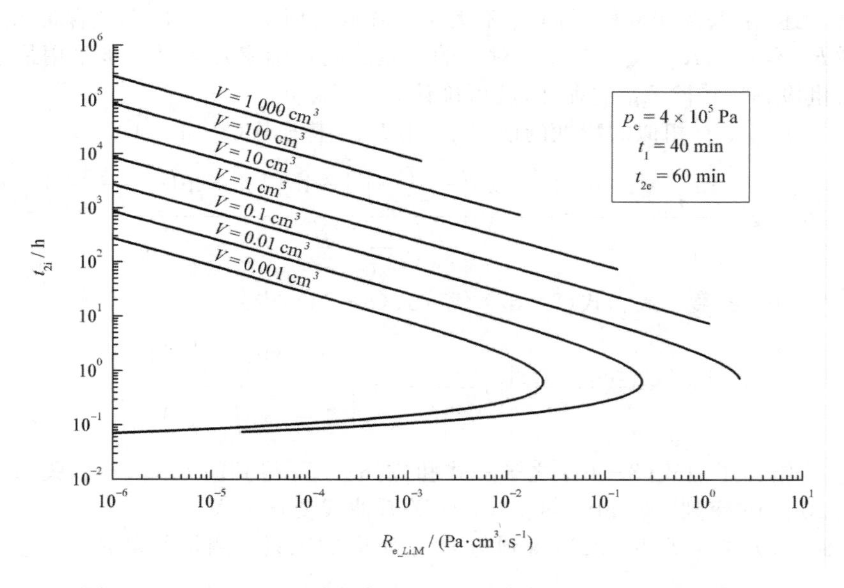

图 8-27　$t_{2i}>\tau_{He,0}$ 时由式(8-76)得到的 $t_{2i}-R_{e\_Li,M}$ 关系曲线

式中 R_{min}—— 受氦质谱检漏装置的有效最小可检漏率限制的最小测量漏率，Pa·cm³/s；

$t_{2i,\ max}$—— 采用压氦法复检时，为了保证 $R_{e\_Li,\ M}$ 可测，受氦质谱检漏装置有效最小可检漏率、允许的最大 p_e、可接受的最长 t_1 等限制的 t_{2i} 上限，s。

从式(8-77)可以看出，已知 $t_{2i,\ max}$，可由该式求出 Vp_e，但是已知 Vp_e，却不能由该式解析得到 $t_{2i,\ max}$，即无法得到 $t_{2i,\ max}$ 的解析表达式。

图8-28给出了由式(8-77)得到的 $t_{2i,\ max}-Vp_e$ 关系曲线。可以看到，t_{2e} 从30 min变到480 min，$t_{2i,\ max}-Vp_e$ 关系曲线几乎没有变化；加大压氦箱氦气绝对压力 p_e，延长压氦时间 t_1，可以起到加大 $t_{2i,\ max}$ 的作用。

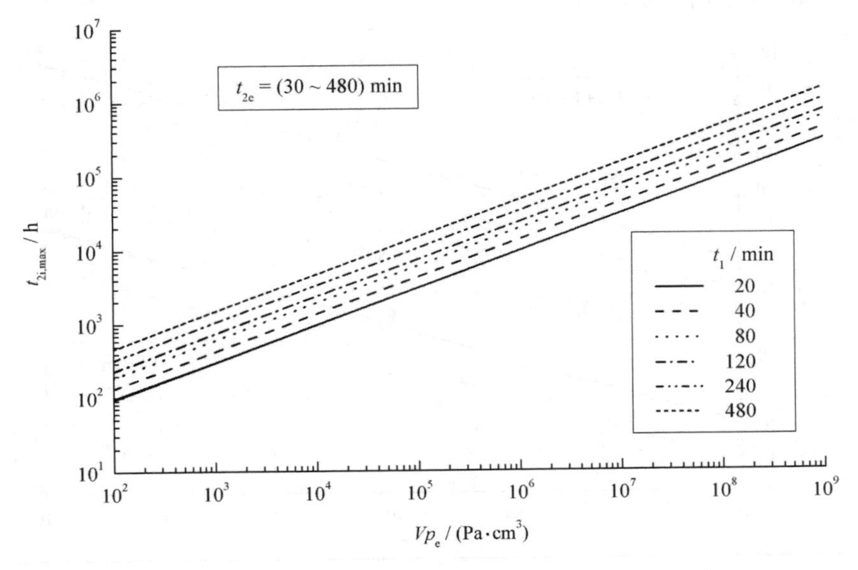

图8-28 由式(8-77)得到的 $t_{2i,\ max}-Vp_e$ 关系曲线

由式(8-77)得到 $p_e=8\times10^5$ Pa，$t_1=480$ min，$t_{2e}=(30\sim480)$ min下的 $t_{2i,\ max}-V$ 关系曲线，将其叠合到图8-19中，如图8-29所示。

从图8-29可以看到，当 $t_{2i,\ cp2}$ 较大，即 V/L_{max} 较大时，有可能 $t_{2i,max}<t_{2i,\ cp2}$。这意味着 $t_{2i,max}<t_{2i,\ cp2}$ 的情况下，由于 $t_{2i,\ max}$ 受到条件限制，无法再加大，因此无法进入 $t_{2i}>t_{2i,\ cp2}$ 所表征的第三种情况。

8.3.5 地球干洁大气中氦分压的影响[22]

8.3.5.1 对预充氦法本身的影响

顾及到地球干洁大气中氦分压的影响时，检漏前密封器件内腔的氦分压可以仿照式(8-49)给出，即

$$p_{t2i}=(p_i-p_{He,0})\exp\left(-\frac{U_{He}}{V}t_{2i}\right)+p_{He,0} \tag{8-78}$$

由于 $p_i\gg p_{He,\ 0}$，所以式(8-78)可以简化为

$$p_{t2i}\approx p_i\left[\exp\left(-\frac{U_{He}}{V}t_{2i}\right)+\frac{p_{He,0}}{p_i}\right] \tag{8-79}$$

将式(8-31)、式(8-79)代入式(8-54)，得到

$$R_{\mathrm{i}} \approx \frac{L p_{\mathrm{i}}}{p^{\circ}} \sqrt{\frac{M_{\mathrm{air}}}{M_{\mathrm{He}}}} \left[\exp\left(-\frac{L t_{2\mathrm{i}}}{V p^{\circ}} \sqrt{\frac{M_{\mathrm{air}}}{M_{\mathrm{He}}}} \right) + \frac{p_{\mathrm{He},0}}{p_{\mathrm{i}}} \right] \tag{8-80}$$

可以看到，与压氦法式(8－51)类似，式(8－80)与式(8－55)的差别在于多了中括号中的 $p_{\mathrm{He},0}/p_{\mathrm{i}}$ 这一项。

对于预充氦法来说，由于器件密封在充氦之后，所以充氦结束后，器件理所当然会离开充氦设备所在的房间，因此候检环境的氦分压通常仅来自地球干洁大气。如 8.2.5 节所述，23 ℃下地球干洁大气中的氦分压为 $p_{\mathrm{He},0}=0.566$ Pa。图 8－30 给出了 $p_{\mathrm{He},0}=0.566$ Pa 下预充氦法 $L-R_{\mathrm{i}}$ 关系曲线示例图。

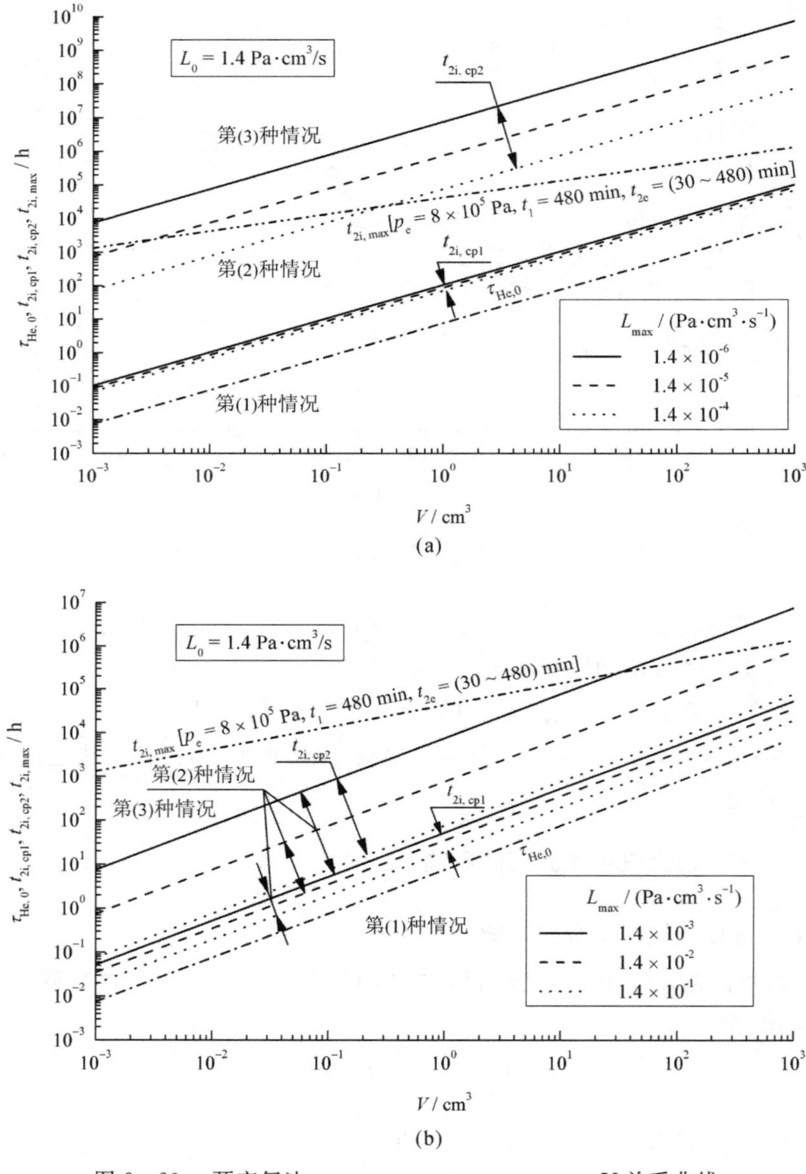

图 8－29　预充氦法：$\tau_{\mathrm{He},0}$ $t_{2\mathrm{i,cp1}}$，$t_{2\mathrm{i,cp2}}$，$t_{2\mathrm{i,max}}-V$ 关系曲线

可以看到，图 8－30 与图 8－17 的差别主要在地球干洁大气中的氦分压会使测量漏率通

过极大值后出现极小值，且当候检时间与内腔有效容积之比大于 100 h/cm^3 时，极小值点仍处于分子流范围，不能靠粗检法鉴别。而在 $L < L_{i,M}$ 段，图 8－30 与图 8－17 的曲线几乎是完全重合的；在 $L > L_{i,M}$，即 R_i 随 L 增加而减小段，除了接近 R_i 最小值附近外，图 8－30 与图 8－17 的曲线也几乎是完全重合的。因此：

(1) 计算 $L_{i,M}$ 的表达式(8－57) 仍可用，因而 $t_{2i,cp2}$ 的表达式(8－62) 也仍可用。

(2)8.3.3 节所述判定漏率是否合格存在的三种情况中，只要 $R_i \leqslant R_{i,max}$ 时，就不会受地球干洁大气中氦分压的影响，仅第三种情况中当 $R_i > R_{i,max}$ 时，从图 8－17 来看，似乎可以直接判漏率合格，但从图 8－30 来看，由于地球干洁大气中的氦分压会使测量漏率通过极大值后出现极小值，所以需进一步用压氦法复检，复检时首先按 8.3.4.2 节所述的方法，确定是否 $L \leqslant L_{i,M}$：若是，则漏率合格；若否，则将此压氦复检数据用于 8.2.3.4 节所述压氦法"判定漏率合格准则"，判定被检器件漏率是否合格。

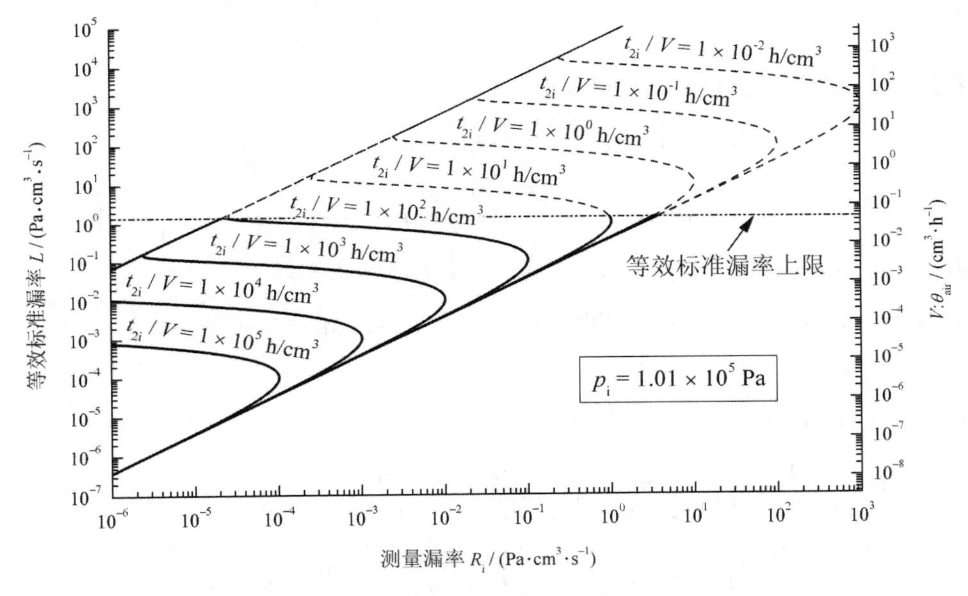

图 8－30　$p_{He,0}=0.566$ Pa 下预充氦法 $L-R_i$ 关系曲线示例图

(3) 当 $t_{2i}=t_{2i,cp1}$ 时，$L_{max,L}=L_{max}$，同时 $L_{max,H}=L_0$。于是，由式(8－80) 得到

$$\left.\begin{aligned} R_{i,max} &= \frac{L_{max}p_i}{p^\circ}\sqrt{\frac{M_{air}}{M_{He}}}\left[\exp\left(-\frac{L_{max}t_{2i,cp1}}{Vp^\circ}\sqrt{\frac{M_{air}}{M_{He}}}\right)+\frac{p_{He,0}}{p_i}\right] \\ R_{i,max} &= \frac{L_0 p_i}{p^\circ}\sqrt{\frac{M_{air}}{M_{He}}}\left[\exp\left(-\frac{L_0 t_{2i,cp1}}{Vp^\circ}\sqrt{\frac{M_{air}}{M_{He}}}\right)+\frac{p_{He,0}}{p_i}\right] \end{aligned}\right\} \tag{8-81}$$

由式(8－81) 得到

$$L_{max}\exp\left(-\frac{L_{max}t_{2i,cp1}}{Vp^\circ}\sqrt{\frac{M_{air}}{M_{He}}}\right)-L_0\exp\left(-\frac{L_0 t_{2i,cp1}}{Vp^\circ}\sqrt{\frac{M_{air}}{M_{He}}}\right)=(L_0-L_{max})\frac{p_{He,0}}{p_i} \tag{8-82}$$

将式(8－82) 与式(8－59) 相比较，可以看到：二式等号左端是一致的；而等号右端则不同：式(8－59) 为零，式(8－82) 当 $L_{max} < L_0$ 时大于零。由于式(8－60) 给出的 $t_{2i,cp1}$ 表达式是由式(8－59) 导出的，所以考虑地球干洁大气中氦分压的影响时，$t_{2i,cp1}$ 会变大。也就是

说，如果仍然使用式(8－60)或式(8－61)表达的 $t_{2i,\mathrm{cp1}}$ 只会偏小，即只会将原本属于第一种情况误判为第二种情况，鉴于第二种情况比第一种情况的判据更严格而不是更宽松，因此不可能造成漏检。

8.3.5.2 对预充氦密封器件压氦法复检的影响

仿照式(8－30)可以得到压氦法复检时显示的测量漏率 $R_{\mathrm{i\text{-}e}}$，即

$$R_{\mathrm{i\text{-}e}} = U_{\mathrm{He}} p_{t2\mathrm{e}} \tag{8-83}$$

考虑地球干洁大气中氦分压的影响时，将式(8－49)代入式(8－83)，得到

$$R_{\mathrm{i\text{-}e}} = U_{\mathrm{He}}(p_{t1} - p_{\mathrm{He,0}})\exp\left(-\frac{U_{\mathrm{He}}}{V}t_{2\mathrm{e}}\right) + U_{\mathrm{He}} p_{\mathrm{He,0}} \tag{8-84}$$

将式(8－69)代入式(8－84)，得到

$$R_{\mathrm{i\text{-}e}} = U_{\mathrm{He}}(p_{t2\mathrm{i}} - p_{\mathrm{e}})\exp\left[-\frac{U_{\mathrm{He}}}{V}(t_1 + t_{2\mathrm{e}})\right] + U_{\mathrm{He}}(p_{\mathrm{e}} - p_{\mathrm{He,0}})\exp\left(-\frac{U_{\mathrm{He}}}{V}t_{2\mathrm{e}}\right) + U_{\mathrm{He}} p_{\mathrm{He,0}} \tag{8-85}$$

将式(8－79)代入式(8－85)，得到

$$\begin{aligned} R_{\mathrm{i\text{-}e}} = {} & U_{\mathrm{He}} p_{\mathrm{i}}\left\{\exp\left[-\frac{U_{\mathrm{He}}}{V}(t_{2\mathrm{i}} + t_1 + t_{2\mathrm{e}})\right] + \frac{p_{\mathrm{He,0}}}{p_{\mathrm{i}}}\right\} + \\ & U_{\mathrm{He}}(p_{\mathrm{e}} - p_{\mathrm{He,0}})\left[1 - \exp\left(-\frac{U_{\mathrm{He}}}{V}t_1\right)\right]\exp\left(-\frac{U_{\mathrm{He}}}{V}t_{2\mathrm{e}}\right) \end{aligned} \tag{8-86}$$

由于 $t_{2\mathrm{i}} \gg t_1 + t_{2\mathrm{e}}$，$p_{\mathrm{e}} \gg p_{\mathrm{He,0}}$，所以式(8－86)可以简化为

$$R_{\mathrm{i\text{-}e}} = U_{\mathrm{He}} p_{\mathrm{i}}\left[\exp\left(-\frac{U_{\mathrm{He}}}{V}t_{2\mathrm{i}}\right) + \frac{p_{\mathrm{He,0}}}{p_{\mathrm{i}}}\right] + U_{\mathrm{He}} p_{\mathrm{e}}\left[1 - \exp\left(-\frac{U_{\mathrm{He}}}{V}t_1\right)\right]\exp\left(-\frac{U_{\mathrm{He}}}{V}t_{2\mathrm{e}}\right) \tag{8-87}$$

将式(8－31)代入式(8－87)，得到

$$\begin{aligned} R_{\mathrm{i\text{-}e}} = {} & \frac{Lp_{\mathrm{i}}}{p^{\circ}}\sqrt{\frac{M_{\mathrm{air}}}{M_{\mathrm{He}}}}\left[\exp\left(-\frac{Lt_{2\mathrm{i}}}{Vp^{\circ}}\sqrt{\frac{M_{\mathrm{air}}}{M_{\mathrm{He}}}}\right) + \frac{p_{\mathrm{He,0}}}{p_{\mathrm{i}}}\right] + \\ & \frac{Lp_{\mathrm{e}}}{p^{\circ}}\sqrt{\frac{M_{\mathrm{air}}}{M_{\mathrm{He}}}}\left[1 - \exp\left(-\frac{Lt_1}{Vp^{\circ}}\sqrt{\frac{M_{\mathrm{air}}}{M_{\mathrm{He}}}}\right)\right]\exp\left(-\frac{Lt_{2\mathrm{e}}}{Vp^{\circ}}\sqrt{\frac{M_{\mathrm{air}}}{M_{\mathrm{He}}}}\right) \end{aligned} \tag{8-88}$$

由于压氦法不需要考虑地球干洁大气中氦分压的影响，将式(8－32)和式(8－80)代入式(8－88)，即得到式(8－65)。

因此，预充氦密封器件压氦法复检时，即使考虑地球干洁大气中氦分压的影响，文献[2]提出并被8.3.4.1节验证的“将压氦前检测的 R_{i} 作为压氦法复检时显示的测量漏率 $R_{\mathrm{i\text{-}e}}$ 的本底”仍然是正确的。

8.4 $L_0 = 1.4\ \mathrm{Pa \cdot cm^3/s}$ 的合理性分析[25]

8.4.1 概述

文献[3]指出，对密封器件进行氦质谱细检漏时，若试件有大漏，或者内腔有效容积很小，以致封闭在试件中或轰击到试件中的氦有可能在质谱检漏仪试验之前就已逃逸，因此必须使用其他方法来对这些试件进行检漏试验，如气泡试验、充液法或质量变化试验。也就是说，使用密封器件氦质谱细检漏的必要条件是存在可检漏率与之相衔接的粗检方法，二者必须配合使用。

文献[2]指出，据有关资料介绍，氟油加压高温液体法最小可检漏率为10^0 Pa·cm^3/s或更小；利用薄膜差压传感器制造的压力变化检漏仪最小可检漏率为10^0 Pa·cm^3/s，一般手动检测时单个密封器件检测时间在10 s左右，在使用多工位全自动检测设备时检测一个密封器件的平均时间最小仅为1 s。如果被检器件的漏率要求再严格一些，比如最大允许漏率为1×10^0 Pa·cm^3/s(甚至到1×10^{-1} Pa·cm^3/s)，通过延长检漏时间，也是可以满足要求的。这是可检漏率最小的两种粗检方法。

密封器件氦质谱细检漏压氦法(即背压检测)的创始人D. A. Howl等指出，压氦法的计算公式仅适用于完全分子流下的漏孔[12]。这一结论同样适合于预充氦法。而为了与上述两种粗检方法相衔接，我们取密封器件氦质谱细检漏等效标准漏率上限$L_0=1.4$ Pa·cm^3/s[5]。本节分析这一上限的合理性，并将小于此上限的漏孔简化为长径比相当大的圆管。

8.4.2 与漏率有关的经典公式

8.4.2.1 概述

2.3.6节表2-2给出，气体分子的平均自由程$\bar{\lambda}_g$与管道直径d之比小于0.01为黏滞流，大于10为分子流，二者之间为过渡流，其中$\bar{\lambda}_g$的计算式为[26]

$$\bar{\lambda}_g=\frac{k_B T}{\sqrt{2}\,\pi\sigma_g^2 p} \tag{8-89}$$

式中 $\bar{\lambda}_g$—— 气体分子的平均自由程，m；

k_B——Boltzmann常数，5.7.3节给出$k_B=(1.380\ 658\pm0.000\ 012)\times10^{-23}$ J/K；

σ_g—— 气体分子的直径，对于空气$\sigma_{air}=3.72\times10^{-10}$ m，对于氮气$\sigma_{N2}=3.75\times10^{-10}$ m，对于氦气$\sigma_{He}=2.18\times10^{-10}$ m，对于氩气$\sigma_{Ar}=3.67\times10^{-10}$ m[8]；

p—— 气体压力，Pa。

分辨管道中气体的流动状态时，作为保守估计，可以用管道上游(俗称入气口)的气体压力p_1代入式(8-89)来计算气体分子的平均自由程。由此得到，当$T=293$ K时，对于空气$\{\bar{\lambda}_{air}\}_m=6.58\times10^{-3}/\{p_1\}_{Pa}$，对于氮气$\{\bar{\lambda}_{N2}\}_m=6.47\times10^{-3}/\{p_1\}_{Pa}$，对于氦气$\{\bar{\lambda}_{He}\}_m=1.92\times10^{-2}/\{p_1\}_{Pa}$，对于氩气$\{\bar{\lambda}_{Ar}\}_m=6.76\times10^{-3}/\{p_1\}_{Pa}$。因此，当$T=293$ K时：对于空气，$p_1 d>0.658$ Pa·m为黏滞流，$p_1 d<6.58\times10^{-4}$ Pa·m为分子流，二者之间为过渡流；对于氮气，$p_1 d>0.647$ Pa·m为黏滞流，$p_1 d<6.47\times10^{-4}$ Pa·m为分子流，二者之间为过渡流；对于氦气，$p_1 d>1.92$ Pa·m为黏滞流，$p_1 d<1.92\times10^{-3}$ Pa·m为分子流，二者之间为过渡流；对于氩气，$p_1 d>0.676$ Pa·m为黏滞流，$p_1 d<6.76\times10^{-4}$ Pa·m为分子流，二者之间为过渡流。

由此可见，对于同一根管道而言：当p_1低时，该管道处于分子流下；当p_1高时，该管道处于黏滞流下。

4.1.2.3节第(9)条给出“漏率”的定义为“已知温度的特定气体以确定的上游压力和下游压力通过一个漏孔的流量(以单位时间内气体压力和体积的乘积为单位)”，而文献[27]将“流导”定义为“等温条件下，流量除以两个特定截面间或孔口两侧的平均压力差”，即

$$q=U(p_1-p_2) \tag{8-90}$$

式中 q—— 流量，Pa·m^3/s；

U—— 流导，m^3/s；

p_1—— 管道上游(俗称进气口)的气体压力，Pa；

p_2—— 管道下游(俗称出气口)的气体压力，Pa。

密封器件氦质谱细检漏过程中总是 $p_2 \ll p_1$，所以式(8-90)可以简化为

$$q = Up_1 \tag{8-91}$$

8.4.2.2 黏滞流

(1) 孔眼。

黏滞流下孔眼的流量为[1]

$$q_{o,v} = p_1 A \chi^{1/\gamma} \sqrt{\frac{2\gamma RT}{(\gamma-1)M}\left(1-\chi^{\frac{\gamma-1}{\gamma}}\right)} \tag{8-92}$$

式中 $q_{o,v}$—— 黏滞流下孔眼的流量，$Pa \cdot m^3/s$；

A—— 薄壁孔的面积，m^2；

χ—— 压力比；

γ—— 质量热容比，对于空气 $\gamma = 1.40$[1]；

M—— 气体的摩尔质量，对于氩气 $M_{Ar} = 3.948 \times 10^{-2}$ kg/mol[8]，2.3.6节给出对于氮气 $M_{N2} = 2.801\ 34 \times 10^{-2}$ kg/mol。

并有[1]

$$\chi = \begin{cases} \dfrac{p_2}{p_1}, & \dfrac{p_2}{p_1} > 0.525 \\ 0.525, & \dfrac{p_2}{p_1} \leqslant 0.525 \end{cases} \tag{8-93}$$

以及[28]

$$\gamma = \frac{c_p}{c_V} \tag{8-94}$$

式中 c_p—— 质量定压热容，$J/(kg \cdot K)$；

c_V—— 质量定容热容，$J/(kg \cdot K)$。

将式(8-92)代入式(8-90)，得到

$$U_{o,v} = \frac{A\chi^{1/\gamma}}{1-\dfrac{p_2}{p_1}} \sqrt{\frac{2\gamma RT}{(\gamma-1)M}\left(1-\chi^{\frac{\gamma-1}{\gamma}}\right)} \tag{8-95}$$

式中 $U_{o,v}$—— 黏滞流下孔眼的流导，m^3/s。

由式(8-95)绘出对于空气，当 $T = 293$ K 时 $U_{o,v}/A - p_2/p_1$ 关系曲线，如图8-31所示。可以看到，当 $p_2/p_1 \leqslant 0.1$ 时，大体可以认为 $U_{o,v}/A$ 与 p_2/p_1 无关。

对于空气，当 $p_2 \ll p_1$ 时，将 $\gamma = 1.40$，$\chi = 0.525$ 代入式(8-95)，得到

$$U_{o,v} = 0.631A\sqrt{\frac{1.18RT}{M}} \tag{8-96}$$

(2) 长管。

黏滞流下长管的流导于1839-1841年分别由 G. H. L. Hagen 和 J. L. M. Poiseuille 提出，1925年 F. W. Ostwald 建议称该定律为 Hagen-Poiseuille 定律[29]，描述该定律的公式为[1]

$$U_{l,v} = \frac{\pi d^4}{128\eta l}\bar{p} \tag{8-97}$$

式中　$U_{1,v}$——黏滞流下长管的流导，m^3/s；

d——圆孔的直径，m；

η——气体黏滞系数，在(0.01 ～ 0.4) MPa、300 K 下，对于空气 $\eta_{air} = 1.86 \times 10^{-5}$ Pa·s，对于氮气 $\eta_{N2} = 1.79 \times 10^{-5}$ Pa·s，对于氩气 $\eta_{Ar} = 2.27 \times 10^{-5}$ Pa·s[30]；

l——圆管的长度，m；

$\bar{p}$——管道中的平均压力，Pa。

并有

$$\bar{p} = \frac{p_1 + p_2}{2} \tag{8-98}$$

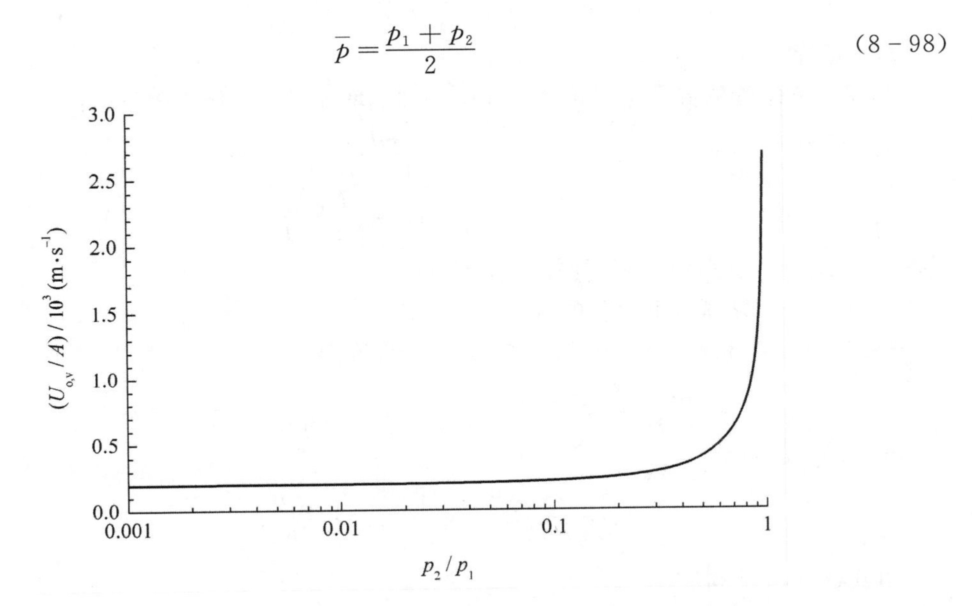

图 8-31　对于空气，当 $T = 293$ K 时 $U_{o,v}/A - p_2/p_1$ 关系曲线

需要说明的是，文献[31] 给出了不可压缩流体在层流(即黏滞流) 下的体积流率表达式，将该表达式与式(8-97) 表达的流导作纯形式上的比较，$\bar{p}$ 被替换为 Δp，其中 $\Delta p = p_1 - p_2$，其原因在于对于不可压缩流体而言，密度不随压力变化，因而通过任一截面的质量流率(kg/s) 相等即体积流率(m^3/s) 相等，于是直接由半径为 r 至 $r + dr$ 圆环处黏滞力与压差相平衡导出的该处流速乘以圆环截面积再对 r 从 0 至长管半径积分得到体积流率。液体在通常的压力或温度下，压缩性很小，而层流(即黏滞流) 正好符合这一特征，所以其体积流率表达式与式(8-97) 表达的流导在形式上 $\bar{p}$ 被替换为 Δp 无疑是正确的。然而对于气体而言，既然长管两端存在压差，长管内必然存在连续的压力梯度，因而不能忽略长管内的压力变化，而根据气体状态方程，当温度不变时，质量流率可换算成流量(Pa·m^3/s)，鉴于流量是压力与体积流率的乘积，所以通过任一截面的质量流率相等绝不等同于体积流率相等。式(8-97) 正是根据这一认识导出的，且给出的是流导，而不是体积流率，尽管二者的量纲相同。文献[31]还给出了当 Δp 较小且流速的马赫数小于 0.3 时，可压缩流体出口处的体积流率表达式，将该表达式与式(8-97) 表达的流导作纯形式上的比较，$\bar{p}$ 被增加一个 $\Delta p/p_2$ 的因子。由于流量可以通过出口处的体积流率乘以 p_2 得到，也可以通过式(8-97) 表达的流导乘以 Δp 得到，所以两种方法得到的流量完全相同，从而说明二者都是正确的。感兴趣的读者可以通过仔细对照阅读文献[1] 和文献[31] 的推导过程而得到更为翔实的体验。

当 $p_2 \ll p_1$ 时，式(8－98)可以简化为

$$\bar{p}=\frac{p_1}{2} \tag{8-99}$$

将式(8－99)代入式(8－97)，得到

$$U_{l,v}=\frac{\pi d^4}{256\eta l}p_1 \tag{8-100}$$

由式(8－100)得到，对于 300 K 下的空气：

$$\{U_{l,v}\}_{m^3/s}=\frac{659.8\left(\{d\}_m\right)^4}{\{l\}_m}\{p_1\}_{Pa} \tag{8-101}$$

(3) 短管。

黏滞流下短管的流导是在长管流导的基础上增加了一个修正因子[1]：

$$U_{s,v}=\frac{\dfrac{\pi d^4}{128\eta l}\bar{p}}{1+1.14\dfrac{Mq_{s,v}}{8\pi\eta RTl}} \tag{8-102}$$

式中 $U_{s,v}$—— 黏滞流下短管的流导，m^3/s；

$q_{s,v}$—— 黏滞流下短管的流量，$Pa \cdot m^3/s$。

将式(8－90)和式(8－98)代入式(8－102)，得到

$$\frac{1.14M}{8\pi\eta RTl}U_{s,v}^2+\frac{1}{p_1-p_2}U_{s,v}-\frac{\pi d^4}{256\eta l}\frac{p_1+p_2}{p_1-p_2}=0 \tag{8-103}$$

当 $p_2 \ll p_1$ 时：

$$\frac{1.14M}{8\pi\eta RTl}U_{s,v}^2+\frac{1}{p_1}U_{s,v}-\frac{\pi d^4}{256\eta l}=0 \tag{8-104}$$

由式(8－104)得到

$$U_{s,v}=\frac{4\pi\eta lRT}{1.14M}\left(-\frac{1}{p_1}\pm\sqrt{\frac{1}{p_1^2}+\frac{1.14d^4M}{512\eta^2l^2RT}}\right) \tag{8-105}$$

式(8－105)中根号前的负号不合理，因此

$$U_{s,v}=\frac{4\pi\eta lRT}{1.14M}\left(\sqrt{\frac{1}{p_1^2}+\frac{1.14d^4M}{512\eta^2l^2RT}}-\frac{1}{p_1}\right) \tag{8-106}$$

对于 300 K 下的空气：

$$\{U_{s,v}\}_{m^3/s}=17.66\{l\}_m\left(\sqrt{\frac{1}{\left(\{p_1\}_{Pa}\right)^2}+74.72\frac{\left(\{d\}_m\right)^4}{\left(\{l\}_m\right)^2}}-\frac{1}{\{p_1\}_{Pa}}\right) \tag{8-107}$$

由式(8－104)可给出当 $p_2 \ll p_1$ 时，对于单一气体成分，在固定温度下，管长及管径未知时，黏滞流短管流导的半经验公式为

$$C_1\left(\{U_{s,v}\}_{m^3/s}\right)^2+\frac{\{U_{s,v}\}_{m^3/s}}{\{p_1\}_{Pa}}-C_2=0 \tag{8-108}$$

式中 C_1，C_2—— 待定常数。

由式(8－108)得到

$$\{U_{s,v}\}_{m^3/s}=\frac{\sqrt{\dfrac{1}{\left(\{p_1\}_{Pa}\right)^2}+4C_1C_2}-\dfrac{1}{\{p_1\}_{Pa}}}{2C_1} \tag{8-109}$$

8.4.2.3　分子流

(1) 圆孔。

由 Maxwell 分布可以得到分子流下圆孔的流导为[32]

$$U_{o,m}=\frac{d^2}{4}\sqrt{\frac{\pi RT}{2M}} \tag{8-110}$$

式中　$U_{o,m}$—— 分子流下圆孔的流导，m^3/s。

(2) 长管。

对于长管的流导，Knudsen 是探讨传输概率理论表达式的第一批研究者之一，他着手检验 Poiseuille 定律，并发现在低压力下该定律不再有效。从实验结果出发，他发现了一个经验公式(发表于 1909 年)[32]：

$$U_{l,m}=\frac{d^3}{6l}\sqrt{\frac{2\pi RT}{M}} \tag{8-111}$$

式中　$U_{l,m}$—— 分子流下长管的流导，m^3/s。

(3) 短管。

式(8－110) 仅在长度为零时成立，如果长度不为零，则分子流流导 U_m 必须考虑流导概率 W_m[32]：

$$U_m=U_{o,m}W_m \tag{8-112}$$

式中　U_m—— 长度不为零的分子流流导，m^3/s；

W_m—— 长度不为零的分子流流导概率，无量纲。

将式(8－110) 和式(8－111) 代入式(8－112)，得到分子流下长圆管的流导概率为

$$W_{l,m}=\frac{U_{l,m}}{U_{o,m}}=\frac{4d}{3l} \tag{8-113}$$

式中　$W_{l,m}$—— 分子流下长管的流导概率，无量纲。

A. Nawyn 和 J. Meyer 于 1975 年发表了 $l/d=0.005\sim 20$ 范围内圆管分子流流导概率的高准确程度数值解。该高准确程度数值解是从余弦定律出发，以分子群为对象，通过对壁面各位置总发射建立平衡的过程用计算机进行迭代运算的方法得到的[32]。薛大同 1981 年采用 Nawyn 法重新进行高准确程度数值计算后，纠正了 Nawyn 在 $l/d<0.05$ 范围的计算错误及 $l/d=0.2$ 和 0.5 下多半是印刷上的错误[33-34]。图 8－32 绘出了修正后的流导概率高准确程度数值解随 l/d 变化的关系曲线。图 8－33 绘出了由式(8－113) 计算出来的分子流下长管的流导概率相对于修正后的流导概率高准确程度数值解的误差。

从图 8－33 可以看到，式(8－113) 所表达的分子流下长管流导概率相对于修正后的流导概率高准确程度数值解的误差随 l/d 增加而降低，当 $l/d\geqslant 2$ 时，在双对数图上误差曲线具有良好的线性，其拟合公式如图中所示。

8.4.2.4　过渡流

1906 年 Knudsen 引入了一个公式用以描述过渡流下 $l\gg d$ 时圆管的流导对压力的依从关系[35]：

$$U_{l,mv}=\frac{\pi d^4}{128\eta l}\bar{p}+\frac{d^3}{6l}\sqrt{\frac{2\pi RT}{M}}\ \frac{1+\frac{\bar{p}d}{\eta}\sqrt{\frac{M}{RT}}}{1+\frac{1.24\bar{p}d}{\eta}\sqrt{\frac{M}{RT}}} \tag{8-114}$$

式中　$U_{l,mv}$—— 过渡流下长管的流导，m^3/s。

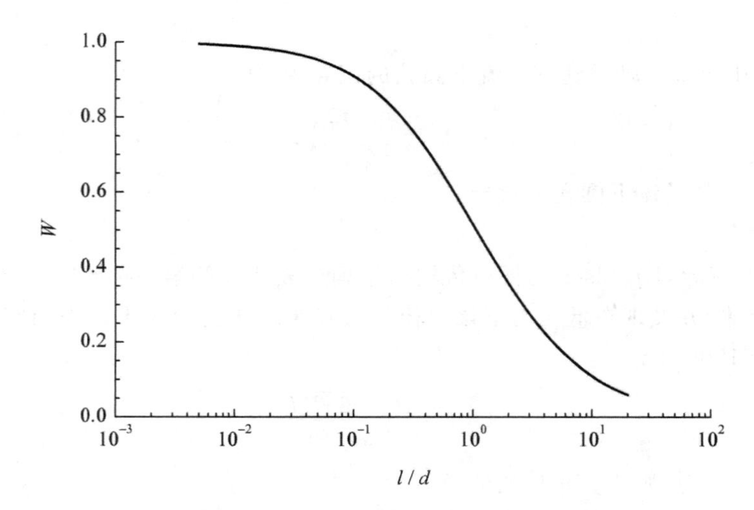

图 8-32　修正后的流导概率高准确程度数值解随 l/d 变化的关系曲线

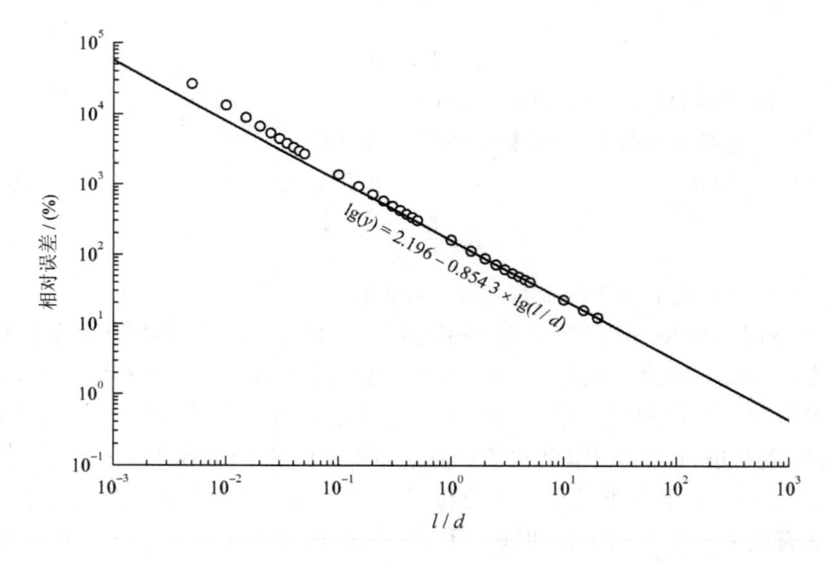

图 8-33　式(8-113)相对于高准确程度数值解的误差随 l/d 变化的关系曲线

当 $p_2 \ll p_1$ 时，将式(8-99)代入式(8-114)，得到

$$U_{l,mv} = \frac{\pi d^4}{256\eta l} p_1 + \frac{d^3}{6l}\sqrt{\frac{2\pi RT}{M}}\ \frac{1+\dfrac{p_1 d}{2\eta}\sqrt{\dfrac{M}{RT}}}{1+\dfrac{0.62 p_1 d}{\eta}\sqrt{\dfrac{M}{RT}}} \tag{8-115}$$

对于 300 K 下的空气：

$$\{U_{l,mv}\}_{m^3/s} = \frac{659.8\,(\{d\}_m)^4}{\{l\}_m}\{p_1\}_{Pa} + \frac{\dfrac{(\{d\}_m)^3}{\{l\}_m}(122.6 + 1.123\times10^4\{p_1\}_{Pa}\{d\}_m)}{1+113.6\{p_1\}_{Pa}\{d\}_m} \tag{8-116}$$

由式(8-115)可以给出当 $p_2 \ll p_1$ 时，对于单一气体成分，在固定温度下，管长及管径未知时，过渡流下长管流导的半经验公式为[35]

$$U_{1,\mathrm{mv}} = a_0 p_1 + a_1 \frac{1 + a_2 p_1}{1 + a_3 p_1} \tag{8-117}$$

8.4.3　对文献报道的漏孔流导-上游压力关系曲线的分析

2.3.6 节指出，Knudsen 数 K_n($\bar{\lambda}_g$ 与圆管直径 d 之比)用于判断稀薄气体的流动是否处于分子流状态，并在表 2-2 中给出 $K_n \geqslant 10$ 和 $K_n \geqslant 1$ 二种下限，以下四个示例顺便验证了哪种下限较为准确，由于以下四个示例均采用氮气，故均使用 8.4.2.1 节给出氮气分子的平均自由程 $\{\bar{\lambda}_{N2}\}_{m} = 6.47 \times 10^{-3}/\{p_1\}_{Pa}$。

8.4.3.1　示例一

国防科工局真空计一级站李得天、成永军等人使用非蒸散吸气剂泵(NEGP)消除器壁放气效应影响的新方法，将固定流导法气体微流量计的测量下限延伸到了 10^{-12} Pa·m³/s 量级，并用以测定了当下游压力远低于上游压力、$T=296$ K 时，漏孔对于 N_2 和 Ar 的流导随上游压力变化的关系。他们使用的漏孔是在不锈钢片上采用激光打孔的方法得到的，名义直径为 10 μm，其中对于 N_2 的流导随上游压力变化的关系如图 8-34 所示，图中"o"为实测数据点，实线是文献作者借用文献[35]给出的管长及管径未知的过渡流下长管流导的半经验公式[如式(8-117)所示]对这些实测数据点作非线性最小二乘法拟合得到的[36]。

我们采用该方法得到拟合曲线的表达式为

$$\{U_{N2}\}_{m^3/s} = -6.837 \times 10^{-13}\ \{p_1\}_{Pa} + 5.552 \times 10^{-9} \frac{1 + 2.033 \times 10^{-4}\ \{p_1\}_{Pa}}{1 + 5.340 \times 10^{-6}\ \{p_1\}_{Pa}} \tag{8-118}$$

本示例 $d = 1 \times 10^{-5}$ m，因而 $K_n = 647/\{p_1\}_{Pa}$。若采用 $K_n \geqslant 10$，得到 $p_1 \leqslant 64.7$ Pa 时处于分子流，与图 8-34 相吻合；若采用 $K_n \geqslant 1$，得到 $p_1 \leqslant 647$ Pa 时处于分子流，与图 8-34 不相吻合(已偏离分子流状态)。这一事实表明，本示例支持 $K_n \geqslant 10$ 而不是 $K_n \geqslant 1$ 为处于分子流状态的判据。

(1) 分子流

如上所述，当上游压力 $p_1 \leqslant 64.7$ Pa 时，为分子流。为确切起见，对图 8-34 所示 $p_1 <$ 1 kPa 的数据进行二次多项式拟合，由 $p_1 = 0$ 得到，对于 N_2 的分子流流导为

$$U_{m,N2} = 5.521 \times 10^{-9}\ \mathrm{m^3/s} \tag{8-119}$$

式中　$U_{m,N2}$——由实测流导数据的拟合曲线得到的对于 N_2 的分子流流导，m³/s。

用式(8-110)计算名义直径 $d = 10$ μm 的圆孔流导为 9.287×10^{-9} m³/s，将其与式(8-119)一起代入式(8-113)，得到对于 N_2 的分子流流导概率 $W_{m,N2} = 0.594\ 5$，由图 8-32 得到 $l/d = 0.71$，即 $l = 7.1$ μm。需要说明的是，由于孔壁对激光能量的损耗，造成了孔的锥度[37]，所以得到的 l/d 只是一个等效值。

(2) 黏滞流

从图 8-34 可以看出，当上游压力 $p_1 > 2 \times 10^4$ Pa 时为黏滞流。由式(8-91)和图 8-34 可以得到，此时漏孔对于 N_2 的流量 $q_{N2} \geqslant 2.4 \times 10^{-4}$ Pa·m³/s。对式(8-108)，以 $U_{s,v}{}^2$ 为自变量，以 $U_{s,v}/p_1$ 为应变量，对 $p_1 > 2 \times 10^4$ Pa 时的数据作线性拟合，得到对于 N_2 的黏滞流流导半经验公式为

$$\frac{\{U_{v,N2}\}_{m^3/s}}{\{p_1\}\ Pa}=1.020\times10^{-12}-3.160\times10^{3}\ (\{U_{v,N2}\}_{m^3/s})^{2} \tag{8-120}$$

式中　$U_{v,N2}$—— 由实测流导数据得到的对于 N_2 的黏滞流流导，m^3/s。

将式(8-120)中相对于式(8-108)的 C_1，C_2 值代入式(8-109)，得到

$$\{U_{v,N2}\}_{m^3/s}=\frac{\sqrt{\frac{1}{(\{p_1\}_{Pa})^2}+1.289\times10^{-8}}-\frac{1}{\{p_1\}_{Pa}}}{6.320\times10^{3}} \tag{8-121}$$

图 8-34 中用虚线绘出了由式(8-119)表达的分子流流导和由式(8-121)表达的黏滞流流导。

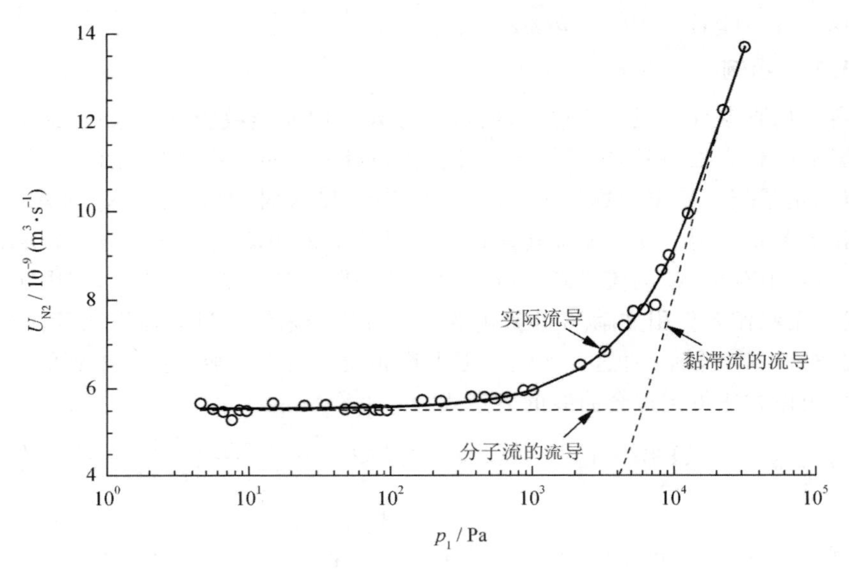

图 8-34　李得天等人对激光钻孔的漏孔实测到的 $U_{N2}-p_1$ 关系曲线[36]

用式(8-91)对图 8-34 所示数据进行运算，得到漏孔的流量随上游压力变化的关系曲线，如图 8-35 所示。

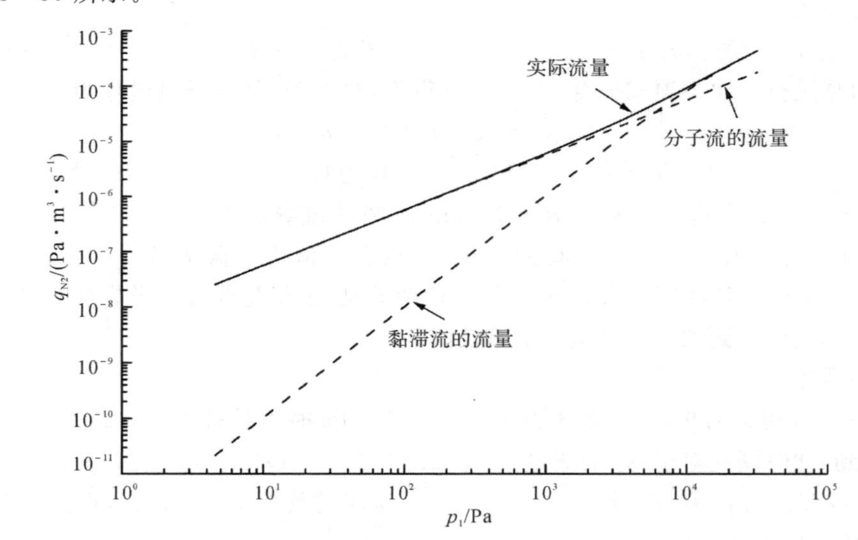

图 8-35　由图 8-34 得到的 $q_{N2}-p_1$ 关系曲线

从图 8 - 35 可以看到，当 $p_1 = 1\times10^4$ Pa 时，流量达到 9×10^{-5} Pa·m^3/s，比按分子流状态计算的流量高出约 60%，比按黏滞流状态计算的流量高出约 10%，即已基本处于黏滞流状态。

8.4.3.2　示例二

J. A. Fedchak 等人测定了当下游压力远低于上游压力、$T = 296$ K 时，漏孔对于 N_2 和 Ar 的流导随上游压力变化的关系。他们使用的漏孔是商业可得到的激光钻孔的 20 μm 针孔，使用恒压流量计准确测量流导，上游压力大于 10 Pa 时不确定度优于 0.2%[包含因子(参见 23.3.1 节)$k_i = 2$]，其中对于 N_2 的流导随上游压力变化的关系，如图 8 - 36 所示，图中“o”为实测数据点，实线是文献作者采用 ln(p) 形式多项式的比例式拟合得到的[38]。

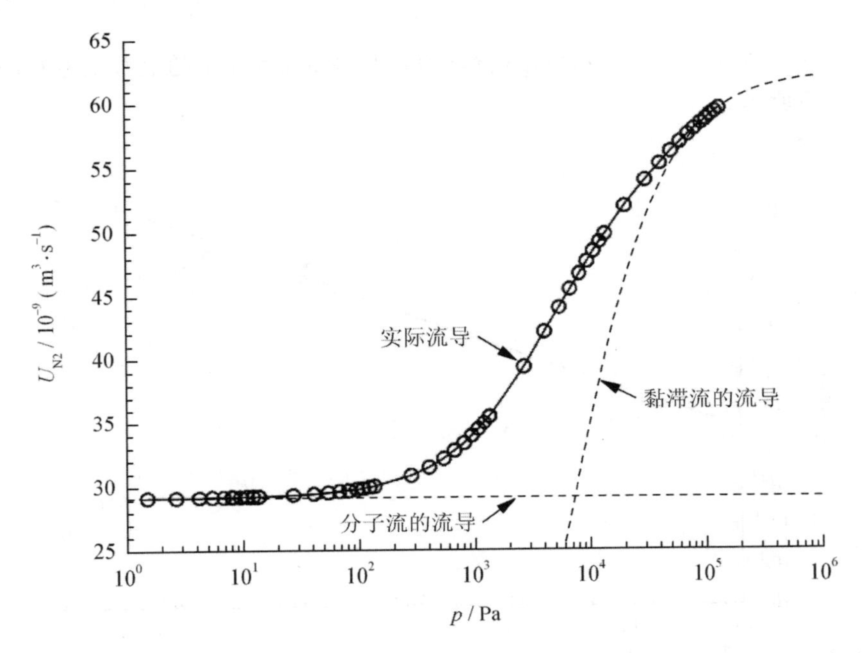

图 8 - 36　J. A. Fedchak 等人对激光钻孔的漏孔实测到的 N_2 流导随上游压力变化的关系曲线[38]

本示例 $d = 2\times10^5$ m，因而 $K_n = 323/\{p_1\}_{Pa}$，若采用 $K_n \geqslant 10$，得到 $p_1 \leqslant 32.4$ Pa 时处于分子流，与图 8 - 36 相吻合；若采用 $K_n \geqslant 1$，得到 $p_1 \leqslant 324$ Pa 时处于分子流，与图 8 - 36 不相吻合(已偏离分子流状态)。这一事实表明，本示例支持 $K_n \geqslant 10$ 而不是 $K_n \geqslant 1$ 为处于分子流状态的判据。

(1) 分子流

如上所述，当上游压力 $p_1 \leqslant 32.4$ Pa时为分子流。为确切起见，对图 8 - 36 所示 $p_1 < 60$ Pa 的数据进行二次多项式拟合，由 $p_1 = 0$ 得到，对于 N_2 的分子流流导为

$$U_{m,N2} = 2.913\times10^{-8}\ \text{m}^3/\text{s} \qquad (8-122)$$

用式(8 - 110) 计算名义直径 $d = 20$ μm 的圆孔流导为 3.715×10^{-8} m^3/s，将其与式(8 - 122) 一起代入式(8 - 113)，得到对于 N_2 的分子流流导概率 $W_{m,N2} = 0.7841$，由图 8 - 32 得到等效 $l/d = 0.28$，即等效 $l = 5.6$ μm。

(2) 黏滞流

从图 8 - 36 可以看出，当上游压力 $p_1 > 1\times10^5$ Pa 时为黏滞流。由式(8 - 91) 和图8 - 36

可以得到，此时 $q_{N2} \geqslant 5.8 \times 10^{-3}$ Pa·m³/s。用式(8-108)，以 $U_{s,v}{}^2$ 为自变量，以 $U_{s,v}/p_1$ 为应变量，对 $p_1 > 1 \times 10^5$ Pa 时的实测流导数据作线性拟合，得到对于 N_2 的黏滞流流导半经验公式为

$$\frac{\{U_{v,N2}\}_{m^3/s}}{\{p_1\}_{Pa}} = 5.118 \times 10^{-12} - 1.314 \times 10^3 (\{U_{v,N2}\}_{m^3/s})^2 \tag{8-123}$$

将式(8-123)中相对于式(8-108)的 C_1，C_2 值代入式(8-109)，得到

$$\{U_{v,N2}\}_{m^3/s} = \frac{\sqrt{\frac{1}{(\{p_1\}_{Pa})^2} + 2.691 \times 10^{-8}} - \frac{1}{\{p_1\}_{Pa}}}{2.628 \times 10^3} \tag{8-124}$$

图 8-36 中用虚线绘出了由式(8-122)表达的分子流流导和由式(8-123)表达的黏滞流流导。

用式(8-91)对图 8-36 所示数据进行运算，得到漏孔的流量随上游压力变化的关系曲线，如图 8-37 所示。

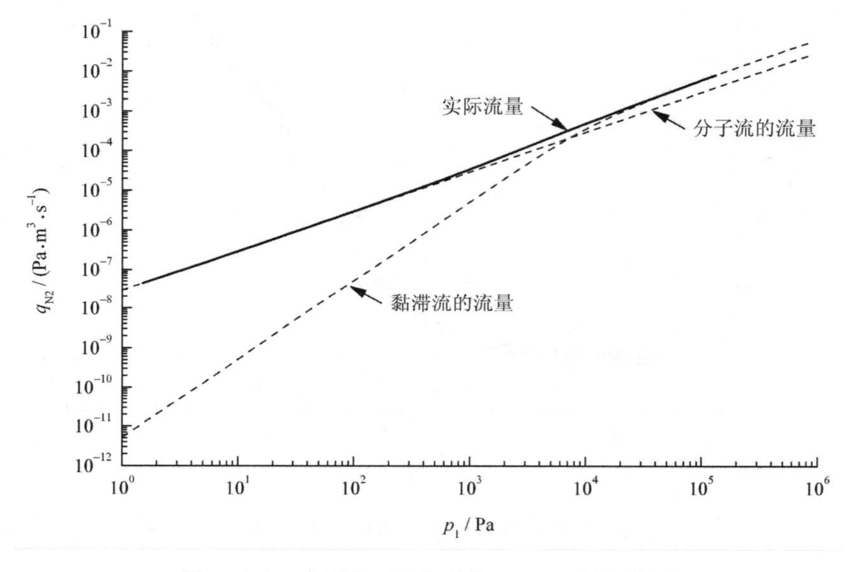

图 8-37　由图 8-36 得到的 $q_{N2} - p_1$ 关系曲线

从图 8-37 可以看到，当 $p_1 = 5 \times 10^4$ Pa 时，流量达到 2.8×10^{-3} Pa·m³/s，比按分子流状态计算的流量高出约 90%，与按黏滞流状态计算的流量相同，即已处于黏滞流状态。

8.4.3.3　示例三

K. Jousten 等人测定了当下游压力远低于上游压力、$T = 296$ K 时，漏孔对于 N_2 和 Ar 的流导随上游压力变化的关系。文献作者使用的漏孔是用泄漏阀改装成的恒定流导 DV1 和 DV2，DV1 长约几毫米，直径约 0.1 mm；DV2 的漏隙比 DV1 小。其中 DV1 对于 N_2 的流导随上游压力变化的关系如图 8-38 所示，图中"o"为实测数据点，实线是文献作者采用所表述的基于 Knudsen 过渡流下长管流导公式的半经验公式[如式(8-117)所示]拟合得到的[35]。

我们采用式(8-117)对漏孔 N_2 流导-上游压力数据组作非线性最小二乘法拟合，得到拟合曲线的表达式为

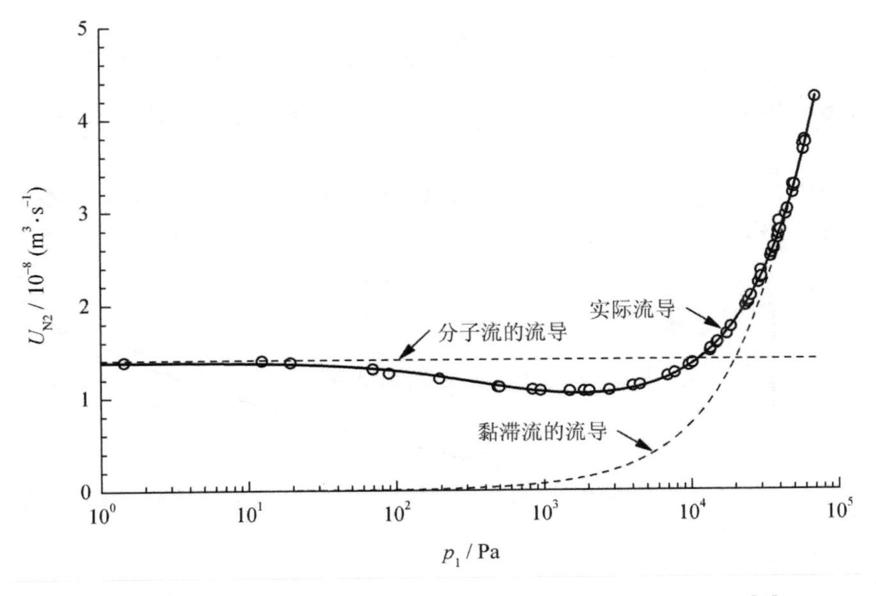

图 8－38　K. Jousten 等人对 DV1 实测到的 $U_{N2}-p_1$ 关系曲线[35]

$$\{U_{N2}\}_{m^3/s}=4.782\times10^{-13}\ \{p_1\}_{Pa}+1.3865\times10^{-8}\ \frac{1+1.41\times10^{-3}\ \{p_1\}_{Pa}}{1+2.29\times10^{-3}\ \{p_1\}_{Pa}} \tag{8-125}$$

本示例 $d=1\times10^{-4}$ m，因而 $K_n=64.7/\{p_1\}_{Pa}$，若采用 $K_n\geqslant10$，得到 $p_1\leqslant6.47$ Pa 时处于分子流，与图 8－38 相吻合；若采用 $K_n\geqslant1$，得到 $p_1\leqslant64.7$ Pa 时处于分子流，与图 8－38 不相吻合(已偏离分子流状态)。这一事实表明，本示例支持 $K_n\geqslant10$ 而不是 $K_n\geqslant1$ 为处于分子流状态的判据。

(1) 分子流

如上所述，当上游压力 $p_1\leqslant6.47$ Pa 时为分子流。为确切起见，对图 8－38 所示 $p_1<200$ Pa 的数据进行二次多项式拟合，由 $p_1=0$ 得到，对于 N_2 的分子流流导为

$$U_{m,N2}=1.409\times10^{-8}\ m^3/s \tag{8-126}$$

用式(8－110) 计算名义直径 $d=0.1$ mm 的圆孔流导为 9.287×10^{-7} m^3/s，将其与式(8－126) 一起代入式(8－113)，得到对于 N_2 的分子流流导概率 $W_{m,N2}=1.517\times10^{-2}$，用此值对照观察图 8－32 与图 8－33，可以看到按长圆管估计的误差肯定在 10% 以下，为此将式(8－126) 代入式(8－111) 表达的长圆管流导公式，得到等效 $l=8.8$ mm，即 $l/d=88$，由图 8－33 得到相对误差为 3.4%。

(2) 黏滞流

从图 8－38 可以看出，当上游压力 $p_1>5\times10^4$ Pa 时为黏滞流。由式(8－91) 和图 8－38 可以得到，此时 $q_{N2}\geqslant1.64\times10^{-3}$ Pa·m^3/s。对式(8－108)，以 $U_{s,v}{}^2$ 为自变量，以 $U_{s,v}/p_1$ 为应变量，对 $p_1>5\times10^4$ Pa 时的实测流导数据作线性拟合，得到对于 N_2 的黏滞流流导半经验公式为

$$\frac{\{U_{v,N2}\}_{m^3/s}}{\{p_1\}_{Pa}}=7.160\times10^{-13}-65.48\left(\{U_{v,N2}\}_{m^3/s}\right)^2 \tag{8-127}$$

将式(8－127) 中相对于式(8－108) 的 C_1，C_2 值代入式(8－109)，得到

$$\{U_{\mathrm{v,N2}}\}_{\mathrm{m^3/s}}=\frac{\sqrt{\dfrac{1}{(\{p_1\}_{\mathrm{Pa}})^2}+1.875\times10^{-10}}-\dfrac{1}{\{p_1\}_{\mathrm{Pa}}}}{131.0} \tag{8-128}$$

图 8-38 中用虚线绘出了由式(8-126)表达的分子流流导和由式(8-128)表达的黏滞流流导。

用式(8-91)对图 8-38 所示数据进行运算，得到漏孔的流量随上游压力变化的关系曲线，如图 8-39 所示。

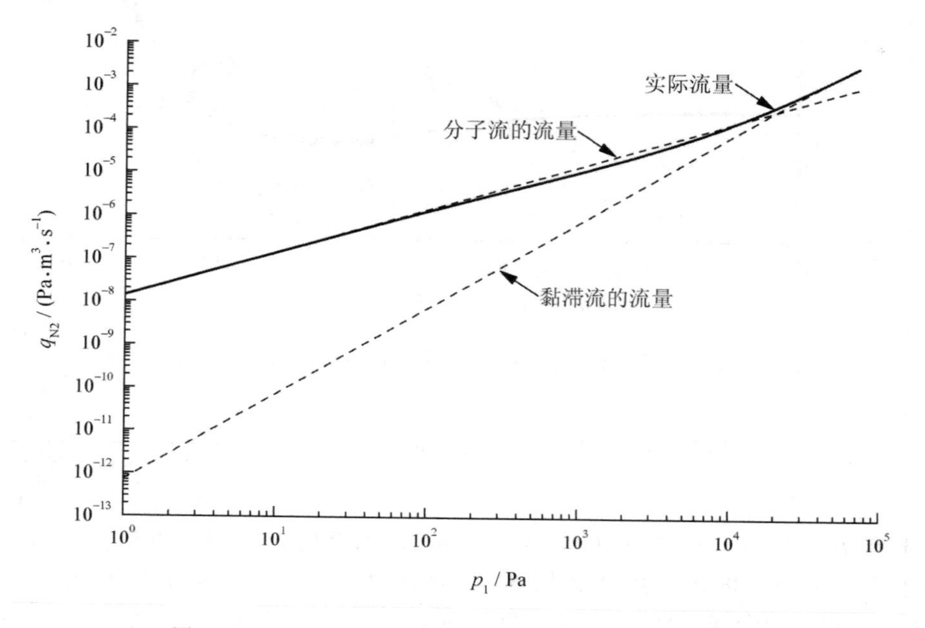

图 8-39　由图 8-38 得到对 DV1 的 $q_{N2}-p_1$ 关系曲线

从图 8-39 可以看到，当 $p_1=5\times10^4$ Pa 时，流量达到 1.6×10^{-3} Pa·m^3/s，比按分子流状态计算的流量高出约 130%，与按黏滞流状态计算的流量相同，即已处于黏滞流状态。

8.4.3.4　示例四

文献[35]还给出了 DV2 对于 N_2 的流导随上游压力变化的关系，如图 8-40 所示。图中"o"为实测数据点，实线是文献作者采用所表述的基于 Knudsen 过渡流下长管流导公式的半经验公式[如式(8-117)所示]拟合得到的。

我们采用式(8-117)对漏孔 N_2 流导-上游压力数据组作非线性最小二乘法拟合，得到拟合曲线的表达式为

$$\{U_{\mathrm{N2}}\}_{\mathrm{m^3/s}}=2.216\,8\times10^{-15}\{p_1\}_{\mathrm{Pa}}+8.313\,6\times10^{-10}\frac{1+2.05\times10^{-3}\{p_1\}_{\mathrm{Pa}}}{1+2.84\times10^{-3}\{p_1\}_{\mathrm{Pa}}} \tag{8-129}$$

本示例 $d=1\times10^{-4}$ m，因而 $K_n=64.7/\{p_1\}$ Pa，若采用 $K_n\geqslant10$，得到 $p_1\leqslant6.47$ Pa 时处于分子流，与图 8-40 相吻合；若采用 $K_n\geqslant1$，得到 $p_1\leqslant64.7$ Pa 时处于分子流，与图 8-40 不相吻合(已偏离分子流状态)。这一事实表明，本示例支持 $K_n\geqslant10$ 而不是 $K_n\geqslant1$ 为处于分子流状态的判据。

如上所述，当上游压力 $p_1\leqslant6.47$ Pa 时为分子流。为确切起见，对图 8-40 所示

$p_1 < 200$ Pa 的数据进行二次多项式拟合，由 $p_1 = 0$ 得到，对于 N_2 的分子流流导为

$$U_{m,N2} = 8.39 \times 10^{-10} \text{ m}^3/\text{s} \tag{8-130}$$

由于文献[35]未给出 DV2 的直径，无法估计其 l/d 值，但是由于 DV1 和 DV2 均为用泄漏阀改装成的恒定流导，所以应该也是细长型的漏孔。

由于没有测到流导随上游压力增高而明显增大阶段，无法由图 8-40 得到黏滞流流导的半经验公式。

用式(8-91)对图 8-40 所示数据进行运算，得到漏孔的流量随上游压力变化的关系曲线，如图 8-41 所示。

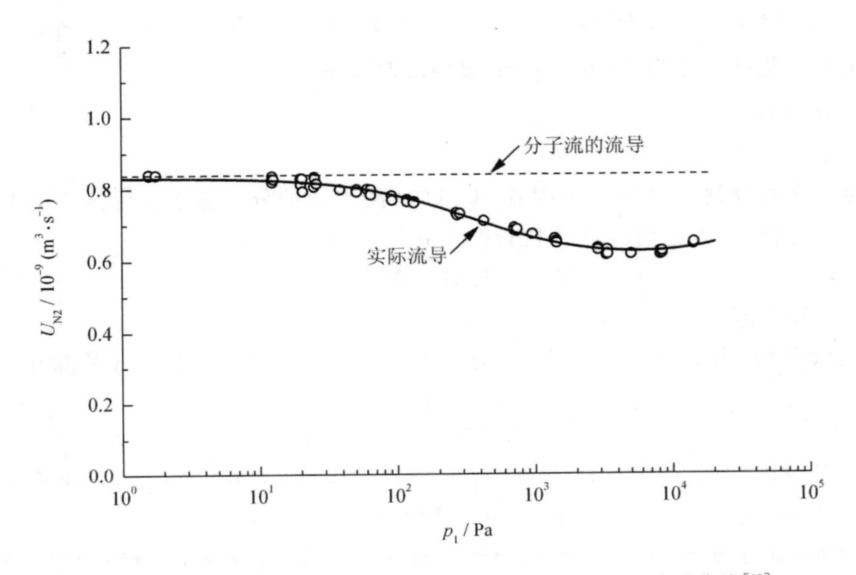

图 8-40　K. Jousten 等人对 DV2 实测到的 $U_{N2} - p_1$ 关系曲线[35]

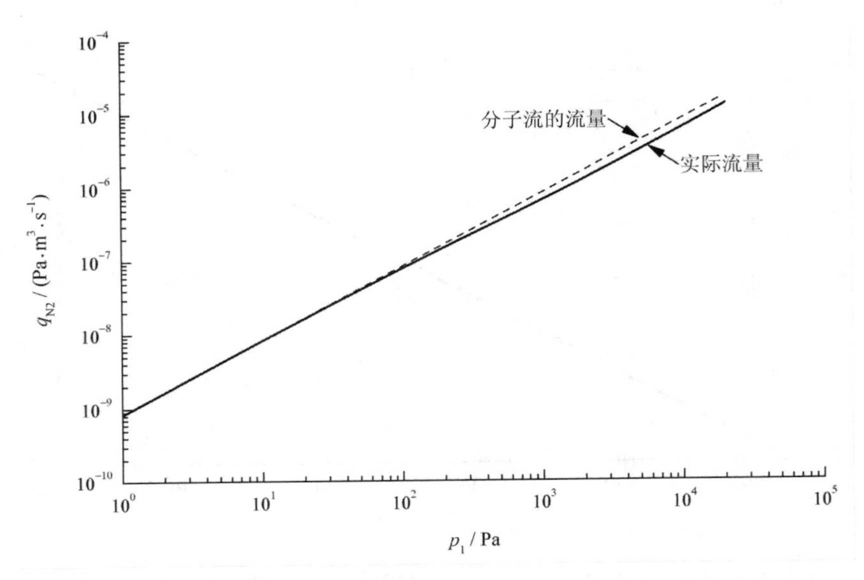

图 8-41　由图 8-40 得到对 DV2 的 $q_{N2} - p_1$ 关系曲线

从图 8－41 可以看到，当 $p_1=2\times10^4$ Pa 时，流量已达到 1.3×10^{-5} Pa·m³/s，比按分子流状态计算的流量低约 23%，因而仍基本处于分子流状态，按照图 8－41 的趋势，估计即使 $p_1=1\times10^5$ Pa 时，还不会脱离分子流状态。

8.4.4 $L_0=1.4$ Pa·cm³/s 所对应的漏孔尺寸

8.1.2 节给出，标准漏率(standard leakage rate) 的定义为："在上游压力为(100 ± 5) kPa、下游压力低于 1 kPa、温度为(23±7) ℃ 的状况下，露点低于－25 ℃ 的空气通过一个漏孔的流量。" 因此，我们取 $p_1=1.0\times10^5$ Pa，$p_2<1\times10^3$ Pa ($p_2\ll p_1$)，$T=300$ K，气体成分为空气。密封器件一般壁厚(0.1 ~ 1) mm，所以讨论 $L=0.1$ mm 和 1 mm 两种情况。

8.4.4.1 漏孔尺寸为 $l=0.1$ mm, $d=2.26$ μm

此时 $l/d=44$。

(1) 对于分子流。

用图 8－33 外推估计，$l/d=44$ 时式(8－113) 所表达的分子流下长管流导概率的相对误差约为 6.2%，因而可以近似看作是长管。由式(8－111) 得到

$$U_{l,m}=1.41\times10^{-11}\,\mathrm{m^3/s} \tag{8-131}$$

(2) 对于黏滞流。

如按短管对待，由式(8－107) 得到，对于 $l=0.1$ mm，$d=2.26$ μm 的漏孔：

$$\{U_{s,v}\}_{\mathrm{m^3/s}}=1.77\times10^{-3}\left(\sqrt{\frac{1}{(\{p_1\}_{\mathrm{Pa}})^2}+1.95\times10^{-13}}-\frac{1}{\{p_1\}_{\mathrm{Pa}}}\right) \tag{8-132}$$

如按长管对待，由式(8－101) 得到，对于 $l=0.1$ mm，$d=2.26$ μm 的漏孔：

$$\{U_{l,v}\}_{\mathrm{m^3/s}}=1.72\times10^{-16}\ \{p_1\}_{\mathrm{Pa}} \tag{8-133}$$

图 8－42 绘出了对于 $l=0.1$ mm，$d=2.26$ μm 的漏孔，分别由式(8－132) 表达的短管黏滞流流导和由式(8－133) 表达的长管黏滞流流导随上游压力变化的关系曲线。

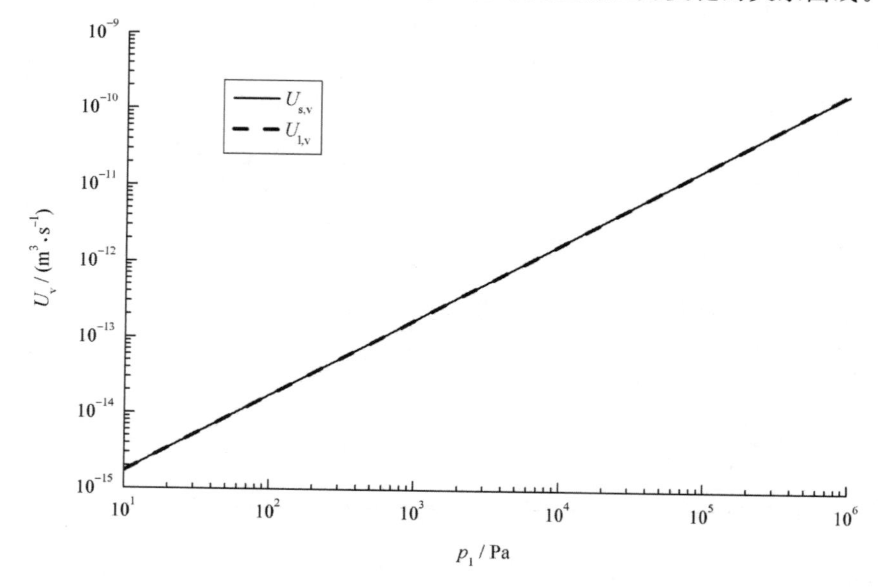

图 8－42 $l=0.1$ mm，$d=2.26$ μm 时的 $U_{s,v}-p_1$ 和 $U_{l,v}-p_1$ 关系曲线

从图8-42可以看到，两条曲线几乎完全重合。也就是说，$l=0.1$ mm，$d=2.26$ μm漏孔的黏滞流流导完全可以按长管对待。

(3) 对于过渡流。

鉴于$l=0.1$ mm，$d=2.26$ μm的漏孔在分子流下可以近似看作是长管，黏滞流下完全可以按长管对待，所以在过渡流下按长管对待也应该没有多大问题。由式(8-116)得到，对于$l=0.1$ mm，$d=2.26$ μm的漏孔：

$$\{U_{l,mv}\}_{m^3/s}=1.72\times10^{-16}\{p_1\}_{Pa}+\frac{1.42\times10^{-11}+2.93\times10^{-15}\{p_1\}_{Pa}}{1+2.57\times10^{-4}\{p_1\}_{Pa}} \tag{8-134}$$

图8-43绘出了由式(8-131)表达的分子流流导$U_{l,m}$，由式(8-133)表达的黏滞流流导$U_{l,v}$，由式(8-134)表达的过渡流流导$U_{l,mv}$，随上游压力p_1变化的关系曲线。

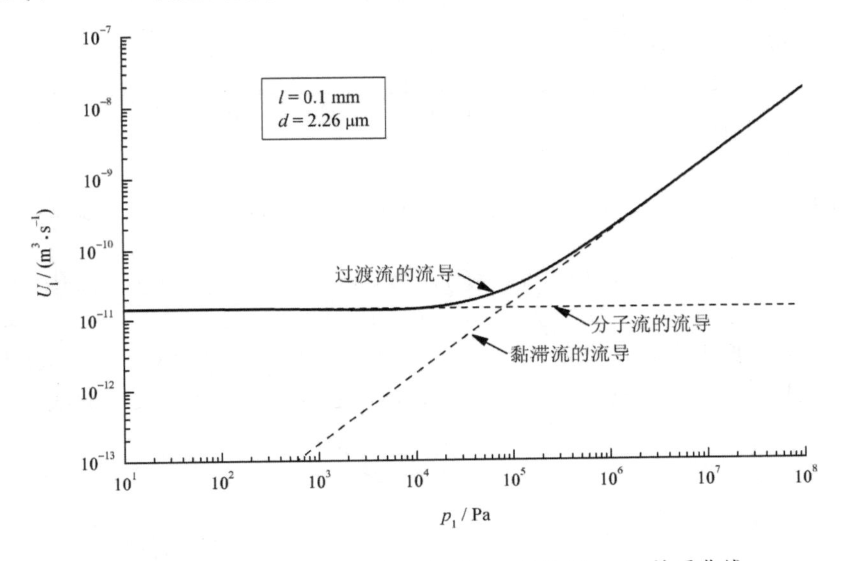

图8-43　$l=0.1$ mm，$d=2.26$ μm时的U_l-p_1关系曲线

用式(8-91)对图8-43所示数据进行运算，得到漏孔的长圆管分子流流量$q_{l,m}$，长圆管黏滞流流量$q_{l,v}$，长圆管过渡流流量$q_{l,mv}$，随上游压力变化的关系曲线，如图8-44所示。可以看到，该漏孔在$p_1=1.0\times10^5$ Pa下的分子流流量约为1.4 Pa·cm³/s，而实际流量肯定大于1.4 Pa·cm³/s。

8.4.4.2　漏孔尺寸为$l=1$ mm，$d=4.87$ μm

此时$l/d=205$。

(1) 对于分子流。

用图8-33外推估计，$l/d=205$时式(8-113)所表达的分子流下长管流导概率的相对误差约为1.7%，因而可以近似看作是长管。由式(8-111)得到

$$U_{l,m}=1.41\times10^{-11}\ m^3/s \tag{8-135}$$

(2) 对于黏滞流。

如按短管对待，由式(8-107)得到，对于$l=1$ mm，$d=4.87$ μm的漏孔：

$$\{U_{s,v}\}_{m^3/s}=1.77\times10^{-2}\left(\sqrt{\frac{1}{(\{p_1\}_{Pa})^2}+4.20\times10^{-14}}-\frac{1}{\{p_1\}_{Pa}}\right) \tag{8-136}$$

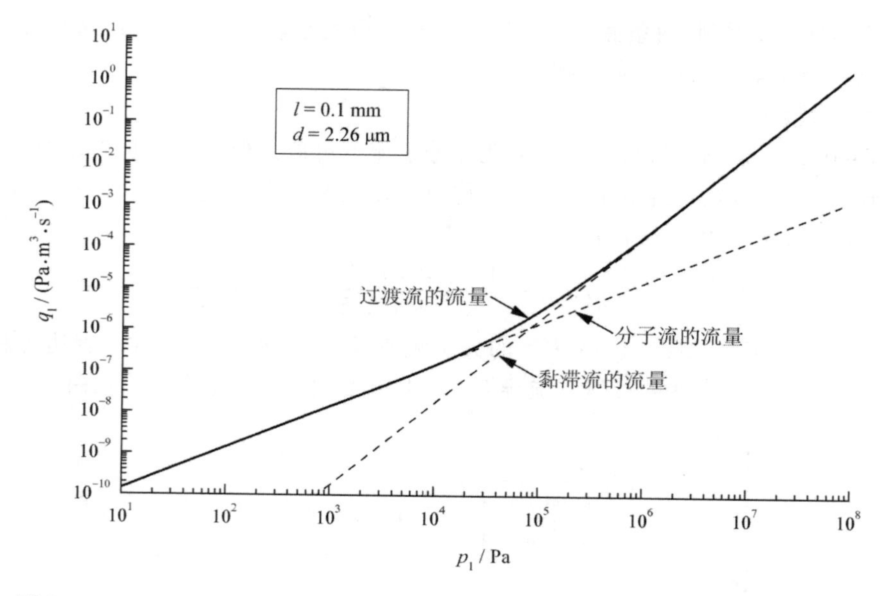

图 8-44　$l=0.1$ mm，$d=2.26$ μm 时的 $q_{1,m}-p_1$、$q_{1,v}-p_1$、$q_{1,mv}-p_1$ 关系曲线

如按长管对待，由式(8-101)得到，对于 $l=1$ mm，$d=4.87$ μm 的漏孔：

$$\{U_{1,v}\}_{m^3/s}=3.71\times10^{-16}\{p_1\}_{Pa} \tag{8-137}$$

图 8-45 绘出了对于 $l=1$ mm，$d=4.87$ μm 的漏孔，分别由式(8-136)表达的短管黏滞流流导和由式(8-137)表达的长管黏滞流流导随上游压力变化的关系曲线。

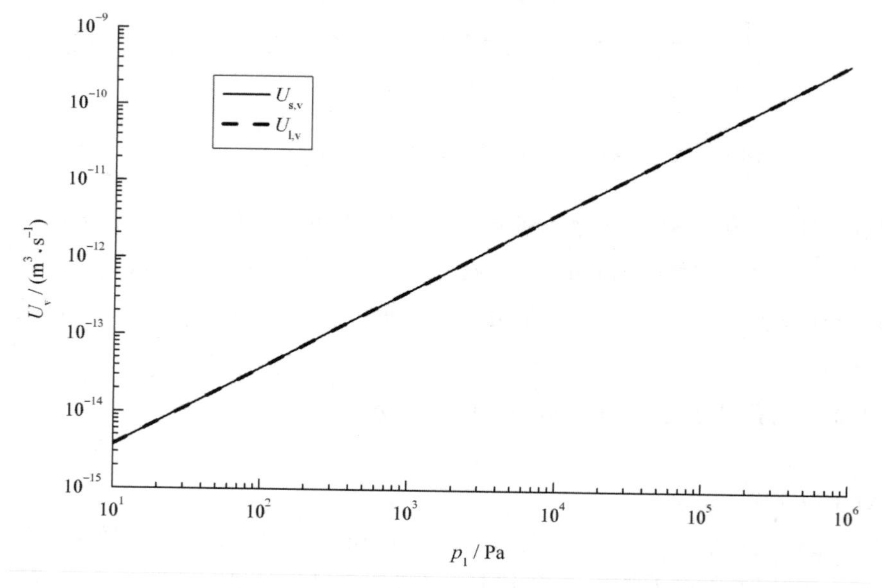

图 8-45　$l=1$ mm，$d=4.87$ μm 时的 $U_{s,v}-p_1$ 和 $U_{l,v}-p_1$ 关系曲线

从图 8-45 可以看到，两条曲线几乎完全重合。也就是说，$l=1$ mm，$d=4.87$ μm 漏孔的黏滞流流导完全可以按长管对待。

(3) 对于过渡流。

鉴于 $l=1$ mm，$d=4.87$ μm 的漏孔在分子流下可以近似看作是长管，黏滞流下完全可以按长管对待，所以在过渡流下按长管对待也应该没有多大问题。由式(8-116)得到，对于 $l=1$ mm，$d=4.87$ μm 的漏孔：

$$\{U_{1,\mathrm{mv}}\}_{\mathrm{m^3/s}}=3.71\times10^{-16}\ \{p_1\}_{\mathrm{Pa}}+\frac{1.42\times10^{-11}+6.32\times10^{-15}\ \{p_1\}_{\mathrm{Pa}}}{1+5.53\times10^{-4}\ \{p_1\}_{\mathrm{Pa}}} \tag{8-138}$$

图 8-46 绘出了由式(8-135)表达的分子流流导，由式(8-137)表达的黏滞流流导，由式(8-138)表达的过渡流流导，随上游压力变化的关系曲线。

用式(8-91)对图 8-46 所示数据进行运算，得到漏孔的流量随上游压力变化的关系曲线，如图 8-47 所示。可以看到，该漏孔在 $p_1=1.0\times10^5$ Pa 下的分子流流量约为 1.4 Pa·cm^3/s，而实际流量肯定大于 1.4 Pa·cm^3/s。

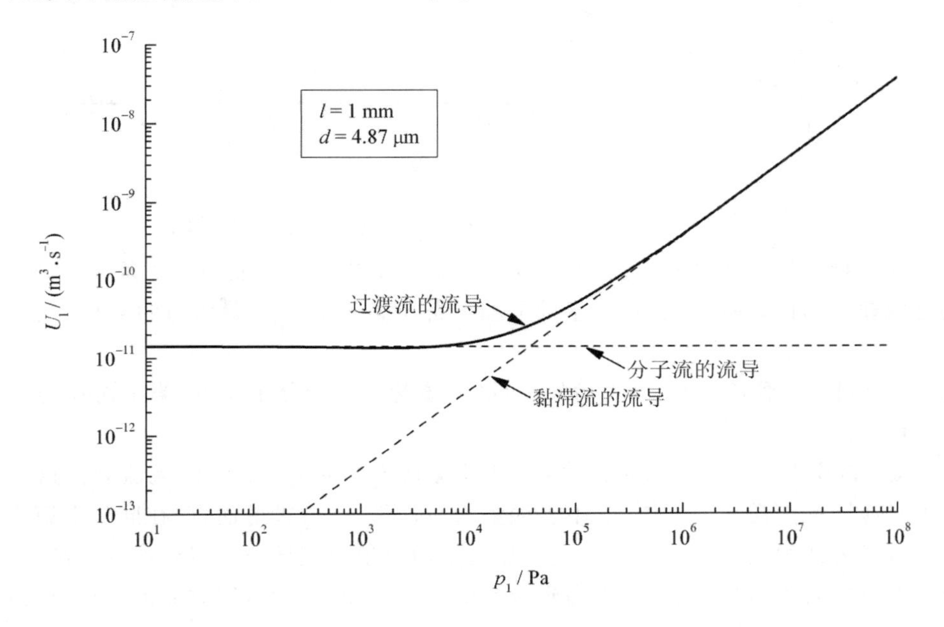

图 8-46　$l=1$ mm，$d=4.87$ μm 时的 U_1-p_1 关系曲线

8.4.5　讨论

由 8.4.4 节得知，密封器件漏孔的长度 l 一般可按(0.1 ~ 1) mm 估计，因而由式(8-10)和式(8-111)得到，等效标准漏率 L 小于 1 Pa·cm^3/s 时直径 d 肯定在微米量级或更小，即 $l\gg d$，可视为毛细管。密封器件氦质谱细检漏压氦法(即背压检测)的创始人 D. A. Howl 等提出，当毛细管的 L 和 l 的乘积小于 10^{-1} Pa·cm^4/s 时可视为完全的分子流状态[12]。由此得到密封器件等效标准漏率 L 小于 1 Pa·cm^3/s 时可视为完全的分子流状态，因而适用压氦法检漏，并与前述可检漏率最小的两种粗检方法相衔接，可以配合使用。这一结论同样适合于预充氦法。

然而，检漏领域存在另一种说法，即：对于一般通道型标准漏孔来说，当漏孔直径 $d>5$ μm 时，对应漏率为 10^0 Pa·cm^3/s 以上，可以认为是黏滞流。当漏孔直径 $d<1$ μm 时，对应漏率为 10^{-3} Pa·cm^3/s 以下，认为是分子流[39]。如果这种说法也适用于密封器件氦质谱细检漏，那就与前述可检漏率最小的两种粗检方法不相衔接，这就失去了使用密封器件氦质

谱细检漏的必要条件。

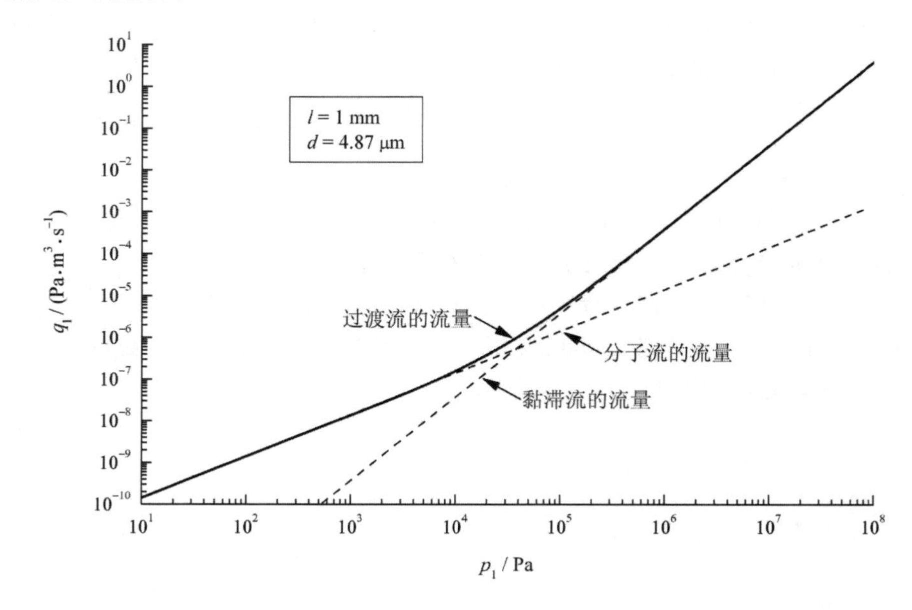

图 8-47 $l=1$ mm, $d=4.87$ μm 时的 $q_{N2}-p_1$ 关系曲线

由于这两种认识大相径庭,且涉及使用密封器件氦质谱细检漏的必要条件,非常有必要澄清孰是孰非。为此,在以上分析的基础上和下游压力远低于上游压力的前提下进行以下讨论:

(1) 对于同一根管道而言,当上游压力低时,该管道处于分子流下;当上游压力高时,该管道处于黏滞流下。

(2) 我们常说对于同一根管道而言,其黏滞流流导明显大于分子流流导。这一说法,显然并不对应同一上游压力。因此,不能误解为,对于同一根管道而言,在同一上游压力下,用黏滞流流导公式得到的计算结果总是明显大于用分子流流导公式得到的计算结果。从以上四个示例可以看到,仅当上游压力高到该管道处于黏滞流下时,用黏滞流流导公式得到的计算结果才明显大于用分子流流导公式得到的计算结果;而当上游压力低到该管道处于分子流下时,用黏滞流流导公式得到的计算结果会明显低于用分子流流导公式得到的计算结果,即情况正好相反。也就是说,当上游压力低到一定程度表现为分子流时,若用黏滞流流导公式计算,得到的流导值就会低于实际值;而当上游压力高到一定程度表现为黏滞流时,若用分子流流导公式计算,得到的流导值也会低于实际值。

(3) 随着上游压力不断增高,一旦流导开始增加,就认为气流状态已偏离分子流,即从流导角度观察气流是否偏离分子流状态是非常灵敏的;而从流量角度,随着上游压力不断增高,仅当流量随之的增大明显偏离分子流流导与上游压力的乘积时,才认为气流已偏离分子流状态,即从流量角度观察气流是否偏离分子流状态是非常不灵敏的。考虑到密封器件氦质谱细检漏的漏率测量并不精密,情况更是这样。

(4) 密封器件漏孔尺寸为 $l=0.1$ mm, $d=2.26$ μm 和 $l=1$ mm, $d=4.87$ μm—— 两种情况下分子流下的等效标准漏率都约为 1.4 Pa · cm³/s—— 是 $L_0=1.4$ Pa · cm³/s 合理性验证所需要的漏孔尺寸。

(5) 泄漏阀改装成恒定流导无法做到 $l=(0.1\sim1)$ mm 这么短;激光打孔是目前最精细

的打孔技术，但制作不了如此又细又长的漏孔。因此，还无法实验测定密封器件当等效标准漏率为 1.4 Pa·cm^3/s 时，在压氦法或预充氦法过程中是否明显偏离分子流状态。

(6) 如果上游压力 p_1 达到标准漏率要求的 1.01×10^5 Pa，8.4.3 节四个示例所用的漏孔的流量均远大于 1.4 Pa·cm^3/s，说明这四个示例所用漏孔对于 $L_0=1.4$ Pa·cm^3/s 的合理性验证而言都不够微小。

(7) 文献[36] 和文献[38] 使用激光钻孔得到的漏孔，l 与 d 处于同一量级；而文献[35] 使用泄漏阀改装成的漏孔，$l \gg d$。所以文献[35]的结果更有参考意义。而文献[35]偏离分子流状态的上游压力较高。图 8-41 当 $p_1=2\times10^4$ Pa 时，流量已达到 1.3×10^{-5} Pa·m^3/s，仍基本处于分子流状态，按照图 8-39 的趋势，估计即使 $p_1=1\times10^5$ Pa 时，还不会脱离分子流状态，这是 $L\leqslant1.4$ Pa·cm^3/s 的漏孔基本处于分子流状态的重要佐证。

(8) 对于任务允许的最大标准漏率 L_{max} 远低于 1.4 Pa·cm^3/s 的密封器件(例如空气严酷等级要求高的军品密封器件)，漏率不合格的产品只要保证候检时间不超过最长候检时间，就可以通过测量漏率报警或粗检剔除。这里并不直接涉及接近 1.4 Pa·cm^3/s 的标准漏率是否偏离分子流状态的问题。

(9) 当密封器件的等效标准漏率 L 接近 1.4 Pa·cm^3/s 时，在压氦法的压氦过程中，由于压氦压力一般在 2×10^5 Pa 以上，由图 8-44 和图 8-47 可以看到，从流量角度会处于黏滞流状态。对于同一个几何形状的漏孔而言，与按照分子流状态的计算值相比，流量偏大，因而压氦结束后密封器件内部的氦分压也会偏大，导致测量漏率偏大，即偏保守。

(10) 在压氦法的候检期间和氦质谱检测期间，密封器件内部的氦分压通常明显低于 1×10^5 Pa，因而 $L\leqslant1.4$ Pa·cm^3/s 的产品从漏率角度处于分子流状态。

(11) 对于预充氦法而言，密封器件内部的氦分压通常低于 1×10^5 Pa，因而 $L\leqslant1.4$ Pa·cm^3/s 的产品从漏率角度可以认为处于分子流状态。

8.4.6　小结

通过以上合理性分析得到，对于密封器件氦质谱细检漏而言，密封器件等效标准漏率 L 的上限取 1.4 Pa·cm^3/s 可以满足气流处于分子流状态的要求，且此上限大于粗检的下限。而文献[39] 中“当漏孔直径 $d<1$ μm 时，对应漏率为 10^{-3} Pa·cm^3/s 以下，认为是分子流”的说法对于密封器件氦质谱细检漏而言，显得过于保守、过于严酷，应予舍弃。

8.5　检 测 方 法

8.5.1　条件保障

8.5.1.1　一般要求

(1) 环境。

检测场地应符合如下环境要求：

1) 环境温度：23 ℃ ± 7 ℃。

2) 相对湿度：< 80%。

3) 无强磁场干扰，无剧烈振动，无腐蚀性气体。

4）环境通风平稳，无氦气污染。

5）洁净度优于 100 000 级[40]。

（2）人员。

检测人员取得泄漏检测资格证书[41]，并从事与其证书相应的泄漏检测技术工作。

（3）材料。

检测使用的氦气纯度（体积分数）应不低于 99.99%[42]，检测使用的氮气为工业氮[43]，检测所用压缩空气的净化等级为 GB/T 13277.1　2 3 1（即固定颗粒等级为 2，湿度等级为 3，含油等级为 1）[44]。

（4）安全。

检测人员工作过程中必须遵守如下安全规程：

1）压氦箱和连接管道必须经过 1.5 倍压氦压力强度试验；

2）压氦压力应不高于被检器件所能够承受压力；

3）严格控制压氦箱压氦和排气速率，达到试验压力的压氦时间和排气时间均不得小于 20 s。

8.5.1.2　仪器与设备

（1）概述。

密封器件氦质谱细检漏的压氦法包括压氦、净化、检漏等三个步骤（预充氦法没有压氦步骤），所需检测仪器与设备主要有压氦箱、检测室、标准漏孔、氦质谱检漏仪及其他附属设备，检漏系统如图 8－48 所示。

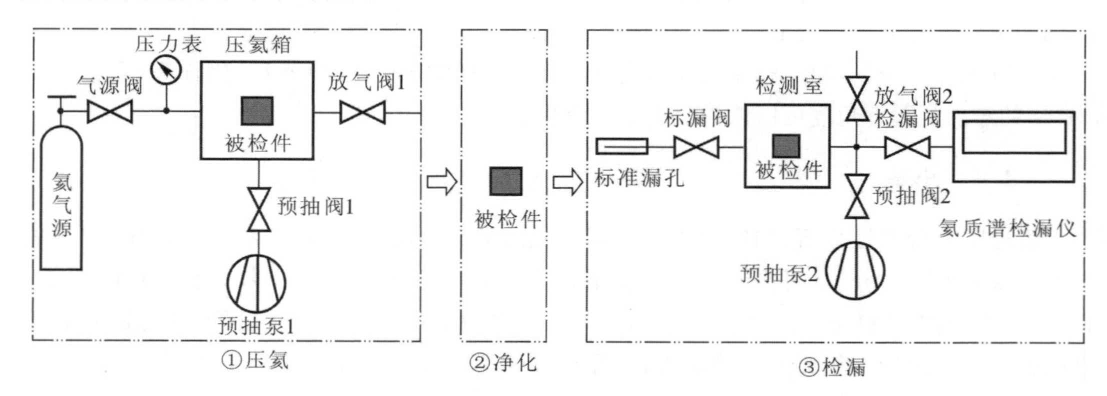

图 8－48　密封器件氦质谱细检漏系统原理图

（2）压氦箱。

压氦箱应符合如下要求：

1）应能承受绝对压力为 1.5 倍压氦压力的内压及绝对压力为 1×10^{5} Pa 的外压；

2）箱内压力为 5×10^{5} Pa 的绝对压力下，8 h 内的压降应小于 0.2×10^{5} Pa。

（3）检测室。

检测室应符合如下要求：

1）有效容积应能容纳被检器件并尽量小；

2）密封后应能抽真空至 5 Pa 以下压力；

3）应有标准漏孔接口。

(4) 标准漏孔。

标准漏孔应符合如下要求：

1) 漏率标称值应满足检漏要求；

2) 在标定或检定有效期内使用。

(5) 氦质谱检漏仪。

氦质谱检漏仪应满足文献[45]所规定的要求。

8.5.1.3　检测准备

(1) 检漏系统准备。

1) 启动检漏仪并调节检漏仪工作参数，使检漏仪处于检漏工作状态；

2) 将没有压氦的被检器件或没有预充氦的被检器件替代品放入检测室，将检测室抽真空至 5 Pa 以下；

3) 调准①检漏系统：在标漏阀关闭状态调整检漏仪输出指示至零点，在标漏阀开启状态调节放大器的放大倍数，使检漏仪输出指示值与标准漏孔漏率值一致；

4) 校核检漏装置的有效最小可检漏率，其值应小于要求的最小测量漏率的 1/10。

(2) 被检器件准备。

1) 对被检器件的表面附着物进行清洁处理；

2) 使用压氦法检漏且被检器件允许加热时，可将其放入烘箱中烘烤，并根据被检器件耐热性能确定温度和保温时间；否则用氮气或干燥空气连续吹被检器件表面 5 min 以上。

(3) 确定任务允许的最大标准漏率 L_{max}。

根据对密封器件的严酷等级要求，由图 8-49 或式(8-15)查出或算出任务允许的最大标准漏率 L_{max}。

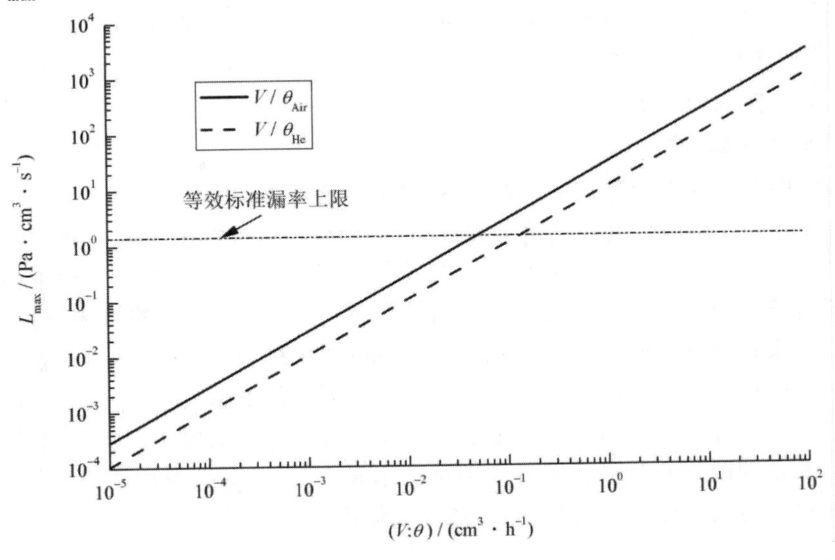

图 8-49　$L_{max}-V/\theta$ 关系曲线

① 4.1.1.1 节给出，校准(calibration，本书称为标定)的定义为："在规定条件下的一组操作，其第一步是确定由测量标准提供的量值与示值之间的关系，第二步则是用此信息确定由示值获得测量结果的关系，这里测量标准提供的量值与相应示值都具有测量不确定度。"此处的含义与该定义不同，所以叙述时采用"调准"而不用"校准"。

8.5.2 压氦法的检测程序

附录表B-1依据式(8-32)给出了压氦法的试验条件、任务允许的最大标准漏率和允许的最大测量漏率之间的关系。表中已考虑到候检时间 t_{2e} 应不超过保证 $L_{max,H} \geqslant L_0$ 的最长候检时间 $t_{2e,max}$，为避免使用压氦法时耗费过多的时间并受到篇幅的限制，表中候检时间最长只给到480 min。表中各项参数均可采用内插值，但不允许外延。如确有必要进一步延长候检时间，或其他试验条件超出附录表B-1所给出的范围，可以采用附录C.4节所给出的压氦法的计算程序。

8.5.2.1 压氦

压氦步骤如下：

(1) 将被检器件放入压氦箱中，将压氦箱抽真空至100 Pa以下。

(2) 根据被检器件内腔的有效容积 V 在附录表B-1中选择压氦压力 p_e(绝对压力)、压氦时间 t_1，根据空气的严酷等级 θ_{air} 或任务允许的最大标准漏率 L_{max}，由式(8-42)(当 $L_{max} < L_0$ 时)或式(8-43)(当 $L_{max} \to L_0$ 时)得到保证 $L_{max,H} \geqslant L_0$ 的最长候检时间 $t_{2e,max}$，如附录表B-2所示。依据8.2.4节所述原则选取候检时间 t_{2e}，从附录表B-1查出被检器件允许的最大测量漏率 $R_{e,max}$，并将其设置为检漏仪的报警点。

(3) 将纯氦气缓慢充入压氦箱中，充气时间不小于20 s，当压氦箱中压力达到选定的压力 P_e 后保压至选定的压氦时间 t_1。

8.5.2.2 净化

净化步骤如下：

(1) 用20 s以上时间排放压氦箱中的氦气至零表压。

(2) 用氮气或干燥空气对被检器件表面进行喷吹，以去除表面吸附的氦气。

注：净化时间应包含在候检时间 t_{2e} 内。

8.5.2.3 检漏和判定

检漏和判定步骤如下：

(1) 将被检器件放入检测室中，对检测室抽真空至5 Pa以下。

(2) 检漏并记录检漏仪输出指示的漏率值，即为被检器件的测量漏率 R_e。

(3) 如果报警，表明被检器件的等效标准漏率 L 大于任务允许的最大标准漏率 L_{max}，判被检器件不合格；如果不报警，应进一步采用最小可检漏率小于 L_0 的粗检方法对被检器件进行检漏。如果粗检结果有漏，判被检器件不合格；如果粗检结果无漏，判被检器件合格。

(4) 按本节第(3)条判被检器件合格时，可选以下两种方法之一确定等效标准漏率：

1) 以等效标准漏率 L 为纵坐标，测量漏率 R_e 为横坐标，根据实际参数，利用式(8-32)绘制 $L-R_e$ 关系曲线。找到被检器件的测量漏率 R_e，从 R_e-L 关系曲线极大值点 $L_{e,M}$ 以下的部分找到对应的纵坐标，即为被检器件的等效标准漏率 L。

2) 由测量漏率 R_e 按附录C.4节所述，用压氦法的计算程序得到等效标准漏率 L。

8.5.3 压氦法的计算程序

8.5.3.1 搜寻等效标准漏率的流程

对于压氦法，测量漏率 R_e 与被检器件的等效标准漏率 L 的关系如式(8-32)所示。如

8.2.2 节第(5) 条所述,无法得到等效标准漏率 L 的解析表达式。为此,如 8.5.2.3 节步骤(4) 之方法 2) 所述,可以用计算程序得到等效标准漏率 L。为了较快地由测量漏率 R_e 搜寻到等效标准漏率 L,我们采用了黄金分割法。

使用黄金分割法搜寻等效标准漏率 L 要求测量漏率 R_e 必须随等效标准漏率 L 增长呈单调增长。如 8.2.3.4 节所述,控制候检时间 t_{2e} 不大于最长候检时间 $t_{2e,\max}$,就可以保证 $L_{\max,H} \geqslant L_0$,从而符合压氦法"判定漏率合格准则":"$R_e \leqslant R_{e,\max}$,且进一步采用粗检方法排除 L_H 的存在"。因此,采用粗检方法排除 L_H 的存在之后,就可以确认 $L = L_L$,也就是说,等效标准漏率 L 一定不大于压氦法 $R_e - L$ 关系曲线极大值点 $L_{e,M}$。而由图 8-7 可以看到,当 $L \leqslant L_{e,M}$ 时,测量漏率 R_e 随等效标准漏率 L 增长呈单调增长。因此,采用黄金分割法搜寻等效标准漏率 L 是可行的。

为此,使用黄金分割法搜寻等效标准漏率 L 时,首先界定等效标准漏率 L 的下限为零,上限为式(8-38) 给出的 $R_e - L$ 关系曲线极大值点 $L_{e,M}$,接着将此上、下限范围黄金分割为 0.382 : 0.618 两个区间,用式(8-32) 计算分割点处的 R_e 值,实际测量漏率如小于该值,则判定 L 落在小于分割点的区间内;反之,则落在大于分割点的区间内。然后,对 L 所落入的区间再作黄金分割,重复以上步骤,不断缩小分割区间,直至足够精密。其原理程序框图如图8-50 所示。

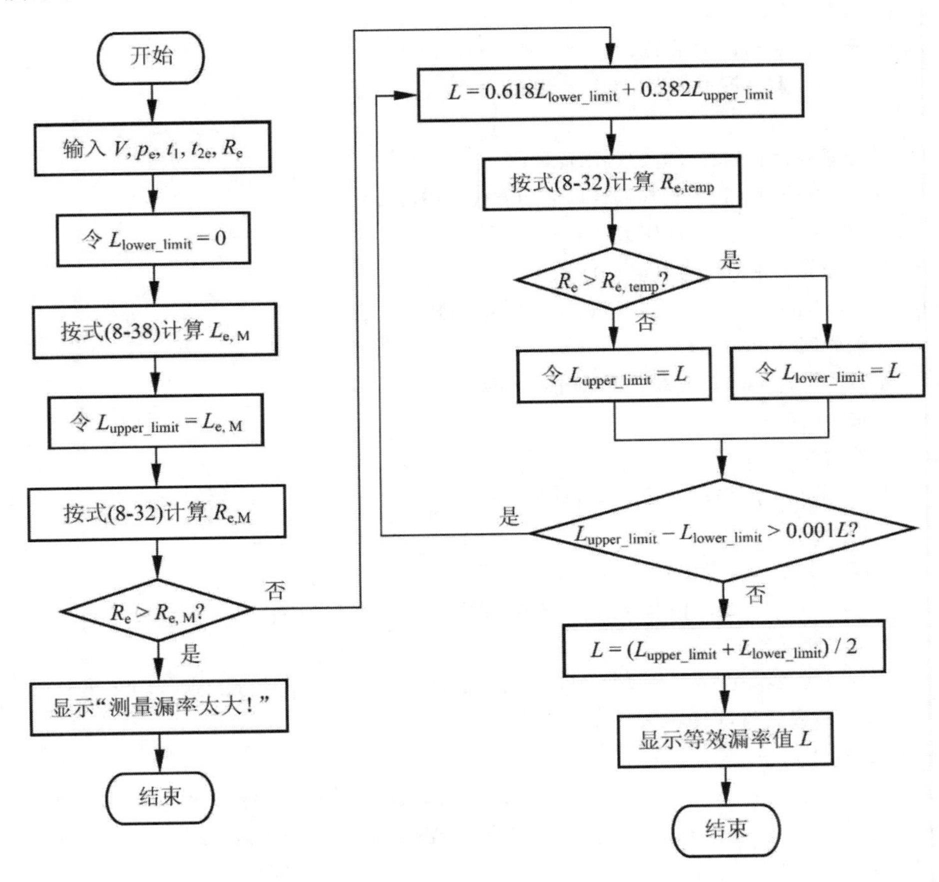

图 8-50　压氦法由测量漏率搜寻等效标准漏率的原理程序框图

8.5.3.2 搜寻等效标准漏率的基本源程序

压氦法由测量漏率搜寻等效标准漏率的基本源程序(Turbo C 2.0)如下：

```
#include "stdio.h"       /* scanf, printf, puts */
#include "math.h"         /* sqrt */
#include "process.h"    /* exit */
main( ) {

  double v/*被检器件内腔的有效容积(mL)*/
  double f/*中间参数(1/(Pa*mL))*/;
  double pe/*压氦箱氦气绝对压力(Pa)*/;
  double t1_min/*压氦时间(min)*/, t1_s/*压氦时间(s)*/;
  doublet2e_min/*候检时间(min)*/, t2e_s/*候检时间(s)*/;
  double l/*等效标准漏率(Pa*mL/s)*/;
  doublel_lower_limit/*等效标准漏率的下限(Pa*mL/s)*/;
  double l_e, m/*Re-L关系曲线极大值点(Pa*mL/s)*/;
  double l_upper_limit/*等效标准漏率的上限(Pa*mL/s)*/;
  double r/*测量漏率(Pa*mL/s)*/;
  double r_temp/*临时的测量漏率上下限(Pa*mL/s)*/;
  double r_e, m/*测量漏率的上限(Pa*mL/s)*/;

  printf("被检器件内腔的有效容积(mL):");
  scanf("%lf", &v);/*键入被检器件内腔的有效容积(mL)*/
  f=2.69/1e5/v;/*1e5为标准压力(Pa)*/
  printf("压氦箱氦气绝对压力(Pa):");
  scanf("%lf", &pe);/*键入压氦箱氦气绝对压力(Pa) */
  printf("压氦时间(min):");
  scanf("%lf", &t1_min);/*键入压氦时间(min)*/
  t1_s=t1_min * 60;
  printf("候检时间(min):");
  scanf("%lf", &t2e_min);/*键入候检时间(min)*/
  t2e_s=t2e_min * 60;
  printf("检漏仪上显示的测量漏率(Pa*mL/s):");
  scanf("%lf", &r);/*键入检漏仪上显示的测量漏率(Pa*mL/s)*/
  l_lower_limit=0;
  l_e, m=v * 1e5/2.69/t2e_s * ((double)1 + (double)0.9 * exp((double)-0.68 * t1_s/t2e_s ));/
*Re-L关系曲线极大值点(Pa*mL/s)*/
  l_upper_limit=l_e, m;
  r_e, m=f * v * l_e, m * pe * ((double)1 - exp((double)-1 * f * l_e, m * t1_s)) * exp
((double)-1 * f * l_e, m * t2e_s);/*相应的测量漏率最大值(Pa*mL/s)*/
  if (r >=r_e, m) {
    puts("测量漏率太大!");
    exit(2);
```

```
  }
  do {/ * 将漏率范围黄金分割为0.382 :0.618,计算确定等效标准漏率L在哪段,把该段作为新的漏率范围,重新黄金分割…… * /
    l=l_lower_limit * 0.618 + l_upper_limit * 0.382;
    r_temp=f * v * l * pe * ((double)1 - exp((double)-1 * f * l * t1_s)) * exp((double)-1 * f * l* t2e_s);
    if (r>r_temp) {
      l_lower_limit=l;
    }
    else {
      l_upper_limit=l;
    }
  }while ((l_upper_limit - l_lower_limit)/l>0.001);/ * 不断缩小漏率范围,直至足够精密 * /

  l=(l_lower_limit + l_upper_limit)/2; / * 被检器件的等效标准漏率 * /
  printf("被检器件的等效标准漏率为%10.4e Pa * mL/s\n", l);
}
```

8.5.3.3　实际程序示例

见附录C.4节。

8.5.4　L_{max} 接近 L_0 时密封器件采用压氦法检漏的合理性分析

根据8.1.3.2节的叙述,高真空密封器件无法用压氦法检漏,即压氦法只适用于内腔充有其他气体(其压力通常可以和大气压相比拟)的密封器件,而压氦时密封器件外部的压氦压力多数为二至五个大气压。8.4.2.1节给出,$T=293\text{K}$ 时氮气分子的平均自由程 $\{\bar{\lambda}_{N2}\}_m=6.47\times10^{-3}/\{p\}_{Pa}$,而氦气分子的平均自由程 $\{\bar{\lambda}_{He}\}_m=1.92\times10^{-2}/\{p\}_{Pa}$。本节以一个示例为代表,分析 L_{max} 接近 L_0 时密封器件采用压氦法检漏的合理性。

有一个月球样品密封封装装置,内腔有效容积为 $4.423\times10^{-3}\ \text{m}^3$,任务允许的最大标准漏率 $L_{max}=1\times10^{-6}\ \text{Pa}\cdot\text{m}^3/\text{s}$。按8.1.2节给出的标准漏率(standard leakage rate)定义,可以计算出任务允许的漏孔对空气的最大流导为

$$U_{air,max}=\frac{L_{max}}{p^{\circ}} \tag{8-139}$$

式中　$U_{air,max}$——任务允许的漏孔对空气的最大流导,m^3/s。

由式(8-139)得到,$U_{air,max}=9.87\times10^{-12}\ \text{m}^3/\text{s}$。

该装置压氦前已充好 $p_{t=0}=0.2\ \text{MPa}$ 的氮气,压氦箱的压力按 $p_e=0.4\ \text{MPa}$ 计算。据此,压氦时气流状态应为黏滞流,按式(8-97)所示黏滞流下长圆管公式估计该漏孔的尺寸:

$$d_{max}=\left(\frac{128\eta l U_{air,max}}{\pi\bar{p}}\right)^{1/4} \tag{8-140}$$

式中　d_{max}——任务允许的漏孔最大直径,m。

鉴于0.4 MPa,300 K下氦气的黏滞系数 $\eta_{He}=1.9940\times10^{-5}\ \text{Pa}\cdot\text{s}$[30] 与0.2 MPa,300

K 下氮气的黏滞系数 $\eta_{N2}=1.7913\times10^{-5}$ Pa·s[30] 比较接近,可以认为压氦时容器外部为氦气、容器内部为氮气的情况下,式(8-140)中的气体黏滞系数 η 可以采用 η_{He} 和 η_{N2} 的平均值,即 $\eta=1.893\times10^{-5}$ Pa·s。l 按 2×10^{-3} m 估计,则由式(8-140)得到 $d_{max}=2.67\times10^{-6}$ m。可见按长管估计是合理的。

由 $\{\bar{\lambda}_{N2}\}_m=6.47\times10^{-3}/\{p\}_{Pa}$ 和 $p=0.2$ MPa 得到 $\bar{\lambda}_{N2}=3.235\times10^{-8}$ m,而 $d_{max}=2.67\times10^{-6}$ m,故 $K_n=1.21\times10^{-2}$;由 $\{\bar{\lambda}_{He}\}_m=1.92\times10^{-2}/\{p_e\}_{Pa}$ 和 $p_e=0.4$ MPa 得到 $\bar{\lambda}_{He}=4.8\times10^{-8}$ m,而 $d_{max}=2.67\times10^{-6}$ m,故 $K_n=1.8\times10^{-3}$。从 2.3.6 节表 2-2 可以看到,气流状态确实为黏滞流。

为了与有关公式相衔接,我们将式(8-98)改写为

$$\bar{p}=\frac{p+p_e}{2} \tag{8-141}$$

式中 p—— 压氦期间封装装置容器内部的气压,Pa。

压氦期间漏孔漏入的氦气流量为

$$q_1=U_{1,v}(p_e-p) \tag{8-142}$$

将式(8-141)代入式(8-97)后再代入式(8-142),得到

$$q_1=\frac{\pi d^4}{256\eta l}(p_e^2-p^2) \tag{8-143}$$

将式(8-143)代入式(8-18),得到

$$\frac{dp}{p_e^2-p^2}=\frac{\pi d^4}{256\eta lV}dt \tag{8-144}$$

由式(8-144)得到

$$\frac{1}{2p_e}\left(\ln\frac{p_e+p}{p_e-p}\right)\Bigg|_{p=p_{t=0}}^{p=p_{t1}}=\frac{\pi d^4}{256\eta lV}t\Big|_{t=0}^{t=t_1} \tag{8-145}$$

式中 $p_{t=0}$—— 压氦前容器内部所充氮气的压力,Pa;

p_{t1}—— 压氦结束时容器内部氮-氦混合气的压力,Pa。

由式(8-145)得到压氦结束时容器内部的氦分压为

$$p_{t1}-p_{t=0}=\frac{p_{t=0}\left[1+\exp\left(-\frac{\pi d^4 p_e}{128\eta lV}t_1\right)\right]+p_e\left[1-\exp\left(-\frac{\pi d^4 p_e}{128\eta lV}t_1\right)\right]}{p_{t=0}\left[1-\exp\left(-\frac{\pi d^4 p_e}{128\eta lV}t_1\right)\right]+p_e\left[1+\exp\left(-\frac{\pi d^4 p_e}{128\eta lV}t_1\right)\right]}p_e-p_{t=0} \tag{8-146}$$

若取压氦时间 $t_1=600$ min,在 $p_{t=0}=0.2$ MPa 的情况下,由式(8-146)得到压氦结束时容器内部的氦分压为 $p_{t1}=16.09$ Pa。

然而,从 8.2.2 节的叙述可以看到,压氦法是按分子流状态计算压氦结束时容器内部的氦分压的,由于分子流下可以只考虑所关心气体的分压力,因此 p_{t1} 与压氦前容器内部所充其他气体的压力值($p_{t=0}$)大小无关。

由式(8-111)得到,$l=2\times10^{-3}$ m, $d=2.67\times10^{-6}$ m 的漏孔对空气的流导为 $U_{air}=1.14\times10^{12}$ m^3/s, 且

$$\frac{U_{air}}{U_{He}}=\sqrt{\frac{M_{He}}{M_{air}}} \tag{8-147}$$

式中 U_{air}—— 密封器件漏孔对空气的的流导，m^3/s。

将式(8-147)代入式(8-28)，得到

$$p_{t1}=p_e\left[1-\exp\left(-\frac{t_1U_{air}}{V}\sqrt{\frac{M_{air}}{M_{He}}}\right)\right] \tag{8-148}$$

由式(8-148)得到 $t_1=600$ min下 $p_{t1}=9.983$ Pa。

由此可以看到，在此例中把压氦过程的气流状态本属于黏滞流而当成分子流，对于同一漏孔而言，会使真实的压氦结束时容器内部的氦分压在主观认知中缩水至62.04%，导致真实显示的测量漏率在主观认知中同比缩水。从而把一部分原本漏率刚刚合格的产品误认为不合格。然而，我们知道，从泄漏角度计算用于真空环境中的密封器件的使用寿命时，如8.1.3.1节所述，也是把本属于黏滞流的泄漏当成分子流对待的，相抵下来，合格与否的判断还是相当准确的。由此可见，L_{max} 接近 L_0 时密封器件采用压氦法检漏仍然是合理的。

8.5.5 预充氦法的检测程序

附录表B-3依据式(8-55)给出了预充氦法的试验条件、任务允许的最大标准漏率 L_{max} 和对应的测量漏率 $R_{i,max}$ 之间的关系。预充氦压力 p_i 值与附录表B-3中设定值不一致时，$R_{i,max}$ 以同样比例改变。表中各项参数均可采用内插值，但不允许外延。如果试验条件超出附录表B-3所给出的范围，可以采用附录C.5节所给出的预充氦法的计算程序。

8.5.5.1 分类

根据被检器件内腔的有效容积 V、空气的严酷等级 θ_{air} 或任务允许的最大标准漏率 L_{max}，从附录表B-3中选择候检时间 t_{2i}，得到相应的 R_i-L 关系曲线极大值点 $L_{i,M}$。由式(8-60)(当 $L_{max}<L_0$ 时)或式(8-61)(当 $L_{max}\rightarrow L_0$ 时)确定 $t_{2i,cp1}$，如附录表B-4所示。依据 $t_{2i}\leqslant t_{2i,cp1}$(即 $L_{max,H}\geqslant L_0$)或 $t_{2i}>t_{2i,cp1}$(即 $L_{max,H}<L_0$)，检测程序分为两类，如8.5.5.2节和8.5.5.3节所述，并列于附录表B-5中。

8.5.5.2 $t_{2i}\leqslant t_{2i,cp1}$ 时的检测程序

当 $t_{2i}\leqslant t_{2i,cp1}$(即 $L_{max,H}\geqslant L_0$)时，附录表B-3中 $R_{i,max}$ 值排为黑体字。

(1)由附录表B-3查出与 L_{max} 对应的测量漏率 $R_{i,max}$，并将其设置为检漏仪的报警点。预充氦压力 p_i 值与附录表B-3中设定值不一致时，$R_{i,max}$ 以同样比例改变。

(2)将被检器件放入检测室中，用预抽泵对检测室抽真空至5 Pa以下，在选择的候检时间 t_{2i} 时刻记录检漏仪输出指示漏率值，该值即为 t_{2i} 时刻被检器件的测量漏率 R_i。

(3)如果报警，表明被检器件的等效标准漏率 L 等于或大于任务允许的最大标准漏率 L_{max}，判被检器件不合格；如果不报警，应进一步采用最小可检漏率小于 L_0 的粗检方法对被检器件进行检漏：如果粗检结果有漏，判被检器件不合格；如果粗检结果无漏，判被检器件合格。

(4)按本节第(3)条判被检器件合格时，可选以下两种方法之一确定等效标准漏率：

1)以等效标准漏率 L 为纵坐标，测量漏率 R_i 为横坐标，根据实际参数，利用式(8-55)绘制 $L-R_i$ 关系曲线。找到被检器件的测量漏率 R_i，从 R_i-L 关系曲线极大值点 $L_{i,M}$ 以下的部分找到对应的纵坐标，即为被检器件的等效标准漏率 L。

2) 由测量漏率 R_i 按附录 C.5 节所述,用预充氦法的计算程序得到等效标准漏率 L。

8.5.5.3 $t_{2i} > t_{2i,\ cp1}$ 时的检测程序

由式(8-62) 确定 $t_{2i,\ cp2}$,如附录表 B-4 所示。当 $t_{2i} > t_{2i,\ cp1}$(即 $L_{max,\ H} < L_0$) 时,附录表B-3 中 $R_{i,\ max}$ 值排为正体字(当 $t_{2i} \leqslant t_{2i,\ cp2}$ 时) 或灰底斜体字(当 $t_{2i} > t_{2i,\ cp2}$ 时)。

(1) 由附录表 B-3 查出与 L_{max} 对应的测量漏率 $R_{i,\ max}$,不设检漏仪的报警点。

(2) 按照 8.5.5.2 节第(2) 条的规定操作。

(3) 当 $R_i > R_{i,\ max}$,且 $t_{2i} \leqslant t_{2i,\ cp2}$(即 $L_{max} \leqslant L_{i,\ M}$) 时(正体字),漏率不合格。

(4) 当 $R_i > R_{i,\ max}$,但 $t_{2i} > t_{2i,\ cp2}$(即 $L_{max} > L_{i,\ M}$) 时(灰底斜体字),或 $R_i \leqslant R_{i,\ max}$ 时(正体字或灰底斜体字),需进一步用压氦法复检:

1) 复检时由图 8-28 依据 V 和 t_{2i} 的实际值选择恰当的 p_e 和 t_1,使得 $t_{2i,\ max} \geqslant t_{2i}$(即 $R_{e\_Li,\ M} \geqslant 1 \times 10^{-6}\ \text{Pa} \cdot \text{cm}^3/\text{s}$),由图 8-26 依据 V 和 t_{2i} 的实际值选择恰当的 t_{2e},使得 $t_{2e} \leqslant t_{2e,\ max}$,复检时显示的测量漏率 $R_{i\text{-}e}$ 扣除本底 R_i 后得到 R_e,并用式(8-76) 计算与 $L_{i,\ M}$ 对应的压氦法测量漏率 $R_{e\_Li,\ M}$。

2) 若 R_e 不大于 $R_{e\_Li,\ M}$,且粗检结果无漏时,判被检器件漏率合格,且 $L = L_L$,并按 8.5.5.2 节第(4) 条所述方法确定等效标准漏率。

3) 若 R_e 大于 $R_{e\_Li,\ M}$,对于 $R_i > R_{i,\ max}$,但 $t_{2i} > t_{2i,\ cp2}$,需依据 8.5.2.3 节第(3) 条和第(4) 条所述方法,确定被检器件漏率是否合格和合格时的等效标准漏率;而对于 $R_i \leqslant R_{i,\ max}$,判被检器件漏率不合格。

8.5.6 预充氦法的计算程序

8.5.6.1 搜寻等效标准漏率的流程

对于预充氦法,测量漏率 R_i 与被检器件的等效标准漏率 L 的关系如式(8-55) 所示。如 8.3.1 节第(3) 条所述,无法得到等效标准漏率 L 的解析表达式,为此,如 8.5.5.2 节程序(4) 之方法 2) 所述,当 $t_{2i} \leqslant t_{2i,\ cp1}$(即 $L_{max,\ H} \geqslant L_0$) 时,可以用附录 C.5 节所给出的计算程序得到等效标准漏率 L。为了较快地由测量漏率 R_i 搜寻到等效标准漏率 L,我们采用了黄金分割法。

使用黄金分割法搜寻等效标准漏率 L 要求测量漏率 R_i 必须随等效标准漏率 L 增长呈单调增长。如 8.3.2 节所述,当 $t_{2i} \leqslant t_{2i,\ cp1}$ 时,就可以保证 $L_{max,\ H} \geqslant L_0$。因此,当 $t_{2i} \leqslant t_{2i,\ cp1}$ 时,采用粗检方法排除 L_H 的存在之后,就可以确认 $L = L_L$,也就是说,等效标准漏率 L 一定不大于充氦法 $R_i - L$ 关系曲线的极大值点 $L_{i,\ M}$。而由图 8-17 可以看到,当 $L \leqslant L_{i,\ M}$ 时,测量漏率 R_i 随等效标准漏率 L 增长呈单调增长。因此,当 $t_{2i} \leqslant t_{2i,\ cp1}$ 时,采用黄金分割法搜寻等效标准漏率 L 是可行的。

为此,使用黄金分割法搜寻等效标准漏率 L 时,首先界定等效标准漏率 L 的下限为零,上限为式(8-57) 给出的 $R_i - L$ 关系曲线极大值点 $L_{i,\ M}$,接着将此上、下限范围黄金分割为 0.382∶0.618 两个区间,用式(8-55) 计算分割点处的 R_i 值,实际测量漏率如小于该值,则判定 L 落在小于分割点的区间内;反之,则落在大于分割点的区间内。然后,对 L 所落入的区间再作黄金分割,重复以上步骤,不断缩小分割区间,直至足够精密。其原理程序框图如图 8-51 所示。

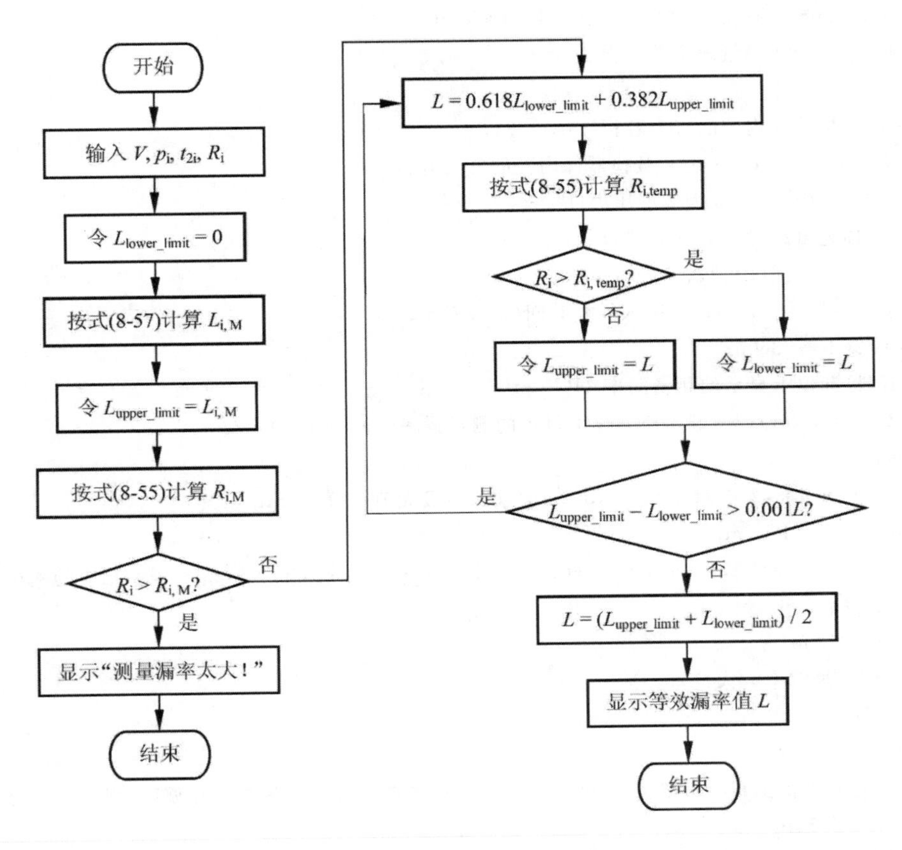

图 8－51　预充氦法当 $t_{2i} \leqslant t_{2i,\ cp1}$（即 $L_{max,\ H} \geqslant L_0$）时计算等效标准漏率的原理程序框图

8.5.6.2　搜寻等效标准漏率的基本源程序

预充氦法当 $t_{2i} \leqslant t_{2i,\ cp1}$（即 $L_{max,\ H} \geqslant L_0$）时，由测量漏率计算漏率的基本源程序（Turbo C 2.0）如下：

```
#include "stdio. h"       /* scanf, printf, puts */
#include "math. h"         /* sqrt */
#include "process. h"     /* exit */
main( ) {

  double v/*被检器件内腔的有效容积(mL)*/;
  double f/*中间参数(1/(Pa*mL))*/;
  double pi/*预充氦绝对压力(Pa)*/;
  doublet2i_h/*候检时间(h)*/, t2i_s/*候检时间(s)*/;
  double l/*等效标准漏率(Pa*mL/s)*/;
  doublel_lower_limit/*等效标准漏率的下限(Pa*mL/s)*/;
  double l_i, m/*Ri-L关系曲线极大值点(Pa*mL/s)*/;
  double l_upper_limit/*等效标准漏率的上限(Pa*mL/s)*/;
  double r/*测量漏率(Pa*mL/s)*/;
```

```
double r_temp/ * 临时的测量漏率上下限(Pa * mL/s) * /;
double r_i，m/ * 测量漏率的上限(Pa * mL/s) * /;

printf("被检器件内腔的有效容积(mL)：");
scanf("%lf", &v);/ * 键入被检器件内腔的有效容积(mL) * /
f=2.69/1e5/v;/ * 1e5 为标准压力(Pa) * /
printf("预充氦绝对压力(Pa)：");
printf("候检时间(h)：");
scanf("%lf", &t2i_h);/ * 键入候检时间(h) * /
t2i_s=t2i_h * 3600;
printf("检漏仪上显示的测量漏率 (Pa * mL/s)：");
scanf("%lf", &r);/ * 键入检漏仪上显示的测量漏率(Pa * mL/s) * /
l_lower_limit=0;
l_i，m=v * 1e5/2.69/t2i_s;/ * Ri-L 关系曲线极大值点(Pa * mL/s) * /
l_upper_limit=l_i，m;
r_i，m=f * v * l_i，m * pi * exp((double)-1 * f * l_i，m * t2i_s);/ * 相应的测量漏率最大值
(Pa * mL/s) * /
if (r>=r_i，m) {
  puts("测量漏率太大!");
  exit(2);
}
do {/ * 将漏率范围黄金分割为 0.382 :0.618,计算确定等效标准漏率 L 在哪段,把该段作为新的漏率范
围,重新黄金分割…… * /
  l=l_lower_limit * 0.618 + l_upper_limit * 0.382;
  r_temp=f * v * l * pi * exp((double)-1 * f * * l t2i_s);
  if (r>r_temp) {
    l_lower_limit=l;
  }
  else {
    l_upper_limit=l;
  }
}while ((l_upper_limit - l_lower_limit)/l>0.001);/ * 不断缩小漏率范围,直至足够精密 * /

l=(l_lower_limit + l_upper_limit)/2; / * 被检器件的等效标准漏率 * /
printf("被检器件的等效标准漏率为%10.4ePa * mL/s\n", l);
}
```

8.5.6.3 实际程序示例

见附录 C.5 节。

8.5.7 注意事项

(1) 氦质谱检漏仪房间应有通风设备,与压氦设备应放置于不同房间,以防止氦气泄漏影响[2]。

(2) 为防止被检器件表面附着的杂质或涂覆物堵塞可能存在的漏孔或压氦时吸附氦气，压氦前应先对被检器件作清洗、烘干处理，如允许，最好将被检器件放入烘箱中烘烤，并根据被检器件耐热性能确定温度和保温时间。然后再用氮气或干燥空气连续吹被检器件表面 5 min 以上。订购方作复检时为防止出厂前粗检漏可能堵塞漏孔，这一措施更有必要。

(3) 密封器件氦质谱细检漏装置的有效最小可检漏率不等同于氦质谱检漏仪的最小可检漏率[2]。虽然二者具有类似的计算公式：

$$q_{\min}=\frac{I_n}{I_s-I_0}q_s \tag{8-149}$$

式中　$q_{\min}$—— 氦质谱检漏仪的最小可检漏率，$Pa\times cm^3/s$；

I_n—— 关闭标准漏孔后检漏仪的噪声和漂移的绝对值之和或最灵敏挡刻度的 2%(取其大者)，U(U 指输出量的单位)；

I_s—— 打开标准漏孔后检漏仪的指示值，U；

I_0—— 关闭标准漏孔后检漏仪的指示值，U；

q_s—— 标准漏孔漏率值，$Pa\cdot cm^3/s$。

$$q_{e,\min}=\frac{I_n}{I_s-I_0}q_s \tag{8-150}$$

式中　$q_{e,\min}$—— 密封器件氦质谱细检漏装置的有效最小可检漏率，$Pa\times cm^3/s$。

但是，氦质谱检漏仪的最小可检漏率是在氦质谱检漏仪只接标准漏孔，不接外部检漏系统的条件下测得的[45]。而密封器件氦质谱细检漏装置的有效最小可检漏率是在氦质谱检漏仪接好所有的外部检漏系统，包括没有充氦的被检器件或没有预充氦的被检器件替代品，并调整到实际检漏时的工作状态下测得的[46]。所以密封器件氦质谱细检漏装置的有效最小可检漏率明显大于氦质谱检漏仪的最小可检漏率。

(4) 检漏装置的有效最小可检漏率应不大于要求的最小测量漏率的 1/10。

(5) 检漏时应使用正规厂家生产的符合国家标准的氦气，以免将过多的杂质和水分压入被检器件内腔[2]。

(6) 规定的压氦压力是绝对压力而不是压力表指示的表压。如果误当成表压，可能将密封器件压坏，还可能将合格的密封器件误判为不合格。

(7) 被检器件的压氦压力不能超过其承压能力。

(8) 压氦箱加压充氦前要抽真空，以保证压氦箱中的氦浓度达到标准所要求的 95% ～ 100% 的浓度[2]。

(9) 每次放入压氦箱中的被检器件数量应加以限制，以保证压氦结束到检完最后一个被检器件的时间不超过规定的候检时间。

(10) 将纯氦气缓慢充入压氦箱中，充气时间不小于 20 s，保压结束后也用 20 s 以上时间排放压氦箱中的氦气，以免对被检器件造成过大的气流冲击。

(11) 压氦结束后，用氮气或干燥空气对被检器件表面进行喷吹，以去除表面吸附的氦气。

(12) 在保证表面净化的前提下，尽量缩短被检器件从压氦箱中取出到进行氦质谱检漏之间的候检时间，以免因候检时间过长而造成不能用粗检方法完全排除 L_H 的存在，从而有可能造成漏检(详见 8.2.3.4 节)。

(13) 应该先做密封器件氦质谱细检漏，后作粗检漏，否则粗检漏中所用示漏液体有可能将漏孔堵住,影响细检漏结果[3]。

(14) 粗检法的最小可检漏率应小于细检法的最大可检漏率,以防漏检[2]。

(15) 订购方对预充氦的密封器件进行复检时,如该密封器件有明显漏孔,由于时间很长,内腔中残存的氦气可能已经不多。为此可以先用预充氦法做一次细检,将显示的测量漏率作为本底,再正式用压氦法复检,将显示的测量漏率扣去该本底,所得差值即为不受内腔残存氦气影响的压氦法测量漏率,然后再按压氦法的要求判断该密封器件是否合格。

(16) 为了判定判定漏率是否合格,使用压氦法时,需首先判定 $t_{2e} \leqslant t_{2e,\max}$;用户复检预充氦密封器件时,首先要判定是否 $t_{2i} > t_{2i,\mathrm{cp1}}$,是否 $t_{2i} > t_{2i,\mathrm{cp2}}$,然后分别情况,必要时需进一步用压氦法复检。不仅涉及的参数多、公式多,而且有的公式本身就很复杂,特别是由 R_e 或 R_i 求解 L 时,还遇到不可解析的逆运算。以上种种繁杂性,是事物本身客观规律的反映,只能面对,不能躲避。采用软件编程的办法进行这些判定和计算,可以化繁杂为简单,且准确、快捷、直观、清晰,在密封器件氦质谱细检漏工作中推广应用,可以对保证密封器件长寿命、高可靠,发挥效用。

8.5.8 已有标准简介

(1)美国试验与材料学会标准 ASTM E 493。

如 8.2 节所述,D. A. Howl 等人 1965 年在 Vacuum 杂志上发表了《背压检漏技术》一文,采用压氦(原文为轰击,by bombing)处理后用氦质谱检漏仪检漏的技术解决了密封器件分子流漏孔检测的基本理论问题。在此基础上建立的第一个标准便是美国试验与材料学会(American Society for Testing and Materials, ASTM)标准 ASTM E 493,其第一个版本为-73,最新版本为-11(2017)[3]。该标准也是增加了预充氦(by prefilling)处理法的第一个标准。该标准强调了必须仔细控制压氦压力、压氦时间、候检时间,否则结果会有很大的变化。该标准还阐明了压氦后采取净化步骤的意义所在,以及密封器件氦质谱细检漏后再实施粗检漏的意义所在。

(2)我国航天行业标准 QJ 3212。

我国长期缺乏单独的、与 ASTM E 493 相呼应的氦质谱仪细检漏标准。2005 年发布的我国航天行业标准 QJ 3212[16]弥补了这一不足,且规定得比 ASTM E 493 具体。

(3)国际电工技术委员会标准 IEC 60068-2-17:1994 及我国国家标准 GB/T 2423.23—2013。

我国国家标准 GB/T 2423.23—2013[10]等效采用了国际电工技术委员会(International Electrotechnical Commission, IEC)标准 IEC 60068-2-17:1994[13]。该标准引入了泄漏时间常数和严酷等级的概念,当压氦压力、压氦时间、候检时间均保持不变时,要求的严酷等级与单位有效容积的测量漏率间存在明确的对应关系。并且指出,6 h 的严酷等级主要用于文娱场所的小容积密封器件。60 h 和 600 h 的严酷等级,通常也是用于文娱场所的大容积密封器件或工业上和专用的小样品。1 000 h 的严酷等级主要用于需要高气密等级的地方。该标准首次提出了查表法,规定除非去除吸附的影响需要较长时间,可允许的最长候检时间 $t_{2e,\max}=30$ min。从表中选取恰当的压氦压力 p_e、压氦时间 t_1,可由严酷等级查到允许的测量漏率 R_e 的接受极限及相应的等效标准漏率 L。该标准还提供了诺模图计算法。当候检时间 t_{2e} 足够短且严酷等级 $\geqslant$60 h时,采用诺模图计算法可以得到更为准确的结果或更为灵活地控制试验条件。

对于预充氦密封器件，作为厂家工艺控制的手段，该标准规定应在密封封装后立即进行细检漏试验，并具体规定除特殊情况外测量应在封装后30 min内完成，而对于小样品只能在样品密封后立即进行。

(4) 我国国家军用标准GJB 128A、GJB 360B及GJB 548B。

我国国家军用标准GJB 128A[4]、GJB 360B[17]及GJB 548B[18]采用固定法和灵活法，按内腔有效容积分挡，固定法最长候检时间定为1 h，规定两种压氦压力，对应的压氦时间，以及测量漏率的拒收极限，如果实际测量漏率大于该极限值则产品被拒收；灵活法规定等效标准漏率的拒收规范值，并根据灵活选择的压氦压力、压氦时间、候检时间，由公式计算出测量漏率的极限值，如果实际测量漏率大于该极限值则产品被拒收。

这三个标准对被检器件内腔有效容积划分较粗，对被检器件漏率测试控制不严；测量出了产品的测量漏率后，却无法计算出产品的实际漏率(等效标准漏率)。其最大问题是对任务允许的最大标准漏率L_{max}作了硬性规定，仅按内腔有效容积分挡，而不管任务需求如何不同。且对于固定法，相应的严酷等级仅为几百小时。对于灵活法，内腔有效容积$V \leqslant 0.01\ cm^3$时，严酷等级仅为几十小时；内腔有效容积$V > 0.40\ cm^3$时，严酷等级仅为上百小时；而内腔有效容积在二者之间时，严酷等级与内腔有效容积成正比，从几十小时至上千小时不等。这些规定显然是极不合理的。

(5) 我国国家军用标准GJB/Z 221。

我国国家军用标准GJB/Z 221[2]针对现实存在的种种困惑，详细阐述了密封器件检漏的特点、正确的方法和步骤。特别是对粗检漏试验方法，阐述得十分详尽，值得读者认真阅读。

8.6　本章阐明的主要论点

8.6.1　基本原理

(1) 平常所说的某密封器件不漏，是指存在的微漏漏率小于该密封器件的容许漏率，或规定的恰当检测方法检测不出有漏。密封器件的容许漏率，是指在此漏率以下的密封器件，在寿命期内腔体内的气体成分和气压始终满足使用者的要求。任何一个密封器件，漏气是绝对的，不漏只是相对的。

(2) 密封器件的漏气是由各种各样的微小隙缝或缺陷造成的。电真空器件的漏气，多数发生在金属-玻璃封接或金属-陶瓷封接的地方(如芯柱引线封接处)，有时也发生在单独的电极帽或排气管封接处。此外，金属壳体的焊缝、对接部件的粘接面(如石英挠性加速度计芯柱-伺服电路组件与表壳-表芯组件之间的粘接面)、可拆卸的连接部位(如法兰连接处)和未经锻造压延的金属材料等处，也容易发生漏气。

(3) 金属-玻璃封接或金属-陶瓷封接引起漏气的原因主要有：① 玻璃或陶瓷芯柱的金属引线生长氧化物前表面不清洁，封接面积太小，封接过程中出现气泡或有微小的炸裂；② 器件不小心跌落地面，剪去过长引线时用力不当，过分或重复弯折引线，焊接引线时温度过高等，造成封接炸裂；③ 金属引线搪锡时使用了酸性焊剂，使引线上保证封接的氧化物耗失；④ 冷热冲击使密封性能受到破坏。

(4) 密封器件常用的检漏方法是氦质谱细检漏，并细分为压氦法和预充氦法两种。压氦法氦气来自密封器件外部，预充氦法氦气来自密封器件内部。本章压氦法的有关参数冠以下标 e，预充氦法的有关参数冠以下标 i。压氦法在检漏仪上所显示的漏率（测量漏率）值 R_e 不仅与密封器件的等效标准漏率 L 有关，还与被检器件内腔的有效容积 V、压氦箱氦气绝对压力 p_e、压氦时间 t_1、压氦完毕到正式检漏的候检时间 t_{2e} 有关；预充氦法得到的测量漏率 R_i 也不仅与密封器件的等效标准漏率 L 有关，还与 V、内腔封入氦气的分压力 p_i、封盖后到检漏的候检时间 t_{2i} 有关。

(5) 小漏孔使用压氦法或预充氦法检漏时，显示出较小的测量漏率，同样条件下漏孔越小，显示值越小，这是正常现象。但是，一个很大的漏孔经过候检时间 t_2 以后，内腔中所充的氦气已泄漏得所剩无几，因而在检漏仪上显示的测量漏率却很小，而且同样条件下漏孔越大，显示值越小。也就是说，同一个测量漏率 R 所对应的可能是一个小漏孔，其等效标准漏率为 L_L；也可能是一个大漏孔，其等效标准漏率为 L_H。测量漏率的值既不同于 L_L，也不同于 L_H。在确定的检漏条件和参数下，用密封器件氦质谱细检漏公式由 L_L 可以计算出测量漏率值，由 L_H 也可以计算出相同的测量漏率值。然而，由于得不到逆运算的解析表达式，因此，由测量漏率的值得到 L_L 或 L_H 需要靠公式作图法或程序搜索法才能完成。通常，为了确认 L_L 或 L_H 哪个是正确的，会再作一次粗检漏（粗检漏灵敏度不高，检不出小漏率，但能检出较大的漏率），若粗检漏没有发现漏孔，则 L_L 是正确的；反之 L_H 是正确的。假如 L_L 已经被确认为超过任务允许的最大标准漏率 L_{max}，属于不合格产品，就没有必要再作粗检漏。但这种做法，有一个最长候检时间的限制，以保证 L_H 一定能被粗检漏检出。

(6) 泄漏时间常数是指处于真空环境中且内部充某种气体的密封器件内部压力降至原压力的 36.8%（即 1/e）所需要的时间，或处于某种气体环境中且内部为真空的密封器件内部压力升至 63.2%（即 1－1/e）环境压力所需要的时间。严酷等级是密封器件允许的最小泄漏时间常数，用于表征密封器件从泄漏角度考察的使用寿命：只要严酷等级相同、腔体内部寿命终了时所允许的压力下降百分数相同，具有不同腔体容积、充有不同气体成分的密封器件，从泄漏角度考察的使用寿命必然相同。

(7) 不能把器件所需寿命当成严酷等级。常压密封器件运用于高真空下可能寿命高于严酷等级；而高真空密封器件运用于常压下可能严酷等级比寿命高好几个数量级，以至无法检漏，因此，高真空器件除了靠工艺保证密封外，内部必须要有吸气剂。

(8) 真空检漏给出的漏率指标采用的是标准漏率，而标准漏率的定义是“在上游压力为 (100 ± 5) kPa、下游压力低于 1 kPa、温度为 (23 ± 7) ℃ 的状况下，露点低于 －25℃ 的空气通过一个漏孔的流量”。

(9) 氦质谱检漏是以氦气为示踪气体，使用质谱分析仪器进行密封检测的一种检漏方法。质谱分析仪器的基本工作原理是将不同质量的气体电离后，在磁场中按质量电荷比，将它们在电磁场的作用下分开。运用质谱原理制成的仪器称为质谱计或质谱仪，专为检漏用的质谱仪称为质谱检漏仪。

8.6.2 压氦法原理

(1) 压氦法的计算公式仅适用于完全分子流下的漏孔。通过合理性分析得到，对于密封器件氦质谱细检漏而言，密封器件等效标准漏率 L 的上限取 1.4 Pa·cm³/s 可以满足气流处于分子流状态的要求，且此上限大于粗检的下限。

(2) 军工产品以 h 为单位的空气严酷等级的数值应不小于以 cm³ 为单位的被检器件内

腔有效容积数值的20倍，且当有效容积不大于1 cm^3 时应不小于20 h。

(3) 分子流下，可以只考虑所关心气体的分压力。

(4) 由真空系统抽气方程可以导出用 L 求压 R_e 的解析表达式，但是得不到用 R_e 求 L 的解析表达式。

(5) 最小测量漏率应不小于氦质谱检漏装置有效最小可检漏率的十倍。测量漏率下限还会受到密封器件压氦后对表面吸附的氦"净化"不彻底的限制，因为表面残留的氦也会向检漏仪提供输出信号。

(6) L、p_e、t_1 和 t_{2e} 均相同的情况下，V 越大，压氦结束时被检器件内腔达到的氦分压越低，因而显示的测量漏率越小。

(7) 压氦法"判定漏率合格准则"是："R_e 不大于 $R_{e,\max}$，且进一步采用最小可检漏率小于 L_0 的粗检方法排除 L_H 的存在"，其中 $R_{e,\max}$ 为 $L_{\max}$ 所对应的压氦法测量漏率，L_0 为由气流状态为分子流决定的等效标准漏率上限。

(8) 为了保证能够"采用最小可检漏率小于 L_0 的粗检方法排除 L_H 的存在"，必须保证 $L_{\max,H} \geqslant L_0$。其中 $L_{\max,H}$ 为 $R_{e,\max}$ 可能对应的大漏孔之等效标准漏率。

(9) 为了保证 $L_{\max,H} \geqslant L_0$，需 $t_{2e} \leqslant t_{2e,\max}$。其中 $t_{2e,\max}$ 为压氦法保证 $L_{\max,H} \geqslant L_0$ 的最长候检时间，当 $t_{2e}=t_{2e,\max}$ 时，$L_{\max,L}=L_{\max}$，同时 $L_{\max,H}=L_0$，其中 $L_{\max,L}$ 为 $R_{e,\max}$ 可能对应的小漏孔之等效标准漏率。$t_{2e,\max}$ 仅与 L_0，$L_{\max}$，$\tau_{He,0}$，t_1 有关，可以用解析表达式计算，其中 $\tau_{He,0}$ 为 L 达到 L_0 时对氦气的泄漏时间常数。

(10) 候检时间越长，密封容器内腔中余留的氦分压越低，因而为了有效检出漏率，候检时间不能过长。而且，等效标准漏率 L 越大，对候检时间的限制越苛刻。

(11) 压氦法候检时间内最主要的工作是密闭器件从压氦箱中取出后用氮气或干燥空气吹除表面吸附的氦。因为密闭器件表面如果存在缝隙、涂料、污染物、密封聚合物等，在压氦过程中会吸氦，并且向检漏仪提供输出信号。如果这个过程是均匀不变的，将使得不漏的试件总有一个不变的氦信号叠加在质谱检漏装置的有效最小可检漏率之上，所吸氦的本底信号限制了试验灵敏度。压氦后，试验前用氮气或干燥空气对被检器件表面进行喷吹有时会有助于减低这种本底信号。因此，保证足够的候检时间是十分必要的。

(12) 应兼顾测量漏率的可检性和净化的需要，选取合理的 t_{2e}。这对于 V 大，且表面含有易吸氦材料的密封器件的检漏非常重要，因为这些密封器件去除吸附氦气的影响需要较长的通风时间。这样做，还可以在保证检漏准确性的前提下适量增多每批加压的产品数，以提高检漏效率。在兼顾以上各项因素的基础上，候检时间应尽量短些，以避免使用压氦法时耗费过多的时间。

(13) 实际上地球干洁大气中含有少量氦气；压氦时通常会产生检漏用氦气对环境大气的污染，使环境氦分压超过地球干洁大气中的氦分压。

(14) 在 $L_0=1.4\ \mathrm{Pa\cdot cm^3/s}$、最小测量漏率为 $1\times10^{-6}\ \mathrm{Pa\cdot cm^3/s}$、$t_{2e}$ 不大于 $t_{2e,\max}$、V 最大为 $10^2\ \mathrm{cm^3}$ 量级的条件下，压氦法不需要考虑地球干洁大气中氦分压的影响，但必须考虑候检环境大气氦分压有可能明显增大的影响，因此，不仅氦质谱检漏仪房间应有通风设备，与压氦设备应放置于不同房间，而且，压氦结束后，被检器件就应尽快离开压氦设备所在的房间。

8.6.3　预充氦法原理

(1) 预充氦法也仅适用于检测分子流下的漏孔。因此，等效标准漏率上限和严酷等级下限与压氦法相同。

(2) 与压氦法类似，由真空系统抽气方程可以导出用 L 求压 R_i 的解析表达式，但是得不到用 R_i 求 L 的解析表达式。

(3) 与压氦法类似，最小测量漏率应不小于氦质谱检漏装置有效最小可检漏率的十倍。

(4) 使用同样的预充氦压力，只有当密封器件的等效标准漏率较大时，其测量漏率与等效标准漏率的关系才和候检时间与内腔有效容积之比有关。

(5) 预充氦法可用于检测压氦法检测不到的小漏孔。

(6) 对于预充氦法而言，用户复检预充氦密封器件的漏率时，候检时间往往已很长，其中可能存在的 L_H 很可能仍在分子流范围，不能靠粗检法鉴别。此时，如果还想复验预充氦密封器件的漏率，必须解决双值中的 L_H 仍在分子流范围时等效标准漏率的确定问题。发明专利"一种可延长密封器件候检时间的质谱检漏预充氦法"解决了这一问题。该发明所采用的技术方案途径是分析并穷举各种判断走向，采取相应的方法，制定相应的判据；在保持预充氦法主导地位的同时，赋予压氦法复检加粗检一项新的重要职能，使之成为预充氦法的附属措施。因此，该发明专利在候检时间长的情况下保持了预充氦法最小可检等效标准漏率比压氦法低好几个量级的优点。

(7) 由 R_i 判断漏率是否合格存在三种情况：① $L_{max,H} \geqslant L_0$，且 $L_{max} \leqslant L_{i,M}$，其中 $L_{max,H}$ 为 $R_{i,max}$ 可能对应的大漏孔之等效标准漏率，而 $R_{i,max}$ 为 L_{max} 所对应的预充氦法测量漏率；$L_{i,M}$ 为 R_i-L 关系曲线的极大值点。这种情况下，若 $R_i > R_{i,max}$，则漏率不合格；而若 $R_i \leqslant R_{i,max}$，应进一步采用最小可检漏率小于 L_0 的粗检方法肯定或排除 L_H 的存在，相应判定漏率不合格或合格。其中 L_H 为同一个 R_i 可能对应的大漏孔之等效标准漏率。② $L_{max,H} < L_0$，且 $L_{max} \leqslant L_{i,M}$。这种情况下，若 $R_i > R_{i,max}$，漏率不合格；若 $R_i \leqslant R_{i,max}$，采用压氦法复检确定是否 $L \leqslant L_{i,M}$。当 $L < L_{i,M}$ 时，漏率合格；而当 $L > L_{i,M}$ 时，漏率不合格。③ $L_{max} > L_{i,M}$。这种情况下，若 $R_i > R_{i,max}$，则当 $L < L_{i,M}$ 时，漏率合格；而当 $L > L_{i,M}$ 时，将压氦复检数据用于压氦法"判定漏率合格准则"，判定被检器件漏率是否合格；若 $R_i \leqslant R_{i,max}$，则当 $L < L_{i,M}$ 时，漏率合格；而当 $L > L_{i,M}$ 时，漏率不合格。

(8) 采用压氦法复检确定是否 $L \leqslant L_{i,M}$ 的方法是：控制 $t_{2e} \leqslant t_{2e,max}$ 以保证 $L_{max,H} \geqslant L_0$；若 $R_e \leqslant R_{e\_Li,M}$，且粗检不漏，则 $L \leqslant L_{i,M}$，而若 $R_e > R_{e\_Li,M}$，则 $L > L_{i,M}$。其中：$R_e = R_{i\text{-}e} - R_i$，而 $R_{i\text{-}e}$ 为压氦法复检显示的测量漏率，R_i 是压氦前由预充氦法得到的测量漏率；$R_{e\_Li,M}$ 为与 $L_{i,M}$ 对应的压氦法测量漏率，需选择足够大的 p_e 和足够长的 t_1，以保证 $R_{e\_Li,M}$ 可以检测到。

8.6.4 $L_0 = 1.4\ \text{Pa} \cdot \text{cm}^3/\text{s}$ 的合理性分析

(1) 氟油加压高温液体法最小可检漏率为 $10^0\ \text{Pa} \cdot \text{cm}^3/\text{s}$ 或更小；利用薄膜差压传感器制造的压力变化检漏仪最小可检漏率为 $10^0\ \text{Pa} \cdot \text{cm}^3/\text{s}$，一般手动检测时单个器件检测时间在 10 s 左右，在使用多工位全自动检测设备时检测一个密封器件的平均时间最小仅为 1 s。如果被检件的漏率要求再严格一些，比如最大允许漏率为 $1 \times 10^0\ \text{Pa} \cdot \text{cm}^3/\text{s}$(甚至到 $1 \times 10^{-1}\ \text{Pa} \cdot \text{cm}^3/\text{s}$)，通过延长检漏时间，也是可以满足要求的。这是可检漏率最小的两种粗检方法。

(2) 气体分子的平均自由程 $\bar{\lambda}_g$ 与管道直径 d 之比小于 0.01 为黏滞流，大于 10 为分子流，二者之间为过渡流。分辨管道中气体的流动状态时，作为保守估计，可以用管道上游（俗称进气口）的气体压力 p_1 来计算气体分子的平均自由程。对于同一根管道而言，当 p_1 低时，该管道处于分子流下；当 p_1 高时，该管道处于黏滞流下。

(3) 漏率是已知温度的特定气体以确定的上游压力和下游压力通过一个漏孔的流量（以单位时间内气体压力和体积的乘积为单位），而流导是等温条件下，流量除以两个特定截面间或孔口两侧的平均压力差。密封器件氦质谱细检漏过程中总是下游（俗称出气口）的气体压力 p_2 远小于 p_1，所以漏率等于漏孔的流导 U 乘以 p_1。

(4) 对于不可压缩流体而言，密度不随压力变化，因而通过任一截面的质量流率（kg/s）相等即体积流率（m^3/s）相等。然而对于气体而言，既然长管两端存在压差，长管内必然存在连续的压力梯度，因而不能忽略长管内的压力变化，而根据气体状态方程，当温度不变时，质量流率可换算成流量（$Pa \cdot m^3/s$），鉴于流量是压力与体积流率的乘积，所以通过任一截面的质量流率相等绝不等同于体积流率相等；尽管流导与体积流率的量纲相同，但绝不可把气体通过长管的流导误当作气体通过长管的体积流率。

(5) 当上游压力低到一定程度表现为分子流时，若用黏滞流流导公式计算，得到的流导值就会低于实际值；而当上游压力高到一定程度表现为黏滞流时，若用分子流流导公式计算，得到的流导值也会低于实际值。

(6) 随着上游压力不断增高，一旦流导开始增加，就认为气流状态已偏离分子流，即从流导角度观察气流是否偏离分子流状态是非常灵敏的；而从流量角度，随着上游压力不断增高，仅当流量随之的增大明显偏离分子流流导与上游压力的乘积时，才认为气流已偏离分子流状态，即从流量角度观察气流是否偏离分子流状态是非常不灵敏的。考虑到密封器件氦质谱细检漏的漏率测量并不精密，情况更是这样。

(7) 密封器件漏孔尺寸为 $l=0.1$ mm，$d=2.26$ μm 和 $l=1$ mm，$d=4.87$ μm—— 两种情况下分子流下的 L 都约为 1.4 $Pa \cdot cm^3/s$—— 是 $L_0=1.4$ $Pa \cdot cm^3/s$ 合理性验证所需要的漏孔尺寸。

(8) 泄漏阀改装成恒定流导无法做到 $l=(0.1\sim1)$ mm 这么短；激光打孔是目前最精细的打孔技术，但也制作不了如此又细又长的漏孔，所以还无法实验测定密封器件当 L 为 1.4 $Pa \cdot cm^3/s$ 时，在压氦法或预充氦法过程中是否明显偏离分子流状态。

(9) 对于任务允许的最大标准漏率远低于 1.4 $Pa \cdot cm^3/s$ 的密封器件（例如空气严酷等级要求高的军品密封器件），漏率不合格的产品只要保证候检时间不超过最长候检时间，就可以通过测量漏率报警或粗检剔除。这里并不直接涉及接近 1.4 $Pa \cdot cm^3/s$ 的标准漏率是否偏离分子流状态的问题。

(10) 当 L 接近 1.4 $Pa \cdot cm^3/s$ 时，在压氦法的压氦过程中，由于压氦压力一般在 2×10^5 Pa 以上，从流量角度会处于黏滞流状态。对于同一个几何形状的漏孔而言，与按照分子流状态的计算值相比，流量偏大，因而压氦结束后密封器件内部的氦分压也会偏大，导致测量漏率偏大，即偏保守。

(11) 在压氦法的候检期间和氦质谱检测期间，密封器件内部的氦分压通常明显低于 1×10^5 Pa，因而 $L<1.4$ $Pa \cdot cm^3/s$ 的产品从漏率角度处于分子流状态。

(12) 对于预充氦法而言，密封器件内部的氦分压通常低于 1×10^5 Pa，因而 $L<$ 1.4 $Pa \cdot cm^3/s$ 的产品从漏率角度可以认为处于分子流状态。

8.6.5 检测方法

(1)L_{max} 接近 L_0 时把压氦过程的气流状态本属于黏滞流而当成分子流，对于同一漏孔而言，会使真实的压氦结束时容器内部的氦分压在主观认知中缩水，导致真实显示的测量漏率在主观认知中同比缩水。从而把一部分原本漏率刚刚合格的产品误认为不合格。然而，从泄漏角度计算用于真空环境中的密封器件的使用寿命时，也是把本属于黏滞流的泄漏当成分子流对待的，相抵下来，合格与否的判断还是相当准确的。由此可见，L_{max} 接近 L_0 时密封器件采用压氦法检漏仍然是合理的。

(2) 氦质谱检漏仪房间应有通风设备，与压氦设备应放置于不同房间，以防止氦气泄漏影响；为防止被检器件表面附着的杂质或涂覆物堵塞可能存在的漏孔或压氦时吸附氦气，氦质谱细检漏前应先对被检器件作清洗、烘干处理，如允许，最好将被检器件放入烘箱中烘烤，并根据被检器件耐热性能确定温度和保温时间。然后再用氮气或干燥空气连续吹被检器件表面 5 min 以上。订购方作复检时为防止出厂前粗检漏可能堵塞漏孔，这一措施更有必要。

(3) 氦质谱检漏仪的最小可检漏率是在氦质谱检漏仪只接标准漏孔，不接外部检漏系统的条件下测得的，而密封器件氦质谱细检漏装置的有效最小可检漏率是在氦质谱检漏仪接好所有的外部检漏系统，包括没有充氦的被检器件或没有预充氦的被检器件替代品，并调整到实际检漏时的工作状态下测得的，所以密封器件氦质谱细检漏装置的有效最小可检漏率明显大于氦质谱检漏仪的最小可检漏率。

(4) 检漏装置的有效最小可检漏率应小于要求的最小测量漏率的 1/10；检漏时应使用正规厂家生产的符合国家标准的氦气，以免将过多的杂质和水分压入被检器件内腔；规定的压氦压力是绝对压力而不是压力表指示的表压。如果误当成表压，可能将器件压坏，还可能将合格的器件误判为不合格；被检器件的压氦压力不能超过其承压能力；压氦箱加压充氦前要抽真空，以保证压氦箱中的氦浓度达到标准所要求的 95% ～ 100% 的浓度；每次放入压氦箱中的被检器件数量应加以限制，以保证压氦结束到检完最后一个被检器件的时间不超过规定的候检时间；将纯氦气缓慢充入压氦箱中，充气时间不小于 20 s，保压结束后也用 20 s 以上时间排放压氦箱中的氦气，以免对被检器件造成过大的气流冲击；压氦结束后，用氮气或干燥空气对被检器件表面进行喷吹，以去除表面吸附的氦气。被检器件允许加热时，可将被检器件加热至一定温度；在保证表面净化的前提下，尽量缩短被检器件从压氦箱中取出到进行氦质谱检漏之间的候检时间，以免因候检时间过长而造成不能用粗检方法完全排除 L_H 的存在，从而有可能造成漏检。

(5) 应该先做氦质谱细检漏，后作粗检漏，否则粗检漏中所用示漏液体有可能将漏孔堵住，影响细检漏结果；粗检法的最小可检漏率应小于细检法的最大可检漏率，以防漏检；

(6) 订购方对预充氦的器件进行复检时，如该器件有明显漏孔，由于时间很长，内腔中残存的氦气可能已经不多。为此可以先用预充氦法做一次细检，将得到的测量漏率作为本底，再正式用压氦法复检，将得到的测量漏率扣去该本底，即可消除内腔残存氦气的影响。

(7) 为了判定判定漏率是否合格，使用压氦法时，需首先判定 $t_{2e} \leqslant t_{2e,\max}$；用户复检预充氦密封器件时，首先要判定是否 $t_{2i} > t_{2i,\mathrm{cp1}}$，是否 $t_{2i} > t_{2i,\mathrm{cp2}}$，然后分别情况，必要时需进一步用压氦法复检。不仅涉及的参数多、公式多，而且有的公式本身就很复杂，特别是由 R_e 或 R_i 求解 L 时，还遇到不可解析的逆运算。以上种种繁杂性，是事物本身客观规律的反映，只能面对，不能躲避。采用软件编程的办法进行这些判定和计算，可以化繁杂为简单，且准确、快捷、直观、清晰，在密封器件氦质谱细检漏工作中推广应用，可以对保证密封器件长寿命、高可靠，发挥效用。

参考文献

[1] 王欲知，陈旭．真空技术[M]．2 版．北京：北京航空航天大学出版社，2007.

[2] 国防工业标准化研究中心．军用密封元器件检漏方法实施指南：GJB/Z 221—2005 [S]．北京：国防科工委军标出版发行部，2005.

[3] ASTM Committee E07 on Nondestructive Testing. Standard practice for leaks using the mass spectrometer leak detector in the inside-out testing mode: ASTM E493/E493M—11:2017[S/OL]. Pennsylvania: ASTM International, 2017. http://www.astm.org/cgi-bin/resolver.cgi?E493E493M-11 (2017). DOI: 10.1520/E0493_E0493M-11R17.

[4] 中国电子技术标准化研究所．半导体分立器件试验方法：GJB 128A—1997 [S]．北京：国防科工委军标出版发行部，1997.

[5] 薛大同，肖祥正，李慧娟，等．氦质谱背压检漏方法研究[J]．真空科学与技术学报，2011，31(1)：105 - 109.

[6] 图马，沃尔什．工程数学手册[M]．4 版．欧阳芳锐，张玉平，译．北京：科学出版社，2002.

[7] MILOSLAV N, JIŘÍJ, BEDŘICH K, et al. IUPAC Compendium of Chemical Terminology Volume 64 (Gold Book) [M/OL]. Oxford: Blackwell Scientific Publications, 2009: 1437. https://sci-hub.yncjkj.com/10.1351/goldbook. DOI: 10.1351/goldbook.

[8] 达道安．真空设计手册[M]．3 版．北京：国防工业出版社，2004.

[9] 全国量和单位标准化技术委员会．物理科学和技术中使用的数学符号：GB 3102.11—1993 [S]．北京：中国标准出版社，1994.

[10] 全国电工电子产品环境条件与环境试验标准化技术委员会．环境试验　第 2 部分：试验方法　试验 Q：密封：GB/T 2423.23—2013 [S/OL]．北京：中国标准出版社，2014. http://www.doc88.com/p-9783836188928.html.

[11] 全国量和单位标准化技术委员会．原子物理学和核物理学的量和单位：GB 3102.9—1993 [S]．北京：中国标准出版社，1994.

[12] HOWL D A, MANN C A. The back-pressurising technique of leak-testing [J]. Vacuum, 1965, 15(7): 347 - 352.

[13] IEC Technical Committee No. 50: Environmental Testing. International Standard, Basic environmental testing procedures - Part 2: Tests, Test Q: Sealing: IEC 60068 - 2 - 17 [S/OL]. Geneva: IEC, 1994. https://www.doc88.com/p-3641248524845.html.

[14] 薛大同．氦质谱检漏仪背压检漏标准剖析及非标漏率计算程序[C/J]//中国真空学会第六届全国会员代表大会暨学术会议，杭州，浙江，11 月 7 - 11 日，2004. 真空科

学与技术学报，2005，25(增刊1):20-26.

[15] 薛大同，肖祥正，王庚林. 密封器件压氦和预充氦细检漏判定漏率合格的条件[C/J]//中国真空学会2012学术年会，兰州，甘肃，9月21-24日，2012. 真空科学与技术学报，2013，33(8):735-743.

[16] 中国航天标准化研究所. 氦质谱仪背压检漏方法:QJ 3212—2005 [S]. 北京:中国航天工业标准化研究所，2005.

[17] 中国人民解放军总装备部电子信息基础部. 电子及电气元件试验方法:GJB 360B—2009 [S]. 北京:总装备部军标出版发行部，2010.

[18] 中国人民解放军总装备部电子信息基础部. 微电子器件试验方法和程序:GJB 548B—2005 [S]. 北京:总装备部军标出版发行部，2007.

[19] 中国兵器工业标准化研究所. 火工品试验方法 第3部分:泄漏试验 氦气法:GJB 5309.3—2004 [S]. 北京:国防科工委军标出版发行部,2004.

[20] 中国兵器工业标准化研究所. 引信环境与性能试验方法:GJB 573A—1998 [S]. 北京:国防科工委军标出版发行部,1998.

[21] 王庚林，王彩义，王莉研等. 氦质谱细检漏国军标的修改方案[C/J]//第十三届全国可靠性物理学术讨论会，玉山，江西，10月19日，2009. 电子产品可靠性与环境试验，2009,27(增刊1):21-32.

[22] 薛大同，王庚林，肖祥正. 密封器件压氦和预充氦细检漏过程中环境氦分压的影响[C/J]//中国真空学会2012学术年会，兰州，甘肃，9月21-24日，2012. 真空科学与技术学报，2013，33(8):730-734.

[23] 盛裴轩，毛节泰，李建国，等. 大气物理学[M]. 北京:北京大学出版社，2003.

[24] 薛大同，肖祥正，王庚林. 一种可延长密封器件候检时间的质谱检漏预充氦法:CN 103207050 B [P]. 2015-06-03.

[25] 薛大同，肖祥正. 密封器件压氦和预充氦细检漏的等效标准漏率上限[C/J]//中国真空学会2012学术年会，兰州，甘肃，9月21-24日，2012. 真空科学与技术学报，2013，33(8):721-729.

[26] 中国大百科全书总编辑委员会《物理学》编辑委员会. 气体分子的平均自由程[M/CD]//中国大百科全书:物理学. 北京:中国大百科全书出版社，1987.

[27] 全国真空技术标准化技术委员会. 真空技术:术语:GB/T 3163—2007 [S]. 北京:中国标准出版社，2008.

[28] 全国量和单位标准化技术委员会. 热学的量和单位:GB 3102.4—1993 [S]. 北京:中国标准出版社，1994.

[29] 中国大百科全书总编辑委员会《力学》编辑委员会. 泊肃叶,J.-L.-M. [M/CD]//中国大百科全书:力学. 北京:中国大百科全书出版社，1985.

[30] 陈国邦，黄永华，包锐. 低温流体热物理性质[M]. 北京:国防工业出版杜，2006.

[31] Wikipedia. Hagen-poiseuille equation [DB/OL]. (2018-05-10). https://en.wikipedia.org/wiki/Hagen%E2%80%93Poiseuille_equation.

[32] ESSEN D, HEERENS W C. On the transmisson probability for molecular gas flow through a tube [J]. J. Vac. Sci. Technol, 1976, 13(6):1183-1187.

[33] 薛大同. 圆管分子流流导几率的初等函数拟合公式[J]. 真空科学与技术，1981，1

(5):265 - 271.

[34] 薛大同. 圆管稳态分子流 Clausing 积分方程的逃逸几率的数值计算[J]. 真空科学与技术，1984，4(3):149 - 160.

[35] JOUSTEN K，MENZER H，NIEPRASCHK R. A new fully automated gas flowmeter at the PTB for flow rates between 10^{-13} mol/s and 10^{-6} mol/s [J]. Metrologia，2002，39 (6):519 - 529.

[36] LI Detian，CHENG Yongjun. Lower limit extension of constant conductance method gas flowmeter [C]//The 12th European Vacuum Conference，Dubrovnik，Croatia，Jane 4 - 8，2012. Programme and Book of Abstracts:61.

[37] 郭商勇，陈涛，刘世炳. 提高准分子激光打孔质量的方法研究[J]. 激光技术，2006，30(6):625 - 627.

[38] FEDCHAK J A，DEFIBAUGH D R. Accurate conductance measurements of a pinhole orifice using a constant-pressure flowmeter [J]. Measurement，2012，45(10):2449 - 2451.

[39] 肖祥正. 泄漏检测方法与应用[M]. 北京:机械工业出版社，2010.

[40] 中国航天标准化研究所. 卫星产品洁净度及污染控制要求:GJB 2203A—2005 [S]. 北京:国防科工委军标出版发行部，2006.

[41] 国防科技工业标准化研究中心. 无损检测人员的资格鉴定与认证:GJB 9712A—2008 [S]. 北京:国防科工委军标出版发行部，2008.

[42] 全国气体标准化技术委员会. 纯氦、高纯氦和超纯氦:GB/T 4844—2011 [S]. 北京:中国标准出版社，2012.

[43] 全国气体标准化技术委员会. 工业氮:GB/T 3864—2008 [S]. 北京:中国标准出版社,2008.

[44] 全国压缩机标准化技术委员会. 压缩空气:第 1 部分　污染物净化等级:GB/T 13277.1—2008 [S]. 北京:中国标准出版社，2009.

[45] 全国工业过程测量和控制标准化技术委员会. 分析仪器分技术委员会. 质谱检漏仪:GB/T 13979—2008 [S]. 北京:中国标准出版社，2008.

[46] 中国航天工业总公司七〇八所. 氦质谱检漏最小可检漏率检验方法:QJ 2861—1996 [S]. 北京:中国航天工业总公司第七〇八研究所，1997.

第3篇
瞬态和振动加速度测量

第9章 几种适合的加速度计

本章的物理量符号

$\boldsymbol{c}$	弹性刚度常数矩阵，N/m^2
C	电容，F
C_0	静电电容，F
d	薄层厚度，m
E	弹性模量，也称为杨氏模量，N/m^2
F	外力，N
f	所加电压的频率，Hz
f_0	$F=0$ 的基频，Hz
f_r	晶体机械振动的谐振频率，Hz
G	切变模量，也称为刚性模量或库仑模量，N/m^2
l	石英晶片长度方向的旋转轴；长度，m
L	漏孔的标准漏率，$Pa\cdot cm^3/s$；电感，H
L_{max}	任务允许的最大标准漏率，$Pa\cdot cm^3/s$
M	密封器件内部所充气体的摩尔质量，kg/mol
M_{air}	空气的摩尔质量：$M_{air}=2.896\times10^{-2}$ kg/mol
p	t 时刻密封器件壳体内的气压，Pa
p_0	标准大气压：$p_0=1.013\ 25\times10^5$ Pa
p_e	密封器件壳体外真空环境的气压，Pa
p_{min}	寿命终了时壳体内部允许的最低气压，Pa
$p_{t=0}$	刚进入真空环境时密封器件壳体内的气压，Pa
R	电阻，Ω
$\boldsymbol{S}$	应变(单位长度的伸长量)矩阵
$\boldsymbol{s}$	弹性柔顺常数矩阵，m^2/N
t	时间，s
$\boldsymbol{T}$	应力(单位面积上受到的作用力)矩阵，N/m^2
t	石英晶片厚度方向的旋转轴
t_m	任务要求的寿命，s；
V	密封器件腔体内的体积，cm^3
w	石英晶片宽度方向的旋转轴
x	石英晶体的电轴

y	石英晶体的机械轴
z	石英晶体的光轴
α	力频系数，Hz^{-1}
γ	切应变，无量纲
Δx	厚度为 d 的薄层上表面对下表面的平行位移，m
ε	线应变（相对变形），无量纲
η	阻尼系数，N/(m/s)
ρ	密度，kg/m^3
σ	正应力，N/m^2
τ	切应力，N/m^2

本章独有的缩略语

IRE	Institute of Radio Engineers，无线电工程师学会（美国）

9.1 石英挠性加速度计

9.1.1 概述

9.1.1.1 组成

石英挠性加速度计由石英摆片、电容传感器、伺服电路、力矩器四部分组成。力矩器采用永磁动圈式推挽结构，其中力矩线圈粘贴在石英摆片的摆舌上，而永磁由对称的两组轭铁、磁钢、磁极片和补偿环提供。轭铁同时充作电容传感器的静电极，而摆舌上真空蒸镀的金膜构成电容传感器的动电极。磁钢、磁极片和补偿环粘贴在一起称为磁钢组件，磁钢组件粘贴在上、下轭铁的中心轴上，形成磁极相互对顶的轴向充磁磁路结构，从而在间隙中形成永久磁场[1]。摆片组件与带有磁钢组件的轭铁粘贴在一起，并通过腹带箍紧，构成加速度计的表芯[2]。

(1)石英摆片。

石英摆片采用整片熔融石英，激光切割出摆舌、支承环和挠性梁，如图 9－1 所示[3]。再将挠性梁腐蚀薄，以提高灵敏度[4]。使用非晶石英制作摆舌及其相连结构，保证了偏值、标度因数、和轴对准均具有优良的稳定性[5-6]。从图 9－1 可以看到，摆舌采用双挠性梁支承，在支承环上设置凸台或在支承梁与轭铁间设置垫片，凸台的高度或垫片的厚度通常为 10～30 μm[7]，它限制了摆舌的摆动范围，可以保护挠性梁在输入加速度过载时不会断裂失效，采取此措施后，双挠性梁沿输出轴方向最娇脆，沿输入轴次之，沿摆轴最皮实[1]。摆舌中心开有大小适合的阻尼孔，以恰当地减少压膜阻尼，从而获得理想的阻尼系数[8]。

(2)石英摆片组件。

石英摆片组件的结构如图 9－2[1]所示。真空蒸镀到摆舌[参见图 9－1(a)]上的金膜构成电容传感器的动电极，而一对力矩线圈是粘贴在摆舌上的。粘贴有一对力矩线圈的摆舌构成石英挠性加速度计的检验质量。

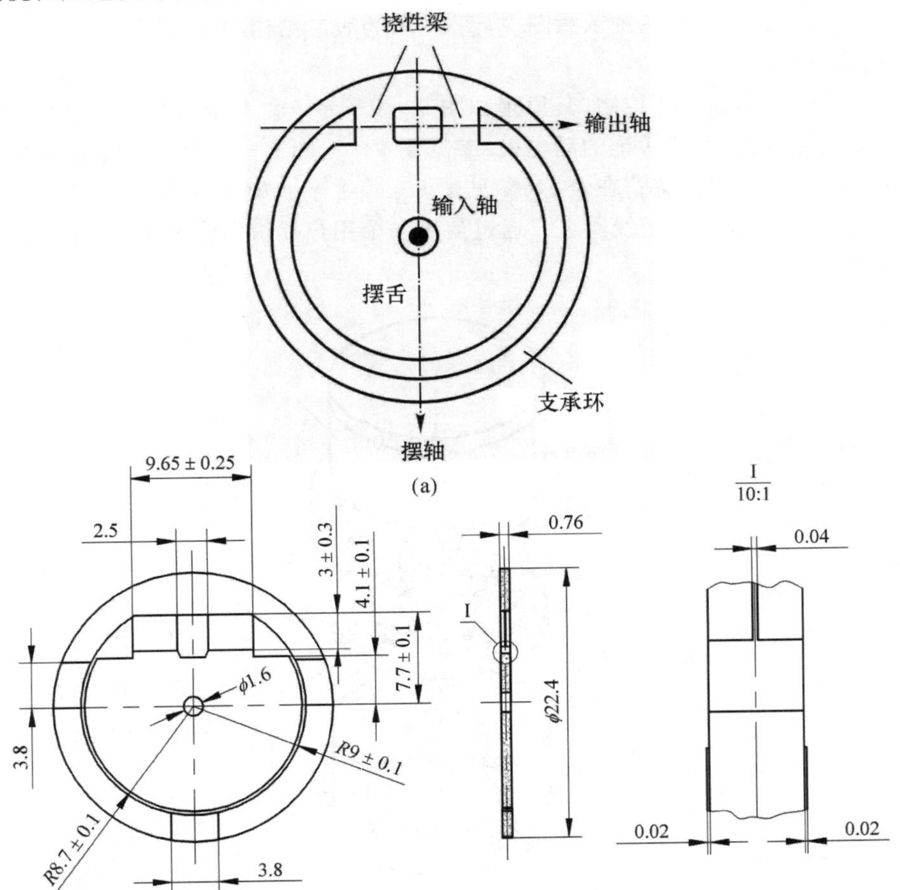

图 9-1　石英摆片

(a)示意图[4]；(b) 典型尺寸[1]

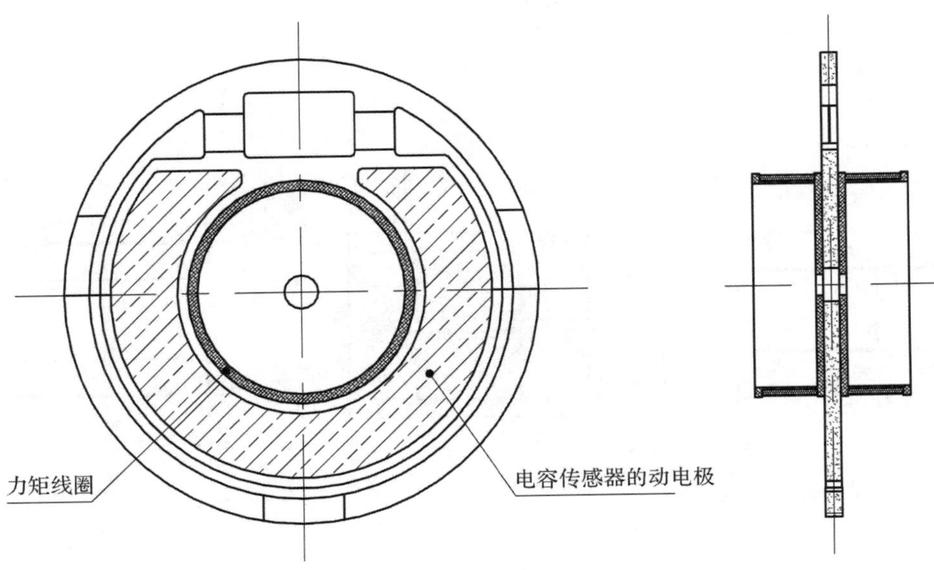

图 9-2　石英摆片组件结构示意图[1]

(3)表芯。

图 9-3 为表芯结构的三维示意图[7],图 9-4 为表芯结构的剖面图[1]。

(4)伺服电路。

伺服反馈电路实施闭环控制,其原理如图 9-5 所示[9]。基准振荡器产生抽运频率 100 kHz 的检测信号,施加到摆舌上的动电极(参见图 9-2、图 9-3)上[9]。伺服电路采用混合集成电路,体积很小,直接“贴”在表芯(参见图 9-4)上[7]。集成电路产生一个与加速度成正比的输出电流,施加到力矩线圈上。通过使用一个用户提供的输出负载电阻,输出电流可以转换成电压[5-6]。

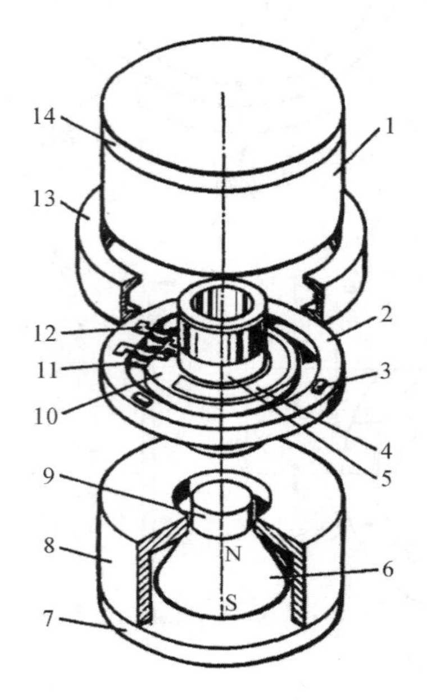

图 9-3 石英挠性加速度计的表芯结构[7]

1,8—轭铁; 2—支承环; 3—安装凸台; 4—电容传感器的动电极; 5—力矩线圈; 6—磁钢; 7,14—顶盖; 9—磁极片; 10—摆舌; 11—挠性梁; 12—导电区; 13—腹带

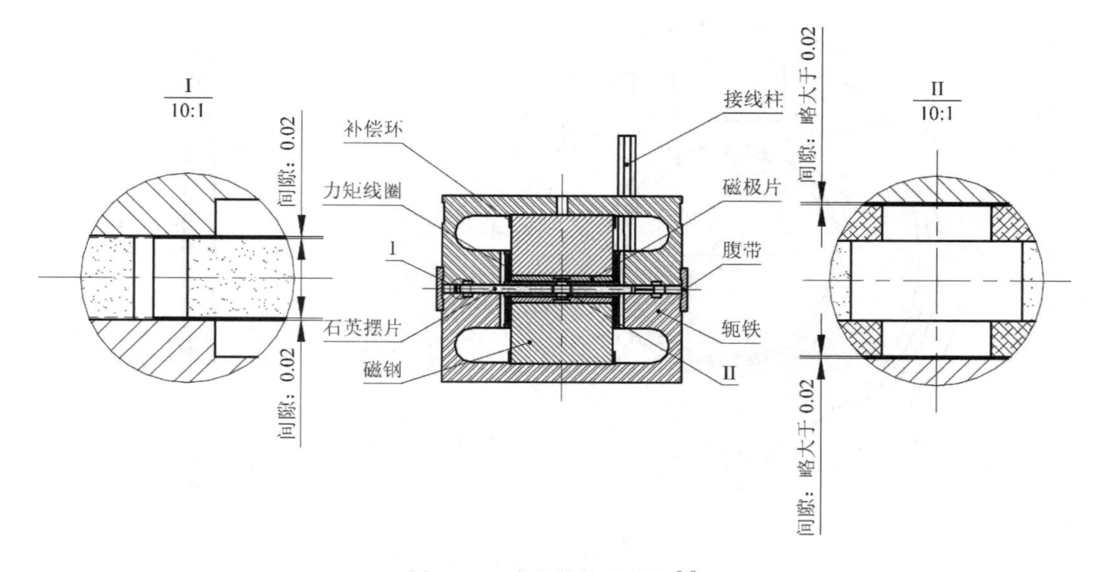

图 9-4 表芯结构示意图[1]

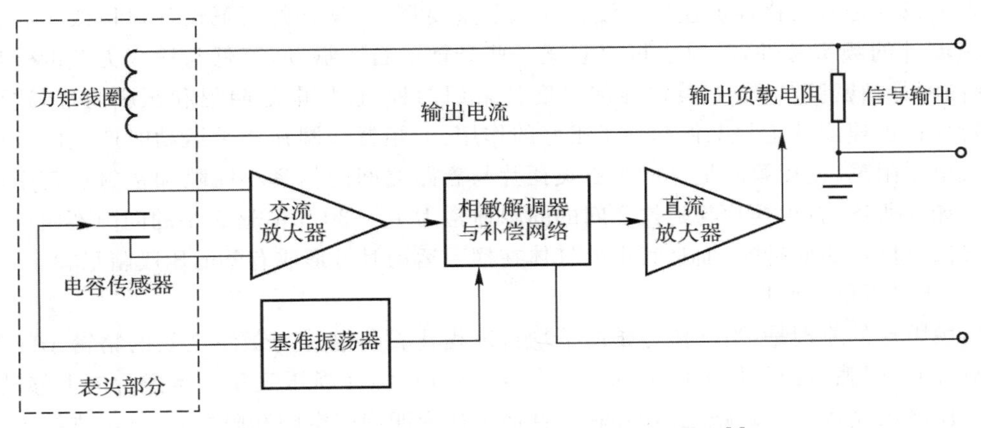

图 9－5　石英挠性加速度计伺服电路原理框图[9]

(5)温度传感器。

有的石英挠性加速度计内部设有温度传感器，靠应用温度补偿算法，偏值、标度因数、和输入轴失准角的性能被引人注目地改善[5-7]。

9.1.1.2　加速度测量原理

石英挠性加速度计的结构原理如图 9－6 [9]所示：当沿输入轴[参见图 9－1(a)]出现加速度时，包括支承环[参见图 9－1(a)]、轭铁(参见图 9－3、图 9－4)在内的壳体随之加速，而摆舌[参见图 9－1(a)]因惯性不被加速，从而偏离平衡位置。摆舌上的动电极(参见图 9－2、图 9－3)与轭铁充作的静电极共同构成差动电容，用以检测摆舌位置的变化。当检测出差动电容发生变化，即经伺服反馈电路放大后将电流施加到力矩线圈上(参见图 9－5)，通过电磁力将摆舌拉回到平衡位置。反馈电流即与加速度成正比[4]。

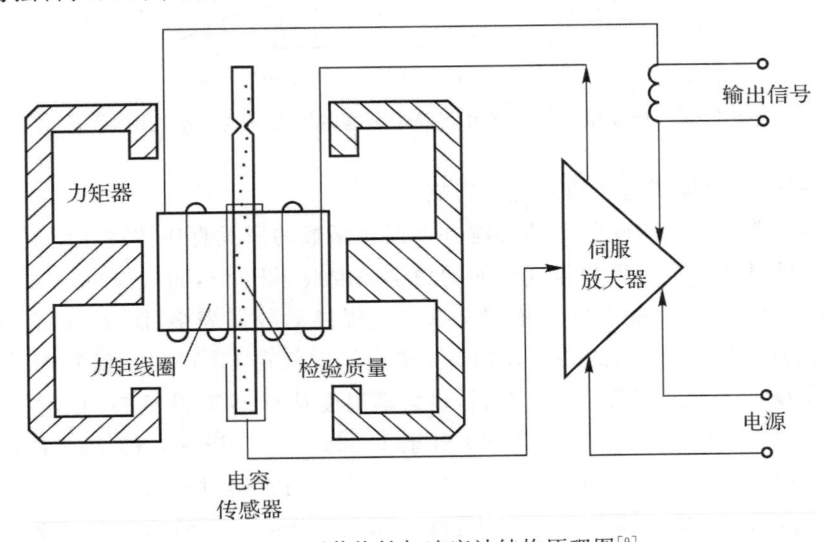

图 9－6　石英挠性加速度计结构原理图[9]

9.1.1.3　阻尼

(1)电磁阻尼和压膜阻尼。

阻尼设计是石英挠性加速度计设计的一个重要环节,良好的阻尼设计可以改善石英挠性加速度计的频率特性,同时也可以衰减一些杂散的自由振动,降低与输入无关的输出起伏,提高测量精密度①[8]。石英挠性加速度计采用两种阻尼,电磁阻尼和压膜阻尼,这两种阻尼对保证加速度计正常工作起到了很好的作用:力矩器线圈在摆舌运动时产生的反电动势形成电磁阻尼,而压膜阻尼靠的是石英摆片与磁路之间的精密小间隙和密封在其中的大气[9]。如前所述,石英摆片与轭铁之间的间隙通常为 10～30 μm,这么小的间隙不仅可避免挠性梁因过度弯曲而折断,而且其中的气体在摆舌运动时可形成有效的压膜阻尼[7]。

(2)压膜阻尼的原理。

压膜阻尼的原理是:当气体分子的平均自由程比石英摆片与磁路之间的精密小间隙还要小得多时,间隙内的气体可以被视为一个连续介质,称为静压气膜。当摆舌向上移动时,气体被压挤出摆舌与上磁路之间的间隙,且通过摆舌四周的空隙和阻尼孔,被吸进摆舌与下磁路之间的间隙,形成气流。气流的黏滞性阻碍气流的运动,从而在气膜中形成压力梯度,如同在图 9－7 中示意地显示的那样(为无阻尼孔的情况)。该压力梯度阻碍摆舌的移动,摆舌移动得越快,压力梯度越大,反作用力也越大[10]。这种反作用力,可以在很宽的频带范围内提供有效的阻尼功能,这种阻尼就称作“压膜阻尼”[8]。

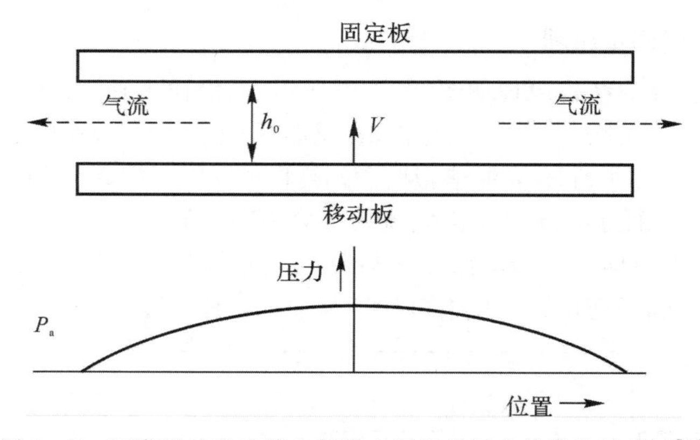

图 9－7　压膜阻尼器及其在气膜中引起的压力梯度的示意图[10]

(3)气压和热力学温度对压膜阻尼的影响。

气压和热力学温度对压膜阻尼的影响并不以显函数的形式直接体现在阻尼系数的表达式中,然而,压膜阻尼的阻尼系数与气体的动力学黏度成正比[10],而气体的动力学黏度是与气压大小、热力学温度高低相关的。依据文献[11]提供的数据表格,图 9－8 给出了空气在 300 K 下的动力学黏度与气压的关系,图 9－9 给出了空气在 1×10^4 Pa 和 1×10^5 Pa 下的动力学黏度与热力学温度的关系。可以看到,热力学温度从－15 ℃升至 50 ℃,空气的动力学黏度在 1×10^4 Pa 下从 1.647×10^{-5} Pa·s 升至 1.964×10^{-5} Pa·s,即增加了 19.25%;而在 1×10^5 Pa 下从 1.649×10^{-5} Pa·s 升至 1.966×10^{-5} Pa·s,即增加了 19.22%。对以上数据重新组合,可以得到,气压从 1×10^5 Pa 降至 1×10^4 Pa,空气的动力学黏度在－15 ℃下从 1.649×10^{-5} Pa·s 降至 1.647×10^{-5} Pa·s,即降低了 0.121%;而在 50 ℃下从 1.966×10^{-5} Pa·s 降至 1.964×10^{-5} Pa·s,即降低了 0.120%。由此可见,在热力学温度变化范围

① 文献[8]原文为“精度”,不妥(参见 4.1.3.1 节)。

为(−15～50) ℃、气压变化范围为(0.1～1.0)×10^5 Pa 的条件下，压膜阻尼的阻尼系数主要是受热力学温度变化的影响而不是受气压变化的影响。

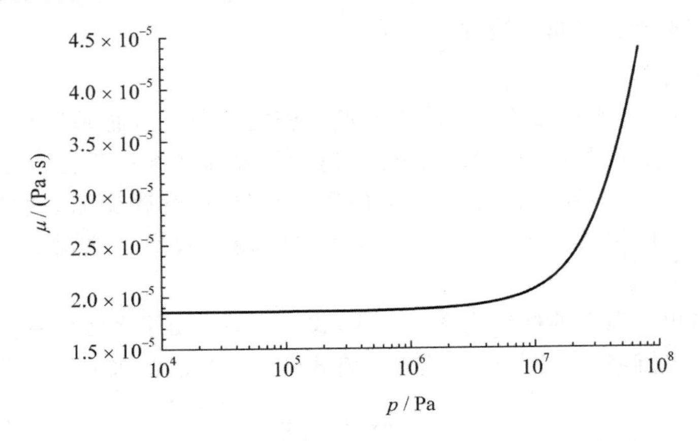

图 9－8　空气在 300 K 下的动力学黏度与气压的关系

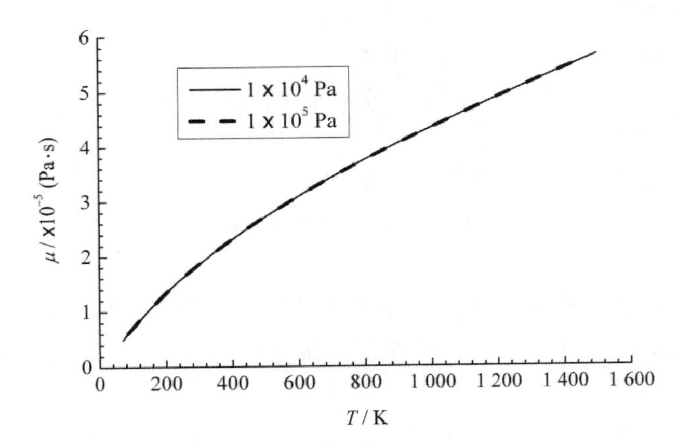

图 9－9　空气在 1×10^4 Pa 和 1×10^5 Pa 下的动力学黏度与热力学温度的关系

(4)存在压膜阻尼的条件。

如上所述，存在压膜阻尼的条件是气体分子的平均自由程比石英摆片与磁路之间的精密小间隙还要小得多，其中气体分子的平均自由程依式(8－89)计算。由式(8－89)得到，50 ℃、1×10^4 Pa 下空气分子的平均自由程为 0.725 μm，热力学温度降低、气压升高则空气分子的平均自由程更短。由于石英摆片与轭铁之间的间隙通常为 10～30 μm，所以符合“气体分子平均自由程比该间隙还要小得多”这一条件，即符合存在压膜阻尼的条件。

9.1.1.4　封装

封装主要用于保证压膜阻尼所需要的气压，封装包括表芯封装和壳体封装。

在装配表芯组合件时，由于相互对顶的磁极之间存在排斥力，因而必须在上、下力矩器两端施加压紧力，以防摆片组件滑落，而压紧力过大则可能压裂石英摆片。压紧力是通过偏心轮施加的，以控制其在合适的范围内，且维持偏心力不变。然后，在腹带(见图 9－4)两侧面涂适量均匀的环氧密封胶胶封。为了释放表芯的装配应力、胶接应力，表芯胶封后要经过温度时效处理[2]。

该工艺存在可靠性薄弱环节，主要是原有装配预紧力可能发生变化，腹带连接在热试验和力学环境试验中可能松动。采用激光焊接封装技术代替胶接提高了批生产质量一致性、工艺稳定性和生产效率[2]。

9.1.1.5 漏率指标分析与检漏方法示例

(1)漏率指标分析。

对于需要在空间低气压或真空环境下长期工作的石英挠性加速度计而言,为了保证存在适当的压膜阻尼,必须相应控制石英挠性加速度计壳体的漏率指标。因为如果在任务要求的寿命期内气体明显泄漏,以至丧失适当的压膜阻尼,就会改变加速度计的频率特性,使杂散的自由振动不能得到有效衰减,与输入无关的输出起伏随之增大,测量精密度随之降低。

式(8-10)给出了漏孔的标准漏率表达式,式(8-8)给出了密封器件壳体内气压与壳体外真空环境气压之差随时间变化的表达式。将式(8-10)代入式(8-8),得到

$$\frac{p-p_e}{p_{t=0}-p_e}=\exp\left(-\frac{L}{Vp^\circ}t\sqrt{\frac{M_{air}}{M}}\right) \tag{9-1}$$

式中 p——t 时刻密封器件壳体内的气压,Pa;

p_e——密封器件壳体外真空环境的气压,Pa;

$p_{t=0}$——刚进入真空环境时密封器件壳体内的气压,Pa;

L——漏孔的标准漏率,$Pa \cdot cm^3/s$;

V——密封器件腔体内的体积,cm^3;

p°——标准压力,8.1.3.1 节给出 $p^\circ=100$ kPa;

t——时间,s;

M_{air}——空气的摩尔质量,8.1.3.1 节给出 $M_{air}=2.896\times10^{-2}$ kg/mol;

M——密封器件内部所充气体的摩尔质量,kg/mol。

式(9-1)可以改写为

$$L=\frac{Vp^\circ}{t}\ln\frac{p_{t=0}-p_e}{p-p_e}\sqrt{\frac{M}{M_{air}}} \tag{9-2}$$

如果密封器件内部所充气体为标准压力的空气,则式(9-2)可以改写为

$$L=\frac{Vp^\circ}{t}\ln\frac{p^\circ-p_e}{p-p_e} \tag{9-3}$$

式(9-3)可以进一步改写为

$$L_{max}=\frac{Vp^\circ}{t_m}\ln\frac{p^\circ-p_e}{p_{min}-p_e} \tag{9-4}$$

式中 L_{max}——任务允许的最大标准漏率,$Pa \cdot cm^3/s$;

t_m——任务要求的寿命,s;

p_{min}——寿命终了时壳体内部允许的最低气压,Pa。

(2)检漏方法示例。

$V=1.25\ cm^3$,$p_e=0$ Pa,要求 $t_m=1.577\times10^8$ s(5年)时 $p_{min}=1.0\times10^4$ Pa,则由式(9-4)得到 $L_{max}=1.83\times10^{-3}\ Pa \cdot cm^3/s$。

利用附录 C.4 节所给出的压氦法计算程序 LEAK_E.EXE 得到以下结果:

1)若压氦箱氦气绝对压力 $p_e=4\times10^5$ Pa,压氦时间 $t_1=40$ min,候检时间 $t_{2e}=60$ min,则允许的最大测量漏率 $R_{e,max}=1.871\times10^{-6}\ Pa \cdot cm^3/s$,如图 9-10 所示。

2）若压氦箱氦气绝对压力改为 $p_e=8\times10^5$ Pa，压氦时间改为 $t_1=480$ min，则允许的最大测量漏率 $R_{e,\max}=4.488\times10^{-5}$ Pa·cm³/s，如图 9-11 所示。

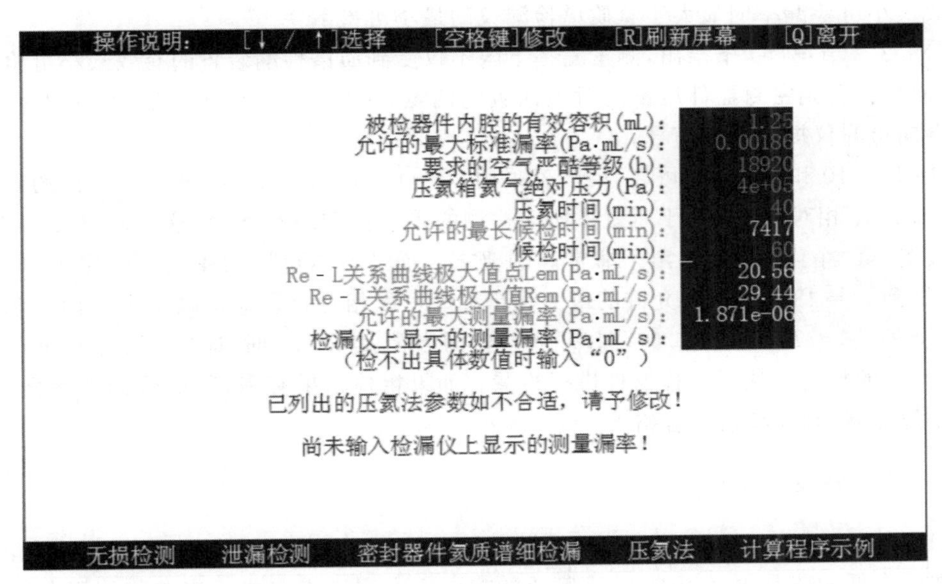

图 9-10　$V=1.25$ cm³，$L_{\max}=1.86\times10^{-3}$ Pa·cm³/s，$p_e=4\times10^5$ Pa，$t_1=40$ min，$t_{2e}=60$ min 时的 $R_{e,\max}$

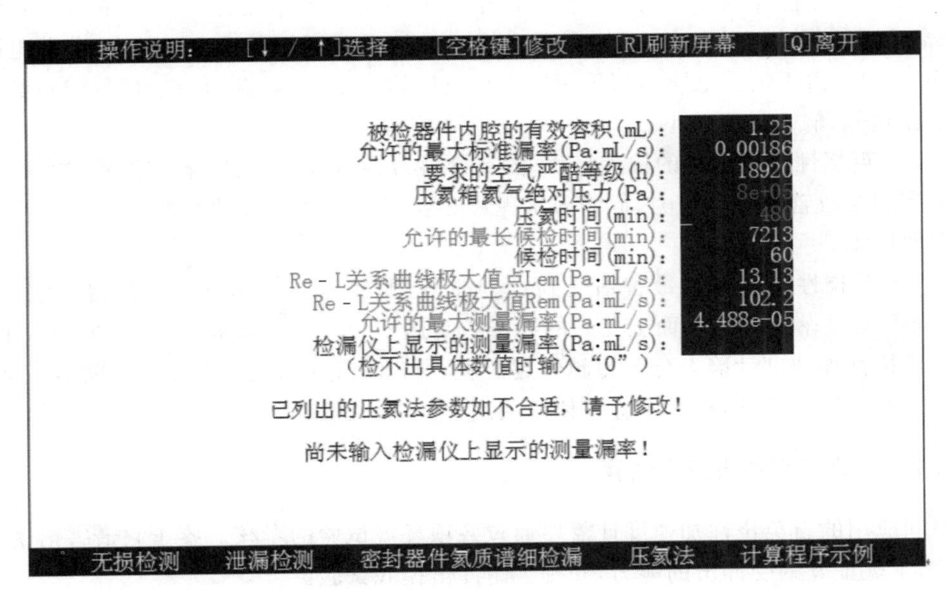

图 9-11　$V=1.25$ cm³，$L_{\max}=1.86\times10^{-3}$ Pa·cm³/s，$p_e=8\times10^5$ Pa，$t_1=480$ min，$t_{2e}=60$ min 时的 $R_{e,\max}$

8.2.2 节第(5)条指出，氦质谱检漏装置的有效最小可检漏率目前可以做到 1×10^{-7} Pa·cm³/s，最小测量漏率应不小于其 10 倍，即 1×10^{-6} Pa·cm³/s。需要注意的是：

1）8.5.7 节第(3)条指出，氦质谱检漏仪的最小可检漏率是在氦质谱检漏仪只接标准漏孔，不接外部检漏系统的条件下测得的，而密封器件氦质谱细检漏装置的有效最小可检漏率是在氦质谱检漏仪接好所有的外部检漏系统，包括没有充氦的被检器件或没有预充氦的被检器件替代品，并调整到实际检漏时的工作状态下测得的，所以密封器件氦质谱细检漏装置的有效最小可检漏率明显大于氦质谱检漏仪的最小可检漏率。

2)8.2.2 节第(5) 条指出，测量漏率下限不仅受到质谱检漏装置的有效最小可检漏率的限制，而且会受到密封器件压氦后对表面吸附的氦“净化”不彻底的限制，因为表面残留的氦也会向检漏仪提供输出信号。

从图 9-10 和图 9-11 可以看到，若采用 $p_e = 4 \times 10^5$ Pa，$t_1 = 40$ min，允许的最大测量漏率(与 L_{max} 相对应) 会处于压氦法所能检测的等效标准漏率下限，这就对氦质谱检漏仪、检漏装置、氦“净化” 条件提出了非常高的要求。而若石英挠性加速度计允许 $p_e = 8 \times 10^5$ Pa，且做到 $t_1 = 480$ min，则允许的最大测量漏率可以相对容易地检测出来。如 8.5.2.3 节第(3) 条所述，当 $R_e > R_{e,\max}$ 时，漏率不合格；而当 $R_e \leqslant R_{e,\max}$ 时，应进一步采用最小可检漏率小于 L_0 的粗检方法对被检器件进行检漏。如果粗检结果有漏，判被检器件不合格；如果粗检结果无漏，判被检器件合格[12]。

9.1.2 特性

(1) 石英挠性加速度计可以提供静态(不低于 0.01 Hz) 和动态加速度测量[5-6]，其频率特性曲线在低频段是很平坦的[9]，高频段的响应很大程度上取决于表芯与伺服电路的匹配是否良好。

(2) 伺服电路为高输出阻抗形式，允许很宽的输出负载电阻范围[7]。重力场翻滚标定时，通常采用数百欧姆的负载电阻，而在 ± 2 mg_n 输入范围的微重力测量中，负载电阻可以高达 500 kΩ。由于伺服电路内部采用二次稳压后的 ± 10 V 电源，负载电阻越高，势必最大输出电流越低，输入量程越小。

(3) 石英挠性加速度计的输入量程、静态分辨力、可靠性与挠性梁的关系很大。挠性梁做得薄有利于改善静态分辨力，但输入量程势必要相应缩小。挠性梁有微裂纹是影响可靠性的重要因素。

(4) 石英挠性加速度计最害怕受到过分冲击，通常为挠性梁折断。值得注意的是，从 150 mm 高处跌落到钢制台面上受到的冲击约高达 1 000 g_n[9]，超出可承受 200 g_n 冲击的 5 倍。石英挠性加速度计静态分辨力越佳越娇脆，所以一定要小心，千万不可跌落。甚至，如果直接放在抽屉里的话，抽屉不应该使劲关闭。

9.1.3 表芯耐冲击摸底试验

空间应用的石英挠性加速度计需要通过各项环境试验的考核。鉴于它最害怕受到过分冲击，为了验证其耐受冲击的能力，安排了耐冲击摸底试验。

9.1.3.1 冲击试验方法

该冲击摸底试验采用了两种冲击试验方法，一种是在电磁振动台上作纵向冲击，另一种是用冲击摆作横向冲击。电磁振动台需 60 ms 的激励过程才达到最大值，而冲击摆没有激励过程，直接达到最大值；冲击摆的冲击幅值约为电磁振动台的 1.5 倍，而持续时间约为电磁振动台的 1/3。

按同样工艺参数制作了 10 块石英挠性加速度计表芯。伺服电路不参与冲击试验。10

块表芯分成两组，每组 5 块，两组摆片的比刚度[①]分布大体相同，一组用电磁振动台，另一组用冲击摆。冲击响应谱为(100 ～ 400) Hz：6 dB/oct；(400 ～ 3 000) Hz：保持恒定值。两组都从恒定值 200 g_n 开始冲击，冲击方向按耐受能力从强到弱依次为输入轴、摆轴、输出轴。如三个方向都能耐受，则增加 100 g_n 再冲，直至挠性梁冲断。冲击条件如图 9－12 所示。

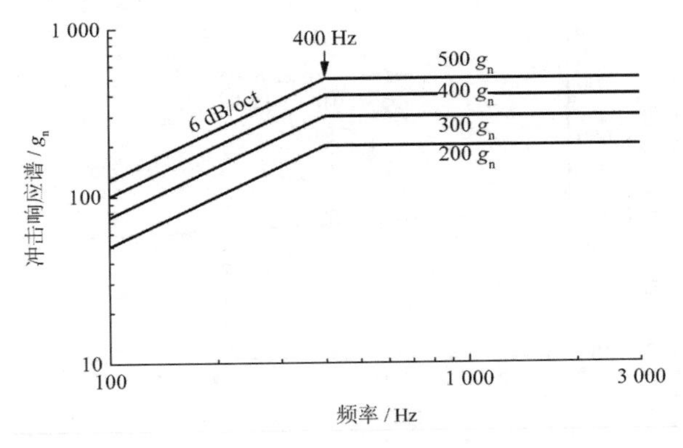

图 9－12　石英挠性加速度计表芯耐冲击摸底试验的冲击响应谱

9.1.3.2　冲击试验结果

冲击试验的结果如表 9－1 所示。

表 9－1　石英挠性加速度计表芯冲击摸底试验

冲击试验方法				冲击摆					电磁振动台				
表号				008#	007#	003#	009#	005#	006#	004#	002#	001#	010#
摆片的比刚度/(g_n · rad^{-1})				7.59	7.39	7.23	6.90	6.90	7.59	7.99	7.23	6.9	6.6
标称冲击值	200 g_n	方向	输入轴	✓	✓	✓	✓	✓	✓	✓	✓	✓	✓
			摆轴	⫰	✓	✓	✓	✓	✓	✓	✓	✓	✓
			输出轴	×	✓	✓	✓	✓	✓	✓	✓	✓	✓
	300 g_n	方向	输入轴		✓	✓	✓	✓	✓	✓	✓	✓	✓
			摆轴		✓	✓	✓	✓	✓	✓	✓	✓	✓
			输出轴		✓	✓	✓	✓	×	✓	✓	✓	✓
	400 g_n	方向	输入轴		×	✓	✓	✓		✓	✓	✓	✓
			摆轴			✓	✓	✓		✓	✓	✓	✓
			输出轴			⫰	⫰	✓		×	×	×	×
	500 g_n	方向	输入轴			×	⫰	⫰					
			摆轴				⫰	⫰					
			输出轴				×	⫰					

注：✓代表能耐受；⫰代表摆舌贴到一侧，无法回到平衡位置；×代表挠性梁冲断。

① 摆片的转动刚度(N · m/rad)与摆性(kg · m)之比称为摆片的比刚度(m · s^{-2}/rad 或 g_n/rad)，生产过程将摆片的支承环平放，测试摆片的摆舌下垂的角度，即可获得摆片的比刚度。

为了更清楚了解挠性梁在不同冲击试验方法下耐受冲击量级的情况，给出了不同冲击试验方法下使摆片断裂的冲击响应谱峰值与摆片比刚度的关系，如图 9-13 所示。由于输出轴方向是同一冲击响应谱峰值下的第三次冲击，所以挠性梁断裂如发生在输出轴方向，则在图上标示其纵坐标时，刻意拔高 67 g_n，即冲击间隔 100 g_n的 2/3，以示耐受性相对较好。

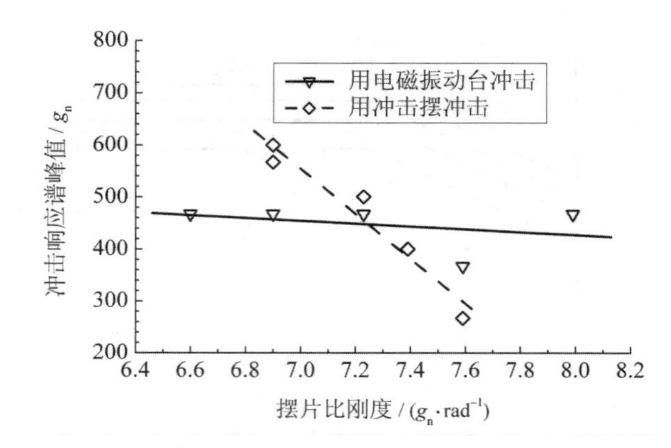

图 9-13　不同冲击试验方法下使摆片断裂的冲击响应谱峰值与摆片比刚度的关系

9.1.3.3　冲击试验结论

(1)在试验范围内，摆片的比刚度越小，耐受的冲击越大；特别是用冲击摆冲击时，格外明显。

(2)摆片的比刚度高时，对电磁振动台冲击的耐受性较好；摆片的比刚度低时，对冲击摆冲击的耐受性较好。

(3)石英挠性加速度计在该工艺水平下可耐受的冲击响应谱峰值为 200 g_n。

9.1.3.4　冲击环境改善及冲击试验条件确定

冲击响应谱峰值的指标原为 500 g_n，该工艺水平的石英挠性加速度计不能耐受。理论分析和实验结果表明，如果石英挠性加速度计安装在适当的支承架上，该支承架对冲击有很大的衰减，但对石英挠性加速度计检测频率范围内的微重力加速度又没有多大影响，就可以明显降低冲击试验条件。修订后的冲击试验条件为(100～400) Hz：6 dB/oct，(400～3 000) Hz：200 g_n。

9.1.3.5　冲击试验条件修订后石英挠性加速度计承受环境试验条件的情况

冲击试验条件修订后，用 27 只石英挠性加速度计做了验收级环境试验。试验项目包括温度循环、老炼、振动、冲击，表 9-2 给出了验收级环境试验前后标度因数和偏值的变化。

从表 9-2 可以看到，冲击试验条件修订后，27 只石英挠性加速度计都经受住了验收级环境试验，没有损坏，但是标度因数和偏值有不同程度的变化，其中 21028 号标度因数变化率达 0.285 9%，远远超过其余 26 只石英挠性加速度计的标度因数变化率，显然属于非正常情况，应予剔除。21064 号和 21065 号偏值变化量超过 1 mg_n，明显较大，也应剔除。

表 9-2　石英挠性加速度计验收级环境试验前后标度因数和偏值的变化

序号	编号	标度因数			偏值		
		试验前/(mA·g_n^{-1})	试验后/(mA·g_n^{-1})	变化率/(%)	试验前/mg_n	试验后/mg_n	变化量/mg_n
1	21025	1.262 728	1.263 105	0.029 9	1.398 3	1.807 4	0.409 1
2	21028	1.223 353	1.226 851	**0.285 9**	−0.404 8	0.353 0	0.757 8

续表

序号	编号	标度因数			偏值		
		试验前/ $(mA \cdot g_n^{-1})$	试验后/ $(mA \cdot g_n^{-1})$	变化率/ (%)	试验前/ mg_n	试验后/ mg_n	变化量/ mg_n
3	21030	1.170 134	1.170 178	0.003 8	−0.308 5	0.273 0	0.581 5
4	21034	1.224 783	1.224 775	−0.000 7	0.971 0	1.263 8	0.292 8
5	21041	1.240 685	1.240 761	0.006 1	−3.546	−4.174	−0.628
6	21055	1.249 155	1.249 313	0.012 6	0.868	0.194	−0.674
7	21058	1.214 879	1.214 707	−0.014 2	1.509 3	1.967 0	0.457 7
8	21064	1.228 063	1.227 694	−0.030 0	2.152 5	3.220 0	**1.067 5**
9	21065	1.206 206	1.206 114	−0.007 6	−0.321 0	1.311 2	**1.632 2**
10	21074	1.310 207	1.310 309	0.007 8	−4.220	−4.388	−0.168
11	21077	1.272 331	1.272 783	0.035 5	−1.451 4	−1.612 2	−0.160 8
12	21066	1.196 789	1.196 823	0.002 8	−3.045 1	−2.658 0	0.387 1
13	22015	1.262 131	1.263 192	0.084 0	1.804 8	1.570 0	−0.234 8
14	22031	1.241 496	1.241 556	0.004 8	0.804 3	0.750 0	−0.054 3
15	22033	1.223 844	1.223 803	−0.003 4	3.433	3.470	0.037
16	22034	1.273 019	1.273 071	0.004 1	2.968	3.060	0.092
17	22035	1.271 719	1.271 763	0.003 5	−0.070	−0.204	−0.134
18	22024	1.264 916	1.264 849	−0.005 3	0.378	−0.410	−0.788
19	23019	1.211 937	1.211 982	0.003 7	0.119 8	−0.082 0	−0.201 8
20	23052	1.199 304	1.199 285	−0.001 6	−1.686	−1.660	0.026
21	24052	1.288 035	1.288 070	0.002 7	0.156 4	0.152 0	−0.004 4
22	24053	1.295 138	1.295 114	−0.001 9	2.817	2.754	−0.063
23	24054	1.235 073	1.235 086	0.001 1	1.600	1.560	−0.040
24	24056	1.274 358	1.274 382	0.001 9	−2.006	−2.050	−0.044
25	24057	1.256 893	1.256 801	−0.007 3	1.036	0.860	−0.176
26	24079	1.254 992	1.255 032	0.003 2	−0.850	−0.830	0.020
27	24080	1.292 255	1.292 170	−0.006 6	0.840	0.770	−0.070

其余24只石英挠性加速度计标度因数变化率最大为0.084%。对于微重力科学实验来说,并不需要高度准确的微重力数据,标度因数的这种变化是完全能接受的。但对于检测轨道机动引起的速度增量来说,如10.1.2.2节所述,就需要验收级环境试验前后标度因数的变化率不超过±0.005%。图9-14给出了其余24只石英挠性加速度计标度因数变化率的直方图,从图中可以看到,验收级环境试验前后标度因数的变化率不超过±0.005%的数量为14只,只占总共27只的52%。

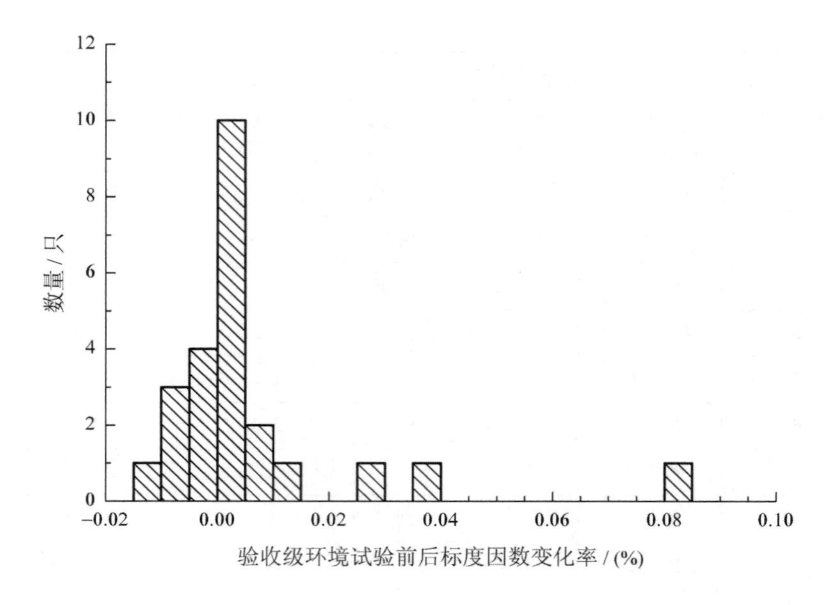

图 9-14　其余 24 只石英挠性加速度计标度因数变化率的直方图

考虑到规定的验收级环境试验条件往往比实际航天器发射环境苛刻，所以使用石英挠性加速度计的微重力测量装置应该在验收级环境试验后再进行整机标定。

其余 24 只石英挠性加速度计偏值变化量最大 −0.788 mg_n。好在对于微重力环境测试来说，石英挠性加速度计不是用来检测准稳态加速度的，因此，只要验收级环境试验引起的偏值变化对输入范围没有大的影响，还是可以接受的。至于偏值的绝对值，即使达到 3 mg_n，通过偏值纠正电路可予纠正。而对于检测轨道机动引起的速度增量来说，如 14.3.8 节所述，即使采用更为严格的筛选指标也无济于事，因为发射环境引起的石英挠性加速度计偏值变化就可能达到 10^{-4} g_n 量级。所以必须通过数据处理彻底消除石英挠性加速度计偏值的影响。

9.1.4　用电模拟法进行自测

可以采用在力矩线圈两端施加电模拟信号的方法对石英挠性加速度计进行自测，包括验证是否能正常工作，测量其动特性、输入量程及线性度等性能[7]。其原理是：在力矩线圈两端施加的电模拟信号使摆舌偏离平衡位置，伺服电路对此发生响应，给出控制电流，将摆舌拉回平衡位置。此控制电流即为石英挠性加速度计对电模拟信号的响应。例如，用相当于(8～10) mg_n、周期(85～215) ms 的方波发生器施加电模拟信号，并调整其幅度，使石英挠性加速度计的输出信号可以清晰地分辨，将它与输入的方波信号比较，即可获得石英挠性加速度对电模拟信号的响应时间。为了减少干扰，石英挠性加速度计用蓄电池供电，并置于双层减振架上，信号线采用屏蔽线，在夜里环境相对安静的条件下测量。图 9-15 所示为石英挠性加速度计及其后继检测电路共同对周期 85 ms 方波信号的响应过程。

9.1.5　产品

见附录 D.1 节。

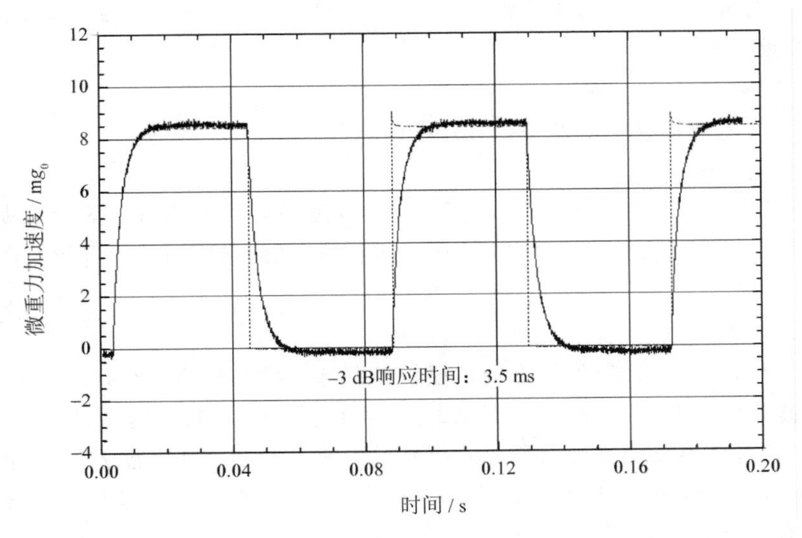

图 9-15　石英挠性加速度计及其后继检测电路共同对周期 85 ms 方波信号的响应过程

9.1.6　应用于空间微重力条件下的测量误差

空间微重力条件下，航天器基本处于惯性飞行状态，偏离失重的微重力加速度远小于 1 g_n。例如，2.2.2.5 节第(2)条指出，根据 Parseval 定理，表 2-1 所示每个 OTOB 的方均根振动加速度限值的方和根值即为(0.01～300) Hz 范围内符合国际空间站计划需求的最大方均根振动加速度，按此方法计算得到(0.01～300) Hz 范围内符合国际空间站计划需求的最大方均根振动加速度为 4.145 mg_n。据此，我们以 $\pm1\times10^{-2}$ g_n作为空间微重力振动加速度测量的输入范围。

附录表 D-1 给出 JN-06A-I 型石英挠性加速度计偏值≤3 mg_n，附录表 D-7 给出 QA3000 偏值<4 mg_n。我们在研制神舟号飞船空间微重力测量装置的过程中证实，JBN-3型石英挠性加速度计在一系列筛选试验(包括温度循环、常温老炼、振动、冲击等试验)前后偏值变化可以控制在 1 mg_n以内，即为上述空间微重力加速度的上限值 1×10^{-2} g_n的1/10。由于偏值变化相对缓慢，不会影响通带下限 0.01 Hz 的振动加速度测量，所以 NASA 给出的石英挠性加速度计通带下限为 0.01 Hz。也就是说，如果没有偏值纠正措施的话，石英挠性加速度计不适合测量频率比 0.01 Hz 更低的准稳态加速度。

文献[9]指出，加速度的测量误差可分为静态误差和动态误差。以下就此展开分析。

9.1.6.1　静态误差

综合文献[9，13-14]的叙述，可以知道静态误差包括非线性误差、标度因数误差、偏值误差、失准角误差和静态分辨力带来的误差。

附录表 D-1 给出 JN-06A-I 型石英挠性加速度计二阶非线性系数 $c_2\leqslant10$ $\mu g_n/g_n^2$。因此，在空间微重力加速度 $a_r=1\times10^{-2}$ g_n时，由于不考虑二阶非线性系数而带来的误差不超过 1×10^{-9} g_n，仅为 1×10^{-2} g_n的 $1/1\times10^7$，由此可见，非线性系数的影响可以忽略。

如上所述，偏值变化相对缓慢，不会影响通带下限 0.01 Hz 的振动加速度测量。因此，只要偏值变化对输入范围没有大的影响，检测振动加速度时不必更多考虑偏值误差的影响。

通过单机的重力场倾角法敏感轴指向测试(参见13.4节)和整星的安装精测(参见13.5节)控制失准角误差。

(1)标度因数误差。

标度因数误差包括标定误差和重复性误差。

1)地面标定误差。

4.2.3.3节第(1)条给出,由于目前精密光栅分度头或精密端齿盘的示值误差可以控制到峰-峰值1″,因此用8点法(2π内均分8个点进行)得到的标度因数标定相对误差为1.92×10^{-6}[见式(4-96)]。

2)重复性误差。

文献[9]分析了产生加速度计重复性误差的内部因素和环境影响,探讨了提高重复性或稳定性的可能途经。其中,内部因素有永磁体的稳定性、力矩器的退磁效应、输入范围内的磁场稳定性、信号传感器的零位漂移、回路稳定性、放大器增益和平衡的变化、传感器电压的正交分量、正常工作时的温升等,环境影响有温度、振动、磁干扰、检验质量吸附水气和密封漏气造成的空气浮力变化、重力变化等。

以上这些原因都会使标度因数发生变化。

至于是否需要对标度因数做在轨标定则与允许的测量误差大小、实际输入加速度大小、标度因数误差大小都有关系,其中标度因数误差大小问题,既与地面用重力场翻滚试验得到的标度因数的误差有关,还与上述加速度计内部因素和环境影响会使标度因数变化多少以及在轨标定能将标度因数误差降低到多少有关。

我们在研制神舟号飞船空间微重力测量装置的过程中证实,JBN-3型石英挠性加速度计在一系列筛选试验(包括温度循环、常温老炼、振动、冲击等试验)前后标度因数的相对变化可以控制在5×10^{-4}以内。为了尽量减小该误差,我们提出,标定试验应移至筛选试验后进行。文献[15]也指出,准备好飞行(flight-ready)的加速度计将会被标定。

3)在轨标定误差。

23.3.2.2节第(2)条给出,GRACE卫星对所用SuperSTAR加速度计进行在轨标定,其标度因数的不确定度为0.2%。即标度因数不准确带来的相对误差为1/500。

(2)静态分辨力带来的误差。

4.1.2.4节给出,静态分辨力的定义为:“在输入量大于阈值时,引起产生输出量的变化等于采用标定的标度因数所求出的期望输出变化的某一规定百分比(至少50%)的输入量最小变化的最大值。”

4.2.5.3节第(1)条指出,阈值与静态分辨力颇为相似,差别仅在于阈值针对的是0 g_n附近的测量值,静态分辨力针对的是输入量不超出输入范围的测量值。对于石英挠性加速度计,阈值和静态分辨力在数值上并无差别。

4.2.5.3节第(1)条还指出,静态分辨力的成因与静摩擦大于动摩擦非常类似,因此,测定静态分辨力时实际输出增量的平均值ΔE_p总是小于理想输出增量ΔE,由此可见,静态分辨力不会随多次重复测量而减小。

4.2.5.3节第(1)条进一步指出,4.1.2.4节定义的分辨力是通过静态测试得到的,不包含噪声,因此称为静态分辨力。由此可见,如此定义的静态分辨力不会随压缩测量通带而减小。

除附录D.1.3节所述采用QA3100加速度计的TSH-ES振动传感器静态分辨力可达

0.1 μg_n（但不能确定是 QA3100 加速度计的静态分辨力达到了 0.1 μg_n 还是仅 24 位 Δ-Σ ADC的显示分辨力达到了 0.1 μg_n）、附录表 D－5 给出 SNJ－5107 加速度计静态分辨力小于 0.5 μg_n 及 SNJ－5108 加速度计静态分辨力小于 0.05 μg_n 以外，通常给出石英挠性加速度计静态分辨力指标小于 1 μg_n 或更差，包括附录表 D－7 给出的 QA3000 加速度计静态分辨力指标也是小于 1 μg_n。为保险起见，静态分辨力指标仍以 1 μg_n 估计。由上述定义可以得到，若静态分辨力为 1 μg_n，则静态分辨力带来的误差为±0.5 μg_n。

由于标度因数不准确带来的是相对误差，而静态分辨力带来的是绝对误差，从而使得空间微重力加速度的值较小时，静态分辨力就会成为静态误差的主要因素。

9.1.6.2　动态误差

动态误差表示了输出量跟踪动态输入量的能力，可以用上升时间、时间常数或通频带宽度等指标表示[9]。噪声也应归属于动态误差。检测石英挠性加速度计＋检测电路对电模拟方波信号的响应可以得到上升时间或时间常数。可以用微振动测试台恒定加速度正弦扫频的办法检测石英挠性加速度计＋检测电路的谐振频率，该谐振频率应明显高于检测振动加速度需要的通频带上限。

(1)对方波信号的响应。

图 13－24 给出了神舟号飞船微重力测量装置所用 JBN－3 型石英挠性加速度计＋自研检测电路对电模拟方波信号的响应。图 6－8 给出了方波信号通过 f_c＝108.5 Hz 的四类 3 级 6 阶有源低通滤波器的响应。将二图相比较，可以看到 JBN－3＋检测电路的响应时间远短于有源低通滤波器的响应时间。

(2)噪声。

1)加速度计噪声。

5.9.3.2 节第(4)条、表 10－1、第 11 章、13.3.3 节指出：①我们为神舟号飞船研制的微重力测量装置使用了 JBN－3 型石英挠性加速度计、自行研制的检测电路、f_c＝108.5 Hz 的 6 阶 0.5 dB 波动 Chebyshev－Ⅰ有源低通滤波器，其 x_2，y，z 三路输入范围为±10 mg_n；②该微重力测量装置在地震基准台的百米深山洞中具有隔振地基的房间内进行噪声测试，测试取比白天环境更为稳定的夜间环境，可以进一步排除人为活动的影响。测试时，微重力测量装置固定在隔离地基的实验平台上，尽量减少由于测量仪自身的微小晃动所造成的误差。测试采用电池供电，加速度传感器处于准水平方位，注入详存指令后自动进行检测，检测前人员离开山洞。根据标定结果，将数据转换为 g_n 值。作为保守估计，假定所有噪声均由 JBN－3 型石英挠性加速度计造成，不计环境干扰和电路噪声。图 5－40 给出了采样间隔 4 ms、N＝8 192、采用 Hann 窗得到的噪声功率谱密度曲线。可以看到，噪声近似为白噪声，所示噪声功率谱密度的代表值为 5.62×10^{-4} $mg_n/Hz^{1/2}$。

由式(5－40)所示 Parseval 定理表达式可知，白噪声在通带内的累积方均根值与通带宽度的平方根成正比。因此，通带宽度 125 Hz 的累积噪声方均根值为 6.28 μg_n；而通带宽度 0.1 Hz 的累积噪声方均根值为 0.18 μg_n。由此可见，加速度计噪声大小与通带宽度密切相关。

实践十号微重力科学实验卫星于 2016 年 4 月 6 日凌晨发射，4 月 18 日下午返回。该卫星的微重力测量仪使用了附录表 D－4 中 SNJ－4220 型石英挠性加速度计，每路采样率为 625 Sps，采用 16 位 ADC，量化宽度为 0.64 μg_n，截取在轨飞行时连续采集(持续时间

2 516.582 4 s)的 $N=1\ 572\ 864$（$=12\times2^{17}$）个微重力加速度数据，对其进行去均值和去线性趋势，然后用 Welch 平均周期图法（参见附录 A），采用 Hann 窗，每段的数据长度 $L=262\ 144$（$=2^{18}$），毗连区段重叠的样点数 $D=131\ 072$（$=2^{17}$），由式（5-58）得到分段数 $K=11$，作功率谱密度分析，如图 9-16 所示。作为比较，图中还重绘了图 5-40 所示的神舟号飞船微重力测量仪地面山洞检测结果。

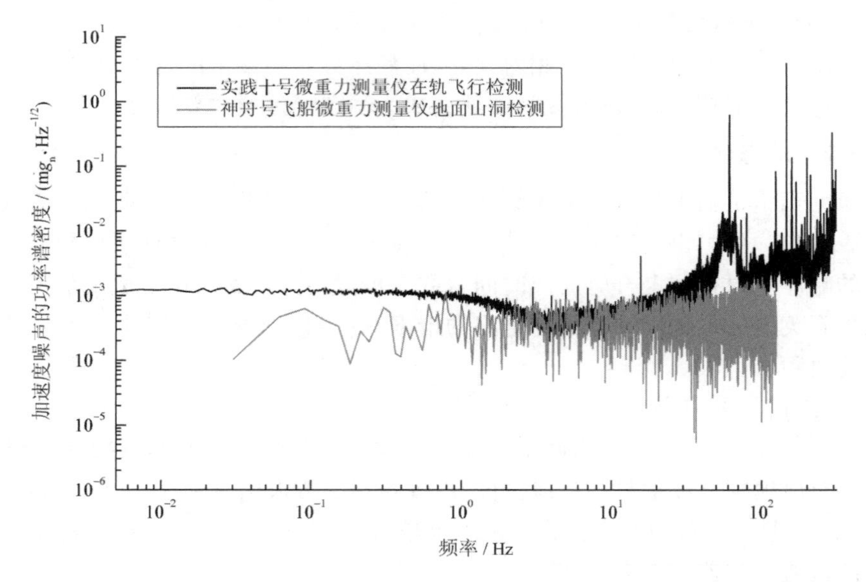

图 9-16　实践十号卫星在轨飞行时微重力测量仪检测到的加速度噪声功率谱密度

图 9-17 为图 9-16 中 10 Hz 以下部分的局部放大图，为了更直观表达两条噪声曲线的差别，纵坐标改为线性坐标。

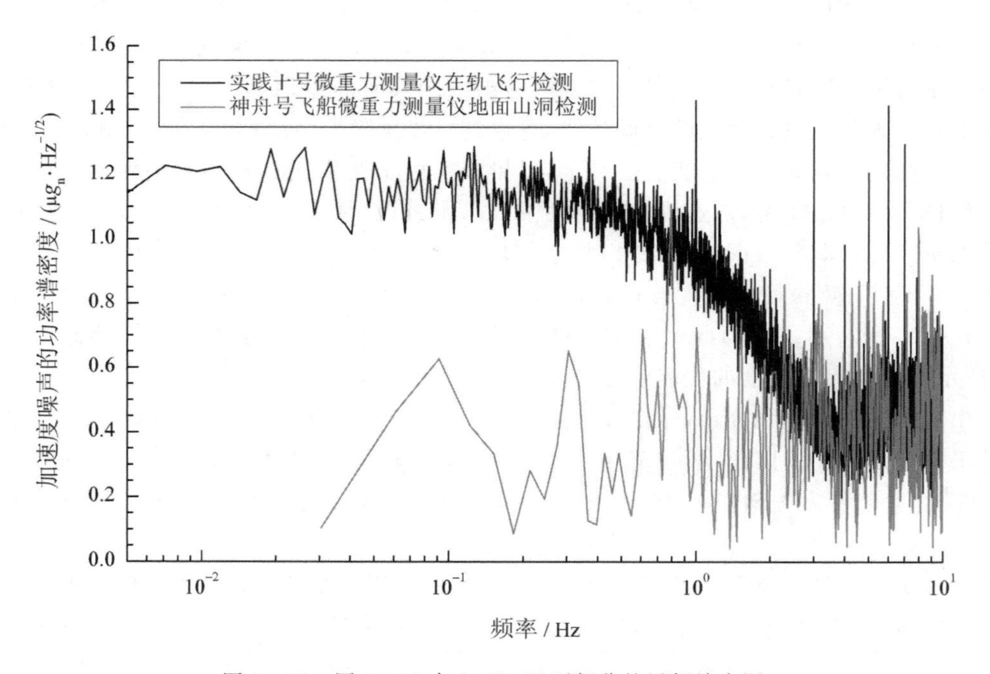

图 9-17　图 9-16 中 10 Hz 以下部分的局部放大图

从图 9 - 16 和图 9 - 17 可以看到，实践十号卫星在轨飞行时微重力测量仪检测到的加速度噪声中(3～10) Hz 部分，除若干尖峰外，与神舟号飞船微重力测量仪地面山洞检测结果相当符合；3 Hz 以下部分除若干尖峰外，随着频率降低逐渐增大至三倍，明显不如神舟号飞船微重力测量仪地面山洞检测结果。由于 SNJ - 4220 型比 JBN - 3 型尺寸小、重量轻，相应各项指标略差一些，所以据此可以认为，实践十号卫星在轨飞行时微重力测量仪检测到的加速度噪声中 10 Hz 以下除若干尖峰外(即不考虑卫星上各种机构的振动及引起的结构动力学响应)，反映了 SNJ - 4220 型石英挠性加速度计的噪声。而 10 Hz 以下的若干尖峰以及 10 Hz 以上明显高出神舟号飞船微重力测量仪地面山洞检测结果，可以认为是由实践十号在这段时间内的微重力干扰造成的。

2006 年 8 月兰州空间技术物理研究所与东方红卫星公司合作，对海洋一号卫星进行了整星地基微振动测量试验。共采用 10 只 JBN - 3 型石英挠性加速度计进行微振动测量，数据采集设备的采样率为 5 120 Sps，即 Nyquist 频率 $f_N=2\ 560$ Hz，模数转换前未使用抗混叠滤波器。对试验现场的本底噪声进行了测试，截取连续采集(持续时间 25.6 s)的 $N=131\ 072(=8\times2^{14})$个加速度噪声数据，对其进行去均值和去线性趋势，然后用 Welch 平均周期图法(参见附录 A)，采用 Hann 窗，每段的数据长度 $L=32\ 768\ (=2^{15})$，毗连区段重叠的样点数 $D=16\ 384\ (=2^{14})$，由式(5 - 58)得到分段数 $K=7$，作功率谱密度分析，如图 9 - 18所示。作为比较，图中还重绘了图 9 - 16 所示的实践十号卫星在轨飞行时微重力测量仪检测到的加速度噪声功率谱密度。

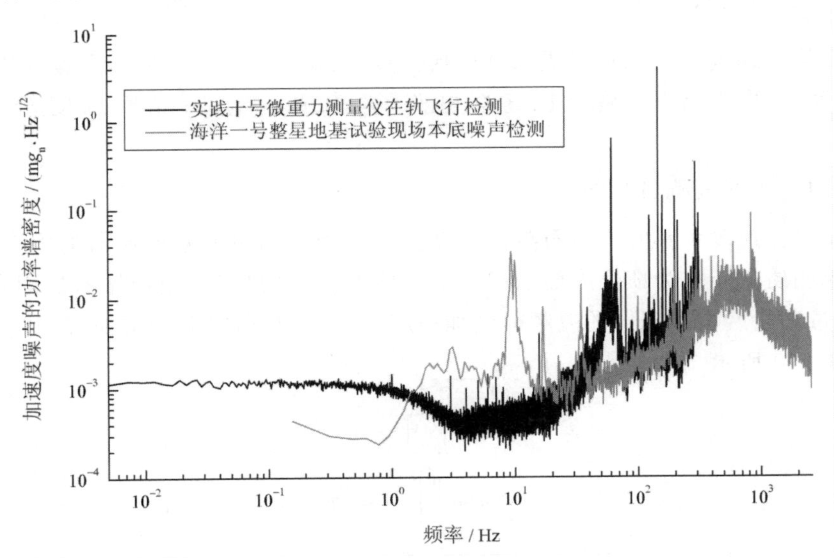

图 9 - 18　海洋一号整星地基试验现场检测到的本底噪声功率谱密度

从图 9 - 18 可以看到，海洋一号整星地基试验现场检测到的本底噪声中(100～312.5) Hz 部分，除若干尖峰外，与实践十号卫星在轨飞行时微重力测量仪检测到的噪声相当符合。据此可以认为，海洋一号整星地基试验现场检测到的本底噪声中 100 Hz 以上部分除若干尖峰外(即不考虑包括声音在内的各种振动及引起的结构动力学响应)，反映了 JBN - 3 型石英挠性加速度计的噪声，即 100 Hz 以上该加速度计的噪声有一个并不陡峭的谐振峰，峰值在(500～900) Hz 之间。该谐振峰位置与石英挠性加速度计固有的谐振频率是一致的。

后来对 SNJ-4220 型加速度计噪声所作的地面山洞检测也证实 100 Hz 以上存在噪声谱升高现象。

2)ADC 量化噪声。

如前所述,JN-06A-I 型石英挠性加速度计偏值$\leqslant 3\ \mathrm{m}g_n$,QA3000 偏值$<4\ \mathrm{m}g_n$,JBN-3 型石英挠性加速度计在一系列筛选试验(包括温度循环、常温老炼、振动、冲击等试验)前后偏值变化可以控制在 $1\ \mathrm{m}g_n$以内。所以空间微重力测量装置的输入范围至少要设置为$\pm 1\ \mathrm{m}g_n$,且需设置偏值纠正电路。若采用 16 位 ADC,并根据动态范围和限幅、降噪要求,实际使用中间 14 位,则输入范围为$\pm 1\ \mathrm{m}g_n$时 1 LSB 高度 $\Delta = 0.122\ \mu g_n$。由式(7-43)得到,量化噪声的方均根值 $e_{\mathrm{rms}} = 35.2\ \mathrm{n}g_n$。而若输入范围为$\pm 10\ \mathrm{m}g_n$,则 $e_{\mathrm{rms}} = 352\ \mathrm{n}g_n$,仍远小于 JBN-3 型石英挠性加速度计方均根测量噪声 $6.28\ \mu g_n$。

3)电路噪声。

将各个 JBN-3 型石英挠性加速度计产品安装在同一检测电路上,按"1)加速度计噪声"所述方法进行噪声测试,得到了明显不同的噪声水平,证明所测噪声主要是加速度计噪声。由于所给加速度计噪声实际上已包含了环境干扰和电路噪声,所以不需要再单独考虑电路噪声。

9.2 石英振梁加速度计

9.2.1 组成及原理

石英振梁加速度计的基本组成部分包括:一对匹配的石英晶体振梁力敏器件;带有挠性支承约束系统的质量块;晶控振荡器电路;频率测量电路;精密温度传感器;密封壳体[7,16-17]。

9.2.1.1 加速度测量原理

石英振梁加速度计具有一对石英振梁晶体谐振器。利用振梁谐振器的力频特性,将加速度通过检测质量转换为惯性力而引起石英晶体谐振器的形变,使谐振器的固有频率发生变化,再通过测量两个谐振器的差频得到加速度值,这一对谐振器为推挽式配置[18],其原理结构如图 9-19 所示[16,18-19]。

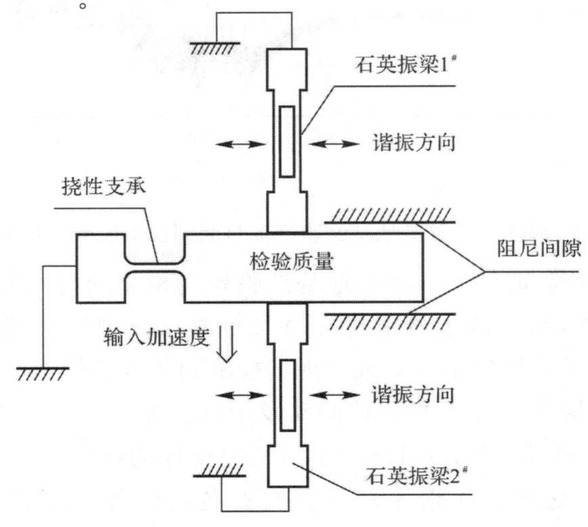

图 9-19 石英振梁加速度计原理示意图[16,18-19]

从图9-19可以看到，石英振梁加速度计的基本力敏感元件仍是一个摆性支承的检测质量，该检测质量被一对石英振梁沿加速度计的输入轴束缚着。输入加速度使一根梁受到压力，另一根梁受到张力，从而使一根梁的输出频率减少，另一个增加，仪表的输出取的是两根梁之间的频率差[7]。该频率差即被测加速度大小的量度，或者说，该频率差与被测加速度成正比。

9.2.1.2　石英晶体的压电效应及逆效应

压电效应指在石英晶体的一定方向上施加压力或拉力，则在晶体的一些对应的表面上分别出现正负电荷，其电荷密度与施加的外力大小成正比，即力致形变产生电极化。逆效应指在石英晶体的一定方向上加电场，则在晶体的对应方向上会产生应变和内应力，它也是线性的，即电致形变[20]。

9.2.1.3　石英晶体应变与应力的关系

石英晶体是介于完全各向异性体和各向同性体之间的晶体。我们知道，各向同性体中，正应力（截面上与截面垂直的应力，亦称法向应力）只能产生正应变，与切应变无关；同样，切应力（截面上与截面相切的应力，亦称剪应力）只能产生切应变，与正应变无关[21]。在弹性限度范围内，应力与应变的关系服从 Hooke 定律[21-23]：

$$\left.\begin{aligned}\sigma &= E\varepsilon \\ \tau &= G\gamma\end{aligned}\right\} \tag{9-5}$$

式中　σ—— 正应力，N/m^2；

E—— 弹性模量，也称为杨氏模量，N/m^2；

ε—— 线应变（相对变形），无量纲；

τ—— 切应力，N/m^2；

G—— 切变模量，也称为刚性模量或库仑模量，N/m^2；

γ—— 切应变，无量纲。

并有

$$\gamma = \frac{\Delta x}{d} \tag{9-6}$$

式中　d—— 薄层厚度，m；

Δx—— 厚度为 d 的薄层上表面对下表面的平行位移，m。

而在完全各向异性体中，不仅正应力能产生正应变，而且切应力也能产生正应变；同样，不仅切应力能产生切应变，而且正应力也能产生切应变。各向异性体弹性柔顺常数矩阵 $\boldsymbol{s}$ 的定义为[21]

$$\boldsymbol{S} = \boldsymbol{s}\boldsymbol{T} \tag{9-7}$$

式中　$\boldsymbol{S}$—— 应变（单位长度的伸长量）矩阵；

$\boldsymbol{s}$—— 弹性柔顺常数矩阵，m^2/N；

$\boldsymbol{T}$—— 应力（单位面积上受到的作用力）矩阵，N/m^2。

并有

$$\boldsymbol{s} = \frac{1}{\boldsymbol{c}} \tag{9-8}$$

式中　$\boldsymbol{c}$—— 弹性刚度常数矩阵，N/m^2。

9.2.1.4 石英振梁谐振器的等效电路

当在适当切割的压电晶体的两个相对面上镀上金电极，并在其上施加电压时，晶体内部束缚电荷受力引起形变，一般这形变很小，但当所加电压的频率 f 等于晶体机械振动的谐振频率 f_r 时，能产生大的形变振荡，通过压电效应，在晶体表面产生极化电荷的振荡。反映在电路上的效果，压电晶体等效于图 9－20 所示的谐振电路，其密度 ρ、弹性柔顺常数矩阵 $\boldsymbol{s}$ 和阻尼系数 η 分别等效为图中的电感 L、电容 C 和电阻 R，而 C_0 则为静电电容，C_0 比 C 大得多[20]。

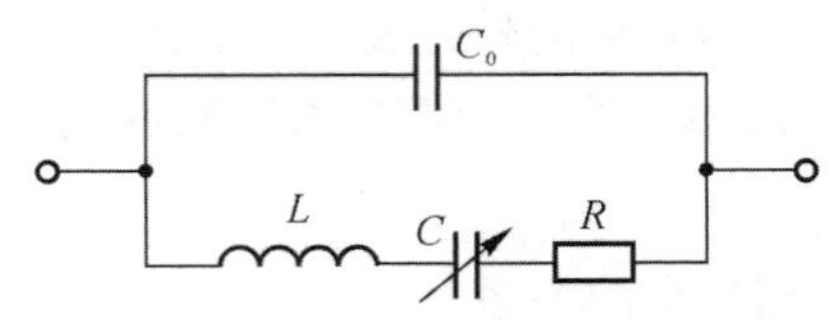

图 9－20 压电振子的等效电路[18,20]

石英振梁谐振器的电容 C 由常值部分和可变部分组成，常值是由该晶体高稳定的弹性模量建立的，可变部分是由音叉上适当的轴向力建立的。电阻 R 表示由所有的损耗源产生的损耗，如机械损耗、声学能量损耗和电极电阻等。静电电容 C_0 是极间电容和布线电容的总和[18]。

9.2.1.5 石英振梁谐振器的工作模式及晶体切型

石英晶体的 z 轴称为光轴，光线沿 z 轴方向通过石英晶体时，不产生双折射现象。石英晶体的 x 轴称为电轴，沿 x 轴方向或沿 y 轴方向施加压力（或拉力）时，在 x 轴方向产生压电效应。石英晶体的 y 轴称为机械轴，沿 y 轴方向或沿 x 轴方向施加压力（或拉力）时，在 y 轴方向不产生压电效应，只产生形变[21]。

美国无线电工程师学会（IRE）标准规定的切型符号为：圆括号内前两个字母分别表示石英晶片厚度和长度的原始方向，第三个字母表示绕什么轴旋转，第二次旋转则还有第四个字母，圆括号后为旋转角度，正号表示逆时针旋转，负号表示顺时针旋转，两次旋转的角度之间加斜杠。石英晶片的原始方向指上述石英晶体的 x，y，z 轴，旋转轴用字母 t（厚度）、l（长度）、w（宽度）表示[21]。

石英振梁谐振器的工作模式采用石英晶体的弯曲振动模式[24]，通常采用沿宽度方向的弯曲振动[19]，适合的切型有 $(xyt)0° \sim 5°$（习惯符号 $x+0° \sim 5°$）和 $(xytl)5°$（或 $8.5°$）/ $\pm 50°$（或 $60°$）（习惯符号 NT）[21]。也有人考虑所需要的频率范围、零频率温度系数等要求，选择 $(zyw)5°$ 切型[19]；还有人采用沿厚度方向的弯曲振动，选择 $(xyt)0° \sim 5°$（习惯符号 xy' 棒）[21,24]。

9.2.1.6 石英振梁谐振器的结构形式和电极设置

石英振梁谐振器通常具有双端固定的音叉结构[19]，音叉的两根梁以 180° 相位差振动，这种动力学运动使在梁的连接端所受的剪切力和力矩作用被消除了。梁端外应力极速衰减，很大程度上减小了传递到基座上的能量。这种结构不需要庞大的隔离器，共振器小巧简单易于制造，并且保证了振动的高品质因数（Q 值）[24]。石英振梁谐振器的零负载频率一般为 35 kHz[18]。图 9－21 所示为其中的一种设计尺寸，其零负载频率为37.772 kHz[18]。

合理的电极设置，才能使双端石英音叉产生沿宽度方向相位相反的弯曲振动。由压电效应可知，为了使石英音叉产生宽度弯曲振动，就必须在宽度方向同时设置 2 个大小相等、方向相反的电场。通过压电效应激励双端调谐音叉石英谐振器的双音叉，使其产生相位相反的弯曲振动。采用环周分割法布置电极时，分割处在石英晶片的波节处。对于长度为 l 两端固定的晶片，其基频有 2 个波节，在此处应力 $\boldsymbol{T}=\mathbf{0}$，分别位于距一端为 $0.224l$ 及 $0.776l$ 处。因此，正负电极就在波节处分开。为避免消耗振动能量，使谐振器的值下降，动态电阻变大，并影响频率温度特性，电极引线应焊在节点上[19]。

采用音叉四周设置电极的方式，如图 9－22 所示，双端音叉上灰度相同的区域表示有相同的电极[19]。

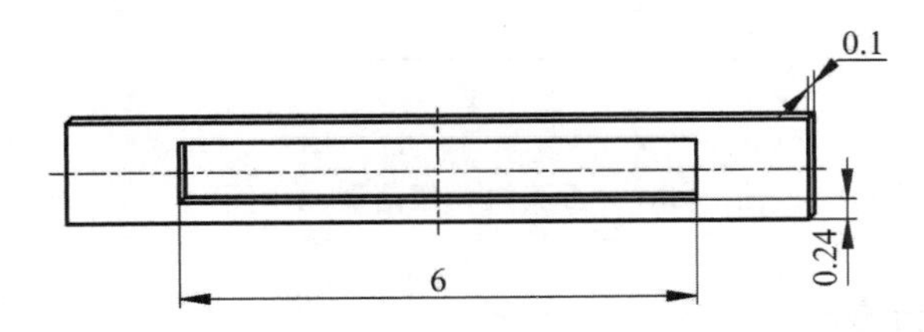

图 9－21　具有双端固定音叉结构的石英振梁谐振器的一种设计尺寸[18]

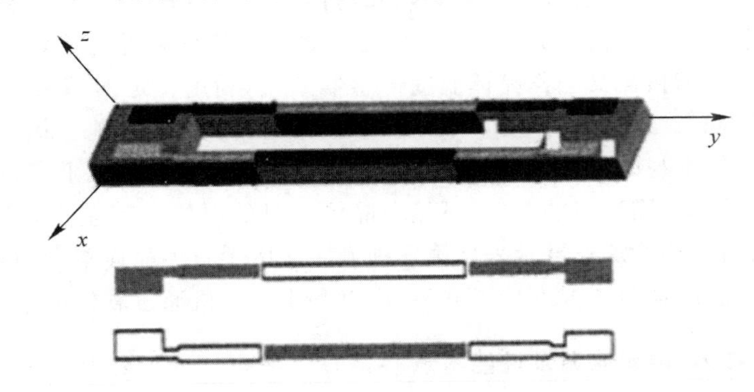

图 9－22　石英谐振器电极设置图[19]

9.2.1.7　音叉弯曲振动的谐振频率

音叉弯曲振动的谐振频率公式为[16]

$$f=f_0(1+\alpha F) \tag{9-9}$$

式中　F—— 外力，N；

f_0——$F=0$ 的基频，Hz；

α—— 力频系数，Hz^{-1}。

9.2.1.8　石英振梁振荡器

晶体受力引起电容变化，使该电路的谐振频率变化，即谐振器的频率随受力的变化而变化。谐振器加上有关线路，就制成了一个振荡器。振荡器的原理如图 9－23 所示[18]。

9.2.1.9　压膜阻尼

与 9.1.1.3 节对石英挠性加速度计的叙述类似，检测质量依靠压膜阻尼，阻尼间隙还被用来作为机械冲击制动器①，以防止晶体过应力[16,25]。

① 文献[16] 原文为“致动器”，不妥。

9.2.1.10 壳体封装

与 9.1.1.4 节对石英挠性加速度计的叙述类似，石英振梁加速度计的壳体要求具有极好的密封性能($L < 1 \times 10^{-9}$ Pa·m³/s)[25]。除了保证压膜阻尼特性以外，受潮会使空载频率漂移[25]也是必须考虑的因素。

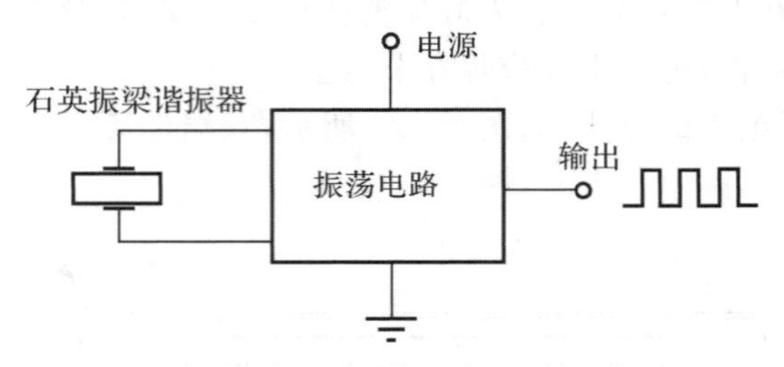

图 9-23 石英振梁振荡器原理图[18]

9.2.1.11 温度传感器

为了补偿温度对传感器输出的影响，必须知道内部的温度信息。石英振梁加速度计温度数值的获取目前有两种方法。方法一，在石英振梁加速度计内部专门设置高精密度①温度传感器；方法二，把谐振器又当作晶体温度传感器来用，利用特定的谐振电路对同一个谐振器分别激励起不同谐波次数的振动，即可同时进行力与温度的检测。第二种方法的优点是它敏感的就是晶体本身的温度，且不需增加温度传感器，目前只是见于实验阶段。第一种方法，它敏感的是晶体周围环境的温度，虽然和晶体本身的温度会有差距，但实现起来难度小。目前，大多数石英振梁加速度计采用第一种方法。由于石英晶体本身的频率-温度系数很小，且其重复性也好，加装了温度传感器后，可以利用计算机通过软件补偿温度误差[18]。

9.2.2 主要技术、误差来源及性能特点

9.2.2.1 主要技术

石英振梁加速度计的主要技术有：石英振梁谐振器设计、石英谐振器制造（主要是半导体加工）、整表结构及热设计、整表组装（包括充气）、电子线路设计（包括电磁兼容、信号采集与处理）、误差补偿和滤波（对规律性误差进行补偿，对随机性误差进行滤波）等[18]。

9.2.2.2 误差来源

石英振梁加速度计的主要误差源为输出差动频率的线性化误差、挠性梁的加工误差和双音叉石英谐振器的加工误差，次要误差源为计算差动频率时舍掉二次项及高于二次的项产生的原理误差和质量块的质心偏移[26]。此外，温度、振动、时钟准确度和稳定度、电源稳定度、老化、壳体泄漏、外部压力等也是引起误差的因素[25]。因此，在设计、加工、装配、密封石英振梁加速度计时，应尽量减少上述误差源[25]。

9.2.2.3 石英晶体物理参数和优点

振梁谐振器的材料是石英晶体，分子式为 SiO_2，密度为 2.65×10^3 kg/m³，莫氏硬度为 7，熔点为 1 750 ℃，热膨胀系数为 0.6×10^{-6}/℃（钢的热膨胀系数为 12×10^{-6}/℃），机械滞

① 文献[18]原文为“精度”，不妥（参见 4.1.3.1 节）。

后为钢的1/100,长期稳定性非常良好。品质因数可达10^5～10^6。最高使用温度为550 ℃,最高安全应力为(95～100)×10^6 N/m^2,电阻率高于10^{12} Ω·m[18]。

石英晶体最突出的特点是它具有十分优秀的动态品质,其谐振频率的覆盖范围宽,可在(10^5～10^8) Hz量级范围内稳定工作①;更可贵的是振频稳定性非常好(以分散性表示的重复性不超过1×10^{-9},每天不超过1×10^{-11}的老化率早已实现)。当选择适当的切割时,可使频率温度系数在室温附近为零(高稳定晶振的频率-温度系数可达5×10^{-8}/℃)。从稳定性方面考虑,至今还没有其他材料可与石英媲美[18]。

9.2.2.4 双梁推挽式的优点

双梁推挽式的优点为:偏值小,这取决于两根梁的匹配程度;标度因数为单梁的两倍[7];由于输出为两路谐振子的差频,对偶次非线性、温度灵敏度、参考时钟灵敏度、压力灵敏度以及老化率等误差因素都具有共模抑制作用[16,25]。

应该指出,这里取差频是为了说明工作原理。当然在实际应用中还可以根据不同的应用条件选取不同的算法[7]。

9.2.2.5 石英晶体振梁谐振器的优点

石英晶体振梁谐振器的加工采用光刻掩模湿法化学刻蚀技术,加工性能良好,谐振元件体积小、成本低、易批量生产[25]。

石英振梁加速度计的标度因数稳定性和轴对准是极好的。标度因数是通过石英的质量和弹性常数来定义的,这些都是固有且稳定的。输入轴对准主要取决于摆的定位,这也可以直接通过石英梁稳定的几何尺寸来控制[16]。

9.2.2.6 力敏感方式的优点

在振梁加速度计中,力敏感晶体谐振器和晶控振荡器电子线路代替了石英挠性加速度计的力矩器线圈、永久磁铁、电容位置传感和伺服反馈控制电路,从而使振梁加速度计的机械组件及电子器件简单,易于加工和安装,功耗小且恒定,温升小,可靠性高,成本低。由于直接输出频率,可以利用当今非常成熟的频率计量技术,不需要模数转换即可由数字电路处理,消除了模数转换装置所引起的速度增量误差等性能误差,且与高速数字系统兼容。还具有瞬时反应能力,启动时间小于500 ms。在小型化、固体化、批生产能力方面也有很大优势[7,18]。

9.2.3 产品

见附录D.2节。

9.3 差动电容检测、静电力反馈微机械加速度计

9.3.1 原理

这种加速度计的原理与9.1.1节所述石英挠性加速度计有些类似。区别为:

(1)检测质量、挠性铰链和框架是用各向异性刻蚀技术从单晶硅片上整体刻蚀出来的。

---

① 文献[18]原文表述"自振频率高,可从0.1 Hz到1 MHz"是错误的。

一个硅原片可以形成多个这样的芯片。用阳极焊方法把这样的硅片结构焊接在两个硼硅酸玻璃中间，每个玻璃片都事先做好相应的形成连接线和面向检测质量电极板的金属化图形，最后用金刚石锯切割便可得到多个同样的加速度计芯片[7]。

(2)两块电容极板不仅用于检验质量位置的差动检测，而且分别接受伺服电路输出的差动电压 V_p+V_f 和 V_p-V_f，使得离检验质量远的电极增加拉力，离检验质量近的电极减少拉力①，保证检验质量始终工作在零位附近。静电力反馈省去了电磁式力矩发生器中的永久磁铁和一套磁路系统，从而消除了磁性材料所带来的不稳定性和非线性问题[7]。

这种加速度计的伺服电路原理框图如图 9-24 所示[7]。其工作原理是，当沿敏感轴有输入加速度作用时，检验质量的位置发生变化，伺服电路中的差动电容检测器检测这一变化，输出一个电压信号，该电压信号与输入加速度成比例，极性取决于输入加速度的方向。此电压信号经放大、补偿以满足整个系统的动静态指标要求。补偿后的电压信号进入电极电压发生器。电极电压发生器把电压 V_p+V_f 和 V_p-V_f 分别加在检测质量两面的两个电极板上[7]。

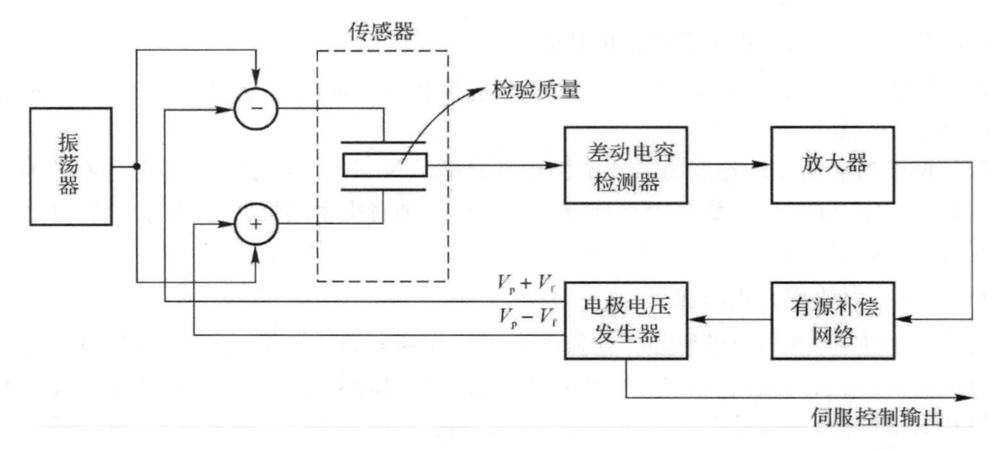

图 9-24　差动电容检测、静电力反馈微机械加速度计的伺服电路原理框图[7]

9.3.2　特点

硅是一种半导体，在元素周期表中处于金属和非金属之间。单晶硅很容易氧化，当它暴露于水蒸气时可形成一层二氧化硅表面层，该层是不活泼的，而且是电绝缘的，基本上是一个玻璃层。该氧化层在微电子器件批产时可用来保护硅基底[27]。

单晶硅有良好的机械特性，其弯曲强度为 7×10^9 Pa，杨氏模量为 1.9×10^{11} Pa。单晶硅很脆，可以劈开。当拉伸和压缩时，单晶硅没有迟滞和疲劳，在达到极限时会断裂。单晶硅材料晶体结构均匀，不象熔融石英那样有颗粒层，可把圆片的表面粗糙度抛光到镜面等级；因此，单晶硅是制作加速度计的理想材料[27]。

这种加速度计的优点如下[7]：

(1)可批量生产，产量高、成本低；

(2)尺寸小，有把电子线路集成在同一硅片上的潜力；

---

① 文献[7]原文为“使得一个电极对检验质量产生推力，另一个产生拉力”，不妥。

(3)机械性能好，单晶硅材料内部没有颗粒层，断裂点高，弯曲强度为不锈钢的三倍，硅无磁性，如果用铜或铝质材料封装，可用于磁背景场；

(4)硅没有可塑性变形，迟滞小；

(5)响应速度快，工作频带宽；

(6)耐冲击、振动性能优越；

(7)功耗低。

9.3.3　产品 MSA100

见附录 D.3 节。

9.4　本章阐明的主要论点

9.4.1　石英挠性加速度计概述

(1)石英挠性加速度计的双挠性梁沿输出轴方向最娇脆，沿输入轴次之，沿摆轴最皮实。

(2)阻尼设计是石英挠性加速度计设计的一个重要环节，良好的阻尼设计可以改善石英挠性加速度计的频率特性，同时也可以衰减一些杂散的自由振动，降低与输入无关的输出起伏，提高测量精密度。石英挠性加速度计采用两种阻尼，电磁阻尼和压膜阻尼，这两种阻尼对保证加速度计正常工作起到了很好的作用：力矩器线圈在摆舌运动时产生的反电动势形成电磁阻尼，而压膜阻尼靠的是石英摆片与磁路之间的精密小间隙和密封在其中的大气。

(3)压膜阻尼的原理是：当气体分子的平均自由程比石英摆片与磁路之间的精密小间隙还要小得多时，间隙内的气体可以被视为一个连续介质，称为静压气膜。当摆舌向上移动时，气体被压挤出摆舌与上磁路之间的间隙，且通过摆舌四周的空隙和阻尼孔，被吸进摆舌与下磁路之间的间隙，形成气流。气流的黏滞性阻碍气流的运动，从而在气膜中形成压力梯度。该压力梯度阻碍摆舌的移动，摆舌移动得越快，压力梯度越大，反作用力也越大。这种反作用力，可以在很宽的频带范围内提供有效的阻尼功能，这种阻尼就称作“压膜阻尼”。

(4)压膜阻尼的阻尼系数与气体的动力学黏度成正比，而气体的动力学黏度是与气压大小、热力学温度高低相关的。在热力学温度变化范围为(−15～50) ℃、气压变化范围为(0.1～1.0)$\times 10^5$ Pa 的条件下，压膜阻尼的阻尼系数主要是受热力学温度变化的影响而不是受气压变化的影响。

(5)对于需要在空间低气压或真空环境下长期工作的石英挠性加速度计而言，为了保证存在适当的压膜阻尼，必须相应控制石英挠性加速度计壳体的漏率指标。因为如果在任务要求的寿命期内气体明显泄漏，以至丧失适当的压膜阻尼，就会改变加速度计的频率特性，使杂散的自由振动不能得到有效衰减，与输入无关的输出起伏随之增大，测量精密度随之降低。

9.4.2　石英挠性加速度计的特性

(1)石英挠性加速度计可以提供静态(不低于 0.01 Hz)和动态加速度测量，其频率特性曲线在低频段是很平坦的，高频段的响应很大程度上取决于表芯与伺服电路的匹配是否良好。

(2)石英挠性加速度计伺服电路为高输出阻抗形式,允许很宽的输出负载电阻范围。重力场翻滚标定时,通常采用数百欧姆的负载电阻,而在±2 mg_n输入范围的微重力测量中,负载电阻可以高达500 kΩ。由于伺服电路内部采用二次稳压后的±10 V电源,负载电阻越高,势必最大输出电流越低,输入量程越小。

(3)石英挠性加速度计的输入量程、静态分辨力、可靠性与挠性梁的关系很大。挠性梁做得薄有利于改善静态分辨力,但输入量程势必要相应缩小。挠性梁有微裂纹是影响可靠性的重要因素。

(4)石英挠性加速度计最害怕受到过分冲击,通常为挠性梁折断。值得注意的是,从150 mm高处跌落到钢制台面上受到的冲击约高达1 000 g_n,超出可承受200 g_n冲击的5倍。石英挠性加速度计静态分辨力越佳越娇脆,所以一定要小心,千万不可跌落。甚至,如果直接放在抽屉里的话,抽屉不应该使劲关闭。

9.4.3 石英挠性加速度计表芯耐冲击摸底试验

(1)石英挠性加速度计在试验范围内,摆片的比刚度越小,耐受的冲击越大;特别是用冲击摆冲击时,格外明显。

(2)石英挠性加速度计摆片的比刚度高时,对电磁振动台冲击的耐受性较好;摆片的比刚度低时,对冲击摆冲击的耐受性较好。

(3)石英挠性加速度计在现有工艺水平下可耐受的冲击响应谱峰值为200 g_n。

(4)理论分析和实验结果表明,如果石英挠性加速度计安装在适当的支承架上,该支承架对冲击有很大的衰减,但对石英挠性加速度计检测频率范围内的微重力加速度又没有多大影响,就可以明显降低冲击试验条件。

(5)考虑到规定的验收级环境试验条件往往比实际航天器发射环境苛刻,所以使用石英挠性加速度计的微重力测量装置应该在验收级环境试验后再进行整机标定。

(6)对于微重力环境测试来说,石英挠性加速度计不是用来检测准稳态加速度的,因此,只要验收级环境试验引起的偏值变化对输入范围没有大的影响,就是可以接受的。

(7)对于检测轨道机动引起的速度增量来说,因为发射环境引起的石英挠性加速度计偏值变化就可能达到10^{-4} g_n量级。所以必须通过数据处理彻底消除石英挠性加速度计偏值的影响。

9.4.4 石英挠性加速度计用电模拟法进行自测

可以采用在力矩线圈两端施加电模拟信号的方法对石英挠性加速度计进行自测,包括验证是否能正常工作,测量其动特性、输入量程及线性度等性能。

9.4.5 石英挠性加速度计应用于空间微重力条件下的测量误差

(1)使用Parseval定理计算得到(0.01～300) Hz范围内符合国际空间站计划需求的最大方均根振动加速度为4.145 mg_n。据此,我们以$\pm 1\times 10^{-2}$ g_n作为空间微重力振动加速度测量的输入范围。

(2)由于偏值变化相对缓慢,不会影响通带下限0.01 Hz的振动加速度测量,所以NASA给出的石英挠性加速度计通带下限为0.01 Hz。也就是说,如果没有偏值纠正措施的话,石英挠性加速度计不适合测量频率比0.01 Hz更低的准稳态加速度。

(3)加速度的测量误差可分为静态误差和动态误差。

(4)静态误差包括非线性误差、标度因数误差、偏值误差、失准角误差和静态分辨力带来的误差。由于空间微重力加速度的上限一般不超过 $1\times10^{-2}\ g_n$,所以非线性系数的影响可以忽略;由于偏值变化相对缓慢,不会影响通带下限0.01 Hz的振动加速度测量,因此,只要偏值变化对输入范围没有大的影响,检测振动加速度时不必更多考虑偏值误差的影响;失准角误差依靠单机重力场倾角法敏感轴指向测试和整星安装精测来控制。

(5)标度因数误差包括标定误差和重复性误差。地面标定误差受限于重力场倾角法所用精密光栅分度头或精密端齿盘的示值误差;重复性误差与加速度计内部因素和环境影响有关,石英挠性加速度计一系列筛选试验(包括温度循环、常温老炼、振动、冲击等试验)会引起标度因数变化,所以标定试验应移至筛选试验后进行;是否需要对标度因数做在轨标定与允许的测量误差大小、实际输入加速度大小、标度因数误差大小以及在轨标定能将标度因数误差降低到多少有关。

(6)由于标度因数不准确带来的是相对误差,而静态分辨力带来的是绝对误差,从而使得空间微重力加速度的值较小时,静态分辨力就会成为静态误差的主要因素。

(7)动态误差表示了输出量跟踪动态输入量的能力,可以用上升时间、时间常数或通频带宽度等指标表示。噪声也应归属于动态误差。检测石英挠性加速度计+检测电路对电模拟方波信号的响应可以得到上升时间或时间常数。可以用微振动测试台恒定加速度正弦扫频的办法检测石英挠性加速度计+检测电路的谐振频率,该谐振频率应明显高于检测振动加速度需要的通频带上限。可以在山洞中具有隔振地基的房间内检测石英挠性加速度计+检测电路的噪声,检测时要避免一切人工振源产生的振动。

9.4.6 石英振梁加速度计

石英振梁式加速度计的主要误差源为输出差动频率的线性化误差、挠性梁的加工误差和双音叉石英谐振器的加工误差,次要误差源为计算差动频率时舍掉二次项及高于二次的项产生的原理误差和质量块的质心偏移。此外,温度、振动、时钟准确度和稳定度、电源稳定度、老化、壳体泄漏、外部压力等也是引起误差的因素。因此,在设计、加工、装配、密封石英振梁加速度计时,应尽量减少上述误差源。

石英晶体最突出的特点是它具有十分优秀的动态品质,其谐振频率的覆盖范围宽,可在 $(10^5\sim10^8)$ Hz量级范围内稳定工作;更可贵的是振频稳定性非常好(以分散性表示的重复性不超过 1×10^{-9},每天不超过 1×10^{-11} 的老化率早已实现)。当选择适当的切割时,可使频率温度系数在室温附近为零(高稳定晶振的频率-温度系数可达 5×10^{-8}/℃)。从稳定性方面考虑,至今还没有其他材料可与石英媲美。

参考文献

[1] 李安. 石英挠性加速度计关键技术研究[D]. 杭州:杭州电子科技大学, 2010.

[2] 赵群. 激光精确焊接工艺在惯性仪表研制中的应用[J]. 导弹与航天运载技术, 2003(5):51-53.

[3] 周岩, 刘晓胜, 张显奎, 等. 激光切割石英的切向裂纹研究[J]. 激光杂志, 2003, 24(4):73-75.

[4] 薛大同，雷军刚，程玉峰."神舟"号飞船的微重力测量[J]. 物理，2004，33(5):351-358.

[5] Honeywell International, Inc.. Q-flex© QA - 2000 accelerometer: EXP028 [EB/OL]. Redmond, Washington, United States: Honeywell International, Inc, June 2005. http://pdf-file.ic37.com/pdf6/HONEYWELL-ACC/QA2000-010_datasheet_1030602/167817/QA2000_datasheet.pdf.

[6] Honeywell International, Inc.. Q-flex© QA - 3000 accelerometer: EXP029 [EB/OL]. Redmond, Washington, United States: Honeywell International, Inc, May 2006. http://pdf-file.ic37.com/pdf6/HONEYWELL-ACC/QA3000-010_datasheet_1071540/174819/QA3000_datasheet.pdf.

[7] 顾英. 惯导加速度计技术综述[J]. 飞航导弹，2001(6):78-85.

[8] 彭泳卿，陈青松，邹江波. 电容式加速度传感器的压膜阻尼分析与设计[C/J]//中国仪器仪表学会 2010 年学术产业大会，北京，11 月 10 日，2010. 仪器仪表学报，2010,31(增刊 8):92-99.

[9] 何铁春，周世勤. 惯性导航加速度计[M]. 北京:国防工业出版社,1983.

[10] VAN KAMPEN R P. Bulk-micromachined capacitive Servo-accelerometer[D/R]. Delft, Netherlands: Technische Universiteit. Delft, 1995. The National Technical Information Service, United States: ISBN - 90 - 407 - 1175 - 5.

[11] 陈国邦. 低温流体热物理性质[M]. 北京:国防工业出版社，2006.

[12] 薛大同，肖祥正，王庚林. 密封器件压氦和预充氦细检漏判定漏率合格的条件[C/J]//中国真空学会 2012 学术年会，兰州，甘肃，9 月 21—24 日，2012. 真空科学与技术学报，2013，33(8):735-743.

[13] 中国航天标准化研究所. 单轴摆式伺服线加速度计试验方法:GJB 1037A—2004[S]. 北京:国防科工委军标出版发行部，2004.

[14] 航空航天工业部七〇八所. 摆式加速度计主要精度指标评定方法:QJ 2402—1992[S]. 北京:航空航天工业部七〇八所,1992.

[15] DRINKWATER M, KERN M. GOCE: calibration & validation plan for L1b data products: Ref EOP-SM/1363/MD-md [R/OL]. Issue 1.2. Noordwijk, The Netherlands: ESTEC (European Space Technonlogy Centre), 2006. http://esamultimedia.esa.int/docs/GOCE_CalValPlan_L1b_v1_2.pdf.

[16] 姜华，刘迎春. 国产石英振梁加速度计的关键技术[J]. 飞航导弹，2001(7):55-57.

[17] 吕志清，李勇建. 发展中的振动惯性器件[C]//中国惯性技术学会光电技术专业委员会第三次学术交流会，成都，四川，6 月，1998. 中国惯性技术学会光电技术专业委员会第三次学术交流会论文汇编. 重庆:中国惯性技术学会光电技术专业委员会，1998:16-23.

[18] 邓宏论. 石英振梁加速度计概述[J]. 战术导弹控制技术，2004(4):52-57.

[19] 裴荣，周百令，李宏生，等. 基于谐振原理的高精度石英加速度计设计技术[J]. 东南大学学报(自然科学版)，2006，36(5):732-735.

[20] 陈宜生，周佩瑶，冯艳全. 物理效应及其应用[M]. 天津：天津大学出版社，1996.

[21] 秦自楷等. 压电石英晶体[M]. 北京：国防工业出版社，1980.

[22] 中国大百科全书总编辑委员会《矿冶》编辑委员会. 弹性和滞弹性[M/CD]//中国大百科全书：矿冶. 北京：中国大百科全书出版社，1984.

[23] 全国量和单位标准化技术委员会. 力学的量和单位：GB 3102.3—1993 [S]. 北京：中国标准出版社，1994.

[24] 何胜，王巍，邢朝洋. 石英振梁式加速度计研究[C]//2003 年惯性仪表与元件学术交流会，丹东，辽宁，8 月 1 日，2003. 2003 年惯性仪表与元件学术交流会论文集. 北京：中国惯性技术学会惯性仪表与元件专业委员会，2003：118 - 126.

[25] 侯正君，吕志清，李勇建. 石英晶体振梁加速度计[C]//中国惯性技术学会光电技术专业委员会第三次学术交流会，成都，四川，6 月，1998. 中国惯性技术学会光电技术专业委员会第三次学术交流会论文汇编. 重庆：中国惯性技术学会光电技术专业委员会，1998：79 - 83.

[26] 赵池航，何杰. 石英振梁式重力传感器原理误差模型[J/OL]. 东南大学学报(自然科学版)，2009，39(4)：785 - 789. http://www.doc88.com/p-2045377978299.html.

[27] 顾英，赵连元. 微硅加速度计技术综述[J]. 飞航导弹，2002(9)：44 - 47.

第10章 神舟号飞船微重力测量的需求分析及装置特点

本章的物理量符号

a	长半轴,m
a_2	理论上变轨后的长半轴,m
a_3	实际变轨后的长半轴,m
b_2	理论上变轨后的短半轴,m
E	偏近点角,rad
e	偏心率,无量纲
E_0	由式(10-25)表达
e_1	变轨前偏心率,无量纲
e_2	理论上变轨后的偏心率,无量纲
e_3	实际变轨后的偏心率,无量纲
f	焦距,m
f_{max}	频谱分析上限,Hz
f_N	Nyquist 频率,Hz
GM	地球的地心引力常数:$GM=3.986\ 004\ 418\times10^{14}\ m^3/s^2$(包括地球大气质量)
i	飞船在飞行路程中飞船从真近点角 η_0 到 η 跨越近地点的次数
p	焦点参数,m
p_1	变轨前焦点参数,m
t	飞船从真近点角 η_0 到 η 之间的飞行时间,s
t_2	理论上变轨后飞船从远地点到真近点角 η 之间的飞行时间,s
t_3	实际上变轨后飞船从远地点到真近点角 η 之间的飞行时间,s
v	飞船处于任一已知位置的速率,实际上变轨后飞船处于真近点角 η 处的速率,m/s
v_a	飞船处于远地点的速率,m/s
v_{a1}	变轨前飞船处于远地点的速率,m/s
v_{a2}	理论上变轨后飞船处于远地点的速率,m/s
v_{a3}	实际上变轨后飞船处于远地点的速率,m
v_p	飞船处于近地点的速率,m/s
v_{p2}	理论上变轨后飞船处于近地点的速率,m/s
δ_{32}	实际上变轨后从远地点到真近点角 η 预报星历沿迹方向的位置偏差,m
	预报星历的径向位置偏差,m

$\Delta\rho_{p32}$

Δt　　采样间隔，s

Δt_{32}　　实际上变轨后从远地点到真近点角 η 预报星历沿迹方向的时间偏差，s

Δv_{12}　　理论速度增量，m/s

η　　真近点角，rad

η_0　　初始真近点角，rad

θ　　飞船飞行方向偏离焦点半径正交方向的角度，rad

ρ　　焦点半径，m

ρ_a　　地心到飞船质心处于远地点的距离，m

ρ_{a2}　　理论上变轨后地心到飞船质心处于远地点的距离，m

ρ_p　　地心到飞船质心处于近地点的距离，m

ρ_{p2}　　理论上变轨后地心到飞船质心处于近地点的距离，m

ρ_{p3}　　实际上变轨后地心到飞船质心处于近地点的距离，m

本章独有的缩略语

MEIT　　Microgravity Environment Interpretation Tutorial，微重力环境诠释指导会议（由 NASA Glenn 研究中心召集）

TRW　　Thompson Ramo Wooldrige Inc，汤普森·拉莫·伍尔德里奇公司（美国）

10.1 需求分析

我国载人航天工程按"三步走"发展战略实施。第一阶段（即第一步）发射载人飞船，建成与试验性载人飞船初步配套的工程，开展空间应用实验。本节回顾了此阶段针对神舟号飞船微重力测量展开的需求分析。

目标、任务和指标的确定既要考虑需要，还要考虑目前的技术水平、设备能力，以及投入的技术力量、资金和时间的多少。2.1 节指出，微重力加速度环境由准稳态、瞬态、和振动三种成分组成。鉴于神舟号飞船开始研制前，我国还未研制过适合准稳态加速度测量的加速度计，因此，神舟号飞船的微重力测量任务不包含准稳态加速度测量。即准稳态加速度的大小只能通过理论分析进行估计，如 2.3 节（空气动力学拖曳）、2.4 节（潮汐力引起的加速度）、2.5 节（其余准稳态加速度）所述。

第 9 章介绍了几种适合瞬态和振动加速度测量的加速度计，其中石英挠性加速度计最为成熟，性能也最为优异，美国 NASA 空间加速度测量系统（SAMS）项目 1986 年启动至今，一直采用石英挠性加速度计[1-3]。我国与之不约而同，空间微重力测量装置从 1987 年开始研制至今，也一直采用石英挠性加速度计[4-6]。

10.1.1 目标和任务

神舟号飞船微重力测量的目标和任务是：研制船载微重力测量装置，对神舟一号至五号各艘飞船返回舱进行微重力测量，以每路不低于 230 Sps 的采样率测量自身所在位置三轴向的瞬态和振动加速度随时间的变化及其(0.13～90) Hz 的频谱，为飞控重要事件(轨道机动、调姿、分离、轨道舱泄压等)的确认和分析提供准实时数据，为飞船结构动态分析和各项科学实验的事后分析提供重要参数。

10.1.2 轨道机动引起的速度增量的检测误差控制需求

实施轨道机动后，为了控制轨道预报偏差，需要控制轨道机动引起的速度增量的检测误差。为简化计算，采用的示例是椭圆轨道远地点处实施变轨，变轨后理论上为圆轨道，同时将问题简化为限制性二体问题，并认为速度增量是瞬时发生的。

10.1.2.1 速度增量检测误差对预报星历径向位置偏差的影响

当各参数的含义如图 1-1 所示时，一个在轨客体围绕一个中心质量运动的微分方程为[7-8]

$$\left.\begin{aligned}\ddot{\rho}-\rho\dot{\eta}^{2}&=-\frac{GM}{\rho^{2}}\\ \rho\ddot{\eta}+2\dot{\rho}\dot{\eta}&=0\end{aligned}\right\}\tag{10-1}$$

式中 ρ—— 焦点半径，m；

η—— 真近点角，rad；

GM—— 地球的地心引力常数，1.2 节给出 $GM=3.986\ 004\ 418\times10^{14}\ \mathrm{m^3/s^2}$(包括地球大气质量)。

式(10-1)联立求解得到[8]

$$\rho=\frac{\dfrac{\rho_{\mathrm{p}}^{2}v_{\mathrm{p}}^{2}}{GM}}{1+\dfrac{\rho_{\mathrm{p}}^{2}v_{\mathrm{p}}^{2}\left(\dfrac{1}{\rho_{\mathrm{p}}}-\dfrac{GM}{\rho_{\mathrm{p}}^{2}v_{\mathrm{p}}^{2}}\right)\cos\eta}{GM}}\tag{10-2}$$

式中 ρ_{p}—— 地心到飞船质心处于近地点的距离，m；

v_{p}—— 飞船处于近地点的速率，m/s。

并有[8]

$$v=\frac{\rho_{\mathrm{p}}v_{\mathrm{p}}}{\rho\cos\theta}\tag{10-3}$$

式中 v—— 飞船处于任一已知位置的速率，m/s；

θ—— 飞船沿轨道运动方向偏离焦点半径正交方向的角度(参见图 1-1)，rad。

根据椭圆的性质，θ 角数值上等于两焦点半径间内角的一半，而两焦点半径之和数值上等于长半轴 a 的两倍[9]。

式(10-2)可以化简为

$$\rho=\frac{\rho_{\mathrm{p}}}{\dfrac{GM}{\rho_{\mathrm{p}}v_{\mathrm{p}}^{2}}(1-\cos\eta)+\cos\eta}\tag{10-4}$$

由式(10-3)得到

$$\rho_{\mathrm{a}}v_{\mathrm{a}}=\rho_{\mathrm{p}}v_{\mathrm{p}}\tag{10-5}$$

式中 ρ_{a}—— 地心到飞船质心处于远地点的距离，m；

v_a—— 飞船处于远地点的速率，m/s。

由式(10－4) 得到

$$\rho_a = \frac{\rho_p}{\frac{2GM}{\rho_p v_p^2} - 1} \tag{10-6}$$

将式(10－5) 代入式(10－6)，得到

$$\rho_p = \frac{\rho_a}{\frac{2GM}{\rho_a v_a^2} - 1} \tag{10-7}$$

由图 1－1 可以看到：

$$a = \frac{\rho_a + \rho_p}{2} \tag{10-8}$$

式中　a—— 长半轴，m。

$$f = a - \rho_p \tag{10-9}$$

式中　f—— 焦距，m。

将式(10－7) 代入式(10－8)，得到

$$a = \frac{\rho_a}{2}\left(1 + \frac{1}{\frac{2GM}{\rho_a v_a^2} - 1}\right) \tag{10-10}$$

将式(10－7) 和式(10－10) 代入式(10－9)，得到

$$f = \frac{\rho_a}{2}\left(1 - \frac{1}{\frac{2GM}{\rho_a v_a^2} - 1}\right) \tag{10-11}$$

将式(10－10) 和式(10－11) 代入式(1－29)，得到

$$e = 1 - \frac{\rho_a v_a^2}{GM} \tag{10-12}$$

式中　e—— 偏心率，无量纲。

将式(10－10) 和式(10－12) 代入式(1－30)，得到

$$p = \frac{\rho_a^2 v_a^2}{GM} \tag{10-13}$$

式中　p—— 焦点参数，m。

由式(10－12) 和式(10－13) 得到，变轨前：

$$\rho_a = \frac{p_1}{1 - e_1} \tag{10-14}$$

式中　p_1—— 变轨前焦点参数，m；

e_1—— 变轨前偏心率。

由式(10－12) 和式(10－14) 得到，变轨前：

$$v_{a1} = (1 - e_1)\sqrt{\frac{GM}{p_1}} \tag{10-15}$$

式中　v_{a1}—— 变轨前飞船处于远地点的速率，m/s。

理论上变轨后为圆轨道，偏心率 $e_2 = 0$，地心到飞船质心的距离处处相同。由式(1-28)～

式(1-31)得到

$$\rho_{a2} = \rho_{p2} = a_2 = b_2 = \rho_a \tag{10-16}$$

式中 ρ_{a2}—— 理论上变轨后地心到飞船质心处于远地点的距离,m;

ρ_{p2}—— 理论上变轨后地心到飞船质心处于近地点的距离,m;

a_2—— 理论上变轨后的长半轴,m;

b_2—— 理论上变轨后的短半轴,m。

且飞船的速率处处相同。

将式(10-16)代入式(1-33),并利用式(10-14),得到

$$v_{a2} = v_{p2} = \sqrt{\frac{1-e_1}{p_1}GM} \tag{10-17}$$

式中 v_{a2}—— 理论上变轨后飞船处于远地点的速率,m/s;

v_{p2}—— 理论上变轨后飞船处于近地点的速率,m/s。

由式(10-15)和式(10-17)得到,理论速度增量为

$$\Delta v_{12} = v_{a2} - v_{a1} = (\sqrt{1-e_1} - 1 + e_1)\sqrt{\frac{GM}{p_1}} \tag{10-18}$$

式中 Δv_{12}—— 理论速度增量,m/s。

将式(10-12)和式(10-13)代入式(10-18),得到

$$\Delta v_{12} = \sqrt{\frac{GM}{\rho_a}} - v_{a1} \tag{10-19}$$

如果实际上速度增量偏小0.01%,则

$$v_{a3} = v_{a1} + 99.99\%\Delta v_{12} = 0.01\% v_{a1} + 99.99\% \sqrt{\frac{GM}{\rho_a}} \tag{10-20}$$

式中 v_{a3}—— 实际上变轨后飞船处于远地点的速率,m/s。

将式(10-20)代入式(10-7),得到

$$\rho_{p3} = \frac{\rho_a}{\dfrac{2GM}{\rho_a\left(0.01\% v_{a1} + 99.99\% \sqrt{\dfrac{GM}{\rho_a}}\right)^2} - 1} \tag{10-21}$$

式中 ρ_{p3}—— 实际上变轨后地心到飞船质心处于近地点的距离,m。

于是,由式(10-16)和式(10-21)得到,预报星历的径向位置偏差为

$$\Delta\rho_{p32} = \rho_{p3} - \rho_{p2} = \rho_a\left[\frac{1}{\dfrac{2GM}{\rho_a\left(0.01\% v_{a1} + 99.99\% \sqrt{\dfrac{GM}{\rho_a}}\right)^2} - 1} - 1\right] \tag{10-22}$$

式中 $\Delta\rho_{p32}$—— 预报星历的径向位置偏差,m。

神舟四号飞船变轨前远地点 ρ_a =6 716 868.7 m,v_{a1} =7 663.234 3 m/s。由式(10-19)得到,由椭圆轨道变为圆轨道所需的理论速度增量为40.219 1 m/s,如果实际上速度增量偏小0.01%,则由式(10-22)得到预报星历的径向位置偏差为14 m。

10.1.2.2 速度增量检测误差对预报星历沿迹方向位置偏差的影响

在一个椭圆轨道上,飞船在飞行路程中从真近点角(参见1.6.2节)η_0 到 η(见图10-1)

之间的飞行时间为[8]

$$t=\left[2\pi i+E-E_0-e(\sin E-\sin E_0)\right]\sqrt{\frac{a^3}{GM}} \tag{10-23}$$

式中　t—— 飞船从真近点角 η_0 到 η 之间的飞行时间，s；

i—— 飞船在飞行路程中从真近点角 η_0 到 η 跨越近地点的次数；

E—— 偏近点角，rad。

偏近点角 E 是以椭圆长半轴外接圆圆心作为公共端点，指向近地点的射线和指向卫星质心所在位置沿长半轴正交方向在外接圆上的投影点的射线间的夹角（如图 10-1 所示），并有[8]

$$\cos E=\frac{e+\cos\eta}{1+e\cos\eta} \tag{10-24}$$

$$\cos E_0=\frac{e+\cos\eta_0}{1+e\cos\eta_0} \tag{10-25}$$

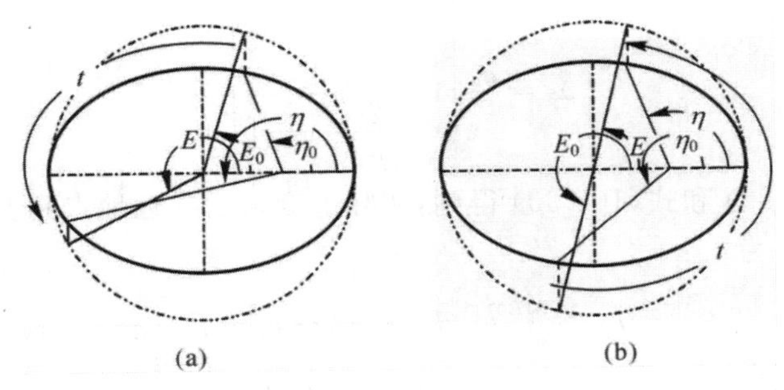

图 10-1　从真近点角 η_0 到 η 之间的飞行时间

(a) 从 η_0 到 η 不跨越近地点；(b) 从 η_0 到 η 跨越近地点

式(10-23) 中的 $2\pi i$ 项是基于由式(10-24) 中的 E 的取值范围为[0, 2π] 而产生的。如果使用 E 的取值范围为[0, π] 的软件，则式(10-23) 应改写为

$$t=\left[2\pi i+\pi+\frac{|\sin\eta|}{\sin\eta}(E-\pi)-E_0-e(\sin E-\sin E_0)\right]\sqrt{\frac{a^3}{GM}} \tag{10-26}$$

并定义

$$\frac{|\sin\eta|}{\sin\eta}=1,\quad \eta=2\pi i \tag{10-27}$$

需要说明的是，式(10-26) 中之所以用 $|\sin\eta|/\sin\eta$ 来判断偏近点角 E 所处的象限，是由于偏近点角 E 和真近点角 η 始终处于同一象限。

由于变轨发生在远地点，$\eta_0=\pi$。由式(10-25) 得到，$\cos E_0=-1$，因而 $E_0=\pi$。于是，式(10-26) 改写为

$$t=\left[2\pi i+\frac{|\sin\eta|}{\sin\eta}(E-\pi)-e\sin E\right]\sqrt{\frac{a^3}{GM}} \tag{10-28}$$

理论上变轨后为圆轨道，由式(10-24) 得到 $\cos E=\cos\eta$，于是由式(10-16) 和式(10-28) 得到

$$t_2=(\eta-\pi)\sqrt{\frac{\rho_a^3}{GM}} \tag{10-29}$$

式中　t_2—— 理论上变轨后飞船从远地点到真近点角 η 之间的飞行时间，s。

实际上如果速度增量偏小 0.01% 会导致偏心率不为零，由式(10-28) 得到

$$t_3=\left[2\pi i+\frac{|\sin\eta|}{\sin\eta}(E_3-\pi)-e_3\sin E_3\right]\sqrt{\frac{a_3^3}{GM}} \tag{10-30}$$

式中 t_3—— 实际上变轨后飞船从远地点到真近点角 η 之间的飞行时间，s；

e_3—— 实际变轨后的偏心率；

a_3—— 实际变轨后的长半轴，m。

并有

$$\cos E_3=\frac{e_3+\cos\eta}{1+e_3\cos\eta} \tag{10-31}$$

其中，由式(10-12) 得到

$$e_3=1-\frac{\rho_a v_{a3}^2}{GM} \tag{10-32}$$

由式(10-10) 得到

$$a_3=\frac{\rho_a}{2}\left(1+\frac{1}{\dfrac{2GM}{\rho_a v_{a3}^2}-1}\right) \tag{10-33}$$

于是，由式(10-29) 和式(10-30) 得到，实际上变轨后从远地点到真近点角 η 预报星历沿迹方向的时间偏差为

$$\Delta t_{32}=t_3-t_2=\frac{\left[2\pi i+\dfrac{|\sin\eta|}{\sin\eta}(E_3-\pi)-e_3\sin E_3\right]a_3^{3/2}-(\eta-\pi)\rho_a^{3/2}}{\sqrt{GM}} \tag{10-34}$$

式中 Δt_{32}—— 实际上变轨后从远地点到真近点角 η 预报星历沿迹方向的时间偏差，s。

实际上变轨后飞船处于真近点角 η 处的速率为[7-8]

$$v=\sqrt{\frac{GM}{a_3}\left(\frac{1+2e_3\cos\eta+e_3^2}{1-e_3^2}\right)} \tag{10-35}$$

式中 v—— 实际上变轨后飞船处于真近点角 η 处的速率，m/s。

于是，由式(10-34) 和式(10-35) 得到，实际上变轨后从远地点到真近点角 η 预报星历沿迹方向的位置偏差为

$$\delta_{32}=v\Delta t_{32}=\left\{\left[2\pi i+\frac{|\sin\eta|}{\sin\eta}(E_3-\pi)-e_3\sin E_3\right]a_3^{3/2}-(\eta-\pi)\rho_a^{3/2}\right\}\sqrt{\frac{1+2e_3\cos\eta+e_3^2}{a_3(1-e_3^2)}} \tag{10-36}$$

式中 δ_{32}—— 实际上变轨后从远地点到真近点角 η 预报星历沿迹方向的位置偏差，m。

神舟四号飞船椭圆轨道变为圆轨道所需的理论速度增量为 40.219 1 m/s，如果实际上速度增量偏小 0.01%，由式(10-20)得到，实际上变轨后飞船处于远地点的速率 $v_{a3}=7\ 703.449\ 4$ m/s。由式(10-32)得到，实际上变轨后偏心率 $e_3=1.044\ 26\times10^{-6}$。由式(10-33)得到，实际上变轨后长半轴 $a_3=6\ 716\ 861.66$ m。由式(10-31)、式(10-36)得到，实际上变轨后从远地点到真近点角 η 预报星历沿迹方向的位置偏差如图 10-2 所示。

从图 10-2 可以看到，神舟四号飞船在远地点由椭圆轨道变为圆轨道，如果实际上速度增量偏小 0.01%，则预报星历沿迹方向的位置偏差外推一圈(η=540°)最大达 68 m，外推三圈(η=1 260°)最大达 200 m。

由此可以看到，速度增量检测误差对预报星历沿迹方向位置偏差的影响大于径向位置偏差的影响。

考虑9.1.3.5节给出，我们所选用的石英挠性加速度计在验收级环境试验前后标度因数变化率不超过±0.005%的数量仅占52%，而速度增量的检测误差还受标定误差、标度因数温度灵敏度、标度因数年综合可重复性等因素的影响，因此，粗略估计，即使控制验收级环境试验前后标度因数变化率不超过±0.005%，轨道机动引起的速度增量的检测误差也只可能做到不超过0.01%。

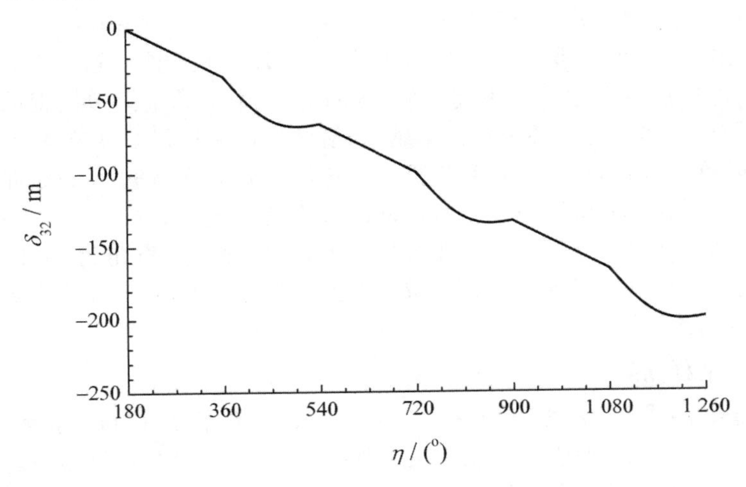

图10-2 实际上速度增量偏小0.01%时变轨后从远地点到真近点角 η 预报星历沿迹方向的位置偏差

10.1.3 其余指标分析

10.1.3.1 输入范围、传感器静态分辨力、仪器噪声测量的扩展不确定度

4.1.2.4节给出，动态范围(dynamic range)的定义为“输入量程与分辨力之比”。由于神舟号飞船微重力测量所需要的动态范围太大，确定设置大小输入范围。仪器噪声测量结果的扩展不确度就是仪器的动态分辨力(详见23.3.1节)。

(1)大输入范围。

大输入范围应涵盖神舟号飞船在轨飞行中可能出现的最大加速度范围。一般来说，变轨产生的加速度是最大的。根据神舟号飞船变轨推进器的推力及神舟号飞船的重量，确定大输入范围为±150 mg_n，相应的传感器静态分辨力不大于30 μg_n，模-数转换量化宽度不大于75 μg_n，仪器噪声测量的扩展不确定度不大于 7.5×10^{-4} g_n[包含因子(参见23.3.1节)$k_i=2$]。由于飞船的大加速度仅出现在飞行方向，即 x 轴向，所以大输入范围仅设在 x 轴向，定名为 x_1 路。

(2)小输入范围。

小输入范围的静态分辨力和仪器噪声测量的扩展不确定度应满足检测神舟号飞船相对平静时微重力水平的需要。鉴于返回式卫星FSW-2平台(F2)为锥体结构，没有太阳电池翼，相对平静时 x 方向姿控引起的加速度量值约为 1×10^{-5} g_n，y，z 向微重力干扰幅度约为 $(2\sim2.5)\times10^{-5}$ g_n；神舟号飞船有太阳电池翼，体积也比返回式卫星FSW-2平台大许多，相对平静时的微重力水平比返回式卫星FSW-2平台(F2)差，其主要干扰来源是姿控动作，姿控本身引起的加速度不大，但引起的结构动力学响应却高达mg_n量级，比返回式卫星

FSW-2 平台姿控的影响大得多[10]。所以确定小输入范围所用传感器静态分辨力不大于 2 μg_n，模-数转换量化宽度不大于 5 μg_n，仪器噪声测量的扩展不确定度不大于 5×10^{-5} g_n(包含因子 $k_i=2$)。由此确定小输入范围为 ±10 mg_n。由于飞船的任何方向均存在微重力干扰，所以三个正交方向均需检测，分别定名为 x_2 路、y 路和 z 路(与飞船返回舱莱查坐标系的关系详见 13.5 节)。

10.1.3.2 测量带宽

2.1.1 节指出，准稳态加速度指频率低于航天器最低自然结构频率的加速度，该最低自然结构频率因航天器而异，对于国际空间站，大约为 0.1 Hz。考虑到神舟号飞船比国际空间站小得多，其最低自然结构频率肯定明显大于 0.1 Hz。鉴于神舟号飞船只要求测量瞬态和振动加速度，所以通带下限定为不高于 0.13 Hz。通带上端根据拟捕捉的瞬变加速度和振动加速度的最高频率确定。考虑到频率越高，沿结构传输过程中衰减越明显，而神舟号飞船只装载一套微重力测量装置，对各种微重力干扰源并非抵近测量，所以通带上端不必设置过高。虽然 2.1.3 节指出，国际空间站对振动的频率范围定义是(0.01～300) Hz。但鉴于神舟号飞船比国际空间站小得多，且并非抵近测量，所以测量带宽定为(0.13～90) Hz。实践证明，该测量带宽对于捕捉神舟号飞船瞬态加速度和振动加速度的时域变化信息和关心的频谱信息是恰当的。

10.1.3.3 采样间隔

5.2.1 节指出，采样率 r_s 之值的一半称为 Nyquist 频率 f_N(有时称为折叠频率)。即 $f_N=1/(2\Delta t)$，式中 Δt 为采样间隔。6.3.1.4 节指出，一般频谱分析仪器规定频率分析上限 $f_{max}=f_N/1.28$。鉴于测量带宽上限定为 90 Hz，因此每路采样间隔不大于 4.34 ms。

10.1.3.4 传感器的标度因数温度系数

由于只要求测量瞬态和振动加速度，仪器的零偏，包括零偏温度系数，可以通过数据后处理予以扣除。只要合理设计检测电路，仪器的灵敏度漂移主要受传感器影响，而不采用温度修正的情况下，传感器的标度因数温度系数是影响传感器标度因数稳定的主要因素，所以重点对传感器标度因数温度系数提出要求。规定的标度因数温度系数指标为相对变化不大于 2×10^{-4} ℃$^{-1}$。

10.1.3.5 时间同步功能

为了建立微重力测量数据与各种工况动作时刻间的关系，要求微重力测量装置设有软时钟，并接受校时信号，以保证与船上时同步。值得注意的是，船上时在发射段、运行段、返回段是分别计时的:运载起飞为发射段零时，船箭分离为运行段零时，轨返分离为返回段零时。

10.1.3.6 工程状态和科学数据存储容量

考虑到神舟号飞船飞控任务没有中继卫星支持，且地面站数量有限，飞船大部分时间在测控区外运行，为保证微重力测量数据的连续性，要求微重力测量装置具有工程状态和科学数据存储能力，存储容量为 512 kiBytes[ki 为二进制倍数词头，ki=2^{10}=1 024[11]；Byte 为字节(复数用 Bytes)，1 Byte=8 b]。

10.1.3.7 数据采编功能

微重力数据应标注相应的船上时。考虑到神舟号飞船的数据下行能力有限，微重力测量装置数据存储容量也有限，要求微重力测量装置以固定速率连续不断采样，以每路(10～20) s 的数据为一块，逐块分路统计出累加值、方差、最小值、最大值，根据飞船运行过程中每天预先注入的指令，依软时钟自动分两种情况存储微重力数据，一种只存储统计量(简称略存)，另一种同时存储直接采集到的微重力时域数据(简称详存)。校时信号和数据注入指令通过远置终端转发。微重力数据通过飞船数传复接器传送。

10.1.3.8　指令功能

为了能够详细提供飞船飞行控制和微重力科学实验重要工况所对应的微重力科学数据，微重力测量装置必须在发生这些工况期间处于详存态。实现这一要求的方法有两种：一种是将之统一纳入飞船飞行控制程序，实施统一调度。这样做看似简单，其实由于把各种任务的需求和考虑因素纠缠在一起，使编制飞船飞控程序的工作复杂化。而且各种任务的重要性是分等级的，这样做势必难以充分顾及低等级任务的全部需求和考虑因素。特别是飞行过程中根据实际情况对飞控程序作临时调整时，很难再分出精力顾及低等级任务的需求和考虑因素。另一种是由微重力测量这类低等级任务各自单独依据总的飞船飞控程序编制自身的程控注入指令，并在飞船飞控任务不繁忙的时候实施注入。只要审查这些低等级任务的程控注入指令格式正确，且不会干扰飞船飞控任务的正常执行，它们就是对飞船无害的。至于这些指令能否达到预期的效果，则完全由低等级任务承担单位自负其责。为了保证低等级任务自身的程控注入指令与总的飞船飞控程序协调一致，规定这些指令在飞船飞行过程中每天注入一次，以便及时根据调整后的飞船飞控程序对预案做出修正。

为了防止注入指令链出现故障，作为后备措施，要求设置内部缺省指令。

对微重力测量程控注入指令和内部缺省指令的具体要求为：

(1)依预先注入的指令，从规定的时刻起以规定的块数从略存转为详存。

(2)一次可注入两条指令，每条指令可预先安排11项详存，每项可安排0～15块详存。

(3)区分当前执行指令、待执行指令和优先执行指令，以便指令变更。

(4)有能力识别标识错误的指令，并且不予执行。

(5)对详存指令逐项作合法性检查，剔除标志错误、规定的详存时刻比下一项晚、详存时刻已过时、详存块数为零的详存项。

(6)设置内部缺省指令，没有任何详存指令或详存指令已全部执行完毕，则从头执行缺省指令。如果收到详存指令，除即将执行或正在执行的缺省详存项外，中止执行缺省指令。

(7)如10.1.3.5节所述，船上时在发射段、运行段、返回段是分别计时的。为此，要求船上时重新归零后能够从头执行缺省指令。

10.1.3.9　工程状态和工程参数的记载与下行

为了在飞船飞行过程中及时了解微重力测量装置的工作状况，规定微重力测量装置必须具有工程状态和工程参数记载与下行功能，具体要求为：

(1)工程状态记载在仪器存储器中，并随微重力科学数据下行；

(2)工程状态记载收到的注入指令及指令注入时间；

(3)记载的注入指令能区分当前执行的指令、待执行指令和标识错误的指令；

(4)工程参数实时发送至飞船遥测系统，并由飞船遥测系统记载与下行；

(5)工程参数实时记载一次和二次电源电压、当前处于详存或略存哪种状态、微重力仪外温等。

10.2　装置特点

神舟一号至五号飞船的微重力测量装置是我国第三代空间微重力测量装置。

10.2.1　我国第一代微重力测量装置

我国第一代微重力测量装置(JS05-1A型)[4]是1987年开始研制的。我们在正确分析航天器微重力产生机制，估算其量级和变化速率的基础上，选择使用了 9.1 节所述的石英挠性加速度计，并解决了信号零点稳定调整、低噪高倍放大、输入范围内线性输出而越出输入范围急剧限幅、小角度静态标定、噪声测试、响应时间测试等技术难点，其中具有零点调整、放大、限幅的检测电路在第 11 章中作详细介绍，标定方法在 13.3.1 节中作详细介绍，噪声测试方法在 13.3.3 节中作详细介绍，响应时间测试方法在 13.3.5 节中作详细介绍。

图 10－3 给出了 JS05－1A 型微重力测量装置的功能框图。该装置动态误差小于 4 μg_n，响应时间 6 ms，采用遥测方式下行微重力数据，对各种工况下的微重力数据进行频数统计，其好处是可以准实时了解不同工况的微重力水平。该装置 1990 年 10 月在中国返回卫星 FSW－1 (F3)上进行了我国首次空间微重力测量。

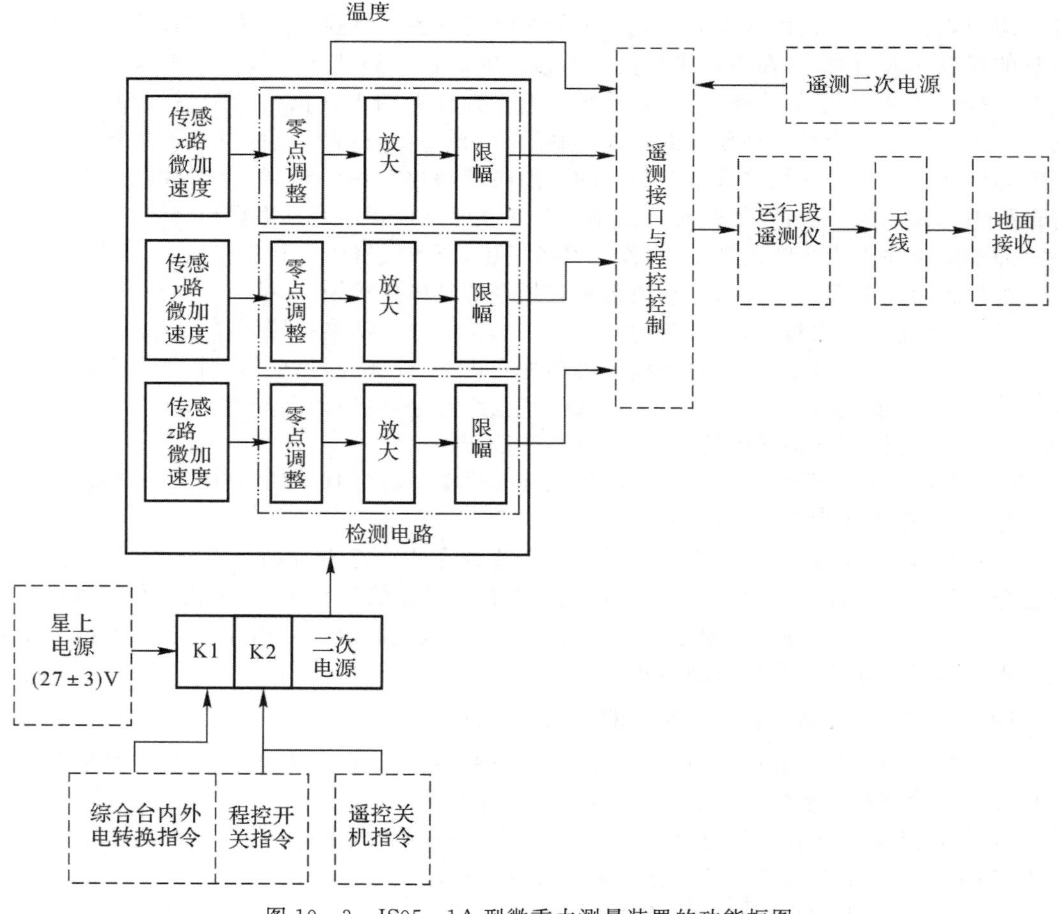

图 10－3　JS05－1A 型微重力测量装置的功能框图

K1，K2—磁自锁继电器

10.2.2　我国第二代微重力测量装置

1991 年开始研制我国第二代微重力测量装置（DW 型）[5]。我们分析，第一代微重力测量装置的主要缺点是受遥测方式限制：模-数转换器（ADC）的有效位数只有 7 位，使得输入范围仅±1 mg_n，而量化宽度粗达 16 μg_n；每路采样间隔长达 6.552 s，无法获得微重力变化的时间历程，也不能进行频谱分析。为此，第二代微重力测量装置针对以上缺点作了改进：为了同时保证足够大的输入范围和足够细的量化间隔，采用大、小输入范围分别独立检测的方法。大输入范围设 X,Y,Z 三路，小输入范围设 x_1,x_2,y,z 四路，x_1 路与 x_2 路为并联冗余结构；模拟量检测部分 X,Y,Z,x_1,x_2,y,z 七路除共用电源外全部独立；为了避开卫星遥测在 ADC 有效位数和采样间隔方面的限制，对小输入范围增加了存储功能。存储方式的 ADC 有效位数增至 12 位，从而在量化间隔细到 1 μg_n 的情况下还使输入范围扩大了一倍；存储方式的每路采样间隔缩短到 6.4 ms，可以清晰地绘制出微重力变化的时间历程，还能进行(0.05～68) Hz 频谱分析。为了保证时间历程和频谱分析的真实性，根据采样定理(详见 5.2.1 节)，还增加了通带(0～68) Hz 的Chebyshev－Ⅰ有源低通滤波，其设计方法在第 12 章中作详细介绍。图 10－4 给出了 DW 型微重力测量装置的功能框图，其中“检测电路”部分的原理与 JS05－1A 型相同。

为了提高微重力采编器的可靠度，从天地大系统整体优化的角度出发，频谱分析工作由地面完成。DW 型微重力测量装置存储方式容量为 128 kiBytes。该装置 1994 年 7 月参加了中国返回式卫星 FSW－2 (F2)飞行试验。

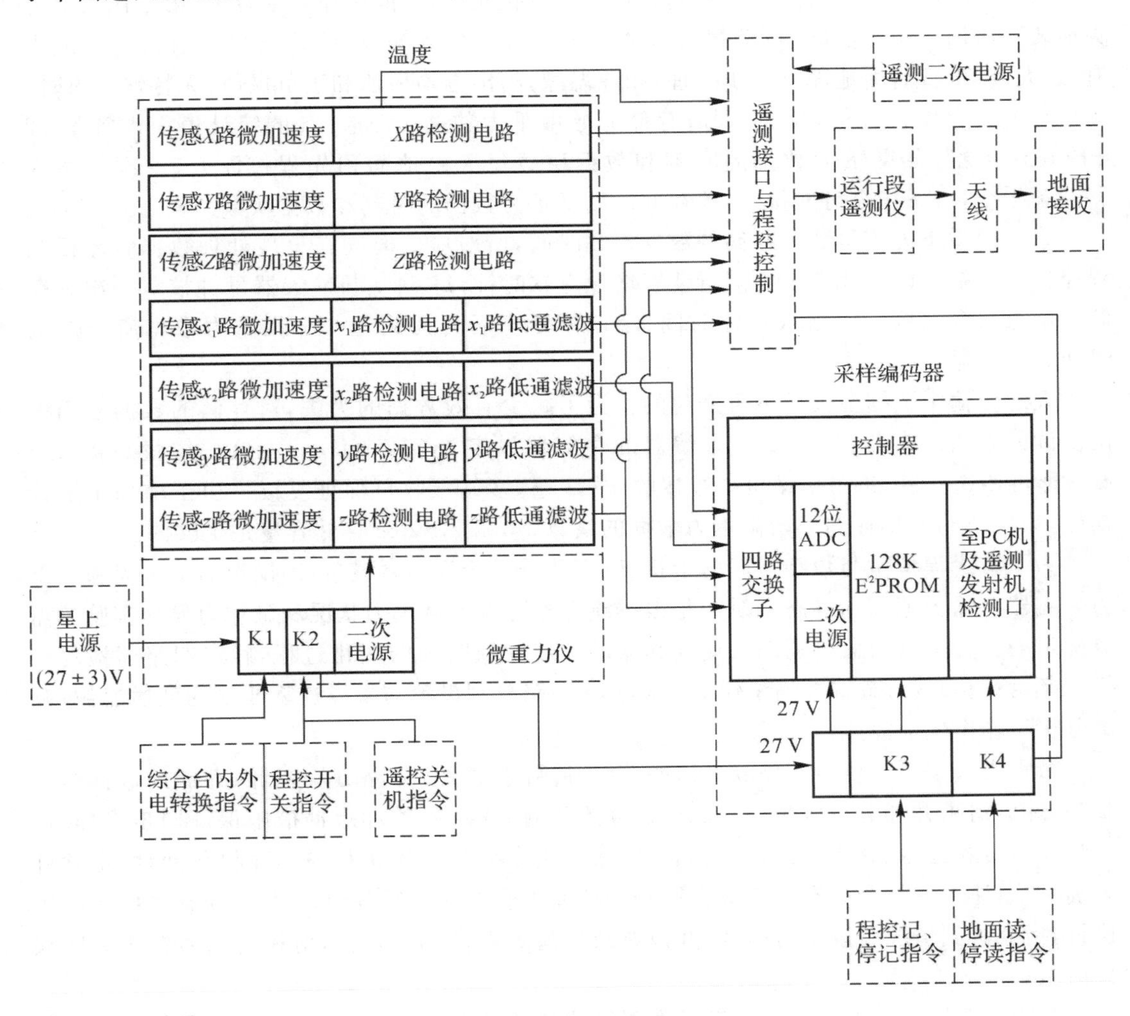

图 10－4　DW 型微重力测量装置的功能框图

K1,K2,K3,K4—磁自锁继电器；　ADC—模-数转换器的简称；

E^2PROM—电可擦除只读存储器的简称；　PC—个人计算机的简称

10.2.3 我国第三代微重力测量装置

1995年开始研制神舟号飞船的微重力测量装置，这是我国第三代微重力测量装置(CMAMS型)[6]。我们分析：第一代微重力测量装置采用遥测方式下行微重力数据，其好处是可以准实时了解不同工况的微重力水平；第二代微重力测量装置保留了遥测方式下行微重力数据的功能，但存储方式中大幅度提高ADC的有效位数和缩短采样间隔的措施不适用于遥测方式，此外，存储方式容量有限，仅128 kiBytes，因此只能根据预先掌握的各种工况发生的时间安排程控指令，有选择地记录其微重力变化过程，而整个自主飞行期间的微重力状况只能依靠遥测方式得到粗略的信息。为此，第三代微重力测量装置采用存储数据过境下行，反复存储反复下行的办法保证量化间隔细、采样率高、下行数据多且数据能准实时获取等几项要求同时得到实现。

为了既能掌握整个自主飞行期间微重力的变化状况，又能压缩数据容量，第三代微重力测量装置增加了统计功能：自动每路以4 096点为一个数据块，统计出累加值、方差、最小值、最大值，下行后由地面进一步处理，扣除温漂，给出方均根值和正负极值；无特殊要求时，测量装置仅存储统计值，反之，同时存储原始微重力数据；存储1 h的统计值需占容量12 kiBytes；存储原始微重力数据的时刻和数据块数每天由地面预先程控注入，一次可注入2～3条指令，每条指令可安排11项存储原始微重力数据的时刻和数据块数。

第二代微重力测量装置存储的数据不含时间，所对应的时间在事后处理数据时才根据程控指令填补。第三代微重力测量装置增设有软时钟，每64 s与航天器母钟校对一次。存储的微重力数据按一定格式标注时间，经地面处理后可得到每一个微重力数据所对应的时间。

天地传输中数据丢失是不可避免的。为了减少有效数据的丢失，对存储的数据采用多次复读的办法。为此，将微重力采编器的存储器设定为512 kiBytes。这一容量只需2.5 min即可传送一遍，每个单站可持续接收1～2遍，多站接收可保证复读。由于增加了统计功能，只要节约安排存储原始微重力数据的块数。512 kiBytes存储容量是足够的。

为了减少模拟量与数字量间的干扰，以模数分界分为两台设备，即微重力测量仪和微重力采编器。输入范围和静态分辨力是根据航天器可能的微重力状况和微重力科学实验的需要确定的。为了有效监测瞬态加速度和振动加速度随时间的变化过程，确定四路巡检的切换速率为1 ms/路；微重力测量仪x_1，x_2，y，z四路分别设置与采样速率匹配的低通滤波；频谱分析工作由地面完成。

微重力采编器对信号实施软件限幅、数据降噪和修约、分路分块统计；存储的数据格式整齐、标志清晰并加有校验位，写入、读出互不干扰；采取隔离和缓冲措施保证同步采样、计时与异步接收指令、异步传送数据相容；注入的指令分为优先执行与顺序执行两种，由软件区别对待；注入的指令如有错码只会影响一项而不会封死其后各项，对标识错误的指令拒绝执行，指令收到情况可以下行检查，并设有缺省指令以供单机自检；对校时信号错码有防误校措施。

图10－5给出了神舟号飞船微重力测量装置的功能框图，其中微重力测量仪部分的原理与DW型微重力测量装置相同，微重力采编器部分的原理如13.1节所述。表10－1给出了我国三代微重力测量装置的主要指标[12]。

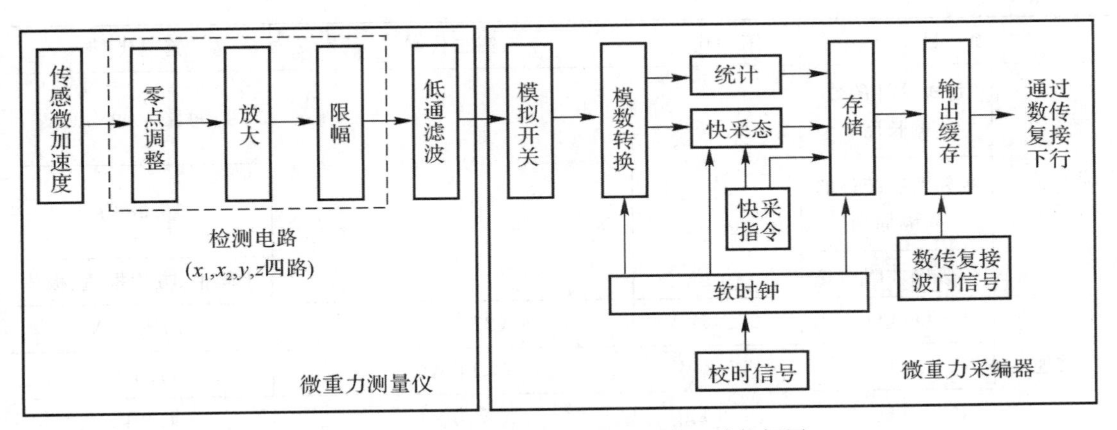

图 10－5　神舟号飞船微重力测量装置功能框图

表 10－1　我国三代微重力测量装置主要指标[12]

<table>
<tr><th colspan="2">项　目</th><th>第一代[4]</th><th colspan="3">第二代[5]</th><th colspan="2">第三代[6]</th></tr>
<tr><td rowspan="3">型号</td><td>测量系统型号</td><td>JS05－1A</td><td colspan="3">DW</td><td colspan="2">CMAMS</td></tr>
<tr><td>航天器平台型号</td><td>FSW－1</td><td colspan="3">FSW－2</td><td colspan="2">神舟一号至五号飞船</td></tr>
<tr><td>飞行试验日期</td><td>1990 年 10 月</td><td colspan="3">1994 年 7 月</td><td colspan="2">1999—2003 年</td></tr>
<tr><td rowspan="6">检测能力</td><td>通道</td><td>x,y,z 三路</td><td>X,Y,Z 三路</td><td colspan="2">x_1,x_2,y,z 四路</td><td>x_1路</td><td>x_2,y,z 三路</td></tr>
<tr><td>输入范围</td><td>±1 mg_n</td><td>±100 mg_n</td><td colspan="2">±2 mg_n</td><td>±150 mg_n</td><td>±10 mg_n</td></tr>
<tr><td>滤波通带</td><td>无滤波</td><td>无滤波</td><td colspan="2">(0～68) Hz</td><td colspan="2">(0～108.5) Hz</td></tr>
<tr><td>量化宽度</td><td>16 μg_n</td><td>1.6 mg_n</td><td>32 μg_n</td><td>1 μg_n</td><td>75 μg_n</td><td>5 μg_n</td></tr>
<tr><td>每路采样间隔</td><td>6.552 s</td><td colspan="2">13.104 s</td><td>6.4 ms</td><td colspan="2">4 ms</td></tr>
<tr><td>频谱分析范围</td><td>不能作频谱分析</td><td colspan="2">不能作频谱分析</td><td>(0.05～68) Hz</td><td colspan="2">(0.06～97) Hz</td></tr>
<tr><td rowspan="5">存取数据能力</td><td>存储容量</td><td>3.2 kiBytes
（一路延时遥测）</td><td colspan="2">3.2 kiBytes
（一路延时遥测）</td><td>128 kiBytes</td><td colspan="2">512 kiBytes</td></tr>
<tr><td>数据采集方式</td><td>遥测</td><td colspan="2">遥测</td><td>存储</td><td colspan="2">反复存储，反复下行</td></tr>
<tr><td>存储全部数据时</td><td rowspan="3">无</td><td colspan="2">无</td><td>104.875 6 s</td><td colspan="2">213 s</td></tr>
<tr><td>仅存储统计量时</td><td colspan="3" rowspan="2">无</td><td colspan="2">42.5 h</td></tr>
<tr><td>下行存储数据需时</td><td colspan="2">150 s</td></tr>
<tr><td rowspan="2">守时能力</td><td>软时钟分辨力</td><td rowspan="2">无</td><td colspan="3" rowspan="2">无</td><td colspan="2">1 ms</td></tr>
<tr><td>校时间隔</td><td colspan="2">64 s</td></tr>
<tr><td rowspan="3">接收指令能力</td><td>每次指令条数</td><td rowspan="3">无</td><td colspan="2" rowspan="3">无</td><td>1</td><td colspan="2">2～3 条</td></tr>
<tr><td>每条指令事件数</td><td>1</td><td colspan="2">11 项</td></tr>
<tr><td>每条指令传送时间</td><td>（程控）</td><td colspan="2">(38～163) s</td></tr>
</table>

续表

项目		第一代[4]	第二代[5]	第三代[6]
统计能力	每次统计的数据长度	无	无	每路 4 096 点
	相邻两次统计的间隔周期			16.388 s
	每次统计的内容			平均值、方均根值、极值
其他	供电电压	(27±6) V	(27±5) V	(27±3) V
	功耗	≤2.2 W	14 W	11.3 W
	质量	1.8 kg	7.5 kg	6.9 kg

10.3 本章阐明的主要论点

(1)目标、任务和指标的确定既要考虑需要,还要考虑目前的技术水平、设备能力,以及投入的技术力量、资金和时间的多少。

(2)轨道机动时速度增量检测误差对预报星历沿迹方向位置偏差的影响大于径向位置偏差的影响。

(3)为了能够详细提供飞船飞行控制和微重力科学实验重要工况所对应的微重力科学数据,微重力测量装置必须在发生这些工况期间处于详存态。实现这一要求的方法有两种:一种是将之统一纳入飞船飞行控制程序,实施统一调度。这样做看似简单,其实由于把各种任务的需求和考虑因素纠缠在一起,使编制飞船飞控程序的工作复杂化。而且各种任务的重要性是分等级的,这样做势必难以充分顾及低等级任务的全部需求和考虑因素。特别是飞行过程中根据实际情况对飞控程序作临时调整时,很难再分出精力顾及低等级任务的需求和考虑因素。另一种是由微重力测量这类低等级任务各自单独依据总的飞船飞控程序编制自身的程控注入指令,并在飞船飞控任务不繁忙的时候实施注入。只要审查这些低等级任务的程控注入指令格式正确,且不会干扰飞船飞控任务的正常执行,它们就是对飞船无害的。至于这些指令能否达到预期的效果,则完全由低等级任务承担单位自负其责。

参考文献

[1] DELOMBARD R, FINLEY B D, BAUGHER C R. Development of and flight results from the Space Acceleration Measurement System (SAMS): NASA TM-105652: AIAA 92-0354 [C/R]//The 30th Aerospace Sciences Meeting and Exhibit sponsored by the American Institute of Aeronautics and Astronautics, Reno, Nevada, United States, January 6-9, 1992.

[2] DELOMBARD R. Microgravity acceleration measurement environment characterization: N94-13755 [R/OL]. Huntsville, Alabama: Marshall Space Flight Center, Spacelab, 1993.

https://ntrs.nasa.gov/api/citations/19940009282/downloads/19940009282.pdf.

[3] FOSTER W M. Acceleration measurement systems provided by the Space Acceleration Measurement Systems (SAMS) project [C]//MEIT(Microgravity Environment Interpretration Tutorial)-2004:Section 11, March 2-4, 2004.

[4] DA Daoan, XUE Datong, CAO Shencheng, et al. Measurement of the micro-gravity levels for the 1990's chinese recoverable satellite [C]//The 1st Sino-Soviet Symposium on Astronautical Science and Technology, Harbin, Heilongjiang, China, January 7-10, 1991. Proceedings of the First Sino-Soviet Symposium on Astronautical Science and Technology:380-384.

[5] XUE Datong, CHEN Xuekang, CHENG Yufeng, et al. Ground based measurement and microgravity frequency spectra measurement of 94' chinese recoverable satellite: IAF-95-J.4.12 [C]//The 46th International Astronautical Congress, Oslo, Norway, October 2-6, 1995.

[6] XUE D T, LEI J G, CHENG Y F, et al. CMAMS Micro-gravitational acceleration measurement:Paper ET-1206[C]//The 2nd Pan Pacific Basin Workshop on Microgravity Sciences, Pasadena, CA, United States, May 1-4, 2001.

[7] 杨嘉墀. 卫星工程系列:航天器轨道动力学与控制:上[M]. 北京:中国宇航出版社，1995.

[8] TRW Inc.. TRW Space Data:FD3807 SCG 20M 8/92-030 [M]. Redondo Beach, California, United States:TRW Inc. S &TG marketing communications, 1992.

[9] 数学手册编写组. 数学手册[M]. 北京:人民教育出版社，1979.

[10] 薛大同，程玉峰，孙健，等. 我国神舟号飞船与返回式卫星 FSW-2 平台(F2)微重力状况的比较[C]//2005 年 921-2 材料分系统研讨会，兰州，甘肃，7 月，2005.

[11] 全国法制计量管理计量技术委员会. 通用计量术语及定义:JJF 1001—2011 [S]. 北京:中国质检出版社，2012.

[12] XUE Datong, CHENG Yufeng, LEI Jungang, et al. The development of chinese space micro-gravitational acceleration measurement system:Paper 6.4 [C]//The 2nd China-Germany Workshop on Microgravity Science, Dunhuang, Gansu, China, Sep 1-3, 2002. Proceedings of 2nd China-Germany Workshop on Microgravity Science:256-262.

第11章 神舟号飞船微重力测量仪的检测电路

本章的物理量符号

a	待测量的加速度值，g_n
A_0	运放开环直流增益（$A_{0,V}$，$A_{0,I}$，$A_{0,R}$，$A_{0,G}$的统称）
$A_{0,G}$	GOA 在负载短路条件下对 V_i 的开环直流增益，S
$A_{0,I}$	IOA 在负载短路条件下对 I_i 的开环直流增益，无量纲
$A_{0,R}$	ROA 在负载开路条件下对 I_i 的开环直流增益，Ω
$A_{0,V}$	VOA 在负载开路条件下对 V_i 的开环直流增益，无量纲
$A_{CR}(0)$	$\omega=0$ 时闭环跨阻放大电路的增益[$A_{CR,V}(0)$，$A_{CR,I}(0)$，$A_{CR,R}(0)$，$A_{CR,G}(0)$的统称]，Ω
$A_{CR,G}(0)$	$\omega=0$ 时用 GOA 构成的闭环跨阻放大电路的增益，Ω
$A_{CR,G}(s)$	用 GOA 构成的闭环跨阻放大电路的增益，Ω
$A_{CR,I}(0)$	$\omega=0$ 时用 IOA 构成的闭环跨阻放大电路的增益，Ω
$A_{CR,I}(s)$	用 IOA 构成的闭环跨阻放大电路的增益，Ω
$A_{CR,R}(0)$	$\omega=0$ 时用 ROA 构成的闭环跨阻放大电路的增益，Ω
$A_{CR,R}(s)$	用 ROA 构成的闭环跨阻放大电路的增益，Ω
$A_{CR}(s)$	闭环跨阻放大电路的增益[$A_{CR,V}(s)$，$A_{CR,I}(s)$，$A_{CR,R}(s)$，$A_{CR,G}(s)$的统称]，Ω
$A_{CR,V}(0)$	$\omega=0$ 时用 VOA 构成的闭环跨阻放大电路的增益，Ω
$A_{CR,V}(s)$	用 VOA 构成的闭环跨阻放大电路的增益，Ω
A_G	GOA 的开环跨导增益，S
$A_G(s)$	GOA 在复数角频率 s 下的开环增益，S
A_I	IOA 的开环电流增益，无量纲
$A_I(s)$	IOA 在复数角频率 s 下的开环增益，无量纲
A_R	ROA 的开环跨阻增益，Ω
$A_R(s)$	ROA 在复数角频率 s 下的开环增益，Ω
$A(s)$	运放在复数角频率 s 下的开环增益[$A_V(s)$，$A_I(s)$，$A_R(s)$，$A_G(s)$的统称]
A_V	VOA 的开环电压增益，无量纲
$A_V(s)$	VOA 在复数角频率 s 下的开环增益，无量纲
c_0	石英挠性加速度计偏值与标度因数的比值，g_n
D_2	上限幅电路的稳压管
D_3	上限幅电路的输出端二极管
D_4	上限幅电路的输入端二极管

D_5	下限幅电路的输出端二极管
D_6	下限幅电路的输入端二极管
E	稳压管稳定电压,V
F'	由式(11-64)表达,无量纲
$f_2(\ )$	稳压管 D_2 的伏安特性,V
$F_3(\ )$	输出端二极管 D_3 的伏安特性,V
$f_3(\ )$	输出端二极管 D_3 的逆伏安特性,A
$F_4(\ )$	输入端二极管 D_4 的伏安特性,V
$f_4(\ )$	输入端二极管 D_4 的逆伏安特性,A
$F_5(\ )$	输出端二极管 D_5 的伏安特性,V
$F_6(\ )$	输入端二极管 D_6 的伏安特性,V
$F(s)$	$f(t)$ 的 Laplace 变换
$f(t)$	满足类似于 Fourier 级数 Dirichlet 条件的非周期信号
$F(\omega)$	$f(t)$ 的 Fourier 变换
g_m	结型场效应晶体管零栅压下的跨导,S
I_2	通过 R_2 的电流,A
I_3	通过 R_3 的电流,A
I'_b	平均基极电流,A
I'_{b+}	运放正输入端的基极电流及其漂移,A
I'_{b-}	运放负输入端的基极电流及其漂移,A
I_D	结型场效应晶体管工作电流,A
I_d	通过 r_d 的电流,A
I_{D2}	通过稳压管 D_2 的电流,A
I_{D3}	通过输出端二极管 D_3 的电流,A
I_{D4}	通过输入端二极管 D_4 的电流,A
I_{D5}	通过输出端二极管 D_5 的电流,A
I_{D6}	通过输入端二极管 D_6 的电流,A
I_{Dss}	结型场效应晶体管零栅压下的漏极电流,A
I_{F1}	T 型网络的输入电流,A
I_{F2}	T 型网络的输出电流,A
I_{F3}	T 型网络的中端接地电流,A
I_i	输入的电流信号,A
I_{i1}	加速度计偏值电流,石英挠性加速度计输出电流,A
I'_{i1}	加速度计偏值电流及其漂移,A
I_{i2}	零点调整电路提供的偏置电流,A
I_L	通过 R_L 的电流,A
I_o	运放输出电流,A
I_{oM}	运放允许的最大输出电流,A
I_{os}	运放失调电流,A

I'_{os}　运放失调电流及其漂移,A

I_p　通过 R_p 的电流,A

I_{R5}　通过 R_5 的电流,A

I_{R6}　通过 R_6 的电流,A

I_s　通过 r_{sco} 的电流,A

K　闭环跨阻放大电路增益表达式中的参数(K_V, K_I, , K_R, K_G 的统称)

K_1　加速度计电压标度因数,V/g_n

K_{A0}　运放的开环增益,无量纲

K'_{A0}　由式(11-63)表达,无量纲

K_F　“反相运放”放大倍数,无量纲

K_G　用 GOA 构成的闭环跨阻放大电路增益表达式中的参数,S

K_I　用 IOA 构成的闭环跨阻放大电路增益表达式中的参数,无量纲

$K_{I,0}$　石英挠性加速度计偏值,A

$K_{I,1}$　石英挠性加速度计标度因数,A/g_n

K_R　用 ROA 构成的闭环跨阻放大电路增益表达式中的参数,Ω

K_V　检测电路的输出灵敏度,V/g_n

K_V　用 VOA 构成的闭环跨阻放大电路增益表达式中的参数,无量纲

R_1　结型场效应晶体管的偏值电阻,Ω

R_2　零点调整电路的分压电阻(上电阻),Ω

R_3　零点调整电路的分压电阻(下电阻),Ω

R_4　稳压管 D_2 的正电源限流电阻,Ω

R_5　稳压管 D_2 的负电源限流电阻,Ω

R_6　下限幅电路的中端接地电阻,Ω

R_b　偏值纠正电阻,Ω

r_d　运放差动输入电阻,Ω

R_{D50}　输出端二极管 D_5 的零电流电阻,Ω

R_{D60}　输入端二极管 D_6 的零电流电阻,Ω

R_F　反馈电阻,Ω

R'_F　由式(11-62)表达,Ω

R_{F1}　T 型网络的输入端电阻,Ω

R_{F2}　T 型网络的输出端电阻,Ω

R_{F3}　T 型网络的中端接地电阻,Ω

R_{FD0}　下限幅电路的短路传输电阻,Ω

R_i　输入电阻,Ω

R_{i1}　为了保证运放输出电流不超载而设置的石英挠性加速度计输出限流电阻,Ω

R_{i2}　零点调整电路的限流电阻,Ω

R_L　负载电阻,即后继电路输入电阻,Ω

R_o　输出电阻,Ω

R_p	运放正输入端的接地电阻，Ω
R_p'	由式(11－45)表达
R_s	信号源内阻，Ω
R_{sc}	检测电路的输出电阻，Ω
r_{sco}	运放输出电阻，Ω
s	Laplace 变换建立的的复数角频率，也称为 Laplace 算子，rad/s
T	热力学温度，K
t	时间，s
T_1	周期，s
V_+	运放同向输入端电位，V
V_-	运放反向输入端电位，V
V_3	零点调整电路提供的偏置电压，V
V_{F3}	T 型网络结合点的电位，V
V_i	输入的电压信号，V
V_m	由式(11－66)表达，V
V'_m	纯电路原因引起的定态误差输出，V
V_{m0}	I'_{i1}在R_F上引起的压降，V
V'_{m0}	I'_{i1}引起的输出，V
V_o	运放输出电压，V
V_{os}	运放失调电压，V
V'_{os}	运放失调电压及其漂移，V
V_p	结型场效应晶体管的夹断电压，V
V_{R4}	R_4非电源端的电位，V
V_{R5}	R_5非电源端的电位，V
V_{R6}	R_6上的电压降，V
V_{sc}	失调输出，定态误差输出，V
V_{sr}	石英挠性加速度计输出电流 I_{i1}在 R_{i1}上引起的压降，V
V'_{sc}	失调和漂移输出，V
V_Σ	运放失调电压及正输入端基极电流引起的虚地偏离，V
Δa	加速度测量漂移，g_n
ΔI_{i1}	加速度计偏值电流漂移，A
ΔI_{os}	运放失调电流漂移，A
ΔV_{os}	运放失调电压漂移，V
ΔV_{sc}	输出电压漂移，V
σ	任意实数，rad/s
ω	角频率，rad/s
ω_c	运放的开环截止角频率($\omega_{c,V}$，$\omega_{c,I}$，$\omega_{c,R}$，$\omega_{c,G}$的统称)，rad/s
$\omega_{c,G}$	GOA 的开环截止角频率，rad/s
$\omega_{c,I}$	IOA 的开环截止角频率，rad/s

$\omega_{c,R}$	ROA 的开环截止角频率，rad/s
$\omega_{CR,c}$	闭环跨阻放大电路的截止角频率（$\omega_{c,V}$，$\omega_{c,I}$，$\omega_{c,R}$，$\omega_{c,G}$的统称），rad/s
$\omega_{CR,c,G}$	用 GOA 构成的闭环跨阻放大电路－3 dB 的截止角频率，rad/s
$\omega_{CR,c,I}$	用 IOA 构成的闭环跨阻放大电路－3 dB 的截止角频率，rad/s
$\omega_{CR,c,R}$	用 ROA 构成的闭环跨阻放大电路－3 dB 的截止角频率，rad/s
$\omega_{CR,c,V}$	用 VOA 构成的闭环跨阻放大电路－3 dB 的截止角频率，rad/s
$\omega_{c,V}$	VOA 的开环截止角频率，rad/s

本章独有的缩略语

GOA	G 为电导的符号，OA 为 Operational Amplifier 的缩写，GOA（或 OTA）代表跨导运算放大器（Operational Transconductance Amplifier, Transconductance Operational Amplifier, or Transconductance Current Amplifier），属于电流模式运算放大器（Current-Mode Operational Amplifier）
IOA	I 为电流的符号，OA 为 Operational Amplifier 的缩写，IOA（或 COA）代表电流运算放大器（Current Operational Amplifier），属于电流模式运算放大器（Current-Mode Operational Amplifier）
ROA	R 为电阻的符号，OA 为 Operational Amplifier 的缩写，ROA（或 OTRA）代表跨阻运算放大器（Operational Transresistance Amplifier, Operational Transimpedance Amplifier, Transresistance Operational Amplifier, or Transimpedance Operational Amplifier），即电流反馈运算放大器（Current Feedback Operational Amplifier, or CFOA），也称为跨阻电流放大器（Transresistance Current Amplifier），属于电流模式运算放大器（Current-Mode Operational Amplifier）
VOA	V 为电压的符号，OA 为 Operational Amplifier 的缩写，VOA 代表电压运算放大器（Voltage Operational Amplifier），即电压反馈运算放大器（Voltage Feedback Operational Amplifier, or VFOA），属于电压模式运算放大器（Voltage-Mode Operational Amplifier）

11.1 指标要求和电路类型选择

11.1.1 指标要求

如 10.2 节所述，神舟号飞船微重力测量仪的检测电路原理与前两代微重力测量装置相同。检测电路的输入端是石英挠性加速度计输出的电流信号。为了与后继电路相衔接，输出端应为 0 V～5 V 标准电压信号，限幅范围应为－0.5 V～＋5.5 V。若要求输入范围为 ±1 mg_n，则 0 g_n下的输出应为 2.5 V，线性输出灵敏度应为 2.5 V/mg_n。由于石英挠性加速度计±15 V 供电，检测电路也采用±15 V 供电。

11.1.2 电路类型选择

石英挠性加速度计输出的是电流信号，通常在其输出端串接一只负载电阻，使之转变为电压信号，再通过前置电压放大电路进行检测。然而，当加速度信号十分微弱时，存在以下问题：如果采用数百欧姆的负载电阻，经多级电压放大，则电路拓扑结构复杂，体积重量功耗大，噪声大且可靠性差；如果采用高阻，则由于加速度计的电容与高阻形成大的时间常数，使动态响应受到影响，阻值过高甚至可能引起电路自激。

我们考虑，既然检测电路的输入端是石英挠性加速度计输出的电流信号，输出端是电压信号，不妨另辟蹊径，直接采用闭环跨阻放大电路。该电路的输入信号是电流，输出信号是电压，增益是输出电压与插入电流的比值，具有电阻的量纲欧姆(Ω)，所以称为闭环跨阻放大电路。

电流信号源具有高阻抗，因而要求闭环跨阻放大电路的输入阻抗低。为了使输出的电压信号不受负载电阻的影响，要求闭环跨阻放大电路的输出阻抗也低[1]。

11.2　闭环跨阻放大电路的特点

11.2.1　闭环跨阻放大电路的构成

闭环跨阻放大电路可以用电压运算放大器(简称 VOA)、电流运算放大器(简称 IOA)、跨阻运算放大器(简称 ROA)、跨导运算放大器(简称 GOA)施加同一连接方式负反馈构成，如图 11-1 所示[1]。图中 I_i 为输入的电流信号，V_o 为输出电压，A_V 为 VOA 的开环电压增益，A_I 为 IOA 的开环电流增益，A_R 为 ROA 的开环跨阻增益，A_G 为 GOA 的开环跨导增益，R_F 是反馈电阻，R_L 是负载电阻，R_s 是信号源内阻[1]。从图中可以看到：该电路在输入端和输出端之间跨接反馈电阻，形成电压并联负反馈，使得输入电阻降低，有利于恒流源驱动；使得输出电阻降低，有利于稳定跨阻增益，稳定输出电压[2]。

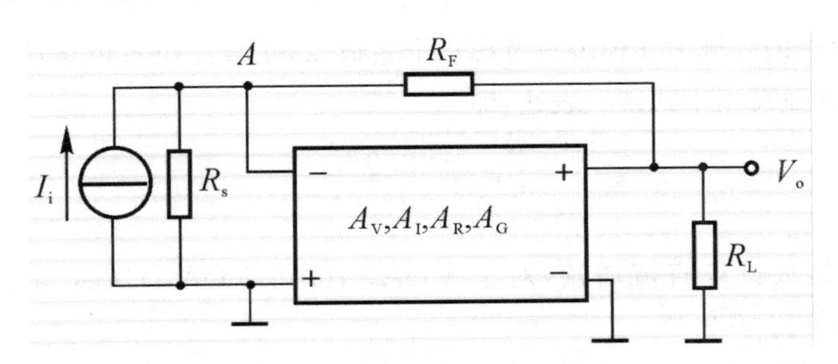

图 11-1　闭环跨阻放大电路原理图

11.2.2　四种集成运放的简化模型

VOA 集成运放早在 60 年前已发明出来，从首款商业应用成功算起，至今也已广泛使用 50 多年，其他三种集成运放的研究从 1983 年开始，特别是近 30 余年得到广泛研究和迅速发展，并在很多文献中划归电流模式器件。四种集成运放的直流(或低频)简单模型[1]分别如图 11-2 所示。

图 11-2 所示模型中：$A_{0,V}$ 是 VOA 在负载开路条件下对输入信号 V_i 的开环直流增益；

$A_{0,I}$是 IOA 在负载短路条件下对 I_i的开环直流增益；$A_{0,R}$是 ROA 在负载开路条件下对 I_i的开环直流增益；$A_{0,G}$是 GOA 在负载短路条件下对 V_i的开环直流增益。$A_{0,V}$，$A_{0,I}$，$A_{0,R}$，$A_{0,G}$的值趋于无穷大。R_i是输入电阻，理想值应趋于无穷大（VOA，GOA）或趋于零（IOA，ROA）。R_o是输出电阻，理想值应趋于零（VOA，ROA）或趋于无穷大（IOA，GOA）。I_o是输出电流。因此，四种集成运放的区别只是在于它们之间输入阻抗水平和输出阻抗水平的不同。正是它们之间阻抗水平的不同，导致即使四种集成运放的外部反馈网络相同，其闭环特性也会有很大不同。

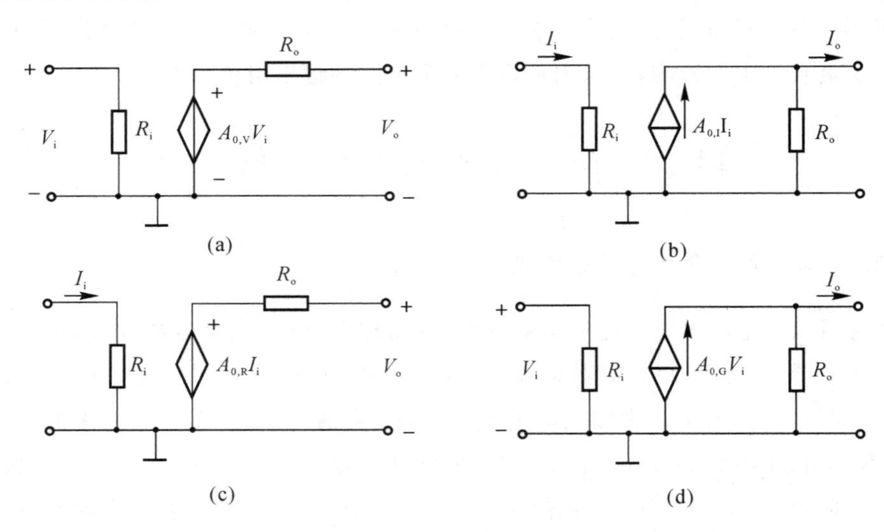

图 11-2 四种集成运放的直流简单模型[1]

(a)VOA； (b)IOA； (c)ROA； (d)GOA

四种集成运放的频域简化模型只考虑一个主极点，主极点位置由运放的开环截止角频率决定，其开环增益可用下式统一表达，即

$$A(s)=\frac{A_0}{1+\dfrac{s}{\omega_c}} \tag{11-1}$$

式中 A_0—— 运放开环直流增益（对于 VOA，IOA，ROA，GOA 分别为 $A_{0,V}$，$A_{0,I}$，$A_{0,R}$，$A_{0,G}$）；

ω_c—— 运放的开环截止角频率（−3 dB处的角频率，对于VOA，IOA，ROA，GOA分别为 $\omega_{c,V}$，$\omega_{c,I}$，$\omega_{c,R}$，$\omega_{c,G}$），rad/s；

$A(s)$—— 运放在复数角频率 s 下的开环增益[对于 VOA，IOA，ROA，GOA 分别为 $A_V(s)$，$A_I(s)$，$A_R(s)$，$A_G(s)$]；

s——Laplace 变换建立的的复数角频率，也称为 Laplace 算子，rad/s。

并有[3]

$$s=\sigma+j\omega \tag{11-2}$$

式中 σ—— 任意实数，rad/s；

j—— 虚数单位，$j=\sqrt{-1}$；

ω—— 角频率，rad/s。

需要说明的是，当非周期信号 $f(t)$ 满足类似于 Fourier 级数的 Dirichlet 条件时，便可构成一对 Fourier 变换式[3]：

$$\left.\begin{aligned} F(\omega) &= \int_{0}^{\infty} f(t)\,\mathrm{e}^{-\mathrm{j}\omega t}\,\mathrm{d}t \\ f(t) &= \frac{1}{2\pi}\int_{-\infty}^{\infty} F(\omega)\,\mathrm{e}^{\mathrm{j}\omega t}\,\mathrm{d}\omega \end{aligned}\right\} \tag{11-3}$$

式中　t—— 时间，s；

$f(t)$—— 满足类似于 Fourier 级数 Dirichlet 条件的非周期信号；

$F(\omega)$——$f(t)$ 的 Fourier 变换。

我们知道，Fourier 级数的 Dirichlet 条件指的是[3]：

(1) 在一周期内，如果有间断点存在，则间断点的数目应为有限个；

(2) 在一周期内，极大值和极小值的数目应为有限个；

(3) 在一周期内，信号是绝对可积的，即 $\int_{t_0}^{t_0+T_1} |f(t)|\,\mathrm{d}t$ 等于有限值(T_1 为周期)。

通常我们遇到的周期信号都能满足 Dirichlet 条件，因此，以后除非特殊需要，一般不再考虑这一条件[3]。

非周期信号 $f(t)$ 满足的类似于 Fourier 级数的 Dirichlet 条件与上述 Fourier 级数的 Dirichlet 条件不同之处在于时间范围由一个周期变成无限的区间。Fourier 变换存在的充分条件是在无限区间内满足绝对可积条件，即要求 $\int_{-\infty}^{\infty} |f(t)|\,\mathrm{d}t < \infty$[3]。

从上述构成一对 Fourier 变换所需要的条件考虑，绝对可积的要求限制了某些增长信号如 $\mathrm{e}^{\alpha t}(\alpha > 0)$Fourier 变换的存在，而对于阶跃信号、周期信号虽未受此约束，但其变换式中出现单位冲激函数 $\delta(\omega)$，为使更多的函数存在变换，并简化某些形式或运算过程，引入衰减因子 $\mathrm{e}^{-\sigma t}$(σ 为任意实数)，将它与 $f(t)$ 相乘，使 $\mathrm{e}^{-\sigma t}f(t)$ 得以收敛，绝对可积条件就容易满足。于是式(11-3) 可以写为[3]

$$\left.\begin{aligned} F(s) &= \int_{0}^{\infty} f(t)\,\mathrm{e}^{-st}\,\mathrm{d}t \\ f(t) &= \frac{1}{2\pi\mathrm{j}}\int_{\sigma-\mathrm{j}\infty}^{\sigma+\mathrm{j}\infty} F(s)\,\mathrm{e}^{st}\,\mathrm{d}s \end{aligned}\right\} \tag{11-4}$$

式中　$F(s)$——$f(t)$ 的 Laplace 变换。

式(11-4) 就是一对 Laplace 变换式[3]。

由此可见，对于不必引入衰减因子 $\mathrm{e}^{-\sigma t}$ 就已经满足 Dirichlet 条件的信号而言：

$$s = \mathrm{j}\omega \tag{11-5}$$

11.2.3　四种闭环跨阻放大电路的增益与截止角频率

对于 VOA 和 GOA，图 11-1 中 A 点是开环放大器的高阻抗端，反馈信号是电压，其大小由 R_F，R_s 决定；对于 IOA 和 ROA，A 点是开环放大器的低阻抗端，反馈信号是电流，其大小只由 R_F 决定。从输出端看，由于取电压信号，对于 VOA 和 ROA，R_L 对 V_o 无影响；对于 IOA 和 GOA，R_L 对 V_o 有影响。在运放的输入电阻和输出电阻均满足理想条件下，图 11-1 所示闭环跨阻放大电路的跨阻增益为[1]

$$\left.\begin{aligned}
-A_{CR,V}(s)&=R_F\frac{-A_V(s)}{-A_V(s)+\left(1+\dfrac{R_F}{R_s}\right)}\\
-A_{CR,I}(s)&=R_F\frac{-A_I(s)}{-A_I(s)+\left(1+\dfrac{R_F}{R_L}\right)}\\
-A_{CR,R}(s)&=R_F\frac{-A_R(s)}{-A_R(s)+R_F}\\
-A_{CR,G}(s)&=R_F\frac{-A_G(s)-\dfrac{1}{R_F}}{-A_G(s)+\dfrac{1}{R_L}+\dfrac{1}{R_s}+\dfrac{R_F}{R_sR_L}}
\end{aligned}\right\}\tag{11-6}$$

式中 $A_{CR,V}(s)$—— 用VOA构成的闭环跨阻放大电路的增益,Ω;
$A_{CR,I}(s)$—— 用IOA构成的闭环跨阻放大电路的增益,Ω;
$A_{CR,R}(s)$—— 用ROA构成的闭环跨阻放大电路的增益,Ω;
$A_{CR,G}(s)$—— 用GOA构成的闭环跨阻放大电路的增益,Ω;
$A_V(s)$——VOA在复数角频率s下的开环增益,无量纲;
$A_I(s)$——IOA在复数角频率s下的开环增益,无量纲;
$A_R(s)$——ROA在复数角频率s下的开环增益,Ω;
$A_G(s)$——GOA在复数角频率s下的开环增益,S;
R_F—— 反馈电阻,Ω;
R_s—— 信号源内阻,Ω;
R_L—— 负载电阻,即后继电路输入电阻,Ω。

需要说明的是,式(11-1)是同相端输入的运放开环增益,而从图11-1可以看到,闭环跨阻放大电路采用的是反相端输入。为了标明方向,式(11-6)与文献[1]给出的公式不同,在$A_V(s)$,$A_I(s)$,$A_R(s)$,$A_G(s)$前都冠以负号,在$A_{CR,V}(s)$,$A_{CR,I}(s)$,$A_{CR,R}(s)$,$A_{CR,G}(s)$前也都冠以负号。

以上每个传输函数均为两个因子的乘积,第一个因子对于以上四种电路都相同,它只和外部反馈电阻R_F有关,是运放具有无限开环增益情况下的闭环直流跨阻增益。第二个因子除了与电阻R_F有关外,还和运放开环增益及源、载电阻有关[1]。式(11-6)可以统一表达为(对于GOA,满足$A_G(s)\cdot R_F\gg 1$)

$$A_{CR}(s)=-R_F\frac{A(s)}{A(s)-K}\tag{11-7}$$

式中 $A_{CR}(s)$—— 闭环跨阻放大电路的增益[对于VOA,IOA,ROA,GOA分别为$A_{CR,V}(s)$,$A_{CR,I}(s)$,$A_{CR,R}(s)$,$A_{CR,G}(s)$],Ω;
K—— 闭环跨阻放大电路增益表达式中的参数(K_V,K_I,,K_R,K_G的统称)。

将式(11-7)与式(11-6)相比较,可以得到式(11-7)中的K值为[1](对于GOA,满足$A_G(s)\cdot R_F\gg 1$)

$$\left.\begin{aligned}
K_V&=1+\frac{R_F}{R_s}\\
K_I&=1+\frac{R_F}{R_L}\\
K_R&=R_F\\
K_G&=\frac{1}{R_L}+\frac{1}{R_s}+\frac{R_F}{R_sR_L}
\end{aligned}\right\}\tag{11-8}$$

式中　K_V—— 用 VOA 构成的闭环跨阻放大电路增益表达式中的 K 值，无量纲；
K_I—— 用 IOA 构成的闭环跨阻放大电路增益表达式中的 K 值，无量纲；
K_R—— 用 ROA 构成的闭环跨阻放大电路增益表达式中的 K 值，Ω；
K_G—— 用 GOA 构成的闭环跨阻放大电路增益表达式中的 K 值，S。

将式(11－1) 代入式(11－7)，得到

$$A_{CR}(s)=-\frac{R_F}{1-\frac{K}{A_0}-\frac{sK}{A_0\omega_c}} \tag{11-9}$$

将式(11－2) 代入式(11－9)，得到

$$A_{CR}(j\omega)=-\frac{R_F}{1-\frac{K}{A_0}-j\omega\frac{K}{A_0\omega_c}} \tag{11-10}$$

当

$$\omega=0 \tag{11-11}$$

时，由式(11－10) 得到

$$A_{CR}(0)=-\frac{R_F}{1-\frac{K}{A_0}} \tag{11-12}$$

式中　$A_{CR}(0)$—— $\omega=0$ 时闭环跨阻放大电路的增益[对于 VOA，IOA，ROA，GOA 分别为 $A_{CR,V}(0)$，$A_{CR,I}(0)$，$A_{CR,R}(0)$，$A_{CR,G}(0)$]，Ω。

当

$$\omega=\frac{K-A_0}{K}\omega_c \tag{11-13}$$

时，由式(11－10) 得到

$$A_{CR}(j\omega)\Big|_{\omega=\frac{K-A_0}{K}\omega_c}=-\frac{R_F}{(1+j)\left(1-\frac{K}{A_0}\right)} \tag{11-14}$$

由式(11－14) 得到

$$\left|A_{CR}(j\omega)\Big|_{\omega=\frac{K-A_0}{K}\omega_c}\right|=-\frac{R_F}{\sqrt{2}\left(1-\frac{K}{A_0}\right)} \tag{11-15}$$

将式(11－15) 与式(11－12) 比较，得到

$$\frac{\left|A_{CR}(j\omega)\Big|_{\omega=\frac{K-A_0}{K}\omega_c}\right|}{A_{CR}(0)}=\frac{1}{\sqrt{2}} \tag{11-16}$$

如 6.1.2 节所述，－3 dB 的幅度比是 $1/\sqrt{2}$，所以式(11－13) 为闭环跨阻放大电路－3 dB 的截止角频率，并可改写为

$$\omega_{CR,c}=\frac{K-A_0}{K}\omega_c \tag{11-17}$$

式中　$\omega_{CR,c}$—— 闭环跨阻放大电路的截止角频率(－3 dB 处的角频率，对于 VOA，IOA，ROA，GOA 分别为 $\omega_{CR,c,V}$，$\omega_{CR,c,I}$，$\omega_{CR,c,R}$，$\omega_{CR,c,G}$)，rad/s。

11.2.4　采用跨阻型运放构成闭环跨阻放大电路的优缺点

11.2.4.1　优点

从式(11－8) 可以看到，k_R 与源、载电阻值无关。将 $k_R=R_F$ 代入式(11－17)，得到

$$\omega_{CR,c,R} = \frac{R_F - A_{0,R}}{R_F}\omega_{c,R} \tag{11-18}$$

式中 $\omega_{CR,c,R}$——用ROA构成的闭环跨阻放大电路－3 dB的截止角频率，rad/s；

$A_{0,R}$——ROA在负载开路条件下对 I_i 的开环直流增益，Ω；

$\omega_{c,R}$——ROA的开环截止角频率，rad/s。

式(11-18)表明，采用ROA构成闭环跨阻放大电路时，截止角频率与源、载电阻值无关。因此，不需要插入输入、输出隔离缓冲器来消除源、载电阻对闭环截止角频率的影响。插入隔离缓冲器本身已经使电路结构变得复杂，况且为了不损害电路整体的频率性能，隔离缓冲器的截止角频率必须远远高于主放大电路[1]，这就更增加了电路结构的复杂性，所以不需要插入输入、输出隔离缓冲器的好处十分明显。

11.2.4.2 缺点

将式(11-8)中 $k_R = R_F$ 代入式(11-12)，得到

$$A_{CR,R}(0) = \frac{R_F}{R_F - A_{0,R}}A_{0,R} \tag{11-19}$$

式中 $A_{CR,R}(0)$——$\omega = 0$ 时用ROA构成的闭环跨阻放大电路的增益，Ω。

将式(11-18)与式(11-19)相乘，得到

$$A_{CR,R}(0) \cdot \omega_{CR,c,R} = A_{0,R} \cdot \omega_{c,R} \tag{11-20}$$

式(11-20)表明，采用ROA构成闭环跨阻放大电路时，其直流跨阻增益与其截止角频率的乘积为常数，其值等于ROA的开环直流增益及开环截止角频率的乘积。因此，采用ROA构成闭环跨阻放大电路的截止角频率增加必然导致增益成比例下降。

11.2.5 采用传统电压型运放构成闭环跨阻放大电路的优缺点

将式(11-8)中 $K_V = 1 + R_F/R_s$ 代入式(11-17)，得到

$$\omega_{CR,c,V} = \frac{R_s + R_F - R_s A_{0,V}}{R_s + R_F}\omega_{c,V} \tag{11-21}$$

式中 $\omega_{CR,c,V}$——用VOA构成的闭环跨阻放大电路－3 dB截止角频率，rad/s；

$A_{0,V}$——VOA在负载开路条件下对 V_i 的开环直流增益，无量纲；

$\omega_{c,V}$——VOA的开环截止角频率，rad/s。

将式(11-8)中 $K_V = 1 + R_F/R_s$ 代入式(11-12)，得到

$$A_{CR,V}(0) = \frac{R_s R_F}{R_s + R_F - R_s A_{0,V}}A_{0,V} \tag{11-22}$$

式中 $A_{CR,V}(0)$——$\omega = 0$ 时用VOA构成的闭环跨阻放大电路的增益，Ω。

将式(11-21)与式(11-22)相乘，得到

$$A_{CR,V}(0) \cdot \omega_{CR,c,V} = \frac{R_s R_F}{R_s + R_F}A_{0,V} \cdot \omega_{c,V} \tag{11-23}$$

将式(11-23)与式(11-20)比较，可以看到，采用VOA比采用ROA，闭环直流跨阻增益与闭环截止角频率的乘积增加了由 R_F 与 R_s 并联构成的因子。鉴于石英挠性加速度计输出的是电流信号，R_s 具有高阻抗特征，因此，只要 R_F 明显小于 R_s，就可以通过调节 R_F 改变闭环直流跨阻增益与闭环截止角频率的乘积。

电流隔离缓冲器具有尽可能低的输入电阻(理想为零)，足够高的输出电阻(理想为无穷大)及单位电流精益[1]。如果在电流型信号源与跨阻放大电路之间插入电流隔离缓冲器，则对于跨阻放大电路来说，可以确保 R_F 远小于 R_s。于是，式(11-21)简化为

$$\omega_{\mathrm{CR,c,V}} = (1 - A_{0,\mathrm{V}})\,\omega_{\mathrm{c,V}} \tag{11-24}$$

式(11－22) 简化为

$$A_{\mathrm{CR,V}}(0) = \frac{R_{\mathrm{F}} A_{0,\mathrm{V}}}{1 - A_{0,\mathrm{V}}} \tag{11-25}$$

由式(11－24) 可以看到，采用 VOA 构成闭环跨阻放大电路时，插入电流隔离缓冲器后，闭环跨阻放大电路截止角频率仅由 VOA 的开环直流增益及开环截止角频率决定。而由式(11－25) 可以看到，采用 VOA 构成闭环跨阻放大电路时，插入电流隔离缓冲器后，闭环直流跨阻增益可用 R_{F} 调节，且不会影响电路截止角频率。

通过以上分析可以知道，采用 VOA 构成闭环跨阻放大电路时，如果 R_{F} 远小于 R_{s}，就具有闭环直流跨阻增益可用 R_{F} 调节且不会影响电路截止角频率的特点。如果电流型信号源的内阻 R_{s} 足够大，以至于在保证闭环直流跨阻增益符合要求的前提下，仍满足 R_{F} 远小于 R_{s}，这无疑是很大的优点。即使电流型信号源的内阻 R_{s} 不够大，只要允许在电流型信号源与跨阻放大电路之间插入电流隔离缓冲器，仍可保持该优点。然而，如 11.2.4.1 节所述，插入隔离缓冲器本身已经使电路结构变得复杂，况且为了不损害电路整体的频率性能，隔离缓冲器的截止角频率必须远远高于主放大电路，这就更增加了电路结构的复杂性。这是插入电流隔离缓冲器的缺点。

11.2.6　小结

如 9.1.1.1 节第(4) 条所述，石英挠性加速度计输出的电流信号与加速度成正比，是由伺服反馈电路实施闭环控制提供的。因此，与开环型电流源不同，信号源内阻 R_{s} 无疑具有极高的阻值，无需在石英挠性加速度计与跨阻放大电路之间插入电流隔离缓冲器。石英挠性加速度计的这一特性决定了与其相配的检测电路采用传统电压型运放构成闭环跨阻放大电路可称之为最佳选择。

11.3　电路方案

根据以上分析，为提高可靠性，节省功耗、体积，在满足性能指标的前提下电路应尽量简单，神舟号飞船微重力测量仪的检测电路采用传统电压型运放构成闭环跨阻放大电路，并且用单级电路实现 11.1.1 节所述的全部要求。如 11.2.3 节所述，闭环跨阻放大电路采用的是反相端输入。由于加速度计输出是可正可负的，只要规定好加速度方向与输出正负的关系，“反相”没有妨碍。

11.3.1　电路特点

如 11.2.6 节所述，对于石英挠性加速度计而言，R_{s} 无疑具有极高的阻值，因而 $R_{\mathrm{s}} \gg R_{F}$。于是，式(11－6) 给出的 $A_{\mathrm{CR,V}}(s)$ 表达式可以简化为

$$A_{\mathrm{CR,V}}(s) = \frac{R_{\mathrm{F}} A_{\mathrm{V}}(s)}{1 - A_{\mathrm{V}}(s)} \tag{11-26}$$

将式(11－1) 代入式(11－26)，得到

$$A_{\mathrm{CR,V}}(s) = \frac{R_{\mathrm{F}} A_{0,\mathrm{V}}}{(1 - A_{0,\mathrm{V}}) + \dfrac{s}{\omega_{\mathrm{c,V}}}} \tag{11-27}$$

将式(11－2) 代入式(11－27)，得到

$$A_{\mathrm{CR,V}}(\mathrm{j}\omega)=\frac{R_{\mathrm{F}}A_{0,\mathrm{V}}}{(1-A_{0,\mathrm{V}})+\dfrac{\mathrm{j}\omega}{\omega_{\mathrm{c,V}}}} \tag{11-28}$$

从式(11-28)也可以得到闭环直流跨阻增益如式(11-25)所示。

我们有

$$A_{\mathrm{CR,V}}(0)=\frac{K_V}{K_{I,1}} \tag{11-29}$$

式中 K_V—— 检测电路的输出灵敏度，$\mathrm{V}/g_{\mathrm{n}}$。

$K_{I,1}$—— 石英挠性加速度计标度因数，$\mathrm{A}/g_{\mathrm{n}}$。

将式(11-25)代入式(11-29)，得到

$$K_V=\frac{R_{\mathrm{F}}}{\dfrac{1}{A_{0,\mathrm{V}}}-1}K_{I,1} \tag{11-30}$$

由于 $A_{0,\mathrm{V}}\gg1$，所以式(11-30)可以简化为

$$K_V=-R_{\mathrm{F}}K_{I,1} \tag{11-31}$$

式(11-31)也可以用下述方法导出：

采用电压并联负反馈电路，如图11-3所示，其中 R_{i1} 是为了保证运放输出电流不超载而设置的石英挠性加速度计输出限流电阻。运放的负输入端为虚地，因此，R_{i1} 可视为石英挠性加速度计的负载电阻。

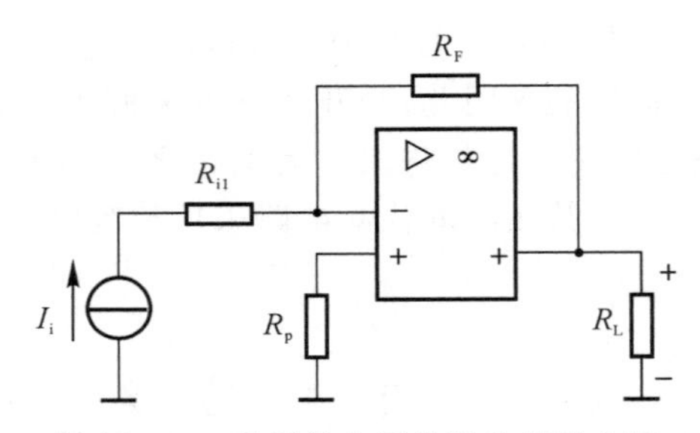

图 11-3 采用的电压并联负反馈电路

我们知道，“反相运放”放大倍数为

$$K_{\mathrm{F}}=-\frac{R_{\mathrm{F}}}{R_{\mathrm{i1}}} \tag{11-32}$$

式中 K_{F}——“反相运放”放大倍数，无量纲；

R_{i1}—— 为了保证运放输出电流不超载而设置的石英挠性加速度计输出限流电阻，Ω。

加速度计本身是电流输出元件，其电压标度因数与限流电阻成正比：

$$K_1=K_{I,1}R_{\mathrm{i1}} \tag{11-33}$$

式中 K_1—— 加速度计电压标度因数，$\mathrm{V}/g_{\mathrm{n}}$。

显然，检测电路的输出灵敏度为

$$K_V=K_1K_{\mathrm{F}} \tag{11-34}$$

将式(11-32)和式(11-33)代入式(11-34)，即可得到式(11-31)。

从式(11-31)可以看到，检测电路的输出灵敏度仅仅取决于加速度计的电流标度因数和检测电路的反馈电阻，而与限流电阻无关，这是与一般运放电路不同的地方。

11.3.2　反馈回路

表9-2所列加速度计标度因数的平均值 $K_{I,1}=1.25\ \mathrm{mA}/g_n$。11.1.1节给出输入范围为 $\pm 1\ \mathrm{m}g_n$ 时输出灵敏度 $K_V=2.5\ \mathrm{V/m}g_n$。由式(11-31)得到 $R_F\approx 2\ \mathrm{M\Omega}$。若选用RJK54型(125 ℃下0.125 W,70 ℃下,0.25 W[4])特性N(电阻温度特性最大值为 $\pm 25\times 10^{-6}/\mathrm{K}$[5])金属膜固定电阻器,标称阻值范围为 $10\ \Omega\sim 4.02\ \mathrm{M\Omega}$[4],阻值稳定性为0.5%[6],可以满足要求。

当运用于其他 $R_F>4.02\ \mathrm{M\Omega}$ 的场合时,若采用高阻金属膜电阻器,如RJ47,则电阻温度系数为 $\pm 100\times 10^{-6}/℃$ ($1\ \mathrm{M\Omega}\leqslant$ 阻值范围 $<10\ \mathrm{M\Omega}$)、$\pm 250\times 10^{-6}/℃$ ($10\ \mathrm{M\Omega}\leqslant$ 阻值范围 $\leqslant 100\ \mathrm{M\Omega}$)、$\pm 500\times 10^{-6}/℃$ ($100\ \mathrm{M\Omega}<$ 阻值范围 $\leqslant 1\ \mathrm{G\Omega}$)[6]。为了克服高阻误差大的缺点,$R_F$ 可用T型电阻网络取代:

$$R_F=R_{F1}+R_{F2}+\frac{R_{F1}R_{F2}}{R_{F3}} \tag{11-35}$$

式中　R_{F1}——T型网络的输入端电阻,Ω;

R_{F2}——T型网络的输出端电阻,Ω;

R_{F3}——T型网络的中端接地电阻,Ω。

若 $R_{F1}=R_{F2}$,则

$$R_F=\left(\frac{R_{F1}}{R_{F3}}+2\right)R_{F1} \tag{11-36}$$

或表示为

$$R_{F3}=\frac{R_{F1}}{\dfrac{R_F}{R_{F1}}-2} \tag{11-37}$$

11.3.3　零点调整电路

从10.2节可以看到,检测电路输出的微重力模拟量或者通过遥测的ADC变成数字量,或者在微重力测量装置中就通过ADC变成数字量。如11.1.1节所述,为了与后继电路相衔接,$0\ g_n$ 下的输出应为2.5 V。这是设置零点调整电路的主要原因。加之,加速度计本身存在一定偏值,运算放大器存在失调电压、失调电流引起的误差电压,这也要靠零点调整电路予以纠正。

仅就加速度计本身偏值纠正而言,可以在加速度计本身附带的的二次稳压±10 V输出与信号输出间串接一电阻来实现:当偏值为正时,电阻接在−10 V上;当偏值为负时,电阻接在+10 V上。其阻值 R_b 应符合下式:

$$\{R_b\}_{\Omega}=\frac{10}{\{c_0\}_{g_0}\ \{K_{I,1}\}_{\mathrm{A}/g_0}} \tag{11-38}$$

式中　R_b——偏值纠正电阻,Ω;

c_0——石英挠性加速度计偏值与标度因数的比值,g_n。

并有

$$c_0 = \frac{K_{I,0}}{K_{I,1}} \tag{11-39}$$

式中　$K_{I,0}$——石英挠性加速度计偏值,A。

但采用这种方法有两个缺点:

(1)R_b 的阻值太大。例如,$c_0 = 4.57 \times 10^{-4}\ g_n$,$K_{I,1} = 1.298\ \mathrm{mA}/g_n$,则 $R_b = 16.86\ \mathrm{M\Omega}$。准确、稳定的高阻难以做到。

(2)加速度计的电压标度因数 K_1 将由式(11-33)变成为

$$K_1 = K_{I,1} \frac{R_{i1} R_b}{R_{i1} + R_b} \tag{11-40}$$

于是,检测电路的输出灵敏度将由式(11-31)变成为

$$K_V = -K_{I,1} R_F \frac{R_b}{R_{i1} + R_b} \tag{11-41}$$

式(11-41)表明,电路的输出灵敏度不仅取决于加速度计的电流标度因数 $K_{I,1}$ 及反馈电阻 R_F,而且与限流电阻 R_{i1} 及偏值纠正电阻 R_b 有关,这就增加了输出灵敏度的不稳定因素。

因此,我们选中了另一方案,即反相加法运算放大器方案。用结型场效应晶体管提供一个恒定电流供给稳压管,然后用电阻分压实现零点调整。

11.3.4 下限幅电路

原则上讲,将二极管接在反馈回路中就可以实现下限幅。但反馈回路电阻 R_F 的阻值很大,二极管反向电流会造成线性区运算偏差。为了克服这一影响,增加一只二极管及一只接地电阻,以便为反向电流提供泄漏通路。

此时,限幅电压为两只二极管正向压降之和。为了保证输出不低于 -0.5 V,两只二极管均采用锗开关管。

11.3.5 上限幅电路

原则上讲,用稳压管接在反馈回路中,就可实现上限幅。但稳压管反向击穿起始特性不陡直,且稳压管漏电流会造成线性区运算偏差。为了克服这两个缺点,由正反电源供给稳压管起始工作电流,并在稳压管两端分别加接二极管,使输出电压未进入限幅区时,两只二极管都截止。为了保证限幅电压超过 6 V,极限电压低于 7 V,与运放输入端相接的二极管用硅开关管,而与输出端相接的二极管用锗开关管。

根据以上设计方案,即可画出检测电路电原理图,如图 11-4 所示。

11.4 电路分析

11.4.1 失调和漂移误差分析

我们来考虑运放失调和漂移对线性区的影响。此时,上下限幅电路电阻很大,可视为开

路，运放开环增益、输入电阻和输出电阻的影响也暂不考虑，只考虑失调电压、基极电流及其漂移。于是，可以画出考虑失调和漂移误差的等效电路，如图 11-5 所示。

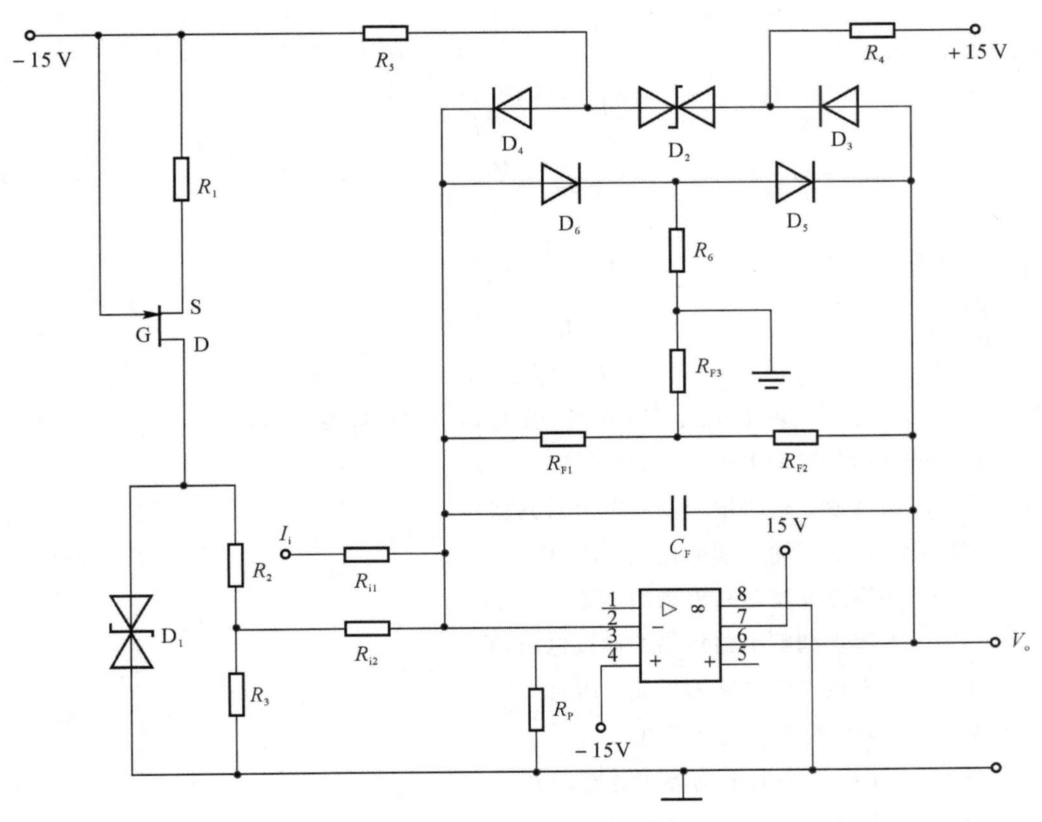

图 11-4　检测电路电原理图

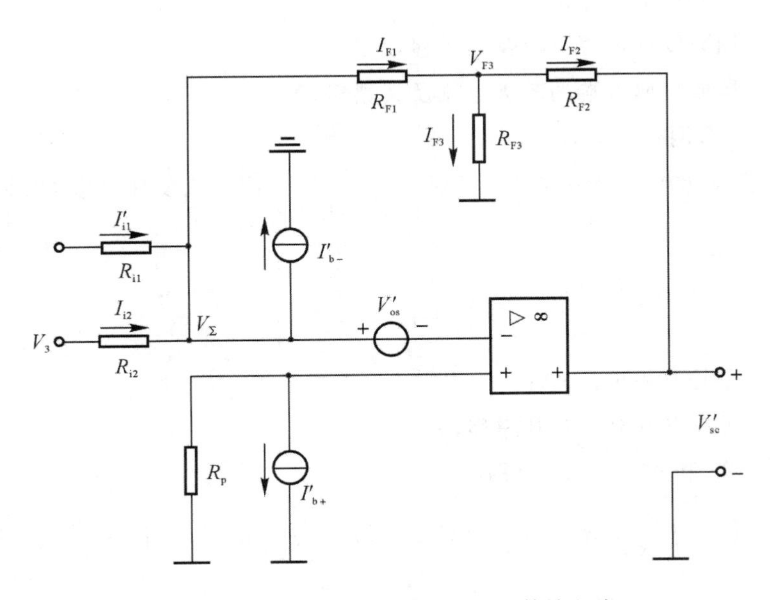

图 11-5　考虑失调和漂移误差的等效电路

运放开环增益暂视为无穷大，用图 11－5 所注明的符号，不难列出：

$$\left.\begin{aligned}
V_{\Sigma} &= V'_{os} - I'_{b+}R_{p} \\
I_{i2} &= \frac{V_{3} - V_{\Sigma}}{R_{i2}} \\
I_{F1} &= \frac{V_{\Sigma} - V_{F3}}{R_{F1}} \\
I_{F3} &= \frac{V_{F3}}{R_{F3}} \\
I_{F2} &= \frac{V_{F3} - V'_{sc}}{R_{F2}} \\
I'_{i1} + I_{i2} &= I'_{b-} + I_{F1} \\
I_{F1} &= I_{F2} + I_{F3}
\end{aligned}\right\} \tag{11-42}$$

式中 V_{Σ}—— 运放失调电压及正输入端基极电流引起的虚地偏离，V；

V'_{os}—— 运放失调电压及其漂移，V；

I'_{b+}—— 运放正输入端的基极电流及其漂移，A；

R_{p}—— 运放正输入端的接地电阻，Ω；

I_{i2}—— 零点调整电路提供的偏置电流，A；

V_{3}—— 零点调整电路提供的偏置电压，V；

R_{i2}—— 零点调整电路的限流电阻，Ω；

V_{F3}——T 型网络的结合点电位，V；

I_{F3}——T 型网络的中端接地电流，A；

I_{F2}——T 型网络的输出电流，A；

V'_{sc}—— 失调和漂移输出，V；

I'_{i1}—— 加速度计偏值电流及其漂移，A；

I'_{b-}—— 运放负输入端的基极电流及其漂移，A；

I_{F1}——T 型网络的输入电流，A。

我们可以把基极电流分解成平均基极电流 I'_{b} 和失调电流及其漂移 I'_{os} 两部分，即

$$\left.\begin{aligned}
I'_{b+} &= I'_{b} - \frac{1}{2}I'_{os} \\
I'_{b-} &= I'_{b} + \frac{1}{2}I'_{os}
\end{aligned}\right\} \tag{11-43}$$

式中 I'_{b}—— 平均基极电流，A；

I'_{os}—— 运放失调电流及其漂移，A。

由式(11－42) 和式(11－43) 得到

$$V'_{sc} = -\left(I'_{i1} + \frac{V_{3}}{R_{i2}}\right)R_{F} + \left(\frac{R_{F}}{R'_{p}}\right)V'_{os} + \left(1 - \frac{R_{p}}{R'_{p}}\right)R_{F}I'_{b} + \left(1 + \frac{R_{p}}{R'_{p}}\right)\left(\frac{R_{F}}{2}\right)I'_{os} \tag{11-44}$$

其中

$$R'_{\mathrm{p}}=\frac{1}{\dfrac{1}{R_{\mathrm{F1}}}+\dfrac{1}{R_{\mathrm{i2}}}-\dfrac{R_{\mathrm{F2}}}{R_{\mathrm{F1}}R_{\mathrm{F}}}} \tag{11-45}$$

若使 $R'_{\mathrm{p}}=R_{\mathrm{p}}$，则 I'_{b} 的影响就被消除了。这时式(11-44)改写为

$$V'_{\mathrm{sc}}=-\left(I'_{\mathrm{i1}}+\frac{V_3}{R_{\mathrm{i2}}}\right)R_{\mathrm{F}}+\left(\frac{R_{\mathrm{F}}}{R_{\mathrm{p}}}\right)V'_{\mathrm{os}}+R_{\mathrm{F}}I'_{\mathrm{os}} \tag{11-46}$$

当 $R_{\mathrm{F1}}=R_{\mathrm{F2}}$ 时，式(11-45)改写为

$$R'_{\mathrm{p}}=\frac{1}{\dfrac{1}{R_{\mathrm{F1}}}+\dfrac{1}{R_{\mathrm{i2}}}-\dfrac{1}{R_{\mathrm{F}}}} \tag{11-47}$$

为了分别考察失调和漂移，我们可以写出：

$$\left.\begin{aligned}V'_{\mathrm{sc}}&=V_{\mathrm{sc}}+\Delta V_{\mathrm{sc}}\\I'_{\mathrm{i1}}&=I_{\mathrm{i1}}+\Delta I_{\mathrm{i1}}\\V'_{\mathrm{os}}&=V_{\mathrm{os}}+\Delta V_{\mathrm{os}}\\I'_{\mathrm{os}}&=I_{\mathrm{os}}+\Delta I_{\mathrm{os}}\end{aligned}\right\} \tag{11-48}$$

式中　V_{sc}—— 失调输出，V；

ΔV_{sc}—— 输出电压漂移，V；

I_{i1}—— 加速度计偏值电流，A；

ΔI_{i1}—— 加速度计偏值电流漂移，A；

V_{os}—— 运放失调电压，V；

ΔV_{os}—— 运放失调电压漂移，V；

I_{os}—— 运放失调电流，A；

ΔI_{os}—— 运放失调电流漂移，A。

我们有

$$I_{\mathrm{i1}}=(a+c_0)K_{I,1} \tag{11-49}$$

式中　a—— 待测量的加速度值，g_{n}。

于是

$$V_{\mathrm{sc}}=-aK_{I,1}R_{\mathrm{F}}+\left(\frac{V_{\mathrm{os}}}{R_{\mathrm{p}}}+I_{\mathrm{os}}-\frac{V_3}{R_{\mathrm{f2}}}-c_0K_{I,1}\right)R_{\mathrm{F}} \tag{11-50}$$

由于要求 0 g_{n} 下输出为 2.5 V，所以应有

$$\{V_3\}_{\mathrm{V}}=\left(\frac{\{V_{\mathrm{os}}\}_{\mathrm{V}}}{\{R_{\mathrm{p}}\}_{\Omega}}+\{I_{\mathrm{os}}\}_{\mathrm{A}}-\{c_0\}_{g_0}\{K_{I,1}\}_{\mathrm{A}/g_0}-\frac{2.5}{\{R_{\mathrm{F}}\}_{\Omega}}\right)\{R_{\mathrm{i2}}\}_{\Omega} \tag{11-51}$$

若 $V_3>0$，则结型场效应晶体管接正电源；若 $V_3<0$，则接负电源。考虑到运放输入端为“虚地”，稳压管的稳定电压经电阻分压得到的 V_3 符合下式：

$$V_3=\frac{R_2R_3R_{\mathrm{i2}}}{R_2R_3+R_2R_{\mathrm{i2}}+R_3R_{\mathrm{i2}}}\cdot\frac{E}{R_2} \tag{11-52}$$

式中　E—— 稳压管稳定电压，V；

R_2—— 零点调整电路的分压电阻(上电阻)，Ω；

R_3—— 零点调整电路的分压电阻(下电阻)，Ω。

于是可以得到

$$\{R_3\}_{\Omega}=\frac{\{R_{i2}\}_{\Omega}}{\dfrac{\{E\}_{V}}{\dfrac{\dfrac{\{V_{os}\}_{V}}{\{R_{p}\}_{\Omega}}+\{I_{os}\}_{A}-\{c_0\}_{g_0}\{K_{I,1}\}_{A/g_0}-\dfrac{2.5}{\{R_F\}_{\Omega}}}{\{R_2\}_{\Omega}}-1}-\{R_{i2}\}_{\Omega}} \tag{11-53}$$

此时式(11－50)成为

$$\{V_{sc}\}_{V}=-\{a\}_{g_0}\{K_{I,1}\}_{A/g_0}\{R_F\}_{\Omega}+2.5 \tag{11-54}$$

而

$$\Delta V_{sc}=\left(\frac{\Delta V_{os}}{R_p}+\Delta I_{os}+\Delta I_{i1}\right)R_F \tag{11-55}$$

ΔV_{os}、ΔI_{os}、ΔI_{i1} 是温度、时间、正负电源电压的函数。仅考察温度漂移的影响时，式(11－55)成为

$$\Delta V_{sc}\approx\left(\frac{1}{R_p}\frac{dU_{os}}{dT}+\frac{dI_{os}}{dT}+\frac{dI_{i1}}{dT}\right)\Delta T\cdot R_F \tag{11-56}$$

式中　T—— 热力学温度，K。

我们有

$$\left.\begin{aligned}\Delta V_{sc}&=K_V\Delta a\\ \frac{dI_{i1}}{dT}&=K_{I,1}\frac{dc_0}{dT}\end{aligned}\right\} \tag{11-57}$$

式中　Δa—— 加速度测量漂移，g_n。

将式(11－31)和式(11－57)代入式(11－56)，得到

$$\Delta a=\left(\frac{\dfrac{1}{R_p}\dfrac{dV_{os}}{dT}+\dfrac{dI_{os}}{dT}}{K_{I,1}}+\frac{dc_0}{dT}\right)\Delta T \tag{11-58}$$

或表示为(当 $R_{F1}=R_{F2}$ 时)

$$\Delta a=\left[\frac{\left(\dfrac{1}{R_{F1}}+\dfrac{1}{R_{i2}}-\dfrac{1}{R_F}\right)\dfrac{dV_{os}}{dT}+\dfrac{dI_{os}}{dT}}{K_{I,1}}+\frac{dc_0}{dT}\right]\Delta T \tag{11-59}$$

从式(11－31)我们已经看到，检测电路输出灵敏度与限流电阻无关。从式(11－56)我们又看到，输出电压漂移也与限流电阻无关。这与一般运放电路为减小漂移，限流电阻应尽量选小、闭环增益应尽量大的结论完全不同。

从式(11－59)还可以看到，为了减少失调电压漂移对微重力仪零点漂移的影响，R_F、R_{i2} 要尽量选大。

11.4.2　闭环增益的定态误差

本节分析运放开环增益、差动输入电阻和输出电阻不理想的影响。这时，不再考虑运放失调和漂移的影响，而上下限幅电路仍视为开路。于是可画出考虑运放闭环增益定态误差

的等效电路,如图 11－6 所示。

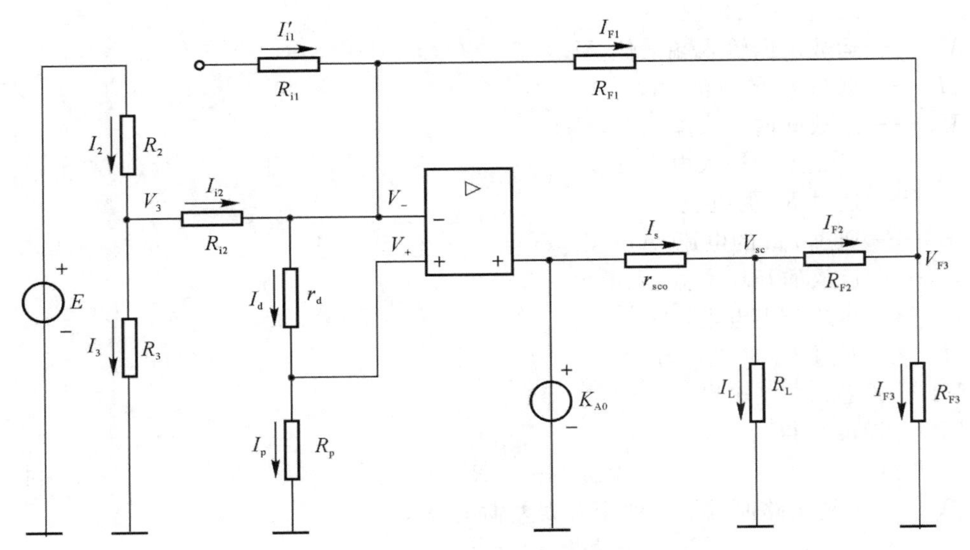

图 11－6　考虑运放闭环增益定态误差的等效电路

用图 11－6 所注符号,不难列出:

$$\left.\begin{aligned}
I_2 &= \frac{E-V_3}{R_2} \\
I_3 &= \frac{V_3}{R_3} \\
I_{i2} &= \frac{V_3-V_-}{R_{i2}} \\
I_d &= \frac{V_- - V_+}{r_d} \\
I_p &= \frac{V_+}{R_p} \\
I_{F1} &= \frac{V_- - V_{F3}}{R_{F1}} \\
I_s &= \frac{K_{A0}(V_+ - V_-) - V_{sc}}{r_{sco}} \\
I_L &= \frac{V_{sc}}{R_L} \\
I_{F2} &= \frac{V_{sc}-V_{F3}}{R_{F2}} \\
I_{F3} &= \frac{V_{F3}}{R_{F3}} \\
I_3 &= I_2 - I_{i2} \\
I'_{i1} + I_{i2} &= I_{F1} + I_d \\
I_d &= I_P \\
I_s &= I_L + I_{F2} \\
I_{F3} &= I_{F1} + I_{F2}
\end{aligned}\right\} \tag{11-60}$$

式中　I_2—— 通过 R_2 的电流，A；

I_3—— 通过 R_3 的电流，A；

V_-—— 运放反向输入端电位，V；

I_d—— 通过 r_d 的电流，A；

V_+—— 运放同向输入端电位，V；

r_d—— 运放差动输入电阻，Ω；

I_p—— 通过 R_p 的电流，A；

I_s—— 通过 r_{sco} 的电流，A；

K_{A0}—— 运放的开环增益，无量纲；

r_{sco}—— 运放输出电阻，Ω；

I_L—— 通过 R_L 的电流，A；

V_{sc}—— 定态误差输出，V。

解上列方程组，得到

$$V_{sc}=-I'_{i1}R'_F+V'_m \tag{11-61}$$

式中　V'_m—— 纯电路原因引起的定态误差输出，V。

其中

$$R'_F=\frac{R_F}{1+\frac{1}{K'_{A0}F'}} \tag{11-62}$$

$$K'_{A0}=\frac{\frac{K_{A0}}{r_{sco}}\left(1-\frac{1}{1+\frac{r_d}{R_p}}\right)-\frac{1}{R_F}}{\frac{1}{r_{sco}}+\frac{1}{R_L}+\frac{1}{R_{F2}}-\frac{R_{F1}}{R_{F2}R_F}} \tag{11-63}$$

$$F'=\frac{1}{\left[\frac{R_{F1}(R_p+r_d)+R_{F1}R_{i2}+(R_p+r_d)R_{i2}}{R_{F1}(R_p+r_d)R_{i2}}-\frac{1}{R_{i2}\left(\frac{R_{i2}(R_2+R_3)}{R_2R_3}+1\right)}\right]R_F-\frac{R_{F2}}{R_{F1}}} \tag{11-64}$$

而

$$V'_m=\frac{V_m}{1+\frac{1}{K'_{A0}F'}} \tag{11-65}$$

其中

$$V_m=-\frac{R_FR_3E}{R_2R_3+R_2R_{i2}+R_3R_{i2}} \tag{11-66}$$

I'_{i1} 引起的输出类似地可表达为

$$V'_{m0}=\frac{V_{m0}}{1+\frac{1}{K'_{A0}F'}} \tag{11-67}$$

式中　V'_{m0}——I'_{i1} 引起的输出，V。

但其中

$$V_{m0}=-I'_{i1}R_F \tag{11-68}$$

式中　V_{m0}——I'_{i1} 在 R_F 上引起的压降，V。

若 $R_{F1}=R_{F2}$，将式(11－37)代入式(11－63)、式(11－64)，得到

$$K'_{A0}=\frac{\dfrac{K_{A0}}{r_{sco}}\left(1-\dfrac{1}{1+\dfrac{r_d}{R_p}}\right)-\dfrac{1}{R_F}}{\dfrac{1}{r_{sco}}+\dfrac{1}{R_L}+\dfrac{1}{R_{F2}}-\dfrac{1}{R_F}} \tag{11-69}$$

$$F'=\frac{1}{\left\{\dfrac{1}{R_{F1}}+\dfrac{1}{R_p+r_d}+\dfrac{1}{R_{i2}}\left[1-\dfrac{1}{R_{i2}\left(\dfrac{1}{R_2}+\dfrac{1}{R_3}\right)+1}\right]\right\}R_F-1} \tag{11-70}$$

式中 R_3、R_p 分别依据式(11－53)、式(11－45)计算。

式(11－61)～式(11－70)表明，即使考虑运放开环增益、差动输入电阻、输出电阻的影响，微重力仪的输出灵敏度及零点仍和限流电阻无关。

数值计算表明，R_2、R_{i2}、R_{F1} 越大，回路增益越高，使得开环增益 K_{A0}、差动输入电阻 r_d、输出电阻 r_{sco} 变化对闭环增益的影响越小。这一结论表明，反馈回路当阻值确定时，之所以有时采用T型电阻网络降低实际使用的电阻阻值，仅仅是从高阻误差大这一点考虑的，而不是因为T型电阻网络本身可以减少闭环增益的误差。另外，一般运放电路为了减少开环增益、差动输入电阻、输出电阻对闭环增益的影响，反馈电阻 R_F 有一最佳值的结论，对于我们的微重力测量来说，也失去任何意义。

11.4.3　下限幅特性分析

考虑下限幅特性时，运算放大器视为理想状态，上限幅电路视为开路。于是可画出考虑下限幅特性的等到效电路，如图 11－7 所示。

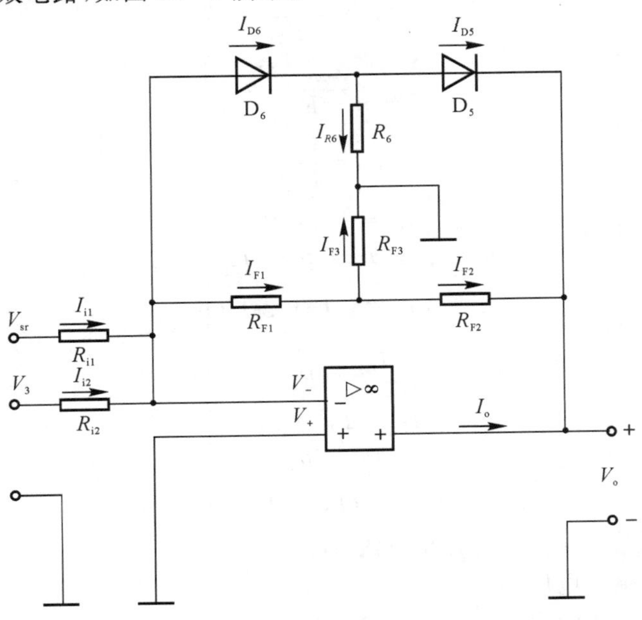

图 11－7　考虑下限幅特性的等效电路

11.4.3.1 下限幅电路对线性区线性度的影响

只考虑 $V_o=0$，因为这点对线性度的影响最大。对理想运放，$V_-=0$，锗开关二极管处于零电流状态。下限幅电路的短路传输电阻为

$$R_{FD0}=R_{D50}+R_{D60}+\frac{R_{D50}R_{D60}}{R_6} \tag{11-71}$$

式中 R_{FD0}—— 下限幅电路的短路传输电阻，Ω；

R_{D50}—— 输出端二极管 D_5 的零电流电阻，Ω；

R_{D60}—— 输入端二极管 D_6 的零电流电阻，Ω；

R_6—— 下限幅电路的中端接地电阻，Ω。

当 $R_{D50}=R_{D60}$ 时：

$$R_{FD0}=\left(\frac{R_{D50}}{R_6}+2\right)R_{D50} \tag{11-72}$$

总反馈电阻为 R_{FD0} 与 R_F 并联。为了保持此时输出仍有足够好的线性关系，应有 $R_{FD0}\gg R_F$，即

$$R_6\ll\frac{R_{D50}^2}{R_F} \tag{11-73}$$

11.4.3.2 下限幅极限

极端情况下，石英挠性加速度计输出电流 I_{i1} 受限流电阻 R_{i1} 及电源电压的限制，即 I_{i1} 在 R_{i1} 上引起的压降 $V_{sr}<15$ V。此时有相当大的正加速度，加速度计摆片不再保持在平衡位置。用图 11-7 所示符号，不难列出：

$$\left.\begin{aligned}
\{I_{i1}\}_A&=\frac{15}{\{R_{i1}\}_\Omega}\\
I_{i2}&=\frac{V_3}{R_{i2}}\\
I_{F1}&=-\frac{V_{F3}}{R_{F1}}\\
I_{F2}&=\frac{V_{F3}-V_o}{R_{F2}}\\
I_{F3}&=\frac{V_{F3}}{R_{F3}}\\
I_{F1}&=I_{F2}+I_{F3}\\
I_{D6}&=I_{i1}+I_{i2}-I_{F1}\\
V_{R6}&=-F_6(I_{D6})\\
I_{R6}&=\frac{V_{R6}}{R_6}\\
I_{D5}&=I_{D6}-I_{R6}\\
V_o&=V_{R6}-F_5(I_{D5})\\
I_o&=-(I_{D5}+I_{F2})
\end{aligned}\right\} \tag{11-74}$$

式中 I_{i1}—— 石英挠性加速度计输出电流，A；

V_o—— 运放输出电压，V；

I_{D6}—— 通过输入端二极管 D_6 的电流，A；

V_{R6}——R_6 上的电压降,V;

$F_6(\ )$—— 输入端二极管 D_6 的伏安特性,V;

I_{R6}—— 通过 R_6 的电流,A;

I_{D5}—— 通过输出端二极管 D_5 的电流,A;

$F_5(\ )$—— 输出端二极管 D_5 的伏安特性,V;

I_o—— 运放输出电流,A。

当 $R_{F1}=R_{F2}$ 时,可以求出:

$$\{I_{D6}\}_A=\frac{15}{\{R_{i1}\}_\Omega}+\frac{\{V_3\}_V}{\{R_{i2}\}_\Omega}+\frac{\{V_{sc}\}_V}{\{R_F\}_\Omega} \tag{11-75}$$

即 I_{D6} 主要由 R_{i1} 决定。R_{i1} 越大,I_{D6} 越小。

$$V_o=-\left\{f_6(I_{D6})+f_5\left[I_{D6}+\frac{f_6(I_{D6})}{R_6}\right]\right\} \tag{11-76}$$

可用迭代法求出 I_{D6} 及 V_o。于是

$$I_o=-\left[\frac{f_6(I_{D6})}{R_6}+I_{D6}+V_o\left(\frac{1}{R_F}-\frac{1}{R_{F1}}\right)\right] \tag{11-77}$$

应根据 $|V_o|<0.5\ V$ 及 $|I_o|<I_{oM}$ 来选定 R_6、R_{i1},其中 I_{oM} 为运放允许的最大输出电流,即 R_6、R_{i1} 要足够大。

因此,综合考虑线性区的线性度及限幅区的限幅电平、运放输出电流限制,R_6 要适中选取,而 R_{i1} 要足够大。

11.4.4　上限幅特性分析

考察上限幅特性时,运算放大器仍视为理想状态,而下限幅电路视为开路。于是可画出考虑上限幅特性的等效电路,如图 11-8 所示。

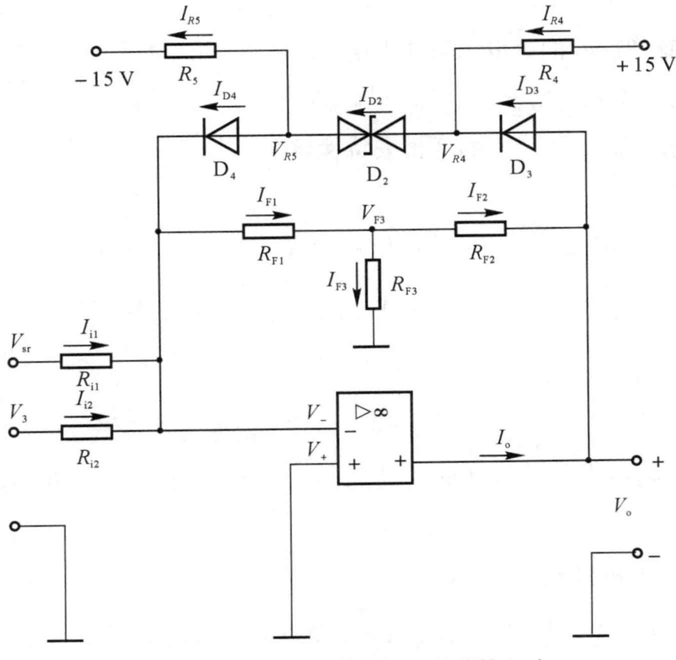

图 11-8　考虑上限幅特性的等效电路

11.4.4.1 上限幅电路对线性区线性度的影响

只考虑 $V_o = 5\ \mathrm{V}$,因为这点对线性度的影响最大。用图 11-8 所示符号,不难列出:

$$\left.\begin{aligned}\{I_{F1}\}_A &= -\frac{5}{\{R_F\}_\Omega}\\ I_{D3} &= f_3(5-\{V_{R4}\}_V)\\ \{I_{R4}\}_A &= \frac{15-\{V_{R4}\}_V}{\{R_4\}_\Omega}\\ I_{D2} &= I_{D3}+I_{R4}\\ V_{R4} &= f_2(I_{D2})+V_{R5}\\ \{V_{R5}\}_V &= \{I_{R5}\}_A\{R_5\}_\Omega-15\\ I_{R5} &= I_{D2}-I_{D4}\approx I_{D2}\\ I_{D4} &= f_4(V_{R5})\end{aligned}\right\} \tag{11-78}$$

式中 I_{D3}—— 通过输出端二极管 D_3 的电流,A;

$f_3(\ )$—— 输出端二极管 D_3 的逆伏安特性,A;

V_{R4}——R_4 非电源端的电位,V;

R_4—— 稳压管 D_2 的正电源限流电阻,Ω;

I_{D2}—— 通过稳压管 D_2 的电流,A;

$f_2(\ )$—— 稳压管 D_2 的伏安特性,V;

V_{R5}——R_5 非电源端的电位,V;

I_{R5}—— 通过 R_5 的电流,A;

R_5—— 稳压管 D_2 的负电源限流电阻,Ω;

I_{D4}—— 通过输入端二极管 D_4 的电流,A;

$f_4(\ )$—— 输入端二极管 D_4 的逆伏安特性,A。

可以求出:

$$\left.\begin{aligned}\{V_{R4}\}_V &= \{f_2(I_{D2})\}_V+\{I_{D2}\}_A\{R_5\}_\Omega-15\\ \{I_{D2}\}_A &= \{f_3(5-\{V_{R4}\}_V)\}_A+\frac{15-\{V_{R4}\}_V}{\{R_4\}_\Omega}\end{aligned}\right\} \tag{11-79}$$

可用迭代法求出 I_{D2}。于是

$$I_{D4} = f_4(\{I_{D2}\}_A\{R_5\}_\Omega-15) \tag{11-80}$$

为了保持此时输出仍有足够好的线性关系,应使 $I_{D4} \ll I_{F1}$,即 R_4 要足够大,R_5 要足够小。

11.4.4.2 上限幅极限

极端情况下,输入电流 I_{i1} 受限流电阻 R_{F1} 及电源电压的限制,即 $V_{sr} = -15\ \mathrm{V}$。此时有相当大的负加速度,加速度计摆片不再保持在平衡位置。用图 11-8 所示符号,不难列出:

$$\left.\begin{aligned}
\{I_{i1}\}_{A} &= -\frac{15}{\{R_{i1}\}_{\Omega}} \\
I_{i2} &= \frac{V_{3}}{R_{i2}} \\
I_{F1} &= -\frac{V_{sc}}{R_{F}} \\
I_{F2} &= \left(\frac{R_{F1}}{R_{F}} - 1\right)\frac{V_{o}}{R_{F2}} \\
I_{D4} &= I_{F1} - I_{i1} - I_{i2} \\
V_{R5} &= F_{4}(I_{D4}) \\
\{I_{R5}\}_{A} &= \frac{\{V_{R5}\}_{V} - 15}{\{R_{5}\}_{\Omega}} \\
I_{D2} &= I_{D4} + I_{R5} \\
V_{R4} &= V_{R5} + f_{2}(I_{D2}) \\
\{I_{R4}\}_{A} &= \frac{15 - \{V_{R4}\}_{V}}{\{R_{4}\}_{\Omega}} \\
I_{D3} &= I_{D2} - I_{R4} \\
V_{o} &= V_{R4} + F_{3}(I_{D3}) \\
I_{o} &= I_{D3} - I_{F2}
\end{aligned}\right\} \tag{11-81}$$

式中　$F_4(\ )$—— 输入端二极管 D_4 的伏安特性,V;

　　　$F_3(\ )$—— 输出端二极管 D_3 的伏安特性,V。

其中,当 $R_{F1}=R_{F2}$ 时:

$$I_{F2} = V_{o}\left(\frac{1}{R_{F}} - \frac{1}{R_{F1}}\right) \tag{11-82}$$

可以求出:

$$\{I_{D4}\}_{A} = \frac{15}{\{R_{i1}\}_{\Omega}} - \frac{\{V_{3}\}_{V}}{\{R_{i2}\}_{\Omega}} - \frac{\{V_{o}\}_{V}}{\{R_{F}\}_{\Omega}} \tag{11-83}$$

即 R_{i1} 越大,I_{D4} 越小。

$$\{V_{o}\}_{V} = \{F_{4}(I_{D4})\}_{V} + \left\{f_{2}\left(\{I_{D4}\}_{A} + \frac{\{F_{4}(I_{D4})\}_{V} + 15}{\{R_{5}\}_{\Omega}}\right)\right\}_{V} + \left\{F_{3}\left[\{I_{D4}\}_{A} + \frac{\{F_{4}(I_{d4})\}_{V} + 15}{\{R_{5}\}_{\Omega}} - \frac{15 - \{F_{4}(I_{D4})\}_{V} - \left\{f_{2}\left(\{I_{D4}\}_{A} + \frac{\{F_{4}(I_{D4})\}_{V} + 15}{\{R_{5}\}_{\Omega}}\right)\right\}_{V}}{\{R_{4}\}_{\Omega}}\right]\right\}_{V} \tag{11-84}$$

若 $R_4=R_5$,则

$$\{V_{o}\}_{V} = \{F_{4}(I_{D4})\}_{V} + \left\{f_{2}\left(\{I_{D4}\}_{A} + \frac{\{F_{4}(I_{D4})\}_{V} + 15}{\{R_{4}\}_{\Omega}}\right)\right\}_{V} + \left\{F_{3}\left[\{I_{D4}\}_{A} + \frac{2\{F_{4}(I_{d4})\}_{V} + \left\{f_{2}\left(\{I_{D4}\}_{A} + \frac{\{F_{4}(I_{D4})\}_{V} + 15}{\{R_{4}\}_{\Omega}}\right)\right\}_{V}}{\{R_{4}\}_{\Omega}}\right]\right\}_{V} \tag{11-85}$$

可用迭代法求出 I_{D4} 及 V_o。于是

$$\{I_o\}_A = \{I_{D4}\}_A + \frac{\{F_4(I_{D4})\}_V + 15}{\{R_5\}_\Omega} - \frac{15 - \{F_4(I_{D4})\}_V - \left\{f_2\left(\{I_{D4}\}_A + \frac{\{F_4(I_{D4})\}_V + 15}{\{R_5\}_\Omega}\right)\right\}_V}{\{R_4\}_\Omega} - \{V_o\}_V\left(\frac{1}{\{R_F\}_\Omega} - \frac{1}{\{R_{F1}\}_\Omega}\right) \tag{11-86}$$

若 $R_4 = R_5$，则

$$\{I_o\}_A = \{I_{D4}\}_A + \frac{2\{F_4(I_{D4})\}_V + \left\{f_2\left(\{I_{D4}\}_A + \frac{\{F_4(I_{D4})\}_V + 15}{\{R_4\}_\Omega}\right)\right\}_V}{\{R_4\}_\Omega} - \{V_o\}_V\left(\frac{1}{\{R_F\}_\Omega} - \frac{1}{\{R_{F1}\}_\Omega}\right) \tag{11-87}$$

应根据 $V_o < 7.0$ V 及 $I_o < I_{oM}$ 来选定 R_4、R_5、R_{i1}，即 R_4 要足够小，R_5、R_{i1} 要足够大。因此，综合考虑线性区的线性度及限幅区的限幅电平、运放输出电流的限制，R_4、R_5 要适中选取，而 R_{i1} 要足够大。

至此，我们可以看到限流电阻 R_{i1} 仅对上、下限幅的电平和限幅时的运放输出电流有影响。为了保证这两项指标不超出允许值，R_{i1} 要尽量选大。

11.4.5 元器件选择原则

11.4.5.1 电阻

由式(11-31)、式(11-35)可知，$R_{F1} \sim R_{F3}$ 将影响输出灵敏度，由式(11-50)、式(11-52)可知，R_2、R_3、R_{i2} 将影响零 g_n 下的输出值。所以这6个电阻宜选用精密金属膜电阻。其余电阻可用普通金属膜电阻。

为了保证阻值稳定可靠，所有电阻的实际功率消耗都选择在额定功率的1/10以下，但最小为1/8 W。

11.4.5.2 运算放大器

运算放大器失调电压温漂和失调电流温漂将影响微重力仪的零漂，而加速度计本身也存在一定的偏值温度系数。应根据式(11-59)选择合适的运算放大器，使运放温漂的影响比加速度计本身的温漂要小。

至于运放开环增益、差动输入电阻、输出电阻对输出灵敏度和零点的影响，根据式(11-61)～式(11-68)，只要 R_2、R_{i2}、R_F 尽量选大，就不是问题。

11.4.5.3 稳压管

为减小电压温度系数，选用具有温度补偿的稳压管。

11.4.5.4 稳流管

采用结型场效应晶体管，其夹断电压 V_p 可用以下理论公式估算：

$$V_p = -\frac{2I_{Dss}}{g_m} \tag{11-88}$$

式中 V_p——结型场效应晶体管的夹断电压，V；

I_{Dss}——结型场效应晶体管零栅压下的漏极电流，A；

g_m—— 结型场效应晶体管零栅压下的跨导，S。

为使温度系数趋于零，工作电流 I_D 应符合下式：

$$\{I_D\}_A=\{I_{Dss}\}_A\left(\frac{0.7}{|\{V_p\}_V|}\right)^{1.4} \tag{11-89}$$

式中　I_D—— 结型场效应晶体管工作电流，A。

进一步，可估算偏值电阻 R_1：

$$R_1=\left(1-\sqrt{\frac{I_D}{I_{Dss}}}\right)\frac{|V_p|}{I_D} \tag{11-90}$$

式中　R_1—— 结型场效应晶体管的偏值电阻，Ω。

为了使 I_{Dss} 不致比 I_D 大得太多，应尽量选 V_p 小的管子，也就是 g_m 要尽量大。实际管子的 V_p 值可以实测，R_1 的值也要根据选定的 I_D 值实测调整。

11.5　参数确定的依据

11.5.1　确定电阻阻值和功率的依据

由加速度计的偏值和标度因数，根据 11.3 节和 11.4 节得到的公式，就可以计算出图 11－4 所用各电阻的阻值和功率，确定的依据如表 11－1 所示。

表 11－1　图 11－4 所用各电阻的阻值和功率确定的依据

符号	阻值和功率确定的依据	符号	阻值和功率确定的依据
R_F	式(11－31)	R_2	式(11－70)
R_{F1}、R_{F2}	式(11－59)、式(11－69)、式(11－70)	R_3^*	式(11－53) (需根据 0 g_n 下输出 2.5 V 调整)
R_{F3}^*	式(11－37) (需根据规定的 K_V 值调整)	R_1	式(11－89)、式(11－90) (取决于所用场效应晶体管的 I_{Dss} 和 V_p)
R_{i1}	式(11－75)、式(11－83)	R_6	式(11－73)、式(11－76)、式(11－77)
R_{i2}	式(11－59)、式(11－70)	R_4	式(11－79)、式(11－80)、式(11－84)、式(11－86)
R_P	式(11－47)	R_5	式(11－79)、式(11－80)、式(11－84)、式(11－86)

注：标有 * 号的系调整电阻。

11.5.2　工作状态估算的依据

检测电路的输出电阻按下式计算：

$$R_{sc}=\frac{r_{sco}}{1+K'_{A0}F'} \tag{11-91}$$

式中　R_{sc}—— 检测电路的输出电阻，Ω；

K'_{A0}—— 由式(11－63) 表达，无量纲；

F'—— 由式(11－64)表达，无量纲。

根据式(11－91)及11.4节得到的公式，可以对检测电路的工作状态进行估算，估算的依据如表11－2所示。

表11－2　检测电路工作状态估算的依据

项目	参数确定依据	项目	参数确定依据
加速度计偏值温度系数	加速度计产品样本	运放回路增益 K'_0，F'	式(11－63)、式(11－64)
运放温漂对输出零漂的影响	式(11－59)	输出电阻	式(11－91)

至于限幅电路的限幅电平，运放最大输出电流及限幅电路对线性区线性度的影响，由于涉及二极管有伏安特性，是非线性函数，而且随温度而变化，因此难以准确估算，宜采用实际测试的方法确定。

11.6　本章阐明的主要论点

(1)石英挠性加速度计输出的是电流信号，通常在其输出端串接一只负载电阻，使之转变为电压信号，再通过前置电压放大电路进行检测。然而，当加速度信号十分微弱时，存在以下问题：如果采用数百欧姆的负载电阻，经多级电压放大，则电路拓扑结构复杂，体积重量功耗大，噪声大且可靠性差；如果采用高阻，则由于加速度计的电容与高阻形成大的时间常数，使动态响应受到影响，阻值过高甚至可能引起电路自激。考虑到检测电路的输入端是石英挠性加速度计输出的电流信号，输出端是电压信号，不如直接采用闭环跨阻放大电路。

(2)闭环跨阻放大电路可以用电压运算放大器(简称VOA)、电流运算放大器(简称IOA)、跨阻运算放大器(简称ROA)、跨导运算放大器(简称GOA)施加同一连接方式负反馈构成。该电路在输入端和输出端之间跨接反馈电阻，形成电压并联负反馈，使得输入电阻降低，有利于恒流源驱动；使得输出电阻降低，稳定跨阻增益，稳定输出电压。

(3)VOA属电压模式器件，IOA、ROA、GOA属于电流模式器件。四种集成运放的区别只是在于它们之间输入阻抗水平和输出阻抗水平的不同。正是它们之间阻抗水平的不同，导致纵使四种集成运放的外部反馈网络相同，其闭环特性也会有很大不同。

(4)采用ROA构成闭环跨阻放大电路时，截止角频率与源、载电阻值无关。因此，不需要插入输入、输出隔离缓冲器来消除源、载电阻对闭环截止角频率的影响。鉴于插入隔离缓冲器本身已经使电路结构变得复杂，况且为了不损害电路整体的频率性能，隔离缓冲器的截止角频率必须远远高于主放大电路，这就更增加了电路结构的复杂性，所以不需要插入输入、输出隔离缓冲器的好处十分明显。

(5)采用ROA构成闭环跨阻放大电路时，其直流跨阻增益与其截止角频率的乘积为常数，其值等于ROA的开环直流增益及开环截止角频率的乘积。因此，采用ROA构成闭环跨阻放大电路的截止角频率增加必然导致增益成比例下降。

(6)采用VOA构成闭环跨阻放大电路时，插入电流隔离缓冲器后，闭环跨阻放大电路截止角频率仅由VOA的开环直流增益及开环截止角频率决定，且闭环直流跨阻增益可用反馈电阻R_F调节，而不会影响电路截止角频率。

(7)鉴于石英挠性加速度计输出的电流信号与加速度成正比，是由伺服反馈电路实施闭环控制提供的，因此，与开环型电流源不同，信号源的内阻 R_s 无疑具有极高的阻值，无需在石英挠性加速度计与跨阻放大电路之间插入电流隔离缓冲器。石英挠性加速度计的这一特性决定了与其相配的检测电路采用传统电压型运放构成闭环跨阻放大电路可称之为最佳选择。

(8)为了保证运放输出电流不超载而设置的石英挠性加速度计输出限流电阻可视为石英挠性加速度计的负载电阻。

(9)石英挠性加速度计的检测电路采用传统电压型运放构成闭环跨阻放大电路，该电路的输出灵敏度仅仅取决于加速度计的电流标度因数和检测电路的反馈电阻，而与限流电阻无关；该电路的输出电压漂移也与限流电阻无关。即使考虑运放开环增益、差动输入电阻、输出电阻的影响，该电路的输出灵敏度及零点仍和限流电阻无关。

(10)反馈回路若选用 RJK54 型特性 N 金属膜固定电阻器，标称阻值范围为 10 Ω～4.02 MΩ，阻值稳定性为 0.5%，可以满足要求。如果需要阻值超过 4.02 MΩ 的反馈电阻 R_F，为了克服高阻误差大的缺点，R_F 可用 T 型电阻网络取代。

(11)检测电路设置零点调整电路的原因是：①为了与后继电路相衔接，$0g_n$ 下的输出应为 2.5 V；② 为了纠正加速度计本身的偏值、运算放大器的失调电压、失调电流引起的误差电压。

(12)限流电阻 R_{i1} 仅对上、下限幅的电平和限幅时的运放输出电流有影响。为了保证这两项指标不超出允许值，R_{i1} 要尽量选大。

参考文献

[1] 赵玉山. 电流模式电子电路[M]. 天津：天津大学出版社，2001.

[2] 吴丙申，卞祖富. 模拟电路基础[M]. 北京：北京理工大学出版社，1997.

[3] 郑君里，应启珩，杨为理. 信号与系统：上[M]. 2 版. 北京：高等教育出版社，2000.

[4] 中国电子技术标准化研究所. RJK54 型有质量等级的金属膜固定电阻器详细规范：GJB 244A/3A—2001 [S]. 北京：国防科工委军标出版发行部，2001.

[5] 中国电子技术标准化研究所. 有质量等级的薄膜固定电阻器总规范：GJB 244A—2001 [S]. 北京：国防科工委军标出版发行部，2001.

[6] 中国电子技术标准化研究所. 军用电阻器和电位器系列型谱：固定电阻器：GJB/Z 37.1—1993 [S]. 北京：国防科工委军标出版发行部，1993.

第12章 Chebyshev-Ⅰ有源低通滤波器设计

本章的物理量符号

A	待定常数
A_0	$\Omega=0$ 时的增益
A_{01}	第1级一阶有源滤波器的直流增益
A_{0i}	第 i 级二阶有源低通滤波器的直流增益
a_1	第1级一阶滤波器的系数
$A_1(\mathrm{j}\omega)$	第1级一阶低通滤波器的传递函数
$A_1(P)$	第1级一阶有源滤波器在Laplace变换建立的－3 dB归一化复频率 P 处的复数增益
a_i	第 i 级滤波器的系数
$\lvert A_i(\mathrm{j}f)\rvert$	第 i 级二阶低通滤波器的幅频特性
$A_i(\mathrm{j}\omega)$	第 i 级二阶有源低通滤波器的传递函数
$A_i(P)$	第 i 级正反馈二阶有源低通滤波器在Laplace变换建立的－3 dB归一化复频率 P 处的复数增益
$A_\mathrm{u}(\mathrm{j}\Omega)$	Chebyshev-Ⅰ有源低通滤波器在归一化频率 Ω 处的复数增益
$\lvert A_\mathrm{u}(\mathrm{j}\Omega)\rvert_{\max}$	在 $0\leqslant\Omega\leqslant1$ 范围内Chebyshev-Ⅰ有源低通滤波器增益幅值的上限
$\lvert A_\mathrm{u}(\mathrm{j}\Omega)\rvert_{\min}$	在 $0\leqslant\Omega\leqslant1$ 范围内Chebyshev-Ⅰ有源低通滤波器增益幅值的下限
$\lvert A_\mathrm{u}(\mathrm{j}\Omega)\rvert_{\Omega=1}$	$\Omega=1$ 处Chebyshev-Ⅰ有源低通滤波器增益的幅值
$A_\mathrm{u}(p)$	滤波器在Laplace变换建立的归一化复频率 p 处的复数增益
b_1	第1级一阶滤波器的系数
b_i	第 i 级滤波器的系数
c	常数
$C_0(\Omega)$	以 Ω 为自变量的0阶第一类Chebyshev多项式
$C_1(\Omega)$	以 Ω 为自变量的1阶第一类Chebyshev多项式
C_{12}	第1级非反转型一阶有源低通滤波器运放正输入端的接地电容，第1级反转型一阶有源低通滤波器的负反馈电容，F
$C_{12\max}$	C_{12} 的选取上限，F
$C_{12\min}$	C_{12} 的选取下限，F
C_{i1}	第 i 级正反馈二阶有源低通滤波器的正反馈电容，第 i 级多重负反馈二阶有源低通滤波器负反馈电阻输入端（M 点）的接地电容，F
$C_{i1\max}$	C_{i1} 的选取上限，F

$C_{i1\min}$ 　C_{i1} 的选取下限，F

C_{i2} 　第 i 级正反馈二阶有源低通滤波器运放正输入端的接地电容，第 i 级多重负反馈二阶有源低通滤波器的负反馈电容，F

$(C_{i2}/C_{i1})_{\text{extreme}}$ 　C_{i2}/C_{i1} 的极限值，无量纲

$(C_{i2}/C_{i1})_{\text{interim}}$ 　C_{i2}/C_{i1} 的暂取值，无量纲

$(C_{i2}/C_{i1})_{\max}$ 　C_{i2}/C_{i1} 的选取上限，无量纲

$(C_{i2}/C_{i1})_{\min}$ 　C_{i2}/C_{i1} 的选取下限，无量纲

C_{if} 　第 i 级正反馈二阶有源低通滤波器的负反馈电容，F

$C_n(p/\mathrm{j})$ 　以 p/j 为自变量的 n 阶第一类 Chebyshev 多项式

$C_n(\Omega)$ 　以 Ω 为自变量的 n 阶第一类 Chebyshev 多项式

$C_{n-1}(\Omega)$ 　以 Ω 为自变量的 $n-1$ 阶第一类 Chebyshev 多项式

$C_{n+1}(\Omega)$ 　以 Ω 为自变量的 $n+1$ 阶第一类 Chebyshev 多项式

f 　频率，Hz

f_{c} 　截止频率（-3 dB 处的频率），Hz

f_{h} 　通带高端频率，即等波纹的频率宽度，Hz

f_{i} 　第 i 级二阶有源低通滤波器的特征频率，Hz

i 　滤波器的级序号

k 　滤波器的阶序号

m 　滤波器的级数

n 　第一类 Chebyshev 多项式的阶数，滤波器的阶数

P 　Laplace 变换建立的 -3 dB 归一化复频率

p 　Laplace 变换建立的归一化复频率

p_1 　第一级一阶滤波器的系数

p_{i1} 　第 i 级第 1 阶滤波器的系数

p_{i2} 　第 i 级第 2 阶滤波器的系数

p_k 　第 k 阶滤波器的系数

Q_i 　第 i 级二阶有源低通滤波器的品质因数（即在特征角频率处的增益与直流增益的比值）

R_{12} 　第 1 级非反转型一阶有源低通滤波器输入端与运放同向输入端间的连接电阻，第 1 级反转型一阶有源低通滤波器的负反馈电阻，Ω

R_{13} 　第 1 级反转型一阶有源低通滤波器输入端与运放反向输入端间的连接电阻，Ω

R_{1f} 　第 1 级非反转型一阶有源低通滤波器的负反馈电阻，Ω

R_{1r} 　第 1 级非反转型一阶有源低通滤波器运放负输入端的接地电阻，Ω

R_{i1} 　第 i 级正反馈二阶有源低通滤波器输入端与正反馈电容输入端（M 点）间的连接电阻，第 i 级多重负反馈二阶有源低通滤波器负反馈电阻输入端（M 点）与运放反向输入端间的连接电阻，Ω

R_{i2} 　第 i 级正反馈二阶有源低通滤波器正反馈电容输入端（M 点）与运放同向输入端间的连接电阻，第 i 级多重负反馈二阶有源低通滤波器的负反馈电阻，Ω

R_{i3}　第 i 级多重负反馈二阶有源低通滤波器输入端与负反馈电阻输入端(M 点)间的连接电阻,Ω

R_{if}　第 i 级正反馈二阶有源低通滤波器的负反馈电阻,Ω

R_{ir}　第 i 级正反馈二阶有源低通滤波器运放负输入端的接地电阻,Ω

R_{P}　在 $0 \leqslant \Omega \leqslant 1$ 范围内 Chebyshev-Ⅰ有源低通滤波器增益幅值波动的 dB 数

V_+　运放同向输入端电位,V

V_{i}　输入电压,V

V_M　正反馈二阶有源低通滤波器正反馈电容输入端(M 点)的电位,多重负反馈二阶有源低通滤波器负反馈电阻输入端(M 点)的电位,V

V_{o}　输出电压,V

α　由式(12-2)或式(12-35)表达

β　由式(12-2)或式(12-35)表达

γ　由式(12-59)表达

δ　p 的虚部,由式(12-39)表达

δ_0　椭圆方程的长轴,由式(12-58)表达

δ_k　第 k 阶 δ

ε　波动因子

σ　p 的实部,由式(12-39)表达

σ_0　椭圆方程的短轴,由式(12-58)表达

σ_k　第 k 阶 σ

τ　群时延,s

ϕ　增益的相位,(°)

$\phi_{\mathrm{u}}(\mathrm{j}\Omega)$　Chebyshev-Ⅰ有源低通滤波器在归一化频率 Ω 处的复数增益的辐角,即增益的相位,rad

Ω　第一类 Chebyshev 多项式的自变量,归一化频率

ω　角频率,rad/s

Ω_{c}　归一化截止频率(−3 dB 处的归一化频率)

ω_{c}　截止角频率(−3 dB 处的角频率),rad/s

ω_{h}　通带高端角频率,即等波纹的角频率宽度,rad/s

ω_i　第 i 级二阶有源低通滤波器的特征角频率,rad/s

本章独有的缩略语

VCVS　Voltage Controlled Voltage Source,电压控制电压源

6.3.1 节指出,我国神舟号飞船微重力测量根据需求选用通带内波动 0.5 dB、通带外增益平稳而迅速降落的 3 级 6 阶 Chebyshev-Ⅰ有源低通滤波器。本章系统介绍 Chebyshev-Ⅰ有源低通滤波器的设计。

Chebyshev 有源低通滤波器幅频特性可以设计成通带内呈等波纹变化,阻带内呈单调

下降；也可以设计成通带内呈单调变化，阻带内呈等波纹变化。前者称为Ⅰ型，后者称为Ⅱ型[1]；或者前者称为 Chebyshev 型，后者称为反 Chebyshev (Inverse Chebyshev)型[2-3]。后者用得较少，通常不作讨论[1-5]。

12.1　第一类 Chebyshev 多项式

12.1.1　表达式

第一类 Chebyshev 多项式的表达式为[1, 3-4, 6]

$$C_n(\Omega)=\begin{cases}\cos(n\arccos\Omega), & 0\leqslant\Omega\leqslant 1\\ \cosh(n\operatorname{arcosh}\Omega), & \Omega>1\end{cases} \tag{12-1}$$

式中　n—— 第一类 Chebyshev 多项式的阶数；

Ω—— 第一类 Chebyshev 多项式的自变量；

$C_n(\Omega)$—— 以 Ω 为自变量的 n 阶第一类 Chebyshev 多项式。

我们知道，当 $\Omega=1$ 时，$\arccos\Omega=0$，因而 $\cos(n\arccos\Omega)=1$；且 $\operatorname{arcosh}\Omega=0$，因而 $\cosh(n\operatorname{arcosh}\Omega)=1$。于是由式(12-1)得到 $C_n(\Omega)=1$。即 $C_n(\Omega)$ 尽管在自变量的两种范围($0\leqslant\Omega\leqslant 1, \Omega\geqslant 1$) 内有不同的表达式，但在 $\Omega=1$ 处是连续的，且不同阶数的 $C_n(\Omega)$ 值在 $\Omega=1$ 处汇集在同一点[1]。

12.1.2　递推公式

令

$$\left.\begin{aligned}\alpha&=\arccos\Omega, & 0\leqslant\Omega\leqslant 1\\ \beta&=\operatorname{arcosh}\Omega, & \Omega>1\end{aligned}\right\} \tag{12-2}$$

将式(12-2) 代入式(12-1)，得到

$$C_n(\Omega)=\begin{cases}\cos(n\alpha), & 0\leqslant\Omega\leqslant 1\\ \cosh(n\beta), & \Omega>1\end{cases} \tag{12-3}$$

由式(12-3) 得到

$$C_{n+1}(\Omega)=\begin{cases}\cos[(n+1)\alpha], & 0\leqslant\Omega\leqslant 1\\ \cosh[(n+1)\beta], & \Omega>1\end{cases} \tag{12-4}$$

式中　$C_{n+1}(\Omega)$—— 以 Ω 为自变量的 $n+1$ 阶第一类 Chebyshev 多项式。

根据和差的三角函数公式[7]：

$$\left.\begin{aligned}\cos(\alpha+\beta)&=\cos\alpha\cos\beta-\sin\alpha\sin\beta\\ \cos(\alpha-\beta)&=\cos\alpha\cos\beta+\sin\alpha\sin\beta\end{aligned}\right\} \tag{12-5}$$

可以得到

$$\cos[(n+1)\alpha]+\cos[(n-1)\alpha]=2\cos(n\alpha)\cos\alpha \tag{12-6}$$

根据和差的双曲函数公式[7]：

$$\left.\begin{aligned}\cosh(\alpha+\beta)&=\cosh\alpha\cosh\beta+\sinh\alpha\sinh\beta\\ \cosh(\alpha-\beta)&=\cosh\alpha\cosh\beta-\sinh\alpha\sinh\beta\end{aligned}\right\}\tag{12-7}$$

可以得到

$$\cosh[(n+1)\beta]+\cosh[(n-1)\beta]=2\cosh(n\beta)\cosh\beta\tag{12-8}$$

将式(12-6)和式(12-8)代入式(12-4),得到

$$C_{n+1}(\Omega)=\begin{cases}2\cos(n\alpha)\cos\alpha-\cos[(n-1)\alpha], & 0\leqslant\Omega\leqslant1\\ 2\cosh(n\beta)\cosh\beta-\cosh[(n-1)\beta], & \Omega>1\end{cases}\tag{12-9}$$

由式(12-3)得到

$$C_{n-1}(\Omega)=\begin{cases}\cos[(n-1)\alpha], & 0\leqslant\Omega\leqslant1\\ \cosh[(n-1)\beta], & \Omega>1\end{cases}\tag{12-10}$$

式中 $C_{n-1}(\Omega)$—— 以 Ω 为自变量的 $n-1$ 阶第一类 Chebyshev 多项式。

将式(12-2)、式(12-3)和式(12-10)代入式(12-9),得到[1]

$$C_{n+1}(\Omega)=2\Omega\cdot C_n(\Omega)-C_{n-1}(\Omega)\tag{12-11}$$

12.1.3 $n\leqslant10$ 时的值

由式(12-1)得到

$$C_0(\Omega)=1\tag{12-12}$$

式中 $C_0(\Omega)$—— 以 Ω 为自变量的 0 阶第一类 Chebyshev 多项式。

由式(12-3)得到

$$C_1(\Omega)=\begin{cases}\cos\alpha, & 0\leqslant\Omega\leqslant1\\ \cosh\beta, & \Omega>1\end{cases}\tag{12-13}$$

将式(12-13)与式(12-2)相比较,得到

$$C_1(\Omega)=\Omega\tag{12-14}$$

式中 $C_1(\Omega)$—— 以 Ω 为自变量的 1 阶第一类 Chebyshev 多项式。

在式(12-12)和式(12-14)的基础上反复使用式(12-11),解出 $n\leqslant10$ 时的 $C_n(\Omega)$ 值,如表 12-1 所示[6]。

表 12-1 $n\leqslant10$ 时的 $C_n(\Omega)$ 值[6]

n	$C_n(\Omega)$
0	1
1	Ω
2	$2\Omega^2-1$
3	$4\Omega^3-3\Omega$
4	$8\Omega^4-8\Omega^2+1$
5	$16\Omega^5-20\Omega^3+5\Omega$
6	$32\Omega^6-48\Omega^4+18\Omega^2-1$

续 表

n	$C_n(\Omega)$
7	$64\Omega^7-112\Omega^5+56\Omega^3-7\Omega$
8	$128\Omega^8-256\Omega^6+160\Omega^4-32\Omega^2+1$
9	$256\Omega^9-576\Omega^7+432\Omega^5-120\Omega^3+9\Omega$
10	$512\Omega^{10}-1\,280\Omega^8+1\,120\Omega^6-400\Omega^4+50\Omega^2-1$

12.1.4　特征

由表 12－1 可以绘出 $n=1,3,5,7,9$ 和 $n=2,4,6,8,10$ 的 $C_n(\Omega)-\Omega$ 关系曲线，如图 12－1 和图 12－2 所示。

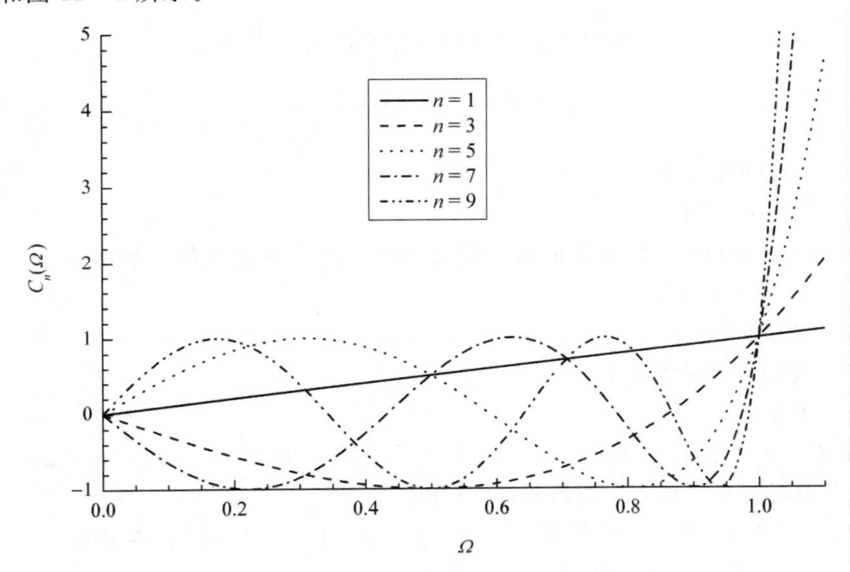

图 12－1　$n=1,3,5,7,9$ 的 $C_n(\Omega)-\Omega$ 关系曲线

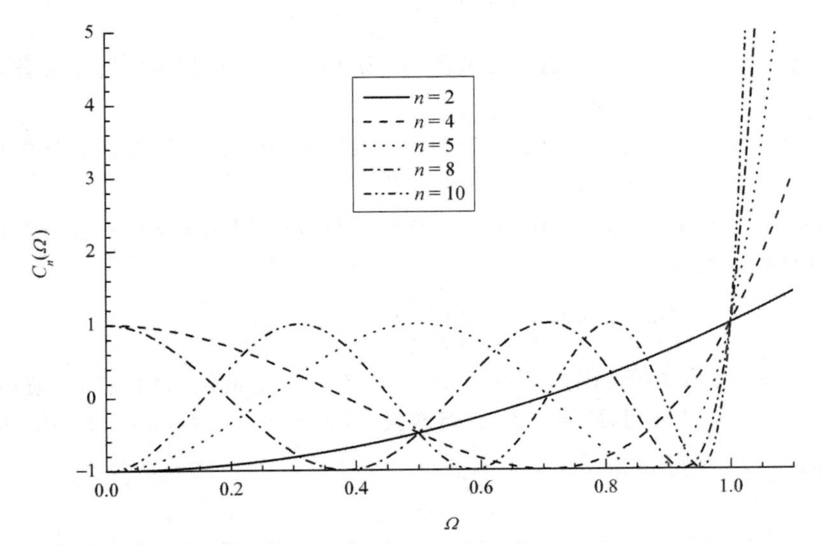

图 12－2　$n=2,4,6,8,10$ 的 $C_n(\Omega)-\Omega$ 关系曲线

从图 12 - 1 和图 12 - 2 可以看到,$C_n(\Omega)$ 的特征是:

(1)$\Omega=0$ 处 n 为奇数时 $C_n(\Omega)=0$,n 为偶数时 $|C_n(\Omega)|=1$[1];

(2) 在 $0\leqslant\Omega\leqslant1$ 范围内等幅波动,$|C_n(\Omega)|_{\min}=0$,$|C_n(\Omega)|_{\max}=1$[1,4],n 越大,波动次数越多[3],极值的数量为 ent$(n/2)$ 个(ent a 的含义为小于或等于 a 的最大整数[8]);

(3) 不同阶数的值在 $\Omega=1$ 处汇集在同一点,$C_n(\Omega)=1$[1];

(4) 在 $\Omega\geqslant1$ 范围内单调变化[1,4]。

12.2 幅频特性原理

12.2.1 原理表达式

Chebyshev - Ⅰ 有源低通滤波器的幅频特性原理表达式为[4]

$$|A_{\mathrm{u}}(\mathrm{j}\Omega)|=\frac{\sqrt{c}A_0}{\sqrt{1+\varepsilon^2C_n^2(\Omega)}} \tag{12-15}$$

式中 j—— 虚数单位,$\mathrm{j}=\sqrt{-1}$;

Ω—— 归一化频率;

$A_{\mathrm{u}}(\mathrm{j}\Omega)$——Chebyshev - Ⅰ 有源低通滤波器在归一化频率 Ω 处的复数增益;

A_0——$\Omega=0$ 时的增益;

ε—— 波动因子;

n—— 滤波器的阶数;

c—— 常数。

为保证 $\Omega=0$ 时增益为 A_0,将 12.1.4 节所述 $C_n(\Omega)$ 的特征(1) 代入式(12 - 15) 可以得到,当 n 为奇数时 $c=1$,当 n 为偶数时 $c=1+\varepsilon^2$。

将 12.1.4 节所述 $C_n(\Omega)$ 的特征(2) 代入式(12 - 15) 可以得到,在 $0\leqslant\Omega\leqslant1$ 范围内 Chebyshev - Ⅰ 有源低通滤波器增益幅值波动的比值为[4]

$$\frac{|A_{\mathrm{u}}(\mathrm{j}\Omega)|_{\max}}{|A_{\mathrm{u}}(\mathrm{j}\Omega)|_{\min}}=\sqrt{1+\varepsilon^2} \tag{12-16}$$

式中 $|A_{\mathrm{u}}(\mathrm{j}\Omega)|_{\max}$—— 在 $0\leqslant\Omega\leqslant1$ 范围内 Chebyshev - Ⅰ 有源低通滤波器增益幅值的上限;

$|A_{\mathrm{u}}(\mathrm{j}\Omega)|_{\min}$—— 在 $0\leqslant\Omega\leqslant1$ 范围内 Chebyshev - Ⅰ 有源低通滤波器增益幅值的下限。

由式(6 - 1) 及式(12 - 16) 得到,在 $0\leqslant\Omega\leqslant1$ 范围内 Chebyshev - Ⅰ 有源低通滤波器增益幅值波动的 dB 数为[3]

$$R_{\mathrm{P}}=20\lg\left(\frac{|A_{\mathrm{u}}(\mathrm{j}\Omega)|_{\max}}{|A_{\mathrm{u}}(\mathrm{j}\Omega)|_{\min}}\right)=10\lg(1+\varepsilon^2) \tag{12-17}$$

式中 R_{P}—— 在 $0\leqslant\Omega\leqslant1$ 范围内 Chebyshev - Ⅰ 有源低通滤波器增益幅值波动的 dB 数。

从式(12 - 17) 可以看到,R_{P} 随 ε 增大而增大;并得到 $\varepsilon=1$ 时 $R_{\mathrm{P}}=3.01$ dB,即幅值波动 $\sqrt{2}$。由式(12 - 17) 还可得到[3]

$$\varepsilon=\sqrt{10^{0.1R_{\mathrm{P}}}-1} \tag{12-18}$$

及

$$\frac{|A_u(j\Omega)|_{max}}{|A_u(j\Omega)|_{min}}=10^{0.05R_P} \tag{12-19}$$

12.2.2　特征

如 12.2.1 节所述，$\Omega=0$ 时增益为 A_0。

由式(12－15)、12.1.4 节所述 $C_n(\Omega)$ 的特征(2) 以及 12.2.1 节所述 n 为奇数时 $c=1$，n 为偶数时 $c=1+\varepsilon^2$ 可以得到，当 n 为奇数时[4]：

$$\left.\begin{aligned}|A_u(j\Omega)|_{max}&=A_0\\|A_u(j\Omega)|_{min}&=\frac{A_0}{\sqrt{1+\varepsilon^2}}\end{aligned}\right\} \tag{12-20}$$

而当 n 为偶数时[4]：

$$\left.\begin{aligned}|A_u(j\Omega)|_{max}&=A_0\sqrt{1+\varepsilon^2}\\|A_u(j\Omega)|_{min}&=A_0\end{aligned}\right\} \tag{12-21}$$

由式(12－15)、12.1.4 节所述 $C_n(\Omega)$ 的特征(3) 以及 n 为奇数时 $c=1$，n 为偶数时 $c=1+\varepsilon^2$ 可以得到，当 n 为奇数时：

$$|A_u(j\Omega)|_{\Omega=1}=\frac{A_0}{\sqrt{1+\varepsilon^2}} \tag{12-22}$$

式中　$|A_u(j\Omega)|_{\Omega=1}$——$\Omega=1$ 处 Chebyshev－Ⅰ 有源低通滤波器增益的幅值。

而当 n 为偶数时：

$$|A_u(j\Omega)|_{\Omega=1}=A_0 \tag{12-23}$$

由式(12－15)、式(12－18)、表 12－1 可以绘出 $R_P=0.5$ dB，$n=1,3,5,7,9$ 和 $n=2,4,6,8,10$ 的 Chebyshev－Ⅰ 有源低通滤波器幅频特性曲线，其中线性刻度曲线如图 12－3 和图 12－4 所示，对数刻度曲线如图 12－5 和图 12－6 所示。

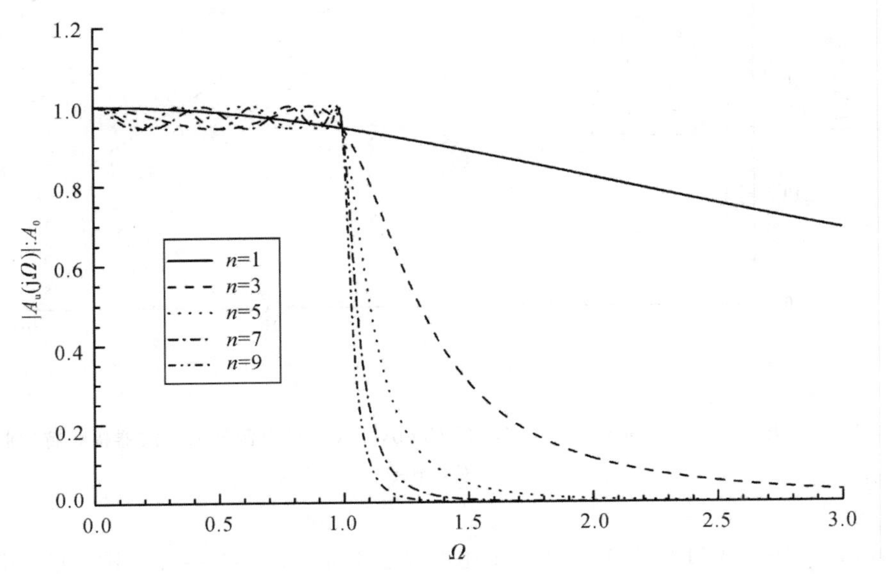

图 12－3　$R_P=0.5$ dB，$n=1,3,5,7,9$ 的 Chebyshev－Ⅰ 有源低通滤波器幅频特性曲线（线性刻度）

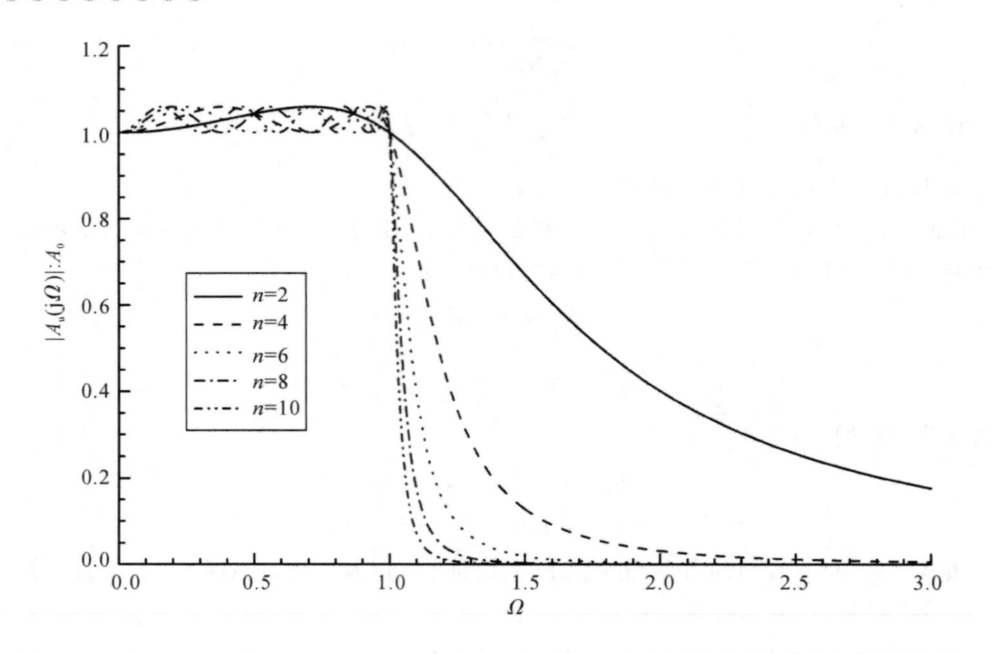

图 12-4 $R_P = 0.5$ dB, $n = 2,4,6,8,10$ 的 Chebyshev-Ⅰ 有源低通滤波器幅频特性曲线（线性刻度）

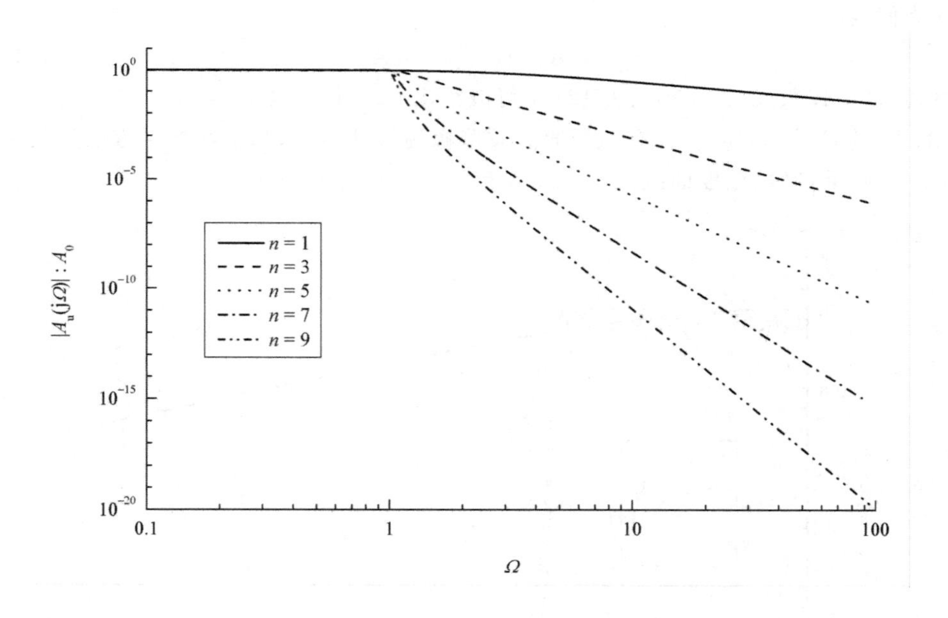

图 12-5 $R_P = 0.5$ dB, $n = 1,3,5,7,9$ 的 Chebyshev-Ⅰ 有源低通滤波器幅频特性曲线（对数刻度）

由式(12-15)、式(12-18)、表 12-1 还可以绘出 $n=6$ 时 $R_P=0.1$ dB, 0.5 dB, 2.5 dB 的 Chebyshev-Ⅰ 有源低通滤波器幅频特性曲线，其中线性刻度曲线如图 12-7 所示，对数刻度曲线如图 12-8 所示。

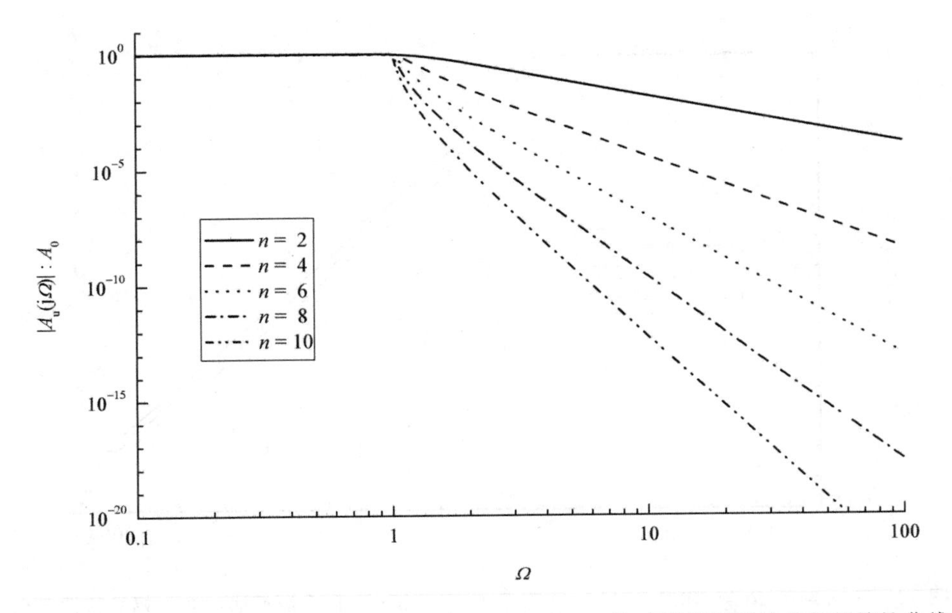

图 12 - 6　$R_P=0.5$ dB, $n=2,4,6,8,10$ 的 Chebyshev - Ⅰ 有源低通滤波器幅频特性曲线（对数刻度）

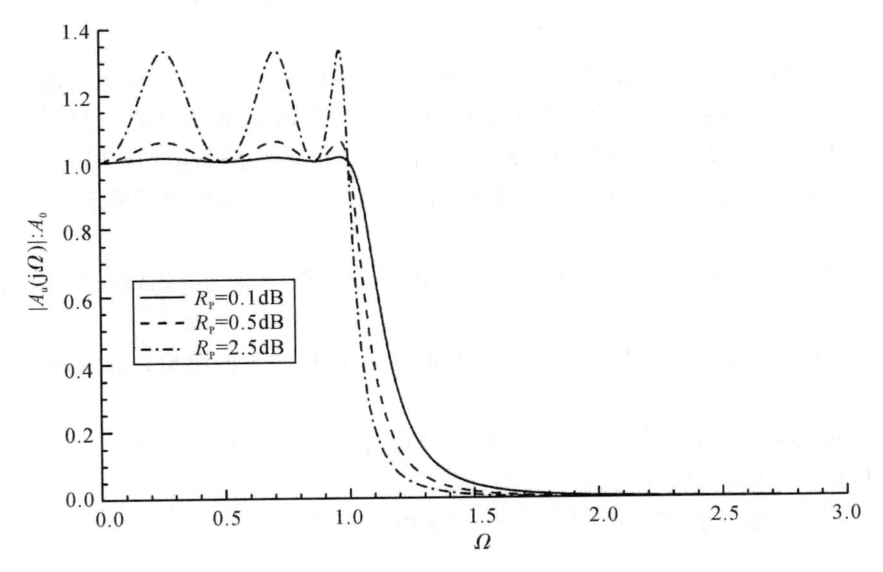

图 12 - 7　$n=6$, $R_P=(0.1,0.5,2.5)$dB 的 Chebyshev - Ⅰ 有源低通滤波器幅频特性曲线（线性刻度）

从图 12 - 3 ～ 图 12 - 8 可以看到 Chebyshev - Ⅰ 有源低通滤波器幅频特性的特征是：

(1) $\Omega=0$ 处 $|A_u(j\Omega)|=A_0$[4]。

(2) 在 $0<\Omega<1$ 范围内增益等幅波动[1,4]：R_P 的 dB 数越大，波动幅度越大[4]，n 为奇数和 n 为偶数增益幅值的最大值和最小值分别由式(12 - 20) 和式(12 - 21) 描述；n 越大，波动次数越多[3]，极值的数量为 n 个。

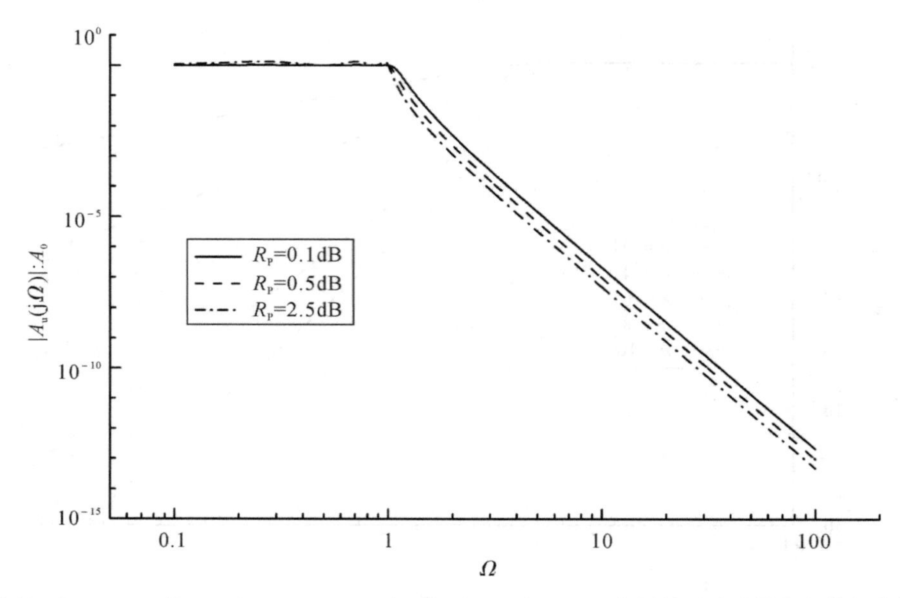

图 12-8　$n=6, R_P=(0.1, 0.5, 2.5)$dB 的 Chebyshev-Ⅰ 有源低通滤波器幅频特性曲线（对数刻度）

(3)$\Omega=1$ 处增益的幅值当 n 为不同奇数和 n 为不同偶数时分别汇集在一点[1,3]，该点的值分别由式(12-22)和式(12-23)描述。

(4)增益的幅值在 $\Omega>1$ 范围内单调下降，因此 Chebyshev-Ⅰ 有源低通滤波器的通带定义为 $0\leqslant\Omega\leqslant1$，相应 $\Omega=1$ 定义为 Chebyshev-Ⅰ 有源低通滤波器的归一化特征角频率①。值得注意的是，$\Omega=1$ 为通带波纹终止点，而非增益幅值下降至 -3 dB 点，这与临界阻尼、Butterworth 有源低通滤波器归一化截止角频率 $\Omega=1$ 为增益幅值下降至 -3 dB 点[4]完全不同。

(5)$1<\Omega<3$ 时，n 越大，增益的幅值下降越快[3]；通带内波动的 dB 数越大，增益的幅值下降越快[4]。

(6)参考 6.1.2 节关于 dB 的解释可以得到，$\Omega\geqslant3$ 时，增益的幅值以 $20n$ dB/dec 的速率单调下降[1,6]。

以上 Chebyshev-Ⅰ 有源低通滤波器幅频特性的特征(1)～(4)分别与 12.1.4 节所述 $C_n(\Omega)$ 的特征(1)至(4)相呼应。

鉴于 $\Omega=1$ 为通带波纹终止点，归一化频率 Ω 可以表述为[3]

$$\Omega=\frac{\omega}{\omega_h}=\frac{f}{f_h} \tag{12-24}$$

式中　ω——角频率，rad/s；

ω_h——通带高端角频率，即等波纹的角频率宽度，rad/s；

f——频率，Hz；

f_h——通带高端频率，即等波纹的频率宽度，Hz。

上述 Chebyshev-Ⅰ 有源低通滤波器幅频特性的特征汇集在表 12-2 中。

① 为了避免读者与 -3 dB 处的归一化频率 Ω_c 相混淆，本书不称其为归一化截止角频率。

表 12－2　Chebyshev－Ⅰ 有源低通滤波器幅频特性的特征

n	奇数	偶数
$\Omega=0$	$\lvert A_u(j\Omega)\rvert = A_0$	
$0<\Omega<1$	增益等幅波动；R_P 的 dB 数越大，波动幅度越大；n 越大，波动次数越多，极值数量为 n 个	
	$\lvert A_u(j\Omega)\rvert$ 在 $\frac{A_0}{\sqrt{1+\varepsilon^2}} \sim A_0$ 之间波动	$\lvert A_u(j\Omega)\rvert$ 在 $A_0 \sim A_0\sqrt{1+\varepsilon^2}$ 之间波动
$\Omega=1$	$\lvert A_u(j\Omega)\rvert_{\Omega=1} = \frac{A_0}{\sqrt{1+\varepsilon^2}}$	$\lvert A_u(j\Omega)\rvert_{\Omega=1} = A_0$
$1<\Omega<3$	增益的幅值单调下降；n 越大，下降越快；通带内波动的 dB 数越大，下降越快	
$\Omega\geqslant 3$	增益的幅值以 $20n$ dB/dec 的速率单调下降	

12.3　增益幅值下降至－3 dB 处的归一化频率

12.3.1　表达式

如 12.2.2 节 Chebyshev－Ⅰ 有源低通滤波器幅频特性的特征(4) 所述，$\Omega=1$ 为通带波纹终止点，而非增益幅值下降至－3 dB 点。而为了设计 Chebyshev－Ⅰ 有源低通滤波器，比较不同阶数 Chebyshev－Ⅰ 有源低通滤波器的优劣，或者比较不同类型有源低通滤波器的差异，则十分关心 Chebyshev－Ⅰ 有源低通滤波器增益幅值下降至－3 dB 处的归一化频率 Ω_c。由式(12－24) 得到

$$\Omega_c = \frac{\omega_c}{\omega_h} = \frac{f_c}{f_h} \tag{12-25}$$

式中　Ω_c—— 归一化截止频率(－3 dB 处的归一化频率)；

ω_c—— 截止角频率(－3 dB 处的角频率)，rad/s；

f_c—— 截止频率(－3 dB 处的频率)，Hz。

如 6.1.2 节所述，－3 dB 幅度比是 $1/\sqrt{2}$，因此，由式(12－15) 得到

$$\frac{\sqrt{c}A_0}{\sqrt{1+\varepsilon^2 C_n^2(\Omega_c)}} = \frac{A_0}{\sqrt{2}} \tag{12-26}$$

由图 12－4 可以看到，当 n 为偶数时，必定 $\Omega_c>1$。而由图 12－3、式(12－20) 和式(12－26) 可以得到，当 n 为奇数时，只有当 $\varepsilon\leqslant 1$ 时才有 $\Omega_c\geqslant 1$。鉴于幅值波动的 dB 数随 ε 增大而增大，$\varepsilon=1$ 时达到 3.01 dB，即幅值波动$\sqrt{2}$(参见 12.2.1 节)，这么大的波动一般是不会采用的，所以当 n 为奇数时可以采用$\varepsilon\leqslant 1$ 这一约束条件。即只需要使用 $\Omega\geqslant 1$ 所对应的公式来计算 Ω_c 的值。

将式(12－1) 代入式(12－26)，当 $\Omega\geqslant 1$ 时得到

$$\frac{c}{1+\varepsilon^2\cosh^2[n\,\mathrm{arcosh}(\Omega_c)]} = \frac{1}{2} \tag{12-27}$$

由式(12－27) 得到

$$\Omega_c = \cosh\left[\frac{1}{n}\mathrm{arcosh}\left(\frac{\sqrt{2c-1}}{\varepsilon}\right)\right] \tag{12-28}$$

12.2.1 节指出，当 n 为奇数时 $c=1$，当 n 为偶数时 $c=1+\varepsilon^2$。代入式(12-28)得到，当 n 为奇数时：

$$\Omega_c=\cosh\left[\frac{1}{n}\operatorname{arcosh}\left(\frac{1}{\varepsilon}\right)\right] \tag{12-29}$$

而当 n 为偶数时：

$$\Omega_c=\cosh\left[\frac{1}{n}\operatorname{arcosh}\left(\sqrt{\frac{1}{\varepsilon^2}+2}\right)\right] \tag{12-30}$$

由于 $\operatorname{arcosh}(x)$ 的定义域为 $x\geqslant 1$，所以由式(12-29)得到，当 n 为奇数时必须 $\varepsilon\leqslant 1$，这与上述约束条件是一致的。而 n 为偶数时无此限制。

12.3.2 应用示例

以下用示例比较每级的阶数不超过两阶的前提下，同级数奇数阶和偶数阶 Chebyshev-Ⅰ 有源低通滤波器通带外幅值的下降速率。

例如拟设计 3 级 Chebyshev-Ⅰ 有源低通滤波器，$R_P=0.5$ dB，-3 dB 截止频率 $f_c=108.5$ Hz。则由式(12-18)得到 $\varepsilon=0.349$。

如选择 $n=5$，则式(12-29)代入式(12-25)，得到

$$f_h=\frac{f_c}{\cosh\left[\frac{1}{n}\operatorname{arcosh}\left(\frac{1}{\varepsilon}\right)\right]}=102.43\ \text{Hz} \tag{12-31}$$

如选择 $n=6$，则式(12-30)代入式(12-25)，得到

$$f_h=\frac{f_c}{\cosh\left[\frac{1}{n}\operatorname{arcosh}\left(\frac{\sqrt{1+2\varepsilon^2}}{\varepsilon}\right)\right]}=103.65\ \text{Hz} \tag{12-32}$$

由式(12-15)、式(12-18)、式(12-31)、式(12-32)、表 12-1 可以绘出 3 级 Chebyshev-Ⅰ 有源低通滤波器 $R_P=0.5$ dB，$f_c=108.5$ Hz，$n=5$，6 的 $|A_u(j\Omega)|/A_0-f$ 关系曲线，如图 12-9 所示。

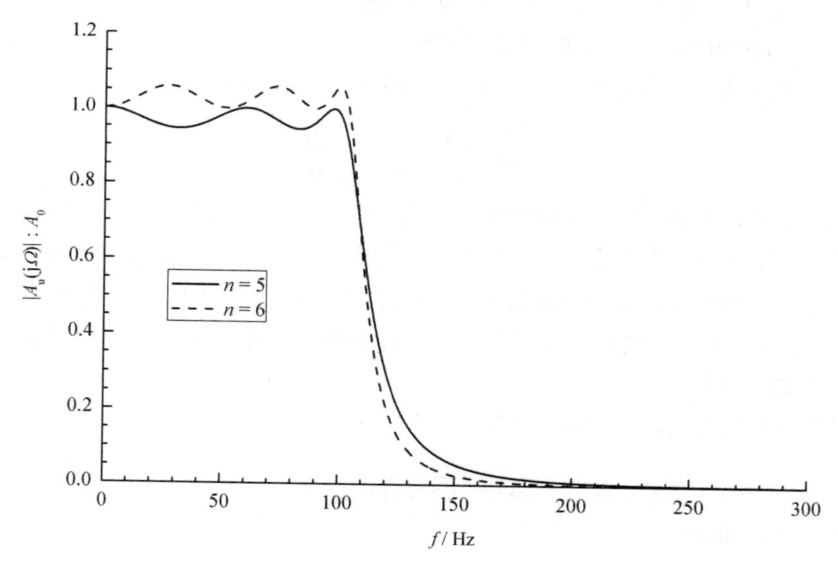

图 12-9 $R_P=0.5$ dB，$f_c=108.5$ Hz，$n=5$，6 的 3 级 Chebyshev-Ⅰ 有源低通滤波器 $|A_u(j\Omega)|/A_0-f$ 关系曲线

从图 12－9 可以看到，每级的阶数不超过两阶的前提下，Chebyshev－Ⅰ 有源低通滤波器若级数、R_P 和 f_c 相同，n 为偶数比 n 为奇数通带外幅值下降要快。因此，文献[6] 所述 Chebyshev－Ⅰ 有源低通滤波器“使用相同的有源元件时，奇数阶次比偶数阶次在阻带范围内提供的衰减大，故通常使用奇数阶次” 这一提法在每级的阶数不超过两阶的前提下是完全错误的。

12.4　高阶滤波器的传递函数

12.4.1　概述

高阶有源滤波器可以由高阶 RC 网络和有源器件利用网络综合的方法直接构成，其优点是所用元件较少，但构成方法较复杂[3]，需借助于滤波器设计软件。例如，附录 E 介绍的滤波器设计软件 Filter Solutions 2009 就提供了吸收一阶级或吸收二阶级的功能，可以使三阶以上滤波器减少一级[参见附录 E.7.3.1 节第(3)条和第(4)条]。若没有滤波器设计软件帮助，或阶数在五阶以上，则高阶有源 RC 网络需由几个低阶 RC 有源滤波器级联而成，每一个低阶滤波器被称为一级。如 6.3.1.3 节所述，这种方法要求级与级之间有良好的隔离，这样不仅可以使设计工作趋于简单，也降低了电路对元件值偏差的灵敏度，还简化了滤波器的调节过程。由低阶滤波器串联成高阶滤波器的次序有以下几种不同的出发点：

(1) 获得最大动态范围：这时每级滤波器的 Q 值依次从低到高排列[4, 9]。若没有滤波器设计软件帮助，当 n 为奇数时，第一级为一阶 RC 有源滤波器，其余各级均为二阶 RC 有源滤波器；当 n 为偶数时，各级均为二阶 RC 有源滤波器。本章随后的叙述即采用此种方式。

(2) 噪声尽量小：这时每级滤波器的 Q 值依次从高到低排列，以减小由输入级所引起的噪声[4]。

(3) 在某些情况下，一些其他准则对选择最佳级联顺序更重要。比如，如果输入信号中包含幅度较大的不希望的信号，那么这个信号必须在第一级滤掉(第一级对不希望信号的转移函数应为 0)，这样就避免了由不希望的信号在其余各节引起失真[9]。

为了使级联 RC 有源滤波器总的幅频特性满足预期要求，必须适当选择各级 RC 有源滤波器的参数，为此必须推导出各级 RC 有源滤波器的传递函数[4]。

而且，为得到信号通过有源滤波器的传输失真，如果采用 5.9.1 节所述的方法，就需要得到有源滤波器的幅频特性和相频特性[4]。而为了得到有源滤波器的相频特性，必须首先得到各级 RC 有源滤波器的传递函数。

12.4.2　归一化复频率 p 的表达式

我们有[1]

$$p = \mathrm{j}\Omega \tag{12-33}$$

式中　p——Laplace 变换建立的归一化复频率。

将式(12－24) 代入式(12－33)，得到

$$p = \frac{\mathrm{j}\omega}{\omega_\mathrm{h}} \tag{12-34}$$

令[1]

$$\Omega=\cos(\alpha+\mathrm{j}\beta) \tag{12-35}$$

由式(12-5)可以得到

$$\cos(\alpha+\mathrm{j}\beta)=\cos\alpha\cos\mathrm{j}\beta-\sin\alpha\sin\mathrm{j}\beta \tag{12-36}$$

已知三角函数与双曲函数的关系[7]：

$$\left.\begin{aligned}\cos\mathrm{j}\beta&=\cosh\beta\\ \sin\mathrm{j}\beta&=\mathrm{j}\sinh\beta\end{aligned}\right\} \tag{12-37}$$

将式(12-37)代入式(12-36)，再代入式(12-35)，最后代入(12-33)，得到

$$p=\sin\alpha\sinh\beta+\mathrm{j}\cos\alpha\cosh\beta \tag{12-38}$$

令[1]

$$\left.\begin{aligned}\sigma&=\sin\alpha\sinh\beta\\ \delta&=\cos\alpha\cosh\beta\end{aligned}\right\} \tag{12-39}$$

式中 σ——p 的实部；

δ——p 的虚部。

将式(12-39)代入式(12-38)，得到

$$p=\sigma+\mathrm{j}\delta \tag{12-40}$$

将式(12-37)代入式(12-35)，得到

$$\Omega=\cosh(\beta-\mathrm{j}\alpha) \tag{12-41}$$

12.4.3 求解 α，β

将式(12-33)代入式(12-15)，得到

$$|A_{\mathrm{u}}(p)|^2=\frac{cA_0^2}{1+\varepsilon^2C_n^2\left(\dfrac{p}{\mathrm{j}}\right)} \tag{12-42}$$

式中 $A_{\mathrm{u}}(p)$——Chebyshev-Ⅰ有源低通滤波器在归一化复频率 p 处的复数增益；

$C_n(p/\mathrm{j})$——以 p/j 为自变量的 n 阶第一类 Chebyshev 多项式。

为了满足系统稳定性要求，传递函数应具有共轭对称性，由此得到[1]

$$|A_{\mathrm{u}}(p)|^2=A_{\mathrm{u}}(p)A_{\mathrm{u}}(-p) \tag{12-43}$$

将式(12-43)代入式(12-42)，得到

$$A_{\mathrm{u}}(p)A_{\mathrm{u}}(-p)=\frac{cA_0^2}{1+\varepsilon^2C_n^2\left(\dfrac{p}{\mathrm{j}}\right)} \tag{12-44}$$

为求极点分布，需求解方程[1]：

$$1+\varepsilon^2C_n^2\left(\frac{p}{\mathrm{j}}\right)=0 \tag{12-45}$$

即[1]

$$C_n\left(\frac{p}{\mathrm{j}}\right)=\pm\frac{\mathrm{j}}{\varepsilon} \tag{12-46}$$

如12.2.2节Chebyshev-Ⅰ有源低通滤波器幅频特性的特征(2)所述，极值的数量为 n 个，所以式(12-46)有 n 个根。

将式(12-33)代入式(12-1)，得到

$$C_n\left(\frac{p}{\mathrm{j}}\right)=\begin{cases}\cos\left[n\arccos\left(\frac{p}{\mathrm{j}}\right)\right], & 0\leqslant\Omega\leqslant1\\ \cosh\left[n\operatorname{arcosh}\left(\frac{p}{\mathrm{j}}\right)\right], & \Omega\geqslant1\end{cases}\tag{12-47}$$

将式(12－33)代入式(12－35)和式(12－41)，得到

$$\left.\begin{aligned}\arccos\left(\frac{p}{\mathrm{j}}\right)&=\alpha+\mathrm{j}\beta\\ \operatorname{arcosh}\left(\frac{p}{\mathrm{j}}\right)&=\beta-\mathrm{j}\alpha\end{aligned}\right\}\tag{12-48}$$

将式(12－48)代入式(12－47)，得到

$$C_n\left(\frac{p}{\mathrm{j}}\right)=\begin{cases}\cos[n(\alpha+\mathrm{j}\beta)], & 0\leqslant\Omega\leqslant1\\ \cosh[n(\beta-\mathrm{j}\alpha)], & \Omega\geqslant1\end{cases}\tag{12-49}$$

按式(12－5)和式(12－7)将式(12－49)展开，并将式(12－37)代入，得到[1]

$$C_n\left(\frac{p}{\mathrm{j}}\right)=\cos(n\alpha)\cosh(n\beta)-\mathrm{j}\sin(n\alpha)\sinh(n\beta)\tag{12-50}$$

将式(12－50)代入式(12－46)，得到[1]

$$\cos(n\alpha)\cosh(n\beta)-\mathrm{j}\sin(n\alpha)\sinh(n\beta)=\pm\frac{\mathrm{j}}{\varepsilon}\tag{12-51}$$

由式(12－51)得到[1]

$$\cos(n\alpha)\cosh(n\beta)=0\tag{12-52}$$

及[1]

$$\sin(n\alpha)\sinh(n\beta)=\pm\frac{1}{\varepsilon}\tag{12-53}$$

由于 cosh 函数的值域大于等于 1，由式(12－52)得到

$$\cos(n\alpha)=0\tag{12-54}$$

由式(12－54)得到

$$\alpha=\frac{2k-1}{2n}\pi,\quad k=1,2,\cdots,n\tag{12-55}$$

式中　k—— 滤波器的阶序号。

将式(12－55)代入式(12－53)，得到[1]

$$\beta=\pm\frac{1}{n}\operatorname{arsinh}\left(\frac{1}{\varepsilon}\right)\tag{12-56}$$

12.4.4　求极点

12.4.4.1　概述

将式(12－55)和式(12－56)代入式(12－39)，得到[1]

$$\left.\begin{aligned}\sigma_k&=\pm\sin\left(\frac{2k-1}{2n}\pi\right)\cdot\sinh\left[\frac{1}{n}\operatorname{arsinh}\left(\frac{1}{\varepsilon}\right)\right]\\ \delta_k&=\cos\left(\frac{2k-1}{2n}\pi\right)\cdot\cosh\left[\frac{1}{n}\operatorname{arsinh}\left(\frac{1}{\varepsilon}\right)\right]\end{aligned}\right\},\quad k=1,2,\cdots,n\tag{12-57}$$

式中　σ_k—— 第 k 阶 σ；

　　　δ_k—— 第 k 阶 δ。

令[1]

$$\left.\begin{aligned}\sigma_0 &= \sinh\left[\frac{1}{n}\operatorname{arsinh}\left(\frac{1}{\varepsilon}\right)\right]\\ \delta_0 &= \cosh\left[\frac{1}{n}\operatorname{arsinh}\left(\frac{1}{\varepsilon}\right)\right]\end{aligned}\right\} \tag{12-58}$$

式中 σ_0—— 椭圆方程的短轴；

δ_0—— 椭圆方程的长轴。

令[4]

$$\gamma = \frac{1}{n}\operatorname{arsinh}\left(\frac{1}{\varepsilon}\right) \tag{12-59}$$

将式(12-59)代入式(12-58)，得到

$$\left.\begin{aligned}\sigma_0 &= \sinh\gamma\\ \delta_0 &= \cosh\gamma\end{aligned}\right\} \tag{12-60}$$

将式(12-58)代入式(12-57)，得到[1]

$$\left.\begin{aligned}\sigma_k &= \pm\sigma_0\sin\left(\frac{2k-1}{2n}\pi\right)\\ \delta_k &= \delta_0\cos\left(\frac{2k-1}{2n}\pi\right)\end{aligned}\right\},\quad k=1,2,\cdots,n \tag{12-61}$$

将式(12-61)代入式(12-40)，得到[1]

$$p_k = \pm\sigma_0\sin\left(\frac{2k-1}{2n}\pi\right) + \mathrm{j}\delta_0\cos\left(\frac{2k-1}{2n}\pi\right),\quad k=1,2,\cdots,n \tag{12-62}$$

式中 p_k—— 第 k 阶滤波器的系数。

利用式(12-40)可以将式(12-62)所示极点坐标在复平面上表征，如图12-10所示[1]。

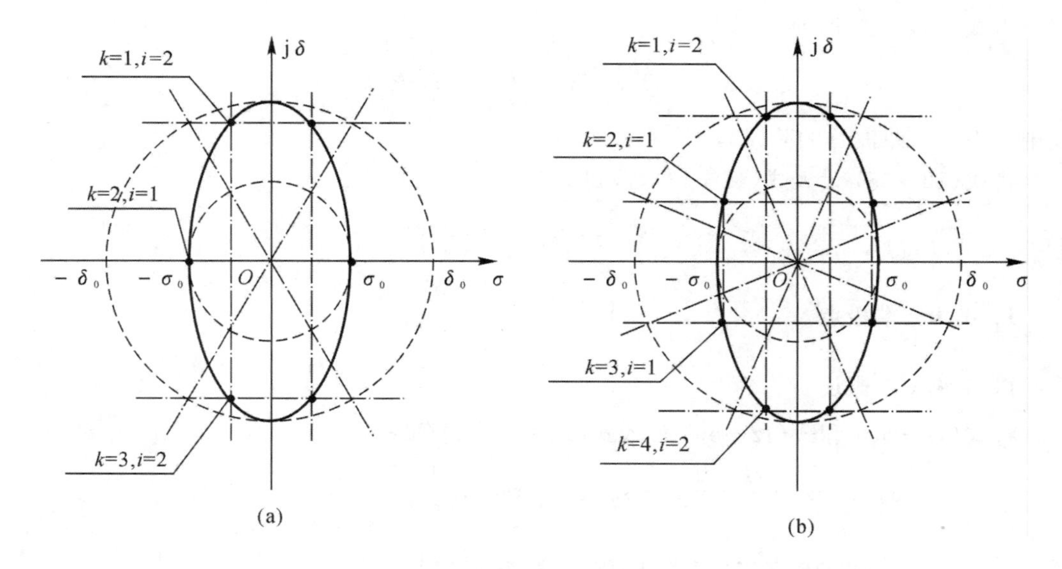

图12-10 n 阶Chebyshev-Ⅰ有源低通滤波器极点分布[1]

(a) $n=3$； (b) $n=4$

从图 12-10 可以看到[1]：

(1)n 阶 Chebyshev-Ⅰ 有源低通滤波器极点坐标位于椭圆上，用黑点表示。该椭圆可以与半径为 σ_0 的圆及半径为 δ_0 的圆联系起来，这两个圆分别称为 Butterworth 小圆和 Butterworth 大圆。n 阶 Chebyshev-Ⅰ 有源低通滤波器极点的横坐标 σ 等于 n 阶 Butterworth 小圆极点的横坐标，而纵坐标 $\mathrm{j}\delta$ 等于 n 阶 Butterworth 大圆极点的纵坐标。

(2)n 阶 Chebyshev-Ⅰ有源低通滤波器极点的横坐标 σ 对应的点以 π/n 为间隔均匀分布在 Butterworth 小圆的圆周上，而纵坐标 $\mathrm{j}\delta$ 对应的点以 π/n 为间隔均匀分布在 Butterworth 大圆的圆周上。

(3) 所有极点相对 $\mathrm{j}\delta$ 轴对称分布，在 $\mathrm{j}\delta$ 轴上没有极点。

(4) 所有复数极点两两呈共轭对称分布：n 为奇数时，有两个极点分布在 $\sigma=\pm\sigma_0$ 的实轴上；n 为偶数时，实轴上没有极点。

为了得到稳定的 $A_u(p)$，只取全部左半平面的极点[1]：

$$p_k=-\sigma_0\sin\left(\frac{2k-1}{2n}\pi\right)+\mathrm{j}\delta_0\cos\left(\frac{2k-1}{2n}\pi\right),\quad k=1,2,\cdots,n \tag{12-63}$$

如前所述，式(12-46) 有 n 个根，对应图 12-10 全部左半平面的极点有 n 个，相应式(12-63) 有 n 个值。

12.4.4.2　n 为奇数

如前所述，当 n 为奇数时，第一级为一阶 RC 有源滤波器，其余各级均为二阶 RC 有源滤波器，所以

$$m=\frac{n+1}{2} \tag{12-64}$$

式中　m——滤波器的级数。

从图 12-10(a) 可以看到，当 $k=m$ 时，极点坐标位于横轴上，其余各极点坐标关于横轴对称分布，因此，可以将 k 用该图所示方法代换为 i。即

$$\left.\begin{aligned}i&=m-k+1,\quad k\leqslant m\\ i&=k-m+1,\quad k>m\end{aligned}\right\},\quad k=1,2,\cdots,n \tag{12-65}$$

式中　i——滤波器的级序号。

将式(12-64) 和式(12-65) 代入式(12-63)，得到

$$\left.\begin{aligned}p_1&=-\sigma_0\\ \left.\begin{aligned}p_{i1}&=-\sigma_0\cos\left(\frac{i-1}{n}\pi\right)+\mathrm{j}\delta_0\sin\left(\frac{i-1}{n}\pi\right)\\ p_{i2}&=-\sigma_0\cos\left(\frac{i-1}{n}\pi\right)-\mathrm{j}\delta_0\sin\left(\frac{i-1}{n}\pi\right)\end{aligned}\right\}&,\quad i=1,2,\cdots,m\end{aligned}\right\} \tag{12-66}$$

式中　p_1——第 1 级一阶滤波器的系数；

p_{i1}——第 i 级第 1 阶滤波器的系数；

p_{i2}——第 i 级第 2 阶滤波器的系数。

12.4.4.3　n 为偶数

如前所述，当 n 为偶数时，各级均为二阶 RC 有源滤波器，所以

$$m=\frac{n}{2} \tag{12-67}$$

从图 12-10(b) 可以看到，各极点坐标关于横轴对称分布，因此，可以将 k 用该所示方法代换为 i。即

$$\left.\begin{aligned} i &= m-k+1, \quad k \leqslant m \\ i &= k-m, \quad k > m \end{aligned}\right\}, \quad k=1,2,\cdots,n \tag{12-68}$$

将式(12-67) 和式(12-68) 代入式(12-63)，得到

$$\left.\begin{aligned} p_{i1} &= -\sigma_0 \cos\left(\frac{2i-1}{2n}\pi\right) + \mathrm{j}\delta_0 \sin\left(\frac{2i-1}{2n}\pi\right) \\ p_{i2} &= -\sigma_0 \cos\left(\frac{2i-1}{2n}\pi\right) - \mathrm{j}\delta_0 \sin\left(\frac{2i-1}{2n}\pi\right) \end{aligned}\right\}, \quad i=1,2,3,\cdots,m \tag{12-69}$$

12.4.5 传递函数表达式

12.4.5.1 概述

由于式(12-63) 是式(12-45) 所示极点方程的解，所以 Chebyshev-Ⅰ 有源低通滤波器的传递函数为[1]

$$A_{\mathrm{u}}(p) = \frac{A}{\prod\limits_{k=1}^{n}(p-p_k)} \tag{12-70}$$

式中　A—— 待定常数。

如前所述，若没有滤波器设计软件帮助，或阶数在五阶以上，则高阶有源滤波器需由几个低阶 RC 有源滤波器级联而成，为获得最大动态范围，当 n 为奇数时，第一级为一阶 RC 有源滤波器，其余各级均为二阶 RC 有源滤波器；当 n 为偶数时，各级均为二阶 RC 有源滤波器。鉴于一阶 RC 有源滤波器可以视为二阶 RC 有源滤波器的特例，因此，级联 RC 有源低通滤波器的传递函数如式(6-2) 所示。

将式(12-24)、式(12-25) 和式(12-33) 代入式(6-3)，得到

$$P = \frac{p}{\Omega_{\mathrm{c}}} \tag{12-71}$$

式中　P——Laplace 变换建立的 −3 dB 归一化复频率。

只要在式(12-70) 和式(6-2) 间建立起联系，就可以给出 a_i，b_i 的表达式，进而为 Chebyshev-Ⅰ 有源低通滤波器的实现奠定基础。

12.4.5.2 *n* 为奇数

只要在式(12-66) 和式(6-2) 间建立起联系，就可以给出 n 为奇数时 a_i，b_i 的表达式。参照式(12-70)，由于式(12-66) 是 n 为奇数时式(12-45) 所示极点方程的解，所以 n 为奇数时 Chebyshev-Ⅰ 有源低通滤波器的传递函数为

$$A_{\mathrm{u}}(p) = \frac{A}{(p-p_1)\prod\limits_{i=2}^{m}(p-p_{i1})(p-p_{i2})} \tag{12-72}$$

将式(12-66) 代入式(12-72)，得到

$$A_{\mathrm{u}}(p) = \frac{A}{(p+\sigma_0)\prod\limits_{i=2}^{m}\left[p+\sigma_0\cos\left(\frac{i-1}{n}\pi\right)-\mathrm{j}\delta_0\sin\left(\frac{i-1}{n}\pi\right)\right]\left[p+\sigma_0\cos\left(\frac{i-1}{n}\pi\right)+\mathrm{j}\delta_0\sin\left(\frac{i-1}{n}\pi\right)\right]} \tag{12-73}$$

将式(12 - 73) 化简，得到

$$A_{\mathrm{u}}(p)=\frac{A}{(p+\sigma_0)\prod_{i=2}^{m}\left\{\left[p+\sigma_0\cos\left(\frac{i-1}{n}\pi\right)\right]^2+\left[\delta_0\sin\left(\frac{i-1}{n}\pi\right)\right]^2\right\}}\tag{12-74}$$

将式(12 - 74) 展开，得到

$$A_{\mathrm{u}}(p)=\frac{A}{(p+\sigma_0)\prod_{i=2}^{m}\left[p^2+2p\sigma_0\cos\left(\frac{i-1}{n}\pi\right)+\sigma_0^2\cos^2\left(\frac{i-1}{n}\pi\right)+\delta_0^2\sin^2\left(\frac{i-1}{n}\pi\right)\right]}\tag{12-75}$$

将式(12 - 71) 代入式(12 - 75)，得到

$$A_{\mathrm{u}}(P)=\frac{\frac{A}{\sigma_0}}{1+\frac{\Omega_{\mathrm{c}}}{\sigma_0}P}\times$$

$$\prod_{i=2}^{m}\frac{\frac{1}{\sigma_0^2\cos^2\left(\frac{i-1}{n}\pi\right)+\delta_0^2\sin^2\left(\frac{i-1}{n}\pi\right)}}{1+\frac{2\sigma_0\cos\left(\frac{i-1}{n}\pi\right)\Omega_{\mathrm{c}}}{\sigma_0^2\cos^2\left(\frac{i-1}{n}\pi\right)+\delta_0^2\sin^2\left(\frac{i-1}{n}\pi\right)}P+\frac{\Omega_{\mathrm{c}}^2}{\sigma_0^2\cos^2\left(\frac{i-1}{n}\pi\right)+\delta_0^2\sin^2\left(\frac{i-1}{n}\pi\right)}P^2}\tag{12-76}$$

将式(12 - 76) 与式(6 - 2) 相比较，得到

$$\left.\begin{aligned}a_1&=\frac{\Omega_{\mathrm{c}}}{\sigma_0}\\b_1&=0\end{aligned}\right\}\tag{12-77}$$

式中　a_1，b_1—— 第 1 级一阶滤波器的系数。

并有

$$\left.\begin{aligned}b_i&=\frac{\Omega_{\mathrm{c}}^2}{\sigma_0^2\cos^2\left(\frac{i-1}{n}\pi\right)+\delta_0^2\sin^2\left(\frac{i-1}{n}\pi\right)}\\a_i&=\frac{2b_i\sigma_0}{\Omega_{\mathrm{c}}}\cos\left(\frac{i-1}{n}\pi\right)\end{aligned}\right\},\quad i=2,3,\cdots,m\tag{12-78}$$

式中　a_i，b_i—— 第 i 级滤波器的系数。

由式(12 - 60) 得到

$$\delta_0^2-\sigma_0^2=\cosh^2\gamma-\sinh^2\gamma\tag{12-79}$$

已知双曲函数的相互关系[7]：

$$\cosh^2x-\sinh^2x=1\tag{12-80}$$

由三角函数的基本关系[7]：

$$\sin^2\alpha+\cos^2\alpha=1\tag{12-81}$$

可以得到

$$\sigma_0^2\cos^2\theta+\delta_0^2\sin^2\theta=\delta_0^2-(\delta_0^2-\sigma_0^2)\cos^2\theta\tag{12-82}$$

将式(12 - 79) 和式(12 - 80) 代入式(12 - 82)，得到

$$\sigma_0^2\cos^2\theta+\delta_0^2\sin^2\theta=\delta_0^2-\cos^2\theta \tag{12-83}$$

将式(12-83)代入式(12-78),得到[4]

$$\left.\begin{aligned} b_i&=\frac{\Omega_c^2}{\delta_0^2-\cos^2\left(\frac{i-1}{n}\pi\right)}\\ a_i&=\frac{2b_i\sigma_0}{\Omega_c}\cos\left(\frac{i-1}{n}\pi\right)\end{aligned}\right\},\quad i=2,3,\cdots,m \tag{12-84}$$

12.4.5.3 n 为偶数

只要在式(12-69)和式(6-2)间建立起联系,就可以给出 n 为偶数时 a_i, b_i 的表达式。参照式(12-70),由于式(12-69)是 n 为偶数时式(12-45)所示极点方程的解,所以 n 为偶数时 Chebyshev-Ⅰ 有源低通滤波器的传递函数为

$$A_u(p)=\frac{A}{\prod_{i=1}^{m}(p-p_{i1})(p-p_{i2})} \tag{12-85}$$

将式(12-69)代入式(12-85),得到

$$A_u(p)=\frac{A}{\prod_{i=1}^{m}\left[p+\sigma_0\cos\left(\frac{2i-1}{2n}\pi\right)-\mathrm{j}\delta_0\sin\left(\frac{2i-1}{2n}\pi\right)\right]\left[p+\sigma_0\cos\left(\frac{2i-1}{2n}\pi\right)+\mathrm{j}\delta_0\sin\left(\frac{2i-1}{2n}\pi\right)\right]} \tag{12-86}$$

将式(12-86)化简,得到

$$A_u(p)=\frac{A}{\prod_{i=1}^{m}\left\{\left[p+\sigma_0\cos\left(\frac{2i-1}{2n}\pi\right)\right]^2+\left[\delta_0\sin\left(\frac{2i-1}{2n}\pi\right)\right]^2\right\}} \tag{12-87}$$

将式(12-87)展开,得到

$$A_u(p)=\frac{A}{\prod_{i=1}^{m}\left[p^2+2\sigma_0\cos\left(\frac{2i-1}{2n}\pi\right)p+\sigma_0^2\cos^2\left(\frac{2i-1}{2n}\pi\right)+\delta_0^2\sin^2\left(\frac{2i-1}{2n}\pi\right)\right]} \tag{12-88}$$

只要在式(6-2)和式(12-88)间建立起联系,就可以给出 a_i, b_i 的表达式。

将式(12-71)代入式(12-88),得到

$$A_u(p)=A\prod_{i=1}^{m}\frac{\dfrac{1}{\sigma_0^2\cos^2\left(\frac{2i-1}{2n}\pi\right)+\delta_0^2\sin^2\left(\frac{2i-1}{2n}\pi\right)}}{1+\dfrac{2\sigma_0\cos\left(\frac{2i-1}{2n}\pi\right)\Omega_c}{\sigma_0^2\cos^2\left(\frac{2i-1}{2n}\pi\right)+\delta_0^2\sin^2\left(\frac{2i-1}{2n}\pi\right)}P+\dfrac{\Omega_c^2}{\sigma_0^2\cos^2\left(\frac{2i-1}{2n}\pi\right)+\delta_0^2\sin^2\left(\frac{2i-1}{2n}\pi\right)}P^2} \tag{12-89}$$

将式(12-89)与式(6-2)相比较,得到

$$\left.\begin{aligned} b_i&=\frac{\Omega_c^2}{\sigma_0^2\cos^2\left(\frac{2i-1}{2n}\pi\right)+\delta_0^2\sin^2\left(\frac{2i-1}{2n}\pi\right)}\\ a_i&=\frac{2b_i\sigma_0}{\Omega_c}\cos\left(\frac{2i-1}{2n}\pi\right)\end{aligned}\right\},\quad i=1,2,3,\cdots,m \tag{12-90}$$

将式(12－83)代入式(12－90)，得到[4]

$$\left.\begin{aligned} b_i &= \frac{\Omega_c^2}{\delta_0^2 - \cos^2\left(\dfrac{2i-1}{2n}\pi\right)} \\ a_i &= \frac{2b_i\sigma_0}{\Omega_c}\cos\left(\frac{2i-1}{2n}\pi\right) \end{aligned}\right\},\quad i=1,2,3,\cdots,m \tag{12-91}$$

12.5　幅频特性

12.5.1　表达式

将式(12－33)代入式(12－71)，再代入式(6－2)，得到

$$A_u(j\Omega) = \frac{A_0}{\prod\limits_{i=1}^{m}\left(1 - \dfrac{b_i\Omega^2}{\Omega_c^2} + j\,\dfrac{a_i\Omega}{\Omega_c}\right)} \tag{12-92}$$

式(12－92)可以改写为

$$A_u(j\Omega) = A_0\prod_{i=1}^{m}\frac{\left(1 - \dfrac{b_i\Omega^2}{\Omega_c^2}\right) - j\,\dfrac{a_i\Omega}{\Omega_c}}{\left(1 - \dfrac{b_i\Omega^2}{\Omega_c^2}\right)^2 + \left(\dfrac{a_i\Omega}{\Omega_c}\right)^2} \tag{12-93}$$

由式(12－93)可以得到幅频特性为

$$|A_u(j\Omega)| = \frac{A_0}{\prod\limits_{i=1}^{m}\sqrt{\left(1 - \dfrac{b_i\Omega^2}{\Omega_c^2}\right)^2 + \left(\dfrac{a_i\Omega}{\Omega_c}\right)^2}} \tag{12-94}$$

12.5.2　示例

12.5.2.1　*n* 为奇数

以 $R_P=0.5$ dB，$n=5$ 为例。由表 12－1 得到 $C_n(\Omega)=16\Omega^5-20\Omega^3+5\Omega$；由式(12－18)得到 $\varepsilon=0.349\ 312$；由式(12－29)得到 $\Omega_c=1.059\ 259$；由式(12－58)得到 $\sigma_0=0.362\ 320$，$\delta_0=1.063\ 614$；由式(12－77)得到 $a_1=2.923\ 5$，$b_1=0$；$\cos(\pi/n)=0.809\ 017$，$\cos(2\pi/n)=0.309\ 017$，由式(12－84)得到 $b_2=2.353\ 4$，$a_2=1.302\ 5$；$b_3=1.083\ 3$，$a_3=0.229\ 0$。

将以上数据分别代入式(12－15)和式(12－94)，绘出幅频特性曲线，如图 12－11 所示。可以看到，由式(12－15)和式(12－94)绘出的曲线完全重合，从而验证了 12.3 节～12.5 节推导出的上述相关公式的正确性。

12.5.2.2　*n* 为偶数

以 $R_P=0.5$ dB，$n=6$ 为例。由表 12－1 得到 $C_n(\Omega)=32\Omega^6-48\Omega^4+18\Omega^2-1$；由式(12－18)得到 $\varepsilon=0.349\ 311$；由式(12－30)得到 $\Omega_c=1.046\ 804$；由式(12－58)得到 $\sigma_0=0.300\ 017$，$\delta_0=1.044\ 035$；$\cos(\pi/2n)=0.965\ 926$，$\cos(3\pi/2n)=0.707\ 107$，$\cos(5\pi/2n)=0.258\ 819$，由式(12－91)得到 $b_1=6.979\ 7$，$a_1=3.864\ 5$；$b_2=1.857\ 3$，$a_2=0.752\ 8$；$b_3=1.071\ 1$，$a_3=0.158\ 9$。

将以上数据分别代入式(12－15)和式(12－94)，绘出幅频特性曲线，如图 12－12 所示。

可以看到，由式(12-15)和式(12-94)绘出的曲线完全重合，从而验证了12.3节～12.5节推导出的上述相关公式的正确性。

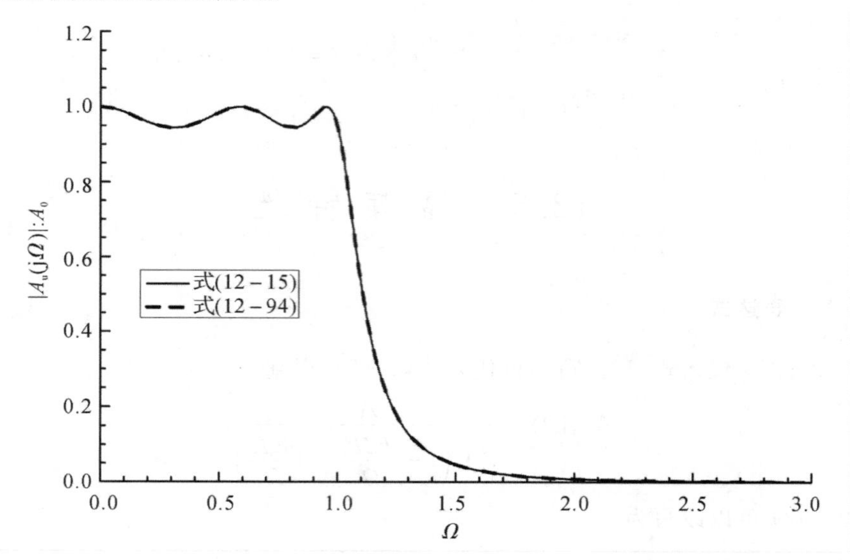

图12-11 $R_P = 0.5$ dB，$n = 5$ 分别由式(12-15)和式(12-94)绘出的幅频特性曲线

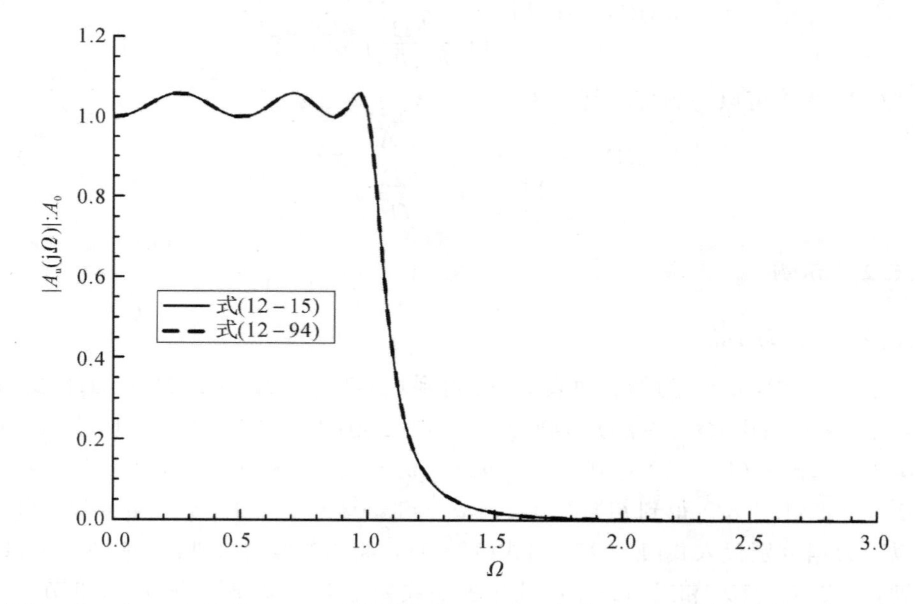

图12-12 $R_P = 0.5$ dB，$n = 6$ 时分别由式(12-15)和式(12-94)绘出的幅频特性曲线

12.6 相频特性

12.6.1 表达式

由式(12-93)可以得到相频特性为

$$\phi_u(j\Omega) = \sum_{i=1}^{m}\left[-\arctan\left(\frac{a_i\Omega_c\Omega}{\Omega_c^2 - b_i\Omega^2}\right) - \left(1 - \frac{|\Omega_c^2 - b_i\Omega^2|}{\Omega_c^2 - b_i\Omega^2}\right)\cdot\frac{\pi}{2}\right] \tag{12-95}$$

式中　$\phi_u(j\Omega)$—— Chebyshev - Ⅰ 有源低通滤波器在归一化频率 Ω 处的复数增益的辐角，即增益的相位，rad。

我们知道反正切的主值范围为$(-\pi/2, \pi/2)$，为了把它延伸至$[-\pi, \pi]$，需判别式(12-93)实部和虚部的正负号，当实部为负号、虚部为正号时，应加 π；当实部和虚部均为负号时，应减 π。由式(12-93)可以看到，虚部不会出现正号，即实际值域范围为$[-\pi, 0]$。为此，式(12-95)方括号中增加第二项，它所起的作用正是将值域从$(-\pi/2, \pi/2)$调整为$[-\pi, 0]$。

12.6.2　示例

12.6.2.1　$R_P = 0.5$ dB, $n = 1 \sim 10$

当 $R_P = 0.5$ dB 时，由式(12-18)得到 $\varepsilon = 0.349\ 311$。

(1)$n = 1, 3, 5, 7, 9$。

由式(12-29)得到 Ω_c，由式(12-58)得到 σ_0，δ_0，由式(12-77)得到 a_1，由式(12-84)得到 b_i 和 $a_i[i = 2, 3, \cdots, (n+1)/2]$。

(2)$n = 2, 4, 6, 8, 10$。

由式(12-30)得到 Ω_c，由式(12-58)得到 σ_0，δ_0，由式(12-91)得到 b_i 和 $a_i(i = 1, 2, 3, \cdots, n/2)$。结果如表 12-3 所示。

表 12-3　$n = 1 \sim 10$，$R_P = 0.5$ dB 的 Chebyshev - Ⅰ 有源低通滤波器参数[4]

n	Ω_c	i	a_i	b_i	n	Ω_c	i	a_i	b_i
1	2.862 8	1	1.000 0	0.000 0	8	1.026 2	1	5.111 7	11.960 7
2	1.447 9	1	1.361 4	1.382 7			2	1.063 9	2.936 5
3	1.167 5	1	1.863 6	0.000 0			3	0.343 9	1.420 6
		2	0.640 2	1.193 1			4	0.088 5	1.040 7
4	1.106 3	1	2.628 2	3.434 1	9	1.018 2	1	5.131 8	0.000 0
		2	0.364 8	1.150 9			2	2.428 3	6.630 7
5	1.059 3	1	2.923 5	0.000 0			3	0.683 9	2.290 8
		2	1.302 5	2.353 4			4	0.255 9	1.313 3
		3	0.229 0	1.083 3			5	0.069 5	1.027 2
6	1.046 8	1	3.864 5	6.979 7	10	1.016 8	1	6.364 8	18.369 5
		2	0.752 8	1.857 3			2	1.358 2	4.345 3
		3	0.158 9	1.071 1			3	0.482 2	1.944 0
7	1.030 1	1	4.021 1	0.000 0			4	0.199 4	1.252 0
		2	1.872 9	4.179 5			5	0.056 3	1.026 3
		3	0.486 1	1.567 6					
		4	0.115 6	1.044 3					

由式(12-95)、表12-3可以绘出 $R_P=0.5$ dB,$n=1, 3, 5, 7, 9$ 和 $n=2, 4, 6, 8, 10$ 的 Chebyshev-Ⅰ 有源低通滤波器相频特性曲线,其中线性刻度曲线如图12-13和图12-14所示,单对数刻度曲线如图12-15和图12-16所示,与之相应的幅频特性曲线依次为图12-3、图12-4、图12-5、图12-6。

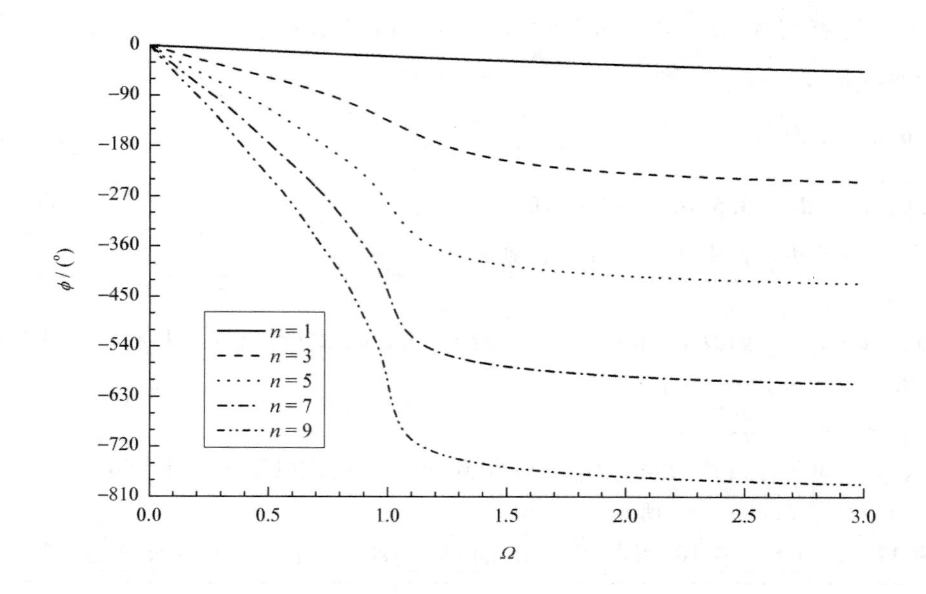

图12-13 $R_P=0.5$ dB,$n=1,3,5,7,9$ 的 Chebyshev-Ⅰ 有源低通滤波器相频特性曲线(线性刻度)

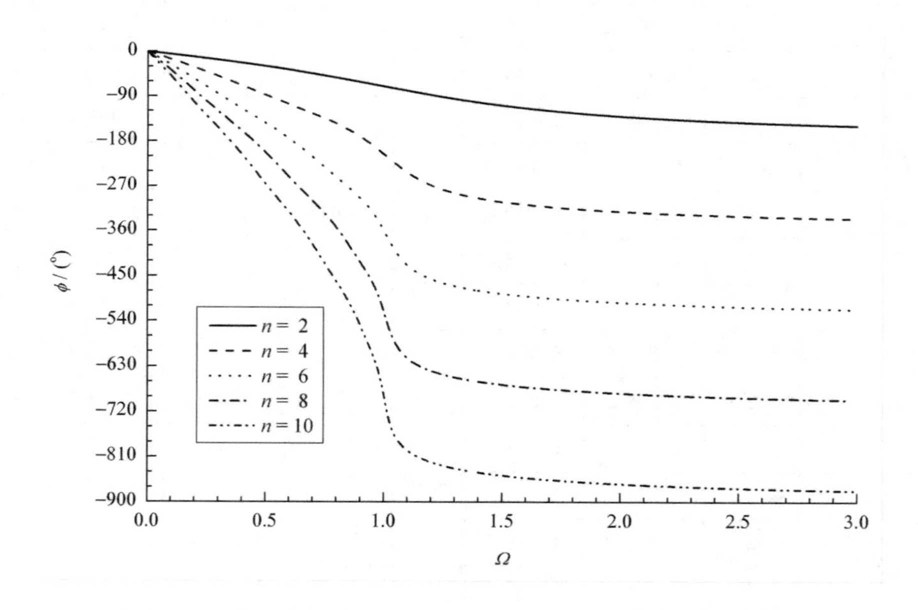

图12-14 $R_P=0.5$ dB,$n=2,4,6,8,10$ 的 Chebyshev-Ⅰ 有源低通滤波器相频特性曲线(线性刻度)

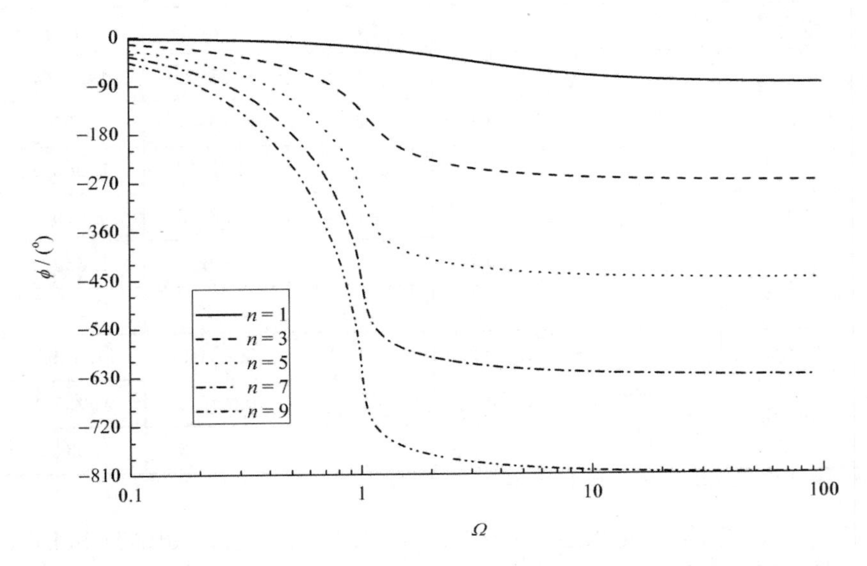

图 12 - 15　R_P = 0.5 dB, n = 1,3,5,7,9 的 Chebyshev - Ⅰ 有源低通滤波器相频特性曲线（单对数刻度）

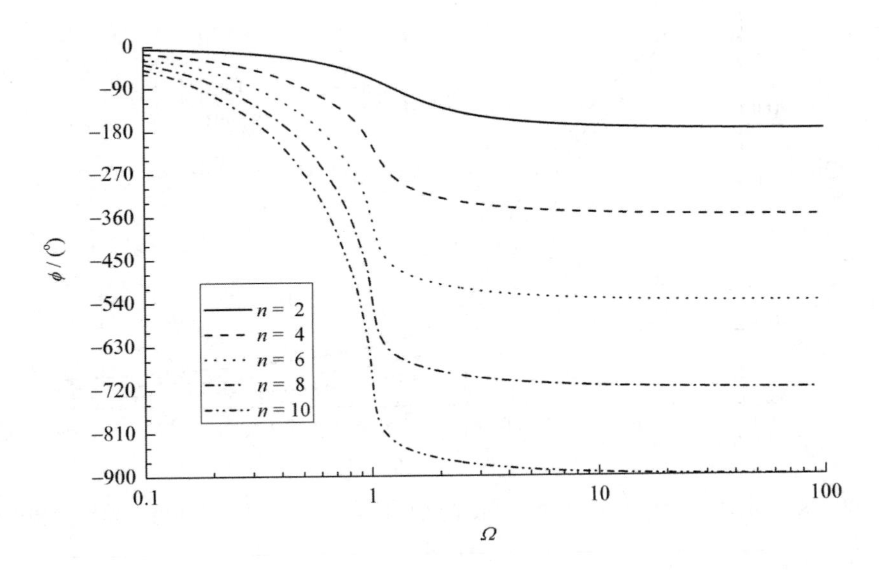

图 12 - 16　R_P = 0.5 dB, n = 2,4,6,8,10 的 Chebyshev - Ⅰ 有源低通滤波器相频特性曲线（单对数刻度）

12.6.2.2　$n=6, R_P=(0.1,\ 0.5,\ 2.5)$ dB

由式(12 - 18) 得到 ε，由式(12 - 30) 得到 Ω_c，由式(12 - 58) 得到 σ_0，δ_0，由式(12 - 91) 得到 b_i 和 $a_i(i=1,2,3)$。结果如表 12 - 4 所示。

表 12-4 $n=6, R_P=(0.1, 0.5, 2.5)$ dB 的 Chebyshev-Ⅰ 有源低通滤波器参数

R_P/dB	ε	Ω_c	i	a_i	b_i
0.1	0.152 620	1.094 6	1	3.558 1	4.549 4
			2	0.985 1	1.720 6
			3	0.222 3	1.060 9
0.5	0.349 311	1.046 8	1	3.864 5	6.979 7
			2	0.752 8	1.857 2
			3	0.158 9	1.071 1
2.5	0.882 201	1.020 1	1	3.431 9	11.129 3
			2	0.446 2	1.976 4
			3	0.089 6	1.084 5

由式(12-95)、表 12-4 可以绘出 $n=6, R_P=(0.1, 0.5, 2.5)$ dB 的 Chebyshev-Ⅰ 有源低通滤波器相频特性曲线，其中线性刻度曲线如图 12-17 所示，单对数刻度曲线如图 12-18 所示，与之相应的幅频特性曲线依次为图 12-7 和图 12-8。

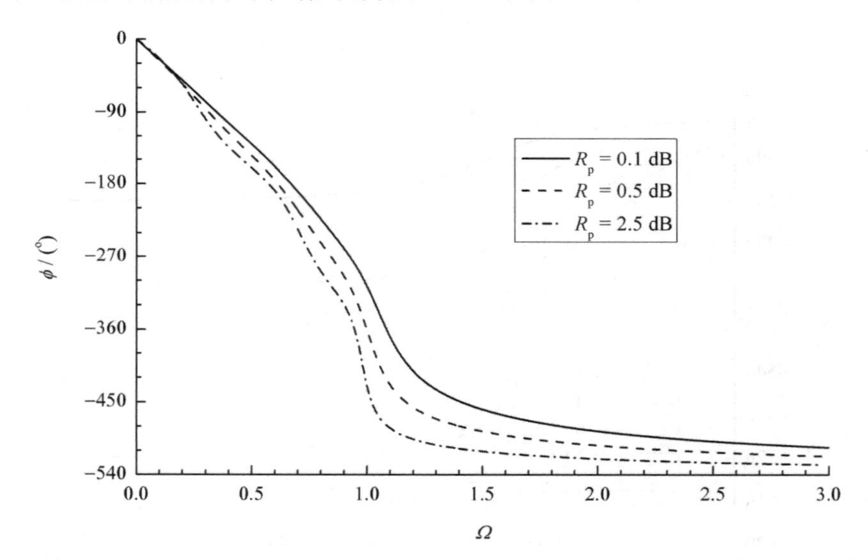

图 12-17 $n=6, R_P=(0.1, 0.5, 2.5)$ dB 的 Chebyshev-Ⅰ 有源低通滤波器相频特性曲线（线性刻度）

12.7 群 时 延

将式(12-24) 代入式(6-10)，得到

$$\{\tau\}_s \{f_h\}_{Hz} = -\frac{1}{360} \frac{d\{\phi(\Omega)\}_{(°)}}{d\Omega} \tag{12-96}$$

式中 τ—— 群时延，s；

ϕ—— 增益的相位，(°)。

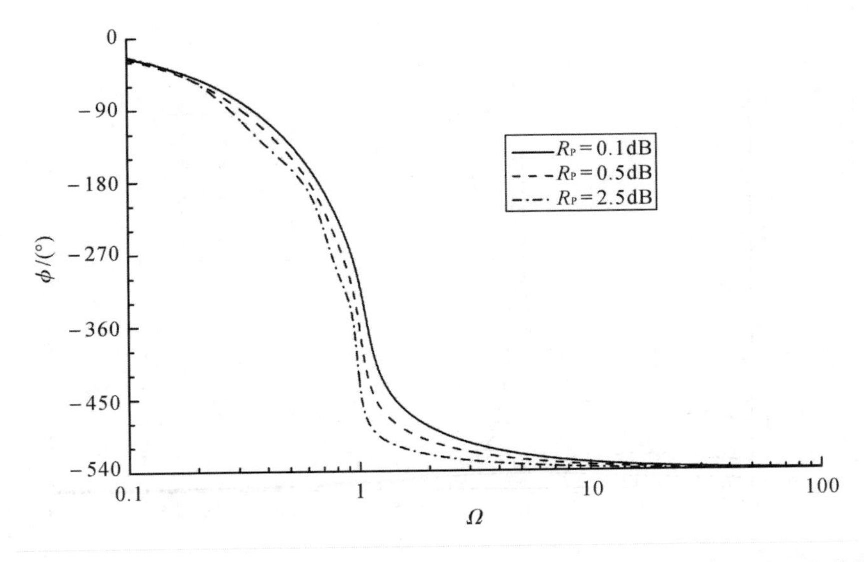

图 12－18　$n=6$，$R_P=(0.1,\ 0.5,\ 2.5)$ dB 的 Chebyshev－Ⅰ 有源低通滤波器相频特性曲线（单对数刻度）

依据式(12－96)，可以由图 12－13 和图 12－14 得到 $R_P=0.5$ dB，$n=1,\ 3,\ 5,\ 7,\ 9$ 和 $n=2,\ 4,\ 6,\ 8,\ 10$ 的 Chebyshev－Ⅰ 有源低通滤波器 τf_h 随 Ω 的变化曲线，如图 12－19 和图 12－20 所示。还可以由图 12－17 得到 $n=6$，$R_P=(0.1,\ 0.5,\ 2.5)$ dB 的 Chebyshev－Ⅰ 有源低通滤波器 τf_h 随 Ω 的变化曲线，如图 12－21 所示。

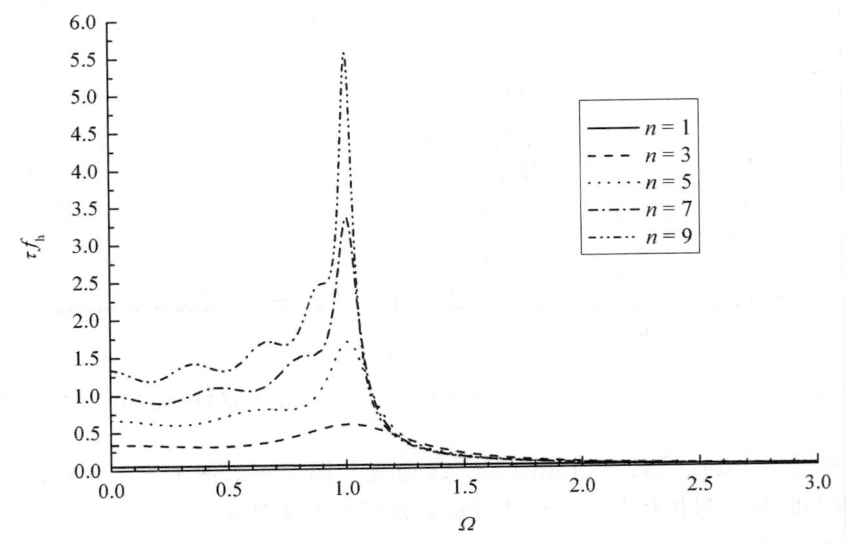

图 12－19　$R_P=0.5$ dB，$n=1,3,5,7,9$ 的 Chebyshev－Ⅰ 有源低通滤波器 τf_h 随 Ω 的变化曲线

表 12－2 指出，n 越大，通带外增益幅值下降越快；R_P 越大，通带外增益幅值下降也越快。而从图 12－19、图 12－20 和图 12－21 可以看到，n 越大，通带内群时延变化越大；R_P 越大，通带内群时延变化也越大。鉴于 6.1.2 节指出，为了抑制频率混叠，希望过渡带尽量陡峭，而 6.1.3 节第(2) 条指出，为满足信号传输不产生失真，群时延应为常数。因此，抑制频率混叠与防止传输失真是矛盾的，只能根据需求折中选择。

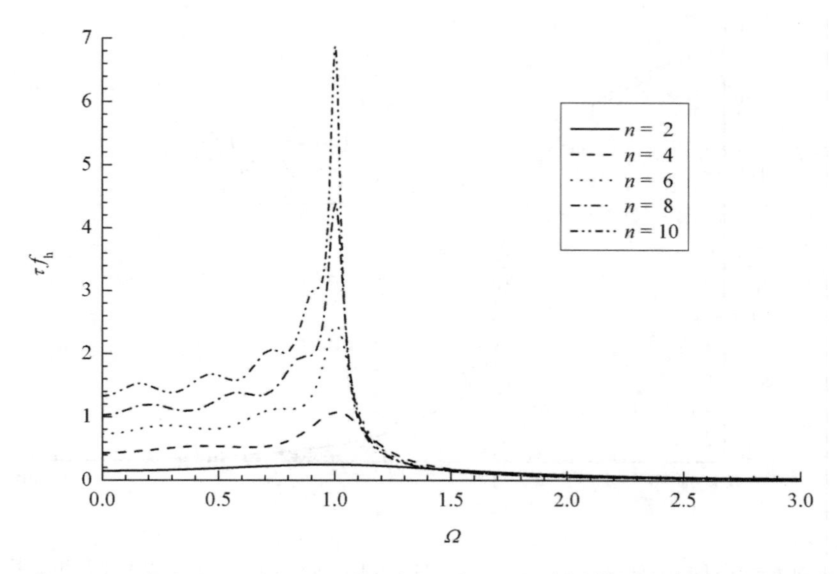

图 12-20 $R_P = 0.5$ dB,$n = 2,4,6,8,10$ 的 Chebyshev-Ⅰ 有源低通滤波器 τf_h 随 Ω 的变化曲线

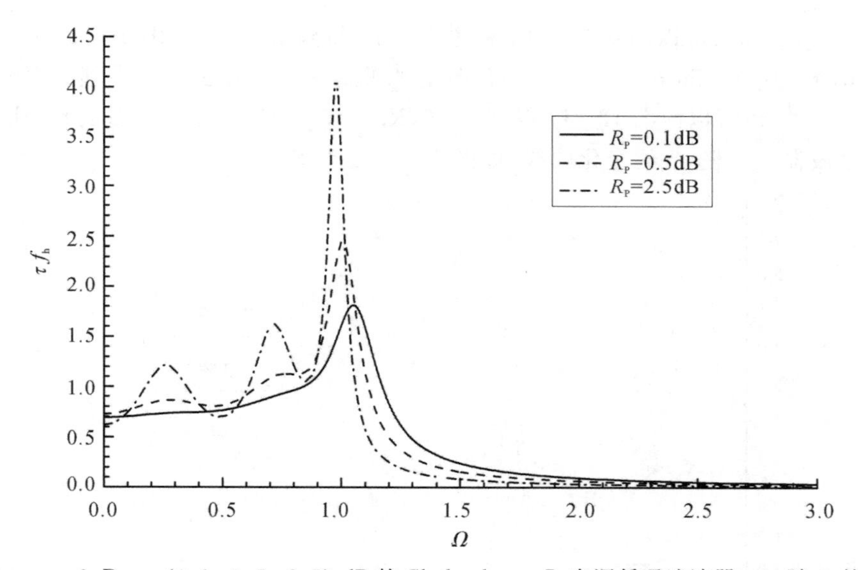

图 12-21 $n = 6$,$R_P = (0.1, 0.5, 2.5)$ dB 的 Chebyshev-Ⅰ 有源低通滤波器 τf_h 随 Ω 的变化曲线

另外,将图 12-19、图 12-20 和图 12-21 分别与图 12-3、图 12-4 和图 12-7 相比较,还可以看到群时延的起伏状况与幅频特性的起伏状况基本呼应。

12.8 有源滤波器电路及阻容元件选择

12.8.1 有源滤波器的主要特点

有源滤波器电路是用运算放大器作为电压源或电流源,配上 RC(极少用 LC)网络构成的,称为有源 RC 网络,其中用分立元件搭建的称为分立元件有源滤波器,用集成电路工艺

制造的称为集成电路有源滤波器(简称集成滤波器)。其主要特点是[5]:

(1)有源 RC 网络有能源补充,因而可以完全不顾及网络的损耗;可以设计成有相当增益的环节;无源滤波网络必须考虑的传输衰减特性被有源 RC 网络的幅频特性所取代。

(2)无源滤波网络中大阻值 R 的较大损耗曾经是多用 L 少用 R 的重要原因之一,而 L 的有损电阻对其 Q 值进而对整个网络实际效果有严重影响。有源 RC 网络不必顾及损耗的主要好处是可以放心地使用损耗较大的 R。用小型 RC 网络取代 L,不但减小了体积,而且使滤波器的调谐变得很容易,有时只要简单更换一个不同阻值的 R 就可以。

(3)阻抗问题是分析无源滤波网络的核心问题之一。我们知道,如果二阶网络的输出阻抗远小于输入阻抗,就可以将若干个二阶网络串联起来构成高阶网络。有源 RC 网络的基础形态是二阶网络。因为运算放大器具有虚地点,这使设计者可以无需考虑各网络之间电平耦合相互作用所带来的麻烦。而且,由于有源 RC 网络是从运算放大器直接引出的,运放的输出阻抗极小,且基本上是纯电阻的;而下一级的等效输入阻抗实际上接近由网络元件构成的输入阻抗,因此在绝对大多数情况下满足输出阻抗远小于输入阻抗的要求,即低阶有源 RC 网络可以直接级联构成高阶有源 RC 网络。

(4)有源 RC 网络由于输出阻抗远小于输入阻抗,级间不需要另加隔离放大就已经是充分隔离的,调整任何一级的特性可以完全不影响其前后级的性能,因而可以完全独立地修饰其对总的幅频特性的贡献。

(5)高阶无源滤波网络 LC 元件数量多,任何一个 L、C 的不精确性,元件值随温度变化等因素的时变性,或者更换(调试)任何一个元件,均会对整个网络特性产生的难以控制的影响。而有源 RC 网络任何一级设计、调试的独立性显著降低了滤波特性对元件值偏差的敏感程度,因此可以精密(随机误差不高于 1%,甚至不高于 0.5%)补偿总的幅频特性在各个频率点上对期望特性的偏离①。

(6)无源滤波网络很难离开电感器件,而 L——特别是电感量较大时——的集成化很困难,另外无源滤波网络的需求参数只能是个性化的,品种规格将是无数的,所以很难集成化。有源 RC 网络却因上述几条特点而十分便于集成化,制成集成滤波器产品出售。使用集成滤波器时,仅需几个控制网络可变参数的外接电阻,设计使用十分方便。对许多使用者来说,但凡可能,都采用购买、使用集成滤波器的策略。特别是近年来随着集成滤波器品种型号的增多、价格的下降,对分立元件有源滤波器的使用量甚至设计原理、设计方法的学习和发展形成巨大冲击。但是,从目前的市场和技术状态来看,集成滤波器的品种和技术指标还远远不能完全覆盖有源 RC 网络的需求领域。盲目使用集成滤波器往往达不到良好的滤波性能和系统性能。在一个可以预见的将来仍然不可避免地需要研制分立元件有源滤波器。鉴于没有理论指导的实践是不完善的,所以应该重视滤波器原理。

(7)有源 RC 网络最小信号电平受限于运放输入失调,最大信号电平受限于电路的限幅特性,因此信号的动态范围有限。

(8)有源 RC 网络适用的频率范围取决于所使用的运放的单位增益带宽(放大器增益至少为 1 的带宽)指标。但应注意,运放作为有源 RC 网络部件时,该指标比单纯作为放大器时的可用值低。

---

① 文献[5]原文为“精确补偿总特性在各个频率点上对期望特性的偏离,精度可不低于 1%~0.5%”,不妥(参见 4.1.3.1节)。

(9)分立元件的高阶有源滤波器由于使用的运放个数较多,功耗较大;而集成有源滤波器也很少有低功耗或微功耗的产品。

12.4.1节指出,若没有滤波器设计软件帮助,或阶数在五阶以上,则高阶有源滤波器需由几个低阶RC有源滤波器级联而成,为获得最大动态范围,当n为奇数时,第一级为一阶RC有源滤波器,其余各级均为二阶RC有源滤波器;当n为偶数时,各级均为二阶RC有源滤波器。12.4.5.1节指出,一阶RC有源滤波器可以视为二阶RC有源滤波器的特例,因此,二阶RC有源滤波器电路最为基本。

12.8.2 二阶有源低通滤波器

12.8.2.1 单一正反馈型

Sallen和Key于1955年首先提出用RC梯形电路与有源正反馈(正增益)电压控制电压源(VCVS)共同组成单一正反馈二阶滤波器电路[1]。该电路是最常用的结构形式,用于低通滤波时如图12-22所示[5]。它的主要缺点是当带宽很窄或Q值较高时,滤波特性对元件参数变化的敏感度非常高[1]。此外,文献[2]指出,当阻带的频率相当高时,由于输入信号通过电容器出现在输出端,会使得衰减特性显得迟钝;此外,当阻带的频率相当高时,还会使运算放大器的增益下降,反馈量相应减少。这两个效应联合作用,导致随着频率进一步提高,幅频特性不降反升的恶化程度十分明显。该文献还指出,这种高频衰减特性的恶化还与运算放大器的增益-带宽乘积、印制电路板上的配置以及电源阻抗有关系,因此,在处理10^4 Hz量级以上的信号时,必须充分注意运算放大器的选择和实际安装。

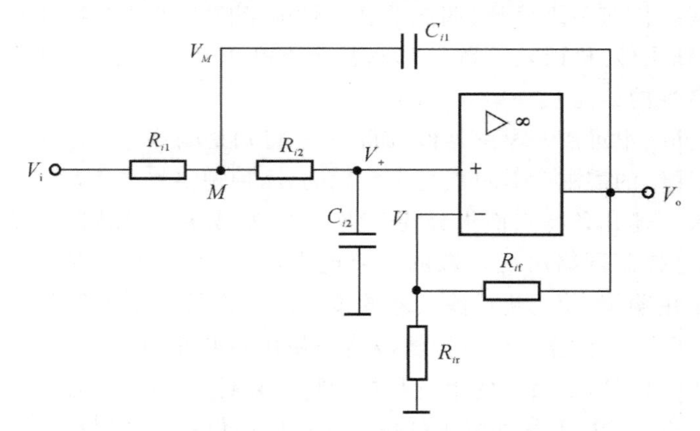

图12-22 单一正反馈二阶有源低通滤波器[5]

用图12-22所注明的符号。运算放大器与R_{if},R_{ir}一起构成一个同相比例运算电路[3]:

$$V_o = V_+ \left(1 + \frac{R_{if}}{R_{ir}}\right) \tag{12-97}$$

式中 V_o——输出电压,V;

V_+——运放同向输入端电位,V;

R_{if}——第i级正反馈二阶有源低通滤波器的负反馈电阻,Ω;

R_{ir}——第i级正反馈二阶有源低通滤波器运放负输入端的接地电阻,Ω。

由于运放的输入阻抗极高,我们有

$$\frac{V_M - V_+}{R_{i2}} = \mathrm{j}\omega C_{i2} V_+ \tag{12-98}$$

式中　V_M—— 正反馈二阶有源低通滤波器正反馈电容输入端(M 点) 的电位,V;

R_{i2}—— 第 i 级正反馈二阶有源低通滤波器正反馈电容输入端(M 点) 与运放同向输入端间的连接电阻,Ω;

C_{i2}—— 第 i 级正反馈二阶有源低通滤波器运放正输入端的接地电容,F。

由式(12-98) 得到

$$V_M = (1 + \mathrm{j}\omega C_{i2} R_{i2}) V_+ \tag{12-99}$$

在 M 点运用节点电流法,得到

$$\frac{V_\mathrm{i} - V_M}{R_{i1}} = \mathrm{j}\omega C_{i1}(V_M - V_\mathrm{o}) + \frac{V_M - V_+}{R_{i2}} \tag{12-100}$$

式中　V_i—— 输入电压,V;

R_{i1}—— 第 i 级正反馈二阶有源低通滤波器输入端与正反馈电容输入端(M 点)间的连接电阻,Ω;

C_{i1}—— 第 i 级正反馈二阶有源低通滤波器的正反馈电容,F。

将式(12-99) 代入式(12-100),得到

$$\frac{V_\mathrm{i} - (1 + \mathrm{j}\omega C_{i2} R_{i2}) V_+}{R_{i1}} = \mathrm{j}\omega C_{i1}\left[(1 + \mathrm{j}\omega C_{i2} R_{i2}) V_+ - V_\mathrm{o}\right] + \mathrm{j}\omega C_{i2} V_+ \tag{12-101}$$

将式(12-97) 代入式(12-101),得到传递函数为

$$A_i(\mathrm{j}\omega) = \frac{V_\mathrm{o}}{V_\mathrm{i}} = \frac{1 + \dfrac{R_{if}}{R_{ir}}}{1 + \mathrm{j}\omega\left[C_{i2}(R_{i1} + R_{i2}) - C_{i1} R_{i1} \dfrac{R_{if}}{R_{ir}}\right] + (\mathrm{j}\omega)^2 C_{i1} C_{i2} R_{i1} R_{i2}} \tag{12-102}$$

式中　$A_i(\mathrm{j}\omega)$—— 第 i 级二阶有源低通滤波器的传递函数。

令

$$\left.\begin{aligned} A_{0i} &= 1 + \frac{R_{if}}{R_{ir}} \\ \omega_i &= \frac{1}{\sqrt{C_{i1} C_{i2} R_{i1} R_{i2}}} \\ Q_i &= \frac{1}{\omega_i\left[C_{i2}(R_{i1} + R_{i2}) - C_{i1} R_{i1} \dfrac{R_{if}}{R_{ir}}\right]} \end{aligned}\right\} \tag{12-103}$$

式中　A_{0i}—— 第 i 级二阶有源低通滤波器的直流增益[5];

ω_i—— 第 i 级二阶有源低通滤波器的特征角频率,rad/s;

Q_i—— 第 i 级二阶有源低通滤波器的品质因数[5](即在特征角频率处的增益与直流增益的比值)。

当 $Q_i \gg 1$ 时,幅频特性的最大值近似等于 Q_i[9]。

将式(12-103) 代入式(12-102),得到

$$A_i(\mathrm{j}\omega) = \frac{A_{0i}}{1 + \dfrac{\mathrm{j}\omega}{\omega_i Q_i} + \left(\dfrac{\mathrm{j}\omega}{\omega_i}\right)^2} \tag{12-104}$$

将式(12-34) 代入式(12-104),得到

$$A_i(p)=\frac{A_{0i}}{p^2+\frac{1}{Q_i}p+1} \tag{12-105}$$

式(12-105)是二阶低通滤波器传递函数的一般表达式。

将式(6-3)代入式(12-104),得到

$$A_i(P)=\frac{A_{0i}}{1+\frac{\omega_c}{\omega_i Q_i}P+\left(\frac{\omega_c}{\omega_i}\right)^2 P^2} \tag{12-106}$$

式中 $A_i(P)$——第 i 级正反馈二阶有源低通滤波器在 Laplace 变换建立的 −3 dB 归一化复频率 P 处的复数增益。

而由式(6-2)得到

$$A_i(P)=\frac{A_{0i}}{1+a_iP+b_iP^2} \tag{12-107}$$

将式(12-106)与式(12-107)比较,得到

$$\left.\begin{aligned}\omega_i&=\frac{\omega_c}{\sqrt{b_i}}\\ Q_i&=\frac{\sqrt{b_i}}{a_i}\end{aligned}\right\} \tag{12-108}$$

由式(12-103)得到

$$\left.\begin{aligned}R_{i2}&=\frac{1}{\omega_i^2C_{i1}C_{i2}R_{i1}}\\ R_{i2}&=\frac{1}{\omega_iC_{i2}Q_i}-\frac{R_{i1}}{C_{i2}}\left[C_{i2}-C_{i1}(A_{0i}-1)\right]\end{aligned}\right\} \tag{12-109}$$

将式(12-108)代入式(12-109),得到

$$\left.\begin{aligned}R_{i2}&=\frac{b_i}{\omega_c^2C_{i1}C_{i2}R_{i1}}\\ R_{i2}&=\frac{a_i}{\omega_cC_{i2}}-\frac{R_{i1}}{C_{i2}}\left[C_{i2}-C_{i1}(A_{0i}-1)\right]\end{aligned}\right\} \tag{12-110}$$

由式(12-110)得到

$$\omega_c^2\left[C_{i2}-C_{i1}(A_{0i}-1)\right]R_{i1}^2-\omega_ca_iR_{i1}+\frac{b_i}{C_{i1}}=0 \tag{12-111}$$

由式(12-111)得到

$$R_{i1}=\frac{a_i\mp\sqrt{a_i^2-\frac{4b_i}{C_{i1}}\left[C_{i2}-C_{i1}(A_{0i}-1)\right]}}{2\omega_c\left[C_{i2}-C_{i1}(A_{0i}-1)\right]} \tag{12-112}$$

由式(12-103)可以看到,$A_{0i}\geqslant 1$。而从式(12-112)可以看到,若 $C_{i2}-C_{i1}(A_{0i}-1)<0$,为保证 R_{i1} 不为负,等号右端的"∓"号必须取"−"号。因此,式(12-112)改写为

$$R_{i1}=\frac{a_i-\sqrt{a_i^2-\frac{4b_i}{C_{i1}}\left[C_{i2}-C_{i1}(A_{0i}-1)\right]}}{2\omega_c\left[C_{i2}-C_{i1}(A_{0i}-1)\right]} \tag{12-113}$$

将式(12-113)代入式(12-110),得到[5]

$$R_{i2}=\frac{a_i+\sqrt{a_i^2-\frac{4b_i}{C_{i1}}\left[C_{i2}-C_{i1}(A_{0i}-1)\right]}}{2\omega_cC_{i2}} \tag{12-114}$$

由式(12－109) 可以看到，如果 $A_{0i}=1$，则 R_{i1} 与 R_{i2} 可以互换。

从式(12－113) 和式(12－114) 可以看到，为了严格按滤波器类型和级数所要求的 a_i，b_i 确定 R_{i1}，R_{i2} 的设计值，必须得到 R_{i1}，R_{i2} 的实数解，即必须满足条件：

$$\frac{C_{i2}}{C_{i1}} \leqslant \frac{a_i^2}{4b_i} + A_{0i} - 1 \tag{12-115}$$

电容采用 E24 系列，即每个量级依等比级数均匀安排 24 个标称值[10]。文献[4] 针对 $A_{0i}=1$ 的特定情况指出，如果选择 C_{i2}/C_{i1} 的比值不太小于 $a_i^2/(4b_i)$，能获得最佳设计。显然，可以将其推广为不限定 $A_{0i}=1$ 的一般情况下，如果选择 C_{i2}/C_{i1} 的比值不太小于式(12－115) 右端所列的条件，能获得最佳设计。考虑到电容量实际值与 E24 标称值间的差异，我们取

$$\frac{1}{1.3}\left(\frac{a_i^2}{4b_i} + A_{0i} - 1\right) \leqslant \frac{C_{i2}}{C_{i1}} \leqslant \frac{1}{1.1}\left(\frac{a_i^2}{4b_i} + A_{0i} - 1\right) \tag{12-116}$$

文献[5] 指出，较大增益并不是有源滤波器的追求目标。恰恰相反，由于参数灵敏度及工作稳定性要求等方面的考虑，总是适当地压低增益。文献[2] 指出，单一正反馈二阶有源低通滤波器设定 $A_{0i}=1$ 可以改善信噪比和动态范围。因此，单一正反馈二阶有源低通滤波器用得最多的是 $A_{0i}=1$，此时图 12－22 简化为图 12－23[2]。

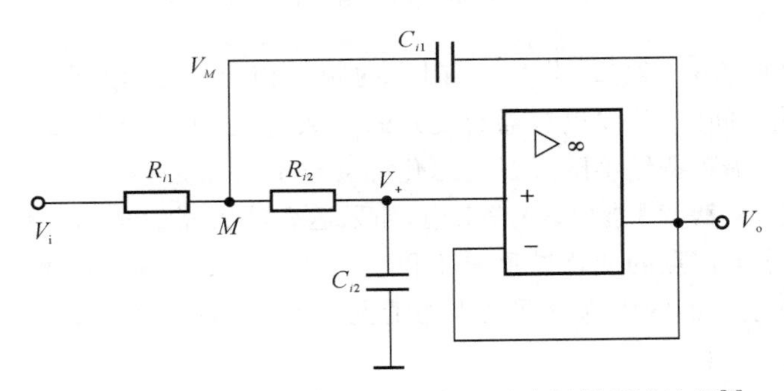

图 12－23　$A_{0i}=1$ 的单一正反馈二阶有源低通滤波器[2]

文献[2] 还指出，为了防止该电路产生振荡，可以在负反馈回路中插入 R_{if} 和 C_{if}，并取 $R_{if} \approx R_{i1}+R_{i2}$，$C_{if}=1\ \text{nF} \sim 0.1\ \mu\text{F}$，如图 12－24 所示。

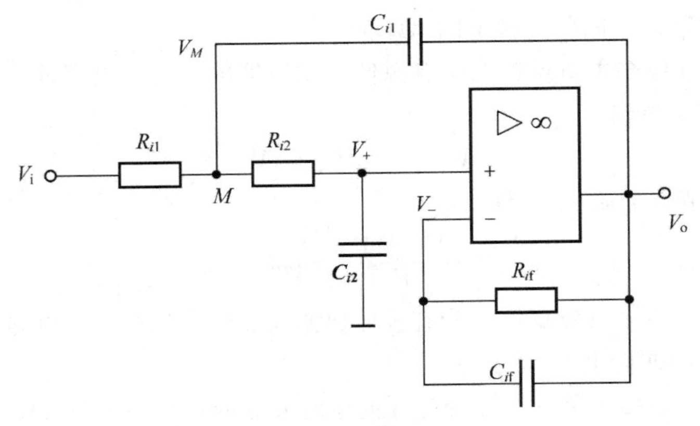

图 12－24　$A_{0i}=1$ 的单一正反馈二阶有源低通滤波器针对振荡采取的措施(附加 R_{if} 和 C_{if})[2]

12.8.2.2 多重负反馈型

图 12-25 所示为多重负反馈二阶有源低通滤波器的电路原理图[2]。该电路结构形式的主要优点是具有良好的高频衰减特性和失真特性[2]，且滤波特性对电路元件参数变化的敏感度较低[3]，因此特别适宜于做高 Q 值的滤波器[4]。主要缺点是元件值的分散性较大(即各个电阻的阻值不相同，各个电容的容值不相同)[3]。

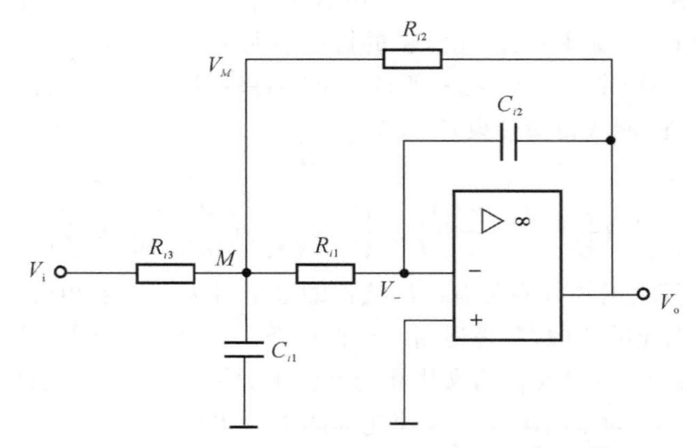

图 12-25　多重负反馈二阶有源低通滤波器[2]

关于高频衰减特性，文献[2]指出，当阻带的频率相当高时，由于最前面的电容器(C_{i1})是连接在信号与地之间的，只要电容器有良好的高频特性，即使运算放大器的增益下降，随着频率进一步提高，幅频特性不降反升的恶化程度也不明显。

关于失真特性，文献[2]指出，一般来说，如果运算放大器的 +/− 输入端有大的摆动，那么，由于输入部分工作点的变化导致增益和输入电容会发生微小变化，容易产生失真。所以在增益小而运算放大器输入部分摆动大的情况下，正反馈放大电路的失真特性往往要比负反馈放大电路差。

用图 12-25 所注明的符号。由于运放的输入阻抗极高，我们有

$$\frac{V_M}{R_{i1}} = -\mathrm{j}\omega C_{i2} V_o \tag{12-117}$$

式中　V_M—— 多重负反馈二阶有源低通滤波器负反馈电阻输入端(M 点)的电位，V；

R_{i1}—— 第 i 级多重负反馈二阶有源低通滤波器负反馈电阻输入端(M 点)与运放反向输入端间的连接电阻，Ω；

C_{i2}—— 第 i 级多重负反馈二阶有源低通滤波器的负反馈电容，F。

由式(12-117)得到

$$V_M = -\mathrm{j}\omega C_{i2} R_{i1} V_o \tag{12-118}$$

在 M 点运用节点电流法，得到

$$\frac{V_i - V_M}{R_{i3}} = \frac{V_M - V_o}{R_{i2}} + \mathrm{j}\omega C_{i1} V_M + \frac{V_M}{R_{i1}} \tag{12-119}$$

式中　R_{i3}—— 第 i 级多重负反馈二阶有源低通滤波器输入端与负反馈电阻输入端(M 点)间的连接电阻，Ω；

R_{i2}—— 第 i 级多重负反馈二阶有源低通滤波器的负反馈电阻，Ω；

C_{i1}—— 第 i 级多重负反馈二阶有源低通滤波器负反馈电阻输入端(M 点)的接地电

容,F。

将式(12-118)代入式(12-119),得到传递函数为[4]

$$A_i(\mathrm{j}\omega)=\frac{V_\mathrm{o}}{V_\mathrm{i}}=\frac{-\dfrac{R_{i2}}{R_{i3}}}{1+\mathrm{j}\omega C_{i2}\left(R_{i1}+R_{i2}+\dfrac{R_{i1}R_{i2}}{R_{i3}}\right)+(\mathrm{j}\omega)^2C_{i1}C_{i2}R_{i1}R_{i2}} \tag{12-120}$$

令

$$\left.\begin{aligned} A_{0i}&=-\frac{R_{i2}}{R_{i3}}\\ \omega_i&=\frac{1}{\sqrt{C_{i1}C_{i2}R_{i1}R_{i2}}}\\ Q_i&=\frac{1}{\omega_iC_{i2}\left(R_{i1}+R_{i2}+\dfrac{R_{i1}R_{i2}}{R_{i3}}\right)}\end{aligned}\right\} \tag{12-121}$$

将式(12-121)代入式(12-120),即可回到式(12-104),因而式(12-105)、式(12-106)、式(12-108)对于多重负反馈二阶有源低通滤波器也适用。

由式(12-121)得到

$$\left.\begin{aligned} R_{i3}&=-\frac{R_{i2}}{A_{0i}}\\ R_{i2}&=\frac{1}{\omega_i^2C_{i1}C_{i2}R_{i1}}\\ R_{i2}&=\frac{1}{Q_i\omega_iC_{i2}}-R_{i1}(1-A_{0i})\end{aligned}\right\} \tag{12-122}$$

将式(12-108)代入式(12-122),得到[4]

$$\left.\begin{aligned} R_{i3}&=-\frac{R_{i2}}{A_{0i}}\\ R_{i2}&=\frac{b_i}{\omega_\mathrm{c}^2C_{i1}C_{i2}R_{i1}}\\ R_{i2}&=\frac{a_i}{\omega_\mathrm{c}C_{i2}}-R_{i1}(1-A_{0i})\end{aligned}\right\} \tag{12-123}$$

由式(12-123)得到

$$\omega_\mathrm{c}^2C_{i1}C_{i2}(1-A_{0i})R_{i1}^2-a_i\omega_\mathrm{c}C_{i1}R_{i1}+b_i=0 \tag{12-124}$$

由式(12-124)得到

$$R_{i1}=\frac{a_i\pm\sqrt{a_i^2-\dfrac{4b_i}{C_{i1}}C_{i2}(1-A_{0i})}}{2\omega_\mathrm{c}C_{i2}(1-A_{0i})} \tag{12-125}$$

需要注意,这是一种是负反馈滤波器,其直流增益 A_{0i} 为负值,如式(12-121)所示。即如果 $R_{i3}=R_{i2}$,则 $A_{0i}=-1$。

将式(12-125)代入式(12-123),得到[4]

$$R_{i2}=\frac{a_i\mp\sqrt{a_i^2-\dfrac{4b_i}{C_{i1}}C_{i2}(1-A_{0i})}}{2\omega_\mathrm{c}C_{i2}} \tag{12-126}$$

式(12-125)等式右端分子上有"±"号,式(12-126)等式右端分子上有"∓"号,表示若式(12－125)取“＋”号,则式(12－126)取“－”号;反之亦然。我们在以下讨论中式(12－125)取“－”号,因而式(12－126)取“＋”号。

从式(12－122)可以看到,仅当 $R_{i3} \gg R_{i2}$,即 $A_{0i} \to -0$,R_{i1} 与 R_{i2} 才可以互换,而 $A_{0i} \to -0$ 是没有实际意义的,即任何情况下 R_{i1} 与 R_{i2} 不能互换。

从式(12－125)和式(12－126)可以看到,为了严格按滤波器类型和级数所要求的 a_i,b_i 确定 R_{i1},R_{i12} 的设计值,必须得到 R_{i1},R_{i12} 的实数解,即必须满足条件[4]:

$$\frac{C_{i2}}{C_{i1}} \leqslant \frac{a_i^2}{4b_i(1-A_{0i})} \tag{12-127}$$

电容采用E24系列。文献[4]指出,如果选择 C_{i2}/C_{i1} 的比值不太小于式(12－127)右端所列的条件,能获得最佳设计。考虑到电容量实际值与E24标称值间的差异,我们取

$$\frac{a_i^2}{5.2b_i(1-A_{0i})} \leqslant \frac{C_{i2}}{C_{i1}} \leqslant \frac{a_i^2}{4.4b_i(1-A_{0i})} \tag{12-128}$$

文献[2]指出,如果要求阻止的噪声涉及高频,超过运算放大器的转换速率或处理频率时,应该在有源滤波器的初级前额外配置一个LC滤波器,将信号中混入的高频噪声充分衰减后再输入到有源滤波器。如图12－26所示。

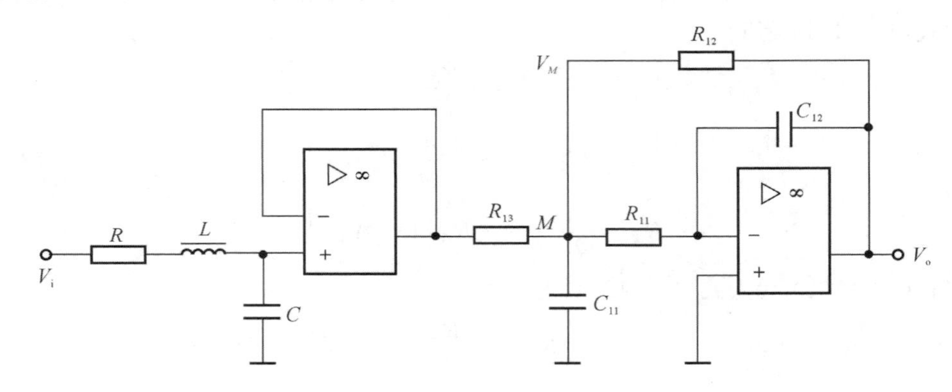

图12－26　有高频噪声混入时,要在多重负反馈二阶有源低通滤波器初级前使用LC滤波器[2]

12.8.3　一阶有源低通滤波器

简单的RC低通网络即为一阶无源低通滤波器,它的缺点是当加负载时,其特性将发生变化;一阶有源低通滤波器是一个阻抗变换器,可以有效隔断负载的影响,且低频增益 A_0 可以自由地选取[4]。

12.4.1节第(1)条指出,为获得最大动态范围,每级滤波器的截止频率依次从低到高排列,若没有滤波器设计软件帮助,当 n 为奇数时,第一级($i=1$)为一阶RC有源滤波器。

式(12－107)给出了任何一级有源滤波器的传递函数通式。对于一阶有源滤波器而言,式(12－107)中的 $b_i=0(i=1)$;当只有一级且为一阶时,$a_i=1(i=1)$,不再存在临界阻尼、Bessel、Butterworth、Chebyshev－Ⅰ、Cauer等滤波器类型之间的区别;而当用几个低阶滤波器串联成奇数阶的高阶滤波器时,其中一阶滤波器的 $a_i(i=1)$ 因滤波器的类型、级数而异,除Butterworth滤波器外,$a_i \neq 1(i=1)$[4]。

12.8.3.1　非反转型

将图12－22所示单一正反馈二阶有源低通滤波器中的 R_{i1} 短路、C_{i1} 开路,即转化为非反

转型一阶有源低通滤波器，如图 12 - 27 所示[2]。

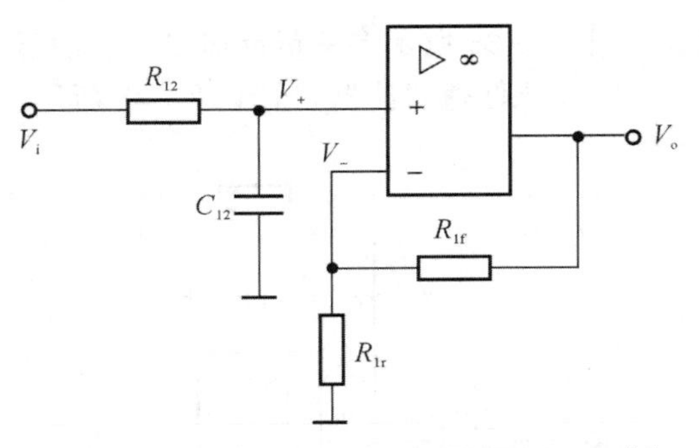

图 12 - 27　非反转型一阶有源低通滤波器[2]

用图 12 - 27 所注明的符号。与式(12 - 97) 类似，我们有

$$V_o = V_+ \left(1 + \frac{R_{1f}}{R_{1r}}\right) \tag{12 - 129}$$

式中　R_{1f}—— 第 1 级非反转型一阶有源低通滤波器的负反馈电阻，Ω；

R_{1r}—— 第 1 级非反转型一阶有源低通滤波器运放负输入端的接地电阻，Ω。

由于运放的输入阻抗极高，我们有

$$\frac{V_i - V_+}{R_{12}} = j\omega C_{12} V_+ \tag{12 - 130}$$

式中　R_{12}—— 第 1 级非反转型一阶有源低通滤波器输入端与运放同向输入端间的连接电阻，Ω；

C_{12}—— 第 1 级非反转型一阶有源低通滤波器运放正输入端的接地电容，F。

由式(12 - 130) 得到

$$V_i = (1 + j\omega C_{12} R_{12}) V_+ \tag{12 - 131}$$

将式(12 - 129) 代入式(12 - 131)，得到

$$A_1(j\omega) = \frac{V_o}{V_i} = \frac{1 + \dfrac{R_{1f}}{R_{1r}}}{1 + j\omega C_{12} R_{12}} \tag{12 - 132}$$

式中　$A_1(j\omega)$—— 第 1 级一阶有源低通滤波器的传递函数。

将式(6 - 3) 代入式(12 - 132)，得到

$$A_1(P) = \frac{1 + \dfrac{R_{1f}}{R_{1r}}}{1 + \omega_c C_{12} R_{12} P} \tag{12 - 133}$$

式中　$A_1(P)$—— 第 1 级一阶有源滤波器在 Laplace 变换建立的 −3 dB 归一化复频率 P 处的复数增益。

将式(12 - 133) 与式(12 - 107) 比较，得到

$$\left.\begin{aligned} A_{01} &= 1 + \frac{R_{1f}}{R_{1r}} \\ a_1 &= \omega_c C_{12} R_{12} \\ b_1 &= 0 \end{aligned}\right\} \tag{12 - 134}$$

式中　A_{01}—— 第 1 级一阶有源滤波器的直流增益。

12.8.3.2 反转型

与12.8.3.1节类似，将图12-25所示多重负反馈二阶有源低通滤波器中的R_{i1}短路、C_{i1}开路，即转化为反转型一阶有源低通滤波器，如图12-28所示[2]。

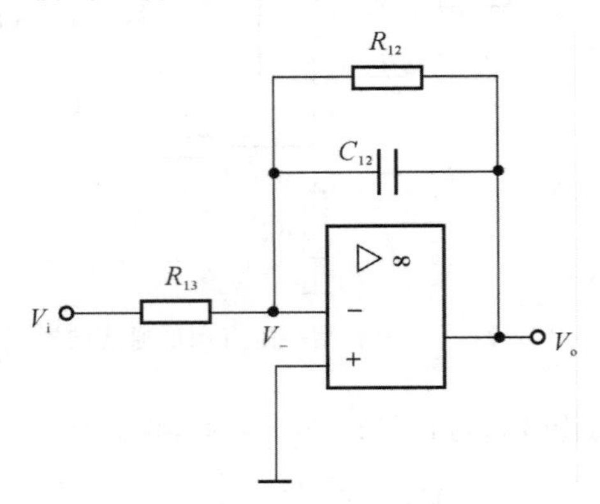

图12-28 反转型一阶有源低通滤波器[2]

用图12-28所注明的符号。由于运放的输入阻抗极高，我们有

$$\frac{V_i}{R_{13}}=-V_o\left(\frac{1}{R_{12}}+j\omega C_{12}\right) \tag{12-135}$$

式中 R_{13}——第1级反转型一阶有源低通滤波器输入端与运放反向输入端间的连接电阻，Ω；

R_{12}——第1级反转型一阶有源低通滤波器的负反馈电阻，Ω；

C_{12}——第1级反转型一阶有源低通滤波器的负反馈电容，F。

由式(12-135)得到

$$A_1(j\omega)=\frac{V_o}{V_i}=\frac{-\dfrac{R_{12}}{R_{13}}}{1+j\omega C_{12}R_{12}} \tag{12-136}$$

将式(6-3)代入式(12-136)，得到

$$A_1(P)=\frac{V_o}{V_i}=\frac{-\dfrac{R_{12}}{R_{13}}}{1+\omega_c C_{12}R_{12}P} \tag{12-137}$$

将式(12-137)与式(12-107)比较，得到

$$\left.\begin{aligned}A_{01}&=-\frac{R_{12}}{R_{13}}\\a_1&=\omega_c C_{12}R_{12}\\b_1&=0\end{aligned}\right\} \tag{12-138}$$

12.8.4 电容、电阻的选用原则

要求制作精密的滤波器时，必须注意温度系数，选择5×10^{-5}/K的元件就可以获得很高的稳定度[2]。

12.8.4.1 电容

高性能的滤波器对于电容误差、温度特性、Q值等都有严格的要求[2]。我们知道，1类瓷

介固定电容器是专门设计并用在低损耗、电容量稳定性高或要求温度系数有明确规定的谐振电路中的电容器[11]，因而这种电容器适合在滤波器电路中使用。例如，CCS41（无引线片式）和 CCS4（有引线）型（S 代表宇航级[12]）高可靠 1 类多层瓷介固定电容器标称电容量采用 E24 系列。其中：额定电压 50 V 的标称电容量范围为 1.0 pF ～ 100 nF；电压温度系数代码为 BP[与 25 ℃ 基准值相比，20 pF 以上的电容量变化为 $(0\pm30)\times10^{-6}$/K，低于 20 pF 见表 12－5]；允许偏差最好的一挡 240 pF 以下为 ±0.25 pF，270 pF 以上为 ±1%；损耗角正切 10 pF 以上的不超过 0.001 5，小于 10 pF 的不超过 0.002 5；按规定进行温度冲击和电压处理后电容量不超过允许偏差极限值的 1% 或 0.3 pF，取其大者[13-22]。

表 12－5　低于 20 pF 的 BP 特性电容量变化[13]

温度	2.15 pF～4.2 pF	4.3 pF～8.0 pF	8.1 pF～18 pF	＞18 pF
125 ℃	$\pm250\times10^{-6}$/K	$\pm120\times10^{-6}$/K	$\pm60\times10^{-6}$/K	$\pm30\times10^{-6}$/K
－55 ℃	-326.25×10^{-6}/K～246.25×10^{-6}/K	-166.25×10^{-6}/K～116.25×10^{-6}/K	-91.25×10^{-6}/K～55.00×10^{-6}/K	-53.75×10^{-6}/K～27.50×10^{-6}/K

如需要超过 100 nF 的电容，就需要采用其他类型的电容器。我们知道，2 类瓷介固定电容器具有高的介电常数，适用于作旁路、耦合或用在对损耗和容量稳定性要求不高的电路中[23]，因而这种电容器不适合在滤波器电路中使用。例如，CTS41（无引线片式）和 CTS4（有引线）型高可靠 2 类多层瓷介固定电容器标称电容量采用 E12 系列。其中：额定电压 50 V 的标称电容量范围为 100 pF～1.0 μF；电压温度系数代码为 BX{与 25 ℃基准值相比，无直流电压下依[(25→－55→25→125)±2] ℃的步骤试验电容量变化不超过 ±15%，额定电压下依[(125→25→55)±2] ℃的步骤试验电容量变化(－25～＋15)%}；允许偏差为 ±10%；损耗角正切不超过 0.025；按规定进行温度冲击和电压处理后电容量不超过允许偏差极限值的 5%或 0.5 pF，取其大者[13,24-32]。由此可见，CTS4 (CTS41)的性能比 CCS4 (CCS41)差很多。

而 CLSK73 (C73K)型有失效率等级的金属化聚碳酸脂膜介质直流固定电容器采用 E6 系列。其中：额定电压为 50 V 和 100 V；标称电容量范围为 10 nF～1.0 μF；电容量随温度变化代码为 R[相对 25 ℃时初始电容量而言，电容量的变化在－55 ℃下不突破(－2.5～0)%，在 85 ℃下不突破(－1.0～＋1.0)%，在 125 ℃下不突破(－1.0～＋2.0)%。允许偏差最好的一挡为±2%]；损耗角正切 1 kHz、(25，85，125) ℃下不超过 0.003[33-34]。由此可见，CLSK73 (C73K)的性能比 CTS4 (CTS41)要好许多。

如果电容量还要延伸到 10 nF 以下，可以搭配 CLSK201A 型有失效率等级的金属化聚碳酸脂膜介质直流固定电容器，它采用 E12 系列，电容量随温度变化代码也为 R。其中：额定电压 63 V 和 100 V 的标称电容量范围为 1.0 nF～220 nF；允许偏差最好的一挡为 ±1%；损耗角正切 1 kHz、(25，85，125) ℃下不超过 0.003[33,35]。

需要注意，频率很高时，为了降低分布电容造成的误差，应该选用较大的电容值[5]。

12.8.4.2　电阻

(1)二阶有源低通滤波器。

1)单一正反馈型。

图 12－22 中运算放大器与 R_{if}，R_{ir}一起构成一个同相比例运算电路，其中 R_{if}与 R_{ir}的比

值由式(12－103)确定。R_{if}和R_{ir}过小会使输出电压V_o过小，R_{if}过小还会使输入端及输出端的等效电阻过小，开环增益过小，反馈深度过浅，从而使信号的失真率及运算误差都随之加大。而R_{if}和R_{ir}过大，则集成运放的输入偏置电流不可忽略，因而无输入电压时也会产生一定的输出电压，甚至使运放被驱至饱和；同时，过大的电阻所产生的热噪声也是不能容忍的；此外，R_{if}过大使得寄生电容对频率的影响也不可忽略，从而影响A_{0i}值。综上所述，R_{if}和R_{ir}既不能太大，也不可太小，其范围大约为(10^2～10^5) Ω 量级，一般则取$R_{if}+R_{ir}$为(10^3～10^4) Ω 量级[3]。

由于下一级的R_{i1}，R_{i2}变成了上一级运算放大器的负载，所以与R_{if}，R_{ir}类似，其下限值约为1×10^3 Ω，其上限在使用双极输入运算放大器时应为10^4 Ω 量级，在使用 FET 输入运算放大器时应为10^5 Ω 量级。要求必须是低噪声电路时，电阻值应当尽量选择小一些；相反，在要求消耗电流低的场合，为了减轻负载，应选用较大的电阻值[2]。

如果低通滤波器截止频率高达 MHz 量级，低阻的引线电感或高阻的分布电容会产生较大误差，所以最好选用(10^1～10^2) Ω 量级的电阻器[2]。

12.8.4.1 节给出，电容器标称电容量 CCS4 (CCS41)型采用 E24 系列，CTS4 (CTS41)型和 CLSK201A 型采用 E12 系列，CLSK73 (C73K)型采用 E6 系列。系列间隔以外的电容器需要特别订货，其价格高且交货期长，而且厂家往往不愿意少量制作[2]。而电阻器的系列间隔则小得多。如 RJK53 和 RJK54 型有失效率等级的金属膜固定电阻器，125 ℃时的额定功率分别为 1/10 W 和 1/8 W，阻值范围为 10 Ω～1 MΩ，温度冲击和过载组合试验后阻值变化不超过±(0.20%R+0.01 Ω)，电阻温度特性$\pm2.5\times10^{-5}$ K^{-1}和$\pm5.0\times10^{-5}$ K^{-1}两挡的阻值允许偏差分为±(0.10, 0.25, 0.5, 1.0)%四挡，其中阻值允许偏差为±(0.10, 0.25)%两挡采用 E192 系列，阻值允许偏差为±(0.5, 1.0)%两挡采用 E96 系列[36-38]。

为了保证幅频特性曲线的准确性，电阻和电容均应选用允许偏差小的元件。鉴于电阻器虽有系列间隔和阻值变化比电容器系列间隔和容值变化小得多的优点，但有阻值合理范围比电容器窄得多的缺点，因此，文献[4]指出："在滤波器的设计中，先确定电容，然后计算电阻有利。"文献[2]也指出："如果有源滤波器的阻抗值允许自由选定，那么，首先应该设定电容器的容量值。"因此，应先按式(12－116)，在所选电容型号规定的标称电容量系列值中选定C_{i1}，C_{i2}，并测定其真实电容值，再按式(12－113)和式(12－114)算出的R_{i1}，R_{i2}选定电阻。另外，需要注意，算出的R_{i1}，R_{i2}应该在上述合理范围内，不要过大或过小，否则应改变C_{i1}，C_{i2}的选值，重新计算R_{i1}，R_{i2}[5]。

2)多重负反馈型。

以上电容、电阻的选用原则，只要将式(12－116)换成式(12－128)，式(12－113)换成式(12－125)，式(12－114)换成式(12－126)，式(12－103)换成式(12－121)，就可以适用于多重负反馈二阶有源低通滤波器。

(2)一阶有源低通滤波器。

1)非反转型。

以上电容和电阻的选用原则基本适用，只是R_{11}，C_{11}不存在，式(12－115)和式(12－116)不适用，可以直接由式(12－134)算出R_{12}。

2)反转型。

以上电容和电阻的选用原则基本适用，只是R_{11}，C_{11}不存在，式(12－127)和式(12－128)不适用，可以直接由式(12－138)算出R_{12}。

12.9　计算程序

12.9.1　原理

12.9.1.1　用若干个单一正反馈二阶有源低通滤波器级联

用若干个单一正反馈二阶有源低通滤波器级联的方法构成Chebyshev－Ⅰ有源低通滤波器的设计步骤如下：

(1) 由物理设计确定整个低通滤波器的阶数 n、通带内波动的dB数 R_P(当 n 为奇数时必须 $R_P \leqslant 3.01$ dB)、－3 dB的截止频率 f_c。

(2) 用式(12－18) 计算波动因子 ε 。

(3) 已知反双曲余弦的对数表达式为[7]

$$\operatorname{arcosh} x = \pm \ln\left(x + \sqrt{x^2 - 1}\right), \quad x \geqslant 1 \tag{12-139}$$

其中,当 n 为奇数时,令

$$x = \frac{1}{\varepsilon} \tag{12-140}$$

而当 n 为偶数时,令

$$x = \sqrt{\frac{1}{\varepsilon^2} + 2} \tag{12-141}$$

用式(12－140) 或式(12－141) 计算 x,代入式(12－139) 计算 $\operatorname{arcosh} x$,代入式(12－29) 或式(12－30) 计算增益幅值下降至－3 dB处的归一化频率 Ω_c。

由于双曲余弦函数为偶函数,所以式(12－139) 等号右端的"±"号在计算 Ω_c 时不出现。

(4) 已知反双曲正弦的对数表达式为[7]

$$\operatorname{arsinh} x = \ln\left(x + \sqrt{x^2 + 1}\right) \tag{12-142}$$

用式(12－140) 计算 x,代入式(12－142) 计算 $\operatorname{arsinh} x$,代入式(12－59) 计算 γ。

(5) 当 n 为奇数时,第一级采用非反转型一阶有源低通滤波器(12.8.3.1节解释了与单一正反馈二阶有源低通滤波器的关系),即图12－22中的 R_{11} 短路,C_{11} 开路。用式(12－60) 和式(12－77) 计算第一级滤波器的系数 a_1,如式(12－77) 所示,$b_1 = 0$。

(6) 参考12.8.4.2节提出的选用原则,通常阻值选取范围为($10^2 \sim 10^5$) Ω量级。当 n 为奇数时,将上述阻值选取范围代入式(12－134),给出第一级(一阶低通滤波器) 电容值 C_{12} 的通常选取范围:

$$\left.\begin{aligned} \{C_{12\min}\}_{\mathrm{nF}} &= \frac{1 \times 10^4 a_1}{2\pi\,\{f_c\}_{\mathrm{Hz}}} \\ \{C_{12\max}\}_{\mathrm{nF}} &= \frac{1 \times 10^7 a_1}{2\pi\,\{f_c\}_{\mathrm{Hz}}} \end{aligned}\right\} \tag{12-143}$$

式中　$C_{12\min}$——C_{12} 的选取下限,nF;

　　$C_{12\max}$——C_{12} 的选取上限,nF。

根据E24标称值和所选电容型号的标称电容量范围,并参考式(12－143),选定电容值 C_{12},再用式(12－134) 计算相应的电阻值 R_{12}。

(7) 当 n 为奇数时，若当直流增益不为1，确定第一级一阶低通滤波器的直流增益 A_{01}。

(8) 当 n 为奇数且直流增益不为1时，根据式(12-134)并参考上述阻值选取范围选定第一级一阶低通滤波器 R_{1f}，R_{1r}。

(9) 当 n 为奇数时，用式(12-64)计算 m，并计算 $(i-1)\pi/n(i=2,\ 3,\cdots,\ m)$；当 n 为偶数时，用式(12-67)计算 m，并计算 $(2i-1)\pi/2n(i=1,\ 2,\ 3,\cdots,\ m)$。

(10) 用式(12-60)计算 σ_0，δ_0。当 n 为奇数时，用式(12-84)计算各级二阶低通滤波器 a_i，$b_i(i=2,\ 3,\cdots,\ m)$；当 n 为偶数时，用式(12-91)计算各级二阶低通滤波器 a_i，$b_i(i=1,\ 2,\ 3,\cdots,\ m)$。

(11) 用式(12-108)计算各级二阶低通滤波器 ω_i，Q_i，并用 $f_i=\omega_i/2\pi$ 计算 $f_i(i=2,\ 3,\ \cdots,\ m)$。

(12) 当直流增益不为1时确定各级二阶低通滤波器的直流增益 A_{0i}。

(13) 式(12-115)可以表达为

$$\frac{C_{i2}}{C_{i1}} \leqslant \left(\frac{C_{i2}}{C_{i1}}\right)_{\text{extreme}} \tag{12-144}$$

式中 $(C_{i2}/C_{i1})_{\text{extreme}}$——$C_{i2}/C_{i1}$ 的极限值，无量纲。

其中

$$\left(\frac{C_{i2}}{C_{i1}}\right)_{\text{extreme}} = \frac{a_i^2}{4b_i} + A_{0i} - 1 \tag{12-145}$$

按式(12-145)计算 $(C_{i2}/C_{i1})_{\text{extreme}}$。

(14) 将式(12-145)代入式(12-116)，得到

$$\left.\begin{aligned} \left(\frac{C_{i2}}{C_{i1}}\right)_{\min} &= \frac{1}{1.3}\left(\frac{C_{i2}}{C_{i1}}\right)_{\text{extreme}} \\ \left(\frac{C_{i2}}{C_{i1}}\right)_{\max} &= \frac{1}{1.1}\left(\frac{C_{i2}}{C_{i1}}\right)_{\text{extreme}} \end{aligned}\right\} \tag{12-146}$$

式中 $(C_{i2}/C_{i1})_{\min}$——C_{i2}/C_{i1} 的选取下限，无量纲；

$(C_{i2}/C_{i1})_{\max}$——C_{i2}/C_{i1} 的选取上限，无量纲。

为给出各级二阶低通滤波器 C_{i1} 的通常选取范围，C_{i2}/C_{i1} 的比值暂取式(12-146)的中间值：

$$\left(\frac{C_{i2}}{C_{i1}}\right)_{\text{in terim}} = \frac{1}{1.2}\left(\frac{C_{i2}}{C_{i1}}\right)_{\text{extreme}} \tag{12-147}$$

式中 $(C_{i2}/C_{i1})_{\text{in terim}}$——$C_{i2}/C_{i1}$ 的暂取值，无量纲。

将式(12-145)代入式(12-147)，再与上述阻值选取范围一起代入式(12-114)，给出各级二阶低通滤波器 C_{i1} 的通常选取范围：

$$\left.\begin{aligned} \{C_{i1\min}\}_{\text{nF}} &= 3\times10^3\,\frac{a_i + 0.8165\sqrt{b_i\left(\dfrac{a_i^2}{4b_i}+A_{0i}-1\right)}}{\pi\,\{f_c\}_{\text{Hz}}\left(\dfrac{a_i^2}{4b_i}+A_{0i}-1\right)} \\ \{C_{i1\max}\}_{\text{nF}} &= 3\times10^6\,\frac{a_i + 0.8165\sqrt{b_i\left(\dfrac{a_i^2}{4b_i}+A_{0i}-1\right)}}{\pi\,\{f_c\}_{\text{Hz}}\left(\dfrac{a_i^2}{4b_i}+A_{0i}-1\right)} \end{aligned}\right\} \tag{12-148}$$

式中 $C_{i1\min}$——C_{i1} 的选取下限，nF；

$C_{i1\max}$——C_{12} 的选取上限，nF。

将式(12-145)代入式(12-148)，得到

$$\left.\begin{aligned}\{C_{i1\min}\}_{\mathrm{nF}}&=3\times10^{3}\frac{a_i+0.8165\sqrt{b_i\left(\dfrac{\{C_{i2}\}_{\mathrm{nF}}}{\{C_{i1}\}_{\mathrm{nF}}}\right)_{\mathrm{extreme}}}}{\pi\{f_c\}_{\mathrm{Hz}}\left(\dfrac{\{C_{i2}\}_{\mathrm{nF}}}{\{C_{i1}\}_{\mathrm{nF}}}\right)_{\mathrm{extreme}}}\\ \{C_{i1\max}\}_{\mathrm{nF}}&=3\times10^{6}\frac{a_i+0.8165\sqrt{b_i\left(\dfrac{\{C_{i2}\}_{\mathrm{nF}}}{\{C_{i1}\}_{\mathrm{nF}}}\right)_{\mathrm{extreme}}}}{\pi\{f_c\}_{\mathrm{Hz}}\left(\dfrac{\{C_{i2}\}_{\mathrm{nF}}}{\{C_{i1}\}_{\mathrm{nF}}}\right)_{\mathrm{extreme}}}\end{aligned}\right\}\quad(12-149)$$

根据 E24 标称值和所选电容型号的标称电容量范围，并参考式(12-149)，选定电容值 $C_{i1}(i=2,3,\cdots,m)$。

(15) 根据标称系列值，在式(12-146)规定的范围内选定电容值 C_{i2}，并用式(12-113)和式(12-114)计算 R_{i1} 和 R_{i2}；当直流增益不为 1 时根据式(12-103)并参考上述阻值选取范围选定各级二阶低通滤波器 R_{if} 和 $R_{ir}(i=2,3,\cdots,m)$。

(16) 需要时输出 Chebyshev-Ⅰ有源低通滤波器阶数 n、通带内波动的 dB 数 R_P、-3 dB 的截止频率 f_c、各级滤波器系数 a_i，b_i、各级滤波器特征频率 f_i 和品质因数 Q_i，、各级滤波器电容 C_{i1}，C_{i2} 和电阻 R_{i1}，R_{i2}、各级滤波器直流增益 A_{0i} 和相应的电阻 R_{if}，R_{ir}。

12.9.1.2　用若干个多重负反馈二阶有源低通滤波器级联

用若干个多重负反馈二阶有源低通滤波器级联的方法构成 Chebyshev-Ⅰ有源低通滤波器的设计步骤如下：

步骤(1)至(4)同 12.9.1.1 节。

(5) 当 n 为奇数时，第一级采用反转型一阶有源低通滤波器(12.8.3.2 节解释了与多重负反馈二阶有源低通滤波器的关系)，即图 12-25 中的 R_{11} 短路，C_{11} 开路。用式(12-60)和式(12-77)计算第一级滤波器的系数 a_1，如式(12-77)所示，$b_1=0$。

(6) 参考 12.8.4.2 节提出的选用原则，通常阻值选取范围为$(10^2\sim10^5)\ \Omega$ 量级。当 n 为奇数时将上述阻值选取范围代入式(12-138)，给出第一级(一阶低通滤波器)电容值 C_{12} 的通常选取范围，表达式与式(12-143)相同。

根据 E24 标称值和所选电容型号的标称电容量范围，并参考式(12-143)，选定电容值 C_{12}，再用式(12-138)计算相应的电阻值 R_{12}。

(7) 当 n 为奇数时，确定第一级一阶低通滤波器的直流增益 A_{01}。

(8) 当 n 为奇数时，用式(12-138)计算第一级一阶低通滤波器的电阻值 R_{13}。

步骤(9)至(11)同 12.9.1.1 节。

(12) 确定各级二阶低通滤波器的直流增益 A_{0i}。

(13) 式(12-127)仍可以表达为式(12-144)，但其中

$$\left(\frac{C_{i2}}{C_{i1}}\right)_{\mathrm{extreme}}=\frac{a_i^2}{4b_i(1-A_{0i})}\quad(12-150)$$

按式(12-150)计算 $(C_{i2}/C_{i1})_{\mathrm{extreme}}$。

(14) 将式(12-150)代入式(12-128)回到式(12-146)。为给出各级二阶低通滤波器 C_{i1} 的通常选取范围，C_{i2}/C_{i1} 的比值暂取式(12-146)的中间值，如式(12-147)所示。将式(12-150)代入式(12-147)，再与上述阻值选取范围一起代入式(12-126)，给出各级二阶低

通滤波器 C_{i1} 的通常选取范围：

$$\left.\begin{aligned}\{C_{i1\min}\}_{\mathrm{nF}}&=4.2247\times10^{3}\frac{a_i}{\pi\{f_c\}_{\mathrm{Hz}}\dfrac{a_i^2}{4b_i(1-A_{0i})}}\\\{C_{i1\max}\}_{\mathrm{nF}}&=4.2247\times10^{6}\frac{a_i}{\pi\{f_c\}_{\mathrm{Hz}}\dfrac{a_i^2}{4b_i(1-A_{0i})}}\end{aligned}\right\}\tag{12-151}$$

将式(12-150)代入式(12-151)，得到

$$\left.\begin{aligned}\{C_{i1\min}\}_{\mathrm{nF}}&=4.2247\times10^{3}\frac{a_i}{\pi\{f_c\}_{\mathrm{Hz}}\left(\dfrac{\{C_{i2}\}_{\mathrm{nF}}}{\{C_{i1}\}_{\mathrm{nF}}}\right)_{\mathrm{extreme}}}\\\{C_{i1\max}\}_{\mathrm{nF}}&=4.2247\times10^{6}\frac{a_i}{\pi\{f_c\}_{\mathrm{Hz}}\left(\dfrac{\{C_{i2}\}_{\mathrm{nF}}}{\{C_{i1}\}_{\mathrm{nF}}}\right)_{\mathrm{extreme}}}\end{aligned}\right\}\tag{12-152}$$

根据E24标称值和所选电容型号的标称电容量范围，并参考式(12-152)，选定电容值 $C_{i1}(i=2,3,\cdots,m)$。

(15) 根据标称系列值，在式(12-146)规定的范围内选定电容值 C_{i2}，并用式(12-125)、式(12-126)、式(12-121)分别计算电阻值 R_{i1}，R_{i2}，$R_{i3}(i=2,3,\cdots,m)$。

(16) 需要时输出Chebyshev-Ⅰ有源低通滤波器阶数 n、通带内波动的dB数 R_P、-3 dB的截止频率 f_c、各级滤波器系数 a_i，b_i、各级滤波器特征频率 f_i 和品质因数 Q_i，、各级滤波器电容 C_{i1}，C_{i2} 和电阻 R_{i1}，R_{i2}、各级滤波器直流增益 A_{0i} 和相应的电阻 R_{i3}。

12.9.2 实际程序示例

见附录C.6节，该节给出了由若干个单一正反馈二阶有源低通滤波器级联构成Chebyshev-Ⅰ有源低通滤波器的各相关参数计算程序及其使用示例。

12.9.3 运行效果示例

用Word可以将附录表C-1所示文件转换为表格，如表12-6所示。

表12-6 n=6，R_P=0.5 dB，f_c=108.5 Hz，A_0=1的Chebyshev-Ⅰ低通滤波器参数示例

Chebyshev-Ⅰ low pass filter with $n=6$，$R_P=0.50$ dB，$f_c=108.50$ Hz				
i	a_i	b_i	f_i/Hz	Q_i
1	3.864 5	6.979 7	41.07	0.683 6
2	0.752 8	1.857 3	79.61	1.810 4
3	0.158 9	1.071 1	104.84	6.512 8

i	C_{i1}/nF	C_{i2}/nF	R_{i1}/kΩ	R_{i2}/kΩ	A_{0i}	R_{if}/kΩ	R_{ir}/kΩ
1	200.000	91.000	19.108	43.186	1.000	0.000	infinity
2	470.000	30.000	10.969	25.838	1.000	0.000	infinity
3	470.000	2.400	30.812	66.313	1.000	0.000	infinity

如表12-6所示，鉴于已假定 $A_0=1$，所以实际电路中，图12-22的 R_{if} 两端应该短路，

而 R_{ir} 两端应该开路。

如 12.8.4.2 节第(1) 条所述，由于电容分挡粗，离散度大，所以在文献[10] 规定的标称值系列内选定 C_{i1}，C_{i2} 后，应测定其真实电容值，再算出 R_{i1}，R_{i2}，挑选电阻。

假定表 12－6 所列 C_{i1}，C_{i2}，R_{i1}，R_{i2} 是真实值，则由式(12－103) 及 $\omega_I = 2\pi f_i$ 可以得到 f_i 和 Q_i，如表 12－7 所示。

表 12－7　用表 12－6 所列 C_{i1}，C_{i2}，R_{i1}，R_{i2}，由式(12－103) 及 $\omega_I = 2\pi f_i$ 得到的 f_i 和 Q_i

i	C_{i1}/nF	C_{i2}/nF	R_{i1}/kΩ	R_{i2}/kΩ	f_i/Hz	Q_i
1	200.000	91.000	19.108	43.186	41.07	0.683 6
2	470.000	30.000	10.969	25.838	79.62	1.810 4
3	470.000	2.400	30.812	66.313	104.83	6.512 9

将表 12－7 中所列的 f_i 和 Q_i 与表 12－6 所列 f_i 和 Q_i 相对照，可以看到二者符合度非常好，说明程序计算是正确的。但是，C_{i1}，C_{i2}，R_{i1}，R_{i2} 的真实值受系列值、允差、温度系数等因素影响，不可能与计算值符合得那么好，因此，实际的 f_i 和 Q_i 不可能完全符合设计要求。特别是如 12.8.2.1 节所指出的，单一正反馈二阶低通滤波器当 Q 值较高时，滤波特性对元件参数变化的敏感度非常高。如表 12－7 载明第三级 $Q_3 = 6.512\ 8$，就属于 Q 值较高。我们的实际经验证明，第三级要通过点频法实测幅频特性曲线，对 R_{31}，R_{32} 在计算值的基础上反复调整，才能达到比较满意的效果。

由式(12－104) 可以得到第 i 级滤波器的幅频特性为

$$|A_i(\mathrm{j}f)| = \frac{A_{0i}}{\sqrt{\left(1-\frac{f^2}{f_i^2}\right)^2+\frac{f^2}{f_i^2 Q_i^2}}} \tag{12-153}$$

式中　$|A_i(\mathrm{j}f)|$——第 i 级二阶低通滤波器的幅频特性。

由式(12－153) 和表 12－7 可以绘出 $n=6$，$R_\mathrm{P}=0.5$ dB，$f_\mathrm{c}=108.5$ Hz，$A_0=1$ 的 Chebyshev－Ⅰ 有源低通滤波器各级幅频曲线，如图 12－29 ～ 图 12－31 所示。将三级幅频特性相乘，即得到整个 3 级 6 阶滤波器的幅频曲线，如图 12－32 所示。为了直接观察各级幅频特性相互间及与合成幅频特性间的关系，将图 12－29 ～ 图 12－32 的 4 条曲线叠放在一起，如图 12－33 所示。

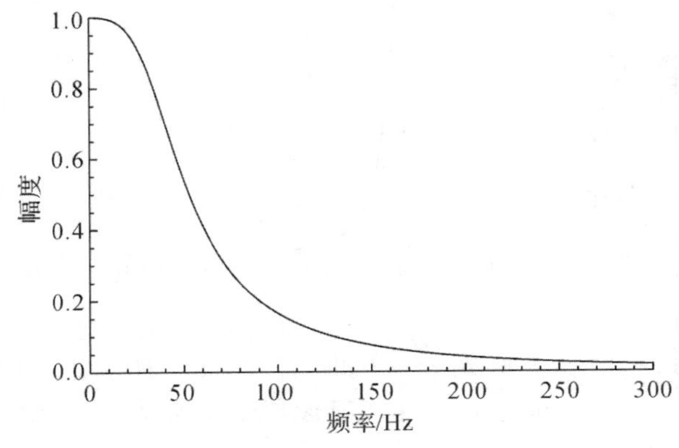

图 12－29　$n=6$，$R_\mathrm{P}=0.5$ dB，$f_\mathrm{c}=108.5$ Hz，$A_0=1$ 的 Chebyshev－Ⅰ 低通滤波器第一级幅频曲线

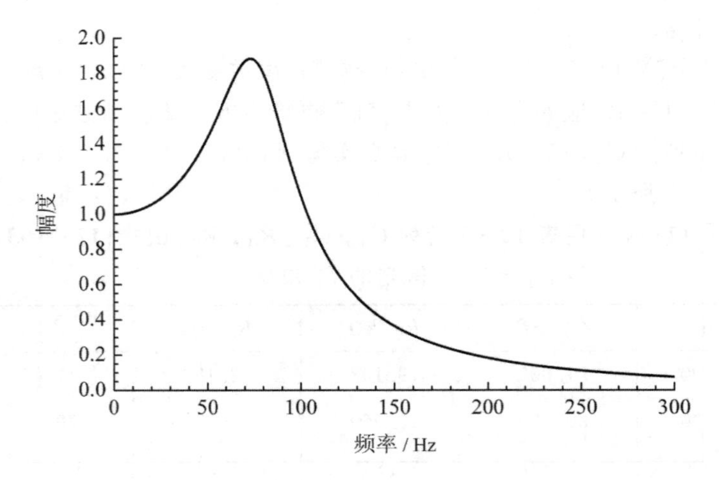

图 12-30　$n=6$，$R_P=0.5$ dB，$f_c=108.5$ Hz，$A_0=1$ 的 Chebyshev-Ⅰ 低通滤波器第二级幅频曲线

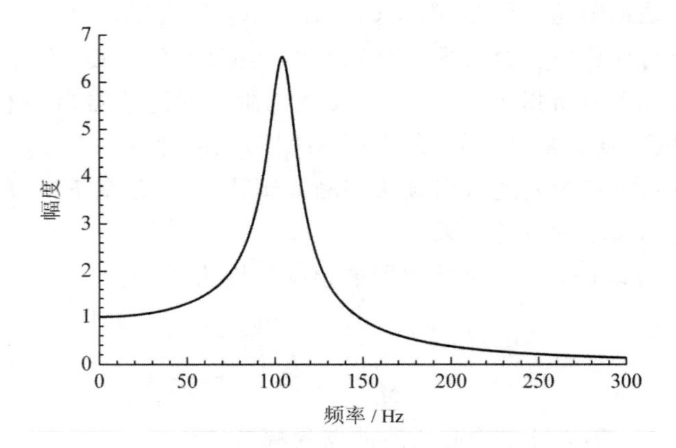

图 12-31　$n=6$，$R_P=0.5$ dB，$f_c=108.5$ Hz，$A_0=1$ 的 Chebyshev-Ⅰ 低通滤波器第三级幅频曲线

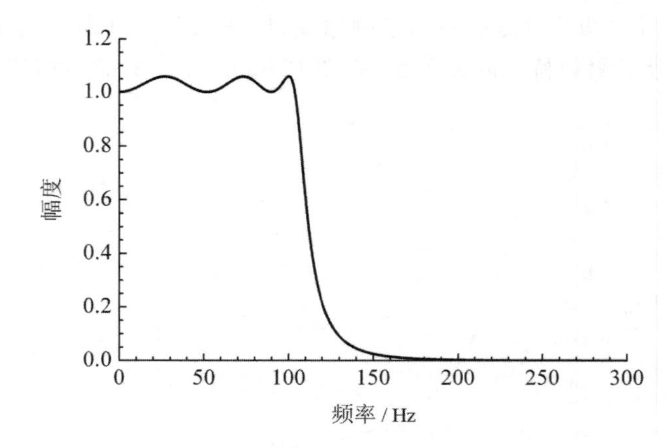

图 12-32　$n=6$，$R_P=0.5$ dB，$f_c=108.5$ Hz，$A_0=1$ 的 Chebyshev-Ⅰ 低通滤波器三级合成的幅频曲线

观察图 12-33 可以直观地感受到第三级 Q 值高得非常突出。

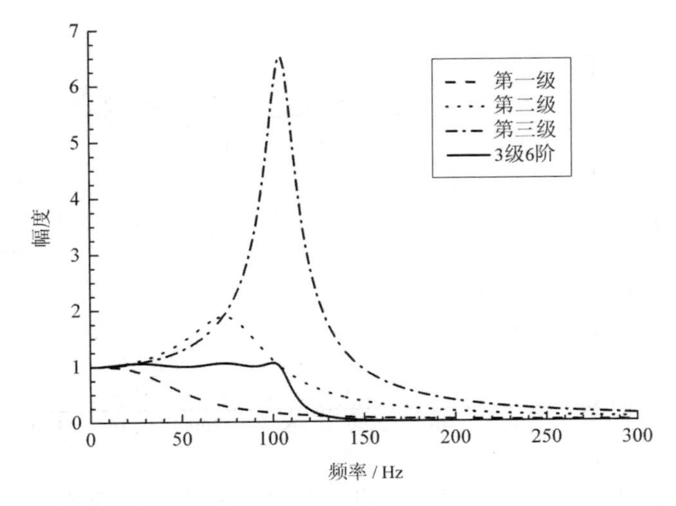

图 12-33　$n=6$，$R_P=0.5$ dB，$f_c=108.5$ Hz，$A_0=1$ 的 Chebyshev-Ⅰ 低通滤波器各级及合成的幅频曲线

将图 12-32 与图 12-9 中 $n=6$ 的曲线相对照，可以看到二者符合度非常好。由于图 12-32 是基于软件执行中确定的各级 C_{i1}，C_{i2}，R_{i1}，R_{i2} 绘制出来的，而图 12-9 中 $n=6$ 的曲线是直接将 $n=6$，$R_P=0.5$ dB，$f_c=108.5$ Hz，$A_0=1$ 代入 Chebyshev-Ⅰ 有源低通滤波器的幅频特性原理表达式绘制出来的，所以这一结果提供了软件正确性的示例验证。

12.9.4　实际调试结果示例

本节与附录 C.6 节给出的适用于若干个单一正反馈二阶有源低通滤波器级联的程序和使用示例相呼应。

采用一套行之有效的调试程序和方法，加上精选元器件，实测的幅频曲线与理论曲线非常接近。表 12-8 给出了 $n=6$，$R_P=0.5$ dB，$f_c=95.37$ Hz，$A_0=1$ 的 Chebyshev-Ⅰ 低通滤波器各级调试后实际采用的各级电阻电容值的一个示例。

表 12-8　调试后实际采用的各级电阻电容值的一个示例

i	C_{i1}/nF	C_{i2}/nF	R_{i1}/kΩ	R_{i2}/kΩ
1	100.9 // 101.0①	99.3	24.0	40.2
2	479	33.5	13.9	24.0
3	474	1.416	29.4	150

①100.9//101.0 表示用两只电容并联，一只容值为 100.9 nF，另一只容值为 101.0 nF

我们知道，测量幅频特性曲线的方法有点频法和扫频法两种，前者测到的是静态幅频特性曲线，后者测到的是动态幅频特性曲线。扫频时频率的变化会引起有源网络的电容及分布参数产生暂态过程，使显示的幅频特性曲线产生时延，导致低通的过渡带朝高频方向偏移，形状也会有所变化[39]。扫速越快差异越大。由于式(12-153)给出的是第 i 级滤波器的静态幅频特性，所以我们采用点频法，而不采用扫频法。图 12-34 给出了表 12-8 给出的示例的实测幅频响应曲线。作为参考，同时给出了理论曲线。可以看到，实测的幅频曲线与理论曲线非常接近。

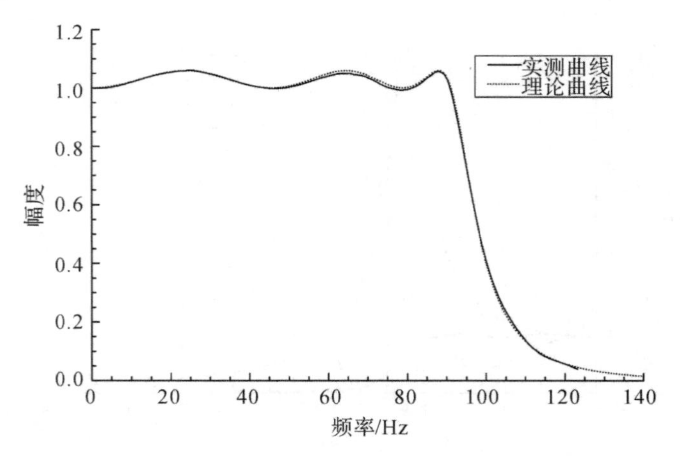

图 12-34　表 12-8 给出的示例的实测幅频响应曲线

12.10　本章阐明的主要论点

Chebyshev 有源低通滤波器幅频特性可以设计成通带内呈等波纹变化，阻带内呈单调下降；也可以设计成通带内呈单调变化，阻带内呈等波纹变化。前者称为 Ⅰ 型，后者称为 Ⅱ 型；或者前者称为 Chebyshev 型，后者称为反 Chebyshev(Inverse Chebyshev) 型。后者用得较少，通常不作讨论。

12.10.1　第一类 Chebyshev 多项式

第一类 Chebyshev 多项式的表达式 $C_n(\Omega)$ 的特征是：①$\Omega=0$ 处 n 为奇数时 $C_n(\Omega)=0$，n 为偶数时 $|C_n(\Omega)|=1$；② 在 $0\leqslant\Omega\leqslant1$ 范围内等幅波动，$|C_n(\Omega)|_{\min}=0$，$|C_n(\Omega)|_{\max}=1$，n 越大，波动次数越多，极值的数量为 ent$(n/2)$ 个(ent a 的含义为小于或等于 a 的最大整数)；③ 不同阶数的值在 $\Omega=1$ 处汇集在同一点，$C_n(\Omega)=1$；④ 在 $\Omega\geqslant1$ 范围内单调变化。

12.10.2　幅频特性原理

Chebyshev－Ⅰ 有源低通滤波器幅频特性的特征是：①$\Omega=0$ 处增益的幅值汇集在同一点 A_0；② 在 $0<\Omega<1$ 范围内增益等幅波动，波动的 dB 数随波动因子 ε 增大而增大，n 为奇数时从 A_0 向下波动，n 为偶数时向上波动；n 越大，波动次数越多，极值的数量为 n 个；③$\Omega=1$ 处增益的幅值当 n 为不同奇数和 n 为不同偶数时分别汇集在各自波动的最低值；④ 增益的幅值在 $\Omega>1$ 范围内单调下降，因此 Chebyshev－Ⅰ 有源低通滤波器的通带定义为 $0\leqslant\Omega\leqslant1$，相应 $\Omega=1$ 定义为 Chebyshev－Ⅰ 有源低通滤波器的归一化特征角频率；值得注意的是，$\Omega=1$ 为通带波纹终止点，而非增益幅值下降至 -3 dB 点，这与临界阻尼、Butterworth 有源低通滤波器归一化截止角频率 $\Omega=1$ 为增益幅值下降至 -3 dB 点完全不同；⑤$1<\Omega<3$ 时，n 越大，增益的幅值下降越快；通带内波动的 dB 数越大，增益的幅值下降越快；⑥$\Omega\geqslant3$ 时，增益的幅值以 $20n$ dB/dec 的速率单调下降。以上特征 ① ～ ④ 分别与 $C_n(\Omega)$ 的特征 ① ～ ④ 相呼应。

12.10.3 增益幅值下降至 -3 dB 处的归一化频率

(1) 鉴于 $\Omega=1$ 为通带波纹终止点，故而 $\Omega=1$ 处的频率称为通带高端频率，冠以符号 f_h。为了设计 Chebyshev-Ⅰ有源低通滤波器，比较不同阶数 Chebyshev-Ⅰ有源低通滤波器的优劣，或者比较不同类型有源低通滤波器的差异，十分关心 Chebyshev-Ⅰ有源低通滤波器增益幅值下降至 -3 dB 处的频率，冠以符号 f_c。当 n 为偶数时，必定 $f_c>f_h$；当 n 为奇数时，只要幅值波动不超过$\sqrt{2}$，就 $f_c\geqslant f_h$。

(2) 每级的阶数不超过两阶的前提下，Chebyshev-Ⅰ有源低通滤波器若级数、通带内增益幅值波动 dB 数 R_P 和增益幅值下降至 -3 dB 处的频率 f_c 相同，阶数 n 为偶数比 n 为奇数通带外幅值下降要快。因此，在每级的阶数不超过两阶的前提下，Chebyshev-Ⅰ有源低通滤波器"使用相同的有源元件时，奇数阶次比偶数阶次在阻带范围内提供的衰减大"是完全错误的。

12.10.4 高阶滤波器的传递函数

(1) 高阶有源滤波器可以由高阶 RC 网络和有源器件利用网络综合的方法直接构成，其优点是所用元件较少，但构成方法较复杂，需借助于滤波器设计软件。

(2) 若没有滤波器设计软件帮助，或阶数在五阶以上，则高阶有源 RC 网络需由几个低阶 RC 有源滤波器级联而成，每一个低阶滤波器被称为一级。级联的次序有几种不同的出发点：① 获得最大动态范围：这时每级滤波器的 Q 值依次从低到高排列，若没有滤波器设计软件帮助，当 n 为奇数时，第一级为一阶 RC 有源滤波器，其余各级均为二阶 RC 有源滤波器；当 n 为偶数时各级均为二阶 RC 有源滤波器；② 噪声尽量小：这时每级滤波器的 Q 值依次从高到低排列，以减小由输入级所引起的噪声；③ 在某些情况下，一些其他准则对选择最佳级联顺序更重要。比如，如果输入信号中包含幅度较大的不希望的信号，那么这个信号必须在第一级滤掉(第一级对不希望信号的转移函数应为 0)，这样就避免了由不希望的信号在其余各节引起失真。

(3) 为了使级联 RC 有源滤波器总的幅频特性满足预期要求，必须适当选择各级 RC 有源滤波器的参数，为此必须推导出各级 RC 有源滤波器的传递函数；为得到信号通过有源滤波器的传输失真，需要得到有源滤波器的幅频特性和相频特性，而为了得到有源滤波器的相频特性，必须首先得到各级 RC 有源滤波器的传递函数。

(4)n 阶 Chebyshev-Ⅰ有源低通滤波器的极点分布：①n 阶 Chebyshev-Ⅰ有源低通滤波器极点坐标位于椭圆上，该椭圆可以与半径为 σ_0 的圆及半径为 δ_0 的圆联系起来，这两个圆分别称为 Butterworth 小圆和 Butterworth 大圆。n 阶 Chebyshev-Ⅰ有源低通滤波器极点的横坐标 σ 等于 n 阶 Butterworth 小圆极点的横坐标，而纵坐标 $\mathrm{j}\delta$ 等于 n 阶 Butterworth 大圆极点的纵坐标；②n 阶 Chebyshev-Ⅰ有源低通滤波器极点的横坐标 σ 对应的点以 π/n 为间隔均匀分布在 Butterworth 小圆的圆周上，而纵坐标 $\mathrm{j}\delta$ 对应的点以 π/n 为间隔均匀分布在 Butterworth 大圆的圆周上；③ 所有极点相对 $\mathrm{j}\delta$ 轴对称分布，在 $\mathrm{j}\delta$ 轴上没有极点；④ 所有复数极点两两呈共轭对称分布：n 为奇数时，有两个极点分布在 $\sigma=\pm\sigma_0$ 的实轴上；n 为偶数时，实轴上没有极点。

12.10.5 群时延

为了抑制频率混叠，希望过渡带尽量陡峭，这势必造成通带内群时延变化大；而为满足信号传输不产生失真，群时延应为常数。因此，抑制频率混叠与防止传输失真是矛盾的，只能根据需求折中选择。

12.10.6 有源滤波器的主要特点

(1) 有能源补充，可以完全不顾及网络的损耗，设计成有相当增益的环节。

(2) 无源滤波网络为避免大阻值R的较大损耗而多用L少用R，而L的有损电阻对其Q值乃至整个网络有严重影响。有源RC网络可以放心使用小型RC取代L，既减小体积，又容易调整。

(3) 有源RC网络的基础形态是二阶网络。由于运算放大器具有虚地点，因而不存在各网络之间电平耦合相互作用所带来的麻烦；运放的输出阻抗极小，且基本上是纯电阻的，而下一级的等效输入阻抗接近该级网络元件的阻抗，因此低阶有源RC网络可以直接级联构成高阶有源RC网络。

(4) 由于有源RC网络输出阻抗远小于输入阻抗，因而级间本身已经是充分隔离的，所以可独立修饰每一级的幅频特性。

(5) 高阶无源滤波网络LC元件数量多，任何一个元件由任何原因引起的参数变化，均会对整个网络特性产生的难以控制的影响。有源RC网络每一级的独立性显著降低了滤波特性对元件值偏差的敏感度，因此可以精密(随机误差不高于1%，甚至不高于0.5%)补偿总的幅频特性在各个频率点上对期望特性的偏离。

(6) 无源滤波网络的需求参数千差万别，很难集成化，必用的L电感量较大时，困难更大。有源RC网络与此相反，可使用集成滤波器产品，且仅需用几个外接电阻控制网络的可变参数，但是集成滤波器还远不能完全覆盖全部需求领域，盲目使用集成滤波器往往达不到良好的滤波性能和系统性能，因而仍需要研制分立元件有源滤波器，为此应重视滤波器原理，以指导实践。

(7) 有源RC网络最小信号电平受限于运放输入失调，最大信号电平受限于电路的限幅特性，因此信号的动态范围有限。

(8) 有源RC网络适用的频率范围取决于所使用运放的单位增益带宽(放大器增益至少为1的带宽)指标，且此指标此时比用于单纯放大器时低。

(9) 分立元件高阶有源滤波器使用的运放个数较多，功耗较大；集成有源滤波器也很少有低功耗或微功耗产品。

12.10.7 二阶有源低通滤波器

(1) 二阶有源低通滤波器最常用的结构形式是用RC梯形电路与有源正反馈(正增益)电压控制电压源共同组成的单一正反馈二阶滤波器电路。其主要缺点是：① 带宽很窄或Q值相当高时，元件参数稍有变化就会使滤波特性变化很大。② 输入信号通过电容器出现在输出端，因而阻带频率越高，衰减特性越迟钝；频率相当高时运放增益下降，反馈量相应减少。此二效应联合作用导致高频衰减特性恶化，甚至不降反升。此现象还与运放增益-带宽乘积、印制电路板布局及电源阻抗有关，故信号频率大于10^4 Hz时需注意运放的选择和实际安装。

(2) 有源滤波器追求的目标不是增益大。往往为求工作稳定和减弱元件参数变化的敏感度而适当压低增益。为了改善信噪比和动态范围，单一正反馈二阶有源低通滤波器用得最多的是直流增益为 1。

(3) 为防止单一正反馈二阶有源低通滤波器电路产生振荡，可在负反馈回路中插入反馈电阻和反馈电容。

(4) 二阶有源低通滤波器的结构形式采用多重负反馈型的主要优点是具有良好的高频衰减特性和失真特性，且滤波特性对电路元件参数变化的敏感度较低，因此特别适宜于做高 Q 值的滤波器。其主要缺点是元件值的分散性较大(即各个电阻的阻值不相同，各个电容的容值不相同)。

(5) 多重负反馈二阶有源低通滤波器高频衰减特性好的原因是最前面的电容器(C_{i1})是连接在信号与地之间的，即使频率相当高时运放增益下降，只要电容器高频特性好就行。而失真特性好的原因是负反馈放大电路运算放大器输入部分摆动明显比正反馈放大电路小，因而在增益小的场合，输入部分工作点变化导致的增益和输入电容变化更加微小。

(6) 如果要求多重负反馈二阶有源低通滤波器阻止的噪声涉及高频，超过运算放大器的转换速率或处理频率时，应该在该滤波器的初级前额外配置一个 LC 滤波器，将信号中混入的高频噪声充分衰减后再输入到该滤波器。

12.10.8　一阶有源低通滤波器

(1) 简单的 RC 低通网络即为一阶无源低通滤波器，它的缺点是当加负载时，其特性将发生变化；一阶有源低通滤波器是一个阻抗变换器，可以有效隔断负载的影响，且低频增益可以自由地选取。

(2) 所有类型一阶低通滤波器的传递函数是相同的，且系数 $a_1=1$。而当用几个低阶滤波器串联成奇数阶的高阶滤波器时，除 Butterworth 滤波器外，第一阶滤波器的 $a_1 \neq 1$。

12.10.9　电容、电阻的选用原则

(1) 要求制作精密的滤波器时，必须注意温度系数，选择 5×10^{-5}/K 的元件就可以获得很高的稳定度。

(2) 高性能的滤波器对于电容误差、温度特性、Q 值等都有严格的要求。1 类瓷介固定电容器是专门设计并用在低损耗、电容量稳定性高或要求温度系数有明确规定的谐振电路中的电容器，因而这种电容器适合在滤波器电路中使用。2 类瓷介固定电容器具有高的介电常数，适用于作旁路、耦合或用在对损耗和容量稳定性要求不高的电路中，因而这种电容器不适合在滤波器电路中使用。

(3) 频率很高时，为了降低分布电容造成的误差，应该选用较大的电容值。

(4) 下一级的输入电阻就是上一级的负载电阻，而反馈电阻跨越在输入与输出之间。电阻过小会使输出电压过小，输入端及输出端的等效电阻过小，开环增益过小，反馈深度过浅，从而使信号的失真率及运算误差都随之加大。电阻过大会使运放的输入偏置电流不可忽略，因而无输入电压时也会产生一定的输出电压，甚至使运放被驱至饱和；同时，过大的电阻所产生的热噪声也是不能容忍的；此外，其寄生电容对频率的影响也不可忽略，从而影响低通滤波器的直流增益。所以电阻既不能太大，也不可太小，其范围大约为$(10^2 \sim 10^5)\ \Omega$

量级，一般则取($10^3 \sim 10^4$) Ω 量级。上限在使用双极输入运算放大器时应为10^4 Ω 量级；在使用 FET 输入运算放大器时应为10^5 Ω 量级。要求必须是低噪声电路时，电阻值应当尽量选择小一些；相反，在要求消耗电流低的场合，为了减轻负载，应选用较大的电阻值。如果低通滤波器截止频率高达 MHz 量级，低阻的引线电感或高阻的分布电容会产生较大误差，所以最好选用($10^1 \sim 10^2$) Ω 量级的电阻器。

(5) 电容器的系列间隔较大，系列间隔以外的电容器需要特别订货，其价格高且交货期长，而且厂家往往不愿意少量制作。而电阻器的系列间隔则小得多。

(6) 为了保证幅频特性曲线的准确性，电阻和电容均应选用允许偏差小的元件。鉴于电阻器虽有系列间隔和阻值变化比电容器系列间隔和容值变化小得多的优点，但有阻值合理范围比电容器窄得多的缺点，所以应根据幅频特性要求，首先依据相应的公式由电阻值合理范围确定相应的电容值范围，从中按标称电容量选定电容，并测定其真实电容值，再依据相应的公式由真实电容值算出电阻值，挑选电阻。

12.10.10　实际调试结果示例

测量幅频特性曲线的方法有点频法和扫频法两种，前者测到的是静态幅频特性曲线，后者测到的是动态幅频特性曲线。扫频时频率的变化会引起有源网络的电容及分布参数产生暂态过程，使显示的幅频特性曲线产生时延，导致低通的过渡带朝高频方向偏移，形状也会有所变化，扫速越快差异越大。所以应采用点频法，而不采用扫频法。

参考文献

[1]　郑君里，应启珩，杨为理．信号与系统：下[M]．2 版．北京：高等教育出版社，2000.

[2]　远坂俊昭．测量电子电路设计：滤波器篇[M]．彭军，译．北京：科学出版社，2006.

[3]　吴丙申，卞祖富．模拟电路基础[M]．北京：北京理工大学出版社，1997.

[4]　梯策，胜克．高级电子电路[M]．王祥贵，周旋，等译．北京：人民邮电出版社，1984.

[5]　丁士圻．模拟滤波器[M]．哈尔滨：哈尔滨工程大学出版社，2004.

[6]　李远文，胡筠．有源滤波器设计[M]．北京：人民邮电出版社，1986.

[7]　《数学手册》编写组．数学手册[M]．北京：人民教育出版社，1979.

[8]　全国量和单位标准化技术委员会．物理科学和技术中使用的数学符号：GB 3102.11—1993 [S]．北京：中国标准出版社，1994.

[9]　LUTOVAC M D，TOŠIĆ D V，EVANS B L．信号处理滤波器设计：基于 MATLAB 和 Mathematica 的设计方法[M]．朱义胜，董辉，等译．北京：电子工业出版社，2004.

[10]　电子工业部标准化研究所．电阻器和电容器优先数系：GB/T 2471—1995 [S]．北京：中国标准出版社，1996.

[11]　全国电子设备用阻容元件标准化技术委员会．电子设备用固定电容器：第 8 部分 分规范：1 类瓷介固定电容器：GB/T 5966—2011 [S]．北京：中国标准出版社，2012.

[12]　中国人民解放军总装备部电子信息基础部．含宇航级的多芯组瓷介固定电容器通用规范：GJB 6788—2009 [S]．北京：总装备部军标出版发行部，2009.

[13]　中国人民解放军总装备部电子信息基础部．高可靠瓷介固定电容器通用规范：GJB

4157A—2011 [S]. 北京:总装备部军标出版发行部,2012.

[14] 中国人民解放军总装备部电子信息基础部. CCS410805 型高可靠无引线片式 1 类多层瓷介固定电容器详细规范:GJB 4157/1—2011 [S]. 北京:总装备部军标出版发行部,2012.

[15] 中国人民解放军总装备部电子信息基础部. CCS411206 型高可靠无引线片式 1 类多层瓷介固定电容器详细规范:GJB 4157/2—2011 [S]. 北京:总装备部军标出版发行部,2012.

[16] 中国人民解放军总装备部电子信息基础部. CCS411210 型高可靠无引线片式 1 类多层瓷介固定电容器详细规范:GJB 4157/3—2011 [S]. 北京:总装备部军标出版发行部,2012.

[17] 中国人民解放军总装备部电子信息基础部. CCS411812 型高可靠无引线片式 1 类多层瓷介固定电容器详细规范:GJB 4157/4—2011 [S]. 北京:总装备部军标出版发行部,2012.

[18] 中国人民解放军总装备部电子信息基础部. CCS412220 型高可靠无引线片式 1 类多层瓷介固定电容器详细规范:GJB 4157/5—2011 [S]. 北京:总装备部军标出版发行部,2012.

[19] 中国人民解放军总装备部电子信息基础部. CCS412225 型高可靠无引线片式 1 类多层瓷介固定电容器详细规范:GJB 4157/6—2011. [S]. 北京:总装备部军标出版发行部,2012.

[20] 中国人民解放军总装备部电子信息基础部. CCS405 型高可靠有引线 1 类多层瓷介固定电容器详细规范:GJB 4157/13—2011 [S]. 北京:总装备部军标出版发行部,2012.

[21] 中国人民解放军总装备部电子信息基础部. CCS406 型高可靠有引线 1 类多层瓷介固定电容器详细规范:GJB 4157/14—2011 [S]. 北京:总装备部军标出版发行部,2012.

[22] 中国人民解放军总装备部电子信息基础部. CCS407 型高可靠有引线 1 类多层瓷介固定电容器详细规范:GJB 4157/15—2011 [S]. 北京:总装备部军标出版发行部,2012.

[23] 全国电子设备用阻容元件标准化技术委员会. 电子设备用固定电容器:第 9 部分分规范:2 类瓷介固定电容器:GB/T 5968—2011 [S]. 北京:总装备部军标出版发行部,2012.

[24] 中国人民解放军总装备部电子信息基础部. CTS410805 型高可靠无引线片式 2 类多层瓷介固定电容器详细规范:GJB 4157/7—2011 [S]. 北京:总装备部军标出版发行部,2012.

[25] 中国人民解放军总装备部电子信息基础部. CTS411206 型高可靠无引线片式 2 类多层瓷介固定电容器详细规范:GJB 4157/8—2011 [S]. 北京:总装备部军标出版发行部,2012.

[26] 中国人民解放军总装备部电子信息基础部. CTS411210 型高可靠无引线片式 2 类多层瓷介固定电容器详细规范:GJB 4157/9—2011 [S]. 北京:总装备部军标出版发行部,2012.

[27] 中国人民解放军总装备部电子信息基础部. CTS411812 型高可靠无引线片式 2 类多层瓷介固定电容器详细规范:GJB 4157/10—2011 [S]. 北京:总装备部军标出版发行部, 2012.
[28] 中国人民解放军总装备部电子信息基础部. CTS412220 型高可靠无引线片式 2 类多层瓷介固定电容器详细规范:GJB 4157/11—2011 [S]. 北京:总装备部军标出版发行部, 2012.
[29] 中国人民解放军总装备部电子信息基础部. CTS412225 型高可靠无引线片式 2 类多层瓷介固定电容器详细规范:GJB 4157/12—2011[S]. 北京:总装备部军标出版发行部, 2012.
[30] 中国人民解放军总装备部电子信息基础部. CTS405 型高可靠有引线 2 类多层瓷介固定电容器详细规范:GJB 4157/16—2011 [S]. 北京:总装备部军标出版发行部, 2012.
[31] 中国人民解放军总装备部电子信息基础部. CTS406 型高可靠有引线 2 类多层瓷介固定电容器详细规范:GJB 4157/17—2011 [S]. 北京:总装备部军标出版发行部, 2012.
[32] 中国人民解放军总装备部电子信息基础部. CTS407 型高可靠有引线 2 类多层瓷介固定电容器详细规范:GJB 4157/18—2011 [S]. 北京:总装备部军标出版发行部, 2012.
[33] 中国人民解放军总装备部电子信息基础部. 有和无可靠性指标的塑料膜介质交直流固定电容器通用规范:GJB 972A—2002 [S]. 北京:总装备部军标出版发行部,2002.
[34] 中国人民解放军总装备部电子信息基础部. CLSK73(C73K)型有失效率等级的金属化聚碳酸脂膜介质直流固定电容器详细规范:GJB 972/1—2011 [S]. 北京:总装备部军标出版发行部, 2012.
[35] 中国人民解放军总装备部电子信息基础部. CLSK201A 型有失效率等级的金属化聚碳酸脂膜介质直流固定电容器详细规范:GJB 972/2—2011 [S]. 北京:总装备部军标出版发行部, 2012.
[36] 中国电子技术标准化研究所. 有质量等级的薄膜固定电阻器总规范:GJB 244A—2001 [S]. 北京:国防科工委军标出版发行部, 2001.
[37] 中国人民解放军总装备部电子信息基础部. RJK54 型有失效率等级的金属膜固定电阻器详细规范:GJB 244/3B—2011 [S]. 北京:总装备部军标出版发行部, 2012.
[38] 中国人民解放军总装备部电子信息基础部. RJK53 型有失效率等级的金属膜固定电阻器详细规范:GJB 244/2B—2011 [S]. 北京:总装备部军标出版发行部, 2012.
[39] 王晓元. 扫频仪的原理与维修[M]. 增订本. 北京:人民邮电出版社, 1993.

第13章 神舟号飞船微重力测量装置的采编器、电磁兼容措施及关键参数检测

本章的物理量符号

E_s	方差示值(范围为 00 00 00 H 至 FF FF FF H)
I_{x1s}	Ox_{1s} 对 Ox_m 的方向余弦
i_{x1s}	Ox_{1s} 对 Ox_L 的方向余弦
I_{x2s}	Ox_{2s} 对 Ox_m 的方向余弦
i_{x2s}	Ox_{2s} 对 Ox_L 的方向余弦
I_{ys}	Oy_s 对 Ox_m 的方向余弦
i_{ys}	Oy_s 对 Ox_L 的方向余弦
I_{zs}	Oz_s 对 Ox_m 的方向余弦
i_{zs}	Oz_s 对 Ox_L 的方向余弦
J_{x1s}	Ox_{1s} 对 Oy_m 的方向余弦
j_{x1s}	Ox_{1s} 对 Oy_L 的方向余弦
J_{x2s}	Ox_{2s} 对 Oy_m 的方向余弦
j_{x2s}	Ox_{2s} 对 Oy_L 的方向余弦
J_{ys}	Oy_s 对 Oy_m 的方向余弦
j_{ys}	Oy_s 对 Oy_L 的方向余弦
J_{zs}	Oz_s 对 Oy_m 的方向余弦
j_{zs}	Oz_s 对 Oy_L 的方向余弦
$K_{I,1}$	石英挠性加速度计标度因数,A/g_n
K_{x1s}	Ox_{1s} 对 Oz_m 的方向余弦
k_{x1s}	Ox_{1s} 对 Oz_L 的方向余弦
K_{x2s}	Ox_{2s} 对 Oz_m 的方向余弦
k_{x2s}	Ox_{2s} 对 Oz_L 的方向余弦
K_{ys}	Oy_s 对 Oz_m 的方向余弦
k_{ys}	Oy_s 对 Oz_L 的方向余弦
K_{zs}	Oz_s 对 Oz_m 的方向余弦
k_{zs}	Oz_s 对 Oz_L 的方向余弦
l_1	Ox_m 对 Ox_L 的方向余弦
l_2	Oy_m 对 Ox_L 的方向余弦
l_3	Oy_m 对 Oz_L 的方向余弦
m_1	Ox_m 对 Oy_L 的方向余弦

m_2	Oy_m 对 Oy_L 的方向余弦
m_3	Oz_m 对 Oy_L 的方向余弦
n	数据长度
n_1	Ox_m 对 Oz_L 的方向余弦
n_2	Oy_m 对 Oz_L 的方向余弦
n_3	Oz_m 对 Oz_L 的方向余弦
Ox_{1a}	微重力测量仪 x_1 路输出为正的加速度方向
Ox_{1g}	地面重力场倾角试验时微重力测量仪 x_1 路输出为正的重力方向
Ox_{1s}	微重力测量仪 x_1 路敏感轴的指向
Ox_{2a}	微重力测量仪 x_2 路输出为正的加速度方向
Ox_{2g}	地面重力场倾角试验时微重力测量仪 x_2 路输出为正的重力方向
Ox_{2s}	微重力测量仪 x_2 路敏感轴的指向
Ox_L	返回舱莱查坐标系 Ox_L 轴，指向飞行方向
Ox_m	与微重力测量仪底面法线平行
Oy_a	微重力测量仪 y 路输出为正的加速度方向
Oy_g	地面重力场倾角试验时微重力测量仪 y 路输出为正的重力方向
Oy_L	返回舱莱查坐标系 Oy_L 轴，指向天空
Oy_m	与微重力测量仪底面的后边平行
Oy_s	微重力测量仪 y 路敏感轴的指向
Oz_a	微重力测量仪 z 路输出为正的加速度方向
Oz_g	地面重力场倾角试验时微重力测量仪 z 路输出为正的重力方向
Oz_L	返回舱莱查坐标系 Oz_L 轴，指向返回舱 Ⅳ 象限
Oz_m	与 Ox_m，Oy_m 互相垂直，Ox_m，Oy_m，Oz_m 构成的坐标系 $Ox_my_mz_m$ 为右手坐标系
Oz_s	微重力测量仪 z 路敏感轴的指向
R_L	负载电阻，Ω
t_1	选通信号截止期(高电平)，s
t_2	选通信号导通期(低电平)，s
t_3	时钟信号相对于选通信号的时延，s
t_4	时钟信号周期，s
t_i	第 i 次校时码对应的时间，s
t_{i-1}	第 $i-1$ 次校时码对应的时间，s
$\overline{x}$	算术平均值
x_i	第 i 个微重力时域数据示值(范围为 0 00 H 至 F FF H)；第 i 个观测值($i=1, 2, \cdots, n$)
β	ΔV 与 ΔV_0 相比的百分差值
ΔV	变化 $\Delta\theta$ 角引起输出平均值的变化量，V
ΔV_0	每变化 $\Delta\theta$ 角引起输出的理论变化量，V
$\Delta\theta$	每次变化的角度，rad 或(°)

θ_0　　0 g_{local} 输出所对应的角度,(°)

θ_1　　某一接近 0 g_{local} 位置的同一输出所对应的角度,(°)

θ_2　　某一接近 0 g_{local} 位置的同一输出所对应的角度,(°)

σ　　标准差

本章独有的缩略语

CE　　Conducted Emission,传导发射

CMOS　　Complementary Metal-Oxide-Semiconductor Transistor,互补型金属氧化物半导体晶体管

CS　　Conducted Susceptibility,传导敏感度

DC-DC　　Direct Current-Direct Current,直流-直流

OC　　Open Collector,集电极开路

RE　　Radiation Emission,辐射发射

RS　　Radiated Susceptibility,辐射敏感度

我国载人航天工程按"三步走"发展战略实施。第一阶段(即第一步)发射载人飞船,建成与试验性载人飞船初步配套的工程,开展空间应用实验。本章回顾了此阶段神舟号飞船微重力测量装置研制工作的技术细节。

13.1　微重力采编器

13.1.1　需求

根据 10.1 节的分析,神舟一号至五号飞船任务对微重力采编器的需求为:

(1)采样功能。

输入四路模拟信号,动态范围不小于 4 000,每路采样间隔不大于 4.34 ms,对输入的模拟信号实施软件限幅、数据降噪和修约。

(2)统计功能。

以每路(10～20) s 的数据为一块,逐块分路统计出累加值、方差、最小值、最大值。

(3)守时和时间同步功能。

设置软时钟,并即时接受飞船应用系统远置终端转发的校时信号(每次间隔 64 s);对校时信号错码有防误校措施。

(4)存储功能。

具有工程状态和科学数据存储能力,存储容量为 512 kiBytes;存储的数据格式整齐、标志清晰并加有校验位;写入、读出互不干扰。

(5)接受指令功能。

1)即时接受远置终端转发的详存指令;

2)一次可注入两条指令,每条指令可预先安排 11 项详存,每项可安排 0～15 块详存;

3)区分当前执行指令、待执行指令和优先执行指令；

4)有能力识别标识错误的指令，并且不予执行；

5)对详存指令逐项作合法性检查，剔除标志错误、规定的详存时刻比下一项晚、详存时刻已过时、详存块数为零的详存项。

(6)设置缺省详存指令。

没有任何详存指令或详存指令已全部执行完毕，则从头执行缺省详存指令。如果收到详存指令，除即将执行或正在执行的缺省详存项外，中止执行缺省详存指令。船上时重新归零后能够从头执行缺省详存指令。

(7)存储模式转换功能。

根据飞船运行过程中每天预先注入的详存指令或缺省详存指令，依软时钟自动分两种情况存储微重力数据，一种只存储统计量(简称略存)，另一种同时存储直接采集到的微重力时域数据(简称详存)；工程参数提供当时处于详存或非详存状态(略存态或详存等待态)的指示。

(8)工程状态和科学数据传送功能。

1)即时依据飞船数传复接器发出的波门信号和时钟信号传送工程状态和科学数据；

2)工程状态记载在采编器存储器中，并随微重力科学数据下行；

3)工程状态记载收到的详存指令及指令注入时间；

4)记载的详存指令能区分当前执行的指令、待执行指令和标识错误的指令；

5)微重力科学数据在略存时为四路统计量及相应的船上时，详存时增加直接采集到的微重力时域数据；

6)微重力科学数据伴有相应的软时钟时间；

7)存储的数据未被覆盖前可以多次复读。

13.1.2 设计

针对13.1.1节所述神舟号飞船任务对微重力采编器的需求，采取如下设计。

13.1.2.1 采样功能

采用模拟开关巡检四路，每路采样间隔4 ms。为防止相邻两路间前一路对后一路的干扰，采用8选1模拟开关，相邻两路间增加接地措施。考虑分布电容的充电影响，每路采样在接通的后期进行。为降低噪声干扰，每路间隔33 μs连采三次，仅取其中值。模拟开关切换时刻与模-数转换器(ADC)采样时刻的对位关系如图13-1所示。

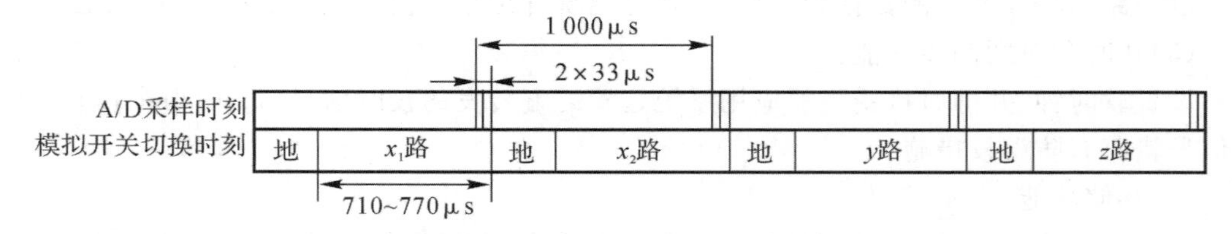

图13-1 模拟开关切换时刻与ADC采样时刻的对位关系

根据动态范围和数据限幅、修约要求，采用14位ADC，实际使用中间12位，示值为0 00 H至F FF H[H为16进制(Hexadecimal)数字之后的16进制标记。16进制数字系统也称为基16(base 16)数字系统，包含0,1,2,3,4,5,6,7,8,9,A,B,C,D,E,F共16个数字，数字 A 到 F 代表基 10 的数字 10 到 15[1]。16 进制数 2 位构成一字节，从 00 H 至 FF H，为了表达清晰，字节间留一空隙]。最低位 0 舍 1 入，最高位出现 1 时软件限幅至 F FF H。ADC 调整到输入 0 V 时输出为 0 00 H，输入 4.999 V 时输出为 F FF H。

10.1.1 节指出，神舟号飞船微重力测量任务要求给出各种工况下微振动的结构响应频谱。5.3.1 节指出，为了利用数字计算机进行频谱分析，需要依赖周期性离散信号的Fourier 分析方法，而离散 Fourier 变换是建立在等间隔采样基础上的。5.5 节指出，当数据长度为 2 的整数次幂时，可以应用快速 Fourier 变换(FFT)，使计算大为简化。为此，采集微重力数据时，以 4 096 个数据为一块且保证每一块内不改变每路的采样间隔。

13.1.2.2　统计功能

逐块分路统计出累加值、方差、最小值、最大值。由于每路采样间隔为 4 ms，每路 4 096 个数据的采集时间共计 16.384 s，其中方差的计算公式为

$$E_s \approx \frac{\sum_{i=1}^{4\,096}(x_i^2)-\frac{\left(\sum_{i=1}^{4\,096}x_i\right)^2}{4\,096}}{4\,096} \tag{13-1}$$

式中　E_s—— 方差示值(范围为 00 00 00 H 至 FF FF FF H)；

x_i—— 第 i 个微重力时域数据示值(范围为 0 00 H 至 F FF H)。

以下证明使用式(13-1) 计算方差在工程上是完全可以接受的：

我们知道，方差的平方根称为标准差，对于相同精密度的观测来说，n 个观测值 x_1，x_2，…，x_n 的标准差为[2]

$$\sigma=\sqrt{\frac{\sum_{i=1}^{n}(x_i-\bar{x})^2}{n-1}} \tag{13-2}$$

式中　σ—— 标准差；

n—— 数据长度；

x_i—— 第 i 个观测值($i=1, 2, \cdots, n$)；

$\bar{x}$—— 算术平均值。

其中[2]

$$\bar{x}=\frac{1}{n}\sum_{i=1}^{n}x_i \tag{13-3}$$

将 $n=4\,096$ 代入式(13-2)，取其平方，得到方差 E_s，再展开，得到

$$E_s=\frac{\sum_{i=1}^{4\,096}(x_i^2)-2\bar{x}\sum_{i=1}^{4\,096}x_i+4\,096\bar{x}^2}{4\,095} \tag{13-4}$$

将式(13-3) 代入式(13-4)，得到

$$E_s=\frac{\sum_{i=1}^{4\,096}(x_i^2)-\frac{\left(\sum_{i=1}^{4\,096}x_i\right)^2}{4\,096}}{4\,095} \tag{13-5}$$

可以看到，式(13-1) 是式(13-5) 的 0.999 76 倍。之所以采用式(13-1)，而不采用式(13-5)，是因为除以 4 096 在软件实现上非常简单，只需舍去低 12 位就可以，而误差不足

3/10 000，这对于微重力测量是完全可以接受的。

使用式(13-1)的好处是采集到第 k 个数据，就可以计算 $\sum_{i=1}^{k} x_i$ 和 $\sum_{i=1}^{k}(x_i^2)$。因此，略存模式下每块无需分别存储每路 4 096 个微重力时域数据，而且可以充分利用每 1 ms 采样的空余机时，使得每块数据采集完毕后的方差计算量明显减少。只需在两块数据采集间隙单独辟出 4 ms 就可以执行完每路的方差计算及后面 13.1.2.6 节所述的模式转换判断流程。因此，相邻两块的时间间隔为 16.388 s，即相邻两块详存的微重力时域数据间空缺一个数据点。

13.1.2.3 守时和时间同步功能

软时钟走时利用采样及相关处理的 1 ms 定时器中断进行，对该中断计数，得到的二进制值左移一位(即乘 2)作为软时钟时间码(1 LSB 的值 0.5 ms，每 1 ms 跳变一次)，总长 4 Bytes，即示值为 00 00 00 00 H 至 FF FF FF FE H，对应 0 d 0 h 0 min 0.000 s 至 24 d 20 h 31 min 23.647 s。收到校时信号后即刻用校时信号中的时间码替换软时钟时间码，并将校时信号存入可读出的特定区域；在详存状态时，只将校时信号存储，不做软时钟时间码校正，以便事后对微重力时域数据作频谱分析(参见附录 C.1 节)时，正确判断天地传输造成的漏码。为防止校时信号中的时间码受干扰时系统软时钟跳变，采用以下抗干扰措施：仅开机或复位后首次可随时接受校时信号校时，其后符合下式时接受校时信号校时，以保证校时信号中的错时间码不被执行，而正确的大幅度调时推迟 64 s 后即被执行：

$$63.5\ \text{s} \leqslant t_i - t_{i-1} \leqslant 64.5\ \text{s} \tag{13-6}$$

式中 t_i —— 第 i 次校时码对应的时间，s；

t_{i-1} —— 第 $i-1$ 次校时码对应的时间，s。

13.1.2.4 接受指令功能

微重力采编器接收远置终端转发的指令，指令包括校时信号、复位指令和详存指令。校时信号的格式为 E0 A6 E0 A6 ×× ×× ×× ×× H，其中 ×× ×× ×× ×× H 为时间码。复位指令的格式为 10 45 ×× 04 6C 6C 6C 6C H，其中 10 45 H 为微重力测量装置的版本和过程标识，×× H 为序列计数，04 H 表示注入内容的长度为 4 Bytes，6C 6C 6C 6C H 表示复位。详存指令的格式如图 13-2 所示。

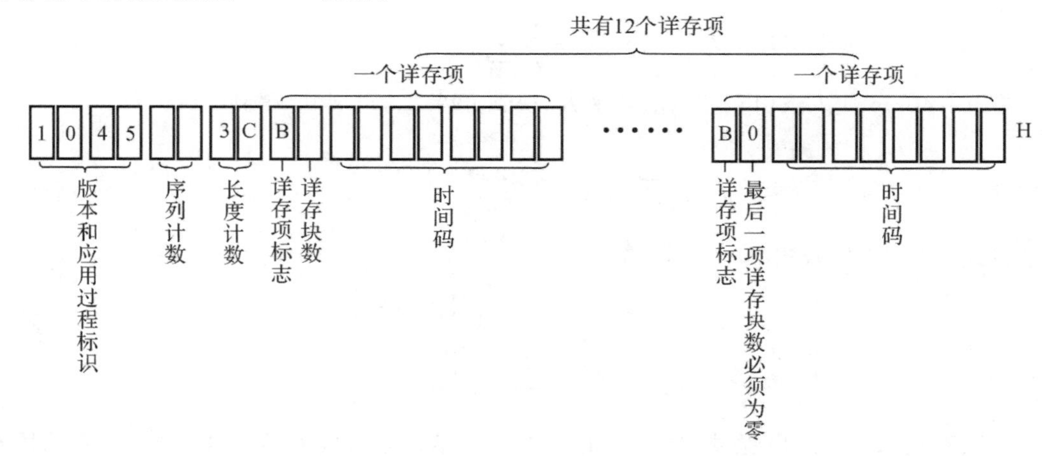

图 13-2 详存指令格式

图 13-2 中序列计数为 00 H 的指令为优先执行指令，序列计数非 00 H 的指令为待执行指令。长度计数 3C H=60，指共有 12 个详存项，每项占 5 Bytes。详存项标识为 B H。详存块数最多为 F H，即每个详存项最多可连续详存 15 块，时间码为该详存项开始执行的时间。后一项的时间码应在前一项详存执行完毕之后。最后一项的详存块数固定为 0 H，仅用于判断此前一项的时间码是否合法，因此可用的详存项最多为 11 项。

远置终端以字节为单位转发指令，如图 13-3 所示。图中，时钟信号周期 $t_4=(62.5\pm5)$ μs，选通信号截止期（高电平）$t_1\geqslant62.5$ μs，选通信号导通期（低电平）$t_2=8.5t_4$，时钟信号相对于选通信号的时延 $t_3=0.5t_4$。约定每条指令内相邻字节间间歇小于 2 ms，相邻两条指令间间歇大于 12 ms。

为了保证即时接受远置终端转发的校时信号，利用远置终端选通信号前沿启动高级中断。

每收到 1 字节指令即启动定时器 1，若 10 ms 内没有新的数据到来，即认为一条指令接收完毕，转入指令处理模块。该模块将收到的指令分类为校时信号、复位指令、详存指令和标识错误的指令。对于校时信号，调用校时程序；对于复位指令，执行软件复位功能，系统重新初始化（等同于上电初始化）；对于详存指令，将其进一步分解为优先执行指令（序列计数为 00 H 的指令）和待执行指令（序列计数非 00 H 的指令）分别存储，并记录指令收到的时间；对于错误指令，将其另行存储；清空数据注入缓冲区。

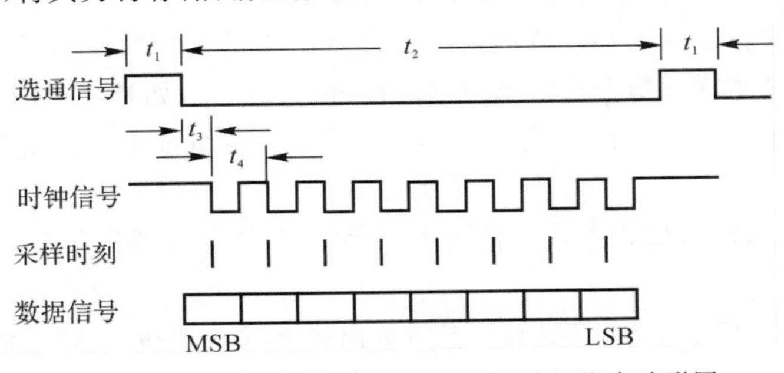

图 13-3　飞船应用系统远置终端转换发指令波形图

13.1.2.5　设置缺省详存指令

微重力采编器开机初始化设置缺省详存指令，缺省详存指令在注入指令链出现故障时可以起到后备作用。缺省详存指令的设置需根据飞控程序设计，以便捕捉飞控重要工况的微重力时域信息。

13.1.2.6　模式转换判断功能

模式转换判断流程保证：

（1）优先执行指令顶替当前执行指令被优先执行。

（2）待执行指令只有在当前执行指令或优先执行指令执行完毕后才会被执行。

（3）两条待执行指令间按收到时间先后的顺序执行。

（4）标识错误的指令不会被执行。

（5）没有任何详存指令或详存指令已全部执行完毕，则从头执行缺省详存指令。

（6）执行缺省详存指令过程中如果收到详存指令，除即将执行或正在执行的缺省详存项外，中止执行缺省详存指令。

(7) 船上时重新归零后从头执行缺省详存指令。

(8) 对详存指令逐项作合法性检查，剔除标志错误、规定的详存时刻比下一项晚、详存时刻已过时、详存块数为零的详存项。

(9) 当前详存项按规定的开始详存时刻进入详存态，且不受打扰地连续执行，直至完成规定块数的详存后，清除详存态(即转为略存态)。

(10) 为了不影响每一块内每路的采样间隔，仅在详存或略存每完成一块采样后才执行模式转换判断流程。如当时离指令设定的开始详存时刻够一块略存，则维持略存态；反之，如不够完成一块略存，则进入详存等待态。详存等待态不采集微重力数据，因而详存等待态下每间隔 1 ms 就执行一次模式转换判断流程。

模式转换判断流程如图 13-4 所示。从图 13-4 可以看到，由于开机初始化设置当前详存项块数不为零，且设置当前为详存态，所以完成初始化后即开始详存规定的块数。详存结束后若参数读出区 1，2，3 均无指令，会依次取缺省详存指令的有效详存项列为当前详存项，若该项执行前 >16.388 s时参数读出区 3 出现指令(即优先执行指令)，则废除该当前详存项，改将参数读出区 3 中正确的详存项依次列为当前详存项，并在该项执行前 $\leqslant 16.388$ s 时设置详存等待态，不再略存，且该流程改为每毫秒检查一次，直至详存执行时间已到，改设详存态，并在下一毫秒执行详存。详存项执行完毕后清除详存态。

而若缺省详存指令某一项列为当前详存项后，该项执行前 >16.388 s 时参数读出区 3 始终未出现指令，则该当前详存项将被执行。执行结束后若参数读出区 1，2，3 仍均无指令，则会从头检查缺省详存指令第一项的详存时间是否已过，如是，每块略存后再检查下一项，直到详存时间未过，列为当前详存项。这一措施可以保证船上时重新归零后能够从头执行缺省详存指令。

缺省详存项执行结束后若参数读出区 3 有指令，会将参数读出区 3 中正确的详存项依次列为当前详存项。

若参数读出区 3 指令已执行完毕，而参数读出区 1，2 均无指令，则会依次检查缺省详存指令的其余各项，直到详存时间未过，列为当前详存项。

若参数读出区 3 无指令或指令已执行完毕，而参数读出区 1，2 有指令，则将收到时间较早的一条指令装入参数读出区 3，清除原参数读出区有指令标志，建立参数读出区 3 有指令标志。

从图 13-4 还可以看到，为了保证在两块数据采集间隙单独辟出的 4 ms 中不仅执行完每路的方差计算，而且执行完模式转换判断流程，对模式转换判断流程作了以下简化处理：

(1) 缺省详存指令某一项列为当前详存项后，若在该项执行前 >16.388 s 出现优先执行指令，该当前详存项就被冲销；而非缺省的详存指令某一项一旦列为当前详存项后，是不可被冲销的，除非实施关机重开机，并重新注入指令。

(2) 模式转换判断流程仅在当前详存项执行完毕后才会对下一详存项进行判断，且每次只判断一项，因此，每剔除一项错误详存项都要开销一块略存的时间 16.388 s。

(3) 模式转换判断流程仅在当前详存指令执行完毕后才会将下一条待执行指令转为当前详存指令，这也需要开销一块略存的时间 16.388 s，因此当前详存指令执行完毕到下一条待执行指令第一项详存开始间需要间隔 16.388 s 以上。

(4) 收到优先执行指令时如果处于略存态，仅在该块略存完成后才会对优先执行指令进行判断，并按规定执行。

从以上分析可以看到，详存态是执行详存的标志。因此，将详存态通过硬件作为工程参数引出，并通过飞船遥测下行，便可用于判断规定的详存指令是否正在被正确执行。

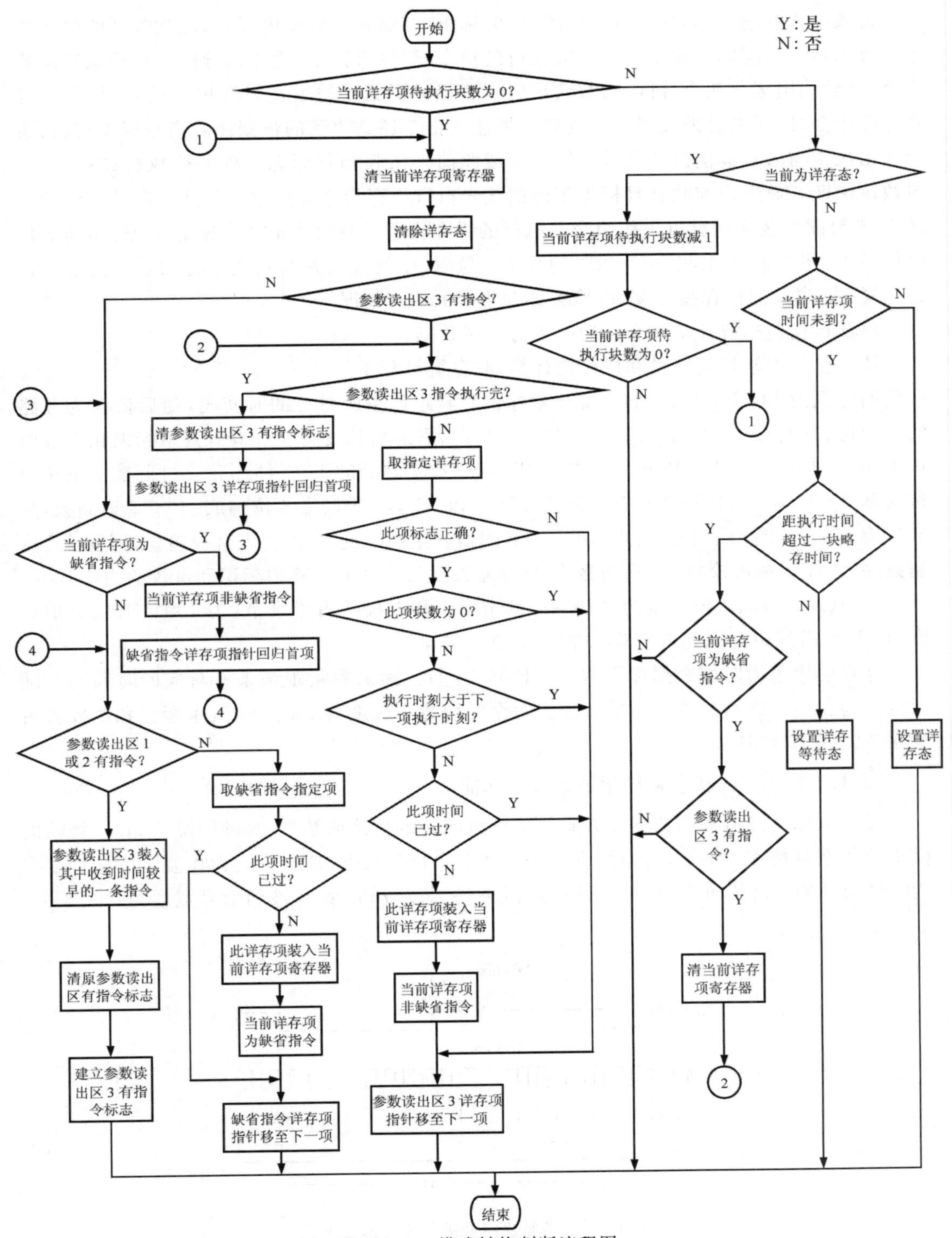

图 13－4　模式转换判断流程图

13.1.2.7 数据存储功能

存储的微重力数据容量为 523 600 Bytes，其中工程状态数据占 336 Bytes，科学数据占 523 264 Bytes。

每条工程状态数据以 14 6F BB BB H 为标志，存储在参数读出区中，记载收到的注入指令及收到指令的时间。为了区分当前执行的指令、待执行指令、优先执行指令和标识错误的指令，参数读出区分四个分区：参数读出区 0 放置标识错误的远置终端校时信号、复位信号和详存指令，以区别是采编器没有收到数据注入指令还是收到的数据注入指令标识有错；参数读出区 1 与参数读出区 2 交替放置当前或此前一条收到且标志正确的待执行详存指令；参数读出区 3 放置当前收到且标志正确的优先执行详存指令或按收到时间顺序从参数读出区 1、参数读出区 2 拷贝过来作为当前执行的详存指令。参数读出区中还记载：① 当前的校时信号，以便了解校时动态；② 当时的写指针位置，以便大致判断新数据将旧数据覆盖到什么位置；③ 当前的详存指令项，以检查详存指令的执行情况。

科学数据包括统计量和详存的微重力时域数据。

统计量分为略存统计量和详存统计量，略存统计量的标识为 14 6F AA AA H，详存统计量的标识为 14 6F 5A 5A H。统计量标识后紧跟该条所对应的时间码，随后依次为各路的累加值、方差、最小值、最大值。这些统计量中，累加值长度为 4 Bytes，其中标识和奇校验占 1 Byte，为0110 011# B[B 为 2 进制(Binary)数字之后的 2 进制标记。2 进制数字系统也称为基 2 (base 2) 数字系统，它只使用数字 0 和 1[1]。2 进制数 4 位构成一个 16 进制数，从 0000 B 至 1111 B，为了表达清晰，16 进制数间留一空隙]，此处 # 代表奇校验位，即保证 2 进制数字(含标识和奇校验)共有奇数个 1；方差长度为 4 Bytes，其中标识和奇校验占 1 Byte，为0110 011# B；最小值长度为 2 Bytes，其中标识和奇校验占半字节，为 100#B；最大值长度为2 Bytes，其中标识和奇校验占半字节，为 101# B。

详存的微重力时域数据标识为 14 6F 55 55 H。标识后紧跟该条所对应的时间码。随后依次为各路的详存微重力时域数据。每个时域数据长度为 2 Bytes，其中标识和奇校验占半字节，为 110# B。

13.1.2.8 工程状态和科学数据传送功能

飞船数传复接器采用数据流方式每帧轮流向各载荷读取数据，每帧间隔 8 ms。每帧的微重力数据包长 32 Bytes，包括微重力工程状态和科学数据，读取方式为在波门信号宽度内用时钟信号的下降沿读数(1 或 0)，时钟信号码速率为 768 kb/s，波门信号宽度为 333.3 μs，如图 13-5 所示。

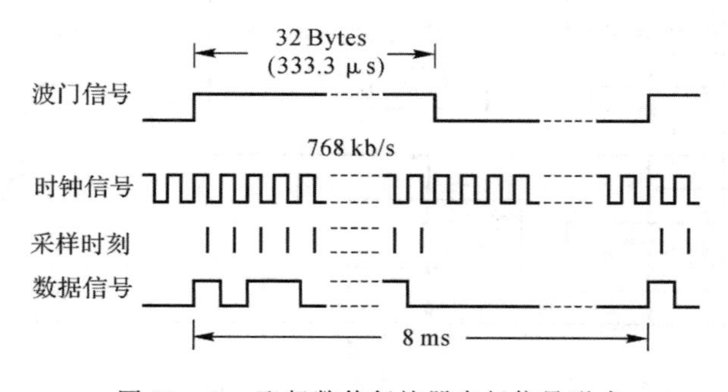

图 13-5 飞船数传复接器串行信号形式

为了能够即时依据飞船数传复接器发出的波门信号和时钟信号传送工程状态和科学数据，设置4×64位移位寄存器。利用飞船数传复接器波门信号后沿启动低级中断，向4×64位移位寄存器传送包同步码EB 90 H、包计数×× ×× H及28 Bytes存储数据。送满后采编器将移位寄存器控制权交给飞船数传复接器。飞船数传复接器使用发出的波门信号和时钟信号推出移位寄存器中的数据。取完数据后，用波门信号后沿向采编器发出通知，采编器再重新接管移位寄存器控制权。

设置这一电路的好处是：

(1) 可以满足写入与读出"同时"进行的要求，亦可在远置终端和飞船数传复接器同时向采编器发命令时不致顾此失彼。

(2) 使程序运行合理化。在中断优先权安排方面，为了保证校时的准确性，用远置终端选通信号前沿启动高级中断。有了这一电路，采编器有充裕时间向移位寄存器送数，故可让飞船数传复接器波门信号后沿启动低级中断，而每1 ms更换模拟通道中断可定为中级优先。这样的安排有利于解决1 ms内完成基本程序操作的困难。否则，飞船数传复接器就要和远置终端争抢最高优先，对正常程序影响严重。

(3) 读、写指针均一次移动28 Bytes，保证即使读、写指针跑飞，也不会打乱数据格式。

(4) 飞船数传复接器数据传输的数据流方式使得便于采用这一电路，电路不复杂。

为保证写入、读出互不干扰，分别设有写指针和读指针，且分别在存储器中以首尾相接的方式引导写入或读出。

13.1.2.9　微重力数据格式

如13.1.2.7节所述，微重力数据包括工程状态数据和科学数据，其中工程状态数据分布在4个参数读出区中，而科学数据包括统计量和详存的微重力时域数据。

如13.1.2.1节所述，微重力时域数据每路间隔4 ms。

如13.1.2.2节所述，相邻两块微重力科学数据的时间间隔为16.388 s。

微重力时域数据x_1，x_2，y，z四路各一个数据构成一组。

微重力数据的基本单位为条。其中：工程状态数据每三包为一条，每条对应一个参数读出区；科学数据每两包为一条，每条或者对应一块统计量数据及相应的时间，或者对应6组详存的微重力时域数据及相应的时间。每块详存数据共有4 096组，占683条。

如13.1.2.8节所述，每包微重力数据包括包同步码EB 90 H、包计数×× ×× H及28 Bytes存储数据。

如13.1.2.7节所述，每条工程状态数据以14 6F BB BB H为标志，每条略存统计量以14 6F AA AA H为标志，每条详存统计量以14 6F 5A 5A H为标志，每条详存的微重力时域数据以14 6F 55 55 H为标志。

13.2　装置电磁兼容措施

如10.2.3节所述，神舟号飞船微重力测量装置由微重力测量仪和微重力采编器构成。本节所述电磁兼容设计、测试结果分析与改进措施涵盖了整个微重力测量装置而不仅限于微重力采编器。

13.2.1 产品概况

微重力测量仪提供四路微重力模拟量信号，微重力采编器根据固定程序和注入指令进行守时、采样、统计、存储和数据发送。图 10－5 给出了功能框图，图 13－6 给出了信息流程图，图 13－7 给出了内部布局图。

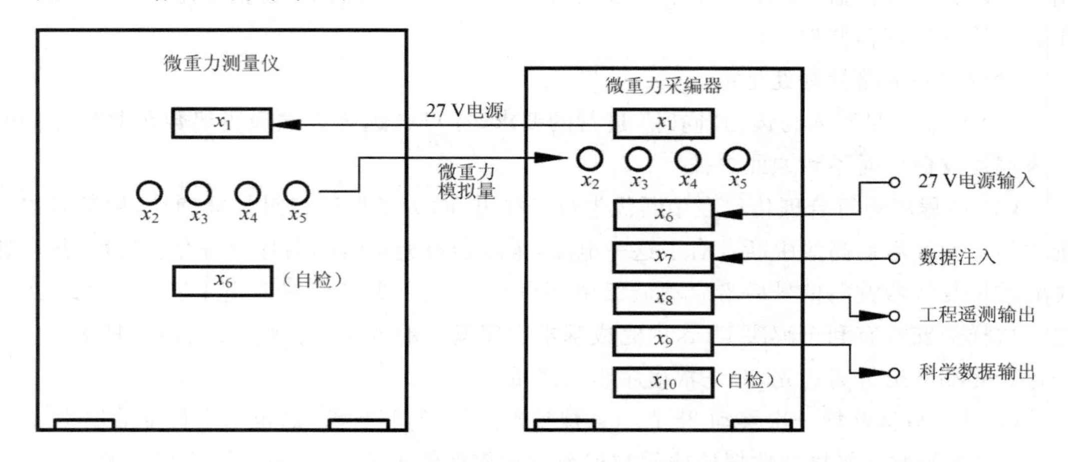

图 13－6　神舟号飞船微重力测量装置信息流程图

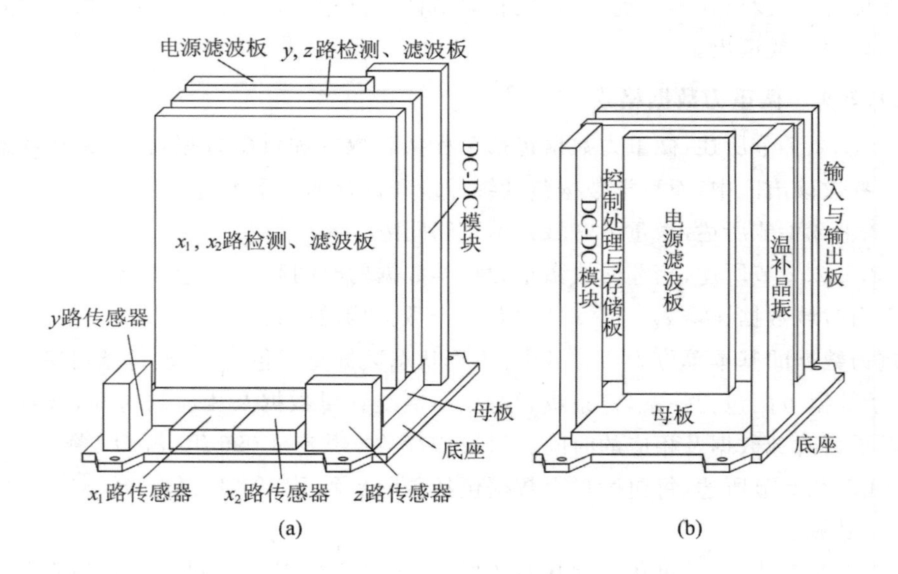

图 13－7　神舟号飞船微重力测量装置内部布局图

(a) 微重力测量仪；(b) 微重力采编器

微重力测量仪直流-直流（DC-DC）变换器采用 MHF＋2815D，切换频率（480～620）kHz，实际输出功率小于样本规定最大值的 30％。初级按 Interpoint 公司规定采用 FMH－461 电源滤波器，次级严格按该公司推荐的滤波电路自行设计。任务书要求静态分辨力 5 μg_n，传感器相应的输出变化为 7.5 nA，属小信号测量。低通滤波通带为（0～108.5）Hz。输入范围为 x_1 路±150 mg_n，x_2，y，z 三路±10 mg_n，测量仪相应的输出为（0～5）V 标准信号，采用瑞侃公司的屏蔽同轴电连接器 DK－621－0011－P 和 DK－621－0012－P 以及相应的屏蔽双绞电缆。其余电连接器采用德驰公司的 ABC10C－7065 和 ABC10C－7066 矩形插头座。

微重力采编器 DC-DC 变换器模拟量部分采用 MSA2812D，切换频率(450～600) kHz。数字量部分采用 MHF＋2805S，切换频率(480～620) kHz。实际输出功率均小于样本规定最大值的 20%。初级共用 FMH－461 电源滤波器，次级分别按 Interpoint 公司推荐的滤波电路自行设计。晶振采用 VECTOR 公司的 12 MHz 温补晶振 CO－252F 16KVW，微处理器采用 INTEL 公司的 MD80C31BH/B，机器周期 1 μs。微重力模拟量输入采用瑞侃公司的屏蔽同轴电连接器 DK－621－0011－P 和 DK－621－0012－P 以及相应的屏蔽双绞电缆，其余电连接器采用德驰公司的 ABC10C－7065 和 ABC10C－7066 矩形插头座。模数转换采用 AD 公司的 AD679TD，(0～10) V范围内提供 14 位输出。数据注入包括选通信号、时钟信号、数据信号，三信号均采用集电极开路(OC)门，共用一根回线，且为浮地结构，时钟周期为(62.5±5) μs。科学数据输出给飞船数传复接器采用数据流形式，包括波门信号、时钟信号、数据信号，三信号均为差分输入或输出(分别提供同相端和反相端)，码速率为 768 kb/s。

13.2.2　设计阶段采取的电磁兼容措施

13.2.2.1　干扰源、敏感单元和耦合途径分析

在整个设计中，我们从干扰源、敏感单元和耦合途径三个方面来进行分析，并从抑制干扰源，保护敏感单元和切断耦合途径来着手进行电磁兼容设计。

在微重力测量装置的工作过程中，干扰源包括以下几个方面：电源变换器、晶振及其引线是较强的辐射源；滤波器的电感和数字电路亦会有较大的辐射；外界干扰主要来自飞船内部众多的射频和微波设备、大功率设备开关切换以及空间电磁辐射。对干扰敏感的单元主要是微重力模拟量检测电路和 14 位 ADC。其耦合途径主要是：

(1)微重力测量装置的电源线、数据输出输入线、模拟量输出输入线均在半米以上，途径各系统，有很强的辐射耦合关系。

(2)飞船设备共用一次电源，电源耦合是不可忽视的因素。

(3)飞船的金属壳体和构件作为船地，对电荷的容量比地球大地差得多，而且飞船上的设备复杂，船地一定程度上有可能成为干扰的途径。

(4)原确定微重力测量装置初样为浮地设备，仅通过工程遥测接地，迂回曲折，效果很差。此外，提供校时和数据注入信号的远置终端也是浮地设备，输出电流又较大，信号跳变时将通过信号回线带来干扰。

(5)微重力采编器数字量部分对模拟量部分的干扰不容忽视。

13.2.2.2　电源干扰的防护措施

(1)电磁干扰的最大来源是电源。为了减少来自电源的干扰，微重力测量仪、微重力采编器的模拟电路、微重力采编器的数字电路均自备电源变换器。

(2)为减少电源变换器对功能电路的干扰，电源变换器单元单独设置，与功能电路不共用印制板。

(3)把 DC-DC 模块单独埋在铝框架里，与机壳搭接优良，不装在电源滤波板上；DC-DC 模块前加电源滤波器；DC-DC 模块后加可抑制共模和差模噪声的滤波电路。由于 DC-DC 模块切换频率高达 550 kHz，这一滤波电路非常重要。实践证明，没有它，传感器将不能正

常工作。此滤波电路的引线尽可能地短，输入端和输出端引线相互隔离，滤波电路尽量靠近检测电路。

(4)每块印刷板电源线与其回线尽量宽且平行走线。微重力测量仪每块印刷板的供电入口端加 LC 滤波；微重力采编器每块印刷板每隔 12 cm 或每隔 3～5 个组件采用一次由瓷片电容(0.1 μF)和钽电解电容(10 μF)并联组成的去耦电路。

(5)电源线、信号线、自检线分别送到不同的电连接器上，以减少互相干扰。

(6)内部电源变换器的输入和输出均用双绞线，电连接器上焊接往返连线的两个接点仅相隔一个接点。

13.2.2.3 晶振和数字电路干扰的防护措施

(1)数据处理存储板(全是数字电路)与输入输出板(数字电路与模拟电路混合)分开，后者尽量远离晶振和电源变换器。

(2)温补晶振单独埋在铝框架里，与机壳搭接优良，不装在数据处理存储板上。

(3)输入输出板在布局上尽量将数字电路与模拟电路隔开；数字信号回线与模拟信号回线分开，两者单点相连。

(4)在模拟开关的控制电路中增加 HCPL5631 光电耦合器，使模拟地与数字地不形成回路，确保二者单点接地，以克服地线及其回路引起的测量误差。

(5)为抑制从数据总线向 ADC 反向传输对 ADC 转换误差的影响，在 AD679 与数据总线之间插入 54HC244 八缓冲器。只有 ADC 转换结束，向数据总线送数时，才打开三态允许端，其余时间三态门处于高阻态。

13.2.2.4 微弱信号的抗干扰措施

(1)机壳采用 2A12 铝合金，最薄处厚度为 2mm；各侧板间的搭接面采用翻边掏铣工艺，翻边宽度 10 mm，以保证良好搭接；组成机壳的各块金属板间的搭接面不发黑；螺钉间距一般控制在 60 mm 以内，最长不超过 75 mm。

(2)四路微重力模拟量检测信号互相独立，分别依次用最短路径顺序前进，没有逆向通道，互相也不交叉。

(3)信号线与其回流线就近安排。

(4)检测电路后加低通滤波，截止频率 108.5 Hz。这个低通滤波单元不仅对于采编器离散量采样是必要的，而且有利于进一步抑制高频干扰。

(5)微重力测量仪与微重力采编器间四路微重力模拟量检测信号采用 Raychem 公司的屏蔽双绞线传输，相应电连接器也用该公司产品，屏蔽层为单点接地，且与其他连线有一定的隔离距离。

(6)采用 CD4051 8 选 1 模拟开关，间隔接地，以减少路间耦合。

(7)模拟信号输入采编器之前受到的脉冲宽度小于 30μs 的干扰，用三选一的方法去掉。

(8)模拟开关后至微重力模拟量状态检测接口电路间加 F110 电压跟随器，以加大正向驱动能力，抵御工程遥测电缆分布电容的影响，缩短切换稳定时间；同时加大反向隔离，防止遥测关机后存在高电平将巡回检测的微重力模拟量拉偏。

13.2.2.5 数字信号的抗干扰措施

(1)全部采用互补型金属氧化物半导体晶体管(CMOS)器件，以提高噪声容限和抗辐照能力。

(2)不同频率或不同时钟速率的信号不在同一集成块内处理。

(3)集成块中不用的逻辑电路之输入端良好接地。

(4)印制板上信号线长度与宽度的比不超过 150,信号线按原理图顺序前进,不逆向布线,信号线与它们的回线尽可能靠近。

(5)与数传复接器的连线,使用双绞线。

13.2.2.6　微重力测量装置接地

飞船系统有关技术文件要求低频设备本身为浮地设备,即 DC-DC 变换的二次回线不接机壳。我们认为,至少对于微重力测量装置而言,浮地是不合适的:

(1)微重力测量仪传感器(石英挠性加速度计)的标度因数为(1.1～1.6) mA/g_n,即在要求的静态分辨力 5×10^{-6} g_n下传感器输出仅(5.5～8) nA,属小电流测量;微重力采编器采用 14 位 ADC,设定满程为 10 V,即一个分层为 0.61 mV,属微信号测量。DC-DC 模块的尖峰干扰,对小电流和微信号测量影响很大,所以二次回线应有良好接地。

(2)微重力测量装置只通过遥测迂回接地,接地质量很差,且遥测万一发生接地故障,只会承担遥测不准的责任,而不会承担接地不良的责任。

(3)飞船系统有关技术文件要求低频设备本身为浮地设备的原本含义是各分系统分别统一提供二次电源且通过二次端分系统配电器接地,以保证单点接地,而不是要求只通过遥测接地,后来改为各设备自行配备二次电源,这就使二次端失去直接接地途径。

(4)联调时检测远置终端时钟信号和数据信号发现,有时时钟信号负跳变过冲,此时在数据线上高电平上会出现一个负脉冲,其原因是二者共用回线,且采编器二次端不接地。如若采编器二次端接地,此现象有可能获得改善。

(5)微重力测量装置在正式使用时虽可以通过工程遥测接地,但在地面联调时,有可能不接工程遥测,且联调电缆网二次回线没有设计接地端。如在开机状态下用测试仪器检测,就可能产生电荷泄放火花,造成干扰,也不能完全排除把器件打坏的危险。

为此,通过审批手续,微重力测量装置 DC-DC 变换的二次回线由浮地改为单点接地。具体的处置方法为:

(1)DC-DC 模块输出回线处与机壳单点相接。

(2)机壳地与飞船地的连接拟采用机壳不发黑的底面与基座直接接触的方式。

(3)微重力测量仪“二次回线”与微重力采编器“二次回线”之间设一专门的二次地连线,不用信号回线代替。

(4)保证微重力测量装置的一次回线与二次回线绝缘,一次回线为浮地。

13.2.3　电磁兼容测试结果分析

13.2.3.1　概述

按规定剪裁后,微重力测量装置共进行了 8 个项目电磁兼容性(EMC)测试。测试分别在北京空间飞行器总体设计部电磁兼容试验室、北方交通大学抗电磁干扰研究中心、北京无线电计量测试研究所电磁兼容测试室进行,共做了五次,前四次通过反复测试反复改进,最终所有测试项目分别达到了 GJB 151.3—1986《星载和弹载设备和分系统(包括相应的地面辅助设备)的要求(A2 类)》[3]或 GJB 151A—1997《军用设备和分系统电磁发射和敏感度要求》[4]①的规定。第五次测试是对微重力测量装置的电磁兼容性进行进一步的探索，目的是尽量减少外接电缆中屏蔽双绞线的数目和减少信号回线的条数。采用 GJB 151.3—1986 达标情况如下：第一次测试时 CE01(25 Hz～15 kHz 电源线传导发射)、CS01(25 Hz～50 kHz 电源线传导敏感度)、CS02(50 kHz～400 MHz 电源线传导敏感度)、CS06(电源线尖峰信号传导敏感度)用普通的电缆就达到要求，RE01 (25 Hz～50 kHz 磁场辐射发射)未做，RS03 (14 kHz～40 GHz 电场辐射敏感度)数据基本正常，RE02(14 kHz～10 GHz 电场辐射发射)、CE03(15 kHz～50 MHz 电源线传导发射)未达标；第二次改善机壳搭接电阻，内部走线采用双绞线或屏蔽双绞线，外部电缆中电源线用屏蔽双绞线，其余电缆双绞、三绞并整束外加粗防波套，RE01 达标，RS03 情况得到很大改善，RE02、CE03 也有所改善；第三次加强 DC-DC 模块框的屏蔽，进一步改善机壳搭接电阻，用晶体谐振器代替温补振荡器，并使 DC-DC 模块单点接地，CE102(10 kHz～10 MHz 电源线传导发射)[4](代替 CE03)达标，RE02 有所改善；第四次增加数据注入地线，所有电缆均用屏蔽双绞线或套在三绞线上的细防波套，RE02，RS03 完全达标。

需要说明的是，GJB 151.3—1986 与 GJB 151A—1997 有些差异，CE01 对应 CE101 (25 Hz～10 kHz 电源线传导发射)，CE03 对应 CE102，CS01 对应 CS101(25 Hz～50 kHz 电源线传导敏感度)，CS02 和 CS06 被 CS114(10 kHz～400 MHz 电缆束注入传导敏感度)、CS115(电缆束注入脉冲激励传导敏感度)、CS116(10 kHz～100 MHz 电缆和电源线阻尼正弦瞬变传导敏感度)取代，RE01 对应 RE101(25 Hz～100 kHz 磁场辐射发射)，RE02 对应 RE102(10 kHz～18 GHz 电场辐射发射)，RS03 对应 RS103(10 kHz～40 GHz 电场辐射敏感度)。当时正处于从 GJB 151.3—1986 标准至 GJB 151A—1997 标准的转换期，采用其中哪一个标准都可以。按 GJB 151A—1997 标准，对于微重力测量装置来说，不需要做 CE101 和 RE101。

从上面可以看出，在采用了设计阶段的各种措施后，敏感度测试除 RS03 的 500 MHz～1 GHz 频段偶而数据不正常，200 MHz～500 MHz、1 GHz～2 GHz 频段因测试室设备故障未做外，全部达标，说明微重力测量装置原有设计已有较强的抗干扰能力。发射测试在未改进前 CE01 达标，而 RE02 和 CE03 未达标，说明对外的发射干扰较大，上述改进措施非常必要。

根据我们的测试结果和对其他设备的粗略了解，对于像微重力测量装置这种低频模拟量检测加数字信号处理的设备来说，EMC 测试较难达标的项目主要是电场辐射发射 RE02 和电源线传导发射 CE03。其中 RE02 较难达标的频段是 14 kHz～30 MHz 和 30 MHz～200 MHz。因此，以下重点分析这部分的 EMC 测试结果。

不同测试单位由于 EMC 测试设备、实验室对电磁波的屏蔽吸收情况、产品与地检仪间的连接通道、产品接地状况等不尽相同，使用的标准是 GJB151.3—1986 还是 GJB151A—1997 等，造成测试的结果存在一定的差异。

13.2.3.2 RE02 的主要干扰峰及来源

通过扫频探察，基本可以确定 RE02 的主要干扰峰来自于 DC-DC 模块(切换频率 550 kHz 及其倍频)，温补晶振(12 MHz)、数字电路(机器周期 1 μs 及其倍频)，其泄漏窗口主要

---

① GJB 151A—1997 和 GJB 152A—1997 已被 GJB 151A—2013 取代，由于电磁兼容测试是在 1997—1998 年间进行的，所以仍引用 1997 年版本。

为德驰插座与面板间的安装缝隙、裸露的自检用插座、插头尾部的电缆孔及机壳拼合的缝隙。因此,改善屏蔽十分重要。测试表明,对于 14 kHz～200 MHz 频段来说,对屏蔽层的导电性能、厚度、缝隙大小均有较高的要求。

13.2.3.3　外接电缆的处理

(1)对于外接电缆来说,开始未采取双绞、三绞和屏蔽措施,RE02 超标严重;接着改用双绞、三绞和屏蔽措施,但采用粗的防波套,套在一个插座所接的所有线外面,因同一防波套内不同信号的发射互相叠加,且粗的防波套对共模发射的抑制不理想,使之效果虽比不外加防波套好,但还是不能满足要求;最后,采用屏蔽双绞线或三绞后外加细防波套,并把端部通过插座与机壳相连,通过测试验证,这种措施对解决电磁发射干扰是十分有效的。

(2)为了孤立外接电缆状态不同的作用,第五次 EMC 测试专门准备了两套电缆,一套是紧密双绞非屏蔽电缆,另一套是屏蔽双绞电缆,另外还为数据注入准备了屏蔽四绞电缆。通过测试验证,任一条电缆换用非屏蔽的双绞线,RE02 中 14 kHz～200 MHz 频段的窄带和宽带电场辐射发射都不能满足要求;数据注入电缆为减少回线数目而改用屏蔽四绞线,效果还不如采用非屏蔽双绞线。

(3)测试表明,即使微重力采编器不处于接收数据注入指令状态,数据注入电缆由屏蔽双绞线改为屏蔽四绞线也会使 RE02 明显超标。我们认为,这是微重力采编器内部的辐射发射源通过数据注入电缆向外发射的结果。这可能与数据注入的选通信号是接到控制处理与存储板上的,而时钟和数据信号是接到输入与输出板上的,当数据注入共用回线时,信号回线构成了回路有关。

(4)按说,电源线传导发射与电源线是否屏蔽无关,但实测结果,电源输入线用屏蔽双绞线和非屏蔽双绞线比较,CE03 对 20 MHz 以上用屏蔽线好,对 20 MHz 以下用非屏蔽线好。我们以为,可能是 CE03 测试中 10 MHz～50 MHz 部分实际上含有辐射发射的成分,而 CE102 则只测到 10 MHz,更为科学。

13.2.3.4　敏感度测试比较顺利的原因

13.2.2 节所述设计阶段采取的电磁兼容措施中,我们认为对于电磁干扰敏感度控制比较重要的是:

(1)长期从事空间微重力测量且各次飞行试验均圆满成功的经验表明,电磁干扰的最大来源是电源,特别是这次采用模块化电源,切换频率提高了一个量级以上,干扰必然大幅度增加。因此,我们对电源的处理十分认真。

(2)长期经验表明,对于微重力测量来说,屏蔽十分重要,因此,我们对机壳和发射干扰大的器件,采取了有效的屏蔽措施。

(3)长期经验表明,微重力模拟量的输出尽管已转换成(0～5) V 标准信号,但从输出线接收到的干扰信号有可能反馈到输入端,从而对小信号测量产生明显干扰。因此,我们始终坚持微重力模拟量的输出必须采用屏蔽双绞线。

(4)低通滤波不仅是采样定理要求的,对抑制高频干扰也是有利的。为了进一步抑制高频干扰,我们还用软件实现了“连采三次择其中值”。

13.2.3.5　电源线传导发射测试比较顺利的原因

我们分析与下列措施有关:

(1)选用的 DC-DC 模块输出功率有很大余量,相应,与之匹配的输入滤波器也有很大余量。

(2)DC-DC 模块的输入端除电连接器、熔断管组件和 Interpoint 公司规定的滤波器外，不自行增加任何元件。

(3)以上措施保证了电源线传导发射和浪涌电流同时达标，对防止 DC-DC 模块因开关机过冲而意外烧毁也十分重要。

13.2.4 采取的电磁兼容改进措施

13.2.4.1 屏蔽措施

鉴于屏蔽措施的重要性，我们作了以下改进：

(1)将 DC-DC 模块深埋在铝框内，不留缝隙，且 DC-DC 模块前后均用铝板屏蔽。

(2)改进微重力测量仪和微重力采编器机壳与电连接器间的搭接电阻，使之符合建造规范的要求，主要是对发黑中应予保护的搭接面进行清理。

(3)德驰插座硅橡胶垫改为铟片，以利与面板搭接。

(4)微重力测量仪电源滤波板与 DC-DC 模块间的连线全部使用屏蔽双绞线，标定时调整参数用的小板与检测板间的连线双绞，电源及其自检插座与母板间的连线使用屏蔽双绞线，信号自检插座与母板间的连线采用双绞线。但加速度计与母板间的连线没有双绞。

(5)微重力采编器电源滤波板与 DC-DC 模块间的连线全部双绞，各个德驰插座的成对针脚(供电及其遥测、电源自检、模式转换指令、遥测及信号自检、飞船数传复接信号等)与母板间的连线双绞。

(6)科学数据输出、电源供电的电缆均改用屏蔽双绞线，工程遥测电缆三绞后外加细防波套。

(7)自检电缆采用屏蔽双绞线或三绞后外加细防波套。

13.2.4.2 接地措施

接地方式对电磁兼容非常重要，为此做了以下改进：

(1)微重力测量仪 DC-DC 模块的输出回线通过导线直接连到 DC 框上，实现单点接地(机壳)。

(2)微重力采编器数据注入口机内部分增加两根回线，将选通与回线、时钟与回线、数据与回线分别改为屏蔽双绞线；其外接电缆也同时分别采用屏蔽双绞线。

(3)设备间的接地方法：第五次 EMC 测试时，最初微重力测量仪机壳、微重力采编器机壳、地检仪机壳分别通过导线接在 EMC 屏蔽测试室的公用地线上，导线细而长，形成回路，使 RE02 出现许多干扰峰。后来用粗而短的圆形地线，最后用粗而短的扁平线，以减小各设备机壳间的搭接电阻和消除回路，情况明显改善。

(4)外接电缆防波套的接地方法：第五次 EMC 测试时，最初防波套是通过靠近插座处焊出的引线接在 EMC 屏蔽测试室的公用地线上，形成了大回路，RE02 干扰峰较多；接着防波套引线接到所属插座的金属壳上，RE02 有所改善，但仍有小回线；再尽量缩短该引线长度，RE02 又有所改善；最后把防波套直接折回压在插座上，RE02 的改善效果比较明显。当然，这只是临时试验措施，仅用以证明地线回路对 RE02 测试有重大影响。正确的做法是在电连接器上增加地接点，机内与机壳相接，电缆上与防波套端部相接。

13.2.5 小结

测试结果证明，改善机壳与德驰插座间的搭接电阻，产品内部和外部电缆采用屏蔽双绞线，是提高产品电磁兼容性的重要措施。特别对于微重力测量装置这样的微弱信号测量设备，采用屏蔽双绞线既能抑制电磁场发射，又能抑制外来干扰，更应该优先考虑使用。

此外，从电磁兼容性角度，相对而言，数据注入电缆选通、时钟、数据三信号分别设置回线，并采用双绞线，比采用屏蔽四绞线更为有效。

13.3 性能检测

13.3.1 微重力测量仪小角度静态标定

微重力测量仪采用小角度静态标定，它也属于重力场倾角法静态标定。它是在所用加速度计已经按 4.2.3.1 节第(2)条所述 8 点法分离出偏值、标度因数、二阶非线性系数、三阶非线性系数、交叉耦合系数、输入轴失准角等全部参数基础上进行的，用于测定微重力测量仪的输入范围(如 10.1.3.1 节所述，微重力测量装置 x_1 路的输入范围为±150 $\mathrm{m}g_\mathrm{n}$，x_2，y，z 路输入范围为±10 $\mathrm{m}g_\mathrm{n}$。微重力测量仪实际的输入范围应略宽)、输入范围内的输出灵敏度(输出电压变化与输入加速度变化之比)及 0 g_local 输出。

需要说明的是，0 g_local 输出反映的是微重力测量仪的偏值，而不是失准角，小角度静态标定无法得到失准角。

标定时为了抑制环境噪声和振动干扰，在测量仪的输出端增加了阻容滤波。如图 13-8 所示。

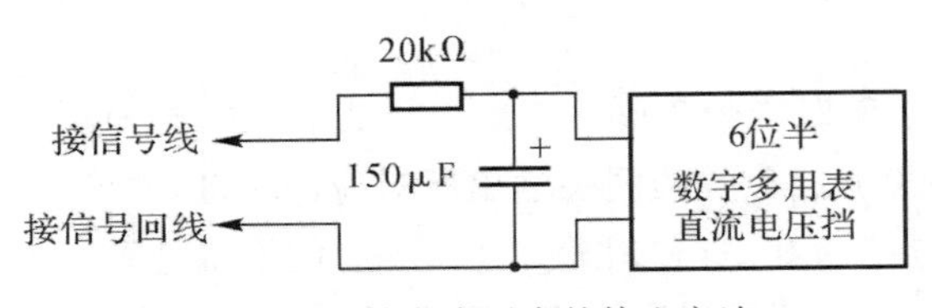

图 13-8　数字多用表的接入方法

准确的重力场倾角靠精密光栅分度头产生。精密光栅分度头的水平状态靠微重力测量仪调校。调校方法为精密光栅分度头调整到图 13-9 所示转盘法线朝上位置，微重力测量仪固定在转盘上，旋转转盘，如微重力测量仪 y 轴或 z 轴输出保持不变，则精密光栅分度头处于水平状态。调校完毕后转台旋转 90°。

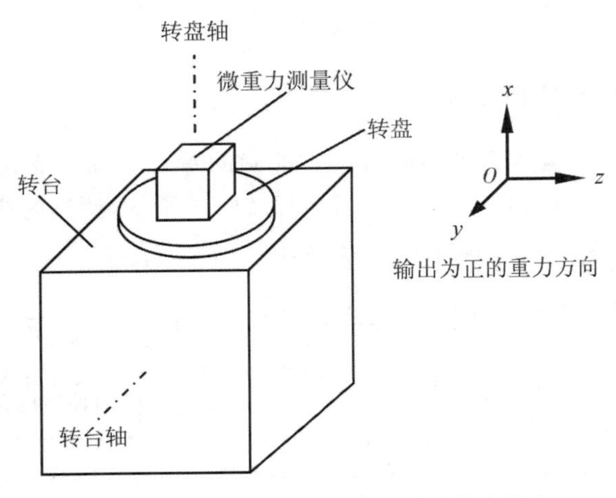

图 13-9　调整精密光栅分度头水平状态的方法

为了减少漂移的影响，每路标定时都从 0 g_{local} 开始，最后返回 0 g_{local}，用两次 0 g_{local} 输出的微小差异对各个标定数据进行线性修正。

由于输入范围远小于重力场静态翻滚试验所处的 ±1 g_{local} 范围，故标定方法的关键是在输入范围内如何确定 0 g_{local} 的准确位置。图 13－10 为原理示意图。

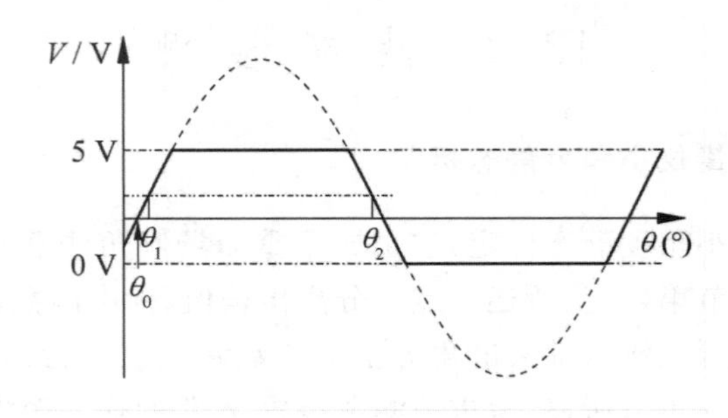

图 13－10　确定 0 g_{local} 准确位置的原理示意图

（θ_0 为 0 g_{local} 位置）

图 13－10 中实线所示是测量仪的输出波形，可以看出，输出在小于 0 V 处和大于 5 V 处限幅，要想确定 0 g_{local} 的准确位置，可选某一接近 0 g_{local} 位置的同一输出（例如 2.5 V 附近），它对应两个角度 θ_1 和 θ_2，而角度 θ_0 所对应的输出为 0 g_{local} 位置的输出：

$$\theta_0=\frac{\theta_1+\theta_2}{2}-90° \qquad (13-7)$$

式中　θ_0——0 g_{local} 输出所对应的角度，(°)；

θ_1，θ_2——某一接近 0 g_{local} 位置的同一输出所对应的角度，(°)。

将角度 θ_0 的指示调整为 0°，这样就确定了 0 g_{local} 的准确位置。

标定得到的非饱和输出值下限应小于 0 V，而非饱和输出值上限应大于 5 V。取测量所得非饱和值作最小二乘法线性拟合（拟合的相关系数应大于 0.999），得到微重力测量仪的输入范围、输出灵敏度和 0 g_{local} 输出。如 0 g_{local} 输出明显偏离 2.5 V，则调整偏值纠正电路，并重新标定。

如图 13－26 所示，测量仪各路输出为正（输出电压增加）的加速度方向被设计为左手坐标系。为了在微重力数据处理时改正为右手坐标系，将标定得到的 y 路输出灵敏度冠以负号。

13.3.2　传感器静态分辨力测试

传感器静态分辨力在验收传感器时进行。准确的重力场倾角靠精密光栅分度头产生。负载电阻的阻值应按式（11－31）选定。为避免环境噪声干扰，测试时应附加阻容滤波环节，时间常数不小于 3 s。推荐电路如图 13－11 所示。

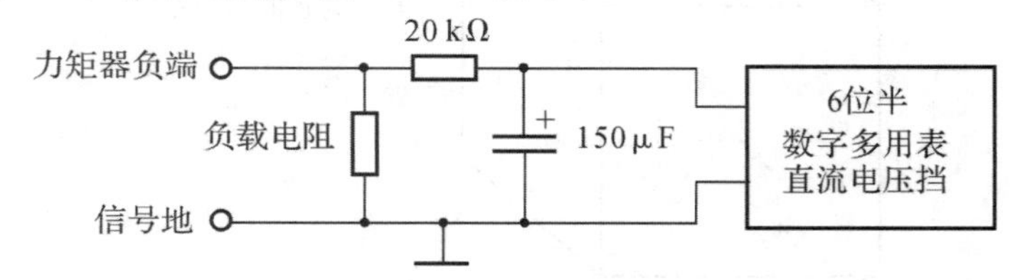

图 13－11　测试静态分辨力及阈值的推荐电路

传感器按 0 g_{local}位置安装于专用工装上，工装固定于分度头上。采样时间选用10 s挡，每变化 0.2″读取 3 次输出值，取平均，共 8 个角度，求得每变化 0.2″引起的输出平均值变化量，及该变化量与理论变化量相比的百分差值，如在－50％～＋50％之间，则静态分辨力及阈值不大于 1 μg_n；如超出±50％的范围，则每变化 0.2″改为每变化 0.4″，此时，如结果在－50％～＋50％之间，则静态分辨力及阈值不大于 2 μg_n。在每次转动分度头到规定的位置时，不应超调后返回。如环境存在明显干扰，测试应中止，待干扰停止后再进行。

理论变化量 ΔV_0依下式计算：

$$\Delta V_0 = K_{I,1} R_L \sin(\Delta\theta) \tag{13-8}$$

式中　$K_{I,1}$—— 石英挠性加速度计标度因数，A/g_n；

R_L—— 负载电阻，Ω；

$\Delta\theta$—— 每次变化的角度，rad 或(°)；

ΔV_0—— 每变化 $\Delta\theta$ 角引起输出的理论变化量，V。

百分差值 β 依下式计算：

$$\beta = \frac{\Delta V - \Delta V_0}{\Delta V} \times 100\% \tag{13-9}$$

式中　ΔV—— 变化 $\Delta\theta$ 角引起输出平均值的变化量，V；

β——ΔV 与 ΔV_0 相比的百分差值。

13.3.3　测量仪噪声测试

地面测试时微重力测量装置显示的噪声中包括环境噪声和装置本身的噪声。26.1.2 节指出，环境噪声包括自然振源和人工振源产生的振动。自然振源产生的振动又称为大地脉动，或环境地震噪声。该节图 26－1 和图 26－2 给出了全球地震网低噪声模型。

作为人工振源产生的振动的一个示例，我们于 2002 年 5 月 20 日 18 h 09 min 起，用 10.2.3 节所述的我国第三代微重力测量装置 CMAMS[仪器通带(0 ～ 108.5) Hz]，持续 16 h 08 min 检测了北京中关村微重力国家实验室落塔 0 m 大厅无人值守下水平方向 y，z 轴的环境振动，图 13－12 ～ 图 13－15 为凌晨 2 h 09 min 的噪声时域和频域图，图 13－16 ～图 13－19 为上午 8 h 09 min 的噪声时域和频域图。

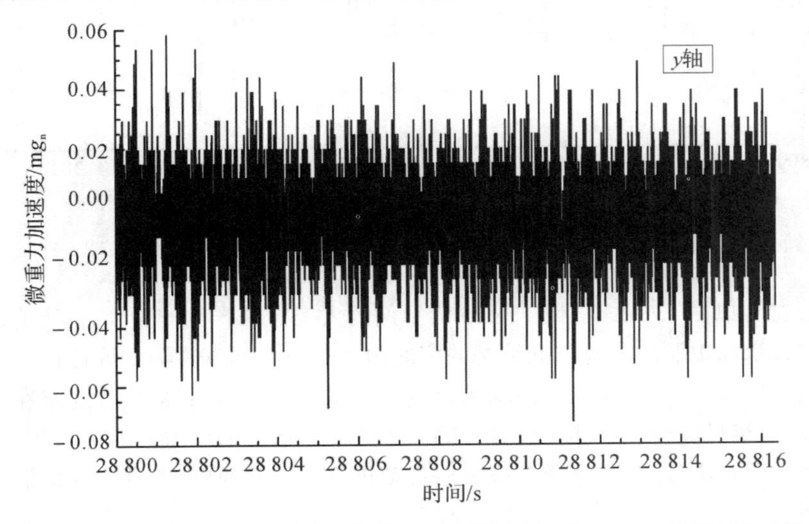

图 13－12　微重力国家实验室落塔 0 m 大厅凌晨 2 h 09 min 的噪声(y 轴)

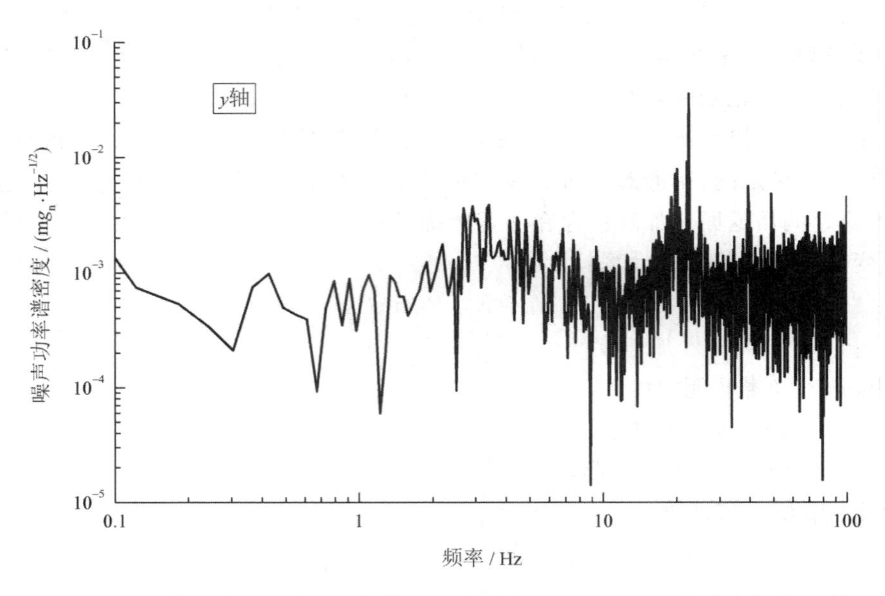

图 13-13　微重力国家实验室落塔 0 m 大厅凌晨 2 h 09 min 的噪声频谱（y 轴）

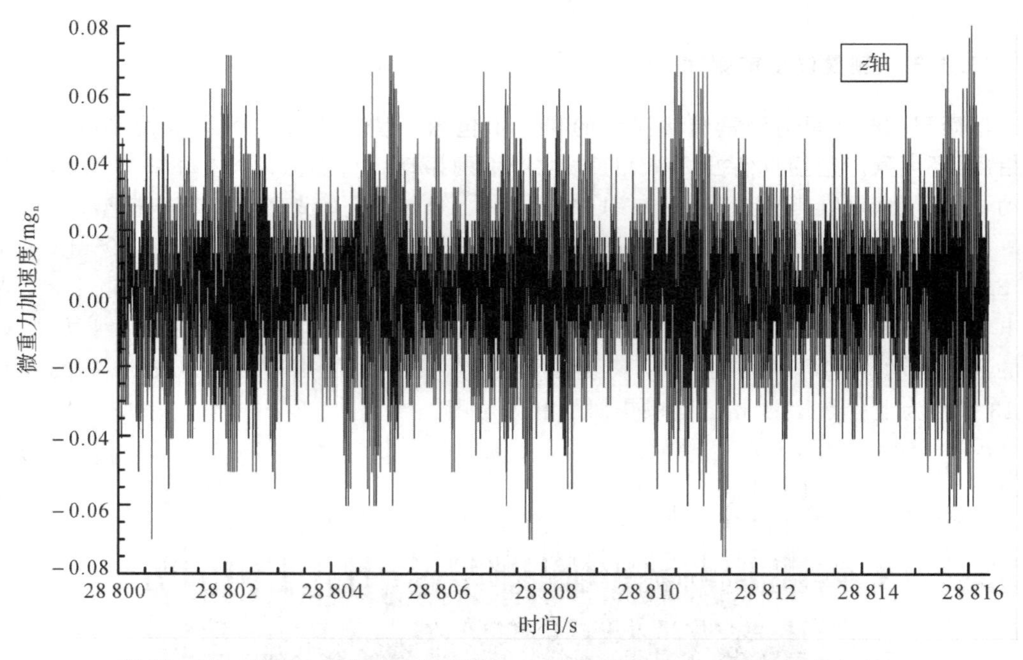

图 13-14　微重力国家实验室落塔 0 m 大厅凌晨 2 h 09 min 的噪声（z 轴）

为了尽量避免以图 13-12～图 13-19 为示例的人工振源产生的振动，微重力测量装置在地震基准台的百米深山洞中具有隔振地基的房间内进行噪声测试。测试取比白天环境更为稳定的夜间环境，可以进一步排除人为活动的影响。测试时，微重力测量装置固定在具有隔离地基的实验平台上，尽量减少由于测量仪自身的微小晃动所造成的误差。测试采用电池供电，加速度传感器处于准水平方位，注入详存指令后自动进行检测，检测前人员离开山洞。根据标定结果，将数据转换为 g_n 值。作为保守估计，假定所有起伏均由产品造成，不计环境干扰。

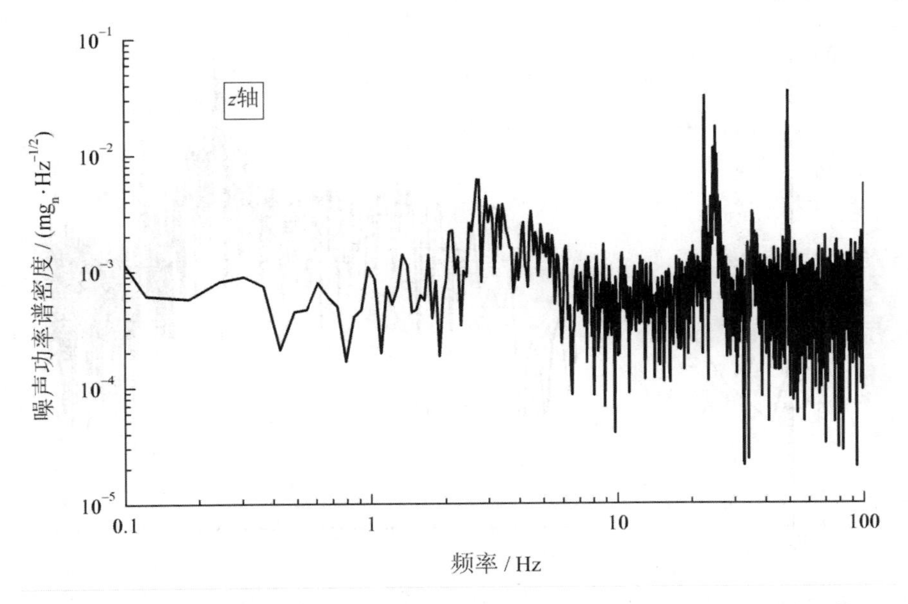

图 13－15　微重力国家实验室落塔 0 m 大厅凌晨 2 h 09 min 的噪声频谱（z 轴）

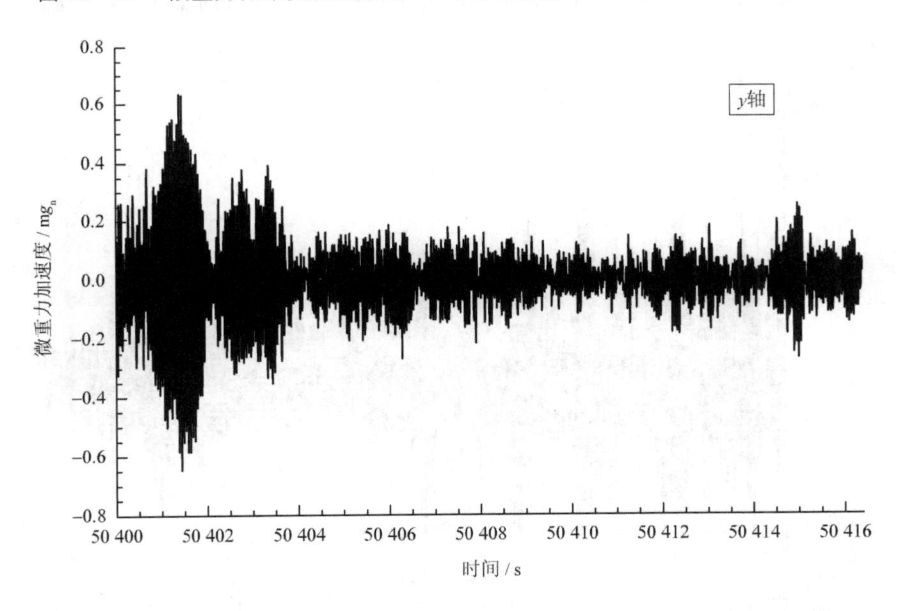

图 13－16　微重力国家实验室落塔 0 m 大厅上午 8 h 09 min 的噪声（y 轴）

将测得的时域噪声数据以块为单位，求出噪声的标差，即为噪声测量的标准不确定度，乘以包含因子，得到扩展不确定度[5]。

为了细致了解噪声状况，同时给出噪声的时域图和频域图（功率谱密度）。另外，为了分离缓变、不变因素（如传感器准水平方位的随意性、开机稳定时间、大地水平方向的缓变等）对噪声测量的影响，在每块平均值的基础上通过曲线拟合，得到平均值变化曲线，认为测量值与同时刻平均值之差才是该时刻的噪声。为了了解噪声的起伏范围，同时给出每块的负向极值和正向极值。

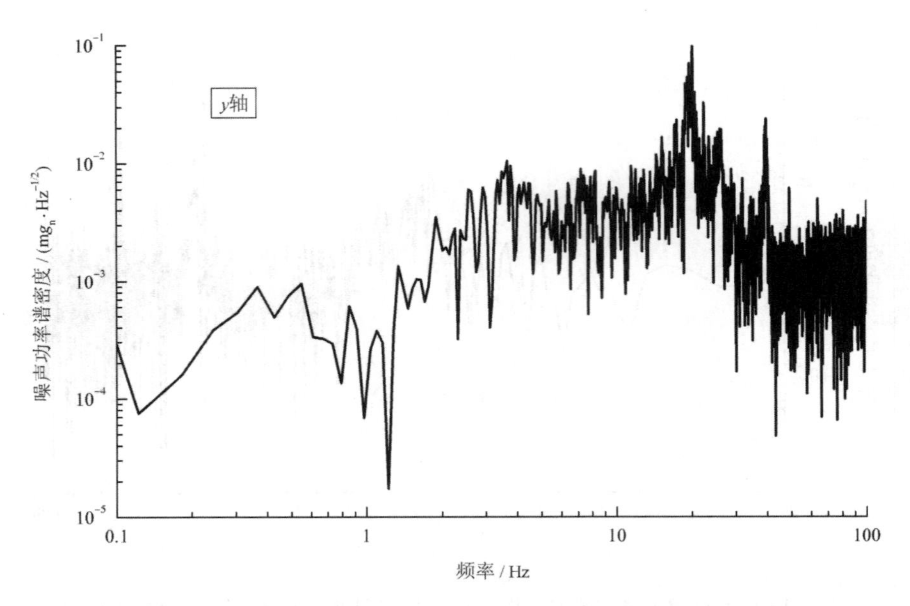

图 13-17 微重力国家实验室落塔 0 m 大厅上午 8 h 09 min 的噪声频谱（y 轴）

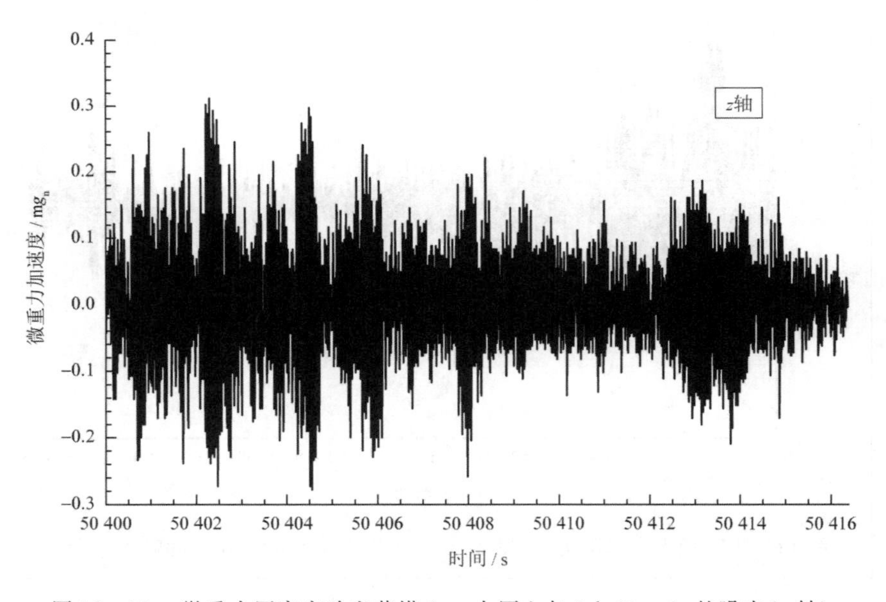

图 13-18 微重力国家实验室落塔 0 m 大厅上午 8 h 09 min 的噪声（z 轴）

图 5-39 和图 5-40 给出了按上述方法测到的我国第三代微重力测量装置 CMAMS 典型的噪声时域和频域图。将图 5-40 与图 26-2 相比较，可以看到 CMAMS 的噪声远大于全球地震网低噪声模型。

将图 13-12、图 13-14 与图 5-39 相比较，可以看到 CMAMS 的噪声只有微重力国家实验室落塔 0 m 大厅凌晨 2 h 09 min 噪声的一小半。鉴于图 13-12、图 13-14 所示噪声是环境噪声与仪器噪声的合成，由式(24－11)所示等权、互相独立的噪声的方和根合成原理可知，图 13－12、图 13－14 所示噪声大体上反映了凌晨 2 h 09 min 的环境噪声。

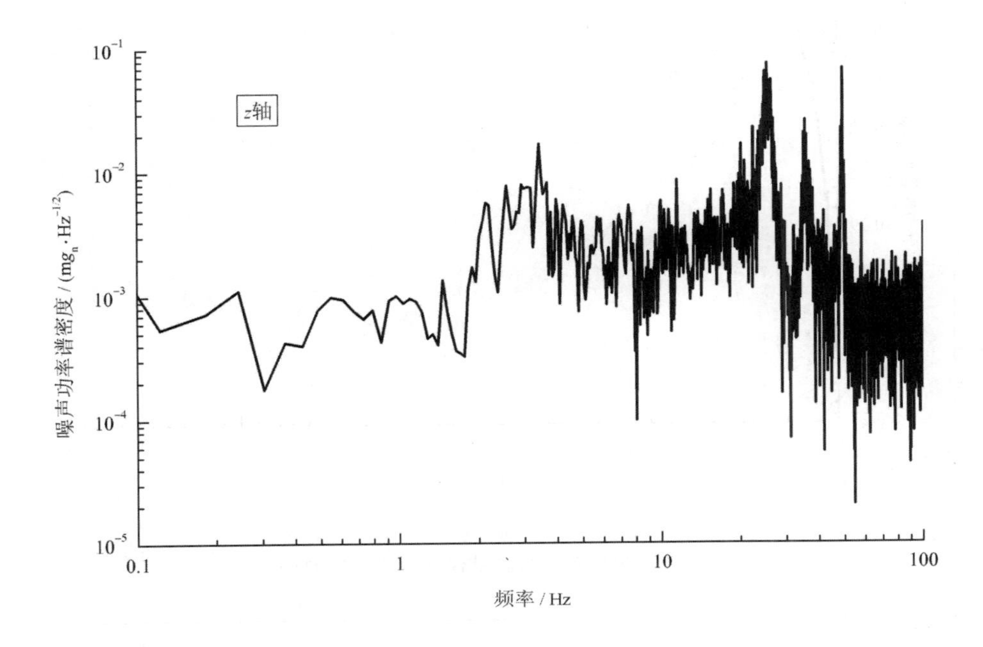

图 13－19　微重力国家实验室落塔 0 m 大厅上午 8 h 09 min 的噪声频谱(z 轴)

将图 13－16、图 13－18 与图 5－39 相比较，可以看到 CMAMS 的噪声不足微重力国家实验室落塔 0 m 大厅上午 8 h 09 min 噪声的 1/10，由不相关噪声的方和根合成原理可知，图 13－16、图 13－18 所示噪声几乎完全反映了大厅上午 8 h 09 min 的环境噪声。

13.3.4　测量仪开机稳定时间测试

开机稳定时间(warm-up time，亦译为加温时间、预热时间)不是规定的指标，但开机稳定时间不仅对噪声测试有影响，而且对标定、敏感轴夹角检测、飞行数据的准确性都有影响。因此，必须根据开机稳定时间结果确定微重力测量仪的预热时间。

开机稳定时间测试也在地震基准台的百米深山洞中具有隔振地基的房间内进行。由于加速度传感器仅处于准水平方位(在 1 g_{local} 的重力加速度作用下，难以准确调整到 0 g_{local} 位置)，纵坐标仅有相对价值。由于加速度传感器存在温度效应，在微重力测量仪外壳上粘贴铂电阻，监测其温度变化。

图 13－20 所示为开机稳定时间测试结果的一个示例。图 13－21 所示为监测到的微重力测量仪外壳温度随时间的变化。可以看出，温度变化过程与偏值变化过程一致，即影响微重力测量仪开机稳定时间的因素主要是开机后的温升。从图 13－20 以看到，微重力测量仪的预热时间至少需要 4 h (14 400 s)，最好在 8 h (28 800 s)以上。为此要求微重力测量装置在飞船发射前 4 h 或更早加电。

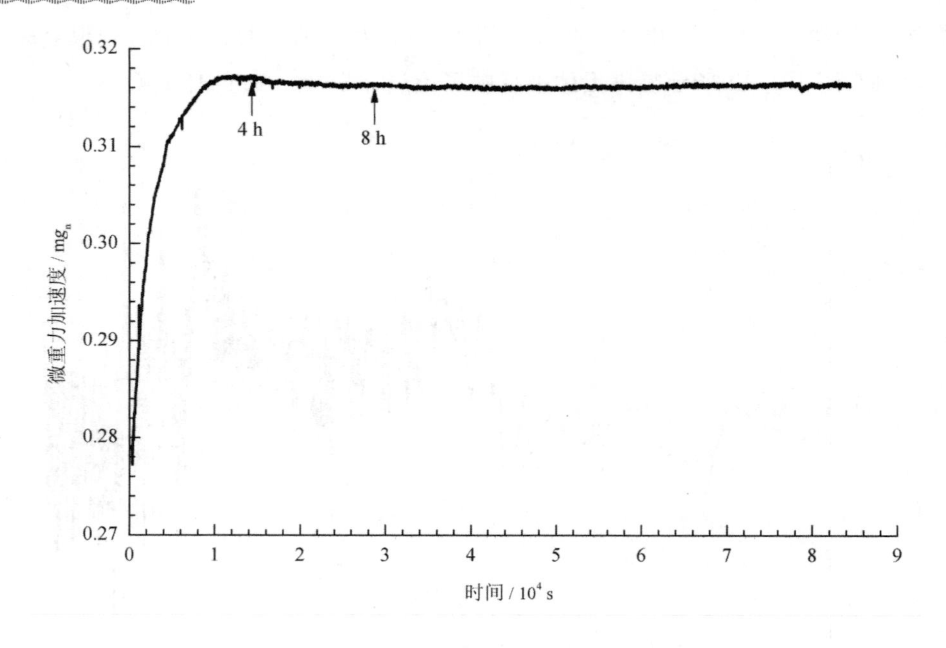

图 13-20　微重力测量仪的开机稳定时间

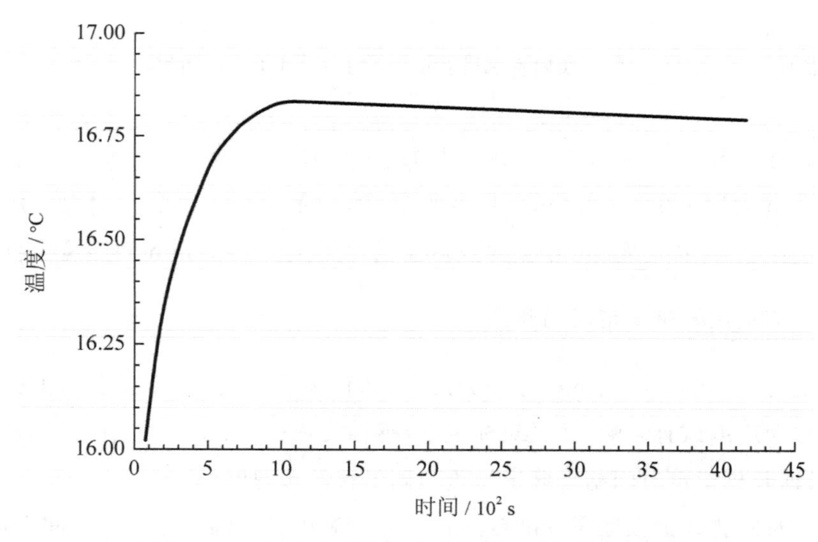

图 13-21　微重力测量仪外壳温度随时间的变化曲线

13.3.5　传感器+检测电路对阶跃加速度的响应时间测试

采用电模拟方法，在传感器力矩器高低端间施加一方波信号，使传感器摆舌偏离平衡位置，传感器伺服电路对此发生响应，给出控制电流，将传感器摆舌位回平衡位置。此控制电流即为传感器对电模拟所产生加速度的检测电流。该电流经检测电路转换处理成标准电压信号输出，将它与输入方波信号比较，即可获得传感器+检测电路对阶跃加速度的响应时间。

此项检测也需在环境噪声足够小的环境下进行，由于加速度传感器仅处于准水平方位，纵坐标仅有相对价值。测试连接框图如图 13－22 所示。

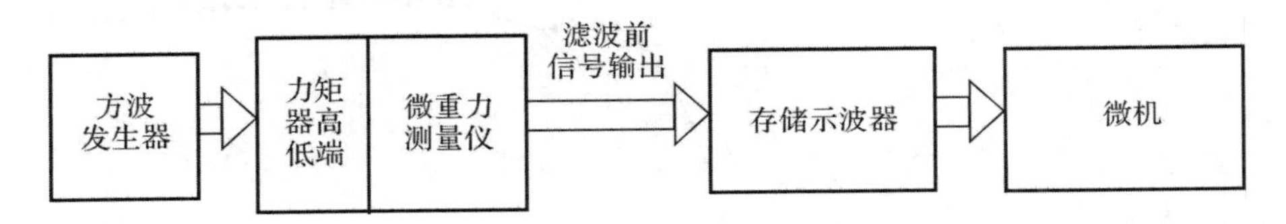

图 13－22　响应时间测试连接框图

用电噪声可以忽略、输出幅度最大相当于(8～10) mg_n、周期(85～215) ms 的方波发生器施加电模拟信号，并调整其幅度，使传感器＋检测电路的输出信号可以清晰地分辨。用接口卡将输入的方波信号及相应的输出信号采集到计算机中，将其绘制出曲线，可从曲线中得到传感器＋检测电路对阶跃加速度的响应时间。

图 13－23 所示为传感器＋检测电路对阶跃加速度响应时间测试结果的一个示例，图 13－24 是图 13－23 的局部展示图。从图 13－24 可以看到，传感器＋检测电路对阶跃加速度的响应时间为 1.4 ms。

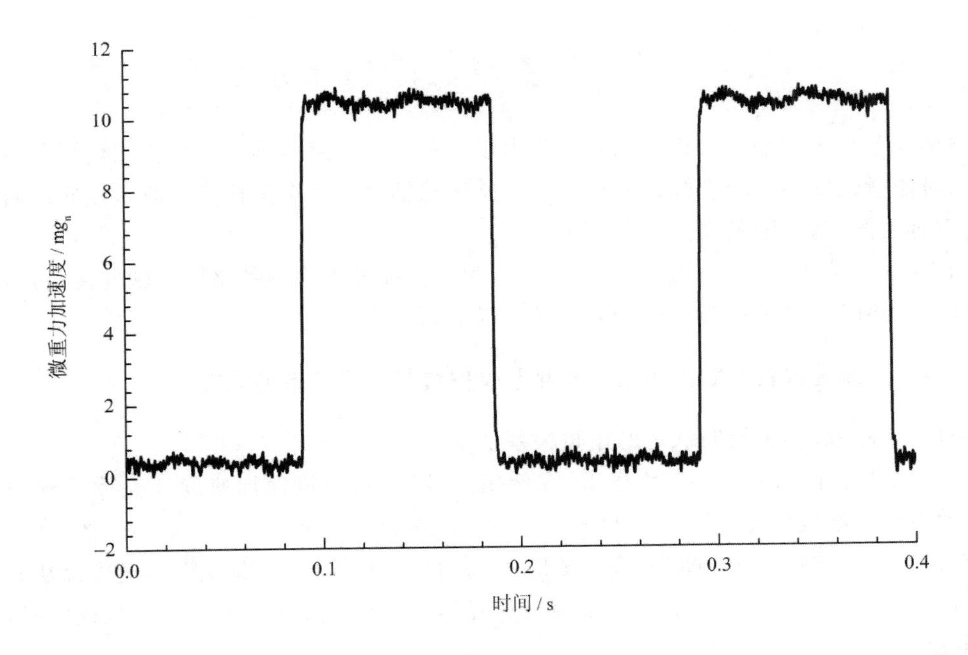

图 13－23　传感器＋检测电路对电模拟方波信号的响应

将图 13－24 与图 6－8、图 6－10 相对照，可以看到传感器＋检测电路对阶跃加速度的响应时间远短于 3 级 6 阶 0.5 dB 波动的 Chebyshev－Ⅰ有源低通滤波器对方波信号的响应时间，更远远短于神舟号飞船变轨时推进器推力的形成时间，所以传感器＋检测电路对阶跃加速度响应时间绝不影响对飞船加速度阶跃的测量。

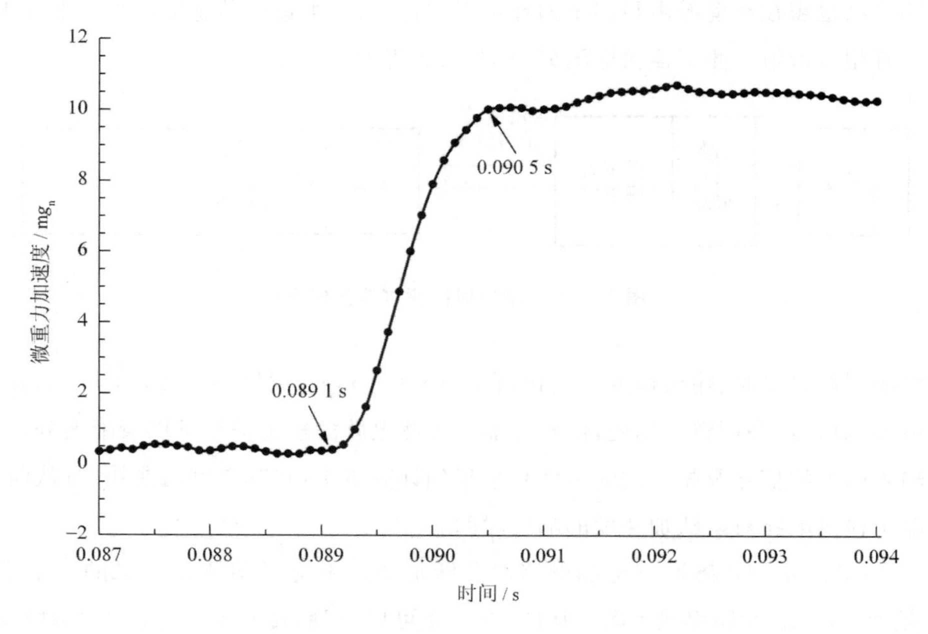

图 13－24　传感器＋检测电路对电模拟方波信号的响应(局部展示图)

13.4　测量仪各路敏感轴夹角检测

测量仪各路敏感轴夹角检测也采用重力场倾角法。各路敏感轴夹角检测包括各路敏感轴分别对测量仪安装基准坐标系的夹角及各路敏感轴之间的夹角检测。测量仪底面及后底边(两支耳之间)为安装基准。

如 13.3.4 节所述,考虑到开机稳定时间,为了保证准确检测各路敏感轴的夹角,微重力测量仪的预热时间至少需要 4 h,最好在 8 h 以上。

13.4.1　测量仪各路敏感轴指向及测量仪安装基准坐标系的认定

测量仪各路敏感轴指向认定的逻辑关系如下:

(1)4.2.1 节和 9.1.1.2 节均指出,在使用条件下,石英挠性加速度计壳体受到加速度时,摆舌因惯性不被加速。附录图 D－1、图 D－3、图 D－5、图 D－7、图 D－9、图 D－11、图 D－13、图 D－15、图 D－17、图 D－20、表 D－3、表 D－4 均给出,石英挠性加速度计从底面至引线的方向为敏感轴正向,其含义是加速度计壳体受到从底面至引线方向的加速度时,输出为正电流。

(2)4.2.1 节指出,在地面重力场倾角试验时,情况正好相反,加速度计壳体受到的支持力抵消了重力,反而摆舌受到重力作用。因此,重力方向为从加速度计壳体底面至引线方向时,输出为负电流。

(3)11.3 节指出,检测电路采用运放的反相端输入。11.1.1 节指出,检测电路输出端为 0 V～5 V,0 g_{local}下输出 2.5 V。因此,在使用条件下,加速度计壳体受到从底面至引线方向的加速度时,微重力测量仪输出电压会减小,直至呈负饱和。

(4)在地面重力场倾角试验时,重力方向为从加速度计壳体底面至引线方向时,微重力测量仪输出电压会增加,直至呈正饱和。

(5)微重力测量仪中各路石英挠性加速度计的安装方位如图13-25所示。因此,在使用条件下,测量仪各路输出为正(输出电压增加)的加速度方向相对微重力测量仪的方位如图13-26所示。可以看到,由于图13-25的设计安排,测量仪各路输出为正的加速度方向构成的坐标系 $Ox_a y_a z_a$ 为左手坐标系。

如13.3.1节所述,将标定得到的 y 路输出灵敏度冠以负号,在微重力数据处理时就会改正为右手坐标系。

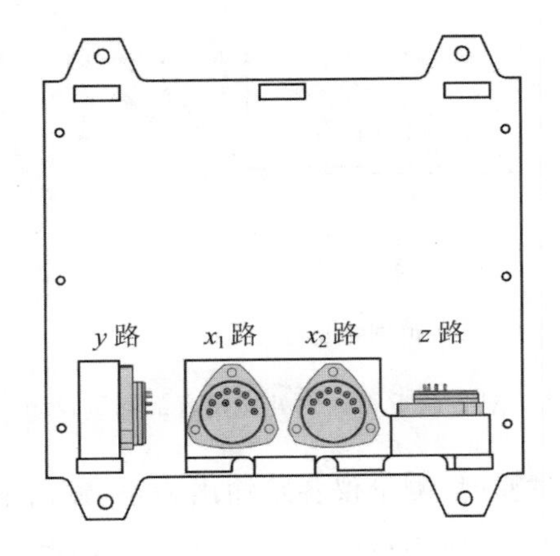

图13-25 微重力测量仪(内部俯视示意图)中各路石英挠性加速度计的安装方位

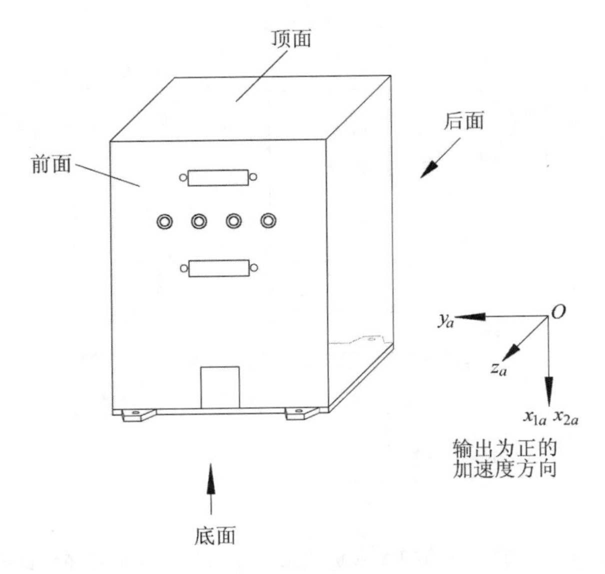

图13-26 测量仪各路输出为正的加速度方向相对微重力测量仪的方位

(6)对于微重力数据处理而言,由于标定时将 y 路输出灵敏度冠以负号,y 路的指向与图13-26相反。认定的微重力测量仪 x_1 路、x_2 路、y 路、z 路敏感轴的指向分别用 Ox_{1s},

Ox_{2s}，Oy_s，Oz_s 表示，如图 13－27 所示，$Ox_sy_sz_s$ 为右手坐标系。

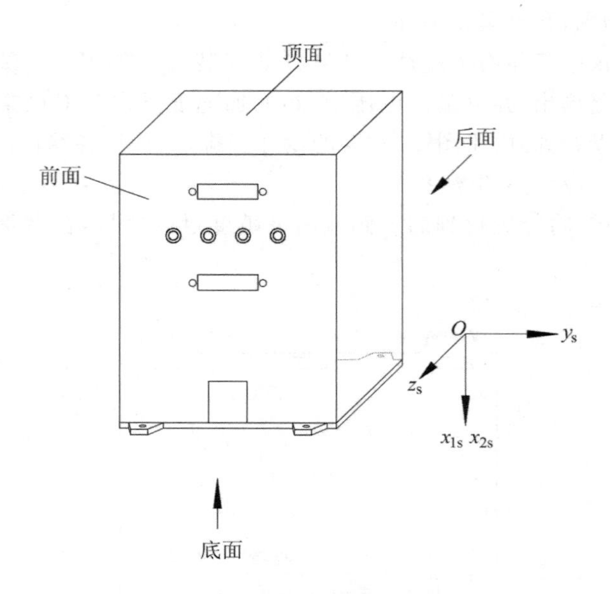

图 13－27　对于微重力数据处理而言的测量仪敏感轴方位

(7) 在地面重力场倾角试验时，测量仪各路输出为正（输出电压增加）的重力方向相对微重力测量仪的方位如图 13－28 所示，$Ox_gy_gz_g$ 为右手坐标系。将图 13－28 与图 13－27 比较，可以看到，$Ox_{1g}=-Ox_{1s}$，$Ox_{2g}=-Ox_{2s}$，$Oy_g=Oy_s$，$Oz_g=-Oz_s$。

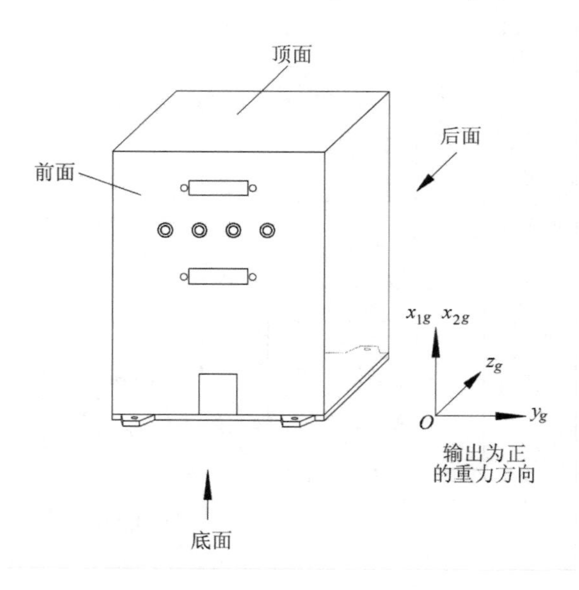

图 13－28　测量仪各路输出为正的重力方向相对微重力测量仪的方位

(8) 微重力测量仪安装基准用 $Ox_my_mz_m$ 坐标系表示：测量仪的底面为基准面，Ox_m 与其法线平行；底面的后边为靠面，Oy_m 与其平行；Ox_m，Oy_m，Oz_m 互相垂直。Ox_m，Oy_m，Oz_m 的指向如图 13－29 所示，$Ox_my_mz_m$ 为右手坐标系。

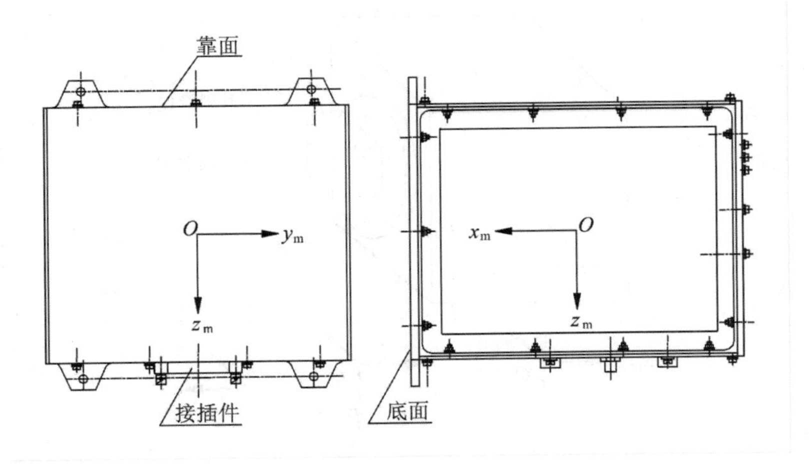

图 13-29　微重力测量仪安装基准及其坐标系示意图

13.4.2　敏感轴 Ox_{1s}，Ox_{2s} 对微重力测量仪安装基准坐标系的夹角检测

13.4.2.1　Ox_{1s}，Ox_{2s} 对 Oy_m 的方向角检测

微重力测量仪按图 13-30 所示方位安装在精密光栅分度头上，Oy_m 朝上，检测 x_1，x_2 路输出，根据标定曲线换算成 g_{local} 值，其反正弦即为 Ox_{1g}，Ox_{2g} 偏离水平方向的夹角，偏向下为正(即 Ox_{1s}，Ox_{2s} 偏向上为正)，90° 减去该夹角即为 Ox_{1s}，Ox_{2s} 对 Oy_m 的方向角。

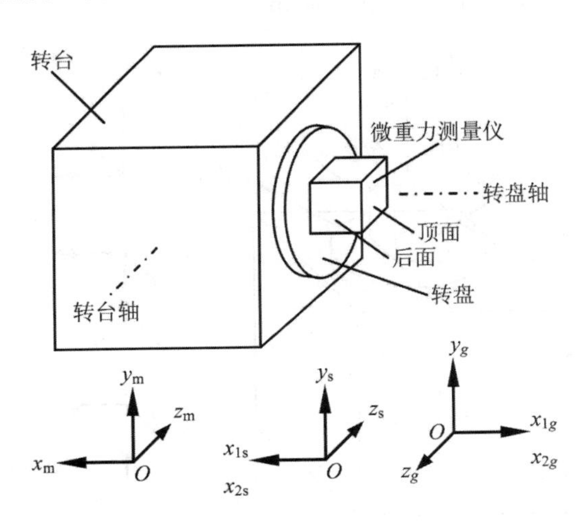

图 13-30　检测 Ox_{1s}，Ox_{2s} 对 Oy_m 的方向角时的安装方位

13.4.2.2　Ox_{1s}，Ox_{2s} 对 Oz_m 的方向角检测

微重力测量仪按图 13-31 所示方位安装在精密光栅分度头上，Oz_m 朝下，检测 x_1，x_2 路输出，根据标定曲线换算成 g_{local} 值，其反正弦即为 Ox_{1g}，Ox_{2g} 偏离水平方向的夹角，偏向下为正(即 Ox_{1s}，Ox_{2s} 偏向上为正)，加 90° 即为 Ox_{1s}，Ox_{2s} 对 Oz_m 的方向角。

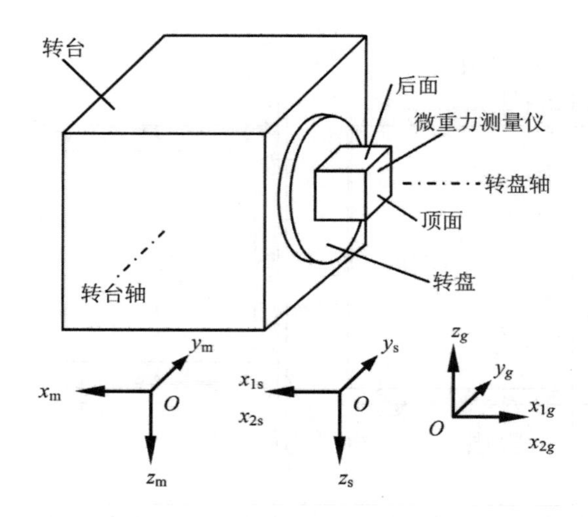

图 13-31　检测 Ox_{1s}，Ox_{2s} 对 Oz_m 的方向角时的安装方位

13.4.3　敏感轴 Oy_s 对微重力测量仪安装基准坐标系的夹角检测

13.4.3.1　Oy_s 对 Ox_m 的方向角检测

微重力测量仪按图 13-32 所示方位安装在精密光栅分度头上，Ox_m 朝下，Oy_m 与转台轴垂直，检测 y 路输出，根据标定曲线换算成 g_{local} 值，其反正弦即为 Oy_g 偏离水平方向的夹角，如 13.3.1 节所述，标定时已将得到的 y 路输出灵敏度冠以负号，所以偏向上为正（即 Oy_s 偏向上为正），加 90° 即为 Oy_s 对 Ox_m 的方向角。

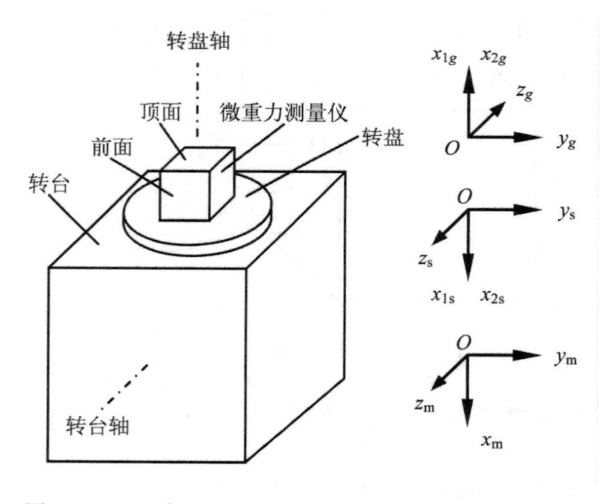

图 13-32　检测 Oy_s 对 Ox_m 的方向角时的安装方位

13.4.3.2　Oy_s 对 Oz_m 的方向角检测

微重力测量仪按图 13-33 所示方位安装在精密光栅分度头上，Oz_m 朝上，即测量仪后面朝下，为此垫一厚度超过支耳的专用工装，该工装与测量仪后底边紧密接触，以保持测量仪后底边与转盘面平行。Oy_m 与转台轴垂直，检测 y 路输出，根据标定曲线换算成 g_{local} 值，其

反正弦即为 y 路偏离水平方向的夹角，如13.3.1节所述，标定时已将得到的 y 路输出灵敏度冠以负号，所以偏向上为正，90°减去该夹角即为 Oy_s 对 Oz_m 的方向角。

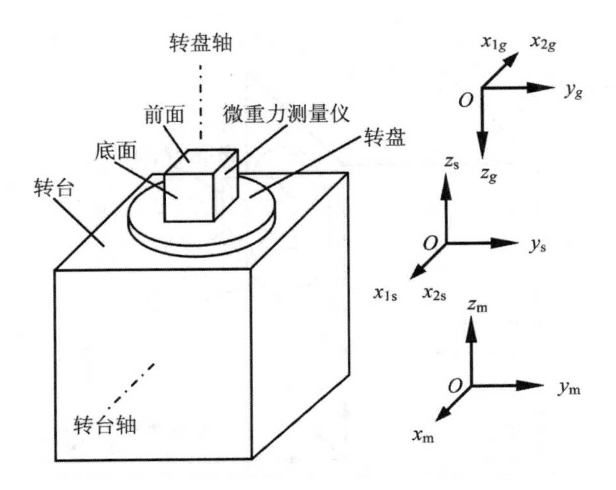

图 13－33　检测 Oy_s 对 Oz_m 的方向角时的安装方位

13.4.4　敏感轴 Oz_s 对微重力测量仪安装基准坐标系的夹角检测

13.4.4.1　Oz_s 对 Ox_m 的方向角检测

微重力测量仪按图 13－34 所示方位安装在精密光栅分度头上，Ox_m 朝下，Oz_m 与转台轴垂直，检测 z 路输出，根据标定曲线换算成 g_{local} 值，其反正弦即为 z 路偏离水平方向的夹角，偏向下为正(即 Oz_s 偏向上为正)，加 90°即为 Oz_s 对 Ox_m 的方向角。

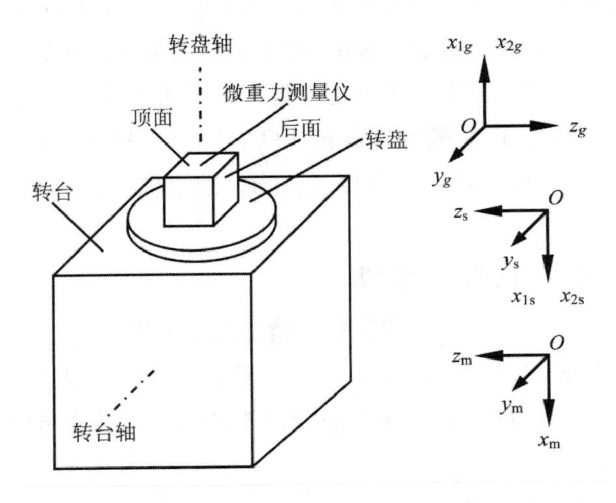

图 13－34　检测 Oz_s 对 Ox_m 的方向角时的安装方位

13.4.4.2　Oz_s 对 Oy_m 的方向角检测

微重力测量仪按图 13－35 所示方位安装在精密光栅分度头上，Oy_m 朝上，测量仪后面通过一厚度超过支耳的专用工装与转盘面接触，该工装与测量仪后底边紧密接触，以保持测量仪后底边与转盘面平行。检测 z 路输出，根据标定曲线换算成 g_{local} 值，其反正弦即为 z 路偏离水平方向的夹角，偏向下为正（即 Oz_s 偏向上为正），90° 减去该夹角即为 Oz_s 对 Oy_m 的方向角。

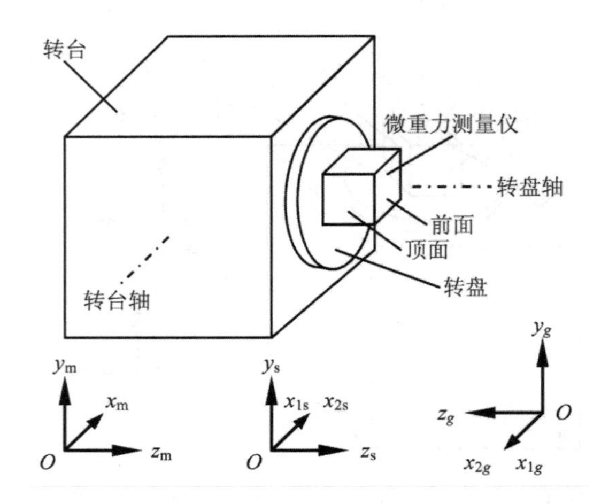

图 13-35 检测 Oz_s 对 Oy_m 的方向角时的安装方位

13.4.5 微重力测量仪各路敏感轴之间的夹角检测

为了准确检测各路敏感轴之间的夹角，需要知道各路准确的 0 g_{local} 输出值，为此，检测各路敏感轴之间的夹角之前，再次按 13.3.1 节所述方法，找出各路准确的 0 g_{local} 输出值。

13.4.5.1 Ox_{1s}，Oy_s 之间的夹角和 Ox_{2s}，Oy_s 之间的夹角检测

微重力测量仪按图 13-35 所示方位安装在精密光栅分度头上，Oy_s 朝上，测量仪后面通过一厚度超过支耳的专用工装与转盘面接触，该工装与测量仪后底边紧密接触，以保持测量仪后底边与转盘面平行。不对分度头转盘角度指示清零的情况下，先找出 Ox_{1s} 的 0 g_{local} 位置在分度头转盘上的准确角度，再顺时针旋转分度头约 90°，找出 Oy_s 的 0 g_{local} 位置在分度头转盘上的准确角度，二者角度之差即为 Ox_{1s}，Oy_s 之间的夹角。Ox_{2s}，Oy_s 之间的夹角照此办理。

13.4.5.2 Oy_s，Oz_s 之间的夹角检测

微重力测量仪按图 13-30 所示方位安装在精密光栅分度头上，Oy_s 朝上，不对分度头转盘角度指示清零的情况下，先找出 Oz_s 的 0 g_{local} 位置在分度头转盘上的准确角度，再顺时针旋转分度头约 90°，找出 Oy_s 的 0 g_{local} 位置在分度头转盘上的准确角度，二者角度之差即为 Oy_s，Oz_s 之间的夹角。

13.4.5.3 Ox_{1s}，Oz_s 之间的夹角和 Ox_{2s}，Oz_s 之间的夹角检测

微重力测量仪如图 13-36 所示安装在精密光栅分度头上，Ox_{1s}，Ox_{2s} 朝下，不对分度头转盘角度指示清零的情况下，先找出 Oz_s 的 0 g_{local} 位置在分度头转盘上的准确角度，再顺时针旋转分度头约 90°，找出 Ox_{1s} 的 0 g_{local} 位置在分度头转盘上的准确角度，二者角度之差即为 Ox_{1s}，Oz_s 之间的夹角。Ox_{2s}，Oz_s 之间的夹角照此办理。

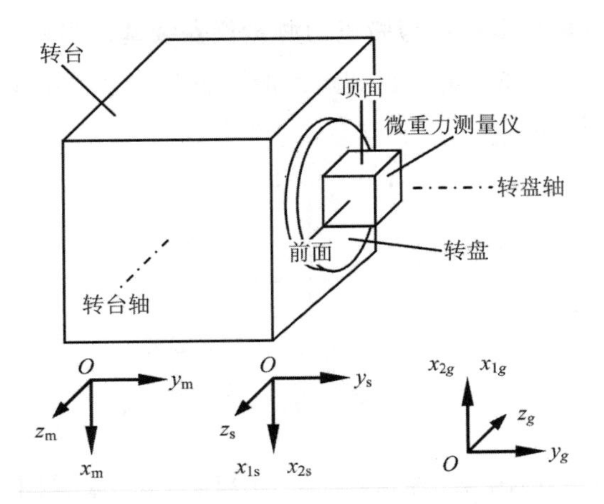

图 13－36　检测 Ox_{1s}，Oz_s 之间夹角、Ox_{2s}，Oz_s 之间夹角时的安装方位

13.5　微重力测量仪各路敏感轴对飞船返回舱莱查坐标系安装角度的计算

13.5.1　定性描述

13.5.1.1　有效载荷支架、微重力测量仪相对返回舱莱查坐标系的几何位置

有效载荷支架、微重力测量仪相对返回舱莱查坐标系①的几何位置如图 13－37 所示，其中 $Ox_Ly_Lz_L$ 为返回舱莱查坐标系。

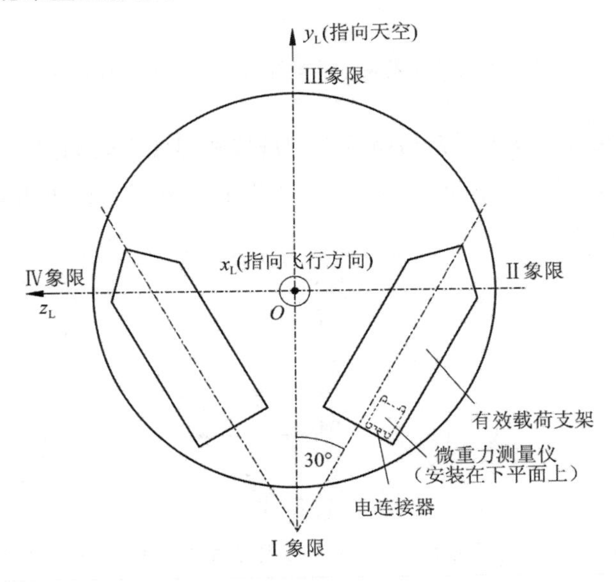

图 13－37　有效载荷支架、微重力测量仪相对返回舱莱查坐标系的几何位置(返回舱俯视图)

① “莱查坐标系”是 GJB 1028—1990《卫星坐标系》5.4 节“星载坐标系”中的一种，此坐标系实质上与 GJB 1028A—2017《航天器坐标系》6.10 节“载人航天器专用坐标系”中的“本体质心坐标系”相同(但在表述上有所区别)。虽然 GJB 1028—1990 已被 GJB 1028A—2017 代替，但是由于“微重力测量仪各路敏感轴对飞船返回舱莱查坐标系安装角度的计算”是在 1998—2004 年间进行的，所以仍采用“莱查坐标系”这一称谓。

13.5.1.2 返回舱莱查坐标系与微重力测量仪安装基准坐标系的关系

综合图 13-29 和图 13-37,可以得到返回舱莱查坐标系与微重力测量仪安装基准坐标系的关系,如图 13-38 所示。

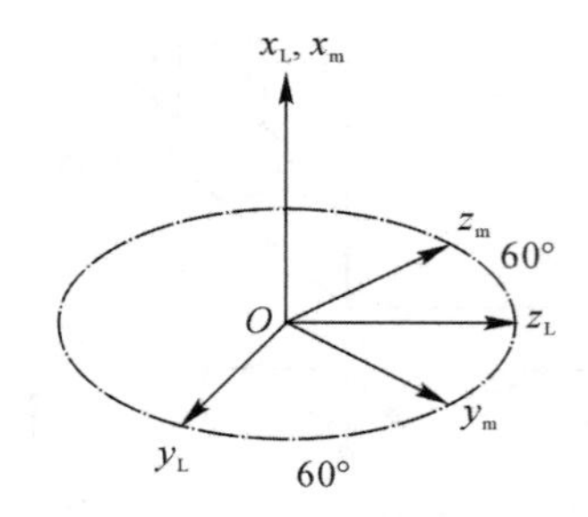

图 13-38 返回舱莱查坐标系与微重力测量仪安装基准坐标系的关系

13.5.1.3 微重力测量仪安装基准坐标系与该测量仪敏感轴指向的关系

综合图 13-27 和图 13-29,可以得到微重力测量仪安装基准坐标系与该测量仪其敏感轴指向的关系,如图 13-39 所示。

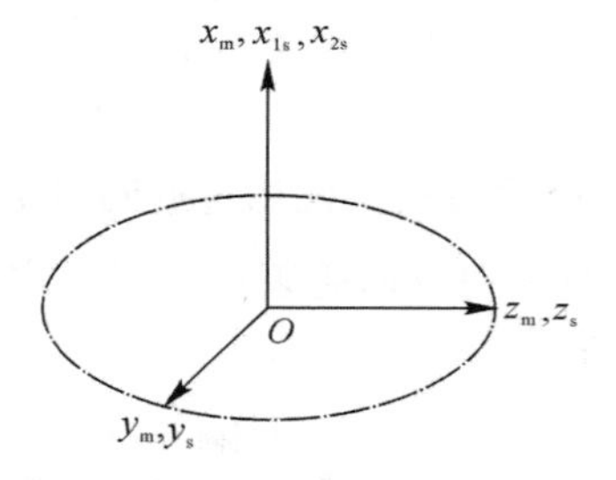

图 13-39 微重力测量仪安装基准坐标系与该测量仪敏感轴指向的关系

13.5.1.4 返回舱莱查坐标系与微重力测量仪敏感轴指向的关系

综合图 13-38 和图 13-39,可以得到返回舱莱查坐标系与微重力测量仪敏感轴指向的关系,如图 13-40 所示。

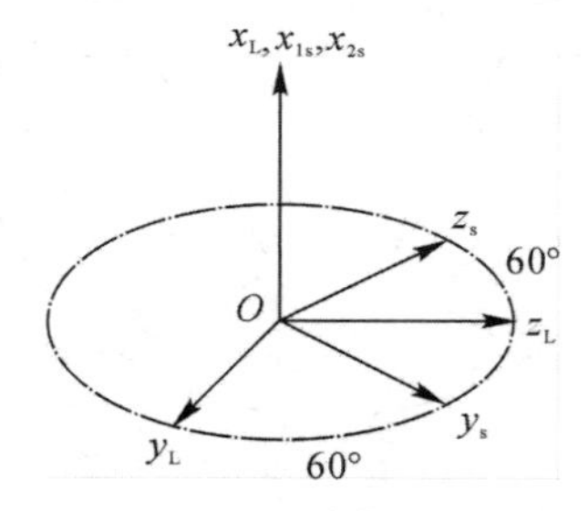

图 13-40 返回舱莱查坐标系与微重力测量仪敏感轴指向的关系

13.5.2 测量结果示例

13.5.2.1 微重力测量仪安装基准坐标系相对返回舱莱查坐标系的安装角度

飞船总装技术人员将微重力测量仪安装在飞船返回舱内的有效载荷支架上,并进行了安装角度精测。表 13－1 给出了其中一次的精测结果。为了尽量减少地面检测时有效载荷支架受到各台载荷重力引起的变形,精测是在尚未安装其他载荷时进行的。

表 13－1　Ox_m，Oy_m，Oz_m 对 Ox_L，Oy_L，Oz_L 的方向角

坐标轴	Ox_L	Oy_L	Oz_L
Ox_m	6′23″(0.106 5°)	89°54′36″(89.910 0°)	89°56′34″(89.942 8°)
Oy_m	90°08′03″(90.134 3°)	60°12′00″(60.200 1°)	29°52′48″(29.880 1°)
Oz_m	90°03′18″(90.055 0°)	150°15′39″(150.260 7°)	60°15′36″(60.260 0°)

由表 13－1 可以给出 Ox_m，Oy_m，Oz_m 对 Ox_L，Oy_L，Oz_L 的方向余弦,如表 13－2 所示。

表 13－2　Ox_m，Oy_m，Oz_m 对 Ox_L，Oy_L，Oz_L 的方向余弦

坐标轴	Ox_L	Oy_L	Oz_L
Ox_m	$l_1=0.999\ 998\ 272$	$m_1=0.001\ 570\ 796$	$n_1=0.000\ 998\ 328$
Oy_m	$l_2=-0.002\ 343\ 975$	$m_2=0.496\ 972\ 446$	$n_2=0.867\ 069\ 832$
Oz_m	$l_3=-0.000\ 959\ 931$	$m_3=-0.868\ 291\ 468$	$n_3=0.496\ 064\ 967$

由解析几何可知[2]

$$\left.\begin{aligned} l_1^2+m_1^2+n_1^2=1 \\ l_2^2+m_2^2+n_2^2=1 \\ l_3^2+m_3^2+n_3^2=1 \end{aligned}\right\} \tag{13-10}$$

式中　l_1——Ox_m 对 Ox_L 的方向余弦；
m_1——Ox_m 对 Oy_L 的方向余弦；
n_1——Ox_m 对 Oz_L 的方向余弦；
l_2——Oy_m 对 Ox_L 的方向余弦；
m_2——Oy_m 对 Oy_L 的方向余弦；
n_2——Oy_m 对 Oz_L 的方向余弦；
l_3——Oz_m 对 Ox_L 的方向余弦；
m_3——Oz_m 对 Oy_L 的方向余弦；
n_3——Oz_m 对 Oz_L 的方向余弦。

13.5.2.2　微重力测量仪各路敏感轴指向相对微重力测量仪安装基准坐标系的安装角度

表 13-1 所用微重力测量仪 Ox_{1s}，Ox_{2s}，Oy_s，Oz_s 对 Ox_m，Oy_m，Oz_m 的方向角,如表 13－3 所示。

表 13－3　Ox_{1s}，Ox_{2s}，Oy_s，Oz_s 对 Ox_m，Oy_m，Oz_m 的方向角

坐标轴	Ox_m	Oy_m	Oz_m
Ox_{1s}	2′08″(0.035 5°)	89°58′00″(89.966 7°)	90°00′44″(90.012 2°)
Ox_{2s}	3′27″(0.057 4°)	89°58′37″(89.976 9°)	90°03′09″(90.052 5°)

续表

坐标轴	Ox_m	Oy_m	Oz_m
Oy_s	89°57′35″(89.959 7°)	2′27″(0.040 7°)	89°59′39″(89.994 2°)
Oz_s	90°01′16″(90.021 1°)	89°59′05″(89.984 7°)	1′34″(0.026 0°)

注:表中灰底数值是依据表 13 - 4 中相应的方向余弦得到的。

由表 13 - 3 可以给出 Ox_{1s},Ox_{2s},Oy_s,Oz_s 对 Ox_m,Oy_m,Oz_m 的方向余弦,如表 13 - 4 所示。

表 13 - 4　Ox_{1s},Ox_{2s},Oy_s,Oz_s 对 Ox_m,Oy_m,Oz_m 的方向余弦

坐标轴	Ox_m	Oy_m	Oz_m
Ox_{1s}	$I_{x1s}=0.999\ 999\ 808$	$J_{x1s}=0.000\ 581\ 195$	$K_{x1s}=-0.000\ 212\ 930$
Ox_{2s}	$I_{x2s}=0.999\ 999\ 499$	$J_{x2s}=0.000\ 403\ 171$	$K_{x2s}=-0.000\ 916\ 298$
Oy_s	$I_{ys}=0.000\ 703\ 368$	$J_{ys}=0.999\ 999\ 748$	$K_{ys}=0.000\ 101\ 229$
Oz_s	$I_{zs}=-0.000\ 368\ 264$	$J_{zs}=0.000\ 267\ 035$	$K_{zs}=0.999\ 999\ 897$

注:表中灰底数值是由式(13 - 11)得到的。

由解析几何可知[2]

$$\left.\begin{array}{c}I_{x1s}^2+J_{x1s}^2+K_{x1s}^2=1\\ I_{x2s}^2+J_{x2s}^2+K_{x2s}^2=1\\ I_{ys}^2+J_{ys}^2+K_{ys}^2=1\\ I_{zs}^2+J_{zs}^2+K_{zs}^2=1\end{array}\right\}\tag{13-11}$$

式中　I_{x1s}——Ox_{1s} 对 Ox_m 的方向余弦;

J_{x1s}——Ox_{1s} 对 Oy_m 的方向余弦;

K_{x1s}——Ox_{1s} 对 Oz_m 的方向余弦;

I_{x2s}——Ox_{2s} 对 Ox_m 的方向余弦;

J_{x2s}——Ox_{2s} 对 Oy_m 的方向余弦;

K_{x2s}——Ox_{2s} 对 Oz_m 的方向余弦;

I_{ys}——Oy_s 对 Ox_m 的方向余弦;

J_{ys}——Oy_s 对 Oy_m 的方向余弦;

K_{ys}——Oy_s 对 Oz_m 的方向余弦;

I_{zs}——Oz_s 对 Ox_m 的方向余弦;

J_{zs}——Oz_s 对 Oy_m 的方向余弦;

K_{zs}——Oz_s 对 Oz_m 的方向余弦。

13.5.3　坐标转换

13.5.3.1　转换公式

微重力测量仪安装基准在敏感轴指向测量中起过渡作用。为获得其相对于返回舱莱查坐标系的安装角度,必须进行坐标转换。

由解析几何可知[2]

$$\left.\begin{aligned}
i_{x1s} &= l_1 I_{x1s} + l_2 J_{x1s} + l_3 K_{x1s} \\
j_{x1s} &= m_1 I_{x1s} + m_2 J_{x1s} + m_3 K_{x1s} \\
k_{x1s} &= n_1 I_{x1s} + n_2 J_{x1s} + n_3 K_{x1s} \\
i_{x2s} &= l_1 I_{x2s} + l_2 J_{x2s} + l_3 K_{x2s} \\
j_{x2s} &= m_1 I_{x2s} + m_2 J_{x2s} + m_3 K_{x2s} \\
k_{x2s} &= n_1 I_{x2s} + n_2 J_{x2s} + n_3 K_{x2s} \\
i_{ys} &= l_1 I_{ys} + l_2 J_{ys} + l_3 K_{ys} \\
j_{ys} &= m_1 I_{ys} + m_2 J_{ys} + m_3 K_{ys} \\
k_{ys} &= n_1 I_{ys} + n_2 J_{ys} + n_3 K_{ys} \\
i_{zs} &= l_1 I_{zs} + l_2 J_{zs} + l_3 K_{zs} \\
j_{zs} &= m_1 I_{zs} + m_2 J_{zs} + m_3 K_{zs} \\
k_{zs} &= n_1 I_{zs} + n_2 J_{zs} + n_3 K_{zs}
\end{aligned}\right\} \tag{13-12}$$

式中　i_{x1s}——Ox_{1s} 对 Ox_L 的方向余弦；

j_{x1s}——Ox_{1s} 对 Oy_L 的方向余弦；

k_{x1s}——Ox_{1s} 对 Oz_L 的方向余弦；

i_{x2s}——Ox_{2s} 对 Ox_L 的方向余弦；

j_{x2s}——Ox_{2s} 对 Oy_L 的方向余弦；

k_{x2s}——Ox_{2s} 对 Oz_L 的方向余弦；

i_{ys}——Oy_s 对 Ox_L 的方向余弦；

j_{ys}——Oy_s 对 Oy_L 的方向余弦；

k_{ys}——Oy_s 对 Oz_L 的方向余弦；

i_{zs}——Oz_s 对 Ox_L 的方向余弦；

j_{zs}——Oz_s 对 Oy_L 的方向余弦；

k_{zs}——Oz_s 对 Oz_L 的方向余弦。

13.5.3.2　转换结果示例

将表 13－2 和表 13－4 所列数值代入式(13－12)，可以得到 Ox_{1s}，Ox_{2s}，Oy_s，Oz_s 对 Ox_L，Oy_L，Oz_L 的方向余弦，如表 13－5 所示。

表 13－5　Ox_{1s}，Ox_{2s}，Oy_s，Oz_s 对 Ox_L，Oy_L，Oz_L 的方向余弦

坐标轴	Ox_L	Oy_L	Oz_L
Ox_{1s}	i_{x1s} = 0.999 996 922	j_{x1s} = 0.002 044 519	k_{x1s} = 0.001 396 637
Ox_{2s}	i_{x2s} = 0.999 997 706	j_{x2s} = 0.002 566 774	k_{x2s} = −0.000 893 362
Oy_s	i_{ys} = −0.001 640 705	j_{ys} = 0.496 885 529	k_{ys} = 0.867 120 532
Oz_s	i_{zs} = −0.001 328 820	j_{zs} = −0.868 159 248	k_{zs} = 0.496 296 086

由表 13－5 可以给出 Ox_{1s}，Ox_{2s}，Oy_s，Oz_s 对 Ox_L，Oy_L，Oz_L 的方向角，如表 13－6 所示。

表 13－6　Ox_{1s}，Ox_{2s}，Oy_s，Oz_s 对 Ox_L，Oy_L，Oz_L 的方向角

坐标轴	Ox_L	Oy_L	Oz_L
Ox_{1s}	8′32″(0.142 2°)	89°52′58″(89.882 9°)	89°55′12″(89.920 0°)
Ox_{2s}	7′22″(0.122 7°)	89°51′10″(89.852 9°)	90°03′04″(90.051 2°)
Oy_s	90°05′38″(90.094 0°)	60°12′21″(60.2058°)	29°52′27″(29.8743°)
Oz_s	90°04′34″(90.076 1°)	150°14′43″(150.245 4°)	60°14′41″(60.244 7°)

13.6　本章阐明的主要论点

13.6.1　微重力采编器设计

(1)微重力采编器采用模拟开关巡检四路，每路采样间隔 4 ms。为防止相邻两路间前一路对后一路的干扰，采用 8 选一模拟开关，相邻两路间增加接地措施。考虑分布电容的充电影响，每路采样在接通的后期进行。为降低噪声干扰，每路间隔 33 μs 连采三次，仅取其中值。

(2)根据动态范围和数据限幅、修约要求，采用 14 位 ADC，实际使用中间 12 位，最低位 0 舍 1 入，最高位出现 1 时软件限幅至 F FF H。ADC 调整到输入 0 V 时输出为 0 00 H，输入4.999 V时输出为 F FF H。

(3)由于等间隔采样是 Fourier 分析方法的前提条件，且当数据长度为 2 的整数幂时，可以应用快速 Fourier 变换(FFT)，使计算大为简化，采集微重力数据时，以 4 096 个数据为一块且保证每一块内不改变每路的采样间隔。

(4)两块数据采集间隙单独辟出 4 ms 执行每路的方差计算及模式转换判断流程。因此，相邻两块的时间间隔为 16.388 s，即相邻两块详存的微重力时域数据间空缺一个数据点。

(5)在详存状态时，只将校时信号存储，不做时间码校正，以便事后对微重力时域数据作频谱分析时，正确判断天地传输造成的漏码。

(6)飞船应用系统远置终端每间隔 64 s 转发一次校时信号。为防止校时信号中的时间码受干扰时系统软时钟跳变，仅开机或复位后首次可随时接受校时信号校时，其后仅当相邻两次校时信号提供的时间之增量处于 63.5 s～64.5 s 之间时才接受校时信号校时，以保证校时信号中的错时间码不被执行，而正确的大幅度调时推迟 64 s 后即被执行。

(7)远置终端以字节为单位转发指令，约定每条指令内相邻字节间间歇小于 2 ms，相邻两条指令间间歇大于 12 ms。

(8)为了保证即时接受远置终端转发的校时信号，利用远置终端选通信号前沿启动高级中断。

(9)缺省详存指令在注入指令链出现故障时可以起到后备作用。缺省详存指令的设置需根据飞控程序设计，以便捕捉飞控重要工况的微重力时域信息。

(10)为了不影响每一块内每路的采样间隔，仅在详存或略存每完成一块采样后才执行模式转换判断流程。如当时离指令设定的开始详存时刻够一块略存，则维持略存态；反之，如不够完成一块略存，则进入详存等待态。详存等待态不采集微重力数据，因而详存等待态

下每间隔1 ms就执行一次模式转换判断流程。

(11)模式转换准则:①优先执行指令顶替当前执行指令被优先执行。②待执行指令只有在当前执行指令或优先执行指令执行完毕后才会被执行。③两条待执行指令间按收到时间先后的顺序执行。④标识错误的指令不会被执行。⑤没有任何详存指令或详存指令已全部执行完毕,则从头执行缺省详存指令。⑥执行缺省详存指令过程中如果收到详存指令,除即将执行或正在执行的缺省详存项外,中止执行缺省详存指令。⑦船上时重新归零后从头执行缺省详存指令;⑧对详存指令逐项作合法性检查,剔除标志错误、规定的详存时刻比下一项晚、详存时刻已过时、详存块数为零的详存项。⑨当前详存项按规定的开始详存时刻进入详存态,且不受打扰地连续执行,直至完成规定块数的详存后,清除详存态(即转为略存态)。

(12)为保证写入、读出互不干扰,分别设有写指针和读指针,且分别在存储器中以首尾相接的方式引导写入或读出。

13.6.2　微重力测量装置的电磁兼容措施

(1)在微重力测量装置的工作过程中,干扰源包括以下几个方面:电源变换器、晶振及其引线是较强的辐射源;另外,滤波器的电感和数字电路亦会有较大的辐射;外界干扰主要来自飞船内部众多的射频和微波设备、大功率设备开关切换以及空间电磁辐射。对干扰敏感的单元主要是微重力模拟量检测电路和14位ADC。其耦合途径主要是:①微重力测量装置的电源线、数据输出输入线、模拟量输出输入线均在半米以上,途径各系统,有很强的辐射耦合关系。②飞船设备共用一次电源,电源耦合是不可忽视的因素。③飞船的金属壳体和构件作为船地,对电荷的容量比地球大地差得多,而且飞船上的设备复杂,船地一定程度上有可能成为干扰的途径。④原确定微重力测量装置初样为浮地设备,仅通过工程遥测接地,迂回曲折,效果很差。此外,提供校时和数据注入信号的远置终端也是浮地设备,输出电流又较大,信号跳变时将通过信号回线带来干扰。⑤微重力采编器数字量部分对模拟量部分的干扰不容忽视。

(2)对电源干扰采取如下防护措施:①电磁干扰的最大来源是电源。为了减少来自电源的干扰,微重力测量仪、微重力采编器的模拟电路、微重力采编器的数字电路均自备电源变换器。②为减少电源变换器对功能电路的干扰,电源变换器单元单独设置,与功能电路不共用印制板。③把DC-DC模块单独埋在铝框架里,与机壳搭接优良,不装在电源滤波板上;DC-DC模块前加电源滤波器;DC-DC模块后加可抑制共模和差模噪声的滤波电路。此滤波电路的引线尽可能地短,输入端和输出端引线相互隔离,滤波电路尽量靠近检测电路。④每块印刷板电源线与其回线尽量宽且平行走线。微重力测量仪每块印刷板的供电入口端加LC滤波;微重力采编器每块印刷板每隔12 cm或每隔3～5个组件采用一次由瓷片电容(0.1 μF)和钽电解电容(10μF)并联组成的去耦电路。⑤电源线、信号线、自检线分别送到不同的电连接器上,以减少互相干扰。⑥内部电源变换器的输入和输出均用双绞线,电连接器上焊接往返连线的两个接点仅相隔一个接点。

(3)对晶振和数字电路干扰采取如下防护措施:①数据处理存储板(全是数字电路)与输入输出板(数字电路与模拟电路混合)分开,后者尽量远离晶振和电源变换器。②温补晶振单独埋在铝框架里,与机壳搭接优良,不装在数据处理存储板上。③输入输出板在布局上尽量将数字电路与模拟电路隔开;数字信号回线与模拟信号回线分开,两者单点相连。④在模拟开关的控制电路中增加光电耦合器,使模拟地与数字地不形成回路,确保二者单点接地,以克服地线及其回路引起的测量误差。⑤为抑制从数据总线向 ADC 反向传输对 ADC 转换误差的影响,在 ADC 与数据总线之间插入缓冲器。只有 ADC 转换结束,向数据总线送数时,才打开三态允许端,其余时间三态门处于高阻态。

(4)采取如下微弱信号抗干扰措施:①机壳铝合金厚度≥2 mm,各侧板搭接面翻边宽度10 mm,不发黑,螺钉间距一般控制在 60 mm 以内,最长不超过 75 mm,以保证良好屏蔽。②四路微重力模拟量检测信号互相独立,分别依次用最短路径顺序前进,没有逆向通道,互相也不交叉。③信号线与其回流线就近安排。④检测电路后的低通滤波单元有利于进一步抑制高频干扰。⑤微重力测量仪与微重力采编器间采用屏蔽双绞线传输检测信号,屏蔽层单点接地,且与其他连线有一定的隔离距离。⑥为防止相邻两路间前一路对后一路的干扰,采用 8 选取一模拟开关,相邻两路间增加接地措施。⑦为降低噪声干扰,每路间隔 33 μs 连采三次,仅取其中值。⑧模拟开关后至微重力模拟量状态检测接口电路间加电压跟随器,以加大正向驱动能力,抵御工程遥测电缆分布电容的影响,缩短切换稳定时间;同时加大反向隔离,防止遥测关机后存在高电平将巡回检测的微重力模拟量拉偏。

(5)采取如下数字信号抗干扰措施:①全部采用 CMOS 器件,以提高噪声容限和抗辐照能力;②不同频率或不同时钟速率的信号不在同一集成块内处理;③集成块中不用的逻辑电路之输入端良好接地;④印制板上信号线长度与宽度的比不超过 150,信号线按顺序前进,不逆向布线,信号线与它们的回线尽可能靠近;⑤与数传复接器的连线,使用双绞线。

(6)微重力测量装置 DC-DC 变换的二次回线不浮地的必要性:①微重力测量仪静态分辨力 5×10^{-6} g_n下传感器输出仅(5.5～8) nA,属小电流测量;微重力采编器内部数据的一个分层为 0.61 mV,属微信号测量。DC-DC 模块的尖峰干扰,对小电流和微信号测量影响很大。②只通过遥测迂回接地,接地质量很差。③低频设备浮地的本意是各分系统统一单点接地,而不是要求只通过遥测接地。④联调发现,远置终端时钟信号有时负跳变过冲,同时数据线上高电平上也出现负脉冲。⑤地面联调时,有可能不接工程遥测,且联调电缆网二次回线没有接地端,开机状态下用测试仪器检测时可能产生电荷泄放火花,造成干扰,甚至打坏器件。

(7)微重力测量装置 DC-DC 变换的二次回线由浮地改为单点接地的处置方法:①DC-DC模块输出回线处与机壳单点相接;②机壳地与飞船地的连接拟采用机壳不发黑的底面与基座直接接触的方式;③微重力测量仪“二次回线”与微重力采编器“二次回线”之间设一专门的二次地连线,不用信号回线代替;④保证微重力测量装置的一次回线与二次回线绝缘,一次回线为浮地。

(8)对于低频模拟量检测加数字信号处理的设备来说,RE102(10 kHz～18 GHz 电场辐射发射)较难达标的频段是 10 kHz～30 MHz 和 30 MHz～200 MHz。此频段内对屏蔽层的导电性能、厚度、缝隙大小均有较高的要求,且机内电源线、信号线和外接电缆至少要用双绞线,最好用屏蔽双绞线。

(9)改善机壳、德驰插座的搭接电阻,产品内部和外部电缆采用屏蔽双绞线,是提高产品电磁兼容性的重要措施。特别对于微重力测量装置这样的微弱信号测量设备,采用屏蔽双绞线既能抑制电磁场发射,又能抑制外来干扰,更应该优先考虑使用。此外,从电磁兼容性角度,相对而言,数据注入电缆选通、时钟、数据三信号分别设置回线,并采用双绞线,比采用屏蔽四绞线更为有效。

13.6.3　微重力测量装置性能检测

(1)微重力测量仪采用小角度静态标定,它也属于重力场倾角法静态标定。它是在加速度计已经分离出加速度计偏值、标度因数、二阶非线性系数、三阶非线性系数、交叉耦合系数、输入轴失准角等全部参数基础上进行的,用于测定微重力测量仪的输入范围、输入范围内的输出灵敏度(输出电压与输入加速度之比)及 0 g_{local}输出(0 g_{local}输出反映的是微重力测量仪的偏值,而不是失准角,小角度静态标定无法得到失准角)。标定时为了抑制环境噪声和振动干扰,在测量仪的输出端增加了阻容滤波。准确的重力场倾角靠精密光栅分度头产生。精密光栅分度头的水平状态靠微重力测量仪调校。为了减少漂移的影响,每路标定时都从 0 g_{local}开始,最后返回 0 g_{local},用两次 0 g_{local}输出的微小差异对各个标定数据进行线性修正。标定方法的关键是在输入范围内如何确定 0 g_{local}的准确位置。标定得到的非饱和输出值下限应小于 0 V,而非饱和输出值上限应大于 5 V。取测量所得非饱和值作最小二乘法线性拟合(拟合的相关系数应大于 0.999),得到微重力测量仪的输入范围、输出灵敏度和 0 g_{local}输出。如 0 g_{local}输出超出规定范围,则调整偏值纠正电路,并重新标定。

(2)传感器静态分辨力在验收传感器时进行。准确的重力场倾角靠精密光栅分度头产生。负载电阻的阻值应根据石英挠性加速度计标度因数和规定的检测电路输出灵敏度选定。为避免环境噪声干扰,测试时应附加阻容滤波环节,时间常数不小于 3 s。

(3)为了尽量避免人工振源产生的振动,微重力测量装置在地震基准台的百米深山洞中具有隔振地基的房间内进行噪声测试。测试取比白天环境更为稳定的夜间环境,可以进一步排除人为活动的影响。测试时,微重力测量装置固定在具有隔离地基的实验平台上,尽量减少由于测量仪自身的微小晃动所造成的误差。测试采用电池供电,加速度传感器处于准水平方位,注入详存指令后自动进行检测,检测前人员离开山洞。根据标定结果,将数据转换为 g_n值。作为保守估计,假定所有起伏均由产品造成,不计环境干扰。

(4)开机稳定时间测试也在地震基准台的百米深山洞中具有隔振地基的房间内进行。测试结果表明:影响微重力测量仪开机稳定时间的因素主要是开机后的温升:微重力测量仪的预热时间至少需要 4 h (14 400 s),最好在 8 h (28 800 s)以上。

(5)采用电模拟方法,在传感器力矩器高低端间施加一电噪声可以忽略的方波信号,将检测电路输出与输入方波信号比较,即可获得传感器+检测电路对阶跃加速度的响应时间。

13.6.4　测量仪各路敏感轴夹角检测

测量仪各路敏感轴夹角检测也采用重力场倾角法。各路敏感轴夹角检测包括各路敏感轴分别对测量仪安装基准坐标系的夹角及各路敏感轴之间的夹角检测。

13.6.5　微重力测量仪各路敏感轴对飞船返回舱莱查坐标系安装角度的计算

为了尽量减少地面检测时有效载荷支架受到各台载荷重力引起的变形,微重力测量仪安装基准坐标系相对返回舱莱查坐标系的安装角度精测是在微重力测量仪已安装在飞船返回舱内的有效载荷支架上,而其他载荷尚未安装时进行的。

参 考 文 献

[1] 维格特. 数字信号处理基础[M]. 侯正信，王国安，等译. 北京：电子工业出版社，2003.

[2] 《数学手册》编写组. 数学手册[M]. 北京：人民教育出版社，1979.

[3] 电子工业部. 星载和弹载设备和分系统(包括相应的地面辅助设备)的要求(A2 类)：GJB 151.3—1986 [S]. 北京：国防科工委军标出版发行部，1986.

[4] 中国电子技术标准化研究所. 军用设备和分系统电磁发射和敏感度要求：GJB 151A—1997 [S]. 北京：国防科工委军标出版发行部，1997.

[5] 全国法制计量管理计量技术委员会. 通用计量术语及定义：JJF 1001—2011 [S]. 北京：中国质检出版社，2012.

第14章 神舟号飞船微重力数据的获取、处理与应用

本章的物理量符号

A	简谐激励引起的简谐受迫振动的振幅,m
$\bar{a}_4$	余下4块略存的总平均值,mg_n
$\bar{a}_5$	5块总平均值,mg_n
a_j	第 j 块的平均值,mg_n
a_{RMS}	每块数据的方均根均值,mg_n
A_{st}	静态力 F 作用下所产生的静变位,m
a_t	轨道机动过程中 t 时刻所具有的加速度,m/s^2;微重力时域数据,mg_n
E_s	方差示值(范围为 00 00 00 H 至 FF FF FF H)所对应的十进制数
F	简谐激振外力的振幅,N
$F(t)$	单自由度系统受到的动载荷力,N
$\boldsymbol{F}(t)$	各个节点受到的自身惯性力矢量与周围结构相互运动带来的动载荷力矢量之和,N
k	单自由度系统的刚度,N/m
$\boldsymbol{k}$	系统整体刚度矩阵,N/m
K_V	微重力测量仪的输出灵敏度,V/mg_n
m	单自由度系统的质量,kg
$\boldsymbol{m}$	系统整体质量矩阵,kg
t	轨道机动过程中所经历的时刻,时间,s
v_0	轨道机动前夕飞船的飞行速度,m/s
v_τ	轨道机动结束后飞船的飞行速度,m/s
x_{js}	第 j 块累加示值(范围为 00 00 00 H 至 FF FF FF H)所对应的十进制数
x_t	微重力时域数据示值(范围为 0 00 H 至 F FF H)所对应的十进制数
$x(t)$	单自由度系统的位移,m
$\boldsymbol{x}(t)$	各个节点在整体坐标下的位移向量,m
$\dot{x}(t)$	单自由度系统的的速度,m/s
$\dot{\boldsymbol{x}}(t)$	各个节点在整体坐标下的速度向量,m/s
$\ddot{x}(t)$	单自由度系统的加速度,m/s^2
$\ddot{\boldsymbol{x}}(t)$	各个节点在整体坐标下的加速度向量,m/s^2
Δv	速度增量,m/s
β	振幅放大率

ζ	阻尼比
η	单自由度系统的黏性阻尼系数,N/(m/s)
$\boldsymbol{\eta}$	系统整体黏性阻尼系数矩阵,N/(m/s)
η_c	临界阻尼系数,N/(m/s)
λ	频率比
σ_5	5 块平均值的标差,mg_n
τ	轨道机动的持续时间,s
ϕ	简谐受迫振动的相位相对于简谐激振外力的相位滞后,rad
ω	简谐激振外力的角频率,rad/s
ω_d	欠阻尼条件下自由振动的固有角频率,rad/s
ω_n	无阻尼固有角频率,rad/s

我国载人航天工程按"三步走"发展战略实施。第一阶段(即第一步)发射载人飞船,建成与试验性载人飞船初步配套的工程,开展空间应用实验。本章回顾了此阶段神舟号飞船微重力测量工作的技术细节。

14.1 对微重力数据的需求

14.1.1 准实时处理与应用

(1)轨道机动推进器持续工作引起的速度增量。

1)回收落点的准确性对于保证航天员安全至关重要,为此必须严格控制变轨推进器持续工作形成的速度增量。因此,微重力数据的准实时处理需在准实时接收到的微重力科学数据中尽快搜寻到变轨推进器工作前后的微重力加速度数据,并通过数据处理手段得到准确的变轨推进器持续工作时间和形成的速度增量。

2)为了准确预报轨道维持后的轨道,同样需要得到准确的轨道维持推进器持续工作时间和形成的速度增量。

(2)飞控重要工况发生的时刻及有无异常表现。

1)在准实时接收到的微重力科学数据中搜寻运载推进器熄火、船箭分离、各种阀门动作、太阳电池翼压紧装置解锁、轨道机动、轨道舱泄压、调姿、轨道舱与返回舱分离等飞控重要工况发生的时刻。

2)准实时监测飞控重要工况的异常表现。

14.1.2 后续处理与应用

(1)飞船各种动作引起的结构动力响应。

飞船各种动作会引起结构振动,这对今后飞船交会对接有显著影响,地面试验难以对此进行模拟。因此,给出各种动作引起的结构动力响应频谱,对飞船交会对接有重要参考价值。

(2)微重力水平及其频谱。

1)给出各种微重力科学实验期间的微重力变化过程和频谱,包括飞船动作和结构响应对微重力水平的影响,各载荷动作和结构响应对自身和对其他载荷微重力水平的影响。

2)给出飞船相对平静时的瞬态和振动微重力水平及其频谱。

(3)瞬态和振动微重力起伏的统计变化。

给出飞船轨道运行段以(10～20) s为间隔的瞬态和振动微重力起伏的统计变化。

14.2　微重力数据的获取

14.2.1　概述

如10.1.3.7节和13.1.2节所述,依靠远置终端转发校时信号和数据注入指令,依靠飞船数传复接器提取微重力数据,微重力测量装置每路间隔4 ms连续不断采样,每隔16.388 s给出一次微重力数据的统计值,并根据每天预先注入的详存指令,在规定的时段内给出每路间隔4 ms的微重力时域数据。

为了满足14.1节对微重力数据的需求,必须保证所关心各种工况的微重力时域数据被详存,并在被新数据覆盖前下行。为此,不仅需要掌握所关心各种工况发生的时刻和飞船飞临测控弧段上空的时刻,还需要掌握微重力科学数据的写入与读出规律,才能每天恰当安排预先注入的详存指令。

14.2.2　微重力科学数据的写入与读出规律

(1)如13.1.2.8节所述,微重力采编器存储器的写指针和读指针分别在存储器中以首尾相接的方式引导写入或读出。因此,写指针和读指针是相互独立的。数据写入存储器时,写指针周而复始,新数据顶替老数据。数据从存储器中读出时,读指针周而复始,数据可被多次复读。

(2)微重力采编器的存储器,若不考虑数据更新,只能存储13块详存数据。由于相邻两块微重力科学数据的时间间隔为16.388 s(详见13.1.2.2节),所以采集13块微重力数据历时3 min 33.044 s。

(3)微重力采编器的存储器,若不考虑数据更新,存储13块详存数据外,还可存储452块略存统计量,其采集时间历时2 h 03 min 27.376 s。

(4)存储的微重力工程状态和科学数据,若不更新,共占523 600 Bytes。由于飞船数传复接器每8 ms读取32 Bytes(详见13.1.2.8节),所以存储的微重力工程状态和科学数据可在2 min 29.600 s内读出。

(5)神舟号飞船飞行任务的测控弧段是由若干地面测控站和几艘海上测控船链接而成的,测控弧段长度非常有限。飞船数传复接器不断提取微重力科学数据,但仅在测控弧段内被下行接收。

(6)天地传输受到各种干扰,无法接收信号时会直接丢帧,接收到的帧头和帧格式错误时会将整帧丢弃,收到后分发的微重力数据包会存在错码。

(7)同一测控弧段的数据由北京航天飞行控制中心将各测控站和测控船接收到的数据拼接而成,每一个测控弧段形成一个数据文件,其中相邻站、船间的数据由于各种原因,可能出现重叠或间断,虽然拼接时采取了去重叠措施,但无法保证彻底去重叠,而数据间断更无法弥补。此外,有时为试验链路的通畅性,测控站、船会有意连续传送同一帧数据,形成大片重帧。

(8)传输数据时会同时采集新数据(已写入的数据会被新数据覆盖),所以一个测控弧段传输的数据剔除复读部分后有可能仍远大于512 kiBytes。

(9)将本节第(2)条与第(4)条比较,再结合第(1)条的叙述,可以看到:读取13块详存数据的时间比采集13块微重力数据所用的时间少,因此,一般情况下读出的数据顺序与写入时间先后一致,但由于读比写快,在读指针超越写指针的瞬间会突然转为复读另一较前时刻的写入数据,这种突然转为复读的情况只能靠写入的时间码识别。

(10)本节第(9)条给判读数据增加了麻烦,但复读对于修补本节第(5)～(7)条所述错码和丢帧造成的数据缺损是十分有效的。

(11)本节第(9)条造成写入数据量与读出数据量间没有固定的比例,所以虽有复读数据可资利用,却不能采用常规方法来修补错码和丢帧造成的数据缺损。

(12)未采用常规方法确保数据的完整性和正确性首先是鉴于微重力数据并不需要时刻确保完整和正确,而为了保证重要工况微重力数据的完整和正确,可以靠重要工况之后不要急于安排新的详存,留下充足时间复读来解决。这样做的好处是微重力采编器存储容量的利用率高,且嵌入式软件处理数据所化费的机时较少,这对于保证13.1.2.1节所述的定时采样功能是非常必要的。

14.2.3 预先注入指令的安排原则

(1)为了充分利用注入指令,同一详存项不重复安排。

(2)由于上次注入的指令全部执行完毕后会将一缺省详存项放到当前详存项中,其后如注入待执行指令,则须等到该缺省详存项执行完毕后才会将待执行指令拷到当前指令区,这可能延误注入指令的执行。仅在该当前详存项(必须属于缺省指令)执行前>16.388 s时注入优先执行指令,才会废除该当前详存项,改为执行优先执行指令,避免延误注入指令的执行。因此,新指令注入时如原指令已全部执行完毕,则新指令的第一条都安排为序列计数00 H的优先执行指令,第二条才是序列计数非00 H的待执行指令。

(3)为避免校时偏差造成详存过时,一个详存项结束到下一个详存项开始至少间隔0.5 s。

(4)对所关心各种工况安排详存的原则是保证统计量数据和详存数据至少被下行一次,为此一般在规定工况开始前后和结束前后安排详存,有条件时规定工况过程中也适当安排详存。

(5)无规定工况时,适当安排详存,以便捕捉随机发生的工况和相对平静时的微重力加速度。

(6)规定工况不频繁时,为了保证数据的完整性,安排详存和略存数据至少能被复读一次,为此一项详存最多安排13块;详存时,一项详存结束后尽量保证有两个2.5 min,各自连续处于测控弧段内,然后才进入下一项详存。

(7)规定工况频繁时,不考虑复读,由于读比写快,测控弧段内可连续安排详存;但由于读、写指针相互独立,出测控弧段前2.5 min内所写的数据可能要到进下一测控弧段后2.5 min内才被下行,为保证统计量数据和详存数据至少被下行一次,出测控弧段前2.5 min内详存块数、测控弧段外详存块数、进下一测控弧段后2.5 min内详存块数之和最多安排13块。

14.3 微重力数据的特点

14.3.1 天地传输形成的特点

由于14.2.2节第(4)～(7)条所述原因,微重力数据存在天地传输形成的如下特点:

(1)每一个测控弧段对应一个微重力原包数据文件。

(2)帧头和帧格式错误时会将整帧丢弃,各载荷的数据均随之丢失。

(3)存在重帧和非微重力数据包。

(4)未被丢弃而被分解出来的微重力数据每包均为 32 Bytes,不存在包同步码 EB 90 H 错位现象。

(5)微重力数据包中大部分数据没有错码,但有时连续多包错码严重。

(6)包同步码 EB 90 H 出错时往往该包数据也有错;

(7)数据类别标志(参数读出区标志 14 6F BB BB H、略存统计量标志 14 6F AA AA H、详存统计量标志 14 6F 5A 5A H、详存时域数据标志 14 6F 55 55 H)出错时往往该条数据也有错。

(8)任意一个统计量细分标志(累加值 0100 010# B、方差 0110 011# B、最小值 100# B、最大值 101# B)或奇校验出错时很可能该块统计量数据也有错。

(9)详存的任意一个微重力时域数据细分标志(110# B)或奇校验出错时很可能该组(13.1.2.9 节指出,微重力时域数据 x_1, x_2, y, z 四路各一个数据构成一组,详存的微重力时域数据每两包为一条,每条对应 6 组数据)微重力时域数据也有错。

(10)也存在标志正确而包计数错码、时间码错码、微重力数据错码的现象。

14.3.2　数传复接器形成的特点

(1)如 13.1.2.8 节所述,微重力数据是由飞船数传复接器主动向微重力采编器索取的。因此,微重力测量装置未开机期间会出现大片空白包。

(2)如 14.2.2 节第(5)条所述,出测控弧段后飞船数传复接器仍继续向微重力采编器读取数据。由于读指针随之移动,而数据却不下行,造成大片丢帧。

14.3.3　与校时有关的特点

(1)如 13.3.4 节所述,微重力测量装置在发射前 4 h 或更早加电。而船箭分离 4 min 后才开始接收到校时信号。如 10.1.3.5 节所述,船箭分离时刻作为运行段零时。因此微重力采编器软时钟时间码会被突然调小。

(2)另一种情况是:神舟一号飞船和神舟三号飞船在船箭分离 4 min 后还设置了微重力测量装置关机重开机指令,开机时刻晚于船上时零时,初始化时软时钟归零。如 13.1.2.6 节所述,微重力采编器完成初始化后即进入开机详存态;如 13.1.2.3 节所述,详存态下暂停校时;如 13.1.1 节第(3)条所述,校时信号每 64 s 才发一次;如 13.1.2.2 节所述,相邻两块略存的时间间隔为 16.388 s。以上各种原因造成详存结束转为略存态后才校正软时钟,貌似软时钟时间码会被突然调大。

(3)软时钟时间码突然调小或调大在微重力工程状态参数中没有相应的事件记录。

14.3.4　微重力采编器形成的特点

(1)如 13.1.2.9 节所述,微重力数据的基本单位为条,参数读出区每三包为一条,科学数据每两包为一条,每条有数据类别标志。由于不是每包都有数据类别标志,复读、丢包会造成一条有头无尾或有尾无头。

(2)如 13.1.2.9 节所述,详存数据每路间隔 4 ms,x_1, x_2, y, z 四路各一个数据构成一组,每条可写入 6 组。因此数据详存时每条历时 24 ms。而读取科学数据如 13.1.2.8 节所述，每帧间隔 8 ms，每帧有一包微重力数据。由于每条数据分两包读取，共历时 16 ms，所以数据读取比写入快。

(3)由于数据读取比写入快，且具有复读功能，造成包计数相接的数据中可能出现新数据跳变为老数据的现象。

(4)由于数据读取比写入快，刚开机时可能出现尚未填充微重力数据的无效包(只有包同步码和包计数)。

(5)详存块仅终止时有标志(第 41 字节至第 56 字节均为 00H)，而起始时未设标志，造成出现复读、丢帧时识别详存块起始点较困难。

(6)如 13.1.2.2 节所述，微重力采编器逐块分路统计出累加值、方差、最小值、最大值。

14.3.5 注入指令安排形成的特点

如果违反了 14.2.3 节第(7)条规定的约束条件，在测控弧段内安排详存块数较满，没有留下足够的时间保证详存数据在本测控弧段内下行，或者直接在测控弧段外安排了详存的情况下，重新进入测控弧段时又没有先空出足够的时间保证上述详存数据复读下行，就急于安排较长时间的新详存，可能使重新进入测控弧段前的详存数据未及下行便被新数据覆盖，造成大片丢包。由于这种丢包是详存安排不当造成的，因此是无法弥补的。

14.3.6 不同类别的数据互相交错

参数读出区、统计量、详存的时域数据由于以下原因互相交错：

(1)工程状态参数存放在存储器的前部，而统计量数据和详存的时域数据则按时间先后顺序存放。

(2)如 13.1.2.8 节所述，写指针和读指针分别在存储器中以首尾相接的方式引导写入或读出。因此会出现数据被刷新和被复读的情况。

(3)如 14.3.4 节第(3)条所述，存在新数据跳变为老数据的现象。

(4)存在各种原因造成的丢帧。

14.3.7 时间码排序显得杂乱

微重力科学数据的时间码排序由于以下原因显得杂乱：

(1)丢帧；

(2)复读；

(3)时间码错码。

14.3.8 微重力测量仪形成的特点

根据 14.1.1 节第(1)条的要求，需通过数据处理手段得到准确的轨道机动推进器持续工作形成的速度增量。然而，如 9.1.3.5 节表 9-2 所示，验收级环境试验引起的石英挠性加速度计偏值变化是明显的。由表 9-2 所列 27 只石英挠性加速度计中舍弃试验前后标度因数或偏值变化特别大的三只后，可以绘出其余 24 只验收级环境试验前后偏值变化量的直方图，如图 14-1 所示。

从图 14-1 可以看到，验收级环境试验前后偏值变化量不超过 $\pm 0.2\ mg_n$ 的数量为 14 只，只占总共 27 只的 52%。

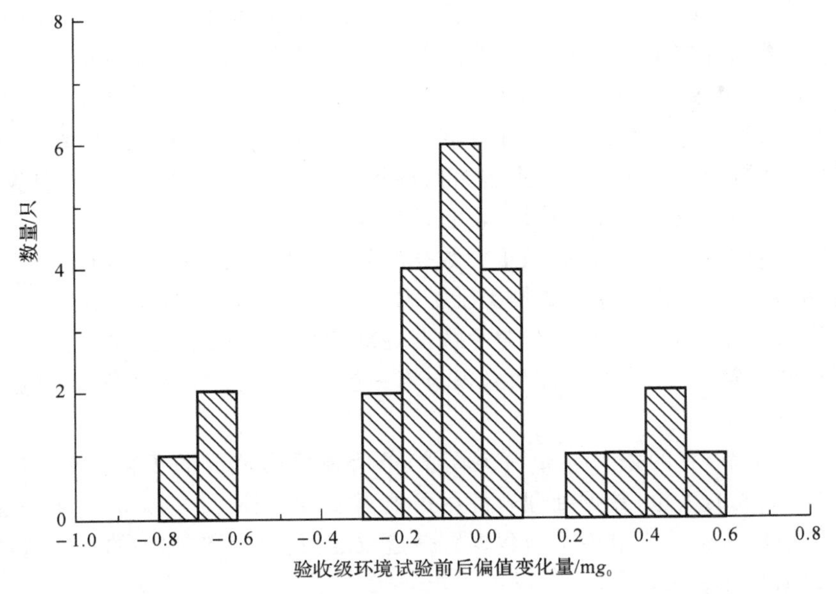

图 14－1　其余 24 只石英挠性加速度计偏值变化量的直方图

这一事实说明，尽管可以在验收级环境试验后再进行整机标定，并采用较为严格的筛选指标，且验收级环境试验条件比实际航天器发射环境苛刻，但是，发射环境引起的石英挠性加速度计偏值变化仍然可能达到 $10^{-4}\ g_n$ 量级。而速度增量的表达式为

$$\Delta v = v_\tau - v_0 = \int_0^\tau a_t \mathrm{d}t \tag{14-1}$$

式中　Δv—— 速度增量，m/s；

τ—— 轨道机动的持续时间，s；

t—— 轨道机动过程中所经历的时刻，s；

v_0—— 轨道机动前夕飞船的飞行速度，m/s；

v_τ—— 轨道机动结束后飞船的飞行速度，m/s；

a_t—— 轨道机动过程中 t 时刻所具有的加速度，$\mathrm{m/s^2}$。

从式(14－1)可以看到，如果数据处理时没有彻底消除石英挠性加速度计偏值的影响，残余偏值会因积分累加而对计算出来的速度增量产生严重影响。

14.4　数据处理的对策

14.4.1　数据的取舍

(1)由 14.3.1 节第(1)条得知，在轨飞行过程中经过多少个测控弧段，就会形成多少个微重力原包数据文件。有鉴于此，数据处理软件要对在轨飞行过程中形成的各个微重力原包数据文件分别处理。

(2)由 14.3.1 节第(4)条得知，微重力数据每个原包均为 32 Bytes，不存在包同步码 EB 90 H错位现象。因此数据处理软件判读原包数据以 32 Bytes 为基本单位。

(3)由 14.3.1 节第(6)、(7)条得知，包同步码 EB 90 H 出错时往往该包数据也有错，数据类别标志出错时往往该条数据也有错。因此,数据处理软件剔除包同步码 EB 90 H 出错的包,剔除数据类别标志出错的参数读出区、统计量或该条微重力时域数据。

(4)由 14.3.1 节第(3)条、14.3.2 节第(1)条、14.3.4 节第(4)条得知,微重力数据存在重包、非微重力数据包、空白包和无效包。因此,数据处理软件只保留同步码正确且包计数连续的包,而包计数与上一包相同的重包会被剔除,至于非微重力数据包、空白包和无效包,由于同步码不正确和/或包计数不连续,也会被剔除。

(5)由 14.3.4 节第(1)条得知,微重力数据的基本单位为条,参数读出区每三包为一条,科学数据每两包为一条,仅每条有数据类别标志,而不是每包都有数据类别标志,复读、丢帧会造成一条有头无尾或有尾无头。为避免数据处理软件把本属不同条的包当成同一条,规定参数读出区每条第二、三包的包计数必须与第一包连续;科学数据每条第二包的包计数必须与第一包连续。

(6)由 14.3.1 节第(2)条、14.3.2 节第(2)条所述原因造成的丢帧,以及 14.3.6 节第(2)条所述原因造成的丢包,数据处理软件尽可能靠复读弥补。但 14.3.5 节所述已详存的数据在测控弧段内未曾读出过就被新数据覆盖造成的丢包是无法弥补的。即这种丢包与数据处理时的数据舍弃无关。

14.4.2 时间码被突然调小或调大的处理

(1)由 14.3.3 节第(1)条得知,微重力测量装置在发射前 4 h 或更早加电,而船箭分离 4 min后才开始接收到校时信号,由于船箭分离时刻作为运行段零时,微重力采编器软时钟时间码会被突然调小。为了避免混淆软时钟时间码突然调小前后的微重力数据,采用人工方法,用 16 进制编译器在收到的原码数据中搜寻软时钟时间码突然调小前后的微重力数据,并将这两部分数据分割成不同的文件,分别处理。

(2)由 14.3.3 节第(2)条得知,若在船箭分离 4 min 后还设置了微重力测量装置关机重开机指令,初始化时软时钟归零,开机详存结束转为略存态后才校正软时钟,貌似软时钟时间码被突然调大。由于调大前呈现的时间仅偏小数分钟,所以不作处理,仅在分析时如需说明真实时间,再予人工纠正。

14.4.3 数据的分割

(1)由 14.3.6 节得知,不同类别的数据互相交错。为此,数据处理软件依靠 13.1.2.7 节所述数据类别标志分别提取参数读出区、统计量、详存时域数据。

(2)由 13.1.2.1 节和 13.1.2.4 节得知,需要以详存块为单位进行频谱分析。为此,必须以详存项和详存块为单位分割详存数据。然而,由于以下原因造成无法依靠详存数据本身分割不同的详存项和详存块:

1)如 14.3.4 节第(5)条所述,出现复读、丢帧时识别详存块起始点较困难;

2)如 14.3.6 节所述,不同类别的数据互相交错;

3)如 14.4.1 节第(6)条所述,有多种原因会造成丢帧、丢包。

为此,数据处理软件以详存项及其各详存块的实际执行时间为依据分割不同的详存项和详存块。

(3)为了获取详存项及其各详存块的实际执行时间,数据处理软件从参数读出区收到的注入指令和缺省详存指令出发,根据 13.1.2.6 节所述的微重力采编器模式转换准则,找出详存项和详存块的执行时间。

(4)由 14.3.4 节第(3)条得知，由于数据读取比写入快，且具有复读功能，造成包计数相接的数据中可能出现新数据跳变为老数据的现象。为此，数据处理软件处理统计量或详存时域数据时，只要发现时间码出现负增长，就将其相应分割成另一个统计量或详存时域数据文件。

14.4.4　数据分割后的取舍

(1)分割成的单个统计量数据文件如果长度不大于两包，或同一详存块分割成的单个详存数据文件如果长度不大于 10 包，数据处理软件就将其删除，因为这种文件往往被误码充斥。

(2)由 14.3.1 节第(8)条和第(9)条得知，任意一个微重力统计量或时域数据的细分标志或奇校验出错时很可能相应的该块统计量或该组时域数据也有错。因此数据处理软件将相应的该块统计量或该组时域数据剔除。

(3)由 14.3.1 节第(5)条得知，微重力数据包中大部分数据没有错码，但有时连续多包错码严重。为此，数据处理软件整合同一详存块被分割的各个详存数据文件时，依据文件长度按逆序(由长至短)反复检查、合并数据文件，一旦检查到数据文件已经完整，就以该文件作为该详存块的唯一合法数据文件(详见 14.5.5.4 节)，并终止检查、合并，即对余下长度更短的同一详存块数据文件不再利用[数据文件的合并方法见 14.4.5 节第(4)条]。这样做，不仅节约了整合时间，而且有利于减少整合后详存块数据文件中的错码。

14.4.5　数据的整合

(1)为形成完整统一的处理结果，对分割后的数据必须进行整合。

(2)由 14.3.4 节第(3)条得知，每个微重力原包数据文件中相接的数据可能出现新数据跳变为老数据的现象。因此相邻测控弧段的微重力数据文件间会存在数据交叠现象。这是选择数据整合方法必须考虑的重要因素。

(3)数据处理软件对未被删除的各个统计量数据文件按各自的下行时间先后排序，依次以每条的采样时刻为序合并去重复，形成单一的统计量数据文件。这样做，不仅比采用通常的冒泡排序法快，而且可以剔除复读造成的重复数据。

(4)数据处理软件在同一详存块中如果没有发现完整的数据文件，则对未被删除的各个数据文件按各自的下行时间先后排序，依次以每条的采样时刻为序合并、去重复，形成该详存块单一的详存数据文件。

14.4.6　个别残留错码的纠正或剔除

由 14.3.1 节第(10)条得知，存在标志正确而包计数错码、时间码错码、微重力数据错码的现象。对神舟一号至神舟五号微重力数据的处理表明，以上各项数据处理的对策可以剔除其中的绝大部分。由于微重力加速度具有连续变化的特征，个别残留错码可以在微重力加速度变化曲线中识别出来，有必要时可以人工纠正或剔除。

14.4.7　数据的 0 g_n 修正

(1) 由 14.3.8 节得知，发射环境引起的石英挠性加速度计偏值变化可能达到 10^{-4} g_n 量级。所以对详存的微重力时域数据必须作 0 g_n 修正[1]。

(2) 如 14.2.3 节第(4) 条所述,一般在规定工况开始前后安排详存。为此,数据处理软件实施 0 g_n 修正的方法为取详存项开始前第 8 块至第 4 块共 5 块略存的总平均值作为 0 g_n,以便尽量避开工况的干扰。为了防止其中仍可能存在偶发工况,数据处理软件还要检查每一块平均值对 5 块总平均值的偏差。

由 14.3.4 节第(6) 条得知,微重力采编器给出了每块数据的累加值。数据处理软件据此得到每块数据的平均值,计算式为

$$\{a_j\}_{mg_n} = \frac{5x_{js}}{4\ 096^2\{K_V\}_{V/mg_n}} \tag{14-2}$$

式中 a_j—— 第 j 块的平均值,mg_n;

x_{js}—— 第 j 块累加示值(范围为 00 00 00 H 至 FF FF FF H) 所对应的十进制数;

K_V—— 微重力测量仪的输出灵敏度,V/mg_n。

数据处理软件进一步求出 5 块略存的总平均值和 5 块平均值的标差,计算式分别为

$$\bar{a}_5 = \frac{1}{5}\sum_{j=1}^{5} a_j \tag{14-3}$$

式中 $\bar{a}_5$——5 块略存的总平均值,mg_n。

由式(13-2) 得到

$$\sigma_5 = \sqrt{\frac{\sum_{j=1}^{5}(a_j-\bar{a}_5)^2}{4}} \tag{14-4}$$

式中 σ_5——5 块平均值的标差,mg_n。

数据处理软件采用 Chauvenet 判据来剔除可能包含有偶发工况的平均值[2]。根据该判据,若 $|a_j-\bar{a}_5|>1.65\sigma_5$,则剔除该块平均值,并重新计算余下 4 块略存的总平均值 $\bar{a}_4$。

图 14-2 给出了几个示例,图中各块平均值在横坐标中的位置与其数值大小相对应。从图中可以看到,"○"代表的异常值符合判据 $|a_j-\bar{a}_5|>1.65\sigma_5$,应予剔除。

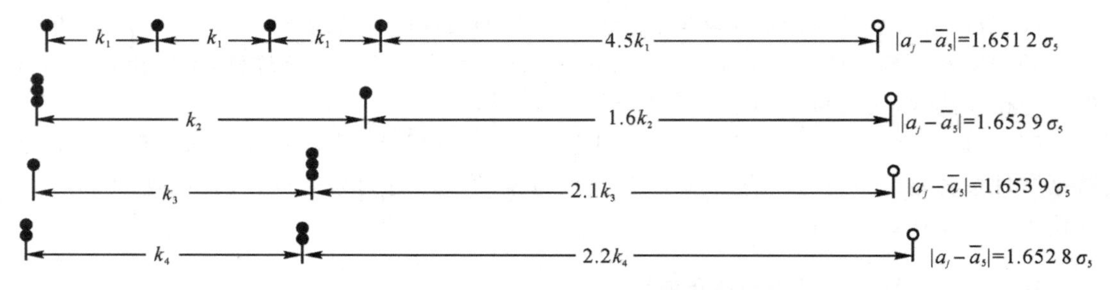

图 14-2 5 个数据中应剔除一个数据的示例

●— 正常值; ○— 异常值;

k_1, k_2, k_3, k_4—4 种情况下正常值间的差值

显然,大气阻力等外来因素引起的稳态加速度在 5 块数据采集时间 1 min 22 s 内的平均值不为零,因此,上述 0 g_n 修正方法不仅把偏值的影响修正掉了,而且把稳态加速度也修正掉了。而如 10.1 节所述,神舟号飞船的微重力测量任务不包含准稳态加速度测量。因此,我们无法得到稳态加速度的变化情况。也就是说,0 g_n 修正是不严格的。然而,由图 2-26、2.4 节、2.5 节可知,神舟号飞船的准稳态加速度除偏航试验期间外,处于 10^{-7} g_n 量级;而如 10.1.3.1 节第(2)条所述,小输入范围下传感器静态分辨力不大于 2 μg_n,模-数转

换量化宽度不大于 5 μg_n。两相比较，在仪器可分辨的范围内，0 g_n 修正是可信的。

(3)如 14.3.8 节所述，通过数据处理手段得到轨道机动时推进器持续工作形成的速度增量时，如果没有彻底消除石英挠性加速度计偏值的影响，残余偏值会因积分累加而对计算出来的速度增量产生严重影响。而本节第(2)条采取的措施不足以彻底消除石英挠性加速度计偏值的影响。为此，对含有轨道机动时推进器持续工作的详存项，进一步采用附加的"详存块数据串接程序"将本节第(2)条得到的每路各个详存块数据分别串接在一起。然后，插入人工干预，用科技绘图软件绘制微重力加速度的时域变化图，从图中找出轨道机动时推进器即将工作前微重力加速度起伏变化最小的时段，再用附加的"精准 0 g_n 修正及速度增量计算程序"求出该时段微重力时域数据的平均值，作为"精准 0 g_n"，对"精准 0 g_n"修正后的微重力时域数据作数值积分，并乘以微重力测量仪标定场所的实际重力值，得到变轨推进器持续工作形成的速度增量。

显然，"精准 0 g_n"修正方法也把稳态加速度修正掉了。然而，所需要的速度增量并不包含大气阻力等外来因素的影响。因此，对于所需要的速度增量而言，"精准 0 g_n"的确是精准的。

14.4.8　时域和频域微重力数据的计算

(1) 由 14.3.4 节第(6)条得知，微重力采编器给出了每块数据的方差值。数据处理软件据此得到每块数据的方均根值，计算式为

$$\{a_{\mathrm{RMS}}\}_{\mathrm{mg_n}} = \frac{5\sqrt{E_{\mathrm{s}}}}{4\ 096\ \{K_V\}_{\mathrm{V/mg_n}}} \tag{14-5}$$

式中　a_{RMS}—— 每块数据的方均根值，$\mathrm{mg_n}$；

E_{s}—— 方差示值（范围为 00 00 00 H 至 FF FF FF H）所对应的十进制数。

(2) 处理好的一块块详存文件（微重力时域数据）存入所属详存项文件夹中（详见 14.5.5.2 节）。

详存态下微重力采编器给出的是微重力时域数据示值，数据处理软件利用上述 $\bar{a}_5$ 或 $\bar{a}_4$ 作0 g_n 修正，得到微重力时域数据，其表达式为

$$\{a_t\}_{\mathrm{mg_n}} = \frac{5x_t}{4\ 096\{K_V\}_{\mathrm{V/mg_n}}} - \{\bar{a}_5\}_{\mathrm{mg_n}}\ (\text{或}\{\bar{a}_4\}_{\mathrm{mg_n}}) \tag{14-6}$$

式中　a_t—— 微重力时域数据，$\mathrm{mg_n}$；

x_t—— 微重力时域数据示值（范围为 0 00 H 至 F FF H）所对应的十进制数；

$\bar{a}_4$—— 余下 4 块略存的总平均值，$\mathrm{mg_n}$。

(3)数据处理软件对本节第(2)条所述以一块块详存文件形式存放在所属详存项文件夹中的微重力时域数据以附录 C.1 节所给出的程序为基本环节计算功率谱密度。

(4)为获得特定工况的频谱，需用人工在微重力加速度时域变化图上找出该工况对应的时段，然后对该时段所对应的微重力加速度时域数据按 5.5～5.8 节所述方法作频谱分析。

14.5　微重力数据处理软件介绍

14.5.1　概述

微重力数据处理软件用于对飞行试验过程中从飞船高速数传通道接收并分解出的微重

力数据进行准实时处理，其 1 级数据流图如图 14 - 3 所示，它分为“预处理”“统计量处理”“详存指令提取”“详存数据处理”等 4 个模块。

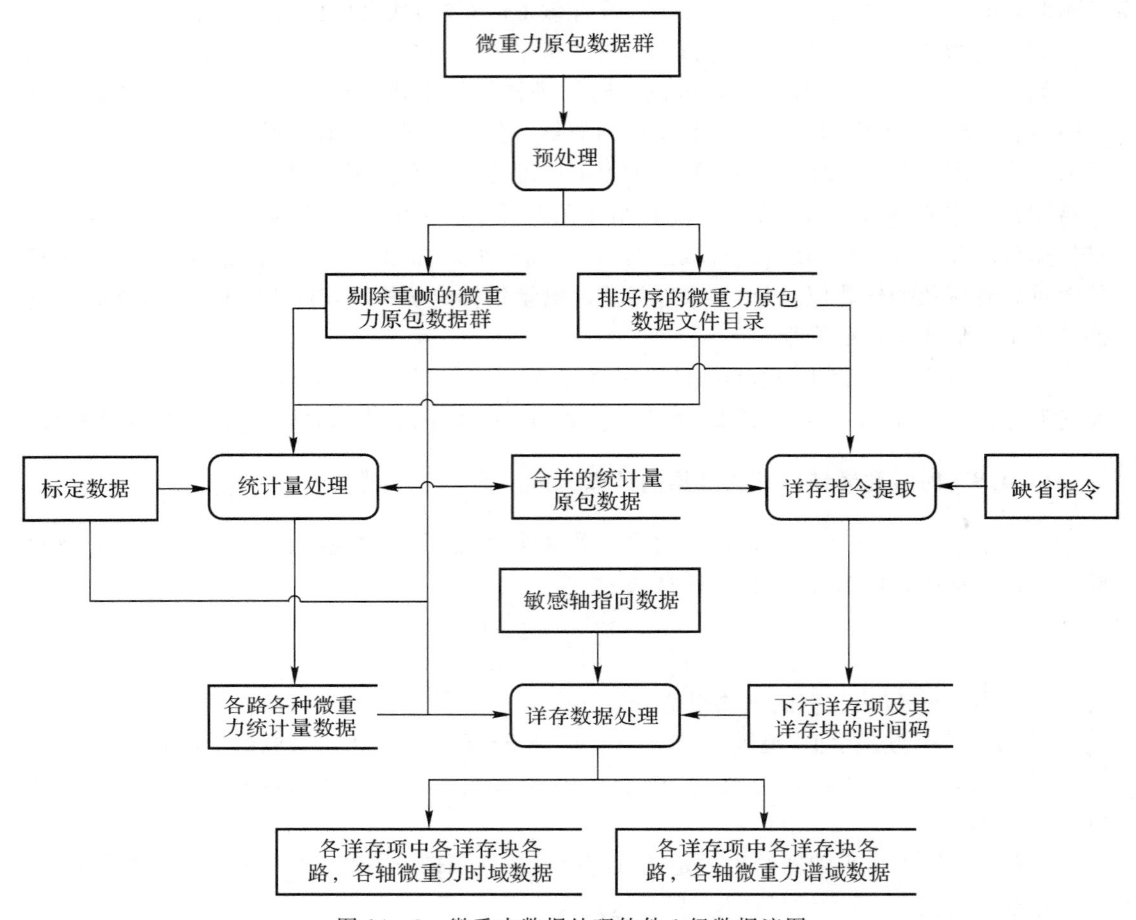

图 14 - 3　微重力数据处理软件 1 级数据流图

14.5.2　预处理模块

预处理模块的功能是：

(1)自动寻找规定路径下所有的微重力原包数据文件。

(2)对各个文件按收到时间先后排序。

(3)以 32 Bytes 为一包，提取包同步码 EB 90 H 正确且包计数连续的包。

(4)剔除包计数与上一包相同的重包。

(5)输出“剔除重包的原包数据群”及“排好序的微重力原包数据文件目录”。

预处理模块的数据流图如图 14 - 4 所示。

14.5.3　统计量处理模块

14.5.3.1　概述

统计量处理模块的功能是：剔除微重力原包数据文件长度为零字节的文件，按初读和各次复读分割、清理、合并统计量原包数据，根据微重力测量仪标定结果计算各路各块微重力平均值、方均根值。统计量处理模块的数据流图如图 14－5 所示，它分为“在测控弧段内[①]按时序分割统计量”“清理统计量”“在测控弧段内合并统计量”“整合统计量”“计算统计量”等 5 个子模块。

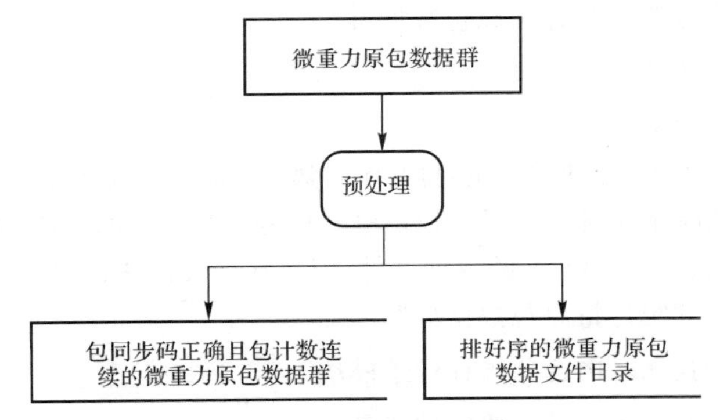

图 14－4　预处理模块的数据流图

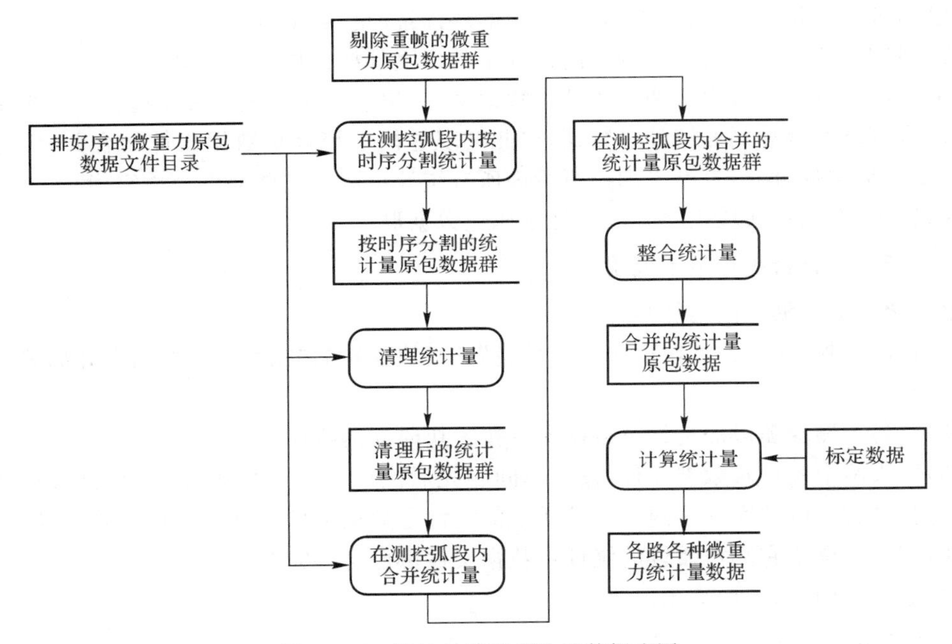

图 14－5　统计量处理模块的数据流图

14.5.3.2　在测控弧段内按时序分割统计量子模块

在测控弧段内按时序分割统计量子模块的功能是：

(1)自动寻找“预处理”模块输出的“排好序的微重力原包数据文件目录”，并据此目录自动寻找“预处理”模块输出的“剔除重包的微重力原包数据群”。

(2)剔除微重力原包数据文件长度为零字节的文件。

---

① 14.3.1 节第(1)条指出“每一个测控弧段对应一个微重力原包数据文件”，14.5.3 节中所有"在测控弧段内"均指的是在测控弧段对应的微重力原包数据文件所包含的微重力测量数据范围内。

(3)提取统计量原包数据,条件为每包 EB 90 H 正确,每条第一包统计量总标志 14 6F AA AA H或 14 6F 5A 5A H 正确,第二包无 14 H 标志,但有 y 路累加值和方差标志,且包计数连续。

(4)将统计量时间码增长小于 15.888 s 的统计量原包数据[①]分割成不同的数据文件。

(5)输出"按时序分割的统计量原包数据群"。

14.5.3.3 清理统计量子模块

清理统计量子模块的功能是:

(1)自动寻找"预处理"模块输出的"排好序的微重力原包数据文件目录",并据此目录自动寻找"在测控弧段内按时序分割统计量"子模块输出的"按时序分割的统计量原包数据群"。

(2)删除长度不大于 64 Bytes 的数据文件,因为这种文件往往被误码充斥。

(3)输出"清理后的统计量原包数据群"。

14.5.3.4 在测控弧段内合并统计量子模块

在测控弧段内合并统计量子模块的功能是:

(1)自动寻找"预处理"模块输出的"排好序的微重力原包数据文件目录",并据此目录自动寻找"清理统计量"子模块输出的"清理后的统计量原包数据群"。

(2)对同一测控弧段各个清理后的统计量数据文件按首块时间码排序。

(3)取同一测控弧段内头两个统计量数据文件,按条时间码先后次序提取一条条统计量数据,并舍弃时间码相同的统计量数据,以此实现这两个统计量数据文件的合并,再与第三个统计量数据文件合并,直至该测控弧段内所有统计量数据文件都已合并完毕。

(4)输出"在测控弧段内合并的统计量原包数据群"。

14.5.3.5 整合统计量子模块

整合统计量子模块的功能是:

(1)自动寻找"在测控弧段内合并统计量"子模块输出的"在测控弧段内合并的统计量原包数据群"。

(2)对各个测控弧段的统计量数据文件按首块时间码排序。

(3)取头两个统计量数据文件,按条时间码先后次序提取一条条统计量数据,并舍弃时间码相同的数据,以此实现这两个测控弧段的统计量数据文件的合并,再与第三个统计量数据文件合并,直至所有测控弧段的统计量数据文件都已合并完毕。

(4)输出"合并的统计量原包数据"。

14.5.3.6 计算统计量子模块

计算统计量子模块的功能是:

(1)自动寻找"整合统计量"子模块输出的"合并的统计量原包数据"以及规定路径下的"标定数据"。

(2)提取各路各种(累加值、方差、最小值、最大值)统计量数据,条件是该条统计量原包数据的各路各项统计量标志和奇校验均正确。

(3)分别计算出各路各块平均值、方均根值,以及方均根值的模(x_2,y,z 三路方均根值

---

① 由于微重力采编器采集一块数据需时 16.388 s 且不采纳错误超过 0.5 s 的校时码[详见 13.6.1 节第(6)条],所以这种数据肯定是读指针超越写指针后在复读状态下获取的另一较前时刻的写入数据[参阅 14.2.2 节第(9)条]。

的方和根)，使用地面标定得到的输出灵敏度(输出电压与输入加速度之比)及 0 g_n 输出值将平均值、方均根值、方均根值的模、最小值、最大值转换为 mg_n 值，每一种数值均给出相应的时间。

(4)输出“各路各种微重力统计量数据”。

14.5.4　详存指令提取模块

14.5.4.1　概述

详存指令提取模块的功能是：根据指令执行规律，从开机详存项、缺省详存指令和执行的指令中提取执行的详存项，从统计量原包数据中提取下行详存项及其详存块的表观时间码(详见 14.5.4.4 节)。通过两者比较，剔除执行的详存项及其详存块之外的时间码，剔除未下行详存项、详存块的真实时间码，给出下行详存项及其详存块的真实时间码。详存指令提取模块的数据流图如图14－6所示，它分为“提取执行的指令”“提取执行的详存项指令”“提取下行详存项及其详存块的表观时间码”“剔除执行的详存项之外的虚假详存项及其详存块时间码”“剔除未下行详存项和详存块的时间码”等 5 个子模块。

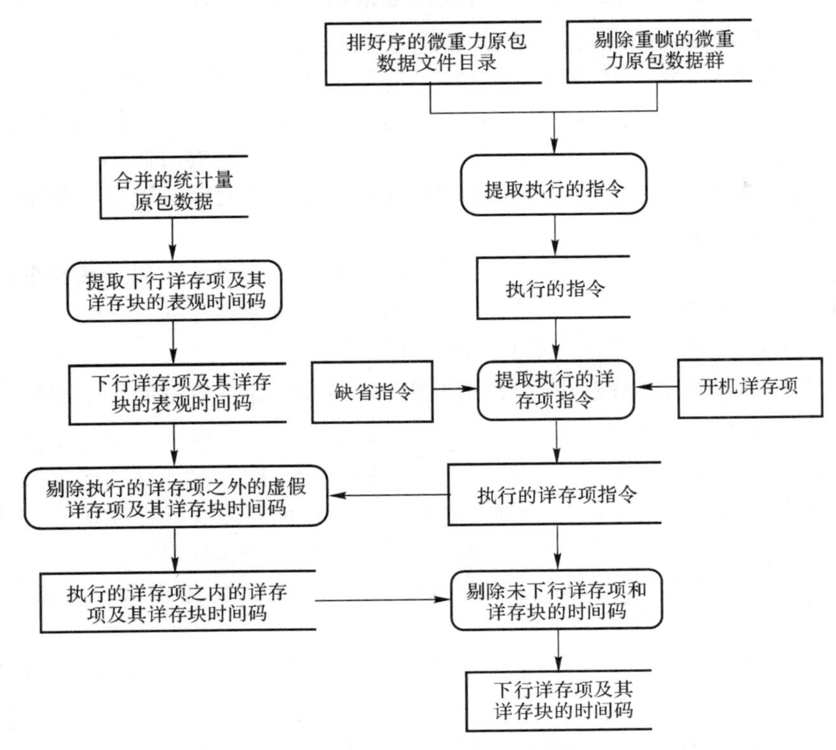

图 14－6　详存指令提取模块的数据流图

14.5.4.2　提取执行的指令子模块

提取执行的指令子模块的功能是：

(1)自动寻找“预处理”模块输出的“排好序的微重力原包数据文件目录”，并据此目录自动寻找“预处理”模块输出的“剔除重包的微重力原包数据群”。

(2)提取含有新调入当前指令的参数读出区 3，并剔除重复内容，保留 EB 90 H 和包计数。

(3)输出“执行的指令”。

14.5.4.3 提取执行的详存项指令子模块

提取执行的详存项指令子模块的功能是：

(1)自动寻找“提取执行的指令”子模块输出的“执行的指令”以及规定路径下的缺省详存指令。

(2)导入13.1.2.5节所述微重力采编器开机初始化设置的缺省详存指令。

(3)根据指令执行规律，按时间码先后次序剔除详存时间比下一项晚的详存项、无详存标志的详存项、详存块为零的详存项、详存时间已过的详存项、收到第一条详存指令后尚未列入当前详存项的所有缺省详存项、收到优先执行指令后正在执行的指令中尚未列入当前详存项的所有详存项、已列为当前详存项但执行前>16.388 s时收到优先执行指令的缺省详存指令项。

(4)针对一项详存已列入当前详存项后，软时钟被调大到超过该项详存时刻，该项详存会马上执行，给出改变后的下一项详存时刻下限。

(5)输出“执行的详存项指令”。

14.5.4.4 提取下行详存项及其详存块的表观时间码子模块

提取下行详存项及其详存块的表观时间码子模块的功能是：

(1)自动寻找“整合统计量”子模块输出的“合并的统计量原包数据”。

(2)某项详存首块首时间码由该项首块统计量的时间码确定。缺首块统计量时，由上一块略存统计量的时间码确定(由于存在等待详存现象，这样确定的时间码会偏早)。

(3)某项详存非首块的首时间码，由上一块详存统计量的时间码确定。缺上一块统计量时，由本块统计量的时间码确定。

(4)鉴于14.2.3节第(3)条所述，一个详存项结束到下一个详存项开始至少间隔0.5 s。因此，相邻详存块的首时间码若超过16.888 s，则认为是新的详存项。

(5)输出“下行详存项及其详存块的表观时间码”。

14.5.4.5 剔除执行的详存项之外的虚假详存项及其详存块时间码子模块

剔除执行的详存项之外的虚假详存项及其详存块时间码子模块的功能是：

(1)自动寻找“提取执行的详存项指令”子模块输出的“执行的详存项指令”以及“提取下行详存项及其详存块的表观时间码”子模块输出的“下行详存项及其详存块的表观时间码”。

(2)若下行详存项的表观时间码既比某一个执行的详存项时间码晚0.5 s以上，又比紧接其后的下一个执行的详存项时间码早15.888 s以上，则认为是虚假详存项[①]，剔除其时间码。

(3)虚假详存项是由时间码错码造成的，因此，虚假详存项只含一个虚假详存块，剔除该块时间码。

(4)输出“执行的详存项之内的详存项及其详存块表观时间码”。

14.5.4.6 剔除未下行详存项和详存块的时间码子模块

剔除未下行详存项和详存块的时间码子模块的功能是：

(1)自动寻找“提取执行的详存项指令”子模块输出的“执行的详存项指令”以及“剔除执行的详存项之外的虚假详存项及其详存块时间码”子模块输出的“执行的详存项之内的详存

---

① 这是由微重力采编器采集一块数据需时16.388 s且不采纳错误超过0.5 s的校时码[详见13.6.1节第(6)条]导出的必然结论。

项表观时间码”。

(2)对“执行的详存项之内的详存项表观时间码”和“执行的详存项指令”依次一一对应比较，若前者超过后者执行完毕后 0.5 s 以上，说明后者未及下行即被覆盖，故将该详存项指令剔除，并与后者下一个详存项指令比较。

(3)用未剔除的执行详存项指令构筑下行详存项及其详存块时间码。

(4)输出“下行详存项及其详存块时间码”。

14.5.5　详存数据处理模块

14.5.5.1　概述

详存数据处理模块的功能是：按初读和各次复读分割、清理、合并详存块原包数据，以详存项开始前第 8 块至第 4 块的略存总平均值作 0 g_n 修正，计算各路、飞船莱查坐标系各轴、微重力矢量模的瞬时值(x_2，y，z 三路微重力瞬时值的方和根)，以详存块为单位计算相应的功率谱密度。详存数据处理模块的数据流图如图 14－7 所示，它分为“分割详存块并剔除空详存块”“清理详存块”“合并详存块”“计算各详存块各路、各轴微重力瞬时值”“计算各详存块各路、各轴微重力频谱”等 5 个子模块。

14.5.5.2　分割详存块并剔除空详存块子模块

分割详存块并剔除空详存块子模块的功能是：

(1)自动寻找“预处理”模块输出的“排好序的微重力原包数据文件目录”，并据此目录自动寻找“预处理”模块输出的“剔除重包的微重力原包数据群”。

(2)自动寻找“剔除未下行详存项和详存块的时间码”子模块输出的“下行详存项及其详存块时间码”。

(3)以条为单位提取详存数据，条件为两包 EB 90 H 均正确，第一包详存总标志 14 6F 55 55 H正确，第二包各路详存细分标志 110#B 正确，且包计数连续。

(4)剔除传输重复包。

(5)按详存块起始时间码将详存数据分割成一块块详存文件。

(6)按详存项起始时间码将属于该项详存的一块块详存文件存入该项详存专用文件夹中。

(7)下行详存项中某些详存块的数据可能未及下行即被覆盖，造成该详存块没有详存数据，故将该详存块时间码剔除。

(8)输出“详存项中分割的详存块原包数据群”及“下行详存项及下行详存块的时间码”。

14.5.5.3　清理详存块子模块

清理详存块子模块的功能是：

(1)自动寻找“分割详存块并剔除空详存块”子模块输出的“下行详存项时间码”并据此自动寻找“分割详存块并剔除空详存块子模块”输出的“详存项中分割的详存块原包数据群”。

(2)删除长度不大于 320 Bytes 的数据文件，因为这种文件往往被误码充斥。

(3)输出“详存项中清理后的详存块原包数据群”。

14.5.5.4　合并详存块子模块

合并详存块子模块的功能是：

(1)自动寻找“分割详存块并剔除空详存块”子模块输出的“下行详存项时间码”并据此自动寻找“清理详存块”子模块输出的“详存项中清理后的详存块原包数据群”。

(2)对同一详存项的各个清理后的详存块数据文件按详存块首时间码排序。

(3)对同一详存项中同一详存块的各个清理后的详存块数据文件按下行时间先后排序。

(4)同一详存块的各个数据文件中若存在详存块数据完整的文件,或同一详存块只存在一个详存数据文件,则直接将此文件作为该详存块的唯一详存数据文件;否则取同一详存块的头两个详存数据文件,按条时间码先后次序提取一条条详存数据,并舍弃时间码相同的详存条数据,以此实现这两个详存数据文件的合并,合并后的数据文件若详存块数据仍不完整,再与第三个详存数据文件合并,直至详存块数据完整或同一详存块的所有详存数据文件都已合并完毕。

(5)输出“详存项中合并后的详存块原包数据群”。

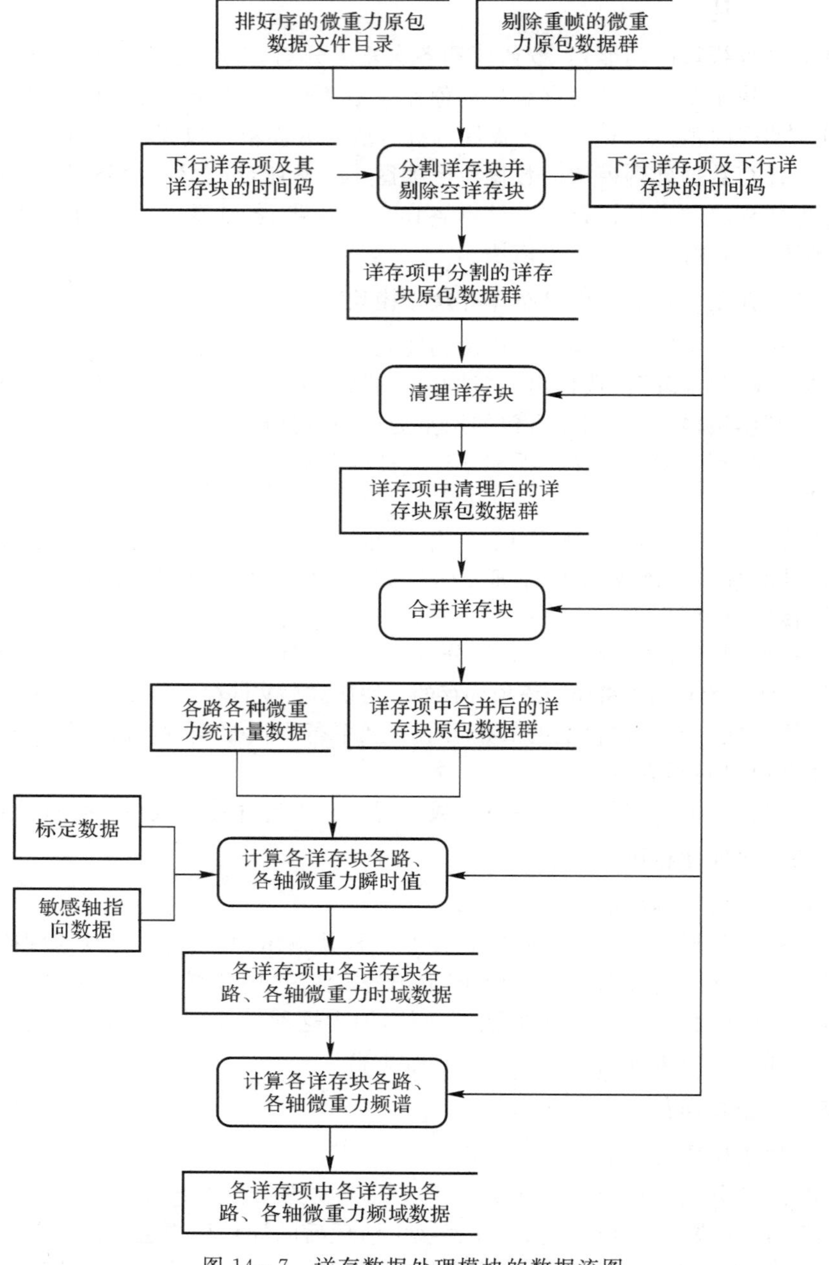

图 14-7 详存数据处理模块的数据流图

14.5.5.5　计算各详存块各路、各轴微重力瞬时值子模块

计算各详存块各路、各轴微重力瞬时值子模块的功能是：

(1)自动寻找“分割详存块并剔除空详存块”子模块输出的“下行详存项时间码”并据此自动寻找“合并详存块子模块”输出的“详存项中合并后的详存块原包数据群”。

(2)自动寻找“计算统计量”子模块输出的“各路各块微重力平均值数据”及规定路径下的“标定数据”和“敏感轴指向数据”。

(3) 取详存项开始前第 8 块至第 4 块共 5 块略存的平均值，计算 5 块总平均值，作为 0 g_n，以便尽量避开工况的干扰；计算 5 块平均值的标差，若上述 5 块略存中某一块的平均值与 5 块总平均值之差的绝对值大于 1.65 倍 5 块平均值的标差，则剔除该块平均值，并以余下 4 块略存的总平均值作为 0 g_n。

(4) 使用地面标定得到的输出灵敏度(输出电压与输入加速度之比)及 0 g_n 输出值分别计算各详存项中各块、各路以 mg_n 值表示的微重力瞬时值，并换算出飞船莱查坐标系各轴向以 mg_n 值表示的微重力瞬时值和微重力矢量模的瞬时值，每一种数值均给出相应的时间。

(5)输出“各详存项中各详存块各路、各轴微重力时域数据”。

14.5.5.6　计算各详存块各路、各轴微重力频谱子模块

计算各详存块各路、各轴微重力频谱子模块的功能是：

(1)自动寻找“分割详存块并剔除空详存块”子模块输出的“下行详存项时间码”并据此自动寻找“计算各详存块各路、各轴微重力瞬时值”子模块输出的“各详存项中各详存块各路、各轴微重力时域数据”。

(2)以附录 C.1 节所给出的程序为基本环节计算各详存项、各详存块中各路、飞船各轴微重力和微重力矢量模的功率谱密度。

(3)输出“各详存项中各详存块各路、各轴微重力频域数据”。

14.6　微重力数据的应用

14.6.1　轨道机动推进器持续工作引起的速度增量

图 14－8～图 14－15 给出了神舟号飞船轨道机动推进器工作状况的示例。图 14－8 为变轨开始段飞船 x 轴加速度变化曲线，从中得到变轨推进器工作的开始时刻，并且可以看到开始变轨引起一个明显的结构衰减振荡。图 14－9 所示为变轨结束段飞船 x 轴加速度变化曲线，从中得到变轨推进器工作的结束时刻，并且可以看到结束变轨也引起一个明显的结构衰减振荡。图 14－10～图 14－12 所示分别为变轨全程飞船 x 轴、y 轴、z 轴加速度变化曲线，可以看到，变轨的同时在飞船$+x$，$-z$ 方向有三次大的姿控推进器工作和相当频繁而较小的姿控推进器工作，此外，在飞船$-y$，$+z$ 和$-y$，$-z$ 方向还有与之不同、频繁度较低而较小的姿控推进器工作。显然，这是由于轨道机动引起姿态变化，导致姿态推进器自主工作的缘故。图 14－13～图 14－15 所示分别为飞船 x 轴、y 轴、z 轴变轨引起的速度增量曲线，由于图 14－13～图 14－15 所示分别是图 14－10～图 14－12 的积分曲线，所以得到的速度增量包含有姿控推进器工作的贡献，这是最为真实的。而飞船的制导、导航与控制分系统当时没有计及姿控推进器工作的贡献，影响了速度增量的准确性。

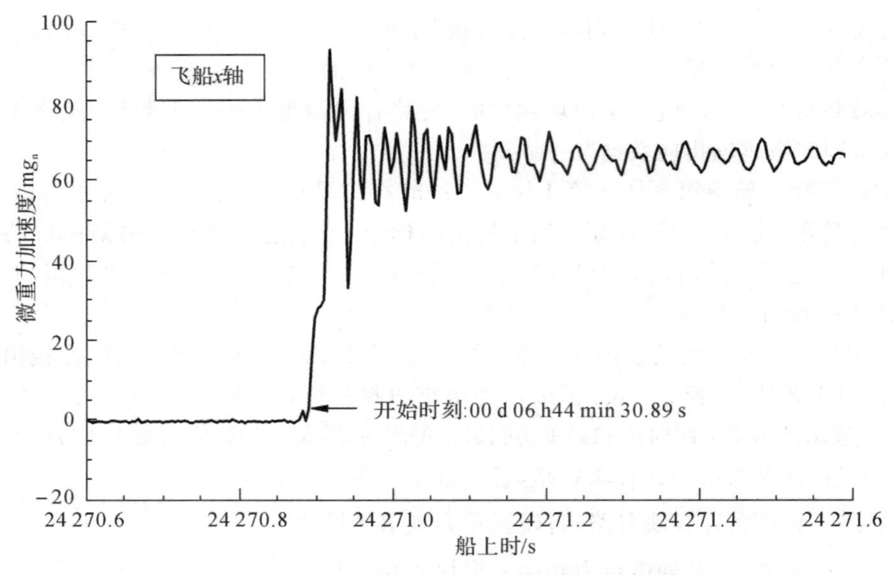

图 14－8　变轨开始段飞船 x 轴加速度变化曲线

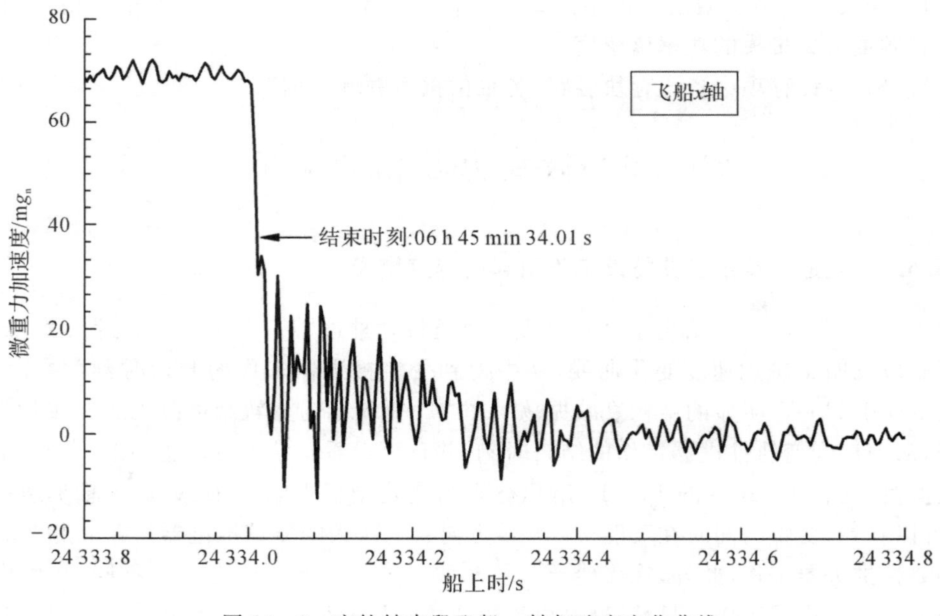

图 14－9　变轨结束段飞船 x 轴加速度变化曲线

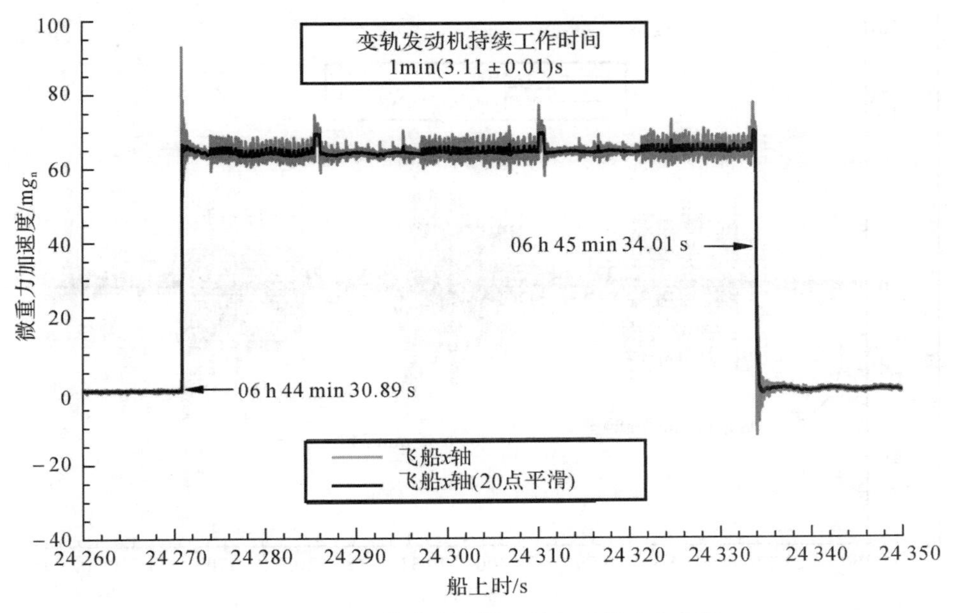

图 14－10　变轨全程飞船 x 轴加速度变化曲线

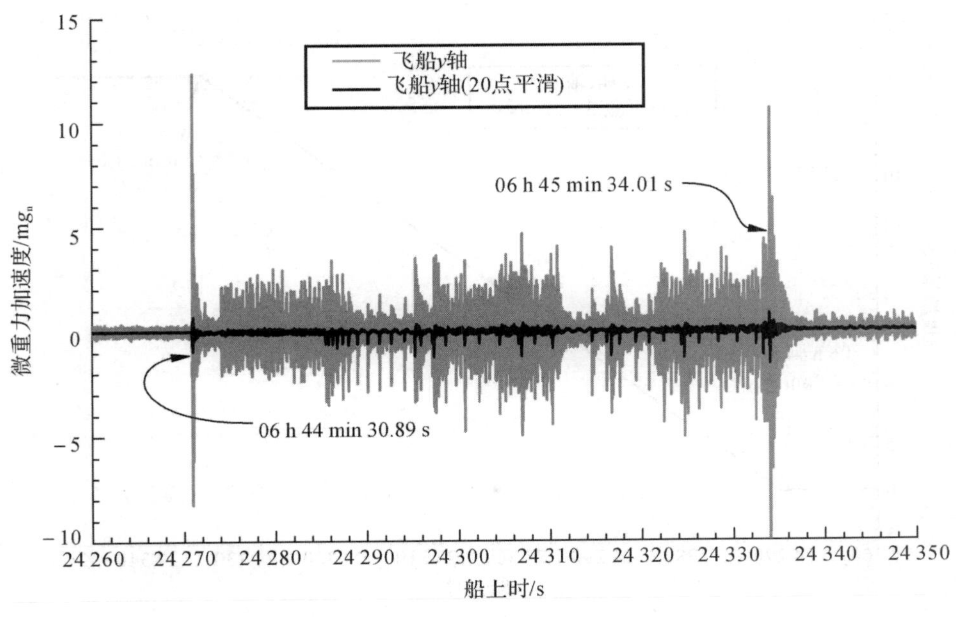

图 14－11　变轨全程飞船 y 轴加速度变化曲线

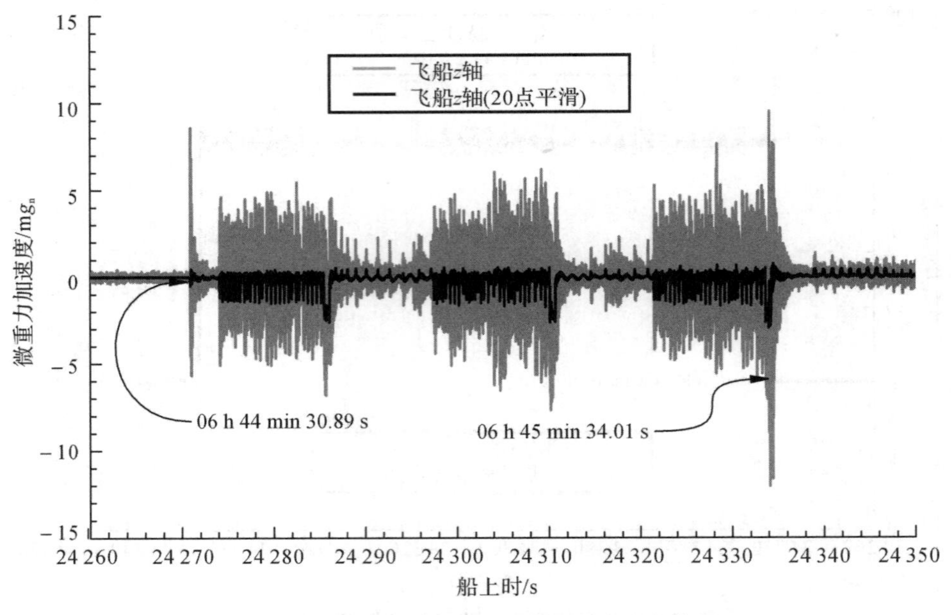

图 14-12 变轨全程飞船 z 轴加速度变化曲线

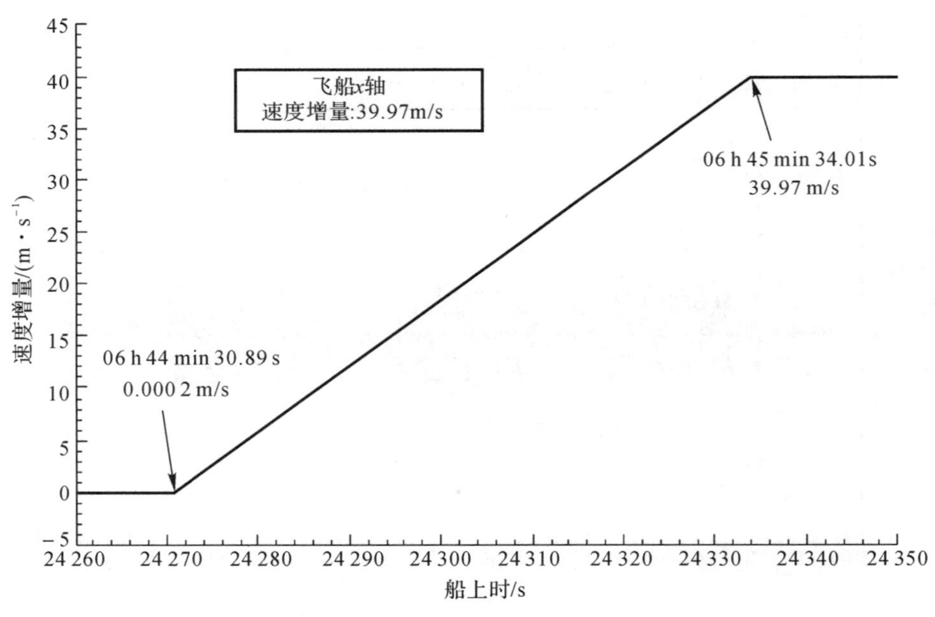

图 14-13 飞船 x 轴变轨引起的速度增量曲线

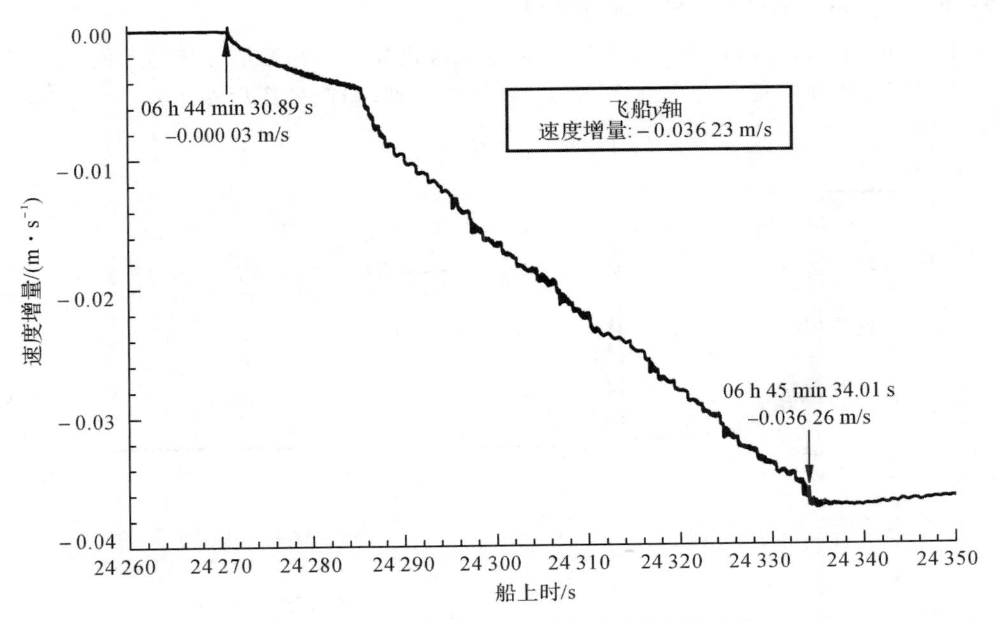

图 14－14　飞船 y 轴变轨引起的速度增量曲线

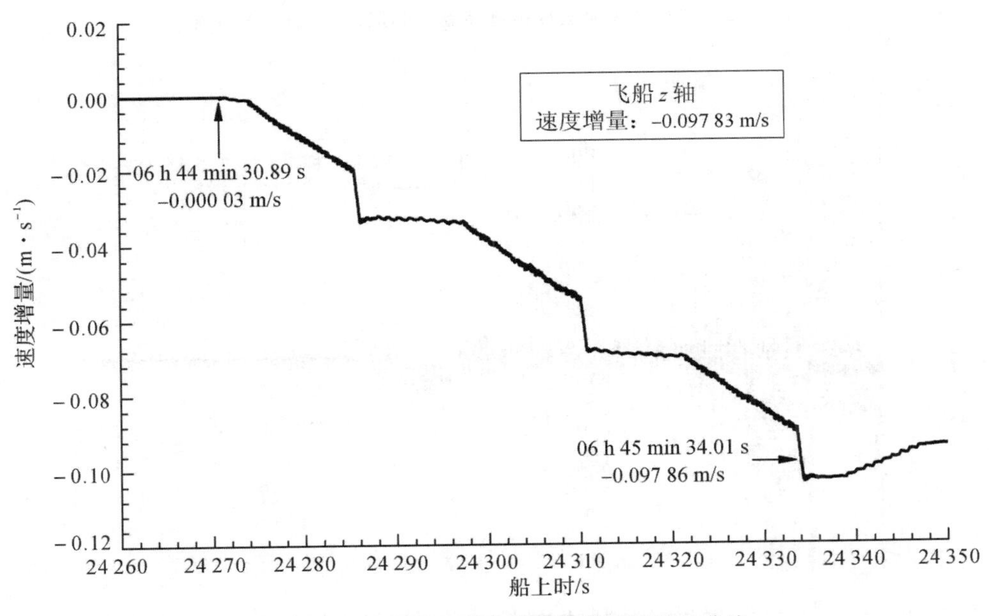

图 14－15　飞船 z 轴变轨引起的速度增量曲线

14.6.2 飞行控制的其他重要工况

14.6.2.1 运载推进器熄火和船箭分离

图 14-16～图 14-18 给出了神舟号飞船运载推进器熄火和船箭分离的示例，可以看到运载推进器熄火发生在船箭分离前 3.02 s。还可以看到，船箭分离后在 $+x$，$-y$ 方向上伴随有姿控动作。

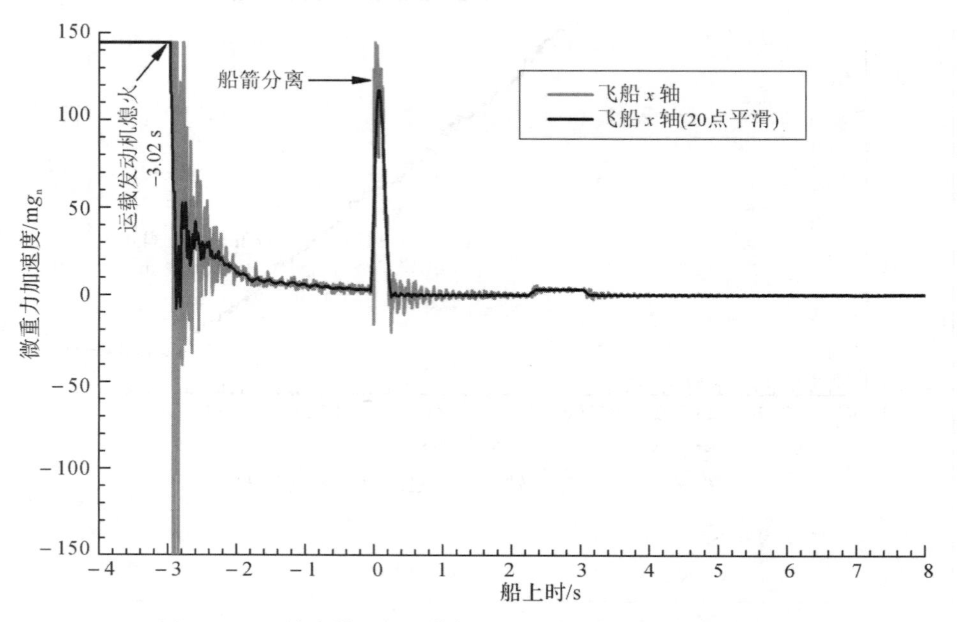

图 14-16 神舟号飞船运载推进器熄火和船箭分离（飞船 x 轴）

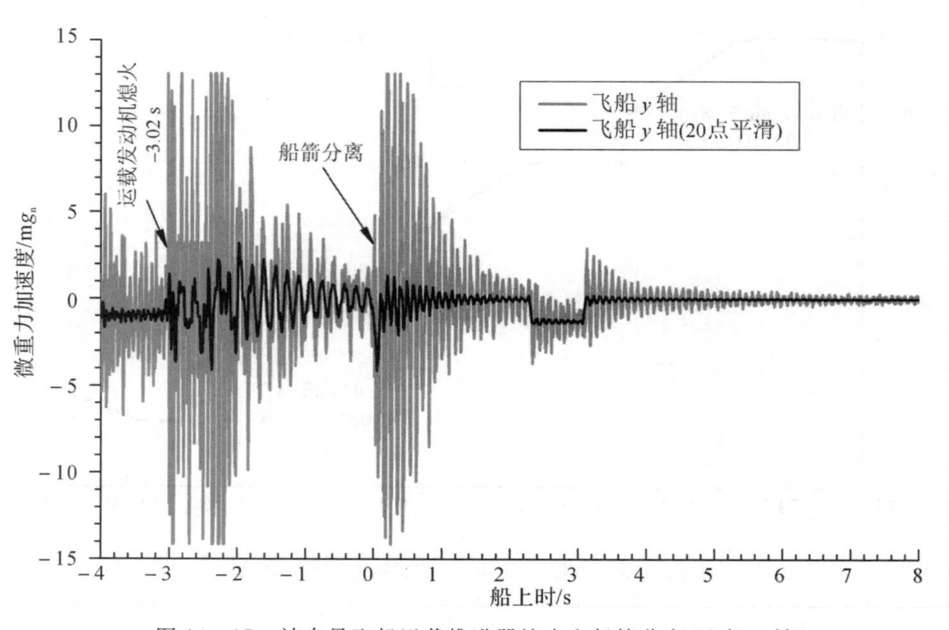

图 14-17 神舟号飞船运载推进器熄火和船箭分离（飞船 y 轴）

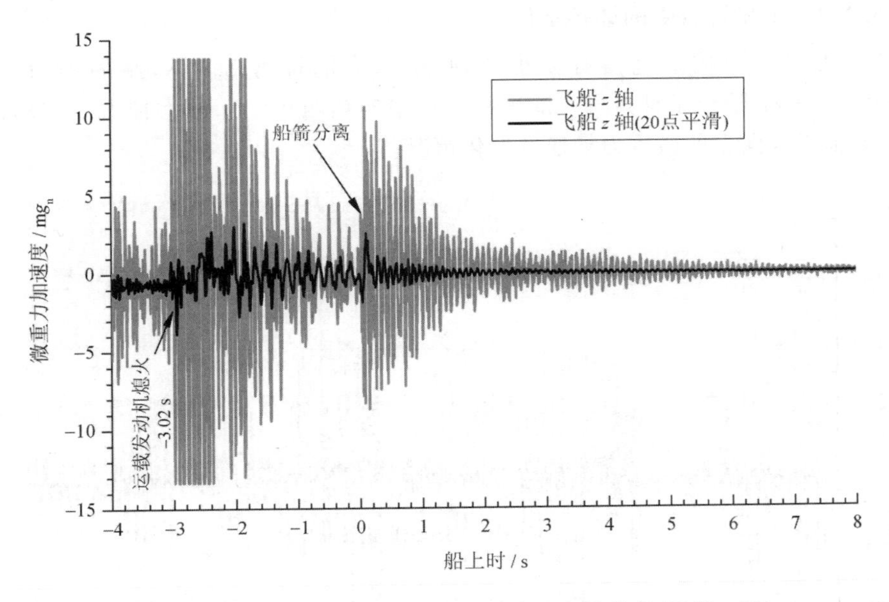

图 14－18　神舟号飞船运载推进器熄火和船箭分离（飞船 z 轴）

14.6.2.2　阀门动作

图 2－34 给出了神舟号飞船阀门动作引起的衰减振荡的示例。

14.6.2.3　推进舱太阳电池翼压紧装置解锁

图 14－19 给出了神舟号飞船推进舱太阳电池翼压紧装置解锁引起的衰减振荡的示例，可以看到太阳电池翼是分两步展开的。

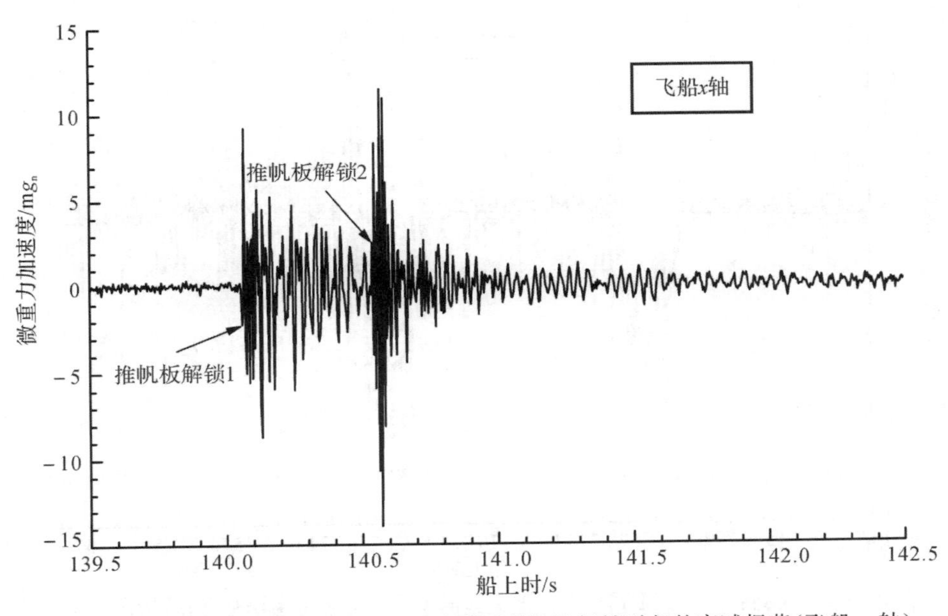

图 14－19　神舟号飞船推进舱太阳电池翼压紧装置解锁引起的衰减振荡（飞船 x 轴）

14.6.2.4 平稳运行中的姿控动作

神舟号飞船的姿控推进器有大小两种推力，大的推力 150 N，小的推力 25 N。图 14－20～图 14－22 给出了神舟号飞船平稳运行中连续两次 150 N 大推力姿控动作前后飞船 x，y，z 轴三方向上的微重力加速度变化情况。

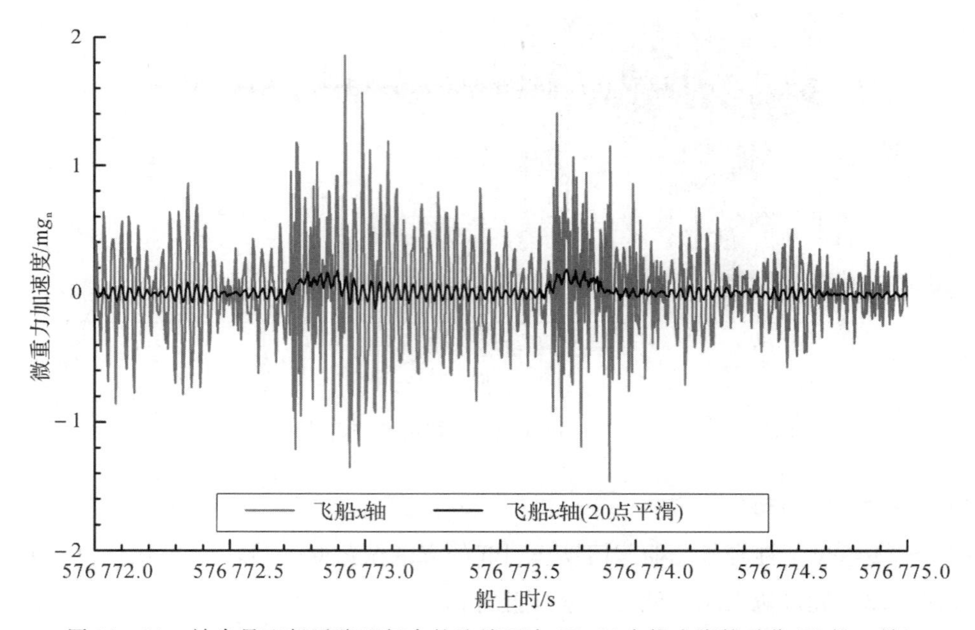

图 14－20　神舟号飞船平稳运行中的连续两次 150 N 大推力姿控动作(飞船 x 轴)

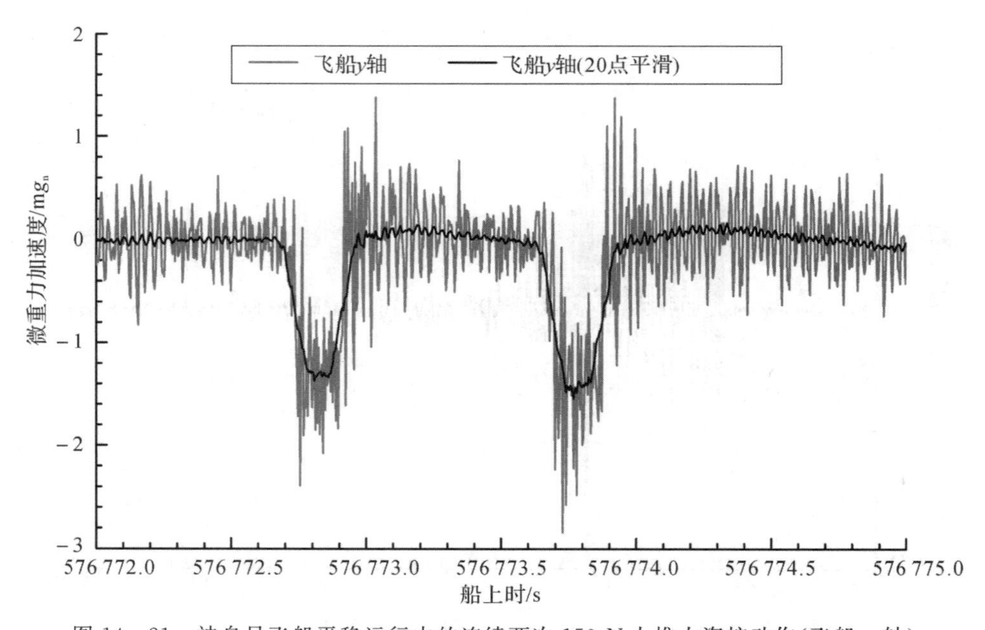

图 14－21　神舟号飞船平稳运行中的连续两次 150 N 大推力姿控动作(飞船 y 轴)

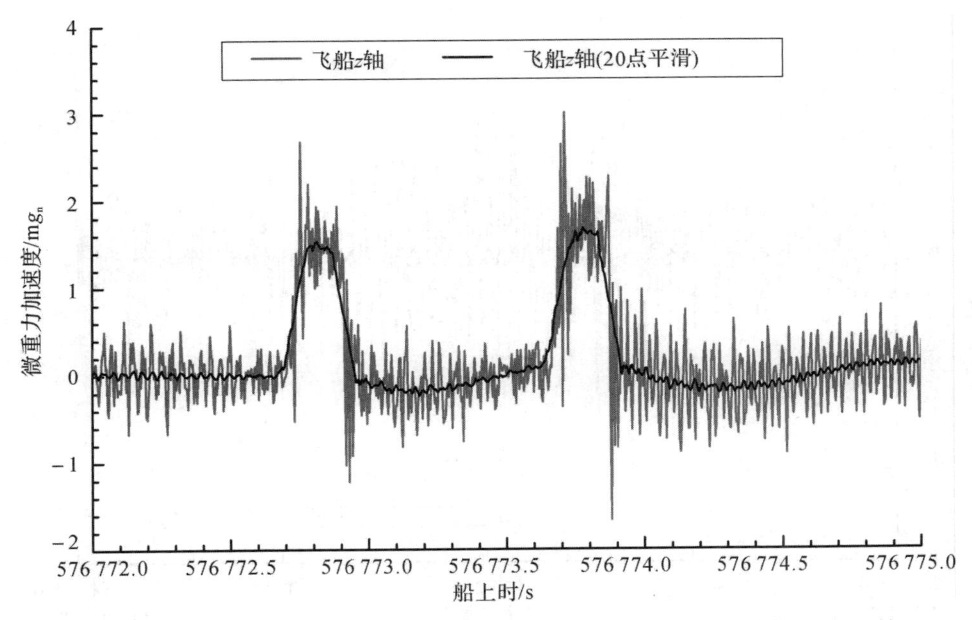

图 14-22　神舟号飞船平稳运行中的连续两次 150 N 大推力姿控动作(飞船 z 轴)

从图 14-20～图 14-22 可以看到,推力发生在飞船 $-y$, $+z$ 方向,每向引起的加速度跳变绝对值约为 1.4 mg$_n$。对照图 13-37 给出的飞船莱查坐标系和象限规定,并考虑到飞船入轨质量约 7.7 t,确认这是捕捉到了Ⅰ-Ⅳ象限间的 150 N 姿控推进器工作。另外,我们看到在 x 方向同时引起了峰-峰值最大达 3.2 mg$_n$ 的结构动力响应。

图 14-23～图 14-25 给出了神舟号飞船平稳运行中 25 N 小推力姿控动作前后飞船 x, y, z 轴三方向上的微重力加速度变化情况。

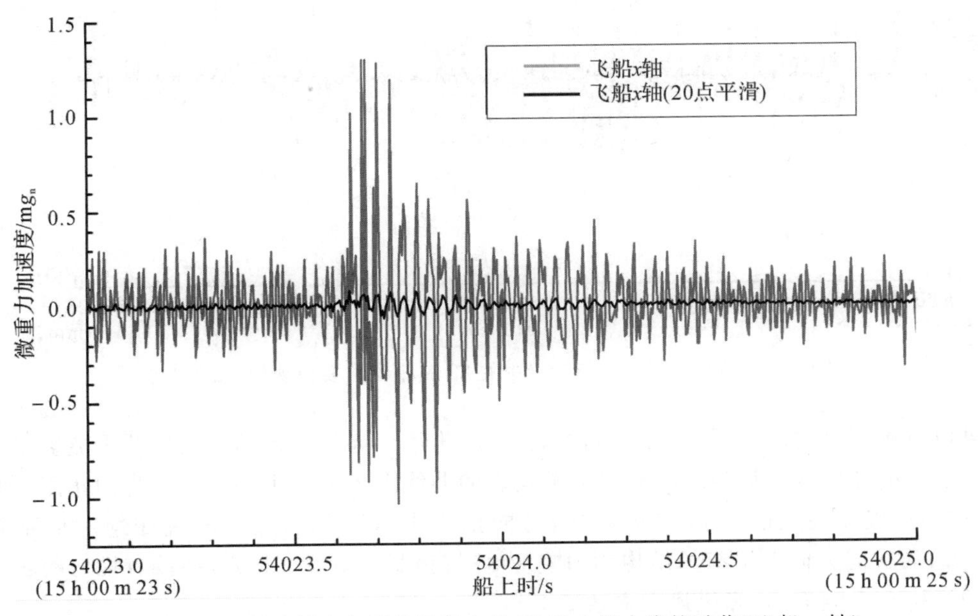

图 14-23　神舟号飞船平稳运行中的 25 N 小推力姿控动作(飞船 x 轴)

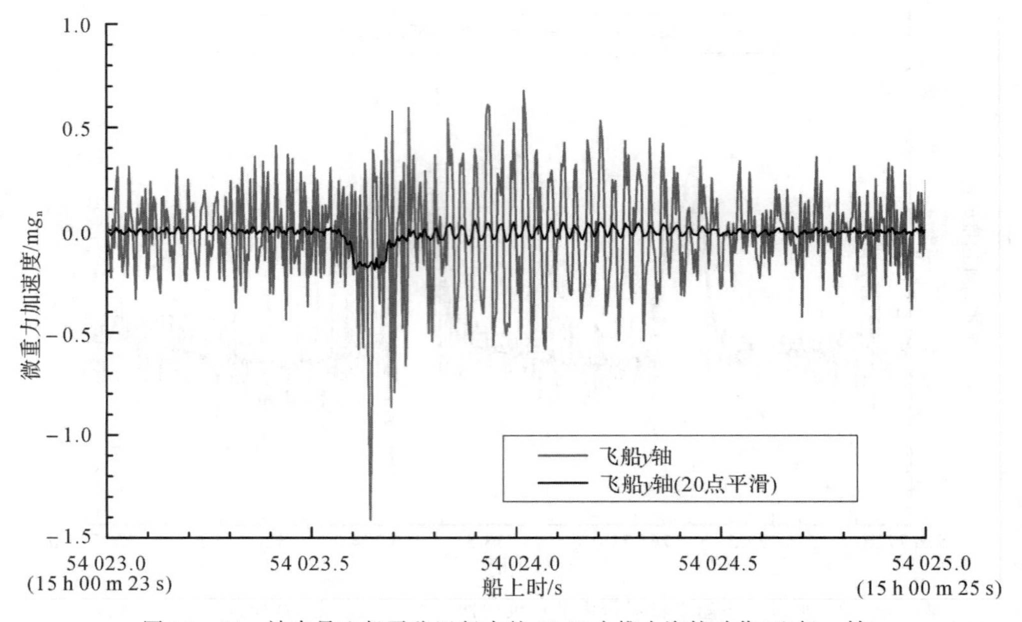

图 14-24　神舟号飞船平稳运行中的 25 N 小推力姿控动作(飞船 y 轴)

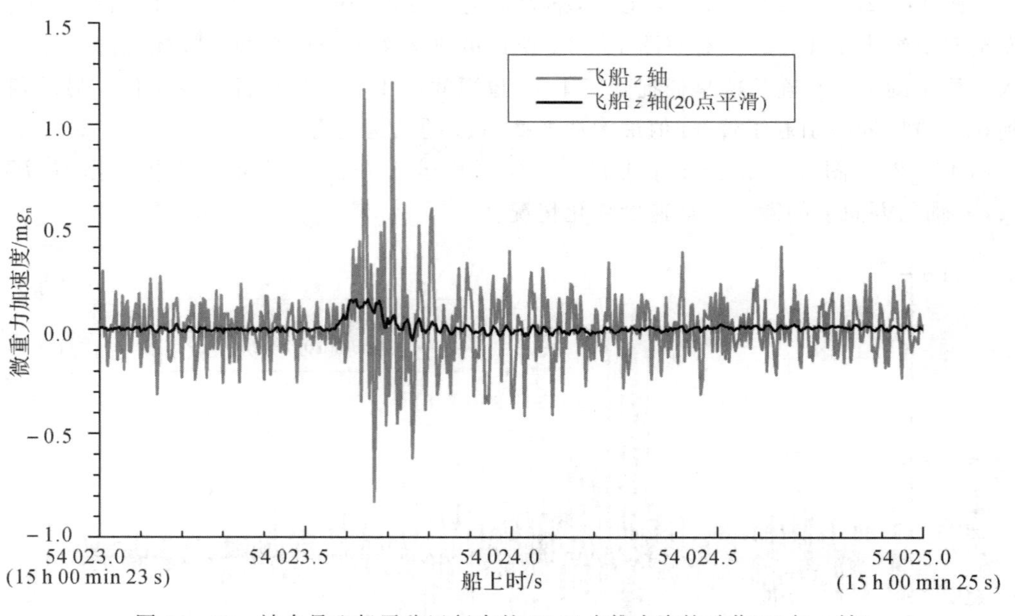

图 14-25　神舟号飞船平稳运行中的 25 N 小推力姿控动作(飞船 z 轴)

可以看到,与大推力姿控动作不同之处是:小推力引起的结构动力响应几乎掩盖了小推力本身引起的加速度,只有在 20 点滑动平均后的曲线上才突显出小推力本身的作用。我们看到,推力也发生在飞船 $-y$, $+z$ 方向,每向推力本身引起的加速度跳变绝对值不超过 0.2 mg_n,而在同方向上引起的结构动力响应峰-峰值最大竟达 2 mg_n,在没有推力的 x 方向引起的结构动力响应峰-峰值最大更达 2.3 mg_n。

14.6.2.5　轨道舱泄压

轨道舱的气体向舱外排放会形成微推力，如图 2－35 所示。轨道舱泄压形成的微推力会改变飞船的姿态角。当姿态角超过 0.2°时，小姿控推进器会自动工作。由于小姿控推进器只能间歇工作，显得推力太小，不足以抵消泄压造成的姿态变化，造成姿态角不断增大，当姿态角超过 5.5°时，大姿控推进器会自动工作，使姿态角迅速变小。然而，大姿控推进器停止工作后，泄压又使姿态角重新变大。泄压过程中随着轨道舱压力降低，气体向舱外排放形成的微推力越来越小。随着泄压形成的微推力逐渐降低，小姿控推进器工作的间歇时间也逐渐延长。随着气体向舱外排放形成的微推力越来越小，小姿控推进器的作用相对明显起来，二者的相互作用使姿态角的变化趋于平缓，并最终使姿态角回复到 0.2°以内，泄压过程完全结束。轨道舱泄压过程中姿态角的变化历程如图 14－26 所示。

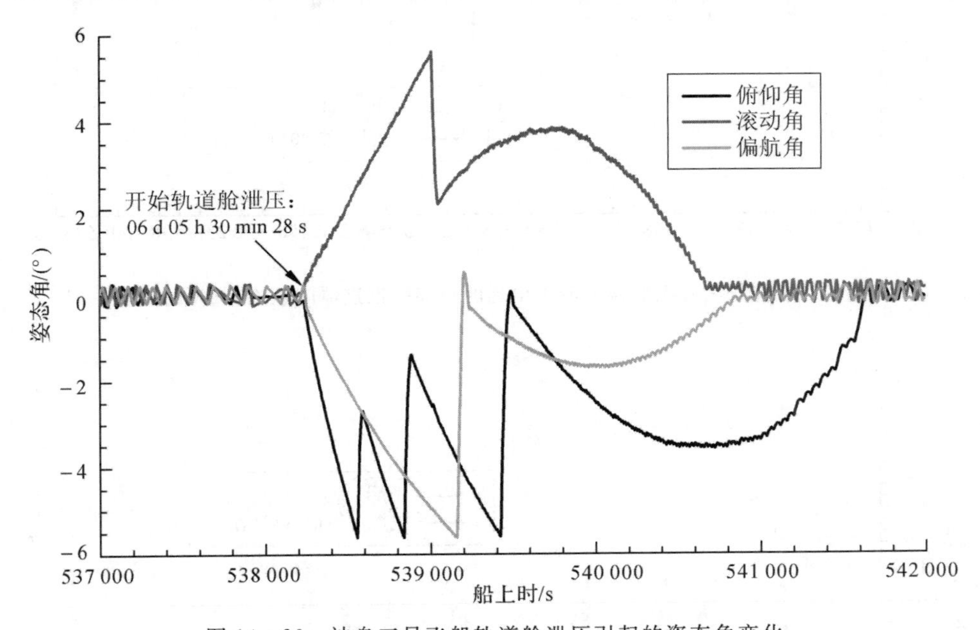

图 14－26　神舟三号飞船轨道舱泄压引起的姿态角变化

图 14－27～图 14－29 给出了姿态角超过 0.2°后，小姿控推进器自动工作的情况。

图 14－27～图 14－29 中 20 点平滑曲线突出了姿控动作，同时，20 点平滑使短暂的姿控动作曲线呈现尖峰状，其实姿控推力本身是平坦的。姿控动作会引起飞船结构振荡，如图 14－27～图 14－29 中未经平滑的曲线(灰色)显示的那样，可以看到，引起的飞船结构振荡加速度的幅度远大于小推进器工作本身引起的加速度，从而使飞船微重力水平明显变差。鉴于微重力加速度的方均根值(每 16.388 s 统计一次)直观反映了微重力干扰的水平(包括瞬态加速度和振动加速度)，所以从微重力加速度方均根值随时间的变化可以估计泄压持续时间，如图 14－30～图 14－32 所示。

图 14－30～图 14－32 所示的微重力加速度方均根值变化曲线中分别存在一些尖刺。期间有详存数据的，可以进一步分析。图 14－33 为图 14－30 中标为 a 的尖刺的微重力时域曲线，可以看到其中包含有两次幅度很大的衰减振荡，与飞控程序对照，可以确认是阀门动作引起的。

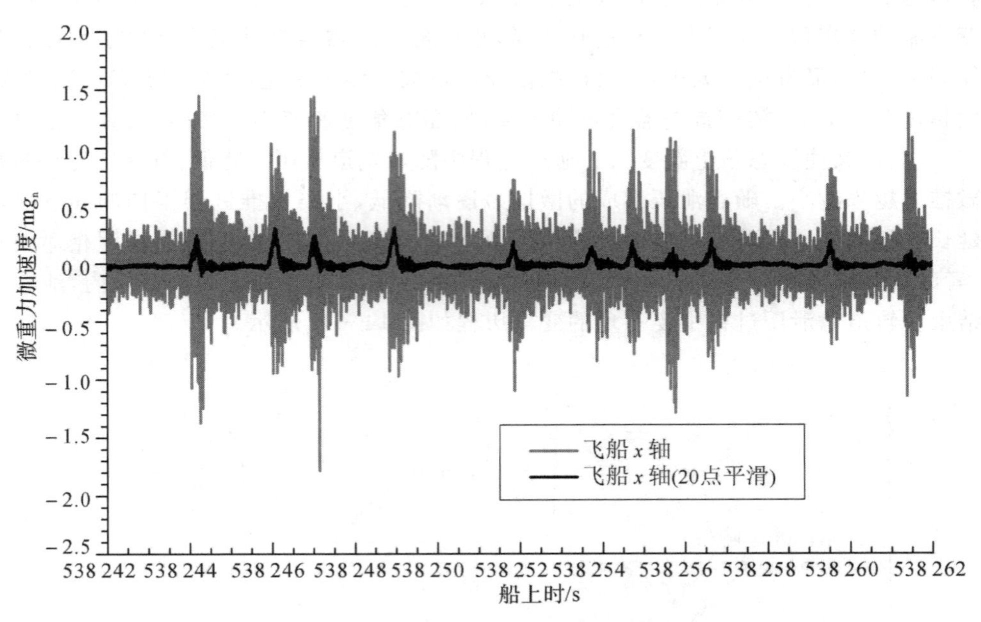

图 14-27 神舟三号飞船伴随泄压出现的小姿控推进器间歇工作(飞船 x 轴)

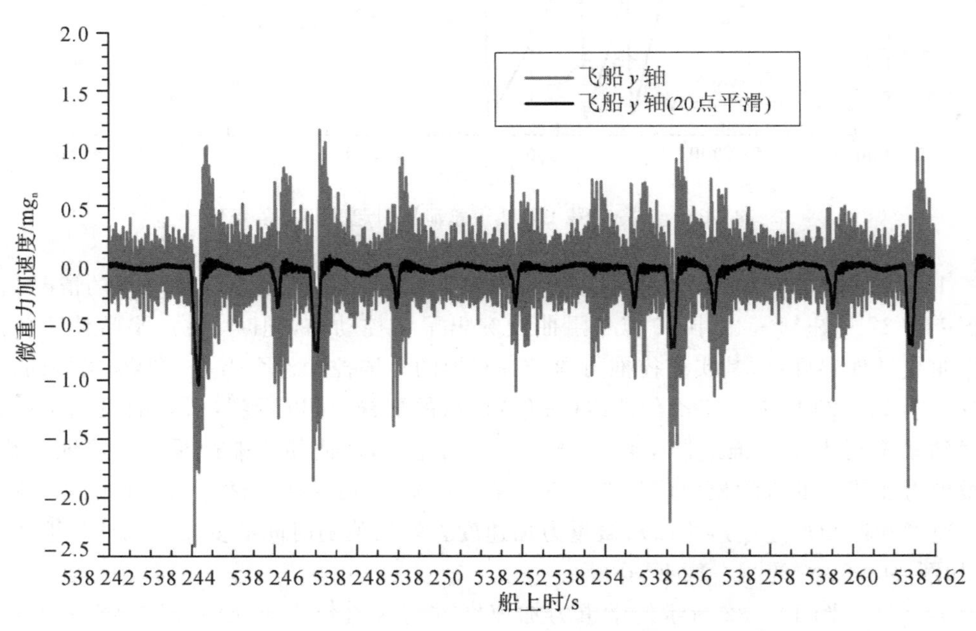

图 14-28 神舟三号飞船伴随泄压出现的小姿控推进器间歇工作(飞船 y 轴)

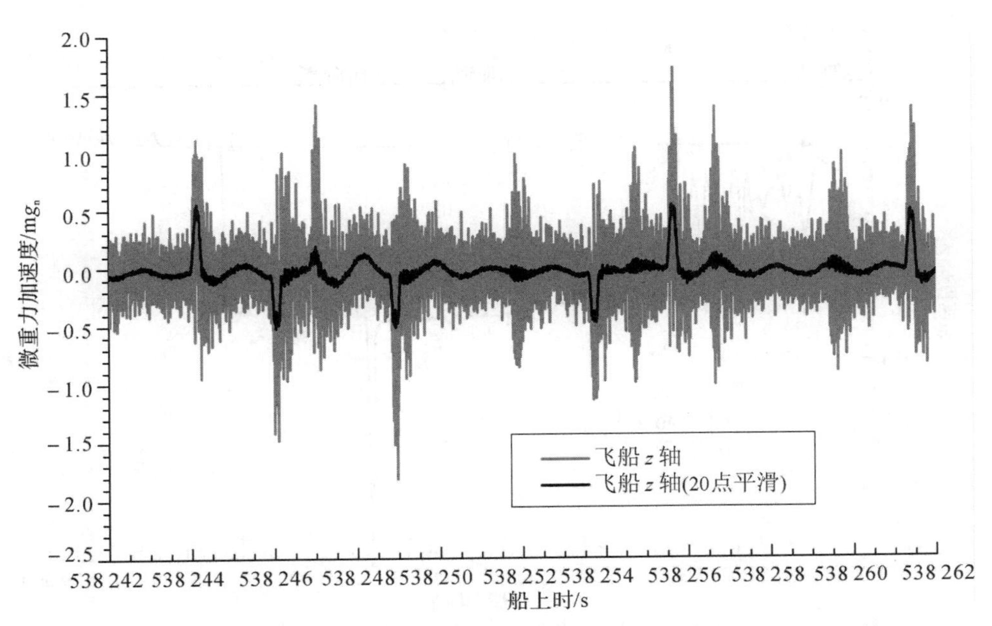

图 14-29　神舟三号飞船伴随泄压出现的小姿控推进器间歇工作(飞船 z 轴)

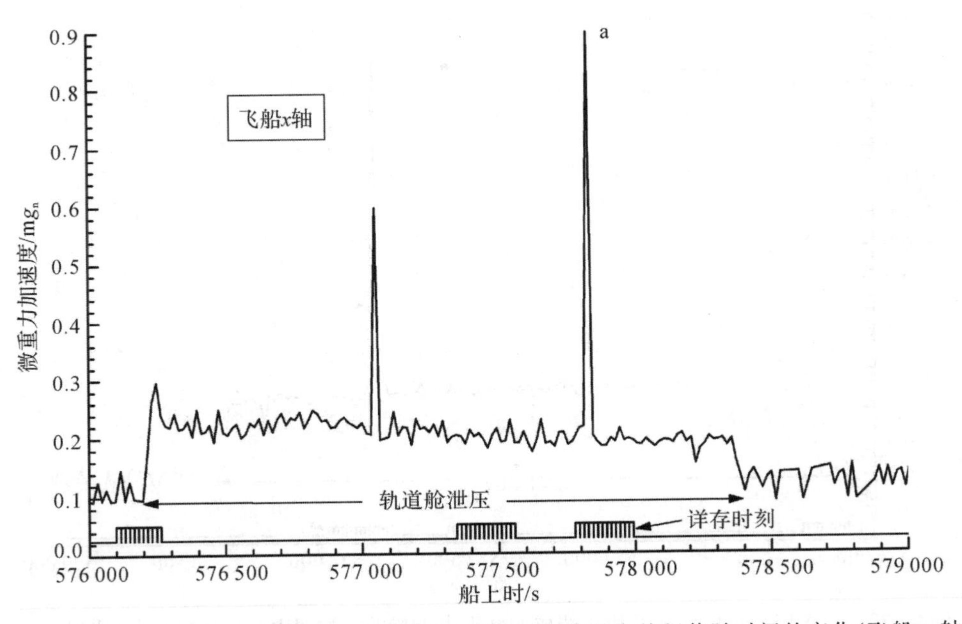

图 14-30　神舟四号飞船轨道舱泄压造成的微重力干扰的方均根值随时间的变化(飞船 x 轴)

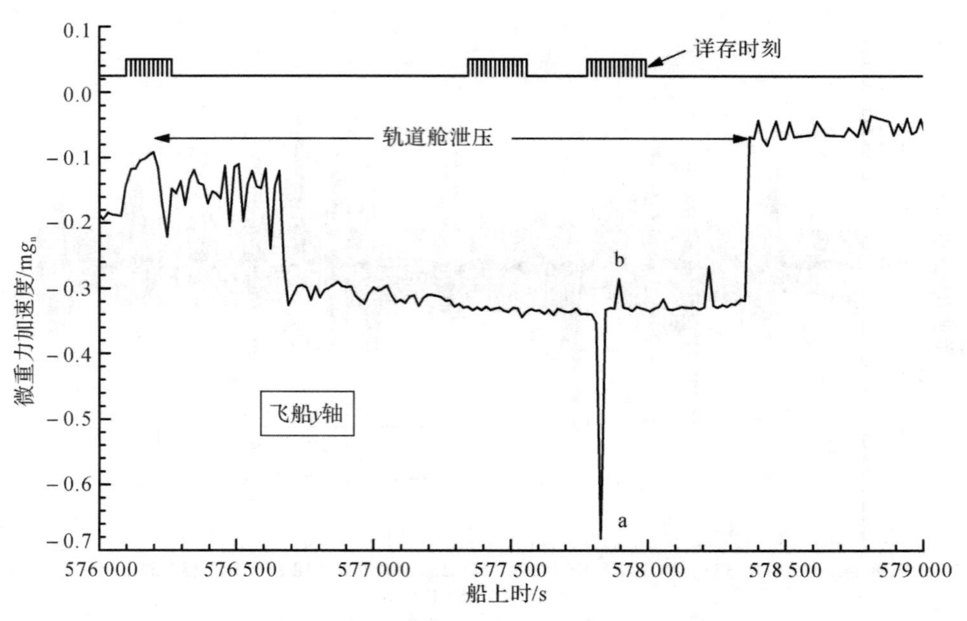

图 14-31　神舟四号飞船轨道舱泄压造成的微重力干扰的方均根值随时间的变化(飞船 y 轴)

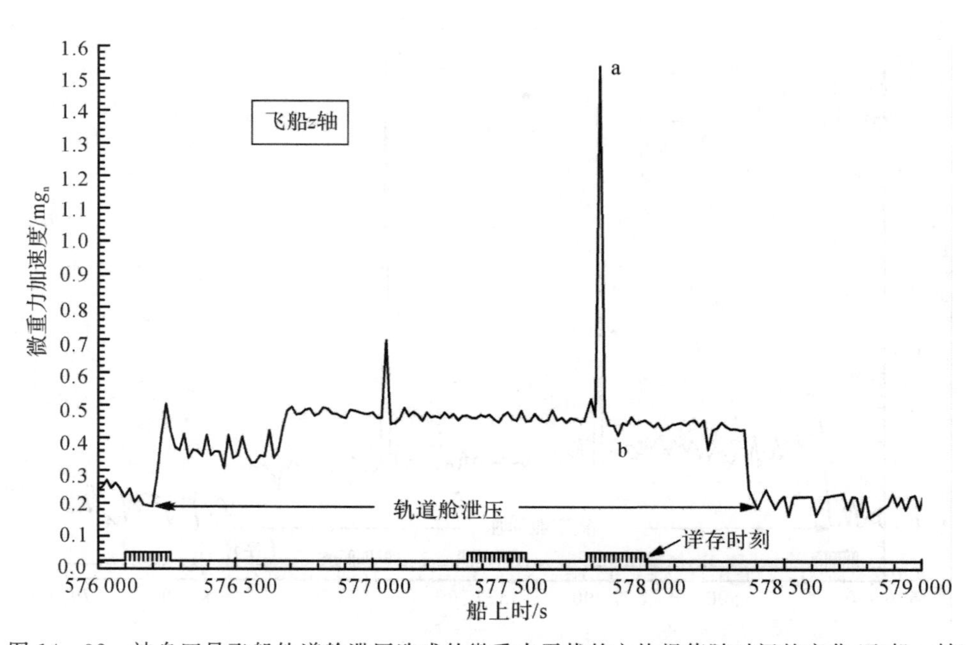

图 14-32　神舟四号飞船轨道舱泄压造成的微重力干扰的方均根值随时间的变化(飞船 z 轴)

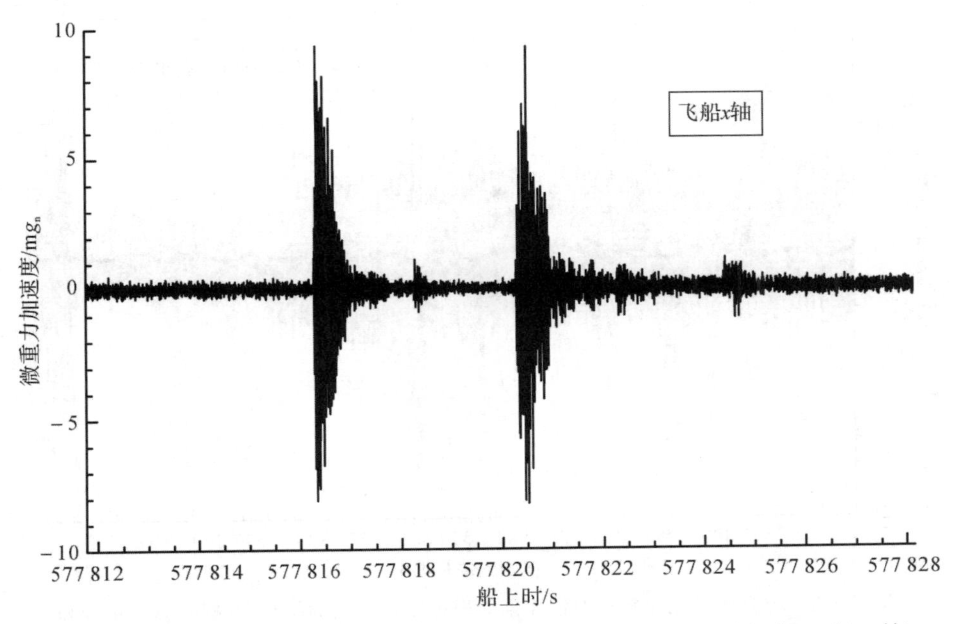

图 14－33　神舟四号飞船轨道舱泄压期间阀门动作引起的结构衰减振荡(飞船 x 轴)

图 14－34～图 14－36 为图 14－31 与图 14－32 中标为 b 的尖刺的微重力时域曲线,可以看到其中包含有三次姿控动作。

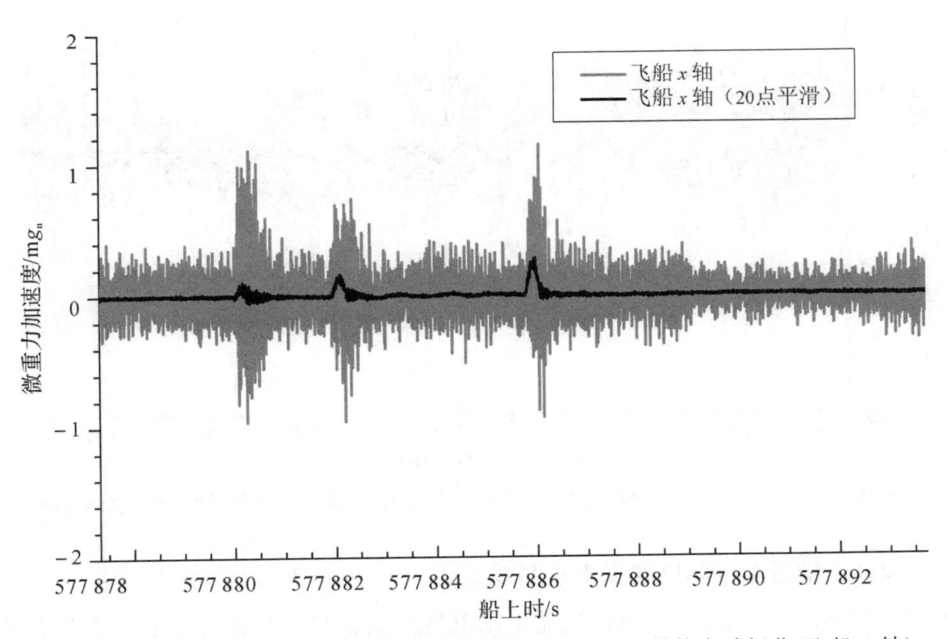

图 14－34　神舟四号飞船轨道舱泄压期间姿控动作引起的结构衰减振荡(飞船 x 轴)

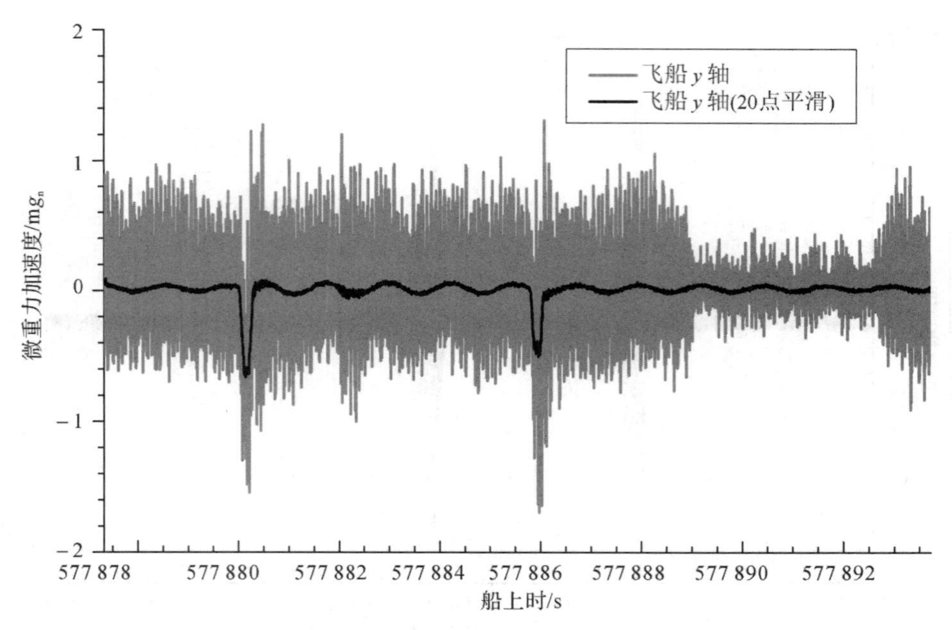

图 14-35　神舟四号飞船轨道舱泄压期间姿控动作引起的结构衰减振荡(飞船 y 轴)

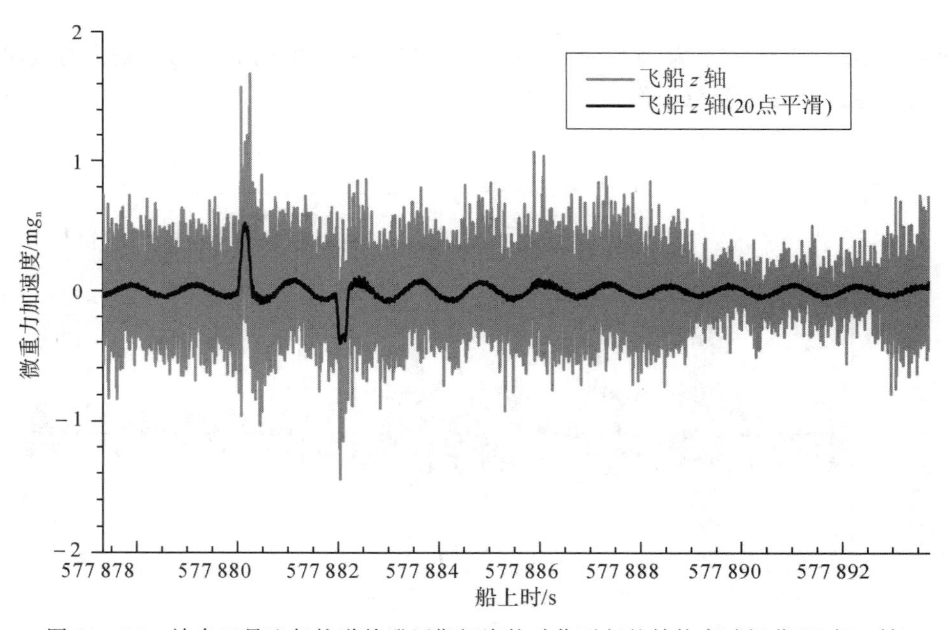

图 14-36　神舟四号飞船轨道舱泄压期间姿控动作引起的结构衰减振荡(飞船 z 轴)

14.6.2.6　推进舱太阳电池翼垂直归零

图 14-37 给出了神舟号飞船推进舱太阳电池翼垂直归零引起的衰减振荡的示例。

14.6.2.7　返回前的调姿过程

图 14-38～图 14-40 给出了神舟号飞船返回前一次调姿过程引起的加速度的示例。在该次调姿过程中，偏航角从 0°逐渐调整到−90°。

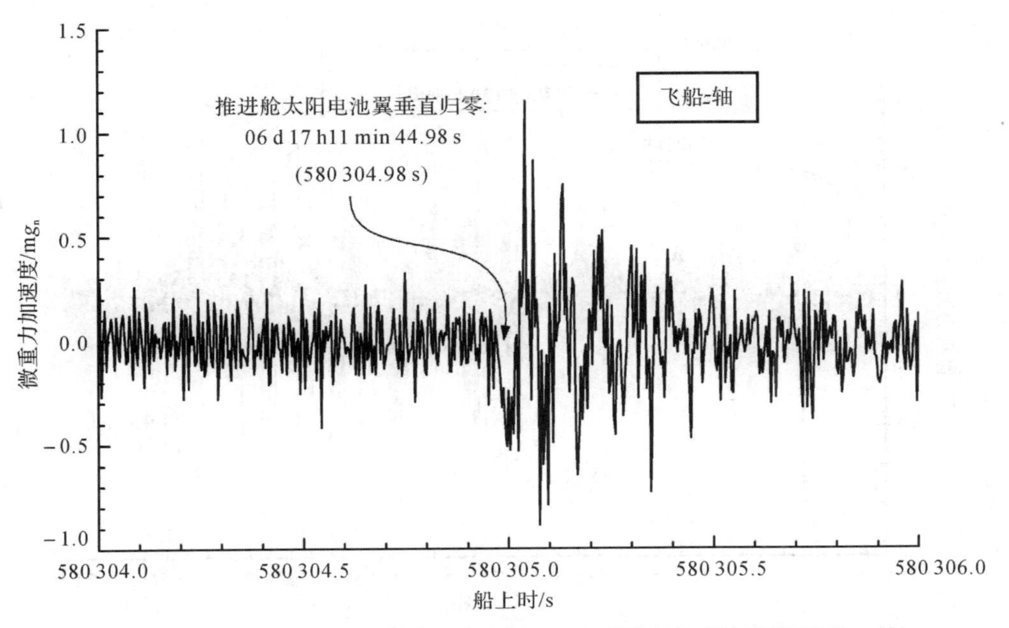

图 14－37　神舟号飞船推进舱太阳电池翼垂直归零引起的衰减振荡(飞船 z 轴)

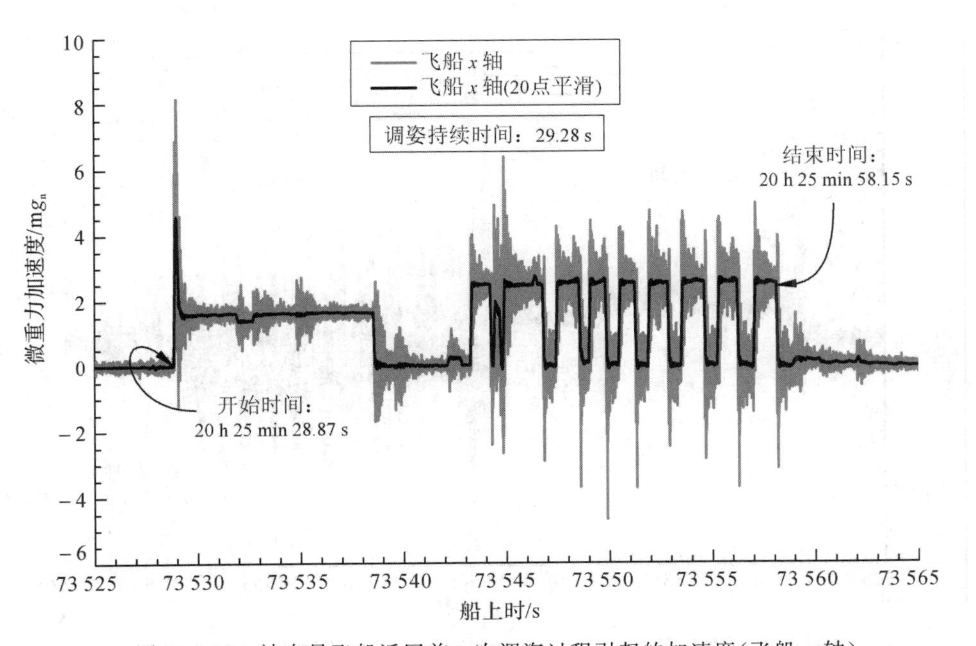

图 14－38　神舟号飞船返回前一次调姿过程引起的加速度(飞船 x 轴)

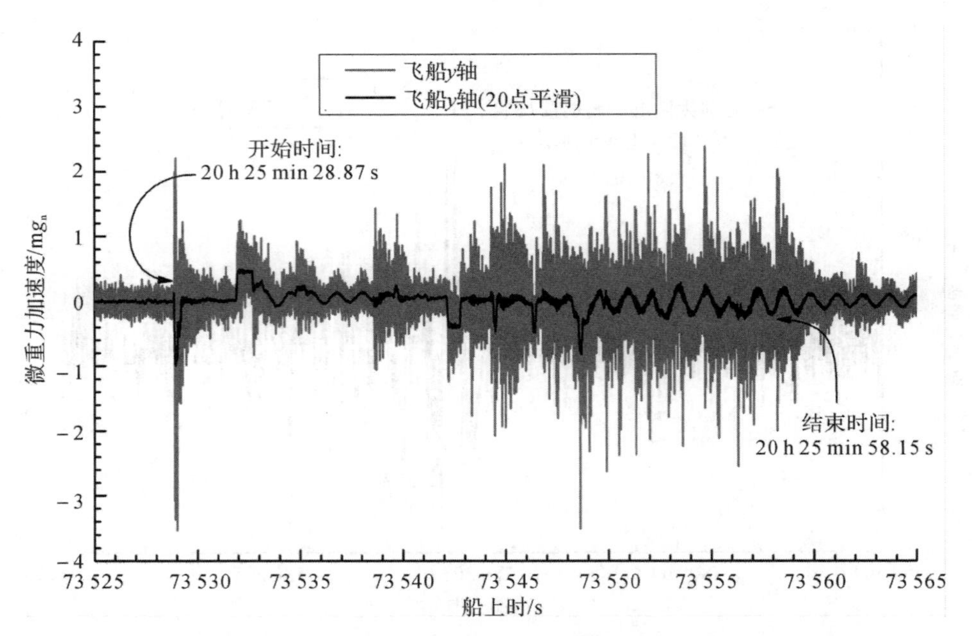

图 14－39　神舟号飞船返回前一次调姿过程引起的加速度(飞船 y 轴)

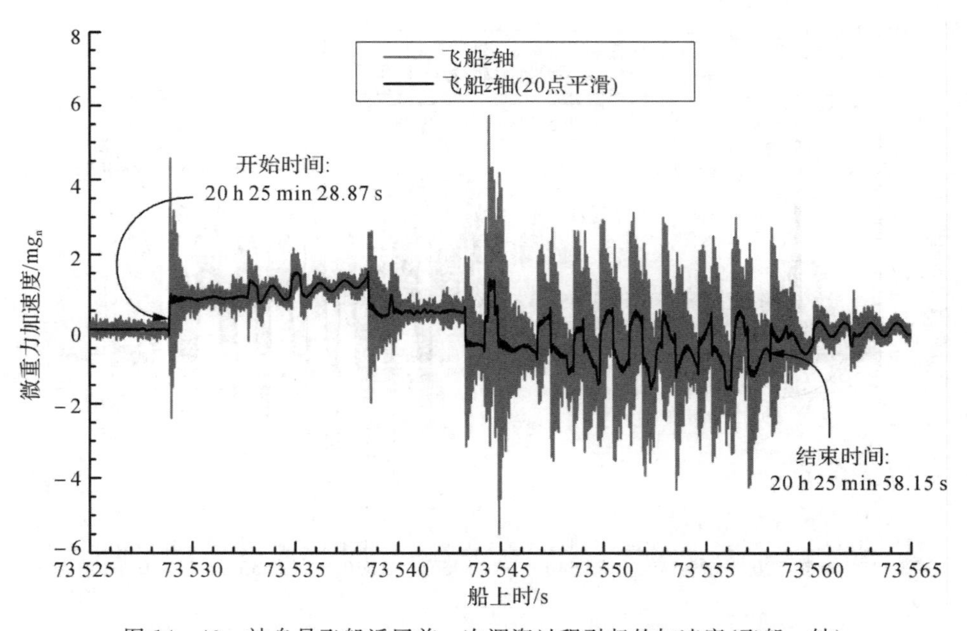

图 14－40　神舟号飞船返回前一次调姿过程引起的加速度(飞船 z 轴)

14.6.2.8　轨道舱和返回舱分离

轨道舱和返回舱分离前后飞船处于偏航角－90°状态。图 14－41～图 14－43 给出了神舟号飞船轨道舱和返回舱分离的时刻，以及分离后返回舱的衰减振荡过程。

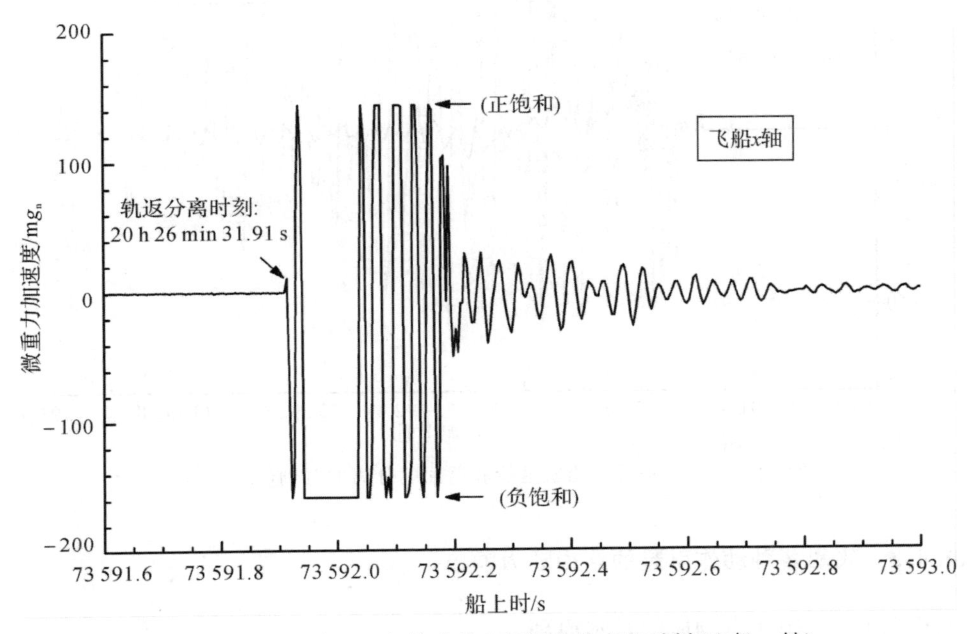

图 14－41　神舟号飞船轨道舱和返回舱分离的时刻（飞船 x 轴）

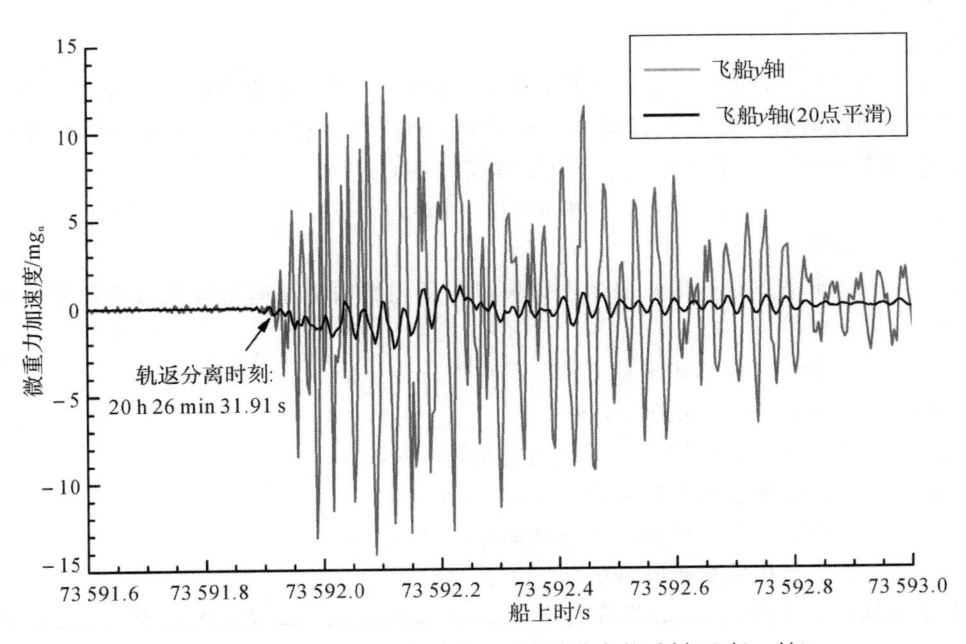

图 14－42　神舟号飞船轨道舱和返回舱分离的时刻（飞船 y 轴）

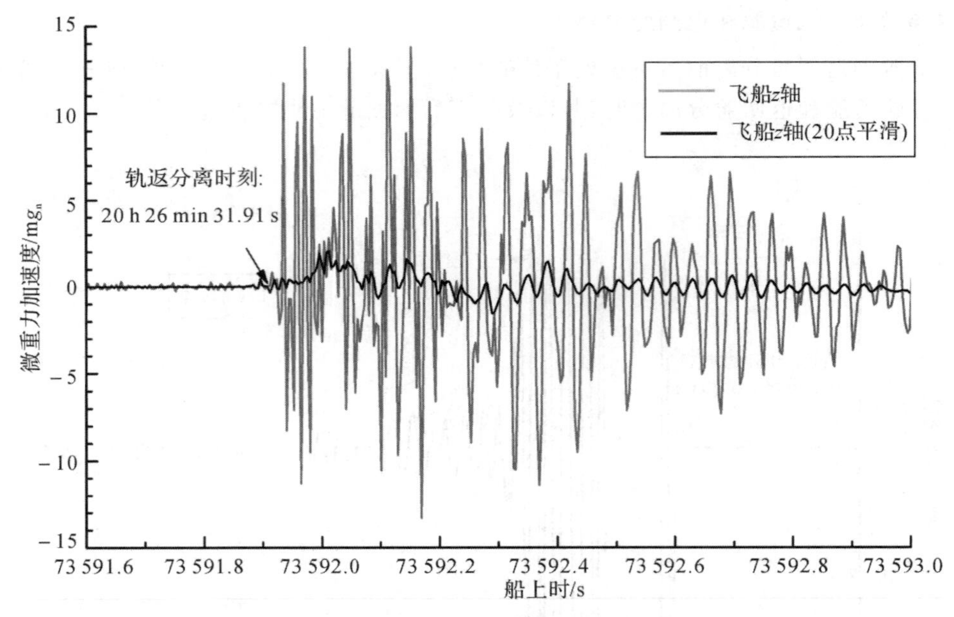

图 14－43　神舟号飞船轨道舱和返回舱分离的时刻(飞船 z 轴)

14.6.3　飞船各种动作引起的结构动力响应

14.6.3.1　结构动力响应的基本原理

经全国科学技术名词审定委员会审定的“动力响应”定义为“在动载荷作用下所引起的结构运动、变形和应力[3]”。

(1)微分方程。

一般来讲,结构在正常工作情况下都处于运动状态,承载着自身惯性力及周围结构相互运动带来的动载荷力。对此进行动力响应分析,无论在理论上还是实践上都有重要的意义。有限元系统的运动方程用二阶常微分方程组表示为[4]

$$\boldsymbol{m}\ddot{\boldsymbol{x}}(t)+\boldsymbol{\eta}\dot{\boldsymbol{x}}(t)+\boldsymbol{k}\boldsymbol{x}(t)=\boldsymbol{F}(t) \tag{14-7}$$

式中　t——时间,s;

$\boldsymbol{F}(t)$——各个节点受到的自身惯性力矢量与周围结构相互运动带来的动载荷力矢量之和,N;

$\boldsymbol{x}(t)$——各个节点在整体坐标下的位移向量,m;

$\boldsymbol{k}$——系统整体刚度矩阵,N/m;

$\dot{\boldsymbol{x}}(t)$——各个节点在整体坐标下的速度向量,m/s;

$\boldsymbol{\eta}$——系统整体黏性阻尼系数矩阵,N/(m/s);

$\ddot{\boldsymbol{x}}(t)$——各个节点在整体坐标下的加速度向量,m/s^2;

$\boldsymbol{m}$——系统整体质量矩阵,kg。

由于结构的自由度很大,矩阵阶数非常高,所以在有限元动力响应分析中,如果用数学上的标准解法来求解式(14－7)表达的有限元系统的运动是极其困难的[4]。为了了解系统的内部特性(刚度、阻尼、质量)对系统运动的影响,我们将其简化为单自由度系统进行分析。感兴趣的读者如果想了解更复杂结构的分析方法,可以参阅文献[5]或其他文献。

对于单自由度系统而言,式(14-7)简化为

$$m\ddot{x}(t)+\eta\dot{x}(t)+kx(t)=F(t) \tag{14-8}$$

式中 $F(t)$—— 单自由度系统受到的动载荷力,N;

$x(t)$—— 单自由度系统的位移,m;

k—— 单自由度系统的刚度,N/m;

$\dot{x}(t)$—— 单自由度系统的速度,m/s;

η—— 单自由度系统的黏性阻尼系数,N/(m/s);

$\ddot{x}(t)$—— 单自由度系统的加速度,m/s^2;

m—— 单自由度系统的质量,kg。

(2) 自由振动。

若单自由度系统的初始条件为 $t=0$ 时初位移 $x(0)=x_0$、初速度 $\dot{x}(0)=\dot{x}_0$,且 $t\geqslant 0$ 时不存在载荷力,则系统在弹性恢复力作用下以其固有频率进行自由振动,描述一般直线自由振动的微分方程为[5]

$$m\ddot{x}(t)+\eta\dot{x}(t)+kx(t)=0 \tag{14-9}$$

当 $\eta=0$ 时为无阻尼自由振动,无阻尼固有角频率为[5]

$$\omega_n=\sqrt{\frac{k}{m}} \tag{14-10}$$

式中 ω_n—— 无阻尼固有角频率,rad/s。

当 $\eta\geqslant 2\sqrt{km}$ 时,系统作逐渐返回其平衡位置的非周期自由运动,其中 $\eta=2\sqrt{km}$ 为从振动过渡到不振动的临界,故称此时的阻尼为临界阻尼 η_c,即[5]

$$\eta_c=2\sqrt{km} \tag{14-11}$$

式中 η_c—— 临界阻尼系数,N/(m/s)。

实际阻尼系数 η 与临界阻尼系数 η_c 之比称为阻尼比 ζ,是衡量系统阻尼的另一指标,即[5]

$$\zeta=\frac{\eta}{\eta_c} \tag{14-12}$$

式中 ζ—— 阻尼比。

将式(14-11)代入式(14-12),得到

$$\zeta=\frac{\eta}{2\sqrt{km}} \tag{14-13}$$

阻尼比 $\zeta<1$ 称为欠阻尼,欠阻尼条件下自由振动的固有角频率为[5]

$$\omega_d=\omega_n\sqrt{1-\zeta^2} \tag{14-14}$$

式中 ω_d—— 欠阻尼条件下自由振动的固有角频率,rad/s。

(3) 简谐激励引起的受迫振动。

单自由度系统在简谐激励的作用下所产生的振动称为单自由度系统对简谐激励的响应。当激振外力为 $F\sin\omega t$ 时,具有黏性阻尼系统的受迫振动微分方程为[5]

$$m\ddot{x}(t)+\eta\dot{x}(t)+kx(t)=F\sin\omega t \tag{14-15}$$

式中 F—— 简谐激振外力的振幅,N;

ω—— 简谐激振外力的角频率,rad/s。

式(14-15)的解包括由初始条件决定、随时间衰减的自由振动和由激励函数决定的受

迫振动，后者的表达式为[5]

$$x(t)=A\sin(\omega t-\phi) \tag{14-16}$$

式中 A—— 简谐激励引起的简谐受迫振动的振幅，m；

ϕ—— 简谐受迫振动的相位相对于简谐激振外力的相位滞后，rad。

由式(14-16)可见，简谐激励引起的受迫振动仍是简谐振动，且振动角频率与简谐激振外力的角频率相同。该角频率与无阻尼固有角频率之比称为频率比 λ，即[5]

$$\lambda=\frac{\omega}{\omega_{\mathrm{n}}} \tag{14-17}$$

式中 λ—— 频率比。

将式(14-10)代入式(14-17)，得到

$$\lambda=\omega\sqrt{\frac{m}{k}} \tag{14-18}$$

式(14-16)中[5]

$$A=\frac{F}{k\sqrt{(1-\lambda^2)^2+(2\zeta\lambda)^2}} \tag{14-19}$$

$$\phi=\arctan\frac{2\zeta\lambda}{1-\lambda^2}+\left(1-\frac{|1-\lambda^2|}{1-\lambda^2}\right)\times\frac{\pi}{2} \tag{14-20}$$

我们知道，反正切的主值范围为$(-\pi/2,\ \pi/2)$，为了把它延伸至$[-\pi,\ \pi]$，需判别实部和虚部的正负号，当实部为负号、虚部为正号时，应加 π；当实部和虚部均为负号时，应减 π。由于有阻尼系统简谐受迫振动的相位总是滞后于简谐激振外力的相位，即虚部不会出现负号，所以实际值域范围为$[0,\ \pi]$。为此，式(14-20)中增加了第二项，它所起的作用正是将值域从$(-\pi/2,\ \pi/2)$调整为$[0,\ \pi]$。

振动体在动态力 $F(t)$ 激励下所产生的振幅 A 与在静态力 F 作用下所产生的静变位 A_{st} 之比，称为振幅放大率，即[5]

$$\beta=\frac{A}{A_{\mathrm{st}}} \tag{14-21}$$

式中 β—— 振幅放大率；

A_{st}—— 静态力 F 作用下所产生的静变位，m。

由式(14-15)得到，静变位：

$$A_{\mathrm{st}}=\frac{F}{k} \tag{14-22}$$

将式(14-19)和式(14-22)代入式(14-21)，得到[5]

$$\beta=\frac{1}{\sqrt{(1-\lambda^2)^2+(2\zeta\lambda)^2}} \tag{14-23}$$

振幅随 λ 的变化而变化的规律，称为系统的幅频特性。由式(14-23)可见，振幅放大率 β 是频率比 λ 与阻尼比 ζ 的函数，其具体关系见图 14-44。

从图 14-44 可以看到[5]：

1) 当 $\omega\ll\omega_{\mathrm{n}}$，即 λ 很小时，$\beta\approx1$，振幅 A 接近静变位 A_{st}。由式(14-22)可以得到，从系统内部特性的角度来看，振幅的大小主要取决于系统的刚度 k，刚度越大，振幅越小。

2) 当 $\omega\approx\omega_{\mathrm{n}}$，即 $\lambda\approx1$ 时，β 达到最大值，振幅比静变位成倍地放大，系统产生共振。由式(14-23)得到

$$\beta \approx \frac{1}{2\zeta}, \quad \lambda \approx 1 \tag{14-24}$$

由式(14-24)可以看到，振幅放大率的大小主要取决于系统的阻尼比ζ，阻尼比越大，振幅放大率越小。

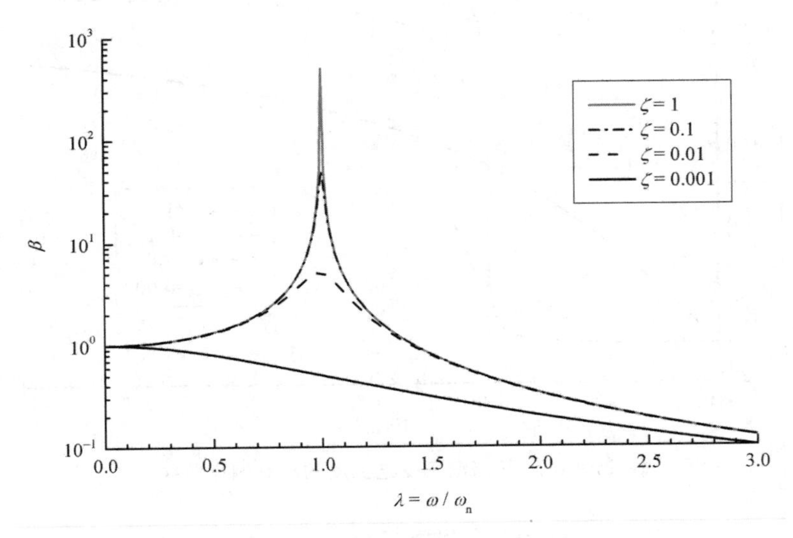

图 14-44　简谐激励受迫振动的幅频响应曲线

3) 当$\omega \gg \omega_n$，即λ很大时，$\beta \approx 0$，振幅小于静变位。由式(14-19)得到

$$A \approx \frac{F}{k\lambda\sqrt{\lambda^2 + 4\zeta^2}}, \quad \lambda^2 \gg 1 \tag{14-25}$$

将式(14-14)和式(14-18)代入式(14-25)，得到

$$A \approx \frac{F}{\omega\sqrt{\omega^2 m^2 + \eta^2}}, \quad \lambda^2 \gg 1 \tag{14-26}$$

由式(14-26)可以看到，从系统内部特性的角度来看，λ很大时振幅的大小主要取取决于系统的质量，质量越大，振幅越小。

在控制振动时，为降低振幅放大率，应根据上述$\omega \ll \omega_n$，$\omega \approx \omega_n$，$\omega \gg \omega_n$三个频域的主要决定因素，采取相应的措施。此外，在实际结构设计时，为防止共振，应将激振角频率ω相对于无阻尼固有角频率ω_n拉开20%以上，作为设计的一般规则。相反，在利用振动时，则应采取措施使振幅放大率提高[5]。

相位随λ的变化而变化的规律，称为系统的相频特性。由式(14-20)可见，简谐受迫振动的相位相对于简谐激振外力的相位滞后ϕ是频率比λ和阻尼比ζ的函数，其具体关系如图14-45[已将ϕ的单位由rad转换为(°)]所示。

从图14-45可以看到[5]：

1) 共振($\lambda=1$)时，无论系统的阻尼大小如何，受迫振动的相位总是比激振力滞后90°，即$\phi=90°$。

2) 对无阻尼($\zeta=0$)的系统：当$\omega < \omega_n$，即$\lambda < 1$时，振动的相位与激振力同相位，即$\phi=0°$；当$\omega > \omega_n$，即$\lambda > 1$时，振动的相位与激振力相位相反，即$\phi=180°$，即在共振点前后相位发生突然变化。

3）对有阻尼的系统：振动相位与激振力之间的相位差随频率比的增大而逐渐增大，不发生突然变化，但在共振点前后变化较大；系统阻尼越小，共振点附近相位差的变化越大。

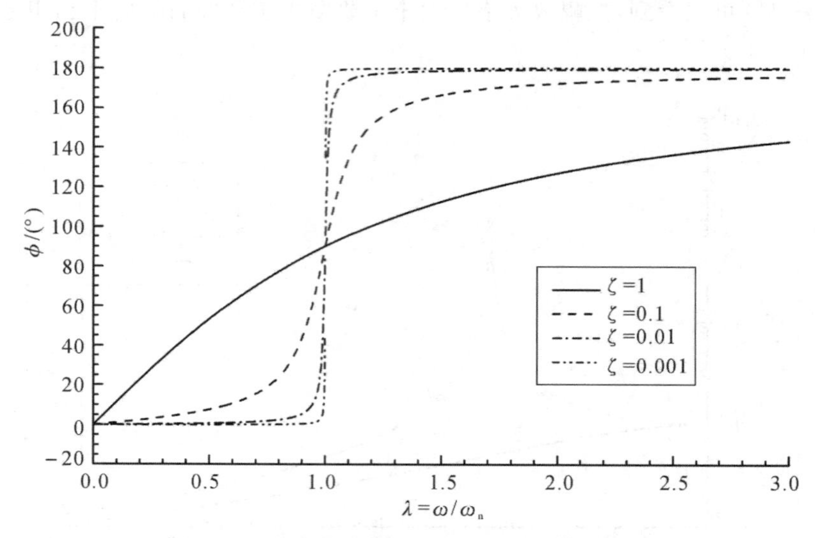

图 14－45　简谐激励受迫振动的相频响应曲线

（4）小结。

1）在动载荷作用下所引起的结构运动、变形和应力称为结构动力响应。

2）动载荷作用下所引起的结构运动用二阶常微分方程组表示。

3）求解单自由度系统的二阶常微分方程可以得到系统的内部特性（刚度、阻尼、质量）对系统运动的影响。

4）简谐激励引起的受迫振动仍是简谐振动，且振动角频率与简谐激振外力的角频率相同。

5）当简谐激振外力的角频率ω远低于欠阻尼条件下自由振动的固有角频率ω_n时，受迫振动的振幅接近静变位，从系统内部特性的角度来看，振幅的大小主要取决于系统的刚度，刚度越大，振幅越小。

6）当ω与ω_n相近时，系统产生共振，振幅放大率的大小主要取决于系统的阻尼比，阻尼比越大，振幅放大率越小。

7）当ω远高于ω_n时，受迫振动的振幅小于静变位，从系统内部特性的角度来看，振幅的大小主要取取决于系统的质量，质量越大，振幅越小。

8）在实际结构设计时，为防止共振，应将ω相对于ω_n拉开 20% 以上，作为设计的一般规则。相反，在利用振动时，则应采取措施使振幅放大率提高。

9）共振时，无论系统的阻尼大小如何，受迫振动的相位总是比激振力滞后 90°。

10）对无阻尼的系统：当ω低于ω_n时，振动的相位与激振力同相位；当ω高于ω_n时，振动的相位与激振力相位相反，即在共振点前后相位发生突然变化。

11）对有阻尼的系统：振动相位与激振力之间的相位差随ω/ω_n的增大而逐渐增大，不发生突然变化，但在共振点前后变化较大；系统阻尼越小，共振点附近相位差的变化越大。

14.6.3.2　飞船结构动力响应的分析方法

微重力测量仪安装在飞船返回舱有效载荷支架上，如图 13－37 所示。因此，对飞船各种动作发生后的微重力时域数据作频谱分析得到的结构动力响应谱是传递到返回舱有效载荷支架上的响应谱，与飞船本体的结构动力响应存在一定程度的差异。

采用三分之一倍频程频带方均根谱作飞船结构动力响应分析。5.7.4 节指出，三分之一倍频程频带方均根谱适合于既有稳态确定性信号又有零均值稳定随机信号的频谱分析。问题在于，飞船各种动作引起的结构动力响应只存在于一个有限的时间过程，并非稳定信号，但为了与国际空间站对振动加速度的需求相比较，只好在讨论到某种动作时，假定该种动作是不间断重复的，在此前提下使用三分之一倍频程频带方均根谱就是恰当的了。

此外，5.7.4 节指出，由于传感器存在偏值和偏值漂移，所以对传感器所测的噪声信号应该先用最小二乘法线性拟合做去均值和去线性趋势处理。

至于三分之一倍频程频带方均根谱的产生方法，则是将去均值和去线性趋势处理后、2 的整数次幂个时域数据用附录 C.1 节所给出的程序作矩形窗幅度谱分析，再用附录 C.3 节所给出的程序计算三分之一倍频程频带方均根加速度谱。

展示的飞船各种动作的时域曲线均已实施去均值和去线性趋势处理，数据长度均为 2 的整数次幂。展示的相应三分之一倍频程频带方均根加速度谱均附有国际空间站对振动加速度的需求曲线（均匀分配到单轴，即图 2－1 所示曲线的纵坐标值除以$\sqrt{3}$）。

14.6.3.3　船箭分离

图 14－46 所示为图 14－18 中船箭分离引起结构衰减振荡部分。图 14－47 所示为相应的三分之一倍频程频带方均根加速度谱。可以看到，仅在中心频率 15.8 Hz，20.0 Hz 及 63.1 Hz 以上的子频带处未超过国际空间站对振动加速度的需求。

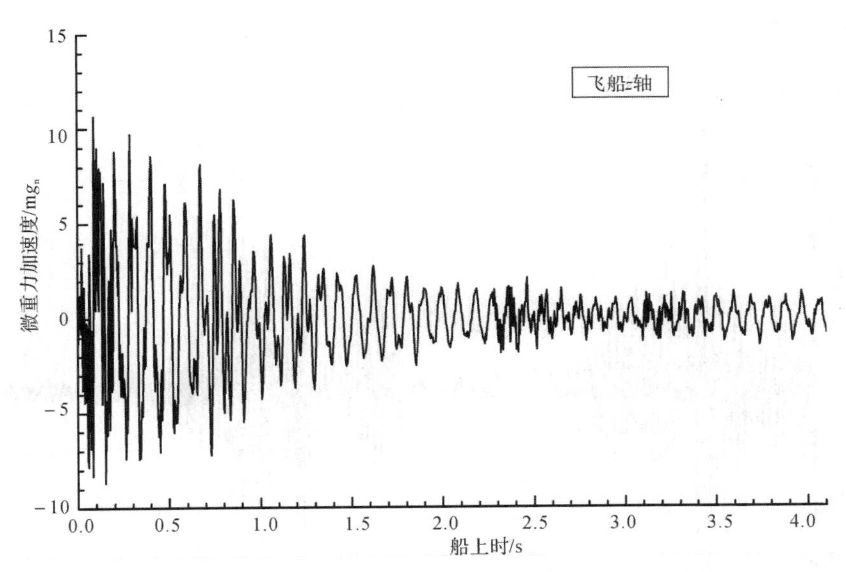

图 14－46　船箭分离引起的结构衰减振荡（飞船 z 轴）

14.6.3.4　阀门动作

图 14－48 所示为图 2－34 中阀门动作引起的结构衰减振荡部分。图 14－49 为相应的三分之一倍频程频带方均根加速度谱。可以看到，仅在中心频率 1.3 Hz、2.5 Hz～7.9 Hz 和 126 Hz 的子频带处未超过国际空间站对振动加速度的需求。

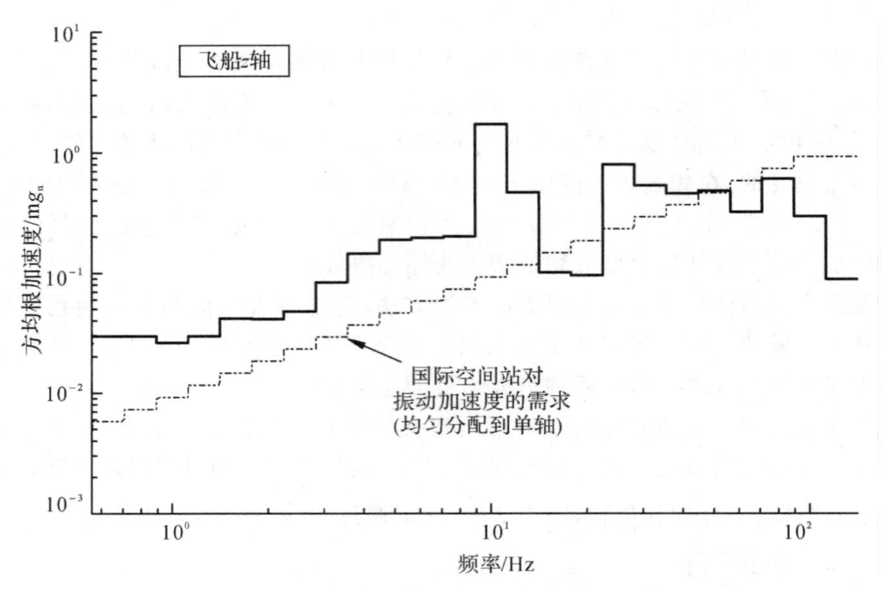

图 14-47 由图 14-46 所示振动加速度得到的三分之一倍频程频带方均根加速度谱

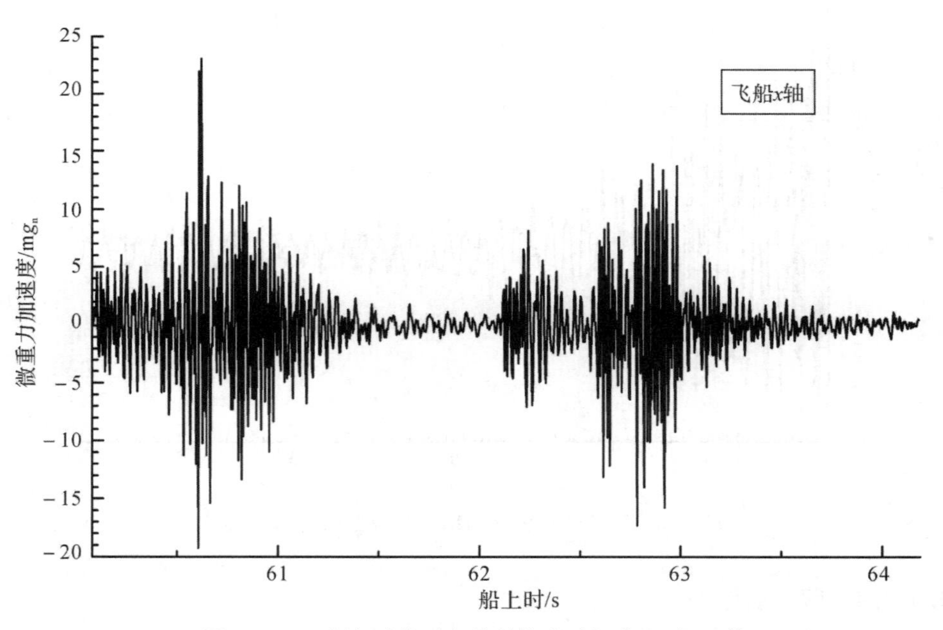

图 14-48 阀门动作引起的结构衰减振荡（飞船 x 轴）

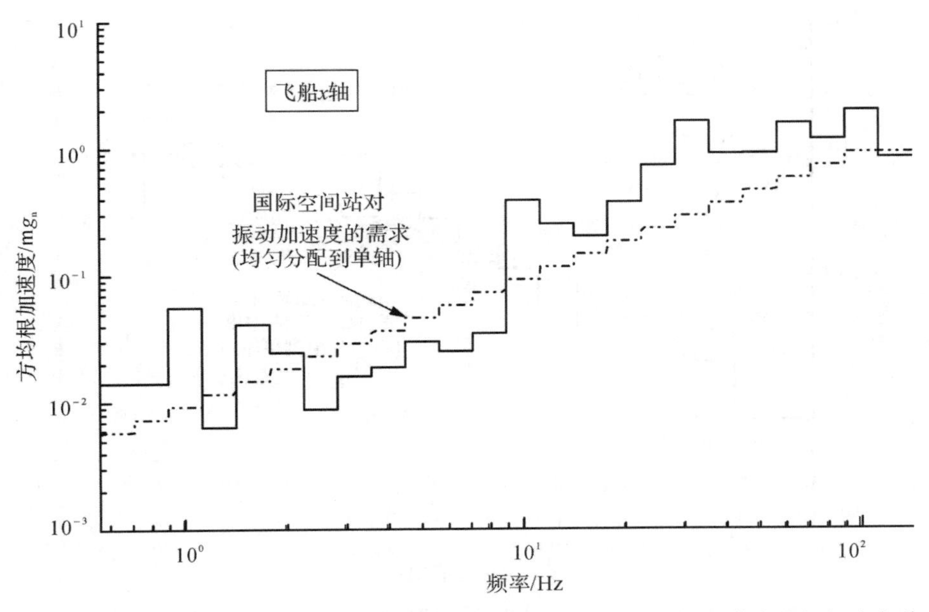

图 14－49　由图 14－48 所示振动加速度得到的三分之一倍频程频带方均根加速度谱

14.6.3.5　推进舱太阳电池翼压紧装置解锁

图 14－50 所示为图 14－19 中推进舱太阳电池翼压紧装置解锁引起的衰减振荡部分。图 14－51 所示为相应的三分之一倍频程频带方均根加速度谱。可以看到，在中心频率 20.0 Hz～100 Hz 的子频带处均超过国际空间站对振动加速度的需求。

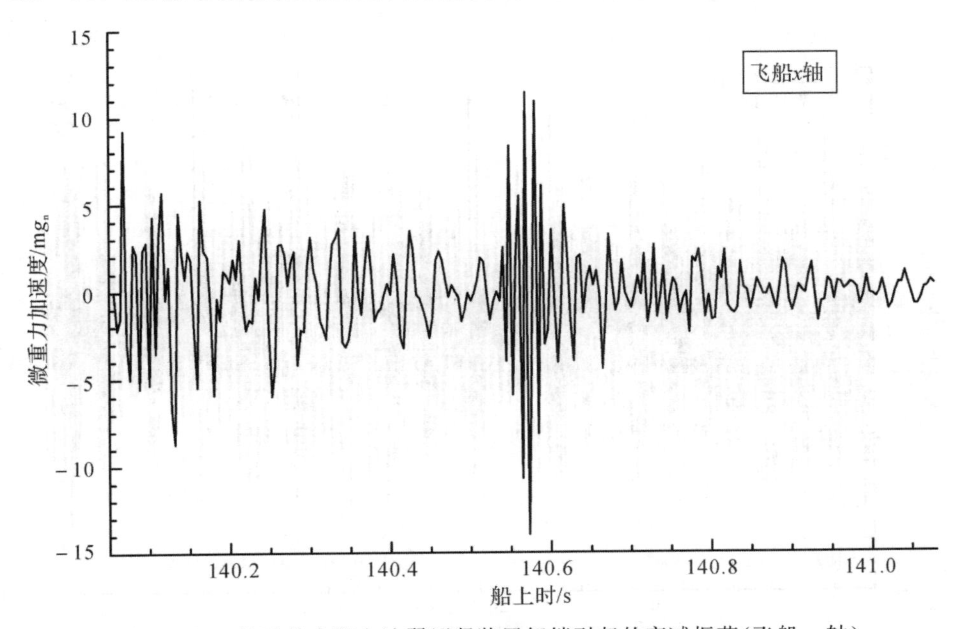

图 14－50　推进舱太阳电池翼压紧装置解锁引起的衰减振荡(飞船 x 轴)

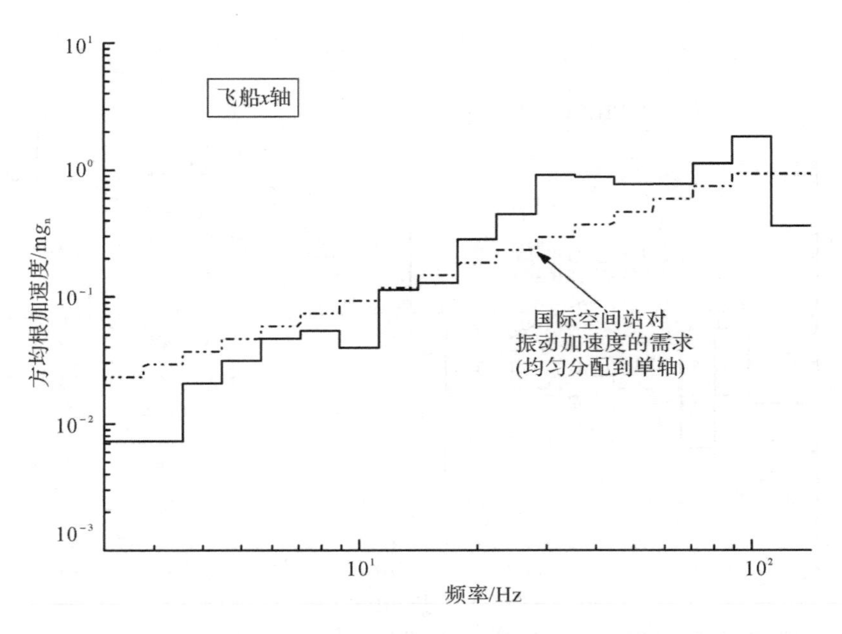

图 14-51　由图 14-50 所示振动加速度得到的三分之一倍频程频带方均根加速度谱

14.6.3.6　变轨过程中频繁的姿控推进器工作

图 14-52 所示为图 14-11 变轨过程中频繁的姿控推进器工作引起的结构振动部分。图 14-53 所示为相应的三分之一倍频程频带方均根加速度谱。可以看到，仅在中心频率 10.0 Hz 和 12.6 Hz 的子频带处超过了国际空间站对振动加速度的需求。

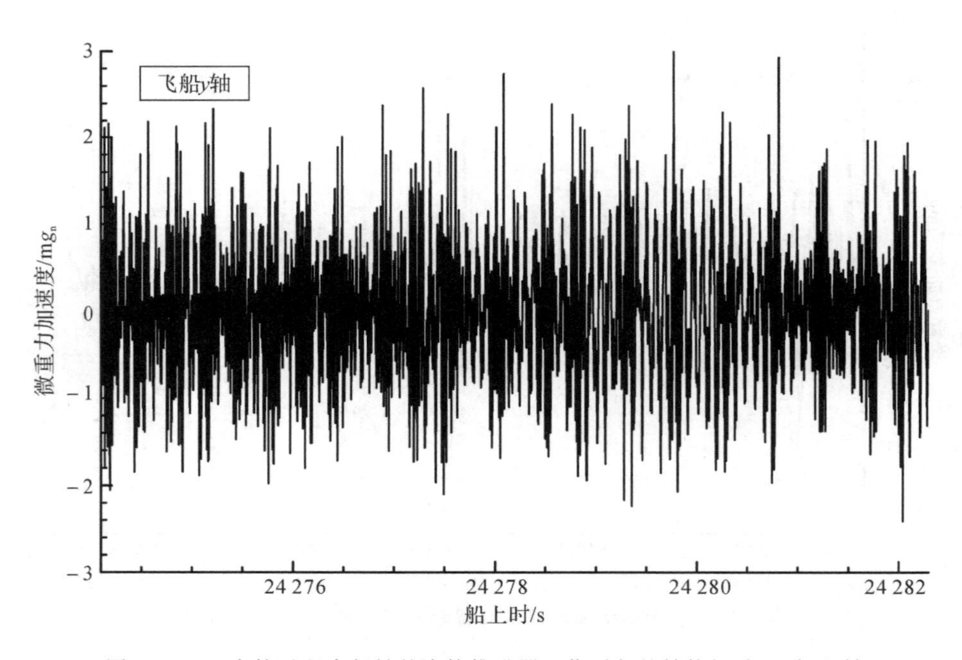

图 14-52　变轨过程中频繁的姿控推进器工作引起的结构振动(飞船 y 轴)

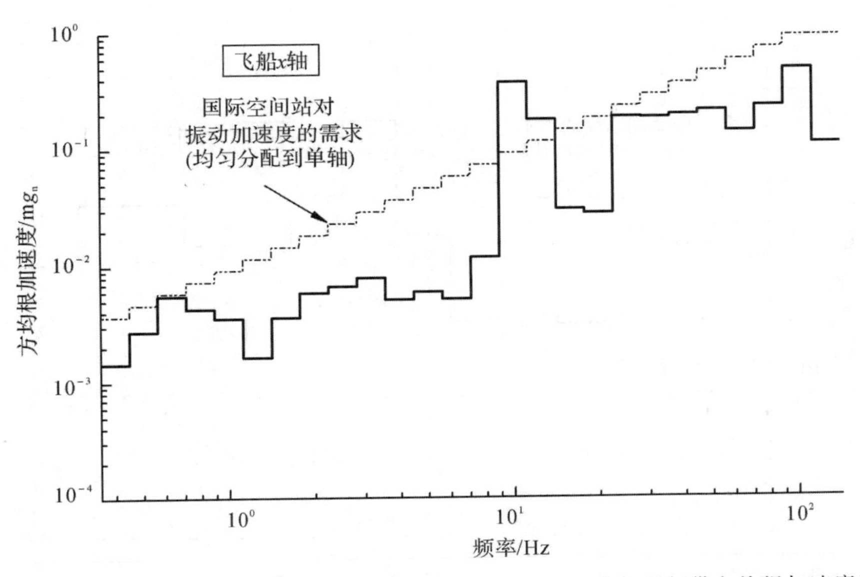

图 14－53　由图 14－52 所示振动加速度得到的三分之一倍频程频带方均根加速度谱

14.6.3.7　平稳运行中的姿控动作

图 14－54 所示为图 14－20 中一次 150 N 大推力姿控动作引起的衰减振荡部分。图 14－55所示为相应的三分之一倍频程频带方均根加速度谱。可以看到，仅在中心频率 31.6 Hz 的子频带处超过了国际空间站对振动加速度的需求。

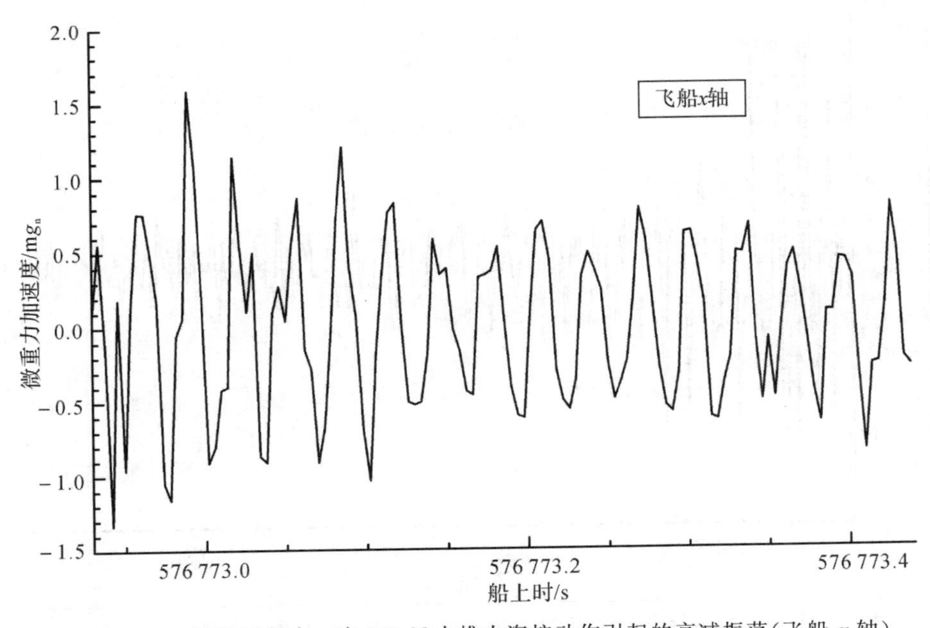

图 14－54　平稳运行中一次 150 N 大推力姿控动作引起的衰减振荡(飞船 x 轴)

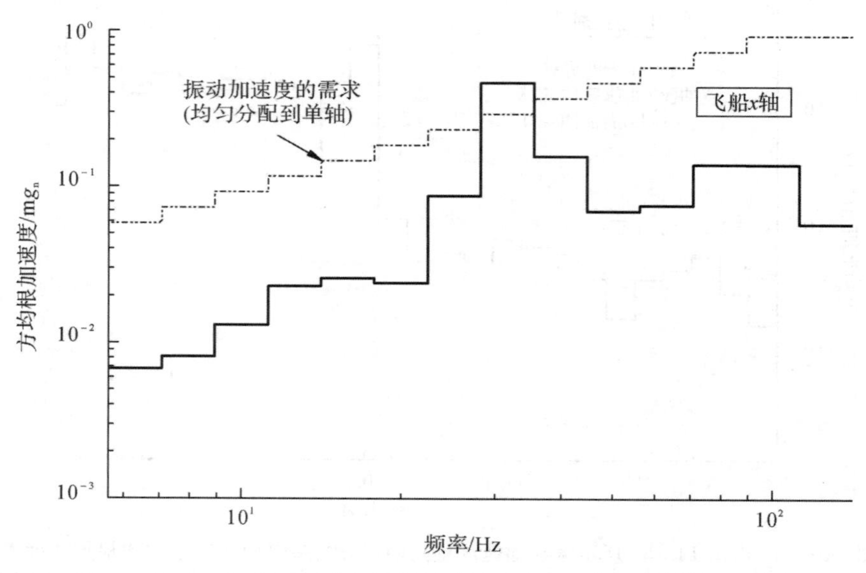

图 14-55　由图 14-54 所示振动加速度得到的三分之一倍频程频带方均根加速度谱

图 14-56 所示为图 14-23 中一次 25 N 小推力姿控动作引起的衰减振荡部分。图 14-57所示为相应的三分之一倍频程频带方均根加速度谱。可以看到,它显著低于国际空间站对振动加速度的需求,最突出的位于中心频率 31.6 Hz 的子频带处。

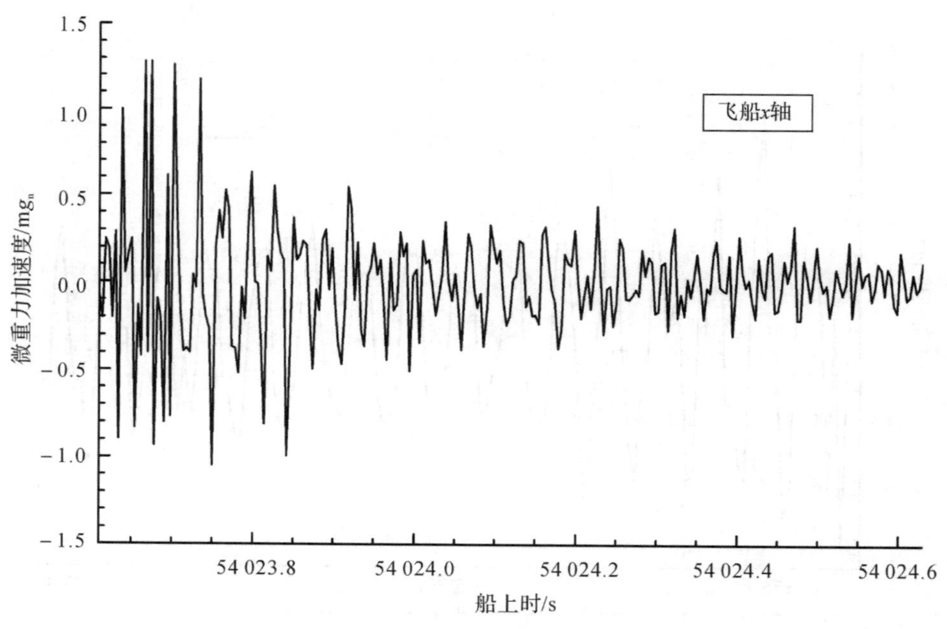

图 14-56　平稳运行中一次 25 N 小推力姿控动作引起的衰减振荡(飞船 x 轴)

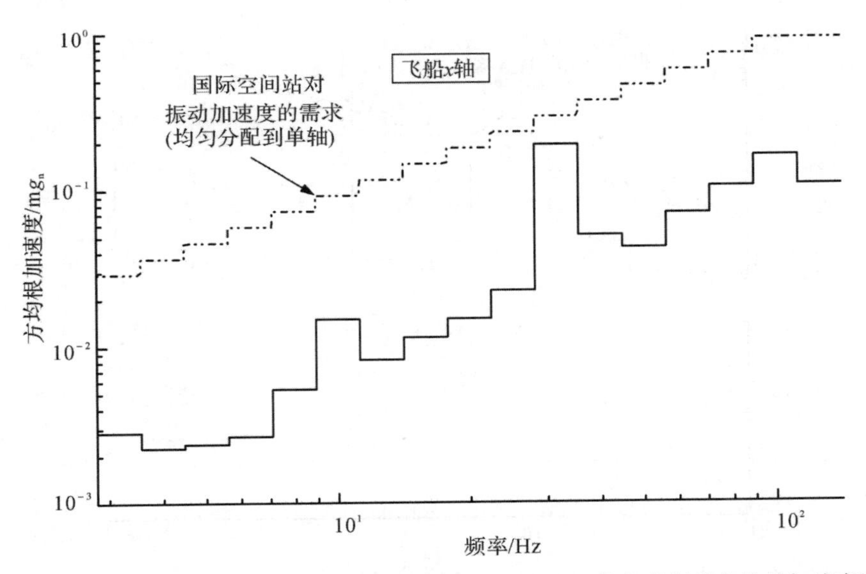

图 14－57　由图 14－56 所示振动加速度得到的三分之一倍频程频带方均根加速度谱

14.6.3.8　推进舱太阳电池翼垂直归零

图 14－58 所示为图 14－37 中推进舱太阳电池翼垂直归零引起的衰减振荡部分。图 14－59所示为相应的三分之一倍频程频带方均根加速度谱。可以看到，仅在中心频率 10.0 Hz 的子频带处超过了国际空间站对振动加速度的需求。

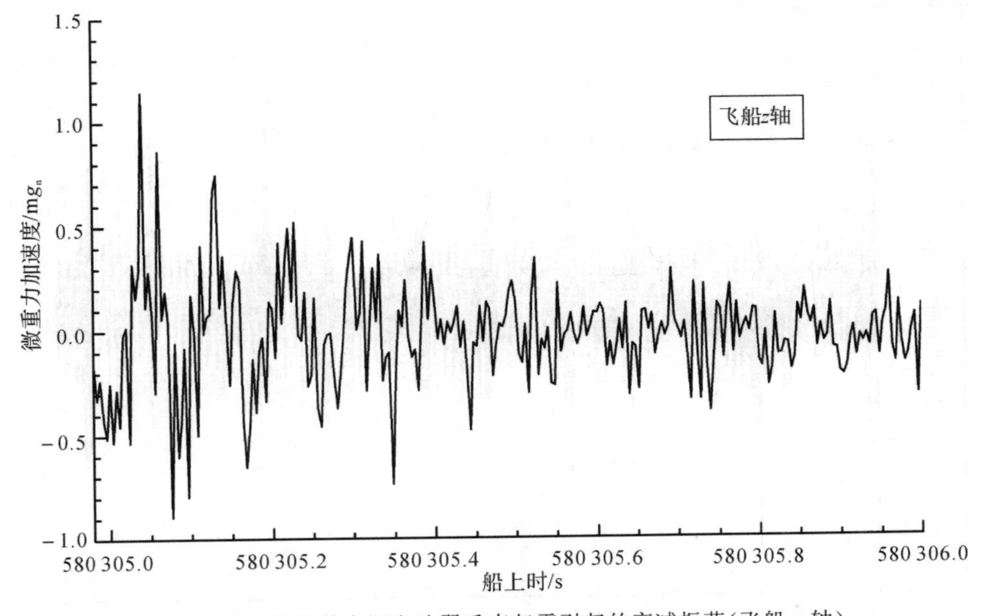

图 14－58　推进舱太阳电池翼垂直归零引起的衰减振荡(飞船 z 轴)

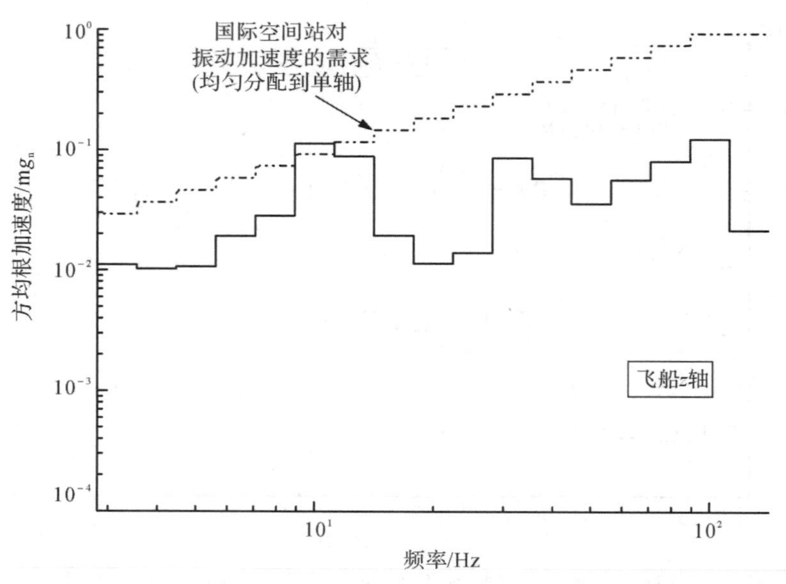

图 14-59　由图 14-58 所示振动加速度得到的三分之一倍频程频带方均根加速度谱

14.6.3.9　返回前的调姿过程

图 14-60 所示为图 14-39 中返回前的调姿过程引起飞船结构振动部分。图 14-61 所示为相应的三分之一倍频程频带方均根加速度谱。可以看到，在中心频率 12.6 Hz 的子频带处超过国际空间站对振动加速度的需求，而中心频率 1.00 Hz 以下各子频带处的谱峰是姿控动作连续发生多次引起的。

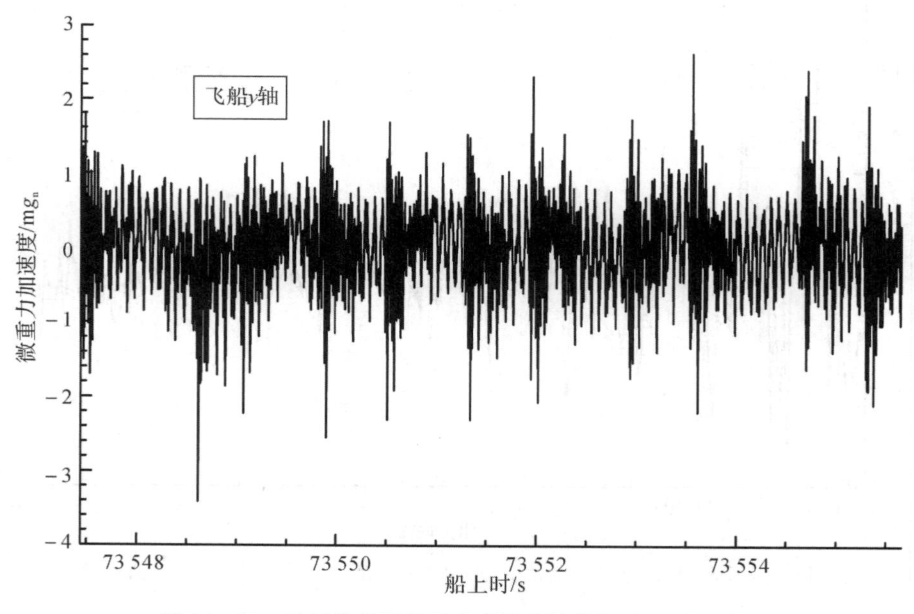

图 14-60　返回前的调姿过程引起的结构振动（飞船 y 轴）

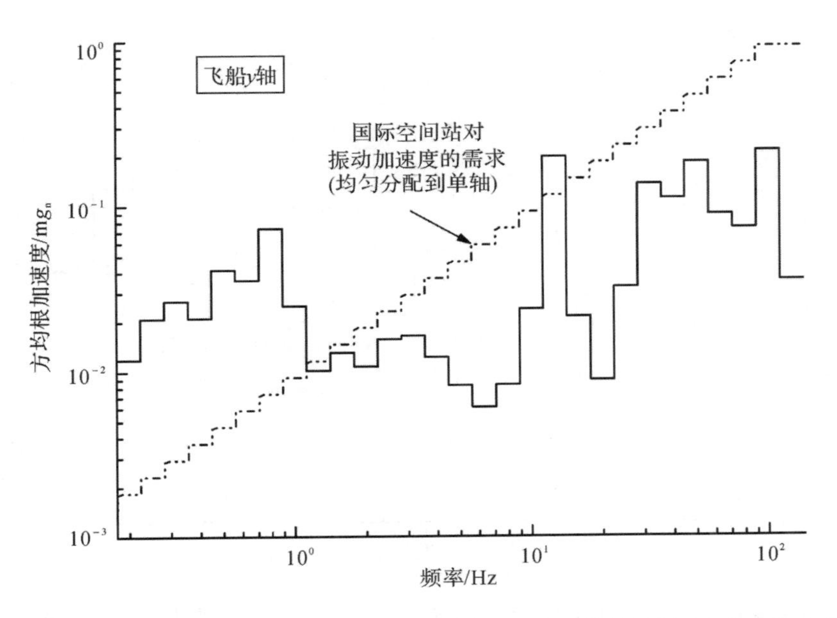

图 14－61　由图 14－60 所示振动加速度得到的三分之一倍频程频带方均根加速度谱

14.6.3.10　轨道舱和返回舱分离

图 14－62 所示为图 14－42 中轨道舱和返回舱分离引起的衰减振荡部分。图 14－63 所示为相应的三分之一倍频程频带方均根加速度谱。可以看到，仅在中心频率 126 Hz 的子频带处未超过国际空间站对振动加速度的需求。

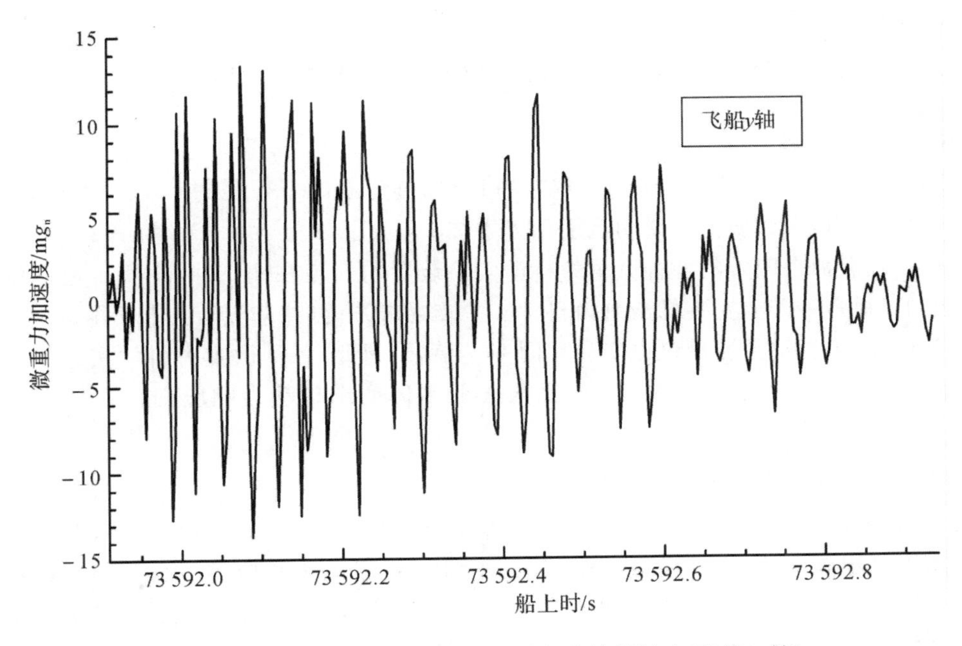

图 14－62　轨道舱和返回舱分离引起的结构振动(飞船 y 轴)

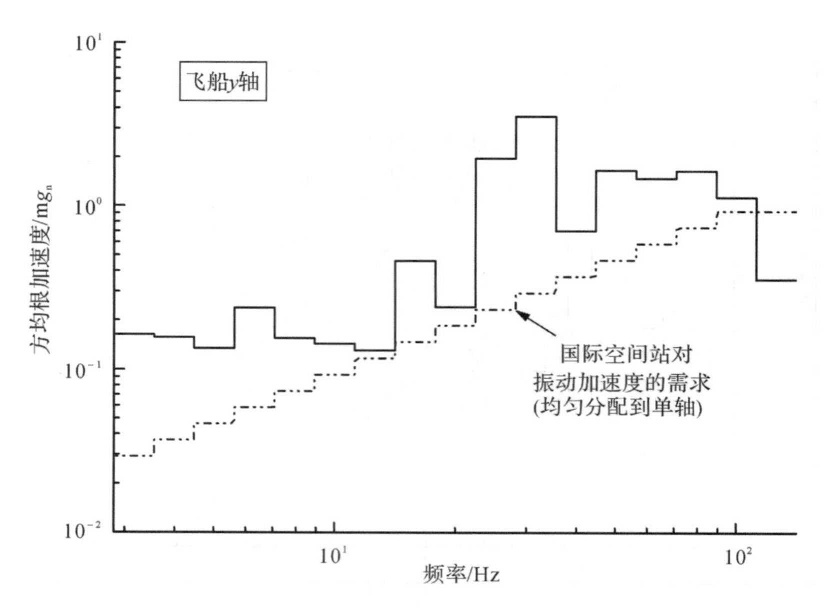

图 14-63　由图 14-62 所示振动加速度得到的三分之一倍频程频带方均根加速度谱

从以上分析可以看到，飞船的船箭分离、阀门动作、推进舱太阳电池翼压紧装置解锁、返回前的调姿过程、轨道舱和返回舱分离等动作引起的结构动力响应较大，在很宽的频段内超出了国际空间站对振动加速度的需求；变轨过程中频繁的姿控推进器工作、平稳运行中 150 N 大推力姿控动作、推进舱太阳电池翼垂直归零等动作引起的结构动力响应要小一些，只在很窄的频段内超出了国际空间站对振动加速度的需求；而平稳运行中 25 N 小推力姿控动作引起的结构动力响应更小，在所有频段内均不超过国际空间站对振动加速度的需求。

14.6.4　飞船各种微重力科学实验装置动作引起的结构动力响应

14.6.4.1　说明

14.6.3.1 节已经阐明了结构动力响应的基本原理。14.6.3.2 节对时域曲线和三分之一倍频程频带方均根谱所做的说明也适用于本节。

神舟二号至神舟四号的各种微重力科学实验装置均安装在图 13-37 所示返回舱有效载荷支架上（神舟一号上安装的微重力科学实验装置未开机，神舟五号上未安排微重力科学实验项目）。由于微重力测量仪也安装在同一支架上，因此，各种微重力科学实验装置动作引起的结构动力响应会被直接检测到，而与飞船本体的结构动力响应则存在一定程度的差异。

14.6.4.2　通用生物培养箱离心机工作

图 2-36 给出了神舟二号飞船上生物培养箱离心机工作引起的结构振荡，图 2-37 给出了生物培养箱离心机关闭后的结构振荡。图 14-64 所示为相应的三分之一倍频程频带方均根加速度谱。将生物培养箱离心机工作与关闭比较，可以看到，生物培养箱离心机工作引起的结构振荡主要在中心频率 63.1 Hz、79.4 Hz 和 100 Hz 的子频带处。

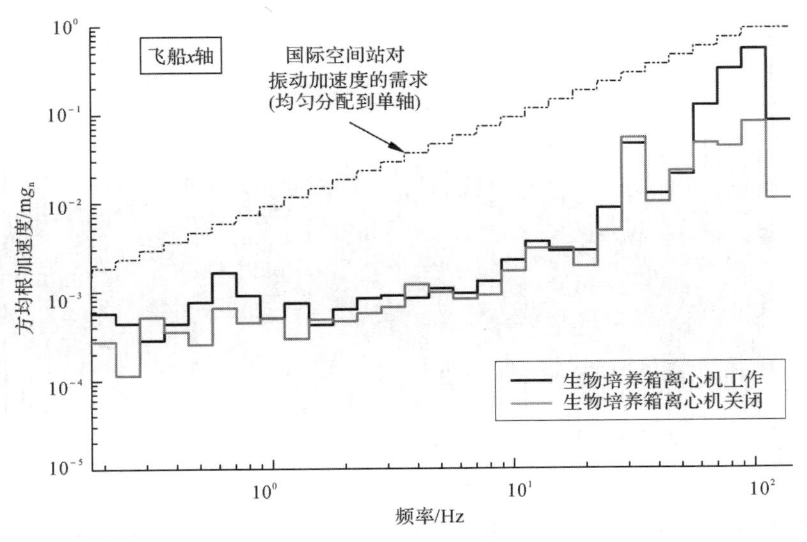

图 14－64　生物培养箱离心机工作和关闭时的三分之一倍频程频带方均根加速度谱(飞船 x 轴)

14.6.4.3　晶体生长观察装置对焦电机工作

图 14－65 所示为图 2－38 中晶体生长观察装置对焦电机工作(此时生物培养箱离心机也在工作)引起的结构振动部分,而图 14－66 所示为晶体生长观察装置对焦电机关闭之后,但生物培养箱离心机仍在工作引起的结构振动。图 14－67 所示为相应的三分之一倍频程频带方均根加速度谱。将晶体生长观察装置对焦电机工作与关闭比较,可以看到,晶体生长观察装置对焦电机工作在中心频率 50.1 Hz 以下的各子频带处引起严重的宽频干扰,且在中心频率 5.01 Hz 以下、除 1.26 Hz 和 2.51 Hz 两个子频带外的各子频带处均超出了国际空间站对振动加速度的需求。

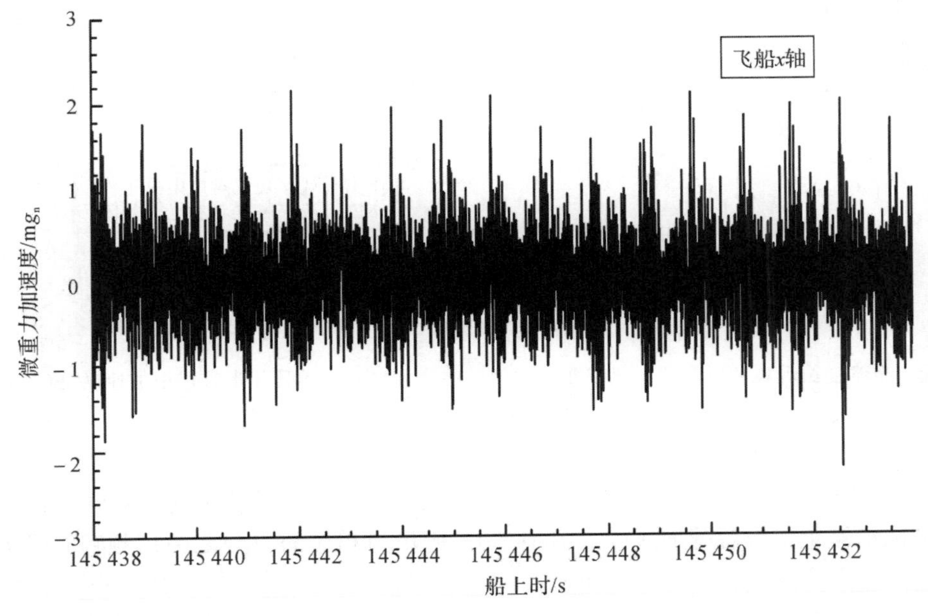

图 14－65　晶体生长观察装置对焦电机与生物培养箱离心机均工作引起的结构振动(飞船 x 轴)

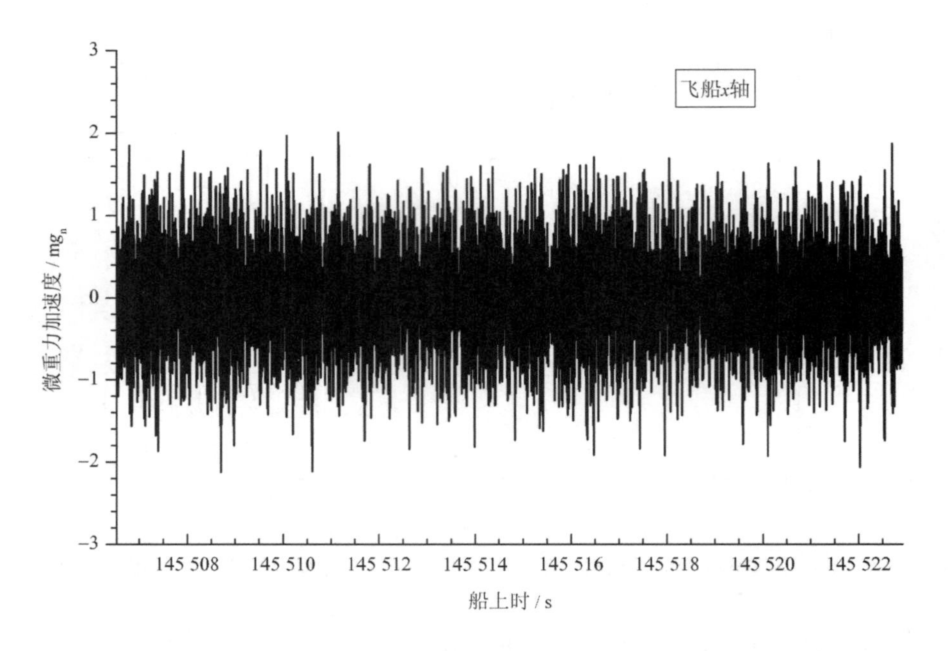

图 14-66　晶体生长观察装置对焦电机关闭，而生物培养箱离心机仍工作引起的结构振动（飞船 x 轴）

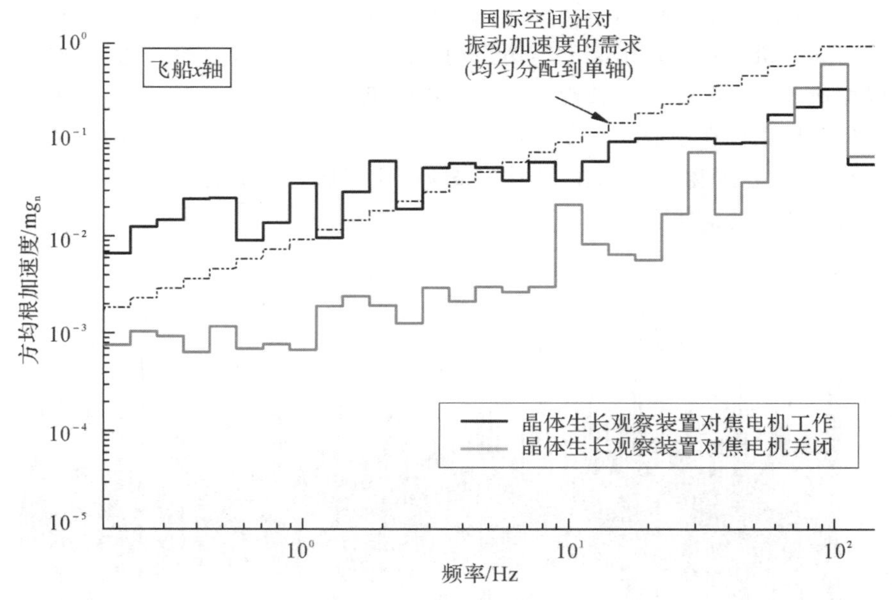

图 14-67　晶体生长观察装置对焦电机工作和关闭时的三分之一倍频程频带方均根加速度谱（飞船 x 轴）

14.6.4.4　电泳仪电机工作

图 14-68 给出了神舟四号飞船上电泳仪电机工作引起的结构振荡，图 14-69 给出了电泳仪电机刚停止工作后的加速度。图 14-70 所示为相应的三分之一倍频程频带方均根加速度谱。将电泳仪电机工作与关闭比较，可以看到，电泳仪电机工作引起结构振荡，主要发生在中心频率 31.6 Hz、63.1 Hz、79.4 Hz 和 100 Hz 的各子频带处。

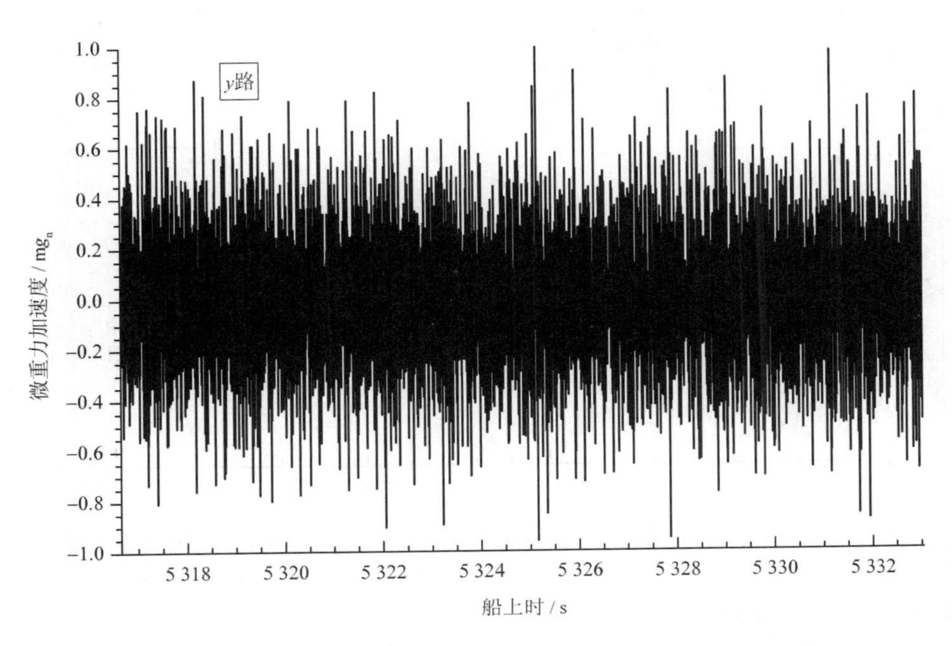

图 14－68　神舟四号飞船上电泳仪电机工作引起的结构振荡（y 路）

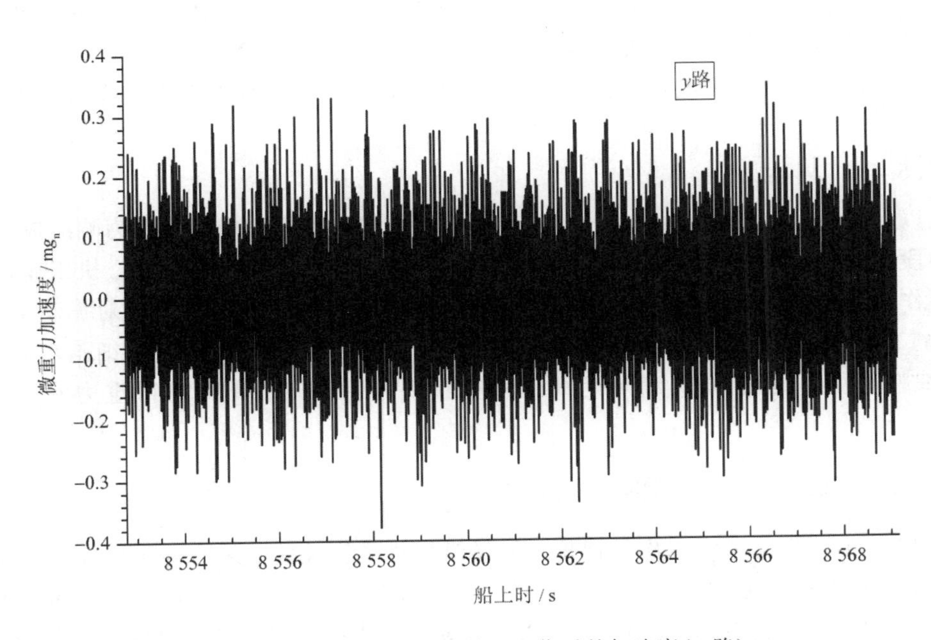

图 14－69　电泳仪电机刚停止工作后的加速度（y 路）

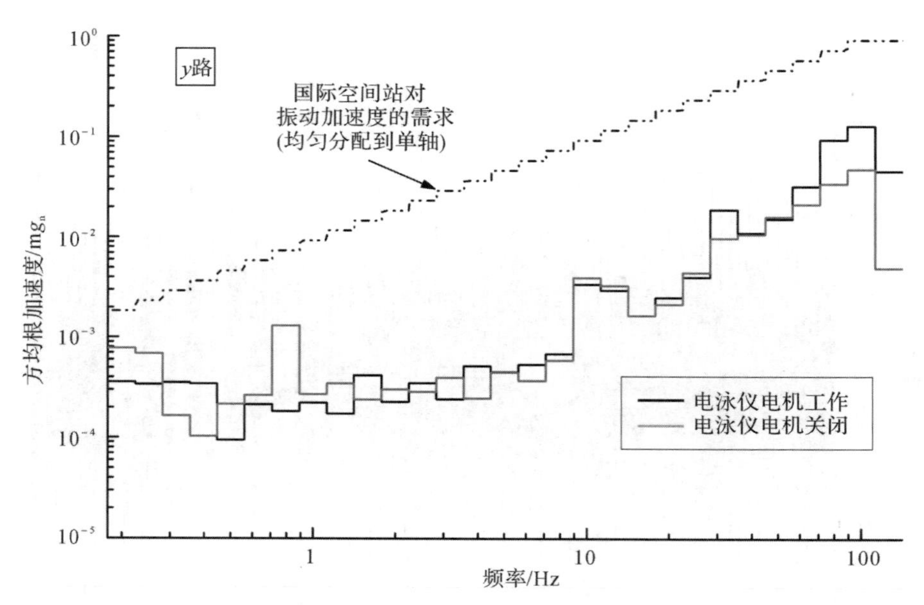

图 14－70　电泳仪电机工作和关闭时的三分之一倍频程频带方均根加速度谱(y路)

14.6.4.5　其他载荷

神舟二号飞船上由于通用生物培养箱离心机的干扰非常大，从检测到的微重力数据(包括频谱图)看不到蛋白质结晶装置电机工作、多工位晶体炉工位转换和工件拉动对微重力水平有什么影响。

神舟三号飞船上细胞培养装置泵工作、蛋白质结晶装置电机工作、多工位晶体炉工位转换和工件拉动均没有增加微重力干扰。

神舟四号飞船上细胞电融合仪工作、液滴热毛细迁移实验装置工作均没有增加微重力干扰。

14.6.4.6　小结

从以上分析可以看到，晶体生长观察装置对焦电机工作引起的结构动力响应较大，在很宽的频段内超出了国际空间站对振动加速度的需求；而通用生物培养箱离心机工作、电泳仪电机工作引起的结构动力响应较小，在所有频段内均明显低于国际空间站对振动加速度的需求；至于蛋白质结晶装置电机工作、多工位晶体炉工位转换和工件拉动、细胞培养装置泵工作、细胞电融合仪工作、液滴热毛细迁移实验装置工作则看不到对微重力水平有什么影响。

14.6.5　飞船相对平静时的微重力水平

图 14－71～图 14－73 给出了神舟五号飞船相对平静时微重力加速度的示例，可以看到单轴微重力加速度的方均根值约为 $1\times10^{-4}\ g_n$。图 14－74～图 14－76 所示为相应的三分之一倍频程频带方均根加速度谱(14.6.3.2 节对时域曲线和三分之一倍频程频带方均根谱所做的说明也适用于图 14－71～图 14－76)。

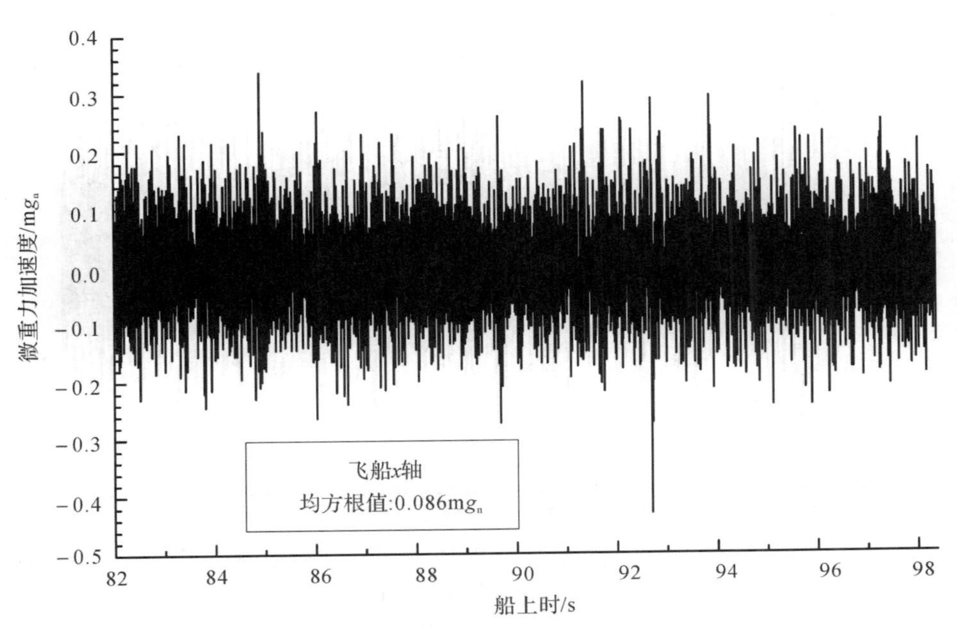

图 14－71　神舟五号飞船相对平静时微重力加速度(飞船 x 轴)

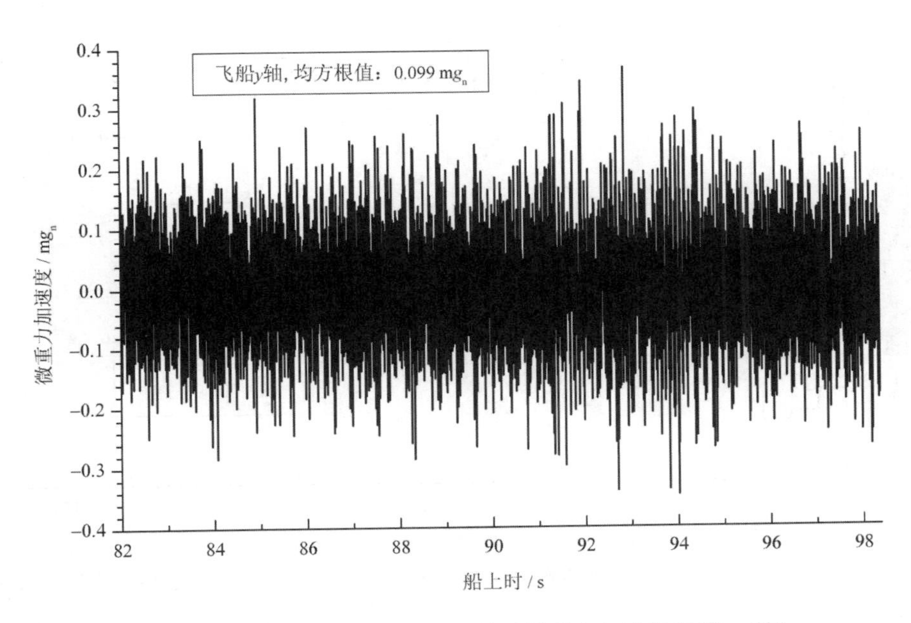

图 14－72　神舟五号飞船相对平静时微重力加速度(飞船 y 轴)

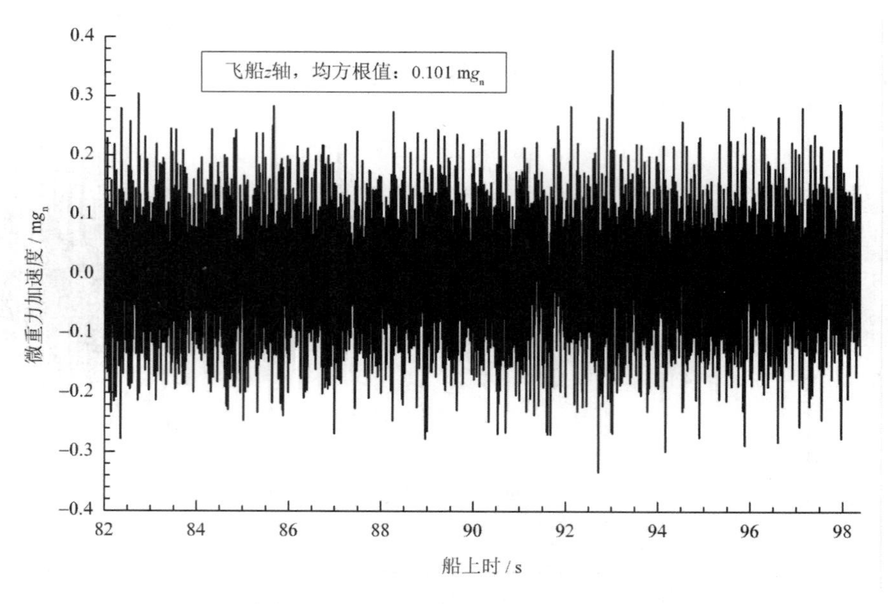

图 14－73　神舟五号飞船相对平静时微重力加速度(飞船 z 轴)

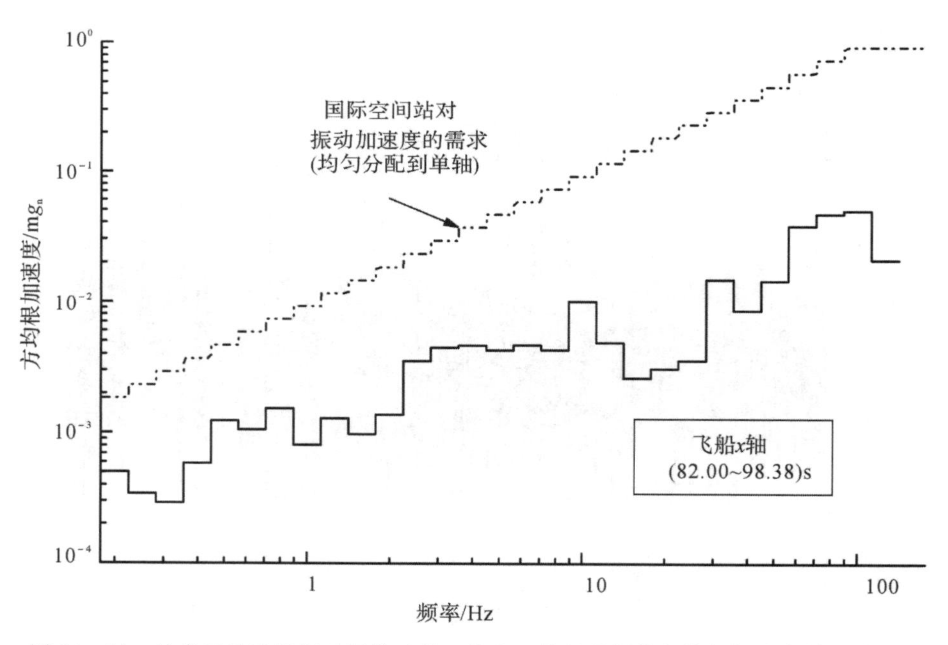

图 14－74　神舟五号飞船相对平静时的三分之一倍频程频带方均根加速度谱(飞船 x 轴)

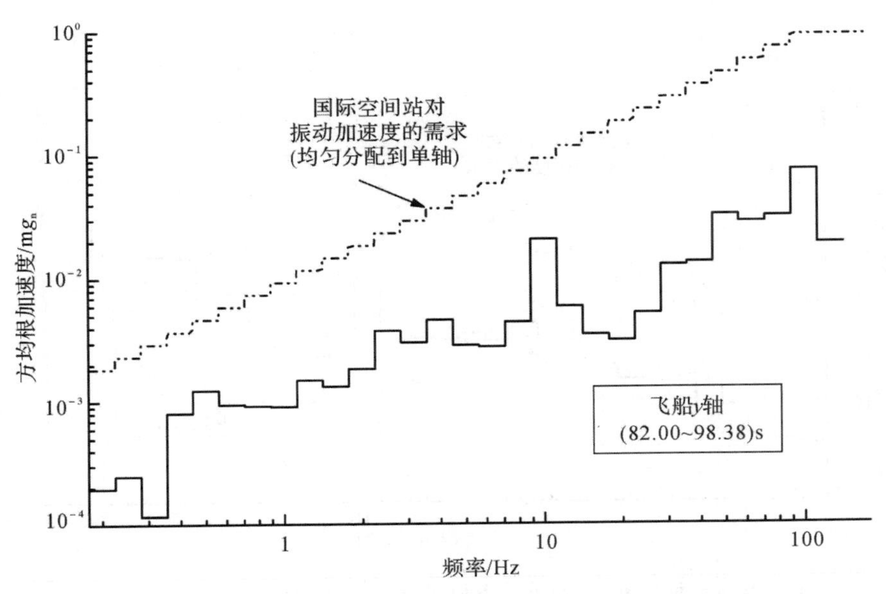

图 14-75 神舟五号飞船相对平静时的三分之一倍频程频带方均根加速度谱(飞船 y 轴)

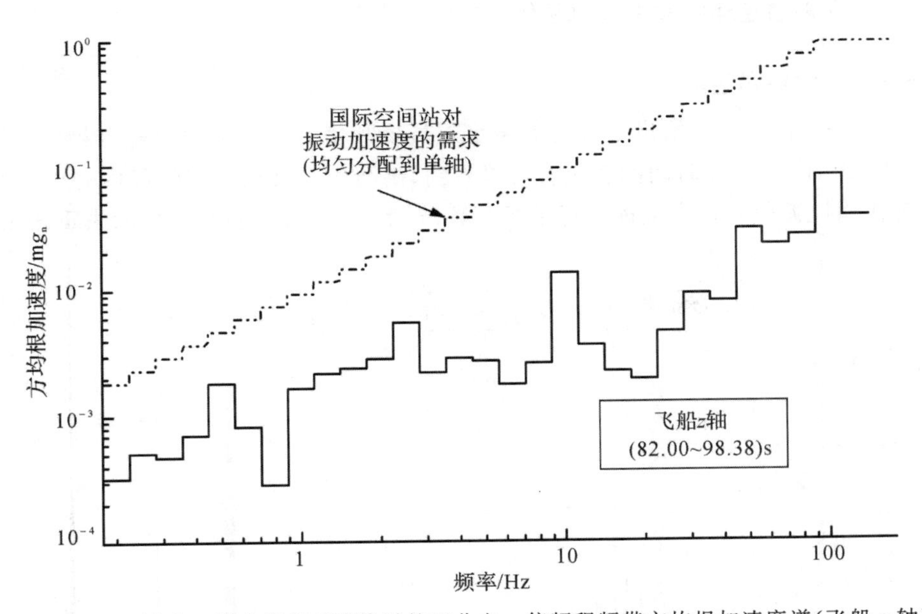

图 14-76 神舟五号飞船相对平静时的三分之一倍频程频带方均根加速度谱(飞船 z 轴)

对图 14-74～图 14-76 所示三轴方均根加速度谱的各个子频带值分别求方和根(root-sum-of-squares，RSS)，可以得到合成的方均根加速度谱，如图 14-77 所示。图中同时给出了如图 2-1 所示的国际空间站对振动加速度的需求。

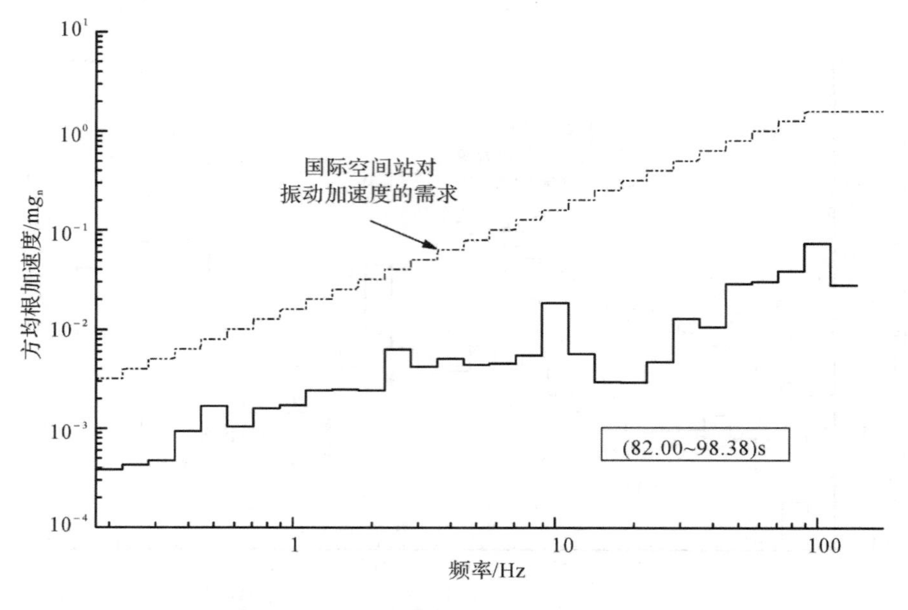

图 14-77 神舟五号飞船相对平静时合成的三分之一倍频程频带方均根加速度谱

14.6.6 飞船轨道运行段微重力起伏的方均根值变化

14.6.6.1 宇航员活动

图 14-78～图 14-80 给出了神舟五号宇航员杨利伟活动引起的微重力起伏方均根值(每 16.388 s 统计一次)随时间的变化。可以看到，杨利伟不仅在测控弧段内完成了规定的活动，而且在测控弧段外自由发挥进行了相当频繁、形式各异的活动，以体验失重的乐趣。

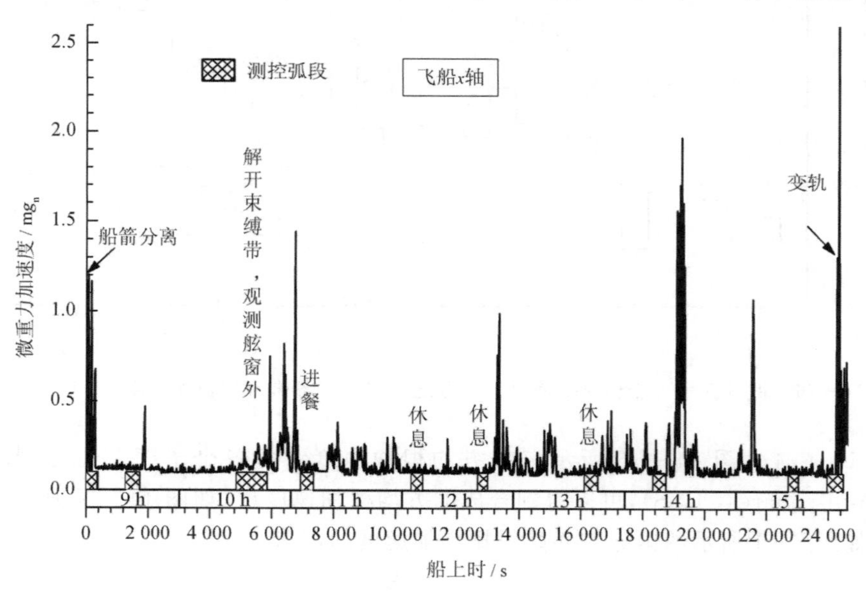

图 14-78 神舟五号宇航员杨利伟活动引起的微重力起伏方均根值随时间的变化(飞船 x 轴)

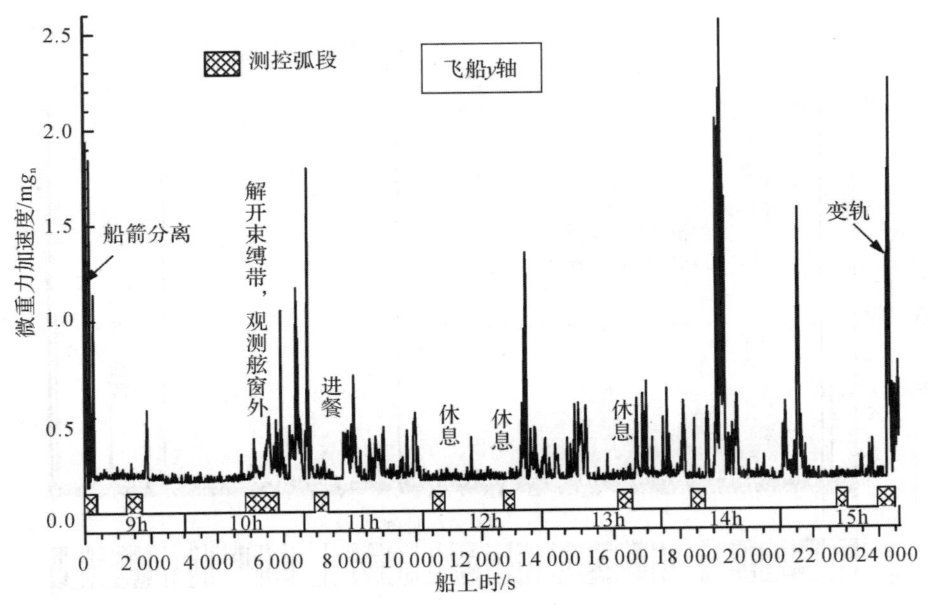

图 14－79　神舟五号宇航员杨利伟活动引起的微重力起伏方均根值随时间的变化(飞船 y 轴)

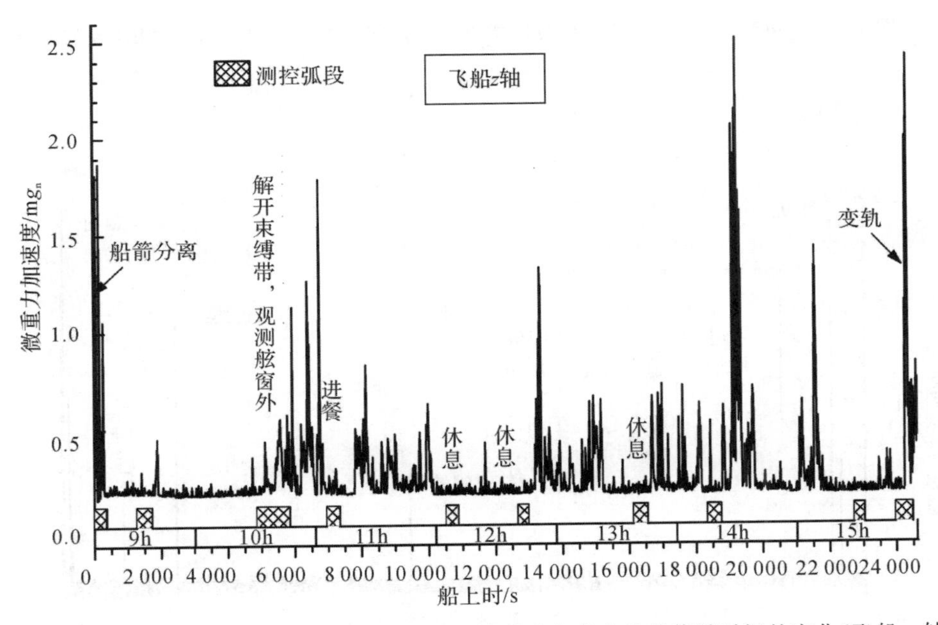

图 14－80　神舟五号宇航员杨利伟活动引起的微重力起伏方均根值随时间的变化(飞船 z 轴)

14.6.6.2　飞船的微重力状况

图 14－81～图 14－83 给出了神舟三号飞船轨道运行段微重力干扰的方均根值(每 16.388 s统计一次)随时间的变化，可以看到，各路方均根值的平均值不大于 0.16 mg_n，方均根值的标差不大于 0.06 mg_n。

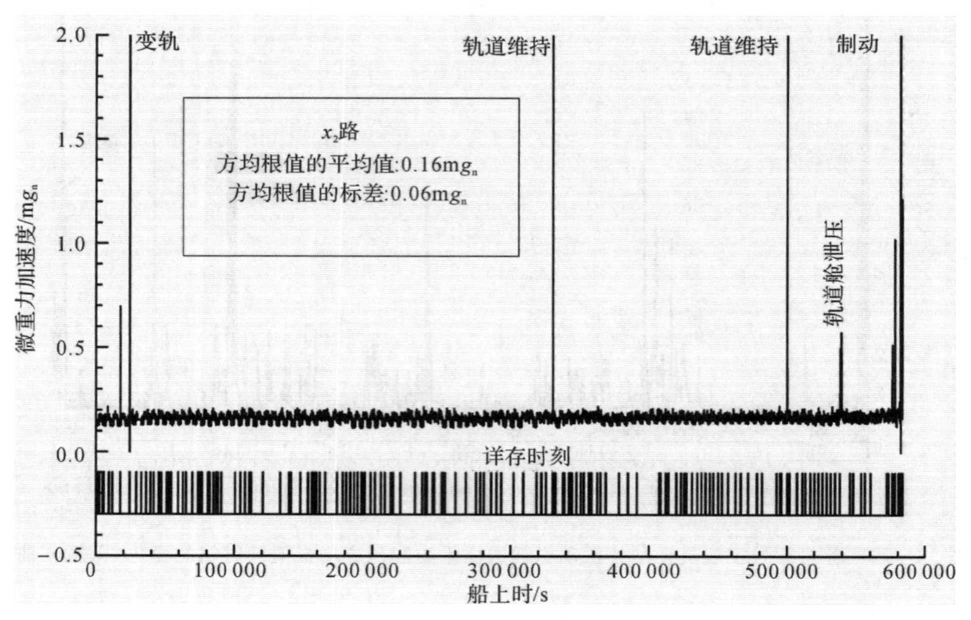

图 14－81　神舟三号飞船轨道运行段微重力干扰的方均根值随时间的变化(x_2 路)

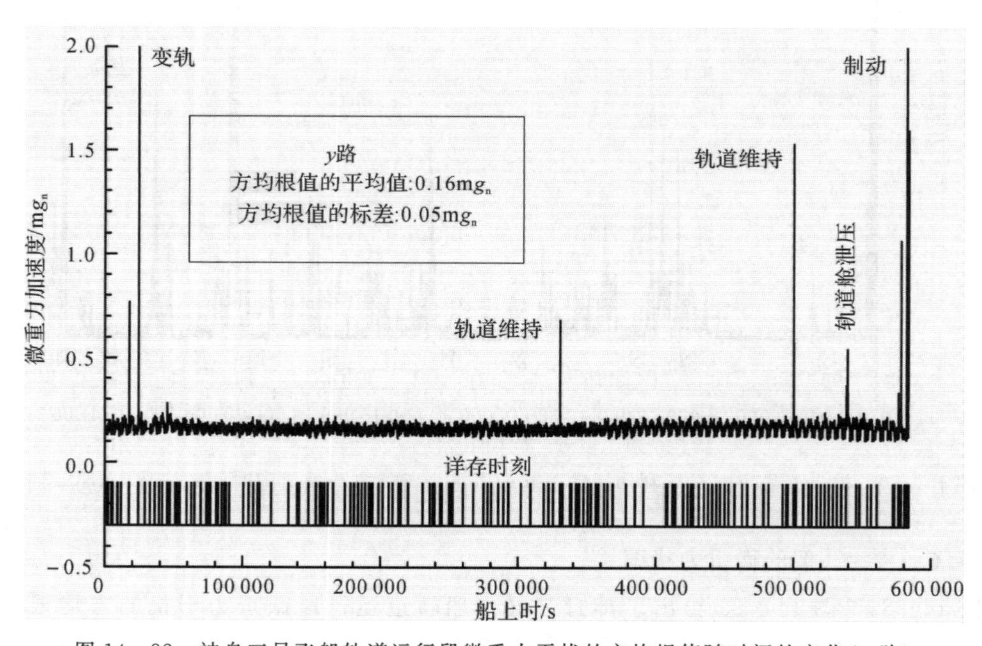

图 14－82　神舟三号飞船轨道运行段微重力干扰的方均根值随时间的变化(y 路)

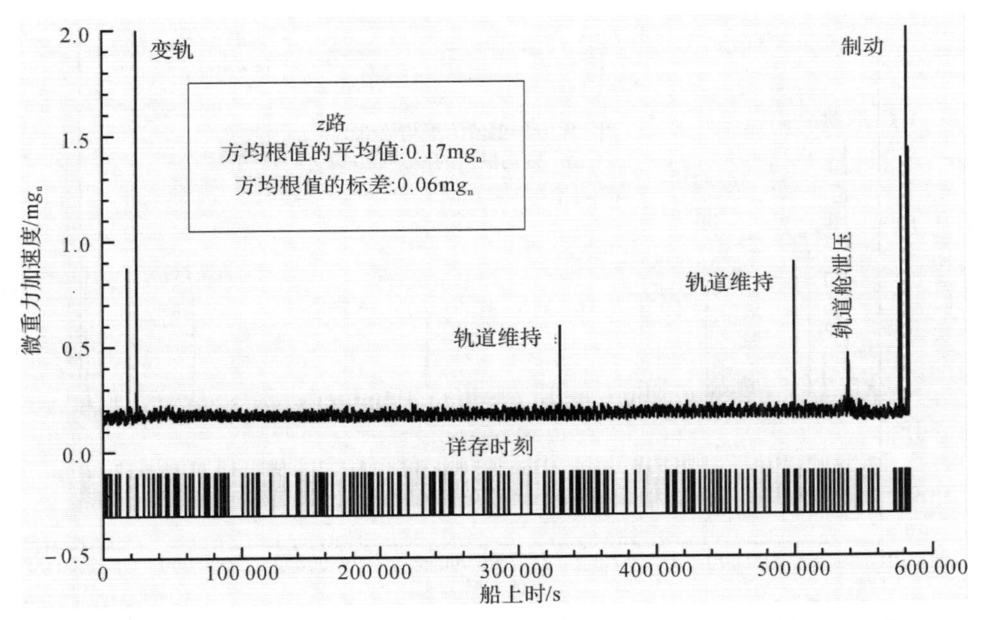

图 14 - 83　神舟三号飞船轨道运行段微重力干扰的方均根值随时间的变化（z 路）

图 14 - 84～图 14 - 86 给出了神舟四号飞船轨道运行段微重力干扰的方均根值（每 16.388 s统计一次）随时间的变化，可以看到，x_2 路和 y 路方均根值的平均值不大于 0.13 mg_n，优于神舟三号飞船；方均根值的标差不大于 0.06 mg_n，与神舟三号飞船相当。但 z 路方均根值的平均值高达 0.59 mg_n，方均根值的标差高达 0.30 mg_n，且方均根值随时间的变化非常奇怪，这是其他几艘飞船所没有的。

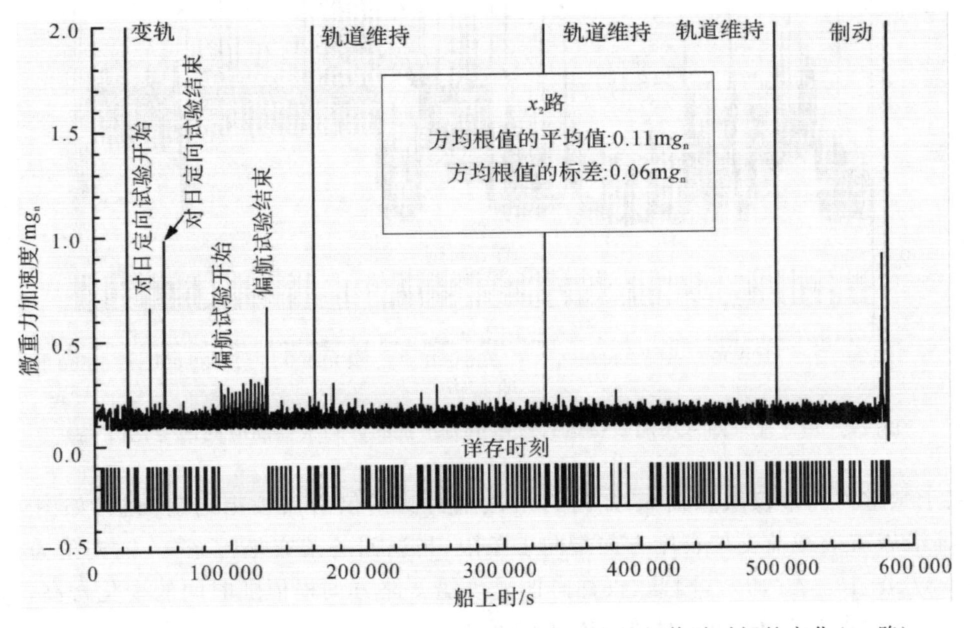

图 14 - 84　神舟四号飞船轨道运行段微重力干扰的方均根值随时间的变化（x_2 路）

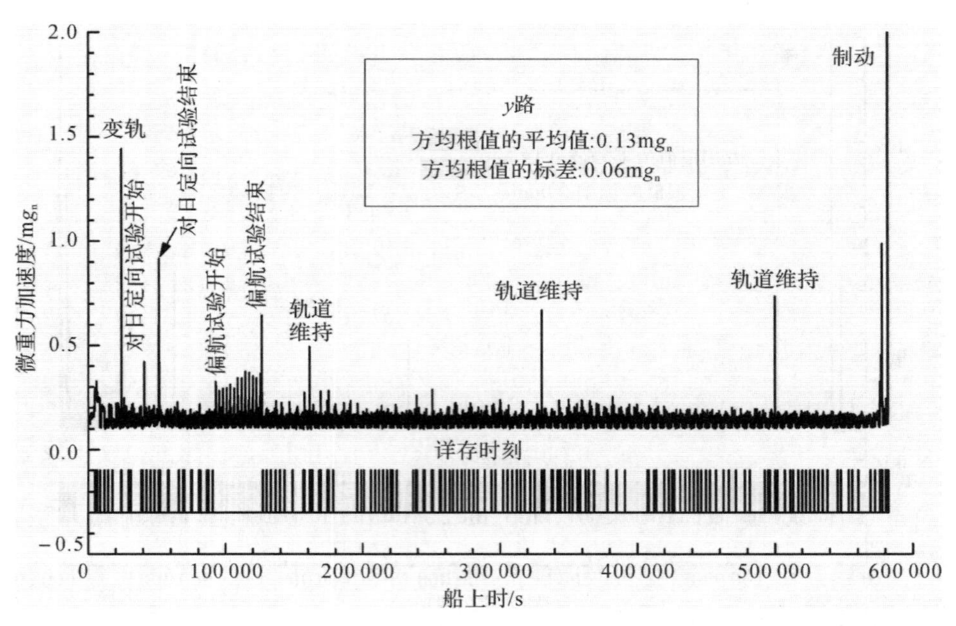

图 14-85　神舟四号飞船轨道运行段微重力干扰的方均根值随时间的变化(y 路)

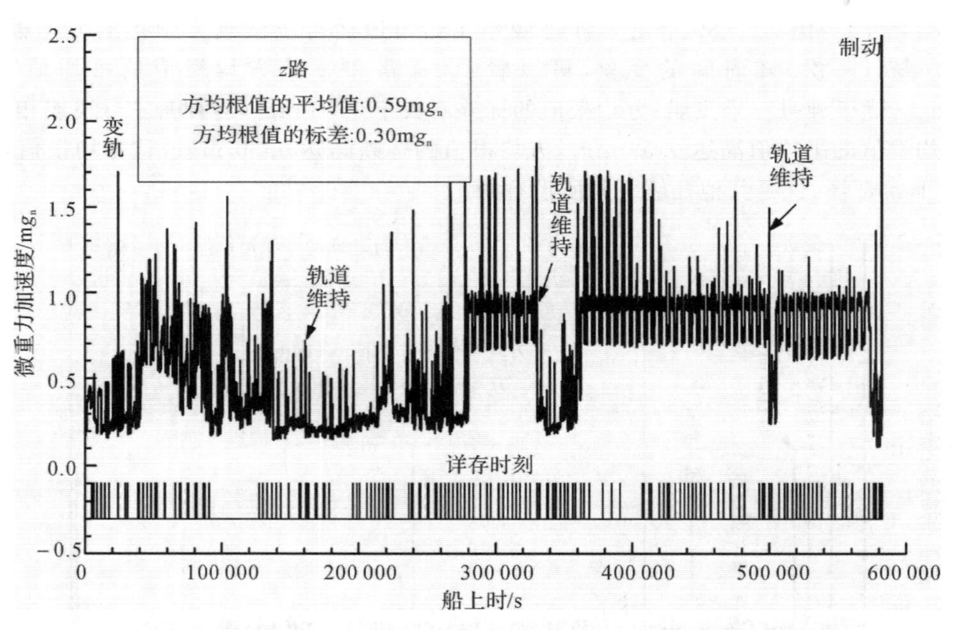

图 14-86　神舟四号飞船轨道运行段微重力干扰的方均根值随时间的变化(z 路)

鉴于微重力测量仪敏感轴 z_s 方向为由微重力测量仪后面板指向前面板，如图 13-27 所示，即沿着有效载荷支架长度方向指向Ⅰ象限，与返回舱莱查坐标系 z_L 轴夹角为 60°，如图 13-37、图 13-40 所示，因此，仅神舟四号飞船 z 路方均根值随时间的变化奇高，肯定与有效载荷支架走向有关，而不是飞船本体的问题。

神舟四号飞船还进行了对日定向试验和偏航试验，图 14-84 和图 14-85 显示出这两项试验引起的微重力加速度干扰。

14.6.7　飞船轨道运行段微重力测量值的平均值变化

表 10－1 给出 x_2 路、y 路、z 路的范围为±10 mg_n。14.5.3.6 节指出，使用地面标定得到的输出灵敏度（输出电压与输入加速度之比）及 0 g_{local} 输出值将计算出的各路各块平均值转换为 mg_n 值。

图 14－87 给出了神舟二号轨道运行段 x_2 路、y 路、z 路微重力测量值的平均值（每 16.388 s 统计一次）随时间的变化。图 14－88 给出了神舟二号微重力测量仪侧面中心位置轨道运行段的温度随时间的变化。

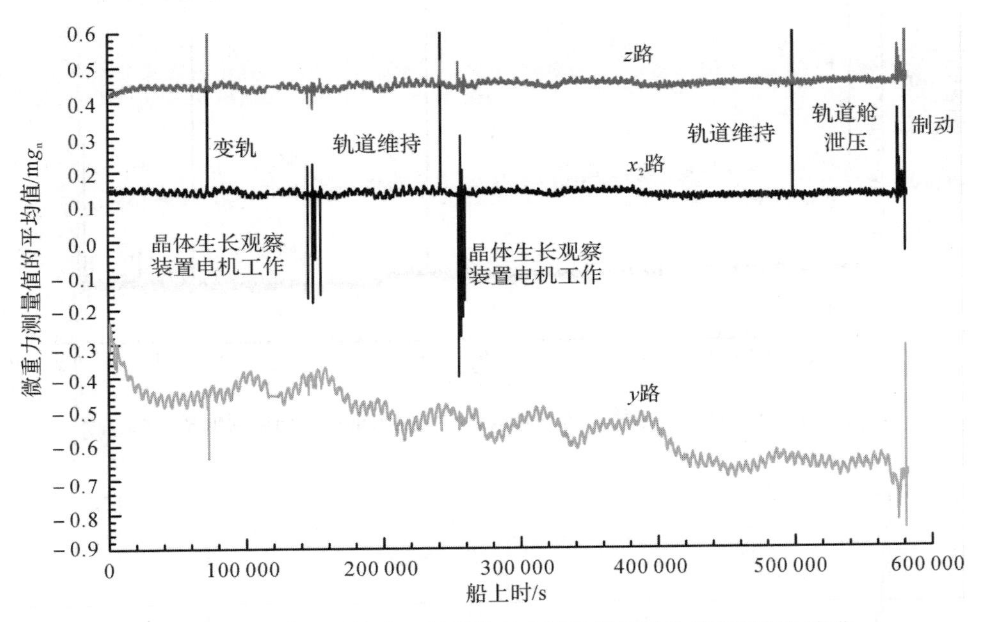

图 14－87　神舟二号轨道运行段微重力测量值的平均值随时间的变化

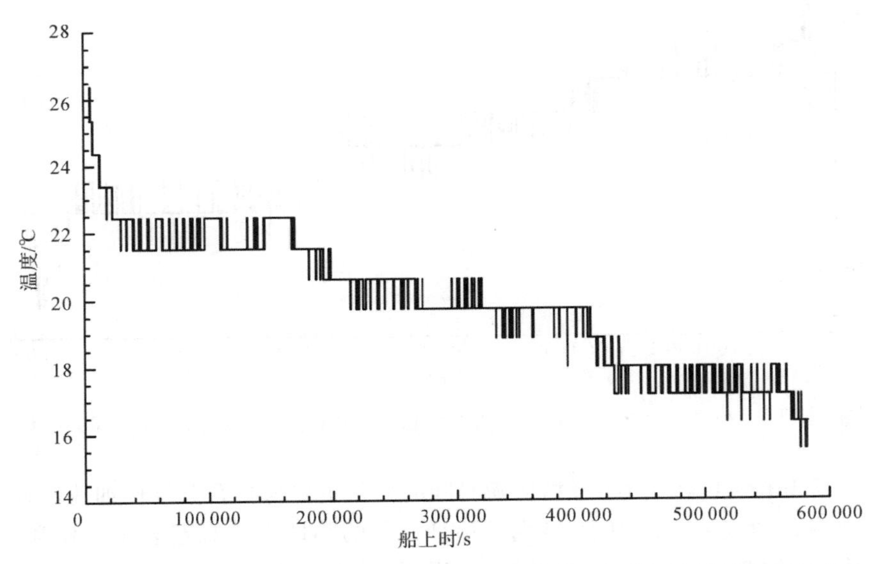

图 14－88　神舟二号微重力测量仪侧面中心位置轨道运行段的温度随时间的变化

图 14－89 给出了神舟三号轨道运行段 x_2 路、y 路、z 路微重力测量值的平均值(每 16.388 s 统计一次)随时间的变化。图 14－90 给出了神舟三号微重力测量仪侧面中心位置轨道运行段的温度随时间的变化。

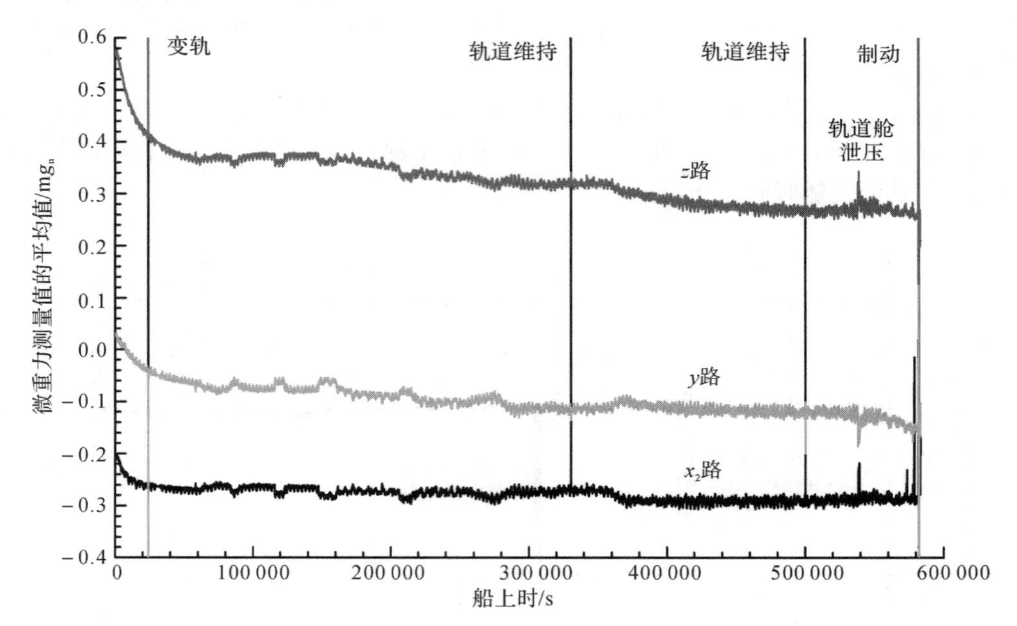

图 14－89　神舟三号轨道运行段微重力测量值的平均值随时间的变化

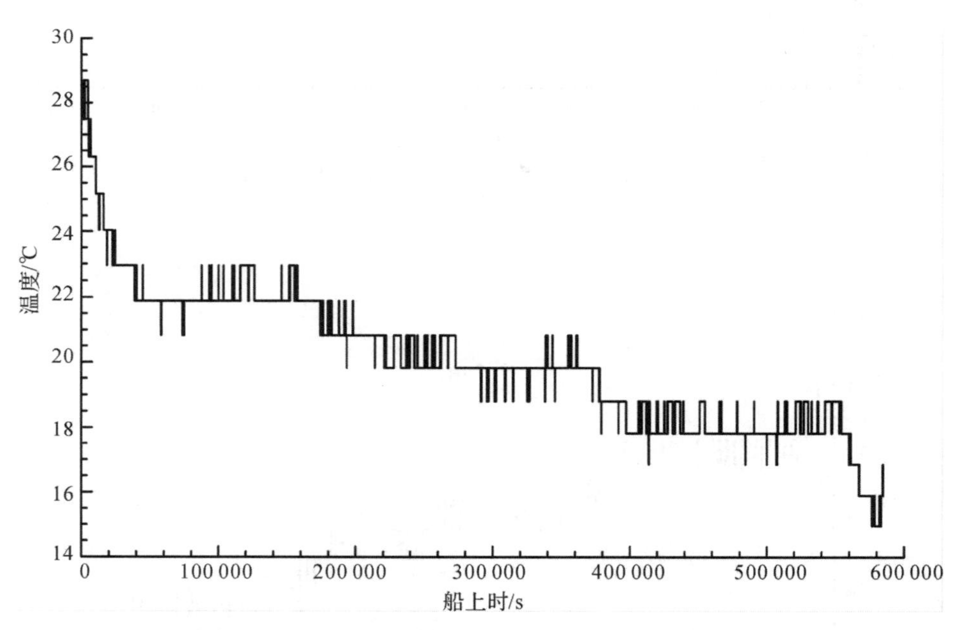

图 14－90　神舟三号微重力测量仪侧面中心位置轨道运行段的温度随时间的变化

图 14－87 和图 14－89 所示平均值随时间的变化主要来自石英挠性加速度计的偏值变化，但也有被测加速度变化的因素，特别是神舟二号的晶体生长观察装置工作和神舟二号、神舟三号都存在的变轨、轨道维持、轨道舱泄压、制动等因素。

将图 14－87 和图 14－89 分别与图 14－88 和图 14－90 相对照可以看到，石英挠性加速度计的偏值变化与偏值温度系数有一定关系，但不能仅仅归结为偏值温度系数的作用。

将图 14－87 与图 14－88 相对照，得到神舟二号 y 路所用石英挠性加速度计的偏值温度系数约为 44 μg_n/℃，x_2 路和 z 路石英挠性加速度计的偏值温度系数远小于此数；将图 14－89 与图 14－90 相对照，得到神舟三号 z 路所用石英挠性加速度计的偏值温度系数约为 25 μg_n/℃，x_2路和 y 路石英挠性加速度计的偏值温度系数明显小于此数。由此可见，每只石英挠性加速度计的偏值温度系数不一样。

图 14－87 和图 14－89 所示平均值对 0 g_n 的偏离虽然有地面标定时所处的温度与轨道运行段的温度不同这一因素，但更主要的是标定后石英挠性加速度计的偏值变化，特别是力学和热学环境试验及发射升空的力学条件引起的偏值变化。另外，从图 2－26 所示神舟四号大气阻力导致的负加速度的计算结果可以看到，大气阻力导致的负加速度处于 10^{-7} g_n 量级，远小于图 14－87 和图 14－89 所示平均值对 0 g_n 的偏离，因而不是平均值偏离 0 g_n 的原因。

14.7　本章阐明的主要论点

14.7.1　对微重力数据的需求

(1)回收落点的准确性对于保证航天员安全至关重要，为此必须严格控制变轨推进器持续工作形成的速度增量。因此，微重力数据的准实时处理需在准实时接收到的微重力科学数据中尽快搜寻到变轨推进器工作前后的微重力加速度数据，并通过数据处理手段得到准确的变轨推进器持续工作时间和形成的速度增量；为了准确预报轨道维持后的轨道，同样需要得到准确的轨道维持推进器持续工作时间和形成的速度增量。

(2)飞船各种动作会引起结构振动，这对今后飞船交会对接有显著影响，地面试验难以对此进行模拟。因此，给出各种动作引起的结构动力响应频谱，对飞船交会对接有重要参考价值。

14.7.2　恰当安排预先注入的详存指令

必须保证所关心各种工况的微重力时域数据被详存，并在被新数据覆盖前下行。为此，不仅需要掌握所关心各种工况发生的时刻和飞船飞临测控弧段上空的时刻，还需要掌握微重力科学数据的写入与读出规律，才能每天恰当安排预先注入的详存指令。

14.7.3　微重力科学数据的写入与读出规律

(1)写指针和读指针是相互独立的。数据写入存储器时，写指针周而复始，新数据顶替老数据。数据从存储器中读出时，读指针周而复始，数据可被多次复读。

(2)神舟号飞船飞行任务的测控弧段是由若干地面测控站和几艘海上测控船链接而成的，测控弧段长度非常有限。飞船数传复接器不断提取微重力科学数据，但仅在测控弧段内被下行接收。

(3)天地传输受到各种干扰，无法接收信号时会直接丢帧，接收到的帧头和帧格式错误时会将整帧丢弃，收到后分发的微重力数据包会存在错码。

(4)同一测控弧段的数据由北京航天飞行控制中心将各测控站和测控船接收到的数据拼接而成,每一个测控弧段形成一个数据文件,其中相邻站、船间的数据由于各种原因,可能出现重叠或间断,虽然拼接时采取了去重叠措施,但无法保证彻底去重叠,而数据间断更无法弥补。此外,有时为试验链路的通畅性,测控站、船会有意连续传送同一包数据,形成大片重包。

(5)传输数据时会同时采集新数据(已写入的数据会被新数据覆盖),所以一个测控弧段传输的数据剔除复读部分后有可能仍远大于微重力采编器的存储容量。

(6)由于读比写快,在读指针超越写指针的瞬间会突然转为复读另一较前时刻的写入数据,这种突然转为复读的情况只能靠写入的时间码识别。

(7)复读对于修补错码和丢帧造成的数据缺损是十分有效的。

(8)写入数据量与读出数据量间没有固定的比例,所以虽有复读数据可资利用,却不能采用常规方法来修补错码和丢帧造成的数据缺损。

(9)微重力数据并不需要时刻确保完整和正确,而为了保证重要工况微重力数据的完整和正确,可以靠重要工况之后不要急于安排新的详存,留下充足时间复读来解决。这样做的好处是微重力采编器存储容量的利用率高,且嵌入式软件处理数据所化费的机时较少,这对于保证定时采样功能是非常必要的。

14.7.4 预先注入指令的安排原则

(1)对所关心各种工况安排详存的原则是保证统计量数据和详存数据至少被下行一次,为此一般在规定工况开始前后和结束前后安排详存,有条件时规定工况过程中也适当安排详存。

(2)无规定工况时,适当安排详存,以便捕捉随机发生的工况和相对平静时的微重力加速度。

(3)规定工况频繁时,不考虑复读,由于读比写快,测控弧段内可连续安排详存;但由于读、写指针相互独立,为保证统计量数据和详存数据至少被下行一次,必须严格限制出测控弧段前、测控弧段外、进下一测控弧段后的详存块数之和。

14.7.5 数据处理软件对数据的取舍

(1)在轨飞行过程中经过多少个测控弧段,就会形成多少个微重力原包数据文件。有鉴于此,数据处理软件要对在轨飞行过程中形成的各个微重力原包数据文件分别处理。

(2)微重力数据每个原包均为 32 Bytes,不存在包同步码 EB 90 H 错位现象。因此数据处理软件判读原包数据以 32 Bytes 为基本单位。

(3)由于包同步码出错时往往该包数据也有错,数据类别标志出错时往往该条数据也有错。因此,数据处理软件剔除包同步码出错的包,剔除数据类别标志出错的参数读出区、统计量或该条微重力时域数据。

(4)微重力数据存在重包、非微重力数据包、空白包和无效包。因此,数据处理软件只保留同步码正确且包计数连续的包,而包计数与上一包相同的重包会被剔除,至于非微重力数据包、空白包和无效包,由于同步码不正确和/或包计数不连续,也会被剔除。

(5)微重力数据的基本单位为条,参数读出区每三包为一条,科学数据每两包为一条,仅每条有数据类别标志,而不是每包都有数据类别标志,复读、丢帧会造成一条有头无尾或有尾无头。为避免数据处理软件把本属不同条的包当成同一条,规定参数读出区每条第二、三包的包计数必须与第一包连续;科学数据每条第二包的包计数必须与第一包连续。

(6)已详存的数据在测控弧段内未曾读出过就被新数据覆盖造成的丢包，与数据处理时的数据舍弃无关。

14.7.6　数据处理软件对时间码被突然调小或调大的处理

(1)微重力测量装置在发射前4 h或更早加电，而船箭分离4 min后才开始接收到校时信号，由于船箭分离时刻作为运行段零时，微重力采编器软时钟时间码会被突然调小。为了避免混淆软时钟时间码突然调小前后的微重力数据，采用人工方法，用16进制编译器在收到的原码数据中搜寻软时钟时间码突然调小前后的微重力数据，并将这两部分数据分割成不同的文件，分别处理。

(2)若在船箭分离4 min后还设置了微重力测量装置关机重开机指令，初始化时软时钟归零，开机详存结束转为略存态后才校正软时钟，貌似软时钟时间码被突然调大。由于调大前呈现的时间仅偏小数分钟，所以不作处理，仅在分析时如需说明真实时间，再予人工纠正。

14.7.7　数据处理软件对数据的分割

(1)鉴于不同类别的数据互相交错，数据处理软件依靠数据类别标志分别提取参数读出区、统计量、详存时域数据。

(2)鉴于识别详存块起始点较困难、不同类别的数据互相交错、有多种原因会造成丢帧、丢包，数据处理软件以详存项及其各详存块的实际执行时间为依据分割不同的详存项和详存块。

(3)为了获取详存项及其各详存块的实际执行时间，数据处理软件从参数读出区收到的注入指令和缺省详存指令出发，根据微重力采编器模式转换准则，找出详存项和详存块的执行时间。

(4)鉴于包计数相接的数据中可能出现新数据跳变为老数据的现象，数据处理软件处理统计量或详存时域数据时，只要发现时间码出现负增长，就将其相应分割成另一个统计量或详存时域数据文件。

14.7.8　数据处理软件对数据分割后的取舍

(1)分割成的单个统计量数据文件如果长度不大于两包，或同一详存块分割成的单个详存数据文件如果长度不大于10包，数据处理软件就将其删除，因为这种文件往往被误码充斥。

(2)鉴于任意一个微重力统计量或时域数据的细分标志或奇校验出错时很可能相应的该块统计量或该组时域数据也有错。因此数据处理软件将相应的该块统计量或该组时域数据剔除。

(3)鉴于微重力数据包中大部分数据没有错码，但有时连续多包错码严重，数据处理软件整合同一详存块被分割的各个详存数据文件时，依据文件长度按逆序(由长至短)反复检查、合并数据文件，一旦检查到数据文件已经完整，就以该文件作为该详存块的唯一合法数据文件，并终止检查、合并，即对余下长度更短的同一详存块数据文件不再利用。这样做，不仅节约了整合时间，而且有利于减少整合后详存块数据文件中的错码。

14.7.9　数据处理软件对数据的整合

(1)为形成完整统一的处理结果，对分割后的数据必须进行整合。

(2)每个微重力原包数据文件中相接的数据可能出现新数据跳变为老数据的现象。因此相邻测控弧段的微重力数据文件间会存在数据交叠现象。这是选择数据整合方法必须考虑的重要因素。

(3)数据处理软件对未被删除的各个统计量数据文件按各自的下行时间先后排序,依次以每条的采样时刻为序合并、去重复,形成单一的统计量数据文件。这样做,不仅比采用通常的冒泡排序法快,而且可以剔除复读造成的重复数据。

(4)数据处理软件在同一详存块中如果没有发现完整的数据文件,则对未被删除的各个数据文件按各自的下行时间先后排序,依次以每条的采样时刻为序合并、去重复,形成该详存块单一的详存数据文件。

14.7.10 数据处理软件对个别残留错码的纠正或剔除

由于微重力加速度具有连续变化的特征,个别残留错码可以在微重力加速度变化曲线中识别出来,有必要时可以人工纠正或剔除。

14.7.11 数据处理软件对数据的 0 g_n 修正

(1)由于发射环境引起的石英挠性加速度计偏值变化可能达到 10^{-4} g_n 量级。所以对详存的微重力时域数据必须作 0 g_n 修正。

(2)鉴于一般在规定工况开始前后安排详存,数据处理软件实施 0 g_n 修正的方法为取详存项开始前第 8 块至第 4 块共 5 块略存的总平均值作为 0 g_n,以便尽量避开工况的干扰。为了防止其中仍可能存在偶发工况,数据处理软件还要检查每一块平均值对 5 块总平均值的偏差,采用 Chauvenet 判据来剔除可能包含有偶发工况的平均值。虽然这种 0 g_n 修正方法把稳态加速度也修正掉了,然而神舟号飞船的准稳态加速度处于 10^{-7} g_n 量级(除偏航试验期间外),明显小于传感器静态分辨力($\leqslant 2\ \mu g_n$)和模-数转换量化宽度($\leqslant 5\ \mu g_n$),所以在仪器可分辨的范围内,0 g_n 修正是可信的。

(3)为了得到准确的轨道机动时推进器持续工作形成的速度增量,必须彻底消除石英挠性加速度计偏值的影响,为此进一步用人工干预的办法找出轨道机动时推进器即将工作前微重力加速度起伏变化最小的时段,求出该时段微重力时域数据的平均值,作为“精准 0 g_n”,对“精准 0 g_n”修正后的微重力时域数据作数值积分,并乘以微重力测量仪标定场所的实际重力值,得到变轨推进器持续工作形成的速度增量。虽然此方法也把稳态加速度修正掉了,然而所需要的速度增量并不包含大气阻力等外来因素的影响,因此对于所需要的速度增量而言,“精准 0 g_n”的确是精准的。

14.7.12 数据处理软件对时域和频域微重力数据的计算

为获得特定工况的频谱,需用人工在微重力加速度时域变化图上找出该工况对应的时段,然后对该时段所对应的微重力加速度时域数据作频谱分析。

14.7.13 轨道机动推进器持续工作引起的速度增量

(1)开始变轨引起一个明显的结构衰减振荡,结束变轨也引起一个明显的结构衰减振荡。

(2)由于轨道机动引起姿态变化,轨道机动的同时存在大的姿控推进器工作和相当频繁而较小的姿控推进器工作,因此用加速度数据计算轨道机动推进器持续工作引起的速度增量包含有姿控推进器工作的贡献，这是最为真实的。而载人航天一期工程中飞船的制导、导航与控制分系统没有计及姿控推进器工作的贡献，影响了速度增量的准确性。

14.7.14　飞行控制的其他重要工况

(1)轨道舱的气体向舱外排放会形成微推力，从而改变飞船的姿态角。当姿态角超过 0.2°时，小姿控推进器会自动工作。由于小姿控推进器只能间歇工作，显得推力太小，不足以抵消泄压造成的姿态变化，造成姿态角不断增大，当姿态角超过 5.5°时，大姿控推进器会自动工作，使姿态角迅速变小。然而，大姿控推进器停止工作后，泄压又使姿态角重新变大。泄压过程中随着轨道舱压力降低，气体向舱外排放形成的微推力越来越小。随着泄压形成的微推力逐渐降低，小姿控推进器工作的间歇时间也逐渐延长。随着气体向舱外排放形成的微推力越来越小，小姿控推进器的作用相对明显起来，二者的相互作用使姿态角的变化趋于平缓，并最终使姿态角回复到 0.2°以内，泄压过程完全结束。

(2)泄压引起的姿控动作会引起飞船结构振荡，其加速度的幅度远大于小推进器工作本身引起的加速度。从而使飞船微重力水平明显变差。鉴于微重力加速度的方均根值(每 16.388 s 统计一次)直观反映了微重力干扰的水平(包括瞬态加速度和振动加速度)，所以从微重力加速度方均根值随时间的变化可以估计泄压持续时间。

14.7.15　飞船各种动作引起的结构动力响应

(1)在动载荷作用下所引起的结构运动、变形和应力称为结构动力响应，动载荷作用下所引起的结构运动用二阶常微分方程组表示，求解单自由度系统的二阶常微分方程可以得到系统的内部特性(刚度、阻尼、质量)对系统运动的影响。

(2)简谐激励引起的受迫振动仍是简谐振动，且振动角频率与简谐激振外力的角频率相同。当简谐激振外力的角频率 ω 远低于欠阻尼条件下自由振动的固有角频率 ω_n 时，受迫振动的振幅接近静变位，从系统内部特性的角度来看，振幅的大小主要取决于系统的刚度，刚度越大，振幅越小；当 ω 与 ω_n 相近时，系统产生共振，振幅放大率的大小主要取决于系统的阻尼比，阻尼比越大，振幅放大率越小；当 ω 远高于 ω_n 时，受迫振动的振幅小于静变位，从系统内部特性的角度来看，振幅的大小主要取取决于系统的质量，质量越大，振幅越小。在实际结构设计时，为防止共振，应将 ω 相对于 ω_n 拉开 20%以上，作为设计的一般规则。相反，在利用振动时，则应采取措施使振幅放大率提高。

(3)共振时，无论系统的阻尼大小如何，受迫振动的相位总是比激振力滞后 90°。对无阻尼的系统：当 ω 低于 ω_n 时，振动的相位与激振力同相位；当 ω 高于 ω_n 时，振动的相位与激振力相位相反，即在共振点前后相位发生突然变化。对有阻尼的系统：振动相位与激振力之间的相位差随 ω/ω_n 的增大而逐渐增大，不发生突然变化，但在共振点前后变化较大；系统阻尼越小，共振点附近相位差的变化越大。

(4)微重力测量仪安装在返回舱有效载荷支架上。因此，对飞船各种动作发生后的微重力时域数据作频谱分析得到的结构动力响应谱是传递到返回舱有效载荷支架上的响应谱，与飞船本体的结构动力响应存在一定程度的差异。

(5)三分之一倍频程频带方均根谱适合于既有稳态确定性信号又有零均值稳定随机信号的频谱分析。问题在于，飞船各种动作引起的结构动力响应可能只存在于一个有限的时间过程，并非稳定信号，但为了与国际空间站对振动加速度的需求相比较，只好在讨论到某种动作时，假定该种动作是不间断重复的，在此前提下使用三分之一倍频程频带方均根谱就是恰当的了。

(6)由于传感器存在偏值和偏值漂移，所以对传感器所测的噪声信号应该先用最小二乘法线性拟合做去均值和去线性趋势处理。

(7)飞船的船箭分离、阀门动作、推进舱太阳电池翼压紧装置解锁、返回前的调姿过程、轨道舱和返回舱分离等动作引起的结构动力响应较大，在很宽的频段内超出了国际空间站对振动加速度的需求；变轨过程中频繁的姿控推进器工作、平稳运行中150 N大推力姿控动作、推进舱太阳电池翼垂直归零等动作引起的结构动力响应要小一些，只在很窄的频段内超出了国际空间站对振动加速度的需求；而平稳运行中25 N小推力姿控动作引起的结构动力响应更小，在所有频段内均不超过国际空间站对振动加速度的需求。

14.7.16 飞船各种微重力科学实验装置动作引起的结构动力响应

晶体生长观察装置对焦电机工作引起的结构动力响应较大，在很宽的频段内超出了国际空间站对振动加速度的需求；而通用生物培养箱离心机工作、电泳仪电机工作引起的结构动力响应较小，在所有频段内均明显低于国际空间站对振动加速度的需求；至于蛋白质结晶装置电机工作、多工位晶体炉工位转换和工件拉动、细胞培养装置泵工作、细胞电融合仪工作、液滴热毛细迁移实验装置工作则看不到对微重力水平有什么影响。

14.7.17 飞船轨道运行段微重力测量值的平均值变化

(1)得到的加速度平均值随时间的变化主要来自石英挠性加速度计的偏值变化，但也有被测加速度变化的因素，特别是神舟二号的晶体生长观察装置工作和神舟二号、神舟三号都存在的变轨、轨道维持、轨道舱泄压、制动等因素。

(2)石英挠性加速度计的偏值变化与偏值温度系数有一定关系，但不能仅仅归结为偏值温度系数的作用。

(3)每只石英挠性加速度计的偏值温度系数不一样。

(4)得到的加速度平均值对0 g_n 的偏离虽然有地面标定时所处的温度与轨道运行段的温度不同这一因素，但更主要的是标定后石英挠性加速度计的偏值变化，特别是力学和热学环境试验及发射升空的力学条件引起的偏值变化。大气阻力导致的负加速度处于 10^{-7} g_n 量级，远小于加速度平均值对0 g_n 的偏离，因而不是平均值偏离0 g_n 的原因。

参 考 文 献

[1] 薛大同，雷军刚，程玉峰，等. 微加速度测量在载人航天飞行控制和轨道预报中的作用[C]//中国航天可持续发展高峰论坛暨中国宇航学会第三届学术年会，北京，12月22—24日，2008. 中国宇航学会第三届学术年会论文集. 北京：宇航出版社，2009：632－644.

[2] 张世箕. 测量误差及数据处理[M]. 北京：科学出版社，1979.

[3] 百度百科. 动力响应[DB/OL]. https://baike.baidu.com/item/动力响应/5296596.

[4] 马营利. 基于减基法的梁结构动力学响应快速计算[D]. 长沙：湖南大学，2013.

[5] 屈维德，唐恒龄. 机械振动手册[M]. 2版. 北京：机械工业出版社，2000.

第15章　NASA的空间加速度测量系统

本章的物理量符号

a_0	实际加速度，μg_n
a_r	TSH-ES在环境温度25℃、2年内的读数，μg_n
a_x	沿x轴的外来加速度，m/s^2
b_x	MESA x轴的偏值，m/s^2
$c_{1,y}$	y轴实际标度因数与理论标度因数的比值
$c_{1,z}$	z轴实际标度因数与理论标度因数的比值
C_T	跨阻运放的相位补偿电容（包括该增益节点的寄生电容），F
f_0	模拟信号的最高频率，Hz
f_m	滤波后信号（包括感兴趣信号和不感兴趣的干扰信号）的最高频率，Hz
f_N	Nyquist频率，Hz
I_i	反相输入端电流，A
N	ADC的位数
R	外平衡架轴至传感器检验质量质心的距离，m
R_{IN_+}	跨阻运放的同相端输入电阻，Ω
R_{IN_-}	跨阻运放的反相端输入电阻，Ω
R_o	跨阻运放输出缓冲器的输出电阻，Ω
R_T	跨阻运放的直流（低频）跨阻增益，由上、下电流镜的输出电阻决定，Ω
V_o	跨阻运放的输出电压，V
V_n	跨阻运放的反相端输入电位，V
V_p	跨阻运放的同相端输入电位，V
V_z	跨阻放大级的输出电压，V
Z	开环跨阻增益值，Ω
$\gamma_{x,0}$	台面处于0°时MESA x轴的输出，m/s^2
$\gamma_{x,180}$	台面处于180°时MESA x轴的输出，m/s^2
γ_y	MESA y轴的加速度测量值，m/s^2
γ_z	MESA z轴的加速度测量值，m/s^2
ω	外平衡架轴旋转的角速率，rad/s

本章独有的缩略语

AMAMS	Advanced Microgravity Acceleration Measurement Systems,先进的微重力加速度测量系统
CDU	Control & Data Acquisition Unit,控制和数据获得单元
CPM	Communications Processor Module,通信处理器模块
CPU	Central Processing Unit,中央处理器
EE	Electronics Enclosure,电路盒
ES	Ethernet/Standalone,以太网/单机模式
EXPRESS	Expedite the Processing of Experiments to Space Station,空间站实验加快处理
FOG	Fiber Optics Gyroscope,光纤光学陀螺仪
FIR	Finite Impulse Response,有限冲激响应
GRC	Glenn Research Center,Glenn 研究中心
HiRAP	High Resolution Accelerometer Package,高分辨力加速度计包
I/O	Input/Output,输入/输出
M	MEMS,微机电系统
MEMS	Micro-Electromechanical Systems,微机电系统
OSS	OARE Sensor System,OARE 的传感器系统
PDA	Personal Data Assistant,个人数据助手
PGA	Programmable Gain Amplifier,可编程增益放大器
Q	Quasi-Steady,准稳态
RAM	Random-Access Memory,随机存取存储器
RRS	Roll Rate Sensor,滚动速率传感器
RTS	Remote Triaxial Sensor,远置三轴传感器
SCC	Serial Communications Controller,串行通信控制器
SE	Sensor Enclosure,传感器盒
USB	Universal Serial Bus,通用串行总线

NASA 的空间加速度测量系统包含有准稳态、瞬态和振动加速度测量,其中准稳态加速度测量本属于第 4 篇的范畴,但为了完整介绍 NASA 的空间加速度测量系统,仍列入本章内容。

15.1 目的和需求

15.1.1 目的

空间加速度测量系统(SAMS)项目的目的为:发展、配置以及操作加速度测量系统,以测量、收集、处理、记录以及传送所选的加速度数据给研究者,或其他需要控制、监测以及表征平台和/或设备(例如落塔、航空器、探测火箭、空间运输系统以及国际空间站)上微重力环境的用户[1]。

传送所选的加速度数据属于微重力服务,是 SAMS 的姐妹项目,它作为通向大多数研究者的加速度数据直达接口,提供了基于用户请求和动作的加速度数据延伸分析[1]。

15.1.2　需求

SAMS 的需求为[1]:

(1)获得微重力加速度数据:

1)对低于国际空间站限定的三分之一倍频程频带方均根加速度折线所示加速度的测量误差足够小,分辨力足够高①;

2)获得具有相应的时间信息的加速度数据;

3)在可选择的频率范围内测量加速度;

4)测量实验样品、容器、装置内、装置上、装置近旁的加速度。

(2)分配 SAMS－Ⅱ的控制:

1)参数受首席调研员控制;

2)参数受在轨全体乘员控制。

(3)向使用者提供加速度信息:

1)以可选的格式提供信息;

2)在可选的时间额度内提供信息。

15.2　系统体系和研发历程

15.2.1　系统体系

SAMS 系统体系如图 15－1 所示[1]。

15.2.2　研发历程

SAMS 的研发历程如图 15－2 所示[1]。

最早研制的 SAMS 原型只检测瞬态和振动加速度,并不包含测量准稳态加速度的 OARE。15.3 节指出,其动态范围为 114 dB(1 μg_n～0.5 g_n),测量频率为(0.01～100) Hz,主要构成包括远置 TSH 和主单元,其中 TSH 使用三个正交安装的 QA2000－30 加速度计(其性能特性见附录表 D－6)。

图 15－2 中其余检测瞬态和振动加速度的有 TSH-FF、MAMS-HiRAP、RTS、TSH-ES 和 TSH-M。15.5 节指出,TSH-FF 采用 QA3000/3100 加速度计(QA3000 的性能特性见附录表 D－7),TSH-FF 的动态范围增加到 120 dB(1 μg_n～1 g_n),测量频率范围扩展为(0.01～200) Hz。15.7.3 节指出,MAMS-HiRAP 采用三个正交的摆式气体阻尼加速度计,静态分辨力 1 μg_n,输入范围约±8 000 μg_n,误差为±5 μg_n,偏值温度系数为10 μg_n/℃,

① 文献[1]原文为"加速度测量的准确度和分辨力优于国际空间站设定的加速度环境包络线",不妥[参见2.2.2.5 节第(1)条和 4.1.3.1 节]。

测量频率为(0.01～100) Hz。15.8 节指出，RTS 也采用 QA3000/3100 加速度计，相互垂直度为 0.1°，对底部为 0.5°，采用 Δ-Σ 24 位模-数转换器，测量的动态范围 130 dB (0.3 μg_n～1 g_n)，测量频率范围扩展为(0.01～400) Hz。15.9 节指出，TSH-ES 采用三个 QA3100 加速度计，相互垂直度 0.1°，对底部 0.5°，采用 Δ-Σ 24 位模-数转换器，测量的动态范围为 135 dB(0.18 μg_n～1 g_n)，频率范围与 RTS 相同，TSH-ES 是为了系统性能最大化而设计出来的小的、高度综合的传感器头，而向用户、载体或装置索取的需求最小化，TSH-ES 送出的数据具有前所未有的更高分辨力。15.11 节指出，TSH-M 采用微机电系统技术，下限为1 Hz，2004 年处于研制中时上限待定。

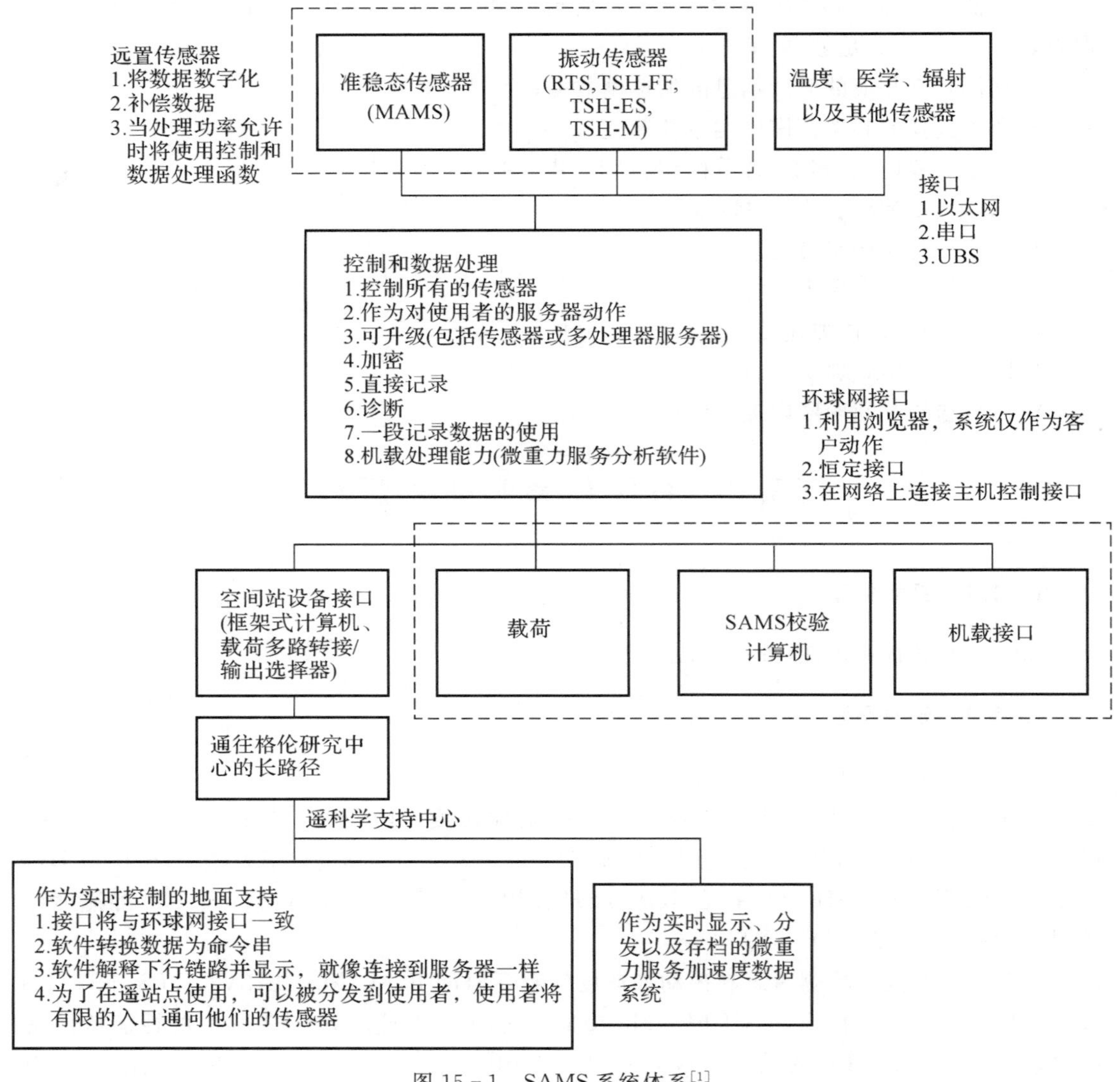

图 15－1　SAMS 系统体系[1]

图 15－2 中测量准稳态加速度的有 OARE、MAMS-OSS 和 TSH-Q。15.4.2 节指出，OARE 的传感器组件采用 MESA。15.7.1 节指出，MAMS-OSS 为 OARE 传感器子系统的简称，它将 MESA 传感器与伺服控制电路、输出调理滤波器包装在一起，可以测量1 Hz以下准稳

态加速度，下限低于 10^{-5} Hz 的加速度。而 TSH-Q 测量准稳态加速度的原理和性能不详。

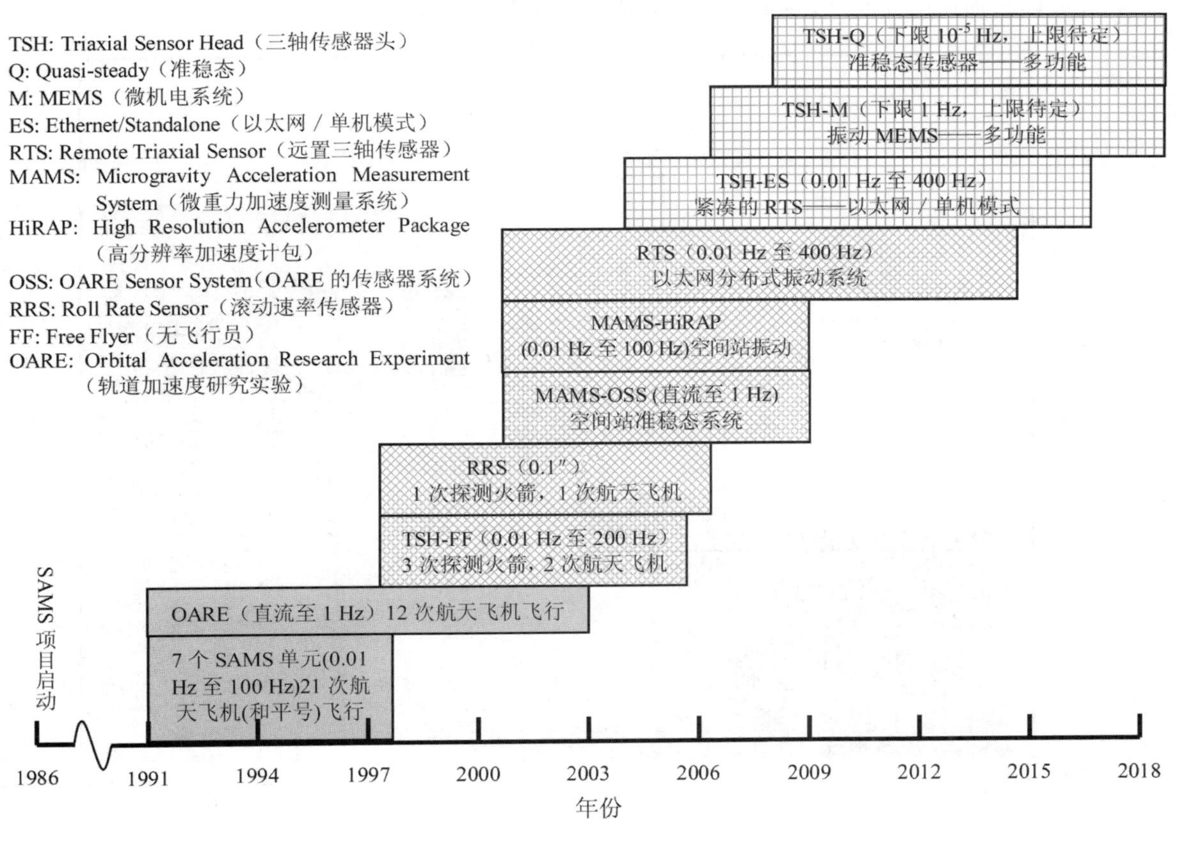

图 15－2　SAMS 的研发历程[1]

图 15－2 中 RRS 采用没有运动部件的光纤光学陀螺仪检测滚动速率，采样率为 10 Sps，分辨力为 0.1″，如 15.6 节所示。

图 15－2 所示不同类型加速度计的动态范围-通带范围包络如图 15－3 所示[1]。为了便于比较，该图还给出了准稳态加速度、瞬态加速度、振动加速度的量值-通带范围以及国际空间站计划需求曲线。

15.3　SAMS 原型

SAMS 是由 NASA 的 Lewis 研究中心开发的，其主要构成包括远置三轴传感器头(TSH)和主单元。SAMS 原型的状态如下[2]：

三轴传感器头使用三个正交安装的 QA2000－30 加速度计，底座的三个正交安装面的平面度误差为 0.05 mm，相互垂直度误差在 182 μrad (37.5″)以内，每个加速度计附带一个前置放大器卡。图 15－4 所示为前置放大器电原理图。

加速度计标度因数为(1.20～1.46) mA/g_n，负载电阻 R1 相应配置为(8.33～6.85) kΩ，允差 0.1%，以保证负载电阻的输出为 10 V/g_n。可编程运算放大器的增益可在 1，10，100 或 1 000 中选择一种，并由主单元通过 A0，A1 和 $\overline{WR}$ 控制。来自加速度计的温度电流信号通过阻值为 10 kΩ、允差 1.0%的电阻 R5 转换为电压。当继电器 K1 动作时，运算放大器与加速度计断开，并将输入短接以测量系统的直流偏移。

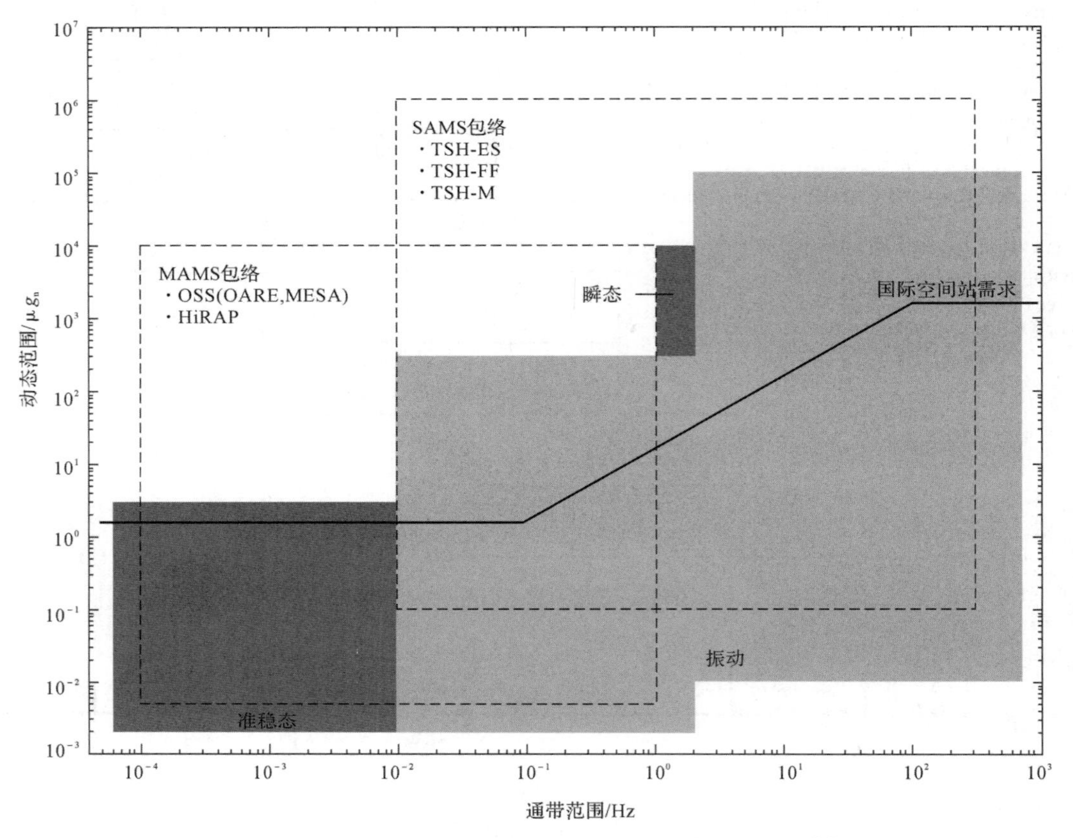

图 15-3　不同类型加速度计的动态范围-通带范围包络[1]

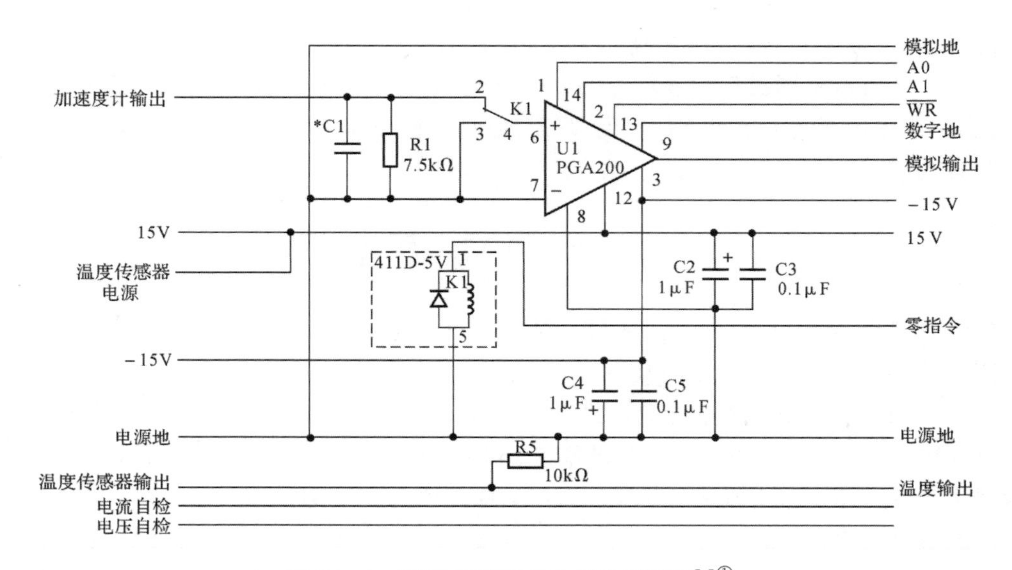

图 15-4　TSH 的前置放大器电原理图[2]①

① 图中的器件符号无斜体和下标是因为电原理图的绘制软件无此功能，且该表达方式已为专业人员所熟知。

SAMS 的目标是加速度动态范围 114 dB(1 μg_n～0.5 g_n)，频率为(0.01～100) Hz。低通滤波可在 2.5 Hz，5 Hz，10 Hz，25 Hz，50 Hz 或 100 Hz 中选择一种。

三轴传感器头由主单元提供±15 V 电源，体积为 11.91 cm×10.16 cm×6.99 cm，质量大约为 1.12 kg。

模拟信号通过电缆传送到主单元，电缆最长可达 1.86 m。主单元包括基于微处理器的数据获得系统和光盘驱动器，它将信号进一步滤波并数字化，先临时存储在随机存储器中，并最终存储在光盘中。

15.4　OARE

15.4.1　构成

图 15－5 显示了轨道加速度研究实验(OARE)的系统布局[3]。该系统尺寸为 1 041 mm×432 mm×330 mm，质量为 53.2 kg，功率为 110 W，由以下三个安装在基座上的可更换单元组成：

(1)标定台和传感器组件；

(2)接口电路、电源和伺服控制模块；

(3)16 位可编程微机和存储器。

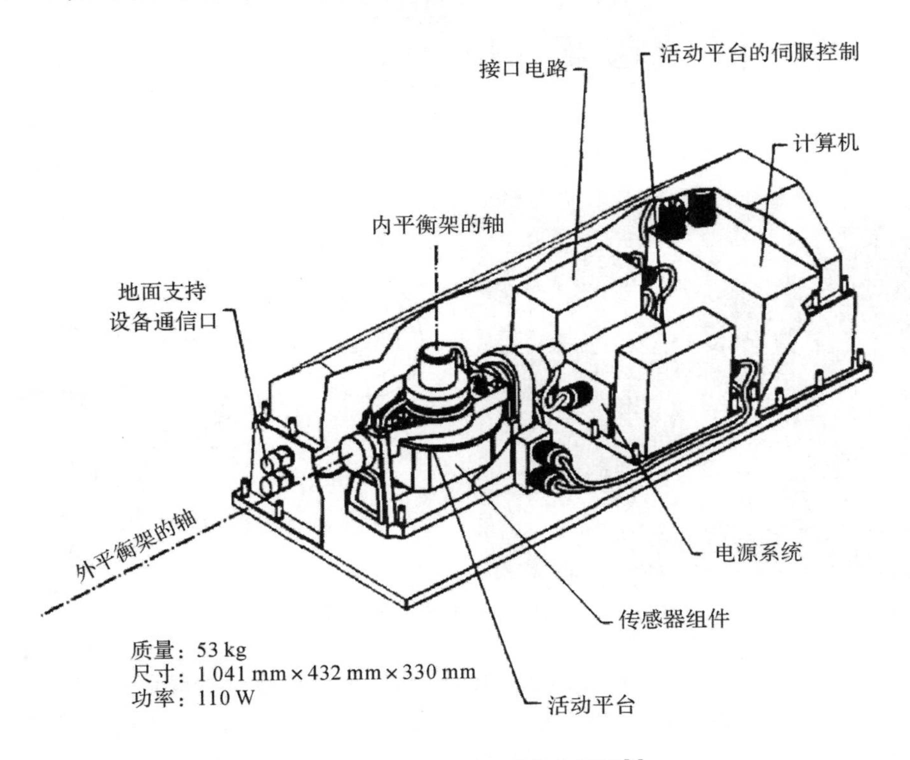

图 15－5　OARE 系统布局图[3]

15.4.2 传感器组件

传感器组件采用微型静电加速度计(MESA)[4-5]，它是一个三轴加速度计，具有单一的检验质量，并靠静电悬浮实现自由漂移[3]。传感器组件的输入范围分 A, B, C 三挡，分别对应于 x 轴的 $\pm 10\ 000\ \mu g_n$，$\pm 1\ 000\ \mu g_n$ 和 $\pm 100\ \mu g_n$ 以及 y 轴和 z 轴的 $\pm 25\ 000\ \mu g_n$，$\pm 1\ 970\ \mu g_n$ 和 $\pm 150\ \mu g_n$[3]。相应 x 轴的分辨力分别为 305.2 ng_n，30.52 ng_n 和 3.052 ng_n，而 y 轴和 z 轴的分辨力分别为 762.9 ng_n，60.12 ng_n 和 4.578 ng_n[6]。

15.4.2.1 MESA 的原型

MESA 原型为 MESA IA，系统的外形如图 15-6 所示[7]，敏感结构如图 15-7 所示[7-8]。

图 15-6 MESA IA 系统的外形图[7]

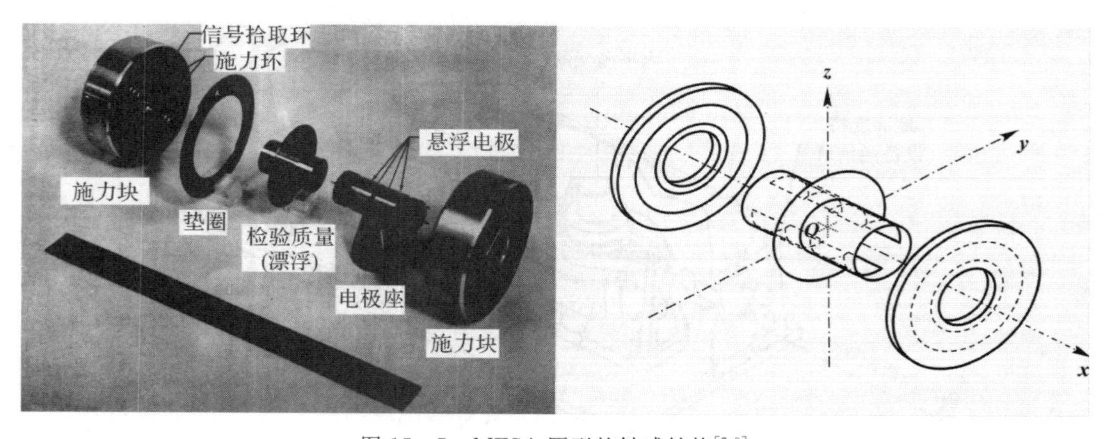

图 15-7 MESA 原型的敏感结构[7-8]

MESA 的原型[7]是一个单自由度的加速度计，其敏感结构检验质量是一个空心圆柱浮筒，其中部四周有一个凸缘。浮筒内表面与 8 个电极相对，并留有间隙，该间隙是浮筒位置的函数。每一个电极与调谐电感相连，它越过间隙向浮筒施加一个电场，从而保持浮筒除了轴线方向外均处于漂浮状态。

信号拾取环与浮筒凸缘同轴，浮筒移动使凸缘与信号拾取环间的电容变化，该电容处于平衡电容桥中，电容变化引起被载波频率激励的电流变化，产生桥信号的输出。输出被放大和相位敏感检波以产生一个直流电压，它的极性是浮筒移动方向的函数，而它的幅度是相对于加速度计零位位移的度量。该电压应用到触发电路中产生抑制浮筒位移的直流脉冲。开始脉冲调制的直流电平称为触发电平。

电压脉冲施加到施力环上，以便沿敏感轴（圆柱轴）推动浮筒。靠脉冲芯片产生脉冲，该芯片控制脉冲的幅度和宽度。该脉冲产生技术已用于 Agena 计划的数字速率仪表，且其准确性和稳定性已经在许多空间飞行中得到检验。系统输出信息是正比于加速度的脉冲速率。

该加速度计设计中遇到的最困难的问题之一是薄壁铍浮筒需加工到极小的尺度公差。使用铍是为了具有高的强度-重量比和随着温度变化具有好的尺度稳定性。圆筒的直线度和圆度、凸缘的平面度平行度和对于圆筒的垂直度被严格控制，因为它们限制了仪器的交叉耦合系数。浮筒的典型尺度为：圆筒的内径（12.677±0.005）mm，长度（21.945±0.025）mm，厚度（0.127±0.005）mm，直线度和圆度＜0.25 μm；凸缘的外径（32.56±0.025）mm，宽度（0.381±0.013）mm，对圆筒直径的一致度＜2.5 μm；表面粗糙度（0.05～0.25）μm（方均根值）；质量为 0.72 g。

8 个电极必须导电，但对所有其他电极良好绝缘，并且具有坚硬、光滑的表面层而没有锐利的边角或不连续。用镶嵌在高强度、低导热率、低损耗、高阻抗环氧树脂里的抛光不锈钢电极制作电极组件。严密控制其外径、电极面积和表面层以确保在悬浮系统的电场中具有好的对称和力平衡。电极载体的尺度为：外径（12.611±0.001）mm，名义长度 31 mm，电极长度（8.611±0.025）mm，直线度和圆度＜0.025 μm；表面层粗糙度＜0.1 μm（方均根值）。

施力块是该加速度计设计的重要元件，因为它包含有信号拾取电极和伺服电极。它必须具有与电极载体同样的电特性，包括低的杂散电容和高的尺度稳定性。三个同轴、同样面积的不锈钢环被镶嵌在环氧树脂里。内环和外环是施力环，被相同幅度、相反极性的伺服脉冲激励。它们对浮筒凸缘施加相等的吸引力，而导入到浮筒上的净电荷为零。中环是信号拾取环，即差动信号拾取电容器的固定板，而活动板是浮筒凸缘。环的几何形状使得信号拾取系统和施力系统间的相互作用最小。两个施力块组装在浮筒凸缘的两侧，用于实现双向伺服和“平衡桥”浮筒运动检测。施力块的尺度为：外径（49.022±0.002 5）mm，宽度（15.029±0.013）mm，内径（12.606±0.001）mm，电极环平面度在 0.13 μm（总读数）以内，环表面对外径的垂直度在 0.25 μm（总读数）以内，外径和内径的圆度在 1.3 μm（总读数）以内。

铝壳与施力块及电极载体一起确保浮筒凸缘与信号拾取环、施力环之间对准。铝壳还坐实了加速度计的安装方位，因而敏感轴随之对准。所有关键表面被抛光到小于 0.25 μm（方均根值）且关注面的平行度和垂直度被维持在 0.025 mm（总读数）。装配时顶盖、底盖与中段间用 O 圈密封。

关键表面，包括壳的外表面，镀有非晶态的镍磷层（约 8 μm 厚）以提供一个可锡焊的表面或免除铝对铝的挤压配合。未涂覆表面必要时被抛光，使得表层的退化可以忽略。

O 圈密封的组件用氦质谱检漏后，最终充以一个大气压的干燥氮气。漏率小于 1×10^{-9} Pa·m³/s。据此估计，在空间环境中该平均漏率下充入的氮气每年仅损失 15%。

加速度计靠周围缠绕加热元件保持在一个恒定的温度下（大约 35 ℃），该加热元件受热敏电阻温度控制回路控制。在预期的环境运行温度（25±5）℃下，内部温度的稳定性优于

0.1 ℃。靠使用具有极好空间稳定性和非常高的绝缘强度的高密度、高刚度可塑陶瓷材料(称为 Mykroy)制的安装环,实现与其安装表面热绝缘。

圆筒型检验质量在地基试验时至少存在两个缺点[8]:①作用在圆筒型检验质量弯曲表面上的 1 g_{local} 伺服力引起交叉轴上大的交叉耦合"负弹性",使 1 g_{local} 试验环境下的偏值测量易受位置拾取零值随机变化的影响,1 g_{local} 试验环境中圆筒型检验质量的圆柱轴具有非常高的偏值性能就是这一事实的证据;②地基试验时必须测量在两个径向轴上的"标度因数修正因子",用于修正地基标度因数数据,以便评估在轨标度因数,这些修正因子可能接近10%,并且测定其值的任何偏差使得对这两个径向轴的在轨标度因数评估降低水准。

15.4.2.2 MESA 的改进型

MESA 改进型[8]的敏感结构如图 15-8 所示。为了在三个正交轴上实现 μg_n 和 ng_n 水平加速度的准确测量,MESA 的改进型将检验质量由中部带有凸缘的空心圆柱浮筒改为全对称立方体,从而极度减小了轴间的交叉耦合,并且允许检验质量真正 6 自由度伺服,消除了不希望有的检验质量相对于伺服电极的旋转。而且,立方体结构除了在三个轴向上提供线加速度测量外,还可以提供绕三个轴的角加速度测量。

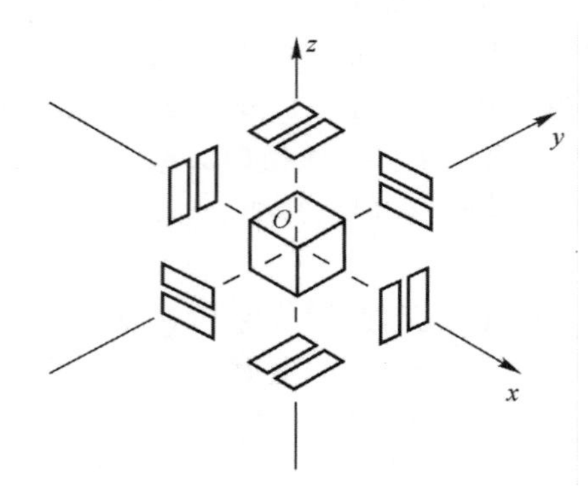

图 15-8 MESA 改进型的敏感结构[8]

MESA 改进型敏感结构的组件如图 15-9 所示。6 个同样的电极组件(每个有两个电极)安装在电极笼中,准确地决定了电极组件相对于立方检验质量的位置。注意,电极是定向放置的,以期在所有的 6 个自由度上提供约束。电极笼被螺栓固定在外壳内的安装凸耳上。通过 12 根密封引线将 12 个电极引到外壳的外面。然后在外壳的每一端装上盖子。对外壳进行检漏,然后充以 90%氮、10%氦的混合气体。气体既对检验质量提供阻尼保护以对抗与发射有关的振动和冲击,又为伺服回路的稳定运行提供必须的机械阻尼。混合气体中少量的氦用作密封的敏感结构组件泄漏检验的示踪气体。6 个伺服回路的各自电路处于两块印制电路板上,并安装在外壳 6 面中的一面;安装方法考虑到在电极和各自伺服回路的关键前端电路间连接既短又直接。

立方 MESA 的其他改进有:安装施力电极时使用温度补偿垫片,以实现标度因数的温度补偿;所有绝缘材料置入凹坑,远离检验质量,以便极度减小任何发射振动引起的偏值变化量,驱散这种偏值变化有时需要几个小时。

MESA 的偏值温度系数为 0.04 μg_n/℃,可以在 μg_n 和亚 μg_n 水平准确测量非常低频率(上限 1 Hz,下限 10^{-4} Hz 或更低)的加速度。

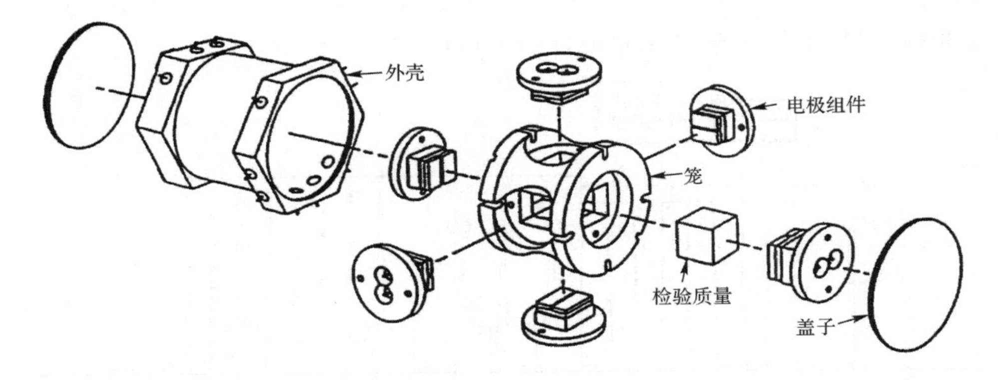

图 15-9 MESA 改进型敏感结构的组件[8]

15.4.3 标定台组件

传感器组件安装在活动平台上以实施飞行中标定，所得到的原位标定因子与 1 g_{local} 环境下得到的标定因子相比，在既定包含概率下显著改善飞行结果的测量不确定度中由系统影响引起的分量①。活动平台可以靠两个无刷直流力矩马达绕内平衡架的轴和外平衡架的轴活动，平台的活动是靠微处理器控制的[3]。图 15-10 所示为 OARE 标定台组件的略图[9]。

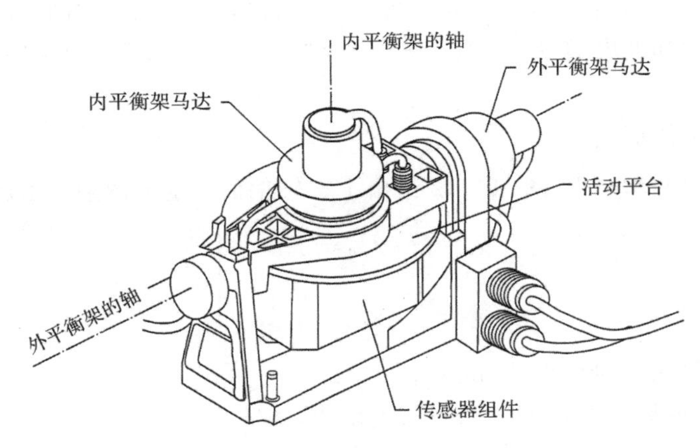

图 15-10 OARE 标定台组件的略图[9]

15.4.4 标度因数和偏值标定

15.4.4.1 标定方法

MESA 飞行中标定使用 16 位光学编码器检测平台的方位，用已知的恒定速率旋转平台，可以产生已知的加速度信号，于是便可测定标度因数。另外，输入轴反向 180°定位，便可测定偏值。周期性地测定标度因数和偏值可以保证仪器的准确度。图 15-11 为标定过

① 文献[3]原文为“显著改善飞行结果的精密度和置信水平”，不妥[参见 4.1.3.3 节第(1)条]。

程中内外平衡架角度的典型变化，可以看到，半小时内即可完成 x, y, z 三轴 A，B，C 三挡的偏值和标度因数标定，其中偏值标定仅需 10 min[10]。

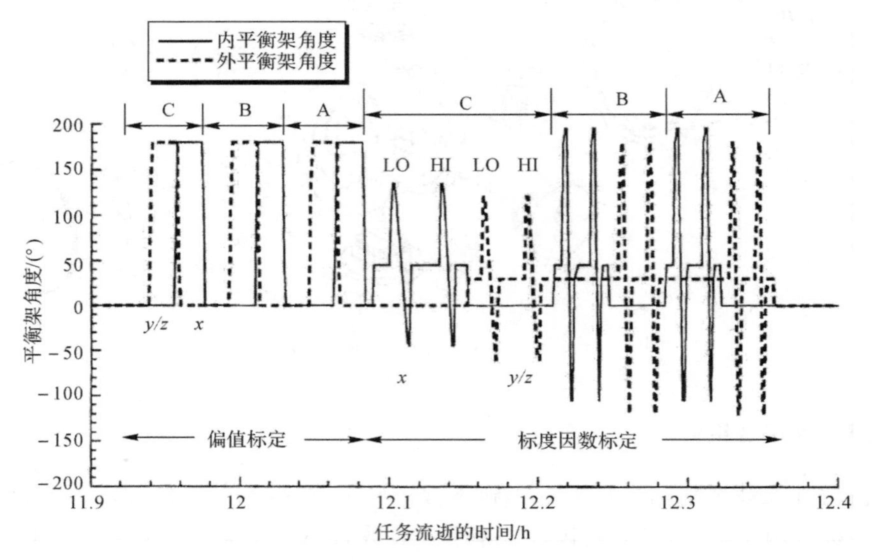

图 15-11　OARE 标定过程中内外平衡架角度的典型变化[10]

OARE 传感器和所有的加速度计一样，会受到制造公差和包括温度、湿度在内的物理环境变化的影响，会受到自身固有的电路漂移的影响，会受到元器件随时间退化的影响。所有这些会慢慢改变加速度信号。因此，为了有效控制仪器的误差①，定期测定偏值和标度因数是必需的[9]。

15.4.4.2　偏值标定

作为偏值标定的示例[9]，图 15-12 给出了 x 轴偏值标定的图解。由此可以得到

$$\left.\begin{aligned} b_x &= \frac{1}{2}(\gamma_{x,0} + \gamma_{x,180}) \\ a_x &= \frac{1}{2}(\gamma_{x,0} - \gamma_{x,180}) \end{aligned}\right\} \tag{15-1}$$

式中　b_x——MESA x 轴的偏值，$\mathrm{m/s^2}$；

$\gamma_{x,0}$——台面处于 0° 时 MESA x 轴的输出，$\mathrm{m/s^2}$；

$\gamma_{x,180}$——台面处于 180° 时 MESA x 轴的输出，$\mathrm{m/s^2}$；

a_x——沿 x 轴的外来加速度，$\mathrm{m/s^2}$。

重复这个过程，但是绕外平衡架的轴旋转，即可对 y 轴和 z 轴提供偏值数据。对每个输入范围的每个轴收集一组 500 个数据点。偏值测量是飞行中靠可编程微机处理的，且存储在星载 OARE 存储器中。

上述方法假定测量过程中外来加速度没有一点变化。在实验室中这是可以严格控制的，但在航天器上却不行。推进器工作、机械子系统工作、航天器机动、卫星发射以及航天器中其他实验活动会影响测量。因此，为了使过程中引入的误差最小化，必须严格控制实验步骤。例如，靠保持测量时间短，保持相当大的统计数据长度，监测航天器的动作，可以保持引

① 文献[9]原文为“为了确保仪器的准确度”，不妥(参见 4.1.3.1 节)。

入的误差足够小，以符合实验的目标。

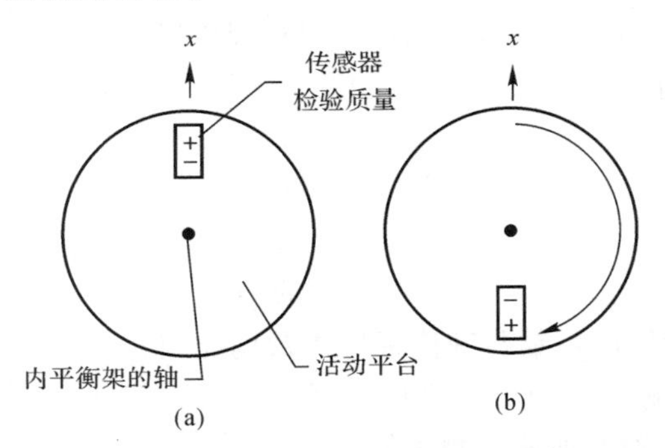

图 15-12　MESA x 轴偏值标定的图解[9]

(a)台面处于 0°，$\gamma_{x,0}=a_x+b_x$；(b) 台面处于 180°，$\gamma_{x,180}=-a_x+b_x$

15.4.4.3　标度因数标定

作为标度因数标定的示例[9]，图 15-13 给出了 y 轴和 z 轴标度因数标定的图解。x 轴指向纸面内，与外平衡架轴的方向一致。图中给出了传感器检验质量与台面的关系：y 轴和 z 轴均垂直于外平衡架的轴，且与外平衡架轴指向传感器的半径矢量之夹角为 45°。传感器检验质量偏离台面的旋转中心，台面绕外平衡架的轴以稳定的角速率 ω 旋转，使传感器得到一个已知的输入加速度（向心加速度）。台面对每个输入范围都以两个不同的角速率旋转，即可检测出传感器 y 轴和 z 轴方向的线性。仪器被设计为在每一个输入范围内从头至尾都是线性的。重复这个过程，但是绕内平衡架的轴旋转，即可对 x 轴提供标度因数数据。

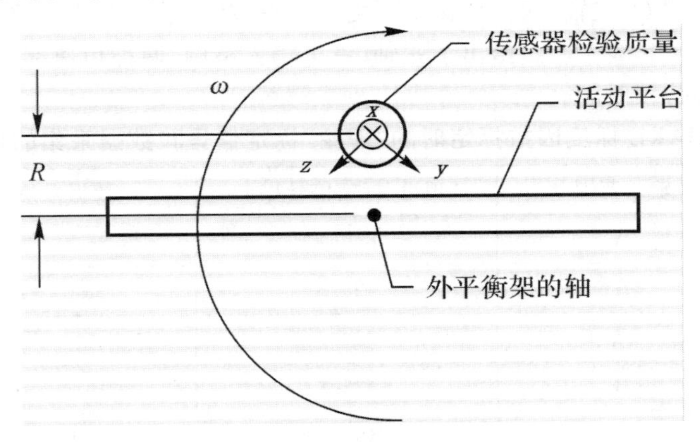

图 15-13　MESA y 轴和 z 轴标度因数标定的图解[9]

外平衡架轴至传感器检验质量质心的距离精密地已知，y 轴和 z 轴与外平衡架轴指向传感器的半径矢量之夹角靠加工和装配准确控制，旋转速率靠无刷直流力矩马达和微处理器准确控制，因此，计算出来的向心加速度的误差可以控制到 1%以内。该向心加速度为“理论”标定输入信号。

使用厂家给出的理论标度因数，可以将传感器的输出转换为加速度值。计算了 2.1 节所述的各种外来残余加速度，发现在某些场合下外来残余加速度会使得到的标度因数偏离约 2%。鉴于传感器不旋转时得到的参考值包含有传感器的偏值和各种外来残余加速度，原则上，可以将传感器不旋转时得到的参考值从旋转时测量到的加速度中扣除，得到“测量”

加速度(为了与实际加速度相区分,“测量”加速度改用符号 γ)。“测量”加速度是传感器对旋转产生的向心加速度的响应。“测量”加速度与“理论”标定输入信号之比即为实际标度因数与理论标度因数的比值。

$$\left.\begin{aligned} c_{1,y} &= \frac{\sqrt{2}\gamma_y}{\omega^2 R} \\ c_{1,z} &= \frac{\sqrt{2}\gamma_z}{\omega^2 R} \end{aligned}\right\} \tag{15-2}$$

式中 $c_{1,y}$——y 轴实际标度因数与理论标度因数的比值;

$c_{1,z}$——z 轴实际标度因数与理论标度因数的比值;

γ_y——MESA y 轴的加速度测量值,$\mathrm{m/s^2}$;

γ_z——MESA z 轴的加速度测量值,$\mathrm{m/s^2}$;

ω—— 外平衡架轴旋转的角速率 rad/s;

R—— 外平衡架轴至传感器检验质量质心的距离,m。

例如,对于输入范围 C,为了产生标度因数标定数据,低速率回转需要 x 轴以 0.097 0 rad/s (5°33′28″/s)的角速率从内平衡架角度+150°行进到−60°,历时 37.8 s。为此,传感器先移动到 45°的中间位置,并持续 32.2 s 记录原始的加速度数据。然后,台面移动到内平衡架起始位置+150°并以规定的速率回转,直至到达−60°。在回转过程中,第二次持续32.2 s记录加速度数据。随后,内平衡架的角度重新放置到中间位置并第三次记录数据。接着,以较高的角速率再次完成对 x 轴的以上步骤。

对 y 轴和 z 轴,靠保持内平衡架的角度为零而改变外平衡架角度重复这个过程。

一旦对输入范围 C、三轴、两种角速率收集完数据,就对输入范围 B 和 A 重复完整的过程,如图 15-11 所示。表 15-1 给出了三轴、三个输入范围、两种角速率各自的“理论”标定信号和数据采集的持续时间。

表 15-1 OARE 标度因数标定时的“理论”标定信号和数据采集的持续时间[9]

	输入范围	“理论”标定信号/μg_n	数据采集的持续时间/s
x 轴	A	850.7	7.0
	A	425.3	11.0
	B	850.7	6.7
	B	425.3	10.7
	C	45.02	21.5
	C	20.01	32.2
y, z 轴	A	1 392.1	7.0
	A	695.9	11.0
	B	1 207.6	7.4
	B	530.6	12.6
	C	67.2	22.5
	C	49.5	26.5

不同于偏值数据，为计算标度因数而收集的数据不在飞行中处理。图 15 - 11 给出的示例是针对平台顺时针方向运动的。整个任务过程中平台是顺时针、逆时针交替转动的，每次标度因数测定时记录了平台的转动方向，所以能鉴别任何方向依赖效应。

15.5　TSH-FF

三轴传感器头-无飞行员（TSH-FF）改用 QA3000/3100 加速度计，并将加速度数据和温度数据数字化，采用 RS - 422 串口通信，可以以实验者计算机方式使用，包括连接 TSH-FF、电源并安装软件，容易取得与其他载荷传感器同步的数据。测量的动态范围增加到 120 dB($1\ \mu g_n \sim 1\ g_n$)①，频率范围扩展为（0.01～200）Hz，可选的截止频率改为 2.5 Hz，10 Hz，25 Hz，50 Hz，100 Hz，200 Hz，功耗 1.65 W，体积缩小到 74 mm×74 mm×71 mm，质量减少到 0.5 kg[1]。其外形如图 15 - 14 所示[11]。

图 15 - 14　TSH-FF 的外形[11]

15.6　RRS

滚动速率传感器（RRS）采用光纤光学陀螺仪（FOG）。FOG 没有运动部件，靠检测两路激光束沿光纤环正反时针传输时因陀螺仪旋转而产生的行程差②得到转动的角速率，其尺寸为97 mm×112 mm×76 mm（陀螺）和 122 mm×127 mm×59 mm（干涉仪），质量为 1.7 kg，功率约 10 W，数据接口为 RS - 232，采样率为 10 Sps，分辨力为 0.1″，最大刻度为 190°/s。图 15 - 15 所示为 FOG 传感器的外形，图 15 - 16 所示为 FOG 控制器的外形[11]。

TSH-FF/RRS 的控制和数据获得单元（CDU）采用 PC/104 工业级嵌入系统，该系统具有针对数据和命令的实时控制软件，其中央处理器（CPU）板采用 i486 处理器，具有 6 GiBytes[二进制倍数词头 Gi＝$(2^{10})^3$＝1 073 741 824[12]]硬驱作为数据存储，含有串口输入/输出（I/O）板、模数 I/O 板、以太网板接口、液晶状态和校检显示，并调节、分配电源至附属的传感器。该单元的尺寸为 135 mm×135 mm×127 mm，其外形如图 15 - 17 所示[1]。

---

①　附录表 D - 7 给出 QA3000 加速度计的静态分辨力/阈值小于 $1\ \mu g_n$。动态范围 140 dB 对应的量程与分辨力之比为 1×10^7，即输入范围为 $\pm1\ g_n$ 时的分辨力为 $0.2\ \mu g_n$，而不是 $0.1\ \mu g_n$。24 位 Δ-Σ ADC 在输入范围为 $\pm1\ g_n$ 时的显示分辨力为 $0.12\ \mu g_n$。由此可见，不能由此证明 QA3000 加速度计的静态分辨力达到了 $0.1\ \mu g_n$。

②　文献[11]的原文为“靠检测两路激光束沿转动的光纤环正反时针传输的相位差”，不够明晰。

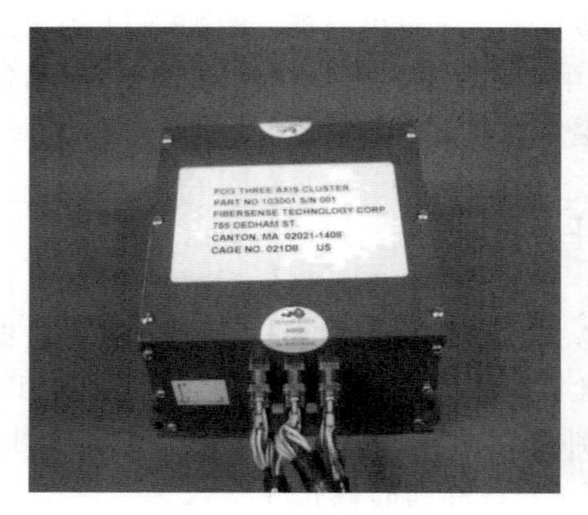

图 15-15　FOG 传感器的外形[11]

图 15-16　FOG 控制器的外形[11]

(a)

(b)

图 15-17　TSH-FF 的控制和数据获得单元的外形[1]

(a)从正面偏上方拍摄；(b)从上方拍摄

15.7　MAMS

15.7.1　构成

微重力加速度测量系统(MAMS)包括测量 1 Hz 以下准稳态加速度的 OARE 传感器子系统(OSS)和测量(0.01～100) Hz 振动加速度的高分辨力加速度计包(HiRAP)[13]。MAMS 还包括伴随的计算机、电源和信号处理子系统[4]。因此，MAMS 可以测量准稳态和振动加速度数据[11]。

MAMS 的尺寸为 555 mm 高、467 mm 宽、598 mm 深，质量为 53 kg，电源为直流 28 V，功率为 79 W，信息通过以太网向空间站实验加快处理(EXPRESS)架接口控制器传输，靠宇航员打开面板上的电源开关使软件控制器工作，用内部的流通风扇冷却电子设备组件，去除面板后的外形如图 15-18 所示[11]。

15.7.2　OSS

OSS 将 MESA 传感器与伺服控制电路、输出调理滤波器包装在一起[5]。OSS 可以测量至少低于 10^{-5} Hz 的加速度，数字化信号通过以太网向 EXPRESS 架的计算机发送，其外形如图 15－19 所示[11]。

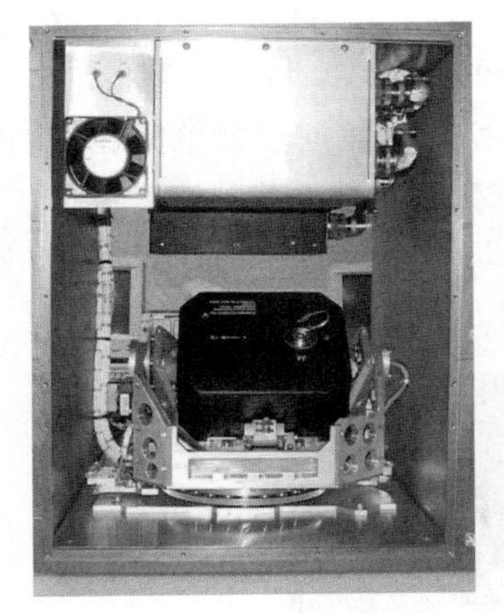

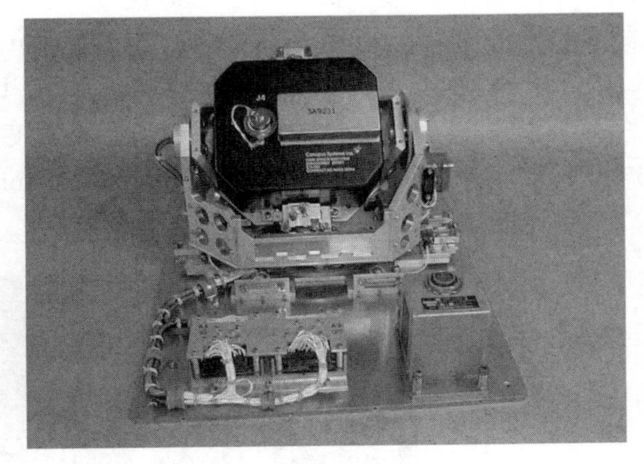

图 15－18 MAMS 去除面板后的外形[11]

图 15－19 OSS 的外形[11]

15.7.3 HiRAP

HiRAP 采用三个正交的摆式气体阻尼加速度计，静态分辨力为 1 μg_n，输入范围约 ±8 000 μg_n，质量为 1.13 kg，尺寸为 89 mm×127 mm×102 mm[14]。HiRAP 的误差①为 ±5 μg_n[9]，偏值温度系数为 10 μg_n/℃[8]。HiRAP 用于表征国际空间站从 0.01 Hz 至 100 Hz的振动加速度[13]。数字化数据向 EXPRESS 架的计算机发送，图 15－20 所示为 HiRAP 飞行单元的外形和内部构造[11]。

图 15－20 HiRAP 飞行单元的外形和内部构造[11]

15.8 RTS

远置三轴传感器(RTS)[1]的电路盒(EE)安装在国际空间站架子上，传感器盒(SE)安装在载荷上。

RTS 的传感器盒也采用 QA3000/3100 加速度计，相互垂直度为 0.1°，对底部为0.5°。

① 文献[9]原文为“准确度”，不妥(参见 4.1.3.1 节)。

采用Δ-Σ 24位模-数转换器(ADC)。测量的动态范围为130 dB(0.3 μg_n~1g_n)。频率范围扩展为(0.01~400) Hz,可选的截止频率改为25 Hz,50 Hz,100 Hz,200 Hz,400 Hz,功耗、体积、质量均比TSH-FF大,为2.25 W,142 mm×102 mm×89 mm,1.1 kg。

RTS的电路盒也采用PC/104卡组,与TSH-FF的控制和数据获得单元相同,也有以太网、ADC、控制。有两个传感器盒接口,包括将温度数据数字化并补偿加速度数据,CPU采用386处理器。电源为直流28 V、8 W,尺寸为231 mm×236 mm×119 mm,质量为5 kg。

RTS的外形如图15-21所示。

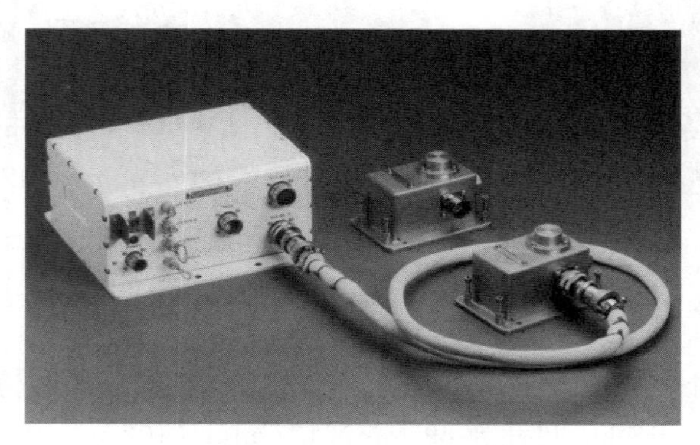

图15-21 RTS的外形[1]

15.9 TSH-ES

15.9.1 构成

三轴传感器头-以太网/单机模式(TSH-ES)采用三个QA3100加速度计,与RTS的传感器盒相同,相互垂直度为0.1°,对底部为0.5°,采用24位Δ-Σ ADC,测量的动态范围为135 dB(0.18 μg_n~1 g_n)①。频率范围与RTS相同,为(0.01~400) Hz,可选的截止频率改为3 Hz,6 Hz,12 Hz,25 Hz,50 Hz,100 Hz,200 Hz,400 Hz。TSH-ES将检测设备处理器板和MPC850嵌入式电源组件控制器组装进来,采用最大过采样比(OSR)、高阶调制器、级联抽取数字滤波器②(cascaded decimating digital filters)使信噪比最大化(参见第7章),对温度数据也采用24位Δ-Σ ADC,通信方式有以太网、RS-232、通用串行总线(USB),数据可输出至控制单元或任何以太网计算机。因此功耗比RTS大,直流±15 V为4.5 W,28 V为7.5 W。体积、质量介于TSH-FF与RTS的传感器盒间,为113 mm×93 mm×90 mm,0.79 kg。TSH-ES的外形如图15-22所示,布局如图15-23所示,检测设备处理器板如图15-24所示,MPC850嵌入式电源组件控制器如图15-25所示[1]。

① 动态范围135 dB对应的量程与分辨力之比为5.6×10^6,即输入范围为±1 g_n时的分辨力为0.36 μg_n,而不是0.1 μg_n。24位Δ-Σ ADC在输入范围为±1 g_n时的显示分辨力为0.12 μg_n。由此可见,不能由此证明QA3100加速度计的静态分辨力达到了0.1 μg_n。

② 实际上是先滤波后抽取,详见7.1.3节。

(a)

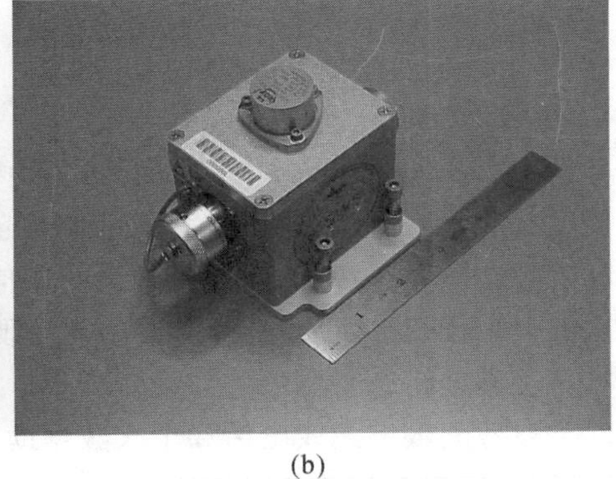

(b)

图 15-22 TSH-ES 的外形[1, 11]

(a)显示出三个传感器；(b)显示出电连接器

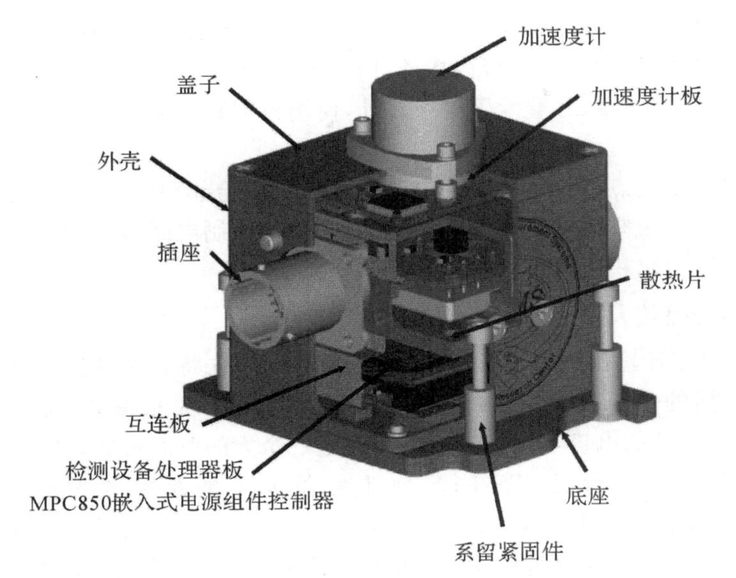

图 15-23 TSH-ES 的布局图[1]

图 15-24 TSH-ES 的检测设备处理器板[1]

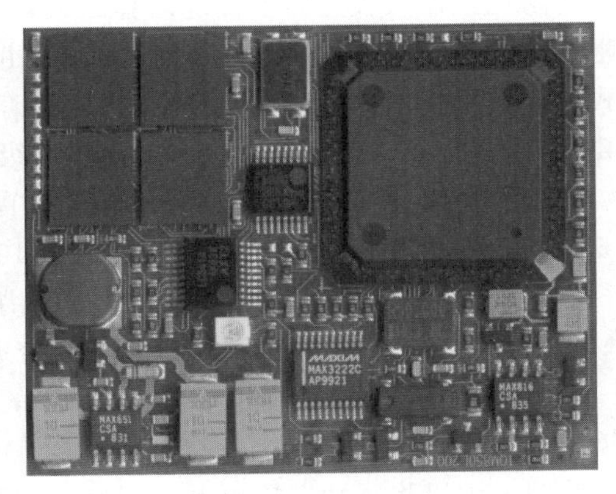

图 15-25 TSH-ES 的 MPC850 嵌入式电源组件控制器[1]

15.9.2 设计

15.9.2.1 设计特点

对 TSH-ES 的需求是:在(0.01～300) Hz 范围内提供加速度数据以表征环境(包括周围结构)的微振动状况,硬件应在各个方面均赶上或超过早先的 SAMS,而且能够替代 RTS 和 TSH-FF,包括提供与 RTS 和 TSH-FF 相当的通信接口。为了尽量减少对微重力科学实验和装置的影响,TSH-ES 必须尺寸小,需要的支持硬件少,提供的数据既高保真又可靠,对用户的需求少,启动和运行所需要的外部设备少[15]。

为此,设计时参考了数字无线电话和个人数据助手(PDA)等现代便利设施,使 TSH-ES 带有小的嵌入式处理器与伴随的各种支持硬件,并选择可靠的操作系统,以此设计传感器的操作方法[15]。

15.9.2.2 柔性印制电路板

此前的 SAMS 传感器已经在设计中使用了柔性印制电路板,它为充分利用印制电路板的有效区域创造了条件,也为减少板内接插件从而减小容积创造了条件。较少的接插件还使系统可靠性提高。TSH-ES 继承了这一设计,使用覆铜聚酰亚胺作为柔性基材料,而刚性覆层是覆铜玻璃纤维[15]。

该设计的另一个优点是容易装配。电路是单一的综合组件,整个组件通过支座受到外壳的保护。加速度计被牢固安装在外壳上,通过插针与印制电路板上的插座电连接,而标定或替换零部件时可以轻松地取下[15]。

15.9.2.3 跨阻放大器

QA3100 加速度计输出的是电流,为此需要 TSH-ES 先将其转换为电压,再送入模拟滤波器。转换为电压的一种选择是使用负载电阻和 $V=IR$ 的关系将电流转换成电压。这种方法有缺点:加速度计的电容与电阻共同作用产生一个大的时间常数,且显著增加系统的噪声本底。为了避免这种情况,TSH-ES 使用增益为 1 的跨阻放大器(transimpedance amplifier)。跨阻放大器能改善响应时间 5～10 倍。跨阻放大器也为较好地控制噪声本底创造了条件。跨阻放大器使用运算放大器将信号求和,由于运算放大器有非常高的输入阻抗,信噪比能被最大化,而且比较高的固有输入阻抗能帮助保持时间常数低[15]。

跨阻运放输入级抛弃了传统运算放大器所使用的差动电路,而采用互补跟随电路[16]。跨阻运放的各级电路均采用互补对称结构,由于采用日趋成熟的双极互补集成工艺及电流模式电路设计技术,具有极佳的动态特性。跨阻运放的简化模型电路如图 15 - 26 所示,它主要由输入缓冲级、跨阻放大级和输出缓冲级组成[17]。

输入缓冲级接在两个输入端之间,具有单位电流增益,R_{IN-} 是反相端输入电阻,典型值为 50 Ω;R_{IN+} 是同相端输入电阻,通常大于 10 MΩ。输入缓冲级作用有三个:

(1)强制跨阻运放的反相端输入电位 V_n 跟随同相端输入电位 V_p;

(2)使同相输入端为高阻抗(理想为无穷大)的电压输入端;

(3)使反相输入端为低阻抗(理想为零)的电流输入端,信号电流在反相输入端容易流进或流出[17]。

跨阻放大级将缓冲器输出电流(量值与反相输入端电流相同)经无源元件 C_T、R_T 线性地转换成为电压 V_Z,因此跨阻运放以开环跨阻增益 Z 为传播特性参数(类似电压运放的开环电压增益)。Z 由 C_T 和 R_T 并联组成。其中:C_T 是相位补偿电容(包括该增益节点的寄生电容),对大多数运放,典型值为(3～5) pF;R_T 是直流(低频)跨阻增益,由上、下电流镜的输出电阻决定,典型值为 3 MΩ。跨阻放大级的输出电压表达式为[17]

$$V_Z = ZI_i \tag{15-3}$$

式中　V_Z—— 跨阻放大级的输出电压,V;

Z—— 开环跨阻增益值,Ω;

I_i—— 反相输入端电流,A。

输出缓冲级具有单位电压增益,将 V_Z 传送到输出端提供输出电压 V_o,并实现低输出阻抗,R_o 是输出缓冲器的输出电阻,典型值低于 15 Ω[17]。

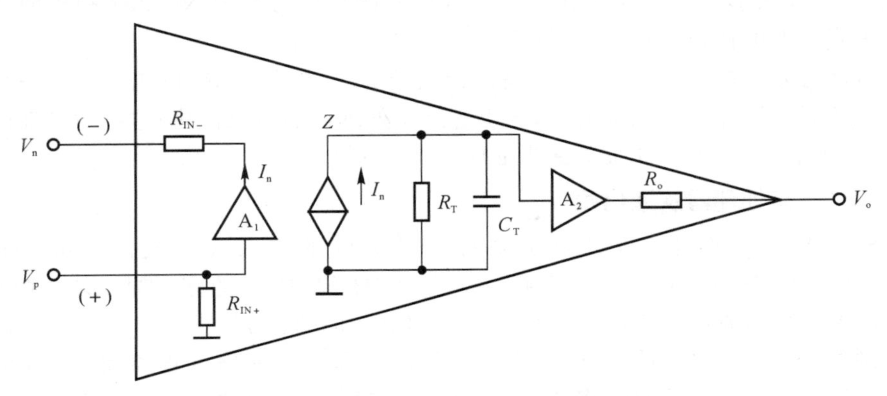

图 15-26　跨阻运放的简化模型电路[17]

使用诸如运算放大器这类有源零部件时需要权衡它带来的固有误差。为此,应该首选具有非常低的偏值电流并且是热稳定的运算放大器[15]。

15.9.2.4　抗混叠模拟滤波器

模拟滤波器是在数字化前降低高频杂波的有效工具。模拟滤波器的选择详见 15.9.6 节。总之,应该恰当设计模拟滤波器以防止高频杂波混叠到信号中来,从而保证 ADC 输出的是一个较干净信号。在对模拟信号进行放大前加入一个模拟滤波器也是一个好做法(参见文献[15])。

TSH-ES 采用 Δ-Σ ADC 实现数字化,由于 Δ-Σ ADC 内部的级联 FIR 数字滤波器会阻断频率从输出数据率之半起直至采样率值与有用信号最高频率之差值间会混叠到有用信号中来的杂波(详见 7.1.5 节),所以 Δ-Σ ADC 前的抗混叠模拟滤波器只需充分阻断频率超过上述差值的杂波(详见 7.2.2.2 节中的有关叙述),因而与传统 ADC 前的模拟滤波器需要尽可能地抑制超过有用信号最高频率的杂波明显不同(参见 15.9.6 节给出的具体事例)。

15.9.2.5　PGA

在模拟滤波之后,每个轴的信号被送到可编程增益放大器(PGA)。TSH-ES 采用的全差分 PGA 在比较高的增益下失真非常低,它能改善有效分辨力高达 24 dB。当前,PGA 的增益为 1, 2.5 和 8.5,飞行装载前将达到 128[15]。

15.9.2.6　Δ-Σ ADC

在 PGA 之后信号被送到输出字长 24 位的 4 阶(阶数指所用 Δ-Σ 调制器的数目)1 位(位数指量化器的位数)Δ-Σ ADC 以实现数字化[15](参见第 7 章)。

文献[15]指出："Δ-Σ ADC 对引入的数据流过采样，然后抽取输出。这种模数转换类型有两个优点：它降低了输入端模拟滤波需求，且将噪声分散在较宽的带宽范围内。这种方法对于需要低噪声、高分辨力数字化的较低带宽信号是首选的。Δ-Σ ADC 的选择对模数转换的分辨力有重要影响。"该文献随后举出了位数、调制器的阶数和有效的过采样比等选择项目。我们知道：ADC 的位数反映的是显示分辨力；调制器的阶数是指 Δ-Σ 调制器中所包含的积分器的个数，也就是插入网络分析中传递函数的阶数[18]；而过采样比是指 Δ-Σ 调制器的 Nyquist 频率 f_N 与数字低通 sinc 滤波器的截止频率 f_d 之比(参见 7.1.4 节)。调制器的阶数和过采样比直接影响量化噪声[参见式(7-105)]，间接影响分辨力。然而，影响分辨力的因素并不止这些。全面观察，分辨力是与有效位数相对应的，而有效位数是由信噪失真比峰值决定的，信噪失真比峰值又是由基波输入信号的功率与低于 Nyquist 频率的全频谱噪声功率+失真功率的比值决定的(详见 7.3.3 节和 7.3.4 节)。

经由级联有限冲激响应(FIR)数字滤波器发送 ADC 的数字输出；通过使每一级滤波器最优化实现级联滤波器信噪比最大化，这也有助于处理器运行最优化；这些滤波器的输出被送到 32 位处理器中，数据在此被进一步抽取[15](参见第 7 章)。

15.9.2.7 微处理器及通信端口

在 TSH-ES 中所采用的处理器是来自 Motorola 的嵌入式个人计算机(Embedded Power PC™) MPC850。MPC850 是唯一适合 TSH-ES 应用的多功能、综合微处理器。MPC850 包含综合的通信端口，它减少了对一体化附加资源的需求。MPC850 包含两个串行通信控制器(SCC)，一个通用串行总线(USB)信道和一个通信处理器模块(CPM)，它减少了为实现以太网通信而通过处理器执行的任务。打包数据经由一个预先确定的通信协议被送出给用户。TSH-ES 能以多种通信协议送出数据，包括以太网和串口[15]。

15.9.2.8 操作系统、输出数据率及相应的带宽

在 TSH-ES 中的 MPC850 运行的是嵌入式 Linux 操作系统(Embedded Linux Operating System)的开源版本。采用嵌入式操作系统有助于适应特定用户的需要定制软件。另外，嵌入式操作系统使得 TSH-ES 不靠外部控制计算机就能自主运行。只要外部供给电源，TSH-ES 就能在外部局域网上送出实时数据。TSH-ES 有可选择的输出数据率，它允许研究人员改变带宽并且在(0.01～400) Hz 范围内观察模拟量的频谱。表 15-2 显示可选择的输出数据率并附有相应的模拟量带宽和-3 dB 点。工程单元有一个在最终产品中可用的带宽子集。最终产品会具有可在表 15-2 中找到的所有带宽。这些附加的带宽已经在模型中得到检验，并将在最终设计的软件中实现[15]。

表 15-2 可选择的运行范围[15]

输出数据率/Sps	通带/Hz	-3 dB/Hz	截止频率/Hz
1 000	375	408.5	500
500	187.5	204.2	250
250	93.75	101.4	125
125	46.9	50.6	62.5*
62.5	23.4	25.3	31.3*
31.25	11.7	12.7	15.6*
15.625	5.9	6.3	7.8*
7.812 5	2.9	3.2	3.9*

注：* 表示当时(2003 年)技术实现仍未完成。

15.9.2.9 特性摘要

表 15-3 是全部 TSH-ES 特性的摘要。稍后的段落中将详细地讨论该表的一些要素[15]。

表 15-3 TSH-ES 特性纵览[15]

项目	特征	单位	数值或类别
−3 dB 处的通带带宽	最小值	Hz	3.2
	最大值	Hz	408.5
可编程增益放大器	增益	V/V	1,2.5,8.5,128
ADC	类型		Δ-Σ
	位数	位	24
传感器	组成		QA3100
模/数热漂移量		μV/℃	6
前端热漂移量		μV/℃	0.015
调制器	阶		4
	采样率	kSps	256
过采样比	最小值		256(1 000 Sps 处)
	最大值		32 768(7.8 Sps 处)
数字滤波器			级联型 FIR 滤波器
最大阻带衰减		dB	135
输入模拟滤波器	阶		2
	类型		有源
处理器			MPC850
输入电源	电压	V	±15
	功率	W	4.6
通信			以太网、RS232
尺寸	高	mm	113
	宽	mm	93
	长	mm	90
质量		g	590
运行温度		℃	0～+85
贮存温度		℃	−55～+125

15.9.2.10 结构

TSH-ES 的外壳使用 6061-T6 铝，其结构适合美国航天器的需求。外壳确保 TSH-ES 内部的所有电路至少有 2.5 mm 铝的等效壁厚[15]。

TSH-ES 的结构、重量和重心几乎和 TSH-FF 的相同，满足 Marshall 空间飞行中心

(MSFC)空间飞行硬件结构的所有安全需求。两种 TSH 之间唯一重要的结构差别是 TSH-ES有四个连接点而 TSH-FF 只有三个。该附加的支撑意味着 TSH-ES 和它的紧固件会比 TSH-FF 承受更多的负载。这也意味着 TSH-ES 的自然频率会更高。拴住紧固件时连接牢固,拧开时能将 TSH-ES 轻松地移到新的附着点[15]。

15.9.3 操作

TSH-ES 的操作必须遵从现有的 SAMS 工程设计指导原则。达到该目标的一种方法是使 TSH-ES 尽可能自主地行动。因此,TSH-ES 在永久性存储器中保存了整个操作系统的压缩映像。在启动 TSH-ES 的引导程序到基本输入输出系统(BIOS)时,将该操作系统的映像解压到随机存取存储器(RAM),并且引导到正常运行。打开电源至引导成功大约花费 13 s。SAMS RTS 系统经由网络安装的硬盘驱动器引导,这意味着 SAMS RTS 引导成功的时间依赖于网速和网络运行,这会花费大量时间。TSH-ES 自主引导消除了引导过程中对网络的依赖。在引导之后,TSH-ES 开始收集数据并且经由一种挑选出来的通信协议分发它。现在(指 2003 年),TSH-ES 能经由以太网为用户提供五个插口连接,也能经由 RS-232 线路为一个用户提供服务[15]。

除了提供三个 24 位正交加速度数据通道之外,一些附加的特征也被设计到 TSH-ES 之中。该特征是基于 SAMS 以往的经验而并入的,诸如与实验者一起在 KC-135 失重飞机和 Glenn 研究中心(GRC)的落塔等平台上工作获得的经验。TSH-ES 能够收集两个通道的数字信号,以便在数据中提供事件的标记。TSH-ES 也能传输两个通道的数字信号,用于表明实验运行存在一定的环境条件[15]。

除了数字信号之外,TSH-ES 的飞行版本将能够收集两路 12 位 RMS 数据,例如温度。该特征对于有兴趣记录其他局域变量的使用者而言能成为有用的特征[15]。

未来,使用者将能够使用连接了 TSH-ES 的 USB 连接器进行地面操作,例如编程和数据读取[15]。

15.9.4 性能

任何科学仪器设计的主目标是性能。为了达到优良的特征和功能,该传感器必须提供适合用户的高分辨力数据。成功的设计不仅会重视性能需求,而且会在确定系统性能的关键测试中获得好的结果。有些测试是从电路中移除了加速度计后实施的。设计这些测试以表征不受加速度计影响的信号处理电路特征[15]。

15.9.4.1 电路本底噪声峰-峰值

撤除与电路相连的加速度计,并以输入接地的方式,在表 15-4 所示的每一种输出数据率下采集 5 000 个样本,取采集到的最大值与最小值之差计算峰-峰噪声,如表 15-4 所示[15]。

表 15-4 峰-峰噪声[15]

输出数据率/Sps	峰-峰噪声/g_n
250	5.667×10^{-6}
500	6.667×10^{-6}
1 000	1.000×10^{-5}

15.9.4.2　电路本底噪声方均根值

使用如上所述的典型数据，计算偏值并且从每个样本中减去偏值，然后计算方均根(RMS)。电压偏值的最主要成分来自电路中有意作为偏移量使用的模拟电压源。在表 15－5 中能见到 RMS 噪声本底数据[15]。

表 15－5　RMS 噪声[15]

输出数据率/Sps	RMS 噪声/g_n
250	7.137×10^{-7}
500	9.954×10^{-7}
1 000	1.346×10^{-6}

15.9.4.3　有效位数(分辨力)

TSH-ES 的输出是一个以 g_n 为单位描述数据的 24 位字。虽然输出总是 24 位，但是有效位后的数字是无效的，因为它们受制于低于 Nyquist 频率的全频谱噪声和失真。有效位数(ENOB)，或有效分辨力，描述了信号的有效部分[15](参见 7.3.4 节)。

15.9.4.4　电路本底噪声谱

撤除与电路相连的加速度计，并以输入接地的方式收集数据，然后对被收集的数据进行 Fourier 变换，以此显示系统电路的噪声本底谱。图 15－27 显示了输出数据率 250 Sps 下的噪声本底谱。可以看到，直到通带的末端，它是平坦的。随后，TSH-ES 滤波减少了噪声本底[15]①。

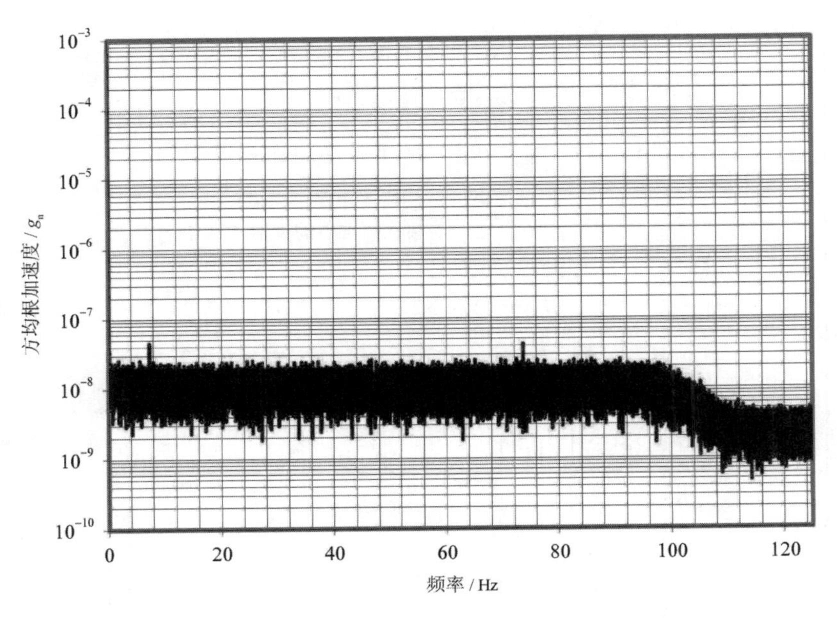

图 15－27　电路在输出数据率 250 Sps 下的本底噪声[15]

① 此处“受制于低于 Nyquist 频率的全频谱噪声和失真”在文献[15]中表述为“only represent the noise on the signal(只描述依附在信号上的噪声)”，不妥(详见 15.9.2.6 节)。

15.9.4.5 系统本底噪声谱

在一个安装了加速度计的 TSH-ES 的工程单元上完成了系统噪声本底测试。为了从环境中排除外部噪声源,测试是在晚间,所有产生噪声的硬件均已关闭的建筑物中,在隔离地基上完成的,这对于仅仅表征 TSH-ES 的系统噪声本底是重要的。以三分之一倍频程频带(OTOB)显示了测试的结果。在图 15-28 和图 15-29 中显示了本底噪声谱数据。其中:图 15-28 为双对数图,显示了数据低频部分;图 15-29 为单对数图,显示了谱的较高部分。在图 15-28 和图 15-29 中灰色的线(上面的)是国际空间站微重力振动需求定义的曲线(参见图 2-1),而黑色的线(下面的)显示从 TSH-ES 收集的数据。这两幅图证明了 TSH-ES 辨别测量结果的能力至少优于国际空间站需求 10 dB。早先的 SAMS 经验表明,在空间中该噪声本底谱总会更低,因为降低了全部环境背景噪声水平[15]。

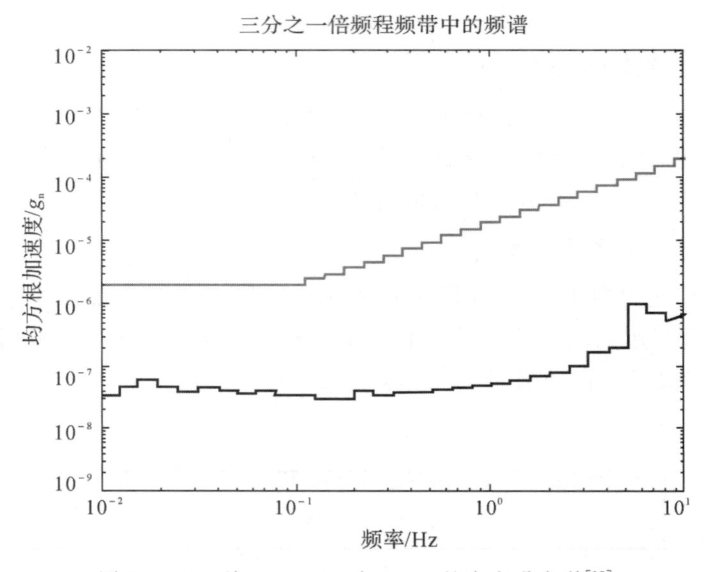

图 15-28 从 0.01 Hz 到 10 Hz 的本底噪声谱[15]

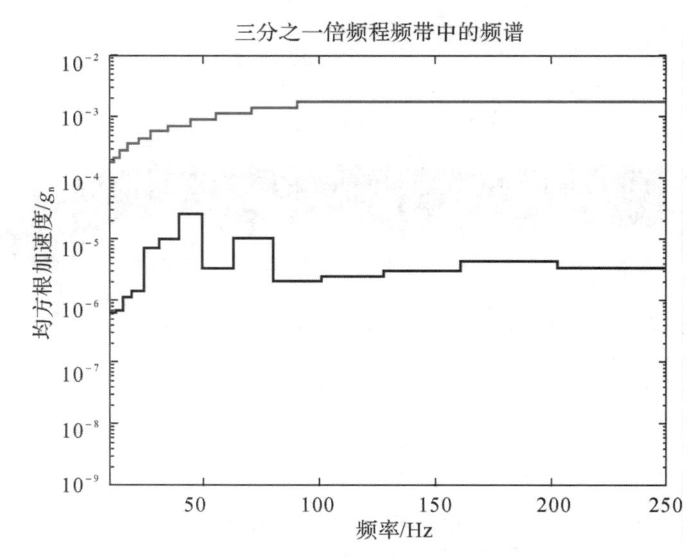

图 15-29 从 10 Hz 到 250 Hz 的本底噪声谱[15]

15.9.4.6　频率响应

图 15－30 显示了传感器电路的频率响应。该测试是通过撤除加速度计并向信号调理电路输入给定频率的 1 g_n 正弦信号完成的。结果以输出振幅峰-峰值与输入频率的关系曲线表示。试验是在输出数据率 250 Sps 下进行的。滤波器的特性响应对于所有的运行范围是相似的。该图显示了数字滤波器排除带外噪声的效能[15]。

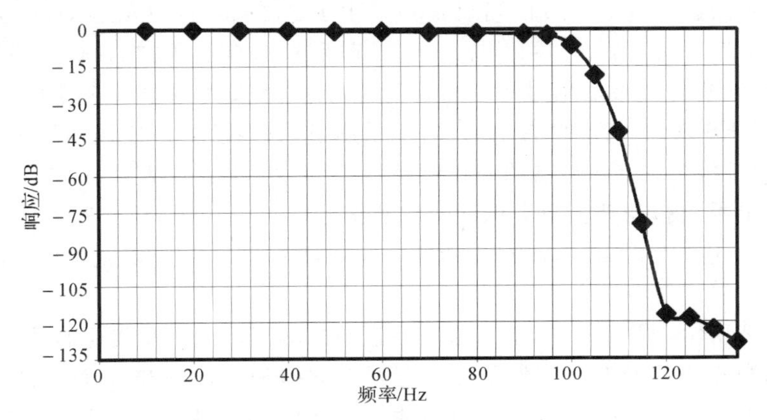

图 15－30　系统滤波器响应(输入 1 g_n)[15]

15.9.5　电源

传感器能提供异常数据，但是如果它需要太多的功率，受使命限制，它的运行有效性可能被缩减。TSH-ES 有一个效率接近 90%的、内部事先设计好的脉宽调制电源电路。与可能具有 20%效率的传统调节器比较，这是极好的。但是不会仅关心效率，所以在模拟电路中需要高精密度、低噪声电压源时，运用较传统的调节器。该折衷办法仍然给 TSH-ES 非常高的电源转换效率，而且使模拟放大器和滤波器的性能最佳化[15]。

TSH-ES 的当前工程单元需要±15 V 直流电源。未来单元可能只需要单一的＋28 V 直流电源[15]。

TSH-ES 的功耗随应用和外部振动环境而变化。除了启动瞬间以外，TSH-ES 的稳态功耗在±15 V 直流源状态下不应该超过 4.65 W[15]。

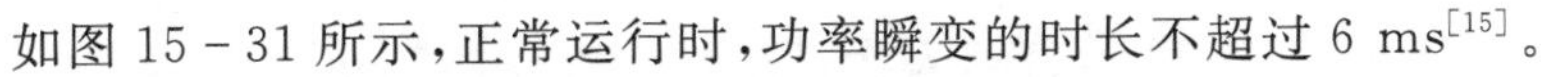

如图 15－31 所示，正常运行时，功率瞬变的时长不超过 6 ms[15]。

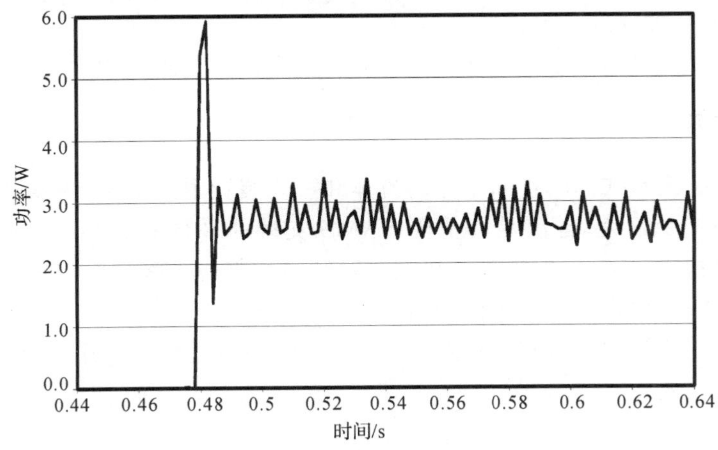

图 15－31　总电源(启动瞬间)[15]

用大约 23 s 时间完成引导过程和加速度计暖启动之后，TSH-ES 应该以额定功耗运行，其值取决于环境和用途[15]。

15.9.6 混叠现象和滤波器选择

如图 5-12 所示，频率超出 Nyquist 频率 f_N的信号会在 f_N和 0 频处折返，造成频率混叠，使得原本频率超出 f_N的信号被当成是频率小于 f_N的信号，这就歪曲陈述了振动环境。因此，如 5.2.1 节、5.3.3 节、6.1.1 节和 6.1.2 节所述，通常必须在 ADC 之前设置恰当的抗混叠模拟滤波器，保证滤波后信号的最高频率 f_m低于由 ADC 采样率确定的 f_N。

对于 TSH-ES 来说，情况略有不同，由于采用过采样技术，Δ-Σ 调制器的采样率为 256 kSps(见表 15-3)，而数字滤波器的截止频率最高为 500 Hz(见表 15-2)，因此，Δ-Σ ADC 之前设置的抗混叠模拟滤波器只要保证滤波后信号(包括感兴趣信号和不感兴趣的干扰信号)的最高频率 f_m低于 255.5 kHz(256 kHz－500 Hz＝255.5 kHz)就可以(详见7.2.2.2节中的有关叙述)。

如表 15-2 所示，TSH-ES 具有一系列可选择的输出数据率及相应的截止频率，将截止频率值与输出数据率相比较，不难看出截止频率值即相对于输出率而言的 Nyquist 频率 f_N。以 $f_N=500$ N 为例，如 15.9.2.4 节所述，为了消除频率混叠，需要严格滤除频率从 500 Hz 起直至 255.5 kHz 间会混叠到频率低于 500 Hz 的杂波，这靠 7.1.5 节所述级联 FIR 数字滤波器来实现(参见文献[15])。

15.9.7 误差分析

依照先例，用于估计测量误差的过程是以 B. Taylor 和 C. Kuyatt 于 1994 年发表的美国国家标准和技术研究所(NIST)技术笔记 1297“评估和表达 NIST 测量结果的不确定度的指导方针”中所描述的过程为基础的[15]。有关测量不确定度的表示及评定，可参阅文献[19]。

使用来自特定零部件供货商提供的资料中的数据完成了该分析。针对该分析目标，忽略低频(＜0.01 Hz)误差源，附加了诸如热效应的结果、老化、轴未对准、电压灵敏度、重复性和电路误差等误差。在下式中表达了该结果，该式能用于估计来自 TSH-ES 的任何读数的误差①[15]。

$$0.9554\{a_0\}_{\mu g_n}-2.31\leqslant\{a_r\}_{\mu g_n}\leqslant 1.0446\{a_0\}_{\mu g_n}+2.31 \qquad 15-4)$$

式中 a_0—— 实际加速度，μg_n；

a_r——TSH-ES 在环境温度 25℃、2 年内的读数，μg_n。

15.9.8 应用

为了满足研究人员在国际空间站上的流体和燃烧装置中的需要，初步设计了 TSH-ES，然而 TSH-ES 具有灵活性，也满足其他受 SAMS 支持的平台的需要。这些平台是航天飞机、探空火箭、抛物线航空器(即失重飞机)和地面装置(落塔或落井)。TSH-ES 的单机模式对于大多数此类应用而言是一个关键功能[15]。

用户通常对传感器的数目和位置感兴趣。TSH-ES 的适应性为用于表征相当大的群体

① 文献[15]文为“准确度”，不妥(参见 4.1.3.1 节)。

结构创造了条件。由于尺寸小，允许将 TSH-ES 与研究环境紧密结合[15]。

鉴于 TSH-ES 具有接受并传送外部离散信号的能力，传感器能触发实验运行，提供信号或感知外部触发器。TSH-ES 的未来(指 2003 年后)版本会有能力收集外部的模拟数据，这可能帮助研究人员测定局域温度或其他变量而无需附加硬件[15]。

TSH-ES 的灵敏度使得传感器对于地震的测量也有用，正如在各种 NASA 地面测试装置中 SAMS 硬件已经证明的那样[15]。

15.9.9　小结

已经开发了被称为 TSH-ES 的一种新的 SAMS 三轴传感器头。TSH-ES 已经被生产出来以便以改良的能力和性能延续早先的 SAMS 硬件的工作。TSH-ES 是为了系统性能最大化而设计出来的小型、高度集成的传感器头，而向用户、载体或装置索取的需求最小化[15]。

TSH-ES 的工程单元已经证明设计符合或超过用户的需求[15]。

测试已经表明，TSH-ES 使用 PGA 能获得比较高的有效位数。TSH-ES 会使阻带衰减至少－120 dB。这些结果表明 TSH-ES 会比任何早先的 SAMS 振动传感器送出更高分辨力的数据[15]。

TSH-ES 会在国际空间站上首次部署以支持在流体和燃烧装置中的实验[15]。

15.10　SAMS－Ⅱ型控制和数据处理仪表

SAMS－Ⅱ型控制和数据处理仪表最初是配合 RTS 使用的。它采用 IBM 760XD 笔记本电脑，具有 3 GiBytes 和 30 GiBytes 硬驱，针对国际空间站空间胶体物理实验作了飞行改进，用于缓冲和传输遥测数据，提供一个全体乘员接口作为控制和数据显示。RTS-电路盒的程序和软件系数也是靠它装订的。后来，又为配合 TSH-ES 使用而提高了性能。图 15－32所示为 SAMS－Ⅱ的控制和数据处理仪表的外形，图 15－33 所示为去除面板蒙皮和顶盖后的情况，图 15－34 所示为翻开面板、拉出并打开笔记本电脑后的情况[1]。

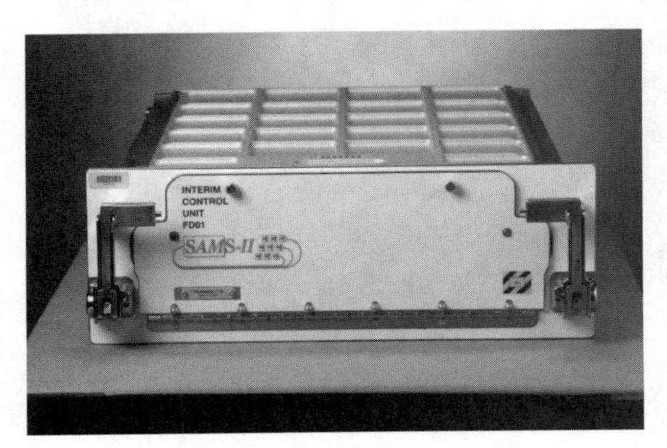

图 15－32　SAMS－Ⅱ型控制和数据处理仪表的外形[1]

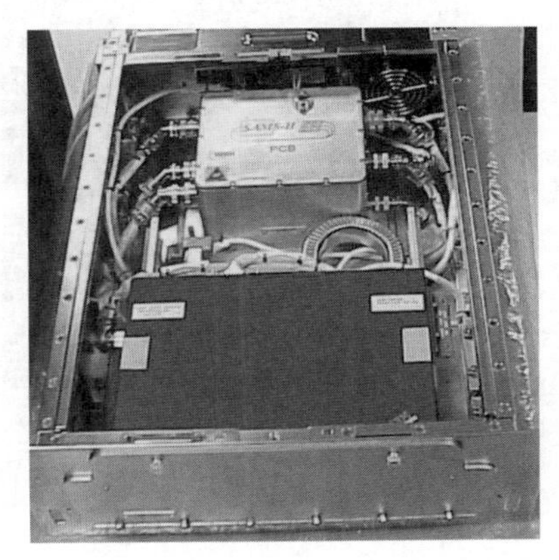

图 15－33　SAMS－Ⅱ型控制和数据处理仪表去除面板蒙皮和顶盖后的情况[1]

图 15-34 SAMS-Ⅱ型控制和数据处理仪表翻开面板、拉出并打开笔记本电脑后的情况[1]

15.11 TSH-M

三轴传感器头-微机电系统(TSH-MEMS or TSH-M)采用微机电系统(MEMS)技术，下限为 1 Hz,2004 年处于研制中时上限待定[1]。

TSH-M 相对此前设计的 TSH 减小尺寸、重量和功耗，并允许在感兴趣的区域安装几个传感器，目标是性能接近于此前 TSH 所达到的水平。第一代通过 RS-422 接口来控制，以后转为以太网。TSH-M 的性能受限于：

(1)MEMS 传感器的较小尺寸限制了低频响应；

(2)硅传感器比当前使用的石英传感器对温度变化更敏感；

(3)减小尺寸和功耗影响了所选择组件的性能。

图 15-35 所示为 TSH-M 所选择的输入/输出公司研制的 SF1500A MEMS 加速度计，图 15-36 所示为 TSH-M 与 TSH-FF 的比较[11]。

图 15-35 TSH-M 所选择的输入/输出公司研制的 SF1500A MEMS 加速度计[11]

图 15-36 TSH-M 与 TSH-FF 的比较[11]

NASA Glenn 研究中心发展的使用 MEMS 加速度计的三轴传感器头则称为先进的微重力加速度测量系统(AMAMS)。由于 AMAMS 在传感器中不使用磁性元件，理论上它对长期(超过 2 年)的行星间任务是更准确的。该中心调查评定了三种可以达到 1 μg_n 的 MEMS 加速度计，它们分别是由 Honeywell、Allied Signal 和 Applied MEMS 公司研制的，通过检验,确定 Applied MEMS 公司的传感器对于微重力三轴传感器头具有最好的综合特性。图 15－37 所示为采样率 50 Hz 下用三轴传感头实验电路板测到的 Applied MEMS 传感器噪声时域曲线,图 15－38 所示为由该曲线得到的 y 轴方均根谱。从图 15－38 可以看到,Applied MEMS 加速度计与原型电路相结合,在常规用途(0.1～25) Hz 范围内可以给出 1 μg_n 的分辨力。测试还证明 Applied MEMS 传感器能得到 1 500 Hz 带宽[20]。

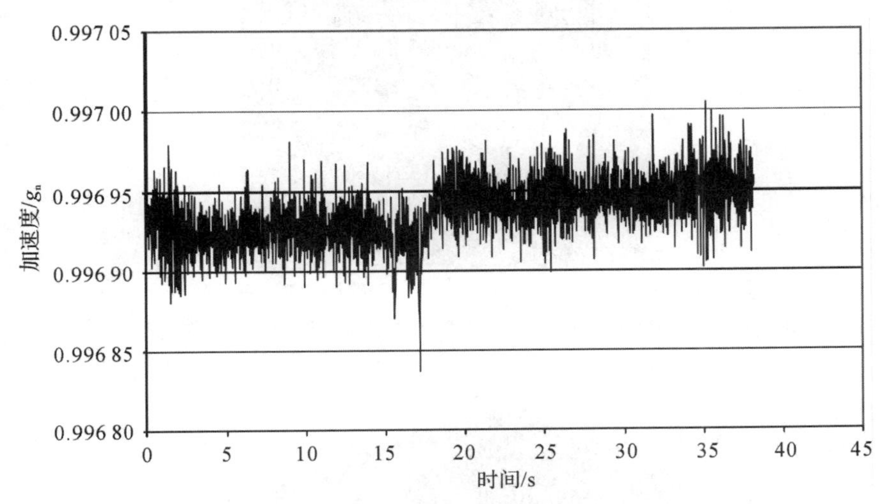

图 15－37　采样率 50 Hz 下用三轴传感头实验电路板测到的 Applied MEMS 传感器噪声时域曲线[20]

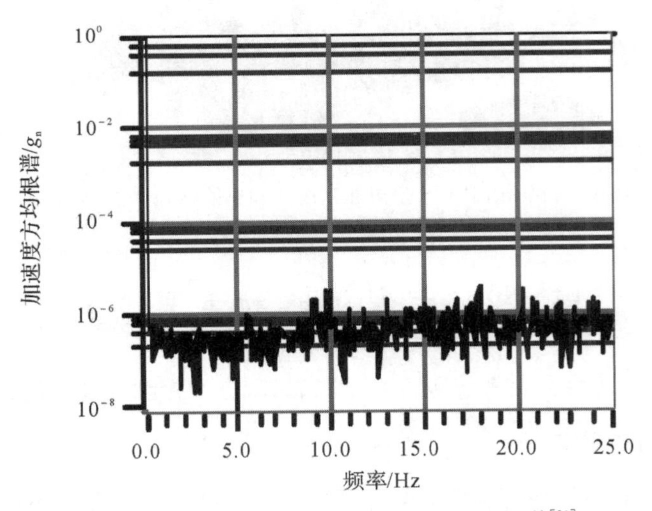

图 15－38　由图 15－37 得到的 y 轴方均根谱[20]

图 15－39 所示为 Applied MEMS 加速度计的正面外形图和背面外形图,图 15－40 所示为使用 Applied MEMS 公司加速度计和电路接口卡的 AMAMS 的设计。从图上可以看到,小的尺寸允许加速度计面朝内[20]。

图 15－40 所示 AMAMS 使用高分辨力 24 位 Δ-Σ ADC 以便充分利用加速度计的大动态范围,且有一个 RS－422 串行接口用于外部控制和数据存储。该 AMAMS 的封装容积小于 130 cm^3,质量小于 113 g,功耗小于 1 W,成本低于 2 500 美元。相对原先的设计,体积减小 33%,功耗减小 50%,成本减小 87%[20]。

为了进一步减小封装，当时(2004 年)正在设计研究一种针对信号调理和处理器电路的混合封装。下一步将发展一种三轴传感器封装，它将小于 82 cm^3，而且利用一个以太网接口，以便应用于国际宇宙站以太局域网[20]。

图 15-39　Applied MEMS 加速度计的正面外形图和背面外形图[20]

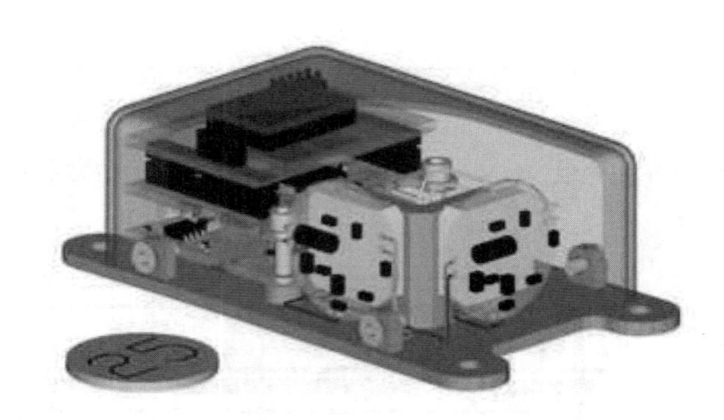

图 15-40　使用 Applied MEMS 公司加速度计和电路接口卡的 AMAMS 的设计[20]

15.12　本章阐明的主要论点

NASA 的空间加速度测量系统包含有准稳态、瞬态和振动加速度测量。

15.12.1　目的和需求

(1)空间加速度测量系统(SAMS)项目的目的为：发展、配置以及操作加速度测量系统，以测量、收集、处理、记录以及传送所选的加速度数据给研究者，或其他需要控制、监测以及表征平台和/或设备(例如落塔、航空器、探测火箭、空间运输系统以及国际空间站)上微重力环境的用户。

(2)传送所选的加速度数据属于微重力服务，是 SAMS 的姊妹项目，它作为通向大多数研究者的加速度数据直达接口，提供了基于用户请求和动作的加速度数据延伸分析。

(3)对低于国际空间站设定的加速度环境包络线所示加速度的测量误差足够小，分辨力足够高。

(4)SAMS-Ⅱ的参数受首席调研员或在轨全体乘员控制。

(5)以可选的格式，在可选的时间额度内向使用者提供加速度信息。

15.12.2　系统体系和研发历程

(1)最早研制的 SAMS 原型只检测瞬态和振动加速度,并不包含测量准稳态加速度的 OARE,其动态范围为 114 dB(1 μg_n～0.5 g_n),测量频率为(0.01～100) Hz,主要构成包括远置 TSH 和主单元,其中 TSH 使用三个正交安装的 QA2000－30 加速度计。

(2)其余检测瞬态和振动加速度的有 TSH-FF、MAMS-HiRAP、RTS、TSH-ES 和 TSH-M。TSH-FF 采用 QA3000/3100 加速度计,TSH-FF 的动态范围增加到 120 dB (1 μg_n～1 g_n),测量频率范围扩展为(0.01～200) Hz。MAMS-HiRAP 采用三个正交的摆式气体阻尼加速度计,静态分辨力为 1 μg_n,输入范围约±8 000 μg_n,误差为±5 μg_n,偏值温度系数为 10 μg_n/℃,测量频率为(0.01～100) Hz。RTS 采用 QA3000/3100 加速度计和 Δ-Σ 24 位模-数转换器,测量的动态范围为 130 dB(0.3 μg_n～1 g_n),测量频率范围扩展为(0.01～400) Hz。TSH-ES 采用 QA3100 加速度计和 Δ-Σ 24 位模-数转换器,测量的动态范围为 135 dB(0.18 μg_n 至 1 g_n 频率范围与 RTS 相同,TSH-ES 是为了系统性能最大化而设计出来的小的、高度综合的传感器头,而向用户、载体或装置索取的需求最小化,TSH-ES 送出的数据具有前所未有的更高分辨力。TSH-M 采用微机电系统技术,下限为 1 Hz,2004 年处于研制中时上限待定。

(3)测量准稳态加速度的有 OARE、MAMS-OSS 和 TSH-Q。OARE 的传感器组件采用 MESA。MAMS-OSS 为 OARE 传感器子系统的简称,它将 MESA 传感器与伺服控制电路、输出调理滤波器包装在一起,可以测量 1 Hz 以下准稳态加速度,下限低于 10^{-5} Hz 的加速度。而 TSH-Q 测量准稳态加速度的原理和性能不详。

(4)RRS 采用没有运动部件的光纤光学陀螺仪检测滚动速率,采样率为 10 Sps,分辨力为 0.1″。

15.12.3　OARE

(1)MESA 是一个三轴加速度计,具有单一的检验质量,并靠静电悬浮实现自由漂移。

(2)MESA 的原型是一个单自由度的加速度计,其敏感结构检验质量是一个空心圆柱浮筒,其中部四周有一个凸缘。该加速度计设计中遇到的最困难的问题之一是薄壁铍浮筒需加工到极好的尺度公差。使用铍是为了具有高的强度-重量比和随着温度变化具有好的尺度稳定性。圆筒的直线度和圆度、凸缘的平面度平行度和对于圆筒的垂直度被严格控制,因为它们限制了仪器的交叉耦合系数。圆筒型检验质量在地基试验时至少存在两个缺点:①作用在圆筒型检验质量弯曲表面上的 1 g_{local} 伺服力引起交叉轴上大的交叉耦合“负弹性”,使 1 g_{local} 试验环境下的偏值测量易受位置拾取零值随机变化的影响,1 g_{local} 试验环境中圆筒型检验质量的圆柱轴具有非常高的偏值性能就是这一事实的证据;②地基试验时必须测量在两个径向轴上的“标度因数修正因子”,用于修正地基标度因数数据,以便评估在轨标度因数,这些修正因子可能接近 10%,并且测定其值的任何偏差使得对这两个径向轴的在轨标度因数评估降低水准。

(3)MESA 加速度计靠周围缠绕加热元件保持在一个恒定的温度下(大约 35 ℃),该加热元件受热敏电阻温度控制回路控制。在预期的环境运行温度(25±5) ℃下,内部温度的稳定性优于 0.1 ℃。

(4)为了在三个正交轴上实现 μg_n 和 ng_n 水平加速度的准确测量,MESA 的改进型将检验质量由中部带有凸缘的空心圆柱浮筒改为全对称立方体,从而极度减小了轴间的交叉耦合,并且允许检验质量真正 6 自由度伺服,消除了不希望有的检验质量相对于伺服电极的旋转。而且,立方体结构除了在三个轴向上提供线加速度测量外,还可以提供绕三个轴的角加速度测量。

(5)MESA 原型内部充以一个大气压的干燥氮气。漏率小于 1×10^{-9} Pa·m^3/s。据此估计,在空间环境中该平均漏率下充入的氮气每年仅损失 15%。MESA 改进型内部充以 90%氮、10%氦的混合气体。气体既对检验质量提供阻尼保护以对抗与发射有关的振动和冲击,又为伺服回路的稳定运行提供必须的机械阻尼。混合气体中少量的氦用作密封的敏感结构组件泄漏检验的示踪气体。

(6)MESA 安装在活动平台上以便实现飞行中标定,这种独特的原位标定与使用 1 g_{local} 环境下得到的标定因子相比,在既定包含概率下显著改善飞行结果的测量不确定度。活动平台可以靠两个无刷直流力矩马达绕内平衡架的轴和外平衡架的轴活动,平台的活动是靠微处理器控制的。飞行中标定使用 16 位光学编码器检测平台的方位,用已知的恒定速率旋转平台,可以产生已知的加速度信号,于是便可测定标度因数。另外,输入轴反向 180°定位,便可测定偏值。周期性地测定标度因数和偏值便可以保证仪器的准确度。MESA 和所有的加速度计一样,会受到制造公差和包括温度、湿度在内的物理环境变化的影响,会受到自身固有的电路漂移的影响,会受到元器件随时间退化的影响。所有这些会慢慢改变加速度信号。因此,为了有效控制仪器的误差,定期测定偏值和标度因数是必需的。

(7)偏值标定方法假定测量过程中外来加速度没有一点变化。在实验室中这是可以严格控制的,但在航天器上却不行。推进器工作、机械子系统工作、航天器机动、卫星发射以及航天器中其他实验活动会影响测量。因此,为了使过程中引入的误差最小化,必须严格控制实验步骤。例如,靠保持测量时间短,保持相当大的统计数据长度,监测航天器的动作,可以保持引入的误差足够小,以符合实验的目标。

(8)标度因数标定时传感器检验质量偏离台面的旋转中心,台面绕旋转轴以稳定的角速率旋转,使传感器得到一个已知的输入加速度(向心加速度)。旋转轴至传感器检验质量质心的距离精密地已知,敏感轴与旋转轴指向传感器的半径矢量之夹角靠加工和装配准确控制,旋转速率靠无刷直流力矩马达和微处理器准确控制,因此,计算出来的向心加速度的误差可以控制到 1%以内。该向心加速度为"理论"标定输入信号。使用厂家给出的理论标度因数,可以将传感器的输出转换为加速度值。某些场合下外来残余加速度会使得到的标度因数偏离约 2%。鉴于传感器不旋转时得到的参考值包含有传感器的偏值和各种外来残余加速度,原则上,可以将传感器不旋转时得到的参考值从旋转时测量到的加速度中扣除,得到"测量"加速度。"测量"加速度是传感器对旋转产生的向心加速度的响应。"测量"加速度与"理论"标定输入信号之比即为实际标度因数与理论标度因数的比值。整个任务过程中平台是顺时针、逆时针交替转动的,每次标度因数测定时记录了平台的转动方向,所以能鉴别任何方向依赖效应。

15.12.4 TSH-ES

(1)TSH-ES 设计时参考了数字无线电话和个人数据助手等现代便利设施,使 TSH-ES 带有小的嵌入式处理器与伴随的各种支持硬件,并选择可靠的操作系统,以此设计传感器的操作。

(2)石英挠性加速度计输出的是电流,为此需要 TSH-ES 先将其转换为电压,再送入模拟滤波器。转换为电压的一种选择是使用负载电阻,这种方法加速度计的电容与电阻共同作用产生一个大的时间常数,且显著增加系统的噪声本底。为了避免这种情况,TSH-ES 使用增益为 1 的跨阻放大器。跨阻放大器能改善响应时间 5~10 倍。跨阻放大器也为较好地控制噪声本底创造了条件。跨阻放大器使用运算放大器将信号求和,由于运算放大器有非常高的输入阻抗,信噪比能被最大化,而且比较高的固有输入阻抗能帮助保持时间常数低。

跨阻运放输入级抛弃了传统运算放大器所使用的差动电路，而采用互补跟随电路。跨阻运放的各级电路均采用互补对称结构，由于采用日趋成熟的双极互补集成工艺及电流模式电路设计技术，具有极佳的动态特性。跨阻运放主要由输入缓冲级、跨阻放大级和输出缓冲级组成。输入缓冲级接在两个输入端之间，具有单位电流增益。输入缓冲级作用有三个：①强制跨阻运放的反相端输入电位跟随同相端输入电位；②使同相输入端为高阻抗（理想为无穷大）的电压输入端；③使反相输入端为低阻抗（理想为零）的电流输入端，信号电流在反相输入端容易流进或流出。

(3)模拟滤波器是在数字化前降低高频杂波的有效工具。应该恰当设计模拟滤波器以防止高频杂波混叠到信号中来，从而保证ADC输出的是一个较干净信号。在对模拟信号进行放大前加入一个滤波器也是一个好做法。TSH-ES采用Δ-Σ ADC实现数字化，由于Δ-Σ ADC内部的级联FIR数字滤波器会阻断频率从输出数据率之半起直至采样率值与有用信号最高频率之差值间会混叠到有用信号中来的杂波，所以Δ-Σ ADC前的抗混叠模拟滤波器只需充分阻断频率超过上述差值的杂波，因而与传统ADC前的模拟滤波器需要尽可能地抑制超过有用信号最高频率的杂波明显不同。

(4)在模拟滤波之后，每个轴的信号被送到PGA。全差分PGA在比较高的增益下失真非常低，它能改善有效分辨力高达24 dB。

(5)在PGA之后信号被送到输出字长24位的4阶1位Δ-Σ ADC以实现数字化。

(6)TSH-ES采用嵌入式Linux操作系统有助于适应特定用户的需要定制软件，并且使得TSH-ES不靠外部控制计算机就能自主运行。只要外部供给电源，TSH-ES就能在外部局域网上送出实时数据。TSH-ES有可选择的输出数据率，它允许研究人员改变带宽并且在(0.01～400) Hz范围内观察模拟量的频谱。

(7)在一个安装了加速度计的TSH-ES的工程单元上完成了系统噪声本底测试。为了从环境中排除外部噪声源，测试是在晚间，所有产生噪声的硬件均已关闭的建筑物中，在隔离的地基上完成的。最后，以三分之一倍频程频带显示测试的结果。经验表明，在空间中该噪声本底谱总会更低，因为降低了全部环境背景噪声水平。

(8)传感器电路的频率响应测试是通过撤除加速度计并向信号调理电路输入给定频率下的1 g_n正弦信号完成的。结果以输出振幅峰-峰值与输入频率的关系曲线表示。试验是在输出数据率250 Sps下进行的。

(9)由于采用过采样技术，Δ-Σ调制器的采样率为256 kSps，而数字滤波器的截止频率最高为500 Hz，因此，Δ-Σ ADC之前设置的抗混叠模拟滤波器只要保证滤波后信号（包括感兴趣信号和不感兴趣的干扰信号）的最高频率 f_m 低于255.5 kHz(256 kHz－500 Hz＝255.5 kHz)就可以了。

(10)为了消除频率混叠，靠级联FIR数字滤波器来严格滤除500 Hz～255.5 kHz间会混叠到频率低于500 Hz的杂波。

(11)用户通常对传感器的数目和位置感兴趣。TSH-ES的适应性为用于表征相当大的群体结构创造了条件。由于尺寸小，允许将TSH-ES与研究环境紧密结合。

15.12.5 TSH-M

(1)TSH-M相对此前设计的TSH减小尺寸、重量和功耗，并允许在感兴趣的区域安装几个传感器，目标是性能接近于此前TSH所达到的水平。TSH-M的性能受限于：①MEMS传感器的较小尺寸限制了低频响应；②硅传感器比当前使用的石英传感器对温度变化更敏感；③减小尺寸和功耗影响了所选择组件的性能。

(2)Applied MEMS加速度计与原型电路相结合，在常规用途(0.1～25) Hz范围内可以给出 1 μg_n 的分辨力。测试还证明 Applied MEMS 传感器能得到 1 500 Hz 带宽。

参 考 文 献

[1] FOSTER W M. Acceleration measurement systems provided by the Space Acceleration Measurement Systems (SAMS) Project [C]//MEIT - 2004: Section 11, March 2 - 4, 2004.

[2] THOMAS J E, PETERS R B, FINLEY B D. Space acceleration measurement system triaxial sensor head error budget: NASA TM - 105300 [R/OL]. Washington: National Aeronautics and Space Administration, 1992. https://ntrs.nasa.gov/api/citations/19920015891/downloads/19920015891.pdf.

[3] BLANCHARD R C, WILMOTH R G, LEBEAU G J. Orbiter aerodynamic acceleration flight measurements in the rarefied-flow transition regime: NASA - AIAA - 96 - 2467 [J/OL]. NASA Langley Technical Report Server, 1996, 34 (1): 8 - 15. https://ntrs.nasa.gov/api/citations/20040110941/downloads/20040110941.pdf.

[4] DELOMBARD R. Microgravity Acceleration Measurement System (MAMS) and Space Acceleration Measurement System II (SAMS - II), two investigations [R/OL]//EVANS C A, ROBINSON J A, TATE-BROWN J, et al. International Space Station science research accomplishments during the assembly years: an analysis of results from 2000 - 2008: NASA/TP - 2009 - 213146 - REVISION A. Hanover, Maryland: The NASA Center for AeroSpace Information, 2009. https://www.nasa.gov/pdf/389388main_ISS%20Science%20Report_20090030907.pdf.

[5] MCNALLY P, BLANCHARD R. Comparison of OARE ground and in-flight bias calibrations: AIAA 94 - 0436 [C]//The 32nd Aerospace Sciences Meeting & Exhibit, Reno, NV, United State, January 10 - 13, 1994.

[6] RICE J E. OARE STS - 87 (USMP - 4) final report: NASA CR - 1998 - 207934 [R/OL]. Hanover, Maryland: The NASA Center for AeroSpace Information, 1998. https://ntrs.nasa.gov/api/citations/19980209740/downloads/19980209740.pdf.

[7] MELDRUM M A, HARRISON E J, MILBURN Z. Development of a miniature electrostatic accelerometer (MESA) for low g applications: NASA CR - 54137 [R/OL]. Washington: National Aeronautics and Space Administration Office of Scientific and Technical Information, 1965. https://ntrs.nasa.gov/api/citations/19660008729/downloads/19660008729.pdf.

[8] DIETRICH R W, FOX J C, LANGE W G. An electrostatically suspended cube proofmass triaxial accelerometer for electric propulsion thrust measurement: AIAA 96 - 2734 [C/OL]//The 32nd AIAA/ASME/SAE/ASEE Joint Propulsion Conference, Lake Buena Vista, FL, United State, July 1 - 3, 1996. https://sci-hub.ren/10.2514/6.1996-2734.

[9] BLANCHARD R C, NICHOLSON J Y, RITTER J R, et al. OARE flight maneuvers and calibration measurements on STS - 58: NASA TM - 109093 [R/OL]. Hampton, Virginia: National Aeronautics and Space Administration, Langley Research Center, 1994. https://www.researchgate.net/profile/R-Blanchard/publication/234241927_OARE_flight_maneuvers_and_calibration_measurements_on_STS-58/

links/552badf30cf21acb091e59f0/OARE-flight-maneuvers-and-calibration-measurements-on-STS-58. pdf.

[10] BLANCHARD R C，NICHOLSON J Y. Summary of OARE flight calibration measurements：NASA TM - 109159 [R/OL]. Hampton，Virginia：National Aeronautics and Space Administration，Langley Research Center，1995. https://www. researchgate. net/profile/R-Blanchard/publication/24326490_Summary_of_OARE_flight_calibration_measurements/links/552badf40cf21acb091e59f3/Summary-of-OARE-flight-calibration-measurements. pdf.

[11] FOSTER W M. Space Acceleration Measurement Systems (SAMS) [C]//MEIT - 2003：Section 6，March 4，2003.

[12] 全国法制计量管理计量技术委员会. 通用计量术语及定义：JJF 1001—2011 [S]. 北京：中国质检出版社，2012.

[13] JULES K，HROVAT K，KELLY E，et al. International Space Station increment - 6/8 microgravity environment summary report November 2002 to April 2004：NASA TM - 2006 - 213896 [R/OL]. Hanover，Maryland：The NASA Center for AeroSpace Information，2006. https://ntrs. nasa. gov/api/citations/20060012257/downloads/20060012257. pdf.

[14] BLANCHARD R C，LARMAN K T，BARRETT M. The High Resolution Accelerometer Package (HiRAP) flight experiment summary for the first 10 flights：NASA RP - 1267 [R/OL]. Hampton，Virginia：National Aeronautics and Space Administration，Langley Research Center，1992. https://www. researchgate. net/profile/R-Blanchard/publication/24333823_The_High_Resolution_Accelerometer_Package_HiRAP _ flight _ experiment _ summary _ for _ the _ first _ 10 _ flights/links/552badf30cf21acb091e59f2/The-High-Resolution-Accelero- meter-Package-HiRAP-flight-experiment-summary-for-the-first-10-flights. pdf.

[15] CHMIEL A，KACPURA T. Updated space accleration measurement system triaxial sensor：design and performance characterisitics：AIAA 2003 - 1003 [C/OL]//The 41st Aerospace Sciences Meeting and Exhibit，Reno，Nevada，United State，January 6 - 9，2003. DOI：10. 2514/6. 2003-1003. https://sci-hub. mksa. top/10. 2514/6. 2003-1003.

[16] 劳五一，劳佳. 模拟电子电路分析、设计与仿真[M]. 北京：清华大学出版社，2007：266 - 271.

[17] 赵玉山. 电流模式电子电路[M]. 天津：天津大学出版社，2001.

[18] 刘益成，罗维炳. 信号处理与过抽样转换器[M]. 北京：电子工业出版社，1997.

[19] 中国人民解放军总装备部电子信息基础部. 测量不确定度的表示及评定：GJB 3756A—2015 [S]. 北京：总装备部军标出版发行部，2015.

[20] SICKER R J，KACPURA T J. Advanced Microgravity Acceleration Measurement Systems (AMAMS) being developed：NASA Document ID 20050210096 [R/OL]. Cleveland，Ohio：NASA Glenn Research Center，2005. http://ntrs. nasa. gov/api/citations/20050210096/downloads/20050210096. pdf.

第16章 空间微重力测量的拓展应用

本章的物理量符号

a	重力加速度的分量,m/s^2
a_E	地球长半轴:$a_E=6.378\ 137\ 0\times10^6$ m;
$a_{RMS}(f)$	f 处 OTOB 方均根振动加速度限值,$\mu m/s^2$
$\boldsymbol{B}$	磁感应强度矢量,T
d	角振动造成的像移量,m
D	角振幅在像平面处造成的图像线振幅,m
D_c	相机的孔径,m
$D(f)$	微振动干扰频率 f 处的振幅,m
$d(f)$	微振动干扰频率 f 处积分时间内振动造成的像移,m
d_g	地面分辨力,m
$D_{RMS}(f)$	f 处允许的 OTOB 方均根振动位移,μm
d_s	空间分辨力,m
$\boldsymbol{E}$	电场强度矢量,V/m
f	微振动干扰频率,Hz
f_1	频率区间的下限,Hz
f_2	频率区间的上限,Hz
f_c	相机的焦距,m
g	当地的重力加速度值,m/s^2
GM	地球的地心引力常数:$GM=3.986\ 004\ 418\times10^{14}\ m^3/s^2$(包括地球大气质量)
h	轨道高度,m
i	离散频域数据的序号
K	与目标/背景对比度有关的换算系数,检测电路放大倍数;
k	离散时域数据的序号
K_1	加速度计标度因数,$V/(m/s^2)$
L	p,q 两点间的距离,m
L_0	靶标像的平均亮度,cd/m^2
L_a	理想情况下靶标像亮度的振幅,cd/m^2
L_b	实际成像亮度的振幅,cd/m^2
L_{max}	理想情况下靶标像的最高亮度,cd/m^2

$L_{\min}$	理想情况下靶标像的最低亮度,cd/m^2
$L(x)$	理想情况下靶标像在 x 处的亮度,cd/m^2
M_{in}	输入信号调制度,无量纲
M_{out}	输出信号调制度,无量纲
N	数据长度
n	TDI 的级数
p	空间周期(靶标像每一个线对的宽度),m/lp
$\boldsymbol{r}$	矢径,m
t_{e}	像元的积分时间,s
V	检测电路输出电压,V
V_{S}	施密特触发器的高电平翻转电压,V
v_{s}	航天器飞行速度,m/s
x	空间位置,m
$X(i\Delta f)$	频率 $f=i\Delta f$ 处角加速度的 fft 函数(MATLAB 软件定义的函数),为复数,rad/s^2
$\overline{X}(i\Delta f)$	与 $X(i\Delta f)$ 互为共轭复数,在 MATLAB 软件中可用 conj 函数由 $X(i\Delta f)$ 得到,为复数,rad/s^2
$\beta(k\Delta t)$	时间 $t=k\Delta t$ 时旋转轴垂直于纸面的角加速度,rad/s^2
$B_{\text{PSD}}(i\Delta f)$	频率 $f=i\Delta f$ 处的角加速度功率谱密度平方根,rad・s^{-2}/Hz$^{1/2}$
$\widetilde{B}_{\text{PSD}}(i\Delta f)$	加速度计引起的频率 $f=i\Delta f$ 处角加速度噪声功率谱密度,rad・s^{-2}/Hz$^{1/2}$
Γ_{MTF}	调制传递函数,无量纲
$\Gamma_{\text{MTF}}(f,\nu)$	干扰频率为 f、空间频率为 ν 时,微振动引起的调制传递函数
$\Gamma_{\text{MTF}}(f,\nu_{\text{N}})$	干扰频率为 f 时,在 Nyquist 空间频率 ν_{N} 处微振动引起的调制传递函数
$\Gamma_{\text{MTF,h}}(\nu)$	空间频率为 ν 时高频角振动引起的调制传递函数
$\Gamma_{\text{MTF,h}}(\nu_{\text{N}})$	Nyquist 空间频率 ν_{N} 下高频率角振动引起的调制传递函数
$\Gamma_{\text{MTF,l}}(\nu)$	空间频率为 ν 时低频角振动引起的调制传递函数
$\Gamma_{\text{MTF,l}}(\nu_{\text{N}})$	在 Nyquist 空间频率 ν_{N} 处低频角振动引起的调制传递函数
$\Gamma_{\text{MTF,TDI,m}}(n,f,\nu)$	TDI 级数为 n、干扰频率为 f、空间频率为 ν 时,微振动引起的速率失配调制传递函数
$\Gamma_{\text{MTF,TDI}}(n,f,\nu)$	TDI 级数为 n、干扰频率为 f、空间频率为 ν 时,微振动引起的调制传递函数
$\Gamma_{\text{MTF,TDI}}(n,f,\nu_{\text{N}})$	TDI 级数为 n、干扰频率为 f 时,在 Nyquist 空间频率 ν_{N} 处微振动引起的调制传递函数
$\Gamma_{\text{MTF,TDI,l}}(n,\nu)$	TDI 级数为 n、空间频率为 ν 时,低频角振动引起的调制传递函数
$\Gamma_{\text{MTF,TDI,l}}(n,\nu_{\text{N}})$	TDI 级数为 n、在 Nyquist 空间频率 ν_{N} 处低频角振动引起的调制传递函数
$\Gamma_{\text{MTF,TDI,s}}(n,f,\nu)$	TDI 级数为 n、干扰频率为 f、空间频率为 ν 时,微振动引起的单级调制传递函数

$\gamma_p(k\Delta t)$	时间 $t=k\Delta t$ 时 p 点的线加速度，m/s^2
$\widetilde{\Gamma}_{PSD}(i\Delta f)$	频率 $f=i\Delta f$ 处加速度计噪声的功率谱密度，$m \cdot s^{-2}/Hz^{1/2}$
$\gamma_q(k\Delta t)$	时间 $t=k\Delta t$ 时 q 点的线加速度，m/s^2
δ	CCD 像元尺寸，m
Δf	频率间隔，Hz
Δt	采样间隔，s
θ	角振幅，偏离水平方向的倾角，rad
$\Theta(f)$	平台角位移功率谱密度，$(\mu rad)^2/Hz$ 或 $('')^2/Hz$
$\Theta_{PSD}(f)$	SILEX 模型频率 f 处的角位移功率谱密度，$rad/Hz^{1/2}$
ν	空间频率，lp/m
ν_N	Nyquist 空间频率，lp/m
ω	振动角速度，rad/s
$\boldsymbol{\omega}$	角速度矢量，rad/s
ω_L	靶标像亮度的空间角频率，$\omega_L=2\pi\nu$
$\Omega_{PSD}(f)$	SILEX 模型频率 f 处的角速度功率谱密度，$rad \cdot s^{-1}/Hz^{1/2}$
$\Omega_{PSD}(i\Delta f)$	频率 $f=i\Delta f$ 处的角速度功率谱密度，$rad \cdot s^{-1}/Hz^{1/2}$
$\widetilde{\Omega}_{PSD}(i\Delta f)$	加速度计引起的频率 $f=i\Delta f$ 处角速度噪声功率谱密度，$rad \cdot s^{-1}/Hz^{1/2}$
$\omega_{RMS}\big\|_{[f_1,f_2]}$	零均值稳态随机角振动在频率区间$[f_1, f_2]$的角速度方均根值，rad/s
$\widetilde{\omega}_{RMS}\big\|_{[f_1,f_2]}$	加速度计引起的频率区间$[f_1, f_2]$角速度方均根噪声，rad/s

本章独有的缩略语

ACFS	AOCS Flight Software，姿态和轨道控制系统飞行软件
ADS	Angular Displacement Sensor，角位移传感器
ALOS	Advanced Land Observing Satellite，先进陆地观测卫星（日本）
AOCE	Attitude & Orbit Control Electronics，姿态和轨道控制电路
AOCS	Attitude and Orbit Control System，姿态和轨道控制系统
ARS	Angular Rate Sensor，角速率传感器
ATA	Applied Technology Associates Company，应用技术联营公司（美国）
AVNIR-2	Advanced Visible & Near-Infrared Radiometer-2，先进的可见和近红外辐射计 2 型
BAPTA	Bearingand Power Transfer Assembly，轴承与功率传递组件
BER	Bit Error Rate，比特误码率
CBERS	China-Brazil Earth Resource Satellite，中国和巴西合作的地球资源卫星
CCD	Charge Coupled Device，电荷耦合器件
DRC	Data Relay Communication Antenna，数据中继通信天线
EOS	Earth Observation System，地球观测系统
ES	Earth Sensor，地球敏感器

GPSR	GPS Receiver,GPS 接收机
GSFC	Goddard Space Flight Center,Goddard 航天中心(NASA)
HST	Hubble Space Telescope,Hubble 空间望远镜
JAXA	Japan Aerospace Exploration Agency,日本航空航天探测署
LANDSAT	Land Satellite,陆地卫星(美国)
MDC	Mission Data Coding,任务数据代码
MTF	Modulation Transfer Function,调制传递函数
NASDA	National Space Development Agency,国家空间开发署(日本)
PADS	Precision Attitude Determination System,精密姿态测定系统
PALSAR	Phased Array Type L-Band Synthetic Aperture Radar,相控阵型 L 波段合成孔径雷达
PRISM	Panchromatic Remote Sensing Instrument for Stereo Mapping,立体测绘全色遥感仪
RCS	Reaction Control System,反作用控制系统(即推进系统)
RW	Reaction Wheel,反作用轮
SADA	Solar Array Drive Assembly,太阳阵驱动组件
SAP	Solar Array Paddle,太阳(电池)阵翼板
SILEX	Semiconductor Intersatellite Laser Experiment,半导体星间激光实验
SS	Sun Sensor,太阳敏感器
STT	Star Tracker,星象跟踪仪
TDI	Time Delay Integration,延时积分
TM	Thematic Mapper,主题成像仪
TT&C	Telemetry, Tracking & Command System,遥测、跟踪和控制系统
VMPDE	Valve MTQ Paddle Drive Electronics,阀、磁力矩器、太阳能电池板驱动电路
WDE	Wheel Drive Electronics,轮驱动电路

16.1　失重飞机微重力测量及进出微重力状态的判定

16.1.1　概述

1999 年 7 月,中国科学院空间科学与应用总体部、总装备部航空航天医学研究所与俄罗斯加加林航天员训练中心协调,作为中国宇航员在该中心 ИЛ(伊尔)-76МДК 失重飞机上进行失重训练的附带项目,利用失重飞机开展微重力科学实验。中科院微重力科学实验系统的实验项目有微重力流体物理气液两相流研究、透明模型偏晶合金两相分离动力学研究、近空间连续自由流电泳仪试验研究、空间制备高热导氮化铝陶瓷研究。总体部负责组织协调、系统测控和公用平台研制,微重力仪(由我国第三代微重力测量装置改装而成)做为测控平台的主要设备之一参加了此次实验。

如 3.2.3 节所述,"失重抛物线轨迹飞行"阶段持续(22～25) s,此前"跃升拉起"和此后

"俯冲拉起"阶段均有10 s左右2 g_n 的过载。为保证实验进行，中科院微重力科学实验系统被设计成全自动系统，所有科学实验项目根据微重力仪测得的进入、退出微重力状态的时刻进行。微重力仪判断进出微重力状态的门限是否准确，可靠是影响整个实验顺利进行的关键点，门限过低会延迟实验开始时间，过高又可能造成误判使系统过早进入实验状态。根据实际情况，经过多次研究后决定：进出微重力状态的判定门限定为0.3 g_n，采用连续采集64个数据后求算术平均值的办法滤除干扰，并采用连续两次算术平均值达标的办法进一步防止误判。实验结果证明了该措施合理、有效，在飞行实验中没有发生一次误判。另外，微重力仪还担任了测量全部实验过程中的微重力科学数据的任务。

1999年7月1日至23日，中科院微重力科学实验系统利用ИЛ-76МД K失重飞机成功地进行了7个架次共72个抛物线的飞行，微重力仪均准确给出了进出微重力状态时间，使整个实验圆满完成，并测得全部微重力科学数据。

图16-1为ИЛ-76МД K失重飞机外观，图16-2为起飞前参试人员在失重飞机舱内装调的影像。

图16-1　ИЛ-76МД K失重飞机外观

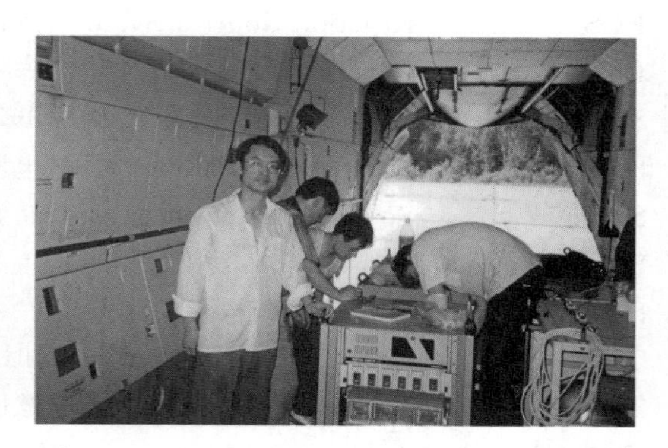

图16-2　起飞前参试人员在失重飞机舱内装调

16.1.2　系统方案

16.1.2.1　系统构成

中科院微重力科学实验系统由微重力仪、公用平台和各个微重力科学实验装置构成。微重力仪用来测量失重飞机的微重力水平，并将微重力信号送至公用平台。公用平台负责电源分配和熔断保护，读取各实验装置的工程遥测和科学实验数据，根据微重力信号向各实验装置发出进入和退出失重遥控指令。各实验装置和微重力仪通过总线方式与公用平台相连，形成以公用平台为中央测控单元的星形结构，如图16-3所示。图中虚框部分是公用平台，包括配电器和中央测控单元两部分。整个实验系统与失重飞机之间只有简单的电源和机械接口[1]。

16.1.2.2　微重力仪技术状态和运控模式

微重力仪 y 轴输出为正的**重力**方向指向机肚（即平飞时指向地面），输出为正的**加速度**方向指向机背（即平飞时指向天空）；z 轴输出为正的加速度方向指向机头；x 轴输出为正的加速度方向指向左舷。y_1 路为大输入范围，y_2 路、x 轴、z 轴为小输入范围。大输入范围为 $(0\sim4)\ g_n$，小输入范围为 $\pm0.1\ g_n$。

微重力仪接收并记录中央测控单元转发的零时基指令，以便事后对微重力仪时间进行修正。微重力仪向中央测控单元提供：

(1) 进入退出微重力状态指令——以此指令作为微重力科学实验开始和结束的主要判据。

(2) y_1 路测到的微重力模拟量——提供给中央测控单元，使之另行开展进入退出微重力状态的判断，并以此判断作为微重力科学实验开始和结束的备份判据。

(3) 微重力工程状态数据和微重力科学数据——以此数据为微重力科学实验的事后分析提供依据。

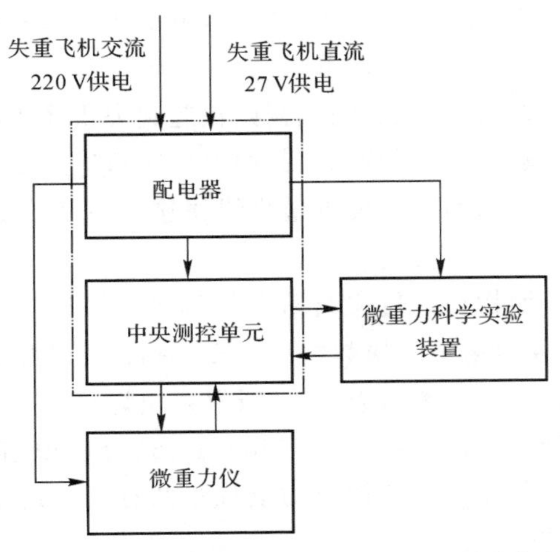

图 16-3　中科院微重力科学实验系统构成框图

微重力仪每路采样间隔为 4 ms，每路采集 64 组数据为一块，两块间隔 260 ms(其中统计占 4 ms)。逐块分路统计出累加值、方差、最小值、最大值，当连续两块 y_1 路累加值小于 19.2 g_n，即平均值小于 0.3 g_n 时，转为详存状态，同时以指令接口转为高电平方式发出进入微重力状态指令；当连续两块 y_1 路累加值大于 19.2 g_n，即平均值大于 0.3 g_n 时，转为略存状态，同时以指令接口转为低电平方式发出退出微重力状态指令，如图 16-4 所示。

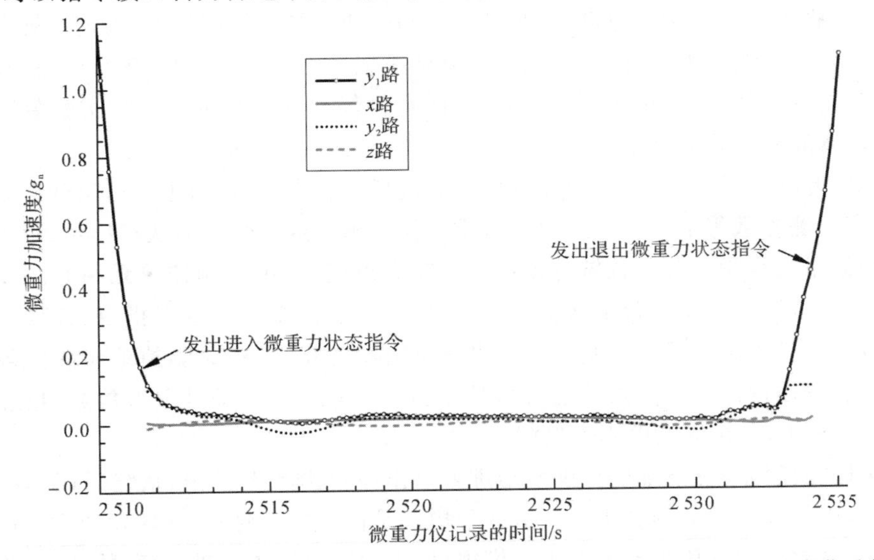

图 16-4　第一架次第三次失重抛物线轨迹飞行前后微重力仪各路加速度平均值的变化及指令输出

中央测控单元的数传复接器采用如 13.1.2.8 节所述的数据流方式每帧轮流读取包括微重力仪在内各载荷的数据，每帧间隔 8 ms。每帧的微重力数据包长 32 Bytes，包括包同步码 EB 90 H、包计数×× ×× H 及 28 Bytes 存储数据。

与 13.1.2.9 节所述类似，微重力数据的基本单位为条，但每条均占两包。每条对应一个参数读出区、一块统计量数据及相应的时间或 6 组详存的微重力时域数据及相应的时间。

在每个抛物线飞行期间，微重力仪在存储器中用一条作为参数读出区；用 1 864 条存储各路微重力统计量数据及相应的时间或详存的微重力时域数据及相应的时间。以上共 1 865条，或 3 730 包，占据存储容量 104 440 Bytes，不足我国第三代微重力测量装置微重力数据容量 523 600 Bytes（见 13.1.2.7 节）的 1/5。

参数读出区存储从微重力仪加电后完成初始化起到失重飞机起飞后进入平飞所经历的时间，以及完成失重抛物线轨迹飞行的次数，其中失重飞机进入平飞的时刻是依据中央测控单元转发的零时基指令确定的，而完成失重抛物线轨迹飞行的次数是由微重力仪发出进入退出微重力状态指令对的数目确定的。

如 3.2.3 节所述，失重抛物线轨迹飞行阶段持续（22～25） s。要求此阶段微重力仪处于详存状态。由于微重力仪每采集一块数据历时 260 ms，所以此阶段会详存（85～97）块数据。由于微重力仪每路采集 64 组数据为一块，所以每块详存的微重力时域数据占 11 条，加上统计量数据共 12 条，因而此阶段会占用 1 020～1 164 条存储容量。由此分析可见，在每个抛物线飞行期间用1 864条存储各路微重力统计量数据及相应的时间或详存的微重力时域数据及相应的时间是足够的。

如 14.2.2 节第（1）条所述，微重力采编器存储器的写指针和读指针是相互独立的。鉴于中央测控单元仅在每次失重抛物线轨迹飞行之后才通过数传复接器读取微重力数据，为了保证数据不会遗漏，读取的微重力数据条数应大于微重力仪存储的微重力数据条数。

不采用更多存储容量是为了尽量缩短中央测控单元读取微重力数据的时间。

16.1.2.3 中央测控单元运控模式

实验流程全部通过中央测控单元软件来控制完成。考虑到失重飞机在进入平飞前存在地面滑行时的振动冲击和爬升过载，这种情况容易造成系统失效或崩溃，确定系统在起飞前加电，各软件模块进行初始化和状态设置，初始化完成后，系统进入预热等待状态；直至进入平飞后，才通过人工操作，经中央测控单元，向微重力仪和各个微重力科学实验装置发出零时基指令，转入正式工作状态[1]。

收到零时基指令后，中央测控单元开始采集包括微重力模拟量、进入退出微重力状态指令、各种工程遥测参数等信息。一旦收到微重力仪发出的进入微重力状态指令，中央测控单元即向各个微重力科学实验装置转发该指令。在失重期间，中央测控单元一方面读取流体实验数据，另一方面继续采集包括微重力模拟量、进入退出微重力状态指令、各种工程遥测参数等信息。一旦收到微重力仪发出的退出微重力状态指令，中央测控单元即向各个微重力科学实验装置转发该指令。然后通过数传复接器读取 2 000 条微重力数据，超过微重力仪存储的 1 865 条，以保证数据不会遗漏。

为了确保在任何情况下都能准确发出进入退出微重力状态指令，系统采用 3 种工作模式冗余备份，以保证实验的顺利进行。这 3 种模式是：①中央测控单元转发微重力仪进入退出微重力状态指令；②利用收到的微重力模拟量，由中央测控单元进行模-数转换，并采用数字滤波算法确定是否达到 0.3 g_n 的微重力状态门限，向各个微重力科学实验装置发出进入退出微重力状态指令；③如果前二者均失效，则通过人工操作直接向各个微重力科学实验装置发出进入退出微重力状态指令[1]。

16.1.3　失重飞机微重力数据分析

图 16－5 为第一架次读取到的 y_1 路加速度平均值曲线。可以看到，该架次在 40 min 内共进行了 12 次失重抛物线轨迹飞行。由于该架次零时基指令对应的微重力仪时间为 613.462 s，而图 16－5 的起始时间为 1 500 s，所以图 16－5 中没有呈现失重飞机地面滑行、起飞、爬升过程的加速度变化状态。缺失这段过程的原因是中央测控单元直到第一次失重抛物线轨迹飞行完成后才首次读取微重力数据，而微重力仪的存储容量有限，失重飞机地面滑行、起飞、爬升过程的加速度变化数据已经被覆盖。

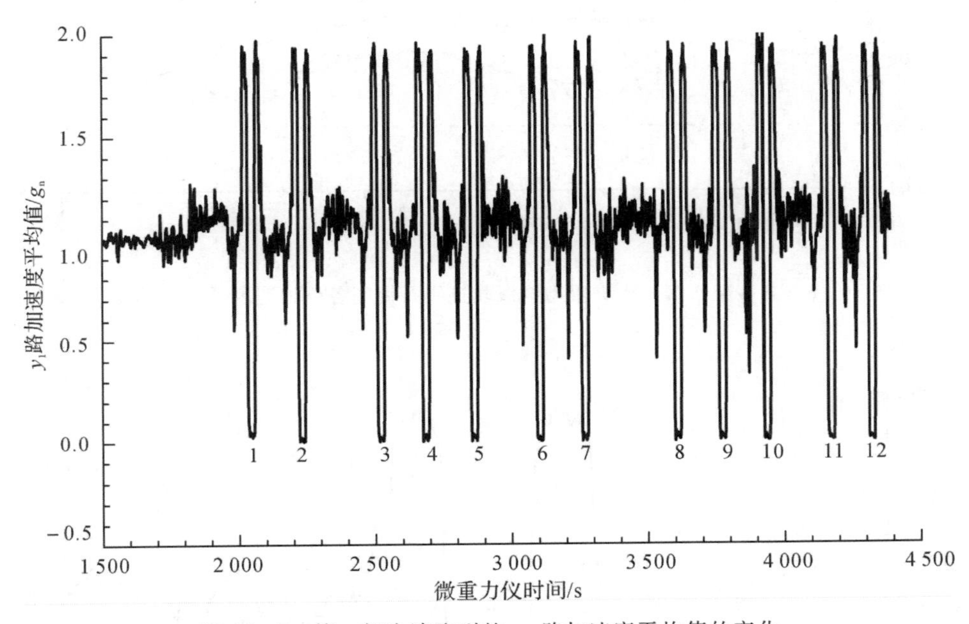

图 16－5　第一架次读取到的 y_1 路加速度平均值的变化

图 16－6 为图 16－4 的纵向放大图，可以看到 y_2 路有 21 s 时间满足绝对值小于 4×10^{-2} g_n 的指标要求，x 路和 z 路在同样时段内满足绝对值小于 2×10^{-2} g_n 的指标要求。

图 16－7 为图 16－5 的第三次失重抛物线轨迹飞行前后横向放大图，可以看到，在失重抛物线轨迹飞行之前的跃升拉起阶段和之后的俯冲拉起阶段，会出现 2 g_n 过载，持续时间 20 s 左右，这是参与失重飞机微重力实验的项目必须能承受的。将图 16－4 与图 16－6 相对照，可以看到进入微重力状态指令在真正进入微重力状态前 1.5 s 就发出了，这将有利于实验对象以较稳定状态开展微重力科学实验。

图 16－6 呈现的是失重抛物线轨迹飞行期间各路加速度平均值的变化，由于每 256 ms 求一次平均值，因此数赫兹以上的振动干扰和飞行动力学干扰都给平抑掉了。与此相反，在图 16－8～图 16－10 中呈现了采样间隔 4 ms 得到的 x 路、y_2 路、z 路加速度变化曲线，从这些曲线中可以看到低频干扰的幅度和变化趋势，以及高频干扰的幅度。在图 16－11～图 16－13 中呈现了相应的功率谱密度双对数坐标曲线，从这些曲线中可以看到干扰的频谱主

要分布在 1 Hz 以下的低频段和 10 Hz 以上的高频段。在图 16－14～图 16－16 中呈现了相应的功率谱密度线性坐标曲线，从这些曲线中可以看到 10 Hz 以上高频段干扰的主要频率。

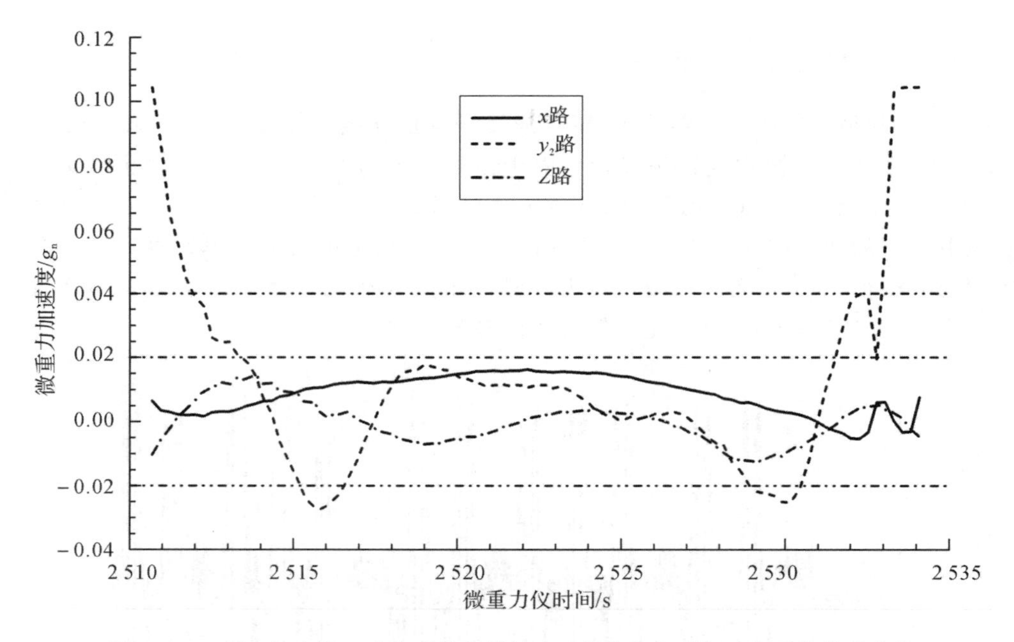

图 16－6　第一架次第三次失重抛物线轨迹飞行期间各路加速度平均值的变化

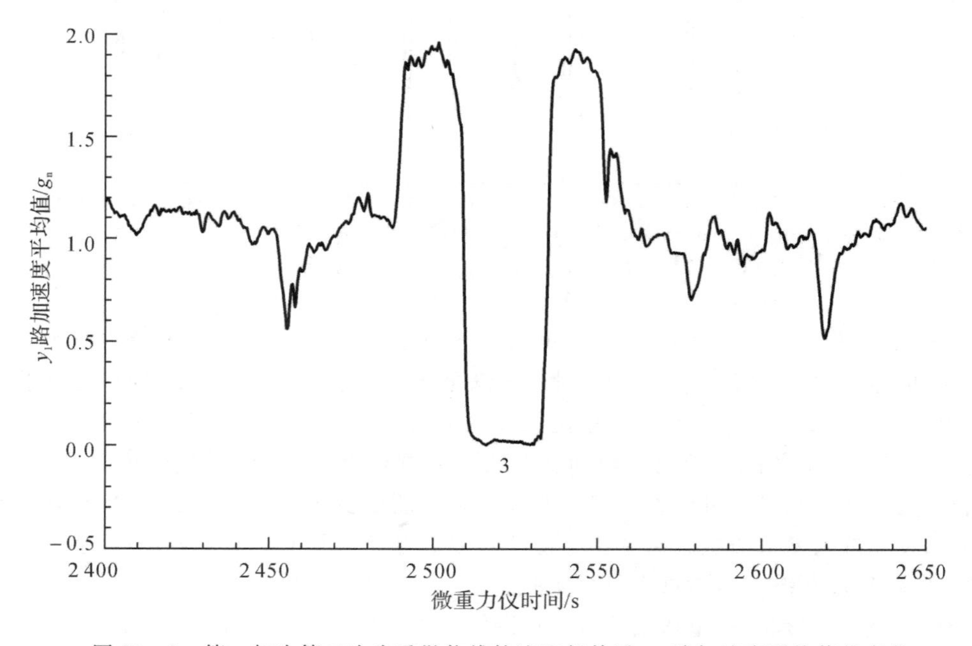

图 16－7　第一架次第三次失重抛物线轨迹飞行前后 y_1 路加速度平均值的变化

需要说明的是：

(1)微重力仪每路采样间隔为 4 ms，每路采集 64 组数据为一块，每块采样结束后，为了腾出时间进行数据统计，会停采一次，造成数据空缺。鉴于离散 Fourie 变换是以等间隔采样为基础的，所以频谱分析前对时域数据存在的空缺作了线性内插补点处理。

(2)线性内插补点处理后图 16-8～图 16-10 各有 5 914 个数据点，鉴于 FFT 要求数据长度为 2 的整数次幂(见 5.5 节)，所以频谱分析时只取正中间 4 096 个数据点，且先去均值和去线性趋势，再用附录 C.1 节所给出的 Hann 窗功率谱密度平方根计算程序。

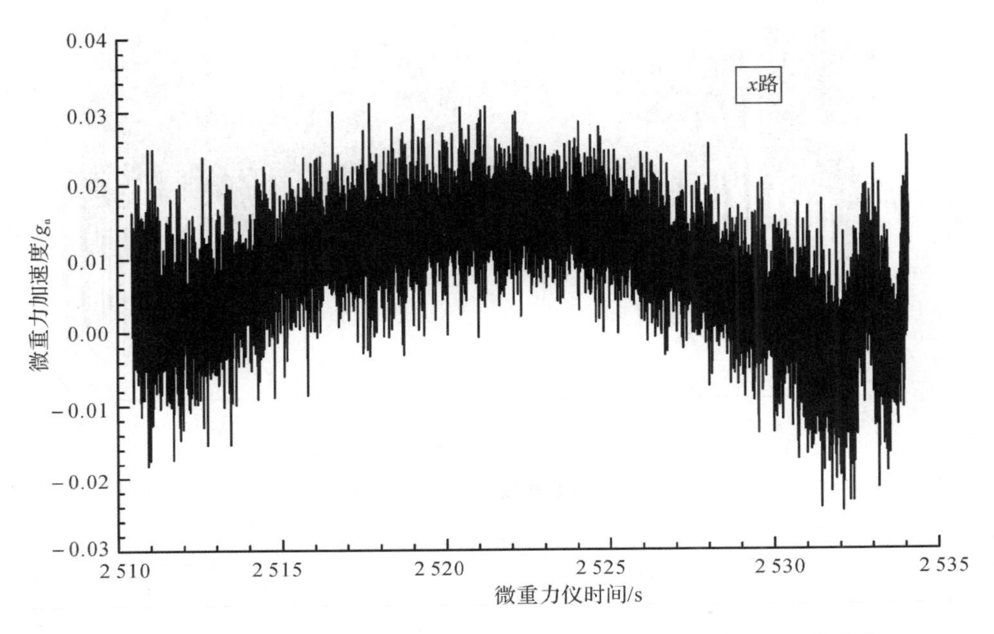

图 16-8　第一架次第三次失重抛物线轨迹飞行期间 x 路加速度变化曲线

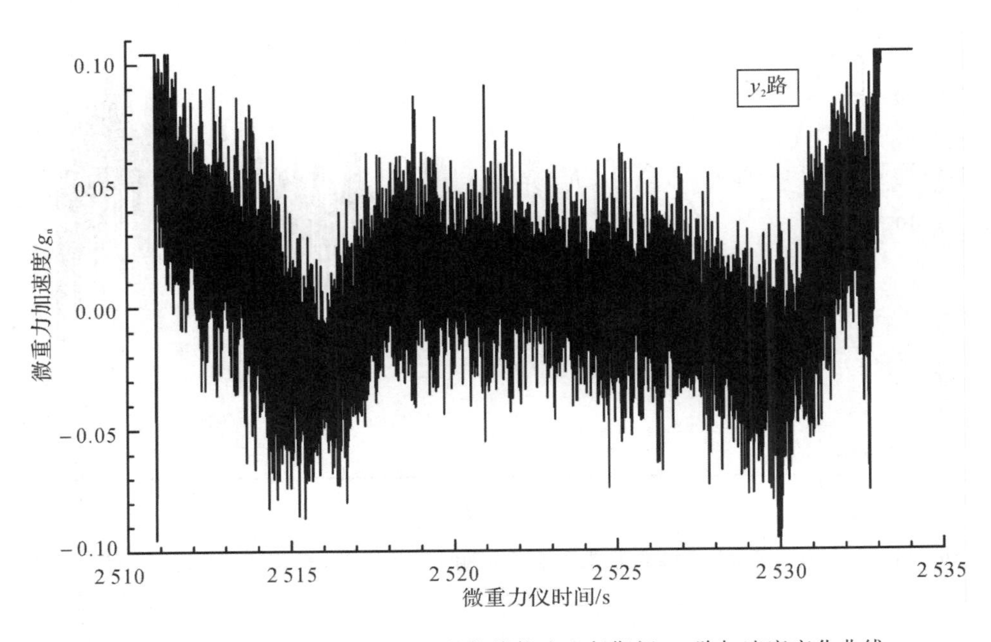

图 16-9　第一架次第三次失重抛物线轨迹飞行期间 y_2 路加速度变化曲线

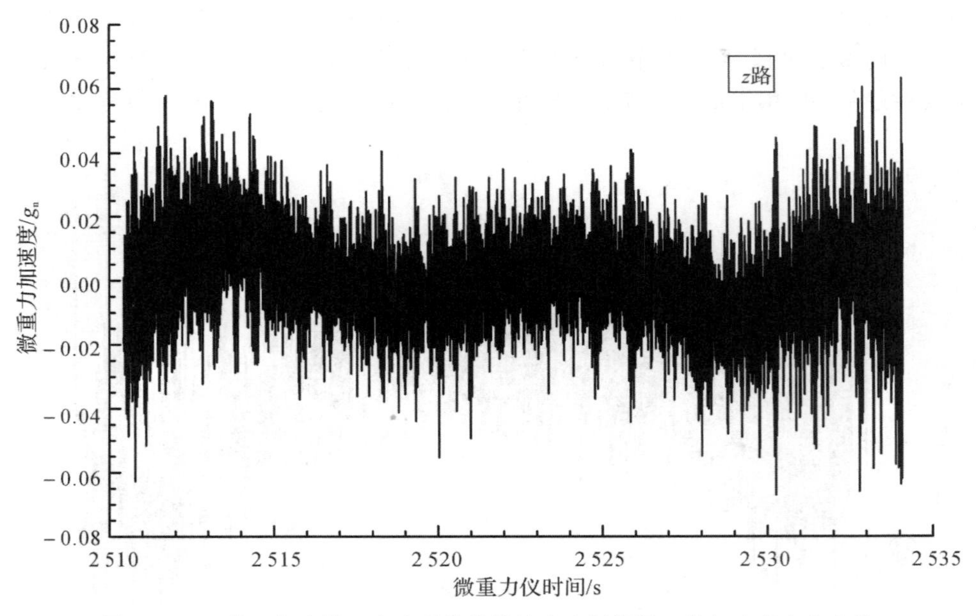

图 16-10　第一架次第三次失重抛物线轨迹飞行期间 z 路加速度变化曲线

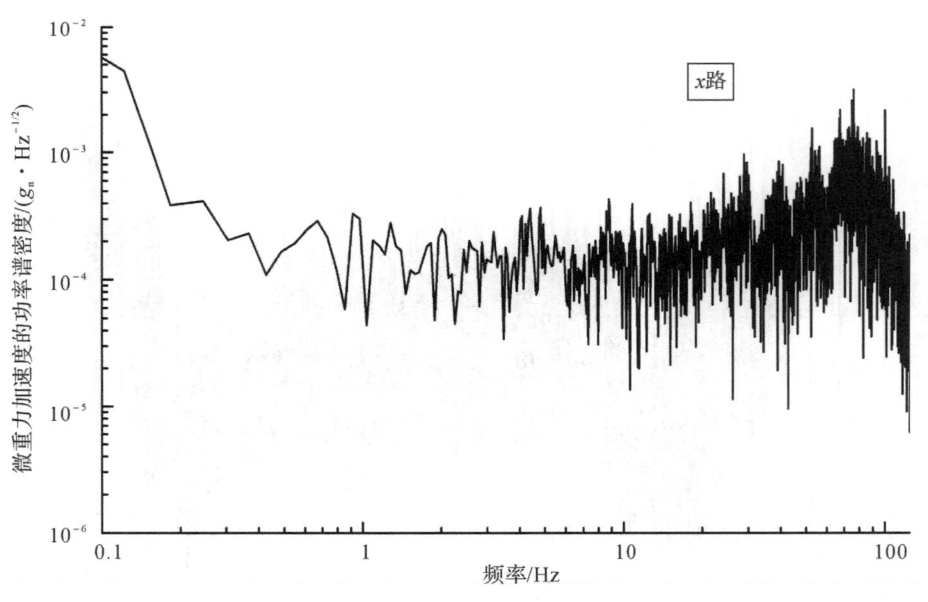

图 16-11　第一架次第三次失重抛物线轨迹飞行期间 x 路加速度的功率谱密度双对数坐标曲线

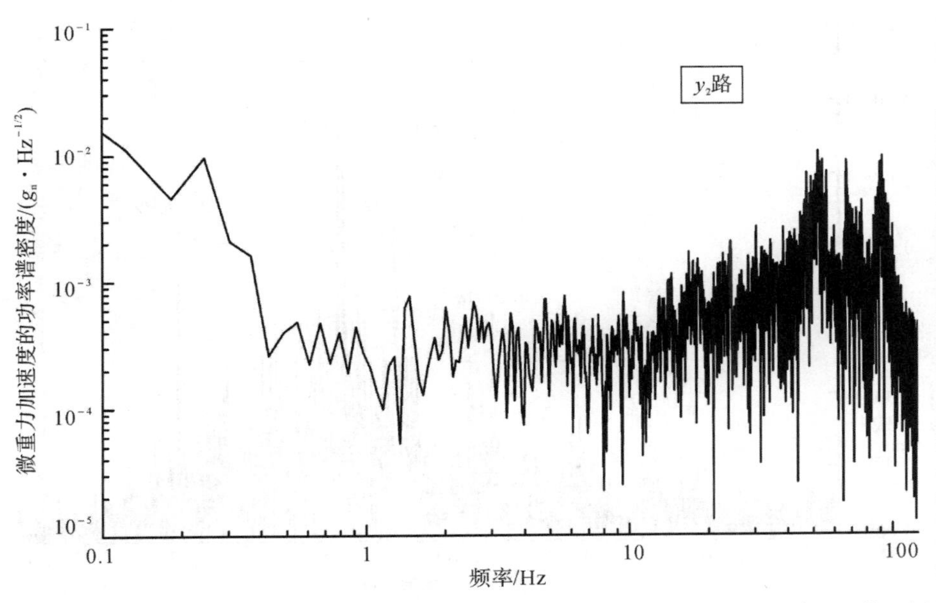

图 16－12　第一架次第三次失重抛物线轨迹飞行期间 y_2 路加速度的功率谱密度双对数坐标曲线

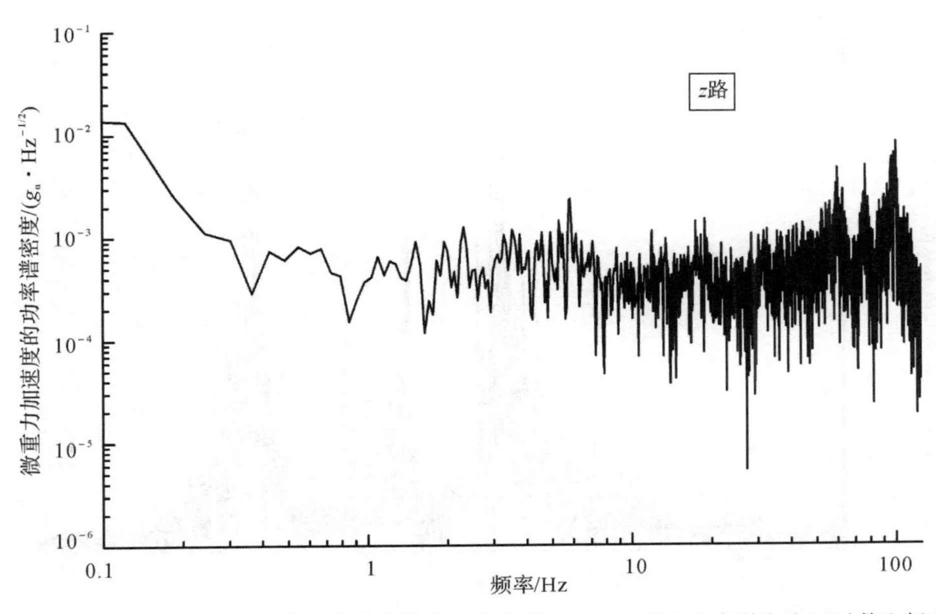

图 16－13　第一架次第三次失重抛物线轨迹飞行期间 z 路加速度的功率谱密度双对数坐标曲线

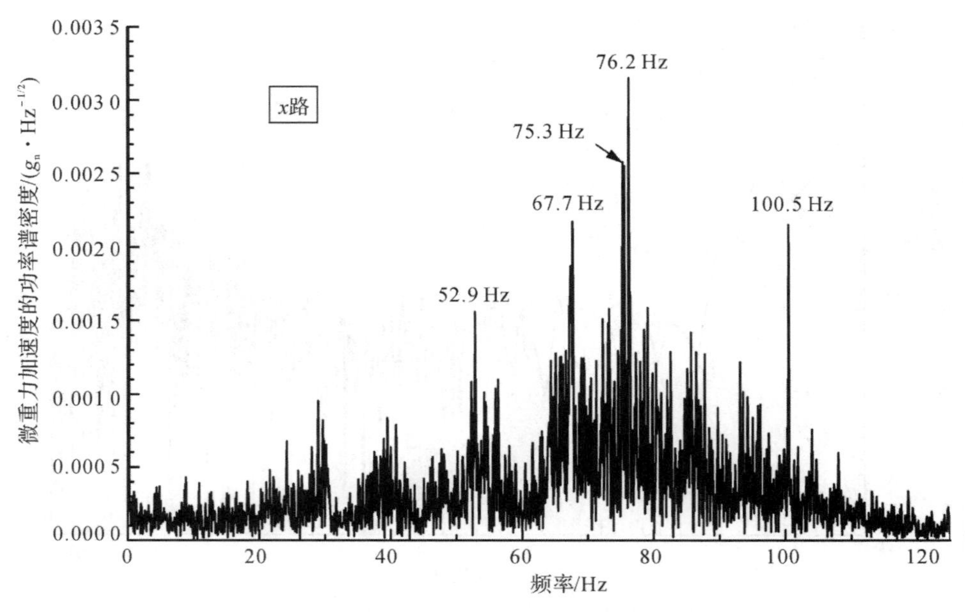

图 16-14　第一架次第三次失重抛物线轨迹飞行期间 x 路加速度的功率谱密度线性坐标曲线

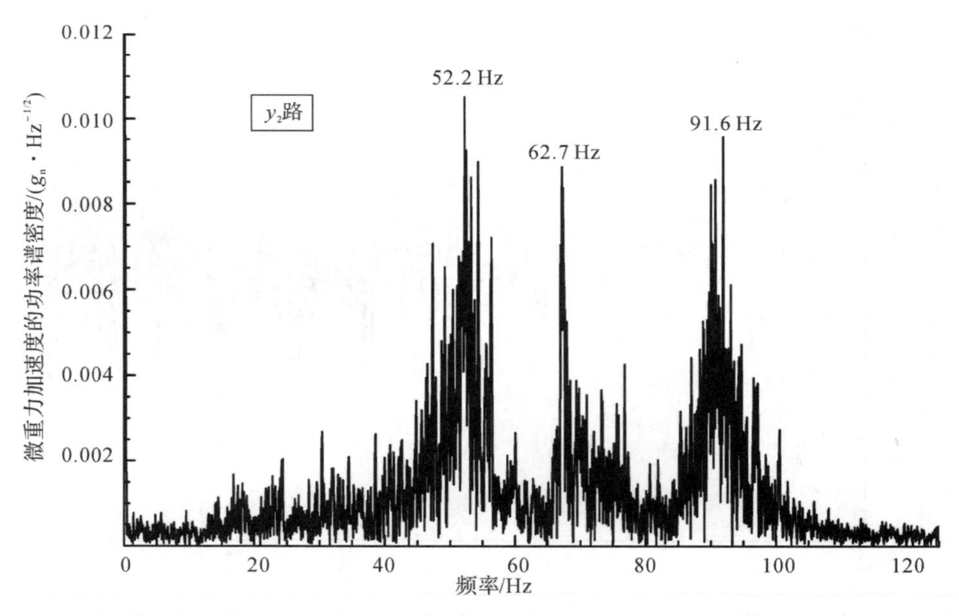

图 16-15　第一架次第三次失重抛物线轨迹飞行期间 y_2 路加速度的功率谱密度线性坐标曲线

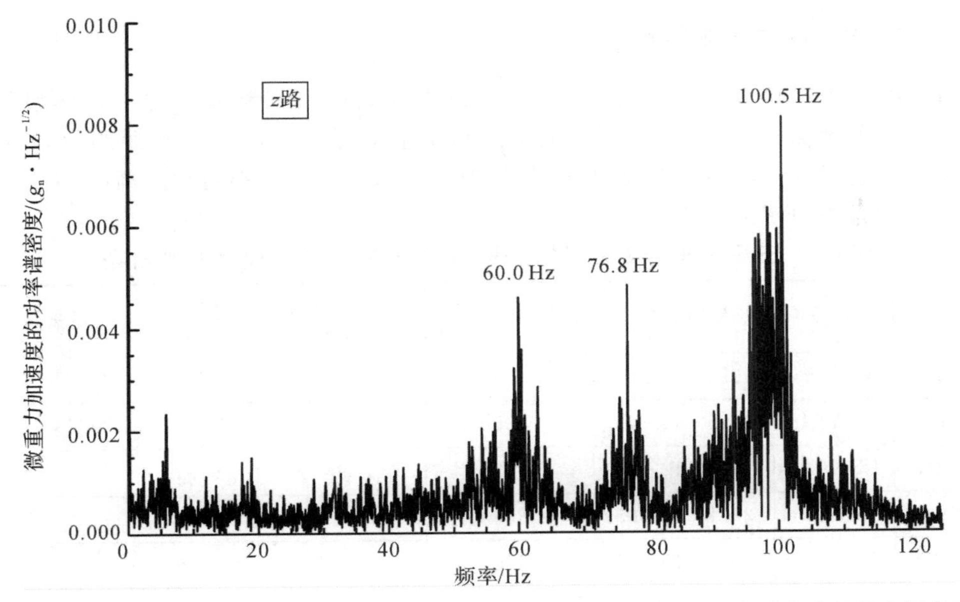

图 16-16　第一架次第三次失重抛物线轨迹飞行期间 z 路加速度的功率谱密度线性坐标曲线

16.2　微振动对高精密度航天器的影响

16.2.1　概述

以高分辨力遥感卫星为代表的高精密度①航天器主要用于对地观测、激光通讯和深空探测等。由于其本身具有指向误差低②、分辨力高等性能，对星上的各种微小扰动十分敏感，需要考虑微振动的影响。微振动是指航天器在轨运行期间，星上转动部件高速转动、有效载荷中扫描机构转动、大型可控构件驱动机构步进运动、变轨调姿期间推进器工作、低温制冷压缩机和百叶窗等热控部件机械运动、大型柔性结构受激振动和进出阴影时冷热交变诱发热变形扰动等诱发航天器产生的一种幅值较低、频率较高的颤振响应[2]。角位移的低频成分可以被估计和/或被姿态控制系统抑制，但其高频跳动成分依然存在[3]。

大多数航天器都存在微振动扰动源，由于微振动的幅值很小、频率较高，对大部分航天器任务使命不会产生明显影响，通常都予以忽略。但对高精密度③航天器，这种微振动环境效应将严重影响有效载荷的指向准确性④和姿态稳定度，使其分辨力等重要性能指标大大降低。分辨力等性能指标要求越高，对星体颤振——包括发生颤振的条件和时机、颤振的持续时间、颤振的方均根值、颤振的频谱分布等——的关注越迫切、限制越严格，所以在高精密度⑤航天器设计中必须考虑微振动的影响[2]。

① 文献[2]原文为“精度”，不妥(参见 4.1.3.1 节)。
② 文献[2]原文为“指向精度”，不妥(参见 4.1.3.1 节)。
③ 文献[2]原文为“精度”，不妥(参见 4.1.3.1 节)。
④ 文献[2]原文为“指向精度”，不妥(参见 4.1.3.1 节)。
⑤ 文献[2]原文为“精度”，不妥(参见 4.1.3.1 节)。

16.2.2 高分辨力对地观测

KH－12是美国第六代光学成像卫星，可以作为高精密度航天器的一个典型代表。KH－12相机的地面分辨力为0.10 m，其光学系统主镜直径约为3 m，焦距约为38 m[4]。KH－12共发射了五颗，如表16－1所示[5]，其中USA 129卫星保持近地点高度270 km，以便得到最大可能的分辨力[6]。

表16－1 五颗KH－12卫星的编号、发射日期、轨道、轨道衰减日期[5]

型号	编号	发射日期	近地点高度/km	远地点高度/km	倾角/(°)	轨道衰减日期
KH－12/1	USA 86	1992－11－28	408	931	97.7	2000－06－05
KH－12/2	USA 116	1995－12－05	405	834	97.7	2008－11－19
KH－12/3	USA 129	1996－12－20	292	894	97.7	
KH－12/4	USA－161	2001－10－05	309	965	97.9	
KH－12/5	USA－186	2005－10－19	256	1 006	97.9	

近年来国际上一系列高分辨力遥感卫星相继发射入轨，分辨力不断提高。目前(2009年的消息)高分辨力的军用侦查卫星已实现厘米级的分辨力，商业遥感卫星则实现了优于0.5 m的分辨力。例如美国发射的KH－13侦查卫星地面分辨力高达0.05 m，2008年9月发射的GeoEye－1商业遥感卫星分辨力达0.41 m。深空探测的空间望远镜分辨力比对地遥感卫星高一到两个数量级。Hubble太空望远镜角分辨力达到了0.1″，指向误差则低至①0.01″，以"詹姆斯-韦伯"太空望远镜为代表的下一代空间望远镜指向误差要求不超过②0.004″[2]。

振动(包括温度变化引起的形变，即热颤振)对图像质量的影响包含以下三个层次[3,7-8]：

(1)像元积分时间内的振动使图像模糊，降低了图像调制传递函数(调制传递函数的定义见16.6.4节)；

(2)振动周期长达若干倍像元积分时间、振动幅度明显大于像元尺寸的振动则会使图像出现几何变形，图像的直观变化是变位、像元拉长或压缩；

(3)振动周期延续到不同地理位置的振动还会引起视轴对准误差，使图像位置发生变化，影响图像的准确地理位置测定。

16.2.3 卫星光通信

卫星光通信是目前各个国家大力发展的新型卫星通信方式，具有可用频带宽、功耗小、保密性强等诸多优点，可以应用于低轨-低轨、高轨-高轨、高轨-低轨卫星间和卫星与地面站间的多种通信链路中，在民用和国防应用中都有着广阔的应用前景。在卫星光通信过程中，由于光束束散角小、传输距离长等原因，瞄准、捕获和跟踪(pointing, acquisition and

① 文献[2]原文为"指向精度则高达"，不妥(参见4.1.3.1节)。

② 文献[2]原文为"指向精度要求达到"，不妥(参见4.1.3.1节)。

tracking)问题变得十分突出。可靠的通信链路要求跟瞄误差①在微弧度量级。在影响光通信链路跟瞄误差②诸多因素中，由于卫星平台振动引起的控制误差，即未能补偿的卫星平台的振动残留误差对光通信链路影响最大，因此，减小振动对光通信链路的影响和保持尽量小的控制误差是建立稳定的卫星光通信链路的前提条件[9]。

卫星平台角振动幅值会对跟瞄误差产生直接影响。在自由空间传播的激光是高斯光束，在对准情况下，没有振动影响时在接收端接收功率最大，而发射端振动引起光束偏移，导致接收端接收到的光功率下降。由于目前卫星光通信系统一般采用直接强度调制，这将导致比特误码率(BER)升高，对通信质量产生不利影响，甚至导致通信链路的中断。因为振动幅值和频率成反比关系，随着振动的频率增加振动幅值减小，因此，卫星平台的低频振动要比高频振动对光通信链路产生更大的影响。从以上分析可知，最终影响链路质量的是平台的振动幅值，如何减小振动和补偿振动是降低跟瞄误差③的关键[9]。

卫星姿态的稳定性对于光通信也是非常重要的，这是因为常规卫星的姿态不确定度较大，不满足卫星光通信链路跟瞄误差的控制要求④，因此，保持稳定的卫星姿态对于稳定光通信链路是必要的[9]。

16.3　高精密度航天器的微振动源

卫星平台振动产生的原因分为卫星自身机械运作引起的扰动和外部空间环境干扰两种。卫星自身机械运作引起的扰动主要包括反作用轮产生的扰动、推进器工作扰动、天线机械运动引起的振动干扰、太阳电池翼驱动扰动、陀螺扰动等，其中机械运动引起的振动可以认为具有类周期性。外部空间环境干扰包括微小陨石碰撞、卫星在温度变化下刚体微弱形变、太阳辐射压力、地球和太阳月球等空间物体引力干扰等[2,9-10]。

卫星自身机械运作引起的扰动中，反作用轮的影响最大。20 世纪 90 年代末，Bialke 发表了一系列论文，对反作用轮扰动的来源、实验和数学建模进行了全面阐述。NASA 于 20 世纪 80 年代对空间望远镜(HST)的反作用轮扰动进行了深入研究。Melody 于 1995 年利用单个反作用轮扰动实验数据导出了反作用轮组的随机扰动模型。以上分析主要得到以下结论：反作用轮产生的扰动主要由飞轮本身质量分布不均匀造成的静不平衡和动不平衡引起。此外，轴承扰动、电机扰动和电机驱动误差等也会造成一定的扰动。Collins 于 1994 年、Castles 和 James 于 1996 年分别独立分析了超低温制冷机产生扰动的原因[2]。

外部空间环境干扰中，只有微小陨石撞击和太空中温度变化引起的卫星刚体形变影响较大，但是由于微小陨石撞击的概率较低，所以可暂不考虑其影响。因此，最重要的是温度变化引起的卫星刚体形变[9]。1990 年发射的 Hubble 太空望远镜入轨后无法正常工作，后

---

① 文献[9]原文为“跟瞄精度”，不妥(参见 4.1.3.1 节)。

② 文献[9]原文为“跟瞄精度”，不妥(参见 4.1.3.1 节)。

③ 文献[9]原文为“提高跟瞄精度”，不妥(参见 4.1.3.1 节)。

④ 文献[9]原文为“这是因为姿态不确定度的变化范围一般都大于卫星光通信链路跟瞄精度的要求”。该表述是不确切的。4.1.1.1 节给出，测量不确定度(measurement uncertainty, uncertainty of measurement，简称不确定度)的定义为：“根据所用到的信息，表征赋于被测量量值分散性的非负参数。”由此可见，不确定度本身就是表征量值的分散性的，所以不需要再加“变化范围”这一后缀；“一般都大于”应该指的是常规卫星，而非光通信卫星；跟瞄要求应包括系统误差和随机误差，参见 4.1.3.1 节。

来发现是 Hubble 进出地影时，由于冷热交变诱发太阳电池翼振动，导致望远镜指向稳定度①发生了变化。太阳电池翼等柔性附件的热颤振导致 Hubble 的指向稳定度从设计的 0.007″变到 0.1″[2]。

卫星平台振动还可以按频率分为卫星刚体运动引起的低频振动以及卫星的运载舱和有效载荷的操作引起的中频到高频的振动，并且显示出角位移功率谱密度低频高幅度和高频低幅度的特性[10]。低频颤振是颤振能量的主要分布区[2]，如太阳电池翼等柔性附件共振或热瞬态变形，它会引起卫星姿态的被动变化和主动纠正，从而造成卫星本体的刚体运动[10]；光学组件的热变形引起的扰动处于(10^{-4}～10^{-3}) Hz 范围，姿态控制回路的瞬态过程引起的扰动处于(10^{-2}～10^{-1}) Hz 范围[11]；而高频颤振是由于星体内部的反作用轮、磁带机、低温制冷机等机械装置、电机和其他硬件工作时引起，一般振动幅度在微弧度量级[2,10]，卫星结构的弹性振动处于(10～100) Hz 范围，电器部件和卫星运动引起的振动白噪声处于全频段内[11]。

通过微振动在轨实验和大量的地面实验，高精密度②航天器典型微振动扰动归纳如表 16-2 所示[2]。

表 16-2　高精密度③航天器典型微振动扰动列表[2]

扰动	频率	描述
反作用轮/控制力矩陀螺	中/高	包含一系列转速的谐波扰动
推进器	低/中/高	开启或关闭产生类似脉冲或阶跃扰动
液体晃动	低/中	推进剂或制冷剂晃动引起航天器运动
液体流动	低/中/高	液体流动和阀门操作
伺服机构	低/中/高	驱动电机扰动
磁带机	低/中/高	工作中机械运动
速率陀螺	中/高	转动部件不平衡引起谐波扰动
热控	低/中	制冷机机械运动
敏感器噪声	低/中/高	带宽和分辨力限制、电子噪声等
执行机构噪声	低/中/高	带宽和分辨力限制、电子噪声等

而表 16-3 中分别给出了各种振动对光通信的影响程度，其中跟瞄误差表示卫星通信对准程度[9]。

影响卫星姿态的因素较多，统观而言，随着卫星平台质量的增加，振动振幅呈现下降的趋势。图 16-17 给出了对 28 颗卫星综合分析得到的卫星质量对卫星姿态控制不确定度影响的统计结果[9]。

① 文献[2]原文为“精度”，不妥(参见 4.1.3.1 节)。

② 文献[2]原文为“精度”，不妥(参见 4.1.3.1 节)。

③ 文献[2]原文为“精度”，不妥(参见 4.1.3.1 节)。

表 16-3 各种振动对光通信的影响程度[9]

项目	影响因素	振幅	频率	响应时间	跟瞄误差
卫星平台的运动	机械运动	高	低	瞬态	高
	推进器工作	高	高	瞬态	高
	天线运动	高	低	瞬态	高
	太阳电池翼运动	高	低	瞬态	高
空间环境因素	微小陨石撞击	高	高	瞬态	高
	太阳光压	低	低	稳态	低
	引力	高	低	稳态	低
	热变形	低	低	稳态	高

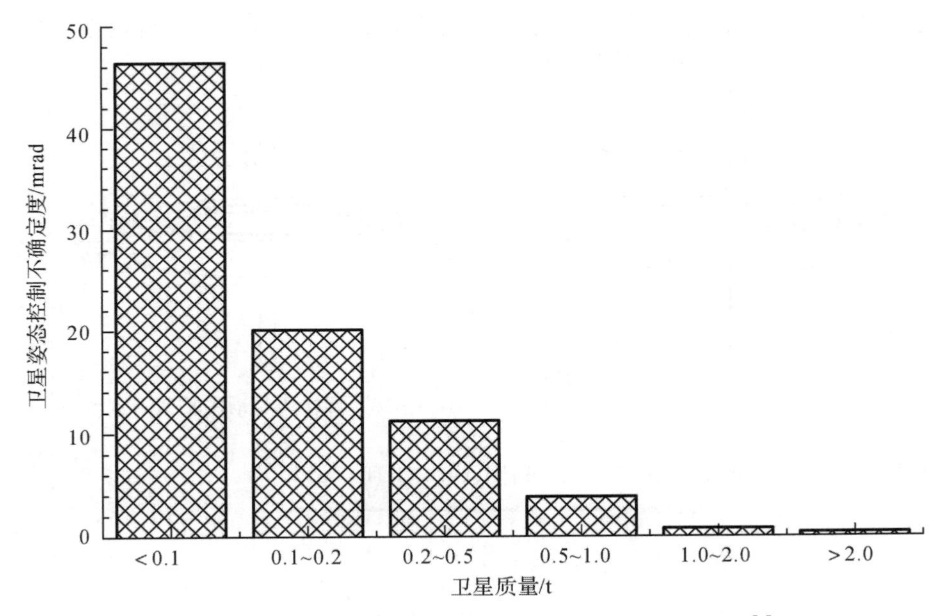

图 16-17 卫星质量对卫星姿态控制不确定度的影响[9]

通过以上对卫星平台振动的分析，可以得出以下结论：

(1)卫星振动频谱较宽，但是对光通信影响最大的振动主要集中在低频的 100 Hz 以内，振幅小于 100 μrad(即 21″)。

(2)卫星振动呈现低频高幅度和高频低幅度的特点。

(3)卫星振动在一定时间内可以看作周期性振动或类周期性振动。

(4)振动幅值随着卫星质量的增加而降低，质量相同的卫星质量分布越不均匀振动幅值越大。

(5)卫星振动和自身结构有关。一般规律是卫星上有效载荷越多振动幅值越大[9]。

16.4 典型微振动扰动特性

扰动包括确定性扰动和随机扰动两种类型。伺服机构可产生确定性扰动，如天线和太阳电池翼等大型附件的转动需要力矩驱动，其反作用力矩可认为是一种确定性扰动。由于存在电路噪声和机械噪声，伺服机构驱动电机会产生随机扰动。大部分外扰动会造成内扰动，而且外扰动通常表现为力矩形式。姿态控制系统执行机构(反作用轮、控制力矩陀螺或推进器等)在抵消这些外部扰动时，也会产生附加的不期望的力和力矩，通常在高频段。下面介绍一些典型的扰动[2]。

16.4.1 反作用轮扰动

大量研究表明，高精密度①航天器特别是 Hubble 等高精密度②的空间望远镜，动量轮(反作用轮)工作时产生的扰动是影响这类航天器成像质量的主要扰动源。反作用轮扰动主要是由于轮子质量分布不均匀引起的静不平衡(见图 16-18)和动不平衡(见图 16-19)造成的。静不平衡是由于轮子的质心偏离了转轴的中心而产生的，动不平衡是由于轮子的质量分布不均匀造成轮子惯量积③不为零而产生的。

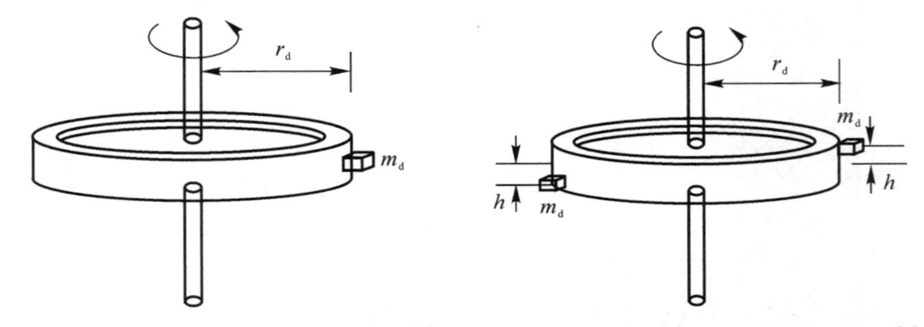

图 16-18 反作用轮静不平衡示意图[2]　　图 16-19 反作用轮动不平衡示意图[2]

反作用轮扰动仿真曲线如图 16-20 和图 16-21 所示。

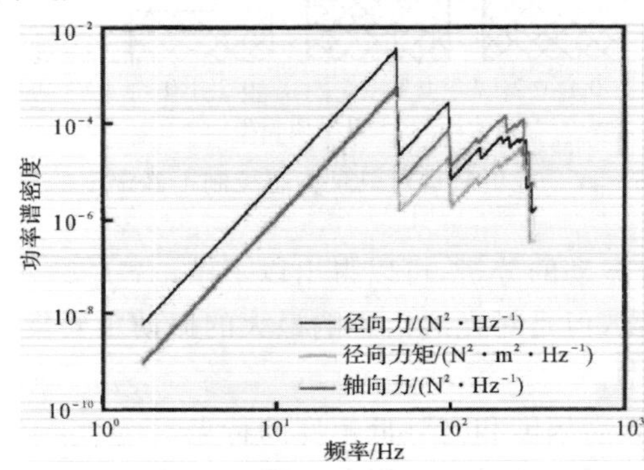

图 16-20 反作用轮扰动在飞轮坐标系中的功率谱密度[2]

① 文献[2]原文为“精度”，不妥(参见 4.1.3.1 节)。

② 文献[2]原文为“精度”，不妥(参见 4.1.3.1 节)。

③ 任意形状的刚体绕一点转动的惯性矩一般需要用一个对称的二阶张量表达。该张量称之为惯性张量，有六个独立分量，其主对角线上的三个量为转动惯量，非对角线项称为惯量积。惯量积用以表达绕一个轴的扭矩与绕另一个轴的角加速度的耦合关系，它反映了刚体的质量分布相对于转动轴的对称度，对称性越好，惯性积越趋于 0。

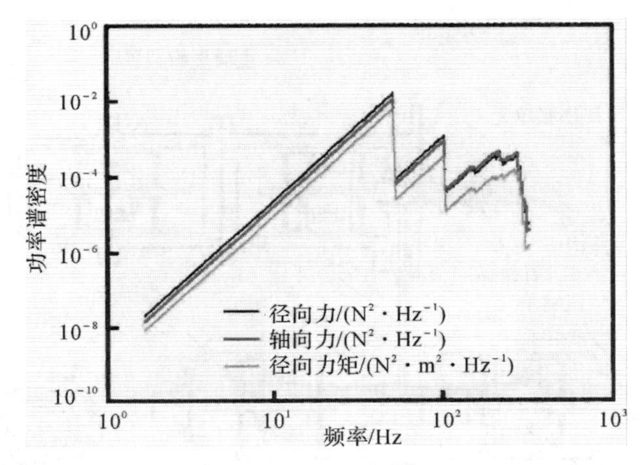

图 16－21　反作用轮扰动在卫星本体坐标系中的功率谱密度[2]

16.4.2　低温制冷机扰动

对于工作在红外波段的遥感器，为降低焦面探测器的热噪声和提高灵敏度，焦面探测器需要在几十开至几开的低温环境下工作。目前通常采用低温制冷机冷却焦平面及探测器，以保证其工作在正常的温度范围内。斯特林低温制冷机因为其长寿命、高可靠、制冷能力强和效率高等优点而在航天器上得到了大量应用。它包括压缩机和扩张交换机两部分，通过压缩和膨胀低温工质，带走焦面组件产生的热量，达到制冷目的。斯特林制冷机工作时由于活塞等运动部件动量不平衡、高压气体压力波动等产生干扰力，影响有效载荷的分辨力和指向误差①。

1999 年发射的地球观测系统(EOS)AM－1 卫星采用了两台分离式斯特林循环低温制冷机(见图 16－22、图 16－23)分别冷却短波红外辐射仪和热红外辐射仪的红外探测器。

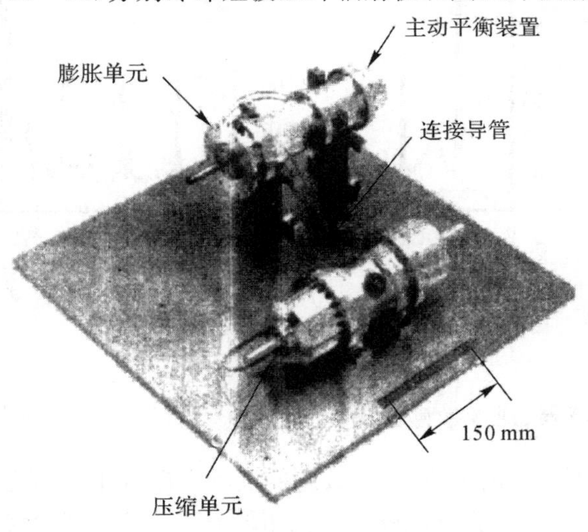

图 16－22　分离式斯特林循环低温制冷机示意图[2]

① 文献[2]原文为“精度”，不妥(参见 4.1.3.1 节)。

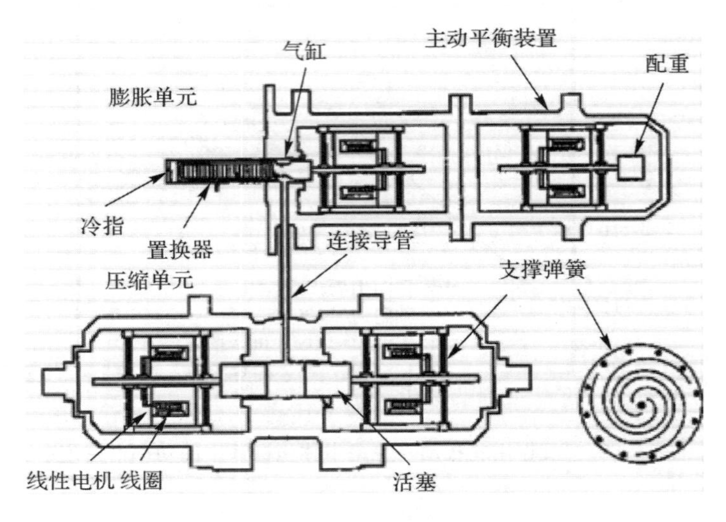

图 16-23 分离式斯特林循环低温制冷机横截面示意图[2]

由于斯特林制冷机内活塞、置换器等往复运动部件质量不平衡(不平衡质量小于50 mg)、高压气体非线性等因素产生了扰动谐波,其频率范围为(40～135) Hz,干扰力峰值为0.1 N。

实验表明,制冷机工作时将产生包含基频在内的一系列离散谐波扰动(见图 16-24)。

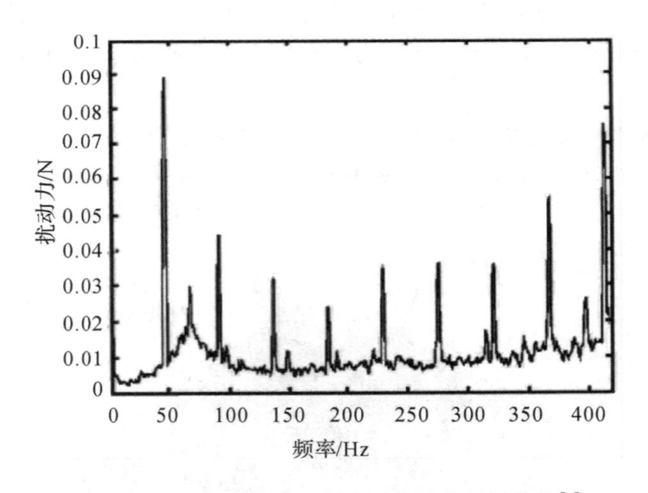

图 16-24 斯特林低温制冷机扰动力频域曲线[2]

16.4.3 姿态敏感器、成像敏感器噪声干扰

高分辨力航天器上姿态敏感器、成像敏感器及其电路等工作时会产生噪声,对分辨力、指向误差①等产生影响。通常把这类噪声干扰用低通滤波器模型代替(见图 16-25)。

① 文献[2]原文为“精度”,不妥(参见 4.1.3.1 节)。

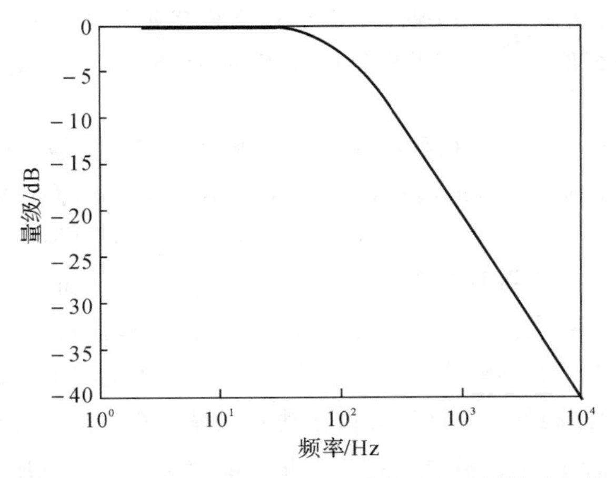

图 16-25　姿态敏感器、成像敏感器噪声干扰低通滤波器模型幅值响应曲线[2]

16.4.4　太阳电池翼步进扰动

如图 16-26 所示，太阳电池翼步进过程的扰动力矩为周期变化的脉冲力矩。

16.4.5　太阳电池翼热颤振

航天器大型柔性附件如太阳电池翼等在进出地影时，由于冷热交变产生的巨大温度梯度会诱发附件的振动，从而产生干扰力矩。图 16-27 所示为 Hubble 望远镜太阳电池翼热颤振曲线。

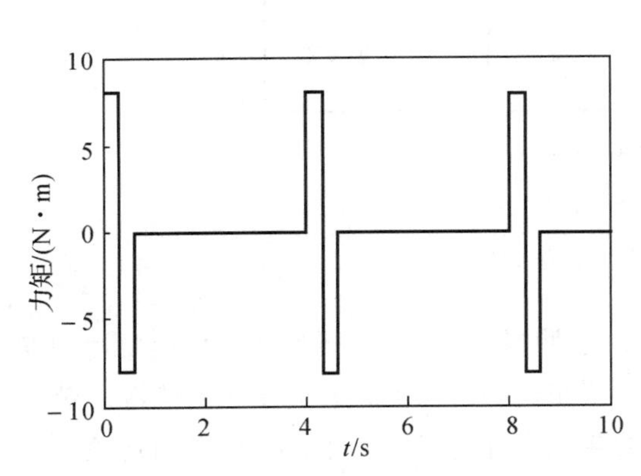

图 16-26　太阳电池翼步进扰动力矩示意图[2]

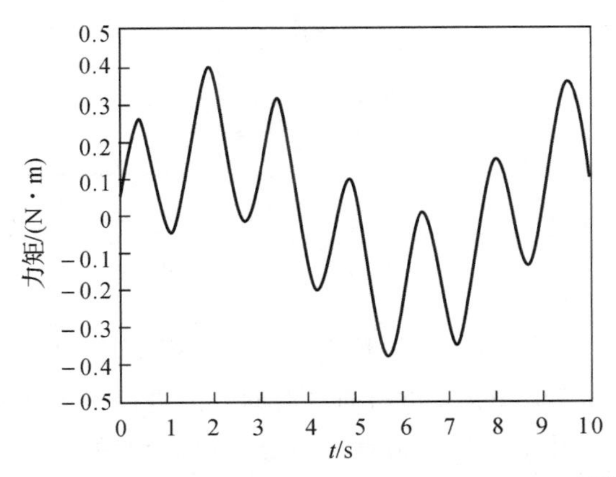

图 16-27　Hubble 望远镜太阳电池翼热颤振曲线[2]

16.5　海洋一号卫星地基微振动测量与分析

16.5.1　试验目的

对航天器微振动情况进行地基测量，可以及早评估航天器的微振动情况。当然，由于重力、背景噪声以及试验设备的影响，所得到的数据与在轨情况存在一定差异，但作为一种代价小、易于早期实施的评估手段,地基微振动测量仍然有其重要意义[12]。为此,2006 年 8 月兰州空间技术物理研究所与东方红卫星公司合作,对海洋一号卫星进行了整星地基微振动测量试验。

海洋一号卫星载荷中,如水色仪的扫描镜(45°旋转扫描反射镜的简称)、K 镜(水色仪中呈“K”字排列的三面反射镜系统的简称,其转角始终保持为扫描镜转角的一半,以抵消后者旋转时产生的像旋转[13])、制冷机(斯特林制冷机的简称)等设备在工作过程中会产生明显的振动。而平台上的一些设备具有运动部件,如陀螺(陀螺仪的简称)、BAPTA[轴承与功率传递组件,又称为 SADA(太阳阵驱动组件)]、动量轮等,这些设备在正常工作过程中也可能会产生明显的振动。对于光学遥感卫星来说,这些微振动可能对卫星的成像质量产生影响。因此,为了获取这些微振动的特性并研究微振动对卫星有效载荷等设备的影响,有必要在该型号 B 星地基测试过程中,有选择性地测量卫星主要设备产生的微振动。

16.5.2 测量装置

共采用 10 只石英挠性加速度计进行微振动测量,测量电路原理框图如图 16 - 28 所示。

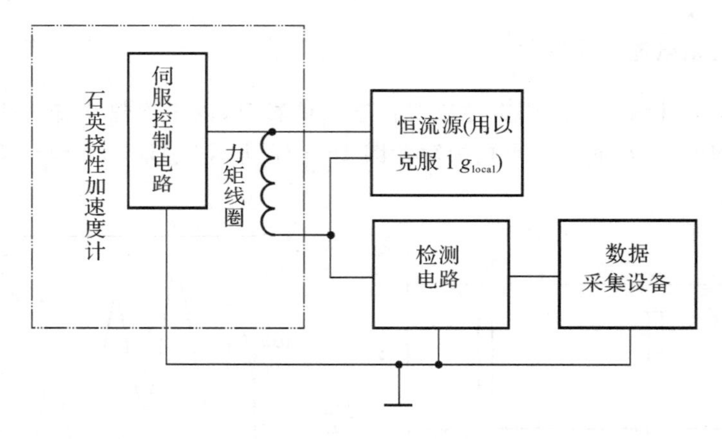

图 16 - 28 测量电路原理框图

图 16 - 28 中恒流源是在进行 z 向(即铅垂方向)测量时,用以使石英挠性加速度计的摆片克服 1 g_{local} 重力而设置的。当进行 x 向和 y 向测量时,测量电路中不设该恒流源。装置采用±15 V 直流稳压电源供电,因此检测电路的输出在±11 V 以内不出现饱和现象。检测电路具有零偏调整电路,将 0 g_n 输出调整到 2.5 V 左右。

该测量装置用重力场倾角法进行标定,标定时不设恒流源。

数据采集设备的采样率为 5 120 Sps。

16.5.3 传感器安装位置

石英挠性加速度计在海洋一号 B 星上的安装位置如图 16 - 29 和表 16 - 4 所示。图 16 - 29中圆圈代表加速度计,箭头方向为加速度计的敏感轴正向,无箭头者为正 z 向。

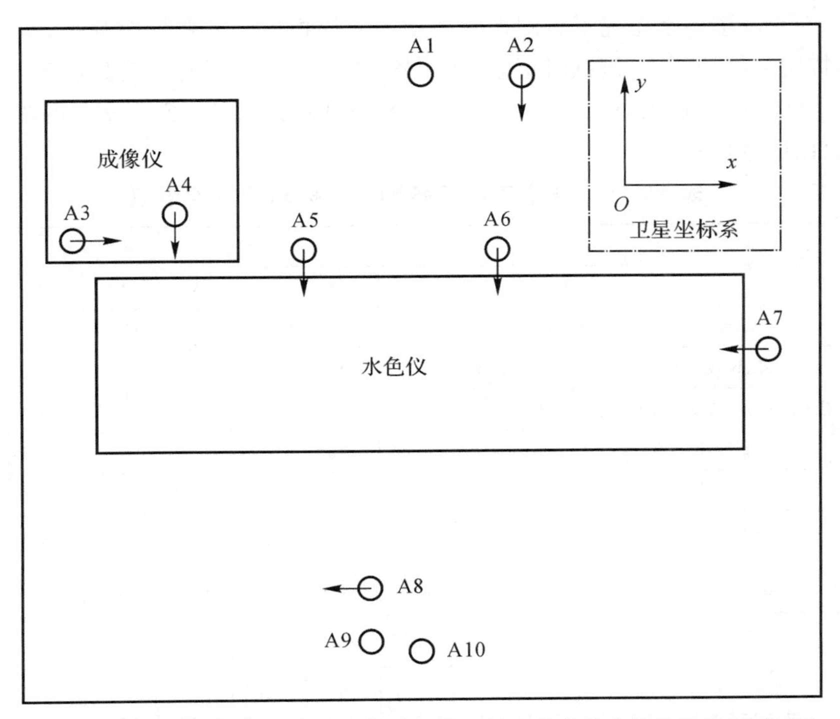

图 16 - 29　石英挠性加速度计在海洋一号 B 星上的安装位置示意图(俯视图)

表 16 - 4　微振动测量的测点

测点	测量方向	描述
A1	$+z$	载荷舱底板 $-z$ 面,$+y$ BAPTA 附近,$-x$ 侧
A2	$-y$	$+y$ 动量轮安装支架
A3	$+x$	成像仪机箱上端面板 $-x$, $-y$ 角
A4	$-y$	成像仪机箱上端面板 $+x$, $-y$ 角
A5	$-y$	水色仪壳体,$+y$ 侧板,第 3, 4 安装角之间
A6	$-y$	水色仪壳体,$+y$ 侧板,第 2 安装角 $-x$ 侧
A7	$-x$	$-y$ 动量轮安装短隔板,$+y$ 面
A8	$-x$	$-x$ 长隔板 $+x$ 面,陀螺附近
A9	$+z$	$-x$ 长隔板 $+x$ 面,陀螺附近
A10	$+z$	载荷舱底板 $-z$ 面,$-y$ BAPTA 附近,$+x$ 侧

16.5.4　各个工况下各测点微振动的方均根值

我们知道,当机械系统所受激励的频率与该系统的某阶固有频率相接近时,系统振幅会显著增大,即发生共振[14]。海洋一号卫星有诸多振动源,如扫描镜、K 镜、制冷机、陀螺、BAPTA、动量轮,它们会不会互相激励、发生共振而使得振动格外剧烈,是我们特别关心的问题。为此,安排了诸多工况以观察各振动源单独工作和若干振动源共同工作的影响。

表 16－5 给出了各个工况下各测点微振动的方均根值。需要说明的是，实验室的环境不够平静，特别是序号 1～9 测试时更差，而序号 10～18 的测试时间明显晚于序号 1～9 的测试时间，虽没有测背景噪声，但肯定环境较为平静，因而造成序号 10～18 的测试结果在某些频段反而比序号1～9 小。

表 16－5　各个工况下各测点微振动的方均根值　　单位：mg_n

序号	工况		测点									
			A1	A2	A3	A4	A5	A6	A7	A8	A9	A10
1	水色仪活动部件微振动	背景	0.151	0.127	0.118	0.102	0.107	0.158	0.127	0.222	0.089 4	0.125
2		扫描镜、K 镜工作	0.495	0.852	0.971	1.157	5.932	3.350	0.752	0.623	0.479	0.871
3		扫描镜、K 镜、制冷机工作	1.122	1.110	1.246	1.562	6.678	5.160	0.995	1.083	0.794	1.390
4		扫描镜、制冷机工作	1.075	0.905	0.944	1.133	4.751	4.340	0.836	1.007	0.704	1.230
5		扫描镜工作	0.416	0.583	0.478	0.532	3.307	1.710	0.565	0.504	0.356	0.600
6	平台活动部件微振动	背景	0.195	0.146	0.127	0.141	0.102	0.093 1	0.124	0.362	0.177	0.214
7		陀螺工作	0.195	0.146	0.127	0.141	0.102	0.093 1	0.124	0.362	0.177	0.214
8		BAPTA 工作	0.846	0.184	0.251	0.319	0.234	0.202	0.231	0.147	0.249	0.568
9		动量轮工作	1.170	12.36	0.557	0.601	0.466	0.390	0.734	0.489	0.356	0.566
10	水色仪活动部件与平台活动部件微振动相互影响	扫描镜、K 镜、制冷机工作	1.270	1.200	1.220	1.646	6.582	5.220	0.940	0.966	0.639	1.240
11		扫描镜、K 镜、制冷机、陀螺工作	1.400	1.280	1.286	1.668	6.818	5.300	0.970	1.070	0.730	1.300
12		扫描镜、K 镜、制冷机、BAPTA 工作	1.197	1.177	1.166	1.619	6.436	4.810	0.916	0.915	0.603	1.320
13		扫描镜、K 镜、制冷机、动量轮工作	1.793	27.585	1.778	1.748	6.314	4.620	1.592	1.023	0.836	1.290
14		陀螺、BAPTA、动量轮工作	2.076	22.929	1.712	0.904	0.691	0.795	1.319	0.467	0.725	0.855
15		陀螺、BAPTA、动量轮、扫描镜、K 镜工作	2.022	22.148	1.815	1.447	5.992	3.500	1.484	0.669	0.773	1.173
16		陀螺、BAPTA、动量轮、扫描镜、K 镜、制冷机工作	2.278	22.591	2.010	1.840	6.465	4.720	1.618	0.992	0.866	1.443
17		陀螺、BAPTA、动量轮、扫描镜、制冷机工作	2.380	23.46	2.010	1.560	4.140	3.660	1.590	0.945	0.860	1.340
18		陀螺、BAPTA、动量轮、扫描镜工作	2.156	23.112	1.817	1.085	3.262	1.94	1.454	0.611	0.772	1.054

16.5.5　水色仪活动部件微振动

16.5.5.1　概述

A5 测点（$-y$ 向）和 A6 测点（$-y$ 向）都在水色仪壳体上。从表 16－5 可以看到，K 镜开机对 A5 测点的影响大于对 A6 测点的影响，制冷机开机也是这样。但对于 A6 测点来说，制冷机开机比 K 镜开机的影响大，而对于 A5 测点来说，K 镜开机比制冷机开机的影响大。估计是制冷机和 K 镜的安装位置都靠近 A5 测点（$-y$ 向），但 K 镜比制冷机更靠近 A5 测点。

14.6.3.2 节对三分之一倍频程频带方均根谱和时域曲线所做的说明原则上也适用于本节。为了节省篇幅，不再给出时域曲线，由于数据长度高达 2^{17}，无法再用附录 C.1 节所给出的程序作矩形窗幅度谱分析，改用 Origin 5.0 作矩形窗幅度谱分析，且如 5.8.1.1 节所述，将负频率数据删除，并对 $f_{max}/2$ 处的幅度做了除以 2 的修正。

16.5.5.2　扫描镜工作

图 16-30 所示为 A5 测点（$-y$ 向）扫描镜工作时及未工作前的三分之一倍频程频带方均根加速度谱。可以看到，扫描镜工作引起的结构振荡主要发生在中心频率 25.1 Hz 及 158 Hz 以上的各子频带处。

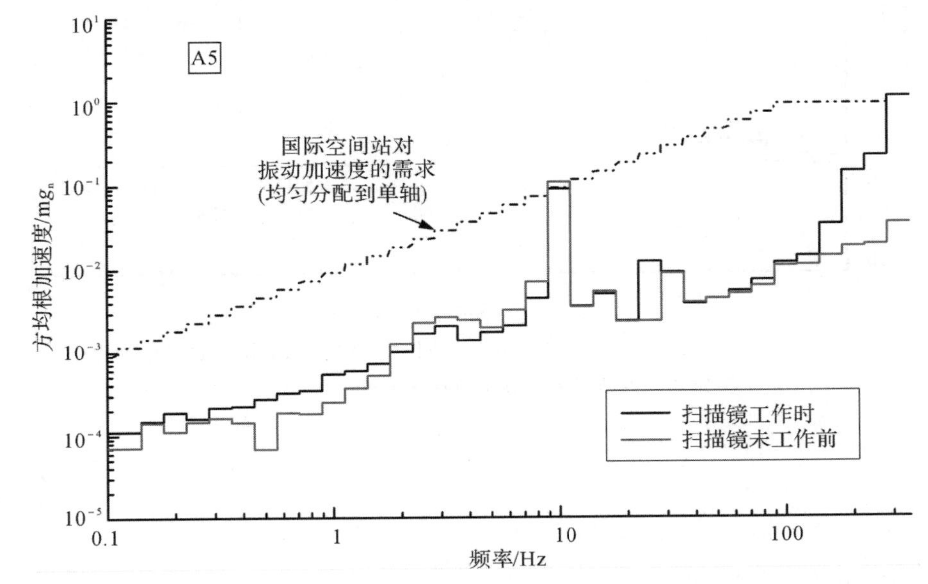

图 16-30　A5 测点（$-y$ 向）扫描镜工作时及未工作前的三分之一倍频程频带方均根加速度谱

16.5.5.3　K 镜工作

图 16-31 所示为 A5 测点（$-y$ 向）扫描镜 K 镜同时工作时、扫描镜单独工作时的三分之一倍频程频带方均根加速度谱。可以看到，K 镜工作引起中心频率从 0.126 Hz 直至 158 Hz 广泛范围内的结构振荡。

16.5.5.4　制冷机工作

图 16-32 所示为 A5 测点（$-y$ 向）扫描镜和制冷机同时工作时、扫描镜单独工作时的三分之一倍频程频带方均根加速度谱。可以看到，制冷机工作引起中心频率从 0.126 Hz 直至 316 Hz 广泛范围内的结构振荡，并在中心频率 316 Hz 的子频带处明显超过国际空间站对振动加速度的需求。

为了了解制冷机工作引起的微振动干扰的特点，我们用图 16-33 和图 16-34 分别展示该测点扫描镜单独工作时加速度噪声的幅度谱和该测点扫描镜、制冷机同时工作时加速度噪声的幅度谱。两张图相对照，可以看到制冷机工作引起了 50 Hz 及其倍频处非常明显的尖峰，而且其谱线特征与图 16-24 所示的斯特林制冷机工作所产生的一系列离散谐波扰动非常相似，因此可以相互印证。

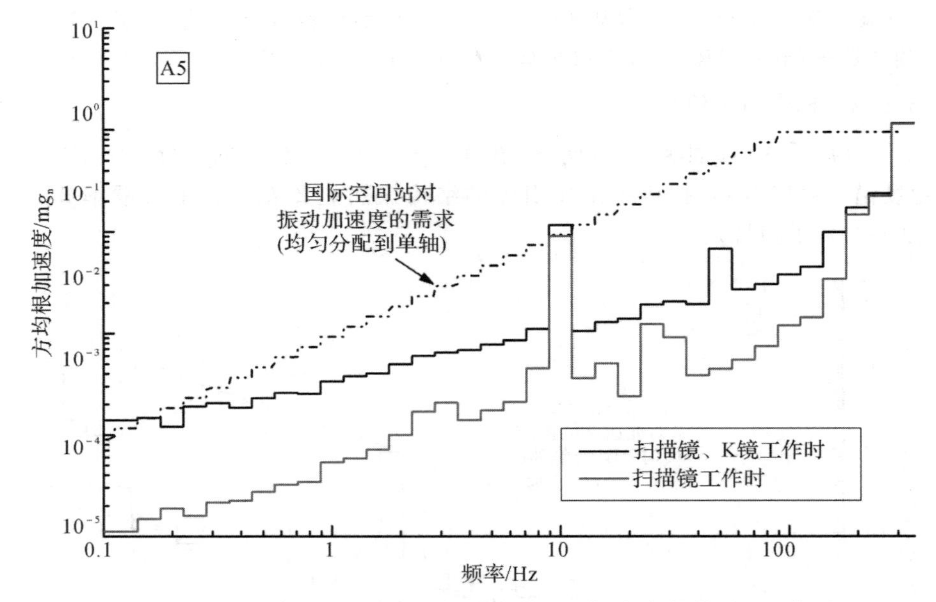

图 16-31　A5 测点(−y 向)扫描镜 K 镜同时工作时、扫描镜单独工作时的三分之一倍频程频带方均根加速度谱

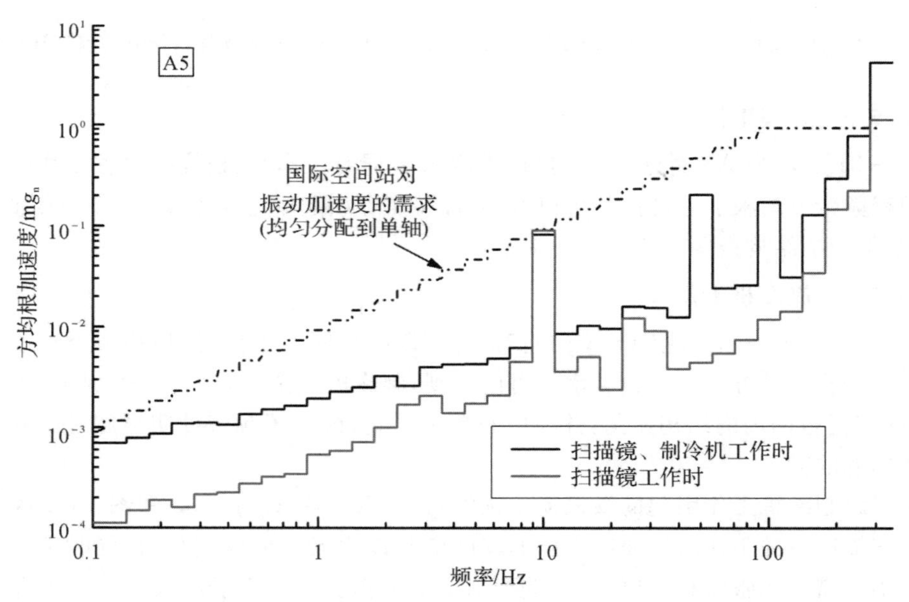

图 16-32　A5 测点(−y 向)扫描镜和制冷机同时工作时或扫描镜单独工作时的三分之一倍频程频带方均根加速度谱

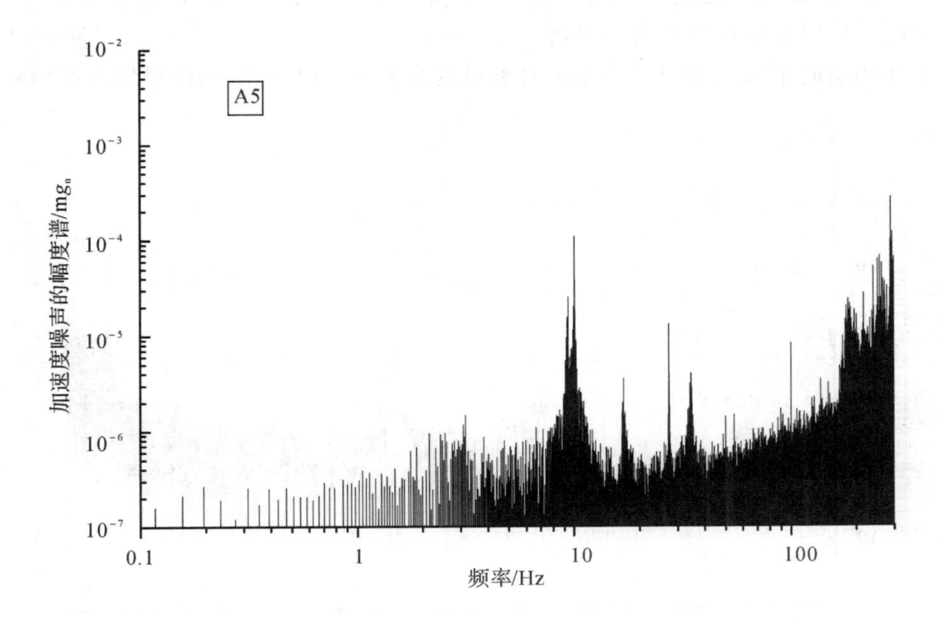

图 16－33　A5 测点(－y 向)扫描镜单独工作时加速度噪声的幅度谱

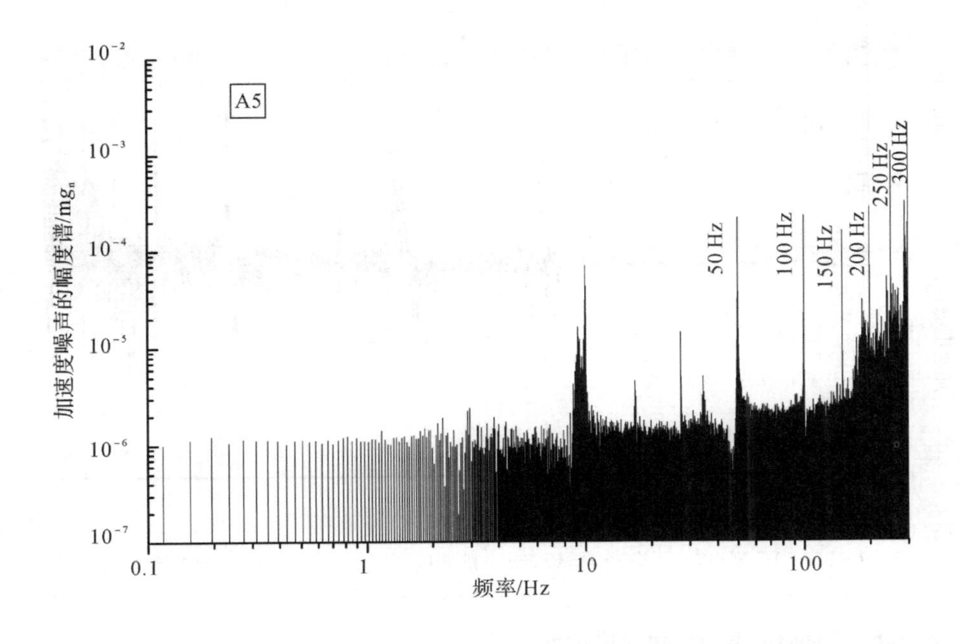

图 16－34　A5 测点(－y 向)扫描镜、制冷机同时工作时加速度噪声的幅度谱

5.7.3 节指出，零均值稳定随机信号应该用功率谱密度表达。为此，我们用图 16－35 和图 16－36 分别展示该测点扫描镜单独工作时加速度噪声的功率谱密度和该测点扫描镜、制冷机同时工作时加速度噪声的功率谱密度。将图 16－35 和图 16－36 相对照，可以看到制冷机工作还引起了从 0.16 Hz 直至上百赫兹的宽带噪声（属于零均值稳定随机信号）。

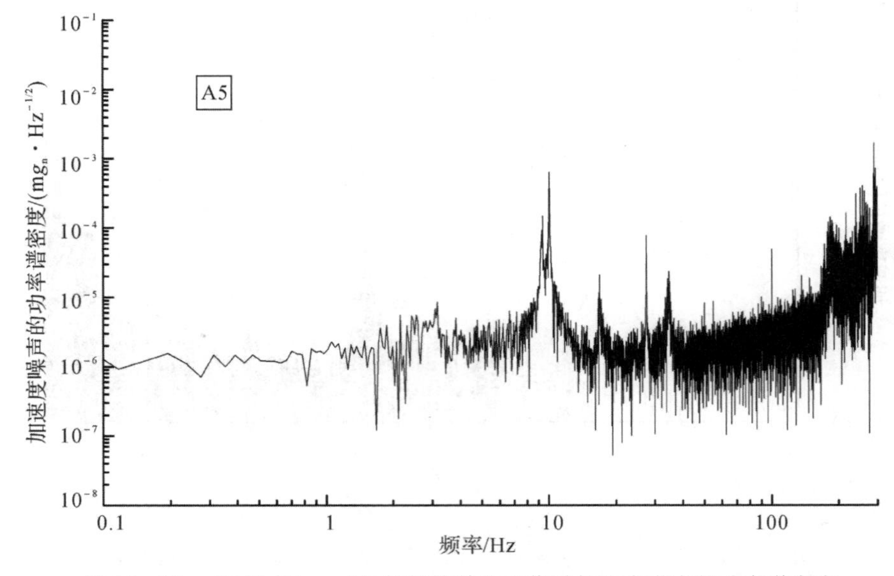

图 16－35　A5 测点（－y 向）扫描镜单独工作时加速度噪声的功率谱密度

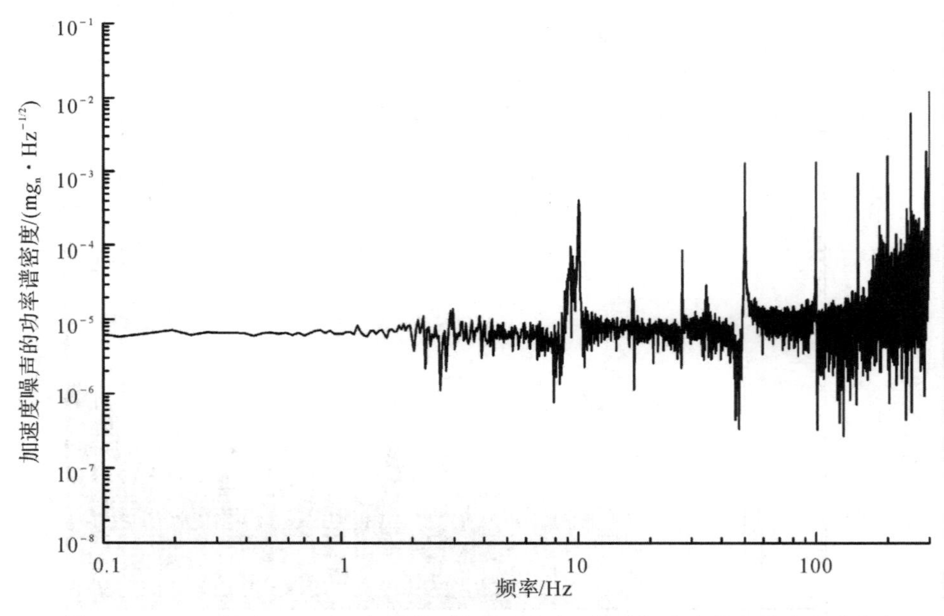

图 16－36　A5 测点（－y 向）扫描镜、制冷机同时工作时加速度噪声的功率谱密度

16.5.5.5　扫描镜、K 镜、制冷机同时工作

图 16－37 所示为 A5 测点（－y 向）扫描镜 K 镜制冷机同时工作、仅扫描镜 K 镜同时工作及仅扫描镜制冷机同时工作时的三分之一倍频程频带方均根加速度谱。可以看到，在广

阔的频带范围内扫描镜、K 镜、制冷机同时工作引起的结构振荡反而小于仅扫描镜、K 镜同时工作或仅扫描镜、制冷机同时工作引起的结构振荡，说明在这些频带范围内扫描镜 K 镜制冷机同时工作反而起到了相互抑制作用。

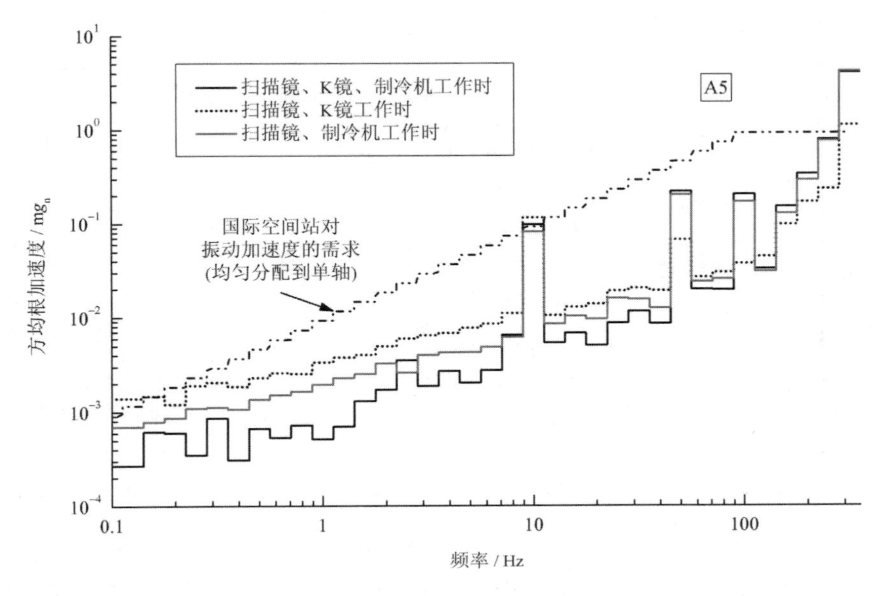

图 16－37　A5 测点（－y 向）扫描镜 K 镜制冷机工作、仅扫描镜 K 镜同时工作及仅扫描镜制冷机同时工作时的三分之一倍频程频带方均根加速度谱

16.5.6　卫星平台活动部件微振动

14.6.3.2 节对三分之一倍频程频带方均根谱和时域曲线所做的说明原则上也适用于本节。

16.5.6.1　陀螺工作

从表 16－5 可以看到，陀螺工作不引起干扰，各测点卫星平台活动部件微振动测量背景和陀螺工作微振动的方均根值几乎完全一致。

A9 测点（＋z 向）位于陀螺附近。图 16－38 所示为陀螺工作时及未工作前的三分之一倍频程频带方均根加速度谱。将陀螺工作时与未工作前比较，可以看到陀螺工作几乎不引起结构振荡。

16.5.6.2　BAPTA 工作

A1 测点（＋z 向）位于 BAPTA 附近。图 16－39 所示为 BAPTA 工作时及未工作前的三分之一倍频程频带方均根加速度谱。将 BAPTA 工作时与未工作前比较，可以看到 BAPTA 工作引起的结构振荡主要发生在中心频率 158 Hz 以上各子频带处。

为了了解 BAPTA 工作引起的微振动干扰的特点，我们用图 16－40 和图 16－41 分别展示该测点 BAPTA 未工作前加速度噪声的幅度谱和该测点 BAPTA 工作时加速度噪声的幅度谱。两张图相对照，可以看到 BAPTA 工作在 50.35 Hz 的 2～5 倍频处引起了非常明显的尖峰。

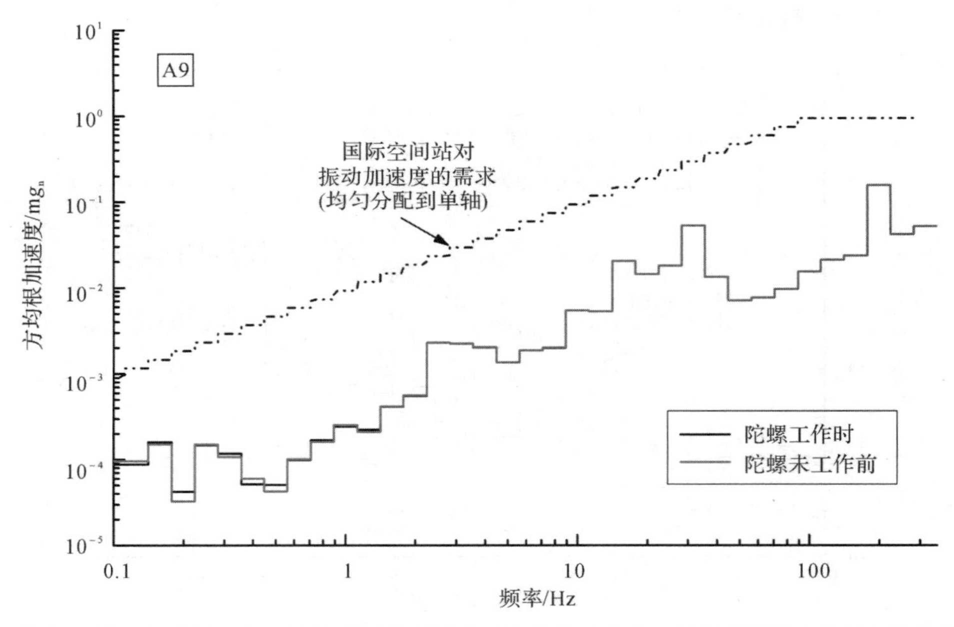

图 16-38　A9 测点(+z 向)陀螺工作时及未工作前的三分之一倍频程频带方均根加速度谱

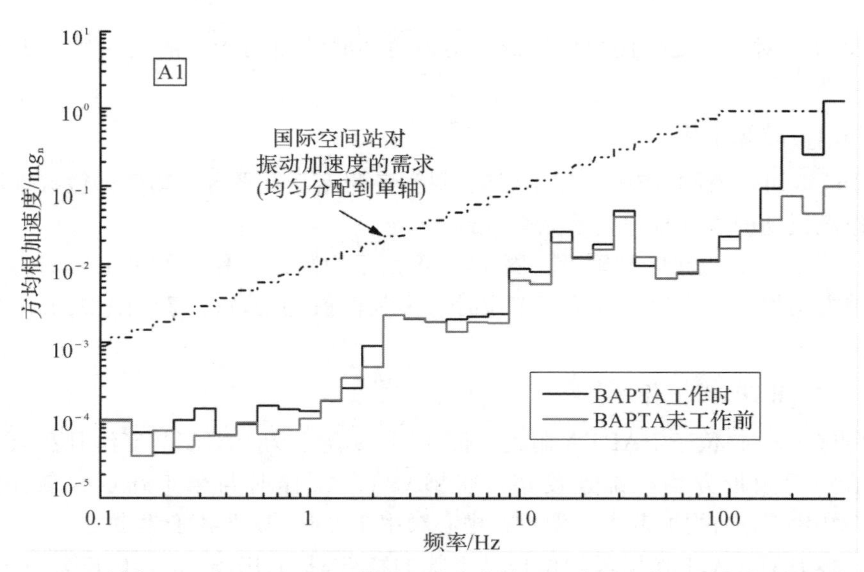

图 16-39　A1 测点(+z 向)BAPTA 工作时及未工作前的三分之一倍频程频带方均根加速度谱

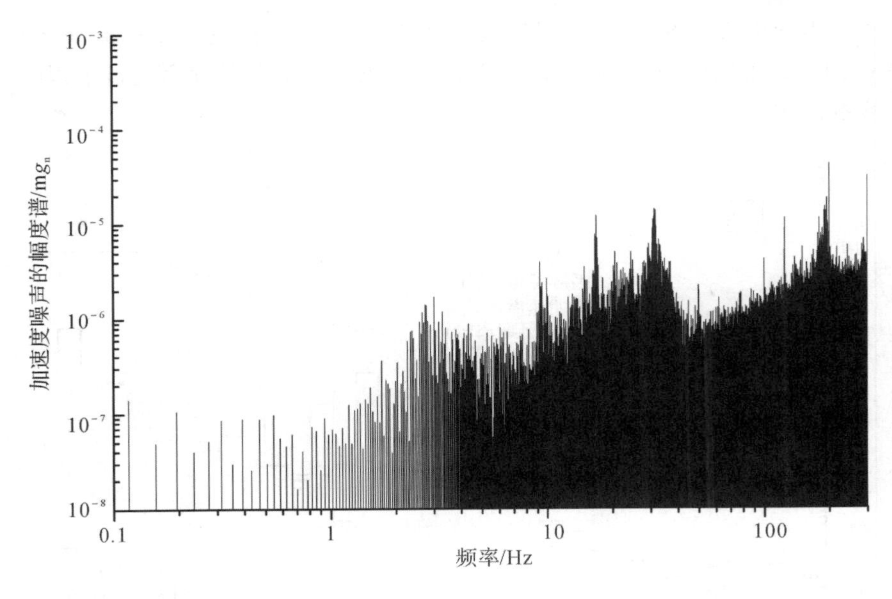

图 16－40　A1 测点(＋z 向)BAPTA 未工作前加速度噪声的幅度谱

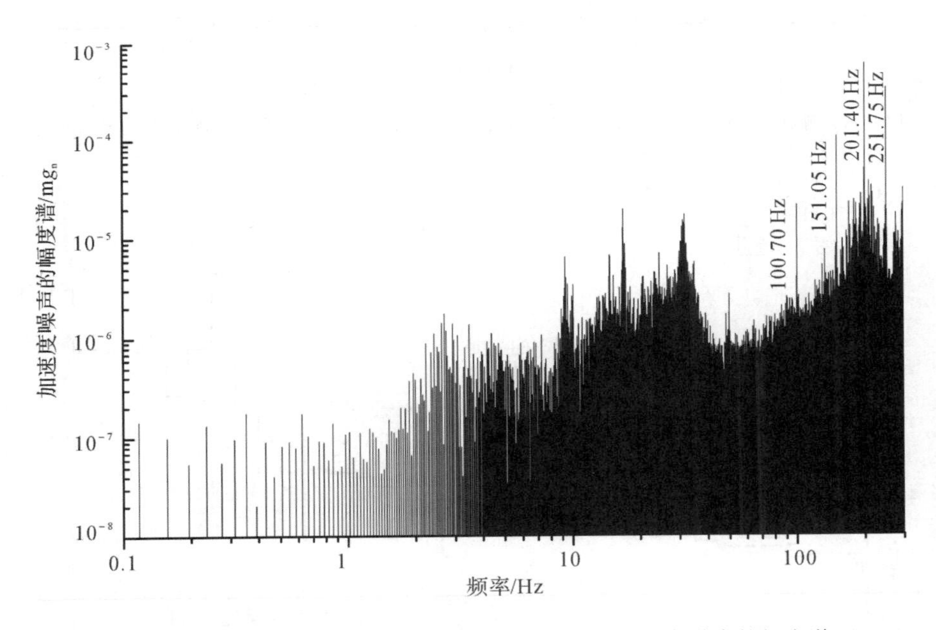

图 16－41　A1 测点(＋z 向)BAPTA 工作时加速度噪声的幅度谱

A2 测点位于动量轮安装支架上，邻近 A1 测点。图 16－42 所示为 A2 测点 BAPTA 工作时及未工作前的三分之一倍频程频带方均根加速度谱。与图 16－39 相比，可以看到 BAPTA 工作引起的干扰随距离衰减较快。

16.5.6.3　动量轮工作

从表 16－5 可以看到，在卫星平台的活动部件中，动量轮引起的微振动是最大的。

A2 测点(－y 向)位于动量轮安装支架上。图 16－43 所示为该测点动量轮工作时及未工作前的三分之一倍频程频带方均根加速度谱。将动量轮工作时与未工作前比较，可以看到动量轮工作引起中心频率从 0.126 Hz 直至 316 Hz 广泛范围内的结构振荡，最严重的在中心频率 63.1 Hz 和 316 Hz 这两个子频带处，在这两个子频带处显著超过了国际空间站对振动加速度的需求。

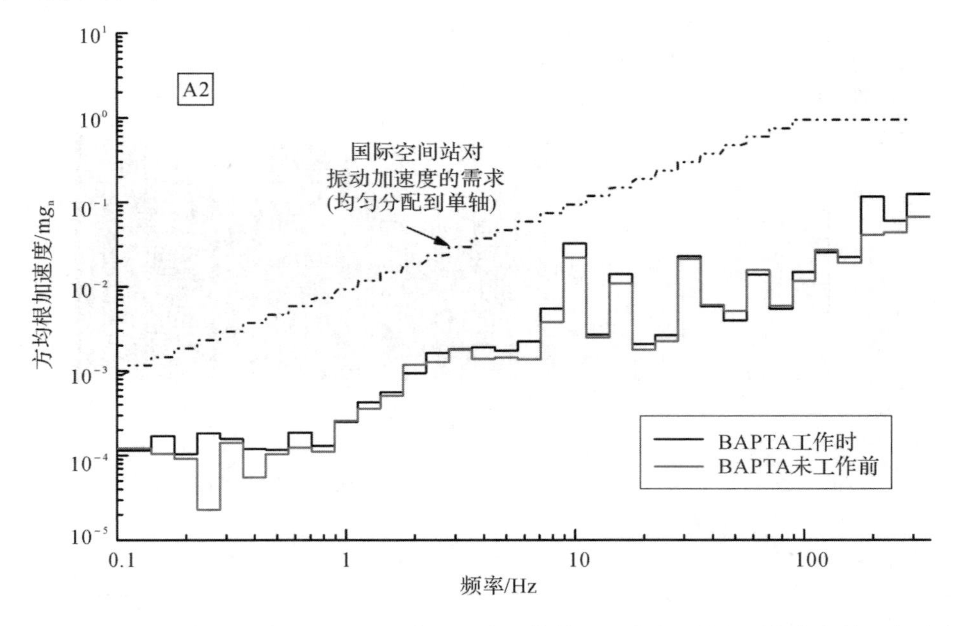

图 16-42　A2 测点（$-y$ 向）BAPTA 工作时及未工作前的三分之一倍频程频带方均根加速度谱

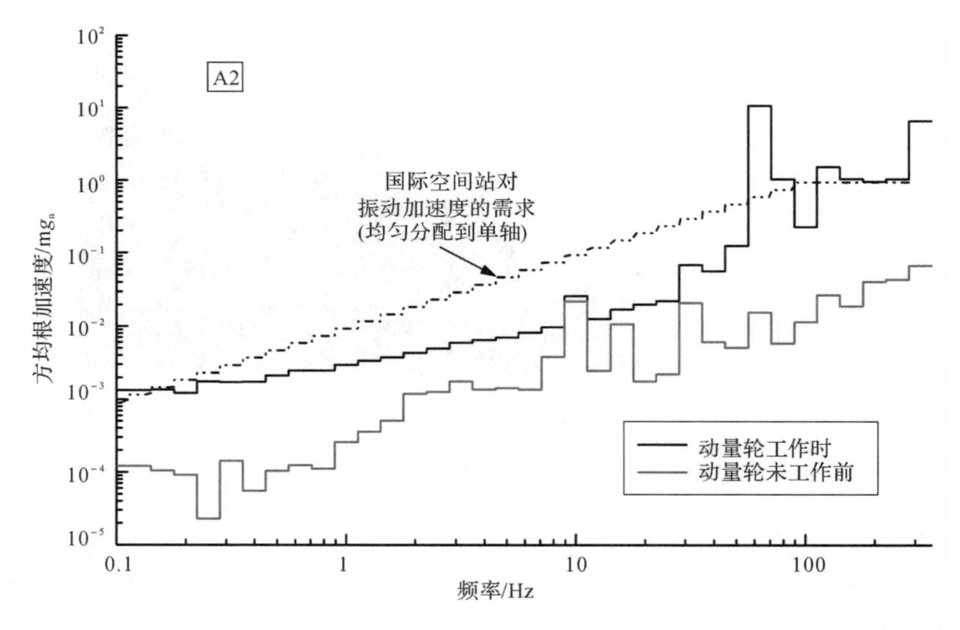

图 16-43　A2 测点（$-y$ 向）动量轮工作时及未工作前的三分之一倍频程频带方均根加速度谱

从表 16-5 可以看到，动量轮工作时在其支架上（A2，$-y$ 向）检测到的振动方均根值达到 12 mg_n，是很大的，但随距离衰减较快，除最邻近的测点 A1（$+z$ 向）方均根值达到 1.2 mg_n外，其余各测点方均根值均小于 1 mg_n。图 16-44 和图 16-45 分别给出了测点

A1(+z 向)和 A6(−y 向)动量轮工作时及未工作前的三分之一倍频程频带方均根加速度谱。可以看到,尽管动量轮工作引起的干扰随距离衰减较快,但在中心频率 63.1 Hz、79.4 Hz以及 126 Hz 以上各子频带处的干扰还是非常明显的。

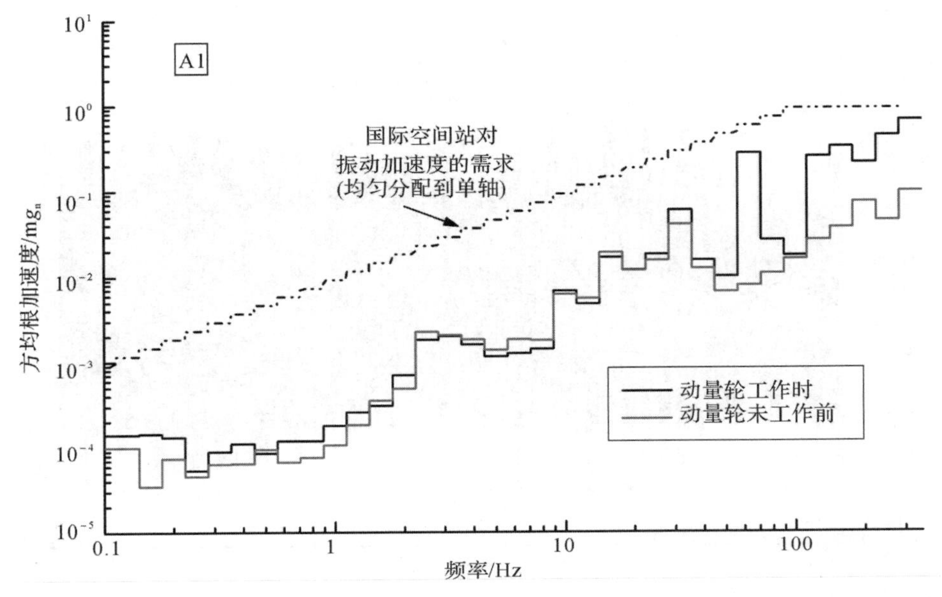

图 16-44　A1 测点(+z 向)动量轮工作时及未工作前的三分之一倍频程频带方均根加速度谱

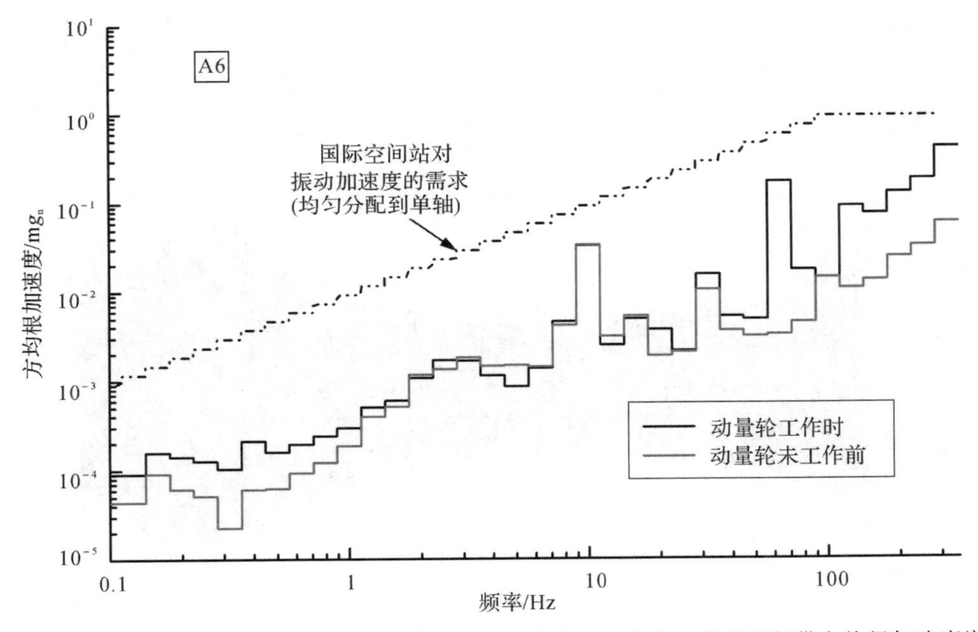

图 16-45　A6 测点(−y 向)动量轮工作时及未工作前的三分之一倍频程频带方均根加速度谱

动量轮引起的微振动还在时域曲线上明显呈现出振幅(即包络线)低频起伏现象。图 16-46～图 16-48 分别显示了测点 A1(+z 向)、A2(−y 向)、A6(−y 向)动量轮工作的时域曲线。可以看到,各测点振幅低频起伏的形状多有不同。由文献[15]对振动的定性描述可知，这种波形的特点是振幅（即包络线）以不能预计的方式变动。该文献还指出，这种振幅低频起伏现象称之为拍，形成拍的原因是两个信号相互间的频率差比其频率和小得多。显然，这种拍频振动是由动量轮本身的工作特性决定的。

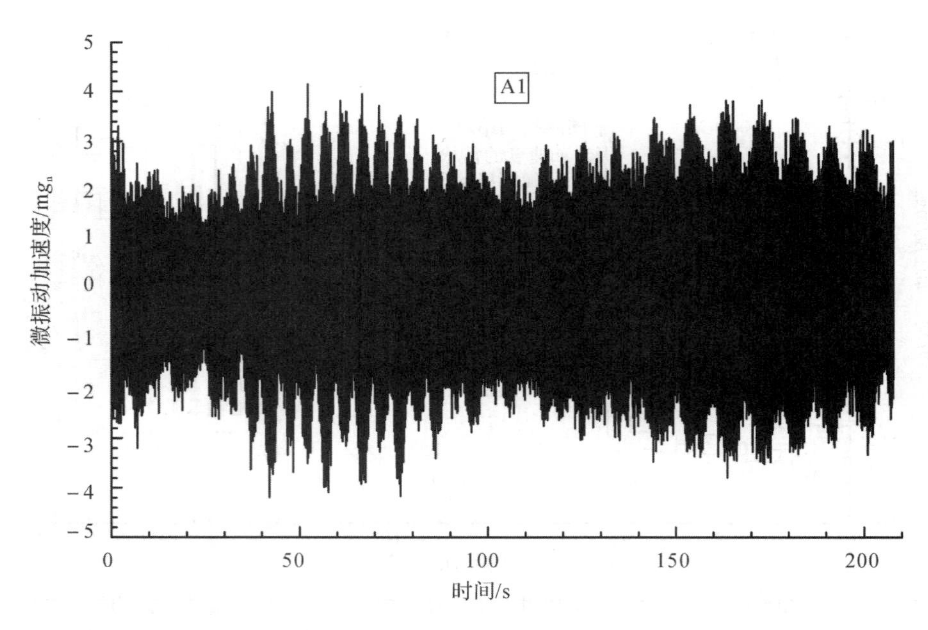

图 16－46　A1 测点（＋z 向）动量轮工作的时域曲线

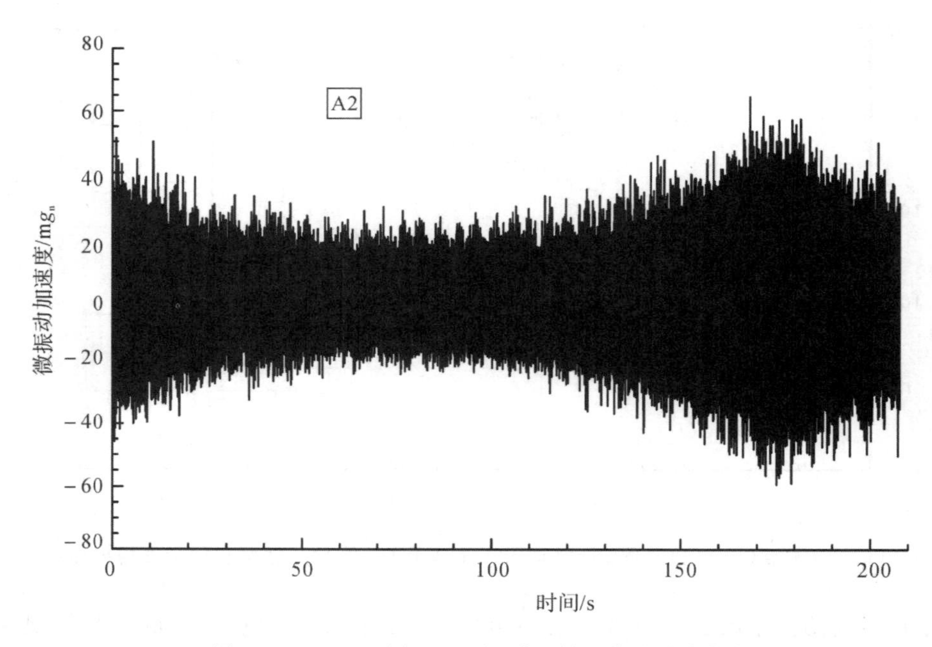

图 16－47　A2 测点（－y 向）动量轮工作的时域曲线

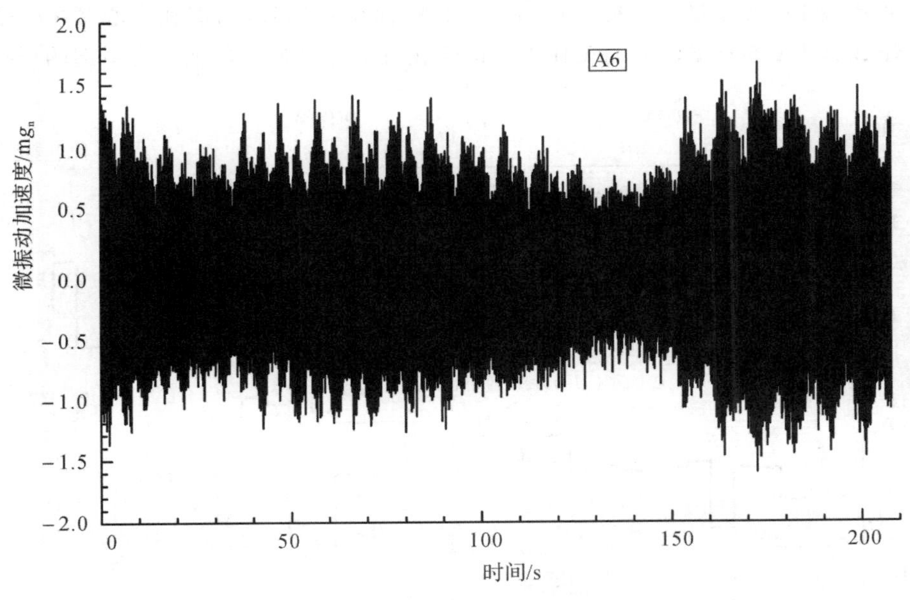

图 16－48　A6 测点（－y 向）动量轮工作的时域曲线

16.5.6.4　陀螺、BAPTA、动量轮同时工作

A2 测点（－y 向）位于动量轮安装支架上。图 16－49 所示为该测点陀螺、BAPTA 与动量轮同时工作，BAPTA 单独工作及动量轮单独工作时的三分之一倍频程频带方均根加速度谱。鉴于陀螺工作不引起干扰（参见 16.5.6.1 节），图中未给出陀螺工作时的三分之一倍频程频带方均根加速度谱。可以看到，在中心频率 7.94 Hz 以下、12.6 Hz 至 25.1 Hz、39.8 Hz、50.1 Hz、79.4 Hz 至 126 Hz、251 Hz 等各个子频带处 BAPTA 与动量轮同时工作的干扰都显著超过了 BAPTA 或动量轮单独工作引起干扰的简单叠加效应，其中特别在中心频率 0.126 Hz 至 0.316 Hz、0.501 Hz 至 2.51 Hz、63.1 Hz、79.4 Hz、126 Hz、251 Hz、316 Hz 各个子频带处的干扰超过了国际空间站对振动加速度的需求，其原因可能是在这些子频带处，由于相位相近，这些部件同时工作引起相互激励，从而发生了一定程度的共振。另外，在中心频率 63.1 Hz、158 Hz、200 Hz、316 Hz 四个子频带处 BAPTA 与动量轮同时工作引起的干扰反而比动量轮单独工作引起的干扰小，其原因可能是在这些子频带处，由于相位几乎相反，振动反而受到一定程度的抑制。

A1 测点（＋z 向）位于 BAPTA 附近。图 16－50 所示为该测点陀螺、BAPTA 与动量轮同时工作，BAPTA 单独工作及动量轮单独工作时的三分之一倍频程频带方均根加速度谱。可以看到，在中心频率 79.4 Hz 及 126 Hz 两个子频带处 BAPTA、动量轮同时工作的干扰都显著超过了 BAPTA 或动量轮单独工作引起干扰的简单叠加效应，而在中心频率 63.1 Hz 的子频带处 BAPTA 与动量轮同时工作引起的干扰反而比动量轮单独工作引起的干扰小。

A9 测点（＋z 向）位于陀螺附近。图 16－51 所示为该测点陀螺、BAPTA 与动量轮同时工作，BAPTA 单独工作及动量轮单独工作时的三分之一倍频程频带方均根加速度谱。可以看到，在中心频率 0.159 Hz、0.200 Hz、0.316 Hz 至 1.00 Hz、2.00 Hz、3.16 Hz 至 5.01 Hz、39.8 Hz、79.4 Hz 及 126 Hz 等各子频带处 BAPTA 与动量轮同时工作的干扰都显著超过了 BAPTA 或动量轮单独工作引起干扰的简单叠加效应，而在中心频率 63.1 Hz 的子频带处 BAPTA 与动量轮同时工作引起的干扰反而比动量轮单独工作引起的干扰小。

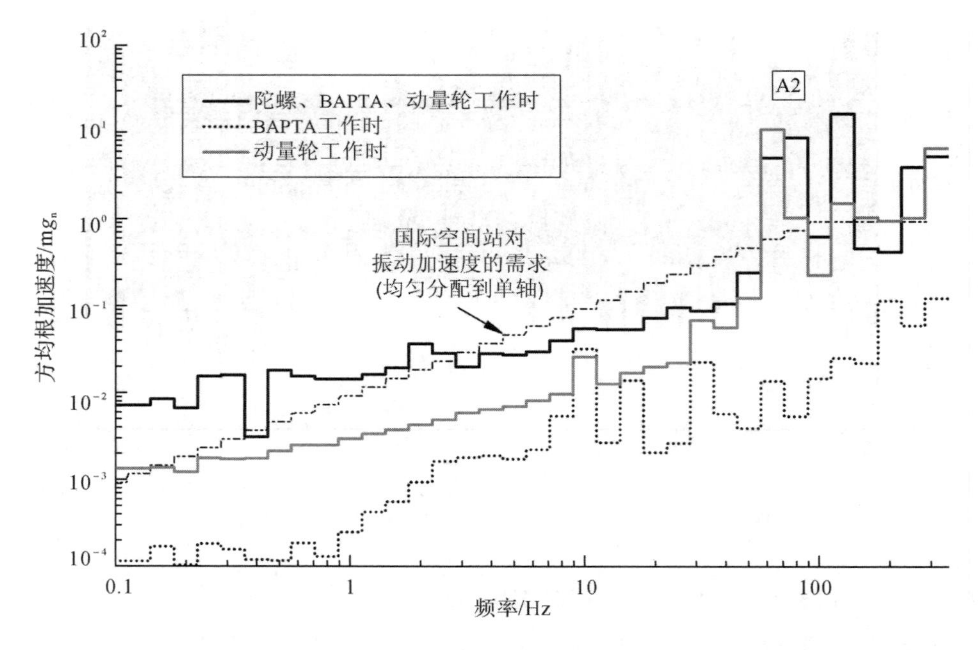

图 16-49　A2 测点（$-y$ 向）陀螺、BAPTA 与动量轮同时工作、BAPTA 单独工作及动量轮单独工作时的三分之一倍频程频带方均根加速度谱

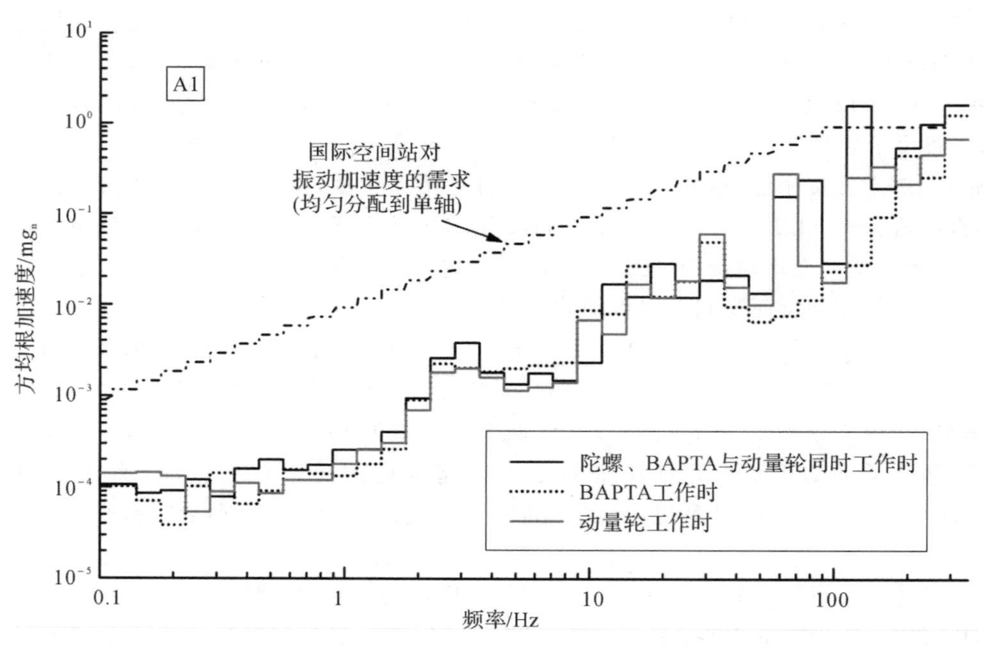

图 16-50　A1 测点（$+z$ 向）、陀螺 BAPTA 与动量轮同时工作，BAPTA 单独工作及动量轮单独工作时的三分之一倍频程频带方均根加速度谱

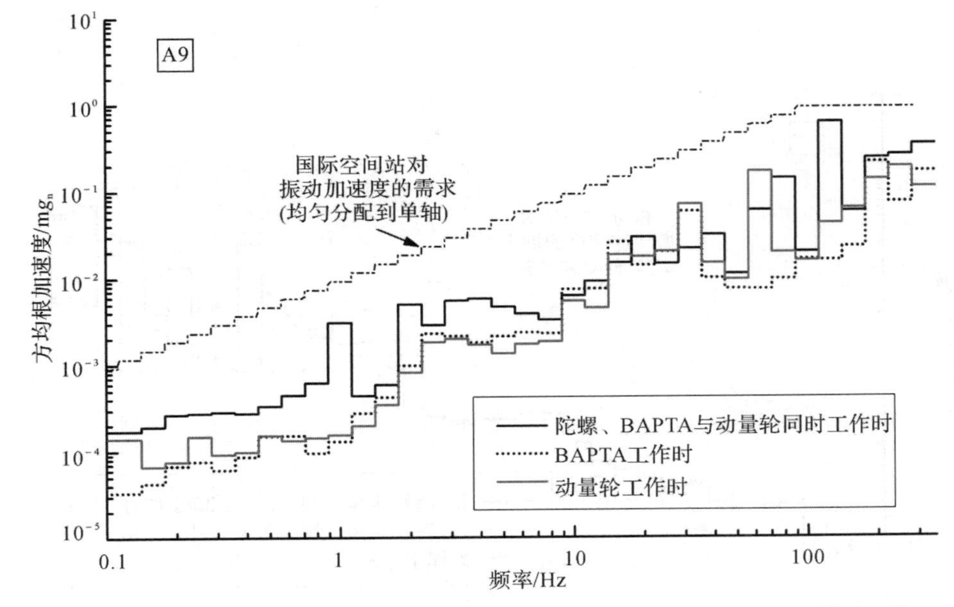

图 16－51 A9 测点(＋z 向)陀螺、BAPTA 与动量轮同时工作，BAPTA 单独工作及动量轮单独工作时的三分之一倍频程频带方均根加速度谱

16.5.7 水色仪活动部件微振动与平台活动部件微振动相互影响

14.6.3.2 节对三分之一倍频程频带方均根谱和时域曲线所做的说明原则上也适用于本节。

16.5.7.1 水色仪活动部件均工作

(1)陀螺工作。

A9 测点(＋z 向)位于陀螺附近。图 16－52 所示为该测点水色仪活动部件均工作，而陀螺工作或未工作及陀螺单独工作时的三分之一倍频程频带方均根加速度谱。可以看到，在中心频率 0.126 Hz、0.200 Hz、15.8 Hz 等子频带处，水色仪各活动部件和陀螺同时工作引起的干扰反而比水色仪活动部件均工作，而陀螺未工作引起的干扰小。而在中心频率 31.6 Hz 的子频带处，陀螺单独工作引起的干扰反而是最大的。

A5 测点(－y 向)位于水色仪壳体上。图 16－53 所示为该测点水色仪活动部件均工作，而陀螺工作或未工作及陀螺单独工作时的三分之一倍频程频带方均根加速度谱。可以看到，大体上不论陀螺是否工作，该测点受到的干扰变化不大，但在中心频率 10.0 Hz 的子频带处陀螺单独工作反而比其他两种情况受到的干扰明显大，在中心频率 15.8 Hz 的子频带处仅水色仪活动部件均工作反而比陀螺也工作受到的干扰大。

(2)BAPTA 工作。

A1 测点位于 BAPTA 附近。图 16－54 所示为该测点水色仪活动部件均工作，而 BAPTA 工作或未工作及 BAPTA 单独工作时的三分之一倍频程频带方均根加速度谱。可以看到，在中心频率 10.0 Hz 和 31.6 Hz 的子频带处 BAPTA 单独工作反而比其他两种情况受到的干扰明显大。

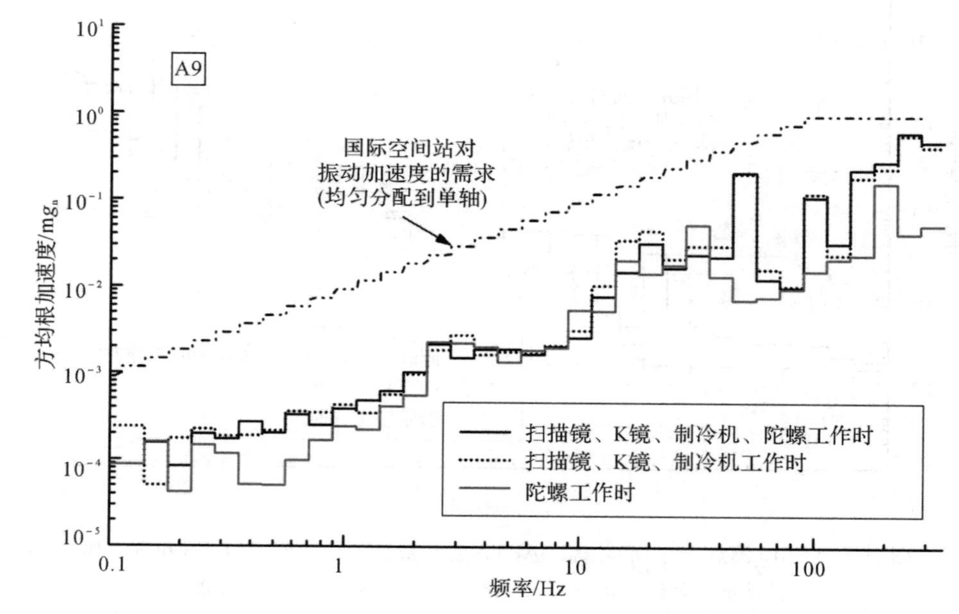

图 16-52　A9 测点(+z 向)水色仪活动部件均工作，而陀螺工作或未工作及陀螺单独工作时的三分之一倍频程频带方均根加速度谱

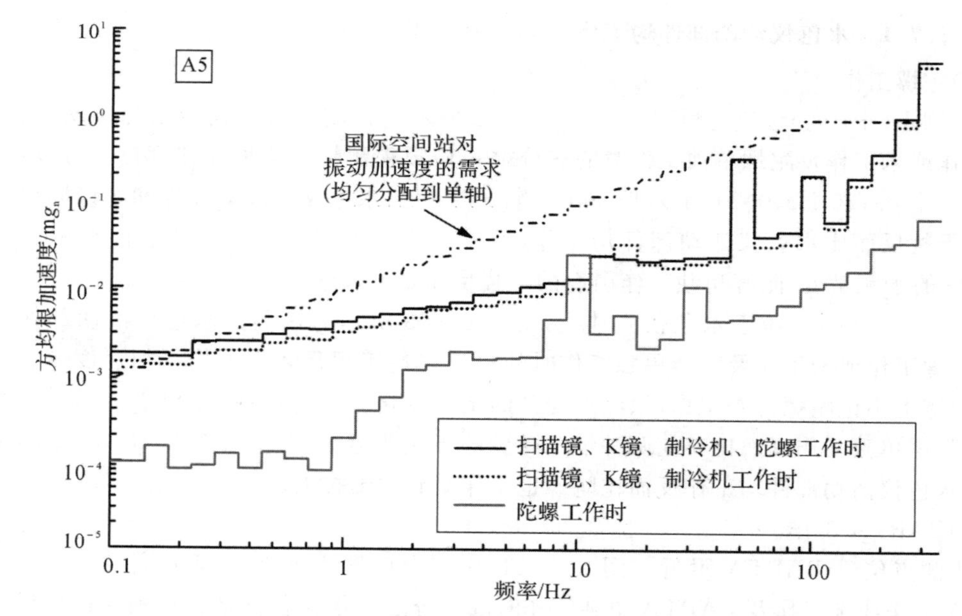

图 16-53　A5 测点(−y 向)水色仪活动部件均工作，而陀螺工作或未工作及陀螺单独工作时的三分之一倍频程频带方均根加速度谱

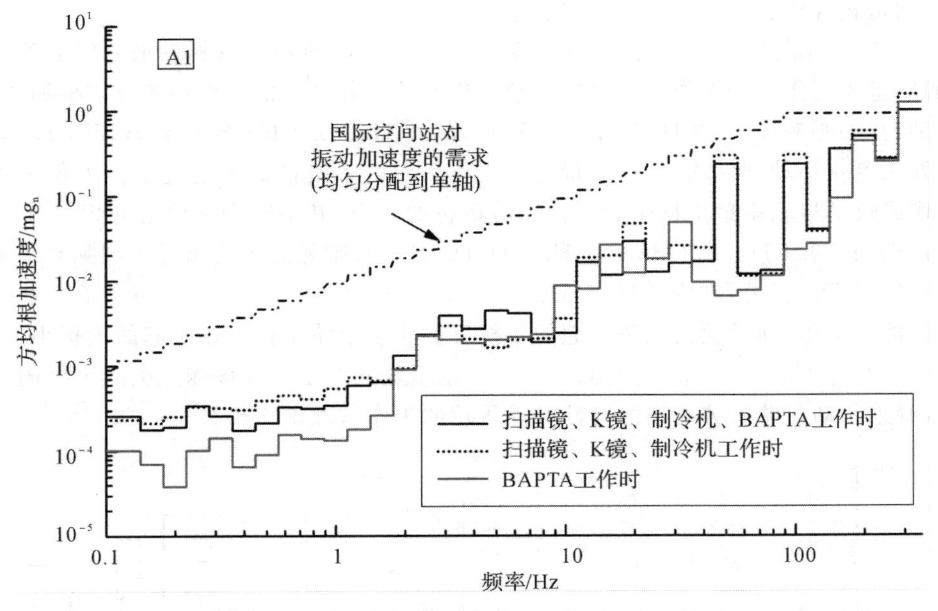

图 16-54　A1 测点(+z 向)水色仪活动部件均工作，而 BAPTA 工作或未工作及 BAPTA 单独工作时的三分之一倍频程频带方均根加速度谱

A5 测点(+z 向)位于水色仪壳体上。图 16-55 所示为该测点水色仪活动部件均工作，而 BAPTA 工作或未工作及 BAPTA 单独工作时的三分之一倍频程频带方均根加速度谱。可以看到，大体上不论 BAPTA 是否工作，该测点受到的干扰变化不大，但在中心频率 10.0 Hz 的子频带处 BAPTA 单独工作反而明显比其他两种情况受到的干扰大，在中心频率 15.8 Hz 的子频带处仅水色仪活动部件均工作反而比 BAPTA 也工作受到的干扰大。

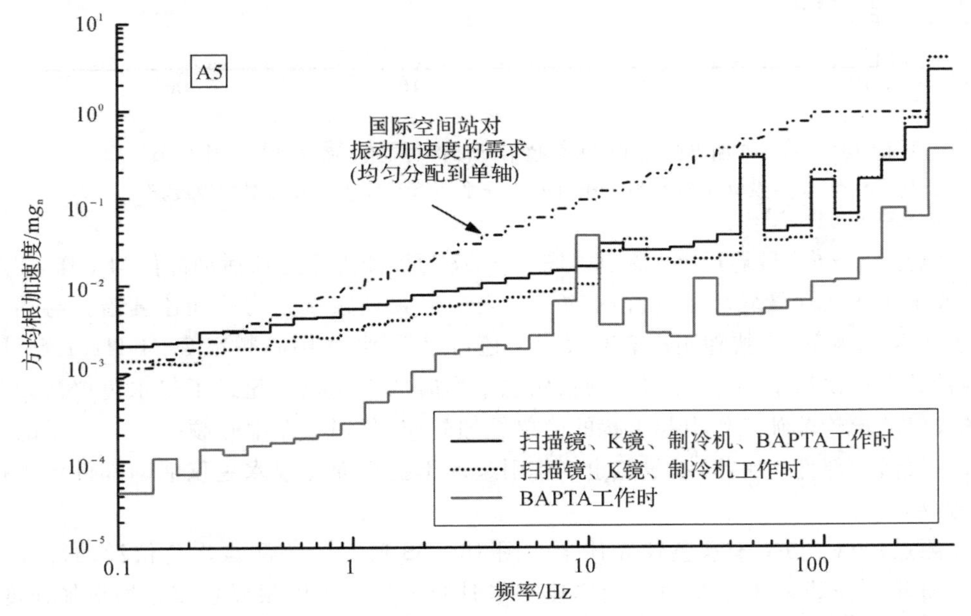

图 16-55　A5 测点(-y 向)水色仪活动部件均工作，而 BAPTA 工作或未工作及 BAPTA 单独工作时的三分之一倍频程频带方均根加速度谱

(3)动量轮工作。

A2 测点(－y 向)位于动量轮安装支架上。图 16－56 所示为该测点水色仪活动部件均工作,而动量轮工作或未工作及动量轮单独工作时的三分之一倍频程频带方均根加速度谱。可以看到,在中心频率 15.8 Hz 以下、25.1 Hz、39.8 Hz、79.4 Hz 至 126 Hz、251 Hz 等各个子频带处水色仪活动部件均工作,动量轮也工作引起的干扰都显著超过了仅水色仪活动部件均工作或仅动量轮单独工作引起干扰的简单叠加效应,其中特别在中心频率 2.51 Hz 以下、50.1 Hz 至 79.4 Hz、126 Hz、251 Hz、316 Hz 各子频带处的干扰超过了国际空间站对振动加速度的需求。另外,在中心频率 63.1 Hz、158 Hz、200 Hz、316 Hz 四个子频带处水色仪活动部件均工作,动量轮也工作引起的干扰反而比动量轮单独工作引起的干扰小。

上述情况与 16.5.6.4 节对陀螺、BAPTA、动量轮同时工作在该测点引起干扰的讨论相当接近,看来与动量轮安装支架的特性及动量轮的工作特性密切相关。

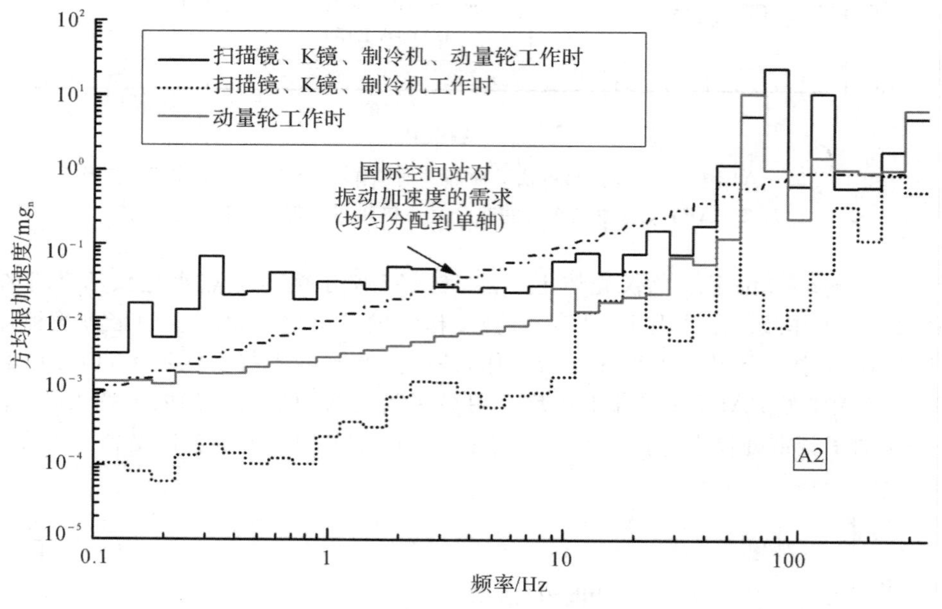

图 16－56　A2 测点(－y 向)水色仪活动部件均工作,而动量轮工作或未工作及动量轮单独工作时的三分之一倍频程频带方均根加速度谱

A1 测点(＋z 向)最靠近 A2 测点。图 16－57 为该测点水色仪活动部件均工作,而动量轮工作或未工作及动量轮单独工作时的三分之一倍频程频带方均根加速度谱。与图 16－56 相比较,可以看到,干扰随距离衰减很快。还可以看到,在中心频率 79.4 Hz、126 Hz 两个子频带处水色仪活动部件均工作,动量轮也工作时的干扰显著超过了仅水色仪活动部件均工作或仅动量轮单独工作引起干扰的简单叠加效应。另外,在中心频率 20.0 Hz 的子频带处水色仪活动部件均工作,动量轮也工作引起的干扰反而比仅水色仪活动部件均工作引起的干扰小。

A5 测点(－y 向)位于水色仪壳体上。图 16－58 所示为该测点水色仪活动部件均工作,而动量轮工作或未工作及动量轮单独工作时的三分之一倍频程频带方均根加速度谱。可以看到,在中心频率 79.4 Hz、126 Hz 两个子频带处水色仪活动部件均工作,动量轮也工作时的干扰显著超过了仅水色仪活动部件均工作或仅动量轮单独工作引起干扰的简单叠加效应。另外，在中心频率 10.0 Hz、63.1 Hz 两个子频带处水色仪活动部件均工作，动量轮也工作引起的干扰反而比动量轮单独工作引起的干扰小，在中心频率 251 Hz、316 Hz 两个子频带处水色仪活动部件均工作，动量轮也工作引起的干扰反而比仅水色仪活动部件均工作引起的干扰小。

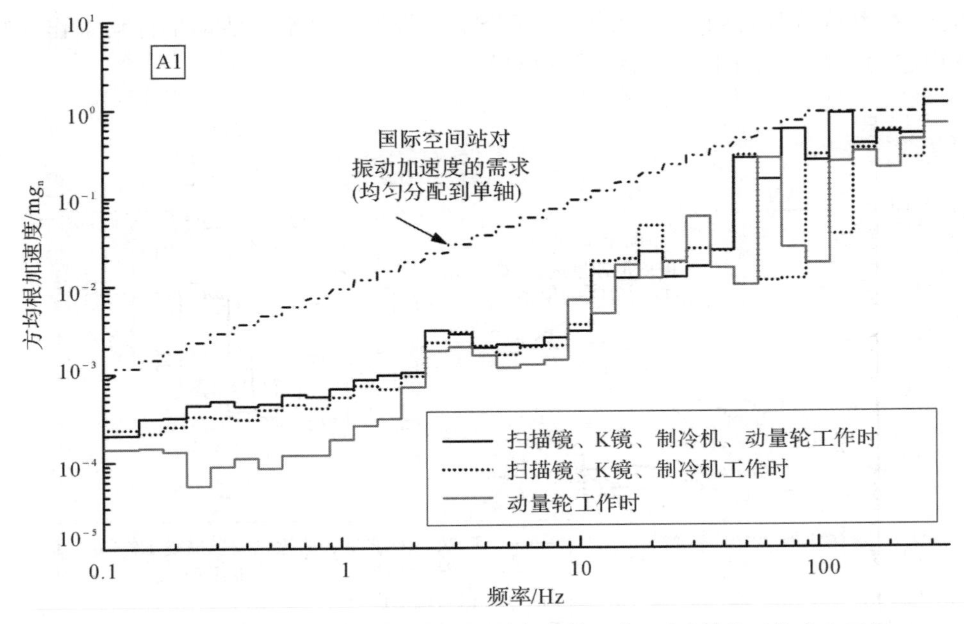

图 16 - 57　A1 测点（＋z 向）水色仪活动部件均工作，而动量轮工作或未工作及动量轮单独工作时的三分之一倍频程频带方均根加速度谱

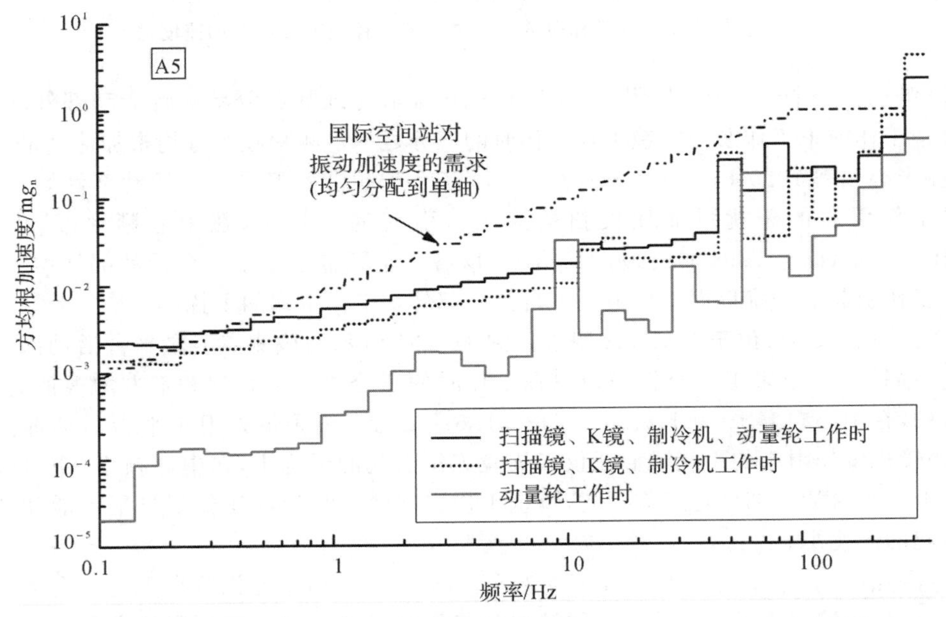

图 16 - 58　A5 测点（－y 向）水色仪活动部件均工作，而动量轮工作或未工作及动量轮单独工作时的三分之一倍频程频带方均根加速度谱

16.5.7.2 卫星平台活动部件均工作

(1)扫描镜工作。

A5 测点(－y 向)位于水色仪壳体上。图 16－59 所示为该测点卫星平台活动部件均工作,而扫描镜工作或未工作及扫描镜单独工作时的三分之一倍频程频带方均根加速度谱。可以看到,在中心频率 7.94 Hz、10.0 Hz 两个子频带处卫星平台活动部件均工作,扫描镜也工作引起的干扰反而比仅扫描镜工作引起的干扰小。

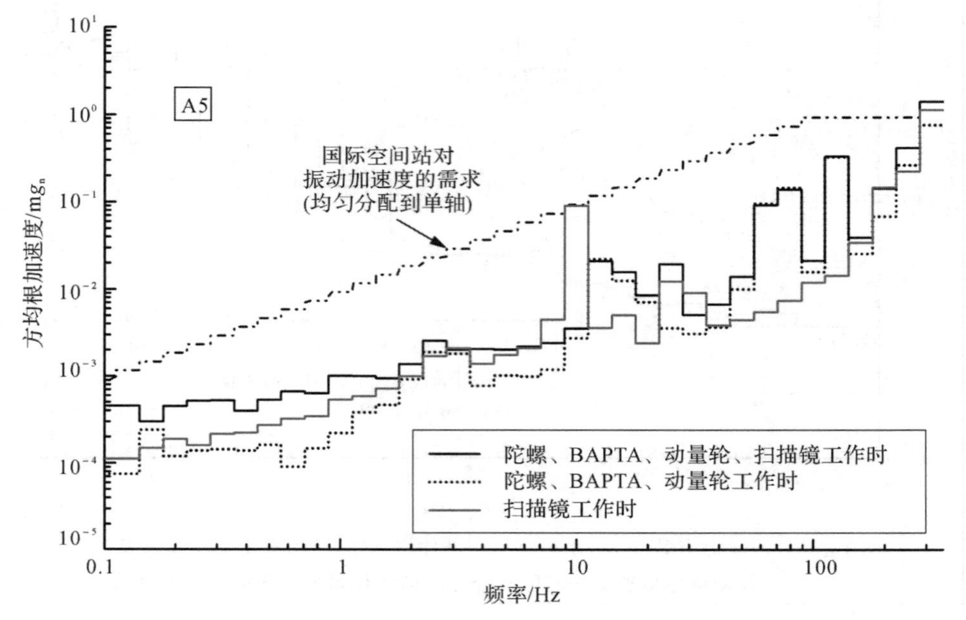

图 16－59　A5 测点(－y 向)卫星平台活动部件均工作,而扫描镜工作或未工作及扫描镜单独工作时的三分之一倍频程频带方均根加速度谱

A9 测点(＋z 向)位于陀螺附近。图 16－60 所示为该测点卫星平台活动部件均工作,而扫描镜工作或未工作及扫描镜单独工作时的三分之一倍频程频带方均根加速度谱。可以看到,在中心频率 10.0 Hz、25.1 Hz、31.6 Hz 三个子频带处卫星平台活动部件均工作,扫描镜也工作引起的干扰反而比仅扫描镜工作引起的干扰小,在中心频率 0.126 Hz 至 1.00 Hz、2.00 Hz 至 7.94 Hz、200 Hz、316 Hz 各个子频带处卫星平台活动部件均工作,扫描镜也工作引起的干扰反而比仅卫星平台活动部件均工作引起的干扰小。

A1 测点(＋z 向)位于 BAPTA 附近。图 16－61 所示为该测点卫星平台活动部件均工作,而扫描镜工作或未工作及扫描镜单独工作时的三分之一倍频程频带方均根加速度谱。可以看到,在中心频率 10.0 Hz、25.1 Hz、31.6 Hz 三个子频带处卫星平台活动部件均工作,扫描镜也工作引起的干扰反而比仅扫描镜工作引起的干扰小,在中心频率 200 Hz 的子频带处卫星平台活动部件均工作,扫描镜也工作引起的干扰反而比仅卫星平台活动部件均工作引起的干扰小。

A2 测点(－y 向)位于动量轮安装支架上。图 16－62 所示为该测点卫星平台活动部件均工作,而扫描镜工作或未工作及扫描镜单独工作时的三分之一倍频程频带方均根加速度谱。可以看到,在中心频率 10.0 Hz 的子频带处卫星平台活动部件均工作,扫描镜也工作引起的干扰反而比仅扫描镜工作引起的干扰小。

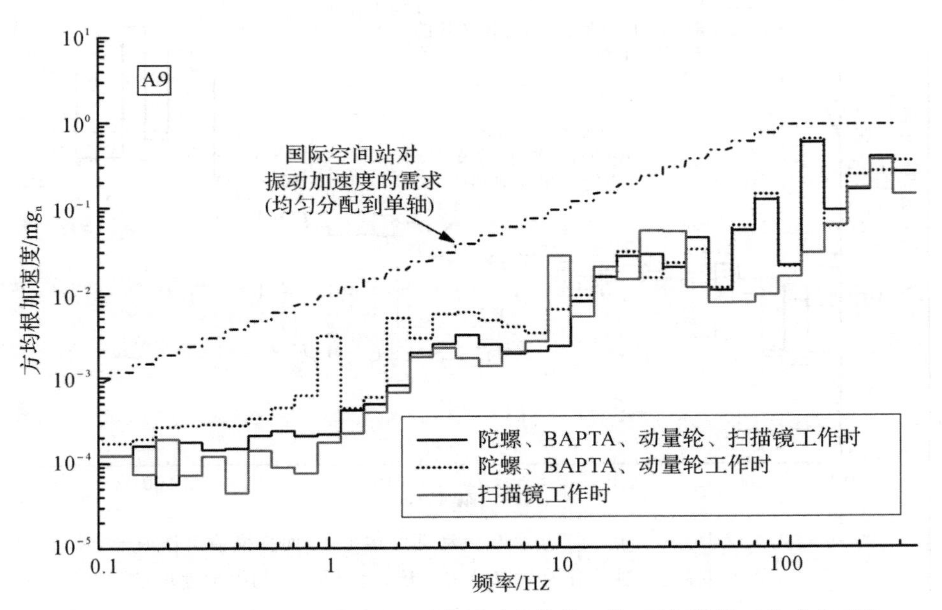

图 16－60　A9 测点（＋z 向）卫星平台活动部件均工作，而扫描镜工作或未工作及扫描镜单独工作时的三分之一倍频程频带方均根加速度谱

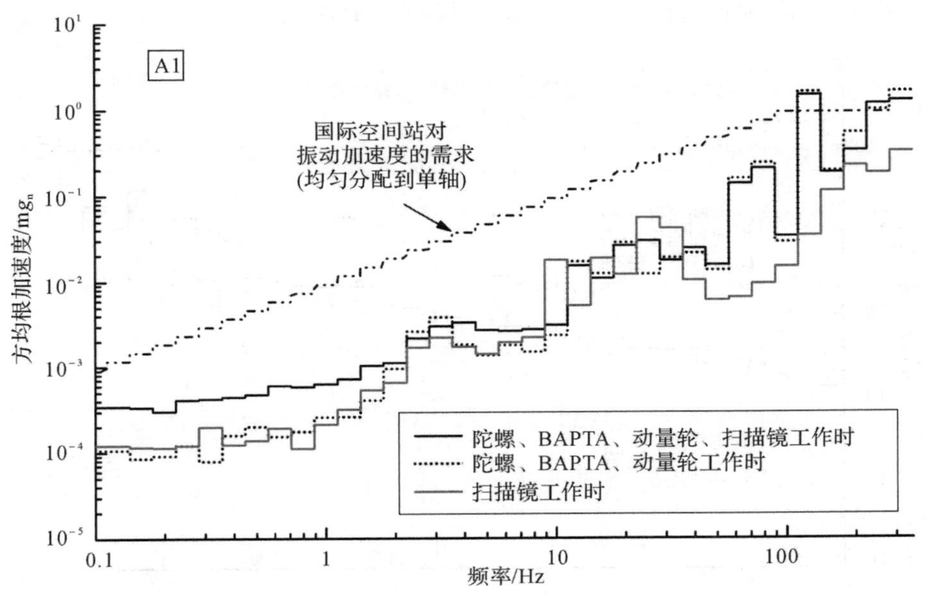

图 16－61　A1 测点（＋z 向）卫星平台活动部件均工作，而扫描镜工作或未工作及扫描镜单独工作时的三分之一倍频程频带方均根加速度谱

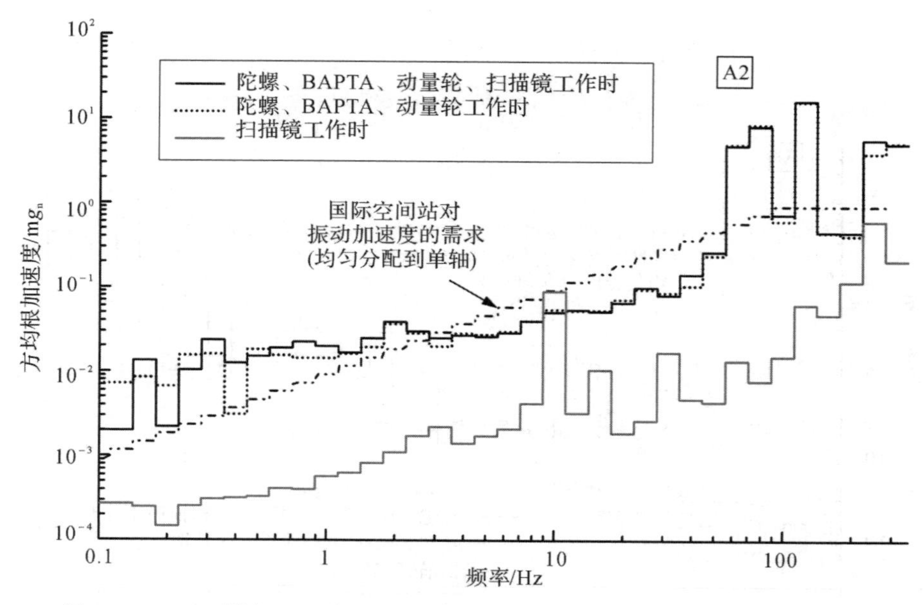

图 16-62　A2 测点(−y 向)卫星平台活动部件均工作，而扫描镜工作或未工作及扫描镜单独工作时的三分之一倍频程频带方均根加速度谱

(2)扫描镜、K 镜工作。

A5 测点(−y 向)位于水色仪壳体上。图 16-63 所示为该测点卫星平台活动部件均工作，而扫描镜 K 镜工作或未工作及仅扫描镜 K 镜工作时的三分之一倍频程频带方均根加速度谱。可以看到，在中心频率 10.0 Hz 的子频带处卫星平台活动部件均工作，扫描镜 K 镜也工作引起的干扰反而比仅扫描镜 K 镜工作引起的干扰小。

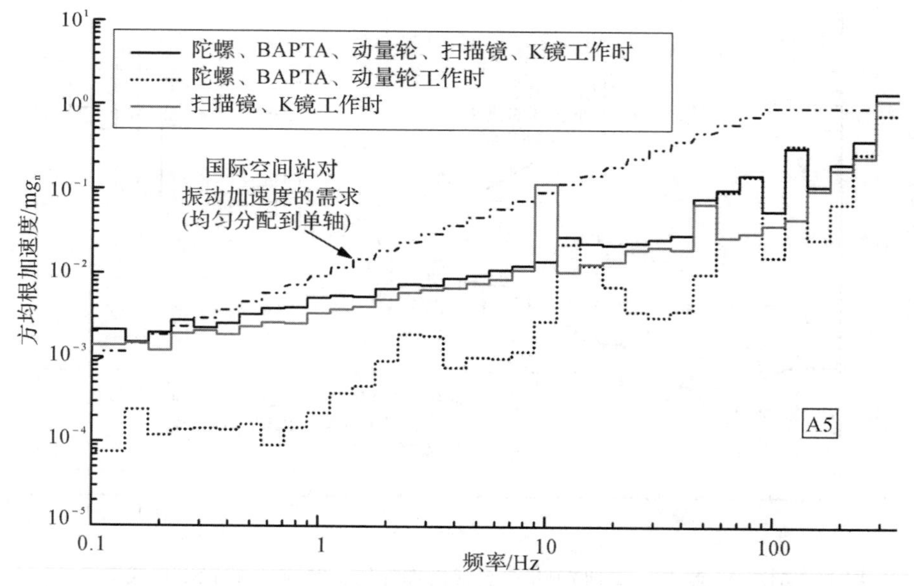

图 16-63　A5 测点(−y 向)卫星平台活动部件均工作，而扫描镜 K 镜工作或未工作及仅扫描镜 K 镜工作时的三分之一倍频程频带方均根加速度谱

A9 测点（$+z$ 向）位于陀螺附近。图 16－64 所示为该测点卫星平台活动部件均工作，而扫描镜 K 镜工作或未工作及仅扫描镜 K 镜工作时的三分之一倍频程频带方均根加速度谱。可以看到，在中心频率 10.0 Hz、15.8Hz、31.6 Hz 三个子频带处卫星平台活动部件均工作，扫描镜 K 镜也工作引起的干扰反而比仅扫描镜 K 镜工作引起的干扰小，在中心频率 0.126 Hz 至 1.00 Hz、2.00Hz、3.16 Hz 至 6.31 Hz 各子频带处卫星平台活动部件均工作，扫描镜 K 镜也工作引起的干扰反而比仅卫星平台活动部件均工作引起的干扰小。

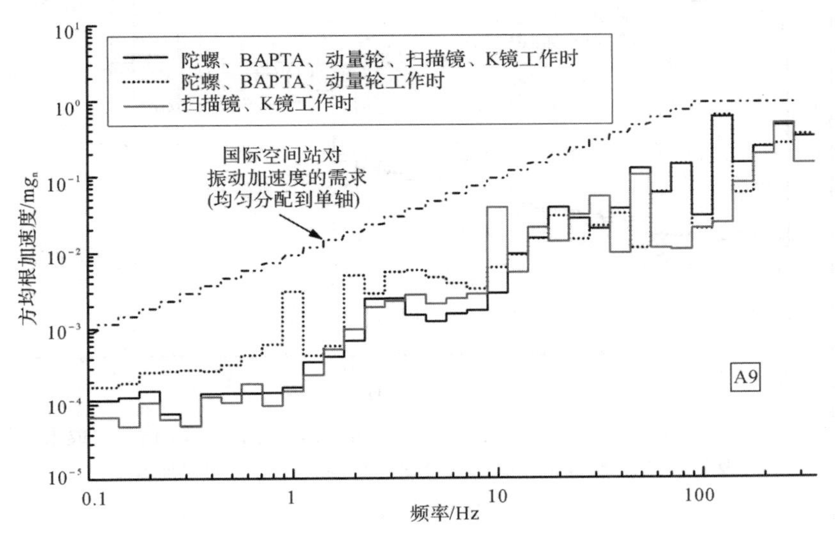

图 16－64　A9 测点（$+z$ 向）卫星平台活动部件均工作，而扫描镜 K 镜工作或未工作及仅扫描镜 K 镜工作时的三分之一倍频程频带方均根加速度谱

A1 测点（$+z$ 向）位于 BAPTA 附近。图 16－65 所示为该测点卫星平台活动部件均工作，而扫描镜 K 镜工作或未工作及仅扫描镜 K 镜工作时的三分之一倍频程频带方均根加速度谱。可以看到，在中心频率 10.0 Hz、31.6 Hz 两个子频带处卫星平台活动部件均工作，扫描镜 K 镜也工作引起的干扰反而比仅扫描镜 K 镜工作引起的干扰小，在中心频率 0.316 Hz、0.501 Hz、3.16 Hz 的子频带处卫星平台活动部件均工作，扫描镜 K 镜也工作引起的干扰反而比仅卫星平台活动部件均工作引起的干扰小。

A2 测点（$-y$ 向）位于动量轮安装支架上。图 16－66 所示为该测点卫星平台活动部件均工作，而扫描镜 K 镜工作或未工作及仅扫描镜 K 镜工作时的三分之一倍频程频带方均根加速度谱。可以看到，在中心频率 0.159 Hz、0.316 Hz 两个子频带处卫星平台活动部件均工作，扫描镜 K 镜也工作时的干扰超过了仅卫星平台活动部件均工作或仅扫描镜 K 镜工作引起干扰的简单叠加效应。而在中心频率 10.0 Hz 的子频带处卫星平台活动部件均工作，扫描镜 K 镜也工作引起的干扰反而比仅扫描镜 K 镜工作引起的干扰小。

（3）扫描镜、制冷机工作。

A5 测点（$-y$ 向）位于水色仪壳体上。图 16－67 所示为该测点卫星平台活动部件均工作，而扫描镜制冷机工作或未工作及仅扫描镜制冷机工作时的三分之一倍频程频带方均根加速度谱。可以看到，在中心频率 0.126 Hz 至 2.00 Hz、3.16 Hz 至 10.0 Hz、316 Hz 各子频带处卫星平台活动部件均工作，扫描镜制冷机也工作引起的干扰反而比仅扫描镜制冷机工作引起的干扰小。

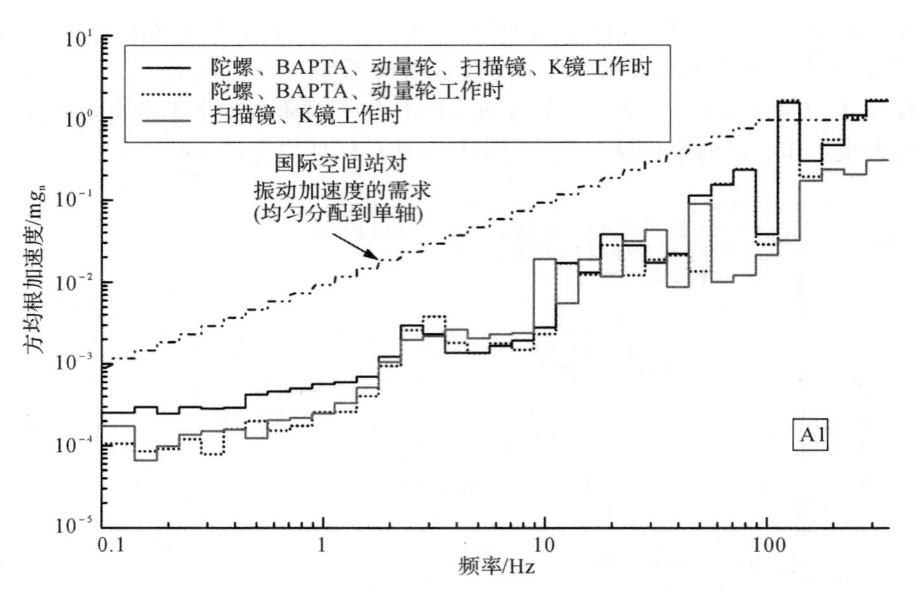

图 16-65　A1 测点(+z 向)卫星平台活动部件均工作，而扫描镜 K 镜工作或未工作及仅扫描镜 K 镜工作时的三分之一倍频程频带方均根加速度谱

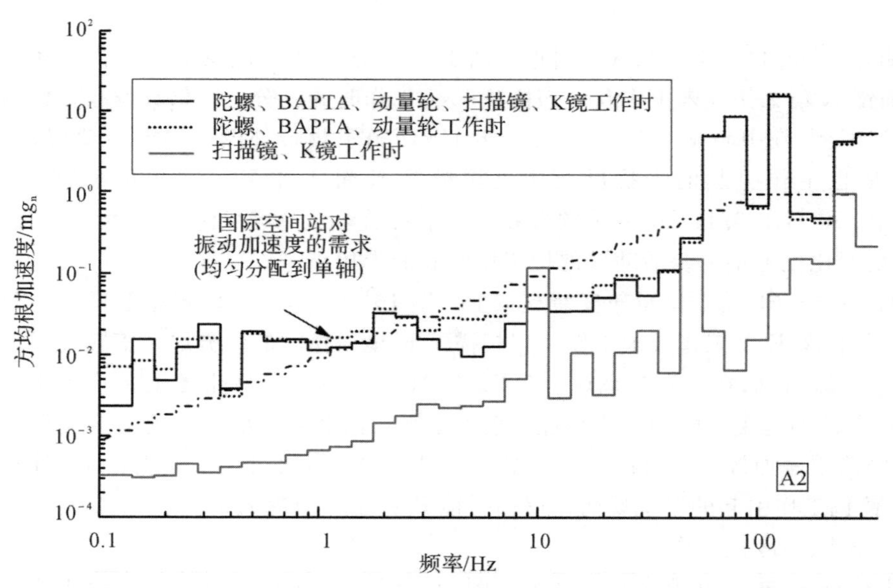

图 16-66　A2 测点(-y 向)卫星平台活动部件均工作，而扫描镜 K 镜工作或未工作及仅扫描镜 K 镜工作时的三分之一倍频程频带方均根加速度谱

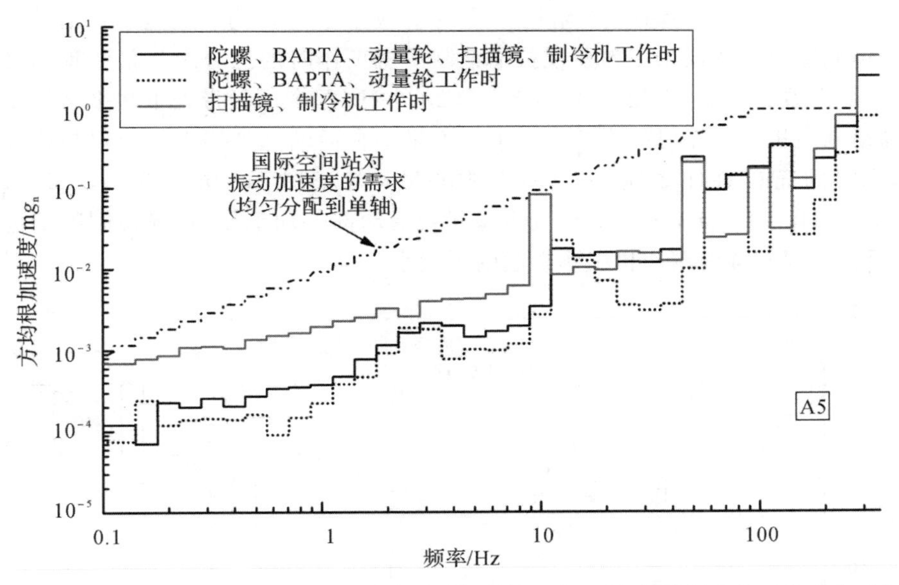

图 16－67　A5 测点(－y 向)卫星平台活动部件均工作，而扫描镜制冷机工作或未工作及仅扫描镜制冷机工作时的三分之一倍频程频带方均根加速度谱

A9 测点(＋z 向)位于陀螺附近。图 16－68 所示为该测点卫星平台活动部件均工作，而扫描镜制冷机工作或未工作及仅扫描镜制冷机工作时的三分之一倍频程频带方均根加速度谱。可以看到，在中心频率 39.8 Hz 的子频带处卫星平台活动部件均工作，扫描镜制冷机也工作时的干扰超过了仅卫星平台活动部件均工作或仅扫描镜制冷机工作引起干扰的简单叠加效应。另外，在中心频率 10.0 Hz、25.1 Hz 两个子频带处卫星平台活动部件均工作，扫描镜制冷机也工作引起的干扰反而比仅扫描镜制冷机工作引起的干扰小，在中心频率 0.126 Hz至 1.00 Hz、2.00 Hz、3.16 Hz 至 7.94 Hz 各子频带处卫星平台活动部件均工作，扫描镜制冷机也工作引起的干扰反而比仅卫星平台活动部件均工作引起的干扰小。

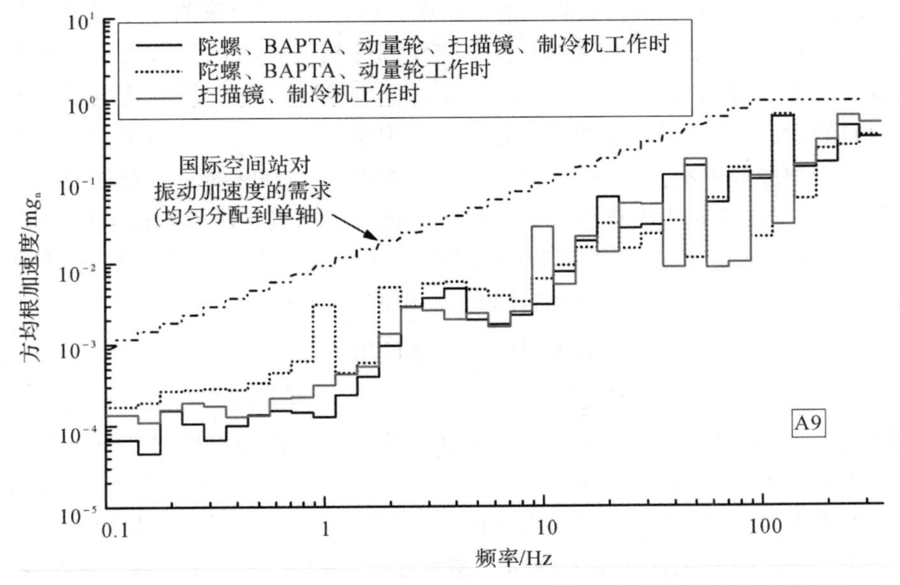

图 16－68　A9 测点(＋z 向)卫星平台活动部件均工作，而扫描镜制冷机工作或未工作及仅扫描镜制冷机工作时的三分之一倍频程频带方均根加速度谱

A1 测点（$+z$ 向）位于 BAPTA 附近。图 16－69 所示为该测点卫星平台活动部件均工作，而扫描镜制冷机工作或未工作及仅扫描镜制冷机工作时的三分之一倍频程频带方均根加速度谱。可以看到，在中心频率 3.98 Hz 和 20.0 Hz 两个子频带处卫星平台活动部件均工作，扫描镜制冷机也工作时的干扰超过了仅卫星平台活动部件均工作或仅扫描镜制冷机工作引起干扰的简单叠加效应。另外，在中心频率 0.316 Hz 至 2.00 Hz、5.01 Hz 至 10.0 Hz、25.1 Hz、31.6 Hz 各子频带处卫星平台活动部件均工作，扫描镜制冷机也工作引起的干扰反而比仅扫描镜制冷机工作引起的干扰小。

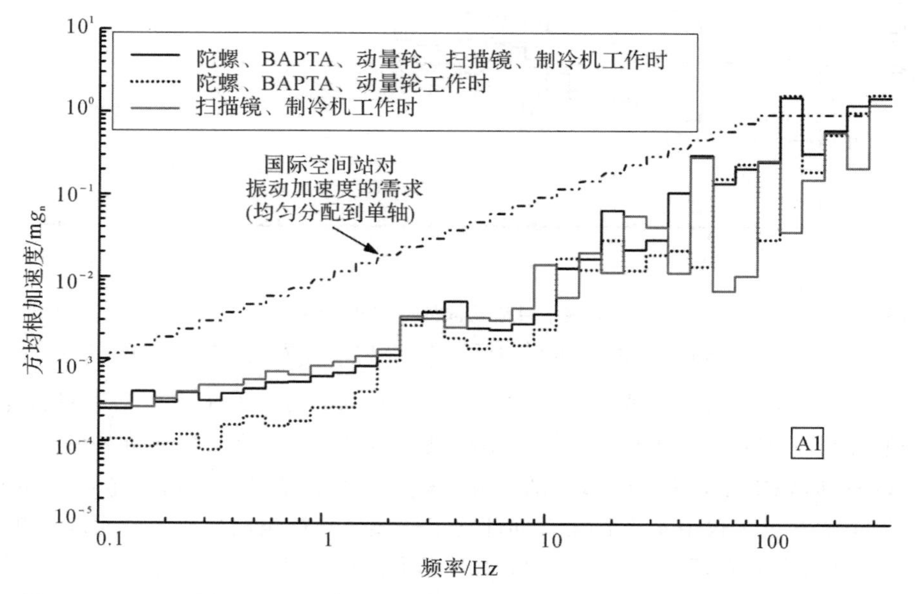

图 16－69　A1 测点（$+z$ 向）卫星平台活动部件均工作，而扫描镜制冷机工作或未工作及仅扫描镜制冷机工作时的三分之一倍频程频带方均根加速度谱

A2 测点（$-y$ 向）位于动量轮安装支架上。图 16－70 所示为该测点卫星平台活动部件均工作，而扫描镜制冷机工作或未工作及仅扫描镜制冷机工作时的三分之一倍频程频带方均根加速度谱。可以看到，在中心频率 0.398 Hz、50.1 Hz 两个子频带处卫星平台活动部件均工作，扫描镜制冷机也工作时的干扰超过了仅卫星平台活动部件均工作或仅扫描镜制冷机工作引起干扰的简单叠加效应。另外，在中心频率 10.0 Hz 的子频带处卫星平台活动部件均工作，扫描镜制冷机也工作引起的干扰反而比仅扫描镜制冷机工作引起的干扰小，在中心频率 0.159 Hz、0.501 Hz 两个子频带处卫星平台活动部件均工作，扫描镜制冷机也工作引起的干扰反而比仅卫星平台活动部件均工作引起的干扰小。

16.5.7.3　水色仪活动部件、卫星平台活动部件均工作

A5 测点（$-y$ 向）位于水色仪壳体上。图 16－71 所示为该测点卫星平台活动部件均工作，而水色仪活动部件均工作或均未工作及仅水色仪活动部件均工作时的三分之一倍频程频带方均根加速度谱。可以看到，在中心频率 0.126 Hz 至 10.0 Hz、25.1 Hz 至 39.8 Hz 各子频带处卫星平台活动部件均工作，水色仪活动部件也均工作时的干扰超过了仅卫星平台活动部件均工作或仅水色仪活动部件均工作引起干扰的简单叠加效应。另外，在中心频率 251 Hz、316 Hz 两个子频带处卫星平台活动部件均工作，水色仪活动部件也均工作引起

的干扰反而比仅水色仪活动部件均工作引起的干扰小。

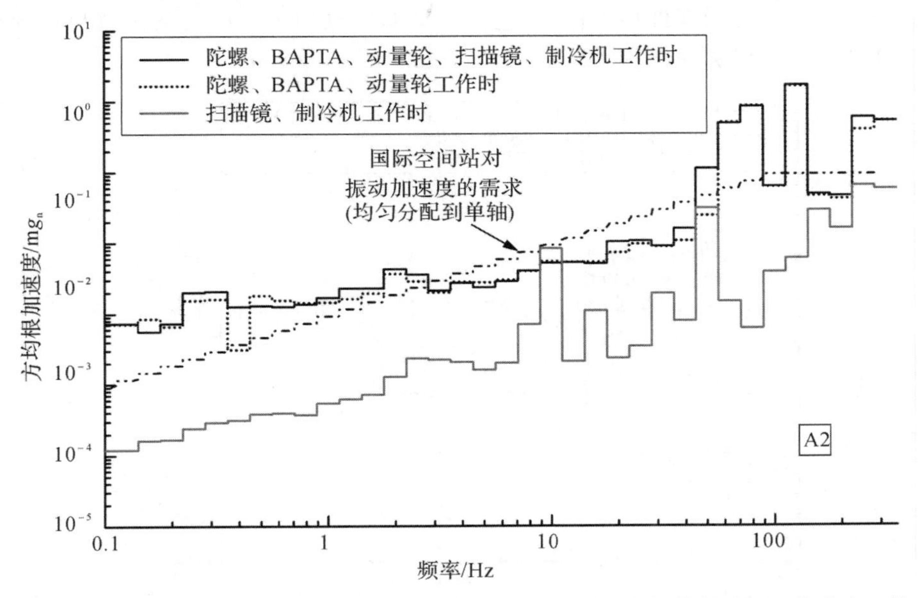

图 16-70　A2 测点（$-y$ 向）卫星平台活动部件均工作，而扫描镜制冷机工作或未工作及仅扫描镜制冷机工作时的三分之一倍频程频带方均根加速度谱

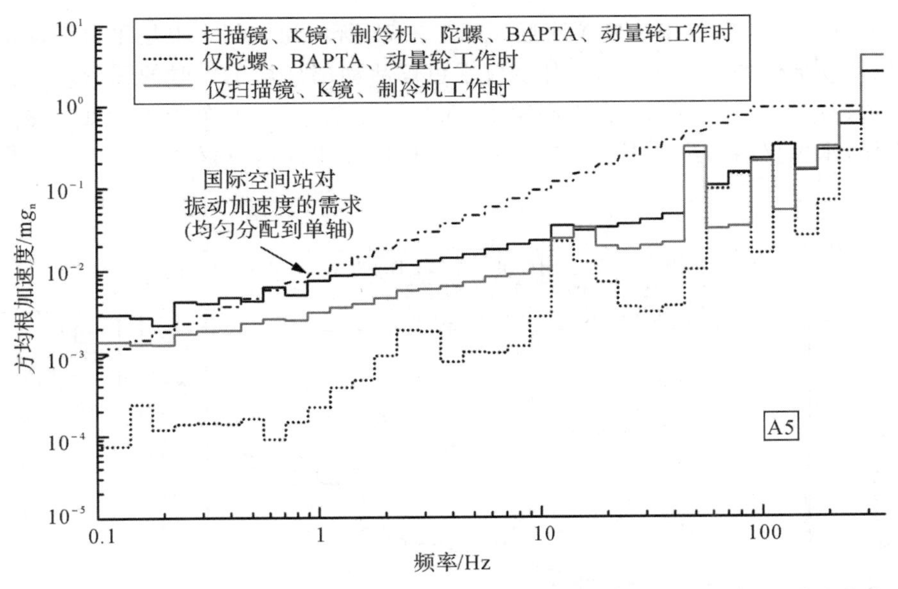

图 16-71　A5 测点（$-y$ 向）卫星平台活动部件均工作，而水色仪活动部件均工作或均未工作及仅水色仪活动部件均工作时的三分之一倍频程频带方均根加速度谱

A9 测点（$+z$ 向）位于陀螺附近。图 16-72 所示为该测点卫星平台活动部件均工作，水色仪活动部件均工作或均未工作及仅水色仪活动部件均工作时的三分之一倍频程频带方均根加速度谱。可以看到，在中心频率 0.126 Hz、15.8 Hz、20.0 Hz 两个子频带处卫星平台活动部件均工作，水色仪活动部件也均工作引起的干扰反而比仅水色仪活动部件均工作

引起的干扰小，在中心频率 0.159 Hz、0.200 Hz、0.316Hz 至 1.00 Hz、2.00 Hz 至 10.0 Hz 各子频带处卫星平台活动部件均工作，水色仪活动部件也均工作引起的干扰反而比仅卫星平台活动部件均工作引起的干扰小。

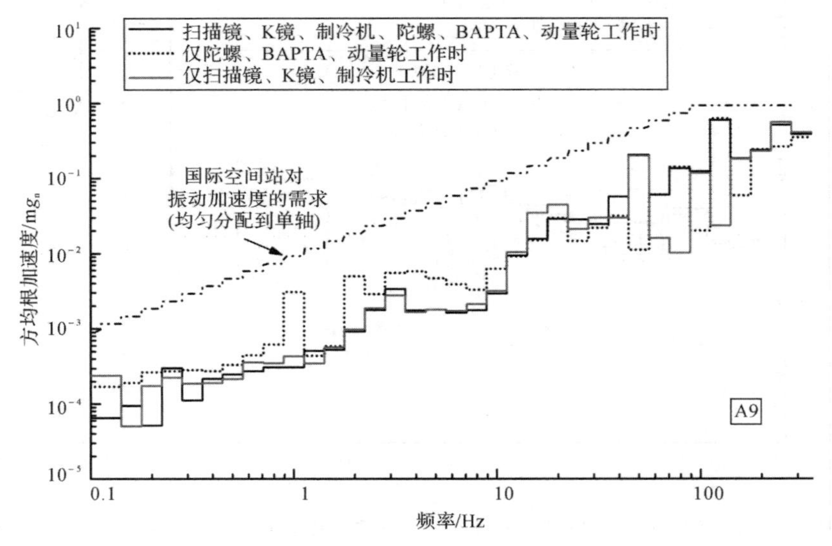

图 16-72　A9 测点(+z 向)卫星平台活动部件均工作，而水色仪活动部件均工作或均未工作及仅水色仪活动部件均工作时的三分之一倍频程频带方均根加速度谱

A1 测点(+z 向)位于 BAPTA 附近。图 16-73 所示为该测点卫星平台活动部件均工作，水色仪活动部件均工作或均未工作及仅水色仪活动部件均工作时的三分之一倍频程频带方均根加速度谱。可以看到，在中心频率 15.8 Hz、20.0 Hz 两个子频带处卫星平台活动部件均工作，水色仪活动部件也均工作引起的干扰反而比仅水色仪活动部件均工作引起的干扰小。

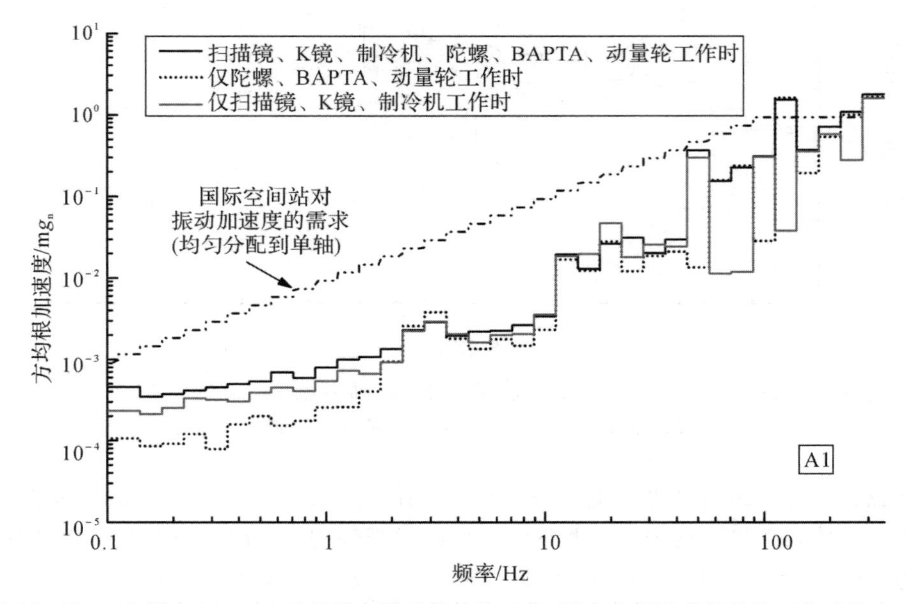

图 16-73　A1 测点(+z 向)卫星平台活动部件均工作，而水色仪活动部件均工作或均未工作及仅水色仪活动部件均工作时的三分之一倍频程频带方均根加速度谱

A2 测点（$-y$ 向）位于动量轮安装支架上。图 16-74 所示为该测点卫星平台活动部件均工作，水色仪活动部件均工作或均未工作及仅水色仪活动部件均工作时的三分之一倍频程频带方均根加速度谱。可以看到，在中心频率 39.8 Hz 的子频带处卫星平台活动部件均工作，水色仪活动部件也均工作时的干扰超过了仅卫星平台活动部件均工作或仅水色仪活动部件均工作引起干扰的简单叠加效应。另外，在中心频率 0.501 Hz、0.794 Hz 两个子频带处卫星平台活动部件均工作，水色仪活动部件也均工作引起的干扰反而比仅卫星平台活动部件均工作引起的干扰小。

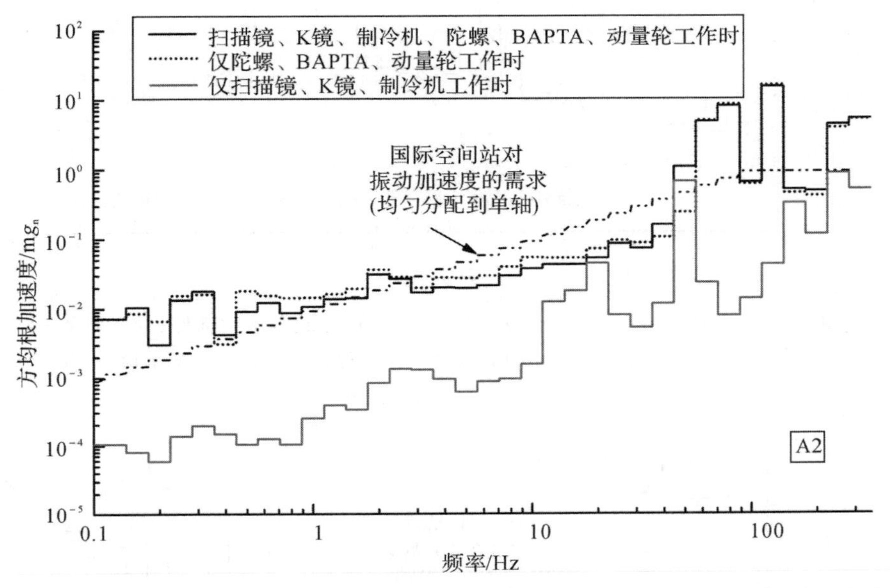

图 16-74　A2 测点（$-y$ 向）卫星平台活动部件均工作，而水色仪活动部件均工作或均未工作及仅水色仪活动部件均工作时的三分之一倍频程频带方均根加速度谱

16.5.8　不同方向上微振动的差异

14.6.3.2 节对三分之一倍频程频带方均根谱和时域曲线所做的说明原则上也适用于本节。

A3 测点（$+x$ 向）和 A4 测点（$-y$ 向）都位于成像仪机箱上面板上，且都靠近 $-y$ 边，其中 A3 测点靠近 $-x$ 边，A4 测点靠近 $+x$ 边。图 16-75 所示为水色仪活动部件、卫星平台活动部件均工作时的三分之一倍频程频带方均根加速度谱。可以看到 $-y$ 向和 $+x$ 向各子频带处的方均根加速度存在差异：在中心频率 0.126 Hz 至 0.316 Hz、0.501 Hz 至 0.794 Hz、10.0 Hz 至 25.1 Hz、50.1 Hz、100 Hz、200 Hz 各子频带处 $+x$ 向的方均根加速度低于 $-y$ 向，而在中心频率 0.398 Hz、2.00 Hz 至 3.16 Hz、31.6 Hz、39.8 Hz、63.1 Hz、79.4 Hz、126 Hz、316 Hz 各子频带处 $+x$ 向的方均根加速度明显高于 $-y$ 向。

A8 测点（$-x$ 向）和 A9 测点（$+z$ 向）均位于 $-x$ 长隔板 $+x$ 面、陀螺附近。图 16-76 所示为水色仪活动部件、卫星平台活动部件均工作时的三分之一倍频程频带方均根加速度谱。可以看到 $+z$ 向和 $-x$ 向各子频带处的方均根加速度存在差异：在中心频率 0.251 Hz、0.398 Hz、0.794 Hz、3.98 Hz 至 25.1 Hz、39.8 Hz、126 Hz 各子频带处 $-x$ 向的方均根加速度低于 $+z$ 向，而在中心频率 0.126 Hz、0.158 Hz、0.316 Hz、2.00 Hz、2.51 Hz、

50.1 Hz、100 Hz、158 Hz、316 Hz 各子频带处 $-x$ 向的方均根加速度明显高于 $+z$ 向。

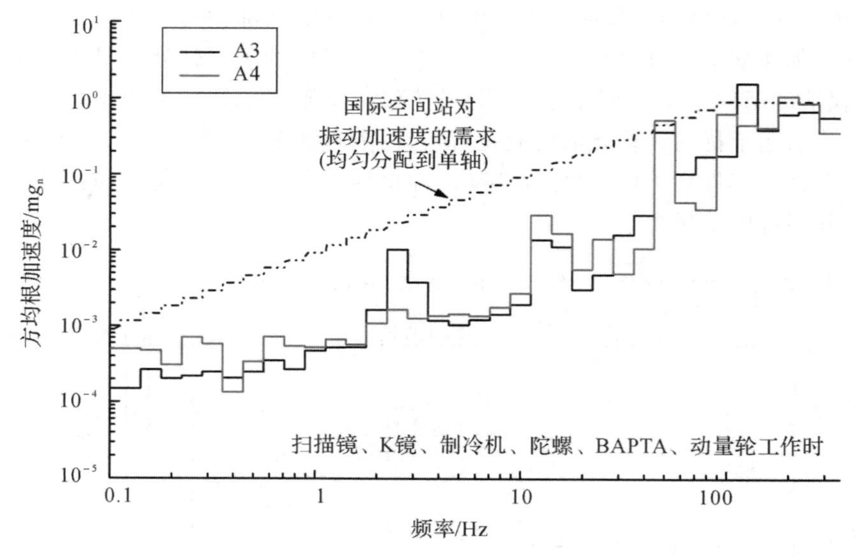

图 16-75　A3 测点($+x$ 向)和 A4 测点($-y$ 向)水色仪活动部件、卫星平台活动部件均工作时的三分之一倍频程频带方均根加速度谱

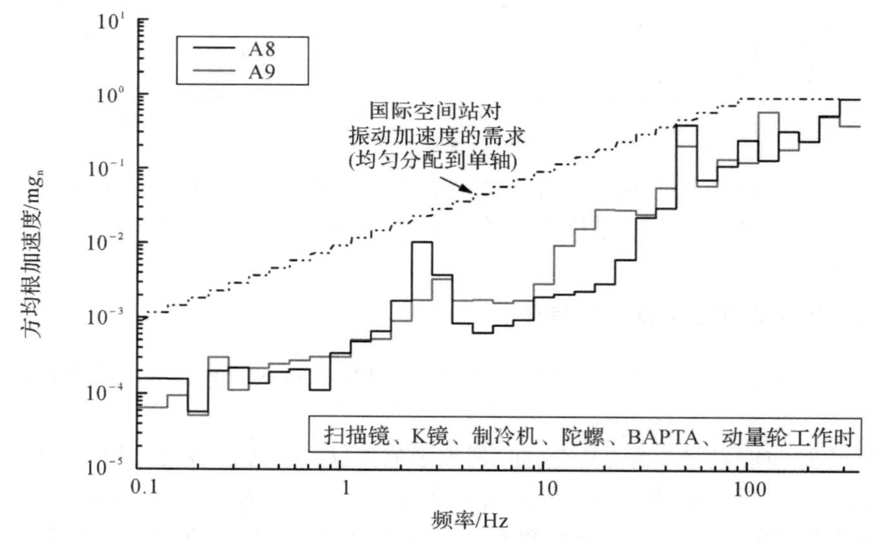

图 16-76　A8 测点($-x$ 向)和 A9 测点($+z$ 向)水色仪活动部件、卫星平台活动部件均工作时的三分之一倍频程频带方均根加速度谱

16.5.9　成像仪受到的微振动干扰

14.6.3.2 节对三分之一倍频程频带方均根谱和时域曲线所做的说明原则上也适用于本节。

A4 测点位于成像仪机箱上面板处。从表 16-5 可以看到，A4 测点($-y$ 向)显示的成像仪受到的背景微振动方均根值仅 0.14 mg$_n$，扫描镜、K 镜、制冷机工作会使其一直上升到

1.6 mg_n，图 16－77 所示为该测点扫描镜、K 镜、制冷机工作时的三分之一倍频程频带方均根加速度谱以及未工作前的三分之一倍频程频带方均根加速度谱。可以看到，水色仪工作造成的干扰主要反映在中心频率 20.0 Hz、25.1 Hz 以及 50 Hz 及其倍频所在的各子频带处，其中 50 Hz 及其倍频所在的各子频带处的干扰是非常严重的，根据 16.5.5.4 节的分析，这是制冷机引起的。

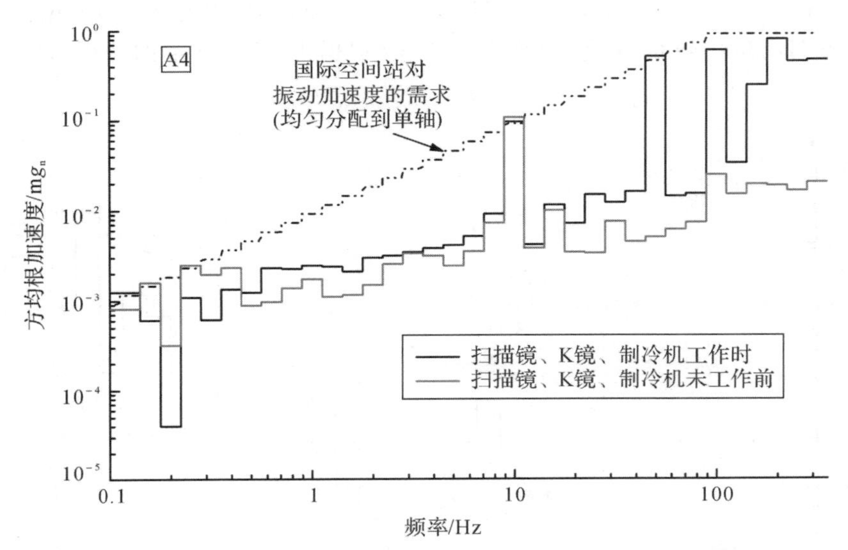

图 16－77　A4 测点（$-y$ 向）扫描镜、K 镜、制冷机工作时及未工作前的三分之一倍频程频带方均根加速度谱

为了进一步证明这一点，我们用图 16－78 展示该测点扫描镜、K 镜、制冷机工作时加速度噪声的幅度谱。可以看到，制冷机工作特有的 50 Hz 及其倍频的尖峰（参见图 16－36）非常明显。

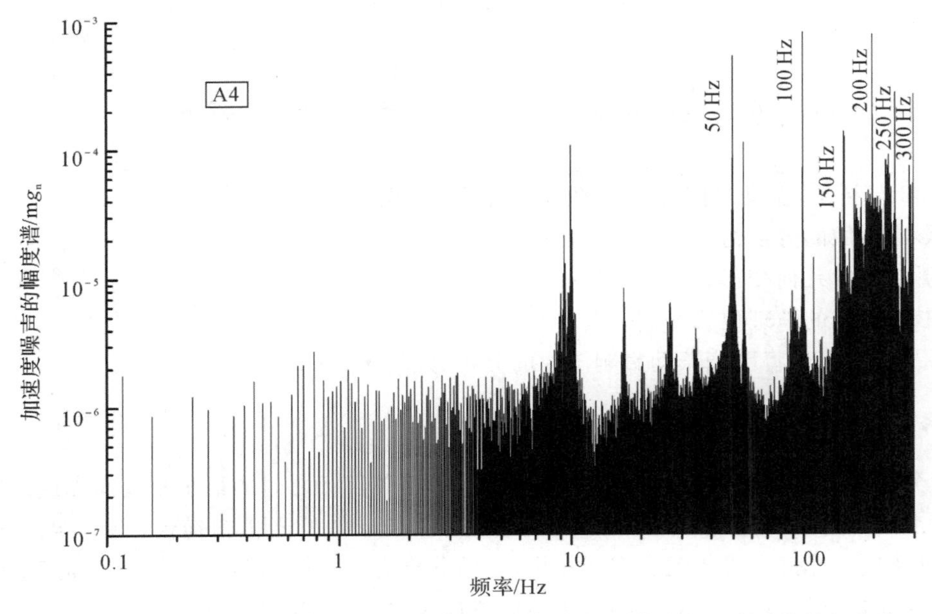

图 16－78　A4 测点（$-y$ 向）扫描镜、K 镜、制冷机工作时加速度噪声的幅度谱

A3 测点也位于成像仪机箱上面板处。从表 16-5 可以看到，A3 测点（$+x$ 向）显示的成像仪受到的背景微振动方均根值仅 0.13 mg_n，卫星平台各种活动部件工作会使其一直上升到 1.7 mg_n，图 16-79 给出了该测点陀螺、BAPTA、动量轮工作时的三分之一倍频程频带方均根加速度谱以及未工作前的三分之一倍频程频带方均根加速度谱。可以看到，卫星平台各种活动部件工作造成的干扰主要反映在中心频率 0.159 Hz、0.251 Hz、1.58 Hz 至 3.16 Hz、12.6 Hz、15.8 Hz 以及 25.1 Hz 以上各子频带处，其中在中心频率 63.1 Hz、79.4 Hz、126 Hz、251 Hz 的各子频带处干扰严重，根据 16.5.6.3 节的分析，这主要是由动量轮工作引起的。

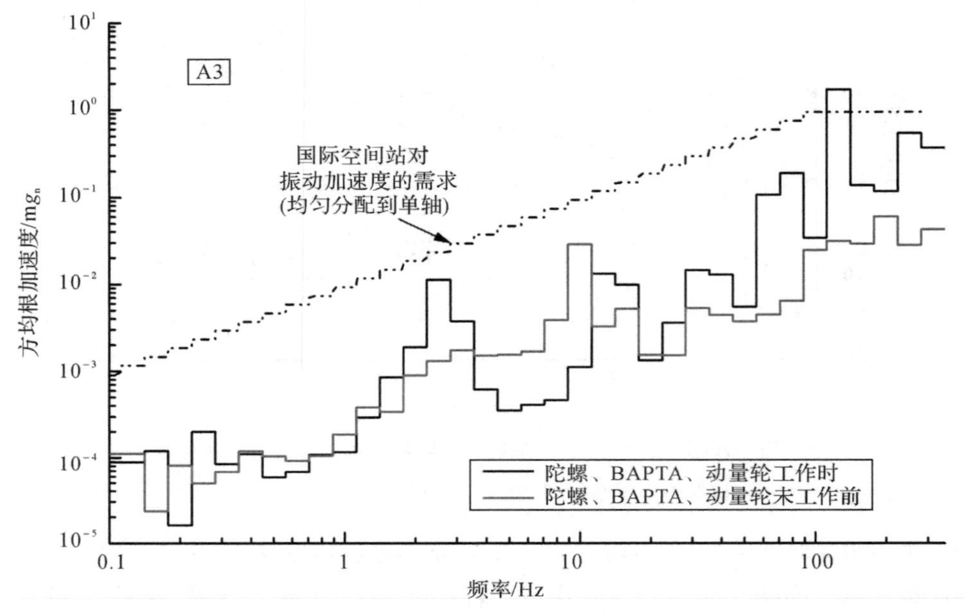

图 16-79　A3 测点（$+x$ 向）陀螺、BAPTA、动量轮工作时及未工作前的三分之一倍频程频带方均根加速度谱

16.6　与图像分辨力有关的名词解释

16.2.2 节指出，振动对图像质量的影响包括三个层次：

(1)影响图像的分辨力；

(2)引起图像几何变形；

(3)影响图像的地理位置测定。

本节及随后两节将围绕振动影响图像的分辨力展开讨论。

16.6.1　空间分辨力与地面分辨力

空间分辨力是指遥感器有可能区分的地面上两相邻目标之间的最小角度间隔或线性间隔。不同空间相机空间分辨力的表示方法不同，对扫描成像的光机扫描仪、CCD（电荷耦合器件）相机及成像光谱仪等传输型空间相机，空间分辨力是指探测器单元在给定高度上瞬间观测的地表面积，或与该单元对应的最小地面线性尺寸，也称像元分辨力[16]。

地面摄影分辨力简称地面分辨力，与目标的反射差和形状有关。根据有关研究，地面分辨力与空间分辨力有如下关系：

$$d_g = Kd_s \tag{16-1}$$

式中　d_g—— 地面分辨力，m；

d_s—— 空间分辨力，m；

K—— 与目标/背景对比度有关的换算系数。

当目标与背景对比度为 2∶1（低对比）时，$K = 2.0 \sim 2.4$；当对比度为 1 000∶1（高对比）时，$K = 1.4 \sim 1.6$。通常，标准目标与背景对比度为 2.5∶1.0，取 $K = 2$[16]。

16.6.2　CCD 相机

CCD 是一种光电摄像器件，具有将接收到的光信号转换为电荷、在曝光时间内积累这些电荷、将电荷以电荷包形式暂时存储、按时钟转移和转变为电压输出等功能。由于曝光时间内 CCD 像元以电荷积分形式积累电荷，所以 CCD 像元的曝光时间通常称为积分时间。CCD 有很多种类型，包括线阵和面阵 CCD 等。用 CCD 探测器作为敏感器的空间传输型光学遥感器称之为空间 CCD 相机。目前空间 CCD 相机采用的 CCD 主要是线阵 CCD，用飞行推扫的方法成像，线阵 CCD 在积分时间内拍摄出一行像元，一行行像元组成一幅图像，如图 16-80 所示，这样做的好处是可以得到长幅的地面照片，就像用回转照相机拍长幅团体照一样[16]。

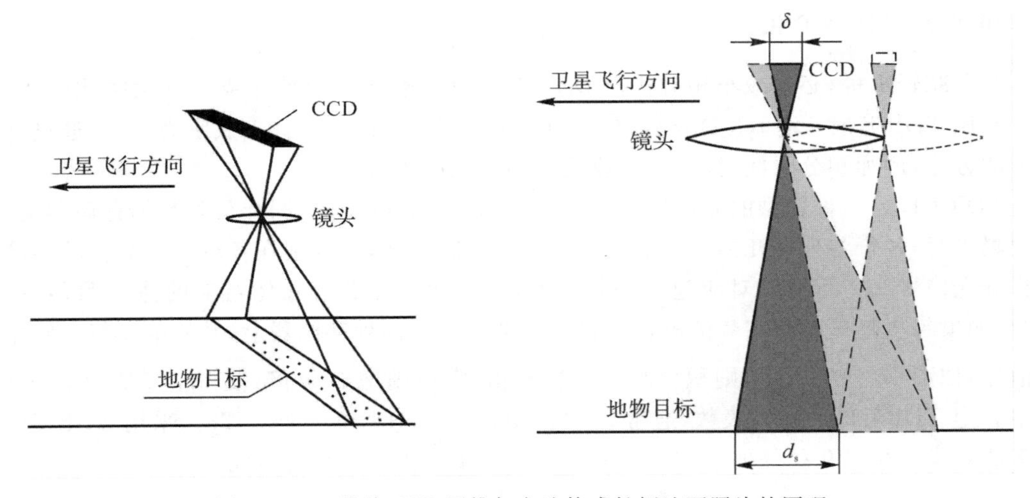

图 16-80　线阵 CCD 用推扫方法构成长幅地面照片的原理

由于线阵 CCD 在积分时间内拍摄出一行像元，所以积分时间内航天器的飞行距离即为 CCD 一行像元的宽度所对应的地面尺寸，该地面尺寸即相机的空间分辨力，其表达式为

$$d_s = t_e v_s \tag{16-2}$$

式中　t_e—— 像元的积分时间，s；

v_s—— 航天器飞行速度，m/s。

将式（2-14）代入式（16-2），得到

$$t_e = d_s \sqrt{\frac{a_E + h}{GM}} \tag{16-3}$$

式中　a_E—— 地球长半轴，1.6.2 节给出 $a_E = 6.378\ 137\ 0 \times 10^6$ m；

h—— 轨道高度，m；

GM—— 地球的地心引力常数，1.2 节给出 $GM = 3.986\ 004\ 418 \times 10^{14}\ m^3/s^2$（包括地球大气质量）。

式(16-3)表明，对于 LEO(近地轨道)卫星而言，由于 h 明显小于 a_E，因此 h 对 t_e 的影响不大。由此可见，对于 LEO 卫星而言，随空间分辨力 d_s 的值大幅度减小，积分时间 t_e 必然随之大幅度减小。

一般 CCD 像元尺寸 $\delta = 7 \sim 10\ \mu m$[17]。CCD 相机焦距 f_c 和像元尺寸 δ 间的关系为[16]

$$f_c = \delta \frac{h}{d_s} \tag{16-4}$$

式中　f_c—— 相机的焦距，m；

δ——CCD 像元尺寸，m。

式(16-4)表明，由于像元尺寸 δ 差别很小，LEO 卫星轨道高度 h 相差也不到 10 倍，所以随着空间分辨力 d_s 的值大幅度减小，相机的焦距 f_c 会大幅度加长。

因此，无论是从像元积分时间 t_e 大幅度减小的角度看，还是从焦距 f_c 大幅度加长的角度看，都可以得到，对于 CCD 相机，为了保持像元的接收能量，随着空间分辨力 d_s 的值大幅度减小，必须大幅度加大相机的孔径 D_c。鉴于相机的焦距 f_c 也随之大幅度加长，因此随着 d_s 的值大幅度减小，相机的相对孔径 D_c/f_c 需基本保持不变，这导致相机重量急剧增加。

16.6.3　TDICCD 相机

为了减轻重量，必须减小相对孔径 D_c/f_c。而为了仍能满足能量需求和信噪比的要求，只有改用 TDI(延时积分)CCD 器件[18]。TDICCD 器件对同一目标多次曝光成像，通过延时积分的方法，增加积分时间，提高了接收能量和相机信噪比[19]。

TDICCD 是一种新型的光电器件，它由 n 行相同的列线阵和同样行列数的存储器构成。每次曝光时，各行各列按几何光学对应地面景物同时曝光，并分别在各行各列对应的存储器上积分光信号。一行像元对应地面一行景像，下一次曝光此行景像对应的像元顺移一行。因此，如果每次曝光后将积累的电荷转移叠加到下一行的列存储器上，并从第 n 行存储器输出信号，如图 16-81 所示，则积分时间增加 n 倍，噪声则增加 $\sqrt{n}$ 倍，使得信噪比提高 $\sqrt{n}$ 倍，其中 n 为 TDICCD 的曝光级数，通常 $n = 4, 8, 16, 32, 48, 64, 96, 128$。采用 TDICCD 可以降低对镜头相对孔径的要求，对发展高分辨力 CCD 相机具有明显优势[16]。

16.6.4　调制传递函数

空间相机一般都是作为线性系统对待的。描述线性系统特性的重要参数是系统的传递函数，即系统响应的 Fourier 变换。它是一个复函数，其模部分就是调制传递函数(MTF)[16]。调制传递函数是相机输出信号的调制度与输入信号的调制度之比随空间频率变化的函数[20]。调制传递函数已经成为空间相机像质分析和相机性能控制的重要指标[16]。

以下从检测角度理解调制传递函数[21]：

检验调制传递函数的光栅靶标是亮度由左到右呈正弦分布的分划板，如图 16-82 所示，称为正弦波光栅靶标。

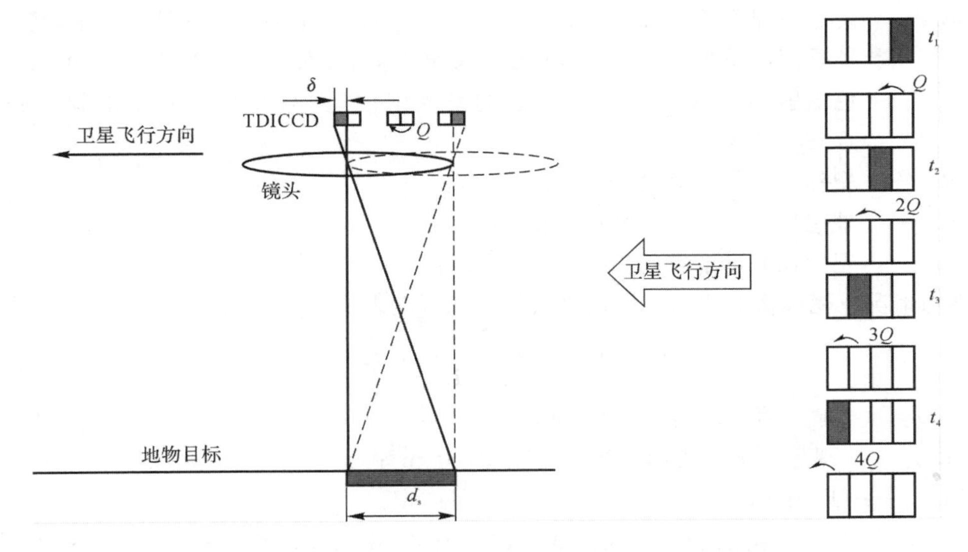

图 16-81　TDICCD 对同一目标多次曝光、延时积分成像的原理

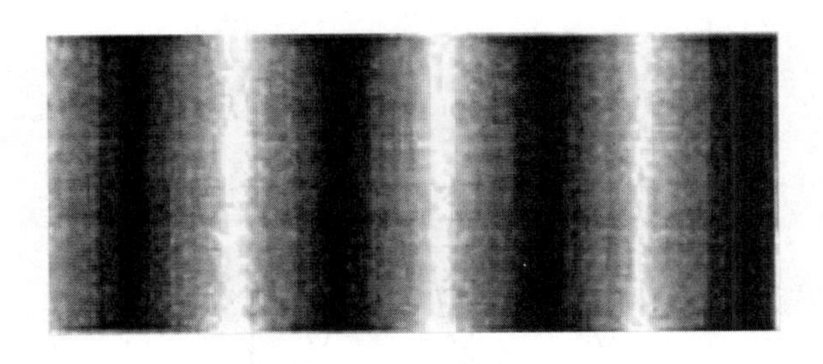

图 16-82　正弦波光栅靶标

相机对正弦波光栅靶标拍照，理想情况下靶标像的空间亮度分布如图 16-83 所示。

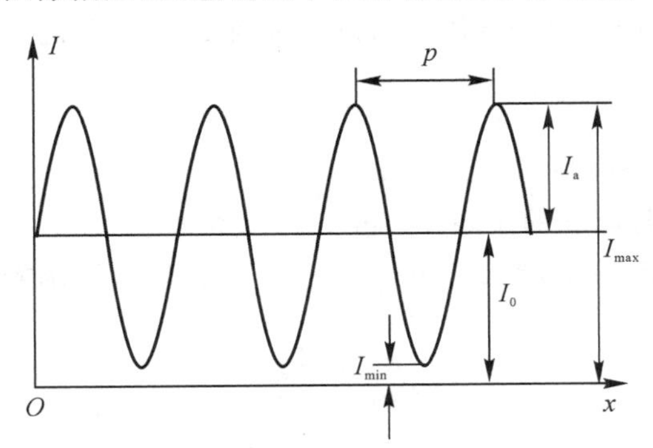

图 16-83　理想情况下靶标像的空间亮度分布

靶标像每一个线对的宽度称为空间周期 p，单位为 m/lp(毫米每线对)。单位距离内所包含的空间周期数称作空间频率 ν，单位为 lp/m(线对每毫米)，$\nu=1/p$。

理想情况下靶标像的空间亮度分布表达式为

$$L(x)=L_0+L_a\sin\omega_L x \tag{16-5}$$

式中　x——空间位置，m；

$L(x)$—— 理想情况下靶标像在 x 处的亮度，cd/m²［坎德拉(cadela)每平方米，其中坎德拉是国际单位制中发光强度的基本单位，等于发出频率为 540×10^{12} Hz 的单色辐射的光源在给定方向上的发光强度，并且在该方向上的辐射强度为 1/683 W/sr[22]］；

L_0—— 靶标像的平均亮度，cd/m²；

L_a—— 理想情况下靶标像亮度的振幅，cd/m²；

ω_L—— 靶标像亮度的空间角频率，$\omega_L=2\pi\nu$。

理想情况下靶标像的明暗程度用输入信号调制度表达，并定义为

$$M_{in}=\frac{L_{max}-L_{min}}{L_{max}+L_{min}}=\frac{L_a}{L_0} \tag{16-6}$$

式中 M_{in}—— 输入信号调制度，无量纲；

L_{max}—— 理想情况下靶标像的最高亮度，cd/m²；

L_{min}—— 理想情况下靶标像的最低亮度，cd/m²。

由于衍射和像差作用的存在，实际成像的反衬度会降低，如图 16-84 所示。实线为理想的成像亮度分布，虚线为实际的成像亮度分布。

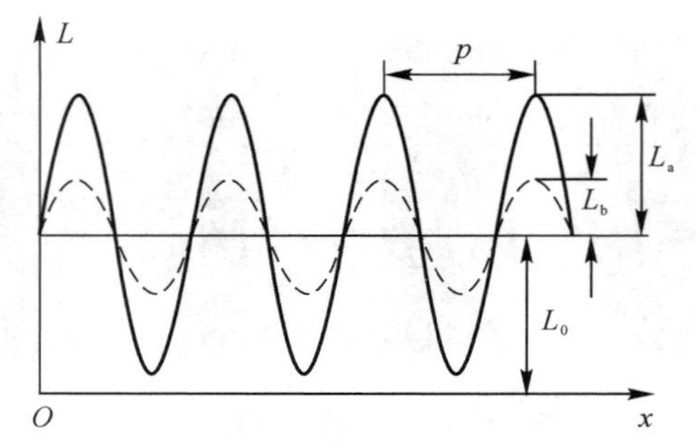

图 16-84 实际成像与理想成像空间亮度分布的比较

与此类似，实际成像的明暗程度用输出信号调制度表达，并定义为

$$M_{out}=\frac{L_b}{L_0} \tag{16-7}$$

式中 M_{out}—— 输出信号调制度，无量纲；

L_b—— 实际成像亮度的振幅，cd/m²。

M_{out}/M_{in} 因光学系统的不同而不同，且是空间频率 ν 的函数。定义调制传递函数 Γ_{MTF} 为

$$\Gamma_{MTF}=\frac{M_{out}}{M_{in}} \tag{16-8}$$

式中 Γ_{MTF}—— 调制传递函数，无量纲。

航天相机系统再现图像的质量与光学系统、探测器、调焦误差、信号链路、航天器微振动干扰、环境温度变化、杂散光、数据传输和处理、目标调制度等一系列因素有关，各项因素对图像质量的影响均可用调制传递函数来描述。系统的总调制传递函数等于各项因素调制传递函数之积[23-26]。法国的 SPOT 资源卫星要求 CCD 相机的静态调制传递函数不小于 0.3，但经过飞行试验证明，静态调制传递函数等于 0.2 就可以满足设计要求。美国的 IKONOS 卫星的 TDICCD 相机的静态调制传递函数也是按 0.2 设计的[23]。

16.6.5 Nyquist 空间频率

Nyquist 空间频率指由 Nyquist 采样定律确定的空间频率，数值上等于两倍 CCD 像元尺寸的倒数[20]，即

$$\nu_{\mathrm{N}}=\frac{1}{2\delta} \tag{16-9}$$

式中 ν_{N}——Nyquist 空间频率，lp/m。

16.7 航天器线振动对相机调制传递函数的影响

16.7.1 国际空间站允许的三分之一倍频程频带方和根振动位移

线振动对相机调制传递函数的影响是由积分时间内的振动像移造成的。以表 2-1 所示国际空间站持续检测 100 s 得到的三分之一倍频程频带(OTOB)方均根振动加速度限值为例，如果每个 OTOB 内仅存在单一频率的微振动干扰，则允许的 OTOB 方均根振动位移为

$$D_{\mathrm{RMS}}(f)=\frac{a_{\mathrm{RMS}}(f)}{4\pi^2 f^2} \tag{16-10}$$

式中 f—— 微振动干扰频率，Hz；

$D_{\mathrm{RMS}}(f)$——f 处允许的 OTOB 方均根振动位移，μm；

$a_{\mathrm{RMS}}(f)$——f 处 OTOB 方均根振动加速度限值，$\mu\mathrm{m/s^2}$。

每个 OTOB 内分别取频率下限和频率上限作为单一频率，将表 2-1 给出的每个 OTOB 的方均根振动加速度以 μg_{n} 为单位的限值换算为以 $\mu\mathrm{m/s^2}$ 为单位的限值后代入式(16-10)，得到国际空间站允许的 OTOB 方和根振动位移，如图 16-85 所示。

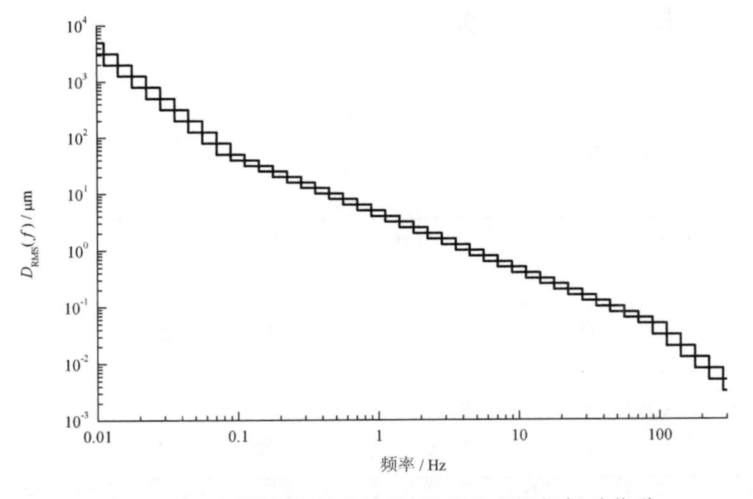

图 16-85 国际空间站允许的 OTOB 方和根振动位移

图 16-85 中每一个 OTOB 方均根振动位移均呈方块状，其下沿以频率上限作为单一频率，而上沿则以频率下限作为单一频率。我们知道，对于稳态确定性信号而言，若一个 OTOB 内存在多个频率信号，用附录 C.3 节给出的程序计算出来的是该 OTOB 范围内各

个频率方均根加速度的方和根[参见 2.2.2.5 节第(2)条],所以图 16－85 中每一个 OTOB 方块代表了该 OTOB 的方和根振动位移的限值范围(频率集中于下限时取上沿,频率集中于上限时取下沿)。

从图 16－85 可以看到,频率越低,国际空间站允许的 OTOB 方和根振动位移越大,但当积分时间远小于振动周期时,频率越低,积分时间内的振动像移却未必越大。

16.7.2 低频线振动对 CCD 相机调制传递函数的影响

低频振动指积分时间远小于振动周期的振动。一般航天 CCD 相机的积分时间 t_e 为数十微秒到数十毫秒[24],因此,图 16－85 中 2.5 Hz 以下的低频部分,积分时间内的振动只有单向位移,假设开始曝光时微振动正好过原点,则积分时间内振动造成的像移为

$$d(f)=\sqrt{2}D_{\mathrm{RMS}}(f)\sin(2\pi ft_e), \quad ft_e\leqslant 1/4 \tag{16-11}$$

式中 $d(f)$—— 微振动干扰频率 f 处积分时间内振动造成的像移,m。

式(16－11)之所以附加了 $ft_e\leqslant 1/4$ 的条件,是因为只考虑单向位移。

进一步,只考虑积分时间明显小于振动周期的振动,即 $ft_e\leqslant 0.1$,则有

$$\sin(2\pi ft_e)\approx 2\pi ft_e, \quad ft_e\leqslant 0.1 \tag{16-12}$$

图 16－86 给出了 $\sin(2\pi ft_e)$ 与 $2\pi ft_e$ 的比较曲线,可以看到,当 $ft_e\leqslant 0.1$ 时,二者还是比较接近的。

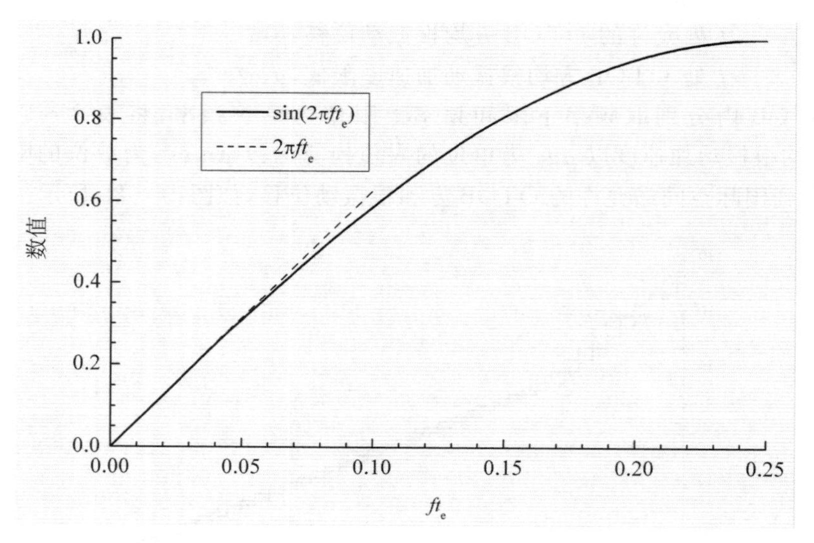

图 16－86 $\sin(2\pi ft_e)$ 与 $2\pi ft_e$ 的比较曲线

将式(16－12)代入式(16－11),得到

$$d(f)=2\sqrt{2}\pi ft_e D_{\mathrm{RMS}}(f), \quad ft_e\leqslant 0.1 \tag{16-13}$$

由于式(16－13)是假设开始曝光时微振动正好过原点得到的,此刻运动速度最高,因而式(16－13)对应的是最恶劣情况。换言之,按最恶劣情况估计,当 $ft_e\leqslant 0.1$ 时,积分时间内振动造成的像移可以看作为匀速直线运动。当像移为匀速直线运动时,像移与调制传递函数有如下关系[16]:

$$\Gamma_{\mathrm{MTF}}(f,\nu)=\mathrm{sinc}[d(f)\nu]=\frac{\sin[\pi d(f)\nu]}{\pi d(f)\nu}, \quad d(f)\nu\leqslant 1 \tag{16-14}$$

式中　　ν—— 空间频率，lp/m；

$\Gamma_{\mathrm{MTF}}(f,\nu)$—— 干扰频率为 f、空间频率为 ν 时，微振动引起的调制传递函数；

sinc—— 归一化 sinc 函数，其定义见式(7-1)。

图 16-87 给出了由式(16-14)得到的 $\Gamma_{\mathrm{MTF}}(f,\nu)$ 随 $d(f)\nu$ 变化的曲线，可以看到，$d(f)\nu$ 超过 1 时，曲线出现负值，随着 $d(f)\nu$ 进一步增长，$\Gamma_{\mathrm{MTF}}(f,\nu)$ 在 0 值上下呈衰减振荡。而从物理机制讲，这是不可能出现的。所以式(16-14)中限定 $d(f)\nu \leqslant 1$。在此条件下，$\Gamma_{\mathrm{MTF}}(f,\nu)$ 随 $d(f)\nu$ 增长而单调下降。

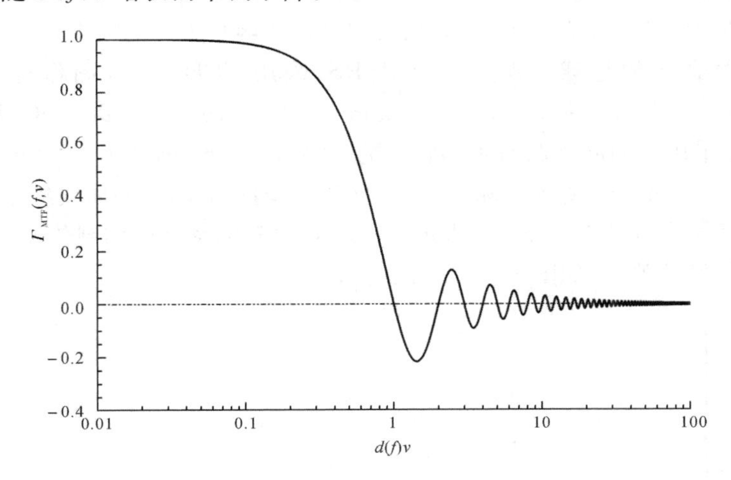

图 16-87　由式(16-14)得到的 $\Gamma_{\mathrm{MTF}}(f,\nu)$ 随 $d(f)\nu$ 变化的曲线

将式(16-13)代入式(16-14)，得到

$$\Gamma_{\mathrm{MTF}}(f,\nu)=\frac{\sin\left[2\sqrt{2}\pi^2 ft_{\mathrm{e}}\nu D_{\mathrm{RMS}}(f)\right]}{2\sqrt{2}\pi^2 ft_{\mathrm{e}}\nu D_{\mathrm{RMS}}(f)},\quad \begin{cases} ft_{\mathrm{e}}\leqslant 0.1 \\ \nu D_{\mathrm{RMS}}(f)\leqslant \dfrac{5}{\sqrt{2}\pi} \end{cases} \tag{16-15}$$

式(16-15)与文献[27]给出的计算公式相同。由式(16-15)得到，在微振动干扰频率 f 处和 Nyquist 空间频率 ν_{N} 下的调制传递函数：

$$\Gamma_{\mathrm{MTF}}(f,\nu_{\mathrm{N}})=\frac{\sin\left[2\sqrt{2}\pi^2 ft_{\mathrm{e}}\nu_{\mathrm{N}} D_{\mathrm{RMS}}(f)\right]}{2\sqrt{2}\pi^2 ft_{\mathrm{e}}\nu_{\mathrm{N}} D_{\mathrm{RMS}}(f)},\quad \begin{cases} ft_{\mathrm{e}}\leqslant 0.1 \\ \nu_{\mathrm{N}} D_{\mathrm{RMS}}(f)\leqslant \dfrac{5}{\sqrt{2}\pi} \end{cases} \tag{16-16}$$

式中　$\Gamma_{\mathrm{MTF}}(f,\nu_N)$—— 干扰频率为 f 时，在 Nyquist 空间频率 ν_{N} 处微振动引起的调制传递函数。

将式(16-9)代入式(16-16)，得到

$$\Gamma_{\mathrm{MTF}}(f,\nu_{\mathrm{N}})=\frac{\sin\left[\dfrac{\sqrt{2}\pi^2 ft_{\mathrm{e}} D_{\mathrm{RMS}}(f)}{\delta}\right]}{\dfrac{\sqrt{2}\pi^2 ft_{\mathrm{e}} D_{\mathrm{RMS}}(f)}{\delta}},\quad \begin{cases} ft_{\mathrm{e}}\leqslant 0.1 \\ \dfrac{D_{\mathrm{RMS}}(f)}{\delta}\leqslant \dfrac{10}{\sqrt{2}\pi} \end{cases} \tag{16-17}$$

将式(16-3)代入式(16-17)，得到

$$\Gamma_{\mathrm{MTF}}(f,\nu_{\mathrm{N}})=\frac{\sin\left[\dfrac{\sqrt{2}\pi^2 fd_{\mathrm{s}} D_{\mathrm{RMS}}(f)}{\delta}\sqrt{\dfrac{a_{\mathrm{E}}+h}{GM}}\right]}{\dfrac{\sqrt{2}\pi^2 fd_{\mathrm{s}} D_{\mathrm{RMS}}(f)}{\delta}\sqrt{\dfrac{a_{\mathrm{E}}+h}{GM}}},\quad \begin{cases} fd_{\mathrm{s}}\sqrt{\dfrac{a_{\mathrm{E}}+h}{GM}}\leqslant 0.1 \\ \dfrac{D_{\mathrm{RMS}}(f)}{\delta}\leqslant 2.25 \end{cases} \tag{16-18}$$

从式(16－18)可以看到：

(1)如16.6.2节所述，对于LEO卫星而言，由于h明显小于a_E，因此h的影响不大；

(2)像元尺寸δ差别很小。

因此，空间分辨力d_s的值越小，同样频率、同样振动位移下Nyquist空间频率ν_N处的调制传递函数衰减越少。从而表明，与直观想像相反，空间分辨力d_s的值越小，相机调制传递函数受微振动的影响不是越大，而是越小。然而，这是有条件的，正如16.6.2节所述，为了保持像元的接收能量，随着空间分辨力d_s的值大幅度减小，必须大幅度加大相机的孔径D_c。否则，势必造成信噪比大幅度下降，相机调制传递函数不可能提高。

中国和巴西合作的地球资源卫星(CBERS)采用CCD相机，图像空间分辨力d_s＝19.5 m[28]，Nyquist空间频率ν_N＝38.5 lp/mm[27]，由式(16－9)得到，其CCD像元尺寸δ＝13 μm。该卫星采用太阳同步圆轨道，轨道高度h＝778 km，轨道倾角为98.5°[16]。将以上d_s，δ，h值及图16－85所示国际空间站允许的方均根振动位移曲线应用于式(16－18)，得到在国际空间站允许的振动下该相机在Nyquist空间频率处的调制传递函数对1的偏离与微振动干扰频率的关系，如图16－88所示。

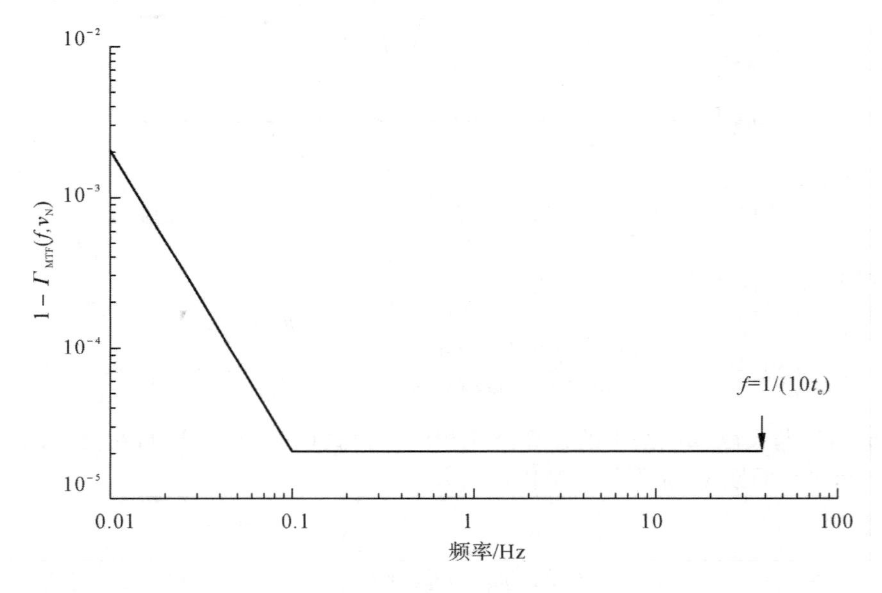

图16－88　在国际空间站允许的振动下中巴地球资源卫星CCD相机在Nyquist空间频率处的调制传递函数对1的偏离与微振动干扰频率的关系

从图16－88可以看到，国际空间站允许的振动对中巴地球资源卫星CCD相机在Nyquist空间频率处的调制传递函数影响非常小。鉴于国际空间站具有庞大而复杂的结构，而对地观测卫星的结构相对简单得多，所以一般来说，对地观测卫星的振动应小于国际空间站允许的振动，从而对相机调制传递函数的影响会更小。

16.7.3　卫星飞行方向上低频线振动对TDICCD相机调制传递函数的影响

与式(16－13)类似，低频微振动下TDICCD相邻两次曝光的位置误差为

$$d(f)=2\sqrt{2}\pi f t_e D_{RMS}(f),\quad n f t_e\leqslant 0.1 \tag{16-19}$$

式中　n——TDI的级数。

对于单级而言，与式(16-14)类似，低频微振动造成的调制传递函数衰减为

$$\Gamma_{\mathrm{MTF,TDI,s}}(n,f,\nu)=\mathrm{sinc}[d(f)\nu]=\frac{\sin[\pi d(f)\nu]}{\pi d(f)\nu},\quad\begin{cases}nft_{\mathrm{e}}\leqslant 0.1\\ nd(f)\nu\leqslant 1\end{cases}\tag{16-20}$$

式中　$\Gamma_{\mathrm{MTF,TDI,s}}(n,f,\nu)$—— TDI 级数为 n、干扰频率为 f、空间频率为 ν 时，微振动引起的单级调制传递函数。

除此而外，卫星飞行方向(即 TDI 延时积分方向)上的微振动还引起速率失配误差，它也造成调制传递函数衰减，可用下列方程描述[29]：

$$\Gamma_{\mathrm{MTF,TDI,m}}(n,f,\nu)=\frac{\mathrm{sinc}[nd(f)\nu]}{\mathrm{sinc}[d(f)\nu]}=\frac{\sin[\pi nd(f)\nu]}{n\sin[\pi d(f)\nu]},\quad\begin{cases}nft_{\mathrm{e}}\leqslant 0.1\\ nd(f)\nu\leqslant 1\end{cases}\tag{16-21}$$

式中　$\Gamma_{\mathrm{MTF,TDI,m}}(n,f,\nu)$—— TDI 级数为 n、干扰频率为 f、空间频率为 ν 时，微振动引起的速率失配调制传递函数。

因此，当 TDI 级数为 n、干扰频率为 f、空间频率为 ν 时，微振动引起的调制传递函数为

$$\Gamma_{\mathrm{MTF,TDI}}(n,f,\nu)=\Gamma_{\mathrm{MTF,TDI,s}}(n,f,\nu)\cdot\Gamma_{\mathrm{MTF,TDI,m}}(n,f,\nu),\quad\begin{cases}nft_{\mathrm{e}}\leqslant 0.1\\ nd(f)\nu\leqslant 1\end{cases}\tag{16-22}$$

式中　$\Gamma_{\mathrm{MTF,TDI}}(n,f,\nu)$—— 当 TDI 级数为 n、干扰频率为 f、空间频率为 ν 时，微振动引起的调制传递函数。

将式(16-20)和式(16-21)代入式(16-22)，得到

$$\Gamma_{\mathrm{MTF,TDI}}(n,f,\nu)=\frac{\sin[\pi nd(f)\nu]}{\pi nd(f)\nu},\quad\begin{cases}nft_{\mathrm{e}}\leqslant 0.1\\ nd(f)\nu\leqslant 1\end{cases}\tag{16-23}$$

将式(16-23)与式(16-14)相比较，可以看到 TDI 级数 n 的影响相当于空间频率 ν 的影响增长到 n 倍。因此，参考图 16-87，式(16-20)至式(16-23)中限定 $nd(f)\nu\leqslant 1$。

由式(16-23)得到，当 TDI 级数为 n、干扰频率为 f 时，在 Nyquist 空间频率 ν_{N} 处微振动引起的调制传递函数为

$$\Gamma_{\mathrm{MTF,TDI}}(n,f,\nu_{\mathrm{N}})=\frac{\sin[\pi nd(f)\nu_{\mathrm{N}}]}{\pi nd(f)\nu_{\mathrm{N}}},\quad\begin{cases}nft_{\mathrm{e}}\leqslant 0.1\\ nd(f)\nu_{\mathrm{N}}\leqslant 1\end{cases}\tag{16-24}$$

式中　$\Gamma_{\mathrm{MTF,TDI}}(n,f,\nu_{\mathrm{N}})$—— 当 TDI 级数为 n、干扰频率为 f 时，在 Nyquist 空间频率 ν_{N} 处微振动引起的调制传递函数。

将式(16-9)、式(16-19)、式(16-3)依次代入式(16-24)，得到

$$\Gamma_{\mathrm{MTF,TDI}}(n,f,\nu_{\mathrm{N}})=\frac{\sin\left[\frac{\sqrt{2}\pi^2 nfd_{\mathrm{s}}D_{\mathrm{RMS}}(f)}{\delta}\sqrt{\frac{a_{\mathrm{E}}+h}{GM}}\right]}{\frac{\sqrt{2}\pi^2 nfd_{\mathrm{s}}D_{\mathrm{RMS}}(f)}{\delta}\sqrt{\frac{a_{\mathrm{E}}+h}{GM}}},\quad\begin{cases}nfd_{\mathrm{s}}\sqrt{\frac{a_{\mathrm{E}}+h}{GM}}\leqslant 0.1\\ \frac{D_{\mathrm{RMS}}(f)}{\delta}\leqslant 2.25\end{cases}\tag{16-25}$$

从式(16-25)可以看到：

(1)如 16.6.2 节所述，对于 LEO 卫星而言，由于 h 明显小于 a_{E}，因此 h 的影响不大；

(2)像元尺寸 δ 差别很小。

因此,只有当空间分辨力 d_s 的值与 TDI 级数 n 的乘积越小时,同样频率、同样振动位移下 Nyquist 空间频率 ν_N 处的调制传递函数衰减才越少。而空间分辨力 d_s 的值大幅度减小时,由于像元积分时间随之大幅度减小,为了既保持像元的接收能量又尽量少增加相机重量,往往尽量增加 TDI 级数 n,所以实际上空间分辨力 d_s 的值越小,不会导致同样频率、同样振动位移下 Nyquist 空间频率 ν_N 处的调制传递函数衰减越少。

例如,美国第六代光学成像卫星 KH-12,当卫星近地点高度 $h=270$ km 时[6],地面分辨力 $d_g=0.1$ m[4]。按 16.6.1 节所述取 $K=2$,由式(16-1)得到空间分辨力 $d_s=0.05$ m。假定其像元尺寸 $\delta=7$ μm,TDICCD 的曝光级数 $n=128$。将以上 δ,n,h,d_s 值及图 16-85 所示国际空间站允许的方均根振动位移曲线应用于式(16-25),得到在国际空间站允许的振动下该相机在 Nyquist 空间频率处的调制传递函数对 1 的偏离与微振动干扰频率的关系,如图 16-89 所示。

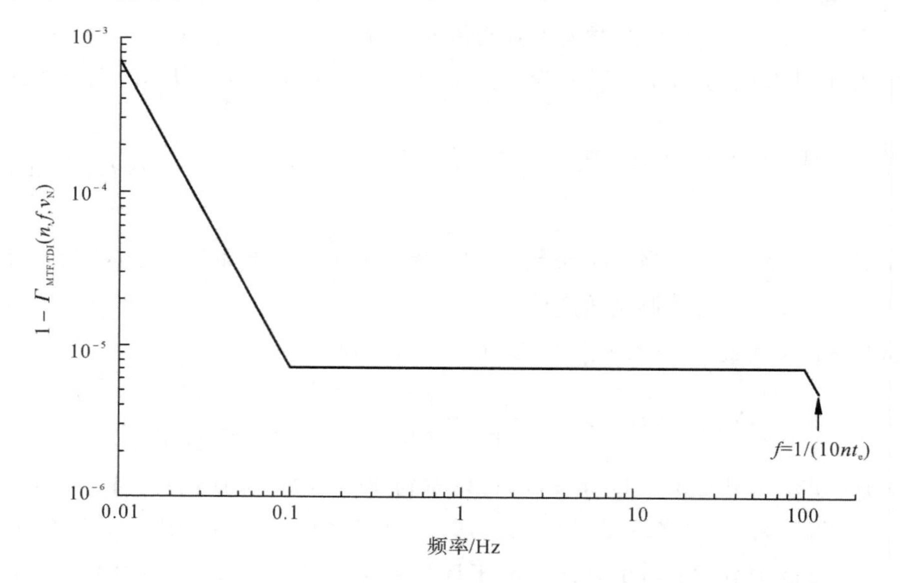

图 16-89 在国际空间站允许的振动下,类似 KH-12 的 TDICCD 相机在 Nyquist 空间频率处的调制传递函数对 1 的偏离与微振动干扰频率的关系

从图 16-89 可以看到,国际空间站允许的振动对类似 KH-12 的 TDICCD 相机在 Nyquist 空间频率处的调制传递函数影响非常小。

16.7.4 讨论

14.6.3 节给出了飞船各种动作引起的结构动力响应,14.6.4 节给出了飞船各种微重力科学实验装置动作引起的结构动力响应。可以看到:

(1)船箭分离、变轨过程中频繁而较小的姿控推进器工作、轨道舱和返回舱分离等引起的结构动力响应远超出国际空间站允许的振动;

(2)阀门动作、调姿过程、晶体生长观察装置对焦电机工作等引起的结构动力响应有个别谐振峰略超出国际空间站允许的振动;

(3)推进舱太阳电池翼压紧装置解锁、姿控动作、推进舱太阳电池翼垂直归零、生物培养箱离心机工作、电泳仪电机工作等引起的结构动力响应低于国际空间站允许的振动;

(4)看不到蛋白质结晶装置电机工作、多工位晶体炉工位转换和工件拉动、细胞培养装置泵工作、细胞电融合仪工作、液滴热毛细迁移实验装置工作等对微重力水平有什么影响。

由此可见,对于对地观测卫星来说,确实不难做到在相机工作期间各种动作引起的结构动力响应小于国际空间站允许的振动。

如果同时有几种频率的微振动干扰,由于频率越低,对振动位移的贡献越显著,所以在几种频率的振动加速度幅值相近的情况下,振动位移主要取决于较低频率的干扰,但比单一频率引起的振动位移会大一些。如果在最低频率附近接连出现几个幅值相近的加速度峰,则可近似认为振动位移互相叠加。由此大致估计,同时有几种频率的微振动干扰时,振动位移至多增加一个量级。

图16-90给出了由式(16-14)得到的$1-\Gamma_{\mathrm{MTF}}(f,\nu)$随$d(f)\nu$变化的曲线。从该图可以看到,$d(f)\nu$增加一个量级时,$1-\Gamma_{\mathrm{MTF}}(f,\nu)$约增加两个量级。而图16-88显示,0.03 Hz下$1-\Gamma_{\mathrm{MTF}}(f,\nu_{\mathrm{N}})=2.3\times10^{-4}$,增加两个量级为$2.3\times10^{-2}$,即$\Gamma_{\mathrm{MTF}}(f,\nu_{\mathrm{N}})=0.977$,仍可接受。因此,0.03 Hz以上卫星的线振动只要不大于国际空间站允许值(0.03 Hz以下需小于允许值),对空间分辨力$d_{\mathrm{s}}=19.5$ m的中巴地球资源卫星CCD相机的调制传递函数影响就不大。若空间分辨力d_{s}的值小一个量级,则对调制传递函数的影响就小两个量级,振动影响就更微弱了。

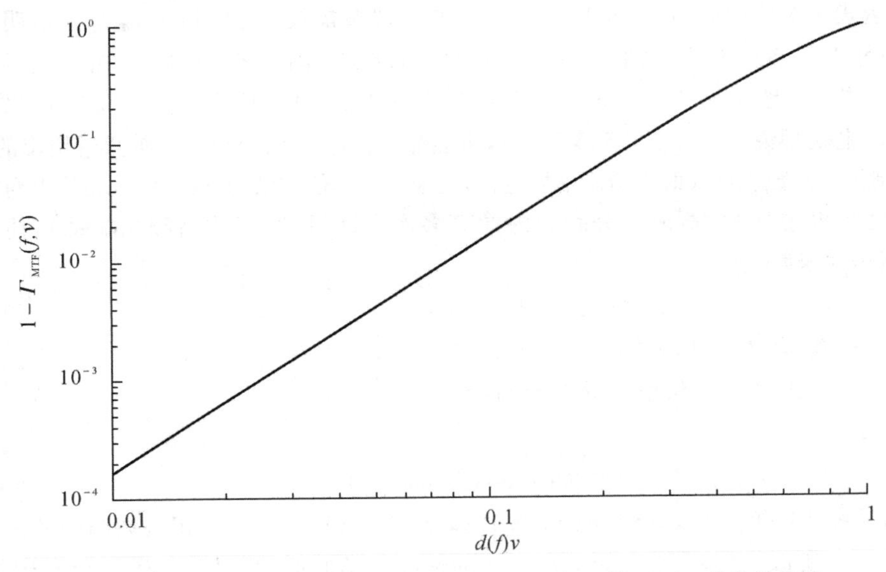

图16-90　由式(16-14)得到的$1-\Gamma_{\mathrm{MTF}}(f,\nu)$随$d(f)\nu$变化的曲线

类似地,图16-91给出了由式(16-23)得到的$1-\Gamma_{\mathrm{MTF,TDI}}(n,f,\nu)$随$d(f)\nu$变化的曲线。从该图可以看到,$d(f)\nu$增加一个量级时,$1-\Gamma_{\mathrm{MTF,TDI}}(n,f,\nu)$约增加两个量级。而图16-89显示,0.018 Hz下$1-\Gamma_{\mathrm{MTF,TDI}}(n,f,\nu)=2.2\times10^{-4}$,增加两个量级为$2.2\times10^{-2}$,即$\Gamma_{\mathrm{MTF,TDI}}(n,f,\nu)=0.978$,仍可接受。因此,0.018 Hz以上卫星的线振动只要不大于国际空间站允许值(0.018 Hz以下需小于允许值),对于像KH-12这样地面分辨力$d_{\mathrm{g}}=0.1$ m的TDICCD相机的调制传递函数影响就不大。

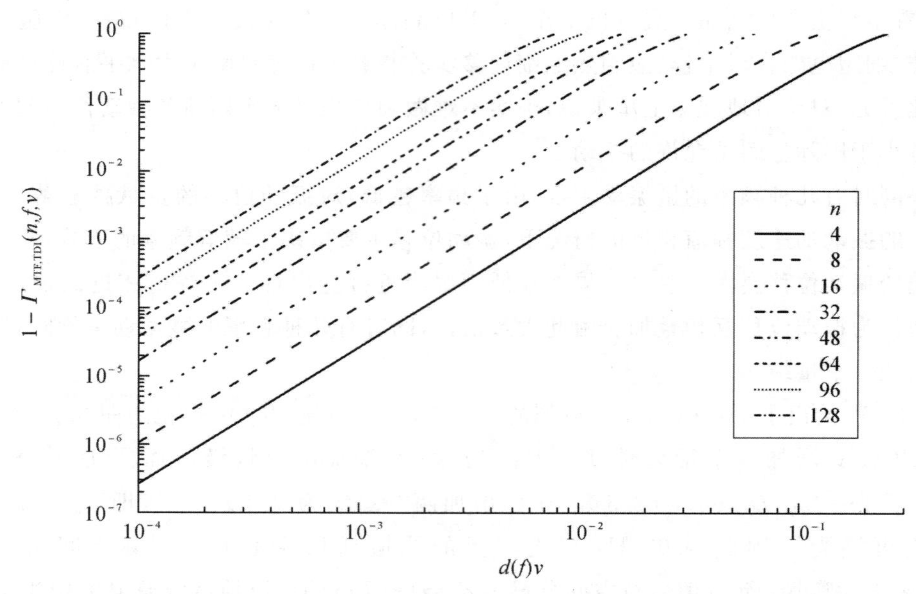

图 16－91　由式(16－23)得到的 $1-\Gamma_{\mathrm{MTF,TDI}}(n,f,\nu)$ 随 $d(f)\nu$ 变化的曲线

文献[24]提出，式(16－14)只适用于振幅较小的情况，并推导了振幅较大时的调制传递函数表达式。对式(16－18)和式(16－25)来说，“振幅较小”应指 $D_{\mathrm{RMS}}(f)/\delta$ 明显小于2.25。从图16－85可以看到，当 $f \geqslant 2.523$ Hz 时，国际空间站允许的 $D_{\mathrm{RMS}}(f) \leqslant 1.575\ \mu\mathrm{m}$，鉴于一般 $\delta=7\sim10\ \mu\mathrm{m}$[17]，因而当 $f \geqslant 2.523$ Hz时，$D_{\mathrm{RMS}}(f)/\delta \leqslant 0.225$，明显小于2.25。也就是说，当 $f<2.523$ Hz时，可能需要另行分析。然而，文献[24]给出的振幅较大时的调制传递函数表达式既未给出推导过程，也未得到其他文献的支持，所以还值得商榷。

当振动频率较高时，造成积分时间内像斑多次来回抖动(简称高频角振动)，使图像模糊，其调制传递函数为[16]

$$\Gamma_{\mathrm{MTF}}(f,\nu)=\mathrm{J}_0[2\pi D(f)\nu],\quad ft_{\mathrm{e}} \geqslant 1 \tag{16-26}$$

式中　J_0——零阶Bessel函数；

$D(f)$——微振动干扰频率 f 处的振幅，m。

我们有

$$D(f)=\sqrt{2}\,D_{\mathrm{RMS}}(f) \tag{16-27}$$

其实，从图16－88可以看到，$ft_{\mathrm{e}} \leqslant 0.1$[即 $f \leqslant 1/(10t_{\mathrm{e}})$]时对相机调制传递函数的影响已极为微弱，所以一般不需要考虑 $ft_{\mathrm{e}} \geqslant 1$ 的情况。类似地，从图16－89可以看到，$nft_{\mathrm{e}} \leqslant 0.1$[即 $f \leqslant 1/(10nt_{\mathrm{e}})$]时对相机调制传递函数的影响已极为微弱，所以更不需要考虑 $ft_{\mathrm{e}} \geqslant 1$ 的情况。

16.8　航天器角振动对相机调制传递函数的影响

16.8.1　卫星的角振动频谱

1984年，NASA的Goddard航天中心(GSFC)测试了LANDSAT(陆地卫星)－4中主

题成像仪(thematic mapper, or TM)的动态扰动[30]，这是最早的振动在轨测试[31]。从源于 LANDSAT 的基座运动扰动模型可以看到，卫星角位移的随机扰动频谱从(0.01～0.7) Hz 间的 13 μrad/Hz$^{-1/2}$ 下降到(8～126) Hz 间的 0.45 μrad/Hz$^{-1/2}$，且在 1 Hz 处由太阳电池翼驱动产生 100 μrad(即 21″)的振动，卫星上反作用轮基波和二次谐波分别产生 100 Hz、4 μrad(即0.83″)和 200 Hz、0.66 μrad(即 0.14″)的振动。整个扰动干扰由上述随机扰动和三个正弦波扰动组成[32]。

在源于 LANDSAT 的基座运动扰动模型基础上，1990 年，欧洲航天局(ESA)对半导体星间激光实验(SILEX)中光通信有效载荷的角位移功率谱密度提出了如下规范(通常称为 SILEX 模型)[31]：

$$\{\Theta(f)\}_{\mu\mathrm{rad}^2/\mathrm{Hz}}=\frac{160}{1+(\{f\}_{\mathrm{Hz}})^2} \tag{16-28}$$

式中　$\Theta(f)$—— 平台角位移功率谱密度，μrad^2/Hz。

如果将式(16-28) 中 $\Theta(f)$ 的单位改为(″)^2/Hz，则

$$\{\Theta(f)\}_{('')^2/\mathrm{Hz}}=\frac{6.81}{1+(\{f\}_{\mathrm{Hz}})^2} \tag{16-29}$$

式中　$\Theta(f)$—— 平台角位移功率谱密度，(″)^2/Hz。

由式(16-28) 和式(16-29) 得到 SILEX 模型的平台角位移功率谱密度曲线，如图16-92 所示。

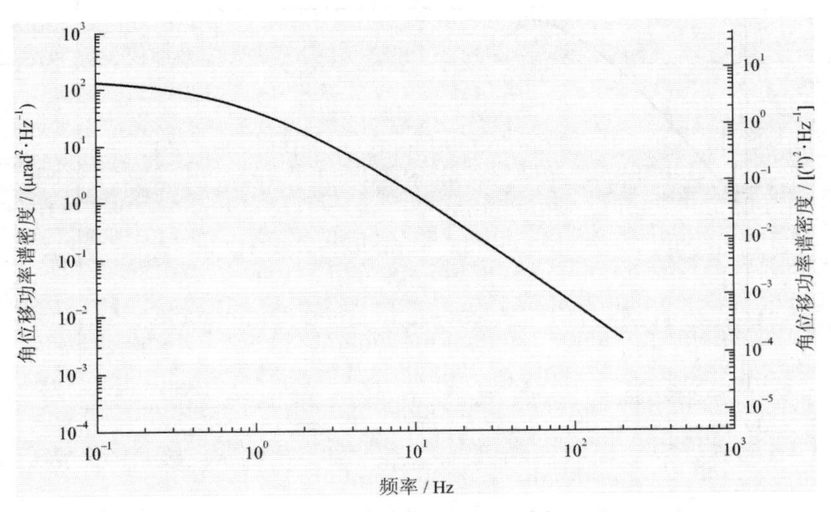

图 16-92　SILEX 模型的平台角位移功率谱密度曲线①

由图 16-92 可以看到，角位移功率谱密度随着频率的增加而降低，带宽小于 200 Hz，对光通信链路影响较大的振动主要集中在 100 Hz 以内[9]。

① 如上所述，卫星平台的角振动是由随机扰动和正弦波扰动组成的。由于正弦波扰动属于稳态确定性信号，不能用功率谱密度密度表达(参见5.7.4节)，因此，以角位移功率谱密度形式表达的SILEX模型不能涵盖正弦波扰动。为此，针对卫星平台的角振动既有随机扰动又有正弦波扰动的场合，应将 SILEX 模型改造为以三分之一倍频程频带(OTOB)方均根角位移形式表达的模型(参见 2.2.2.5 节)。当同一个 OTOB 内含多个正弦波扰动时，OTOB 方均根角位移即该 OTOB 内各个正弦波扰动方均根角位移的方和根[参见 2.2.2.5 节第(2) 条]，从而在一定程度上体现了多个正弦波扰动的叠加效应，这在角位移功率谱密度曲线中是反映不出来的。

在随机振动中,角位移功率谱密度 $\Theta_{PSD}(f)$、角速度功率谱密度 $\omega_{PSD}(f)$ 之间存在下列关系:

$$\Omega_{PSD}(f)=2\pi f\Theta_{PSD}(f) \tag{16-30}$$

式中 $\Theta_{PSD}(f)$——SILEX 模型频率 f 处的角位移功率谱密度,$rad/Hz^{1/2}$;

$\Omega_{PSD}(f)$——SILEX 模型频率 f 处的角速度功率谱密度,$rad \cdot s^{-1}/Hz^{1/2}$。

由式(16-28)中 $\Theta(f)$ 的量纲为 $\mu rad^2/Hz$,而式(16-30)中 $\Theta_{PSD}(f)$ 的量纲为 $rad/Hz^{1/2}$,可以得到

$$\{\Theta(f)\}_{\mu rad^2/Hz}=1\times 10^{12}\ [\{\Theta_{PSD}(f)\}_{rad/Hz^{1/2}}]^2 \tag{16-31}$$

将式(16-31)代入式(16-28),得到

$$\{\Theta_{PSD}(f)\}_{rad/Hz^{1/2}}=1.265\times 10^{-5}\sqrt{\frac{1}{1+(\{f\}_{Hz})^2}} \tag{16-32}$$

将式(16-32)代入式(16-30),得到

$$\{\Omega_{PSD}(f)\}_{rad\cdot s^{-1}/Hz^{1/2}}=7.95\times 10^{-5}\sqrt{1-\frac{1}{1+(\{f\}_{Hz})^2}} \tag{16-33}$$

如果将式(16-33)中 $\Omega_{PSD}(f)$ 的单位改为$('')\cdot s^{-1}/Hz^{1/2}$,则

$$\{\Omega_{PSD}(f)\}_{('')\cdot s^{-1}/Hz^{1/2}}=16.4\sqrt{1-\frac{1}{1+(\{f\}_{Hz})^2}} \tag{16-34}$$

由式(16-33)得到 SILEX 模型的平台角速度功率谱密度曲线,如图 16-93 所示。

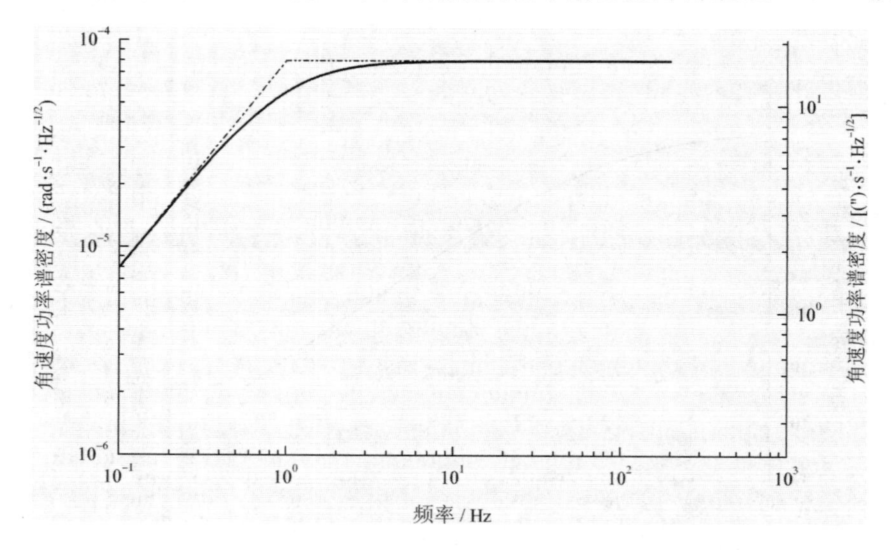

图 16-93 SILEX 模型的平台角速度功率谱密度曲线

从图 16-93 可以看到,远低于 1 Hz 时,角速度功率谱密度几乎随着频率的增加而正比增加;远高于 1 Hz 时,角速度功率谱密度趋于 7.95×10^{-5} $rad \cdot s^{-1}/Hz^{1/2}$ [即 $16.4('')\cdot s^{-1}/Hz^{1/2}$]这一常值。

图 16-94 和图 16-95 给出了国外多种通信卫星平台角位移功率谱密度曲线。从图中可见,通信卫星平台角振动均为宽带噪声,角位移功率谱密度呈现低频扰动幅度大、高频扰动幅度小的趋势[33]。

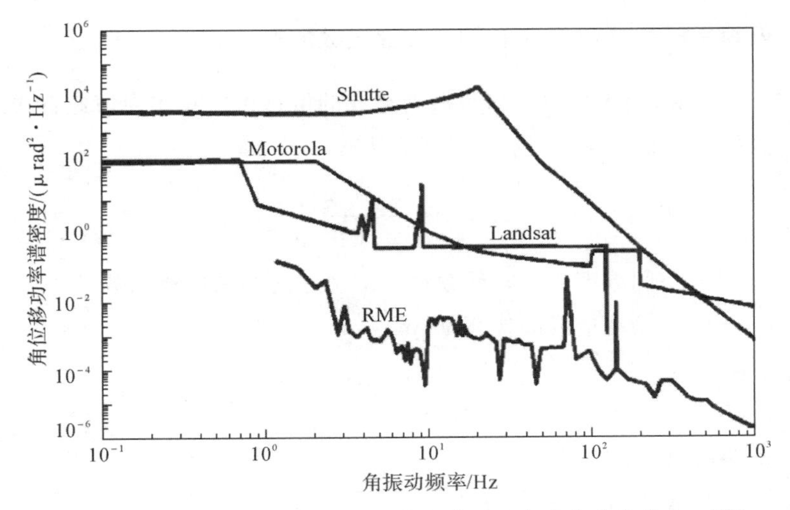

图 16-94　国外多种通信卫星平台角位移功率谱密度曲线之一[33]

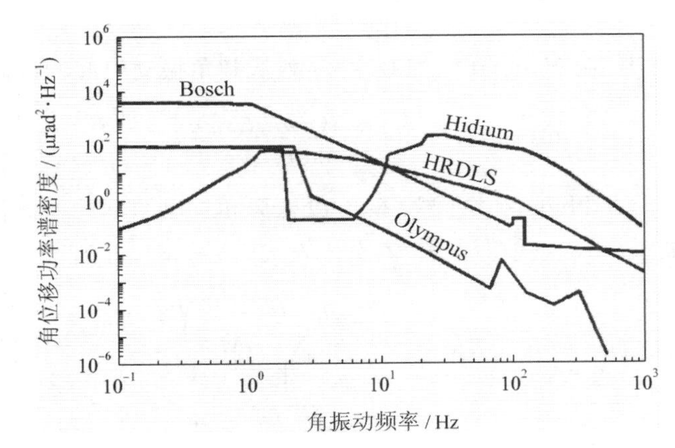

图 16-95　国外多种通信卫星平台角位移功率谱密度曲线之二[33]

日本国家空间开发署(NASDA)利用星地激光链路实验卫星 ETS-VI 进行了卫星角振动的测量，该实验是首次通过星上光通信终端进行的在轨卫星角振动测试，采样率分别为 500 Sps、100 Sps、1 Sps。测得的角振动见表 16-6。1 Sps 采样率下振动测试时间较长，角振动幅值最大可以达到 200 μrad(即 41″)，这是由于俯仰方向与太阳电池翼旋转方向相同，振动干扰比较强。500 Sps 采样率下角振动具有比较好的周期性，通过对测量结果的功率谱密度分析结果表明，卫星平台角振动在 0.39 Sps 到 250 Sps 范围内的径向均方差为 16.3 μrad(即 3.36″)。结果表明，卫星角振动在一段时间内具有周期性；幅值小于 200 μrad(即 41″)；卫星上可运动器件(太阳电池翼)的运作对卫星角振动影响很大[9]。

表 16-6　采样率 500 Sps 和 100 Sps 下卫星的微振动角[9]

采样率/Sps	俯仰/μrad	滚动/μrad	偏航/μrad
500	7.30	5.13	8.9
100	11.2	18.6	21.7

16.8.2 低频角振动对CCD相机调制传递函数的影响

与式(16-14)类似，当积分时间内角振动造成的像移可以看作为匀速直线运动时(简称低频角振动)，像移与调制传递函数有如下关系[16]：

$$\Gamma_{\mathrm{MTF},1}(\nu)=\mathrm{sinc}(d\nu)=\frac{\sin(\pi d\nu)}{\pi d\nu},\quad \begin{cases} ft_{\mathrm{e}}\leqslant 0.1 \\ d\nu\leqslant 1 \end{cases} \tag{16-35}$$

式中 $\Gamma_{\mathrm{MTF},1}(\nu)$—— 空间频率为 ν 时低频角振动引起的调制传递函数；

d—— 角振动造成的像移量，m。

并有[16]

$$d=\omega f_{\mathrm{c}}t_{\mathrm{e}} \tag{16-36}$$

式中 ω—— 振动角速度，rad/s。

将式(16-36)代入式(16-35)，得到

$$\Gamma_{\mathrm{MTF},1}(\nu)=\mathrm{sinc}(\omega f_{\mathrm{c}}t_{\mathrm{e}}\nu)=\frac{\sin(\pi\omega f_{\mathrm{c}}t_{\mathrm{e}}\nu)}{\pi\omega f_{\mathrm{c}}t_{\mathrm{e}}\nu},\quad \begin{cases} ft_{\mathrm{e}}\leqslant 0.1 \\ \omega f_{\mathrm{c}}t_{\mathrm{e}}\nu\leqslant 1 \end{cases} \tag{16-37}$$

由式(16-37)得到，在Nyquist空间频率 ν_{N} 处低频角振动引起的调制传递函数为

$$\Gamma_{\mathrm{MTF},1}(\nu)=\mathrm{sinc}(\omega f_{\mathrm{c}}t_{\mathrm{e}}\nu_{\mathrm{N}})=\frac{\sin(\pi\omega f_{\mathrm{c}}t_{\mathrm{e}}\nu_{\mathrm{N}})}{\pi\omega f_{\mathrm{c}}t_{\mathrm{e}}\nu_{\mathrm{N}}},\quad \begin{cases} ft_{\mathrm{e}}\leqslant 0.1 \\ \omega f_{\mathrm{c}}t_{\mathrm{e}}\nu_{\mathrm{N}}\leqslant 1 \end{cases} \tag{16-38}$$

式中 $\Gamma_{\mathrm{MTF},1}(\nu_{\mathrm{N}})$—— 在Nyquist空间频率 ν_{N} 处低频角振动引起的调制传递函数。

将式(16-9)、式(16-3)、式(16-4)依次代入式(16-38)，得到

$$\Gamma_{\mathrm{MTF},1}(\nu)=\mathrm{sinc}\left(\frac{\omega h}{2}\sqrt{\frac{a_{\mathrm{E}}+h}{GM}}\right)=\frac{\sin\left(\frac{\pi\omega h}{2}\sqrt{\frac{a_{\mathrm{E}}+h}{GM}}\right)}{\frac{\pi\omega h}{2}\sqrt{\frac{a_{\mathrm{E}}+h}{GM}}},\quad \begin{cases} fd_{\mathrm{s}}\sqrt{\frac{a_{\mathrm{E}}+h}{GM}}\leqslant 0.1 \\ \omega h\sqrt{\frac{a_{\mathrm{E}}+h}{GM}}\leqslant 2 \end{cases} \tag{16-39}$$

从式(16-39)可以看到，Nyquist空间频率 ν_{N} 下低频率角振动引起的调制传递函数仅与振动角速度 ω 及轨道高度 h 有关，而与空间分辨力 d_{s} 无关。

图16-96给出了由式(16-39)得到的 $1-\Gamma_{\mathrm{MTF},1}(\nu_{\mathrm{N}})$ 随低频振动角速度 ω 变化的曲线。从该图可以看到，轨道高度越低，调制传递函数受低频振动角速度 ω 的影响越小。例如，中巴地球资源卫星轨道高度 $h=778$ km[16]，空间分辨力 $d_{\mathrm{s}}=19.5$ m[28]，式(16-39)适用的条件为角振动频率小于38 Hz。若振动角速度 $\omega=0.12°/\mathrm{s}$，即2.094 mrad/s，则由式(16-39)得到 $\Gamma_{\mathrm{MTF},1}(\nu_{\mathrm{N}})=0.98$，该调制传递函数衰减是可以接受的。

16.8.3 卫星俯仰方向上低频角振动对TDICCD相机调制传递函数的影响

与式(16-23)类似，当TDICCD总积分时间内在卫星俯仰方向上的角振动造成的像移可以看作为匀速直线运动时(简称低频角振动)，像移与调制传递函数有如下关系：

$$\Gamma_{\mathrm{MTF,TDI},1}(n,\nu)=\mathrm{sinc}(nd\nu)=\frac{\sin(\pi nd\nu)}{\pi nd\nu},\quad \begin{cases} nft_{\mathrm{e}}\leqslant 0.1 \\ nd\nu\leqslant 1 \end{cases} \tag{16-40}$$

式中　$\Gamma_{\mathrm{MTF,TDI,1}}(n,\nu)$—— TDI 级数为 n、空间频率为 ν 时，低频角振动引起的调制传递函数。

将式(16-36) 代入式(16-40)，得到

$$\Gamma_{\mathrm{MTF,TDI,1}}(n,\nu)=\mathrm{sinc}(n\omega f_{\mathrm{c}}t_{\mathrm{e}}\nu)=\frac{\sin(\pi n\omega f_{\mathrm{c}}t_{\mathrm{e}}\nu)}{\pi n\omega f_{\mathrm{c}}t_{\mathrm{e}}\nu},\quad \begin{cases}nft_{\mathrm{e}}\leqslant 0.1\\ n\omega f_{\mathrm{c}}t_{\mathrm{e}}\nu\leqslant 1\end{cases}\tag{16-41}$$

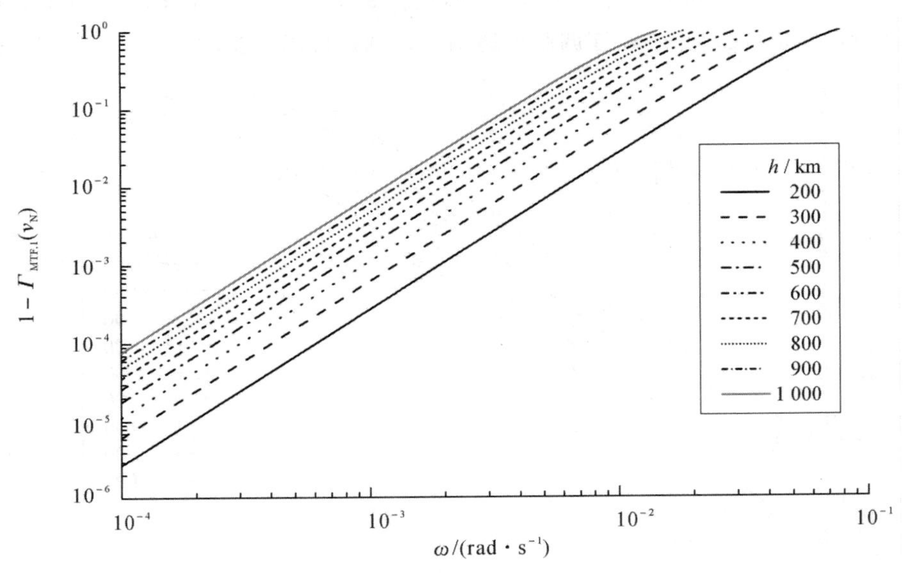

图 16-96　由式(16-39) 得到的 $1-\Gamma_{\mathrm{MTF,1}}(\nu_{\mathrm{N}})$ 随低频振动角速度 ω 变化的曲线

由式(16-41) 得到，TDI 级数为 n、在 Nyquist 空间频率 ν_{N} 处低频角振动引起的调制传递函数为

$$\Gamma_{\mathrm{MTF,TDI,1}}(n,\nu_{\mathrm{N}})=\mathrm{sinc}(n\omega f_{\mathrm{c}}t_{\mathrm{e}}\nu_{\mathrm{N}})=\frac{\sin(\pi n\omega f_{\mathrm{c}}t_{\mathrm{e}}\nu_{\mathrm{N}})}{\pi n\omega f_{\mathrm{c}}t_{\mathrm{e}}\nu_{\mathrm{N}}},\quad \begin{cases}nft_{\mathrm{e}}\leqslant 0.1\\ n\omega f_{\mathrm{c}}t_{\mathrm{e}}\nu_{\mathrm{N}}\leqslant 1\end{cases}\tag{16-42}$$

式中　$\Gamma_{\mathrm{MTF,TDI,1}}(n,\nu_{N})$—— TDI级数为 n、在 Nyquist 空间频率 ν_{N} 处低频角振动引起的调制传递函数。

将式(16-9)、式(16-3)、式(16-4) 依次代入式(16-42)，得到

$$\Gamma_{\mathrm{MTF,TDI,1}}(n,\nu_{\mathrm{N}})=\mathrm{sinc}\left(\frac{n\omega h}{2}\sqrt{\frac{a_{\mathrm{E}}+h}{GM}}\right)=\frac{\sin\left(\frac{\pi}{2}n\omega h\sqrt{\frac{a_{\mathrm{E}}+h}{GM}}\right)}{\frac{\pi}{2}n\omega h\sqrt{\frac{a_{\mathrm{E}}+h}{GM}}},\quad \begin{cases}nfd_{\mathrm{s}}\sqrt{\frac{a_{\mathrm{E}}+h}{GM}}\leqslant 0.1\\ n\omega h\sqrt{\frac{a_{\mathrm{E}}+h}{GM}}\leqslant 2\end{cases}\tag{16-43}$$

从式(16-43)可以看到，TDI 级数为 n、在 Nyquist 空间频率 ν_{N} 处低频率角振动引起的调制传递函数与 TDI 级数为 n、振动角速度 ω 及轨道高度 h 有关。虽然表面上式(16-43)与空间分辨力 d_{s} 无关，但是实际上空间分辨力 d_{s} 的值大幅度减小时，由于像元积分时间随之大幅度减小，为了既保持像元的接收能量又尽量少增加相机重量，往往尽量增加 TDI 级数 n，从而使得在 Nyquist 空间频率 ν_{N} 处低频率角振动引起的调制传递函数明显下降。

图 16-97～图 16-104 分别给出了 TDI 级数 n 为 4，8，16，32，48，64，96，128 时由

式(16-43)得到的 $1-\Gamma_{\mathrm{MTF,TDI,1}}(n,\nu_{\mathrm{N}})$ 随低频振动角速度 ω 变化的曲线。从这些图可以看到，轨道高度 h 越低，TDI 级数 n 越少，调制传递函数受低频振动角速度 ω 的影响越小。例如，美国第六代光学成像卫星 KH-12，当卫星近地点高度 $h=270$ km 时[6]，地面分辨力 $d_{\mathrm{g}}=0.1$ m[4]。按 16.6.1 节所述取 $K=2$，由式(16-1)得到空间分辨力 $d_{\mathrm{s}}=0.05$ m。假定其 TDICCD 相机曝光级数 $n=128$，则式(16-43)适用的条件为角振动频率小于 121 Hz。若卫星俯仰方向上振动角速度 $\omega=10''/\mathrm{s}$，即 $(2.78\times10^{-3})°/\mathrm{s}$ 或 48.5 μrad/s，则由式(16-43)得到 $\Gamma_{\mathrm{MTF,1}}(\nu_{\mathrm{N}})=0.98$，该调制传递函数衰减是可以接受的。

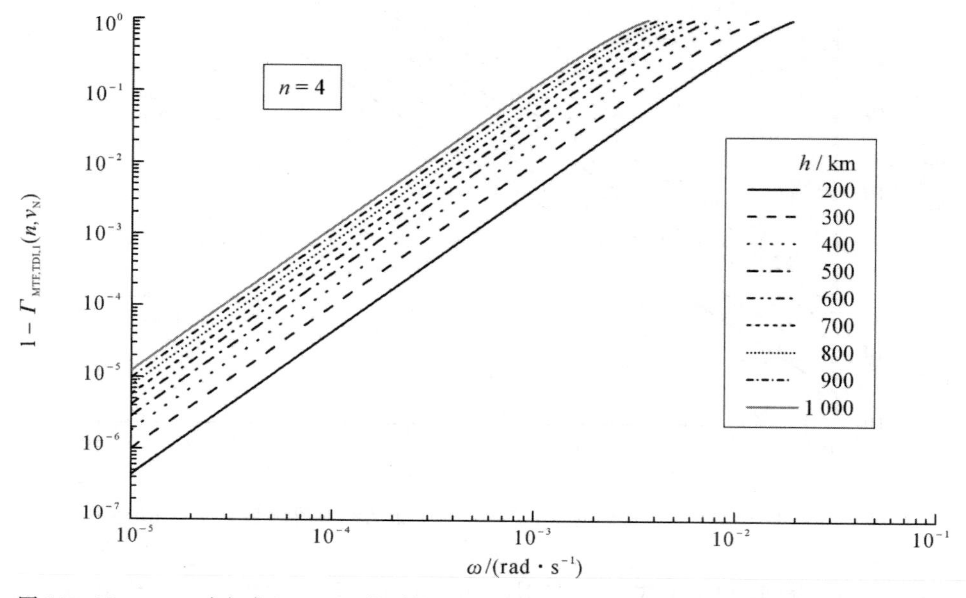

图 16-97　$n=4$ 时由式(16-43)得到的 $1-\Gamma_{\mathrm{MTF,TDI,1}}(n,\nu_{\mathrm{N}})$ 随低频振动角速度 ω 变化的曲线

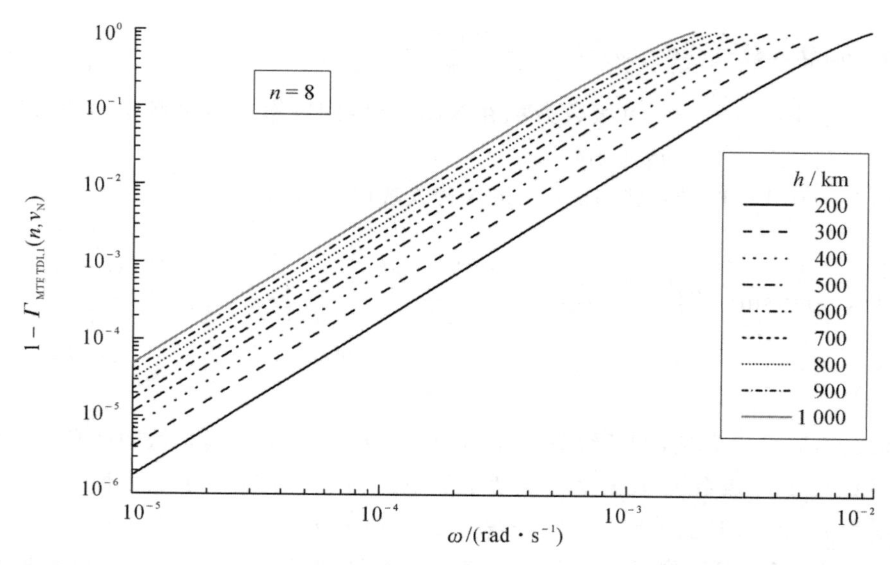

图 16-98　$n=8$ 时由式(16-43)得到的 $1-\Gamma_{\mathrm{MTF,TDI,1}}(n,\nu_{\mathrm{N}})$ 随低频振动角速度 ω 变化的曲线

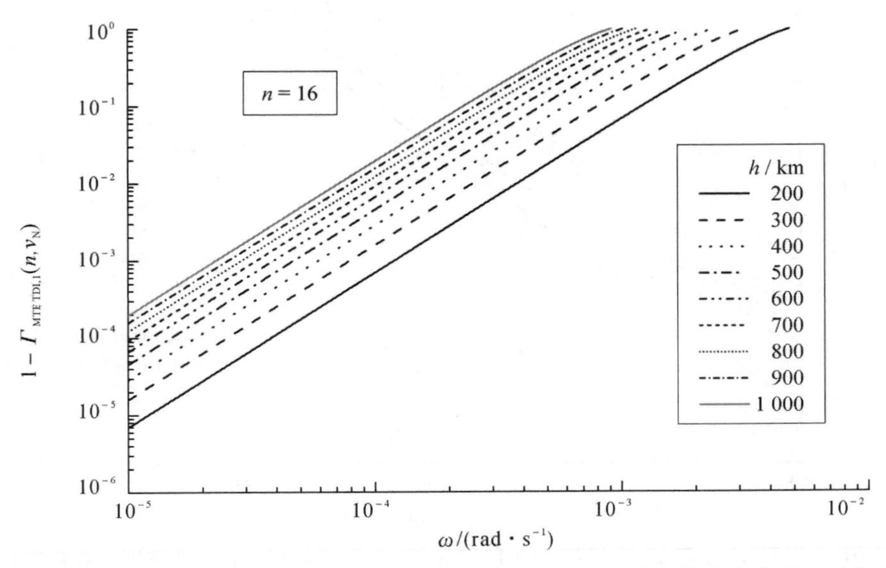

图 16－99　$n=16$ 时由式(16－43)得到的 $1-\Gamma_{\mathrm{MTF,TDI,1}}(n,\nu_{\mathrm{N}})$ 随低频振动角速度 ω 变化的曲线

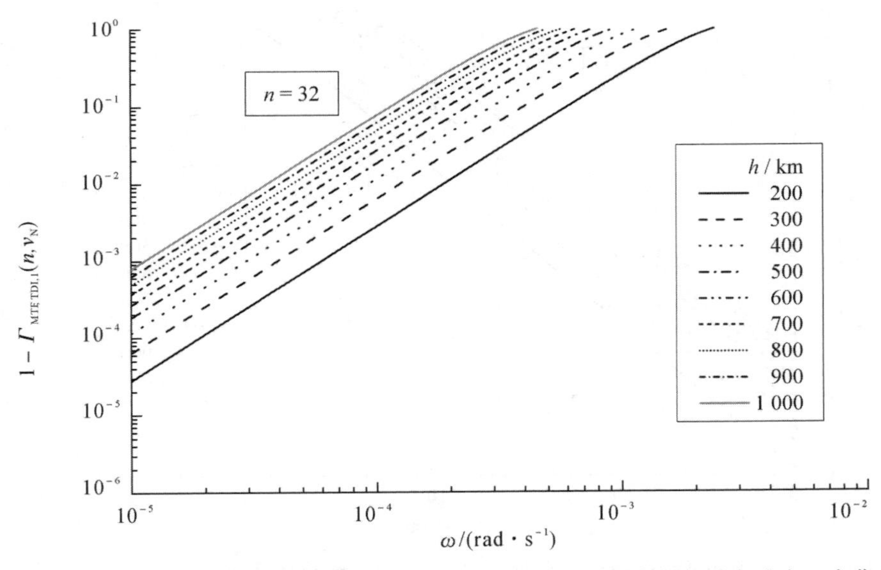

图 16－100　$n=32$ 时由式(16－43)得到的 $1-\Gamma_{\mathrm{MTF,TDI,1}}(n,\nu_{\mathrm{N}})$ 随低频振动角速度 ω 变化的曲线

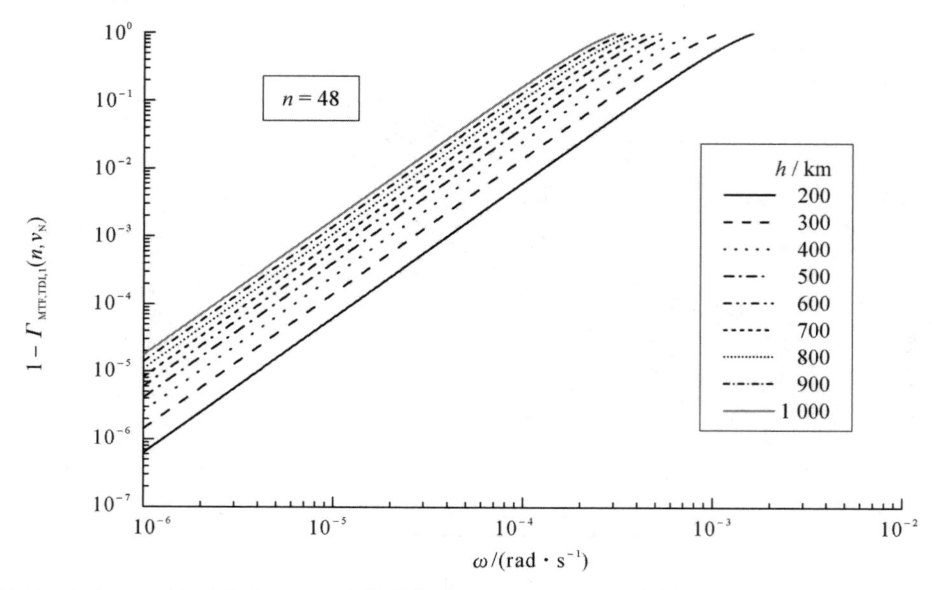

图 16 - 101　$n=48$ 时由式(16 - 43)得到的 $1-\Gamma_{\mathrm{MTF,TDI,1}}(n,\nu_{\mathrm{N}})$ 随低频振动角速度 ω 变化的曲线

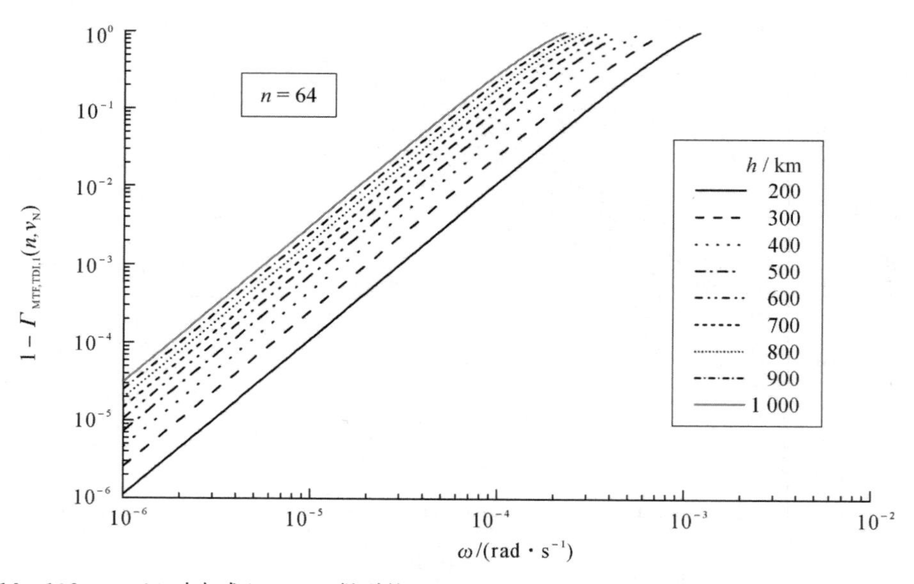

图 16 - 102　$n=64$ 时由式(16 - 43)得到的 $1-\Gamma_{\mathrm{MTF,TDI,1}}(n,\nu_{\mathrm{N}})$ 随低频振动角速度 ω 变化的曲线

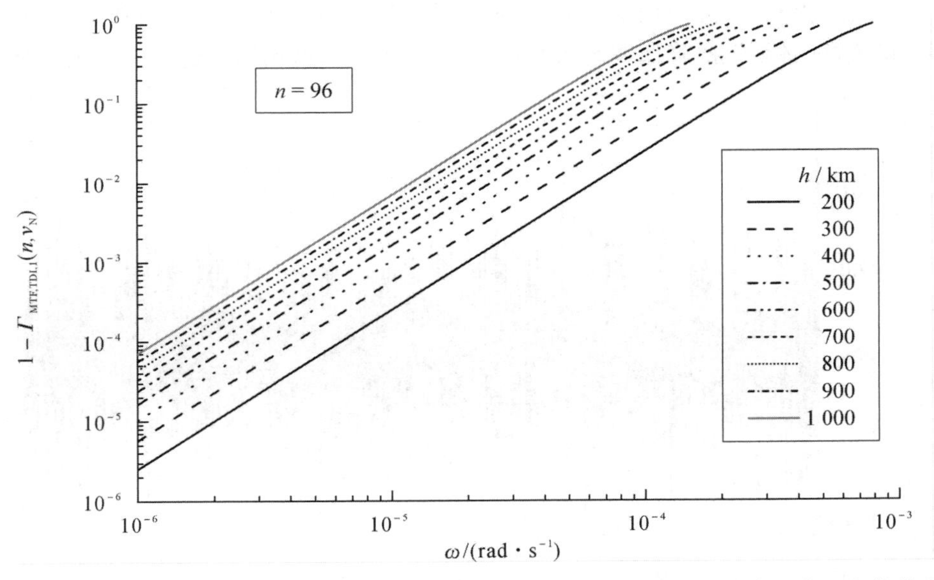

图 16－103　$n=96$ 时由式(16－43)得到的 $1-\Gamma_{MTF,TDI,1}(n,\nu_N)$ 随低频振动角速度 ω 变化的曲线

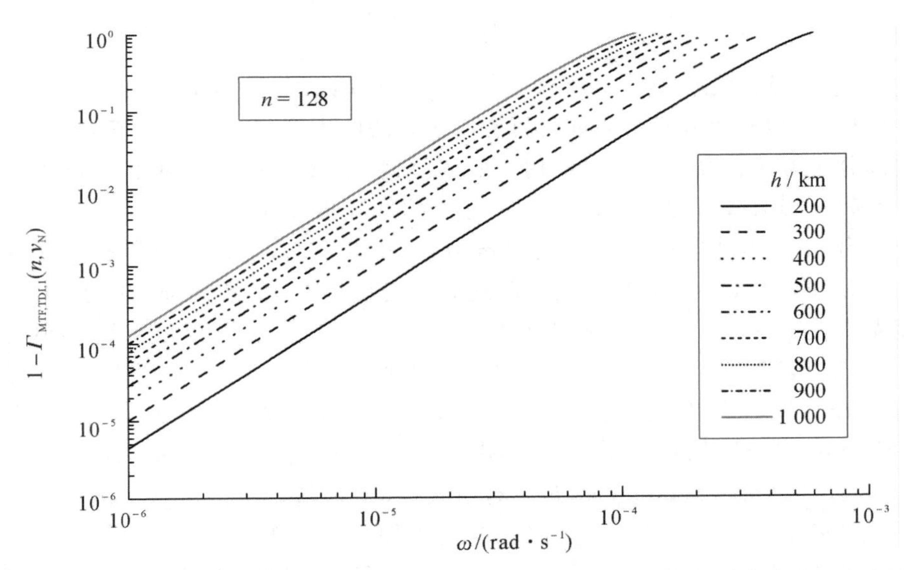

图 16－104　$n=128$ 时由式(16－43)得到的 $1-\Gamma_{MTF,TDI,1}(n,\nu_N)$ 随低频振动角速度 ω 变化的曲线

16.8.4　讨论

图 16－105 给出了我国神舟号飞船无特殊工况时俯仰角速度随时间的变化曲线。可以看到，无特殊工况时俯仰角速度基本处于±0.01°/s，即±36″/s 或±1.75×10^{-4} rad/s 范围内。

由图 16－96～图 16－101 可见，这种角速度对 CCD 相机和 TDI 级数 $n\leqslant8$、TDI 级数 $n=16$ 但航天器轨道高度 h 不超过 600 km、TDI 级数 $n=32$ 但航天器轨道高度 h 不超过 300 km、TDI 级数 $n=48$ 但航天器轨道高度 h 不超过 200 km 的 TDICCD 相机，引起的调制传递函数衰减不大于 2%，因而对相机调制传递函数没有影响。对于不符合上述条件的 TDICCD 相机，则必须设法降低姿态漂移角速度，才不会引起调制传递函数的过分衰减。

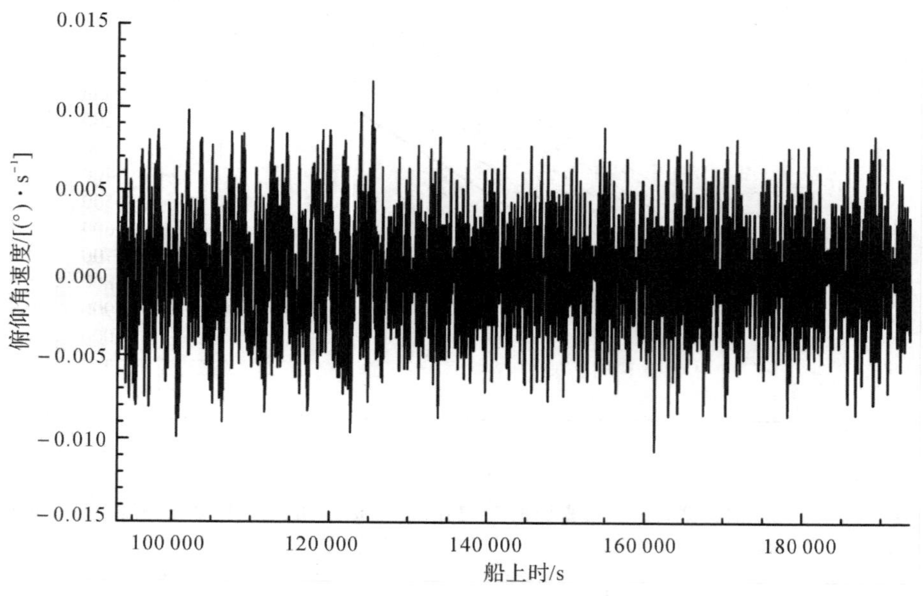

图 16-105　神舟号飞船无特殊工况时俯仰角速度随时间的变化曲线

如前所述，虽然从式(16-39)和式(16-43)可以看到，无论对于 CCD 相机还是 TDICCD 相机，低频振动角速度 ω 对调制传递函数的的影响都与空间分辨力 d_s 无关，但是实际上空间分辨力 d_s 的值大幅度减小时，往往尽量增加 TDI 级数 n，所以实际上往往表现出来随着空间分辨力 d_s 的值大幅度减小，允许的低频振动角速度也大幅度减小。例如，16.8.2节给出，中巴地球资源卫星空间分辨力 $d_s=19.5$ m，允许的低频振动角速度 $\omega=0.12°/\mathrm{s}$，即 2.094 mrad/s。而日本先进陆地观测卫星(ALOS)在俯仰方向上的 3σ 短期指向稳定度需求为 0.37 ms 内峰-峰值不超过$(1.0\times10^{-5})°$[3]，相当于振动角速度 $\omega=(2.70\times10^{-2})°/\mathrm{s}$，即 $1'37''/\mathrm{s}$，或 0.47 mrad/s，该卫星 2006 年 1 月 24 日发射升空，轨道高度 $h=691.65$ km[34]，以角度表示的空间分辨力为 4 μrad(即 $0.83''$)[35]，所以其分辨力 2.5 m[35]指的是空间分辨力。16.8.3 节给出，美国第六代光学成像卫星 KH-12 地面分辨力 $d_g=0.1$ m。按 16.6.1 节所述取 $K=2$，由式(16-1)得到空间分辨力 $d_s=0.05$ m，若 TDICCD 相机曝光级数 $n=128$，则允许的卫星俯仰方向上低频振动角速度 $\omega=10''/\mathrm{s}$，即 $(2.78\times10^{-3})°/\mathrm{s}$，或 48.5 μrad/s。图 16-106 给出了这三颗对地观测卫星允许的低频振动角速度 ω 与空间分辨力 d_s 的关系。可以看到，随着空间分辨力 d_s 的值大幅度减小，允许的低频振动角速度也大幅度减小这一事实。

中巴地球资源卫星轨道高度 $h=778$ km[16]，ALOS 轨道高度 $h=691.65$ km[34]，美国第六代光学成像卫星 KH-12 得到最大可能分辨力时的近地点高度 $h=270$ km[6]。据此，可以利用式(16-4)将图 16-106 的横坐标改为相机焦距 f_c/像元尺寸 δ，如图 16-107 所示。可以看到，随着相机焦距 f_c/像元尺寸 δ 大幅度增加，允许的低频振动角速度大幅度减小。鉴于像元尺寸 δ 差别很小，所以人们认为，在用航天相机摄影时，航天器的各种微振动(其实应指低频角振动)对长焦距相机的相机调制传递函数有较大影响[24]。

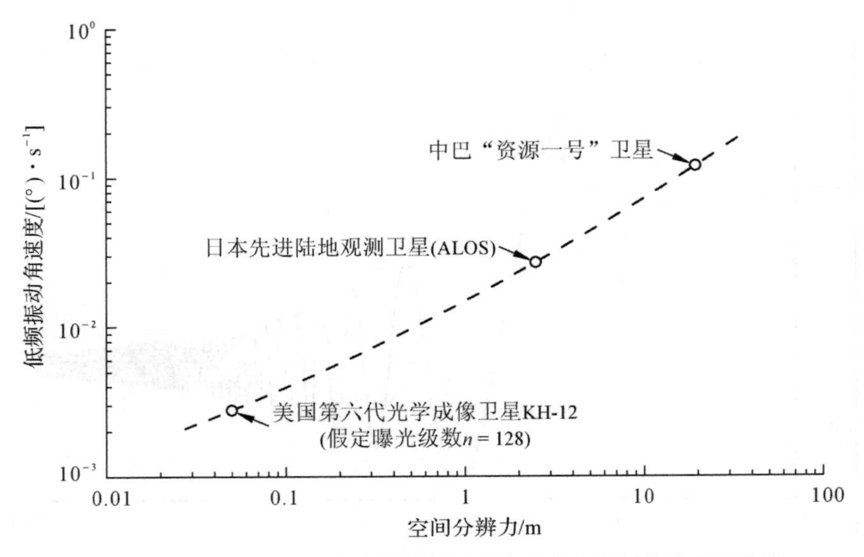

图 16－106　三颗卫星允许的低频振动角速度与空间分辨力的关系

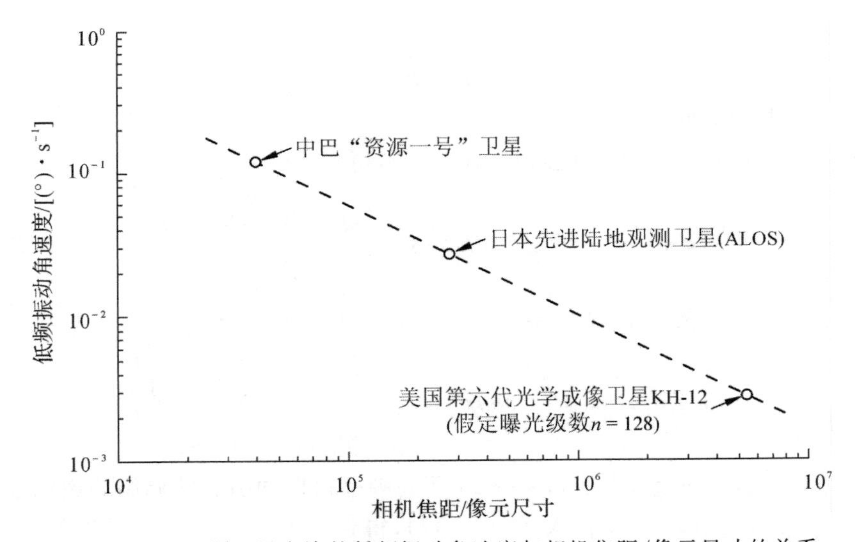

图 16－107　三颗卫星允许的低频振动角速度与相机焦距/像元尺寸的关系

与式(16－26)类似，当角振动频率较高时，造成积分时间内像斑多次来回抖动(简称高频角振动)，使图像模糊，其调制传递函数为[16]

$$\Gamma_{\mathrm{MTF,h}}(\nu) = \mathrm{J}_0(2\pi D\nu),\quad \begin{cases} ft_{\mathrm{e}} \geqslant 1 \\ D\nu < 0.383 \end{cases} \tag{16-44}$$

式中　$\Gamma_{\mathrm{MTF,h}}(\nu)$—— 空间频率为 ν 时高频角振动引起的调制传递函数。

D—— 角振幅在像平面处造成的图像线振幅，m。

图 16－108 给出了由式(16－44) 得到的 $\Gamma_{\mathrm{MTF,h}}(\nu)$ 随 $D\nu$ 变化的曲线，可以看到，$D\nu$ 达到 0.383 时，曲线出现负值，随着 $D\nu$ 进一步增长，$\Gamma_{\mathrm{MTF,h}}(\nu)$ 在 0 值上下呈衰减振荡。而从物理机制讲，这是不可能出现的。所以式(16－44) 中限定 $D\nu < 0.383$。在此条件下，$\Gamma_{\mathrm{MTF,h}}(\nu)$ 随 $D\nu$ 增长而单调下降。

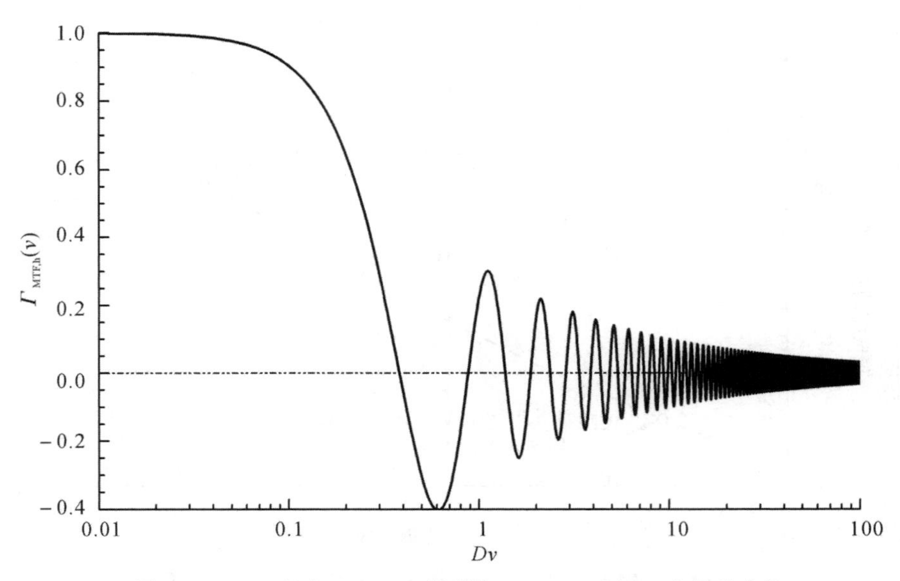

图 16-108　由式(16-44)得到的 $\Gamma_{\mathrm{MTF,h}}(\nu)$ 随 $D\nu$ 变化的曲线

我们有[16]

$$D=\theta f_{\mathrm{c}} \tag{16-45}$$

式中　θ——角振幅，rad。

将式(16-3)和式(16-45)代入式(16-44)，得到

$$\Gamma_{\mathrm{MTF,h}}(\nu)=\mathrm{J}_0(2\pi\theta f_{\mathrm{c}}\nu),\quad \begin{cases} fd_{\mathrm{s}}\sqrt{\dfrac{a_{\mathrm{E}}+h}{GM}}\geqslant 1 \\ \theta f_{\mathrm{c}}\nu<0.383 \end{cases} \tag{16-46}$$

Nyquist 空间频率 ν_{N} 下高频角振动引起的调制传递函数为

$$\Gamma_{\mathrm{MTF,h}}(\nu_{\mathrm{N}})=\mathrm{J}_0(2\pi\theta f_{\mathrm{c}}\nu_{\mathrm{N}}),\quad \begin{cases} fd_{\mathrm{s}}\sqrt{\dfrac{a_{\mathrm{E}}+h}{GM}}\geqslant 1 \\ \theta f_{\mathrm{c}}\nu_{\mathrm{N}}<0.383 \end{cases} \tag{16-47}$$

式中　$\Gamma_{\mathrm{MTF,h}}(\nu_{\mathrm{N}})$——Nyquist 空间频率 ν_{N} 下高频率角振动引起的调制传递函数。

将式(16-4)和式(16-9)代入式(16-47)，得到

$$\Gamma_{\mathrm{MTF,h}}(\nu_{\mathrm{N}})=\mathrm{J}_0\left(\frac{\pi\theta h}{d_{\mathrm{s}}}\right),\quad \begin{cases} fd_{\mathrm{s}}\sqrt{\dfrac{a_{\mathrm{E}}+h}{GM}}\geqslant 1 \\ \theta h/d_{\mathrm{s}}<0.766 \end{cases} \tag{16-48}$$

从式(16-48)可以看到，Nyquist 空间频率 ν_{N} 下高频角振动引起的调制传递函数与角振幅 θ、轨道高度 h 及空间分辨力 d_{s} 有关。角振幅 θ 越大、轨道高度 h 越高、空间分辨力 d_{s} 的值越小，高频角振动对调制传递函数的影响越大。

图 16-109 给出了由式(16-48)得到的 $1-\Gamma_{\mathrm{MTF,h}}(\nu_{\mathrm{N}})$ 随高频振动角振幅 θ 变化的曲线。从该图可以看到，轨道高度 h 与空间分辨力 d_{s} 的值之比越大，调制传递函数受高频振动角振幅 θ 的影响越大。

中巴地球资源卫星轨道高度 $h=778$ km[16]，空间分辨力 $d_{\mathrm{s}}=19.5$ m[28]，式(16-48)适用的条件为角振动频率 $f\geqslant 383$ Hz；ALOS 轨道高度 $h=691.65$ km[34]，空间分辨力 $d_{\mathrm{s}}=$

2.5 m[35]，式(16－48)适用的条件为角振动频率 $f \geq 3.01$ kHz；美国第六代光学成像卫星KH－12轨道高度 $h=270$ km时[6]，地面分辨力 $d_g=0.1$ m[4]，按16.6.1节所述取 $K=2$，由式(16－1)得到空间分辨力 $d_s=0.05$ m，式(16－48)适用的条件为角振动频率 $f \geq$ 155 kHz。

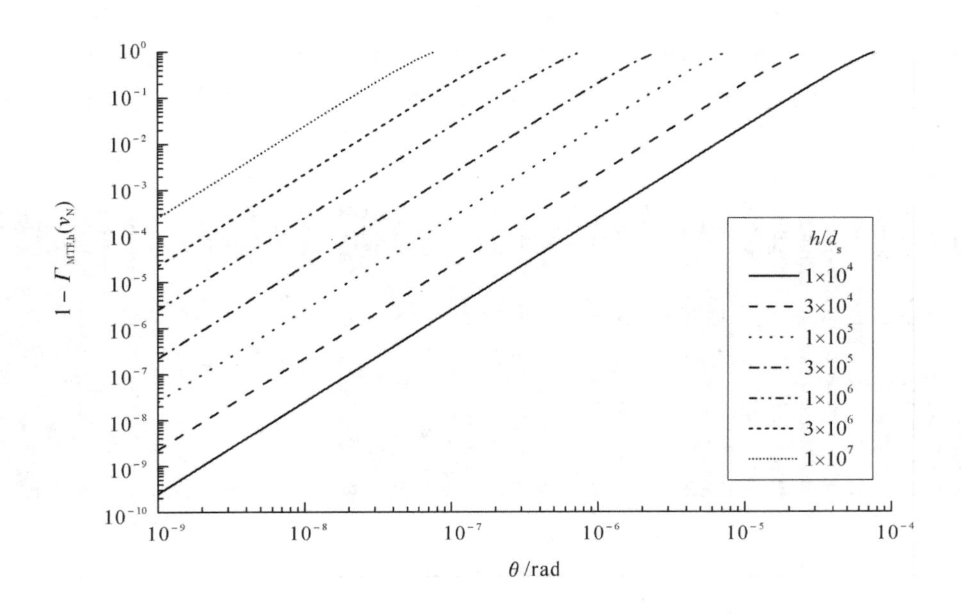

图 16－109　由式(16－48)得到的 $1-\Gamma_{MTF,h}(\nu_N)$ 随高频振动角振幅 θ 变化的曲线

16.3节和16.8.1节指出，卫星平台振动显示出角位移功率谱密度低频高幅度和高频低幅度的特性。由于高频角振动对调制传递函数的影响随角振幅减小而减弱，加之高频角振动对调制传递函数起影响的频率下限与空间分辨力的值成反比，因此，虽然同一角振幅下空间分辨力的值越小，高频角振动对调制传递函数的影响越大，但高频角振动仍不是值得担心的因素。

16.9　振动引起的图像几何变形

16.2.2节指出，振动对图像质量影响包括三个层次：

(1)影响图像的分辨力；

(2)引起图像几何变形；

(3)影响图像的地理位置测定。

本节及随后一节将围绕振动引起图像几何变形展开讨论。

显然，采取措施改良了空间分辨力后，几何准确度的重要性对于被观测的图像来说变得更为明显[3]。

16.9.1　CBERS 卫星 CCD 相机输出的靶标图像发生左右晃动问题

文献[27]报道了中巴地球资源卫星第二颗星在地面测试中，当卫星上其他活动机构(如红外相机或姿控动量轮、磁带机)工作时,CCD 相机输出的靶标图像发生左右晃动(简称图像扰振)。经查找,其原因是存在一个放大振动的弹簧-转动惯量共振系统。该共振系统的弹簧是由侧视反射镜预紧蜗簧和聚酰亚胺蜗轮弹性变形形成的附加弹簧组合而成的,而共振系统的转动惯量是由蜗轮、转轴、反射镜组合而成的。图像扰振可近似为有规律的正弦形,当扰振较大时,峰-峰振幅约达 4 个 CCD 像元尺寸,振动频率为 25 Hz 左右,与上述活动机构的频率或其倍数相近。图 16 - 110 显示了峰-峰振幅 0.1 像元、0.4 像元、1.0 像元时靶标图像的扰振情况。而在外来干扰停止后,图像扰振会很快停止(约 1 s)。当没有外来干扰时,图像没有扰振。

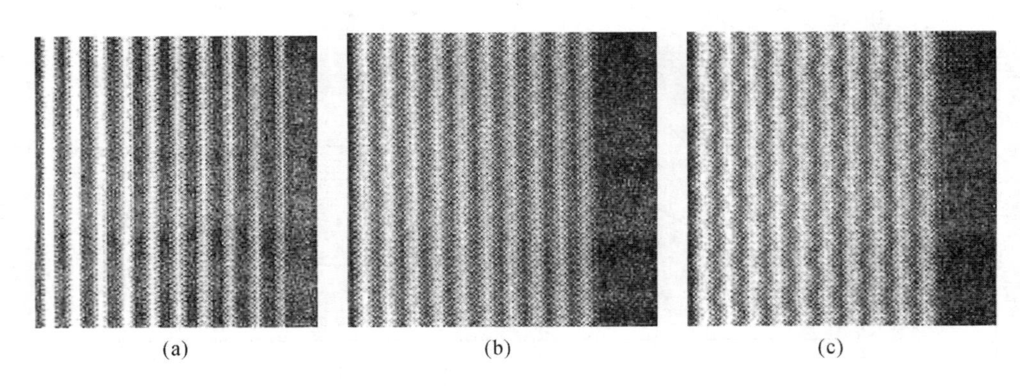

图 16 - 110 靶标图像扰振示意图[27]

(a)峰-峰振幅 0.1 像元; (b)峰-峰振幅 0.4 像元; (c)峰-峰振幅 1.0 像元

观察放大的图像可以看到以下现象:

(1)峰-峰振幅小于 0.4 像元时,基本没有影响;峰-峰振幅为 0.4～0.5 像元时,边缘有些不直;峰-峰振幅大于 1.0 像元时,图像呈现明显锯齿状。

(2)达到一定振幅时,图像形状在飞行的垂直方向发生正弦状变化,产生坐标误差。

显然,图像扰振对 CCD 相机像质影响很大,对卫星应用价值影响很大,必须予以解决。

本来,侧视反射镜加装预紧蜗簧的目的是使蜗轮齿稳定地靠在蜗杆的一侧,以消除干扰引起的振动,并消除蜗轮蜗杆齿隙,以便减小反射镜转动角度控制误差和卫星发射阶段反射镜振动①。然而,由于蜗轮弹性变形形成的附加弹簧的存在,当蜗轮不振动时,蜗轮齿上受到的蜗簧的预紧力被附加弹簧的弹性变形力抵消,因此,有干扰时不需要先克服蜗簧的较大的预紧力就能振动,特别是在共振频率下只要很小的干扰力就可能使振动放大,也就是说,蜗簧的预紧力在这样的振动系统中不可能压住齿轮,避免共振作用。如果将蜗轮改为金属材料,蜗轮刚度系数将增大很多,使共振频率提高,可以避开卫星的主要干扰频率,扰振不至于放大;如果取消蜗簧,反射镜及转轴本身的弹性将凸显,根据结构计算,其弹性与其结构本身的转动惯量构成的共振系统的自振频率为几百赫兹,频率很高,也不会与卫星存在的主要干扰形成共振。因此,为了避免反射镜与干扰发生共振,既可以保留蜗簧,但改用金属制作的蜗轮;也可以维持聚酰亚胺制造的蜗轮,但取消蜗簧。卫星按后者专门进行了实验验证,地面测试时最大剩余图像扰振为 0.4 像元,卫星发射前在技术阵地测试为 0.2 像元,有效克服了反射镜共振。

---

① 文献[27]原文为"提高反射镜转动角度控制精度和减小卫星发射阶段反射镜振动",不妥(参见 4.1.3.1 节)。

16.9.2　ALOS 卫星驱动 AVNIR－2 镜子使 PRISM 图像出现高频指向抖动问题

文献[35]报道了在 ALOS 卫星早期运行中偶而观测到的高频指向抖动。ALOS 是日本航空航天探测署(JAXA)用于绘制地图、区域环境监测、灾难管理支持和资源调查的高分辨力地球观测卫星。ALOS 有三台任务仪器:立体测绘全色遥感仪(PRISM)、先进的可见和近红外辐射计 2 型(AVNIR－2)和相控阵型 L 波段合成孔径雷达(PALSAR)。图 16－111 显示了 ALOS 的在轨配置。PRISM 是 ALOS 的主要传感器,它包括具有空间分辨力 2.5 m 和采样率 2 700 Sps(即像元积分时间为 0.37 ms)的三台辐射计;AVNIR－2 提供多频谱观测和指向能力;PALSAR 是一台具有可变离天底(off－nadir)①能力的合成孔径雷达。除此之外,ALOS 有用于精密姿态和位置测定和大量数据操作的星象跟踪仪(STT)、GPS 接收机(GPSR)和数据中继通信天线(DRC)。

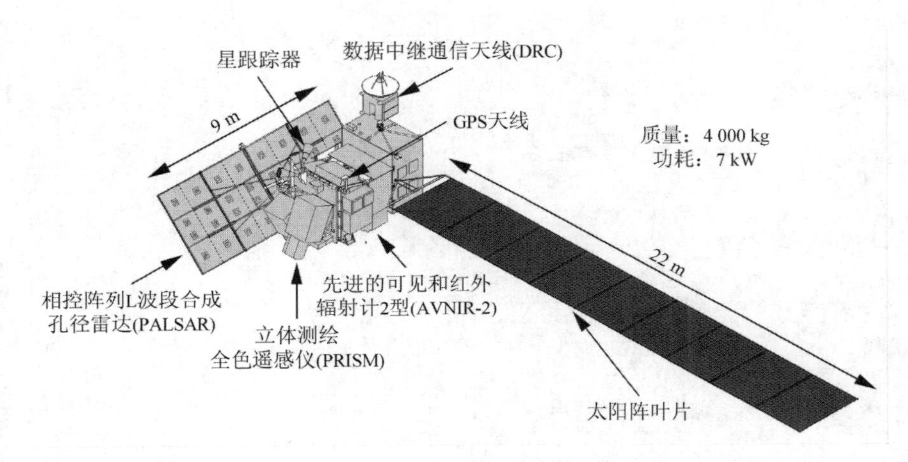

图 16－111　ALOS 在轨的外貌[35]

图 16－112 是 ALOS 早期运行中在 PRISM 的图像中偶而观测到的高频指向抖动示例之一,该图中观测到 2006 年 8 月 20 日的广岛西机场。当该图像被捕获的时候,正在驱动 AVNIR－2 镜子以便改变其指向若干角秒,而且 PRISM 光学系统的局域模式正处于被激发态,从而在图像中产生了弯曲的跑道。从图像中测量出频率为 81.8 Hz,而波动的振幅为 ±4 μrad (±1 像元),即±0.83″。

该卫星采用的“高带宽姿态评估”手段指出了 82 Hz 振动的存在。图 16－113 分别给出了 AVNIR－2 镜子驱动期间和驱动完成后用高带宽姿态评估手段得到的角速度频谱。两张图中都可以看到驱动 DRC 引起的(4～8) Hz 振动和 37 Hz 振动,但是仅仅在 AVNIR－2 镜子驱动期间观测到符合弯曲跑道的 82 Hz 振动,证实驱动 AVNIR－2 镜子的确是该图像波动的原因。

① 卫星对地观测的“离天底角(off－nadir angle)”是偏离垂直向下的角度。

图 16-112　带有抖动的 PRISM 图像，该抖动是由 AVNIR-2 镜子驱动引起的[35]

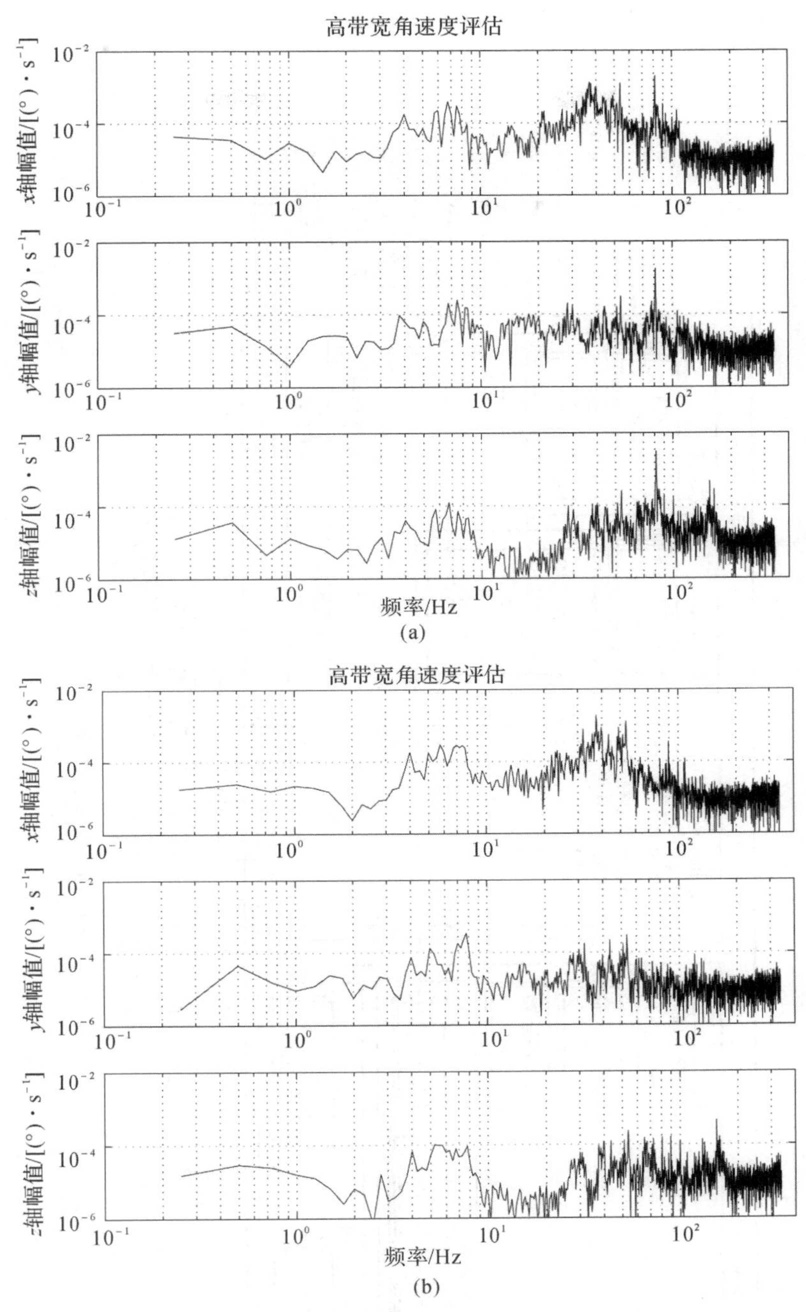

图 16 - 113　当 AVNIR - 2 镜子驱动时的高带宽姿态频响[35]

(a)驱动期间；（b)驱动完成后

鉴于驱动 AVNIR - 2 镜子会使 PRISM 图像出现高频指向抖动，ALOS 的现行任务操作已规定 PRISM 观测期间不允许驱动 AVNIR - 2 镜子。

16.9.3　ALOS 卫星反作用轮到达特定旋转速率使 PRISM 图像出现高频指向抖动问题

ALOS 卫星姿态和轨道控制系统(AOCS)的硬件结构如图 16 - 114 所示[3]。

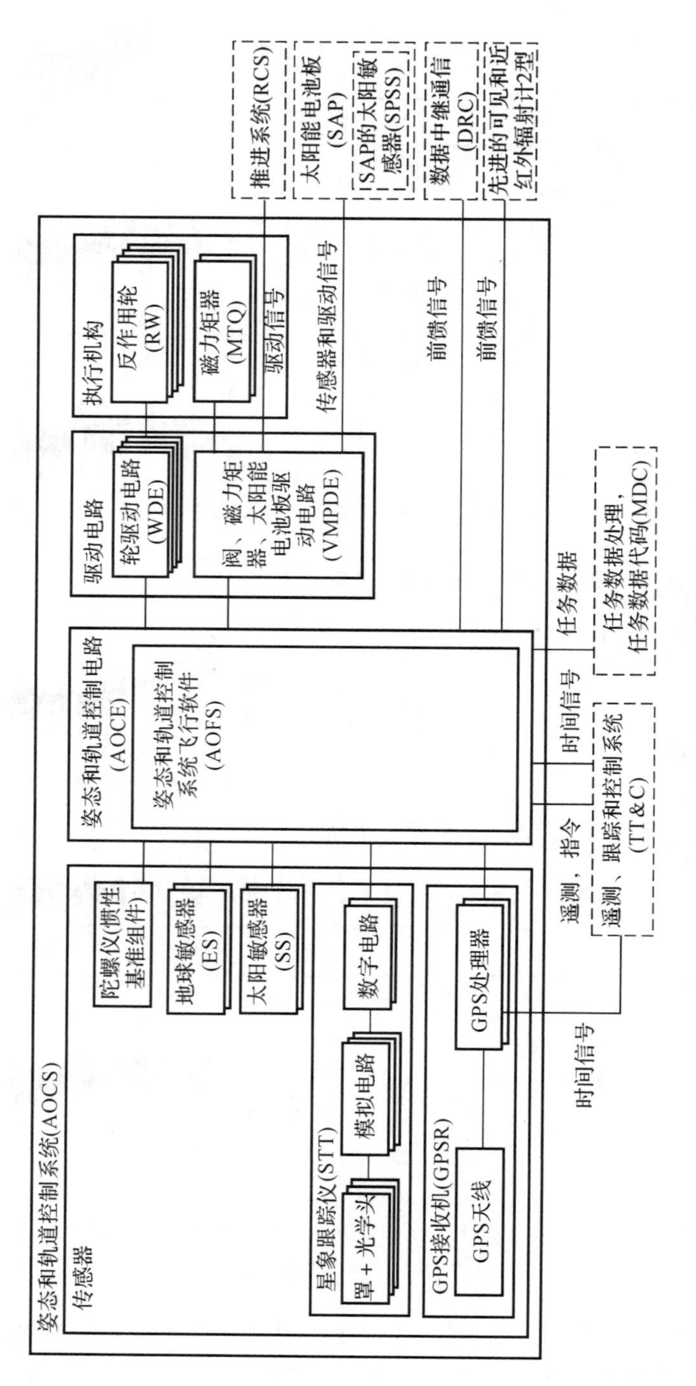

图16-114 AOCS的硬件结构[3]

从图 16－114 可以看到，ALOS 卫星的姿态执行机构包含有反作用轮。反作用轮的控制原理是：利用力矩电机使飞轮加速或减速产生的反作用力矩作为控制力矩。该力矩可用来改变卫星姿态，也可用来对抗干扰力矩。在后一种情况下，其结果就是由飞轮吸收了干扰力矩，保持卫星的姿态不变。在卫星受到周期性干扰力矩作用时，反作用飞轮将周期性地变化转速，吸收干扰力矩，当干扰力矩的平均值不为零时，角动量不断累积，最终会使飞轮转速达到机械结构所允许的临界值（例如＋3 000 r/min；或－3 000 r/min），这时反作用飞轮就进入饱和状态，失去控制功能，必须以卸载（亦称去饱和）装置释放累积角动量，使飞轮转速返回临界值以内，反作用飞轮才能继续工作。显然，这种装置必须具备双向去饱和功能[36]。

文献[35]报道了在 PRISM 图像中反作用轮引起的 96 Hz 高频振动事件。使用高带宽姿态评估，分析了现象，而且识别了原因。每当反作用轮到达一个特定的旋转速率时，它总会发生，且该旋转速率几乎处于其定期变化的最大值。采取的对策是对四个轮子降低设定的可允旋转速率，以避开该旋转速率。自此以后，没有再重复该现象。

16.10　角振动测量手段及与图像几何变形修正相关的问题

16.10.1　传统姿态传感器的频率局限性

如图 16－114 所示，ALOS 卫星的姿态和轨道控制系统（AOCS）使用陀螺仪、地球敏感器、太阳敏感器、星象跟踪仪、GPS 接收机等传统的传感器。受此配置限制，使用 AOCS 的精密姿态测定系统（PADS）只能提供 10 Sps 的姿态信息[3]，其 Nyquist 频率（参见 5.2.1 节）为 5 Hz。图 16－115 显示了正在驱动 DRC 期间用高带宽姿态速率评估和 PADS 姿态速率评估得到的角速度频谱。从图(a)中可以观测到 DRC 的 7 Hz 振动，而图(b)中只到 5 Hz，看不到 DRC 的振动[35]。由此可见，使用传统传感器的姿态测定系统不能满足航天器角振动的测量要求。

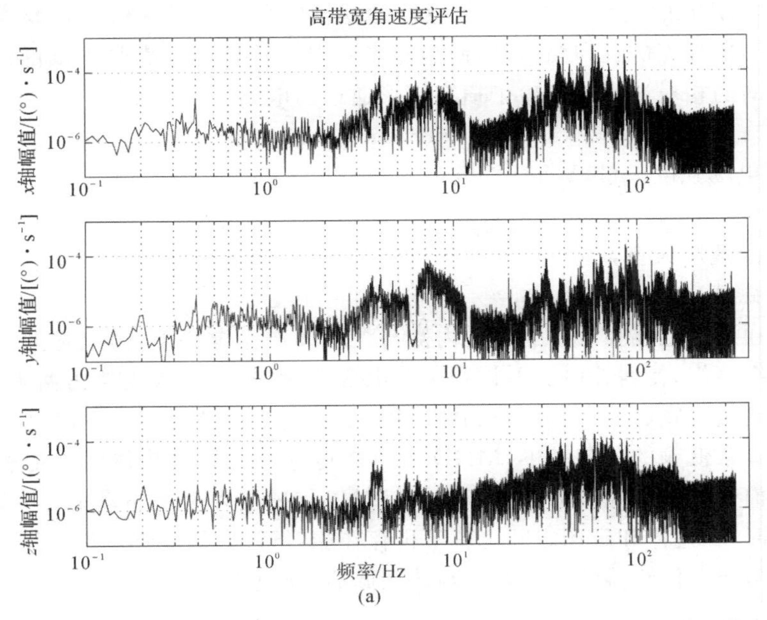

图 16－115　驱动 DRC 期间高带宽姿态速率和 PADS 姿态速率的频率响应[35]

(a)高带宽姿态速率评估

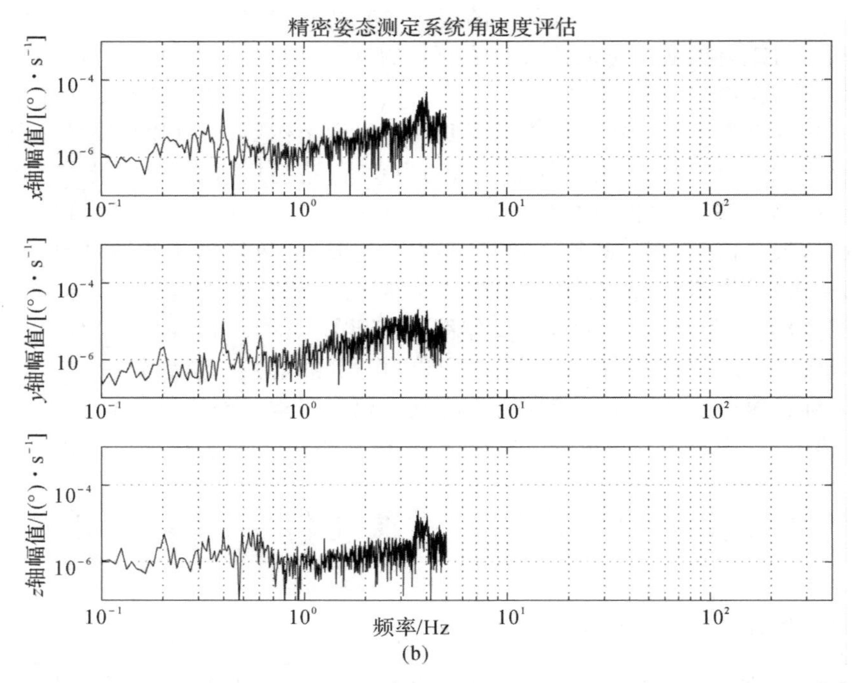

续图 16-115　驱动 DRC 期间高带宽姿态速率和 PADS 姿态速率的频率响应[35]

(b)PADS 姿态速率评估

16.10.2　基于磁流体动力学原理的角速率传感器

由于陀螺仪的带宽能力不足，美国 ATA(应用技术联营)公司 1984 年开发了最初的基于磁流体动力学(MHD)原理的宽频角速率传感器(ARS)，并于 1988 年获得美国专利。图 16-116 显示了 ARS 的运行原理。绕传感器敏感轴的角运动导致作为检验质量的高导电流体相对于传感器外壳的反向角运动，而静磁场相对于传感器外壳是不动的。这种在导电流体和磁场之间的相对速度差产生了横穿环形通道的电场：

$$\boldsymbol{E}=(\boldsymbol{r}\times\boldsymbol{\omega})\times\boldsymbol{B} \tag{16-49}$$

式中　$\boldsymbol{E}$—— 电场强度矢量，V/m；

$\boldsymbol{r}$—— 矢径，m；

$\boldsymbol{\omega}$—— 角速度矢量，rad/s；

$\boldsymbol{B}$—— 磁感应强度矢量，T。

横穿环形通道的电场在环形通道的内侧与外侧间产生电势差，由电势差产生的电流流过变压器的初级绕组，使得该电势差被变压器电磁放大，从而在次级绕组两端感应出电压。该电压在典型测量带宽(1～1 000) Hz 内与输入到传感器的角速率成正比[3]。

在恒定或非常低频的角速率下，MHD 角速率传感器的导电流体因对传感器外壳具有一定的黏附性而开始随外壳转动。由于磁场相对于传感器外壳是不动的，当流体完全同步跟随外壳转动时，在流体和磁场之间也就不再存在相对运动，因而不产生电压输出。这一现象导致 MHD 角速率传感器的频率响应函数在低端逐渐衰减①。

① 此自然段是以文献[37]为蓝本改写的。

ATA 公司的 ARS－12 可以在离散的频率点上测量小于 10 nrad 的惯性角运动。其固态设计使得这些传感器比任何早先的角振动传感器更小，且更坚固耐用。此外，ARS－12 本质上不受线性加速度影响，且角的交叉轴灵敏度仅限于不正确的物理对准。ARS－12 近来已经经历了若干设计改变以承受空间环境[38]。更新换代，使之更灵敏的角速率传感器型号为ARS－14。

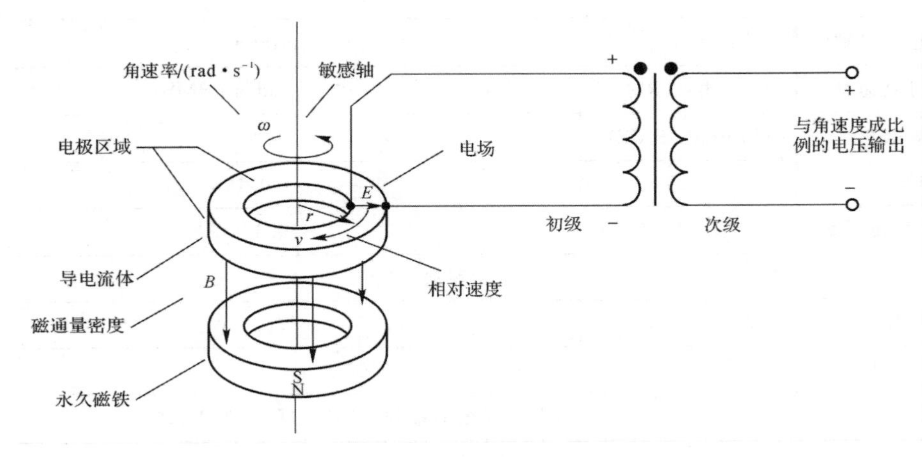

图 16－116　ARS 的运行原理[3]

ARS－12B 和 ARS－14 角速率传感器的外形如图 16－117 所示，尺寸如图 16－118 所示，产品规格如表 16－7 所示，频响特性如图 16－119 所示[39-40]。

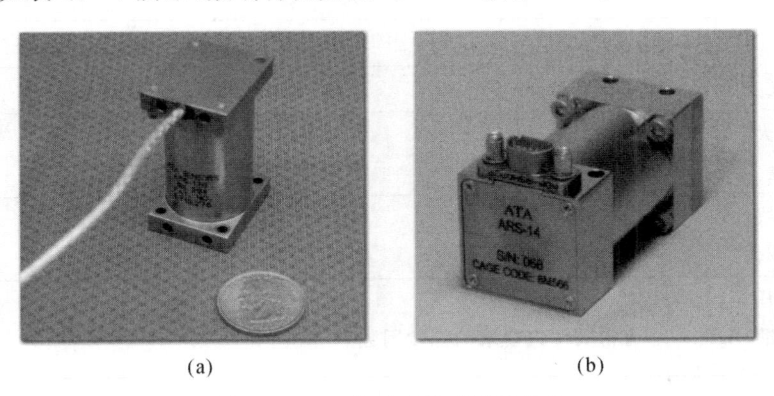

(a)　　　(b)

图 16－117　角速率传感器的外形

(a) ARS－12B[39]；（b）ARS－14[40]

表 16－7　ARS－14 与 ARS－12B 角速率传感器的产品规格比较

	ARS－14[40]	ARS－12B[39]		
动态参数				
输入范围①	±0.5 rad/s	±1 rad/s	±100 mrad/s	±10 mrad/s
标度因数②	20 V/(rad・s⁻¹)	10 V/(rad・s⁻¹)	100 V/(rad・s⁻¹)	1 000 V/(rad・s⁻¹)
动态范围	＞120 dB	＞100 dB		

续表

	ARS-14[40]	ARS-12B[39]
动态参数		
带宽	(<2 ～1 000) Hz	(1 ～ 1 000) Hz
交叉轴角误差	<2%	
线性加速度灵敏度	1 μrad/g_n	< 5 mrad・s^{-1}/g_n
噪声等效速率	<5 μrad/s (RMS)③	< 8 μrad/s (RMS)
噪声等效角度	<50 nrad (RMS)③	
非线性	<0.25%	<0.1%
标度因数温度系数④	<0.3%/℃	<0.4%/℃
电学参数		
功耗	<0.2 W	<0.5 W
输出阻抗	<100 Ω	
接地⑤	壳与信号公共端间的绝缘电阻至少 1 MΩ	
其他		
终端集成电路温度传感器	AD5902	无
环境参数		
工作温度	−30℃～+50℃	−35℃～+60℃
非工作温度	−40℃～+60℃	−35℃～+60℃
工作时的最大线性加速度		500 g_n(任意轴)
可存活的最大线性加速度(冲击载荷)		800 g_n(任意轴)

①基于输出电压振幅±10 V。
②10 Hz 下测量,ARS-14 可得到用户要求的标度因数。
③在(1～1 000) Hz 范围内。
④10 Hz 下每摄氏度的标度因数百分变化。
⑤如果需要,信号公共端可以接机壳

ALOS 卫星使用了 ARS-12B 的改进型产品 ARS-12G。ARS-12G 将尺寸压缩至 25.4 mm×20.5 mm×50.8 mm,功耗压缩<0.3 W,运行温度范围提升至(−25 ～ 75) ℃,可耐受生存和运行下的振动大于 50 g_n(RMS),运行时冲击 500 g_n/5 ms(半正弦),输出的测量值可以是加速度、电压或位移,10 Hz 下的分辨力小于 10 nrad[即(2×10^{-3})″],2 Hz ～ 500 Hz 范围内噪声等效角度小于 35 nrad[即(7.2×10^{-3})″] (RMS),1 Hz 处、(0 ～ 40) ℃下测量到的全输入范围标度因数温度灵敏度不大于 2.550×10^{-3}/℃[38]。

使用三只 ARS-12B 或 ARS-14 角速率传感器以及可选的电源/信号调理和温度测量

电路构成 Dynapak 12 或 Dynapak 14 传感器包。伴随数字图像数据同时记录的抖动测量可以在后处理中用于提高图像的质量。Dynapak 12 或 Dynapak 14 典型的输出是角速度，但是也能提供角位移。还能根据用户需求定制各种不同的带宽和标度因数。Dynapak 12 和 Dynapak 14 的外形如图 16－120 所示，参数如表 16－8 所示。

表 16－8　Dynapak 传感器包的参数

参数		Dynapak 12[41]	Dynapak 14[42]	单位(注释)
尺寸		11.4× 6.4 × 8.9	11.4× 6.4 × 9.1	cm
质量		1.3	1.3	kg
电源		±15	±15	V
功耗		＜ 4.0	＜ 1.5	W
标度因数		10，100，1 000	20(用户可得到 10～1 000)	V/(rad・s^{-1})(标准，需要时可得到其他标度因数)
输入范围		±1，±0.1，±0.01	±0.5(用户可得到 ±1 ～ ±0.01)	rad/s(基于±10 V 输出至数据采集系统)
带宽		2 ～ 1 000	2 ～ 1 000	Hz(－3 dB 处)
噪声等效角度 (2 Hz ～ 1 000 Hz 带宽)		＜ 50	＜ 50	nrad (RMS)
温度	运行	－35 ～ ＋65	－30 ～ ＋50	℃
	非运行	－35 ～ ＋65	－40 ～ ＋60	℃

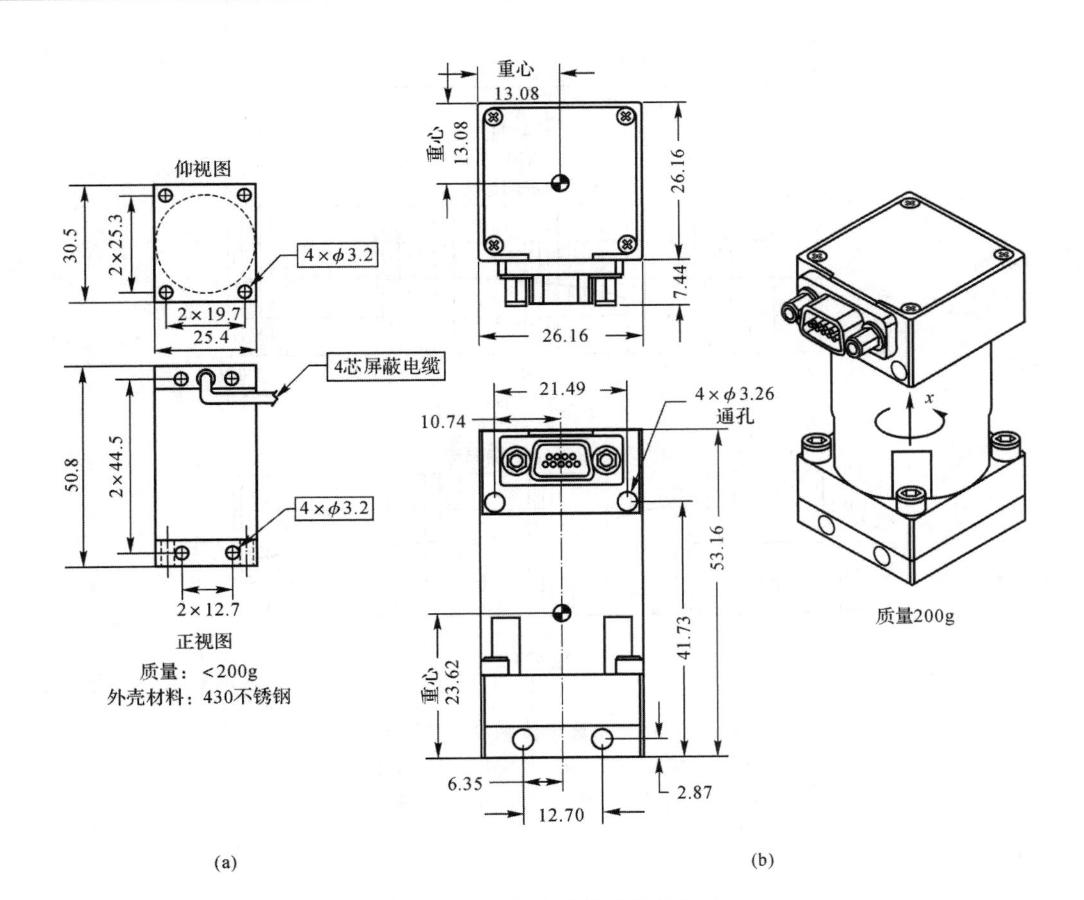

图 16－118　角速率传感器的尺寸

(a) ARS－12B[39]；　(b) ARS－14[40]

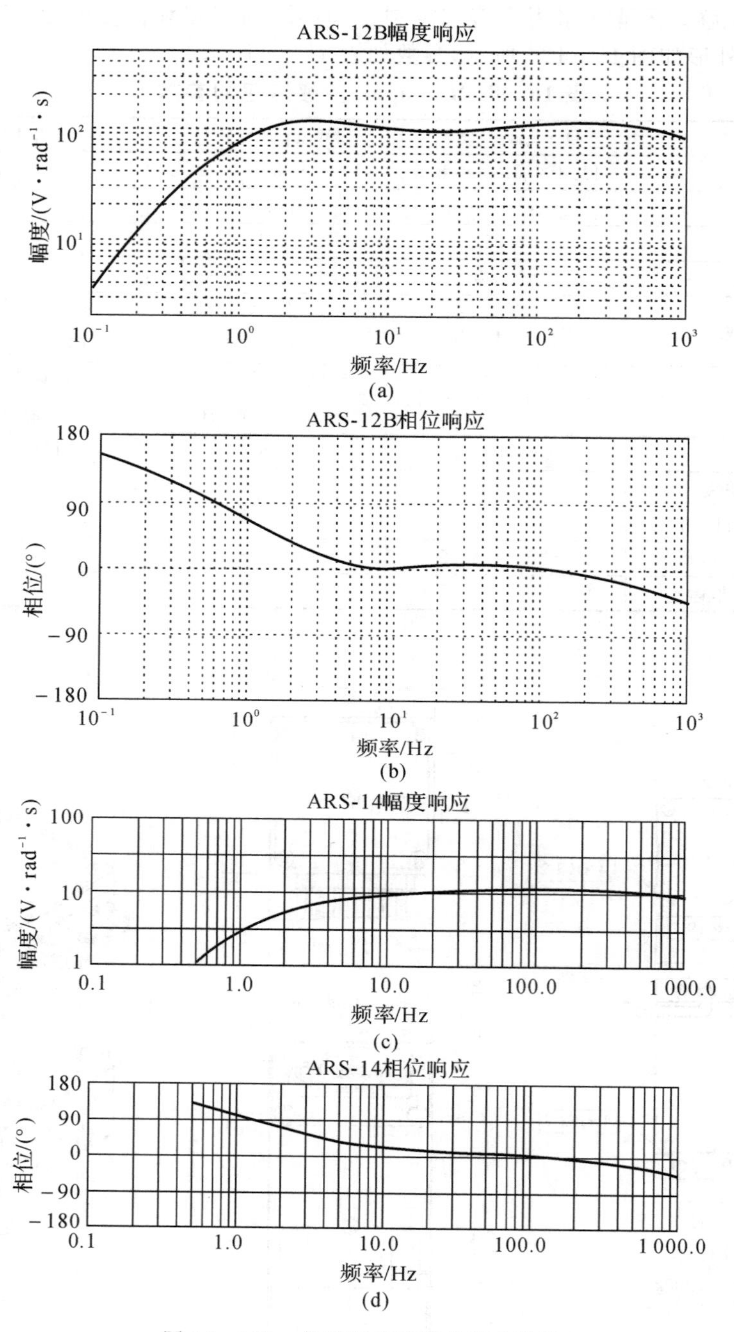

图 16－119　角速率传感器的频响特性

(a) ARS－12B 幅度响应[39]；（b) ARS－12B 相位响应[39]；
(c) ARS－14 幅度响应[40]；（d）ARS－14 相位响应[40]

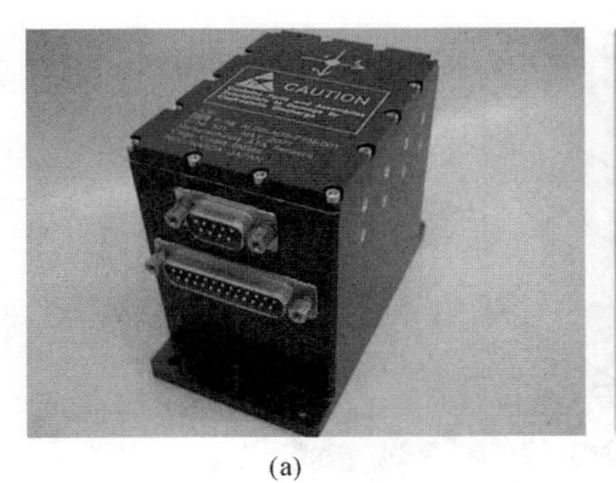

(a)　　　　(b)

图 16－120　Dynapak 传感器包的外形

(a)Dynapak 12[41]；(b) Dynapak 14[42]

ALOS 卫星在 Dynapak 12 基础上，采用 ARS－12G，改制成角位移传感器(ADS)，以产生角位移输出替代角速率，并提供范围选择。ADS 的机械配置如图 16－121 所示，技术条件如表 16－9 所示[3]。

表 16－9　ADS 的技术条件[3]

配置		三轴传感器组件，可选择两个范围	
		狭范围	宽范围
物理特性	范围	±20.6″(±4.1″)①	±206″(±41″)①
	标度因数	1 V / 2.06″(±5%)	1 V / 20.6″(±5%)
	输出和输入电压	直流±10 V 和 ±15 V	
	功率和质量	每单元 4.0 W，1.3 kg	
	大小	114 mm × 64 mm × 89 mm	
	角误差	0.6°	
性能参数	标度因数温度灵敏度	不超过±0.0%/(°)	
	输出零偏	22℃下最大 100 mV	
	零输入下的温度灵敏度	0.003 7″/℃	0.037″/℃
	±90°相位的角频率	0.9 Hz	
	振幅响应	(0.5 ～ 500) Hz 内不超过模型传递函数的±3.5% (2σ) (2 ～ 500) Hz 内增益的不平坦度不超过±2 dB	
	相位响应	(0.5 ～ 500) Hz 内不超过模型传递函数的±3° (2σ)	
	在 22℃下的输出噪声	(2～200) Hz 内不超过 0.01″(RMS)	
	测量频率范围	(2～500) Hz	
	阈值，分辨力	0.004 1″	
PRISM 电单元信号处理	A/D 转换器	10 bit(在电单元处)	
	采样	675 Sps	
	增益	5，全范围：±10 V	

①在电单元增益(增益值为 5)之后

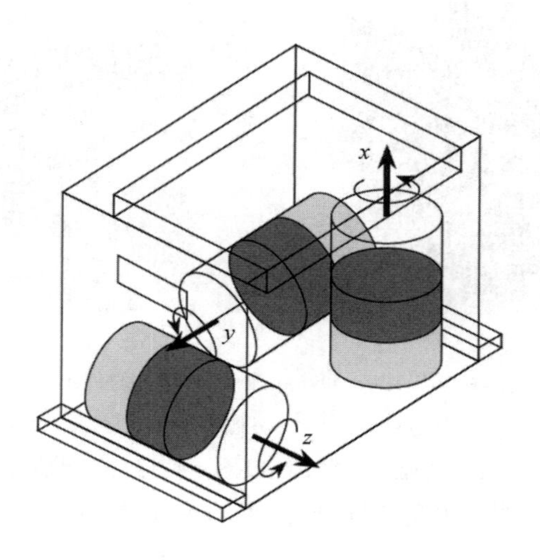

图 16-121　ADS 的机械配置[3]

固然，ADS 有低频测量限制，不能够测量固定的角速率，而陀螺仪可以。然而 ADS 的极宽频率带宽能力却填补了传统陀螺仪的不足，使我们能够测量高频和瞬态动作，这是单靠陀螺仪不能提供的，如图 16-122 所示。从该图可以看到，ADS 在宽的频率范围内增益的不平坦度不超过±2 dB(即处于 0.79～1.26 之间)[3]。

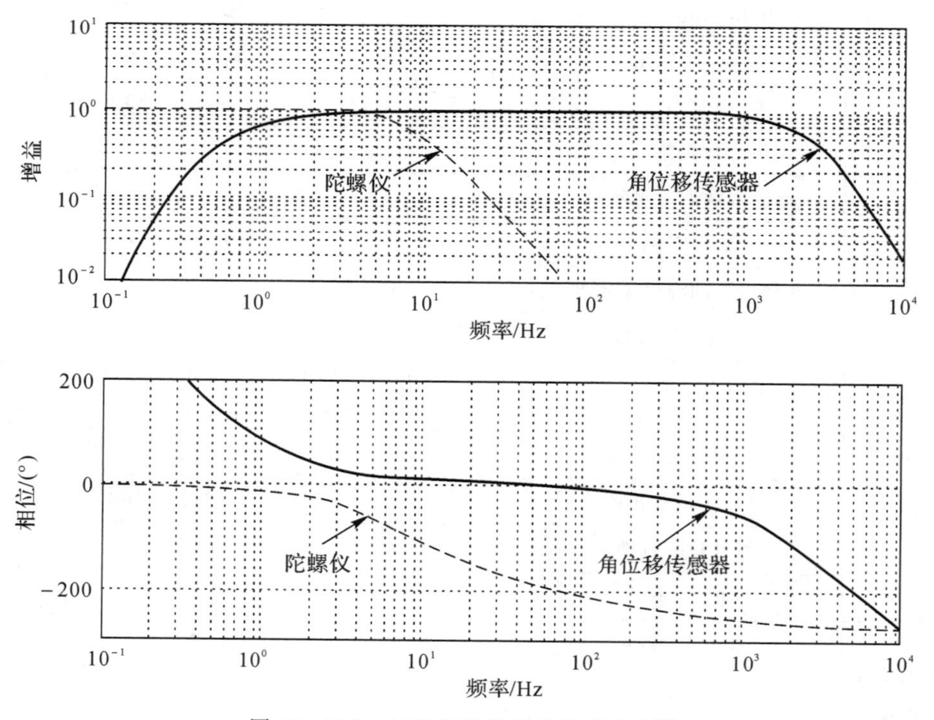

图 16-122　ADS 和陀螺仪的频率响应[3]

16.10.3　ALOS 卫星的高带宽姿态评估手段

ALOS 卫星通过以 Wiener 滤波器(一种适用于广义平稳随机过程、基于最小方均根误差准则的最佳线性滤波方法)为基础的逼近和以 Kalman 滤波器(一种适用于线性离散有限维系统、对含有高斯白噪声的输入输出数据进行最优状态自回归估计的滤波方法)为基础的逼近,将 ADS 的测量数据与 PADS 的姿态估值结合起来,实现了高带宽姿态测定[3]。

为了使用高带宽姿态评估手段在事后处理中对图像作几何修正,ADS 的数据是与 PRISM 的积分定时信号同步采集的。PRISM 的像元积分时间为 0.37 ms,与之同步依次循环采集 ADS 的各路数据,即依次采集 x 路、y 路、z 路,并在返回 x 路前空一路作为标识,因而 ADS 每路数据的采集间隔为 1.48 ms,即每路数据的采样率为 675 Sps,被采集的三轴角数据与 PRISM 的状态和成像参数一起被编译。然后,将它们附加到 PRISM 的每台辐射计的被压缩图像数据中,且一起下行[3]。

DRC 的 7 Hz 振动造成了 PRISM 图像中非常微弱的(几乎不引人注目的)条纹,这些条纹在少于 1 m 的视图误差内呈周期变化。ALOS 卫星使用高带宽姿态评估对 DRC 的 7 Hz 振动影响作了几何修正,避免了这些条纹[35]。

如前所述,AVNIR－2 镜子驱动使 PRISM 图像带有 82 Hz 抖动,高带宽姿态评估手段证实驱动 AVNIR－2 镜子的确是该抖动的原因。然而,高带宽姿态评估得到的振幅比 PRISM 图像中观测到的指向振动小得多,因而没有如预期的那样有效地修正图 16－112 所示的弯曲跑道[35]。

16.10.4　结构谐振对姿态评估造成的频率局限性

为了保证 PRISM(立体测绘全色遥感仪)指向与姿态参考间的相关性,将 STT(星象跟踪仪)、陀螺仪、ADS(角位移传感器)与 PRISM 安装在同一光具座上,如图 16－123 所示,且对 PRISM、光具座、STT 托架和 STT 实施精密温度控制。因为热畸变引起的对准变化具有很长的时间常数,而 ADS 对该频率范围是不灵敏的,所以对准变化不可能影响 ADS 与姿态和指向参考的相关性[3]。

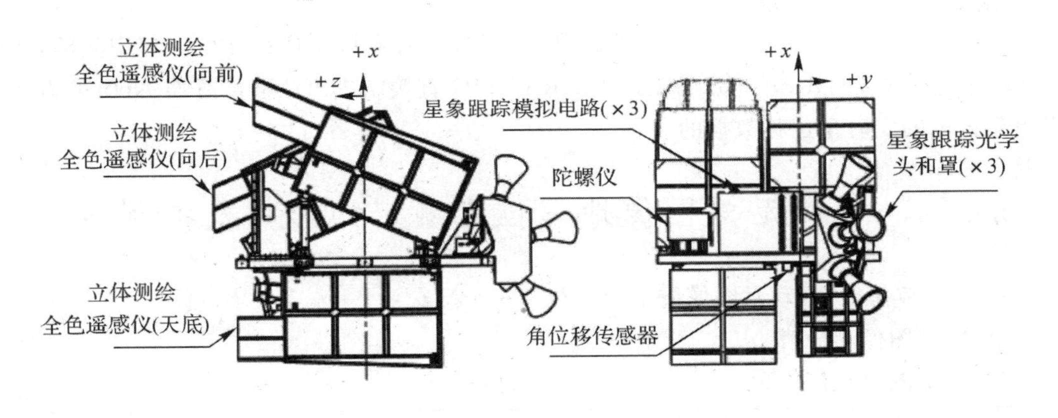

图 16－123　在光具座上的 PRISM、STT、陀螺仪和 ADS[3]

然而,ADS 与姿态和指向参考的相关性受到结构模态谐振频率的制约。装有 ADS 的光具座总成有以下几种谐振频率:光具座的 30 Hz、PRISM 的 54 Hz、STT 的 90 Hz、ADS 的3 000 Hz。这意味着光具座的 30 Hz 驻留在 ADS 和 STT 间、ADS 和 PRISM 间、STT 和 PRISM 间的结构路径中。因此,在最坏的情况下,光具座的局域激励会阻止 ADS 呈现 ALOS 的姿态和 PRISM 的指向超过 30 Hz。虽然通过详细的分析有可能对实际的相关性作出评估(此事正在进行中),并且,即使频率超过光具座的 30 Hz,相关性可能也降低不了多少,但是,目前还只能说,ADS 的测量呈现的姿态和指向至少达到 30 Hz[3]。

图 16-112 给出的示例证实了上述设计预期,即对于比 30 Hz 高的频率范围,高带宽姿态评估只能标示振动的频率而不能恰如其分地描绘指向[35]。

也就是说,尽管 ADS 的测量频率上限达到 500 Hz,但是受光具座谐振频率 30 Hz 的限制,高带宽姿态评估目前只能对 30 Hz 以下振动引起的图像指向抖动实施几何修正。

16.10.5 讨论

16.10.2 节介绍了基于磁流体动力学(MHD)原理的宽频角速率传感器(ARS)和 ARS-12、ARS-12B、ARS-14、ARS-12B 的改进型产品 ARS-12G 等产品,以及由三只 ARS-12B 或 ARS-14 角速率传感器加上电源/信号调理和温度测量电路构成的 Dynapak 12 或 Dynapak 14 传感器包(均可输出角位移),还介绍了 ALOS 卫星更进一步用三只 ARS-12G 直接制成的角位移传感器 ADS。由于 ARS 是基于角速率测量原理的传感器,因此,只能通过对时域输出的角速率数据进行积分得到角位移。值得注意的是,为了保证积分结果的正确性,如 5.9.5.1 节所述,采样率的数值需达到对象最高频率值的 10 倍以上,需积分前后都作去均值和线性趋势处理,要设置截止频率为有用信号最低频率 60%左右、过渡带陡、通带和阻带纹波小的高通滤波器。

就“采样率的数值需达到最高频率值的 10 倍以上”这一措施而言,如 16.10.3 节所述,ALOS 卫星 ADS 每路数据的采集间隔为 1.48 ms,即每路数据的采样率为 675 Sps。因此,为了通过积分得到角位移,应该控制角振动的最高频率不超过 67.5 Hz。如表 16-7 所示,ARS 角速率传感器本身的带宽可以到 1 000 Hz。为此,在模数转换之前,应设置低通滤波器,防止超过 67.5 Hz 的角速率信号通过。

而“需积分前后都作去均值和线性趋势处理”这一措施只能在数据后处理中实施,所以 ALOS 卫星用三只 ARS-12B 的改进型 ARS-12G 直接制成角位移传感器 ADS 的做法是得不到正确的实时角位移数据的。

16.11 角振动对图像地理位置测定的影响及控制措施

16.2.2 节指出,振动对图像质量影响包括三个层次:

(1)影响图像的分辨力;

(2)引起图像几何变形;

(3)影响图像的地理位置测定。

本节将围绕振动影响图像的地理位置测定展开讨论。

随着影像分辨力的不断提高,其应用日益广泛,人们对影像的定量分析越来越多,由此对卫星影像定位误差①也提出了越来越高的要求。卫星自身的技术指标是影响卫星影像几何定位误差②的直接因素[43]。

卫星遥感影像定位的基本原理是利用卫星上的 GPS 系统实时记录影像获取过程中卫星的位置坐标，在获得影像的外方位元素[描述摄影中心(摄影光束的节点)和像片在地面坐标系中的位置和姿态的参数]之后，结合卫星姿态角数据，确定像点所代表的地物点的地理位置，从而实现对遥感影像的定位[44]。

卫星自身的技术指标是影响卫星影像几何定位误差的直接因素。一般认为，在 GPS 系统具有较低误差③的前提下，影响地面目标点定位观测误差④的主要因素是卫星的姿态角[44]。然而，由于卫星在运行时会发生振动，造成了在地面上进行高分辨力卫星影像定位时会存在误差[45]。这里所说的卫星应该理解为包括卫星平台、各种指向测量仪器、对地观测相机、支承结构等。

ALOS 卫星关于地理位置指向的需求是：0 Hz ～ 10 Hz 范围内地基指向测定误差⑤为 $(\pm 2.0\times 10^{-4})°$；全频率范围内(最高频率 2 700 Hz 是由 PRISM 的像元积分时间 0.37 ms 决定的)长期指向稳定度未驱动 DRC 时峰-峰值为 $(2.0\times 10^{-4})°/5$ s，而驱动 DRC 期间峰-峰值为 $(4.0\times 10^{-4})°/5$ s[前提是 PRISM 与 STT 间的对准变化为 $(0.1\times 10^{-4})°/5$ s；长期姿态稳定度未驱动 DRC 时峰-峰值为 $(1.9\times 10^{-4})°/5$ s，而驱动 DRC 期间峰-峰值为 $(3.9\times 10^{-4})°/5$ s]；0 Hz ～ 1 Hz 范围内地基位置测定误差⑥为 1 m。由以上三项因素决定全频率范围(0 ～ 2 700 Hz)内 3σ 地理位置测定误差⑦当未驱动 DRC 时为 ±4 m，而驱动 DRC 期间为 ±6 m。在此基础上利用高带宽指向测量数据将全频率范围内长期姿态稳定度峰-峰值降低至 $(1.9\times 10^{-4})°/5$ s，从而改良全频率范围内 3σ 地理位置测定误差⑧到 ±3 m[3]。

从以上需求可以看到，在影响 ALOS 卫星地理位置测定误差的诸因素中，PRISM 与 STT 间对准变化仅允许 $(0.1\times 10^{-4})°/5$ s，使其影响处于非常次要的地位，这是靠将 STT、陀螺仪、ADS 与 PRISM 安装在同一光具座上，且对 PRISM、光具座、STT 托架和 STT 本体实施精密温度控制保证的(参见 16.10.4 节)。

16.12 用加速度计检测随机角振动在频率区间 $[f_1, f_2]$ 内的角速度方均根值

角振动对图像分辨力的影响问题分两个层次：容易做到的是搞清图像分辨力不足是否与角振动有关，而难于做到的是在地面后处理时利用角振动测量数据提高图像的分辨力。本节仅讨论借助位于刚性物体两端的一对线加速度计对前者进行判断的方法。

16.12.1 理论分析

假定 p，q 两点刚性固结，相距 L，在 p，q 两点分别设置加速度计，加速度计的敏感轴与

---

① 文献[41]原文为“精度”，不妥(参见 4.1.3.1 节)。
② 文献[41]原文为“精度”，不妥(参见 4.1.3.1 节)。
③ 文献[42]原文为“较高精度”，不妥(参见 4.1.3.1 节)。
④ 文献[42]原文为“精度”，不妥(参见 4.1.3.1 节)。
⑤ 文献[3]原文为“指向测定准确度”，不妥(参见 4.1.3.1 节)。
⑥ 文献[3]原文为“准确度”，不妥(参见 4.1.3.1 节)。
⑦ 文献[3]原文为“准确度”，不妥(参见 4.1.3.1 节)。
⑧ 文献[3]原文为“准确度”，不妥(参见 4.1.3.1 节)。

p,q 两点间的连线相垂直,并在同一平面内,其线加速度测量值分别为 γ_p, γ_q,如图 16 - 124 所示。

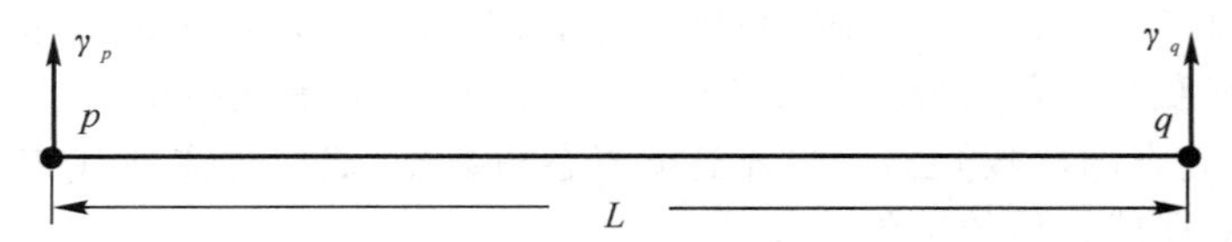

图 16 - 124 用加速度计检测随机角振动在频率区间[f_1, f_2]内的角速度方均根值

以采样间隔 Δt 对 γ_p, γ_q 分别采集 N 次,累计采集时间 $T_s = N\Delta t$,分别得到 $\gamma_p(k\Delta t)$ 和 $\gamma_q(k\Delta t)(k=0,1,2,\cdots,N-1)$,即可通过下式求出旋转轴垂直于纸面的角加速度信号 $\beta(k\Delta t)$:

$$\beta(k\Delta t) = \frac{\gamma_p(k\Delta t) - \gamma_q(k\Delta t)}{L}, \quad k=0,1,2,\cdots,N-1 \tag{16-50}$$

式中 N—— 数据长度;

k—— 离散时域数据的序号;

Δt—— 采样间隔,s;

$\gamma_p(k\Delta t)$—— 时间 $t=k\Delta t$ 时 p 点的线加速度,m/s^2;

$\gamma_q(k\Delta t)$—— 时间 $t=k\Delta t$ 时 q 点的线加速度,m/s^2;

L——p, q 两点间的距离,m;

$\beta(k\Delta t)$—— 时间 $t=k\Delta t$ 时旋转轴垂直于纸面的角加速度,rad/s^2。

由式(5 - 26)得到角加速度的功率谱密度平方根为

$$B_{\mathrm{PSD}}(i\Delta f) = \begin{cases} \sqrt{\dfrac{\Delta t}{2UN}\overline{X}(i\Delta f)\cdot X(i\Delta f)}, & i=0,\dfrac{N}{2} \\ \sqrt{\dfrac{2\Delta t}{UN}\overline{X}(i\Delta f)\cdot X(i\Delta f)}, & i=1,2,\cdots,\dfrac{N}{2}-1 \end{cases} \tag{16-51}$$

式中 i—— 离散频域数据的序号;

Δf—— 频率间隔,Hz;

$B_{\mathrm{PSD}}(i\Delta f)$—— 频率 $f=i\Delta f$ 处的角加速度功率谱密度平方根,rad · s^{-2}/Hz$^{1/2}$;

$X(i\Delta f)$—— 频率 $f=i\Delta f$ 处角加速度的 FFT 函数(MATLAB 软件定义的函数),为复数,rad/s^2;

$\overline{X}(i\Delta f)$—— 与 $X(i\Delta f)$ 互为共轭复数,在 MATLAB 软件中可用 conj 函数由 $X(i\Delta f)$ 得到,为复数,rad/s^2。

可以仿照式(5 - 8)给出

$$X(i\Delta f) = \sum_{k=0}^{N-1}\beta(k\Delta t)\exp(-\mathrm{j}2\pi ik/N), \quad i=0,1,2,\cdots,N-1 \tag{16-52}$$

在随机振动中,角加速度功率谱密度 $B_{\mathrm{PSD}}(i\Delta f)$、角速度功率谱密度 $\omega_{\mathrm{PSD}}(i\Delta f)$ 之间存在下列关系:

$$\Omega_{\mathrm{PSD}}(i\Delta f) = \frac{B_{\mathrm{PSD}}(i\Delta f)}{2\pi i\Delta f} \tag{16-53}$$

式中 $\Omega_{\mathrm{PSD}}(i\Delta f)$—— 频率 $f=i\Delta f$ 处的角速度功率谱密度,rad · s^{-1}/Hz$^{1/2}$。

5.9.3.2 节第(1)条已指出,根据 Parseval 定理,时间信号的方均根值与该信号功率谱密度在其全部频带内积分的平方根是相等的。因此,可以仿照式(5-40)给出零均值稳态随机角振动在频率区间[f_1, f_2]内的角速度方均根值ω_{RMS}:

$$\omega_{\mathrm{RMS}}\big|_{[f_1,f_2]}=\sqrt{\Delta f\sum_{i=f_1/\Delta f}^{f_2/\Delta f}\Omega_{\mathrm{PSD}}^2(i\Delta f)} \tag{16-54}$$

式中　$\omega_{\mathrm{RMS}}\big|_{[f_1,f_2]}$—— 零均值稳态随机角振动在频率区间[$f_1$, f_2]的角速度方均根值,rad/s;

f_1—— 频率区间的下限,Hz;

f_2—— 频率区间的上限,Hz。

将式(16-53)代入式(16-54),得到

$$\omega_{\mathrm{RMS}}\big|_{[f_1,f_2]}=\frac{1}{2\pi}\sqrt{\Delta f\sum_{i=f_1/\Delta f}^{f_2/\Delta f}\frac{B_{\mathrm{PSD}}^2(i\Delta f)}{(i\Delta f)^2}} \tag{16-55}$$

从以上叙述可以看到,式(16-55)得到的是整个采集时间T_s内的角速度方均根值。本方法得不到角速度随时间的变化。

此外,如5.3.5节所述,频域曲线$f=\Delta f$处的谱高完全是由时域数据在T_s处突然截断所造成的,因此是不真实的;频域曲线$f\geqslant 2\Delta f$的起始部分仍然明显含有时域数据在T_s处突然截断的影响,即频谱泄漏在低频部分特别明显。所以式(16-55)中f_1必须比Δf大好几倍,即采样持续时间$T_s=1/\Delta f$必须足够长。这与评价16.22节所说的振动是否会影响三个层次的图像质量时所需采样持续时间依次增长是一致的。

16.12.2　加速度计引起的频率区间[f_1, f_2]角速度方均根噪声

依据16.8.4节的讨论,最关心的振动角速度频率范围在数百赫兹以下。就目前水平而言,石英挠性加速度计是颇为不错的选择,它的分辨力指标和工作频率范围都比较适合检测随机角振动在频率区间[f_1, f_2]内的角速度方均根值。

16.12.2.1　加速度计噪声的功率谱密度

图5-40给出了国产JBN-3型石英挠性加速度计噪声的功率谱密度曲线。如5.9.3.2节第(4)条所述,该噪声功率谱密度曲线在(0.1～125) Hz范围内可以用单一的噪声功率谱密度平方根值$5.62\times10^{-4}\ \mathrm{m}g_n/\mathrm{Hz}^{1/2}$(即$5.51\times10^{-6}\ \mathrm{m\cdot s^{-2}/Hz^{1/2}}$)作代表。

16.12.2.2　加速度计引起的角加速度噪声功率谱密度

由式(16-50)可以看到,角加速度信号是由p, q两点的线加速度信号合成得到的。根据噪声合成原理,合成噪声为各自噪声的方均根。认为两台加速度计噪声水平相同,则合成噪声为单台噪声的$\sqrt{2}$倍,因此,由式(16-50)得到,加速度计引起的角加速度噪声的功率谱密度为

$$\widetilde{B}_{\mathrm{PSD}}(i\Delta f)=\frac{\sqrt{2}\,\widetilde{\Gamma}_{\mathrm{PSD}}(i\Delta f)}{L} \tag{16-56}$$

式中　$\widetilde{B}_{\mathrm{PSD}}(i\Delta f)$—— 加速度计引起的频率$f=i\Delta f$处角加速度噪声功率谱密度,$\mathrm{rad\cdot s^{-2}/Hz^{1/2}}$;

$\widetilde{\Gamma}_{\mathrm{PSD}}(i\Delta f)$—— 频率$f=i\Delta f$处加速度计噪声的功率谱密度,$\mathrm{m\cdot s^{-2}/Hz^{1/2}}$。

16.12.2.3　加速度计引起的频率$f=i\Delta f$处角速度噪声功率谱密度

加速度计引起的频率$f=i\Delta f$处角速度噪声功率谱密度为

$$\tilde{\Omega}_{\mathrm{PSD}}(i\Delta f)=\frac{\tilde{B}_{\mathrm{PSD}}(i\Delta f)}{2\pi i\Delta f} \tag{16-57}$$

式中 $\tilde{\Omega}_{\mathrm{PSD}}(i\Delta f)$—— 加速度计引起的频率 $f=i\Delta f$ 处角速度噪声功率谱密度，$\mathrm{rad\cdot s^{-1}/Hz^{1/2}}$。

16.12.2.4 加速度计引起的频率区间$[f_1, f_2]$角速度方均根噪声

5.9.3.2 节第(1)条已指出，根据 Parseval 定理，时间信号的方均根值与该信号功率谱密度在其全部频带内积分的平方根是相等的。因此，可以仿照式(5-40)给出加速度计引起的频率区间$[f_1, f_2]$角速度方均根噪声为

$$\tilde{\omega}_{\mathrm{RMS}}\big|_{[f_1,f_2]}=\sqrt{\Delta f\sum_{i=f_1/\Delta f}^{f_2/\Delta f}\tilde{\Omega}^2_{\mathrm{PSD}}(i\Delta f)} \tag{16-58}$$

式中 $\tilde{\omega}_{\mathrm{RMS}}\big|_{[f_1,f_2]}$—— 加速度计引起的频率区间$[f_1, f_2]$角速度方均根噪声，rad/s。

将式(16-56)代入式(16-57)，再代入式(16-58)，得到

$$\tilde{\omega}_{\mathrm{RMS}}\big|_{[f_1,f_2]}=\frac{1}{2\pi L}\sqrt{2\Delta f\sum_{i=f_1/\Delta f}^{f_2/\Delta f}\frac{\tilde{\Gamma}_{\mathrm{PSD}}{}^2(i\Delta f)}{(i\Delta f)^2}} \tag{16-59}$$

将国产 JBN-3 型石英挠性加速度计 $\tilde{\Gamma}_{\mathrm{PSD}}(i\Delta f)=5.51\times10^{-6}\ \mathrm{m\cdot s^{-2}/Hz^{1/2}}$ 代入式(16-59)，得到

$$\{\tilde{\omega}_{\mathrm{RMS}}\big|_{[f_1,f_2]}\}_{\mathrm{rad/s}}=\frac{5.51\times10^{-6}}{2\pi\{L\}_{\mathrm{m}}}\sqrt{\frac{2}{\{\Delta f\}_{\mathrm{Hz}}}\sum_{i=f_1/\Delta f}^{f_2/\Delta f}\frac{1}{i^2}} \tag{16-60}$$

16.12.2.5 示例

(1)$\Delta t=0.004$ s，$N=4\ 096$。

若 $\Delta t=0.004$ s，$N=4\ 096$，则由式(5-9)得到 $\Delta f=1/16.384$ Hz，于是式(16-60)可改写为

$$\{\tilde{\omega}_{\mathrm{RMS}}\}_{\mathrm{rad/s}}\big|_{[f_1,f_2]}=\frac{5.02\times10^{-6}}{\{L\}_{\mathrm{m}}}\sqrt{\sum_{i=f_1/\Delta f}^{f_2/\Delta f}\frac{1}{i^2}} \tag{16-61}$$

由 5.3.2 节和 5.3.3 节的叙述可知，i 最大到 $N/2$，因此频谱分析的上限为 125 Hz。若取 $f_1=1$ Hz，$f_2=100$ Hz，则

$$\{\tilde{\omega}_{\mathrm{RMS}}\}_{\mathrm{rad/s}}\big|_{[1\ \mathrm{Hz},100\ \mathrm{Hz}]}=\frac{5.02\times10^{-6}}{\{L\}_{\mathrm{m}}}\sqrt{\sum_{i=16}^{1\ 638}\frac{1}{i^2}} \tag{16-62}$$

式(16-62)可以改写为

$$\{\tilde{\omega}_{\mathrm{RMS}}\}_{\mathrm{rad/s}}\big|_{[1\ \mathrm{Hz},100\ \mathrm{Hz}]}=\frac{5.02\times10^{-6}}{\{L\}_{\mathrm{m}}}\times0.252\ 8 \tag{16-63}$$

即

$$\{\tilde{\omega}_{\mathrm{RMS}}\}_{\mathrm{rad/s}}\big|_{[1\ \mathrm{Hz},100\ \mathrm{Hz}]}=\frac{1.27\times10^{-6}}{\{L\}_{\mathrm{m}}} \tag{16-64}$$

由式(16-64)得到，当 $L=0.1$ m 时，$\tilde{\omega}_{\mathrm{RMS}}\big|_{[1\ \mathrm{Hz},100\ \mathrm{Hz}]}=1.27\times10^{-5}$ rad/s，即 $2.6''$/s。

5.9.3.2 节第(1)条已经指出，根据 Parseval 定理，时间信号的方均根值与该信号功率谱密度在其全部频带内积分的平方根是相等的。因此，可以仿照式(5-40)给出零均值稳态随机角振动在频率区间$[f_1, f_2]$内的角速度方均根值为

$$\omega_{\mathrm{RMS}}\Big|_{[f_1,f_2]}=\sqrt{\int_{f_1}^{f_2}\Omega_{\mathrm{PSD}}^2(f)\mathrm{d}f} \tag{16-65}$$

将式(16－33)所示SILEX模型频率f处的角速度功率谱密度的计算式代入式(16－65)，得到

$$\{\omega_{\mathrm{RMS}}\}_{\mathrm{rad/s}}\Big|_{[f_1,f_2]}=7.95\times10^{-5}\sqrt{\{f_2\}_{\mathrm{Hz}}-\{f_1\}_{\mathrm{Hz}}-\int_{\{f_1\}_{\mathrm{Hz}}}^{\{f_2\}_{\mathrm{Hz}}}\frac{1}{1+(\{f\}_{\mathrm{Hz}})^2}\mathrm{d}\{f\}_{\mathrm{Hz}}} \tag{16-66}$$

已知不定积分公式[46]：

$$\int\frac{\mathrm{d}x}{ax^2+c}=\frac{1}{\sqrt{ac}}\arctan\left(x\sqrt{\frac{a}{c}}\right),\quad\begin{cases}a>0\\c>0\end{cases} \tag{16-67}$$

将式(16－67)代入式(16－66)，得到

$$\{\omega_{\mathrm{RMS}}\}_{\mathrm{rad/s}}\Big|_{[f_1,f_2]}=7.95\times10^{-5}\sqrt{\{f_2\}_{\mathrm{Hz}}-\{f_1\}_{\mathrm{Hz}}+\arctan\{f_1\}_{\mathrm{Hz}}-\arctan\{f_2\}_{\mathrm{Hz}}} \tag{16-68}$$

由式(16－68)得到，SILEX模型在频率区间[1 Hz，100 Hz]内的角速度方均根值$\omega_{\mathrm{RMS}}\big|_{[1\ \mathrm{Hz},100\ \mathrm{Hz}]}=7.88\times10^{-4}$ rad/s，即$2'43''$/s，为$L=0.1$ m时加速度计引起的同样频率区间角速度方均根噪声的62倍。由于实际上$L>0.1$ m，所以使用国产JBN－3型石英挠性加速度计检测符合SILEX模型的卫星角振动时，若选择$\Delta t=0.004$ s、$N=4\ 096$，得到的频率区间[1 Hz，100 Hz]内角速度方均根值信号绝不会被加速度计本身的噪声淹没。

(2) $\Delta t=0.001$ s，$N=4\ 096$。

若$\Delta t=0.001$ s，$N=4\ 096$，则由式(5－9)得到$\Delta f=1/4.096$ Hz，于是式(16－60)可改写为

$$\{\tilde{\omega}_{\mathrm{RMS}}\}_{\mathrm{rad/s}}\Big|_{[f_1,f_2]}=\frac{2.51\times10^{-6}}{\{L\}_{\mathrm{m}}}\sqrt{\sum_{i=f_1/\Delta f}^{f_2/\Delta f}\frac{1}{i^2}} \tag{16-69}$$

由于i最大到$N/2$，因此$i\Delta f$最大到500 Hz。若取$f_1=1$ Hz，$f_2=400$ Hz，则

$$\{\tilde{\omega}_{\mathrm{RMS}}\}_{\mathrm{rad/s}}\Big|_{[1\mathrm{Hz},400\mathrm{Hz}]}=\frac{2.51\times10^{-6}}{\{L\}_{\mathrm{m}}}\sqrt{\sum_{i=4}^{1\ 638}\frac{1}{i^2}} \tag{16-70}$$

式(16－70)可以改写为

$$\{\tilde{\omega}_{\mathrm{RMS}}\}_{\mathrm{rad/s}}\Big|_{[1\ \mathrm{Hz},400\ \mathrm{Hz}]}=\frac{2.51\times10^{-6}}{\{L\}_{\mathrm{m}}}\times0.532\ 2 \tag{16-71}$$

即

$$\{\tilde{\omega}_{\mathrm{RMS}}\}_{\mathrm{rad/s}}\Big|_{[1\ \mathrm{Hz},400\ \mathrm{Hz}]}=\frac{1.34\times10^{-6}}{\{L\}_{\mathrm{m}}} \tag{16-72}$$

由式(16－72)得到，当$L=0.1$ m时，$\tilde{\omega}_{\mathrm{RMS}}\big|_{[1\ \mathrm{Hz},400\ \mathrm{Hz}]}=1.34\times10^{-5}$ rad/s，即$2.8''$/s。

由式(16－67)得到，SILEX模型在频率区间[1 Hz，400 Hz]内的角速度方均根值$\omega_{\mathrm{RMS}}\big|_{[1\ \mathrm{Hz},400\ \mathrm{Hz}]}=1.586\times10^{-3}$ rad/s，即$5'27''$/s，为$L=0.1$ m时加速度计引起的同样频率区间角速度方均根噪声的118倍。由于实际上$L>0.1$ m，所以使用国产JBN－3型石英挠性加速度计检测符合SILEX模型的卫星角振动时，若选择$\Delta t=0.001$ s，$N=4\ 096$，得到的频率区间[1 Hz，400 Hz]内角速度方均根值信号绝不会被加速度计本身的噪声淹没。

比较上述两种情况可以看到：由于积分效应，尽管加速度噪声不随频率变化，角速度噪声却随频率增加而衰减，因此频带上限从100 Hz扩展到400 Hz，角速度方均根噪声增加得

很少。

需要指出的是，如前所述，SILEX 模型是针对星间激光通信实验卫星的，在频率区间[1 Hz，100 Hz]内的角速度方均根值为 2′43″/s，在频率区间[1 Hz，400 Hz]内的角速度方均根值为 5′27″/s；而 16.8.4 节给出，对于地面分辨力 $d_g=0.1$ m、曝光级数 $n=128$ 的高分辨力 TDICCD 相机，卫星俯仰方向上低频振动角速度允许达到 $\omega=10''/s$。因此，高分辨力相机对角振动的要求比星间激光通信对角振动的要求高得多。然而从上述分析可以看到，使用国产 JBN－3 型石英挠性加速度计检测高分辨力对地观测卫星的随机角振动在频率区间 1 Hz 至 300 Hz 范围内的角速度方均根值也是可行的。

16.13　神舟号飞船微波重力水平开关

16.13.1　需求

神舟号飞船返回舱着陆后要发送 406 MHz 信标、GPS(中心频率为 1 575.42 MHz)、短波[(3～30) MHz]等信号，供飞船回收队接收和搜寻目标。考虑到返回舱着陆后的姿态不确定，四种信号的天线指向各不相同。每一种天线都成对设置，指向相互成 180°角，采用微波重力水平开关控制。当天线指向与水平面夹角大于 3°时，由微波重力水平开关自动鉴别并接通指向上方的天线，同时断开指向下方的天线。

除了接通功能的方向性和单向性外，神舟号飞船微波重力水平开关的主要性能还包括插入损耗①以及可靠性等。对于飞船搜寻而言，天线信号的功率必须足够，因此微波重力水平开关的插入损耗应当在 0.2 dB 以下。而作为航天产品，该开关显然应当具有很高的可靠性。

神舟号飞船最初使用水银微波重力水平开关，它利用水银密度大、流动性好、表面张力大等特点，自动接通偏向下方的电极，而偏向下方的电极与偏向上方的天线相通，如图 16－125 所示。

该水银微波重力水平开关存在以下缺点：

(1)短波性能相当差，不能满足短波天线切换的性能要求；

(2)接近水平状态时可能双向都导通或都不导通；

(3)接通角度不稳定；

(4)水银会逐渐氧化，使用寿命难以满足航天要求；

(5)水银存在毒性，接触水银蒸气会造成积累性中毒，对航天员的安全具有潜在威胁；

(6)部分产品环境试验后接通情况出现问题，如倾斜远超过 3°仍不能将偏

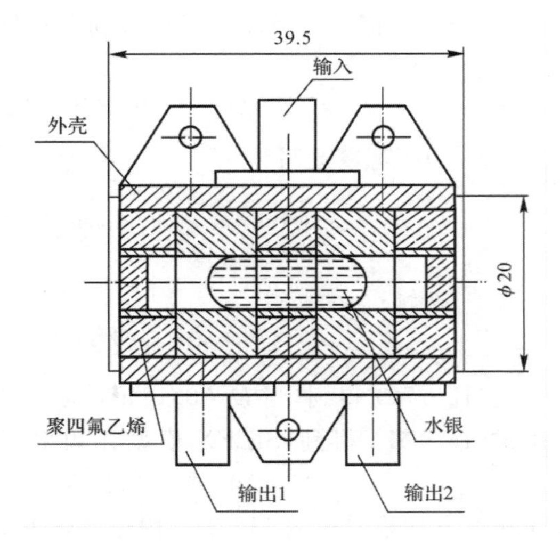

图 16－125　水银微波重力水平开关示意图

① 指插入此开关发生的负载功率损耗，以插入前后负载功率之比的 dB 数为单位。

向上方的天线接通或倾斜略超过 3°虽能将略偏向上方的天线接通，但垂直 90°反而不能接通。

我们考虑水银微波重力水平的缺点是采用了水银，且没有真空密封造成的。根据文献[47－49]及 20 世纪 80 年代上海市第二机电工业局《材料手册》编写组撰写的内部资料《材料手册·金属材料》所提供的相关信息，我们得知，水银有下列缺点：

(1)凡是与汞的化学性质相同，或在周期表中与汞的位置相近的金属，都容易与汞生成汞齐，金属与汞形成汞齐的难易程度可用金属在汞中的溶解度表示，溶解度越高表示越容易形成汞齐，例如，18℃时在汞中的溶解度，锡为 0.62，金为 0.13，银为 0.042，镍为 5.9×10^{-4}，铬为 3.1×10^{-11}，铁为 1.0×10^{-17}，表明锡、金、银都容易形成汞齐；

(2)汞的表面张力的数值主要与杂质有关，为保持良好的抱团性和明亮的光泽，其金属杂质的质量分数需小于 1×10^{-6}；

(3)即使最洁净的汞，在空气中放置一些时间以后，就像被杂质玷污了的汞一样；

(4)环境试验的热循环试验会加速汞的氧化；

(5)环境试验的振动和冲击试验也会破坏汞的抱团性，使汞渗入缝隙中，特别是对表层已被氧化、玷污的汞更是如此；

(6)渗入缝隙中的汞如果到达焊点部位，会与焊锡形成锡汞齐，造成虚焊，且显著降低汞的纯度，黏附并玷污聚四氟乙烯表面；

(7)汞开关倾斜方向变化时，底部的空气被下沉的汞排挤而向上运动，会从汞团中冲出一条气路，这也是破坏汞的抱团性的一个原因。

如果采用真空密封，虽然可以防止汞被氧化并减少玷污，但在保证微波所要求的阻抗匹配方面相当困难。

由于以上这些水银固有的特点，仍然采用水银制作微波重力开关是难以满足短波信道高可靠性、低衰减率的要求的。且水银微波重力水平开关是几十年前的落后技术，在电子技术高度发展的今天，设计并研制出全电子化的微波重力水平开关是完全可能的。

由于信号是否清晰关系到航天员的安全，而水银微波重力水平开关对此没有充分的保证，返修率非常高，为此，我们研制了模拟水银重力开关功能的全电子化替代产品。将倾角检测、切换控制和微波通道分离开来，采用具有直流响应能力的加速度计检测角度方向，检测到的角度信号经放大和比较，与微波磁自锁开关的遥测点信号共同形成通道切换的控制信号，然后控制信号通过驱动电路的放大使单刀双掷微波磁自锁开关执行通断动作(详见 16.13.2.4 节)。该产品从根本上解决了水银式微波重力开关存在的一系列问题，角度测量准确，每对天线在落地后任意时刻都有且只有一副天线接通。使用方认为：该全电子化微波重力水平开关作为水银微波重力水平开关的替代产品，在插入损耗、隔离度、可靠性及寿命等主要指标上都已经大大超越了原产品，且实现了快速响应、延时切换的特殊要求，很好地解决了原水银微波重力水平开关带来的短波信号衰减过大的问题，使高频网络性能提高，采用加速度计敏感重力分量来检测角度并切换的技术，实现了航天用微波重力开关的国产化和更新换代。目前飞船上大部分微波重力水平开关均为全电子化微波重力水平开关。

16.13.2　工作原理

16.13.2.1　重力场倾角检测

地球重力加速度是矢量，其方向垂直向下，指向地心。任一方向上重力加速度的分量为

$$a = g\sin\theta \tag{16-73}$$

式中 a—— 重力加速度的分量，m/s^2；

g—— 当地的重力加速度值，m/s^2；

θ—— 偏离水平方向的倾角，rad。

因此，如果一只加速度计具有单向性、直流响应能力、绝对值大于 1 g_{local} 的输入极限、足够的分辨力和偏值稳定性，其静置时的输出就反映了其输入轴偏离水平方向的夹角。我们使用的加速度计输入范围为 $\pm 2\ g_n$，灵敏度约 1 V/g_n，频响为（0～35）Hz，横向灵敏度最大为 2%，0 g_n 输出最大为 50 mV，完全满足倾角检测的要求。

16.13.2.2 检测电路

指标要求：当倾角大于 3°时接通向下的高频端口，同时断开向上的端口；当倾角不大于 3°时可任意接通一个高频端口，同时断开另一个高频端口。

检测电路对加速度计的输出信号进行放大，其输出电压为

$$V = KK_1 g\sin\theta \tag{16-74}$$

式中 V—— 检测电路输出电压，V；

K—— 检测电路放大倍数；

K_1—— 加速度计标度因数，$V/(m \cdot s^{-2})$。

为了简化，检测电路不作模数转换，而是直接使用模拟信号经过施密特触发器整形，采用施密特触发器输出的高电平信号作为控制信号。设施密特触发器的高电平翻转电压为 V_S，则当 $V \geqslant V_S$ 时，控制信号有效。选择合适的放大倍数 K，就可以保证当倾角达到 3° 时进行开关切换。

由于倾角为负值时加速度计输出的差动电压也是负值，因此无法采用单电源的放大器放大，同样也无法利用施密特触发器输出的低电平信号作为－3°倾角的切换控制信号。为实现正负角度的测量，放大电路设计为两路，它们的输入互相颠倒，即第一路的正向输入为第二路的负向输入，第一路的负向输入为第二路的正向输入。与此相应，施密特触发器也设计为两路，分别用其高电平信号作为＋3°、－3°切换的有效控制信号。

16.13.2.3 执行机构

执行机构采用单刀双掷微波磁自锁开关，其 0～500 MHz 的插入损耗最大为 0.07 dB，隔离度最小为 80 dB。

16.13.2.4 反馈控制

如果单纯使用倾角信号控制微波磁自锁开关，当倾角大于＋3°或小于－3°时微波磁自锁开关的线包会持续加电，既浪费功率又影响寿命，因此我们使用微波磁自锁开关的遥测触点检测其接通状态[①]，作为微波通路接通状态信号参与反馈控制，只有一个方向的角度信号超过翻转电平且微波通路接通状态信号证明另一方向已接通时，才会给微波磁自锁开关该方向线包提供驱动电流，使其切换到新的接通状态。

为了防止倾角在±3°附近频繁变化时开关频繁切换，影响正常通讯，我们在微波通路接通状态信号上采用滤波电容方式延迟角度信号响应时间，其时间常数为 510 ms。于是，只

① 为了保证微波磁自锁开关的遥测触点检测接通状态的正确性，不允许先接通遥测触点，后接通电源至微波磁自锁开关线圈间的通路。

有一个方向的角度信号超过翻转电平且微波通路接通状态信号证明另一方向已接通 0.5 s 以上，才会给微波磁自锁开关该方向电感线圈提供驱动电流，使其切换到新的接通状态。

全电子化微波重力水平开关工作流程如图 16－126 所示。用具有直流响应的加速度计测量沿天线方向的重力加速度分量，对输出进行放大、比较，当倾斜角度超过＋2°时，正向比较输出有效(有输出)，负向比较输出无效(无输出)；当倾斜角度超过－2°时，负向比较输出有效，正向比较输出无效；当倾斜角度在－2°到＋2°之间时，正、负向比较输出都无效。

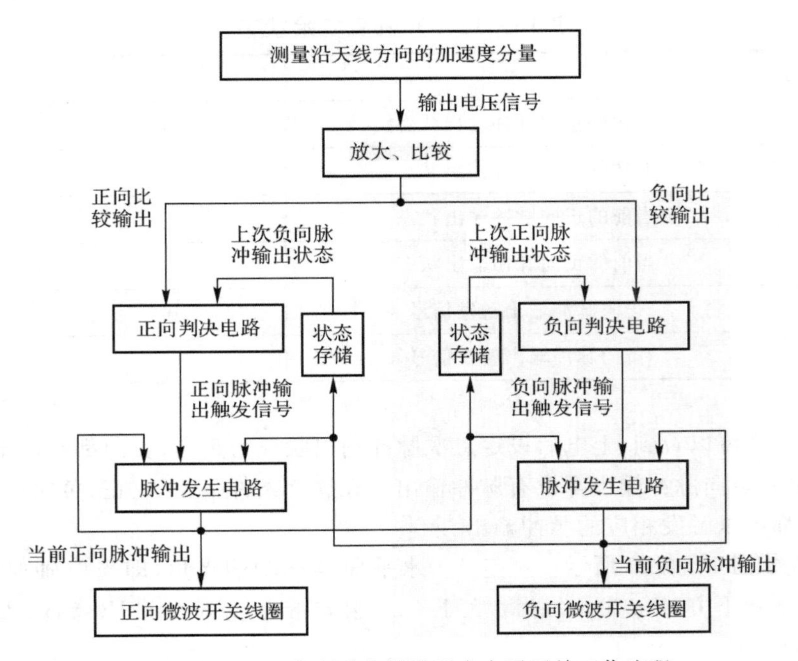

图 16－126　全电子化微波重力水平开关工作流程

图 16－126 所示的工作流程完全满足需求分析中所列的各项要求，表 16－10 对其功能作了全面的概括和总结。

表 16－10　全电子化微波重力水平开关脉冲触发功能表

触发条件[①]	重力水平	×	×	$\theta>2°$	$\theta<-2°$	$\theta>2°$	$\theta<-2°$	$-2°<\theta<2°$
	上次的正向脉冲输出状态	×	×	×	0	1	1	×
	上次的负向脉冲输出状态	×	×	1	1	0	×	×
	当前的正向脉冲输出状态	1	×	0	0	0	0	×
	当前的负向脉冲输出状态	×	1	0	0	0	0	×
触发结果	正向脉冲输出	0	0	1[②]	0	0	0	0
	负向脉冲输出	0	0	0	0	0	1[③]	0

①×表示任意状态，1 表示有脉冲输出，0 表示无脉冲输出。

②正向脉冲输出被触发后，将上次的正向脉冲输出状态置 1，上次的负向脉冲输出状态清 0。

③负向脉冲输出被触发后，将上次的正向脉冲输出状态清 0，上次的负向脉冲输出状态置 1

触发哪一个脉冲发生电路根据比较的结果和脉冲输出状况来确定。正向脉冲输出的触发条件是当前正向比较输出有效，上次负向脉冲输出状态为 1，且正向脉冲输出和负向脉冲输出此时均无脉冲输出；负向脉冲输出的触发条件是当前负向比较输出有效，上次正向脉冲输出状态为 1，且正向脉冲输出和负向脉冲输出此时均无脉冲输出。该脉冲发生电路被触发后，输出宽度为 100 ms 的脉冲信号，启动微波开关换向动作，随之设置当前脉冲输出状态并清除上次脉冲输出状态。

开机后初始状态如表 16 - 11 所示。

表 16 - 11　开机后初始状态

重力水平	×
上次的正向脉冲输出状态	1
上次的负向脉冲输出状态	1
当前的正向脉冲输出状态	0
当前的负向脉冲输出状态	0
正向脉冲输出触发信号	0
负向脉冲输出触发信号	0

由表 16 - 11 可以看到，上电后设定上次脉冲输出状况为正向、负向都有输出，设定当时正向脉冲输出和负向脉冲输出都没有脉冲输出。在这个条件下，无论正、负向比较输出哪一个为高电平，都可以触发相应的脉冲输出。

工作模式如图 16 - 127 所示。规定 θ 为水平面至 x 轴的夹角，即当 x 轴偏向上方时，θ 为正；当 x 轴偏向下方时，θ 为负。当 θ 大于 $+2°$（公差带 $\pm1°$）时，JA、JB 接通；当 θ 小于 $-2°$（公差带 $\pm1°$）时，JB、JC 接通。

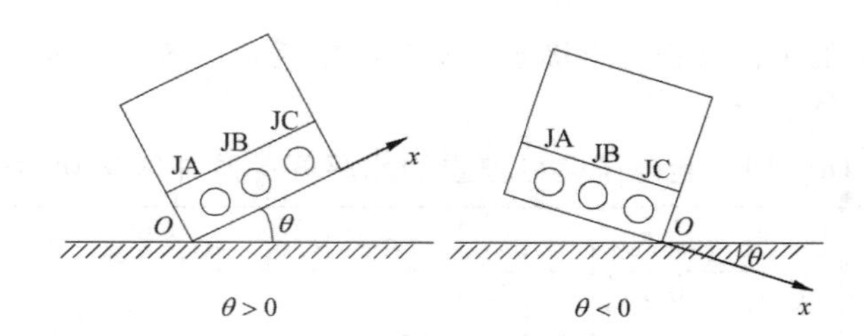

图 16 - 127　全电子化微波重力水平开关的工作模式

x 轴与水平面间的夹角、接通状态以及切换信号之间的时序关系如图 16 - 128 所示。图中，t_1 为开关响应时间，大于等于 300 ms；t_2 为单刀双掷微波磁自锁开关的切换时间，小于 10 ms。

如图 16 - 128 所示，当倾斜角度超过规定值时，放大后的角度信号为高电平，若此方向微波通路没有接通，则输出高电平有效的切换信号。一旦单刀双掷微波磁自锁开关完成切换，此方向微波通路接通，切换信号立即被置为低电平。即只有在本路角度信号为高电平（角度超过 2°）且本方向微波通路未接通的情况下，才会输出有效的切换信号。

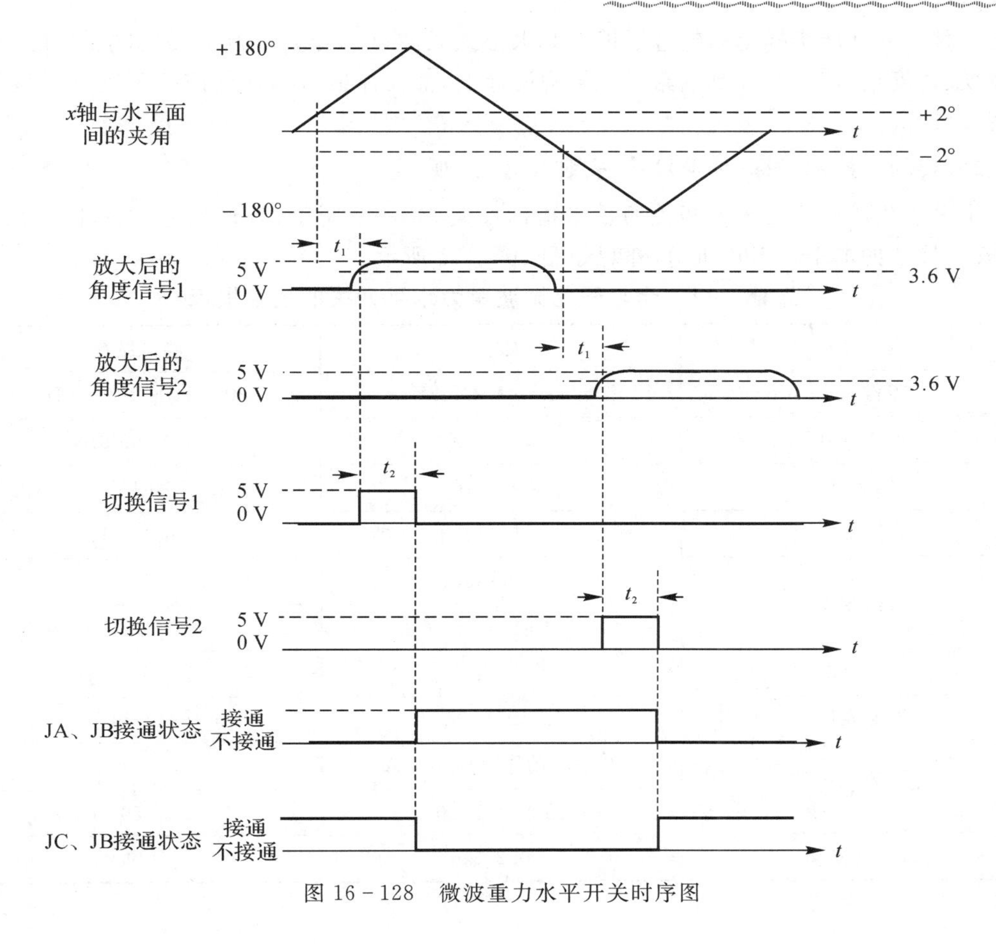

图 16-128　微波重力水平开关时序图

16.13.3　技术特点

16.13.3.1　全电子化

由于采用全电子技术，彻底解决了水银开关存在的诸多问题，可靠性和寿命也大幅度提高。另外，由于采用单刀双掷微波磁自锁开关，也很好地解决了低频性能差的问题，使信号衰减达到最小。

16.13.3.2　快响应、慢切换设计

水银的流动性使水银开关的切换具有一种“延时”的效应。而全电子化的微波重力水平开关其响应是非常快的，这种快速响应一方面使开关切换及时，另一方面也会在某些特殊情况下造成开关的切换频率过快，而后者是不满足神舟号飞船的任务要求的。一般的延时电路不仅降低了开关切换频率，同时也会延迟开关的及时响应，全电子微波重力水平开关中延时电路的设计同时保证了快响应和慢切换两种要求，比水银开关的天然“延时”效应更加优秀。

16.13.3.3　小型化

作为水银开关的替代产品，全电子微波重力水平开关具有很小的体积，除去安装用的支架，其体积不超过 40 mm × 50 mm × 40 mm。体积的小型化并未降低其性能，相反，该开

关在各种主要性能指标上都超过了俄罗斯水银式微波重力开关。为了实现这一目的，在电源变换、角度信号放大、控制电路以及结构设计上，都在保证可靠性的前提下进行了最简化的特殊设计。

16.13.4 技术指标、外形尺寸、安装尺寸、外观

全电子化微波重力水平开关的技术指标如表 16－12 所示，外形尺寸如图 16－129 所示，安装尺寸如图 16－130 所示，外观如图 16－131 所示。

表 16－12 全电子化微波重力水平开关的技术指标

测试项目	要求	测试结果
工作频率	20 MHz～1 200 MHz	20 MHz～1 200 MHz
插入损耗	≤0.2 dB	≤0.05 dB
隔离度	≥80 dB	≥94 dB
高频端口	SMA－K	SMA－K
切换角度	正向≤3°	2.1°
	负向≥－3°	－1.2°
开关响应时间	≥150 ms	≥497.5 ms
电源电压	(27±3) V	(27±3) V
工作电流	开关不动作时≤35 mA	≤30.47 mA
	开关动作时≤120 mA	≤87.50 mA
质量(含支架)	≤0.23 kg	0.199 kg

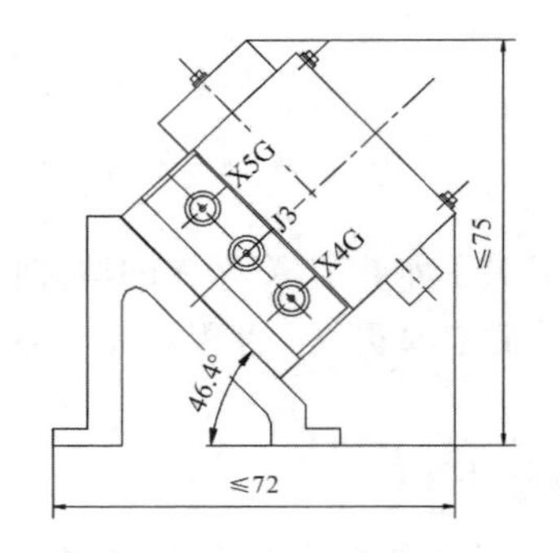

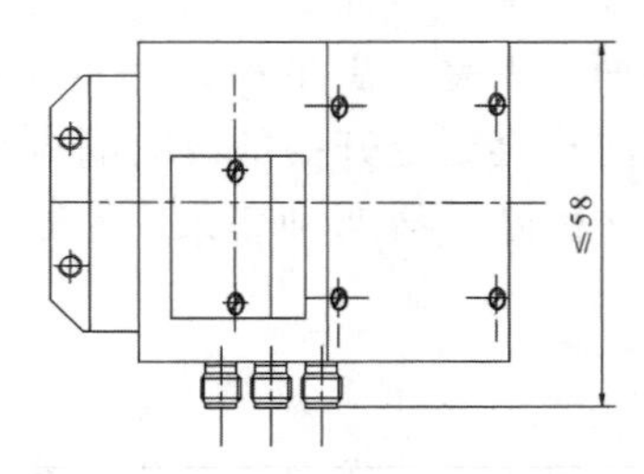

图 16－129 全电子化微波重力水平开关的外形尺寸

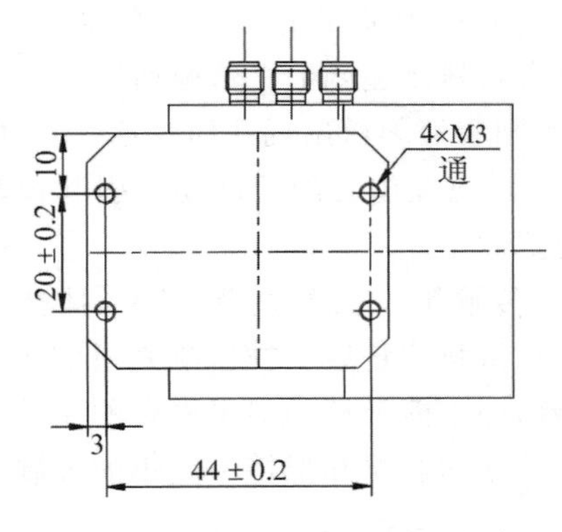

图 16－130　全电子化微波重力水平开关的安装尺寸

图 16－131　全电子化微波重力水平开关的外观

16.14　本章阐明的主要论点

16.14.1　失重飞机微重力测量及进出微重力状态的判定

(1)1999 年 7 月,作为中国宇航员失重训练的附带项目,在俄罗斯加加林航天员训练中心 ИЛ(伊尔)－76МД К 失重飞机上开展了微重力科学实验,由我国第三代微重力测量装置改装而成的微重力仪做为测控平台的主要设备之一参加了此次实验。

(2)微重力仪担任测量全部实验过程中的微重力科学数据的任务,且所有科学实验项目根据微重力仪测得的进入、退出微重力状态的时刻进行:进出微重力状态的判定门限为 0.3 g_n,采用连续采集 64 个数据后求算术平均值的办法滤除干扰,并采用连续两次算术平均值达标的办法进一步防止误判。

16.14.2　微振动对高精密度航天器的影响

(1)以高分辨力遥感卫星为代表的高精密度航天器主要用于对地观测、激光通讯和深空探测等。由于其本身具有指向误差低、分辨力高等性能,对星上的各种微小扰动十分敏感,需要考虑微振动的影响。

(2)微振动是指航天器在轨运行期间,星上转动部件高速转动、有效载荷中扫描机构转动、大型可控构件驱动机构步进运动、变轨调姿期间推进器工作、低温制冷器压缩机和百叶窗等热控部件机械运动、大型柔性结构受激振动和进出阴影时冷热交变诱发热变形扰动等诱发航天器产生的一种幅值较低、频率较高的颤振响应。角位移的低频成分可以被估计和/或被姿态控制系统抑制,但其高频跳动成分依然存在。

(3)大多数航天器都存在微振动扰动源,由于微振动的幅值很小、频率较高,对大部分航天器任务使命不会产生明显影响,通常都予以忽略。但对高精密度航天器,这种微振动环境效应将严重影响有效载荷的指向准确性和姿态稳定度,使其分辨力等重要性能指标大大降低。分辨力等性能指标要求越高,对星体颤振——包括发生颤振的条件和时机、颤振的持续时间、颤振的方均根值、颤振的频谱分布等——的关注越迫切、限制越严格,所以在高精密度航天器设计中必须考虑微振动的影响。

(4)振动(包括温度变化引起的形变,即热颤振)对图像质量的影响包含以下三个层次:①像元积分时间内的振动使图像模糊,降低了图像调制传递函数;② 振动周期长达若干倍像元积分时间、振动幅度明显大于像元尺寸的振动则会使图像出现几何变形,图像的直观变化是变位、像元拉长或压缩;③ 振动周期延续到不同地理位置的振动还会引起视轴对准误差,使图像位置发生变化,影响图像的准确地理位置测定。

(5)在卫星光通信过程中,由于光束束散角小、传输距离长等原因,瞄准、捕获和跟踪问题变得十分突出。可靠的通信链路要求跟瞄误差在微弧度量级。在影响光通信链路跟瞄误差诸多因素中,由于卫星平台振动引起的控制误差,即未能补偿的卫星平台的振动残留误差对光通信链路影响最大,因此,减小振动对光通信链路的影响和保持尽量小的控制误差是建立稳定的卫星光通信链路的前提条件。

(6)卫星平台角振动幅值会对跟瞄误差产生直接影响。在自由空间传播的激光是高斯光束,在对准情况下,没有振动影响时在接收端接收功率最大,而发射端振动引起光束偏移,导致接收端接收到的光功率下降。由于目前卫星光通信系统一般采用直接强度调制,这将导致比特误码率升高,对通信质量产生不利影响,甚至导致通信链路的中断。因为振动幅值和频率成反比关系,随着振动的频率增加振动幅值减小,因此,卫星平台的低频振动要比高频振动对光通信链路产生更大的影响。最终影响链路质量的是平台的振动幅值,如何减小振动和补偿振动是降低跟瞄误差的关键。

(7)卫星姿态的稳定性对于光通信也是非常重要的,这是因为常规卫星的姿态不确定度较大,不满足卫星光通信链路跟瞄误差的控制要求,因此,保持稳定的卫星姿态对于稳定光通信链路是必要的。

16.14.3 高精密度航天器的微振动源

(1)卫星平台振动产生的原因分为卫星自身机械运作引起的扰动和外部空间环境干扰两种。卫星自身机械运动引起的扰动主要包括反作用轮产生的扰动、推进器工作扰动、天线机械运动引起的振动干扰、太阳电池翼驱动扰动、陀螺扰动等,其中机械运动引起的振动可以认为具有类周期性。外部空间环境干扰包括微小陨石碰撞、卫星在温度变化下刚体微弱形变、太阳辐射压力、地球和太阳月球等空间物体引力干扰等。

(2)卫星自身机械运作引起的扰动中,反作用轮的影响最大。反作用轮产生的扰动主要由飞轮本身质量分布不均匀造成的静不平衡和动不平衡引起。此外,轴承扰动、电机扰动和电机驱动误差等也会造成一定的扰动。

(3)外部空间环境干扰中,最重要的是温度变化引起的卫星刚体形变。例如进出地影时,由于冷热交变诱发太阳电池翼振动,导致卫星指向稳定度发生变化。卫星平台振动还可以按频率分为卫星刚体运动引起的低频振动以及卫星的运载舱和有效载荷的操作引起的中频到高频的振动,并且显示出低频高幅度,高频低幅度的特性。

(4)低频颤振是颤振能量的主要分布区,如太阳电池翼等柔性附件共振或热瞬态变形引起卫星姿态被动变化和主动纠正等卫星刚体运动;光学组件的热变形引起的扰动处于($10^{-4}\sim10^{-3}$) Hz 范围,姿态控制回路的瞬态过程引起的扰动处于($10^{-2}\sim10^{-1}$) Hz 范围;而高频颤振是由于星体内部的反作用轮、磁带机、低温制冷器等机械装置、电机和其他硬件工作时引起,一般振动幅度在微弧度量级,卫星结构的弹性振动处于(10~100) Hz 范围,电器部件和卫星运动引起的振动白噪声处于全频段内。

(5)影响卫星姿态的因素较多,统观而言,随着卫星平台质量的增加,振动振幅呈现下降的趋势。

(6)通过以上对卫星平台振动的分析,可以得出以下结论:①卫星振动频谱较宽,但是对光通信影响最大的振动主要集中在低频的 100 Hz 以内,振幅小于 100 μrad(即 21″);②卫星振动呈现低频高幅度和高频低幅度的特点;③卫星振动在一定时间内可以看作周期性振动或类周期性振动;④振动幅值随着卫星质量的增加而降低,质量相同的卫星质量分布越不均匀振动幅值越大;⑤卫星振动和自身结构有关。一般规律是卫星上有效载荷越多振动幅值越大。

16.14.4　典型微振动扰动特性

(1)扰动包括确定性扰动和随机扰动两种类型:伺服机构可产生确定性扰动,如天线和太阳电池翼等大型附件的转动需要力矩驱动,其反作用力矩可认为是一种确定性扰动;由于存在电路噪声和机械噪声,伺服机构驱动电机会产生随机扰动。大部分外扰动会造成内扰动,而且外扰动通常表现为力矩形式。姿态控制系统执行机构(反作用轮、控摔制力矩陀螺或推进器等)在抵消这些外部扰动时,也会产生附加的不期望的力和力矩,通常在高频段。

(2)高精密度航天器特别是 Hubble 等高精密度的空间望远镜,动量轮(反作用轮)工作时产生的扰动是影响这类航天器成像质量的主要扰动源。反作用轮扰动主要是由于轮子质量分布不均匀引起的静不平衡和动不平衡造成的。静不平衡是由于轮子的质心偏离了转轴的中心而产生的,动不平衡是由于轮子的质量分布不均匀造成轮子惯量积不为零产生的。

(3)斯特林制冷器工作时由于活塞等运动部件动量不平衡、高压气体压力波动等产生干扰力,影响有效载荷的分辨力和指向误差。实验表明,制冷机工作时将产生包含基频在内的一系列离散谐波扰动。

(4)高分辨力航天器上姿态敏感器、成像敏感器及其电路等工作时会产生噪声,对分辨力、指向误差等产生影响。通常把这类噪声干扰用低通滤波器模型代替。

(5)太阳电池翼步进过程的扰动力矩为周期变化的脉冲力矩。进出地影时,由于冷热交变产生的巨大温度梯度会诱发太阳电池翼的振动,从而产生干扰力矩。

16.14.5　海洋一号卫星地基微振动测量与分析

(1)对航天器微振动情况进行地面测量,可以及早评估航天器的微振动情况。当然,由于重力、背景噪声以及试验设备的影响,所得到的数据与在轨情况存在一定差异,但作为一种代价小、易于早期实施的评估手段,地面微振动测量仍然有其重要意义。

(2)海洋一号卫星载荷中,如水色仪的扫描镜、K 镜、制冷机等设备在工作过程中会产生明显的振动。而平台上的一些设备具有运动部件,如陀螺、BAPTA、动量轮等,这些设备在正常工作过程中也可能会产生明显的振动。对于光学遥感卫星来说,这些微振动可能对卫星的成像质量产生影响。

(3)当机械系统所受激励的频率与该系统的某阶固有频率相接近时,系统振幅会显著增大,即发生共振。卫星有诸多振动源,它们会不会互相激励,发生共振,而使得振动格外剧烈,是我们特别关心的问题。

(4)所有频谱曲线中,凡出现某活动部件未工作的谱线反而高于该活动部件已工作的谱线的情况,是由于该活动部件未工作时的环境噪声高于已工作时的环境噪声造成的。

(5)海洋一号卫星水色仪的活动中,扫描镜工作引起的结构振荡主要发生在中心频率25.1 Hz及158 Hz以上的各子频带处;K镜工作引起的结构振荡主要发生在中心频率从0.126 Hz直至158 Hz广泛范围内;制冷机工作引起中心频率从0.126 Hz直至316 Hz广泛范围内的结构振荡,并在中心频率316 Hz的子频带处明显超过国际空间站对振动加速度的需求,此外,制冷机工作引起了50 Hz及其倍频处非常明显的尖峰。

(6)海洋一号卫星平台中,陀螺工作几乎不引起结构振荡;BAPTA工作引起的结构振荡主要发生在中心频率158 Hz以上各子频带处,且在50.35 Hz的2～5倍频处引起了非常明显的尖峰,BAPTA工作引起的干扰随距离衰减较快;动量轮是最严重的干扰源。动量轮工作引起中心频率从0.126 Hz直至316 Hz广泛范围内的结构振荡,最严重的在中心频率63.1 Hz和316 Hz这两个子频带处,在这两个子频带处显著超过了国际空间站对振动加速度的需求,动量轮工作引起的干扰随距离衰减较快,动量轮引起的微振动还在时域曲线上明显呈现出振幅(即包络线)低频起伏现象。

(7)卫星平台和载荷中的两个以上运动部件同时工作时,在某些子频带处,这些部件同时工作引起的干扰显著超过这些部件单独工作引起干扰的简单叠加效应,其原因可能是在这些子频带处,由于相位相近,这些部件同时工作引起相互激励,从而发生了一定程度的共振;而在另处一些子频带处,这些部件同时工作引起的干扰甚至比某个部件单独工作引起的干扰小,其原因可能是在这些子频带处,由于相位几乎相反,振动反而受到一定程度的抑制。

(8)测点位于动量轮安装支架上时,其他活动部件与动量轮同时工作使动量轮在一些子频带处发生的受激共振特别剧烈,这可能与动量轮安装支架的特性及动量轮的工作特性密切相关。

(9)不同方向上的微振动存在一定程度的差异:在某些子频带处,振动的方均根加速度在x,y,z三方向中的某一方向上大一些,而在另一些子频带处,则在另一方向上大一些。但在任何子频带处都不存在数量级的差异。

(10)成像仪受到的微振动干扰主要是由制冷机和动量轮造成的。

16.14.6 与图像分辨力有关的名词解释

(1)空间分辨力是指遥感器有可能区分的两相邻目标之间的最小角度间隔或线性间隔。不同空间相机空间分辨力的表示方法不同,对扫描成像的光机扫描仪、CCD相机及成像光谱仪等传输型空间相机,空间分辨力是指探测器单元在给定高度上瞬间观测的地表面积,或与该单元对应的最小地面线性尺寸,也称像元分辨力。

(2)地面摄影分辨力简称地面分辨力,与目标的反射差和形状有关。

(3)CCD是一种光电摄像器件,具有将接收到的光信号转换为电荷、在曝光时间内积累这些电荷、将电荷以电荷包形式暂时存储、按时钟转移和转变为电压输出等功能。由于曝光时间内CCD像元以电荷积分形式积累电荷,所以CCD像元的曝光时间通常称为积分时间。目前空间CCD相机采用的CCD主要是线阵CCD,用飞行推扫的方法成像,线阵CCD在积分时间内拍摄出一行像元,一行行像元组成一幅图像,这样做的好处是可以得到长幅的地面照片。由于线阵CCD在积分时间内拍摄出一行像元,所以积分时间内航天器的飞行距离即为CCD一行像元的宽度所对应的地面尺寸,该地面尺寸即相机的空间分辨力。

(4)由于LEO卫星的轨道高度相对于地球半径来说差别不大,因此随空间分辨力的值大幅度减小,积分时间必然随之大幅度减小。

(5)由于像元尺寸差别很小,LEO卫星轨道高度相差也不到10倍,所以随着空间分辨力的值大幅度减小,相机的焦距会大幅度加长。

(6)对于CCD相机,为了保持像元的接收能量,随着空间分辨力的值大幅度减小,必须大幅度加大相机的孔径。鉴于相机的焦距也随之大幅度加长,相机的相对孔径需基本保持不变,这导致相机重量急剧增加。

(7)为了减轻重量,必须减小相对孔径。而为了仍能满足能量需求和信噪比的要求,只有改用TDICCD器件。TDICCD器件对同一目标多次曝光成像,通过延时积分的方法,增加积分时间,提高了接收能量和相机信噪比。

(8)TDICCD是一种新型的光电器件,它由n行相同的列线阵和同样行列数的存储器构成。每次曝光时,各行各列按几何光学对应地面景物同时曝光,并分别在各行各列对应的存储器上积分光信号。一行像元对应地面一行景像,下一次曝光此行景像对应的像元顺移一行。因此,如果每次曝光后将积累的电荷转移叠加到下一行的列存储器上,并从第n行存储器输出信号,则积分时间增加n倍,噪声增加$\sqrt{n}$倍,使得信噪比提高$\sqrt{n}$倍,其中n为TDICCD的曝光级数。采用TDICCD可以降低对镜头相对孔径的要求,对发展高分辨力CCD相机具有明显优势。

(9)空间相机一般都是作为线性系统对待的。描述线性系统特性的重要参数是系统的传递函数,即系统响应的Fourier变换。它是一个复函数,其模部分就是调制传递函数。调制传递函数是相机输出信号的调制度与输入信号的调制度之比随空间频率变化的函数,其中输出信号的调制度指实际成像亮度的振幅与靶标像平均亮度之比,而输入信号的调制度指理想情况下靶标像亮度的振幅与靶标像平均亮度之比。调制传递函数已经成为空间相机像质分析和相机性能控制的重要指标。

(10)航天相机系统再现图像的质量与光学系统、探测器、调焦误差、信号链路、航天器微振动干扰、环境温度变化、杂散光、数据传输和处理、目标调制度等一系列因素有关,各项因素对图像质量的影响均可用调制传递函数来描述。系统的总调制传递函数等于各项因素调制传递函数之积。

(11)Nyquist空间频率指由Nyquist采样定律确定的空间频率,数值上等于两倍CCD像元尺寸的倒数。

16.14.7　航天器线振动对相机调制传递函数的影响

(1)线振动对相机调制传递函数的影响是由积分时间内的振动像移造成的。虽然从国际空间站允许的三分之一倍频程频带(OTOB)方和根振动位移来看,频率越低,允许的OTOB方和根振动位移越大,但当积分时间远小于振动周期时,频率越低,积分时间内的振动像移却未必越大。

(2)对于CCD相机来说,空间分辨力的值越小,同样频率、同样线振动位移下Nyquist空间频率处的调制传递函数衰减越少。这点与直观想像相反。然而,如果不随之大幅度加大相机的孔径,势必造成信噪比大幅度下降,相机调制传递函数不可能提高。

(3)对于TDICCD相机来说,只有当空间分辨力的值与TDI级数的乘积越小时,同样频率、同样线振动位移下Nyquist空间频率处的调制传递函数衰减才越少。然而,空间分辨力的值大幅度减小时,往往尽量增加TDI级数,所以实际上空间分辨力的值越小,不会导致同样频率、同样振动位移下Nyquist空间频率处的调制传递函数衰减越少。

(4)如果同时有几种频率的微振动干扰,由于频率越低,对振动位移的贡献越显著,所以在几种频率的振动加速度幅值相近的情况下,振动位移主要取决于较低频率的干扰,但比单一频率引起的振动位移会大一些。如果在最低频率附近接连出现几个幅值相近的加速度峰,则可近似认为振动位移互相叠加。由此大致估计,同时有几种频率的微振动干扰时,线振动位移至多增加一个量级。

16.14.8 航天器角振动对相机调制传递函数的影响

(1)根据 ESA 的 SILEX 模型,卫星平台角位移功率谱密度随着频率的增加而降低。远低于 1 Hz 时,角速度功率谱密度几乎随着频率的增加而正比增加;远高于 1 Hz 时,角速度功率谱密度趋于一常值。

(2)卫星平台的角振动是由随机扰动和正弦波扰动组成的。由于正弦波扰动属于稳态确定性信号,不能用功率谱密度密度表达,因此,以角位移功率谱密度形式表达的 SILEX 模型不能涵盖正弦波扰动。为此,针对卫星平台的角振动既有随机扰动又有正弦波扰动的场合,应将 SILEX 模型改造为以三分之一倍频程频带(OTOB)方均根角位移形式表达的模型。当同一个 OTOB 内含多个正弦波扰动时,OTOB 方均根角位移即该 OTOB 内各个正弦波扰动方均根角位移的方和根,从而在一定程度上体现了多个正弦波扰动的叠加效应,这在角位移功率谱密度曲线中是反映不出来的。

(3)通信卫星平台角振动均为宽带噪声,角位移功率谱密度呈现低频扰动幅度大、高频扰动幅度小的趋势。

(4)对于 CCD 相机来说,Nyquist 空间频率下低频率角振动引起的调制传递函数仅与振动角速度及轨道高度有关,而与空间分辨力无关。轨道高度越低,调制传递函数受低频振动角速度的影响越小。

(5)对于 TDICCD 相机来说,Nyquist 空间频率处低频率角振动引起的调制传递函数与 TDI 级数、振动角速度及轨道高度有关。空间分辨力的值大幅度减小时,为了既保持像元的接收能量又尽量少增加相机重量,往往尽量增加 TDI 级数,从而使得在 Nyquist 空间频率处低频率角振动引起的调制传递函数明显下降。轨道高度越低,TDI 级数越少,调制传递函数受低频振动角速度的影响越小。

(6)鉴于像元尺寸 δ 差别很小,所以航天器的低频角振动对长焦距 TDICCD 相机的调制传递函数有较大影响。

(7)轨道高度 h 与空间分辨力 d_s 的值之比越大,调制传递函数受高频振动角振幅 θ 的影响越大。

(8)由于卫星平台振动显示出角位移功率谱密度低频高幅度,高频低幅度的特性,而高频角振动对调制传递函数的影响随角振幅减小而减弱,加之高频角振动对调制传递函数起影响的频率下限与空间分辨力的值成反比,因此,虽然同一角振幅下空间分辨力的值越小,高频角振动对调制传递函数的影响越大,但高频角振动仍不是值得担心的因素。

16.14.9 振动引起的图像几何变形

(1)采取措施改良了空间分辨力后,几何准确度的重要性对于被观测的图像来说变得更为明显。

(2)中巴地球资源卫星第二颗星地面测试表明:峰-峰振幅小于 0.4 像元时,基本没有影响;峰-峰振幅为0.4～0.5像元时,边缘有些不直;峰-峰振幅大于1.0像元时,图像呈现明显锯齿状;达到一定振幅时,图像形状在飞行的垂直方向发生正弦状变化,产生坐标误差。

(3)反作用轮的控制原理是:利用力矩电机使飞轮加速或减速产生的反作用力矩作为控制力矩。该力矩可用来改变卫星姿态;也可用来对抗干扰力矩。在后一种情况下,其结果就是由飞轮吸收了干扰力矩,保持卫星的姿态不变。在卫星受到周期性干扰力矩作用时,反作用飞轮将周期性地变化转速,吸收干扰力矩,当干扰力矩的平均值不为零时,角动量不断累积,最终会使飞轮转速达到机械结构所允许的临界值,这时反作用飞轮就进入饱和状态,失去控制功能,必须以卸载(亦称去饱和)装置释放累积角动量,使飞轮转速返回临界值以内,反作用飞轮才能继续工作。显然,这种装置必须具备双向去饱和功能。

(4)日本航空航天探测署2006年发射的先进陆地观测卫星(ALOS)早期运行中在立体测绘全色遥感仪(PRISM)的图像中偶而观测到82 Hz高频指向抖动,该抖动是由先进的可见和近红外辐射计2型(AVNIR－2)镜子驱动引起的。采取的对策是PRISM观测期间不允许驱动AVNIR－2镜子。而反作用轮则引起PRISM图像出现96 Hz高频指向抖动问题。每当反作用轮的旋转速率接近其定期变化的最大值时,PRISM图像总会发生96 Hz高频指向抖动。采取的对策是对四个轮子降低设定的可允旋转速率,以避开该旋转速率。自从那时以后,没有重复该现象。

16.14.10　角振动的测量与图像几何变形的修正

(1)ALOS卫星的精密姿态测定系统使用陀螺仪、地球敏感器、太阳敏感器、星象跟踪仪、GPS接收机等传统的传感器。受此配置限制,该系统只能提供10 Sps的姿态信息,其Nyquist频率为5 Hz。由此可见,使用传统传感器的姿态测定系统不满足航天器角振动的测量要求。

(2)基于磁流体动力学(MHD)原理的宽频角速率传感器(ARS)带宽为(1～1 000) Hz。使用三只角速率传感器以及可选的电源/信号调理和温度测量电路构成的传感器包典型的输出是角速度,但是也能提供角位移,或直接制成角位移传感器(ADS),其测量频率范围为(2～500) Hz。虽然ADS有低频测量限制,不能够测量固定的角速率,而陀螺仪可以。但是ADS的极宽频率带宽能力填补了传统陀螺仪的不足,使我们能够测量高频和瞬态动作,这是单靠陀螺仪不能提供的。然而ADS与姿态和指向参考的相关性受到光具座自身及所装载各种仪器等结构模态谐振频率的制约,其中光具座自身的谐振频率为30 Hz,是最低的。在最坏的情况下,光具座的局域激励会阻止ADS呈现卫星的姿态和对地观测仪器的指向超过30 Hz。因此,尽管ADS的测量频率上限达到500 Hz,但是受光具座谐振频率30 Hz的限制,高带宽姿态评估目前只能对30 Hz以下振动引起的图像指向抖动实施几何修正。

(3)ALOS卫星通过以Wiener滤波器为基础的逼近和以Kalman滤波器为基础的逼近,将ADS的测量数据与使用传统手段的精密姿态测定系统(PADS)的姿态估值结合起来,实现了高带宽姿态测定。为了使用高带宽姿态评估手段在事后处理中对图像作几何修正,ADS的数据是与PRISM的积分定时信号同步采集的。被采集的三轴角数据与PRISM的状态和成像参数一起被编译。然后,将它们附加到PRISM的每台辐射计的被压缩图像数据中,且一起下行。

(4)由于ARS是基于角速率测量原理的传感器,因此,只能通过对时域输出的角速率数据进行积分得到角位移。为了保证积分结果的正确性，采样率的数值需达到对象最高频率值的10倍以上，需积分前后都作去均值和线性趋势处理，要设置截止频率为有用信号最低频率60%左右、过渡带陡、通带和阻带纹波小的高通滤波器。由于ALOS卫星ADS每路数据的采集间隔为1.48 ms，即每路数据的采样率为675 Sps，为了保证采样率的数值达到对象最高频率值的10倍以上，需控制角振动的最高频率不超过67.5 Hz，而ARS角速率传感器本身的带宽可以到1 000 Hz，所以在模数转换之前，需设置低通滤波器，防止超过67.5 Hz的角速率信号通过。由于"需积分前后都作去均值和线性趋势处理"这一措施只能在数据后处理中实施，所以用角速率传感器直接制成角位移传感器的做法是得不到正确的实时角位移数据的。

16.14.11 角振动对图像地理位置测定的影响及控制措施

(1)卫星遥感影像定位的基本原理是利用卫星上的GPS系统实时记录影像获取过程中卫星的位置坐标，在获得影像的外方位元素[描述摄影中心(摄影光束的节点)和像片在地面坐标系中的位置和姿态的参数]之后，结合卫星姿态角数据，确定像点所代表的地物点的地理位置，从而实现对遥感影像的定位。

(2)卫星自身的技术指标是影响卫星影像几何定位误差的直接因素。一般认为，在GPS系统具有较低误差的前提下，影响地面目标点定位观测误差的主要因素是卫星的姿态角，然而，由于卫星(包括卫星平台、各种指向测量仪器、对地观测相机、支承结构等)在运行时会发生振动，造成了在地面上进行高分辨力卫星影像定位时会存在误差。对地观测仪器与星象跟踪仪间对准是靠将星象跟踪仪、陀螺仪、ADS与对地观测仪器安装在同一光具座上，且对地观测仪器、光具座、星象跟踪仪托架和星象跟踪仪本体实施精密温度控制保证的。

16.14.12 用加速度计检测随机角振动在频率区间[f_1, f_2]内的角速度方均根值

(1)借助位于刚性物体两端的一对线加速度计和Parseval定理，可以检测随机角振动在频率区间[f_1, f_2]内的角速度方均根值，但是得不到角速度随时间的变化。

(2)由于积分效应，尽管加速度噪声不随频率变化，角速度噪声却随频率增加而衰减，因此频带上限从100 Hz扩展到400 Hz，角速度方均根噪声增加得很少。

(3)尽管高分辨力相机对角振动的要求比星间激光通信对角振动的要求高得多，使用国产JBN-3型石英挠性加速度计检测高分辨力对地观测卫星的随机角振动在频率区间[1 Hz,300 Hz]内的角速度方均根值也是可行的。

16.14.13 神舟号飞船微波重力水平开关

(1)水银微波重力水平开关存在以下缺点：①短波性能相当差，不能满足短波天线切换的性能要求；②接近水平状态时可能双向都导通或都不导通；③ 接通角度不稳定；④水银会逐渐氧化，使用寿命难以满足航天要求；⑤水银存在毒性，接触水银蒸气会造成积累性中毒，对航天员的安全具有潜在威胁；⑥部分产品环境试验后接通情况出现问题，如倾斜远超过3°仍不能将偏向上方的天线接通或倾斜略超过3°虽能将略偏向上方的天线接通，但垂直90°反而不能接通。

(2)水银有下列缺点：①凡是与汞的化学性质相同，或在周期表中与汞的位置相近的金属，都容易与汞生成汞齐，金属与汞形成汞齐的难易程度可用金属在汞中的溶解度表示，溶

解度越高表示越容易形成汞齐；② 汞的表面张力的数值主要与杂质有关，为保持良好的抱团性和明亮的光泽，其金属杂质的质量分数需小于 1×10^{-6}；③ 即使最洁净的汞，在空气中放置一些时间以后，就像被杂质玷污了的汞一样；④环境试验的热循环试验会加速汞的氧化；⑤ 环境试验的振动和冲击试验也会破坏汞的抱团性，使汞渗入缝隙中，特别是对表层已被氧化、玷污的汞更是如此；⑥渗入缝隙中的汞如果到达焊点部位，会与焊锡形成锡汞齐，造成虚焊，且显著降低汞的纯度，黏附并玷污聚四氟乙烯表面；⑦汞开关倾斜方向变化时，底部的空气被下沉的汞排挤而向上运动，会从汞团中冲出一条气路，这也是破坏汞的抱团性的一个原因。

(3)如果采用真空密封，虽然可以防止汞被氧化并减少玷污，但在保证微波所要求的阻抗匹配方面相当困难。

(4)全电子化微波重力水平开关将倾角检测、切换控制和微波通道分离开来，采用具有直流响应能力的加速度计检测角度方向，检测到的角度信号经放大和比较，与微波磁自锁开关的遥测点信号共同形成通道切换的控制信号，然后控制信号通过驱动电路的放大使单刀双掷微波磁自锁开关执行通断动作。该产品作为水银微波重力水平开关的替代产品，在插入损耗、隔离度、可靠性及寿命等主要指标上都已经大大超越了原产品，且实现了快速响应、延时切换的特殊要求，很好地解决了原水银微波重力水平开关带来的短波信号衰减过大的问题，使高频网络性能提高，采用加速度计敏感重力分量来检测角度并切换的技术，实现了航天用微波重力开关的国产化和更新换代。

(5)一只加速度计只要具有单向性、直流响应能力、绝对值大于 1 g_{local} 的输入极限、足够的分辨力和偏值稳定性，其静置时的输出就反映了其输入轴偏离水平方向的夹角。

参 考 文 献

[1] 吕从民，席隆，赵光恒，等. 基于失重飞机的微重力科学实验系统[J]. 清华大学学报(自然科学版)，2003，43 (8)：1064 - 1068.

[2] 张振华，杨雷，庞世伟. 高精度航天器微振动力学环境分析[J]. 航天器环境工程，2009，26 (6)：528 - 534.

[3] TAKANORI I，TETSUO K，NOBORU M，et al. High-bandwidth pointing determination for the Advanced Land Observing Satellite (ALOS)：ISTS 2004 - d - 10 [C]//The 24th International Symposium on Space Technology and Science，Miyazaki，Japan，May 30 - June 6，2004.

[4] 徐福祥. 卫星工程概论：上[M]. 北京：宇航出版社，2003.

[5] Wikipedia. KH-11 kennan [DB/OL]. http://en. wikipedia. org/wiki/KH-11_kennan.

[6] VICK C P. Improved-advanced crystal /IKON /"KH-12" [EB/OL]. (2007 - 04 - 25). https://www. globalsecurity. org/space/systems/kh-12-pics. htm.

[7] 陈丁跃，周仁魁，李英才，等. 星载 TDICCD 界面颤动的动力学模型及共振点扫描研究[J]. 光子学报，2004，33 (12)：1508 - 1512.

[8] 樊超，李英才，王锋，等. 影响 TDICCD 相机成像质量的因素分析[J]. 红外，2008，29 (8)：21 - 25.

[9] 马晶，韩琦琦，于思源，等. 卫星平台振动对星间激光链路的影响和解决方案[J]. 激光技术，2005，29 (3)：228 - 232.

[10] 罗彤，李贤，胡渝. 星间光通信中振动抑制的研究[J]. 宇航学报，2002，23 (3)：77 - 80.

[11] 孙未，艾勇. 振动对小卫星激光通信的影响及补偿技术[C]//2002 年全国测绘仪器综合学术年会，长春，吉林，8 月 1 日，2002. 2002 年全国测绘仪器综合学术年会论文集. 北京：中国测量学会测绘仪器专业委员会，2002：140 - 143.

[12] 雷军刚，赵伟，程玉峰. 一次卫星微振动情况的地面测量试验[J]. 真空与低温，2008，14 (2)：95 - 98.

[13] 郑列华，尹达一，冯鑫. K 镜消像旋机构在海洋卫星水色仪中的应用[J]. 红外技术，2007，29 (1)：17 - 21.

[14] 中国大百科全书总编辑委员会《机械工程》编辑委员会. 共振[M/CD]//中国大百科全书：机械工程. 北京：中国大百科全书出版社，1987.

[15] HARRIS C M，CREDE C E. 冲击和振动手册[M]. 众师，译. 北京：科学出版社，1990：398.

[16] 陈世平. 卫星工程系列：空间相机设计与试验[M]. 北京：宇航出版社，2003.

[17] 杨秉新. 返回式遥感卫星有效载荷[J]. 航天返回与遥感，2002，23 (3)：11 - 18.

[18] 何红艳，王小勇. 卫星变轨对航天扫描式 TDICCD 相机系统参数的影响[J]. 航天返回与遥感，2007，28 (1)：30 - 32.

[19] 阮宁娟，杨秉新. TDICCD 相机相对孔径影响因素的研究[J]. 航天返回与遥感，2005，26 (3)：52 - 55.

[20] 国防科学技术工业委员会科技部. 星载 CCD 相机通用规范：GJB 2705—1996 [S]. 北京：国防科工委军标出版发行部，1996.

[21] 戴奇燕. MTF 评估方法研究及性能分析[D]. 南京：南京理工大学，2006.

[22] Merriam-Webster. Definition of candela [DB/OL]. https://www.merriam-webster.com/dictionary/candela.

[23] 杨秉新. TDICCD 相机的相对孔径与器件像元尺寸关系的研究[J]. 航天返回与遥感，2001，22 (2)：9 - 12.

[24] 徐鹏，黄长宁，王涌天，等. 卫星振动对成像质量影响的仿真分析[J]. 宇航学报，2003，24 (3)：259 - 263.

[25] 樊超，易红伟. TDICCD 相机动态成像过程的像质分析[J]. 电光与控制，2007，14 (2)：123 - 124.

[26] 陈荣利，李英才，樊学武. TDICCD 相机像质综合评价研究[J]. 航天返回与遥感，2003，24 (4)：10 - 13.

[27] 林德荦. 卫星相机中侧视反射镜振动及微重力环境下的影响分析[J]. 中国空间科学技术，2005，25 (1)：37 - 43.

[28] 林德荦. CBERS - 1 卫星 CCD 相机的研制[J]. 航天返回与遥感，2001，22 (3)：4 - 8.

[29] 杨秉新. TDICCD 在航天遥感器中的应用[J]. 航天返回与遥感，1997，18 (3)：15 - 18.

[30] SUDE Y J, SCULMAN J R. In-orbit measurements of landsat－4 thematic mapper dynamic disturbances: IAF － 84 － 117 [C/OL]//The 35th Congress of the International Astronautical Federation, Lausanne Switzerland, October 8 － 13, 1984. DOI: 10.1016/0094-5765(85)90119-5. https://sci-hub.yncjkj.com/10.1016/0094-5765(85)90119-5.

[31] WITTIG M, VAN HOLTZ L, TUNBRIDGE D E L. In-orbit measurements of microaccelerations of ESA′s communication satellite OLYMPUS[C/OL]. SPIE Proceedings, 1990, 1218: 205 － 214. DOI:10.1117/12.18234. https://sci-hub.yncjkj.com/10.1117/12.18234.

[32] HAYDEN W, MCCULLOUGH T , RETH A, et al. Wide-band precision two-axis beam steerer tracking servo design and test results[C/OL]. SPIE Proceedings, 1993, 1866: 271－279. DOI: 10.1117/12.149244. https://sci-hub.mksa.top/10.1117/12.149244.

[33] 佟首峰，姜会林，刘云清，等. 自由空间激光通信平台振动模拟实验系统研究[J]. 兵工学报，2008，29 (8)：1001－1003.

[34] TAKANORI I, HIROKI H, TAKESHI Y, et al. Precision attitude determination for the Advanced Land Observing Satellite (ALOS): design, verification and on-orbit calibration: AIAA 2007 － 6817 [C/OL]//AIAA Guidance, Navigation, and Control Conference and exhibit, Hilton Head, South Carolina, United State, August 20－23, 2007. https://sci-hub.et-fine.com/10.2514/6.2007-6817.

[35] TAKANORI I, TETSUO K, NOBORU M, et al. High-bandwidth attitude determination using jitter measurements and optimal filtering: AIAA 2009 － 6311 [C/OL]//AIAA Guidance, Navigation, and Control Conference, Chicago, Illinois, United State, August 10－13, 2009. DOI:10.2514/6.2009-6311. https://sci-hub.et.fine.com/10.2514/6.2009-6311.

[36] 屠善澄，成器. 卫星工程系列：卫星姿态动力学与控制：(4) [M]. 北京：宇航工业出版社，2006.

[37] PINNEY C, HAWES M A, BLACKBURN J. A cost-effective inertial motion sensor for short-duration autonomous navigation [C]//Position Location and Navigation Symposium, Las Vegas, NV, United States, Apr 11 － 15, 1994, IEEE. Proceedings of 1994 IEEE Position, Location and Navigation Symposium (PLANS'94): 591－594. DOI 10.1109/PLANS.1994.303402.

[38] LAUGHLIN D, SMITH D. ARS－12G inertial angular vibration sensor provides nanoradian measurement [C/OL]//Acquisition, Tracking, and Pointing XV, Orlando, FL, United States, April 18, 2001. Proceedings of SPIE (Society of Photo-Optical Instrumentation Engineers), August 2001: 168 － 175. DOI 10.1117/12.438052. https://sci-hub.ren/10.1117/12.438052.

[39] Applied Technology Associates (ATA). ARS－12B MHD angular rate sebsor [EB/OL]. ATA Sensors. http://www.aptec.com/ATAWeb/data_sheets/ARS_12B_MHD_Angular_Rate_Sensor.pdf.

[40] Applied Technology Associates (ATA). ARS-14 MHD angular rate sebsor [EB/OL]. ATA Sensors. http://www.aptec.com/ATAWeb/data_sheets/ARS_14_MHD_Angular_Rate_Sensor.pdf.

[41] Applied Technology Associates (ATA). Dynapak 12, 3-axis ARS-12 sensor packages [EB/OL]. ATA Sensors. http://www.aptec.com/ATAWeb/data_sheets/Dynapak_12.pdf.

[42] Applied Technology Associates (ATA). Dynapak 14, 3-axis ARS-14 sensor packages [EB/OL]. ATA Sensors. http://www.aptec.com/ATAWeb/data_sheets/Dynapak_14.pdf.

[43] 汤志强，苏文博，葛海军. 航天线阵CCD传感器内方位建模与优化[J]. 遥感信息，2010(6)：3-5.

[44] 程春泉. 稀无地面控制点卫星遥感影像的纠正与定位[D]. 北京：中国测绘科学研究院，2003.

[45] 乔刚. 大城市地区高分辨率卫星立体影像几何定位研究[D]. 上海：同济大学，2009.

[46] 数学手册编写组. 数学手册[M]. 北京：人民教育出版社，1979.

[47] 徐采栋. 炼汞学[M]. 北京：冶金工业出版社，1960.

[48] 斯拉文斯基. 元素的物理化学性质：上[M]. 王勤和，王立人，王常珍，等译. 北京：冶金工业出版社，1957.

[49] 亚当森. 表面的物理化学：上[M]. 顾惕人，译. 北京：科学出版社，1984.